Der junge Koch
Die junge Köchin

Hermann Grüner
Reinhold Metz
Michael Hummel

Mitarbeit:
Heiko Antoniewicz
Karl-Heinz Schandl

33. Auflage

PFANNEBERG

Bestell-Nr.: 04038

Autoren

Hermann Grüner	Studiendirektor	82467 Garmisch-Partenkirchen
Reinhold Metz	Fachlehrer und Küchenmeister	86825 Bad Wörishofen
Michael Hummel	Fachlehrer und Küchenmeister	14656 Brieselang
Mitarbeit:		
Heiko Antoniewicz	Berater und Trainer	59368 Werne
Karl-Heinz Schandl	Fachlehrer und Küchenmeister	82481 Mittenwald

Lektorat

Hermann Grüner

Verlagslektorat

Benno Buir

Bildbearbeitung

Verlag Europa-Lehrmittel 73760 Ostfildern

Das vorliegende Buch wurde auf der Grundlage der **aktuellen amtlichen Rechtschreibregeln** erstellt.

33. Auflage 2009

Druck 5 4 3 2 1

Alle Drucke derselben Auflage sind parallel einsetzbar, da sie bis auf die Behebung von Druckfehlern untereinander unverändert sind.

ISBN 978-3-8057-0606-3

Umschlag:	BOROS GmbH, 42103 Wuppertal, unter Verwendung eines Motivs von Stockfood, 80337 München
Layout:	tiff.any GmbH, 10999 Berlin
Satz und Grafik:	Satz+Layout Werkstatt Kluth GmbH, 50374 Erftstadt
Druck:	Media-Print Informationstechnologie, 33100 Paderborn

VORWORT

Vom Lehrbuch zur multimedialen Plattform:
Das Medienpaket Der junge Koch/Die junge Köchin

Seit der 32. Auflage ist das Standardwerk für die Berufsausbildung zum Koch/zur Köchin ein Medienpaket mit CD im Buch und Online-Web-Support. Die vorliegende 33. Auflage wurde aktualisiert. Küchenpraxis und Pädagogik sind auf dem neuesten Stand.

Das Buch

Das Lehrbuch für den handlungsorientierten und lernfeldorientierten Unterricht unterstützt Schülerinnen und Schüler beim selbstständigen Lernen, indem sie Gesuchtes schnell finden und Zusammenhänge herstellen können. Die Grundlagen hierfür bildet die umfassende Darstellung der Lerninhalte, die didaktisch und methodisch so aufbereitet sind, dass die Entwicklung von *Lernkompetenz* gefördert und eine *nachhaltige Festigung des Lernstoffs* ermöglicht wird.

Die CD

Dem Buch beigelegt ist eine CD mit vielen nützlichen Produkten, die den Unterrichtseinsatz ergänzen, Hausarbeit und Vorbereitungen unterstützen sowie den Berufsalltag begleiten. Unter anderem:

- Neu: Ein elektronischer Prüfungstrainer zur Vorbereitung auf die Abschlussprüfung
- Eine Rezeptverwaltungs-Software mit Rezepten des Buches; eigene Rezepte können ergänzt werden, Nährwerte werden berechnet
- Alle Abbildungen des Buches für die Übernahme in Hausarbeiten und Arbeitsblätter oder die Bearbeitung im Unterricht
- Ein elektronisches Wörterbuch wichtiger Fachbegriffe sowie vollständige Gesetzestexte

Die Website www.der-junge-koch.de

Die umfassende Informations- und Austauschplattform für den Bereich Küche bietet u. a.:

- Aktuelle Informationen zum Buch und zu Trends aus der Küche (siehe auch nächste Seite)
- Diskussionsforen zu Inhalten des Buches und der CD
- Support für die Inhalte der CD
- Informationen und Materialien für Prüfungsvorbereitung, Unterricht und Selbststudium
- Eigene zusätzliche Inhalte für Lehrkräfte

Kein Schulbuch kann in jeder Unterrichtssituation gleich gut eingesetzt werden, kein Autor ist fehlerfrei: Für Anregungen und Kritik sind Autoren und Verlag jederzeit dankbar.

Wir wünschen Ihnen viel Erfolg beim Einsatz des Medienpaketes „Junger Koch".

Im Sommer 2009

Autoren und Verlag

„Egal ob Betriebsrestaurant, Landgasthof, Hotelküche oder Gourmettempel:

Wichtigste Voraussetzung, um in diesem schönen Beruf überhaupt Erfolg zu haben, ist eine fundierte theoretische wie praktische Ausbildung. Hierbei hilft seit Jahrzehnten das Lehrbuch ‚Der junge Koch/Die junge Köchin'. So wie ich haben Generationen von angehenden Köchinnen und Köchen mit diesem ‚Werkzeug' den Grundstein für ihr berufliches Fachwissen gelegt.

Autoren und Verlag haben den Beweis erbracht, dass Tradition und Innovation keinen Widerspruch darstellen. Wir Köche freuen uns, dass unserem Nachwuchs dieses Standardwerk zur Verfügung steht!"

Dieter Müller, Schlosshotel Lerbach

Hinweise zur CD

Die CD enthält mehrere nützliche Softwareprodukte sowie zusätzliches Material für Unterricht und Selbststudium. Im ***Startmenü*** der CD ist alles übersichtlich zusammengefasst.

Wenn Sie die CD in Ihr Laufwerk einlegen, öffnet sich (bei Standardeinstellungen Ihres PCs) unser Startmenü automatisch. Hat Ihr PC nicht die Standardeinstellung, wählen Sie über Arbeitsplatz oder Ihren Windows-Explorer Ihr CD-Laufwerk an. Eine der Dateien der CD ist ***CD_Start.exe***. Diese öffnen Sie mit einem Doppelklick.

Im Startmenü können Sie nun die Software-Produkte entweder direkt von CD starten oder auf Ihrem PC menügeführt installieren. Das Zusatzmaterial liegt in Form von PDF-Dateien vor, die Sie sich entweder direkt über das Menü ansehen und ausdrucken oder aber auf Ihren PC kopieren können.

Für die Bedienung und das Arbeiten mit der ***Rezeptverwaltungssoftware*** gibt es hier im Buch auf Seite 146 eine kurze Einführung.

Hinweise zur Website www.der-junge-koch.de

Die Website wurde zur 33. Auflage des Buches aktualisiert und erweitert.

- Die Themen im Diskussionsforum sind neu strukturiert
- Infos, Tipps und Material zur Prüfungsvorbereitung wurden neu aufgenommen
- ***Aktuelle Trends aus dem Bereich Küche: Die molekulare Küche***

Die molekulare Küche: Heiko Antoniewicz auf www.der-junge-koch.de

Heiko Antoniewicz gilt als einer der bedeutendsten Vertreter der molekular inspirierten Avantgardeküche in Deutschland. Auf unserer Website gibt es einführende Übersichten zur molekularen Küche, Informationen zur Entstehung, zu Texturgebern und ihrem Einsatz, Rezepte – und auch Diskussionsbeiträge zum Für und Wider.

„Mit der molekularen Küche erleben wir gerade die Geburt eines neuen Kochverständnisses, das Wissenschaft und Kochhandwerk zum ersten Mal in der Geschichte eng miteinander verbindet. Wir befinden uns mitten in der dritten Kochrevolution nach der Einführung des Menüservice durch Escoffier und der Nouvelle Cuisine. Kochen und Forschen ergänzen sich zu einer Kochwissenschaft, die das Wissen um den Geschmack und die Produkte zur natürlichen Steigerung der Qualität einsetzt.

Im Vordergrund stehen der unverfälschte, intensive natürliche Geschmack und dessen Bewahrung. Die Wissenschaft liefert dazu Verfahren, die einen solchen Geschmack ohne künstliche Zusätze haltbar machen.

In der öffentlichen Wahrnehmung stehen Zubereitungen mit flüssigem Stickstoff exemplarisch für die Molekularküche. In Wahrheit geben Stickstofftechniken nur einen sehr kleinen und unrepräsentativen Eindruck von dem wieder, was molekular inspiriertes Kochen tatsächlich ausmacht. Wir forschenden Köche möchten keine Kunstform etablieren, sondern bauen auf Traditionen den Fortschritt und lassen uns von der Natur mit ihren Produkten und Gesetzen immer wieder gern herausfordern."

Heiko Antoniewicz

INHALTSVERZEICHNIS

Service

Magazin

Lebensmittel

Zubereitung Speisen

Angebot Speisen

1 Geschichtliche Entwicklung des Gastgewerbes

historical evolution of the hotel and restaurant business

développement (m) historique de l'hôtellerie

Zu allen Zeiten waren Menschen aus unterschiedlichen Gründen unterwegs und in der Fremde darauf angewiesen, Obdach und Nahrung zu erhalten.

1.1 Gastfreundschaft

hospitality *hospitalité (w)*

Nicht immer hatten „Reisende" die „Taschen voller Geld". Außerdem waren sie als Fremde rechtlos und hatten weder Anspruch auf öffentlichen Schutz noch auf öffentliche Hilfe. Griechen, Römer und Germanen betrachteten es deshalb als sittliche Pflicht, Reisenden/Fremden Schutz, Obdach und Speise anzubieten, d. h. Gastfreundschaft zu gewähren.

Das Grundprinzip dieser Art von Gastfreundschaft ist die Gegenseitigkeit. Wer dem Fremden Speis und Trank, Bett und Sicherheit gewährte, durfte unter ähnlichen Umständen seinerseits Vergleichbares erwarten.

1.2 Gastgewerbe

hotel/restaurant business

hôtellerie (w) et restauration (w)

Mit dem immer stärker werdenden Reise- und Geschäftsverkehr im 12. Jahrhundert veränderte sich die Situation. Die ursprünglichen Einrichtungen waren den zunehmenden Anforderungen und Bedürfnissen nicht mehr gewachsen. Aus diesem Grunde entwickelte sich das **Beherbergen** und **Bewirten** immer mehr zu einem Gewerbe. Es entstand das, was wir das **Gastgewerbe** nennen. Zwischen dem **Gasthof** der Anfangszeit mit seinem bescheidenen und begrenzten Angebot und dem modernen **Hotel,** das höchsten Ansprüchen gerecht wird, liegt jedoch ein langer Entwicklungsprozess. Dieser Prozess war stets gekennzeichnet durch die enge Beziehung zwischen dem Gastgewerbe auf der einen und den Bedürfnissen der Menschen auf der anderen Seite.

Der Gast im Mittelpunkt

Anforderungen und Erwartungen des Gastes beeinflussen unser Handeln. Unser Ziel: Der zufriedene Gast.

Beherbergung
Empfang – Etage/Housekeeping

Bewirtung
Küche – Service

Der Gast steht im Mittelpunkt unseres Tuns, nicht nur, weil er Geld bringt, sondern weil wir als Gastgeber Verpflichtungen nachkommen wollen. Der Gast ist nicht für uns da, sondern wir haben für den Gast fit zu sein.

1.3 Gastgewerbliche Betriebe heute

hotel and restaurant commercial operations today
entreprises (w) de l'industrie (w) hôtelière d'aujour d'hui

Den beiden elementaren Angeboten Beherbergung und Bewirtung entsprechen die beiden Betriebsarten Hotel und Restaurant. Darüber hinaus gibt es heute eine Vielzahl abgewandelter Betriebsarten, die sich aus den unterschiedlichsten Bedürfnissen entwickelt haben. Ausschlaggebend für die Unterschiede sind:

- Zweckbestimmung,
- Art und Umfang des Angebotes,
- Art, Umfang und Komfort der Einrichtung.

Beherbergungsbetriebe

Beispiele: Hotel, Pension, Kurpension, Kurheim, Fremdenheim, Gasthof, Motel, Hotel garni.

Ein **Hotel** ist ein Beherbergungsbetrieb, der über eine größere Bettenzahl, eine anspruchsvollere Ausstattung der Zimmer und der sonstigen Räumlichkeiten verfügt. Es ist auf die Bewirtung der Gäste eingestellt und besitzt außer einem Restaurant für die Hausgäste meist ein zusätzliches Restaurant für Passanten.

- **Hotel garni**
  ist die Bezeichnung für ein Hotel, das zur Bewirtung lediglich Frühstück und u. U. kalte Speisen anbietet.
- **Gasthöfe**
  sind vorzugsweise in ländlichen Gegenden angesiedelt, haben eine geringere Anzahl von Betten und sind in ihrem Angebot auf bescheidenere Ansprüche ausgerichtet.
- **Pensionen,**
  auch in Form von Kurheimen, nehmen ausschließlich Hausgäste auf, Passanten bewirten sie nicht.
- **Motels**
  sind Betriebe, die vor allem auf motorisierte Gäste spezialisiert sind. Sie liegen in der Regel in der Nähe von Fernstraßen und bieten genügend Parkmöglichkeiten (oft direkt vor der Zimmertür) an.

Bewirtungsbetriebe

Beispiele: Restaurant, Gaststätte, Wirtshaus, Schnellgaststätte, Bistro, Autobahnraststätte, Bahnhofsgaststätte, Imbissstube, Kaffeehaus, Konditorei – Café

Ein **Restaurant** ist ein Bewirtungsbetrieb, der seinen Gästen eine größere Auswahl von Speisen und Getränken anbietet und der mit einem gewissen Komfort ausgestattet ist.

Die übrigen Bewirtungsbetriebe unterscheiden sich im Wesentlichen durch ihre jeweilige Zweckbestimmung.

Die **Systemgastronomie** bietet genau festgelegte (standardisierte) Speisen in mehreren Filialen gleichzeitig an. Meist wird an einer Stelle zentral für eine ganze Region produziert.

2 Ausbildung

education *formation (w)*

Den Anforderungen der modernen Arbeitswelt trägt die Neuorientierung der beruflichen Ausbildung Rechnung.

2.1 Ausbildungsordnung

training program
règlement (m) sur la formation

Grundlage für die Ausbildung ist die **„Verordnung über die Berufsausbildung im Gastgewerbe“**. In ihr sind die Berufe festgelegt und deren Ausbildungsinhalte beschrieben (Berufsbilder).

Berufsbezeichnungen

Die staatlich anerkannten Berufe sind:

- Koch/Köchin
- Fachkraft im Gastgewerbe
- Restaurantfachmann/Restaurantfachfrau
- Hotelfachmann/Hotelfachfrau
- Hotelkaufmann/Hotelkauffrau
- Fachmann/Fachfrau für Systemgastronomie

In der **Grundstufe** (erstes Ausbildungsjahr) werden die gemeinsamen Inhalte der Berufsgruppen in Betrieb und Berufsschule zusammen unterrichtet.

Gliederung der Ausbildung

Die Ausbildungsdauer für die Fachkraft beträgt zwei Jahre, für die anderen Berufe drei Jahre. Fachkräfte können ihre Ausbildung in einem dritten Jahr wahlweise als Hotel- oder Restaurantfachkraft fortsetzen. Diese Möglichkeit ergibt sich aufgrund der exakten Gliederung der Ausbildung (Stufenausbildung).

Ausbildungsrahmenpläne

Die Ausbildungsinhalte der einzelnen Stufen sind in der Verordnung vorgegeben. Darüber hinaus sind sie in den Ausbildungsplänen für Betriebe inhaltlich detailliert den jeweiligen Ausbildungshalbjahren zugeordnet. Daraus leiten die Betriebe die Ausbildungspläne ab.

2.2 Ausbildungsberufe des Gastgewerbes: Übersicht

trade professions of the hotel and restaurant business: Summary

métiers (m) de formation professionelle de l'industrie hôtelière: aperçu (m)

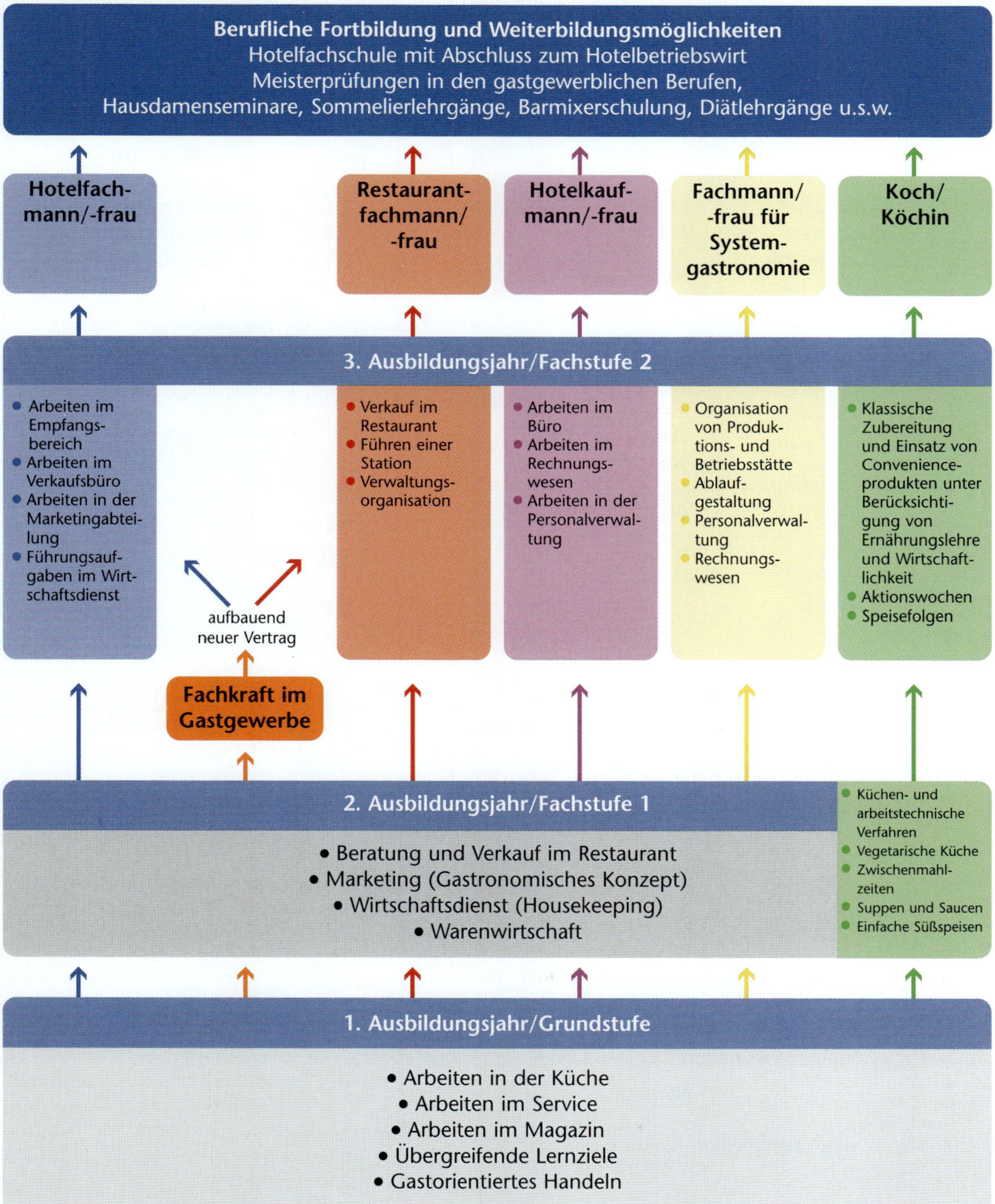

3 Personal im Gastgewerbe

staff in the hospitality trade *personnel (m) qualifié de l'industrie (w) hôtelière*

Die Organisationsformen werden durch die Größe des Hotels und der damit verbundenen, notwendigen Anzahl der Mitarbeiter bestimmt. In größeren Betrieben werden die hier dargestellten Bereiche weiter aufgeteilt. In kleineren werden mehrere Funktionen zusammengefasst. Nachfolgend ist ein Organisationsmodell eines mittleren Betriebes dargestellt.

Leitung eines Hotels

Bewirtung

Küche

Küchenchef
Souschef
Chef de partie
Commis de partie
Auszubildende

- Erstellen von Speisekarten
- Wareneinkauf
- Speisenherstellung
- Erstellen von Büfetts
- Bereitstellen des Frühstücksbüfetts
- Zubereitung von Personalessen

Service

Restaurantleiter
Chef de rang
Demichef de rang
Commis de rang
Auszubildende

- Gäste empfangen und beraten
- Speisen- und Getränkeservice durchführen
- Abrechnen mit Gast und Betrieb
- Frühstück- und Etagenservice durchführen
- Bankettveranstaltungen durchführen
- Tranchieren und Flambieren

Beherbergung

Empfang

Empfangschef
Empfangssekretäre
Reservierungssekretäre
Kassierer
Auszubildende

- Reservieren und Vermieten von Zimmern
- Führen der Gästekorrespondenz
- Durchführen der Empfangsbuchhaltung
- Abrechnen mit dem Gast

Etage/Housekeeping

Hausdame
Hausdamenassistentin
Wäschereibeschließerin
Zimmermädchen
Auszubildende

- Reinigen und Pflegen der Gästezimmer, Flure und Treppenhäuser
- Pflege der Grünpflanzen
- Pflegen, Lagern und Ausgeben der gesamten Wäsche sowie des Reinigungsmaterials

Verwaltung

Magazin

Magazinverwalter
Magazinmitarbeiter
Auszubildende

- Kontrollieren des Wareneingangs
- Bereitstellen und Überwachung des Warenausgangs
- Überwachen der Warenbestände
- Durchführen von Bestandskontrollen (Inventuren)

Buchhaltung

Kaufmännischer Leiter
Personalchef
Hauptkassenverwalter
Kontroller
Auszubildende

- Verwaltung der Hauptkasse und Kontrolle der Bons
- Bearbeitung des Personalwesens mit Lohn- und Gehaltabrechnungen
- Personaleinstellung und -entlassung,
- Erstellen von Stellenbeschreibungen

HYGIENE

Hygiene bedeutet: Lehre von der Gesundheit und der Gesundheitspflege des Menschen. Allgemein wird Hygiene als Sauberkeit verstanden; man sagt z. B. unhygienisch und meint meist unsauber. Lebensmittelhygiene umfasst mehr, nämlich

- Ursachen, die zum Verderb der Lebensmittel führen, und
- Maßnahmen, um den Verderb zu verhindern.

Damit dient die Lebensmittelhygiene dem Schutz des Verbrauchers und der Erhaltung seiner Gesundheit.

1 Mikroben *microbes* *microbes (m)*

Hauptursache des Lebensmittelverderbs sind die Kleinlebewesen. Wegen ihrer geringen Größe sind sie mit dem bloßen Auge nicht zu erkennen; erst die Vergrößerung durch das Mikroskop macht sie sichtbar.

Die Begriffe Kleinlebewesen oder Mikroorganismen oder Mikroben bedeuten dasselbe.

Obwohl die einzelnen Mikroben nicht zu erkennen sind, sind sie teilweise

- als **Kolonien sichtbar,** weil sie wegen der starken Vermehrung in sehr großer Zahl auftreten, z. B. als Schimmel auf Brot;
- an **Auswirkungen erkennbar,** z. B. an schmieriger Wurst, riechendem Fleisch, gärendem Fruchtsaft.

1.1 Vorkommen

Mikroben kommen **überall** vor. Besonders zahlreich sind sie jedoch im **Erdboden** und in **Abwässern** vorhanden. Durch die **Luft** werden die Keime[1] ebenfalls verbreitet.

Im **Umgang mit Lebensmitteln** treten die Mikroben vermehrt dort auf, wo Nahrung, Wärme und ausreichend Feuchtigkeit gleichzeitig vorhanden sind.

Beispiele

- **Hände,** die mit den unterschiedlichsten Gegenständen in Berührung kommen,
- **Handtücher,** besonders dann, wenn diese von mehreren Personen gleichzeitig benutzt werden (Gemeinschaftshandtuch) und mehrere Tage im Gebrauch sind,
- **Berufswäsche,** wenn sie nicht rechtzeitig gewechselt wird,
- **Reinigungswerkzeuge** wie Spüllappen, Spülbürsten, Topfreiber, wenn diese nach Gebrauch nicht gründlich ausgewaschen und getrocknet werden.

1.2 Arten und Vermehrungsformen

Im Zusammenhang mit den Lebensmitteln unterscheidet man folgende Mikrobenarten:

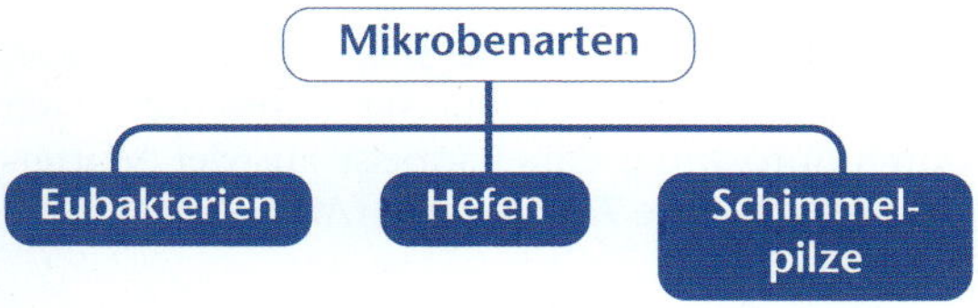

Eubakterien[2] sind Einzeller.

Bei günstigen Lebensbedingungen wachsen die Eubakterien innerhalb von etwa 20 Minuten bis zu einer bestimmten Größe und vermehren sich dann durch **Zellteilung** (Abb. 1).

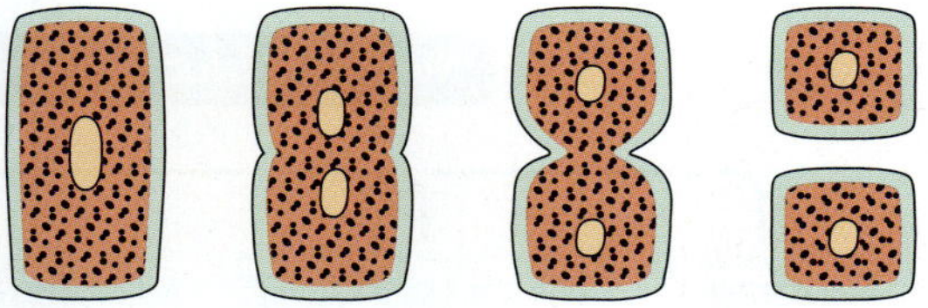

Abb. 1 Eubakterien vermehren sich durch Teilung.

Wenn die Lebensbedingungen schlecht sind, können die Bazillen, eine Untergruppe der Eubakterien, Sporen bilden. Sporen sind eine Überlebensform. Die Zelle gibt zunächst den Zellsaft weitgehend ab und bildet dann aus der

---

[1] Keime sind Mikroben, die Krankheiten hervorrufen können.

[2] Eubakterien ist ein Oberbegriff. Bazillen sind Arten von Eubakterien, die Sporen bilden können, Clostridien wachsen unter Sauerstoffabschluss. Der Begriff Bakterien ist als Gattungsbezeichnung nicht mehr gebräuchlich. Keime nennt man Arten, die Krankheiten verursachen. Für manche Lebensmittel, z. B. Speiseeis, sind Höchstwerte festgelegt. Auf eine Unterscheidung der Eubakterien wird verzichtet, weil das für die betriebliche Praxis ohne Bedeutung ist.

verbleibenden Zellhaut eine besondere Umhüllung. Eine **Spore** ist entstanden (Abb. 1). Alle Lebensvorgänge ruhen, und der Zellrest ist besonders widerstandsfähig gegen Wärmeeinwirkung und Desinfektionsmittel. Bei günstigen Lebensbedingungen werden aus den Sporen wieder Bazillen.

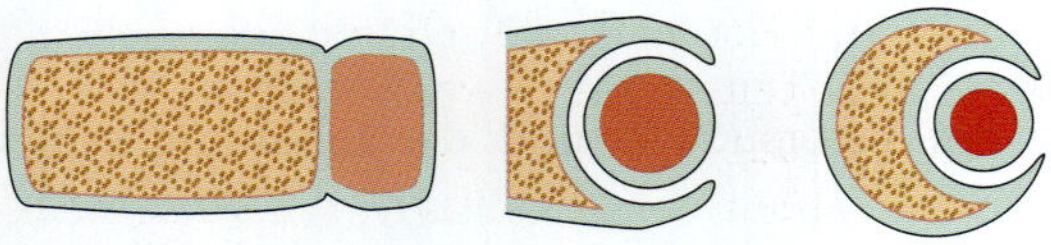

Abb. 1 Bazillen bilden Sporen.

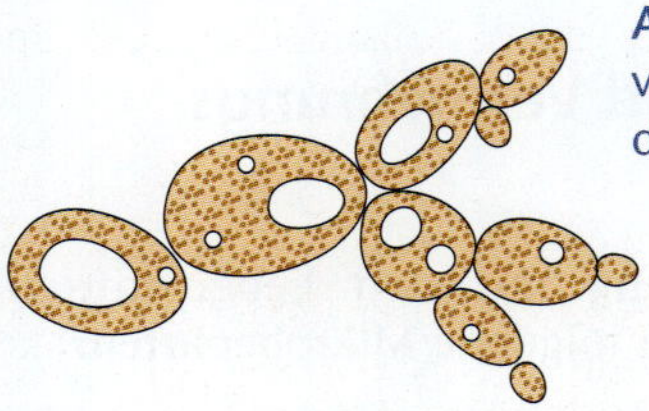

Abb. 2 Hefen vermehren sich durch Sprossung.

Hefen sind Einzeller, die sich vorwiegend von **Zuckerstoffen** ernähren. Sie vermehren sich durch Sprossung; dabei sprießt aus der Mutterzelle jeweils eine Tochterzelle (Abb. 2).

Schimmelpilze (Abb. 3) sind Mehrzeller, die sehr anspruchslos sind und auch noch auf verhältnismäßig trockenen Lebensmitteln wachsen können. Sie vermehren sich auf zwei Arten: Auf dem Lebensmittel verbreiten sie sich durch **Sporen,** im Lebensmittel über das **Wurzelgeflecht (Mycel).** Vergleiche S. 23.

Pilzarten, die ungiftig sind und z. B. bei Käse mitgegessen werden, bezeichnet man als **Edelpilze** oder Edelschimmel.

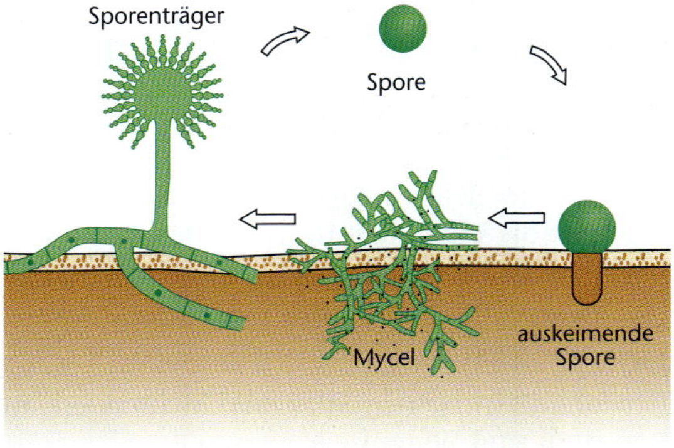

Abb. 3 Schimmel bildet Sporen.

1.3 Lebensbedingungen der Mikroben

Wie alle Lebewesen, so entwickeln sich auch Kleinlebewesen nur, wenn bestimmte Lebensbedingungen erfüllt sind. Bei eingeschränkten Bedingungen sind Wachstum und Vermehrung verlangsamt oder eingestellt; die Mikroben können auch absterben.

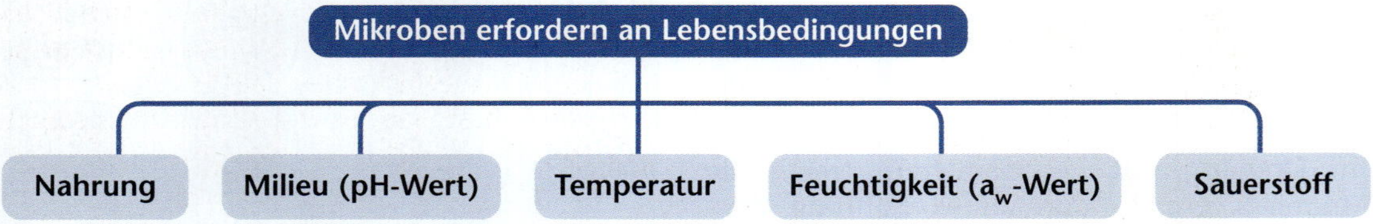

Nahrung

Die meisten Mikroben bevorzugen bestimmte Nährstoffe, folgende Grobeinteilung ist möglich.

Art	bevorzugt befallen	Beispiel
Eiweiß spaltende Mikroben	Fleisch, Wurst, Fisch, Geflügel	Salmonellen
	Milch, Frischkäse, Creme	Fäulnisbakterien
Kohlenhydrat spaltende Mikroben	Kompott, Fruchtsaft, Creme	Hefen
Fett spaltende Mikroben	Butter, Margarine, Speck	
Schimmel	alle Lebensmittel	Schimmelpilze

Milieu (pH-Wert)

Wie Menschen oft bestimmte Geschmacksrichtungen bevorzugen, so besitzen auch Mikroben vergleichsweise eine Vorliebe entweder für Säuren oder für Basen (Laugen).

Säuren sind gekennzeichnet durch **H^+-Ionen,**

Basen besitzen **OH^--Ionen.**

In reinem Wasser ist die Anzahl der H^+- und OH^--Ionen ausgeglichen. $H^+ + OH^- \rightarrow H_2O$.

Wasser hat den pH-Wert 7, es ist neutral.

Der **pH-Wert ist eine Messzahl,** die angibt, wie stark eine Säure oder Lauge ist.

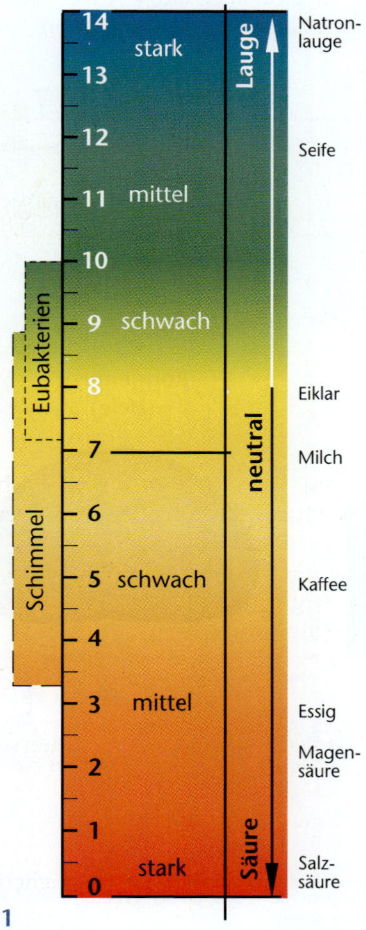

Abb. 1
pH-Wert mit Beispielen von Wachstumsbereichen

Die meisten Eubakterien bevorzugen neutrale bis schwach laugenhafte Umgebung. Durch **Säurezugabe** kann darum die Tätigkeit eingeschränkt werden.

Beispiele

- Fisch in Marinade,
- Essiggurken,
- Fleisch in Essigbeize, Sauerkraut.

Temperatur

Mikroben bevorzugen je nach Art bestimmte Temperaturen. Man unterscheidet drei Gruppen:

- **Niedrige Temperatur liebende (psychrophile)** ①
  Man nennt sie darum auch „Kühlschrankbakterien". Sie kommen vor allem in Verbindung mit Fleisch und Fisch vor.
- **Mittlere Temperatur bevorzugende (mesophile)** ②
  Dazu zählen die Darmbakterien, Fäulnisbakterien, aber auch Hefen.
- **Höhere Temperatur liebende (thermophile)** ③
  Hierzu gehören die sporenbildenden Bazillen.

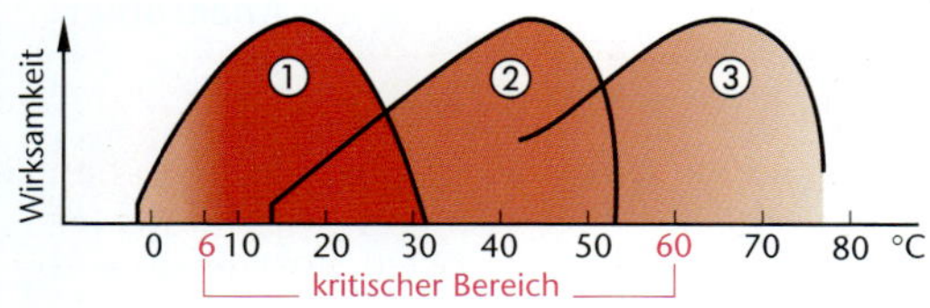

Abb. 2 Wachstumsbereiche für Mikroben

Zwischen +6 °C und +60 °C vermehren sich Kleinlebewesen am stärksten. Verarbeitung und Lagerung von Lebensmitteln in diesem Bereich können problematisch sein. Man spricht darum vom **kritischen Bereich.**

Feuchtigkeit (a_w-Wert)

Mikroben benötigen Wasser als Lösungsmittel für die Nährstoffe und als **Transportmittel,** um die Bausteine der Nährstoffe in das Zellinnere zu bringen. Da die Mikroben selbst zu etwa 70 % aus Wasser bestehen, ist das Wasser für sie auch **Baustoff.**

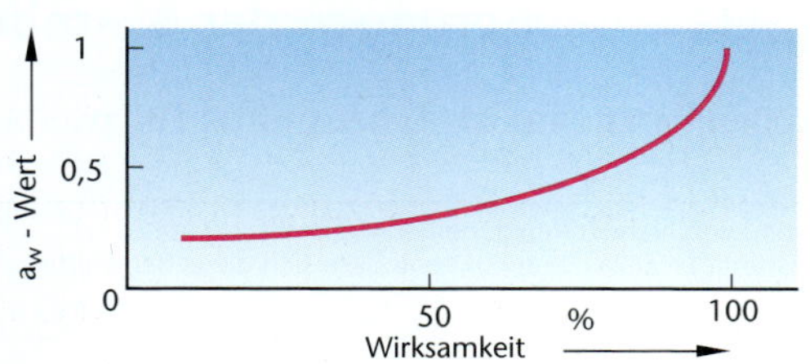

Abb. 3 Mikroben benötigen Feuchtigkeit.

Vom gesamten Wassergehalt eines Lebensmittels steht den Mikroben nur ein Teil zur Verfügung. Man bezeichnet diesen Anteil auch als das freie oder **aktive Wasser** und spricht auch von **Wasseraktivität,** gemessen als **a_w-Wert.**

Der **a_w-Wert ist eine Messzahl.** Reines Wasser hat den a_w-Wert 1,0; absolut wasserfreie Stoffe haben den a_w-Wert 0.

Die Lebensbedingungen der Mikroben können **verschlechtert** werden, wenn man den Anteil des aktiven Wassers verringert und damit den **a_w-Wert senkt.**

a_w-Wert-Senkung ist möglich durch:

- **Trocknen** – Wasser verdunstet und ist im Lebensmittel nicht mehr vorhanden, z. B. Trockenobst, Püree-Pulver, getrocknete Küchenkräuter;
- **Salzbeigabe** – Wasser wird chemisch an Salz gebunden und ist damit nicht mehr aktiv, z. B. Pökelwaren, Salzheringe;
- **Zuckerzugabe** – Wasser wird chemisch an Zucker gebunden, z. B. bei Konfitüre, Gelee, Sirup, kandierten Früchten o. Ä.
- **Frosten** – Wasser wird zu festem Eis. In diesem Zustand ist es nicht mehr aktiv.

Sauerstoff

Die meisten Kleinlebewesen sind auf Sauerstoff angewiesen. Es gibt aber auch Arten, die ohne Sauerstoff auskommen, und solche, die sowohl mit als auch ohne Sauerstoff leben können.

Aerobier	Anaerobier	Fakultative Anaerobier
benötigen Sauerstoff leben auf und in den Lebensmitteln	leben ohne Sauerstoff leben in den Lebensmitteln, in Konserven	leben mit und ohne Sauerstoff leben in und auf den Lebensmitteln
Bazillen, Fäulniserreger, Essigbakterien, Schimmelpilze	Botulinus-Bazillen s. S. 23	Hefen Milchsäurebakterien, Fäulniserreger
Edelpilzkäse (Schimmelpilze) 	**Bombage** (Botulinus) 	**Roggenbrot** (Hefe) 

1.4 Lebensäußerungen der Mikroben

Mikroben verändern die Lebensmittel auf zwei Arten:

1. Abbau von Nährstoffen zur eigenen Ernährung und zum Wachstum der Zelle. Dadurch verändern sich die Lebensmittel.

2. Ausscheidungen, die in oder an den Lebensmitteln bleiben und diese beeinflussen.

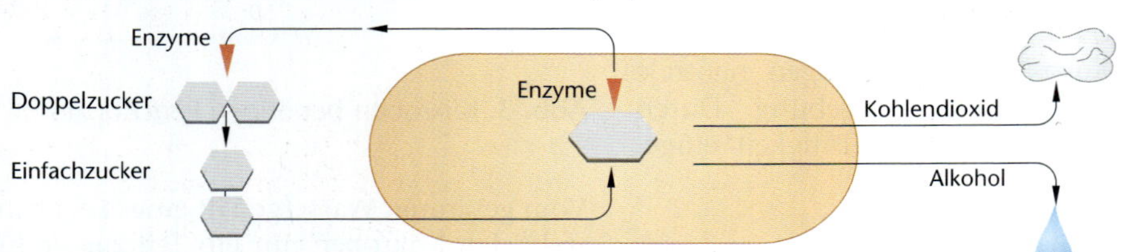

Abb. 1 Veränderungen der Lebensmittel durch Mikroben.

Bedeutung der Mikroben im Umgang mit Lebensmitteln

Verbesserung des Ausgangspunktes genutzt bei	**Schädigung des Ausgangspunktes** tritt auf als	**Schutz der Umwelt** durch
• Herstellungsverfahren, z. B. Bier, Wein, Brot; • Veredelungsverfahren, z. B. Bildung von Geruchs- und Geschmacksstoffen bei Brot, Sauermilch; • Konservierungsverfahren, z. B. Sauerkraut. Diese **erwünschten Veränderungen** werden durch gesteuerten Einsatz bestimmter Mikroben erreicht und bei der **Lebensmittelverarbeitung** behandelt.	• Lebensmittelverderb, z. B. Schimmelbildung, Gärigwerden, Ranzigwerden; • Lebensmittelvergiftung durch Ausscheidungen der Gift bildenden Mikroben; • Lebensmittelinfektion durch Übertragung der Krankheitserreger. **Unerwünschte und gesundheitsschädigende Veränderungen vermeiden. Siehe folgenden Abschnitt.**	• biologische Reinigung der Abwässer und natürliche Selbstreinigung der Gewässer; • Abbau von Abfällen und Resten zu organischen Substanzen (Kompost), die den Pflanzen wieder als Nahrung zur Verfügung stehen.

2 Lebensmittelinfektionen – Lebensmittelvergiftungen

food poisoning *intoxications (w) alimentaires*

Der Genuss verdorbener Lebensmittel führt fast immer zu Übelkeit, Kopfschmerzen, Erbrechen und Durchfall. Man unterscheidet:

- **Lebensmittelvergiftungen** werden von **Giften (Toxinen)** verursacht, die in den Lebensmitteln vorhanden sind und mit diesen aufgenommen werden. Beispiel: Botulinusvergiftete Bohnen oder Wurstkonserven. Die Beschwerden treten bereits nach einigen Stunden auf.
- **Lebensmittelinfektionen** werden von **krankmachenden Mikroben** verursacht, die in Lebensmitteln vorhanden sind und mit ihnen aufgenommen werden. Die Krankheit besteht in einem Kampf (Abwehrreaktion) des Körpers gegen die „Eindringlinge“. Infektionen treten erst längere Zeit nach der Nahrungsaufnahme auf (Inkubationszeit).

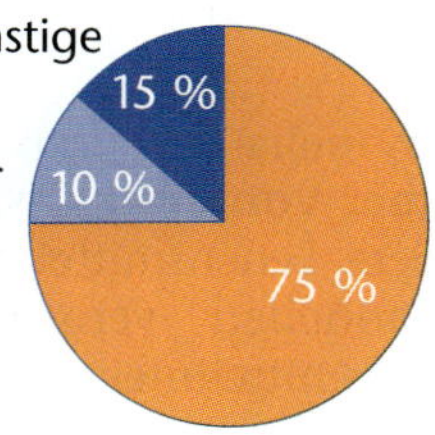

Abb. 1
Salmonellen verursachen die häufigsten Lebensmittelvergiftungen.

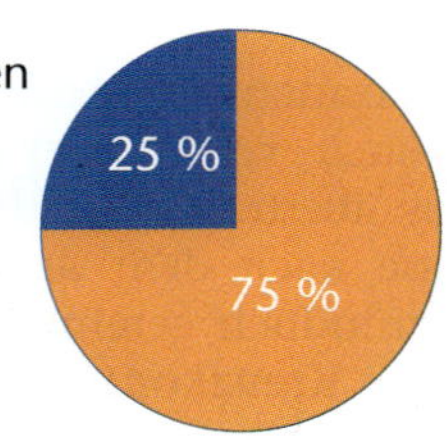

Abb. 2
Menschliche Fehler sind die Hauptursache.

Rund 75 % der durch Lebensmittel verursachten Krankheitsfälle werden durch Salmonellen hervorgerufen. Die Eitererreger stehen mit 10 % an zweiter Stelle (Abb. 1). Beide Krankheitserreger riecht und schmeckt man nicht, denn sie verursachen keinen unangenehmen Geruch oder Geschmack und sind darum besonders gefährlich.

Überprüft man die Krankheitsausbrüche, sucht nach den Ursachen und fragt man, wo Fehler gemacht worden sind, so stellt man fest: Menschliche Fehler sind die Hauptursache (Abb. 2).

Diese Tatsachen müssen beachtet werden, wenn man Krankheiten vermeiden will, die durch Lebensmittel hervorgerufen werden.

Schutz der Gesundheit bedeutet:

- Ansteckung der Lebensmittel durch Keime verhindern. Dazu muss der Weg der Krankheitserreger auf die Lebensmittel bekannt sein.

- Keimvermehrung verhindern – Lebensmittel kühlen. Wie rasch sich Mikroben bei günstigen Lebensbedingungen vermehren können, zeigt die Grafik.

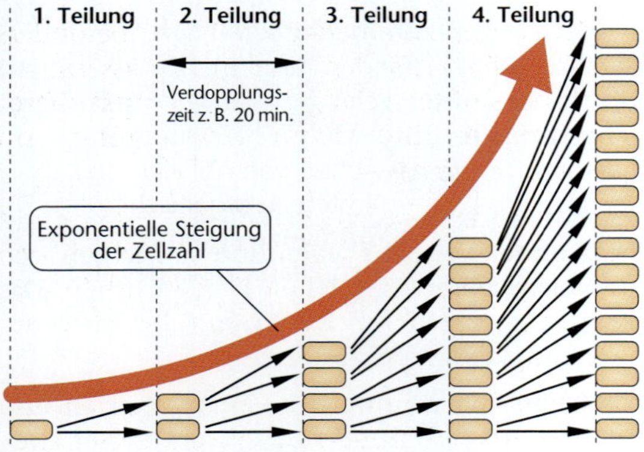

Abb. 1 Mikrobenvermehrung

Speisen entweder heiß bereithalten oder rasch abkühlen und bei Bedarf wieder erwärmen.

2.1 Salmonellen

Salmonella-Bakterien stammen **ursprünglich immer von Tieren,** sie werden aber auch über andere Lebensmittel wie z. B. Eier übertragen. Salmonellen verursachen beim Menschen Lebensmittelinfektionen. Sie können im Darm von Tieren und Menschen leben, ohne diesen unmittelbar zu schaden. Man nennt die Betroffenen **Dauerausscheider.**

Bei unzureichender Körperhygiene (Händewaschen) gelangen die Salmonellen an die Lebensmittel.

Keime können bei nicht fachgerechter Arbeitsweise auch von einem Lebensmittel auf ein anderes übertragen werden, so z. B. wenn Behältnisse nach dem Auftauen von Hähnchen nicht gründlich gereinigt werden. Man spricht dann von **Kreuzkontamination.**

Bevorzugt befallen werden tierische Lebensmittel wie Geflügel, Hackfleisch, Eier sowie Produkte aus diesen Rohstoffen wie Geflügelsalat, Cremes, Mayonnaise. Salmonellen sterben bei etwa 80 °C ab, das Gift wird beim Erhitzen zerstört.

Besonders gefährdet sind Personen mit einem geschwächten Magen-Darm-Trakt.

Pasteurisierte und sterilisierte Lebensmittel enthalten wegen der **Erhitzung** keine Salmonellen. Erkrankungen treten vor allem nach dem Genuss von infiziertem, rohem Fleisch, Geflügel und Eiern auf.

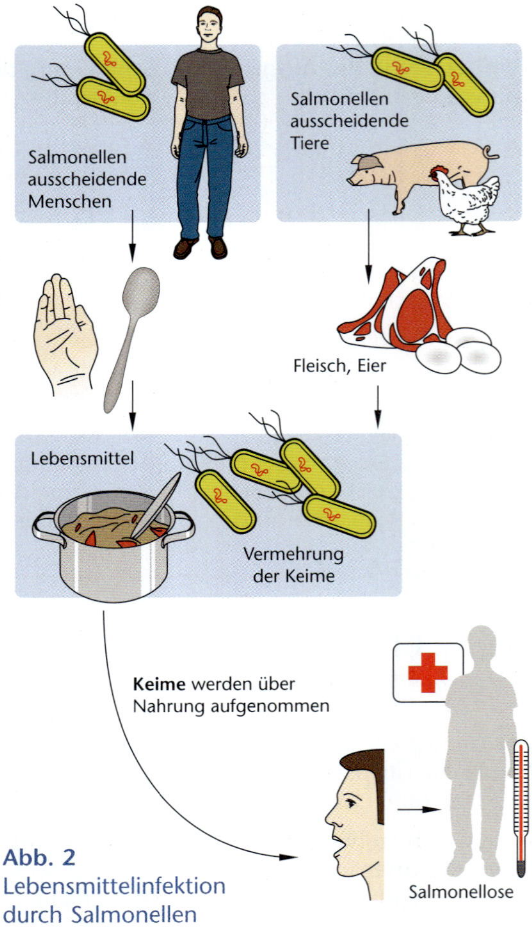

Abb. 2 Lebensmittelinfektion durch Salmonellen

- Belehrungen des Personals sind vorgeschrieben.
- Verpackungsmaterial von tiefgekühltem Geflügel aus der Küche bringen, Tauwasser wegschütten.
- Nach Umgang mit Eiern Hände, Tisch usw. gründlich reinigen.
- Händewaschen schützt vor Übertragung.

2.2 Eitererreger (Staphylokokken)

Eitererreger kommen vor allem in **eitrigen Wunden** vor, werden aber auch bei **Schnupfen** über die Atemluft ausgeschieden.

Eitererreger bevorzugen Lebensmittel mit viel Feuchtigkeit und hohem Eiweißgehalt bei warmer Aufbewahrung. **Besonders anfällig** sind darum Salate, gekochter Schinken, Cremes und Tortenfüllungen.

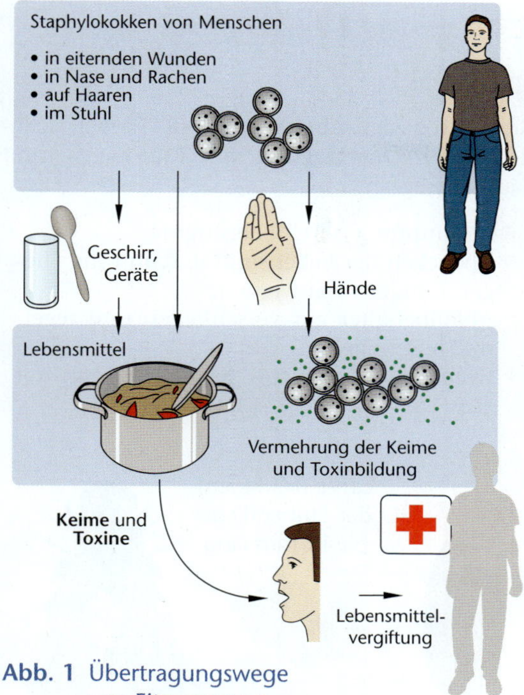

Abb. 1 Übertragungswege von Eitererregern

Die Eitererreger **sondern Gift (Toxine) ab.** Die Bakterien werden bei etwa 80 °C zerstört. Das Gift der Eitererreger ist jedoch **gegen Wärme widerstandsfähig.**

- Verletzungen vollständig mit wasserdichtem Material abdecken.
- Nicht unkontrolliert niesen.
- Cremes rasch abkühlen.
- Salate kühl aufbewahren.

2.3 Bodenbakterien (Botulinus-Bakterien)

Botulinus-Bakterien entstammen immer dem Erdreich. Besonders anfällig sind eiweißhaltige Lebensmittel unter Luftabschluss, z. B. **Dosen, Gläser, vakuumverpackte Waren.**

Bodenbakterien sind Anaerobier und können darum auch unter Luftabschluss wirken.

Befallene Lebensmittel haben einen üblen Geruch, bei Konserven ist die Flüssigkeit getrübt. Konserven sind aufgebläht (Bombage, s. Bild S. 20). Diese deutlich wahrzunehmenden Veränderungen lassen den Genuss vermeiden. Sporen der Bodenbakterien und die Toxine überdauern das Kochen.

- Gemüse sorgfältig waschen.
- Vakuumverpackte Lebensmittel kühl lagern.
- Bombagen nicht verwenden.

Die Erkrankung durch Bodenbakterien heißt **Botulismus.**

2.4 Fäulniserreger

Fäulniserreger kommen überall vor, besonders zahlreich im Erdboden und in Abwässern. An die Lebensmittel gelangen sie bei **unsauberer Arbeitsweise** und durch Übertragung von Insekten (Fliegen).

Fäulniserreger bevorzugen Wärme, können mit oder ohne Sauerstoff leben und vermehren sich vor allem auf eiweißreichen Lebensmitteln. Das Schmierigwerden von Fleisch und Wurst ist auf ihre Tätigkeit zurückzuführen.

Befallene Lebensmittel sind unansehnlich und riechen übel. Darum sind Vergiftungserscheinungen durch Fäulniserreger selten.

2.5 Schimmel

Die unerwünschten Schimmelpilze kommen als Sporen in der Luft vor und befallen **alle Lebensmittel.**

Schimmel ist anspruchslos, bevorzugt Backwaren, ungeräucherte Wurstwaren und Obst.

Schimmelpilze wachsen auf und in den Lebensmitteln.

Auf den Lebensmitteln wird der Schimmel als **Pilzrasen** sichtbar.

Die **Pilzwurzeln,** sie werden **Mycel** genannt, wachsen in den Lebensmitteln.

Schimmelpilze bilden Toxine (Gifte). Weil nicht erkennbar ist, wie weit das Pilzgeflecht reicht, sind vom Schimmel befallene Lebensmittel sorgfältig zu beurteilen, denn Pilzgifte schädigen die Leber.

- Kühle und trockene Aufbewahrung schützt vor Schimmelbefall.
- Schimmelige Lebensmittel wegwerfen oder Schimmel großzügig ausschneiden.

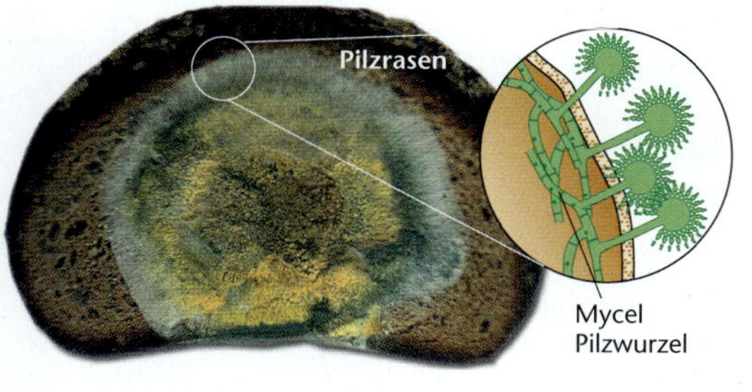

Abb. 2 Schimmel auf Brot

Einführung

3 Schädlingsbekämpfung

pest control — *lutte (w) antiparasitaire*

Als **Schädlinge** bezeichnet man Tiere, die Lebensmitteln Schaden zufügen. Diese Schädigung kann erfolgen durch

- Fraßschäden, z. B. Speckkäfer, Mehlmilbe,
- Verunreinigungen, z. B. durch Kot, Reste abgestorbener Tiere,
- Übertragung von Mikroben, z. B. durch Fliegen.

Moderne Bauweisen machen den Schädlingen das Einnisten schwerer als dies früher der Fall war. Dennoch finden sie vielfach Gelegenheit, Schlupfwinkel aufzuspüren. Da Schädlinge sehr scheu sind, wird ihre Anwesenheit oft nur an den „Spuren“ morgens zu Arbeitsbeginn erkannt. Eine konsequente Bekämpfung hilft, Schäden und Reklamationen zu vermeiden.

Insekten: Schaben, Motten, Milben, Käfer

Insekten bevorzugen Wärme, leben in Ritzen und hinter Möbeln und Geräten. Sie schaden durch Fraß und Verunreinigungen.

- Abhilfe durch gründliche Reinigung.
- Mehrmalige Anwendung von chemischen Bekämpfungsmitteln, damit auch die später ausschlüpfende Brut erfasst wird.

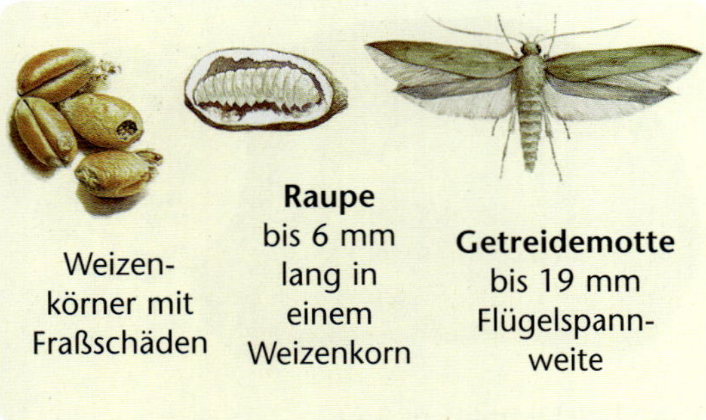

Fliegen

Brutstätten sind Abfälle und Kot. Fliegen schaden durch **Übertragung** von Krankheits- und Fäulniserregern.

- Bekämpfung durch Fliegengitter.
- Abdecken der Lebensmittel, damit die Fliegen ferngehalten werden.
- Abfallbehälter gut verschließen und regelmäßig reinigen.
- Eventuell chemische Bekämpfungsmittel einsetzen.

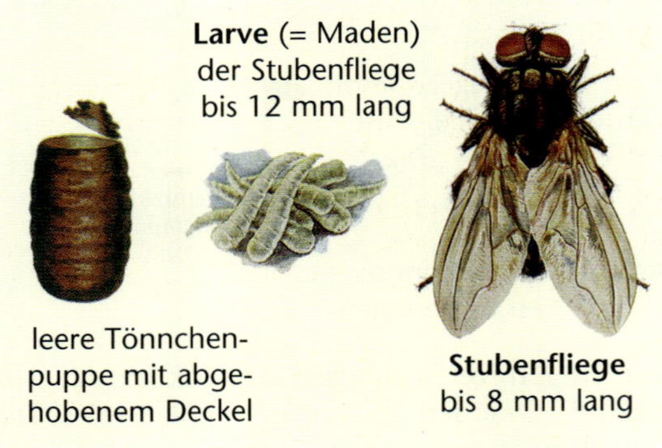

Silberfischchen

Das scheue Nachttier lebt versteckt in Ritzen und bevorzugt Kohlenhydrate. Es schadet vor allem durch Verunreinigungen. Bekämpfung wie bei Fliegen.

Silberfischchen

Nager: Mäuse, Ratten

Nager gelangen durch offene Türen, Kellerfenster und Rohrschächte in die Betriebsräume.

- Bekämpfung durch Gitter an den Kellerfenstern.
- Aufstellen von Fallen. Auslegen von Berührungsgiften; führen zu innerem Verbluten.

Schädlingsbekämpfungsmittel

- müssen so eingesetzt werden, dass Lebensmittel nicht geschädigt werden,
- dürfen nur nach Anwendungsvorschrift eingesetzt werden,
- sind in den Originalpackungen getrennt von Lebensmitteln zu lagern.

4 Reinigung und Desinfektion

cleaning and disinfection *nettoyage (m) et désinfection (w)*

4.1 Reinigen in Lebensmittelbetrieben

Reinigen ist das Entfernen von Schmutz oder Verunreinigungen. Als **Schmutz** bezeichnet man in Lebensmittelbetrieben alle Stoffe, die auf einer Oberfläche unerwünscht sind, also nicht nur die Erde, die Kartoffeln anhaftet, sondern z. B. auch Reste einwandfreier Speisen auf Tellern und Geschirren.

Verunreinigungen können gefährliche Brutstätten für Mikroben und Ungeziefer sein.

Rein sind Gegenstände, von denen Schmutz, Verunreinigungen und Mikroben weitgehend entfernt sind.

Als **sauber** bezeichnet man Gegenstände dann, wenn das Auge keinen Schmutz mehr erkennen kann.

Reinigen mit Wasser

Im Nahrungsgewerbe muss zum Reinigen **Trinkwasser** verwendet werden.

Das Wasser hat mehrere Aufgaben:

- **Auflösen von Schmutz,** z. B. Zucker, Salz, ungeronnenes Eiweiß;
- **Quellen von Schmutz,** z. B. Reste von Teigen, Teigwaren, Braten, Eierspeisen;
- **Abtragen von Schmutz;** die losgelösten Schmutzteilchen werden in der Schwebe gehalten und weggespült.

Wärme fördert die Reinigungswirkung, denn

- **Fett schmilzt** und wird leichter abgespült,
- **Auflösen und Quellen** gehen **rascher** vor sich.

Die günstigste Spültemperatur liegt um 60 °C. Zu heißes Wasser lässt den Schmutz „festbacken" und kann zu Verbrennungen führen.

Wirkung der Reinigungsmittel

Durch den Zusatz von Reinigungsmitteln wird das **Wasser entspannt,** es verliert seine Oberflächenspannung und **benetzt besser.** Dadurch schiebt es sich leichter unter den Schmutz und kann auch **Fett ablösen.** Die waschaktiven Teilchen legen sich dann um das Fett, **emulgieren** es und **halten es in der Schwebe,** sodass es sich nicht wieder festsetzt und abtransportiert werden kann (Abb. 1).

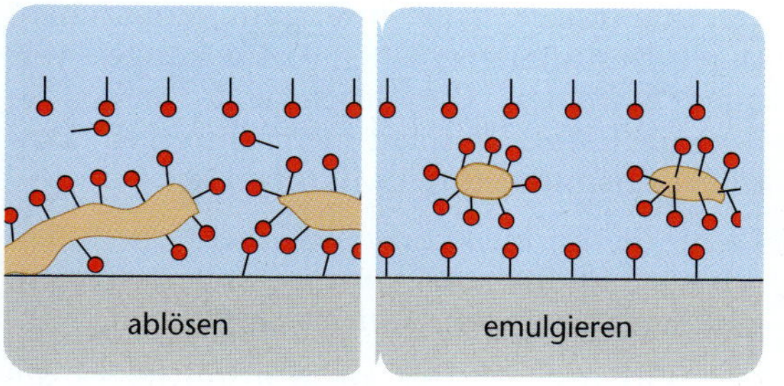

Abb. 1 Fett wird abgelöst und emulgiert.

Mechanische Einwirkung

Beim Reinigen kommen zu Wasser, Reinigungsmittel und Wärme immer auch mechanische Kräfte.

Das können sein:

- **Wasserdruck,** z. B. bei Spülmaschinen für Haushalt und Gewerbe. Die „Kraft" erhält das Wasser durch eine Pumpe. Die Düsen konzentrieren diese Kraft auf eine eng begrenzte Fläche, von der dann der Schmutz abgehoben wird.
- **Spüllappen,** wie er häufig beim Spülen von Hand verwendet wird.
- **Spülbürste und Reiber;** sie werden nur bei harten Gegenständen und festsitzendem Schmutz, z. B. festgebrannten Resten, verwendet.

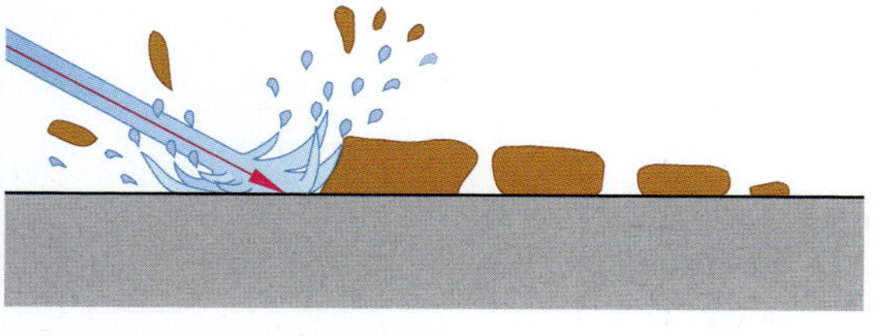

Abb. 2 Wasserdruck hebt den Schmutz ab.

Harte Gegenstände dringen in weichere ein. Darauf ist bei der Anwendung von Werkzeugen und Scheuermitteln zu achten, wenn Beschädigungen an der zu reinigenden Fläche vermieden werden sollen.

Achtung! Wenn Hochdruckreiniger in Räumen eingesetzt werden, kann Wasser in Fugen eindringen und Risse in Boden und Wänden bilden. An elektrischen Küchengeräten kann Spritzwasser zu Kurzschluss führen.

4.2 Desinfizieren in Lebensmittelbetrieben

Infizieren bedeutet anstecken, Krankheitserreger übertragen, eine Infektion verursachen. Durch **Desinfizieren** sollen **Ansteckungen vermieden** werden. Die Gegenstände werden so behandelt, dass sie nicht mehr anstecken. **Desinfektionsmittel töten Mikroben ab.**

Damit die Desinfektionsmittel nicht durch den Schmutz in ihrer Wirkung gehindert werden, gilt: **Zuerst reinigen, dann desinfizieren.**

Die **Wirkung der Desinfektionsmittel** ist abhängig von

- **Konzentration** der Lösung
  je konzentrierter, desto wirkungsvoller;
- **Anwendungstemperatur**
  je heißer, desto wirksamer;
- **Einwirkungszeit**
  je länger, desto wirksamer;
  je länger die Einwirkungszeit, desto geringer kann die Konzentration des Mittels sein.

Besser mechanisch als chemisch.
Besser heiß als ätzend.

Nach dem **Anwendungsbereich** unterscheidet man:

- **Grobdesinfektionsmittel** mit breitem Anwendungsbereich, z. B. für Küchen, in denen ja alle Nährstoffe vorkommen, und
- **Feindesinfektionsmittel** für Hände.

Arbeitsschutz

Unverdünnte Desinfektionsmittel sind in der Regel ätzend. Vorsicht im Umgang! Desinfektionsmittel müssen in besonderen Behältnissen aufbewahrt werden.

Warnhinweis ätzend

Schutzhandschuh

Schutzbrille

Umweltschutz

Reinigungs- und Desinfektionsmittel können die Umwelt belasten. Darum:

- **Möglichst wenig Chemie.**
- **Richtig dosieren,** denn zu hohe Zugabe bringt keine bessere Wirkung.
- Temperatur so hoch wie möglich halten, Einwirkungszeit so lange wie möglich.

Aufgaben

1 Die Hauptursache für den Lebensmittelverderb sind Kleinlebewesen. Nennen Sie mindestens fünf Beispiele

2 Im Zusammenhang mit Lebensmitteln wird von Koloniebildung gesprochen. Erklären Sie.

3 Nennen Sie Beispiele aus dem Küchenbereich, wo Mikroben vermehrt auftreten.

4 Erklären Sie im Zusammenhang mit der Aufbewahrungstemperatur von Lebensmitteln den „kritischen Bereich“.

5 Manche Lebensmittel werden durch Säure haltbar wie z. B. Sauerkraut und Essiggurken. Begründen Sie.

6 Mikroben können in Lebensmitteln zu erwünschten Veränderungen führen. Geben Sie drei Beispiele.

7 Warum soll Verpackungsmaterial von tiefgekühltem Geflügel sofort entsorgt werden?

8 Ein Großteil des Lebensmittelverderbs ist durch menschliche Fehler verursacht. Geben Sie drei Beispiele.

9 Nennen Sie Schädlinge, die in Lebensmittelbetrieben vorkommen können.

10 Schädlinge werden oft nur an ihren „Spuren“ erkannt. Was versteht man unter „Spuren“? Wo können sich Schädlinge „verstecken“?

11 Beschreiben Sie was geschieht, wenn ohne Spülmittel abgespült wird.

12 Worauf ist beim Einsatz von Hochdruckreinigern zu achten?

UMWELT- UND VERBRAUCHERSCHUTZ

1 Umweltschutz 🇬🇧 *environmental protection* 🇫🇷 *protection (w) de l'environnement*

Es ist bekannt, dass wir die Umwelt in absehbarer Zeit zerstören, wenn sich unser Verhalten nicht grundlegend ändert. Auf welche Weise belasten wir die Umwelt?

- **Wir verbrauchen unbedacht zu viel Rohstoffe und zu viel Energie.**
  Bestimmte Vorkommen sind in weniger als 100 Jahren erschöpft. Das zeigen uns Berechnungen für die Energiearten Erdöl und Erdgas und z. B. für die Rohstoffe Kupfer und Zinn.
- **Wir schaffen zu viel Abfall oder Müll.**
  Die Abfallmengen, insbesondere die durch überflüssige Verpackungen, sind zwar verringert worden, doch sind noch erhebliche Einsparungen möglich. Durch sachgerechte Sortierung des Abfalls ist eine höhere Recyclingquote möglich.
- **Wir belasten die Umwelt durch unser Verhalten.**
  Verbrennungsrückstände aus den Motoren sowie Treibgase gefährden die Luftschicht der Erde;
  Schwefel aus Verbrennungsrückständen führt zu saurem Regen, der wiederum Wälder vernichtet und die Gewässer belastet;
  Unkrautvernichtungs- und Schädlingsbekämpfungsmittel gelangen in Lebensmittel und Trinkwasser und schaden so unmittelbar unserer Gesundheit.

Umweltschutz ist nur im Zusammenwirken vieler möglich.

Einerseits muss **der Staat** durch entsprechende Gesetze und Verordnungen Rahmenbedingungen schaffen, die Behörden zum Handeln berechtigen und auch zum Handeln zwingen.

Andererseits ist aber auch die **Verantwortung des Einzelnen** gefordert. Entsprechend den Hauptbereichen der Umweltbelastung kann man unterscheiden:

Einsparung von Energie

Beispielsweise durch

- vernünftiges Heizen: Absenken der Raumtemperatur um 1 °C spart 6 Prozent Energie,
- richtiges Lüften: kein Dauerlüften, sondern kurzzeitig und dafür mehrmals (Stoßlüften),
- Beachten der Saisonzeiten bei Obst und Gemüse: Der Energieaufwand für Treibhäuser und für lange Transporte ist sinnlos,
- überlegte Benutzung der Verkehrsmittel.

Einsparung von Rohstoffen

Einsparung von Rohstoffen bedeutet Müllvermeidung, z. B. wenn

- Verpackungsmaterial (Papier, Kunststoffe) sinnvoll eingesetzt wird,
- Mehrwegflaschen statt Einwegflaschen verwendet oder Nachfüllpackungen eingesetzt werden.

Recycling

Recycling ist ein Wertekreislauf. **Abfall** wird **sortiert** und soweit möglich einer **Wiederverwertung** zugeführt.

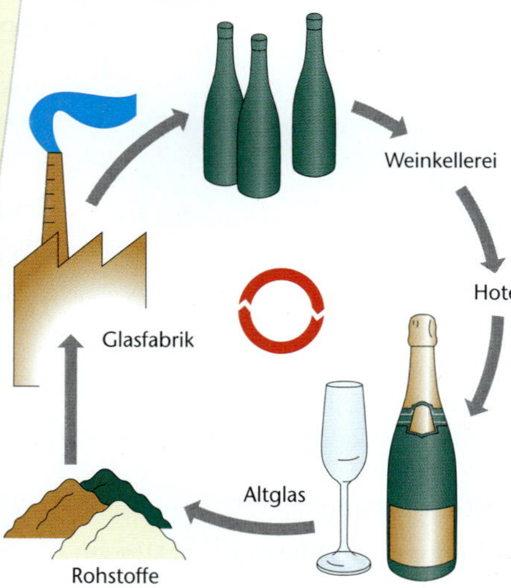

Abb. 1 Recycling → re = zurück, cycle = Kreislauf

- **Glas** fällt in großen Mengen in Form von Flaschen an
- **Altpapier,** auch Verpackungsmaterial, jedoch ohne Kunststoffanteile, wird neu aufgearbeitet.
- **Verbrauchtes Fett,** z. B. aus der Fritteuse, ist getrennt zu lagern und wird als Sondermüll abgeholt. Nach entsprechender Aufarbeitung kann es für technische Zwecke genutzt werden.

- **Speisereste und Lebensmittelabfälle** werden am sinnvollsten als Vieh-(Schweine-)futter genutzt. Vor einer Verfütterung sind sie jedoch in eigens dafür zugelassenen Betrieben zu erhitzen, damit auf dem Weg über Speisereste keine Tierseuchen verbreitet werden.

Schutz des Abwassers

Beispiele:

- **Fettabscheider;** Fettreste, die beim Spülen vom Wasser weggetragen werden, kommen im Abfluss-System mit den kalten Rohren in Verbindung. Sie erstarren und haften an den Wänden. Mit der Zeit wird auf diese Weise der Querschnitt der Rohre immer enger und sie verstopfen. Außerdem können Fettreste von den Mikroben in den Faultürmen der Klärwerke nur schwer abgebaut werden.

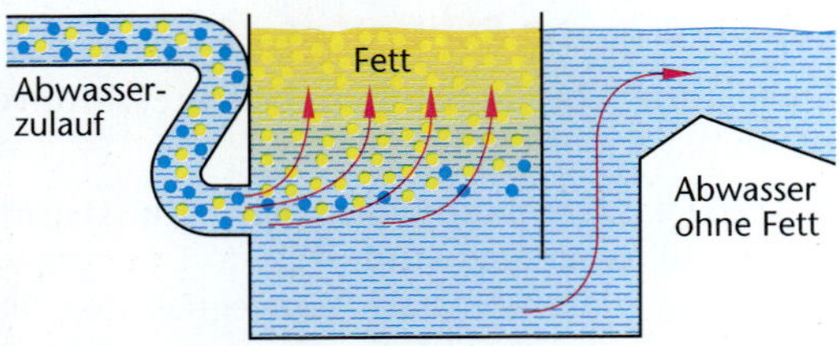

Abb. 1 Fettabscheider, Schema

- **Stärkeabscheider** halten die von den Kartoffelschälmaschinen freigelegten Stärketeilchen zurück. Diese würden sich auf dem Grund der Kanalrohre festsetzen und den Wasserdurchfluss hindern.
- **Richtige Dosierung von Spül- und Desinfektionsmitteln.** Jedes Zuviel der für Sauberkeit und Hygiene durchaus notwendigen Helfer der Chemie bleibt „unverbraucht" und wirkt in der Umwelt weiter, dort aber als Belastung.

Bei der Lagerung von Abfällen ist unbedingt auf Sauberkeit und Ordnung zu achten. Hygiene und damit die Gesundheit ist wichtiger als Abfallverwertung.

Umwelt im Zusammenhang

Ausbeutung von Energievorräten, Rohstoffen usw. →

Umweltbelastung

← **Beeinträchtigung** durch Abfälle, Abgase, Lärm usw.

Lösungsansätze
Verbesserung der Umweltbedingungen durch

Einsparung von
- **Energie**
- **Rohstoffen**

Entlastung durch umweltbewusstes Handeln

Energieeinsparung, z. B.

- vernünftiges Heizen,
- sachgerechtes Lüften,
- Beachten der Saisonzeiten bei Lebensmitteln.

Rohstoffeinsparung, z. B.

- Verwendung von Mehrwegpackungen,
- Verzicht auf überflüssige Verpackungen.

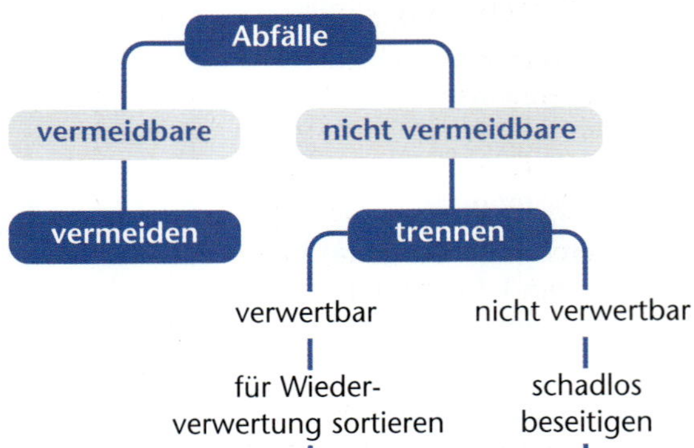

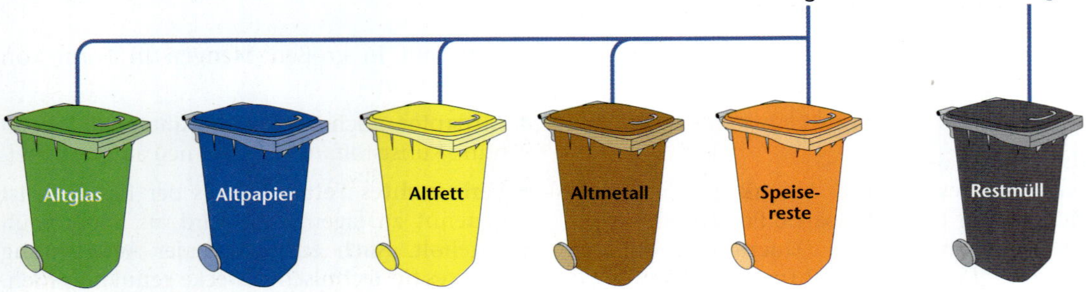

2 Verbraucherschutz

consumer protection *protection (w) du consommateur*

Als die Menschen noch von den selbst angebauten Feldfrüchten lebten und ihre eigenen Haustiere zur Fleischversorgung hatten, wusste man genau, was auf den Tisch kam. Doch schon im Mittelalter lebte der Bauer außerhalb der Stadt und der Handwerker im Stadtgebiet. Damit waren Erzeugung von Lebensmitteln und Verbrauch bereits damals voneinander getrennt.

Heute kann man den Weg eines Lebensmittels vom Erzeuger zum Verbraucher oft nicht nachvollziehen. Das ist der Grund, warum der Gesetzgeber **Verordnungen zum Schutz des Verbrauchers** erlassen hat. Diese Bestimmungen binden Erzeuger, Verarbeiter und Handel. Auch wenn man im Einzelfall, besonders als Betroffener, sich über Vorschriften beschwert: Der Schutz des Verbrauchers, des Gastes ist wichtiger als Erschwernisse in Produktion oder Vertrieb. Wichtige Vorgaben des Gesetzgebers zeigen die folgenden Beispiele.

2.1 Lebensmittel- und Futtermittelgesetzbuch (LFMG)*

food and feed article law *loi (w) sur la protection des produits alimentaires*

Das Lebensmittel- und Futtermittelgesetzbuch (LFMG) ist die rechtliche Grundlage im Umgang mit Lebensmitteln.

Zweck des Gesetzes ist

Schutz vor Gesundheitsschädigungen	Schutz vor Täuschung
§ 1 (1) 1 ... **bei Lebensmitteln ... den Schutz** der Verbraucher durch Vorbeugung gegen eine Gefahr oder Abwehr einer Gefahr für **die menschliche Gesundheit sicherzustellen.**	**§ 1** (1) 2 **vor Täuschung beim Verkehr mit Lebensmitteln ... zu schützen.**
§ 5 Verbote zum Schutz der Gesundheit Es ist verboten, 1. Lebensmittel für andere derart herzustellen oder zu behandeln, dass ihr Verzehr gesundheitsschädlich ... ist, 2. Stoffe, die keine Lebensmittel sind und deren Verzehr gesundheitsschädlich ist, in den Verkehr zu bringen ...	**§ 11 Vorschriften zum Schutz vor Täuschung** Es ist verboten, Lebensmittel unter irreführender Bezeichnung, Angabe oder Aufmachung gewerbsmäßig in den Verkehr zu bringen oder für Lebensmittel allgemein oder im Einzelfall mit irreführenden Darstellungen oder sonstigen Aussagen zu werben.

Während das Lebensmittel- und Futtermittelgesetz (LFMG) das Grundsätzliche regelt, bestimmen weitere Vorschriften die Einzelheiten.

Beispiele:

- **Gesetze,** z. B. Milchgesetz, Fleischbeschaugesetz,
- **Verordnungen,** z. B. Lebensmittelkennzeichnungsverordnung,
- **Leitsätze,** z. B. Leitsätze für Fleisch und Fleischerzeugnisse,
- **Richtlinien,** z. B. Richtlinien für Feine Backwaren, Richtlinien für Backmittel.

* Das bisherige Lebensmittel- und Bedarfsgegenständegesetz (LMBG) ist seit dem 1.1.2005 durch das Lebensmittel- und Futtermittelgesetzbuch (LFMG) ersetzt. Wesentliche Überlegung dabei: Sicherheit der Lebensmittel vom Acker oder vom Stall bis hin zum Verbraucher. Bisherige Vorschriften betrafen vorwiegend die Verarbeitung und den Handel. Nun ist auch die Produktion einbezogen.

2.2 Kennzeichnung von Lebensmitteln

labelling of foodstuffs *marquage (m) distinctif des produits alimentaires*

Wer in einer Bäckerei „offene Ware" wie Kleingebäck von der Verkäuferin erhält oder im Restaurant ein Menü bestellt und wissen will, welche Zutaten enthalten sind, kann das Personal direkt fragen. Anders ist es bei der Selbstbedienung.

Die Lebensmittelkennzeichnungsverordnung (LMKV) schreibt darum vor, was zur Information des Verbrauchers auf dem Etikett von verpackten Waren (Fertigpackungen) stehen muss.

Beispiel

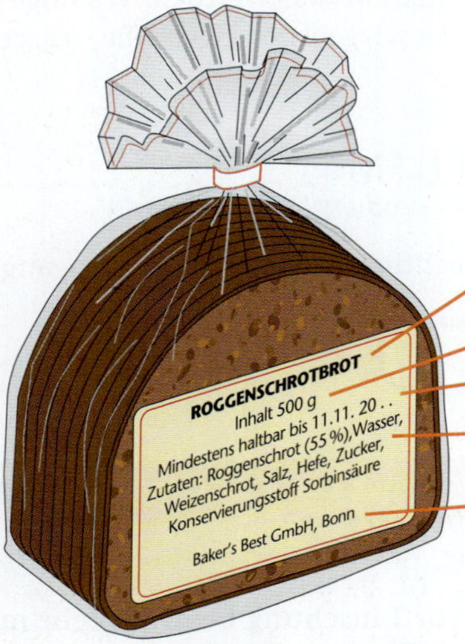

Verkehrsbezeichnung, das ist der Name des Produkts

Menge

Mindesthaltbarkeit oder **Verbrauchsdatum**

Zutatenliste

Hersteller oder Vertreiber, damit der Verbraucher weiß, an wen er sich bei Reklamationen wenden kann.

Zutaten sind alle Stoffe, die bei der Herstellung eines Lebensmittels verwendet werden. Beim frischen Brot z. B. Mehl, Getreideschrot, Wasser, Salz und Hefe.

Diese Zutaten sind in absteigender Folge anzugeben, also die größten Anteile zuerst, die geringsten zuletzt.

Wenn nun das Brot geschnitten, verpackt und auf Vorrat gehalten wird, kann es leicht schimmeln. Darum gibt man manchmal Sorbinsäure als Konservierungsstoff bei. Konservierungsstoffe sind Zusatzstoffe (siehe rechts).

Wenn eine Zutat

- den Namen gibt, z. B. Roggenschrotbrot, Erdbeerjoghurt, oder
- wesentlich ist, z. B. Kräuterbutter,

muss der Anteil dieser Zutat in Prozent genannt werden. Man nennt diese Besonderheit auch **Mengenkennzeichnung** oder **QUID-Richtlinie.**

QUantitative = mengenmäßige
Ingredient = Zutaten-
Declaration = angabe

Zusatzstoffe sind eine besondere Gruppe von Zutaten, die zugegeben werden, um besondere Wirkungen zu erzielen. Solche erwünschten Wirkungen können sein:

- *besondere Beschaffenheit,* z. B. Gelatine bei Joghurt, damit sich keine Flüssigkeit absetzt.
- *Erzielung bestimmter Eigenschaften oder Wirkungen,* z. B. Carotin, um dem Pudding/Creme eine schöne Farbe zu geben,
- *Konservierung,* die die Haltbarkeit verlängert.

Empfindliche Personen können auf bestimmte Stoffe **allergisch** reagieren. Diesen Menschen ist die Zutatenliste eine Hilfe, denn man kann dort ungünstig wirkende Stoffe erkennen und dann das Produkt meiden.

Jeder Zusatzstoff hat eine Nummer. Wenn auf dem Etikett nicht die genaue Bezeichnung des Zusatzstoffes genannt ist, sondern nur der Gruppenname, muss diese **E-Nummer** angegeben werden.

Beispiel

- Mit Konservierungsstoff Sorbinsäure oder
- Mit Konservierungsstoff (E 200)

Die Zusatzstoffe werden je nach der Verwendung in Gruppen eingeteilt.

Gruppenname	Wirkung	Beispiele	Anwendung z. B.
Emulgatoren	halten Gemische von Fett und Wasser zusammen	Mono- und Diglyceride	Fertigsuppen, Salatmayonnaise
Antioxidantien	hemmen die Verbindung der Lebensmittel mit dem Sauerstoff der Luft und verzögern so den Verderb	Ascorbinsäure (Vitamin C), Tocopherol (Vitamin E), Milchsäure	Konfitüren, Salatsaucen, Pflanzenöle
Farbstoffe	geben den Zubereitungen eine ansprechende Farbe	Riboflavin, Carotin	Cremespeisen, Pudding, Kräuterliköre
Chemische Konservierungsmittel	hemmen die Tätigkeit von Mikroben und verhindern so den Verderb	Benzoesäure, Sorbinsäure PHB-Ester	Feinkostprodukte wie Fleisch- oder Heringssalat, Toastbrot

Mindesthaltbarkeits- und Verbrauchsdatum

Lebensmittel sind nur beschränkt haltbar. Darum müssen die Hersteller den Weiterverarbeiter, den Händler und den Endverbraucher darüber informieren, wie lange ein Produkt bei sachgemäßer Lagerung *mindestens haltbar* ist. Diesen Zeitpunkt nennt das **Mindesthaltbarkeitsdatum.**

Haltbarkeit	vorgeschriebene Kennzeichnung
weniger als drei Monate	→ mindestens haltbar bis (Tag und Monat)
bis 18 Monate	→ mindestens haltbar bis (Monat und Jahr)
länger als 18 Monate	→ mindestens haltbar bis (Jahr)

Wenn die auf dem Etikett genannte Frist abgelaufen ist bedeutet das nicht, dass ein Lebensmittel verdorben ist, dass man es nicht mehr verwenden dürfte. Es muss jedoch sorgfältig auf Mängel geprüft werden.

Das **Verbrauchsdatum** ist bei leicht verderblichen Lebensmitteln wie z. B. Hackfleisch anzugeben.

Die Kennzeichnung lautet:

Verbrauchen bis spätestens 12. 10. ...

Nach dem genannten Termin darf das Lebensmittel dann **nicht mehr verwendet** werden.

Preisangaben

Sinn dieser Bestimmungen ist es, dem Verbraucher/Gast Preisvergleiche zu ermöglichen. Darum ist jeder, der Waren oder Dienstleistungen anbietet, zur konkreten Angabe der Preise verpflichtet. Die Preise müssen Endpreise sein, es dürfen keine weiteren Zuschläge hinzukommen. In der Gastronomie spricht man von **Inklusivpreisen.**

- Im Einzelhandel muss bei Lebensmitteln neben dem Gewicht und dem Einzelpreis auch der Preis pro kg (€/kg) genannt werden.

Salami (200 g Paket)
20,00 €/kg
4,00 €

- Gaststätten und Restaurants müssen neben dem Eingang ein Verzeichnis wesentlicher Speisen und Getränke anbringen. Das erlaubt dem Gast eine erste Orientierung vor dem Betreten des Lokales.
- Bei Getränken (außer bei Aufgussgetränken) muss neben dem Preis auch die Menge genannt werden. Also nicht: Glas Wein 4,00 €.
- Eine Angabe wie: „Forelle blau, nach Größe“ ist nicht erlaubt.

Richtig ist es so:

Forelle (blau), nach Größe
Preis: xx,yy €/100 g

2.3 Verordnung über Lebensmittelhygiene (Basishygiene)

food hygiene regulations *décret (m) sur l'hygiène des produits alimentaires*

Für den hygienischen Umgang mit Lebensmitteln hatte bisher jeder Staat eigene Vorschriften, deren Einzelregelungen aber ähnlich und damit vergleichbar waren. Um den Warenaustausch zwischen den Staaten zu erleichtern, hat die EG eine Verordnung geschaffen, die in allen Mitgliedstaaten einheitlich gilt.

In Deutschland ist damit die bisherige Lebensmittelhygieneverordnung (LMHV) durch die **Verordnung über Lebensmittelhygiene** ersetzt. Wesentlicher Inhalt ist die Verpflichtung zu Eigenkontrollen nach HACCP.

HACCP-Konzept

HACCP ist ein Konzept für die Produktsicherheit. Mit Hilfe dieses Verfahrens wird jeder Abschnitt der Speisen- und Getränkeproduktion auf Gefahrenstellen für die Gesundheit unserer Gäste überprüft.

Was bedeutet die Abkürzung?

HACCP	wörtlich	sinngemäß
H = Hazard A = Analysis C = Critical C = Control P = Points	= Gefahr, Risiko = Analyse, = kritisch = Kontroll- = Punkte	Risiko- analyse und kritische Prüf- und Steuerungs- Punkte

Anmerkung: das englische Wort *control* darf hier nicht mit *Kontrolle* übersetzt werden. Hier bedeutet es *unter Kontrolle haben, beherrschen, steuern.*

Kontrollpunkte kann man auch mit **Schlüsselsituationen** übersetzen. An diesen Stellen muss man prüfen und nötigenfalls eingreifen. Dieses Wissen hilft, die Vorschriften zu verstehen.

Das HACCP-Konzept verlangt von jedem Betrieb

- selbst herauszufinden, wo „kritische Punkte" innerhalb des Betriebes bestehen,
- zu entscheiden, was unternommen werden muss, um Gefahren zu verhindern oder zu mindern,
- Prüfergebnisse festzuhalten (zu dokumentieren).

Die Verantwortung liegt beim Unternehmer.

Das Kontrollsystem umfasst drei Bereiche.

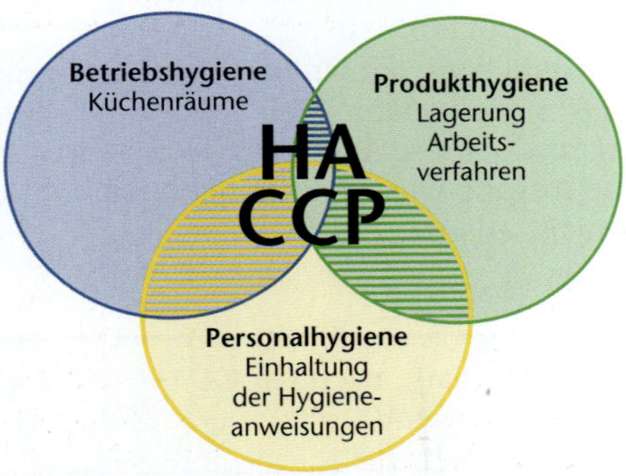

Die untenstehende Grafik zeigt, dass viele Erkrankungen in Verbindung mit Lebensmitteln durch menschliches Verhalten bedingt sind: Erhitzungsfehler, Übertragung durch Menschen, Hygienemängel, Herstellungsfehler, Lagerungsfehler. Alles Dinge, die nicht sein müssten. Das HACCP-Konzept dient der vorbeugenden Anwendung von Hygienemaßnahmen.

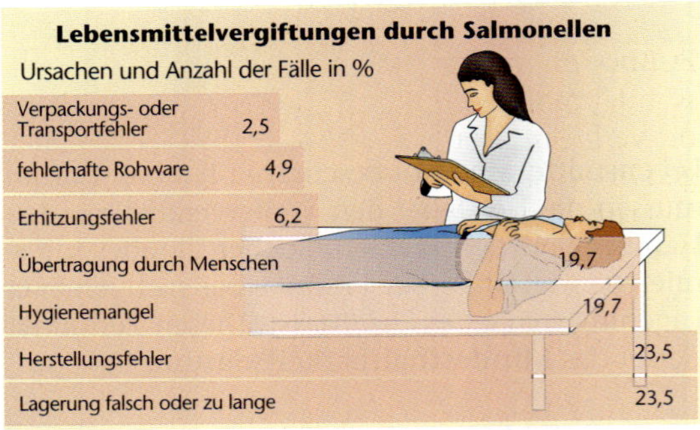

Abb. 1 Ursachen von Lebensmittelvergiftungen

Aus den vorangegangenen Abschnitten wissen wir von den Mikroben, ihren Vermehrungsweisen und ihren Lebensbedingungen. Nun geht es darum, entsprechende Hygienemaßnahmen anzuwenden.

Die Lebensmittelhygieneverordnung (LMHV) kennt **Bestimmungen über:**

- **Betriebsräume**
- **Personal**
- **Umgang mit Lebensmitteln**
  - Rohstoffe
  - Arbeitsverfahren
  - Vorratshaltung

Betriebsräume und Einrichtung

Hygienisch einwandfreies Arbeiten ist nur dort möglich, wo auch die äußeren Voraussetzungen dazu vorhanden sind. Zum Schutze des Verbrauchers nennen Gesetze und Verordnungen **Mindestanforderungen.** Die Betriebsräume müssen darum von den entsprechenden Behörden genehmigt werden.

Voraussetzungen sind:

Wände müssen hell und leicht zu reinigen sein. Nur so wird eine Verschmutzung leicht erkannt und ist problemlos zu entfernen. Darum sollen die Wände bis zu mindestens 2 Meter Höhe mit Fliesen belegt oder wenigstens mit heller Ölfarbe gestrichen sein.

Abb. 1 Hochgezogene Fliesen verhindern Schmutzablagerungen

Fußböden müssen wasserdicht sein. Darum verwendet man in der Regel Fliesen und verschließt die verbleibenden Fugen mit Zement. Die Rutschgefahr wird herabgesetzt durch eine besondere Oberflächengestaltung, wie z. B. durch Nocken oder Stege.

Toiletten müssen so angeordnet sein, dass sie nicht direkt mit den Produktionsräumen in Verbindung stehen. So wird die Gefahr der Keimverschleppung herabgesetzt.

Waschplätze müssen sich in der Nähe der Arbeitsplätze befinden und mit fließendem Wasser ausgestattet sein. Sie müssen getrennt von den Reinigungsbecken für Geschirr oder Rohstoffe angebracht werden.

Das Lebensmittelrecht schreibt vor, dass die **Einrichtungsgegenstände** so beschaffen sein müssen, dass sie bei bestimmungsgemäßem Gebrauch die menschliche Gesundheit nicht schädigen können. Darum dürfen sie nicht rosten und müssen leicht zu reinigen sein.

Neben den Eigenschaften des Materials, das zur Herstellung von Einrichtungsgegenständen verwendet wird, kommt es wesentlich auf die **Art der Formgebung** und Verarbeitung an. Wo keine Schmutzecken sind, kann sich auch kein Schmutz festsetzen. Daran sollte auch bei der Auswahl der Geräte gedacht werden.

Kühlräume sind sauber zu halten, denn Lebensmittelreste und Verschmutzungen bieten Bakterien Nahrung.

Zwischenreinigen verbessert die Hygiene. Nach jedem Arbeitsvorgang Arbeitsflächen und Geräte reinigen.

Tücher, die in der Küche verwendet werden, sind täglich zu waschen.

Bei **Spülmaschinen** dürfen Programme (Zeit, Temperatur) nicht geändert werden, denn sonst können Bakterien überleben.

Ungeziefer ist zu bekämpfen, denn es kann Keime übertragen.

Personal

„Alle Hygienemaßnahmen haben nur dann Aussicht auf Erfolg, wenn die persönliche Hygiene der Mitarbeiter einwandfrei ist."

Dieser Satz aus einem Handbuch der Hygiene macht deutlich:

Das Verhalten der Menschen entscheidet wesentlich über den Stand der Hygiene innerhalb eines Betriebes.

Beschäftigte in Lebensmittelbetrieben

- erhalten eine Erstbelehrung über Hygiene durch das Gesundheitsamt,
- werden zu Hygienefragen durch den Betrieb geschult,
- müssen übertragbare Krankheiten melden,
- dürfen mit ansteckenden Krankheiten nicht beschäftigt werden.

Hygieneregeln

1. Vor Beginn der Arbeit Ringe und Armbanduhr ablegen.
2. Vor Beginn der Arbeit und nach dem Gang zur Toilette Hände gründlich waschen.
3. Beim Husten oder Niesen sich von den Lebensmitteln abwenden.
4. Verletzungen, z. B. kleine Schnitte an den Händen, mit wasserundurchlässigem Verband versorgen.
5. Beim Umgang mit Lebensmitteln ist eine Kopfbedeckung zu tragen.
6. Beim Umgang mit Lebensmitteln ist das Rauchen verboten.

Hände – Handtuch

Hände sind gefährliche Überträger von Mikroben. Darum muss die persönliche Hygiene besonders beachtet werden. Hände werden unter fließendem warmem Wasser gereinigt.

Seife hilft den Schmutz zu lösen. Seifenspender müssen mit der gewaschenen Hand nicht mehr berührt werden und verhindern darum die Übertragung von Bakterien.

Handtücher werden bei der Benutzung **feucht** und durch Lebensmittelreste **verschmutzt.** Bei entsprechender Raumtemperatur bietet das Mikroben eine nahezu **ideale** Vermehrungsgelegenheit.

Übliche Handtücher sind darum eine **Gefahr für die Hygiene.** Besonders problematisch sind **Gemeinschaftshandtücher,** die von mehreren Personen benutzt werden. Sie bergen neben der Möglichkeit der Bakterienvermehrung auch die **Gefahr der Bakterienübertragung** von Mensch zu Mensch.

Darum hat man andere Möglichkeiten zum Trocknen der Hände geschaffen.

Papierhandtücher sind aus saugfähigem Papier und zum einmaligen Gebrauch bestimmt. Gebrauchte Stücke kommen in den Papierkorb und werden vernichtet.

Stoffhandtuchspender geben jeweils ein Stück frisches Tuch zur einmaligen Benutzung frei. Gebrauchtes Tuch und unbenutztes Tuch sind voneinander getrennt, sodass Bakterien nicht übertragen werden können.

Berufskleidung

Mit modernen Waschmitteln ist es zwar möglich, auch bei niederen Temperaturen weiße Wäsche zu erhalten.

„Weiß" ist aber nicht immer „hygienisch einwandfrei". Nur bei **hoher Temperatur** werden die **Mikroben** getötet. Für Berufswäsche, die ja bei fast allen Nahrungsmittelberufen auch mit eiweißhaltigen Speiseresten verschmutzt ist, empfiehlt es sich darum, die **Hauptwäsche bei 95 °C** durchzuführen.

Umgang mit Lebensmitteln

Lebensmittel können mit Keimen belastet sein. Vermehren sich diese während der Lagerung und Zubereitung, können sie zu einer Gesundheitsgefährdung für die Gäste werden.

Darum sind beim Umgang mit Lebensmitteln bestimmte Hygienemaßnahmen einzuhalten.

Warenannahme und Lagerung

- **Saubere Behältnisse** verhindern, dass Keime über Kontaktflächen (Regale usw.) verschleppt werden.
- **Verderbliche Lebensmittel** kühl lagern, damit sich Bakterien nicht vermehren können.
- **Fleisch und Fleischwaren** (rein) und unvorbereitete **pflanzliche Lebensmittel** (unrein) getrennt lagern und getrennt bearbeiten.

Verarbeitung

- **Tiefgefrorenes Fleisch und Geflügel** sachgerecht auftauen, Tauwasser wegschütten, Verpackung entsorgen, Tisch, Geräte und Hände reinigen.
- **Vorbereitete Lebensmittel** bis zur Weiterverarbeitung kühl lagern.
- **Zubereitete Speisen** bis zur Ausgabe entweder **heiß halten** oder **rasch abkühlen** und bei Bedarf **wieder erwärmen,** denn im kritischen Bereich (+ 6 bis + 60 °C) vermehren sich Bakterien rasch.
- **Abfälle** außerhalb der Küche lagern, damit Bakterien ferngehalten werden.

Sachgerechte kurzfristige Vorrätighaltung

Um den Spitzenbelastungen in der gewerblichen Küche gerecht werden zu können, muss ein Teil der Vorbereitungs- und Zubereitungsarbeiten im Voraus, unabhängig vom eigentlichen Service, erfolgen. Um zu verhindern, dass sich in der Zwischenzeit Bakterien auf den noch warmen Zubereitungen vermehren, muss für die Zwischenlagerung rasch abgekühlt werden.

Zeitliche und thermische Entkoppelung

Werden Vorbereitung und endgültige Zubereitung getrennt oder entkoppelt, spricht man von zeitlicher und thermischer Entkoppelung.

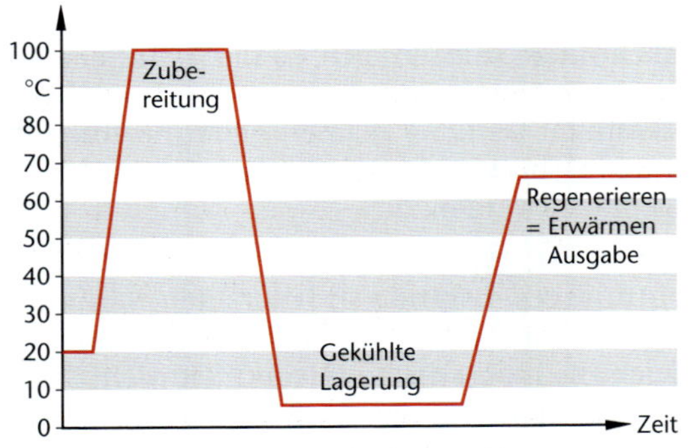

Abb. 1 Zeitliche und thermische Entkoppelung

Sachgerechtes Abkühlen

Je größer ein Lebensmittel oder ein Topf und je weniger beweglich ein Lebensmittel (Roastbeef vorgebraten – kleiner Topf mit Bouillon), desto länger dauert die Abkühlung bis ins Innere.

Die Abkühlung fördern

- das Umfüllen in flaches Geschirr, denn die Wärme kann besser entweichen,
- Töpfe ohne Kompensboden, denn diese speichern die Wärme,

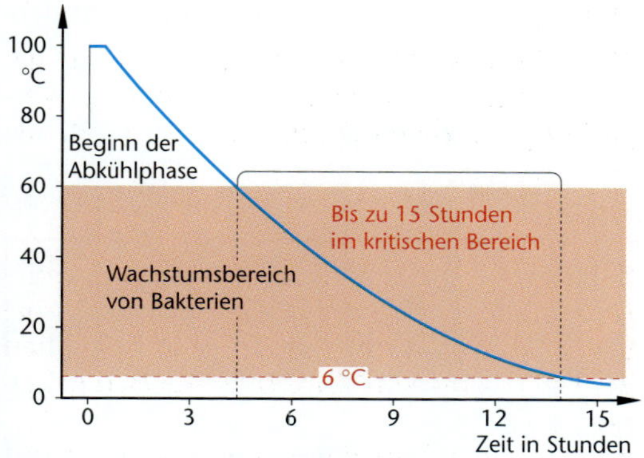

Abb. 1 Temperaturverlauf in einem Topf mit 25 Liter Sauce beim Abkühlen im Kühlraum

- Geschirr in kaltes Wasserbad gestellt,
- Das Einsetzen von Tauchkühlern

Tipp: Auch daran ist zu denken: Wenn eine Kühlmaschine ununterbrochen läuft, wenn sie nicht mehr abschaltet, ist sie überlastet. Eine ausreichende Kühlung ist nicht mehr gewährleistet.

Durchführung der Hygienevorschriften

Hier verlangt die Lebensmittelhygieneverordnung die **Eigenkontrolle** innerhalb der Betriebe. Die amtliche Lebensmittelüberwachung ist dann gleichsam die „Kontrolle der Kontrolle".

Die Betriebe müssen

- **Kontrollpunkte festlegen.** Darunter versteht man Schlüsselsituationen, an denen die Qualität oder die gesundheitliche Unbedenklichkeit eines Produktes gefährdet sein kann. Beispiel: Fleisch wird nicht im Kühlraum gelagert. Wird die Gesundheit gefährdet, spricht man von **kritischen Kontrollpunkten.**
- **Sicherungsmaßnahmen festlegen.** Beispiel: Die Anweisung „Fleisch, Fisch und Milchprodukte sind unmittelbar nach der Annahme der Waren in die entsprechenden Kühlräume zu bringen."
- **Einen Reinigungs- und Hygieneplan aufstellen.**
- **Die Maßnahmen an den kritischen Punkten** überwachen betriebseigene Kontrollen. Betriebseigene Kontrollen müssen durch die amtliche Lebensmittelkontrolle nachprüfbar sein.

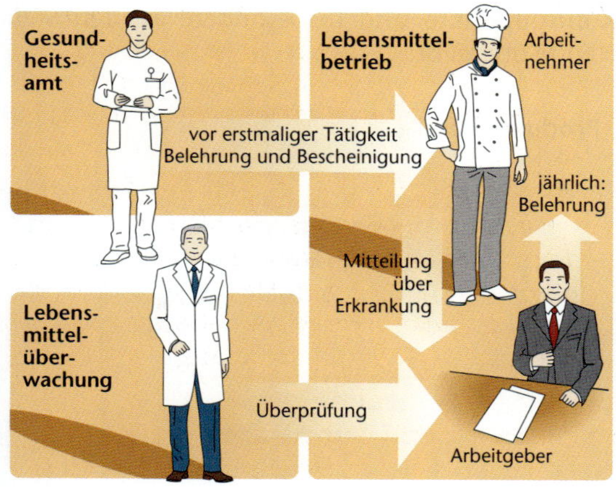

Abb. 2 Zusammenwirken von Behörde und Betrieb

Es ist darum sinnvoll, die durchgeführten Kontrollen und die Ergebnisse schriftlich festzuhalten, weil nur auf diese Weise die geforderte Sorgfalt nachgewiesen werden kann.

Schriftliche Pläne für Reinigungs- und Hygienemaßnahmen sind von Vorteil. Sie

- legen die geforderten Arbeiten unmissverständlich fest,
- bleiben auch bei Personalwechsel bestehen,
- dienen gegenüber dem Lebensmittelkontrolldienst als Nachweis.

Wareneingang – Temperaturkontrolle

- Temperatur bei Wareneingang messen
- Stichthermometer zwischen Waren schieben
- Gemessene Temperatur eintragen
- Eintrag mit Unterschrift bestätigen

Abb. 3 Beispiel einer Dokumentation

Lieferant	Datum	Frischfleisch max. +7 °C	Frischgeflügel Hackfleisch Wild max. +4 °C	Innereien max. +3 °C	Frischfisch max. +2 °C	Zurück an Lieferant	Unterschrift des Kontrollierenden
Metzgerei Meier	24.8.	7	–	3	–	–	Krause
Metzgerei Meier	29.8.	10	–	–	–	✔	Krause
Geflügel Hahn	30.3.	–	4	–	–	–	Müller
Metzgerei Meier	30.3.	7	–	3	–	–	Müller

Kontrollpunkte sind insbesondere an den Stellen erforderlich, wo die Verantwortung in andere Hände übergeht.

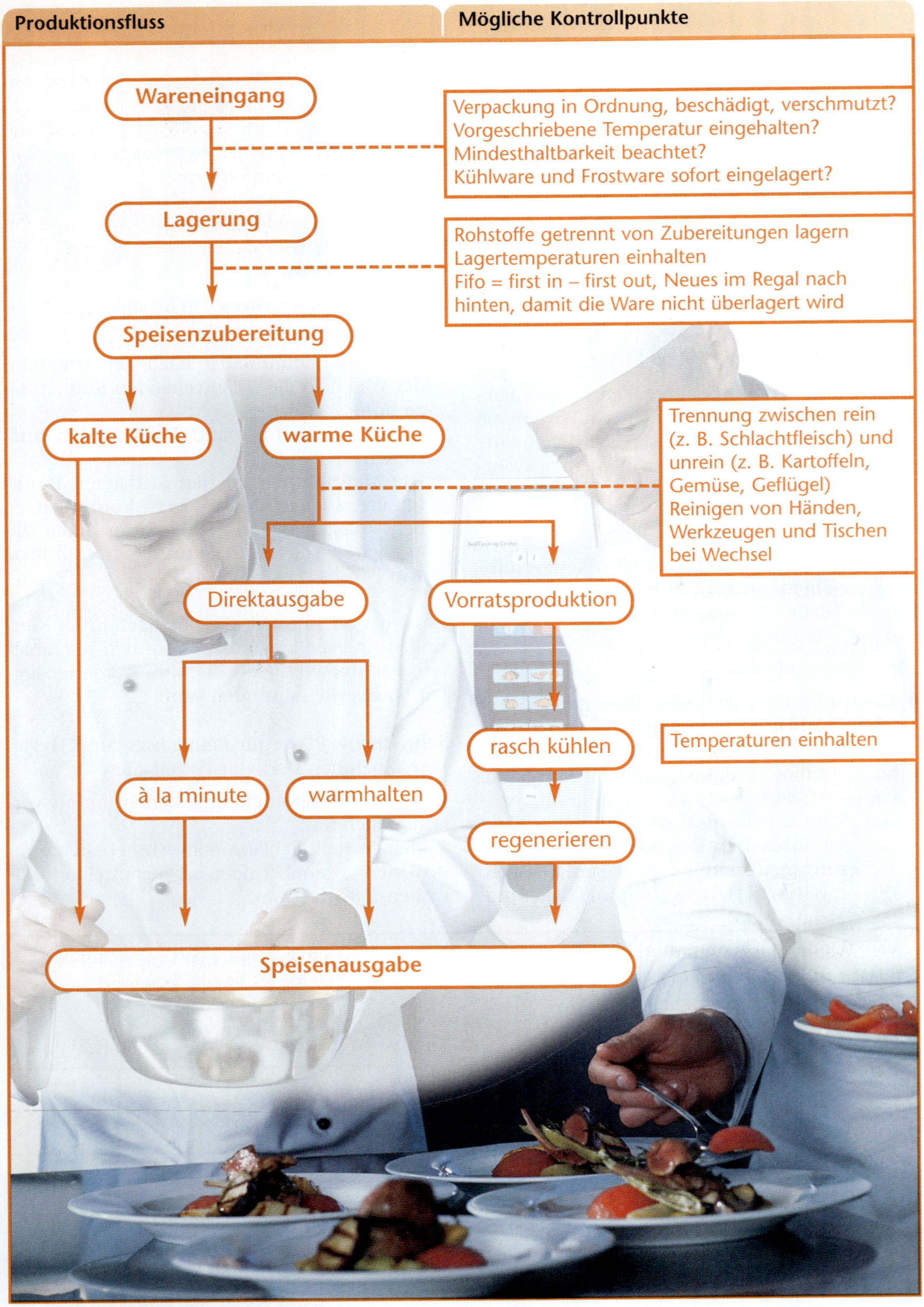

2.4 Lebensmittelüberwachung

food supervision

contrôle (m) des produits alimentaires

Was nützen die strengsten Vorschriften, wenn sie nicht kontrolliert werden?

Die Kontrolle der Lebensmittelbetriebe ist Sache der Bundesländer. Aus diesem Grund können die zuständigen Behörden unterschiedliche Namen tragen. Die Grundsätze der Verfahren sind dennoch gleich.

Überwachungsbeamte oder **Lebensmittelkontrolleure** sind fachlich ausgebildete Personen; oft haben sie einen Beruf aus dem Lebensmittelgewerbe und sind darum sachkundig.

Die Kontrollen werden nach dem Zufallsprinzip durchgeführt. Liegen Beschwerden von Verbrauchern/Gästen vor, wird die Kontrolle angeordnet. Der Betriebsinhaber und das Personal sind nach dem Gesetz verpflichtet, die amtlichen Kontrolleure nicht zu behindern. Sie müssen auch Fragen über die Rohstoffe und die Herstellungsverfahren beantworten.

Bei den **Kontrollen** dürfen sie während der Geschäftszeiten

- Räume und Einrichtungen des Betriebes auf den hygienischen Zustand überprüfen,
- Rohstoffe und Endprodukte auf Hygiene und die Einhaltung lebensmittelrechtlicher Vorschriften überprüfen (ob z. B. ein Wiener Schnitzel aus Kalbfleisch ist),
- Proben von Produkten nehmen und diese zur lebensmittelrechtlichen Untersuchung senden.

Werden **Proben** entnommen, so hat der Betriebsinhaber das Recht auf eine **Gegenprobe.** Diese kann er auf eigene Kosten untersuchen lassen. Damit hat er bei einer ungerechtfertigten Anklage ein wichtiges Beweismittel zu seiner Entlastung.

Fachbegriffe

antibakteriell	gegen Bakterien wirkend
bakterizid	Bakterien abtötend
desinfizieren	Krankheitserreger unschädlich machen
Inkubationszeit	Zeit zwischen der Ansteckung und den ersten Krankheitserscheinungen
Infektion	Ansteckung durch in den Körper eingedrungene Krankheitserreger
Keime	Krankheiten verursachende Mikroorganismen
Kontamination	Verschmutzung, Verunreinigung, Übertragung von Keimen
Tenside	Stoffe, die die Oberflächenspannung des Wassers herabsetzen
-zid (als Endsilbe)	= tötend

Aufgaben

1 Welches sind die zwei wesentlichen Ziele des Lebensmittelrechts?

2 „Wenn ich verpacktes Brot kaufe, erfahre ich, welche Zutaten enthalten sind. Warum ist das für frisches Brot in der Bäckerei nicht vorgeschrieben?" Welche Antwort geben Sie?

3 Worin liegt der Unterschied zwischen Zutaten und Zusatzstoffen?

4 Aus welchen Gründen können Zusatzstoffe beigegeben werden? Nennen Sie drei Bereiche mit je einem Beispiel.

5 Auf einem Becher mit Joghurt steht: „Mindestens haltbar bis 14.03. …". Im Kühlschrank ist ein Becher nach hinten gerutscht und übersehen worden. Darf man das Produkt am 20.03. noch essen?

6 Eine Packung mit Hackfleisch zeigt die Aufschrift: „Verbrauchen bis spätestens 04.09. …". Darf dieses Hackfleisch am 06.09. … noch verarbeitet werden?

1 Unfallverhütung *prevention of accidents* *prévention (m) des accidents*

Ein Blick auf die Unfallstatistik zeigt, dass innerhalb des Hotelgewerbes die Küche der gefährlichste Bereich ist.

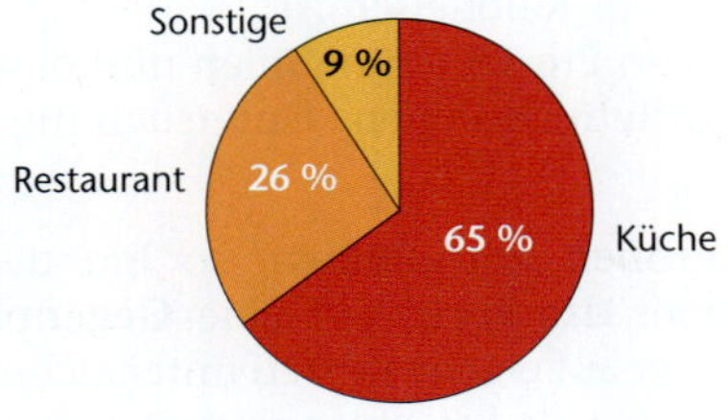

Abb. 1 Unfallbereiche

Betrachtet man die Unfallschwerpunkte, stehen die so genannten Wegeunfälle im Vordergrund. Ein Großteil davon entfällt auf Verletzungen, die beim Laufen, Gehen und Steigen auch außerhalb der Küche entstehen. Im Bereich des Restaurants überwiegt diese Art. In der Küche stehen Schnittverletzungen im Umgang mit Messern und Geräten im Vordergrund, gefolgt von Unfällen, die im Umgang mit Maschinen entstanden sind. Aber auch falsches Heben und Tragen führt zu Verletzungen.

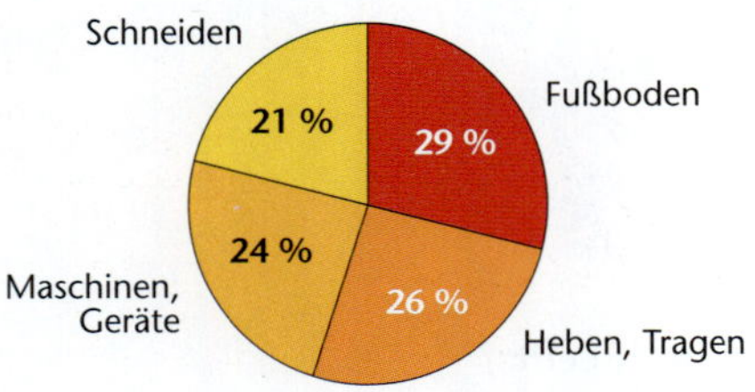

Abb. 2 Unfallschwerpunkte

1.1 Fußboden *floor* *plancher (m)*

Etwa 20 % der Unfälle, die sich in der Küche ereignen, sind Stürze. Wenn auch oft Eile und Hast zum Sturz beitragen, so sind die eigentlichen Ursachen meist

- ein verschmutzter und damit nicht rutschfester Boden,
- Gegenstände, die im Laufbereich abgestellt und vom Verletzten übersehen worden sind.

Stürze können vermieden werden. Deshalb

- Wege frei halten,
- Schuhe mit rutschfesten Sohlen tragen; abgetragene Straßenschuhe taugen nicht für den Beruf,
- Verschüttetes sofort aufwischen,
- kleinere Fettmengen am Boden mit Salz bestreuen,
- vor dem Betreten des Gefrierraumes Schuhsohlen abstreifen, denn an feuchten Sohlen bildet sich sofort eine Eisschicht.

1.2 Tragen und Heben von Lasten

Das Heben und Tragen ist nicht nur mühsam, es belastet auch die Wirbelsäule. Diese besteht aus fein gestalteten, nicht austauschbaren Wirbelkörpern, die zusammen eine leicht geschwungene S-Form bilden. Zwischen den Wirbelkörpern sind die Bandscheiben eingelagert. Dieses faserige Knorpelgewebe ermöglicht die Beweglichkeit der Wirbelsäule.

Wer falsch hebt und trägt, wird auf die Dauer nicht ohne Bandscheibenschäden bleiben. Diese können von einfachen Schmerzen beim Aufrichten des Körpers bis zu Ischias und Lähmung reichen.

Beim **Tragen von Lasten** soll der Körper gleichmäßig belastet werden, damit Spannungen in der Wirbelsäule vermieden werden. Darum ist die Last nach Möglichkeit auf beide Arme zu verteilen (Abb. 3).

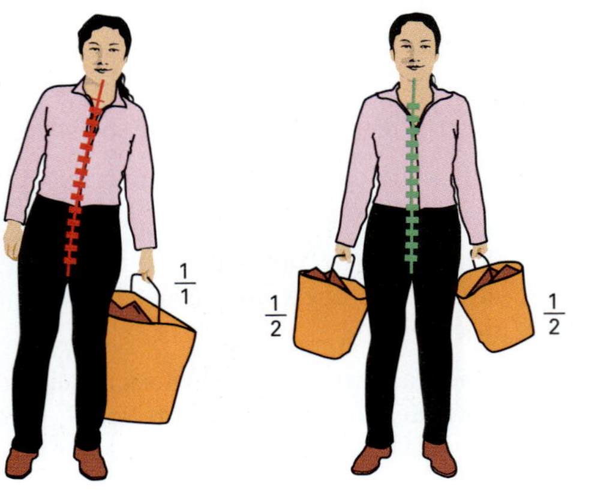

Abb. 3 Falsches und richtiges Tragen

Lasten werden aus den Knien aufgenommen. Dann ist die Belastung auf die Wirbel gering und gleichmäßig verteilt. Die „Arbeit“ leisten die Beinmuskeln (Abb. 1).

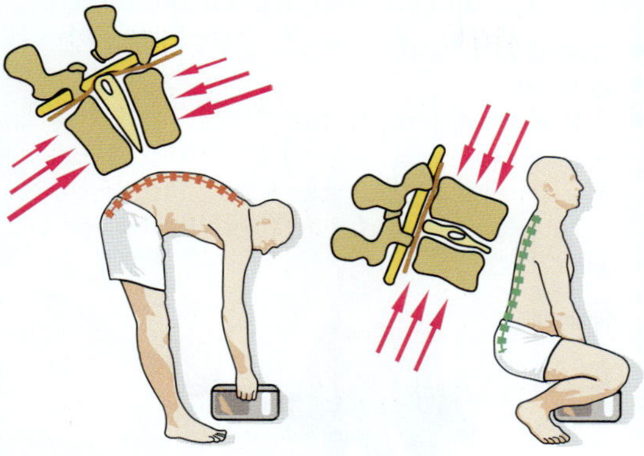

Abb. 1 Falsches und richtiges Heben

1.3 Messer, schneidende Maschinen

knives/cutting machines

couteaux (m)/machines (m) à couper

In Verbindung mit Messern und schneidenden Werkzeugen entstehen etwa 12 % der Unfälle im Gastgewerbe. Auf die Beschäftigten in der Küche bezogen, geschieht jeder dritte Unfall in Verbindung mit Messern. Mit zu den schlimmsten Unfällen in der Küche gehören die „ausrutschenden Messer“ bei der Fleischzerlegung.

Besonders gefährdet sind:

- Hände (Schnitt- und Stichwunden).
- Bauchgegend (Darmverletzung).
- Oberschenkel (Schlagader).

Wirksamen Schutz bei der Fleischzerlegung bieten:

- Stechschutzschürze,
- Stechschutzhandschuh.

Schneidewerkzeuge nie ins Spülwasser legen! Wer nicht Bescheid weiß, greift in das Wasser und verletzt sich.

Abb. 2 Stechschutzhandschuh

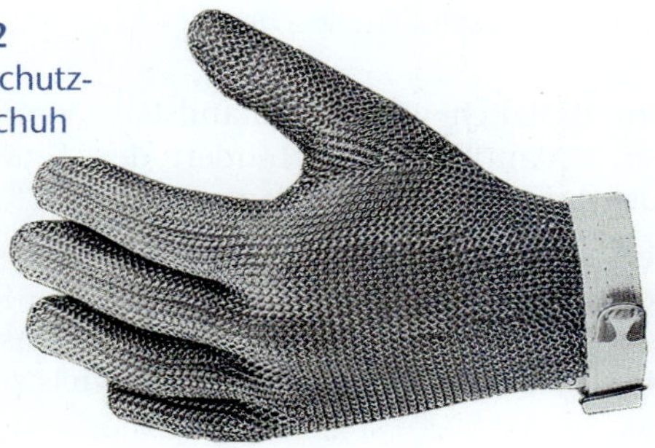

1.4 Maschinen

machines *machines (w)*

Die Berufsgenossenschaft prüft neue Maschinen und Geräte, ob sie den Unfallverhütungsvorschriften entsprechen, und stellt darüber ein Prüfungszeugnis aus. Auf dieses Prüfungszeugnis ist beim Einkauf zu achten, denn der Betriebsinhaber ist verpflichtet, dafür zu sorgen, dass die im Betrieb verwendeten Maschinen unfallsicher sind.

Schutzvorrichtungen dürfen nicht entfernt werden.

In diesem Buch sind die Schutzvorrichtungen jeweils bei den entsprechenden Maschinen beschrieben.

Maschinen und Geräte dürfen nur dann benutzt werden, wenn sie den jeweiligen Sicherheitsvorschriften entsprechen. Da der Unternehmer im Gastgewerbe nicht alle Vorschriften für Technisches kennen kann, wird empfohlen, bei der Bestellung zur Bedingung zu machen, dass die Maschinen den anerkannten sicherheitstechnischen Regeln entsprechen.

Hersteller, die ihre Maschinen und Geräte prüfen lassen, erhalten von der Prüfstelle eine Prüfbescheinigung mit dem GS-Zeichen. **GS** bedeutet **G**eprüfte **S**icherheit.

Abb. 3 GS-Zeichen für geprüfte Sicherheit

1.5 Elektrische Anlagen

electrical appliances

système (m) électrique

Bereits Spannungen über 50 V können zum Tod führen, wenn sie durch den menschlichen Körper fließen.

Für gewerbliche Räume sind Geräte und Steckvorrichtungen mit Schutzkontakt vorgeschrieben. **Isolationsfehler** werden dabei nach außen nicht wirksam, weil Fehlspannungen über den Schutzleiter abgeleitet werden und nicht durch den menschlichen Körper fließen.

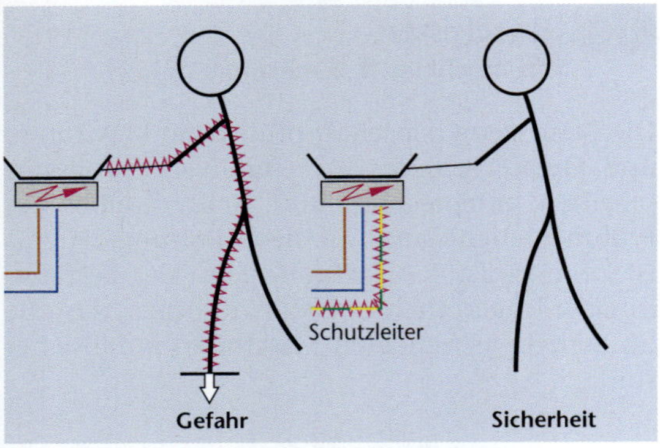

Abb. 1 Wirkung des Schutzleiters

Verlängerungskabel ohne **Schutzleiter** setzen die Schutzwirkung außer Kraft.

Beispiel

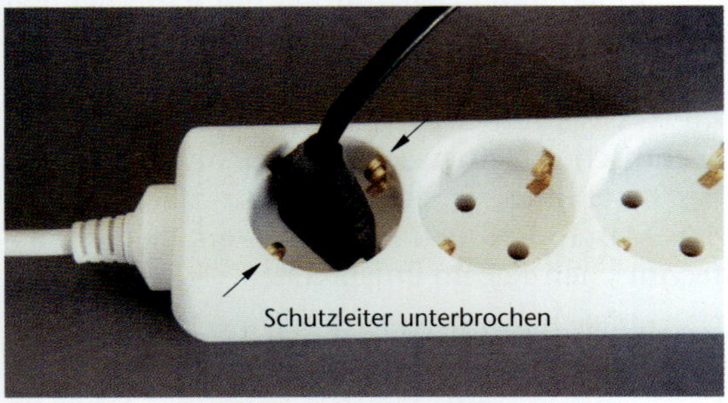

Abb. 2 Unterbrochene Schutzleitung

Wer an Geräten mit Schutzleitungen oder Schuko-Steckdosen Änderungen vornimmt, handelt verantwortungslos. Eine kleine Verwechslung, und der Schutzleiter kann todbringend sein.

Nur der Elektrofachmann darf installieren und Änderungen vornehmen.

In der Küche ist es besonders gefährlich, beschädigte Leitungen selbst zu reparieren, denn bei Feuchtigkeit kann der elektrische Strom die Isolierung überwinden und dadurch zu Unfällen führen.

Schutzmaßnahmen bei elektrischen Unfällen

Elektrischer Strom wirkt nur, wenn er fließen kann.

Darum:

- Vor Rettungsmaßnahmen Stromkreis unterbrechen (Sicherung, Retter ist isoliert, z. B. auf Unterlage von Karton).
- Nach einem „Stromschlag" zum Arzt, denn die elektrische Spannung kann die Herztätigkeit beeinflussen.

1.6 Feuerschutz

fire preventing
protection (w) contre l'incendie

Wenn ein Brand entsteht, wirken zusammen:

- brennbarer Stoff,
- Sauerstoff,
- Entzündungstemperatur.

Abb. 3 Brandfaktoren

Soll ein Brand gelöscht werden, muss mindestens einer dieser Faktoren ausgeschaltet werden.

Wasser entzieht die Entzündungswärme.

Als Löschmittel ist Wasser aber nur geeignet bei Bränden mit Holz, Pappe und Papier.

Es ist ungeeignet für Öl, Fett, Benzin usw., denn diese flüssigen Stoffe würden bei Wassereinwirkung nur verspritzen und damit den Brandherd vergrößern.

Feuerlöscher entziehen den Sauerstoff.

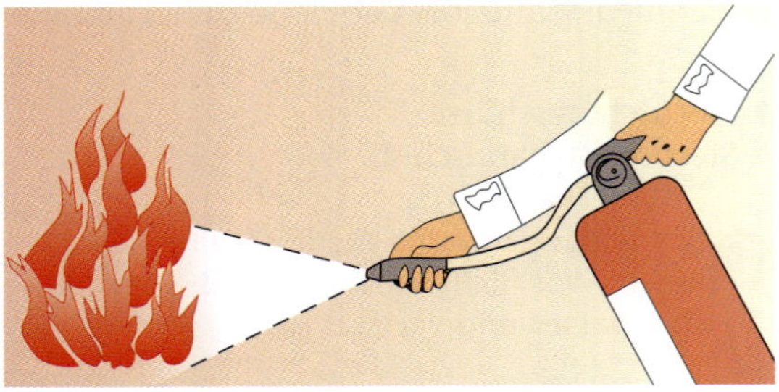

Abb. 4 Trocken-Feuerlöscher

Grundsätzlich wird die Brandstelle von unten her bekämpft. Das verhindert den Sauerstoffzutritt und erstickt die Flamme.

Bei der Anschaffung von Feuerlöschern ist eine Beratung durch den Fachmann erforderlich, denn entsprechend dem möglichen Einsatz ist die zweckmäßigste Art des Löschmittels zu wählen.

1.7 Sicherheitszeichen *security signs* *signes (m) de sécurité*

Sicherheitszeichen geben Informationen in bildhafter Form. Durch die Art der Gestaltung sollen sie, ohne weitere Erläuterung, „für sich sprechen". Ähnlich wie bei den Verkehrszeichen macht schon die Form und Farbe Aussagen über die Art der Information.

Warnzeichen

Gefahrenstelle

Leicht entzündlich

Ätzend

Giftig

Gesundheitsschädlich

Umweltgefährlich

Verbotszeichen

Verbot mit Wasser zu löschen

Rauchen, offenes Licht und Feuer verboten

Rauchen verboten

Kein Trinkwasser

Gebotszeichen

Gehörschutz tragen

Augenschutz benutzen

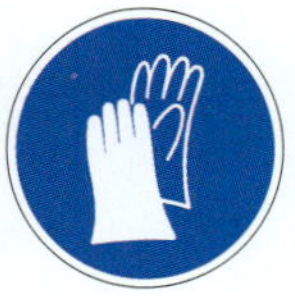
Schutzhandschuhe tragen

Schutzschuhe tragen

Hinweiszeichen

Fluchtweg

Erste Hilfe

Krankentrage

Feuerlöscher

2 Erste Hilfe *first aid* *premiers secours (m)*

Erste Hilfe hat die Aufgabe, bei Verletzungen oder Unfällen weitere Schäden zu vermeiden.

Die eigentliche Hilfe gibt der Arzt.

Es ist falsch, Verletzungen selbst kurieren zu wollen und den Weg zum Arzt als überflüssig anzusehen. Kleinere Verletzungen müssen nicht sofort behandelt werden. Es genügt, wenn innerhalb von sechs Stunden, also z. B. in der Zimmerstunde, der Arzt aufgesucht wird.

Selbst die kleinste Wunde kann zu einer Entzündung der Lymphgefäße, der sogenannten Blutvergiftung, oder zu einem Wundstarrkrampf führen oder „wild", also mit Wucherungen, ausheilen.

2.1 Schnitt- und Stichwunden

Im Umgang mit Messern kommt es, besonders bei Beginn der Ausbildung, häufig zu Schnitt- und Stichwunden. Dabei kann der harmlos aussehende glatte Schnitt über tieferliegende Verletzungen hinwegtäuschen.

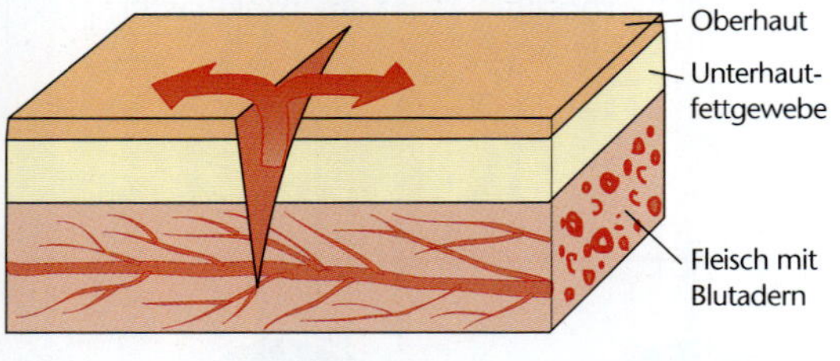

Abb. 1 Schnittwunde

Es ist dringend zu beachten:

- Wunden nicht auswaschen.
- Keine keimtötenden Flüssigkeiten und Puder anwenden.

Maßnahmen:

Wunde mit keimfreiem Verband abdecken, das verletzte Glied hochlagern. Die Blutung wird dadurch geringer. Bei stärkerem Blutverlust Druckverband anlegen. Dazu legt man über den keimfreien Verband eine weitere Binde und zieht diese fester an. Abbindungen dürfen nur in Notfällen vorgenommen werden, der Verletzte muss anschließend sofort zum Arzt.

Wunden sollten nach der Ersten-Hilfe-Leistung bald, jedoch innerhalb von sechs Stunden von einem Arzt versorgt werden.

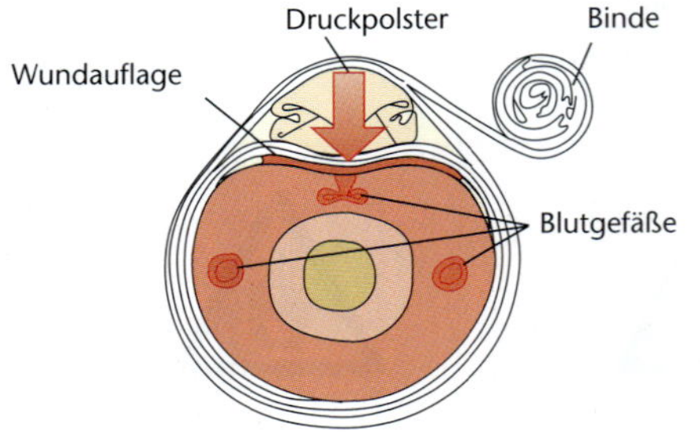

Abb. 2 Druckverband

2.2 Ohnmacht und Bewusstlosigkeit

Bei einer **Ohnmacht** ist der Mensch kurze Zeit (1 bis 2 Minuten) „ohne Macht über sich selbst".

Bewusstlosigkeit ist länger andauernd. Der Mensch ist in diesem Zustand hilflos, es droht Erstickungsgefahr durch Verlegung der Atemwege.

Ursachen können sein: Sauerstoffmangel (schlechte Luft), große Hitzeeinwirkung, elektrischer Strom sowie Missbrauch von Alkohol und Drogen. Auch plötzliche Aufregung und großer Schmerz können die Bewusstlosigkeit auslösen.

Bewusstlosigkeit erkennt man daran, dass die betroffene Person nicht ansprechbar ist.

Ohnmächtige und Bewusstlose werden

- an die frische Luft gebracht (Sauerstoff),
- in Seitenlage gebracht,
- von beengender Kleidung befreit,
- in ärztliche Behandlung übergeben.

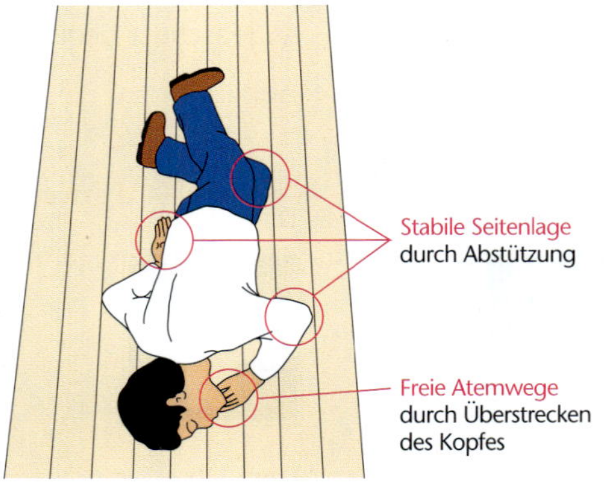

Abb. 3 Stabile Seitenlage

2.3 Verbrennungen und Verbrühungen

Verbrennungen und Verbrühungen sind in der Küche sehr häufig, sie sind zudem äußerst schmerzhaft.

Jede Verbrennung oder Verbrühung ist eine Schädigung der Haut. Je nach Schwere unterscheidet man:

- Verbrennungen 1. Grades: die Haut wird rot,
- Verbrennungen 2. Grades: es entstehen Blasen,
- Verbrennungen 3. Grades: Haut und darunterliegende Gewebe verkohlen oder verkochen.

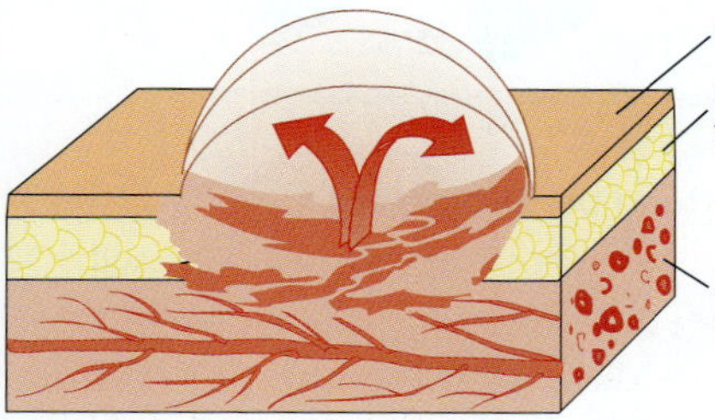

Abb. 1 Brandblase

Erste Maßnahmen

Bei **Verbrennungen** an Armen und Beinen den betroffenen Körperteil in kaltes Wasser tauchen – und zwar so lange, bis die Schmerzen aufhören. Das dauert etwa 15 Min. Kein Eiswasser verwenden, denn das würde zu weiteren Schädigungen führen.

Bei **Verbrühungen**, z. B. durch kochend-heiße Flüssigkeit oder Dampf, die Bekleidung aufschneiden und vorsichtig entfernen. Auf keinen Fall vom Körper reißen, das würde die schützende Haut zerstören.

Dann:

Nur bei leichten Verbrennungen (1. Grad: leichte Rötung der Haut) darf Fett oder Salbe zur Schmerzlinderung verwendet werden. Brandblasen nicht aufstechen!

Bei Verbrennungen 3. Grades, z. B. durch Frittürenfett, ist die Haut zerstört. Die Stelle ist darum wie eine Wunde mit einem keimfreien Verband zu behandeln.

Unbedingt sofort zum Arzt!

Bei größeren Verbrennungsflächen (z. B. Kleidung hat Feuer gefangen) den Verletzten zudecken. Schluckweise alkoholfreie Flüssigkeit zu trinken geben, damit die Nieren durch die Giftstoffe nicht geschädigt werden. An der Haut festklebende Kleidungsstücke nicht abreißen. Krankenwagen rufen, nicht selbst ins Krankenhaus transportieren.

2.4 Nasenbluten

Nasenbluten entsteht bei hohem Blutdruck, der als Ursache Überanstrengung, Aufregung, aber auch äußere Einwirkungen haben kann.

Man beugt den Kopf leicht vornüber und legt kalte Umschläge in den Nacken (s. Abb. 2).

Ist die Blutung nicht stillbar, Arzt rufen.

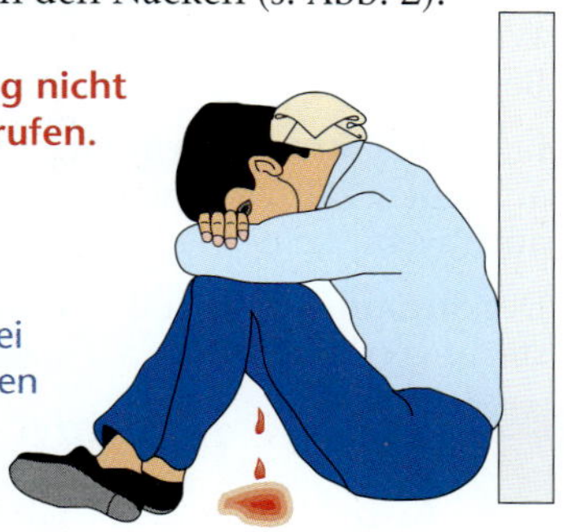

Abb. 2 Haltung bei Nasenbluten

2.5 Fremdkörper im Auge

Fremdkörper unter dem Oberlid: Oberlid über Unterlid ziehen und wieder nach oben schieben. Die Wimpern des Unterlides halten den Fremdkörper fest.

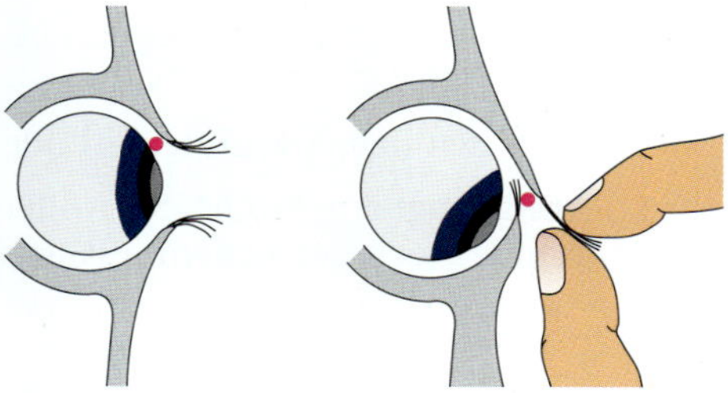

Abb. 3 Fremdkörper im Auge unter dem Oberlid

Fremdkörper unter dem Unterlid: Verletzten nach oben sehen lassen und das Unterlid herunterziehen. Mit Taschentuch vorsichtig zur Nase hin herauswischen.

2.6 Unfälle mit elektrischem Strom

In Küchenbetrieben arbeitet man mit Spannungen von 230 und 400 Volt. Die Stärke des „Schlages“, den man beim Berühren einer elektrischen Leitung erhält, hängt von der Leitfähigkeit des Bodens ab.

Bei Stromunfällen zuerst Strom abschalten.

Dazu:

Schalter betätigen oder Stecker herausziehen oder Sicherung herausdrehen.

Ist das nicht möglich, den Verletzten mit nicht leitenden, trockenen Gegenständen (siehe Abb. 1 Ⓑ) aus dem Stromkreis retten.

Dabei auf Bodenisolierung (siehe Abb. 1 Ⓐ) achten, z. B. Karton, Küchentücher.

Den Verletzten flach lagern; ist er scheintot, mit Wiederbelebung beginnen; wenn er wieder bei Bewusstsein ist, Wasser zu trinken geben.

Ein durch Stromeinwirkung Verunglückter muss auf jeden Fall zu einem Arzt gebracht werden, auch wenn keine Gefährdung erkennbar ist.

Der Stromfluss durch den Körper kann zu Herzstörungen führen.

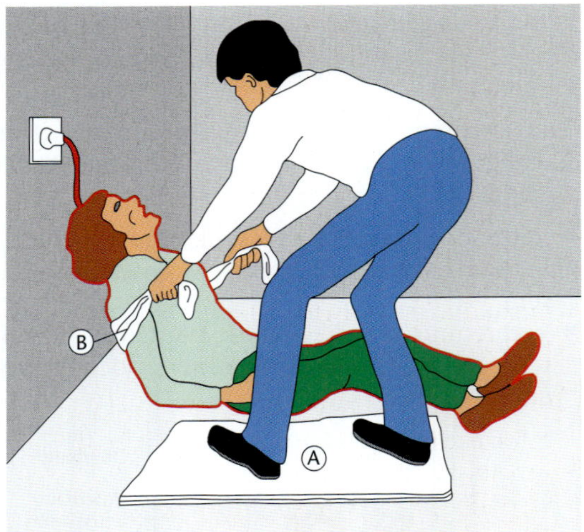

Abb. 1 Rettung bei Stromunfall

Aufgaben

1 Nennen Sie die Hauptgründe für Sturzunfälle.

2 „Zu einem Brand kann es auch kommen, wenn gar keine Flamme vorhanden ist," sagt Karl. Heiner meint: „Das gibt es nicht!" Nehmen Sie Stellung.

3 Nach welchem Prinzip wird ein Brand mittels eines Feuerlöschers bekämpft? Warum muss man mit dem Feuerlöscher „von unten gegen den Brand angehen"?

4 Erklären Sie, wie ein Druckverband wirkt.

5 Worin liegt der Unterschied zwischen Bewusstlosigkeit und Ohnmacht? Wie leisten Sie jeweils Erste Hilfe?

6 Michael hat sich heißes Frittürenfett über den Fuß geschüttet. Was unternehmen Sie?

7 Ihr Kollege „hängt am Strom". Sie wollen helfen und zuerst den Stromkreis an der Sicherung unterbrechen. Doch der Sicherungskasten ist abgesperrt. Was unternehmen Sie?

Wichtige Ziele der Berufsausbildung sind Selbstständigkeit und fachliche Sicherheit. Diese Fähigkeiten werden für so wichtig erachtet, dass sie im Mittelpunkt der Abschlussprüfung stehen.

Beispiele aus den Prüfungsanforderungen:

- Ausbildungsberuf Koch:
  Selbstständig nach Vorgaben ein Menü erarbeiten und mit einem Arbeitsablaufplan versehen.
- Ausbildungsberuf Restaurantfachmann/-frau:
  Planen des Services für eine Veranstaltung. Dazu: Ablaufplan sowie Menüvorschläge einschließlich korrespondierender Getränke und eine Liste organisatorischer Vorarbeiten erstellen.
- Ausbildungsberuf Hotelfachmann/-frau:
  Planen einer verkaufsfördernden Maßnahme … Ablaufplan erstellen … Prüfliste erarbeiten.

Um diese Anforderungen erfüllen zu können, muss man fähig sein

- Informationen zu beschaffen und auszuwerten,
- Arbeitsabläufe zu organisieren und das
- Ergebnis zu bewerten.

Diese Überlegungen bestimmen die folgenden Abschnitte.

1 Informationen beschaffen und auswerten

optaining and analysing information *collecter et depouilerr des informations (w)*

Niemand kann alles wissen, das ist auch nicht notwendig. Wichtig ist: man muss wissen, wo etwas steht und wie man damit umgeht. Das nennt man Beschaffen von Informationen.

1.1 Fachbuch

Das **Inhaltsverzeichnis** zeigt die Gliederung und den Aufbau eines Buches. Es verschafft einen Überblick und steht meist am Anfang.

13	**Geflügel und Wildgeflügel**	377
13.1	Bedeutung für die Ernährung	377
13.2	Hausgeflügel	377
13.3	Wildgeflügel	381
Aufgaben		382
14	**Wild**	382
14.1	Bedeutung für die Ernährung	382
14.2	Gesetzliche Bestimmungen	383
14.3	Arten und Verwendung	383
Aufgaben		385
15	**Fisch**	385
15.1	Aufbau	385

Abb. 1 Beispiel eines Inhaltsverzeichnisses

Das **Sachwortverzeichnis** verweist auf Einzelheiten, auf die sinntragenden Wörter, die im Text meist hervorgehoben sind. Es führt ins Detail und steht am Ende des Buches.

Sucht man nach einem bestimmten Begriff, von dem man nicht weiß, in welchem Abschnitt er behandelt wird, dann schlägt man im Sachwortverzeichnis nach. Es ist nach dem Alphabet geordnet.

Q	
Qualitätsnormen	89
Qualitätsschaumwein	223
Qualitätsverlauf	90
Qualitätswein	214
Qualitätsweine b.A.	212
Quarkkäulchen, sächsische	613
Quarkklößchen	418
Quellstärke	334
Quellwasser	194
Querbrüche	251
QUID-Richtlinie	30
R	
Raclette-Käse	351
Radicchio rosso	308
Radieschen	306
Radler	206
Raffinade	332
Raffination von Fett	57
Ragout	488, 500
Reis	331
Reis Trauttmansdorff	568
Reis, gekocht	186
Reis, wild	332
Reispanade	573
Reispudding	552
Remouladensauce	453
Renken	387
Resorption	75
Restaurant	14
Restaurantfachmann/-frau	15
Restauranttisch	249
Restsüße	216
Retinol	68
Rettich	306
Rezept	49, 136
Rezeptbuch	50
Rezeptmenge	141
Rezeptordner	50
Rezeptverwaltungsprogramm	50
Rhabarbersorbet	567
Rheingau	212

Abb. 2 Beispiel eines Sachwortverzeichnisses

1.2 Fachzeitschriften/-zeitungen

Fachzeitschriften und -zeitungen können immer aktueller sein als Fachbücher, denn sie erscheinen monatlich oder wöchentlich.

Wer Neues sucht, wer Entwicklungen beobachten will, wird sich darum laufend aus der Fachpresse informieren.

Abb. 1 Fachzeitschriften/-zeitungen

Es macht aber keinen Sinn, Fachzeitungen einfach zu „sammeln“. Bei Bedarf weiß man nur: „Da war doch …“ und dann beginnt das große Suchen.

Um einen Überblick zu erhalten ist es sinnvoll,

- interessante Beiträge auszuschneiden oder zu kopieren und
- geordnet abzulegen.

Zu Ablagemöglichkeiten siehe Abschnitt Büroorganisation.

1.3 Internet

Das Internet bietet eine Fülle von Informationen, allerdings in unterschiedlicher Art und Qualität.

- **Angebote für Lebensmittel und Geräte** erhält man über die Seiten der einzelnen Firmen. Diese haben ein Interesse, leicht gefunden zu werden und gestalten darum ihre Web-Adresse auch entsprechend. Ein Versuch mit www.Firmenname.de oder … .com lohnt meist.
- **Rezepte** gibt es unter vielen Adressen. Ein „Profi“ sollte jedoch bedenken, dass manches, was im zahlenmäßig kleinen Bereich einer Familie ein netter Gag, eine Überraschung sein kann, im gewerblichen Bereich allein wegen des Zeitaufwandes nicht machbar ist. Es gilt, kritisch auszuwählen. Ein zusätzlicher Rat: im „Ernstfall“ arbeitet man nur mit Rezepten, die man bereits erprobt hat.

1.4 Prospekte

Prospekte dienen zunächst der Werbung. Sie informieren aber auch z. B. über Tischporzellan, Besteck oder Wäsche. Man erhält sie, wenn man Firmen anschreibt oder Ausstellungen besucht. Wenn man die Anschriften nicht kennt, versucht man es im Internet z. B. www.Firmenname.de oder sieht im Anzeigenteil der Fachzeitung nach. Prospekte müssen kritisch gelesen werden. Nicht alles, was geschrieben wird, stimmt auch.

> **www.der-junge-koch.de:**
> **Aktuelles zu Buch und CD, Rezepte und Diskussionsforen**
>
> Im Internet können Informationen schnell verändert werden, das World Wide Web eignet sich zur Diskussion und zum Erfahrungsaustausch.
>
> Zum Medienpaket „Der junge Koch/Die junge Köchin“ gehört daher nicht nur eine CD, sondern vor allem www.der-junge-koch.de: die Internetunterstützung rund um die Ausbildung – und danach. Die Seiten werden regelmäßig aktualisiert und erweitert.

2 Planen *planning* *projeter*

Beim Planen werden die gesammelten Informationen „auf die Reihe gebracht“, also geordnet und für den jeweiligen Zweck ausgewählt.

2.1 Checklisten/Prüflisten

Wer kennt das nicht: das Problem hatten wir doch schon einmal. Wie haben wir es damals gemacht? Eigentlich müssten wir das doch noch wissen. Warum haben wir es nicht notiert?

Sinn einer Checkliste ist es, einmal Gedachtes, bereits Bewährtes festzuhalten und damit für die Zukunft

- die Arbeit zu erleichtern und
- Sicherheit zu haben.

Die in einer Checkliste festgehaltenen Überlegungen, ergänzt durch Erfahrungen,

- lassen rationeller arbeiten,
- führen zu Perfektionierung,
- geben Sicherheit und
- entlasten im Tagesgeschäft.

Anlegen von Checklisten

- Bei Vorgängen
  1. die gesamte Aufgabe in Teile zerlegen,
  2. die Teilschritte in die richtige zeitliche Reihenfolge bringen und festhalten,
  3. eine Kontroll- oder Prüfspalte anbringen.
- Bei Zusammenstellungen/Auflistungen
  1. alle Teile einzeln – wirklich einzeln – auflisten,
  2. Ähnliches zu Gruppen zusammenfassen, z. B. Lebensmittel, Geschirr, Besteck usw., denn das erleichtert die Arbeit,
  3. Kontrollspalte (zum Abhaken) anbringen.

Eine Checkliste kann erstellt werden

- mit Hilfe eines Lineals (am einfachsten)
- mit Hilfe eines Rechners über
  - Tabulatorfunktion oder
  - Tabellenfunktion (in der Textverarbeitung)
  - spezielle Software

Wird der **Tabulator** verwendet, legt man die Abstände der einzelnen Spalten mit Tabstopps im „Lineal“ fest.

Die **Tabellenfunktion** kann über Fenster oder Symbol aufgerufen werden. Anzahl der Spalten und deren Breite werden entsprechend eingestellt.

Checkliste für Hochzeit Müller, Herbststraße 4			
Anzahl	Gegenstand	Erl.	Bemerkung
	Geschirr		
4	Chafing dish		
85	Suppenteller		
85	Teller tief		vorwärmen!
85	Brotteller		
	...		

Abb. 1 Checkliste

2.2 Ablaufplan/Zeitleiste

Wer rationell arbeiten will, muss die einzelnen Arbeitsschritte in einer sinnvollen Reihenfolge erledigen, also den zeitlichen Ablauf planen. In der Praxis sagt man auch: „Man muss die Sache auf die Reihe bringen.“

Dabei sind in der Küche z. B. Garzeiten zu berücksichtigen oder Zeiten, in denen eine Creme stocken (fest werden) muss.

Im Service ist z. B. an das Kühlen von Getränken oder die Beschaffung von Blumen zu denken.

Beispielmenü (einfach) für untenstehenden Ablaufplan

Kraftbrühe mit Grießnocken

Wiener Schnitzel mit Kartoffelsalat

Erdbeercreme

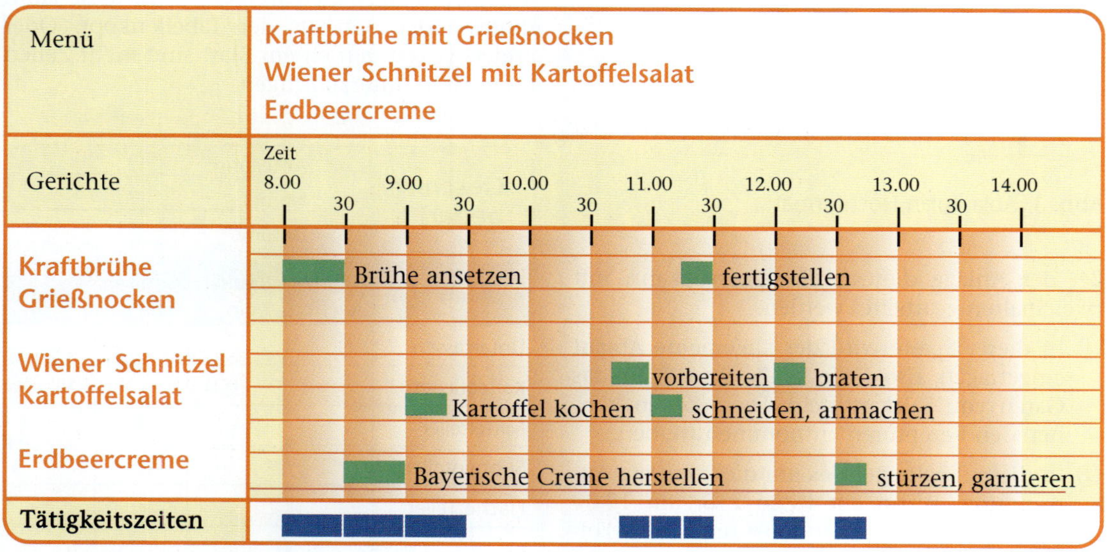

Abb. 2 Ablaufplan Querformat

Bei der Abschlussprüfung Koch/Köchin ist ein Ablaufplan zu erstellen, der bewertet wird. Dort sind die Arbeitsschritte der Prüfungsaufgabe zusammen mit der geplanten Arbeitszeit anzuführen.

Mögliche Überlegungen

- Die Kraftbrühe ansetzen kommt an die erste Stelle, denn das Auslaugen von Fleisch und Knochen benötigt Zeit.
- Obwohl die Erdbeercreme am Ende des Menüs steht, benötigt die Gelatine längere Zeit, um abzubinden
- Danach die Kartoffeln, bei denen man nicht so festgelegt ist,
- usw.

Arbeitspläne können auf unterschiedliche Art angelegt werden.

- **Querformat**
  Der Ablauf wird von links nach rechts dargestellt. Diese Form der Darstellung bringt Vorteile, wenn mehrere Vorgänge gleichzeitig ablaufen (vorherige Seite)
- **Hochformat**
  Der Ablauf wird von oben nach unten dargestellt.

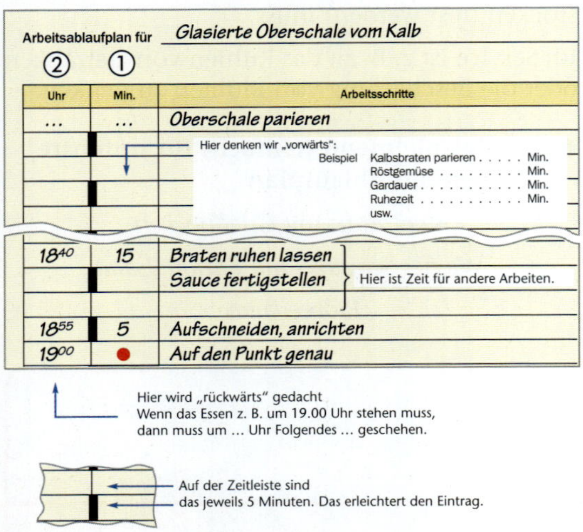

Abb. 1 Ablaufplan Hochformat

Bei der Anlage dieses Ablaufplanes kann mit zwei Spalten gearbeitet werden.

① In dieser Spalte wird der allgemeine Ablauf eingetragen, also die festen Zeiten z. B. für das Garen von Salzkartoffeln. Diese Zeiten können den Rezepturen entnommen werden.

② In dieser Spalte geht es um die konkrete Anwendung. Wenn ein Essen z. B. um 19.00 Uhr stehen muss, dann muss um ... Uhr Folgendes ... geschehen.

Hier wird also rückwärts gedacht. Vergleichen Sie die unterschiedlichen Darstellungen hier und vorige Seite.

2.3 Tabellen

Es kommt immer wieder vor, dass bestimmte Dinge (Rohstoffe, Geschirrteile) mehrfach benötigt werden. Eine Tabelle hilft, die Einzelmengen übersichtlich zusammenzufassen und den Gesamtbedarf zu ermitteln.

Eine Tabelle ordnet Zahlenmaterial und macht es dadurch leichter überschaubar. Beachtet man nur wenige Gestaltungsregeln, ist es kein Problem, selbst eine Tabelle anzulegen.

Eine Tabelle besteht aus

- Tabellenkopf } nennen Ordnungsgesichtspunkte
- Vorspalte }
- waagerechten Zeilen
- senkrechten Spalten

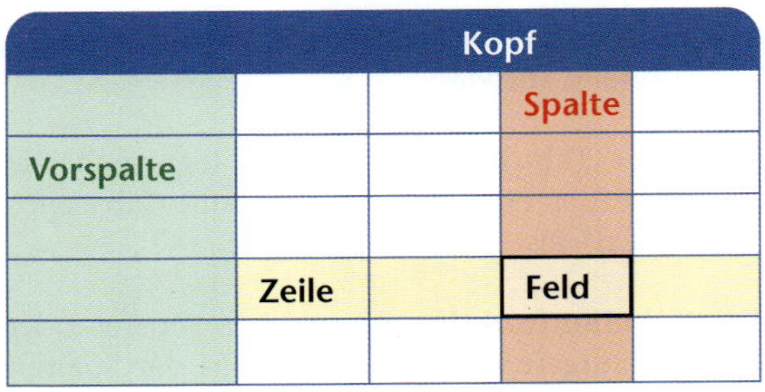

Abb. 2 Tabelle

Es ist von Vorteil, wenn die Merkmale mit der höheren Anzahl (Rohstoffe, Geschirrteile) in die Vorspalte eingetragen werden, denn diese kann umfassender sein als der Tabellenkopf. Oder anders gesagt: auf einem Blatt sind mehr Zeilen als Spalten unterzubringen.

Geschirrbedarf

Abteilung: ______________
Name: ______________
Datum: ______________

Geschirr	Raum Aachen	Raum Köln	Großer Saal	Gesamt
Untertassen				
Kaffeetassen				
Mittelteller				
Suppenteller				
Flache Teller				

Abb. 3 Geschirranforderung

Eine Tabelle kann zwar mit jedem Textverarbeitungsprogramm angelegt werden. Es ist jedoch von Vorteil, eine Tabellenkalkulation, z. B. Excel, zu verwenden, weil dann mithilfe des Programms erforderliche Berechnungen durchgeführt werden können.

2.4 Rezepte

Erfassen von Rezepten

Rezepte sind Arbeitsanweisungen für das Zubereiten von Speisen oder Getränken.

Rezepte bestehen mindestens aus folgenden Abschnitten:

1. Aufzählung der Zutaten und
2. Arbeitsanleitung.

Beispiel

Lammkeule im Kräutermantel

➔ **Zutaten:**
1 Lammkeule (750–1.250 g)
3–5 Knoblauchzehen
Thymian, Rosmarin, Oregano, Olivenöl

Für die Sauce:
250 ml Trockener Sherry
1 EL Creme double
500 g Kalbsknochen
Suppengemüse, Salz, Pfeffer

➔ **Zubereitung Fleisch:**
Lammkeule waschen und trocken tupfen. Knoblauchzehen schälen und in feine Stifte schneiden. Mit einem schmalen Messer ca. 1,5 cm tiefe Taschen in die Lammkeule schneiden. Knoblauchstifte in diese Taschen stecken.

Rezepte sind übersichtlich, wenn die Zutaten getrennt von den Arbeitsanweisungen stehen.

Zutaten und Arbeitsanleitung

verbunden	getrennt
600 g Butter mit 300 g Zucker vermengen, 3 Eier unter- arbeiten	600 g Butter 300 g Zucker 3 Eier Butter und Zucker vermengen, Eier …

Die **Mengenangaben** erfolgen

- bei Frischware für das Rohgewicht, weil man beim Vorbereiten diese abwiegt,
- bei Tiefkühlware und vorgefertigten Produkten als Nettogewicht.

Beim Abwiegen der Rohstoffe ist es praktischer, wenn die Mengenangaben links stehen, also vor dem Namen der Zutat. Diese Anordnung kann auch innerhalb einer Tabellenkalkulation verwendet werden.

Die **Arbeitsanleitung** soll

- die Arbeitsschritte in der korrekten Reihenfolge anführen,
- auf kritische Punkte hinweisen, eventuell begründen, z. B.
  - **technologisch**
    „Gesamtes Mehl auf einmal beigeben, damit sich keine Klumpen bilden (bei Brandteig), langsam erhitzen, damit sich das Eiweiß lösen kann (Klären)."
  - **hygienisch (critical control point)**
    „Nach dem Auftauen unbedingt Tisch, Geschirr und Hände waschen, Material zum Abkühlen in flache Gefäße umfüllen."

Bei Gerichten, die „auf Abruf" zubereitet werden, empfiehlt es sich, zu trennen zwischen Vorbereitungsarbeiten und Arbeitsschritten bei der Fertigstellung. Z. B. ein neuer Abschnitt: Bei Abruf mit frischer Butter kurz erhitzen, dann …

Rezepte können/sollen **erweitert** werden durch

1. **Bewertungsmerkmale,** z. B. „Apfelschnitte nur kurz dünsten, damit Form erhalten bleibt."
2. **Hygieneanweisungen,** die z. B. wegen der Vorschriften der Hygieneverordnung erforderlich sind, z. B. „noch am gleichen Tag verarbeiten, nicht länger als 2 Stunden warm halten."
3. **Hinweise zum Anrichten,** denn dann erhält der Gast immer „das, was er schon kennt" (Wiedererkennungseffekt). Also die ideale Anrichteweise festhalten, als Foto, als Skizze oder in Worten.
4. **Hinweise zum Verkaufsgespräch,** denn das Service will beraten und verkaufen. Die Küche kann behilflich sein. Treffende Wendungen, die das Gericht beschreiben, Hinweise auf typische Beilagen, auf passende Getränke. Vergleiche Seite 137 „Worte, die verkaufen helfen".

Verwalten von Rezepten

Rezepturen halten Information fest. Sollen diese bei Bedarf zur Verfügung stehen, muss man sie „verwalten".

Das **Rezeptbuch** ist die älteste Art, Rezepte festzuhalten. Das ist einfach, hat aber den Nachteil, dass die Rezepte nicht austauschbar sind und das Buch in seinem Umfang begrenzt ist.

Abb. 1 Rezeptbuch

Ein **Rezeptordner** oder Ringbuch ist in Anlage und Gestaltung variabel. Man steckt das Rezept in eine Sichthülle und ordnet es entsprechend ein. Ergänzungen oder Abbildungen können leicht hinzugefügt werden. Wird ein Rezept benötigt, kann man die Hülle mit an den Arbeitsplatz nehmen.

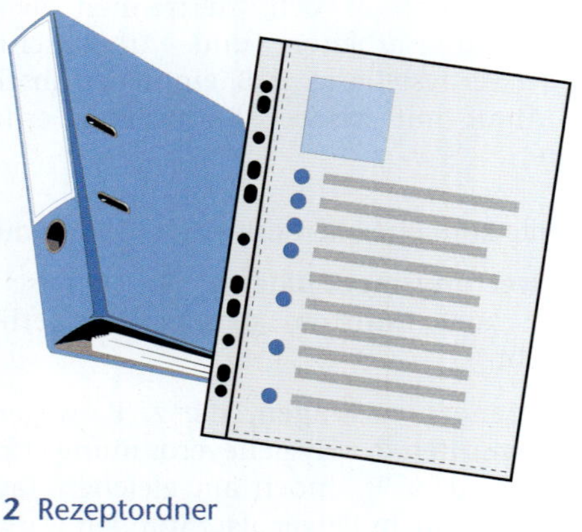

Abb. 2 Rezeptordner

Eine **Datei im Computer** ist beliebig erweiterbar und unter verschiedensten Gesichtspunkten zu verwalten.

Verwendet man entsprechende Datenbanken, können sie einfach auf unterschiedliche Produktionsmengen umgerechnet werden. Bei Bedarf werden die Rezepte ausgedruckt.

> **Rezeptverwaltungsprogramme**
> Dem Buch liegt eine CD mit einer erprobten Rezeptverwaltung bei (siehe auch S. 146).

[Name des Rezepts]		[Mit ...]
Zutaten		
Zubereitung		
Beilagen		

Abb. 3 Rezeptblatt aus der Datenbank

Um die Rezepte bei Bedarf zügig aufzufinden, empfehlen sich zwei **Ablagesysteme.**

Die **Speisenfolge** als Ordnungsgesichtspunkt hilft bei der Menügestaltung. Man gliedert nach

- Vorspeisen
- Suppen
- Fischgerichte,
- Fleischgerichte
  - Kalb
  - Schwein
  - usw.
- Gemüse
  - Gericht
  - Beilage
  - usw.
- Speiseeis
- Cremespeisen
- Aufläufe
- Kuchen

Gruppierung nach **Hauptrohstoffen** hilft z. B. in folgenden Fällen:

- Gast wünscht besondere Produkte z. B. Jagdessen, Fischerfest. Dann gelten nicht die üblichen Menü-Regeln. Man versucht innerhalb der Speisenfolge möglichst oft Wild oder Fisch einzusetzen.
- Sonderangebote sollen gezielt genutzt werden. Z. B. Karpfen oder Lachs oder Erdbeeren sind besonders günstig. Ein Händler bietet einen Restposten gefrosteten Blattspinat an.

Mithilfe der Datenverarbeitung kann man jedes Rezept einmal speichern und dann unter beiden Gesichtspunkten abrufen.

Aufgaben

1 Aus einem Fachbuch kann man sich auf mindestens zwei Wegen Informationen beschaffen. Nennen Sie zwei Arten und geben Sie jeweils ein Beispiel. Denken Sie z. B. an die Begriffe Suppen und Windbeutel.

2 Warum macht es wenig Sinn, Fachzeitungen einfach zu sammeln? Machen Sie Vorschläge, wie Rezepte „abgelegt“ werden können.

3 Versuchen Sie über das Internet Informationen zu „Tomate“ und „Tomatensuppe“ zu erhalten. Bedenken Sie, nur durch Eingrenzung der Suchanfrage erhält man vernünftige Ergebnisse!

4 Schlagen Sie in diesem Buch bei „Zubereitungsreihen“ Gebratene Poularde nach. Wählen Sie eine passende Beilage und fertigen Sie für die Zubereitung einen Ablaufplan mit einer Zeitleiste.

5 Entwerfen Sie mit dem Lineal oder mit der „Tabelle“ des Textverarbeitungsprogramms eine Check- oder Prüfliste. Versetzen Sie sich in folgende Situation: Nächste Woche kochen Sie in der Freizeit für eine Gruppe von acht Bekannten Spaghetti mit Tomatensauce. An dem Ort, an dem Sie kochen werden, sind keine Waren und kein Geschirr vorhanden. Füllen Sie die Checkliste vollständig aus!

6 Damit es auch zeitlich klappt, fertigen Sie zur Situation bei Aufgabe 5 einen Ablaufplan auf einer Zeitleiste.

7 Als Nachspeisen sind an einem Tag zwei Puddings geplant, Reispudding für 30 Personen und Kabinettpudding für 25 Personen.
a) Schlagen Sie die Rezepte in diesem Buch nach.
b) Rechnen Sie die Rezepte auf die genannte Personenzahl um.
c) Erstellen Sie eine Tabelle und fassen Sie die notwendigen Zutaten zu einer Materialanforderung zusammen.

ERNÄHRUNG

1 Einführung *introduction* *introduction (w)*

Zum Aufbau des Körpers und zur Erhaltung des Lebens bedarf der Mensch der Ernährung. Wenn wir essen oder trinken, nehmen wir die verschiedensten Lebensmittel zu uns. Das Lebensmittelrecht bezeichnet als **Lebensmittel** alles, was vom Menschen gegessen, gekaut oder getrunken werden kann.

Die Inhaltsstoffe der Lebensmittel unterscheidet man nach der **Zusammensetzung** und nach den **Aufgaben im Körper.**

Unterscheidung nach der Zusammensetzung

- **Nährstoffe** wie Kohlenhydrate, Fette und Eiweiß,
- **Wirkstoffe** wie Vitamine und Mineralstoffe
- **Begleitstoffe** wie Ballaststoffe, Geruchs- und Geschmacksstoffe, sekundäre Pflanzeninhaltsstoffe

Unterscheidung nach den Aufgaben im Körper

- **Energiestoffe** wie Kohlenhydrate und Fett. Sie sind Energielieferanten für Atmung, Herztätigkeit, Aufrechterhaltung der Körpertemperatur und Arbeitsleistung.
- **Baustoffe** benötigt der Körper für das Wachstum und den Ersatz von verbrauchten Körperzellen. Baustoffe des menschlichen Körpers sind Eiweiß, Mineralstoffe und Wasser.
- **Reglerstoffe** regeln Abläufe im Körper und dienen dem Schutz vor bestimmten Krankheiten. Dazu zählen **Vitamine** und **Mineralstoffe.**
- Zu den **Begleitstoffen** gehören:
  - **Ballast- oder Faserstoffe.** Sie können durch die Verdauung nicht aufgeschlossen werden, regen aber die Darmbewegung an und beugen damit einer Verstopfung vor.
  - **Aroma- und Geschmacksstoffe** fördern die Absonderung von Verdauungssäften und damit den Appetit.
  - **Sekundäre Pflanzeninhaltsstoffe (SPS)**

Die einzelnen Nährstoffe werden unter folgenden Gesichtspunkten behandelt:

- Wie ist der **Aufbau** des Nährstoffs? Welche **Arten** unterscheidet man?
- Welche **küchentechnischen Eigenschaften** sind zu beachten? Wie können sie bei der Nahrungszubereitung genutzt werden?
- Welche **Bedeutung für den menschlichen Körper** haben die einzelnen Nährstoffe?

Aus der Beantwortung dieser Fragen ergibt sich die Gliederung für die folgenden Abschnitte.

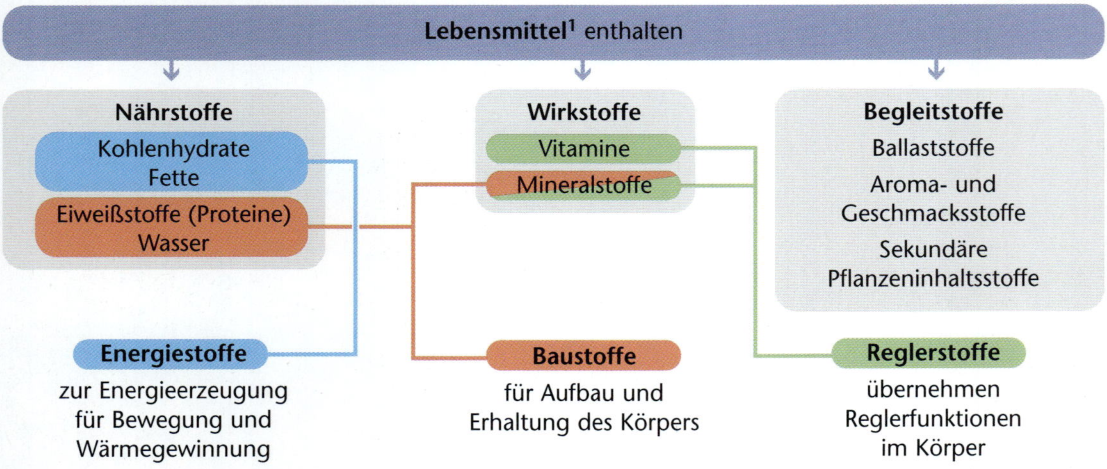

[1] Nach Auskunft der Deutschen Gesellschaft für Ernährung (DGE) spricht man wie im Gesetz nur noch von Lebensmitteln. Man unterscheidet nicht mehr zwischen Nahrungs- und Genussmitteln.

2 Kohlenhydrate carbohydrates hydrates (m) de carbone

2.1 Aufbau – Arten

Kohlenhydrate entstehen in Pflanzen. Pflanzen bilden aus dem Kohlendioxid (CO_2) der Luft und dem Wasser (H_2O) des Bodens mit Hilfe des Blattgrüns (Chlorophyll) sowie des Sonnenlichtes **Einfachzucker.**

Diesen Vorgang nennt man **Fotosynthese.** Die dazu erforderliche Energie liefert die Sonne.

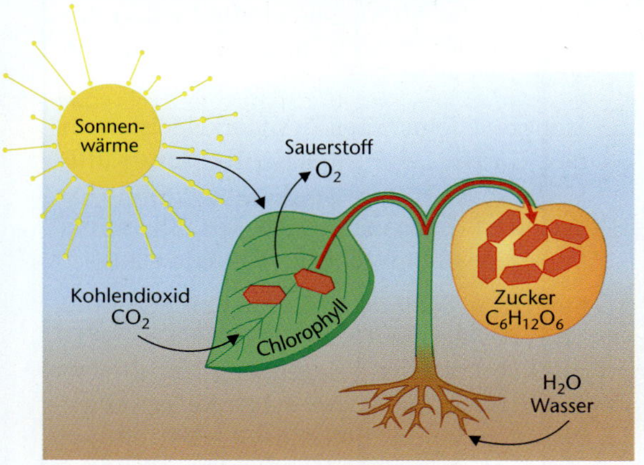

Abb. 1 Fotosynthese

Unter dem Begriff Kohlenhydrate wird eine ganze Gruppe von Nährstoffen zusammengefasst. Sie bestehen zwar alle aus den gleichen Atomen, unterscheiden sich aber im chemischen Aufbau.

Nach der Anzahl der zum Aufbau verwendeten Einfachzucker unterscheidet man:

Einfachzucker ➔ ein Baustein

Zweifachzucker ➔ je zwei Bausteine

Vielfachzucker ➔ je 5 bis 5.000 Bausteine

Einfachzucker (Monosaccharide), je **ein** Baustein einfacher Zucker, z. B.:

- **Traubenzucker** in Obst und Honig
- **Fruchtzucker** in Obst und Honig
- **Schleimzucker** in Milch.

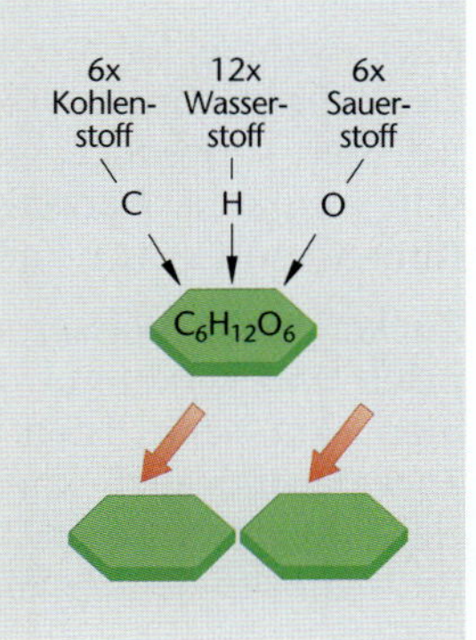

Zweifachzucker

- (Disaccharide) ➔ je **zwei** Bausteine Einfachzucker
- Gebrauchszucker ist **Rohr-** oder **Rübenzucker** von Zuckerrohr oder Zuckerrübe.
- **Malzzucker** in gekeimtem Getreide und Bier
- **Milchzucker** in Milch und Milchprodukten

Vielfachzucker (Polysaccharide), **viele** Bausteine Einfachzucker

- **Stärke** besteht aus 300 bis 500 Einfachzuckermolekülen und dient den Pflanzen als Vorratsstoff, den sie in Knollen (Kartoffel) oder Körnern (Getreide) ablagern.

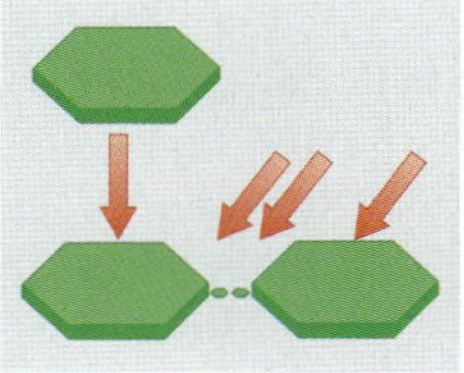

Stärke besteht aus:

Amylopektin, das verzweigte Ketten von Einfachzuckern hat und wasserunlöslich ist, und

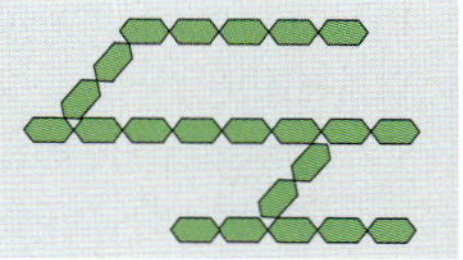

Amylose mit unverzweigten Ketten, die sich in Wasser lösen.

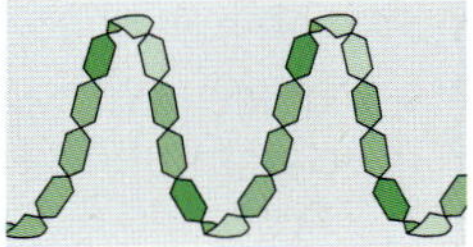

- **Dextrine** entstehen durch Abbau, wenn Stärke ohne Wasser erhitzt wird, z. B. in der Mehlschwitze.

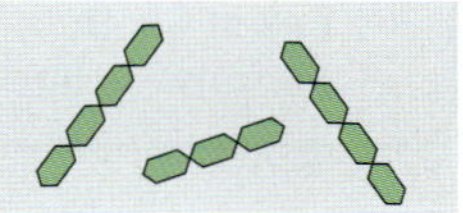

- **Zellulose** ist die Gerüstsubstanz der Pflanzen. Die Moleküle der Zellulose sind so dicht angeordnet, dass sie von der menschlichen Verdauung nicht zu Einfachzucker abgebaut werden können.

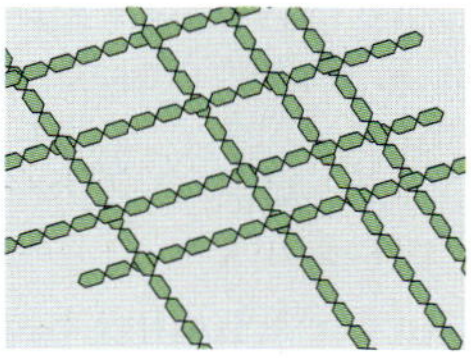

Kohlenhydrate sind ein bedeutender Energielieferant. Sie werden in größeren Mengen aufgenommen als andere Nährstoffe.

2.2 Küchentechnische Eigenschaften

Versuche

1. Schmelzen Sie in einer kleinen Pfanne etwa 200 g Zucker und erhitzen Sie, bis er zu rauchen anfängt. Während dieser Zeit entnehmen Sie wiederholt Proben und geben diese auf eine geölte Metallplatte. Kosten Sie und vergleichen Sie dabei Farbe und Geschmack.
2. Schwitzen Sie würfelig geschnittene Zwiebeln goldbraun an, beachten Sie den aufsteigenden Geruch und probieren Sie nach dem Abkühlen.
3. Schneiden Sie von einem Apfel oder einer Kartoffel eine 3 cm dicke Scheibe und schaben Sie eine kleine Mulde aus; diese füllen Sie mit Zucker. Überprüfen Sie nach 20 Min.
4. Wie verhält sich Zucker, wenn er in der Küche in einem offenen Gefäß aufbewahrt wird?
5. Bringen Sie ein offenes Glas mit Honig an einen trockenen Ort. Sehen Sie nach einer Woche nach, ob sich eine Haut gebildet hat.
6. Zerkleinern Sie 25 g Hefe (Haushaltspackung) und vermengen Sie diese in einer Tasse mit der gleichen Menge (ca. 25 g) Zucker.
   a) Sehen Sie nach 20 Minuten nach.
   b) Ist die Mischung nach einer Woche in Gärung übergegangen?
7. Lösen Sie in 0,5 *l* Wasser von ca. 37 °C ein Päckchen Hefe auf. Trennen Sie diese Aufschlämmung in zwei Kolbengläser. Glas a) erhält keinen Zusatz, in Glas b) geben Sie 30 g Zucker. Vergleichen Sie nach einer Stunde.
8. Bringen Sie 0,75 *l* Wasser zum Kochen, rühren Sie 120 g Weizenstärke, die mit 0,25 *l* Wasser vermengt ist, ein und bringen Sie das Ganze zum Kochen. Welche Veränderung tritt ein?
9. Vergleichen Sie die Beschaffenheit (Konsistenz) der heißen und der erkalteten Masse.
10. Stellen Sie einen Teil des Stärkekleisters in einer Tasse eine Woche in den Kühlschrank. Welche Veränderungen sind eingetreten? Beobachten Sie vor allem die Stellen zwischen Kleister und Porzellan.
11. Stellen Sie den Thermostat der Bratröhre oder des Backofens auf 150 °C. Ein Backblech mit Papier belegen und auf diesem 1 cm hoch 250 g Weizenstärke verteilen. Nehmen Sie das Blech nach einer Stunde aus dem Ofen. Wie haben sich Farbe und Geschmack verändert? Stellen Sie wie bei Versuch 8 einen Kleister her. Vergleichen Sie die Ergebnisse von Versuch 8 und 11.
12. Schmelzen Sie 150 g wasserfreies Fett in einem Topf mit etwa 10 bis 12 cm Durchmesser, rühren Sie 150 g Mehl darunter und geben Sie davon ein bis zwei Kochlöffel voll auf einen Teller. Den Rest lassen Sie goldgelb werden. Vergleichen Sie Geruch und Geschmack.

Gebrauchszucker

ist Rohr- oder Rübenzucker, ein Zweifachzucker, zu kaufen unter dem Namen „Zucker".

Zucker löst sich leicht in Wasser. Warmes Wasser kann mehr Zucker aufnehmen als kaltes. Auf Vorrat gehaltene Zuckerlösungen (Läuterzucker), z. B. für Fruchtsalate, zum Verdünnen von Glasuren, dürfen nicht zu dick hergestellt werden. Nach dem Abkühlen kristallisiert sonst der Zucker aus.

Zucker schmilzt bei Hitze. Dabei wird aus den Kristallen zunächst eine klare, durchsichtige Masse. Erkaltet ist der geschmolzene Zucker hart. **Karamell** ist entstanden, die Grundmasse für die meisten Bonbonarten. Bei weiterem Erhitzen wird Karamell gelb, später goldbraun. So wird er für Karamellcreme und für Krokant verwendet. Mit zunehmender Hitze wird die Farbe des Karamells immer dunkler, der Geschmack wird allerdings bitterer. Das nutzt der Koch, wenn er Saucen nachdunkelt, wenn er der Fleischbrühe eine gebräunte Zwiebel beigibt; der Patissier verwendet mit Wasser abgelöschten, sehr dunklen Karamell als **„Couleur"** zum Färben von Cremes und Glasuren.

Zucker zieht Wasser an, er wirkt hygroskopisch und verklumpt deshalb in feuchten Räumen. Am schnellsten verklumpt Puderzucker. Zucker wirkt auch konservierend, denn er entzieht Kleinlebewesen das erforderliche Wasser und senkt so den a_w-Wert.

Einfachzucker

Einfachzucker, z. B. Traubenzucker und Fruchtzucker, sind **besonders stark wasseranziehend.** Diese Eigenschaft nutzt man bei Gebäck (z. B. Honigkuchen), das längere Zeit weich bleiben soll. Honig ist das Nahrungsmittel mit dem höchsten Einfachzuckergehalt.

Ist Zucker in Lebensmitteln in größerer Menge enthalten (Marmelade, Gelee), bindet er so viel Wasser an sich, dass Bakterien nicht mehr wirken können, Zucker konserviert also, weil er den a_w-Wert senkt.

Abb. 1 In kaltem Wasser unlöslich

Abb. 2 In warmem Wasser quellend

Abb. 3 Stärkekleister

Stärke

Stärke ist in kaltem Wasser unlöslich. Sie ist schwerer als Wasser und setzt sich darum ab. Rohe Stärke ist vom Körper kaum verwertbar. Darum werden stärkehaltige Lebensmittel gegart. Mehl wird zu Brot verbacken, Teigwaren werden gekocht, Kartoffeln isst man nur in gegartem Zustand.

Ab einer Temperatur von 70 °C beginnt Stärke zu **verkleistern.** Dabei entwickeln sich Bindekräfte, die das Wasser festhalten, es wird „gebunden". Nach diesem Prinzip entsteht auch die Bindung durch Mehlschwitze. Die **durch Stärke gebundene Flüssigkeit nennt man Kleister.**

Wird erkalteter Stärkekleister gerührt, lässt die Festigkeit nach, weil man einen Teil der Bindekräfte zerstört.

Stärkekleister verliert nach einiger Zeit an Bindekraft. Man nennt das **Entquellung** oder **Retrogradation.** Dies führt teilweise zu unerwünschten Veränderungen an Lebensmitteln: Brötchen verlieren die Frische, sie werden altbacken, und Vanillecreme „zieht Wasser".

Stärkekleister kann z. B. bei Saucenbindung die Eiweißgerinnung verhindern, weil er eine **Schutzschicht zwischen den Eiweißmolekülen** bildet.

Dextrin

Dextrine entstehen durch Abbau der Stärkemoleküle beim Erhitzen ohne Wasser. In der Kruste von Gebäcken geben Dextrine z. B. Farbe und Aroma. In der Küche wird die Stärke beim Herstellen einer Mehlschwitze (Roux) zu Dextrinen abgebaut. Mit Dextrin gebundene Flüssigkeiten haben eine geringere Zähigkeit als mit Stärke gebundene. Darum wird auch für helle gebundene Suppen (Spargel, Blumenkohl) eine helle Roux hergestellt, obwohl die Verwendung von Mehlbutter (Beurre manié) verarbeitungstechnisch einfacher wäre.

Zellulose

Zellulose umschließt als Zellwand die Nährstoffe. Bei der Zubereitung von Rohkost ist darum darauf zu achten, dass die Zellwände für die Verdauungssäfte durchlässig gemacht werden.

Das kann geschehen durch

Zerkleinern, denn dabei werden die Zellwände zerstört, oder durch

Marinieren, denn durch die Säureeinwirkung werden die Zellwände durchlässig.

Zusammenfassung der küchentechnischen Eigenschaften

Gebrauchszucker löst sich leicht in Wasser, schmilzt bei Wärmeeinwirkung, zieht Wasser an.

Einfachzucker (Traubenzucker, Fruchtzucker) sind besonders stark wasseranziehend. Sie werden verwendet zu Gebäck, das feucht bleiben soll.

Stärke ist in kaltem Wasser unlöslich, quillt in warmem Wasser, verkleistert bei etwa 70 °C, wird beim Erhitzen ohne Wasser zu Dextrin, ist verkleistert leichter verdaulich.

Stärkekleister ist abgekühlt dicker als in warmem Zustand, verliert seine Festigkeit durch Rühren, schützt den Nährstoff Eiweiß vor dem Ausflocken, gibt bei längerer Aufbewahrung Wasser ab.

Dextrin entsteht aus Stärke beim Erhitzen ohne Wasser, schmeckt süßlich, gibt schwächere Bindung als Stärke.

Zellulose der Zellwände wird durch Hitze und mechanische Einwirkung gelockert, ist für den menschlichen Körper unverdaulich, regt als Ballaststoff die Verdauung an.

2.3 Bedeutung für den menschlichen Körper

Durch die Verdauung werden Stärke, Dextrin und Zuckerstoffe zu ihren Bausteinen, den Einfachzuckern, abgebaut. Diese liefern vorwiegend Energie.

Die Verdauung der Kohlenhydrate beginnt bereits im Mund, wo die Enzyme des **Mundspeichels** den Stärkeabbau einleiten. **Bauchspeichel** und **Dünndarmsäfte** liefern weitere Enzyme, die alle Kohlenhydrate zu Einfachzuckern abbauen; die Einfachzucker gelangen dann durch die Darmwand ins Blut.

Die Leber wirkt bei der Versorgung des Körpers mit Energie als Ausgleichsorgan. Vorübergehende Überschüsse an Zuckerstoffen speichert sie als Glykogen. Sinkt der Blutzuckerspiegel, wandelt die Leber Glykogen wieder in Einfachzucker um und gibt diesen an das Blut ab.

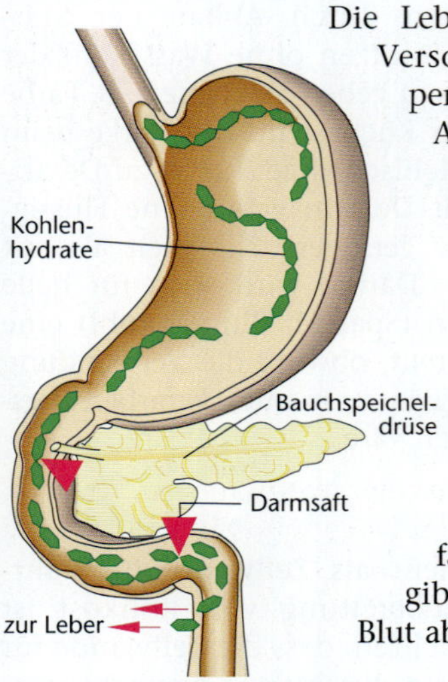

Abb. 1 Verdauung der Kohlenhydrate

Dauernde Überschüsse an Kohlenhydraten werden in Fett umgewandelt und als Energievorrat im Unterhautfettgewebe abgelagert. Zu viele Kohlenhydrate führen damit letztlich zu einer Gewichtszunahme.

Bei Zuckerkranken (Diabetikern) ist die Insulin-Produktion gedrosselt oder eingestellt, die Regelung des Blutzuckerspiegels ist gestört. Diabetiker bedürfen einer besonderen Diät (Seite 84).

2.4 Versorgung mit Kohlenhydraten

Kohlenhydrate liefern die größte Menge an Nährstoffen. Die Übersichten zeigen beispielhaft die unterschiedlichen Anteile der Kohlenhydrate an Lebensmitteln und die wichtigsten Quellen für die Versorgung mit Kohlenhydraten.

Nährwerttabellen geben zusätzliche Auskunft.

Zucker	100	Hülsenfrüchte	50
Makkaroni	72	Trockenobst	60
Mischbrot	52	Bananen	16
Kartoffeln, ohne Schalen	19	Äpfel	12
Trinkmilch	5	Gemüse	10

Abb. 2 Durchschnittlicher Kohlenhydratgehalt in %

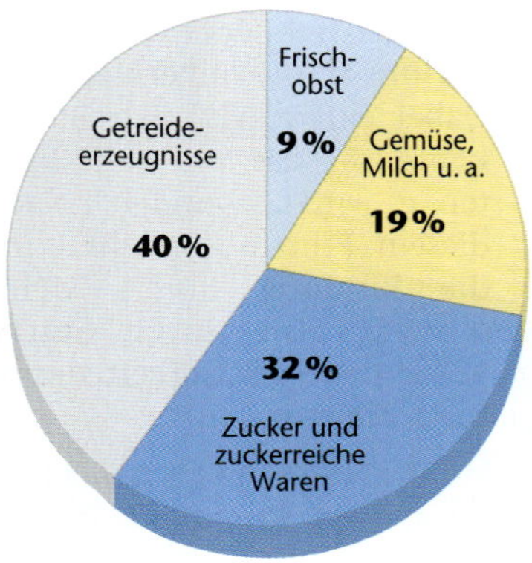

Abb. 3 Durchschnittliche Kohlenhydratversorgung in %

Aufgaben

1 Erklären Sie den Unterschied zwischen Lebensmitteln und Nährstoffen.

2 Worin liegt die Ursache für den hohen Energiebedarf bei Kindern?

3 Auch der erwachsene Mensch benötigt Baustoffe. Erläutern Sie diese Feststellung.

4 Beschreiben Sie, wie die Kohlenhydrate in der Pflanze entstehen.

5 Welche Gruppen von Kohlenhydraten werden unterschieden?

6 Zucker verändert beim Erhitzen Farbe und Geschmack. Nennen Sie Beispiele aus der Lebensmittelzubereitung, bei denen diese Veränderungen genutzt werden.

7 Bei welchen Zubereitungen entsteht Stärkekleister? Welche Aufgabe hat er dabei?

8 Warum darf Puddingpulver nicht mit heißer Milch angerührt werden?

3 Fette 🇬🇧 *fats* 🇫🇷 *graisses (w)*

3.1 Aufbau – Arten

Die Pflanze baut Fett auf aus Kohlenstoff, Wasserstoff und Sauerstoff. Es sind dies zwar die gleichen Grundstoffe (Elemente) wie bei den Kohlenhydraten, eine andersartige chemische Zusammensetzung führt jedoch zu völlig anderen Eigenschaften.

Bausteine des Fettes sind Glycerin und Fettsäuren.

Fett entsteht, wenn an ein Molekül Glycerin drei Fettsäuren angelagert werden. Von den verschiedenen Fettsäuren sind am Aufbau der Speisefette überwiegend beteiligt: Stearinsäure, Ölsäure, Palmitinsäure, Linolsäure.

Bei festen Fetten ist der Anteil an Stearinsäure und Palmitinsäure hoch, bei Ölen (flüssigen Fetten) überwiegen Ölsäure und Linolsäure.

Fettsäuren bestimmen die Eigenschaften des Fettes

Die Fettsäuren bestehen aus einer Kohlenstoffkette, an die Wasserstoffatome gebunden sind.

Bei **gesättigten Fettsäuren** sind an alle Kohlenstoffatome je zwei Wasserstoffatome gebunden. Damit sind alle Bindungsmöglichkeiten genutzt, die Fettsäure ist gesättigt. Zu weiteren Veränderungen ist sie nur ungern bereit, sie reagiert träge.

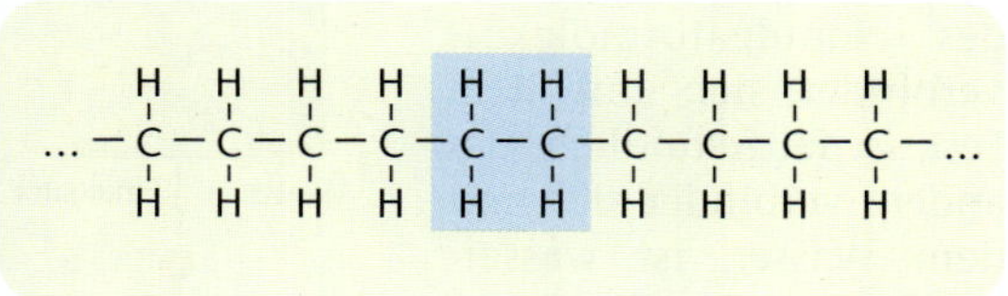

Bei **ungesättigten Fettsäuren** sind noch Bindekräfte frei. Nach der Anzahl der freien Bindekräfte bezeichnet man die Fettsäuren als einfach, zweifach oder mehrfach ungesättigt. Die freien Stellen können noch Bindungen eingehen. Ungesättigte Fettsäuren reagieren darum leicht.

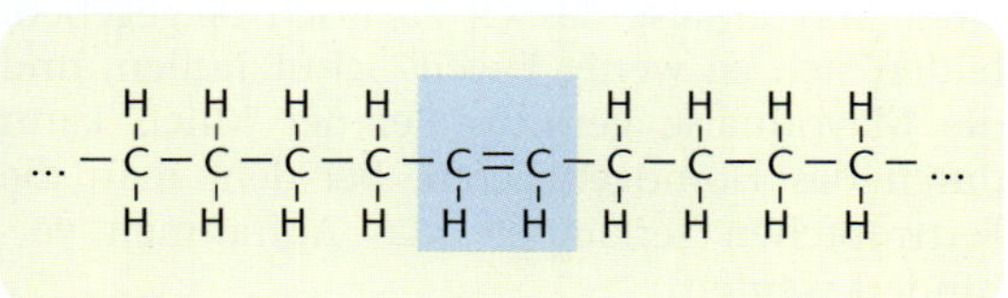

Fettsäure / Eigenschaft	ungesättigt	gesättigt
Reaktionsbereitschaft	hoch	gering
Ernährungswert	hoch	gering
Veränderung durch Sauerstoff und Wärme	stark	gering
Lagerfähigkeit	beschränkt	lange

Fette mit einem hohen Anteil an gesättigten Fettsäuren haben wirtschaftliche Vorteile: Sie sind länger verwendbar (z. B. Fritteuse) und länger lagerfähig. Fette mit einem hohen Anteil an ungesättigten Fettsäuren sind aber für die Ernährung wertvoller.

Behandlung der Fette

Naturbelassene Fette

Naturbelassene Fette enthalten neben dem Fett Teile des Rohstoffs, aus dem sie gewonnen worden sind. Diese können erwünscht sein, wie z. B. bei naturbelassenem Olivenöl (Olio vergine), sie können aber auch den Geschmack und das Aussehen beeinträchtigen.

Raffination

Raffination bedeutet wörtlich: Verfeinern. Das geschieht durch Beseitigung wertmindernder Bestandteile. Bei der Raffination von Fetten werden Bestandteile entzogen, die den Geruch oder den Geschmack beeinträchtigen. Aber es werden dabei auch solche Fettbegleitstoffe entfernt oder zerstört, die für die Ernährung wertvoll sind.

Härtung

Tierische Fette, wie Butter, Schmalz, Talg, waren früher die hauptsächlichen Speisefette. Diese sind halbfest oder fest.

Ölhaltige Früchte (wie z. B. Oliven) und ölhaltige Samen (z. B. Erdnuss, Kokosnuss) liefern dagegen flüssiges Öl. Um der Gewohnheit entgegenzukommen, werden diese Öle gehärtet, also halbfest oder fest gemacht.

Das ist möglich, weil die Ölsäure und die Stearinsäure eine Kettenlänge von 18 Kohlenstoffatomen haben. Die Formeln zeigen, dass sich die beiden Fettsäuren nur in zwei Wasserstoffatomen unterscheiden: Stearinsäure $C_{18}H_{36}O_2$, Ölsäure $C_{18}H_{34}O_2$.

Durch eine chemische Reaktion ist es möglich, an die Ölsäure zwei Atome Wasserstoff anzulagern. Damit wird aus der Ölsäure eine Stearinsäure und in der Folge aus einem Öl ein festes Fett. Durch entsprechende Kombinationen ist es möglich, Fette mit jedem erwünschten oder technologisch erforderlichen Schmelzbereich herzustellen.

3.2 Küchentechnische Eigenschaften

Versuche

1. Füllen Sie einen flachen Topf mit etwa 25 cm Durchmesser halb mit kaltem Wasser. Geben Sie kleine Mengen verschiedener Fettarten auf je ein Stückchen Papier (ca. 5 × 5 cm), beschriften Sie entsprechend und legen Sie die Papiere mit dem Fett auf das Wasser. Erwärmen Sie langsam und stellen Sie mit Hilfe eines Thermometers die jeweilige Schmelztemperatur fest.
2. Erhitzen Sie in einem engen Topf 250 g Butter oder Margarine, bis sie „kocht". Stellen Sie mit einem Thermometer (Einteilung bis 200 °C) die Temperatur fest.

   Auf welche Temperatur ist die Fritteuse Ihres Betriebes eingestellt?
3. Wie verändert sich Butter (Margarine) aus Versuch 2, wenn man länger erhitzt? Warum treten die Veränderungen bei Frittürenfett nicht auf?
4. Erhitzen Sie in einer kleinen Eisenpfanne bei starker Wärmezufuhr eine kleine Menge wasserfreies Fett. Beobachten Sie den Rand der Pfanne. Wie riecht das Fett nach längerem Erhitzen? Achtung! Passenden Deckel bereithalten – falls das Fett zu brennen beginnt, die Pfanne damit abdecken.
5. Bereiten Sie vier Reagenzgläser mit je 10 cm^3 Salatöl vor. Geben Sie in Glas a) keinen Zusatz, in Glas b) einen Teelöffel Eiklar, in Glas c) etwas Spülmittel, in Glas d) einige Tropfen Galle. Schütteln Sie jedes Glas etwa eine halbe Minute. Beobachten Sie dann Tröpfchengröße und Aufrahmungsgeschwindigkeit.
6. Nur von der Lehrkraft durchzuführen!
   Über einem Bunsenbrenner in einer Porzellanschale etwas wasserfreies Fett bis zum Rauchen erhitzen und entzünden. Durch ein Glasrohr (etwa 80–100 cm) einige Tropfen Wasser in das Fett leiten. Was geschieht? Fett durch Abdecken löschen.
7. Legen Sie das Einschlagpapier von Butter mit den anhaftenden Fettresten auf das Fensterbrett. Kosten Sie die Butter-Reste nach einem Tag.

Fett ist spezifisch leichter als Wasser und steigt darum nach oben.

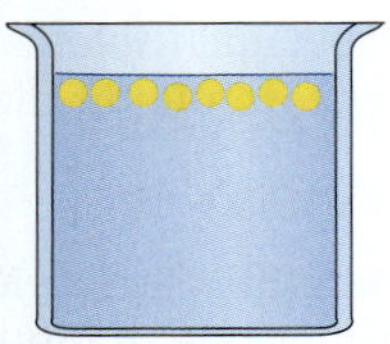

Fett und Öle haben eine geringere Dichte als Wasser. Darum schwimmen „Fett-Augen" auf der Suppe, darum „schwimmt" auf manchen Saucen Fett. Diese unterschiedliche Dichte macht es leicht, Fett von Wasser zu trennen. Das Abschöpfen von Fett nennt der Koch degraissieren. Bei erkalteten Flüssigkeiten kann das erstarrte Fett einfach abgehoben werden.

Fette können emulgiert werden.

Als Emulsionen bezeichnet man dauerhafte Vermischungen von Fett und Wasser. Um eine Emulsion zu erhalten, sind Emulgatoren erforderlich. Emulgatoren setzen die Oberflächenspannung herab, sodass Fett und Wasser sich nicht mehr abstoßen.

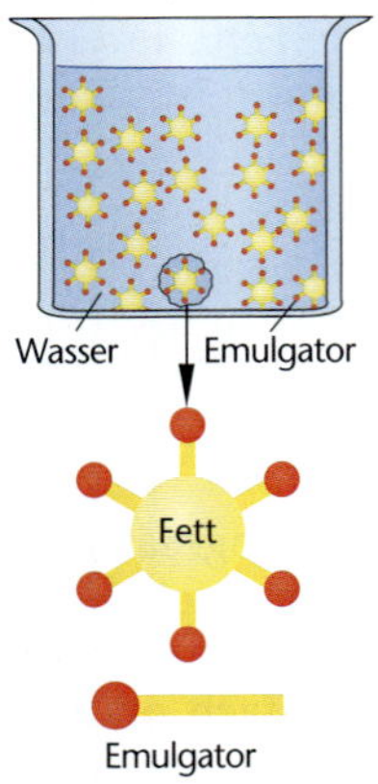

Das ist durch den besonderen Aufbau der Emulgatoren möglich: Ein Ende des Emulgatormoleküls verbindet sich mit dem Fett, ist fettfreundlich, das andere verbindet sich mit dem Wasser, ist wasserfreundlich. So entsteht gleichsam eine Klammer zwischen Stoffen, die sich normalerweise abstoßen.

Wie lange eine Emulsion hält, hängt von der Größe der Fetttröpfchen ab. Wird z. B. beim Rühren einer Mayonnaise das Öl zu rasch beigegeben, bilden sich zu wenig Eiweiß-Schutzhüllen, und die Mayonnaise gerinnt. Bei der Milch kann durch das Homogenisieren, bei dem man die Fetttröpfchen zerkleinert, das Aufrahmen verhindert werden.

In der Küche findet man als Emulgatoren z. B. Eigelb, aber auch Seife und Spülmittel.

Beispiele für Emulsionen

- Milch: 3,5 % Fett und Wasser
- Sahne: 30 % Fett und Wasser
- Butter: 82 % Fett und Wasser

Auch Mayonnaise, holländische Sauce, Buttercreme, Leberwurst usw. sind Emulsionen.

Fette haben unterschiedliche Schmelzbereiche.

Als Schmelzpunkt bezeichnet man die Temperatur, bei der ein Körper vom festen in den flüssigen Zustand übergeht. Speisefette sind Gemische aus Fetten unterschiedlicher Zusammensetzung.

Darum schmelzen sie nicht bei einem ganz bestimmten **Schmelzpunkt,** sondern innerhalb eines **Schmelzbereiches.** Den Zusammenhang zwischen der Art der am Fettaufbau beteiligten Fettsäuren und dem Schmelzbereich zeigt die Zusammenstellung.

Fettart	Schmelzbereich	Fettsäuren gesättigte	Fettsäuren ungesättigte
Kokosfett	40–50 °C	90	10
Butter	30–35 °C	50	50
Schweinefleisch	25–35 °C	40	60
Erdnussöl	ca. 5 °C	20	80

Der Schmelzbereich bestimmt die Verwendung.

- **Öle** verwendet man für Salate, Mayonnaise.
- **Weiche Fette** wie Butter, Margarine nutzt man als Streichfett; sie bilden auch die Grundlage für Rührkuchen und Rührcremes (Buttercreme).
- **Feste Fette** sind stark wärmebelastbar. Entsprechende Speisen sollen so warm wie möglich verzehrt werden, weil ihr Schmelzbereich in der Nähe der Körpertemperatur liegt. Das Fett könnte sich an der Gaumenplatte festlegen.

Fette sind unterschiedlich hoch erhitzbar.

Alle Fette sind über 100 °C hinaus erhitzbar und erlauben darum andere Garverfahren, als dies möglich ist, wenn nur Wasser verwendet wird. Außerdem können sich die Geschmack gebenden Röststoffe erst ab etwa 120 °C bilden.

Alle Fette beginnen von einer bestimmten Temperatur an zu rauchen und sich zu zersetzen. Man spricht deshalb vom **Rauch- oder Zersetzungsbereich.** Oberhalb dieses Temperaturbereichs entsteht Acrolein, das gesundheitsschädlich ist.

Die Temperaturbelastungsfähigkeit ist von der Fettart abhängig.

Butter und *Margarine* sollten deshalb nicht über 150 °C erhitzt werden. Sie eignen sich nur zum Dünsten, nicht aber zum Braten.

Butterschmalz kann stärker erhitzt werden.

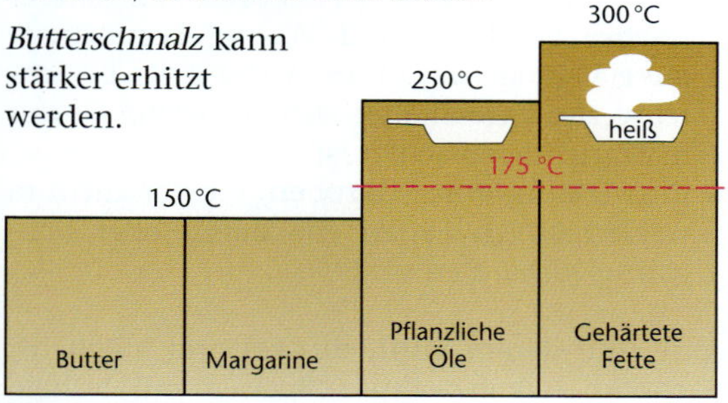

Abb. 1 Erhitzbarkeit von Fetten

Reine Pflanzenfette können zwar höher erhitzt werden. Die Temperatur sollte jedoch 175 °C nicht überschreiten. Dadurch wird die Bildung von schädlichem **Acrylamid** eingeschränkt.

In Fettbackgeräten (Fritteusen) kann das Backfett länger genutzt werden, wenn es regelmäßig gefiltert und damit von Resten gegarter Speisen befreit wird.

Fette trennen.

Fette bilden Trennschichten und verhindern das Zusammenkleben oder Festkleben. Darum fettet man Backbleche und Kuchenformen.

Die splitterig lockere Struktur von Blätterteig ist nur möglich, weil Fettschichten die einzelnen „Teigblätter" voneinander trennen. Beim Backen

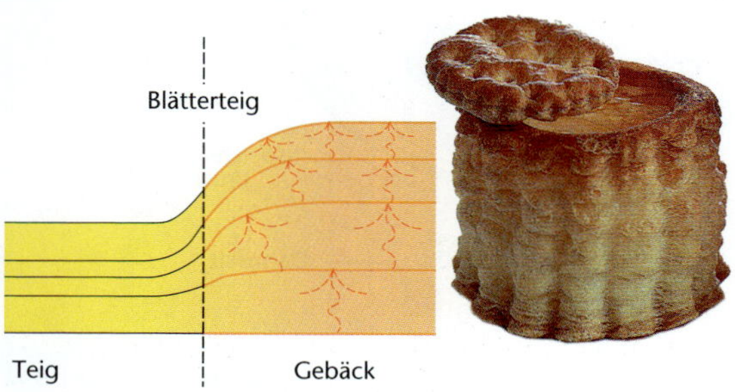

Abb. 2 Lockerung von Blätterteig

kann der entstehende Wasserdampf die Teigschichten anheben.

Fette verderben.

Fette können sich in ihre Bestandteile Glycerin und Fettsäuren trennen. Ursachen dieser Zersetzung können sein:

- **Einwirkung von Luftsauerstoff.** Diese Veränderung ist bei allen Fetten möglich, läuft aber bei den Fettarten, die ungesättigte und damit reaktionsfreudigere Fettsäuren enthalten, rascher ab. Licht und Wärme begünstigen diese Veränderung. Darum soll z. B. die Fritteuse zurückgeschaltet werden, wenn sie nur in Betriebsbereitschaft ist.
- **Einwirkung von Mikroben,** die vor allem in wasserhaltigen Fetten wie Butter oder Margarine vorhanden sind.

Fette sind darum **kühl, dunkel** und möglichst **verpackt** aufzubewahren. Speisen mit hohem Fettanteil sollten auch in tiefgekühltem Zustand nicht länger als sechs Monate gelagert werden.

3.3 Bedeutung für den menschlichen Körper

Im Körper werden die mit der Nahrung aufgenommenen Fette durch die Verdauung in ihre Bausteine **Glycerin** und **Fettsäuren** zerlegt.

Dazu werden sie zunächst erwärmt. **Gallensaft emulgiert** die Fette und vergrößert so die Gesamtoberfläche des Fettes.

Verdauungssäfte aus der Bauchspeicheldrüse und dem Dünndarm **spalten die Fette.**

Die Fettbausteine Glycerin und Fettsäuren wandern durch die Darmwand, werden zu körpereigenem Fett zusammengesetzt und in der **Lymphbahn transportiert.**

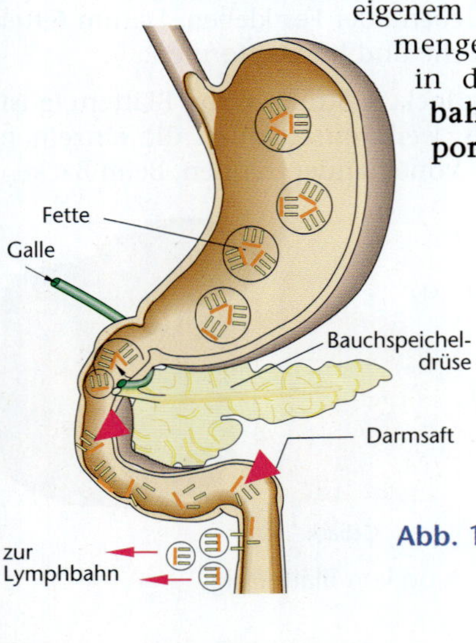

Abb. 1 Verdauung der Fette

Die Bedeutung des Nährstoffes Fett für die Ernährung ist durch folgende Eigenschaften gekennzeichnet:

- Fett ist der Nährstoff mit dem höchsten Energiegehalt: 1 Gramm Fett ≙ 37 kJ.[1]
- Fett liefert **essenzielle Fettsäuren,** auf deren Zufuhr der Körper angewiesen ist, weil er sie nicht selbst bilden kann. Alle essenziellen Fettsäuren sind **ungesättigte Fettsäuren.** Zu den mehrfach ungesättigten Fettsäuren zählen die Omega-3- und Omega-6-Fettsäuren. Sie übernehmen im Körper wichtige Regelaufgaben. So schützt z. B. die Omega-3-Fettsäure vor Herz-Kreislauf-Erkrankungen und beugt Entzündungen vor.
  Gesättigte Fettsäuren sind für die Ernährung weniger wertvoll. Der Ernährungsbericht besagt, dass allgemein ausreichend ungesättigte Fettsäuren aufgenommen werden. Eine spezielle Auswahl, etwa Diätmargarine, ist nur auf ärztliche Anordnung erforderlich.
- Fett ist Träger der **fettlöslichen Vitamine A, D und E.** Diese können im Körper nur dann verwertet werden, wenn bei der Verdauung zugleich Fett zugegen ist. Bei gemischter Ernährung ist das gewährleistet. Nur wenn z. B. spezielle Rohkosttage eingelegt werden, ist auf eine Fettzufuhr, etwa durch Salatöl, zu achten.

Überschüssiges Fett wird als **Energiereserve** im Unterhautfettgewebe gespeichert. Bei Bedarf kann es wieder zur Energiegewinnung herangezogen werden.

Ein Ernährungsproblem ist heute die Überversorgung mit Fett. Dem verhältnismäßig **geringen Energieverbrauch** steht eine **reichliche Fettaufnahme** gegenüber. Wir neigen dazu, zu viel Energie aufzunehmen. Wir bewegen uns meist zu wenig und essen vielfach reichlich.

Eine Einschränkung des **Fettverbrauchs** im persönlichen Bereich ist möglich.

- **Streichfett** in Maßen anwenden; z. B. bei fettreichem Belag wie Leberwurst oder Fettkäse darauf verzichten.
- **Brat- und Kochfett** nur in notwendiger Menge verwenden, evtl. auf fettreiche Zubereitungen wie Pommes frites verzichten.
- **Begleitfette** verringern; man nennt diese Fette auch verborgene Fette, weil sie beim Verzehr nicht sichtbar sind, z. B. in Fettkäse, Teewurst, Mayonnaise und Saucen.

[1] Der physiologische Brennwert ist je nach Fettart unterschiedlich. 37 kJ/g entsprechen den Werten der Nährwertkennzeichnungsverordnung.

3.4 Versorgung mit Fetten

Die Übersichten zeigen Fettgehalte von Lebensmitteln, die als Fettlieferanten bekannt sind. Diese nennt man **sichtbare Fette.** Daneben gibt es Lebensmittel, bei denen man zunächst nicht an den hohen Fettgehalt denkt, weil das Auge das Fett nicht erkennt. Darum spricht man von **verborgenem** oder **nicht sichtbarem Fett.**

Plattenfett	100
Speiseöle	100
Schweineschmalz	100
Butter	82
Margarine	80
Speck, fett	80
Halbfettmargarine	40

Abb. 1 Durchschnittlicher Fettgehalt in Gramm je 100 g Lebensmittel: **Sichtbare Fette**

Mettwurst	51
Blutwurst	44
Leberwurst	40
Schlagsahne	30
Hartkäse	16 – 28
Schweinefleisch, mittelfett	21
Eier	10

Abb. 2 Durchschnittlicher Fettgehalt in Gramm je 100 g Lebensmittel: **Verborgene Fette**

Aufgaben

1 Welche Gemeinsamkeiten und welche Unterschiede bestehen zwischen Kohlenhydraten und Fetten hinsichtlich der Zusammensetzung?

2 Wenn Salatmarinaden, z. B. Vinaigrette, längere Zeit stehen, setzt sich das Öl oben ab. Erklären Sie warum.

3 Bei Eis spricht man vom Schmelzpunkt, bei Fetten vom Schmelzbereich. Erklären Sie.

4 Von Erdnüssen wird berichtet, dass sie Grundlage für Salatöl und festes Fett sein können. Ist das möglich? Wenn ja, begründen Sie.

5 Bei vielen Rezepturen steht: „Vor dem Service mit einigen Butterflocken vollenden.“ Nehmen Sie dazu Stellung.

6 Kurt isst ein Blätterteiggebäck und trinkt dazu eine Cola. „Komisch“, sagt er, „meine Gaumenplatte ist so glitschig.“ Versuchen Sie zu erklären.

7 Ein Stück Frühstücksbutter wiegt 25 g. Der Fettgehalt beträgt 82 %; ein Gramm Fett liefert 37 kJ. Der Tagesbedarf eines Leichtarbeiters liegt bei 10.000 kJ am Tag. Wie viel % des täglichen Energiebedarfes liefert das Stückchen Frühstücksbutter?

4 Eiweiß (Protein) *proteins* *protéines (w)*

4.1 Aufbau – Arten

Eiweiß unterscheidet sich in der chemischen Zusammensetzung von den Kohlenhydraten und den Fetten. Wie diese enthält es zwar die Elemente Kohlenstoff (C), Wasserstoff (H) und Sauerstoff (O), zusätzlich aber **immer Stickstoff (N).** Bei manchen Eiweißarten können noch Schwefel (S) oder Phosphor (P) hinzukommen.

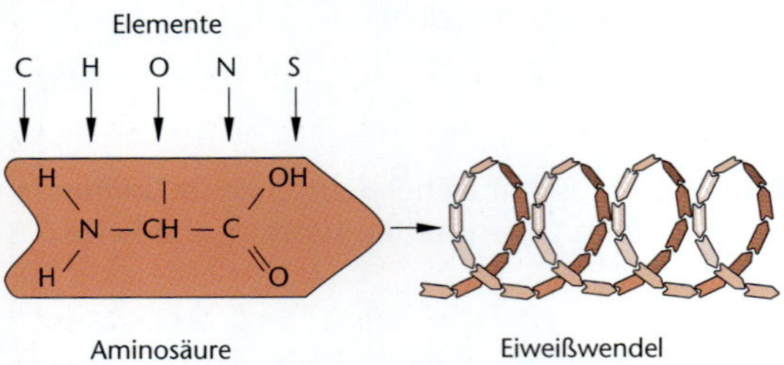

Abb. 1 Grundaufbau der Eiweißstoffe

Aus diesen Elementen entstehen die **Aminosäuren,** die Bausteine aller Eiweißarten. Die Aminosäuren verketten sich wendelartig.

Das Bild zeigt den Grundaufbau aller Eiweißstoffe. Die Vielfalt der Eiweißarten entsteht, wenn verschiedene Aminosäuren sich in unterschiedlichen Folgen aneinanderfügen und zusätzlich andere Stoffe (Nichteiweißstoffe) anlagern.

Die vielen Eiweißarten unterscheidet man nach der Zusammensetzung und der Form.

Unterscheidung nach der Zusammensetzung

Aminosäure	Aminosäure
+	+
Aminosäure	Aminosäure
+	+
Aminosäure	*Nichteiweißstoffe*
↓	↓
einfache Eiweißstoffe/ Proteine	**zusammengesetzte Eiweißstoffe/ Proteine[1]**

Unterscheidung nach der Form

Die gewendelten Eiweißstoffe formen sich weiter. Bilden sie kugelige Gebilde, nennt man sie **Globuline** (Globus – Kugel) oder **kugelförmige Eiweißstoffe.**

Globulin ist reichlich enthalten in Fleisch, Fisch und Hülsenfrüchten.

Verbinden sich die Eiweißstoffe kabelartig, so nennt man sie **fibrilläre** Proteine oder **faserförmige Eiweißstoffe** (Fiber [lat.] Faser).

Die faserförmige Beschaffenheit gibt Festigkeit, wie sie für Bindegewebe erforderlich ist.

Eiweißstoffe

- einfache Eiweißstoffe
  - globulär kugelförmig
    - **Albumin** Milch, Ei, Fisch, Fleisch, Kartoffel
    - **Globulin** Fleisch, Fisch, Hülsenfrüchte
    - **Kleber** Getreide
  - fibrillär faserförmig
    - **Kollagen** Bindegewebe
- zusammengesetzte Eiweißstoffe
  - **Myoglobin Hämoglobin** Fleisch, Blut
  - **Caseinogen** Milch, Milchprodukte

[1] Man spricht nur noch von Proteinen. Der Begriff Proteide gilt als veraltet.

4.2 Küchentechnische Eigenschaften

Versuche

1. Bearbeiten Sie 50 g mageres Hackfleisch mit dem Mixer und vermengen Sie es anschließend mit 150 g Wasser. Seihen Sie nach 5 Min. ab.
2. Bearbeiten Sie Hackfleisch wie oben, setzen Sie aber dem Wasser 6 bis 8 g Salz zu.
3. Bereiten Sie aus 100 g Weizenmehl und Wasser einen mittelfesten Teig, lassen Sie ihn 20 Min. ruhen und kneten Sie ihn in der Hand unter fließendem Wasser. Formen Sie die zurückbleibende gelbe, klebrige Masse zu einer Kugel und backen Sie diese in einer Backröhre.
4. Vermischen Sie lauwarme Milch mit einigen Tropfen Zitronensaft oder Essig. Wenn Dickmilch entstanden ist, erhitzen Sie diese.
   Führen Sie den Versuch nicht mit Zitronensaft oder Essig, sondern mit Lab (Apotheke) durch und verkosten Sie Quark und Molke aus beiden Versuchen.
5. Gelatine ist aus Häuten und Knochen gewonnenes Leimeiweiß oder Kollagen. Für die folgenden Versuche dient sie an Stelle der Häute als Grundlage.
   Tauchen Sie ein Blatt Gelatine in ein Becherglas mit kaltem Wasser, ein zweites Blatt in ein Becherglas mit kaltem Wasser, dem einige Tropfen Zitronensaft oder Essig zugefügt sind.
6. Weichen Sie zwei Blatt Gelatine 5 Min. in kaltem Wasser ein. Gießen Sie dann das Wasser ab und erwärmen Sie langsam. Stellen Sie die aufgelöste Gelatine an einen kühlen Ort.
7. Bereiten Sie aus einem Bouillonwürfel, der auch kleingehackte Kräuter enthält, 0,75 *l* Brühe. Teilen Sie die Flüssigkeit, wenn sie auf mindestens 50 °C abgekühlt ist, in zwei Hälften.
   Vermischen Sie einen Teil mit einem Eiklar und erwärmen Sie langsam unter stetem Rühren. Wenn die Brühe aufwallt, heben Sie mit einer Schöpfkelle den Schaum ab.
   Vergleichen Sie das Aussehen beider Brühen.
8. Stellen Sie ein Wasserbad und drei kleine Kuchenformen (oder Dariole-Formen, Formen für Sülzkoteletts) bereit. Entsprechend der Größe der Formen bereiten Sie ein Gemenge aus Milch und Ei im Verhältnis 1:1, also eine Royale.
9. Füllen Sie die Formen a) und b). In den Rest für Form c) rühren Sie je anteiliges Ei einen Teelöffel Stärke (Mondamin, Gustin) und füllen Sie dann die Form.
   Erhitzen Sie im Wasserbad. Wenn die Masse in den Formen stockt, entnehmen Sie Form a). Die Formen b) und c) weiter erhitzen, bis die Gerinnung eintritt. Stellen Sie die Temperaturen mit einem Thermometer fest.

Albumin ist wasserlöslich und gerinnt bei 70 °C.

Kocht man Fleisch, geschälte Kartoffeln oder Linsen, setzt sich am Topfrand ein weißgrauer **Schaum** ab. Dieser besteht hauptsächlich aus ausgelaugtem und geronnenem Albumin.

In der Hotelküche wird dieser Schaum von der Brühe abgeschöpft, damit eine klare Suppe serviert werden kann. Im Haushalt sollte man darauf verzichten, denn Albumine sind wertvolle Eiweißstoffe.

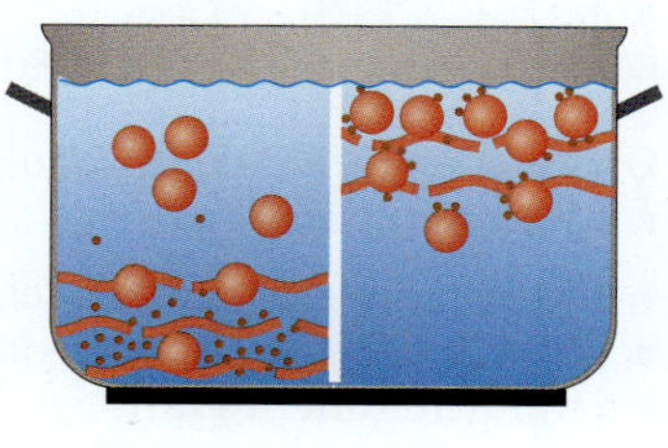

Albumin zieht in Flüssigkeiten Trübstoffe an.

Beim Erwärmen von Eiweiß werden Bindekräfte frei, die Trübstoffe anziehen und an sich binden. Wenn bei stärkerer Wärmeeinwirkung das Eiweiß dann gerinnt, steigt es nach oben und nimmt die Eiweiß- und Trübstoffe mit sich. Mit einem Schaumlöffel kann es von der Oberfläche abgeschöpft werden.

Man nutzt diese Wirkung des Albumins, wenn klare, trübstofffreie Flüssigkeiten erzielt werden sollen.

Beispiele

- Klären von Brühen,
- Herstellen von Aspik,
- Bereitung von Weingelee.

Albumin bindet Flüssigkeiten.

Albumin lagert beim Erwärmen Flüssigkeit an und bindet sie. Dies nutzt man z. B. bei der Herstellung von Karamellcreme und Eierstich. Zu beiden Produkten werden Milch und Eier in etwa gleichem Verhältnis vermischt. In **kaltem** Zustand ist die Mischung **flüssig,** denn die Bindekräfte haben sich noch nicht entfaltet.

Bei etwa 70 °C binden die Eiweißstoffe. Es entsteht eine kompakte, **geleeartige Masse.**

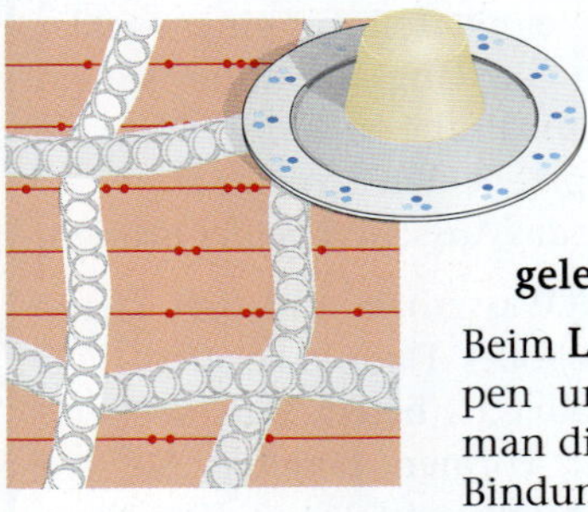

Beim **Legieren** von Suppen und Saucen nutzt man die gleiche Art von Bindung. Weil die Eiermenge geringer gehalten wird, entsteht eine **sämige Bindung.**

Steigt die Temperatur zu hoch, brechen die Bindekräfte zusammen: Das Gel „bricht" und teilt sich in Gerinnsel und ungebundene Flüssigkeit. In zu hoch erhitzten Suppen und Saucen schwimmen Gerinnsel.

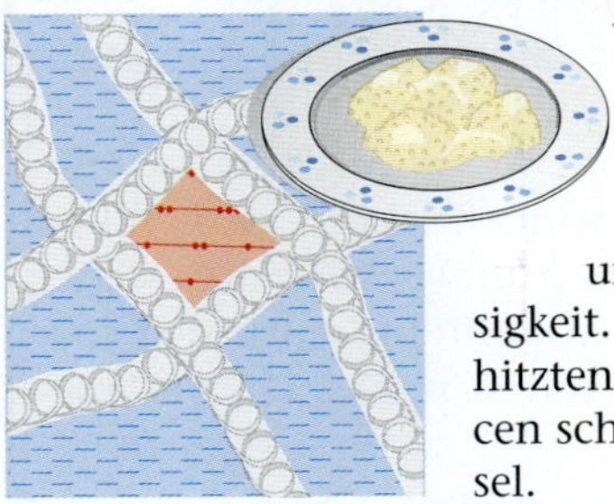

Globulin bildet die Grundlage der Wurstherstellung.

Globulin kommt fast immer zusammen mit Albumin vor, z. B. in Fleisch, Fisch, Milch und Eiern.

Im Unterschied zu Albumin löst sich Globulin nur in salzigen Flüssigkeiten. Wird es erwärmt, gerinnt es bei etwa 70 °C.

Von besonderer Bedeutung sind die Globuline bei der Herstellung von Wurstmasse. Der Fleischer bezeichnet sie als **Brät.** Der Koch stellt Vergleichbares her und nennt es **Farce.**

Durch feine Zerkleinerung im Kutter werden aus der Fleischfaser die Globuline freigelegt. Nach **Beigabe von Salz** lösen sie sich und **lagern Wasser an,** das in Form von Eis beigegeben wird. Das fertige Brät wird in Därme gefüllt. Beim abschließenden **Brühen** (75 °C) gerinnen die Eiweißstoffe und machen die Wurst schnittfest.

Der Koch formt z. B. Klößchen und pochiert diese in einer Brühe. Technologisch ist das der gleiche Vorgang wie bei der Wurstherstellung.

Klebereiweiß bildet das Gerüst im Brot.

Das Weizenmehl enthält die Eiweißarten Gliadin und Glutenin. Bei der Teigbereitung nehmen sie Wasser auf, quellen und verbinden sich zu einer zähen, dehnbaren Masse, dem **Kleber.**

Damit der Kleber gut ausgebildet wird, bearbeitet man Weizenteige, bis sie sich vom Gefäß lösen oder bis sie Blasen werfen.

Abb. 1 Kleber bildet das Brotgerüst.

Bei Mürbeteigen erwartet man ein lockeres, leicht brechendes Gebäck. Darum wird die Ausbildung des Klebers vermieden. Man knetet die Mürbeteige nicht, sondern vermengt die Zutaten nur kurz.

Bindegewebe verkürzt sich beim Erhitzen.

Die einzelnen Fleischfasern sind vom Bindegewebe umschlossen und werden durch dieses zusammengehalten. Bei Wärmeeinwirkung verkürzt sich das Bindegewebe, es zieht sich zusammen. Dabei drückt es den Fleischsaft aus den Fasern. Das Fleisch wird trocken.

Abb. 2 Bindegewebe zieht sich beim Erhitzen zusammen

Durch entsprechende Behandlung des Fleisches wird dem entgegengewirkt:

- **Klopfen** – Bindegewebefasern reißen ein,
- **Einschneiden** – Speck- oder Bindegeweberand wird durchtrennt.

Kollagen bildet eine Gallerte.

Schwarten, Knorpel und Knochen enthalten viel Kollagen oder Leimeiweiß. Dieses wird durch Kochen gelöst und geht in die Flüssigkeit über. In gereinigter und getrockneter Form wird es als **Gelatine** angeboten.

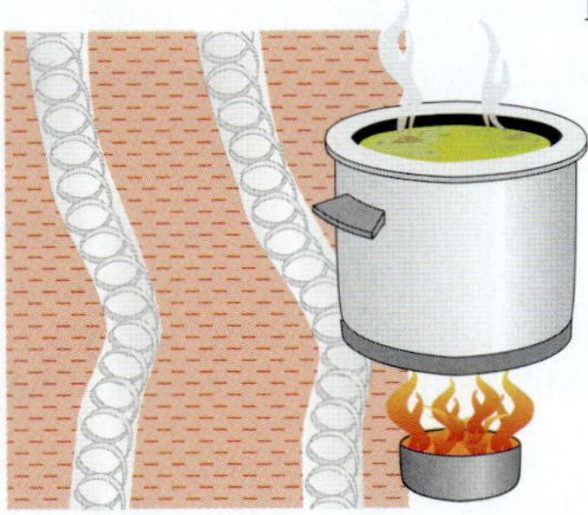

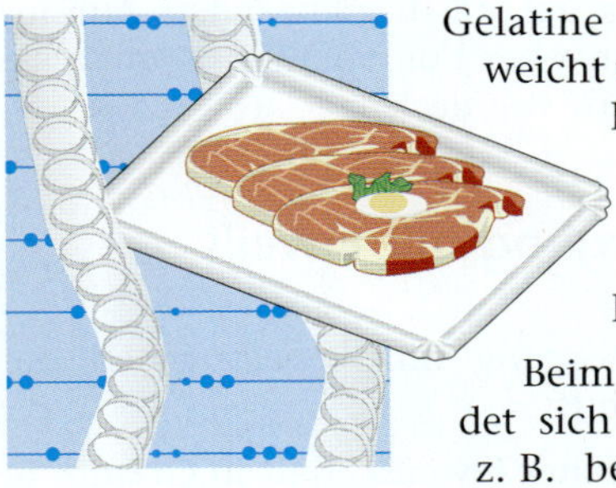

Gelatine wird eingeweicht und in warmer Flüssigkeit gelöst. Dabei zeigt sich noch keine Bindung.

Beim Abkühlen bildet sich eine Gallerte, z. B. bei Aspik oder Sülze.

Bei Wiedererwärmen wird die Gallerte wieder flüssig.

Caseinogen gerinnt durch Säure und Lab.

Milch enthält den Eiweißstoff Caseinogen. Beim Caseinogen ist mit dem Eiweißteil der Mineralstoff Calcium eng verbunden. Darum gerinnt Milch beim Kochen nicht. Wenn jedoch durch **Milchsäure** das Calcium abgetrennt wird, gerinnt das Eiweiß z. B. bei Sauermilch und Joghurt.

Wird die angesäuerte Milch erwärmt, trennt sie sich in Eiweißgerinnsel (Quark) und Flüssigkeit (Molke).

Ähnlich verhält sich die Milch, wenn ihr **Lab** zugesetzt wird. Lab ist ein Enzym aus dem Magen der Kälber.

Eiweiß verdirbt rasch.

Eiweißhaltige Lebensmittel verderben besonders leicht, denn viele Mikroben bevorzugen Eiweiß. Lebensmittel, die von Mikroben befallen sind, riechen und schmecken unangenehm. Bei Fleisch und Wurst zeigt sich der Mikrobenbefall in einer schmierigen Oberfläche.

Verdorbene, eiweißhaltige Lebensmittel sind gesundheitsschädlich; sie führen zu Übelkeit, Durchfall und Erbrechen.

4.3 Bedeutung für den menschlichen Körper

Wie die anderen Nährstoffe müssen auch die Eiweißstoffe durch die Verdauung zu den Bausteinen, den Aminosäuren, abgebaut werden. Diese gelangen dann durch die Darmwand in den Blutkreislauf.

Der Eiweißabbau beginnt im **Magen.** Die **Salzsäure** des Magensaftes lässt das Eiweiß zunächst **gerinnen. Enzyme spalten** dann die Eiweißmoleküle in Bruchstücke. Diese werden anschließend von den Enzymen des Bauchspeichels und des Darmsaftes zu den Aminosäuren abgebaut.

Eiweißstoffe dienen dem Körper vorwiegend als **Baustoff.** Bei Kindern und Heranwachsenden ist das Eiweiß notwendig zum **Aufbau,** bei Erwachsenen zum **Ersatz** verbrauchter oder abgenutzter Körpersubstanz.

Führt man dem Körper mehr Eiweißstoffe zu, als er zum Aufbau und zur Erneuerung benötigt, verwendet er diese zur **Energiegewinnung.**

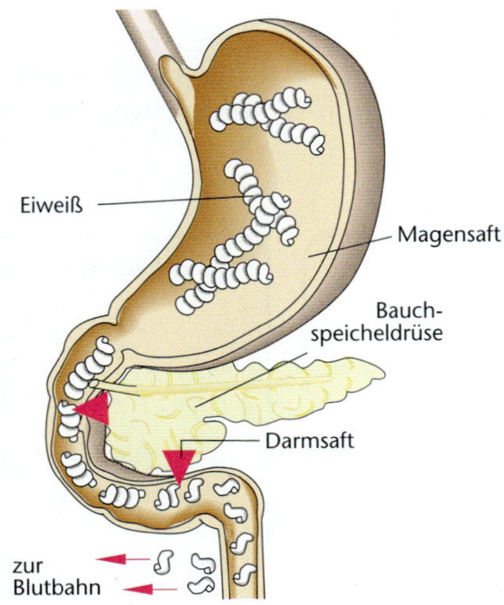

Abb. 1 Verdauung von Eiweiß

Essenzielle Aminosäuren – Biologische Wertigkeit

Die Aminosäuren werden im Körper zu körpereigenem Eiweiß aufgebaut. Jede Eiweißart (Haut, Bindegewebe, Haare) wird dabei nach einem ganz bestimmten, im Voraus festgelegten Muster gebildet. Manche Aminosäuren kann der Körper selbst bilden. Bei anderen ist er jedoch auf die Zufuhr von außen angewiesen. Man nennt diese Aminosäuren **lebensnotwendig** oder **unentbehrlich** oder **essenziell.** Eiweißarten mit vielen

Küche

essenziellen Aminosäuren sind darum für den Körper besonders wertvoll.

Der Anteil der einzelnen Aminosäuren im Nahrungseiweiß entspricht nicht immer der Zusammensetzung von Körpereiweiß. Die Verwertbarkeit von Nahrungseiweiß wird durch die essenzielle Aminosäure bestimmt, die mit dem geringsten Anteil vorhanden ist. (Der Körper kann nicht „weiterbauen“, wenn ein bestimmter Baustein fehlt. Auch wenn genügend andere Bausteine vorhanden sind, bleiben die Kombinationsmöglichkeiten begrenzt.) Man nennt darum die essenzielle Aminosäure, die mit dem geringsten Anteil vorhanden ist, die **begrenzende Aminosäure.** Sie bestimmt auch die biologische Wertigkeit.

Die **biologische Wertigkeit** einer Eiweißart gibt an, wie viel Gramm Körpereiweiß aus 100 Gramm Nahrungsmitteleiweiß gebildet werden können. Die biologische Wertigkeit ist eine Prozentzahl. „Vom Hundert“ ≙ %.

Beispiele für ein Berechnung

Fischfilet 100 Gramm, Eiweißanteil 17 %, biologische Wertigkeit 80 %.

Das Filet enthält 17 % = 17 Gramm Eiweiß. Davon kann der Körper 80 % nutzen. Das sind ≈ 13,6 Gramm.

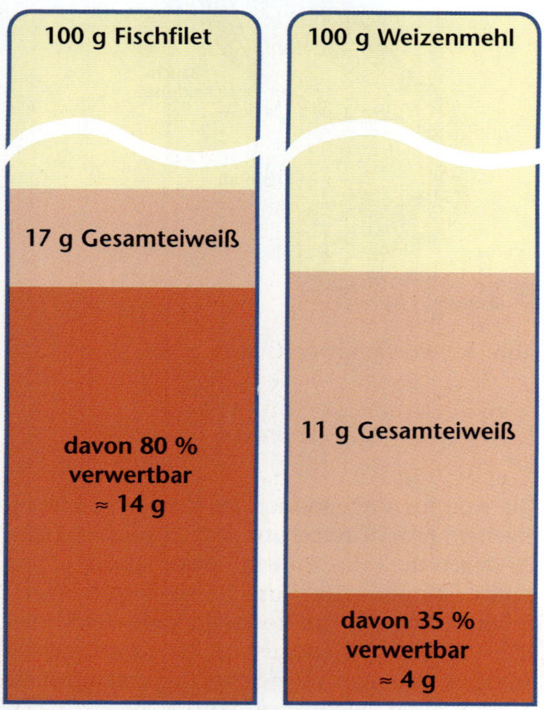

Abb. 1 Vergleich der biologischen Wertigkeit

Vergleich mit 100 g Weizenmehl, das einen Eiweißanteil von 11 % und eine biologische Wertigkeit von 35 % hat.

In 100 Gramm Weizenmehl sind 11 % = 11 Gramm Eiweiß. Davon sind für den Körper 35 % verwertbar, das sind etwa 4 Gramm.

Tierisches Eiweiß enthält mehr essenzielle Aminosäuren als pflanzliches. Unterschiedliche Eiweißarten können sich gegenseitig ergänzen und damit zusammen eine höhere biologische Wertigkeit haben.

Vegetarier achten bei der Zusammenstellung der Kost besonders auf die begrenzenden Aminosäuren. Bei sinnvoller Kombination können sie den Eiweißbedarf voll decken.

4.4 Versorgung mit Eiweiß

Über die Versorgung mit Eiweiß geben die Tabellen Auskunft.

Durchschnittlicher Eiweißgehalt in Gramm je 100 g Lebensmittel

Hartkäse, Vollfett	25
Linsen	24
Schweinefleisch, mittelfett	18
Heringsfilet	18
Speisequark, mager	17
Blutwurst	14
Hühnerei	11
Mischbrot	7
Joghurt	5
Entrahmte Milch	4
Kartoffeln ohne Schalen	2

Durchschnittliche Eiweiß-(Protein-)Versorgung in % aus:

Kartoffeln	5
Eiern	5
Milchprodukten	12
Fisch, Hülsenfrüchten u. a.	18
Getreideprodukten	20
Fleisch/Fleischwaren	40

Aufgaben

1 „Eiweiß muss sein." Erklären Sie das unter Verwendung des Begriffes essenzielle Aminosäuren.

2 Nennen Sie Merkmale, nach denen die Eiweißarten unterschieden werden.

3 Durch welche küchentechnischen Vorgänge kann man Eiweiß zum Gerinnen bringen?

4 Der Eiweißbedarf je kg Körpergewicht ist je nach Lebensalter unterschiedlich. Begründen Sie.

5 Milch hat eine hohe biologische Wertigkeit. Darum ist Quark ein Eiweißlieferant von hoher Qualität. Können Sie diesen Satz näher begründen?

6 „Fleisch ist ein Stück Lebenskraft", sagt die Werbung. Man kann dazu unterschiedlicher Meinung sein. Sammeln Sie Argumente.

5 Vitamine *vitamins* *vitamines (w)*

5.1 Bedeutung für den menschlichen Körper

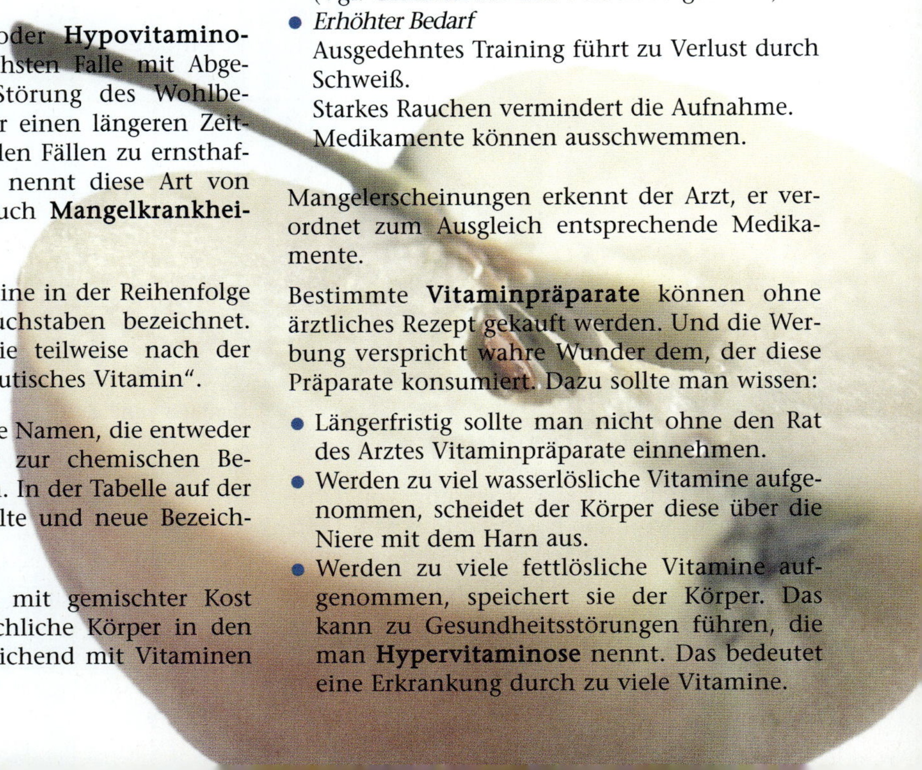

Für eine gesunde Ernährung unabdingbar sind als Wirkstoffe die **Vitamine** und **Mineralstoffe** (Kapitel 6). Wegen ihrer Aufgaben im Körper werden sie auch als **Regler- und Schutzstoffe** bezeichnet. Der menschliche Organismus ist auf eine regelmäßige Zufuhr angewiesen, weil er diese Stoffe nicht selbst bilden und nur begrenzt speichern kann.

Eine Unterversorgung oder **Hypovitaminose** äußert sich im einfachsten Falle mit Abgespanntheit und einer Störung des Wohlbefindens. Ein Mangel über einen längeren Zeitraum führt jedoch in vielen Fällen zu ernsthaften Erkrankungen. Man nennt diese Art von Erkrankungen deshalb auch **Mangelkrankheiten.**

Früher wurden die Vitamine in der Reihenfolge der Entdeckung mit Buchstaben bezeichnet. Später benannte man sie teilweise nach der Wirkung, z. B. „antiskorbutisches Vitamin".

Heute haben die Vitamine Namen, die entweder zu ihrer Funktion oder zur chemischen Beschaffenheit Bezug haben. In der Tabelle auf der nächsten Seite werden alte und neue Bezeichnungen genannt.

Bei richtiger Ernährung mit gemischter Kost wird der gesunde menschliche Körper in den allermeisten Fällen ausreichend mit Vitaminen versorgt.

Trotzdem kann es zu **Versorgungslücken** kommen:

- *Falsche Ernährung*
  z. B. nur „Cola und Pommes"
  Riegel und Schokolade
  Blitzdiät
- *Falscher Umgang mit Lebensmitteln*
  (Vgl. Grafiken auf den beiden Folgeseiten)
- *Erhöhter Bedarf*
  Ausgedehntes Training führt zu Verlust durch Schweiß.
  Starkes Rauchen vermindert die Aufnahme.
  Medikamente können ausschwemmen.

Mangelerscheinungen erkennt der Arzt, er verordnet zum Ausgleich entsprechende Medikamente.

Bestimmte **Vitaminpräparate** können ohne ärztliches Rezept gekauft werden. Und die Werbung verspricht wahre Wunder dem, der diese Präparate konsumiert. Dazu sollte man wissen:

- Längerfristig sollte man nicht ohne den Rat des Arztes Vitaminpräparate einnehmen.
- Werden zu viel wasserlösliche Vitamine aufgenommen, scheidet der Körper diese über die Niere mit dem Harn aus.
- Werden zu viele fettlösliche Vitamine aufgenommen, speichert sie der Körper. Das kann zu Gesundheitsstörungen führen, die man **Hypervitaminose** nennt. Das bedeutet eine Erkrankung durch zu viele Vitamine.

5.2 Aufgaben und Vorkommen

Auswahl von Vitaminen, deren regelmäßige Zufuhr für den menschlichen Körper wichtig ist.

Vitamin	Mangelkrankheit	Vorkommen	empfindlich gegen Licht	Luft	Wasser	Wärme
fettlöslich						
A **Retinol** Vorstufe ist **Karotin**	Entzündungen der Haut und der Schleimhäute, Nachtblindheit, Widerstandskraft gegen Infektionen lässt nach	Butter, Lebertran, Eigelb, Milch, Carotin in Karotten, Möhren, Aprikosen	++	++	–	–
D **Calciferol**	Wachstumsstörungen, Knochenerweichung, Rachitis	Butter, Margarine Milch, Lebertran	–	++	–	–
wasserlöslich						
$\mathbf{B_1}$ **Thiamin**	Verdauungsstörungen, Muskelschwund, rasche Ermüdung, Nervosität	Hefe, Vollkornerzeugnisse, Vollmilch, Quark, Ei, Fleisch, Fisch, Kartoffeln	–	+	+	+
$\mathbf{B_2}$ **Riboflavin**	Schlaflosigkeit, Nervosität	Schweineleber, Niere Vollmilchprodukte	–	–	+	+
C **Ascorbin--säure**	Ermüdung, „Frühjahrsmüdigkeit“, Zahnfleischerkrankung, Skorbut	Südfrüchte, Obst, Hagebutten, schwarze Johannisbeeren, Kartoffeln, alle grünen Pflanzen	++	++	++	++
Folsäure	Müdigkeit, Leistungsminderung, schlechte Wundheilung	Gemüse, Weizenkeime, Bierhefe	–	–	–	–

5.3 Erhaltung bei der Vor- und Zubereitung

Bereits bei Transport und Lagerung von Obst und Gemüse wird durch den Einfluss von Luft, Wärme und Licht ein Teil der Vitamine zerstört (① diese Seite und ② bis ③ nächste Seite).

Aber auch die **Art der Vorbereitung** hat großen Einfluss auf das Ausmaß der Verluste (④ bis ⑤ nächste Seite).

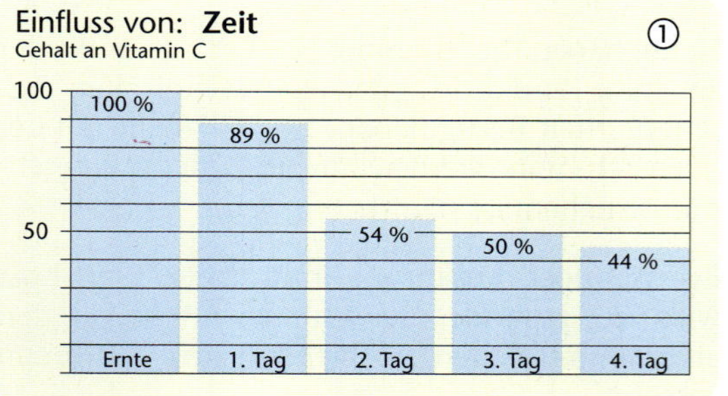

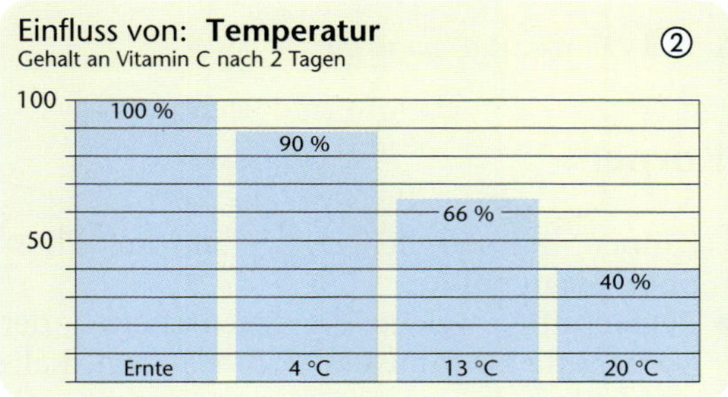

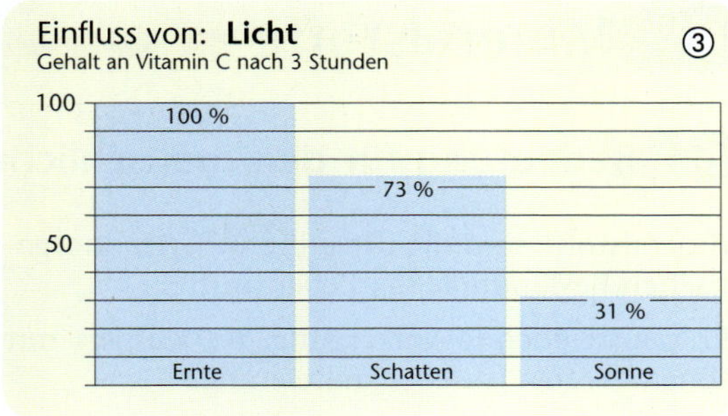

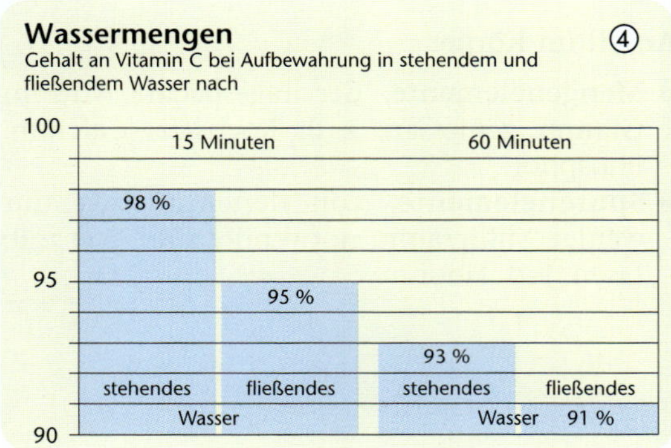

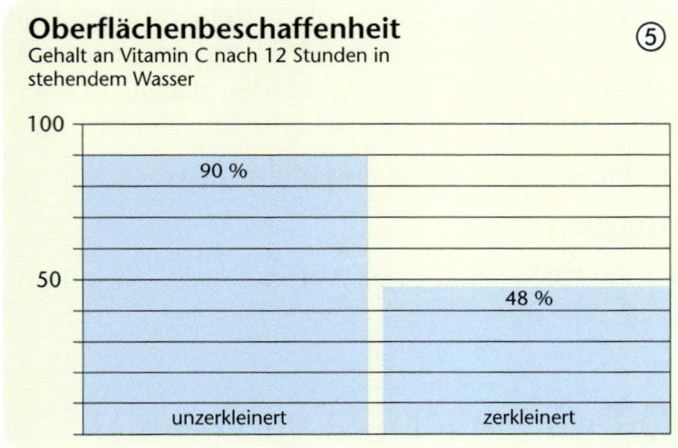

Um Vitaminverluste zu vermindern, ist zu beachten:

- Gemüse kühl und dunkel aufbewahren, am besten im Kühlraum,
- kurz und unzerkleinert waschen,
- geschälte Kartoffeln möglichst kurz und in möglichst wenig Wasser aufbewahren,
- geputzte Gemüse nicht in Wasser legen, sondern mit Folie abdecken,
- blanchieren nur, wenn unbedingt notwendig,
- Kochgeschirr beim Garen abdecken, damit Luftsauerstoff abgehalten wird.

Aufgaben

1 Vitamine werden in zwei Gruppen eingeteilt. Nennen Sie diese und begründen Sie die Aufteilung aus der Sicht der Lebensmittelzubereitung.

2 Opti sagt: „Heute enthält das Essen mehr Vitamine als früher." „Im Gegenteil", meint Pessi, „alles konserviert, nichts mehr frisch." Erstellen Sie eine Tabelle nach nebenstehendem Muster und tragen Sie die möglichen Argumente ein.

Heute enthält die Nahrung im Vergleich zu früher	
mehr Vitamine weil …	weniger Vitamine weil …

3 Die Frühjahrsmüdigkeit wird mit Vitaminmangel in Verbindung gebracht. Erläutern Sie.

4 Welche Handlungsweisen bei Transport, Lagerung und Verarbeitung führen zu großen Vitaminverlusten?

5 „Vitamine schaden nie." Stimmt diese Aussage?

6 Nennen Sie Lebensmittel mit viel Vitamin C und Vitamin D.

7 Suchen Sie natürliche Vitaminquellen. Welche Vitamine findet man vorwiegend in
a) Obst und Gemüse, b) Karotten und c) Vollkornbrot?

8 Ein Vitamin kann auf dreierlei Weise benannt sein, z. B. Vitamin C, Ascorbinsäure oder antiskorbutisches Vitamin. Versuchen Sie eine Erklärung.

6 Mineralstoffe *mineral elements* *éléments (m) minéraux*

6.1 Bedeutung für den menschlichen Körper

Mineralstoffe sind die unverbrennbaren anorganischen Bestandteile der Lebensmittel.

Eine ausreichende Versorgung des Körpers mit Mineralstoffen ist lebensnotwendig.

Die Mineralstoffe werden vom Körper zwar nicht verbraucht, doch wird über den Stoffwechsel immer ein Teil ausgeschieden und muss darum mit der Nahrung ständig wieder zugeführt werden. Dies gilt vor allem bei erhöhter Belastung.

Mineralstoffe werden eingeteilt nach:

Aufgaben

- **Baustoffe für** den Aufbau von Knochen, Zähnen, Körperzellen, z. B. Calcium, Phosphor, Magnesium
- **Reglerstoffe,** welche die Eigenschaften der Körpersäfte beeinflussen, z. B. Natrium, Kalium, Chlor

Anteil im Körper

- **Mengenelemente,** der Tagesbedarf wird in Gramm gemessen, z. B. Kochsalz, Calcium, Phosphor
- **Spurenelemente,** von denen täglich nur wenige Milligramm notwendig sind, wie z. B. Eisen, Jod, Fluor

6.2 Aufgaben und Vorkommen

Mineralstoff	notwendig für	kommt reichlich vor in
Calcium	Aufbau der Knochen und Zähne, Blutgerinnung	Milch und Milchprodukten, Gemüse
Magnesium	Muskelkontraktion, Enzymtätigkeit	Gemüse, Kartoffeln, Hülsenfrüchten
Kalium	Erregung von Muskeln und Nerven	Kartoffeln, Gemüse, Obst, Milch, Milchprodukte
Eisen	Blutbildung	Leber, grünem Gemüse, Vollkornbrot
Phosphor	Aufbau der Nerven und Knochen	Leber, Fleisch, Fisch, Milch und Milchprodukten, Vollkornbrot, Nüssen
Jod	Tätigkeit der Schilddrüse	Seefischen, Meerestieren, Jodsalz (enthält je kg 5 mg Jod)
Kochsalz	ausreichende Gewebespannung	in fast allen Nahrungsmitteln

6.3 Erhaltung bei der Vor- und Zubereitung

Mineralstoffe sind wasserlöslich. Darum entstehen beim Waschen, beim Aufbewahren von Gemüsen in Wasser und beim Blanchieren große Verluste. Deshalb:

- Gemüse kurz und unzerkleinert waschen,
- geputzte Gemüse nicht längere Zeit in Wasser legen,
- blanchieren nur, wenn unbedingt notwendig,
- Einweich- und Kochwasser weiterverwenden.

Einen erhöhten Bedarf an Wirkstoffen können Schwangere, Stillende sowie Säuglinge und ältere Menschen haben. Bei starker Belastung (Beruf, Sport) kann ebenfalls ein Mehrbedarf auftreten.

In diesen Fällen ist es möglich, dass der Bedarf durch bewusste Nahrungsauswahl (siehe auch vorstehende Tabelle) ergänzt werden muss. Vitamin- und Mineralstoffpräparate sollten über längere Zeit jedoch nur nach Rücksprache mit dem Arzt eingenommen werden.

7 Begleitstoffe 🇬🇧 *dietary fibres* 🇫🇷 *fibres (w) alimentaires*

Ballaststoffe oder Faserstoffe wurden früher für überflüssig gehalten. Man betrachtete die unverdauliche Zellulose als unnützen Ballast. Heute weiß man, dass diese Stoffe wichtige Aufgaben übernehmen, indem sie sogenannten Zivilisationskrankheiten vorbeugen.

Ballaststoffe

- quellen im Verdauungstrakt auf, erhöhen dadurch die Speisemenge und wirken so der Verstopfung entgegen
- verzögern die Aufnahme der Nährstoffe in die Blutbahn – das Essen hält länger vor
- begünstigen die im Darm lebenden Mikroben (Darmflora).

Viele nehmen heute zu wenig Ballaststoffe auf, weil man mehr Fleisch, Milchprodukte und Zuckerreiches isst, jedoch weniger Brot und Kartoffeln verzehrt als früher.

Für eine ausreichende Ballaststoffversorgung:

Nicht nur weißes Brot essen. Reichlich Gemüse und Obst in den Speiseplan einbauen.

Sekundäre Pflanzeninhaltsstoffe (SPS) oder **bioaktive Pflanzenstoffe** entstehen in geringen Mengen in den Pflanzen und dienen diesen z. B. als Abwehrstoffe gegen Schädlinge. Im menschlichen Körper wirken sie **gesundheitsfördernd,** weil sie vor der schädlichen Wirkung freier Radikale schützen und so z. B. das Risiko für bestimmte Krebserkrankungen senken. Seit langem ist z. B. die Wirkung von Zwiebeln und Knoblauch bekannt.

Neuerdings hat man eine Reihe anderer Stoffe entdeckt, die sich positiv auf die menschliche Gesundheit auswirken.

Bioaktive Pflanzenstoffe

- stärken das Immunsystem,
- wirken antibakteriell,
- halten den Stoffwechsel stabil,
- beugen Herz- und Krebserkrankungen vor.

Will man die Vorteile der bioaktiven Pflanzenstoffe nutzen, gilt der einfache Grundsatz:

Reichlich Gemüse und Obst unterschiedlicher Art. Es ist nicht notwendig, auf bestimmte Arten besonders zu achten.

Versorgung mit Vitaminen, Mineralstoffen und Wirkstoffen (Übersicht)

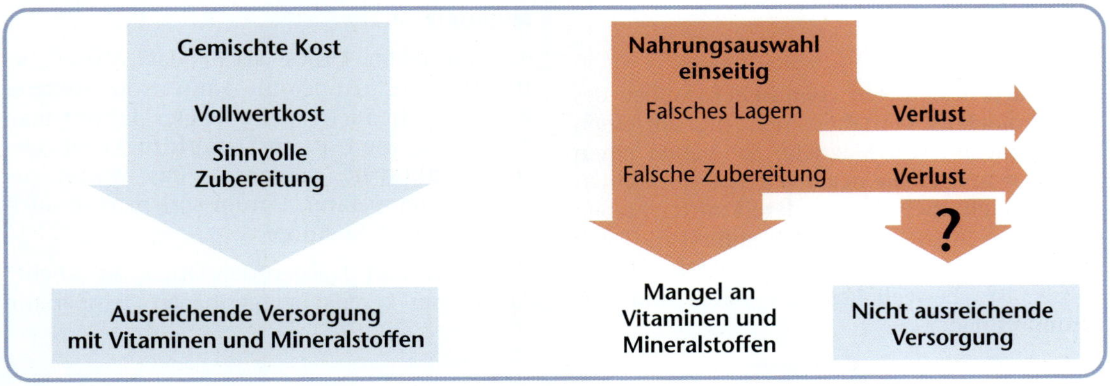

Aufgaben

1 Nennen Sie vier Regeln, die in der Küche beachtet werden müssen, damit Vitamine und Mineralstoffe möglichst erhalten werden.

2 Welche „Fehler“ der gewerblichen Küche führen zu hohen Verlusten an Wirkstoffen? Gibt es Gründe, die diese Verfahren rechtfertigen?

3 Man sagt, je höher der Ballaststoffanteil, desto geringer die Gefahr eines Darmkrebses. Erklären Sie den Zusammenhang.

4 Nennen Sie drei Gruppen von Menschen mit einem erhöhten Bedarf an Vitaminen und Mineralstoffen und begründen Sie den Mehrbedarf.

8 Wasser *water* *eau (w)*

Chemisch reines Wasser (H_2O) setzt sich aus zwei Atomen Wasserstoff und einem Atom Sauerstoff zusammen. Im natürlichen Wasserkreislauf durchdringt der Regen jedoch verschiedene Erdschichten. Diese wirken einerseits als Filter, andererseits löst das Wasser aus diesen Schichten Mineralstoffe.

Nach dem Lebensmittelrecht muss **Trinkwasser klar, farb-, geruch- und geschmacklos** sein und darf keine gesundheitsschädlichen Stoffe enthalten.

8.1 Wasserhärte

Die **Menge** der im Wasser gelösten Mineralstoffe bestimmt die **Wasserhärte.** Sie wird nach der internationalen Einheit Millimol (mmol/*l*) gemessen. Je nach Mineralstoffgehalt spricht man von hartem oder weichem Wasser. Hartes Wasser bildet beim Erhitzen Kalkablagerungen, die sich in Gefäßen, Heizungskesseln und Rohren absetzen.

8.2 Küchentechnische Eigenschaften

Wasser laugt aus

Durch den besonderen chemischen Aufbau des Wassermoleküls verhalten sich die einzelnen Wasserteilchen wie Magnete: Sie haben einen positiven und einen negativen Pol. So können sie sich **leicht zwischen andere Stoffe** schieben und deren Anziehungskräfte aufheben. Diese Stoffe bleiben dann im Wasser gelöst. Heißes Wasser ist „beweglicher“ als kaltes und löst darum schneller.

Die lösende Wirkung des Wassers ist

- **erwünscht** bei Aufgussgetränken wie Tee oder Kaffee oder bei der Herstellung von Bouillon,
- **unerwünscht,** wenn Auslaugverluste vermieden werden sollen. Dann bringt man die Lebensmittel möglichst nur kurz mit Wasser in Berührung, z. B. werden die Gemüse kurz und unzerkleinert gewaschen.

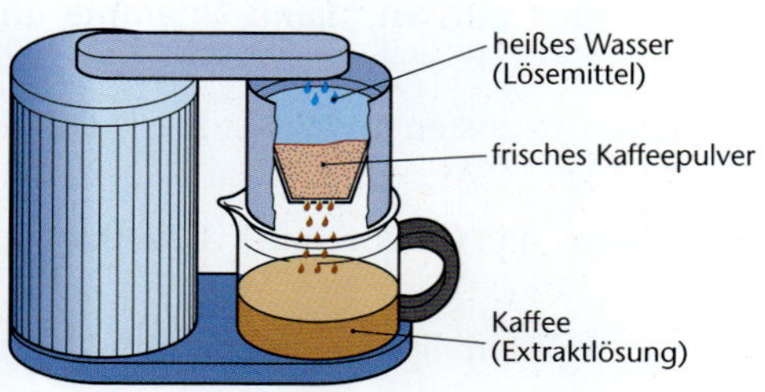

Abb. 1 Wasser laugt aus.

Wasser lässt Lebensmittel aufquellen

Manchen Lebensmitteln wie Linsen, gelben Erbsen, Pilzen, Dörrobst wird das Wasser entzogen, um sie haltbar zu machen. Bringt man diese Lebensmittel wieder ins Wasser, weicht man sie also ein, so saugen sie sich mit Wasser voll und quellen.

Wasser dient als Garmedium

Bei den Garverfahren Kochen, Dämpfen, Dünsten und Schmoren wird die Wärme durch das Wasser und Dampf auf die Lebensmittel übertragen.

Höhere Temperatur bedeutet kürzere Garzeit

Um die Garzeit zu verkürzen, kann eine höhere Temperatur eingesetzt werden. Um eine höhere Temperatur zu erzielen, nutzt man die Tatsache, dass der **Siedepunkt des Wassers vom Druck abhängig** ist.

Bei normalem Druck kocht das Wasser bei 100 °C. Die Temperatur kann trotz weiterer Wärmezufuhr nicht mehr steigen. Erhöht man den Druck, wie z. B. im **Dampfdrucktopf** oder bei **Autoklaven,** verdampft das Wasser bei erhöhter Temperatur. Darum spricht man auch vom „Schnell“-Kochtopf.

Verringert man dagegen den Druck, so „kocht“ das Wasser bereits bei geringerer Temperatur.

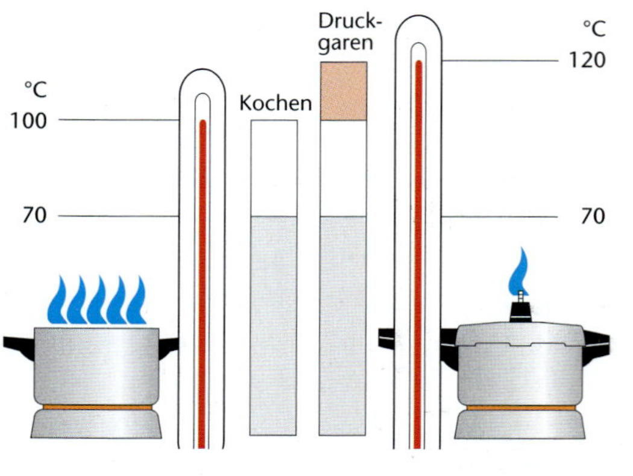

Abb. 2 Erhöhte Temperatur verkürzt die Garzeit.

Diesen Zustand stellt man absichtlich her, wenn man Luft abpumpt (entzieht) und so einen Unterdruck, ein **Vakuum** erzeugt, z. B. beim Eindicken von Kondensmilch, um den Kochgeschmack zu vermeiden.

8.3 Bedeutung für den menschlichen Körper

Wasser dient dem Körper als **Baustoff,** denn der Körper besteht zu etwa 60 % aus Wasser.

Als **Lösungsmittel** hilft das Wasser die Bausteine der Nährstoffe sowie die Vitamine und Mineralstoffe aus den Speisen zu lösen, sodass sie die Darmwand durchdringen können.

Als **Transportmittel** nimmt Wasser die gelösten Stoffe in Blut und Lymphe auf und bringt sie zu den Verbrauchsstellen. Von dort werden die Rückstände zu den Ausscheidungsorganen gebracht.

Zur **Wärmeregelung** gibt der Körper durch die Poren der Haut Wasser ab. Dieses verdunstet und kühlt dadurch den Körper ab.

Der Körper bedarf einer täglichen Wassermenge von 2 bis 2,5 Litern. Diese wird teilweise durch den Wassergehalt der Lebensmittel gedeckt, zum größeren Teil muss sie aber durch Getränke ergänzt werden.

Der Wasserbedarf ist erhöht bei
- **trockener und heißer Witterung, weil die Schweißabsonderung ansteigt, wie auch bei**
- **körperlicher Anstrengung und dem**
- **Genuss kräftig gesalzener oder scharfer Speisen.**

Aufgaben

1 Welche Nachteile sind mit der Verwendung von hartem Wasser verbunden?

2 Der Mensch benötigt täglich mindestens 2 Liter Wasser. Kaum jemand trinkt so viel. Wie wird dann der Flüssigkeitsbedarf gedeckt?

3 Wasser laugt aus. Nennen Sie je drei Beispiele, wo dieser Vorgang erwünscht bzw. nicht erwünscht ist.

4 Warum werden in einem Dampfdrucktopf die Lebensmittel schneller gar?

9 Enzyme *enzymes* *enzymes (m)*

Enzyme sind Wirkstoffe, die Veränderungen in den Zellen und damit auch in den Lebensmitteln entweder überhaupt erst ermöglichen oder aber beschleunigen, ohne sich dabei zu verbrauchen. Neben dem aus dem Griechischen kommenden Wort **Enzym** verwendet man auch den lateinischen Begriff **Ferment.** Beide Begriffe bedeuten dasselbe.

Man bezeichnet Wirkstoffe wie z. B. die Enzyme auch als **Katalysatoren;** werden diese in lebendigen Organismen gebildet, spricht man von **Biokatalysatoren.**

9.1 Wirkungsweise

Enzyme bewirken die verschiedensten Abläufe:

- **Sie bauen in der Pflanze Nährstoffe auf** – aus Einfachzuckern werden Zweifach- und Vielfachzucker.
- **Sie verändern die Lebensmittel** – Schlachtfleisch reift, angeschnittene Äpfel werden braun.
- **Sie bauen Nährstoffe ab** – beispielsweise bei der Verdauung.
- **Sie bauen arteigene Körperstoffe auf** – z. B. Haare, Haut, Fett im Unterhautfettgewebe.

Enzyme bestehen aus **Eiweiß** und einer **Wirkstoffgruppe.** Diese Wirkstoffgruppe ist spezialisiert. Darum sind auch die Enzyme nur zu be-

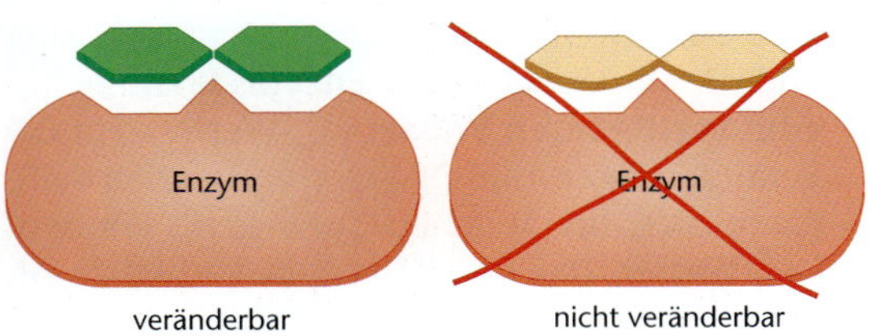

Abb. 1 Enzyme sind stoffspezifisch.

Küche

sonderen Veränderungen an jeweils einem speziellen Nährstoff fähig, können also auch bewusst sehr differenziert eingesetzt werden.
Enzyme sind

- **wirkungsspezifisch,** sie können nur eine bestimmte Wirkung einleiten, z. B. Aufbau von Fetten,
- **stoffspezifisch** (substratspezifisch), d. h., ein bestimmtes Enzym kann z. B. nur Kohlenhydrate verändern, nicht aber auch Fett oder Eiweißstoffe (Abb. 1 vorherige Seite).

Das nachstehende Beispiel des Stärkeabbaues zeigt, dass für jede Stufe ein anderes Enzym erforderlich ist. So kann z. B. die Amylase nur den Vielfachzucker Stärke in Zweifachzucker spalten. Dieses Beispiel aus dem Bereich der Kohlenhydrate ist auf alle anderen Stoffe übertragbar.

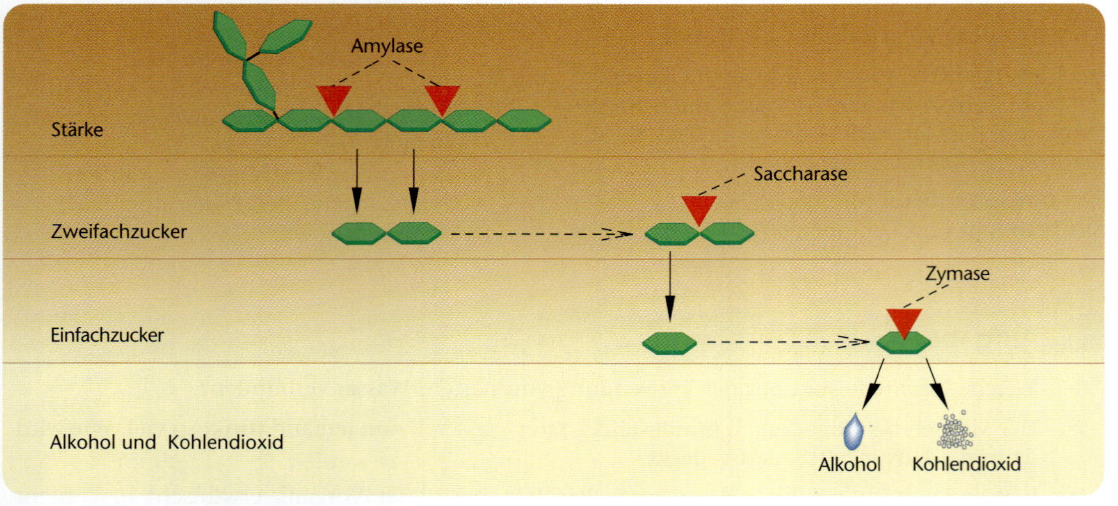

Abb. 1 Abbau von Stärke durch Enzyme

9.2 Bedingungen der Enzymtätigkeit und deren Steuerung

Versuche

1. Bereiten Sie aus 100 cm³ Wasser und 5 g Stärke einen Kleisterbrei. Verteilen Sie ihn auf die Gläser 1 bis 4.
2. In die Gläser 2, 3 und 4 wird je ein Teelöffel Speichel gegeben und untergerührt. Stellen Sie Glas 2 in den Kühlschrank, Glas 3 in ein Wasserbad mit 37 °C; Glas 4 muss aufgekocht und anschließend in ein Wasserbad gestellt werden.
3. Zerdrücken Sie ein Stückchen rohes Fischfilet, vermischen Sie es mit einem Teelöffel Speichel und füllen Sie es in Glas 5, das Sie anschließend ins Wasserbad stellen.
4. Nach ca. 20 Min. vergleichen Sie die Gläser. Nr. 1, 2, 4 und 5 zeigen keine Veränderungen. In Glas 3 hat sich der Stärkebrei verflüssigt. Prüfen Sie mit wässeriger Jodlösung!

Die **Wirksamkeit der Enzyme** ist abhängig

- **von der Temperatur.** – Bis ca. 40 °C steigt die Wirksamkeit an; bei höheren Temperaturen wird das Eiweiß geschädigt, es verändert sich und die Wirksamkeit des Enzyms lässt nach.
- **vom verfügbaren Wasser (a_w-Wert).** – Für die Veränderungen muss Wasser vorhanden sein, damit sich die Teilchen „bewegen" können. Das Wasser, das den Enzymen verfügbar ist, nennt man auch **aktives Wasser.**
- **vom Säurewert (pH-Wert).** – Die Enzyme bevorzugen neutrale bis leicht saure Umgebung. Durch eine Verschiebung des pH-Wertes kann deshalb die Enzymtätigkeit beeinflusst werden.

Bei der **Herstellung von Lebensmitteln** beeinflusst man die Wirkung der Enzyme:

- **Fördern der Enzymtätigkeit** z. B. beim Fermentieren von Tee und Kaffee.
- **Hemmen der Enzymtätigkeit** z. B. beim Blanchieren von Gemüse vor dem Frosten oder durch die Zugabe von Säure (Essigsäure, Benzoesäure) zur Konservierung.

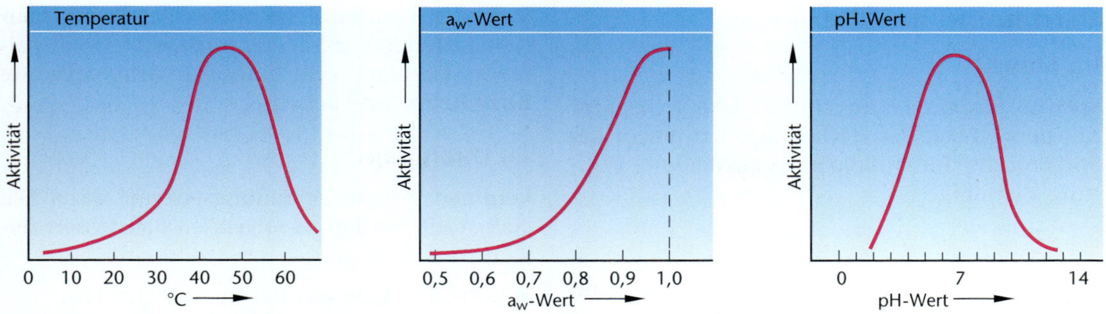

Abb. 1 Wirksamkeit der Enzyme

Bei der **Verdauung der Nährstoffe** wirken die körpereigenen Enzyme und zerlegen die Nährstoffe in die Bausteine.

Zusatzwissen

Die wissenschaftlichen Namen der Enzyme werden entsprechend einer internationalen Vereinbarung nach dem Stoff benannt, auf den sie einwirken. Alle Enzyme haben die Endsilbe „ase".

Abgebaut wird zum Beispiel:

- Stärke – Amylum durch Amylasen
- Malzzucker – Maltose durch Maltasen
- Fette – Lipide durch Lipasen
- Eiweiß – Protein durch Proteasen.

10 Verdauung und Stoffwechsel

digestion and metabolism *digestion (w) et métabolisme (m)*

Mit den Lebensmitteln nehmen wir die Nährstoffe auf, die der Körper zum Aufbau (Muskeln, Knochen) und zur Energiegewinnung (Kraft, Wärme) benötigt. Dies wurde schon bei der Behandlung der einzelnen Nährstoffe aufgezeigt. Jetzt werden Verdauung und Stoffwechsel zusammenhängend dargestellt.

Lebensmittel nennt der Gesetzgeber alles, was gegessen, gekaut oder getrunken wird.

Durch die Verdauung werden die Lebensmittel zerkleinert (Zähne, Magen) und in die Bausteine zerlegt. **Verdauung ist der Abbau der Nahrung in die Bausteine der Nährstoffe.** Das geschieht im Magen-Darm-Kanal, vorwiegend im Dünndarm. Als Werkzeuge für die Aufspaltung der Nährstoffe in die Bausteine dienen vorwiegend die **Enzyme.**

Die Bausteine der Nährstoffe (Einfachzucker, Aminosäuren, Glycerin und Fettsäuren) sind so kleine Moleküle, dass sie durch die Darmwand in die Blutbahn oder die Lymphbahn gelangen können. Diesen Übergang aus dem Verdauungskanal in den „eigentlichen Körper" bezeichnet man als **Resorption.**

Durch den Blutkreislauf werden die Bausteine der Nährstoffe zu den Körperzellen gebracht. Dort finden die eigentlichen Veränderungen statt:

Einfachzucker werden in Verbindung mit Sauerstoff zu Energie (Kraft, Körperwärme), aus Aminosäuren wird körpereigenes Eiweiß aufgebaut usw. Diese Vorgänge nennt man **Stoffwechsel.**

Um die Beiträge der einzelnen Nahrungsmittel für die Energieversorgung des Körpers miteinander vergleichen zu können, wird deren Energiegehalt genannt. Dazu verwendet man als Maßbezeichnung kJ ≙ Kilojoule oder kcal ≙ Kilokalorie.

Es liefern	1 g Kohlenhydrate	17 kJ / 4,2 kcal
	1 g Eiweiß	17 kJ / 4,2 kcal
	1 g Fett	37 kJ[1] / 9,3 kcal

Abb. 2 Verdauung und Stoffwechsel

[1] Wert nach Nährwertkennzeichnungsverordnung

Verdauung im Überblick

Im Mund

Speichel enthält das Enzym **Amylase.** Es beginnt mit dem Abbau der Stärke. Zugleich macht der Speichel die durch das Kauen zerkleinerte Nahrung gleitfähig.

Im Magen

Magensaft enthält **Salzsäure** und eiweißabbauende Enzyme. Die Säure tötet die meisten der mit der Nahrung aufgenommenen Mikroben ab und lässt das Eiweiß gerinnen. Im angesäuerten Speisebrei beginnen **Proteasen** mit dem Abbau der Eiweißstoffe.

Im Zwölffingerdarm

kommt **Gallenflüssigkeit** zum Speisebrei. Galle wird von der Leber produziert und in der Gallenblase gespeichert. Die Galle emulgiert das Fett, es entstehen viele kleinste Fettteilchen, die sich leichter aufspalten lassen.

Von der Bauchspeicheldrüse fließen **Lipasen** (fettspaltende Enzyme), **Peptidasen** (eiweißspaltende Enzyme) und **kohlenhydratspaltende Enzyme** in den Speisebrei.

Im Dünndarm

kommen weitere Verdauungsenzyme dazu. Die Nährstoffe werden zu folgenden Bausteinen zerlegt:

- Kohlenhydrate werden zu Einfachzucker,
- Fette zu Glycerin und Fettsäuren,
- Eiweißstoffe zu Aminosäuren.

Diese Bausteine gelangen als verwertbare Anteile der Nahrung durch die Wand des Dünndarms in den Körper.

Einfachzucker und Fettsäuren werden vom Blut transportiert, Fett wird von der Lymphe aufgenommen.

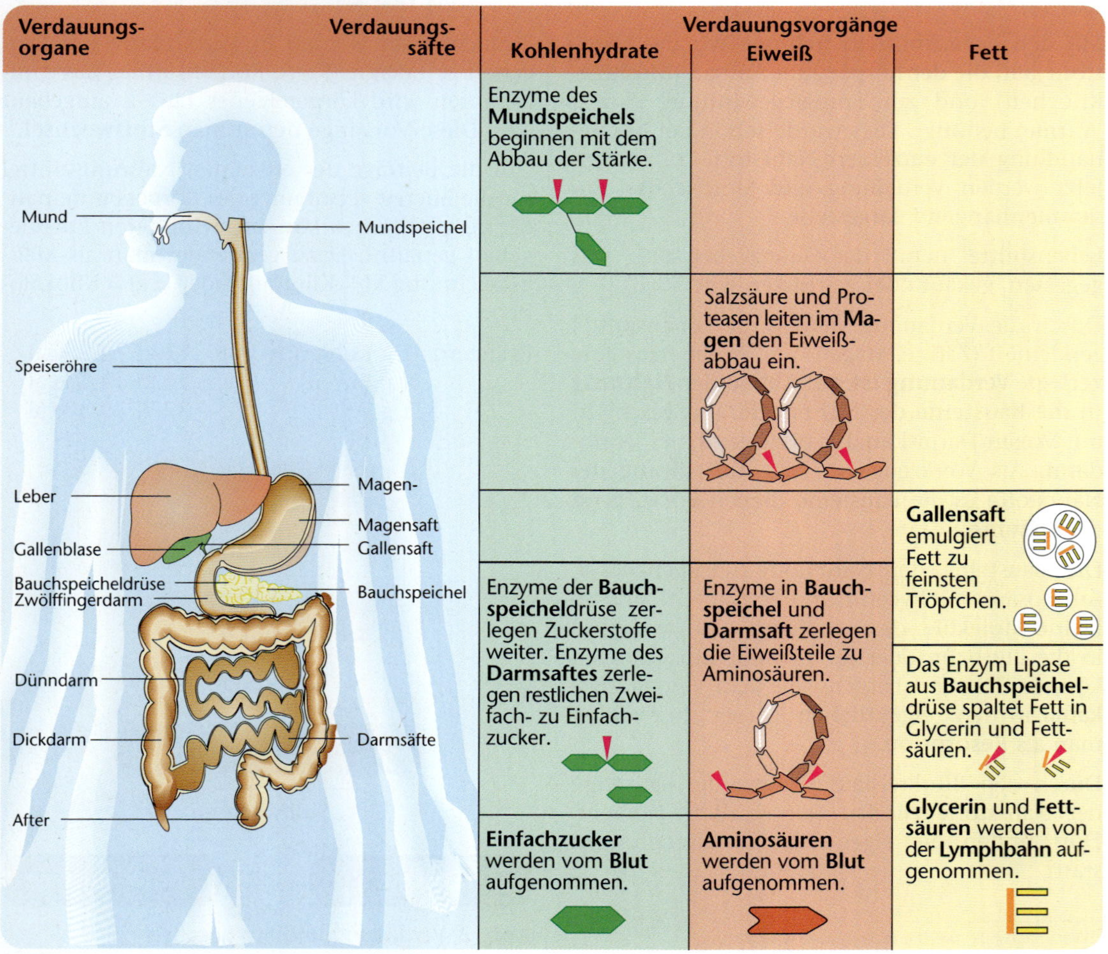

11 Vollwertige Ernährung

full value nutrition *régime (m) alimentaire complet*

Durch eine vollwertige Ernährung sollen die Leistungsfähigkeit des Menschen gefördert und ernährungsbedingte Erkrankungen vermieden werden.

Grundsätze vollwertiger Ernährung

- **Die richtige Nahrungsmenge:** Die Energiezufuhr muss auf den Bedarf des Körpers abgestellt sein. Wer über längere Zeit den Bedarf des Körpers mit der Energiezufuhr nicht zur Übereinstimmung bringt, hat Gewichtsprobleme (vgl. unten).
- **Die richtige Zusammenstellung:** Nicht die Menge allein macht es, es muss auch das Richtige sein, was man zu sich nimmt. Das bedeutet, dass bei einer vollwertigen Ernährung darauf zu achten ist, dass alle essenziellen Nährstoffe auch in ausreichender Menge zugeführt werden.
- **Die richtige Verteilung der Nahrung:** Der menschliche Körper unterliegt biologisch bedingten Schwankungen innerhalb des Tagesablaufs. Wer den zeitlich unterschiedlichen Bedarf des Körpers beachtet, lebt besser und leichter.

11.1 Energiebedarf

Der Körper bedarf selbst bei Ruhe und Schlaf zur Erhaltung der Lebensvorgänge, wie Atmung, Kreislauf, Verdauung usw., einer gewissen Energiemenge. Diese nennt man Grundumsatz.

Der **Grundumsatz** ist abhängig von

- Alter – mit zunehmendem Alter wird der Grundumsatz geringer,
- Geschlecht – bei Frauen geringer als bei Männern,
- Körpermasse – je „gewichtiger", desto höher der Grundumsatz.

Grundumsatz (Durchschnittswerte)				
Alter	männlich kJ	kcal	weiblich kJ	kcal
25	7.300	1.750	6.000	1.440
45	6.800	1.630	5.600	1.340
65	6.200	1.490	5.200	1.250

Faustregel:
100 kJ je kg Körpergewicht pro Tag.

Grundumsatz
+ Leistungsumsatz
= Gesamtumsatz

Mit der Schwere der Arbeit und der Menge an sportlicher Leistung steigt der Leistungsumsatz.

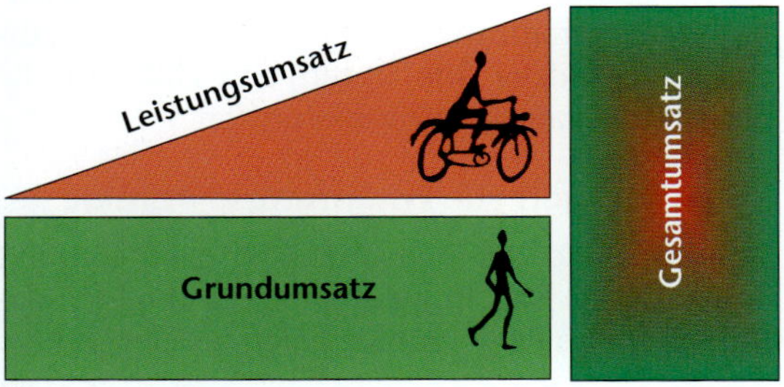

Abb. 1 Energiebedarf

Der überwiegende Teil des Energiebedarfs entfällt auf den Grundumsatz. Dieser bleibt relativ unverändert.

Leistungsumsatz		
Art der Arbeit	Leistungsumsatz je Tag in kJ Mann (70 kg)	Frau (60 kg)
leicht	2.100–2.500	1.700–2.100
mittelschwer	2.500–4.200	2.100–3.400
schwer	4.200–6.700	über 3.400

Ein junger Mann mit 70 kg verbraucht bei leichter bis mittelschwerer Tätigkeit täglich etwa 11.000 kJ/2.640 kcal.

Das sind täglich je 1 kg des Körpergewichts:		bei 70 kg
Eiweißstoffe (Protein)	0,5–1 g	60 g
Fett	0,7–0,8 g	50 g
Kohlenhydrate	6–7 g	450 g
Wasser	30–40 g	2–3 l
Spuren von Mineralstoffen und Vitaminen		

Wer abnehmen will, schafft das am raschesten über eine Verringerung der Energiezufuhr. Viel schwerer ist eine Verringerung des Gewichtes über verstärkte Aktivität, z. B. Sport. Trotzdem fördert Sport die Gesundheit.

Küche

11.2 Nahrungsauswahl

Wichtig: Eine Ernährung ist dann vollwertig, wenn alle erforderlichen Nährstoffe in der benötigten Menge aufgenommen werden.

„Iss das Richtige."

Dafür eignet sich am besten eine abwechslungsreiche, gemischte Kost. Die Deutsche Gesellschaft für Ernährung (DGE) gibt mit der Ernährungspyramide (s. Abb. unten) eine Hilfe, um die Lebensmittelauswahl zu überprüfen.

Erläuterungen zur Ernährungspyramide

Getränke sind der mengenmäßig größte Anteil der täglichen Nahrungsaufnahme und bilden darum unten an der Pyramide einen breiten Balken.

Die Hülsenfrüchte (reife Bohnen, Erbsen und Linsen) sind wegen ihres hohen Kohlenhydratgehaltes nicht dem Gemüse, sondern der Gruppe Kartoffeln, Getreide zugeordnet.

Weil nur die Meeresfische das Spurenelement Jod liefern, sind sie als eigene Gruppe angeführt. Die Süßwasserfische sind den anderen Eiweißlieferanten Fleisch und Ei zugeordnet.

Die Farben bei den Texten bedeuten:

Grün reichlich
Gelb mit Bedacht
Rot wenig verzehren

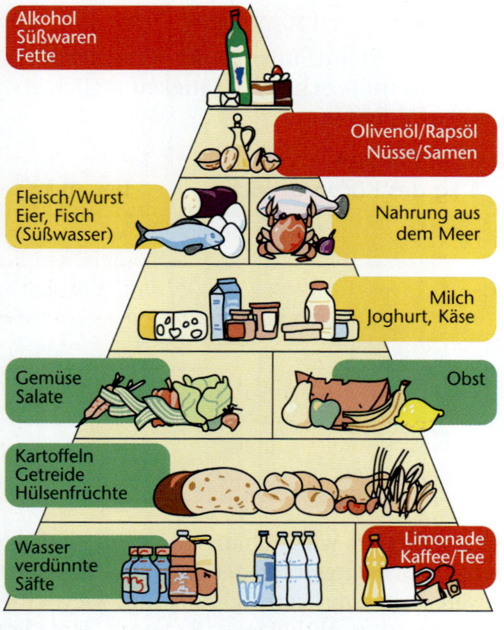

Abb. 1 Ernährungspyramide

Vollwertig essen und trinken ist einfach, wenn die 10 Regeln der DGE beachtet werden.

1. **Vielseitig essen**
   Genießen Sie die Vielfalt der Lebensmittel, kombinieren Sie. Es gibt keine „guten" oder „verbotenen" Lebensmittel.
2. **Getreideprodukte – mehrmals am Tag und reichlich Kartoffeln**
   Brot, Nudeln, Reis, bevorzugt aus Vollkorn, sowie Kartoffeln enthalten kaum Fett, aber viele Wirkstoffe.
3. **Gemüse und Obst – Nimm „5" am Tag**
   Fünf Portionen Gemüse oder Obst am Tag versorgen den Körper gut mit Wirkstoffen. Es kann sich z. B. um einen rohen Apfel, kurz gegartes Gemüse oder auch um Saft handeln.
4. **Täglich Milch und Milchprodukte, einmal in der Woche Fisch; Fleisch, Wurstwaren sowie Eier in Maßen**
   Bei Fleischerzeugnissen und Milchprodukten ist auf den Fettgehalt zu achten.
5. **Wenig Fett und fettreiche Lebensmittel**
   Fett ist auch Geschmacksträger. Darum schmecken fettreiche Speisen meist besonders gut. Weil es viel Energie liefert, macht Fett aber auch „fett". Auf unsichtbare Fette in Fleischerzeugnissen, Süßwaren, Milchprodukten und in Gebäck achten.
6. **Zucker und Salz in Maßen**
   Genießen Sie zuckerreiche Lebensmittel und Getränke mit reichlich Zucker nur in Maßen.
7. **Reichlich Flüssigkeit**
   Wasser hat im Körper vielfältige Aufgaben. Trinken Sie rund 1,5 Liter jeden Tag.
8. **Schmackhaft und schonend zubereiten**
   Garen Sie bei niederen Temperaturen und kurz. So bleiben Geschmack und Nährstoffe erhalten.
9. **Nehmen Sie sich Zeit, genießen Sie Ihr Essen**
   Bewusstes Essen hilft, richtig zu essen. Auch das Auge isst mit.
10. **Achten Sie auf Ihr Wunschgewicht und bleiben Sie in Bewegung**
    Mit dem richtigen Gewicht fühlen Sie sich wohl und mit reichlich Bewegung bleiben Sie in Schwung. Tun Sie etwas für Fitness, Wohlbefinden und Ihre Figur.

Veränderte Lebensbedingungen und geänderte Essgewohnheiten machen es erforderlich, über die Zufuhr von Wirkstoffen grundsätzlich nachzudenken.

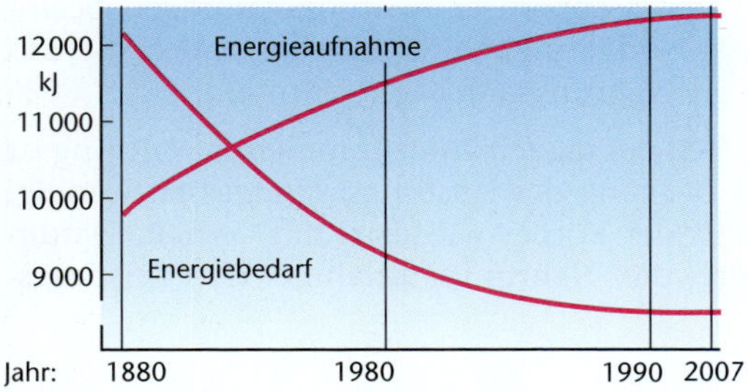

Abb. 1 Energieaufnahme und Energiebedarf

Im Gegensatz zu früher ist die **körperliche Belastung geringer:** Kraftarbeit übernehmen die Maschinen. Dafür ist der Mensch nervlich mehr angespannt. Die Ernährung ist heute aber **energiereicher.**

Man isst „besser". Das bedeutet mehr (verstecktes) Fett, mehr Zucker, weniger Ballaststoffe. Damit ist die Nahrung energiereicher und zugleich ärmer an Wirkstoffen. Man spricht darum auch von „leeren Kalorien".

Wer sich richtig ernähren will, muss also nicht nur weniger essen, sondern auch das Richtige auswählen.

Eine Hilfe bei der Nahrungsauswahl ist die Nährstoffdichte.

Die Nährstoffdichte ist ein Messwert, der angibt, in welchem Verhältnis ein wichtiger/essentieller Nahrungsbestandteil zum Energiegehalt steht.

Wer viel Energie benötigt, isst größere Mengen (Abb. 2, linke Säule). Auch wenn die wichtigen/essentiellen Nährstoffe nicht so dicht vorliegen, reichen sie wegen der größeren Nahrungsmenge für eine gesunde Ernährung aus.

Der Bedarf an essentiellen Nahrungsbestandteilen bleibt jedoch gleich hoch auch dann, wenn man z. B. wegen sitzender Tätigkeit und träger Freizeitgestaltung nur geringe körperliche Energie benötigt.

Wer sich in dieser Situation richtig ernähren will, muss darum bei der Auswahl der Lebensmittel bewusst auf die Nährstoffdichte achten.

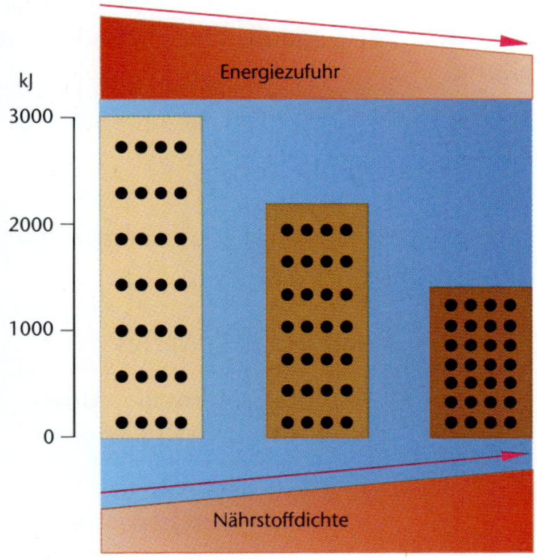

Abb. 2 Energiezufuhr und Nährstoffdichte

Beispiele:

- Zucker ist ein fast reines Kohlenhydrat ohne Vitamin C. Darum ist die Nähstoffdichte in Bezug zu Vitamin C gleich Null.
- Blattsalate liefern kaum Energie, haben aber einen hohen Anteil an Vitamin C. Darum hat die Nährstoffdichte in Bezug zu Vitamin C den hohen Wert 140.

Die Einwände der Wissenschaftler gegen die vielfach übliche Ernährung lassen sich zusammenfassen.

Die Fehler		und die Folgen	
Wir essen	→ zu viel → zu süß → zu fett	zu viel Energie	zu viel Gewicht

Das „richtige" Körpergewicht

Heute halten Ernährungswissenschaftler das persönliche „Wohlfühlgewicht" für das beste. Sie schränken aber ein: Solange es im vernünftigen Rahmen bleibt.

Der Bereich, in dem ein vernünftiges Körpergewicht liegen soll, lässt sich auf verschiedene Weise feststellen.

Das **Normalgewicht** nach Broca:

Körpergröße (cm) – 100 = Körpergewicht (kg)

Überschreitet man die Werte um mehr als 10 %, spricht man von Übergewicht.

Der **Body Mass Index (BMI)**, wörtlich „Körper-Gewichts-Messwert", erlaubt eine individuellere Beurteilung.

$$\text{BMI} = \frac{\text{Körpergewicht (kg)}}{(\text{Körpergröße (m)})^2}$$

Der ermittelte BMI wird nun im Zusammenhang mit dem Alter ausgewertet.

Auswertung des BMI-Wertes

	Untergewicht	Normalgewicht	Übergewicht
Alter	**BMI-Wert unter**	**BMI-Wert zwischen**	**BMI-Wert über**
19 bis 24 Jahre	19	19–24	24
25 bis 34 Jahre	20	20–25	25
35 bis 44 Jahre	21	21–26	26
45 bis 54 Jahre	22	22–27	27
55 bis 64 Jahre	23	23–28	28
über 65 Jahre	24	24–29	29

Der Wert kann auch aus einer Tabelle abgelesen werden.

Ein junger Mann ist 170 cm groß und wiegt 60 kg. Sein BMI-Wert?

Ermittlung des BMI-Wertes

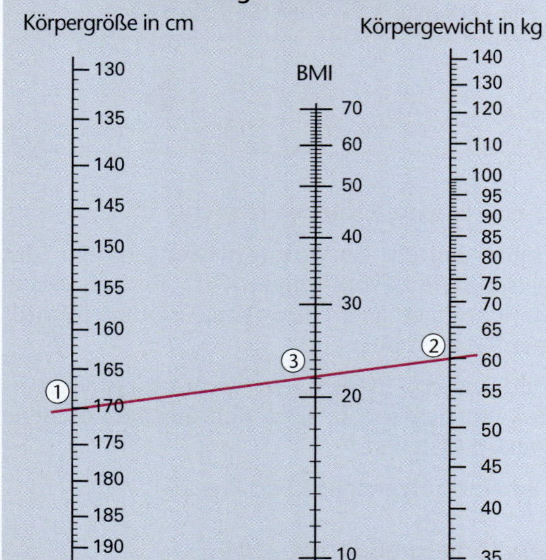

Ein Lineal wird links an der entsprechenden Größe ① und gleichzeitig rechts am aktuellen Gewicht ② angelegt. An der mittleren Linie ③ kann der BMI-Wert abgelesen werden.

11.3 Verteilung der täglichen Nahrungsaufnahme

Der Körper hat eine innere „biologische" Uhr, die nicht nur unser Leistungsvermögen beeinflusst, sondern auch Signale aussendet, die uns an die Nahrungsaufnahme erinnern.

Ein Teil der täglich aufgenommenen Nahrung ist zur Deckung des Leistungsumsatzes notwendig, damit der Körper wieder „Kraft" erhält. Darum sollte die Nahrungsaufnahme der Leistungsbereitschaft angepasst werden. Das Schaubild zeigt die Zusammenhänge zwischen Leistungsbereitschaft und Nahrungsaufnahme.

Nahrungsaufnahme und Leistungsbereitschaft

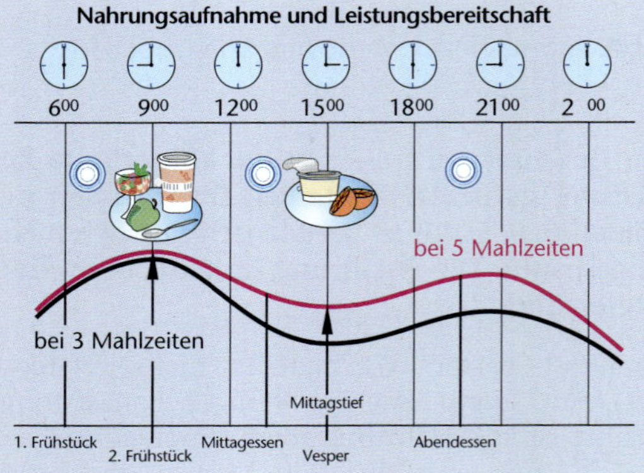

Regeln für die Verteilung der Nahrungsaufnahme:

- **Fünf kleine Mahlzeiten sind besser als drei große,** denn die Energiezufuhr ist der Leistungsbereitschaft angepasst und Heißhunger wird vermieden.
- **Ein vollwertiges Frühstück bringt die Startenergie,** die der menschliche Organismus nach der Schlafpause benötigt. Mit dem Frühstück soll man etwa ein Viertel der Tagesenergiemenge aufnehmen.
- **Das Mittagessen ist die Hauptmahlzeit,** sie soll etwa ein Drittel des täglichen Energiebedarfs decken.
- **Das Abendessen darf nicht belasten.** Das Abendessen zu Hause bietet Gelegenheit, eventuelle Mängel einer Außerhaus-Verpflegung auszugleichen und für eine ausreichende Zufuhr an Vitaminen und Mineralstoffen zu sorgen.
- **Zwischenmahlzeiten sollen so liegen, dass sie die Leistungsbereitschaft fördern,** also zwischen 9 Uhr und 10 Uhr, wenn die Leistungskurve absinkt, und gegen 15 Uhr nach dem Mittagstief.

Aufgaben

1 Warum ist der Grundumsatz nicht bei allen Menschen gleich?

2 Die Ernährungspyramide unterteilt unsere Lebensmittel in Gruppen. Welche Lebensmittelgruppen sollen bevorzugt werden? Begründen Sie.

3 Eine Ernährungsregel der DGE lautet: Würzig, aber nicht salzig. Erklären Sie den Unterschied.

4 Nennen Sie die drei häufigsten Ernährungsfehler, die zu Übergewicht führen.

5 „Wir essen zu viele leere Lebensmittel", ist ein häufig gehörter Vorwurf. Nehmen Sie dazu Stellung.

6 Zwischenmahlzeiten erhöhen die Leistungsfähigkeit. Erläutern Sie.

12 Alternative Ernährungsformen

nutrition alternatives *formes (w) de nutrition alternatives*

Unterschiedliche Gründe veranlassen Menschen, sich alternativ zu ernähren.

Alternativ bedeutet hier: sich bewusst für einen anderen Weg entscheiden.

Naturbelassene, unverarbeitete Rohstoffe, Frischkost, kein oder nur wenig Fleisch, Vollkornprodukte, das sind die Stichworte in der Argumentation um alternative Ernährungsformen.

12.1 Vegetarische Kost – Pflanzliche Kost

Vegetarier wollen bewusst eine vorwiegend aus pflanzlichen Produkten bestehende Ernährung. Sie essen keine Lebensmittel, die von getöteten Tieren stammen.

Darüber hinaus lehnen Vegetarier meist auch Genussmittel wie Alkohol oder Nikotin ab.

Bei Vegetariern werden unterschieden:

	Pflanzen	Milch, Käse	Eier
	lat. *vegetabilia* Pflanzen	lat. *laktis* Milch	lat. *ovum* Ei
Ovo-Lakto-Vegetarier	✓	✓	✓
Lakto-Vegetarier	✓	✓	✗
Veganer	✓	✗	✗

- **Ovo-Lakto-Vegetarier** essen neben Pflanzen auch Produkte von Tieren, also Eier, Milch und Milcherzeugnisse.
- **Lakto-Vegetarier** verzichten zusätzlich auf den Genuss von Eiern, weil ein befruchtetes Ei schon Leben in sich birgt.
- **Veganer** leben nur von pflanzlichen Produkten. Sie lehnen alles ab, was von Tieren kommt, sogar Honig.

12.2 Vollwerternährung

Definition der Vollwerternährung (gekürzt)

Vollwerternährung ist eine überwiegend lakto-vegetabile Ernährungsform, in der Lebensmittel bevorzugt werden, die möglichst wenig verarbeitet sind. ... etwa die Hälfte der Nahrungsmenge ist als unerhitzte Frischkost (Rohkost) zu verzehren. Lebensmittelzusatzstoffe sollten vermieden werden.

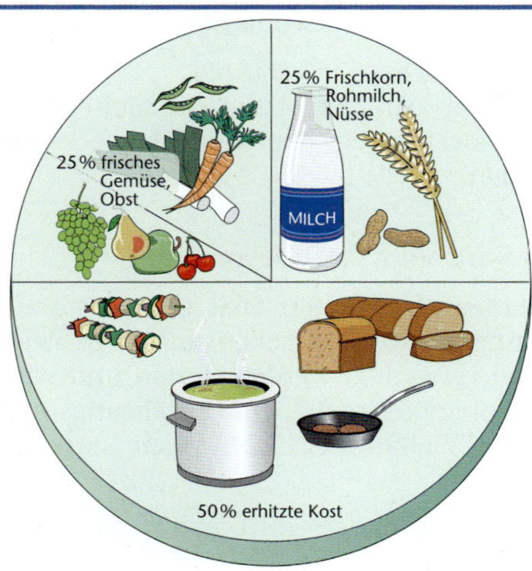

Abb. 1 Zusammensetzung der Vollwerternährung

Die Vollwerternährung ist zu unterscheiden von der vollwertigen Ernährung.

Vergleich

Vollwertige Ernährung

Vollwertige Ernährung nennt die Deutsche Gesellschaft für Ernährung (DGE) eine Ernährung, die folgende Punkte beachtet:

- *Richtige Nahrungsmenge* entsprechend dem jeweiligen Grund- und Leistungsumsatz.
- *Richtige Zusammenstellung der Nahrung (gesunde Mischkost),* sodass dem Körper alle notwendigen Nährstoffe zugeführt werden.
- *Richtige Behandlung* bedeutet ein ausgewogenes Verhältnis von Gegartem und Ungegartem.

Die **10 Regeln der DGE** (Seite 78) nennen genauere Verhaltensregeln.

Vollwerternährung

Die Vollwerternährung berücksichtig als ganzheitliches Ernährungskonzept darüber hinausgehende Ziele.

- *Hoher Anteil an Frischkost (50 %)* Gemüse, Obst und Getreide in möglichst gering verarbeiteter Form. Die Grafik oben zeigt die Anteile der einzelnen Nahrungsmittelgruppen an der Ernährung.
- *Eine möglichst schonende Zubereitung* der frischen Lebensmittel aus ökologischem Anbau.
- *Schonung der Umwelt* durch Verwendung saisonaler Produkte aus der Region, durch Einsparung von Verpackung.

13 Kostformen/Diät *diet* *régimes (m) alimentaires*

Das Wort **Diät** bedeutete bei den Griechen ursprünglich *gesunde Lebensweise.* Heute versteht man darunter allgemein meist Nahrungszusammenstellungen zum Abnehmen wie Nulldiät, Kartoffeldiät usw.

Eine **Diät** im Sinne der Ärzte sind verordnete strenge Ernährungsvorschriften bei bestimmten Krankheiten.

Kostformen nennt man Ernährungsweisen, die sich von der „normalen“, frei gewählten Ernährung unterscheiden. Beispiele:

- *Ausgewählte Lebensmittel,*
  Lebensmittel mit einem geringen Anteil an Einfachzucker für Diabetiker,
  ballaststoffarme, leicht verdauliche Lebensmittel bei leichter Vollkost.
- *Ausgewählte Garverfahren*
  Kochen, Dämpfen, Dünsten, nicht aber Braten oder Grillen, damit sich keine Röststoffe bilden.

Diät wird vom Arzt verordnet.

Bei einer verordneten Diät gibt der Arzt Anweisungen, welche Lebensmittel in welcher Menge verwendet werden dürfen und wie diese zuzubereiten sind. Die Ernährungsmedizin hat die Vielfalt der Diätformen stark eingeschränkt.

Neben der **Vollkost** kennt man heute

- Leichte Vollkost
- Natriumarme Diät
- Diabetesdiät
- Eiweißarme Diät
- Reduktionsdiät

13.1 Vollkost

Als Vollkost wird die „normale“ Ernährung bezeichnet, wenn diese die Nährstoffe im richtigen Verhältnis enthält und den jeweils erforderlichen Energiebedarf deckt.

13.2 Leichte Vollkost

Von leichter Vollkost spricht man, wenn bei der Zusammenstellung der Kost auf alle Lebensmittel verzichtet wird, die Unverträglichkeiten auslösen, wie z. B. Hülsenfrüchte, Kohlgemüse. Die leichte Vollkost wurde früher **Schonkost** genannt. Leichte Vollkost wird verordnet, wenn die Verdauungsorgane entlastet werden sollen.

Grundregeln:

- Entlastung der Verdauungsorgane von großen Speisenmengen – also mehrere kleine Mahlzeiten,
- Entlastung der Verdauungsorgane von schwer verdaulichen Speisen.
  Schwer verdaulich sind z. B.
  - fette Lebensmittel,
  - Speisen, die mit größeren Fettmengen zubereitet werden,
  - Speisen mit viel Röststoffen,

- Entlastung der Verdauungsorgane von blähenden Lebensmitteln wie Kohlarten, Hülsenfrüchten, rohem Obst,
- Entlastung der Verdauungsorgane von Speisen und Zutaten, die die Schleimhaut reizen, z. B. scharfe Gewürze, Räucher- und Pökelwaren, Fleischbrühen, Getränke mit Alkohol oder Kohlensäure.

Anwendung:

- Kleine Mengen eines Gerichts in ansprechender Form bereiten,
- leicht verdauliche Lebensmittel verwenden,
- Garverfahren anwenden, die die Bildung von Röststoffen und die Verwendung von Fett einschränken – man wird bevorzugt kochen, dünsten, dämpfen oder die Zubereitung in Alufolie garen,
- reizarm würzen.

13.3 Natriumarme Kost

Natrium wird vor allem mit Kochsalz (NaCl) aufgenommen. Es bindet die Körperflüssigkeit. Dadurch kann der Blutdruck ansteigen und der Kreislauf belastet werden.

Durch Verzicht auf Kochsalz kann die Normalisierung der Körperfunktionen unterstützt werden.

Grundregeln:

- Die Menge des verwendeten Kochsalzes ist zu beschränken,
- Lebensmittel mit hohem Kochsalzgehalt (Dauerwurst, Gepökeltes, Fischkonserven) sind zu meiden.

Anwendung:

- Das Salzen der Speisen unterlassen,
- durch entsprechende Zubereitungsarten wie Kurzbraten, Grillen, Gratinieren und richtiges Würzen für die Entwicklung von Geschmacks- und Aromastoffen sorgen.

13.4 Eiweißarme Kost

Im gesunden Körper wird Eiweiß (Protein) vorwiegend als Baustoff verwendet. Wird mehr Eiweiß aufgenommen als dafür erforderlich ist, dient das Eiweiß als Energielieferant.

Ist die Funktion von Leber oder Nieren gestört, treten beim Abbau von Eiweißstoffen Substanzen auf, die dem menschlichen Körper schädlich sind. Eine gezielte Eiweißzufuhr achtet darauf, dass jeder Überschuss an Eiweiß vermieden wird. Darum muss die Nahrung entsprechend des Bedarfs an essenziellen Aminosäuren ausgewählt werden.

Grundregeln:

- Die vorgeschriebenen Eiweißträger (eiweißhaltige Nahrungsmittel) dürfen nicht ohne Zustimmung des Arztes ausgetauscht werden, damit die erforderlichen Aminosäuren aufgenommen werden,
- die Rezeptmengen sind genau einzuhalten, damit dem Körper zwar eine ausreichende Eiweißmenge zugeführt wird, doch ein Zuviel vermieden wird,
- Salz darf nur sparsam verwendet werden.

13.5 Diabetikerkost

Die Zuckerkrankheit oder Diabetes mellitus gehört zu den häufigsten Stoffwechselkrankheiten. Etwa vier Millionen Bundesbürger leiden darunter.

Im gesunden Körper sorgt das Insulin dafür, dass die Zuckerstoffe in der richtigen Menge in die Zellen gelangen und dort die gespeicherte Energie freigeben.

Beim Zuckerkranken kann der Körper die mit der Nahrung aufgenommenen Kohlenhydrate nicht vollständig verwerten. Es ist zu wenig Insulin vorhanden. Die Zuckerstoffe können aus diesem Grund nicht in die Zellen gelangen und häufen sich im Blut an. Der Blutzuckerspiegel steigt.

Zwei Formen von Diabetes werden unterschieden. Man bezeichnet sie mit Typ 1 und Typ 2.

Typ-1-Diabetiker leiden meist von Jugend an unter **absolutem Insulinmangel.** Deswegen müssen sie das Hormon zuführen. Diese Menschen spritzen Insulin.

Zum **Diabetes Typ 2** zählen 90 % der Patienten. Bei dieser Personengruppe produziert der Körper zwar noch **Insulin,** doch es **reicht nicht** aus, der Zuckerstoffwechsel ist darum gestört. Die Patienten sind oft übergewichtige, ältere Menschen.

Bei Diabetikern des Typs 2 kann die mangelhafte körpereigene Regelung durch ein entsprechendes Verhalten unterstützt werden.

1. Abbau von Übergewicht, denn dann kann die vom Körper noch produzierte Menge Insulin zur Regelung ausreichen.
2. Vermeidung von leicht verdaulichem/schnell resorbierbarem Zucker und

3. Verteilung der Nahrungsmenge auf mehrere Mahlzeiten. Auf diese Weise werden „Spitzen“ im Blutzuckerspiegel vermieden (siehe Abb. 1).
4. Bewegung/Sport

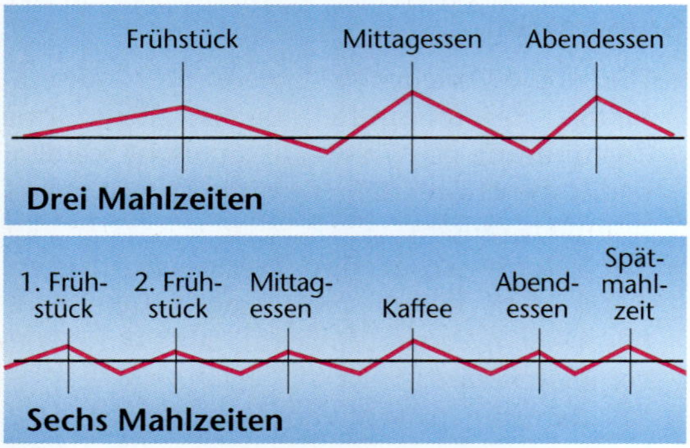

Abb. 1 Verteilung der Mahlzeiten

Für eine Diabetes-Kost gelten folgende Grundregeln:

- Der Energiegehalt der Ernährung muss den tatsächlichen Bedürfnissen angepasst sein (Einstellung durch den Arzt),
- der Energiebedarf ist auf mindestens fünf, besser sieben Mahlzeiten zu verteilen,
- zum Süßen können Zuckeraustauschstoffe oder Süßstoff verwendet werden,
- der Genuss von Zucker (z. B. Marmelade, Bonbons) ist einzuschränken,
- der Fettverbrauch der Diabetiker ist eingeschränkt, weil der Körper aus Fett wie aus Kohlenhydraten Energie gewinnt.

Als Bezugsgröße für Berechnungen dient die **Broteinheit (BE),** die den Austausch eines Nahrungsmittels gegen ein anderes erleichtert. Eine BE entspricht der Menge an Kohlenhydraten, die durchschnittlich in einer Scheibe Graubrot enthalten ist, nämlich 12 g.

1 BE = 12 g Kohlenhydrate
≙ etwa eine Scheibe Graubrot

13.6 Reduktionskost

Reduktionskost ist bei Übergewicht erforderlich. Übergewicht entsteht, wenn auf die Dauer mehr Energie aufgenommen wird als der Körper verbraucht. Die mit fortschreitender Technisierung und einem hohen Lebensstandard verbundene sitzende Lebensweise und eine verfeinerte, ballaststoffarme Ernährung führen oft zu einem Missverhältnis zwischen Energieaufnahme und Energieverbrauch.

Übergewicht begünstigt Bluthochdruck, Arterienverkalkung, Herzinfarkt und Thrombose.

Daraus ergeben sich für den Übergewichtigen folgende Grundregeln:

- Quellen der zu hohen Energiezufuhr beseitigen (z. B. Vorliebe für fette Wurst, fette Käsesorten, Süßwaren, Marmeladen, alkoholische Getränke),
- energiearme Lebensmittel bevorzugen.

Für eine energiearme Diät gilt darum

- Gemüse und Vollkornprodukte in den Vordergrund stellen, denn sie liefern bei geringer Energiezufuhr die lebenswichtigen Wirkstoffe,
- die Eiweißversorgung durch fettarme Milchprodukte (z. B. Magerquark) oder fettarmen Fisch ergänzen,
- fettarme Zubereitungsarten wie Kochen, Dämpfen, Dünsten und Grillen anwenden.

13.7 Begriffserklärungen

Appetit ist der Wunsch, etwas Bestimmtes zu essen. Er wird ausgelöst, wenn der Mensch bestimmte Speisen sieht oder sich vorstellt.

Hunger ist der Drang zu essen, ein auf irgendetwas Essbares gerichteter Wunsch. Hunger ist nicht das Verlangen nach einer bestimmten Speise. Über die Entstehung des Hungergefühls im Einzelnen gibt es verschiedene Theorien. Ausgelöst wird Hunger entweder durch Energie- oder Nährstoffmangel.

Sättigung ist das Gefühl mit dem Essen aufhören zu können, weil Hunger oder Appetit zufriedengestellt sind. Sättigung steht auch mit der Verweildauer der Speisen im Magen im Zusammenhang. Leicht verdauliche Speisen verlassen den Magen schnell und bald tritt wieder ein Hungergefühl auf.

Nährstoffdichte sagt aus, in welchem Verhältnis die Menge eines bestimmten Nährstoffes, z. B. Vitamin C, zum Energiegehalt (kJ) eines Lebensmittels steht.

Beispiele

- Zucker enthält viel Energie, aber kein Vitamin C. Folglich ist die Nährstoffdichte des Zuckers für Vitamin C gleich Null.
- Umgekehrt enthalten Blattsalate wenig Energie, aber viel Vitamin C. So ist z. B. die Nährstoffdichte des Endiviensalates für Vitamin C 140. Das bedeutet: Man erhält viel Vitamin C im Verhältnis zur Energieaufnahme.

- Je höher die Nährstoffdichte, desto höher ist das Lebensmittel für die Versorgung mit dem entsprechenden Nährstoff zu bewerten. (Vergleiche Abbildung auf Seite 79.)

Energiedichte ist vergleichbar mit dem Gehalt an Energie; kJ oder kcal sind die Messgrößen. Lebensmittel mit großer Energiedichte (Zucker, Öl) haben meist eine geringe Nährstoffdichte.

Jo-Jo-Effekt bezieht sich auf die Tatsache, dass Personen, die rasch abnehmen, auch schnell wieder zunehmen. Jo-jo bedeutet auf-ab. Dieser (für viele unerwünschte) Vorgang beruht auf der Tatsache, dass ein Lebewesen die aufgenommene Energie möglichst sparsam einsetzt. Wenn dem Körper über längere Zeit reichlich Energie zugeführt worden ist, hat er die nicht benötigte Menge als Fett für „schlechte Zeiten" gespeichert, und man hat dadurch zugenommen.

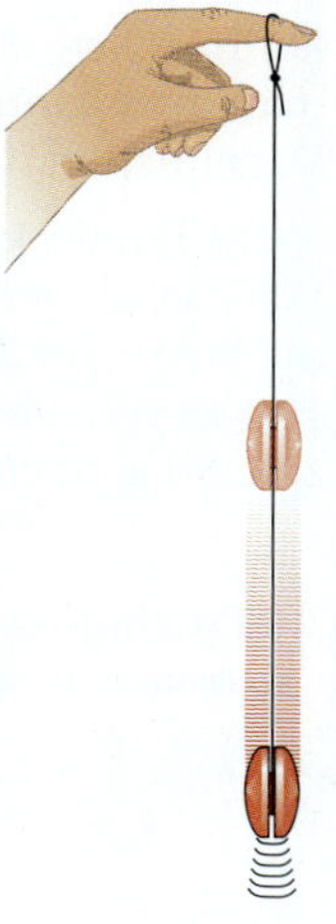

Nun beginnt eine Abmagerungskur, und für den Körper sind das „schlechte Zeiten". Das bedeutet, dass die aufgenommene Nahrung bestmöglich ausgewertet wird. Trotz vieler Einschränkungen verliert man nur langsam an Gewicht. Wenn dann nach einer bestimmten Zeit wieder „normal" gegessen wird, bleibt das Sparprogramm der bestmöglichen Auswertung jedoch erhalten. Das bedeutet: Man nimmt sofort wieder zu. Dieses Zunehmen-Abnehmen-Zunehmen kann nur beendet werden, wenn die Energiezufuhr dauerhaft dem tatsächlichen Energiebedarf angeglichen wird.

SPS – Sekundäre Pflanzenstoffe bilden die Pflanzen, um z. B. Schädlinge abzuwehren oder mit Duftstoffen Insekten zur Bestäubung anzulocken.

Heute weiß man, dass diese Stoffe auch im menschlichen Körper bedeutende Aufgaben übernehmen: Sie wirken positiv auf die Verdauung, beugen Krebs sowie Herz-Kreislauf-Erkrankungen vor und stärken die Gesundheit.

Aufgaben

1 „Wir ernähren uns alternativ", sagen Freunde zu Ihnen. Was versteht man darunter? Was wollen sie mit dieser Wendung zum Ausdruck bringen?

2 „Ich bin Ovo-Lakto-Vegetarier. Was können Sie mir an warmen Gerichten empfehlen?" Ihre Vorschläge?

3 Nennen und begründen Sie mindestens drei Grundregeln zu leichter Vollkost.

4 Wenn der Arzt einem Patienten Reduktionskost verordnet hat, sind bei Speiseempfehlungen bestimmte Regeln zu beachten. Nennen Sie diese.

5 Welcher Unterschied besteht zwischen Diabetes Typ 1 und Diabetes Typ 2?

6 Berichten Sie über die BE (Broteinheit).

7 Erklären Sie den Begriff Jo-Jo-Effekt.

14 Berechnungen zur Ernährung

computations of nutrition *calculs (m) concernant l'alimentation (w)*

Berechnungen zur Ernährung beziehen sich auf

Nährstoffgehalt
- Eiweiß
- Fett
- Kohlenhydrate

gemessen in **Gramm (g)**

Es geht um die *Zusammensetzung* der aufgenommenen Nahrung.

Energiegehalt
- Gehalt der Nahrungsmittel an Energie

gemessen in **Kilojoule (kJ)** oder **Kilokalorien (kcal)**

Es geht um die *Menge* der aufgenommenen Energie.

Soll die Aufnahme von Nährstoffen und Energie kontrolliert werden, sind die Werte zu berechnen. Grundlage dazu sind Nährwerttabellen.

Umgang mit der Nährwerttabelle

Die Lebensmittel sind nach Gruppen geordnet. Steht in einem Rezept z. B. 500 g Blumenkohlröschen, so ist das vorbereitete Ware und man muss zum Einkaufsgewicht zurückrechnen. Dabei helfen die Werte aus der Spalte **Abfall.**

Nicht immer können alle Teile der eingekauften Ware auch verzehrt werden. Die Tabelle nennt die Werte auf das Einkaufsgewicht bezogen. Aus 100 *eingekauften* Kartoffeln ist der *essbare Anteil* z. B. 80 g geschälte Kartoffeln.

Lebensmittel	Abfall %	Der essbare Teil von 100 g eingekaufter Ware enthält:				
		Protein (g)	Fett (g)	Kohlenhydrate (g)	Energie (kJ)	Energie (kcal)
Gemüse						
Aubergine	17	1	+	2,2	60	14
Avocado	25	1	18	0,3	715	171
Blumenkohl	38	2	0,2	1,6	55	14
Bohnen, grün (Schnittbohnen)	6	0,2	0,2	5,0	135	32
Broccoli	39	2	2	1,7	65	16
Chicorée	11	1	0,2	2,1	60	14
Fische						
Seelachs (Filet)	0	18	1	*	345	81
Seezunge (Filet)	29	8	1	*	350	81
Bach-, Regenbogenforelle	48	10	1	*	220	53
Hecht	45	10	0,6	*	190	45
Karpfen	48	9	3	*	250	60
Aal, geräuchert	24	14	22	*	1045	250
Brathering	8	15	14	*	770	184

Die Rezepte-Software auf der beiliegenden CD eignet sich zur Nährwertberechnung und -umrechnung (siehe auch S. 146).

Zeichenerklärung: + = Nährstoff nur in Spuren enthalten, * es liegen keine genauen Analysen vor. Nährwerttabellen können geringfügig voneinander abweichen, denn es gibt z. B. nicht **die** Kartoffel oder **das** Steak. Variierende Rohstoffe führen zu unterschiedlichen Daten.

14.1 Berechnung des Nährstoffgehalts von Speisen

Es wird ermittelt, welche Mengen der einzelnen Nähr- und Wirkstoffe in den Speisen enthalten sind. Daraus kann dann geschlossen werden, ob die *Zusammensetzung* der Nahrung vernünftig ist.

1. Beispiel

Wie viel Gramm der einzelnen Nährstoffe werden mit einem Schnitzel von 180 Gramm mittelfettem Schweinefleisch aufgenommen?

Aus der Nährwerttabelle

Lebensmittel	100 g eingekaufte Ware enthalten			
	Protein g	Fett g	Kohlenhydrate g	Energie kJ
Schweinefleisch mittelfett ❶	19	12	+	770

Lösungshinweise

❶ Aus der Tabelle die erforderlichen Werte suchen.

❷ Die Tabelle nennt Werte für 100 g. Folglich müssen die Rezeptmengen in Vielfache, z. B. 180 g ≙ 1,8 × 100 g, oder Teile, z. B. 70 g ≙ 0,7 × 100 g, der Tabellenmenge umgewandelt werden.

Lösung: ❷

12 g × 1,8 = 21,6 g Fett
19 g × 1,8 = 34,2 g Eiweiß

Antwort: Das Schnitzel enthält 21,6 g Fett und 34,2 g Eiweiß.

2. Für eine Portion pochierten Seelachs werden 180 g Filet gerechnet. Wie viel Gramm Eiweiß und Fett nimmt man mit einer Portion zu sich?

3. Eine Regenbogenforelle für Forelle blau wiegt 300 g. Berechnen Sie nach den Werten der Tabelle den Nährstoffgehalt.

Bei Prüfungen können Aufgaben die für die Berechnung erforderlichen Werte auch im Text enthalten, sodass sie ohne Tabelle gelöst werden können.

4. Für Rinderfilet nennt die Nährwerttabelle je 100 g Fleisch folgende Gehalte: 22 g Eiweiß, 2 g Fett. Ein Filetsteak wiegt 180 g.
Wie viel Gramm Eiweiß und Fett nimmt man mit dem Steak zu sich?

5. Goldbarschfilet wird tiefgekühlt in Portionen mit 180 g angeboten. Die Nährwerttabelle gibt folgende Auskunft: Eiweiß 18 %, Fett 4 %.
Berechnen Sie den Anteil von Eiweiß und Fett in Gramm.

6. Auf einem Etikett von Magerquark ist ein Eiweißgehalt von 18 % angegeben. Im Rahmen einer Diät sollen täglich 90 g Eiweiß verzehrt werden.
Mit wie viel Gramm Quark kann das erreicht werden?

7. Der Kalziumbedarf eines Erwachsenen beträgt 0,9 g Kalzium. In 100 g Joghurt sind 115 mg Kalzium enthalten.
Wie viel % des Tagesbedarfs werden mit 250 g Joghurt gedeckt?

8. Eine Portion Emmentaler Käse wiegt 150 Gramm. Auf der Packung ist angegeben: Trockenmasse 62 %, Fett 45 % i. Tr.
Wie viel Gramm Fett enthält eine Portion?

9. Eine BE (Broteinheit) entspricht 12 Gramm Kohlenhydraten. Trockene Teigwaren enthalten 70 Prozent Kohlenhydrate.
Wie viel Gramm Teigwaren entsprechen einer Broteinheit?

10. Getrocknete Linsen enthalten beim Einkauf 23 Prozent Eiweiß, 48 Prozent Kohlenhydrate und 2 Prozent Fett. Sie nehmen beim Garen 160 Prozent Wasser auf.
Wie viel Prozent beträgt der Eiweißhalt der gegarten Linsen?

11. Auf einer Flasche mit Fruchtnektar steht: Acht Prozent verwertbare Kohlenhydrate.
Wie viel Gramm Kohlenhydrate sind in einem Glas Fruchtsaft mit 0,2 Liter enthalten?

14.2 Berechnung des Energiegehaltes von Speisen

Es wird ermittelt, welche *Energiemenge* mit der Nahrung aufgenommen wird. Dazu rechnet man die aus der Nährwerttabelle entnommenen Werte auf die Rezeptmengen um.

1. Beispiel
Ein Rezept für 4 Portionen Kartoffelbrei lautet: 800 g Kartoffeln, 250 g Milch, 50 g Butter, Salz, Gewürz. Wie viel Kilojoule enthält eine Portion?

Aus der Nährwerttabelle

Lebensmittel	100 g enthalten Eiweiß g	Fett g	Kohlenhydrate g	Energie kJ
Butter	1	83	–	3090 ①
Milch	3,5	3,5	5	270
Kartoffeln	2	–	15	240

Lösung: ②

800 g Kartoffeln	240 kJ × 8 = 1920 kJ
250 g Milch	270 kJ × 2,5 = 675 kJ
50 g Butter	3090 kJ × 0,5 = 1545 kJ
4 Portionen enthalten	③ 4140 kJ
1 Portion enthält	④ **1035 kJ**

Lösungshinweise

① Zunächst müssen in der Tabelle, die hier auszugsweise wiedergegeben ist, die erforderlichen Werte gesucht werden.

② Man ermittelt den Energiegehalt jeder Zutat, indem man den Wert aus der Tabelle (für je 100 g) entsprechend vervielfacht.

③ Den Gesamtenergiegehalt ermittelt man, indem man die Werte jeder Zutat zusammenzählt.

④ Den Gehalt einer Portion erhält man, wenn der Gesamtwert durch die Zahl der Personen geteilt wird.

2. Diabetiker rechnen mit der BE (Broteinheit). Ein BE entspricht 12 g Kohlenhydraten.
a) Wie viel Gramm Kartoffeln entsprechen einer Broteinheit, wenn 100 g Kartoffeln 20 g Kohlenhydrate enthalten?
b) Ihr Betrieb reicht bei Salzkartoffeln als Beilage 160 g. Diese Kartoffeln enthalten 18 % Kohlenhydrate.
Wie vielen Broteinheiten entspricht eine Portion?

3. Auf dem Etikett einer Flasche mit Fruchtsaftgetränk steht: „8 % verwertbare Kohlenhydrate".
Hinweise: Kohlenhydrate liefern je Gramm 17 Kilojoule, das Gewicht des Saftes wird mit 1000 g je Liter angenommen.
Wie viele Kilojoule liefert ein Glas mit 0,2 Liter Fruchtsaft?

4. Ein Liter Bouillon enthält 4 g Fett, 6 g Eiweiß und 1 g Kohlenhydrate und hat einen Gesamtenergiegehalt von 275 kJ. Ein g Fett liefert 39 kJ.
Wie viel % des Energiegehaltes macht der Fettanteil in der Bouillon aus?

5. Wie unterschiedlich Kartoffeln sein können: Für 10 Portionen Salzkartoffeln rechnet man 2 kg Kartoffeln, für 10 Portionen Pommes frites 2 kg Kartoffeln und 150 g Backfett. 100 g Kartoffeln liefern 240 kJ, 100 g Backfett liefern 3.700 kJ.
a) Berechnen Sie den Energiegehalt je einer Portion.
b) Wie viel % ist der Energiegehalt der Pommes frites höher als der von Salzkartoffeln?

6. Nach den Empfehlungen der Deutschen Gesellschaft für Ernährung sollen täglich 30 Gramm Ballaststoffe aufgenommen werden. Jemand isst 150 Gramm Vollkornbrot mit 7 % Ballaststoffen und 30 Gramm Knäckebrot mit 15 % Ballaststoffgehalt.
Wie viel % des empfohlenen Tagesbedarfs sind damit gedeckt?

7. Wildfleisch enthält durchschnittlich 17 g Eiweiß und 3 g Fett je 100 g Fleisch. 1 g Eiweiß liefert 17 kJ und 1 g Fett 37 kJ.
Wie viel Kilojoule werden mit einem Rehrückensteak mit einem Fleischgewicht von 180 g aufgenommen?

15 Qualität von Lebensmitteln

food quality *qualité (w) des produits alimentaires*

Der Begriff **Qualität** fasst eine **Summe von Eigenschaften** zusammen, die, je nach Betrachtungsgesichtspunkt, unterschiedlich sein können. Bei der Beurteilung der Qualität unterscheidet man

- **Gesundheitswert** oder biologischen Wert. Darunter versteht man den Wert für die Ernährung, z. B. den Anteil an essenziellen Aminosäuren, mehrfach ungesättigten Fettsäuren, Vitaminen und Mineralstoffen.
- **Genusswert** oder sensorische Qualität. Dazu zählen Geruch, Geschmack, Beschaffenheit (Konsistenz), aber auch Farbe und Form der Lebensmittel.
- **Eignungswert** oder Gebrauchswert, womit die Eignung der Lebensmittel für Lagerung oder für einen bestimmten Verwendungszweck oder für die Konservierung gemeint ist.

Qualitätsnormen

Wenn früher Waren direkt beim Erzeuger, also z. B. beim Landwirt oder Fleischer, gekauft wurden, wusste man, an wen man sich zu wenden hatte, wenn einmal die Qualität nicht stimmte. Heute bezieht man vorwiegend über den Handel und dabei bleibt der Erzeuger unbekannt. Ist die Qualität nicht zufriedenstellend, könnte sich der Lieferant auch darauf berufen, dass er den Erzeuger nicht kennt. Darum sind für den Handel Qualitätsnormen verbindlich.

Qualitätsnormen

- unterscheiden die Waren nach Qualität,
- geben dem Verbraucher einen Überblick,
- gelten für den gesamten Handel.

Die Güte oder Qualität einer Ware wird unterschiedlich gekennzeichnet.

Beispiele

- Bei **Fleisch** folgt die Qualität den Buchstaben E, U, R, O, P (EUROP), wobei E vorzüglich bedeutet und der letzte Buchstabe P gering,
- Für **Obst** und **Gemüse** gelten die Güteklassen Extra, I, II, III. Die Anzahl der Produkte, für die Qualitätsnormen gelten, wurde von der EU verringert.

Die Sortierung nach Qualitätsstufen berücksichtigt nur äußere Werte wie Aussehen, Größe, Form als wertbestimmende Merkmale; innere Werte wie Geschmack oder Vitamingehalt bleiben unberücksichtigt.

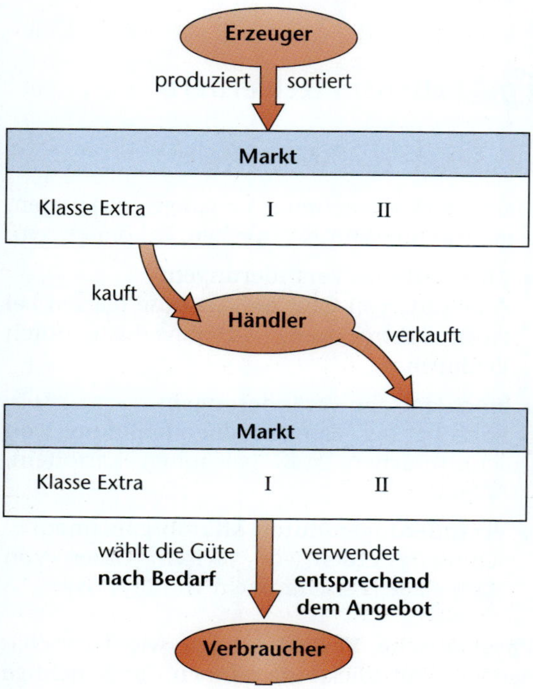

Klasse Extra
auserlesene Ware,
z. B. als Tafelobst

Klasse I
hochwertige Ware,
ohne Fehler

Klasse II
gute Ware, mit kleinen Fehlern, preiswert

Klasse III
Verarbeitungsware

16 Haltbarmachungsverfahren

methods of food-preservation *méthodes (w) de conservation des aliments*

Die meisten Lebensmittel sind unmittelbar nach der Ernte oder nach der Herstellung am wertvollsten. Man bevorzugt z. B. gartenfrische Erdbeeren, fangfrische Forellen, ofenfrische Brezen.

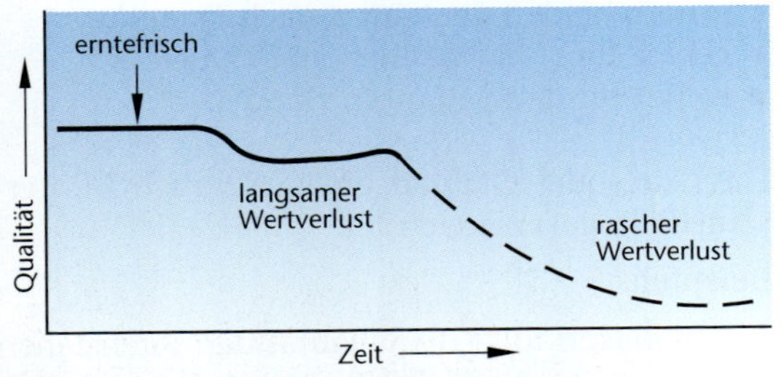

Abb. 1 Qualitätsverlauf bei Lagerung von Lebensmitteln

Andere Lebensmittel erfordern eine Zeit der Reife. Man wünscht z. B. abgehangenes Fleisch oder alten Weinbrand, während der „Heurige" beim Wein die Ausnahme ist. Der Kunde hat also bestimmte Wertvorstellungen, was wann am besten schmeckt, wie das Nahrungsmittel beschaffen sein sollte.

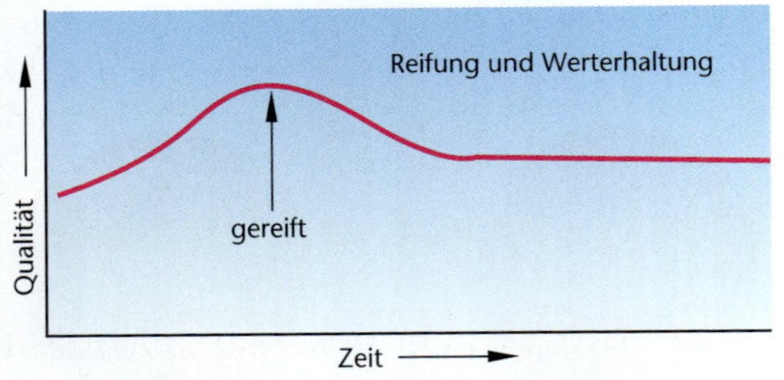

Abb. 2 Qualitätsverlauf bei reifenden Lebensmitteln

Lebensmittel sind immer Veränderungen unterworfen. Neben den erwünschten, qualitätsfördernden Veränderungen gibt es auch solche, die nicht erwünscht sind und zum Verderb führen.

Je nach Art der Lebensmittel laufen diese Vorgänge unterschiedlich schnell ab.

Man unterscheidet deshalb

- **leicht verderbliche Lebensmittel,**
  die meist einen hohen Wasser- oder Eiweißgehalt aufweisen. Darum werden sie von den lebensmittelverderbenden Mikroben bevorzugt. Beispiele: Milch, Fisch, Hackfleisch. Bei diesen Lebensmitteln sind die Aufbewahrungstemperaturen vorgeschrieben. Nach Ablauf des Verbrauchsdatums dürfen sie nicht mehr verwendet werden.
- **verderbliche Lebensmittel,**
  die bei richtiger Behandlung verhältnismäßig lange zu lagern sind. Beispiele: Äpfel, Zwiebeln, Kartoffeln, Pflanzenfett.
- **haltbare Lebensmittel,**
  die meist wenig Wasser enthalten und bei richtiger Lagerung nur sehr langsam oder nicht verderben. Beispiele: Zucker, Reis, Linsen.

Bei der Werterhaltung von Lebensmitteln geht es darum, den erwünschten Zustand der Lebensmittel möglichst zu erhalten.

Man spricht von

- **Aufbewahrung,**
  wenn die Eigenschaften für verhältnismäßig **kurze Zeit** erhalten werden sollen, z. B. vom Einkauf bis zur Verarbeitung in den folgenden Tagen;
- **Lagerung,**
  wenn Lebensmittel für **längere Zeit** verzehrbereit sein sollen. Man lagert z. B. Kartoffeln, Möhren, Äpfel;
- **Konservierung,**
  wenn die Lebensmittel für lange Zeit erhalten werden sollen.

16.1 Lebensmittelverderb

Ursachen des Verderbs

Meist wirken mehrere Vorgänge zusammen, wenn Nahrungsmittel verderben. Es können sein:

- **physikalische Veränderungen:**
  Zellwände von Obst und Gemüse platzen bei Frost; Austrocknung, Aromaverluste durch Verdunstung,
- **biochemische Veränderungen:**
  Wirkung der Eigenenzyme, Bräunung von Schnittflächen, z. B. bei rohen Kartoffeln, Äpfeln.
- **Veränderungen durch Mikroorganismen:**
  Schmierigwerden von Fleisch, Gären von Marmelade, Verschimmeln von Brot usw.

Physikalische Veränderungen wie Frostschäden oder Austrocknung können durch richtige

Lagerung und Verpackung weitgehend vermieden werden. Bei den einzelnen Lebensmitteln wird darauf hingewiesen.

Die häufigsten **Ursachen des Verderbens** sind **Enzyme,** die zu biochemischen Veränderungen führen, und **Mikroorganismen.**

Die verschiedenen Konservierungsverfahren haben darum zum Ziel, die Wirksamkeit der Mikroorganismen auszuschalten oder wenigstens einzuschränken.

Entsprechend den Lebensbedingungen ergeben sich folgende **Möglichkeiten der Konservierung:**

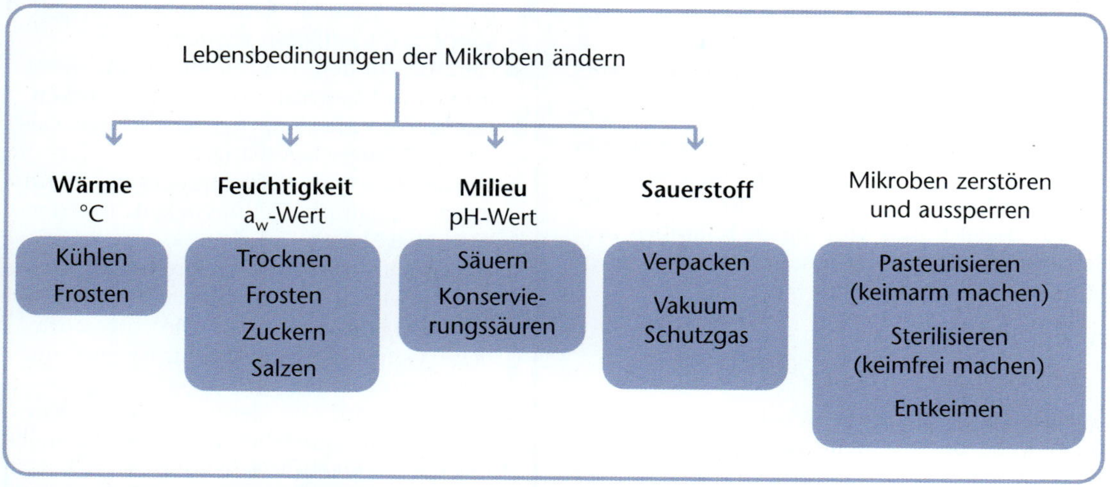

Abb. 1 Möglichkeiten der Konservierung

16.2 Werterhaltung

Kühlen

Kühlen ist die zur kurzfristigen Aufbewahrung am häufigsten angewandte Methode; Kühlschrank und Kühlraum dienen dazu.

Je stärker man ein Lebensmittel abkühlt, desto geringer ist sein Verderb.

Diese Grundregel gilt bis zu etwa + 6 °C.

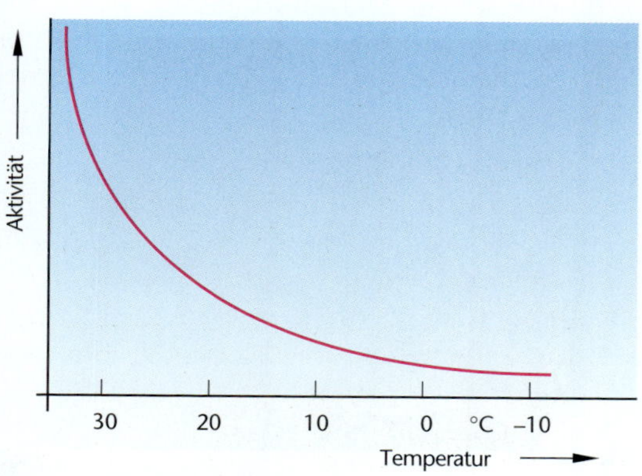

Abb. 1 Mikrobenaktivität

Da Pflanzenteile wie Gurken oder Kopfsalat auch nach der Ernte noch „weiterleben“, können bei zu starker Abkühlung die Stoffwechselvorgänge in den Zellen zum Erliegen kommen. Das Gemüse verdirbt, obwohl es gekühlt ist.

Salatgemüse sind besonders empfindlich.

Darum hat man **Kühlräume** mit unterschiedlicher Temperatur für

Fleisch und Fleischwaren:	+2 °C bis +4 °C
Gemüse, Obst:	+6 °C bis +8 °C

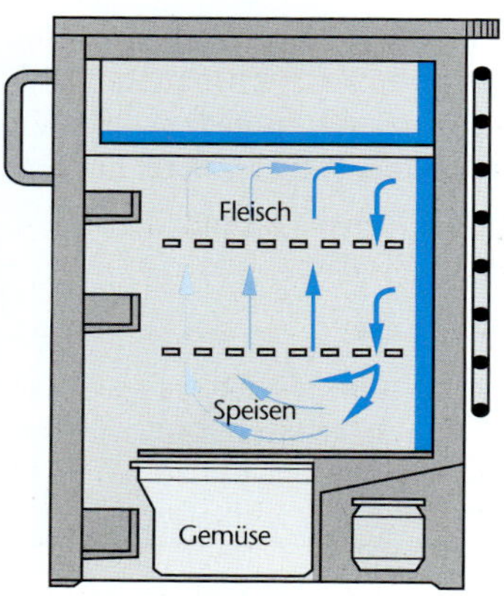

Abb. 2 Temperaturzonen im Kühlschrank

Küche

Im Kühlschrank ist es **unter dem Verdampfer am kältesten,** in der Gemüseschale am wärmsten. Die **Lebensmittel sind abzudecken** oder zu verpacken, damit sie vor fremden Gerüchen geschützt sind und nicht abtrocknen.

Kühlräume müssen in regelmäßigen Abständen vollständig gereinigt werden, weil sich an den Wänden und an den Einrichtungsgegenständen Mikroben festsetzen. Die kälteliebenden Arten können auch bei Kühlraumtemperaturen wirken.

Für die gewerblichen Betriebe ist vorgeschrieben, dass in „Fleischkühlräumen" keine anderen Lebensmittel gelagert werden dürfen, weil die Gefahr besteht, dass von diesen Mikroben und Schädlinge auf das Fleisch übertragen werden können.

Tiefgefrieren – Frosten

Das Tiefgefrieren eignet sich für längere Lagerung. Es ist die schonendste Methode, Lebensmittel für längere Zeit haltbar zu machen. Aber auch tiefgefrorene Lebensmittel sind **nicht unbegrenzt haltbar,** denn durch den Wärmeentzug ist die Tätigkeit der Mikroben und Enzyme nur verlangsamt. Ganz zum Stillstand kommt sie nicht.

In den Zellen der pflanzlichen und tierischen Lebensmittel befindet sich Zellsaft, in dem Mineralstoffe gelöst sind. Durch den Mineralstoffgehalt wird der Gefrierpunkt verschoben, und beim Abkühlen der Lebensmittel bilden sich die Eiskristalle erst bei Temperaturen von mehreren Graden unter 0 °C. Will man eine qualitativ hochwertige Frostware, muss dieser Bereich der „maximalen Kristallbildung" rasch durchlaufen werden. Das geschieht bei –35 °C; man spricht darum auch von **Schockfrosten.**

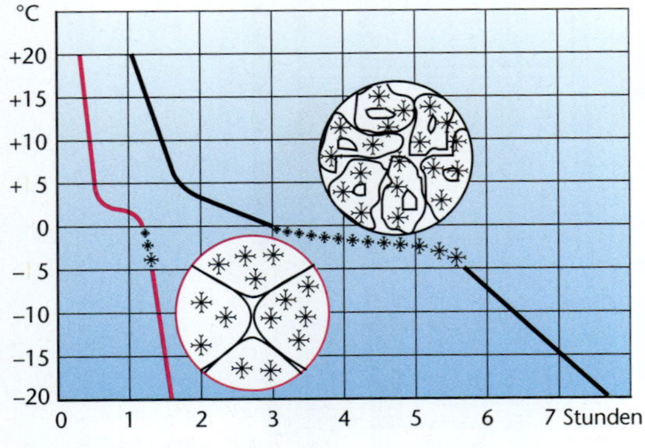

Abb. 1 Schockfrosten und Frosten

Wird den Lebensmitteln zu langsam Wärme entzogen, bilden sich unregelmäßig große Eiskristalle, die dann beim Auftauen zu Qualitätsverlusten führen.

Hinweise

- Nur frische, einwandfreie Ware frosten, denn die Qualität kann nicht verbessert, sondern nur erhalten werden.
- Gemüse vor dem Frosten kurz blanchieren und anschließend sofort abschrecken. Dadurch werden Enzyme zerstört, das Gemüse ist länger lagerfähig.
- Gefrierware luftdicht verpacken, denn sonst verdampft Zellflüssigkeit (Gefrierbrand bei Fleisch).
- Hackfleisch und rohe Zubereitungen daraus dürfen im Gastgewerbe üblicherweise nicht eingefroren werden. Die vorgeschriebene Gefriergeschwindigkeit ist nur mit Schockfroster möglich.
- Genau beschriften, denn gefrostete Ware ist auch im durchsichtigen Plastikbeutel nur schwer erkennbar.
- Zum Einfrieren die Ware möglichst breit auslegen, denn so kann die Kälte schneller eindringen.
- Die Lagertemperatur muss mindestens –18 °C betragen.

Mängel bei der Lagerung von Tiefkühlkost

Wenn die Lagertemperatur stark schwankt, z. B. wenn wiederholt Warmes zum Abkühlen in den Froster gegeben wird, dann tauen die Randschichten gefrosteter Ware an und Wasser verdunstet aus den Randschichten.

- Bei loser Ware in Packungen ist dieses Wasser als **„Schnee"** sichtbar. Die Ware ist ausgetrocknet und von geringer Qualität.

Abb. 2 Schneebildung bei stückiger Ware

- Bei Einzelstücken kommt es zu **Gefrierbrand,** wenn die Verpackung verletzt ist oder unverpackte Ware im Froster gelagert wird.

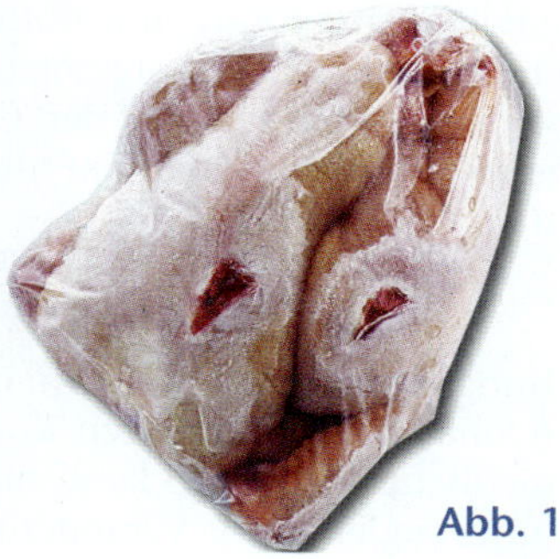

Abb. 1 Hähnchen mit Gefrierbrand

Richtiges Auftauen

- Kleine Stücke, wie portionierte Stücke von Fisch oder Fleisch, nur antauen. Durch die Temperatureinwirkung werden die Poren sofort geschlossen, sodass der Tausaft nicht ausfließen kann.
- Große Stücke, wie z. B. Kalbskeule, langsam, am besten im Kühlraum, auftauen, denn so entstehen die geringsten Verluste.
- Blockware, wie z. B. pürierter Spinat, in ein Gefäß mit etwas Wasser geben und erhitzen.

Überblick über weitere Verfahren der Haltbarmachung

Die Lebensmittelbevorratung über einen längeren Zeitraum wird heute fast ausschließlich von der Lebensmittelindustrie und vom Handel übernommen. Dort werden weitere Konservierungsverfahren angewandt. Für die sachgerechte Lagerung und den richtigen Umgang mit den Produkten genügt ein Überblick.

Verderbnis- und Krankheitserreger werden bei höheren Temperaturen abgetötet. Zugleich verändert sich unter der Wärmeeinwirkung das Lebensmittel. So hat z. B. ein Gulasch aus der Dose eine faserigere, trockenere Fleischbeschaffenheit als bei einem selbst hergestellten Gericht. Um die Veränderungen in Grenzen zu halten, wendet man darum nur so viel Wärme an, wie für die erwünschte Haltbarkeit unbedingt erforderlich ist.

Sterilisieren

Viele Verderbniserreger werden bei 100 °C abgetötet und die Lebensmittel sind dann lange haltbar. Eiweißhaltige Lebensmittel werden jedoch auch von sporenbildenden Mikroben befallen. Die Überlebensform der Bazillen, **die Sporen,** werden bei Kochtemperatur nicht zerstört. Man erhitzt darum unter Druck auf rund 120 °C.

Lagerfähigkeit: mehrere Jahre.

Weiterverwendung: Das eigentliche Garen entfällt, weil die Lebensmittel durch die Sterilisierung schon gegart sind. Vielfach müssen sie nur noch auf Serviertemperatur gebracht oder fertig gestellt werden.

Pasteurisieren

Manche Lebensmittel müssen nicht so lange haltbar sein oder sie verändern sich bei starker Erhitzung in einer Weise, die nicht erwünscht ist. Dann wird nur kurze Zeit erhitzt und rasch wieder abgekühlt. Die Lebensmittel sind dann zwar nicht so lange haltbar, doch wird z. B. eventueller Kochgeschmack vermieden.

Lagerfähigkeit: Auch bei kühler Aufbewahrung nur begrenzt.

Trocknen

Durch Wasserentzug werden die Mikroben und Enzyme in der Wirksamkeit gehemmt. Man wendet das Trocknen vor allem bei Reis, Teigwaren, Hülsenfrüchten, Gewürzen, Küchenkräutern und bei Dörrobst an.

Lagerfähigkeit: Mehrere Jahre. Auf trockene Luft ist zu achten. Verpackt aufbewahren, um Geruchsübertragungen zu vermeiden.

Beim **Gefriertrocknen** wird das Lebensmittel zunächst gefroren. Anschließend verdunstet das Eis direkt zu Wasserdampf. Dabei bleibt die Beschaffenheit des Lebensmittels gut erhalten. Die Qualität ist besser als beim gewöhnlichen Trocknen.

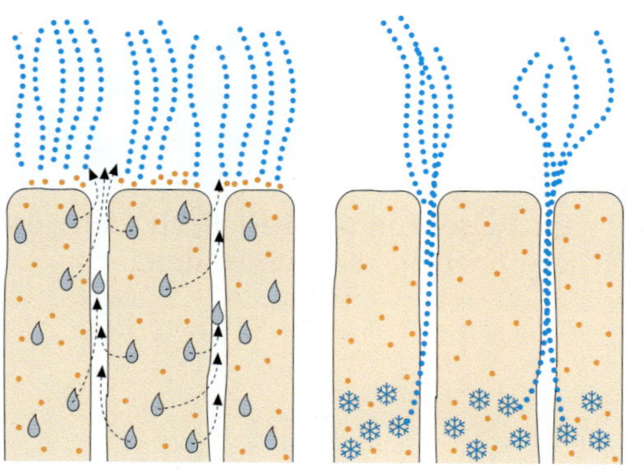

Beim Trocknen verdampft das Wasser an der Oberfläche.

Beim Gefriertrocknen geht das Eis direkt in Dampf über.

Salzen, Pökeln

Salz wirkt wasserentziehend und senkt den a_w-Wert, der Gehalt an verfügbarem Wasser wird verringert.

Die Pökelstoffe wirken zusätzlich auf den Muskelfarbstoff Myoglobin, sodass beim Erhitzen von gepökelter Ware die rote Farbe des Fleisches erhalten bleibt.

Haltbarkeit: Sehr unterschiedlich und von den angewendeten Verfahren abhängig. Während z. B. gekochter Schinken im Kühlschrank aufzubewahren ist, kann roher Schinken bei Raumtemperatur lagern.

Zuckern

Zucker bindet Wasser, die Mikroben werden in ihrer Tätigkeit gehemmt. Beim Kochen von Konfitüre und Gelee wird die Frucht-Zucker-Mischung durch die hohe Temperatur zusätzlich keimfrei.

Haltbarkeit: Mindestens ein Jahr.

Säuern

Durch Zugabe von Säure (Essig) oder Bildung von Säure in den Lebensmitteln (Milchsäure im Sauerkraut) werden die Mikroben gehemmt.

Haltbarkeit: Beschränkt, vielfach wird zusätzlich sterilisiert, z. B. Sauerkraut, Essiggurken.

Chemische Konservierungsstoffe

Diese Stoffe wirken direkt auf die Mikroorganismen, zerstören sie oder behindern sie erheblich.

Die Konservierungsstoffe sind auf ihre gesundheitliche Unbedenklichkeit geprüft und dürfen nur bestimmten Lebensmitteln in festgesetzten Höchstmengen beigegeben werden. Auf den Gehalt an chemischen Konservierungsstoffen muss hingewiesen werden.

Hürden-Effekt

Alle Haltbarmachungsverfahren verändern die Lebensmittel in irgendeiner Form. Durch Kombination unterschiedlicher Verfahren kann man haltbar machen und zugleich die Veränderungen gering halten.

Dabei wird den Mikroben gleichsam anstelle einer großen Sperre eine Reihe von Hürden entgegengestellt

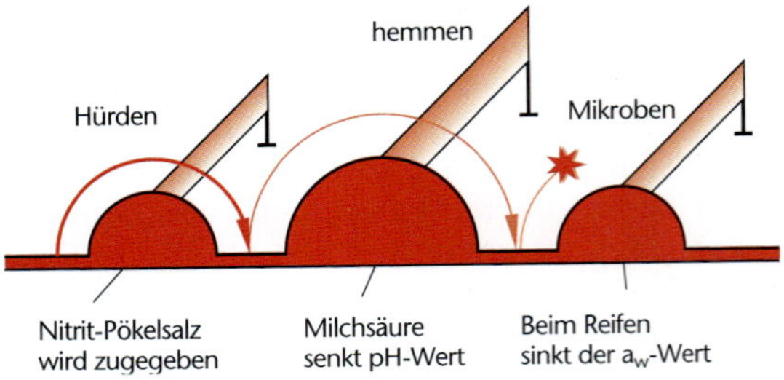

Abb. 1 Hürden-Effekt bei Rohwurst

Aufgaben

1 Nennen Sie Teilbereiche der Qualitätsbeurteilung von Lebensmitteln.

2 Welches sind die Ursachen für den raschen Verderb bestimmter Lebensmittel?

3 Wie kann die Lagerdauer von leicht verderblichen Lebensmitteln verbessert werden?

4 Nicht verkaufte geschlachtete Forellen werden unverpackt in den Tiefkühlraum bei –18 °C gelegt. Wie denken Sie hinsichtlich der Qualität darüber?

5 Sie öffnen eine TK-Packung mit vorbereiteten Karotten und finden große Eiskristalle, so genannten „Schnee“ vor. Erläutern Sie.

6 Dem neuen Azubi ist nicht klar, warum im Fleischkühlraum eine andere Temperatur angezeigt wird als im Gemüsekühlraum. Erklären Sie.

7 „Im Fleischkühlraum ist noch Platz, da stellen wir den Kopfsalat hinein.“ Darf man das? Begründen Sie die Entscheidung.

ARBEITSGESTALTUNG

1 Küchenorganisation

kitchen organization *organisation (w) en cuisine*

Die Küche ist eine Produktionsstätte mit vielfältigen Aufgaben, die nur bewältigt werden können, wenn die Produktionsprozesse sachlich und zeitlich klar gegliedert werden.

Einfach gesagt: Jeder muss wissen, wer was wann zu tun hat.

Dieses Ordnen bezeichnet man als **Organisation von Arbeitsabläufen.**

Es werden zwei grundsätzliche Arten unterschieden, die Postenküche und das Koch-Zentrum.

1.1 Postenküche

Die einzelnen Tätigkeiten sind sachlich aufgegliedert und einzelnen **Posten** (Arbeitsgebieten) zugeordnet. Dabei kommt man zu folgender Grobeinteilung:

Warme Küche		Kalte Küche	Konditorei
Saucenkoch **Saucier**	Gemüsekoch **Entremetier**	Koch der kalten Küche **Gardemanger**	Küchenkonditor **Pâtissier**
Zubereiten von Fleisch, Fisch, Wild, Geflügel Herstellen von Saucen	Zubereiten von Gemüse, Kartoffeln, Reis, Teigwaren Herstellen von Suppen, Eierspeisen	Vorbereiten von Fleisch, Fisch, Wild, Geflügel Herstellen von Vorspeisen, kalten Platten, kalten Saucen	Herstellen von Kuchen, Gebäck, Pasteten, Puddings, Aufläufen, Eis

In **größeren Küchen** wird die Arbeit weiter unterteilt, die Aufgabengebiete werden enger und spezialisierter.

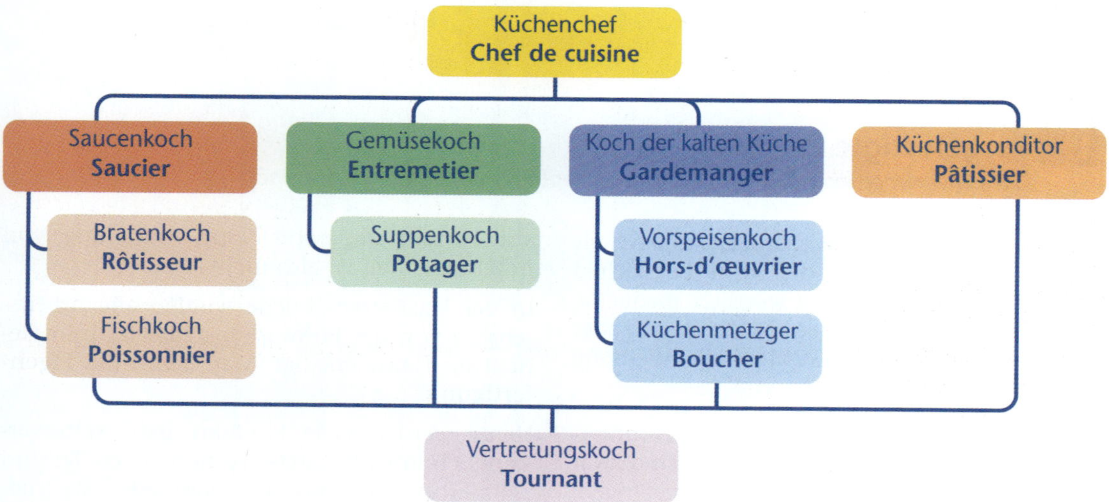

Die einzelnen Komponenten eines Gerichtes (Fleisch sowie Gemüse und Kartoffeln) werden von verschiedenen Posten gefertigt und dann zusammengefügt.

Im Mittelpunkt einer solchen Küche steht der Herdblock.

1.2 Koch-Zentrum

Das folgende Beispiel vergleicht den Arbeitsablauf für

Rumpsteak mit Bratkartoffeln und Salat in Postenküche und Koch-Zentrum

In einem Koch-Zentrum fertigt ein Koch das Gericht allein und trägt dafür die Verantwortung.

Die Geräte sind meist U-förmig, gleichsam „um den Koch herum“ angeordnet.

Die Vorproduktion kann zeitlich unabhängig erfolgen, vorgefertigte Produkte können auf einfache Weise in den Ablauf eingefügt werden.

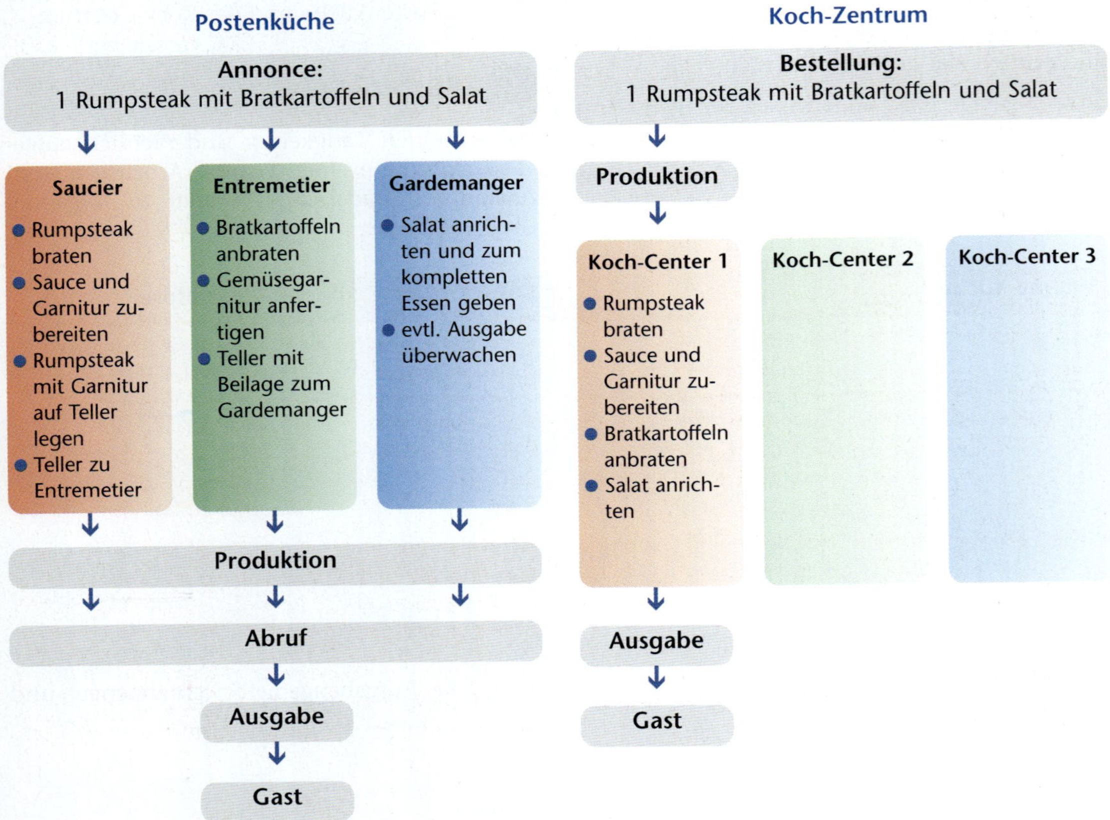

1.3 Vorgefertigte Produkte

🇬🇧 *convenience food* 🇫🇷 *produits (m) alimentaires prétraités et précuisinés*

Vorgefertigte Produkte bezeichnet man auch als Convenience Food. Der aus dem Englischen kommende Begriff bedeutet wörtlich „bequeme Lebensmittel“. So wortgetreu ist der Begriff aber nicht zu übertragen, obwohl es die Werbung gerne tut.

Jeder Herstellungsvorgang besteht aus unterschiedlich vielen **Einzelschritten.** Sie sind zwar alle erforderlich, um zum Ergebnis zu gelangen, doch müssen sie **nicht zwangsläufig zeitlich zusammenhängend** erledigt werden. So werden z. B. Kartoffeln geschält und in Wasser gelagert, bis sie gegart werden; Teigwaren und Reis kocht man vor und bringt sie bei Bedarf wieder auf Verzehrtemperatur. Eine Aufteilung von Arbeitsabläufen ist also nichts Neues.

In der klassischen Küche wurden alle Arbeitsschritte von der Rohware bis zum fertigen Gericht im Hause erledigt. Man nennt das **Eigenfertigung.**

Heute werden viele Produkte ganz selbstverständlich in vorbereiteter Form bezogen. So sind z. B. Erbsen, ob aus der Dose oder als Tiefkühlware, von der Schote befreit; für Pommes frites aus dem Tiefkühler sind Kartoffeln gewaschen, geschnitten, von kleinen Abschnitten befreit und blanchiert worden. Bei diesen Beispielen spricht man von **Fremdfertigung.**

Gegenüberstellung: Eigenfertigung – Fremdfertigung

Beispiel Teigwaren

Eigenfertigung: Teigbereitung → Formgebung → garen

Fremdfertigung: Teigbereitung → Formgebung → Konservieren durch Trocknen → garen

Beispiel Pommes frites

Eigenfertigung:
Kartoffeln waschen → schälen → schneiden → blanchieren → fertig garen

Fremdfertigung:
Kartoffeln waschen → schälen → schneiden → blanchieren → Konservieren durch Frosten → fertig garen

Wirtschaftliche Überlegungen

Ob und in welchem Maße vorgefertigte Produkte eingesetzt werden, wird bestimmt von

- verfügbarer Arbeitszeit,
- vorgegebenem Kostenrahmen.

Jede Küche ist personell und in der technischen Ausstattung auf eine bestimmte tägliche Anzahl und Art von zu fertigenden Speisen eingerichtet. Eine unerwartet große Nachfrage kann deshalb bei völliger Eigenfertigung oft nicht – oder nur unter Qualitätsverlust – erfüllt werden.

An Personal ist oft Bedarf, sodass Zeitmangel für die Verwendung von vorgefertigten Produkten sprechen kann.

Andererseits kann es unter bestimmten Umständen möglich sein, billiger selbst zu fertigen als vorgefertigte Produkte einzukaufen.

Aus bestimmten Fertigprodukten können ohne großes Fachwissen und Erfahrung allein durch Regenerieren (= auf Verzehrtemperatur bringen und Anrichten) Speisen serviert werden.

Das führt jedoch zu einem „Einheitsgeschmack". Spezialitäten und „Hausrezepte" sind kaum mehr im Angebot. Es hat sicher einen Grund, wenn Betriebe mit „hausgemacht" und „Eigenfertigung" werben.

Eine Antwort auf die Frage, ob vorgefertigte Produkte verwendet werden sollen, kann nicht lauten: richtig/falsch.

Hierüber kann nur eine detaillierte Kalkulation unter Beachtung der jeweiligen Betriebsgegebenheiten Aufschluss geben.

Bei klarer Abwägung der Argumente kann es erforderlich sein, sich in einem Fall für und in einer anderen Situation gegen vorgefertigte Produkte zu entscheiden.

Kostenverlauf Eigenfertigung – Fremdfertigung

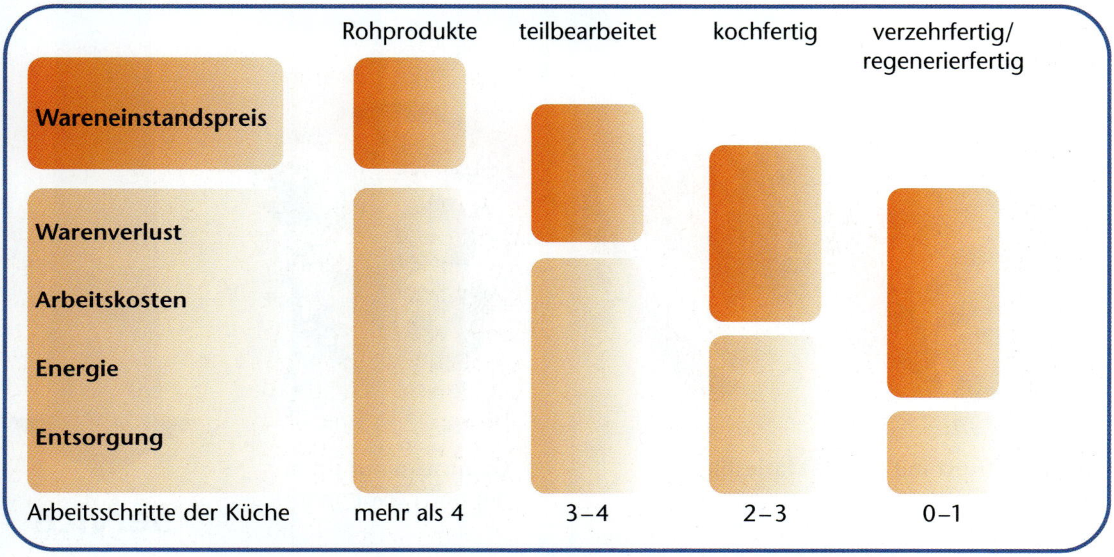

Beispiele für vorgefertigte Produkte aus dem Katalog eines Anbieters aus folgenden Bereichen:

Geflügel | **Fisch** | **Gemüse**

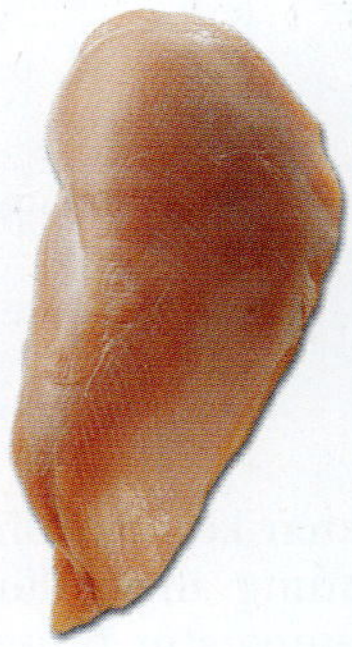

Rohe Putenbrust
Verwendung offen

Flunderfilet
Verwendung offen

Broccoli, geputzt
Verwendung offen

Putenbrustfilet, paniert
nur noch backen

Schollenfilet, paniert
nur noch backen

Gemüse, geschnitten
für Ratatouille

Poulardenbrust mit Sauce
nur noch erwärmen

Matjesfilet
servierfertig

Gemüsekomposition
nur noch erwärmen

Die abgebildeten Beispiele zeigen unterschiedliche Stufen der Vorbereitung.

Je weiter untenstehend, desto stärker vorbereitet, desto höher ist der Convenience-Grad.

Service

Arbeiten mit vorgefertigten Produkten

Vorgefertigte Produkte sind Grundlagen. Sie können und sollten individuell zubereitet, verfeinert und abgeschmeckt werden.

Rezepturen sind einzuhalten. Die vorgegebenen Rezepturen, z. B. die Menge der zuzusetzenden Flüssigkeit, sind erprobt und aufeinander abgestimmt. Nicht nach Augenmaß arbeiten, sondern abwiegen und abmessen!

Arbeitsanweisungen beachten, um Mängel zu vermeiden. So gibt es z. B. für Kartoffelpüree Trockenprodukte, die man nach dem Einrühren in die Flüssigkeit weiterrühren darf, aber auch ein anderes Ausgangsmaterial, das durch diese Behandlung zäh wird.

Garzeiten beachten. Vorgefertigte Lebensmittel sind in den meisten Fällen vorgegart. Durch zu lange Wärmeeinwirkung in der Küche leidet die Qualität erheblich.

Ob man vorgefertigte Produkte verwendet, muss im Einzelfall entschieden werden. Eine Hilfe bietet die nachfolgende Tabelle.

Vergleich

	Eigenfertigung	Fremdfertigung
Vorteile	starker Einfluss auf Qualität, Geschmack und Aussehen unabhängig vom Zulieferer Ausnutzung vorhandener Kapazität	maschinelle Bearbeitung ist kostengünstiger als Handarbeit Spitzenbelastungen können abgefangen werden
Nachteile	mehr Personal, Geräte und Maschinen größere Lagerhaltung	kein Niveauunterschied zwischen den Betrieben Abhängigkeit von Lieferanten

Aufgaben

1 Nennen Sie mindestens fünf Beispiele für Produkte, die vor der Ausgabe nur noch gegart und abgeschmeckt werden.

2 Sie hören, wie der Küchenchef sagt: „Mit vorgefertigten Produkten baue ich Arbeitsspitzen ab." Was meint er damit?

3 Vergleichen Sie den Kilopreis für frischen Spinat und Frostware im Mai und im Oktober. Berichten Sie.

4 Bei Preisvergleichen von Frischware mit vorgefertigter Ware müssen Vorbereitungsverluste berücksichtigt werden. Beim Filetieren von frischem Lachs rechnet man mit einem Verlust von 35 %.
a) Wie viel kg frischer Lachs müssen eingekauft werden, um 1 kg Lachsfilet zu erhalten?
b) Frischer Lachs wird zu 5,90 €/kg angeboten. Berechnen Sie den Preis für 1 kg Lachsfilet.

2 Arbeitsmittel *small equipment* *outils (m) de travail*

Das wichtigste Werkzeug in der Küche ist das Messer. Je nach Einsatzgebiet hat der Koch spezielle Messer, die sich hauptsächlich in Größe, Form und Beschaffenheit der Klinge unterscheiden. Bei allen Arten sollte beachtet werden:

- **Ein Messer muss gut in der Hand liegen.** Dabei ist einmal das Verhältnis von Griff zu Klinge wichtig. Zum anderen kommt es auf das Gewicht an. Wenn ein Messer zu leicht ist, liegt es nicht gut in der Hand.
- **Die Klinge muss federnd und zugleich hart sein.** Dann ist sie belastbar und zugleich schnitthaltig. Von Schnitthaltigkeit oder Standfestigkeit spricht man, wenn die Schneide die Schärfe lange hält.
- **Der richtige Messergriff schützt vor Unfällen.** Eine raue Oberfläche gewährleistet einen sicheren Griff. Der Fingerschutz ist besonders wichtig, denn er verhindert das Abgleiten der Hand in die Schneide.

Unfälle mit Messern stehen in der Küche an erster Stelle.

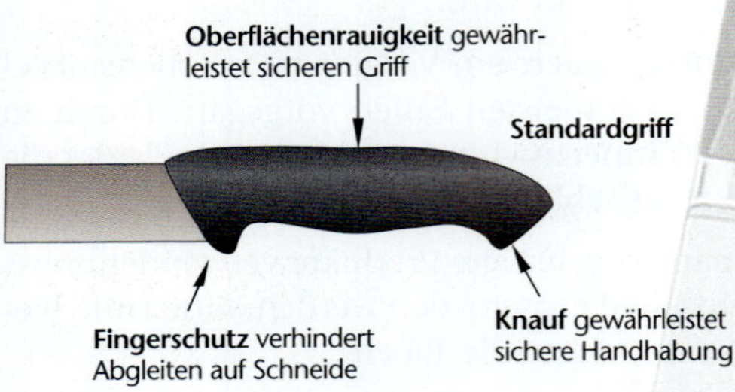

2.1 Grundausstattung

Küchenmesser, mittelgroß

Schneiden von Kartoffeln, Gemüsen, Obst, Fleisch und Fisch

Gemüsemesser/Officemesser

Putzen und Zurichten von Gemüsen, Pilzen und Salaten

Wetzstahl

Abziehen und Auf-Schnitt-Halten der Messer

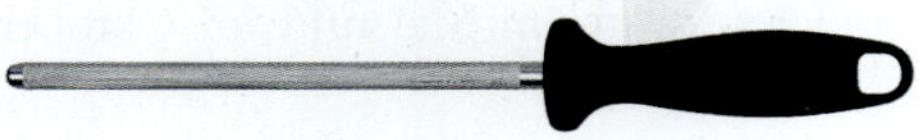

Küchengabel

Ausstechen und Entnehmen von Fleisch. Wenden großer Braten

Bindenadel/Dressiernadel/Bridiernadel

Formgeben bei rohem Geflügel durch Zusammenbinden (Bridieren)

Spicknadel

Einziehen feiner Speckstreifen in Wild- und Schlachtfleisch

2.2 Erweiterungen

Vorwiegend für Gemüse

Gemüse- und Kartoffelhobel (Mandoline)

Schneiden von Gemüsen und Kartoffeln. Stärke beliebig einstellbar. Klingen mit unterschiedlichen Schneiden ermöglichen Scheiben mit glatten oder gefurchten Flächen (Waffelkartoffeln).

Tourniermesser

Kartoffel-, Gemüse- oder Fruchtteile durch glatte Schnitte gleichmäßig formen

Buntschneidemesser

Gekochte rote Rüben, Sellerie, Möhren, Gurken oder Kürbis in Scheiben mit gerieften Flächen schneiden

Sparschäler

Gleichmäßig dünnes Schälen von Gemüsen/Früchten

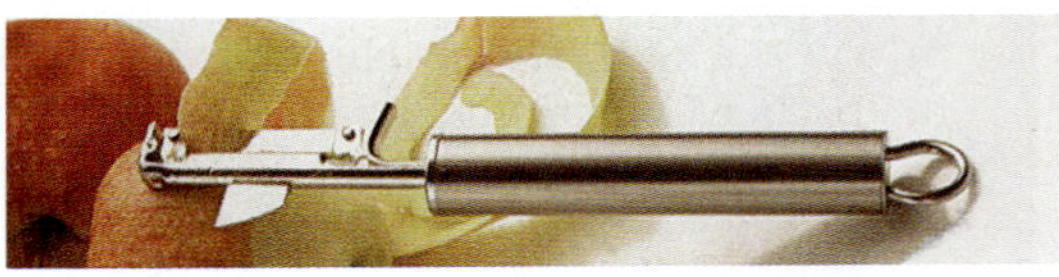

Ausbohrer

Ausbohren kugeliger oder olivenartiger Formen aus Kartoffeln, Gemüsen und Früchten. Entfernen von Kerngehäusen. Aushöhlen von Gemüsen und Früchten

Vorwiegend für Fleisch

Ausbeinmesser

Abziehen von Häuten. Zerlegen von Fleisch, ausbeinen

Plattiereisen

Plattieren von rohem Fleisch, wodurch Bindegewebe zerreißt; beim Erhitzen zieht sich Fleisch weniger zusammen, es bleibt saftiger.

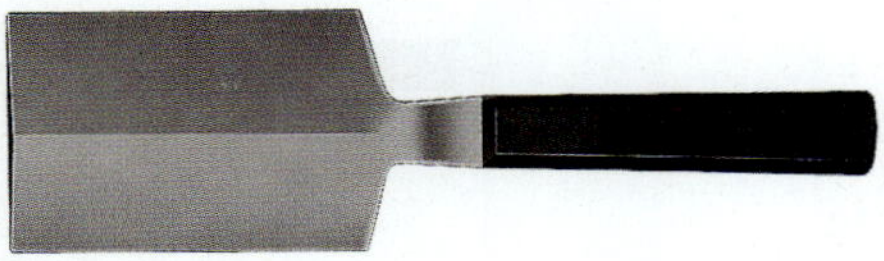

Hackbeil

Ausschlagen von Kotelettsträngen. Abschlagen von Knochen und Rippenteilen. Zerkleinern von Knochen

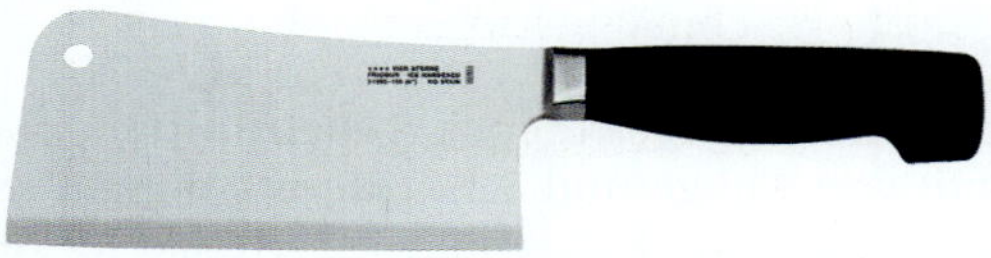

Knochensäge

Durchsägen starker Knochen, z. B. Haxen, Rückgrat- und Schlussknochen

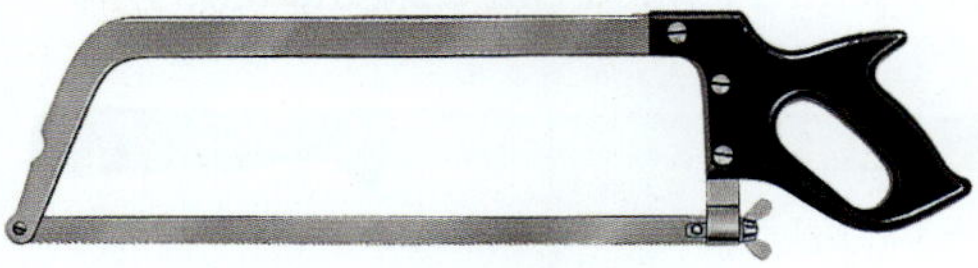

Spickrohr/Lardoir

Einbringen von dicken Speckstreifen in große Schmorfleischstücke (Lardieren)

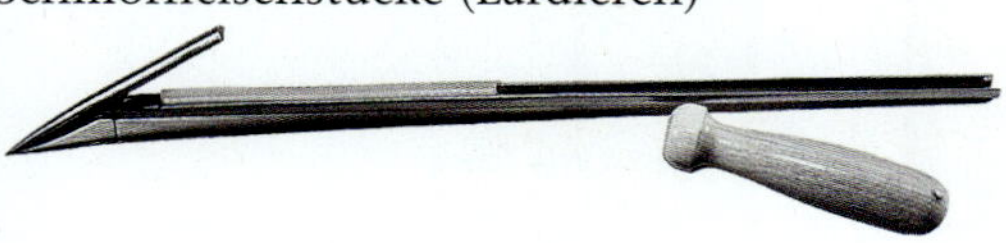

Vorwiegend in der kalten Küche

Schlagmesser

Durchtrennen größeren Geflügels. Abschlagen von Rückenteilen. Aufschlagen gekochter Hummer und Langusten. Hacken beliebigen Materials

Kuhlenmesser/Spezialmesser

Portionieren von zartem Schneidgut, z. B. Galantinen, Terrinen, Pasteten

Tranchiermesser

Schneiden von Braten, Fleisch- und Wurstwaren

Lachsmesser

Schneiden feiner Scheiben von Räucherlachs und mariniertem Lachs

Filetiermesser

Messer mit flexibler Klinge zum Filetieren von Plattfischen

Käsemesser

Schneiden geeigneter Käsesorten

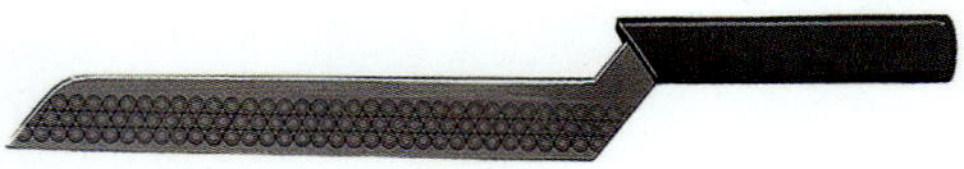

Flossenschere/Fischschere

Abschneiden von Flossen und von Köpfen kleinerer Plattfische

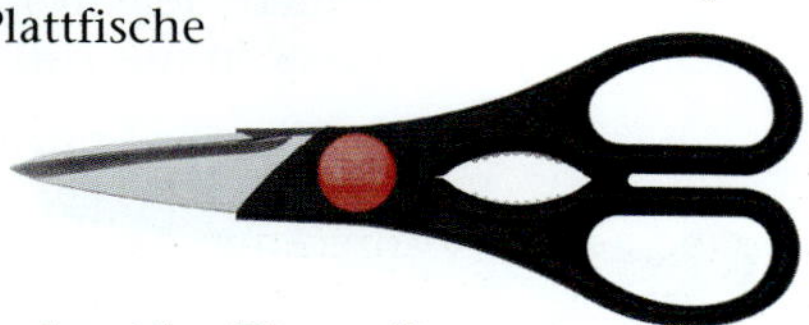

Riefenschneider/Kannelierer

Verzieren von Gemüsen und Früchten durch Einschneiden gestreckter Rillen (Riefelung/Kannelierung)

Vorwiegend in der Küchenkonditorei

Tortenmesser

Schneiden von Torten in Portionen und Anrichten der Stücke

Konditormesser

Schneiden von Backwerk aller Art. Queraufschneiden von Tortenböden zum Füllen

Teigrädchen

Schneiden (Ausrädeln) dünn ausgerollter Teige

Teigkneifer

Verzieren von ungebackenen Teigoberflächen durch Kneifen, z. B. bei Pasteten mit Füllungen

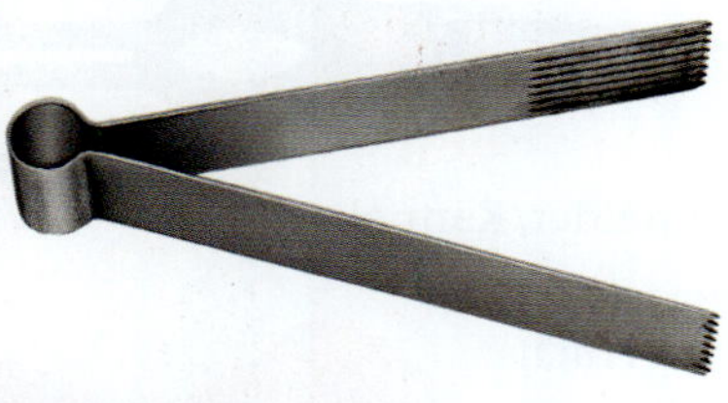

Apfelausstecher

Ausstechen des Apfelzentrums (Blüte-Kernhaus-Stiel)

Spritztüllen

Formen von spritzfähigen Teigen, Massen und Cremes mittels Beutel und glatter Tülle (Lochtülle) oder gezackter Tülle (Sterntülle). Anbringen von Spritzverzierungen

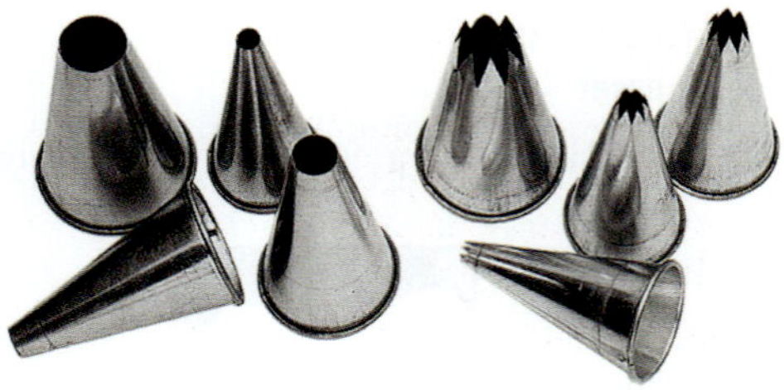

Spachtel

Abkratzen und Putzen von Bratplatten, Backblechen und Arbeitsflächen

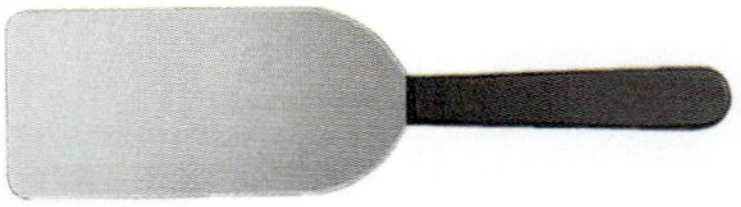

Palette

Auf- und Glattstreichen von Füllungen. Absetzen und Anrichten von Gebäckstücken

Tiefkühlmesser

Abtrennen tiefgefrorener Lebensmittel. Das Profil von Klinge und Schneide ist so gestaltet, dass es wie eine Säge arbeitet. Normale Messer sind zum Schneiden gefrorener Lebensmittel ungeeignet. Beim Schneiden wird durch Reibungswärme Flüssigkeit aus dem Schneidgut frei. Durch diese wird das gewöhnliche Messer am zu schneidenden Gut festgehalten.

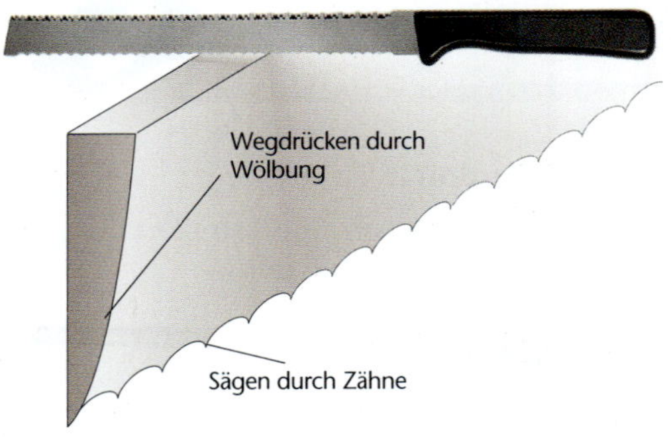

Ausstecher

Ausstechen von rohen Teigen und gebackenen Massen, von Marzipan oder Früchten (Ananas, Melone)

2.3 Pflege der Messer

Für den laufenden Gebrauch wird das Messer durch **Abziehen am Stahl** auf Schnitt gehalten. Dabei muss es unbedingt im richtigen Winkel zum Stahl geführt werden.

Bei einem Schneidewinkel von 20° schneidet das Messer am besten.

Ist der Winkel beim Abziehen zu groß, wird das Messer nach kurzer Zeit stumpf.

Wird der Winkel zwischen Stahl und Messer zu klein/spitz gewählt, ist das Abziehen ohne Wirkung. Das Messer wird nicht geschärft.

Bei Beginn der Abziehbewegung liegt das Ende der Messerklinge an der Spitze des Stahls (Abb. 4).

Dann führt man das Messer unter **leichtem Druck** so, dass die Messerspitze in der Nähe des Stahlgriffs endet.

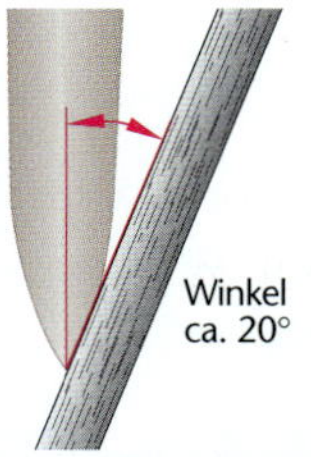

Abb. 1 Schneidewinkel wird beibehalten

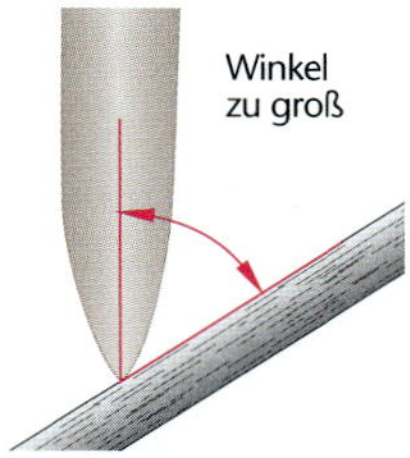

Abb. 2 Messer wird rasch stumpf

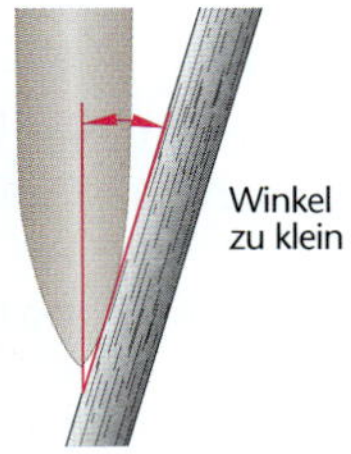

Abb. 3 Abziehen ohne Wirkung

Wichtig: Beide Messerseiten abwechselnd (einmal links, einmal rechts) mit dem Stahl bestreichen. Würde man mehrmals die gleiche Seite bearbeiten, bliebe ein Grat an der Schneide.

Das **Schleifen der Messer** wird notwendig, wenn durch das Abziehen nicht mehr die erwünschte Schärfe erreicht wird.

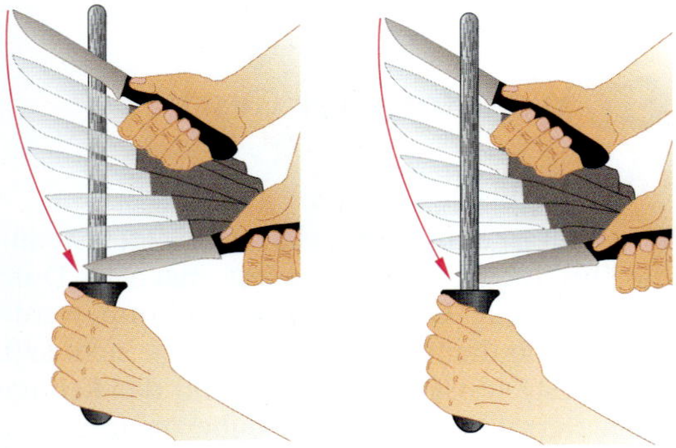

Abb. 4 Bewegung beim Abziehen

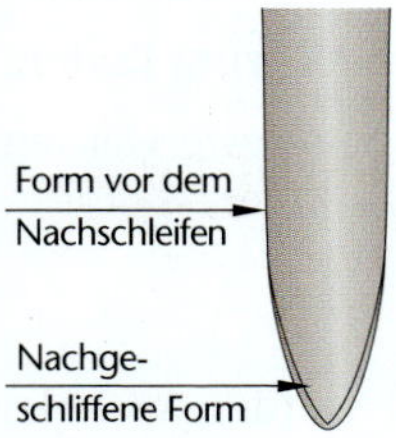

Abb. 5 Nachgeschliffen

Der Schleifstein muss rund, fettfrei und rau sein. Er muss in Wasser laufen oder durch eine Tropfvorrichtung feucht gehalten werden. Bei trockenem Schleifen zerstört die Reibungswärme die Härte der Klinge

„Stumpfe Messer brauchen Kraft, was häufig einen Unfall schafft."

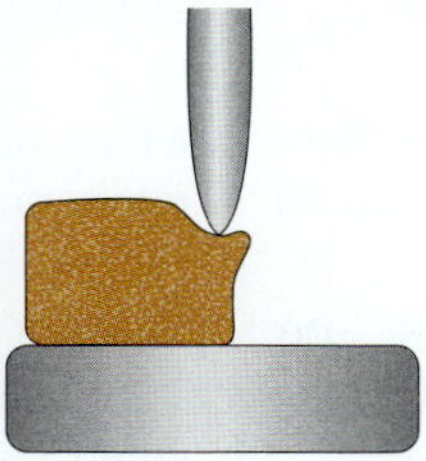

Zu steil geschliffen.
Der Schnitt hält nur kurze Zeit. Beim Schneiden ist viel Kraft erforderlich.

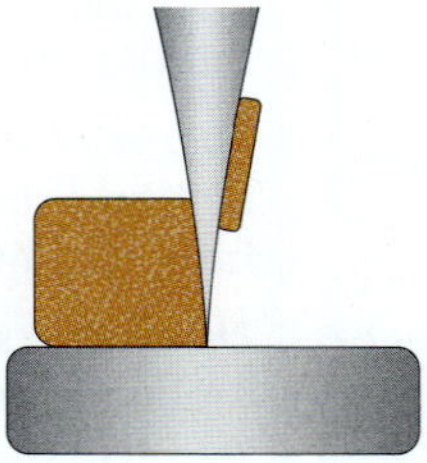

Hohl geschliffen.
Das Profil ist ausgeschliffen, die Klinge wird schnell verbraucht. Das Schneidegut fällt nicht gut von der Klinge.

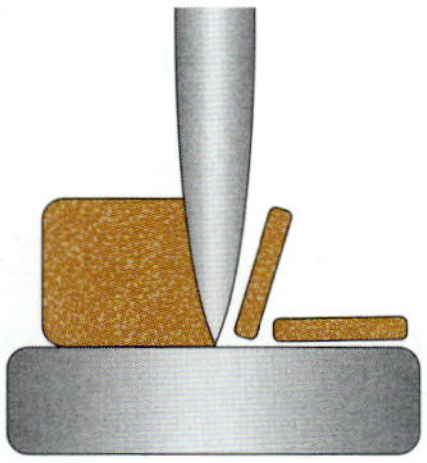

Richtig geschliffen.
Der Klingenquerschnitt ist leicht bauchig und drückt darum das Schneidegut von der Klinge.

2.4 Unfallverhütung

- Messer sind beim Arbeiten vom Körper weg oder seitlich des Körpers zu führen,
- trockener Griff und trockene Hände vermindern die Abrutschgefahr,
- fallenden Messern nicht nachgreifen,
- nicht gebrauchte Messer aufräumen,
- Messer nie in das Spülbecken legen.

3 Kochgeschirr *cookware/cooking-utensils* *batterie (w) de cuisine*

Die in der Küche verwendeten Geschirre und Behältnisse müssen

- in lebensmittelrechtlicher Hinsicht einwandfrei sein, dürfen also die Speisen nicht negativ beeinflussen,
- den Belastungen des Küchenalltags standhalten,
- problemlos zu reinigen sein.

Diese Voraussetzungen erfüllen nur wenige Werkstoffe.

3.1 Werkstoffe für Geschirr

Edelstahl

Edelstahl ist Stahl mit Zusätzen anderer Metalle, die ihn rostfrei und säurefest machen. Durch eine spezielle Oberflächenbehandlung werden alle Unebenheiten entfernt, sodass sich keine Speisereste festsetzen können und das Reinigen erleichtert wird. Gute Wärmeübertragung.

Geschirre aus Edelstahl sind **für alle Zwecke verwendbar.** Die **lange Haltbarkeit,** vielseitige Verwendbarkeit und das saubere Aussehen rechtfertigen die hohen Anschaffungskosten.

Gargeschirre aus Edelstahl haben **Kompensböden.** Sie sind so konstruiert, dass der Topfboden die Veränderungen des Metalles durch Wärme ausgleicht (kompensiert). In kaltem Zustand sind die Bodenflächen nach innen gewölbt.

Die **Pflege ist einfach,** alle Reinigungsmittel anwendbar. Weißlich-matter Niederschlag stammt von Kalkablagerungen und ist mit Säure (Essig) oder Flüssigreiniger zu entfernen. Bläuliches Schimmern ist auf Spülmittelrückstände zurückzuführen und wird durch gründliches Nachspülen vermieden.

Emaillierter Stahl

Bei diesen Geschirren ist der Stahl mit einer Emailleschicht überzogen. Dadurch ist es **vor Rost geschützt** und geschmacksneutral. Die glasharte Emaillierung ist jedoch **schlagempfindlich** und **springt bei raschem Temperaturwechsel.**

Zum Reinigen sind alle Mittel geeignet, doch darf nicht mit harten Gegenständen gekratzt werden. **Überhitzte Töpfe nie mit kaltem Wasser** abschrecken, denn sonst springt der Überzug. Besser: langsam auskühlen lassen.

Guss

Gussgeschirr leitet die Wärme sehr gut und ist robust. Manche Köche sind der Auffassung, dass darin Braten besonders gut gelingen.

Gussgeschirr **eignet sich nicht zur Aufbewahrung** von Speisen, weil diese dann Eisengeschmack annehmen.

Man schützt dieses Geschirr vor Rost, indem man es nach dem Reinigen leicht einfettet.

Stahl

Geschirr aus Stahl hat die gleichen Eigenschaften wie Gussgeschirr, doch besitzt die geschliffene Oberfläche eine feinere Struktur.

Stahlpfannen eignen sich besonders zum Braten.

Pfannen ohne festgebrannte Speisereste werden nur ausgewischt.

Kunststoffe

Unter dem Begriff Kunststoffe werden vielerlei Materialien zusammengefasst. Weil die meisten Gegenstände nicht starr, sondern elastisch sind, spricht man auch von Plastik. In der Küche muss man die Kunststoffe auch nach der Wärmebeständigkeit unterscheiden.

Thermoplaste haben eine weichere Beschaffenheit und sind meist nur bis etwa 80 °C temperaturbeständig.

Duroplaste sind härter und bis 100 °C, kurzzeitig auch höher erwärmbar. Behälter für die Vorratshaltung sowie Schüsseln für den Salatposten und die Kalte Küche sind aus diesem Material.

Gegenstände aus Kunststoff haben eine weichere Oberfläche als solche aus Metall. Sie dürfen darum nicht mit dem Topfreiber oder mit Scheuerpulver bearbeitet werden.

3.2 Geschirrarten

Abb. 1 Kochtopf, Marmite

Abb. 2 Stielkasserolle, Casserole

Abb. 3 Stielkasserolle, flach, Sautoire

Abb. 4 Schwenkkasserolle, Sauteuse

Der Unterschied zwischen Sautoire und Sauteuse:

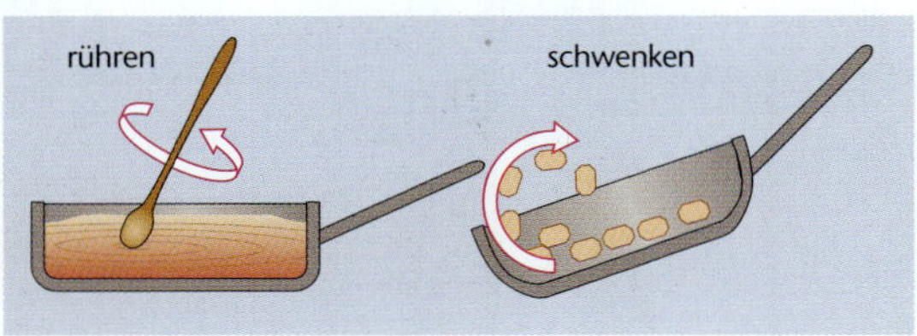

Abb. 5 Stielbratpfanne, Poêle lyonnaise

Abb. 6 Schmorpfanne, Braisière

Abb. 7 Bratenpfanne, Rôtissoire

Abb. 8 Fischkessel mit Einsatz, Poissonnière

Abb. 9 Wasserbadbehälter, Casserole de Bain-Marie

Antihaftbeschichtung

Beschichtete Geschirre sind auf der Innenseite mit einer Kunststoffschicht ausgekleidet. Man findet das besonders bei Pfannen und Backformen.

Die Beschichtung verhindert das Ansetzen von Speisen, auch wenn nur mit wenig oder ohne Fett gebraten oder gebacken wird. Darum verwendet man diese Geschirre bevorzugt für Eierzubereitungen und in der Diätküche. Pfannen mit Antihaftbeschichtung müssen vor Überhitzung geschützt werden. Sie dürfen nicht längere Zeit leer auf der Herdplatte stehen.

Zubehör

Abb. 1 Abtropfschüssel, Egouttoir

Abb. 2 Spitzsieb, Chinois

Abb. 3 Saucenseiher, Passe-sauce

Gastro-Norm

Das Gastro-Norm-(GN)-System löst die unterschiedlichen Größen von Vorrats-, Bearbeitungs- und Garbehältnissen ab.

Einschübe in Regalwagen, Herde und Kühlschränke sowie Grundflächen von Bain-marie oder Speisenausgabe sind aufeinander abgestimmt.

Ausgehend von einem Grundmaß von 53 × 32,5 cm gibt es praxisgerechte Unterteilungen mit unterschiedlicher Tiefe. Entsprechende Deckel vervollständigen das System.

So können vorbereitete Lebensmittel in GN-Geschirre eingesetzt und in die Kühlung gebracht werden. Bei Bedarf wird dann in diesem Geschirr gegart und anschließend das Ganze zur Ausgabe gebracht.

Vorteil des Systems:

- Teile passen untereinander und in alle Geräte,
- Arbeitszeitersparnis, weil das Umsetzen von Geschirr zu Geschirr entfällt.

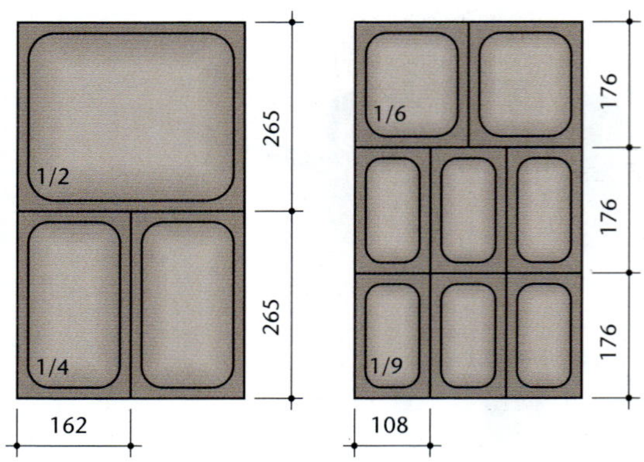

Abb. 4 System Gastro-Norm

Abb. 5 Systemgeschirr

4 Maschinen und Geräte

equipment and utensils *matériel (m) électro-mécanique*

4.1 Fleischwolf

meat mincer *hachoir (m) à viande*

Der Fleischwolf, auch Wolf genannt, ist eine Zerkleinerungsmaschine. Mit ihr werden Fleisch, aber auch Fisch und Gemüse in eine für die Weiterverarbeitung erforderliche Zerkleinerungsform gebracht.

Abb. 1 Messersatz mit einem Messer

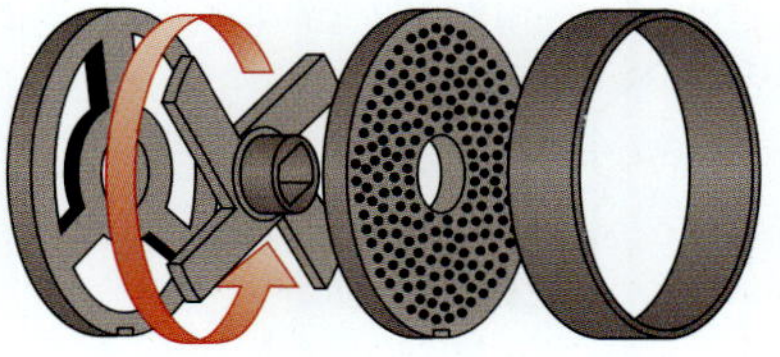

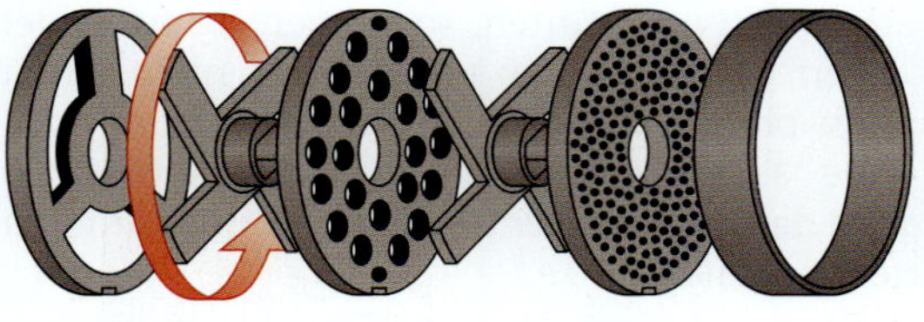

Abb. 2 Messersatz mit zwei Messern

Der Wolf arbeitet nach dem Prinzip des **Scherschnitts.** Wie bei einer Schere wird das Schneidegut zwischen zwei geschliffenen Metallteilen (Messer und Lochscheibe) zerschnitten. Die Schnecke transportiert das Fleisch zu den Messern. Der Zerkleinerungsgrad wird von der Größe der Lochscheibe bestimmt.

Hinweise zur Benutzung

Der Verschlussring muss richtig angezogen werden.

- **Bei zu strengem Sitz** reiben Messer und Lochscheiben aneinander und Metallabrieb gelangt ins Fleisch.
- Bei zu lockerem Sitz wickeln sich Bindegewebe um die Messer, weil sie nicht mehr zerschnitten werden.

Der Wolf muss richtig beschickt werden. Das Fleisch soll in lockeren Fäden aus der Lochscheibe kommen.

- **Presst man Fleisch zu stark** in die Einfüllöffnung, so kann das Material von den Messern nicht mehr richtig verarbeitet werden. Das Fleisch wird warm und schmiert.
- **Läuft der Wolf leer,** reiben Messer und Lochscheiben aneinander und erwärmen sich. Dabei geht die Schärfe verloren.

Ein schlecht eingestellter Wolf oder stumpfe Messer führen zu zerquetschtem, grauem, fettig-schmierigem Material. Das ist eine Qualitätsminderung.

Nach den Bestimmungen der Hackfleischverordnung ist der Wolf bei Benutzung
- **täglich mindestens zweimal zu reinigen,**
- **bei gastgewerblichen Betrieben endet der Tag mit Beginn der Sperrzeit.**

Unfallverhütung

Der Wolf muss so beschaffen sein, dass die Schnecke von der Hand nicht erreichbar ist, weil die saugende Wirkung leicht die Hand mitzieht. Bei kleineren Geräten sind darum Durchmesser und Höhe der Einfüllöffnung vorgeschrieben; größere Maschinen sind an der Einfüllöffnung mit einem nicht entfernbaren Schutz versehen.

4.2 Kutter

food processor *cutter (m)*

Das Wort Kutter ist abgeleitet vom englischen Wort to cut = schneiden, abschneiden. Der Kutter ist eine Zerkleinerungsmaschine, die nach dem Prinzip des Messerschnitts arbeitet. Das Schneidegut liegt dabei auf einer Unterlage (drehende Schüssel), die Messer ziehen durch das Schneidegut. Durch das Kuttern kann eine homogene Masse hergestellt werden, wie sie für Farcen (Brät) erforderlich ist. Eine Haube, die mindestens die halbe Schüssel bedeckt, verhindert das Herausschleudern von Material.

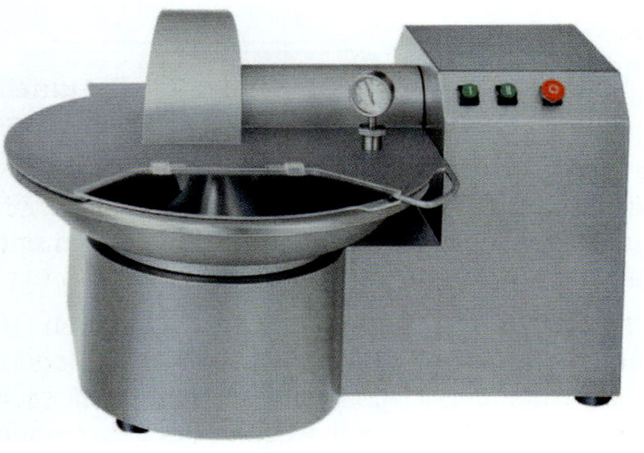

Abb. 3 Tischkutter

Hinweise zur Benutzung

Abb. 1 Arbeitsweise des Kutters

Der Abstand zwischen Messern und Schüssel muss richtig gewählt werden. Das Fleisch wird nur unvollständig zerschnitten, wenn der Abstand zu weit ist. Die Welle macht bis zu 3.000 Umdrehungen je Minute, deshalb muss die Halterungsschraube der Messer fest angezogen werden. An den rotierenden Messern entsteht Reibungswärme, die Eiweiß zum Gerinnen bringen kann. Es darf darum nur gut gekühltes Material verwendet werden.

Unfallverhütung

Der Deckel des Kutters muss die Messerwelle abdecken. Die rotierenden Messer wären, wie z. B. der laufende Propeller eines Flugzeuges, nicht zu erkennen. Darum muss durch eine Sperrschaltung gewährleistet werden, dass der Deckel nur bei stehenden Messern geöffnet werden kann.

Dem Kutter ähnlich, nur kleiner, ist der **Mixer.** Während beim Kutter die Schneidewelle liegt, steht sie beim Mixer senkrecht.

4.3 Fritteuse *deep-fryer* *friteuse (w)*

In der Fritteuse wird die zum Garen benötigte Wärme durch heißes Fett übertragen. Flüssigkeiten leiten die Wärme viel rascher als z. B. Luft. Darum ist die Garzeit im Fettbad wesentlich kürzer.

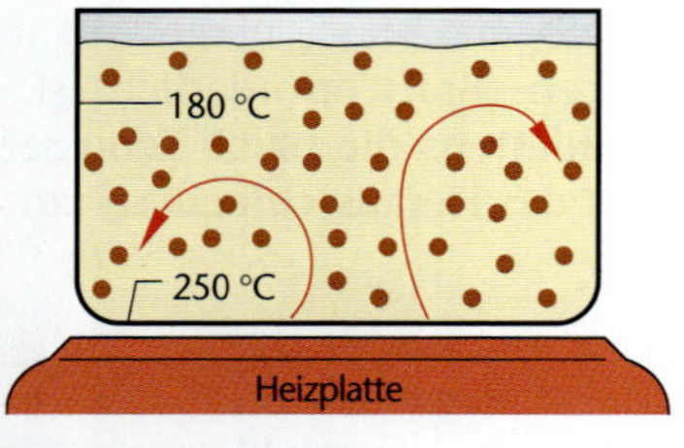

Abb. 2 Fett-Topf

Bei einem **Fett-Topf,** der je nach Bedarf zwischen Herdmitte und Rand hin- und hergeschoben wird, steigt die Temperatur am Boden bis auf 250 °C an. Das erwärmte Fett steigt auf und reißt Schwebeteilchen mit. Diese setzen sich als dunkle Punkte auf dem Backgut ab.

Bei **Fritteusen** liegen die Heizschlangen in einem bestimmten Abstand über dem Boden. Der unter den Heizschlangen liegende Bereich (Kühlzone) ist an der Bewegung des Fettes nicht beteiligt.

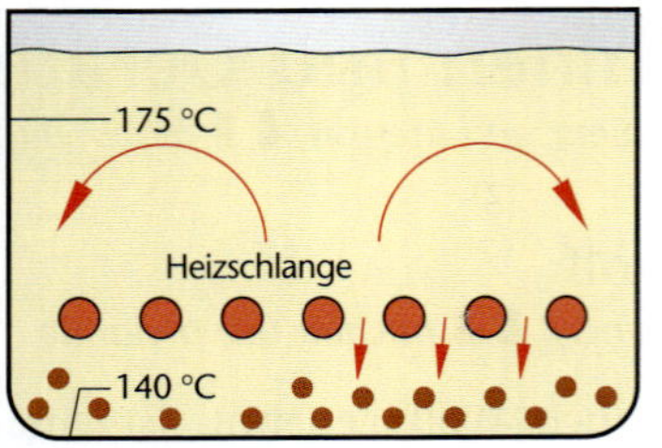

Abb. 3 Fritteuse

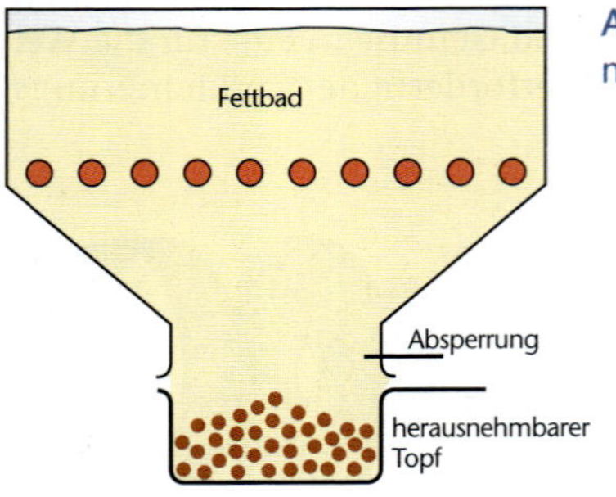

Abb. 4 Fettbad mit Läuterung

Fallen Schwebeteilchen zwischen den Heizschlangen nach unten, so bleiben sie am Boden liegen, setzen sich ab und werden nicht erneut nach oben transportiert. Weil die in der Kühlzone abgesetzten Teilchen nicht verbrennen, wird das Fett weniger belastet und ist darum länger verwendbar.

Hinweise zur Benutzung

Feste Fette müssen, bevor sie in die Fritteuse gegeben werden, erst in einer Kasserolle flüssig gemacht werden. An Heizschlangen, die nicht vollständig von Fett umgeben sind, entstehen sehr hohe Temperaturen, welche die Heizelemente und das Fett schädigen. Ist die Fritteuse mit erkaltetem Fett gefüllt, schaltet man zum Anheizen den Thermostat zunächst auf etwa 70 °C.

Erst wenn das Fett flüssig geworden ist und damit zirkulieren kann, wird auf Backtemperatur geschaltet.

Neuere Geräte sind so gestaltet, dass Backrückstände in einen herausnehmbaren Topf fallen. Auf diese Weise reinigt sich das Fett selbstständig.

Nur geeignete Fette verwenden. Die Fett-Temperatur soll 175 °C nicht übersteigen. Überhitztes Fett bildet das schädliche Acrylamid. Während der Arbeitspausen ist das Gerät abzudecken und auf etwa 100 °C zurückzuschalten. Dadurch wird die Haltbarkeit des Fettes verlängert.

Während des Backens wird das Fett durch chemische Veränderungen „verbraucht". Verbrauchtes Fett ist bräunlich, schäumt leicht, raucht bereits bei niederen Temperaturen, schmeckt scharf und kratzig.

Verschiedene Testverfahren erlauben eine rasche Überprüfung der Fettqualität. Die Abbildung zeigt einen Teststreifen, der den Anteil an verderbnisfördernden freien Fettsäuren anzeigt.

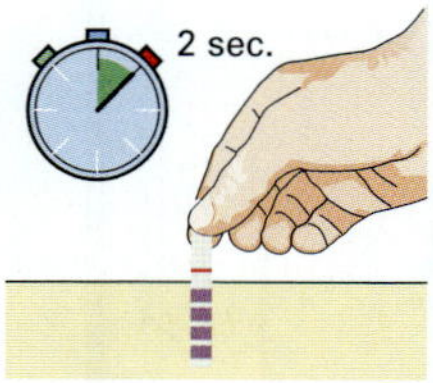

Verbrauchtes Fett muss vollständig ausgewechselt werden.

Ersetzt man nur einen Teil des verbrauchten Fettes durch frisches, ist nach kurzer Zeit wieder das gesamte Fett verdorben. Das alte, verdorbene Fett bewirkt die rasche Zersetzung des neuen.

Nach dem Lebensmittelrecht gilt verbrauchtes Fett als verdorben, ebenso Speisen, die darin zubereitet werden.

Backrückstände bilden einen Bodensatz. Dieser sollte möglichst täglich entfernt werden. Dazu lässt man das abgekühlte Fett aus dem Ablasshahn durch ein Sieb ablaufen, nimmt dann die Heizschlange heraus und entfernt den Bodensatz.

Anschließend sind das Frittiergerät und die Heizschlange mit warmem Wasser und einem Spülmittel gründlich zu reinigen. Auf keinen Fall dürfen Reste des Spülmittels zurückbleiben. Diese zerstören das Fett. Darum wird mehrmals mit klarem Wasser nachgespült und die Fritteuse gründlich ausgetrocknet.

Unfallverhütung

Fett in der Fritteuse oder in der Pfanne kann sich bei Überhitzung selbst entzünden.

- Auf keinen Fall mit Wasser zu löschen versuchen. Das Wasser wird sofort zu Dampf, reißt das Fett mit sich und vergrößert die Brandfläche.
- Brennendes Fett abdecken (Deckel oder Brandschutzdecke).
- Bei größeren Bränden Feuerlöscher verwenden.

Abb. 1 Fettbrand

Umweltschutz

Verbrauchtes Fett in Behältnisse abfüllen und der Fettverwertung übergeben. Wird es in den Ablauf geschüttet, führt es dort zu Ablagerungen an den Wänden der Rohre und schließlich zu Verstopfungen.

4.4 Kippbratpfanne

tilt frypan
poêle (w) à frire basculante

Die Kippbratpfanne hat einen mit Gas oder Strom direkt beheizten Boden aus Gusseisen. Darum sind alle Zubereitungsarten möglich, die starke Hitze erfordern. Bei Bedarf kann sie aber auch zum Kochen, z. B. von Klößen, oder zum Dünsten verwendet werden.

Abb. 2 Kippbratpfanne

Abb. 3 Schnitt durch Kippbratpfanne

Kippbar sind die Pfannen, weil sie zwischen zwei Säulen gelagert sind. Die Auslaufnase ermöglicht ein einfaches Entleeren.

Hinweise zur Benutzung

Zum Anbraten ist kräftig vorzuheizen, damit die Fett-Temperatur beim Einlegen nicht zu stark absinkt und das Bratgut kein Wasser zieht.

Wird eine mit Flüssigkeit gefüllte Kippbratpfanne geleert, ist das Drehrad am Anfang besonders vorsichtig zu bedienen, sonst schwappt der Inhalt über den vorderen Rand und kann zu Verbrühungen führen.

Geleerte Pfannen müssen sofort mit heißem Wasser „aufgefüllt" werden. Das Wasser verhindert das Festbrennen der Rückstände.

Würde man jedoch kaltes Wasser verwenden, käme es im Pfannenboden durch den Temperaturunterschied zu starken Spannungen, die zu Rissen führen können.

4.5 Kochkessel

cooking kettle

bouilloire (m)

Alle Kochkessel haben doppelte Wände. Zwischen diese wird Dampf geleitet, der die Wärme durch die Innenwand auf das Gargut überträgt. Der durch Abkühlung kondensierte Dampf fließt nach unten ab. Diese Art der Beheizung durch zirkulierenden Wasserdampf ist bei allen Kesseln gleich. Unterschiedlich dagegen ist die Dampferzeugung. Bei Kesseln, die mit Gas, Öl oder Strom beheizt werden, wird unmittelbar unter dem Kessel das zurückfließende Wasser wieder zu Dampf erhitzt. In Großküchen wird der benötigte Dampf aus der zentralen Heizanlage zugeführt.

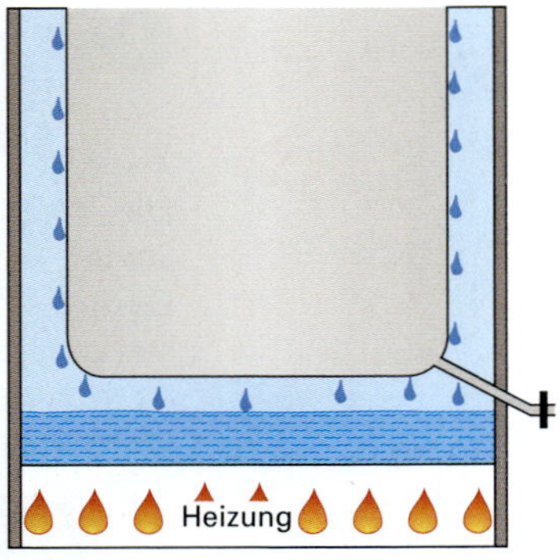

Abb. 2 Schnitt durch Kochkessel

Weil bei Kochkesseln auch durch die Seitenwände Wärme auf das Gargut übertragen wird, kommt der Kesselinhalt viel schneller zum Kochen. Man nennt Kessel darum **Schnellkocher.** Sie haben meist ein Fassungsvermögen zwischen 60 und 100 l.

Abb. 1 Kochkessel

Bei **Druckkesseln** wird der Deckel fest verschraubt. Über dem Kochgut entsteht Dampf, der durch ein Sicherheitsventil auf einem bestimmten Druck gehalten wird. Bei erhöhtem Druck kocht das Wasser oberhalb des normalen Siedepunkts, also bei höheren Temperaturen als 100 °C. Höhere Temperaturen verkürzen die Garzeit.

Bei Druckkesseln darf auf keinen Fall das Überdruckventil verändert oder beschwert werden.

Hinweise zur Benutzung

Ein Kochkessel kann nicht wie ein Kochtopf, der auf den Herd gestellt wird, verwendet werden. Der Boden des Kochtopfes nimmt die Hitze der Herdplatte unmittelbar auf und wird darum sehr heiß. Aus diesem Grund kann man im Topf anrösten und anbraten.

Boden und Wände eines Kochkessels werden dagegen nur bis etwa 130 °C erhitzt. In Kochkesseln kann man darum nur kochen. Die Roux für Saucen muss außerhalb des Kessels, z. B. in einer Kippbratpfanne, angeschwitzt werden, für Schmorbraten muss das Fleisch bereits angebraten sein.

Beim **Kochen von Teigwaren** muss genügend Wasser im Kessel sein; ein Sieb vor der Auslauföffnung ist notwendig, um das Kochwasser ablassen zu können.

Beim **Kochen von Salzkartoffeln** verwendet man Siebeinsätze, damit die unteren Schichten nicht durch den Druck der darüberliegenden Kartoffeln zerquetscht werden.

Die volle Energieabgabe ist bei Kochkesseln nur zum Ankochen notwendig. Nach dem Aufkochen wird darum die Wärmezufuhr verringert.

4.6 Mikrowellengerät

microwave oven

four (m) à micro-ondes

Der wesentliche Teil eines Mikrowellengerätes ist das Magnetron. Das ist eine besondere Röhre, die elektromagnetische Wellen erzeugt. Diese werden in den Garraum geleitet. Dort dringen sie in die Lebensmittel ein und bringen die darin enthaltenen Wassermoleküle (Dipole) zum Schwingen. Durch diese Bewegungen reiben sich die Moleküle aneinander. Es entsteht Wärme – auf die gleiche Weise, wie wenn wir die Hände aneinander reiben.

Darum erzeugen Mikrowellen Wärme **an jeder Stelle der Speisen zur gleichen Zeit.** Das ist der wesentliche Unterschied zu allen anderen Garverfahren, bei denen die Wärme nach und nach von außen nach innen vordringt.

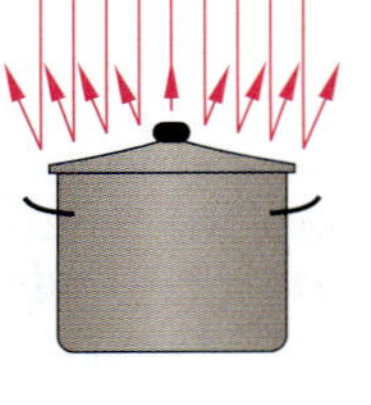

Metallgeschirr ist nicht geeignet, weil es die Mikrowellen reflektiert (zurückwirft).

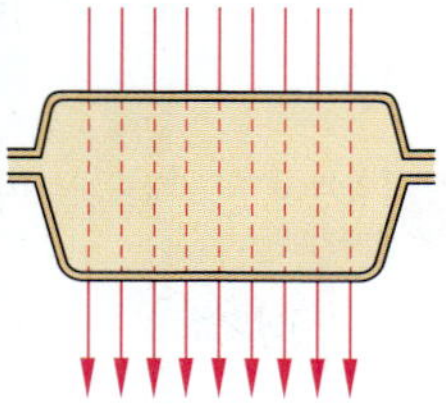

Behälter aus Glas, Porzellan, Kunststoffen u. Ä. sind für Mikrowellen durchlässig, erwärmen sich aber selbst nicht.

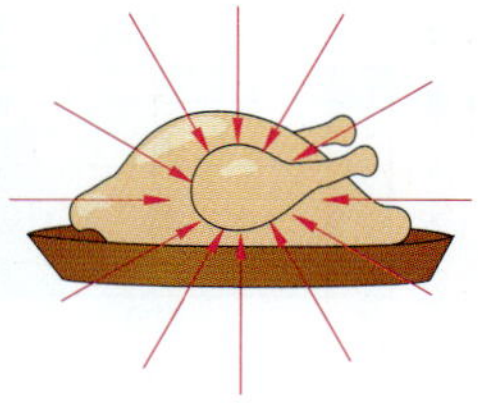

In **Lebensmittel** dringen Mikrowellen ein und erzeugen Wärme.

Die gleichzeitige Erwärmung aller Moleküle der Speisen führt zu sehr kurzen Garzeiten.

Im Einzelfall sind diese abhängig von der

- Leistungsfähigkeit des Gerätes und damit verbunden der
  - Eindringtiefe der Strahlen, der
  - Dicke der Speisen sowie dem
  - Wassergehalt der Speisen; wasserreiche garen rascher.

Hinweise zur Benutzung

Beim **Wiedererwärmen** (Regenerieren) bereits zubereiteter Speisen auf die Zeitangaben der Hersteller achten.

Beim **An- und Auftauen** die Auftauautomatik oder eine kleine Leistungsstufe verwenden. Wird dem gefrorenen Lebensmittel zu rasch Energie zugeführt, kann sich die Wärme nicht ausreichend verteilen. Es entstehen überhitzte Stellen/ Hotspots, die zu Verbrennungen führen können.

Nicht geeignet sind Mikrowellen zum Braten, weil keine Röststoffe erzeugt werden.

Die **Pflege** der Geräte ist einfach. Da keine Speisenteilchen anbrennen, genügen Lappen und warmes Wasser.

Unfallverhütung

Mikrowellengeräte unterbrechen den Stromkreis, wenn die Tür geöffnet wird, sie setzen damit das Magnetron außer Betrieb. Könnte man bei Betriebsbereitschaft in die Röhre greifen, würde das Blut in der Hand gerinnen, bevor die Nervenzellen der Haut einen Schmerz melden.

4.7 Umluftgerät

Bei Umluftgeräten wird fortlaufend erhitzte Luft am Gargut vorbeigeführt. Dadurch sind die Garverfahren Braten, Backen und Kochen möglich, ebenso das Auftauen von Tiefkühlware.

Die durch eine Ventilation zwangsweise umgewälzte Luft ermöglicht es, gleichzeitig auf mehreren Ebenen zu garen. Bei der Strahlungswärme im Bratrohr des Ofens ist dies nicht möglich. Mit den meisten Geräten kann auch gedämpft werden.

Alle Garautomaten arbeiten auch mit Umluft.

Hinweise zur Benutzung

Die Gartemperatur bei Umluft ist niedriger zu wählen als bei Strahlungswärme im Rohr.

Bei nicht ausreichender Bräunung von Bratgut ist auf ausreichende Befettung zu achten; feuchte Luft zu Beginn des Bratens lässt man durch die Abluftklappen abziehen.

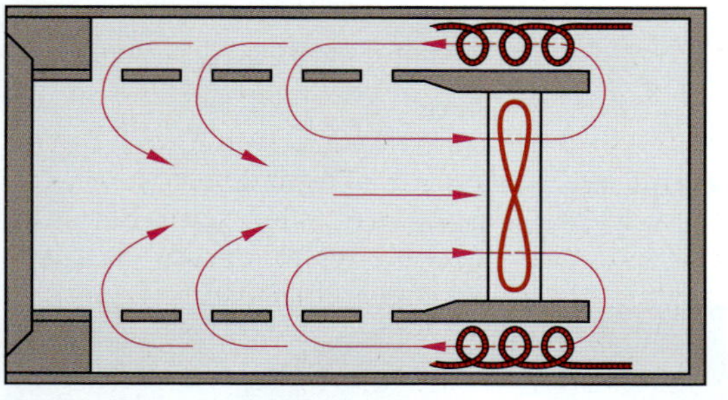

Abb. 1 Umluftgerät

Küche

4.8 Herd mit Backrohr

Beim sogenannten Küchenherd erfolgt die Wärmeübertragung zum Kochgeschirr durch direkten Kontakt, unabhängig davon, welche Energieart eingesetzt wird.

Dieses System ermöglicht bei entsprechender Regelung der Wärmezufuhr alle Garverfahren außer Grillen.

Im Backrohr wird die Wärme durch Strahlung auf das Gargut übertragen. Mit Strahlungswärme kann man backen und braten, z. B. Roastbeef, Rehrücken.

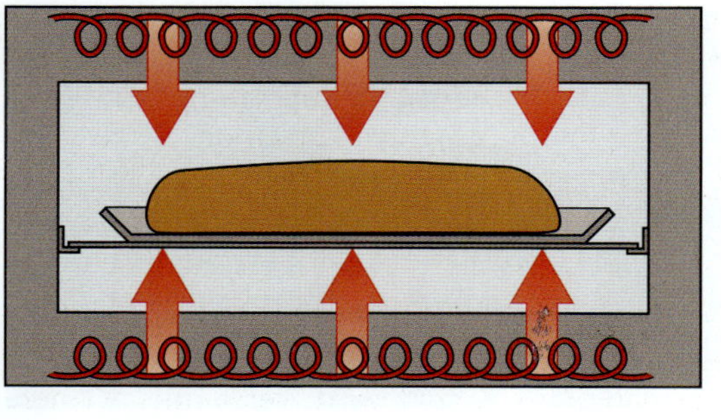

Abb. 2 Backrohr

4.9 Induktionstechnik

Induktionsherde übertragen die Wärme auf eine besondere Art auf das Gargut. Elektrische Energie schafft in der Induktionsspule zunächst ein Magnetfeld. Erst im Boden des Kochgeschirrs erzeugt dieses Magnetfeld die zum Garen erforderliche Wärme.

Darum gibt es keine Hitzeabstrahlung von aufgeheizten Kochplatten, die Hitzebelastung für das Personal und der Energieverbrauch sind geringer.

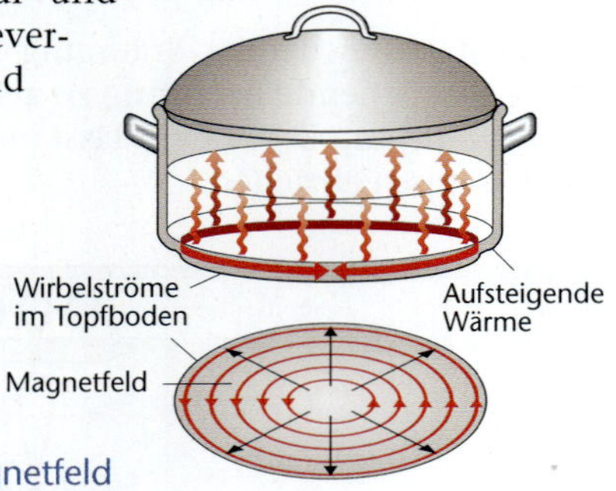

Abb. 1 Magnetfeld erzeugt Wärme

Abb. 2 Wärme entsteht nur im Metall der Pfanne

4.10 Garen unter Dampfdruck

Bei normalem Luftdruck (1 bar) siedet das Wasser bei 100 °C. Mit zunehmendem Druck steigt der Siedepunkt. Diesen physikalischen Zusammenhang nutzt man bei Dampfgargeräten.

Abb. 3 Dampfdrucktopf

Für die Küche ist folgender Zusammenhang wichtig:

Je höher der Druck, desto höher die Temperatur.
Je höher die Temperatur, desto kürzer die Garzeit.

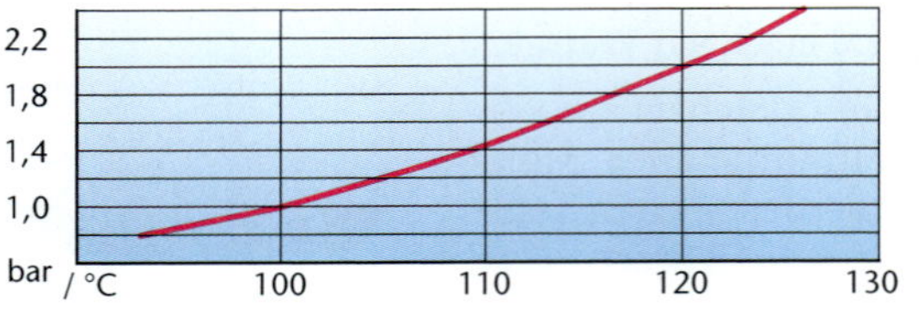

Abb. 4 Der Siedepunkt ist druckabhängig.

Darum auch die Bezeichnungen Schnellkochtopf oder Schnellgargerät. Das Garen bei höherer Temperatur kann auch zu veränderten Ergebnissen führen, z. B. faserigem Fleisch.

Das Gastgewerbe kennt zwei technische Lösungen.

Beim **Dampf-Drucktopf** entsteht der Dampf im festverschlossenen Topf. Ein Ventil regelt den Dampfdruck.

Beim **Dampf-Schnellgargerät** wird der Dampf außerhalb des Garraumes in einem besonderen Dampfbereiter erzeugt und dann auf die Lebensmittel im Garraum geleitet.

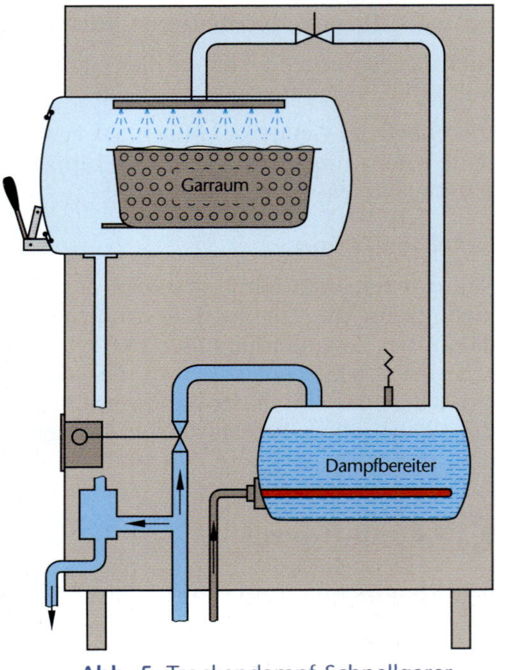

Abb. 5 Trockendampf-Schnellgarer

Hinweise zur Benutzung

Zum Garen unter Druck eignen sich besonders Lebensmittel mit längerer Garzeit. Bedienungsvorschriften der Hersteller sind unbedingt einzuhalten. Unfallgefahr!

Die Garzeiten bewegen sich in engen Grenzen. Bei kurzem Überschreiten verkochen die Lebensmittel stark, die Vitaminverluste sind hoch.

Beim Druckgaren kann man nicht „zwischendurch prüfen". Darum muss von Anfang an rezeptgenau gearbeitet werden.

4.11 Heißluftdämpfer/Kombidämpfer

In der herkömmlichen Küche sind viele Garverfahren gebunden an

- **bestimmte Gargeräte,** z. B. Herdplatte, Backrohr,
- **bestimmte Geschirre**, z. B. Bratpfanne, Bratgeschirr (Rôtissoir), Schmorgeschirr (Braisière).

Kombigeräte können im gleichen Garraum **wechselnde Garbedingungen** schaffen und zwischen den Verfahren **zeitlich wechseln,** z. B.

- feuchte oder trockene Garverfahren
- Strahlung oder Umluft als Wärmeüberträger
- angaren sehr heiß, weitergaren bei geringerer Temperatur.

Diese unterschiedlichen Bedingungen nennen die meisten Gerätehersteller **Betriebsarten.**

Abb. 1 Kombidämpfer

Durch immer feinere Sensoren (Fühler) ist es möglich, **Garprofile** zu programmieren. Das sind Idealabläufe z. B. für die Zubereitung bestimmter Fleischteile wie Schweinebraten oder Hähnchenkeulen.

Garprofile erfassen und regeln die einzelnen Garfaktoren, sodass wiederkehrende Abläufe zu stets gleichen Ergebnissen führen.

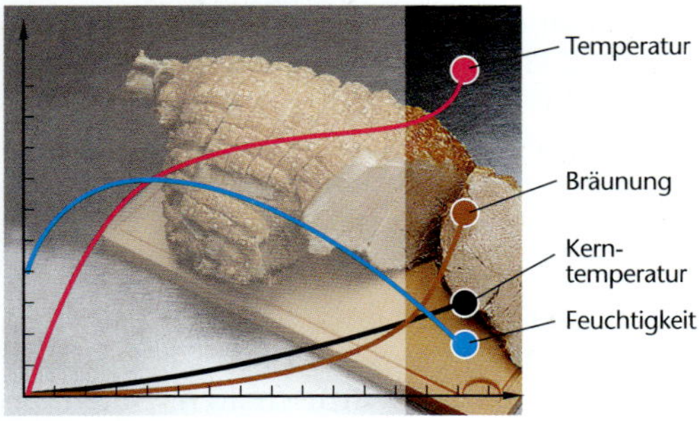

Abb. 2 Garprofil für Braten

Wenn der Koch die neuen Techniken sinnvoll nutzen will, muss er die klassischen Garverfahren entsprechend aufgliedern.

Wie dabei vorgegangen werden kann, zeigen Beispiele nach der Behandlung der Garverfahren auf Seite 119.

Bei Bedarf wählt man das entsprechende Programm, der Garverlauf wird selbstständig gesteuert, die Voreinstellungen werden angezeigt. Die Abbildung zeigt z. B.: Bei 220 °C garen, bis die Kerntemperatur von 74 °C erreicht ist.

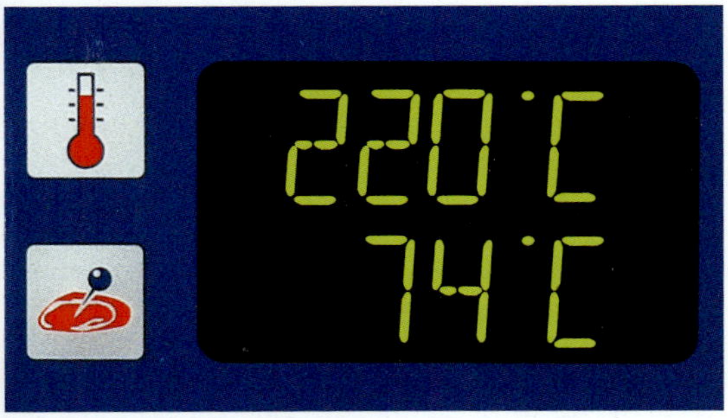

Abb. 3 Temperatureinstellungen

In der Küche sind viele Vorgänge an bestimmte Temperaturen gebunden. Um rascher eine bestimmte Temperatur zu erreichen, wird vielfach die Temperaturregelung verändert.

Ein Exkurs auf der Folgeseite zeigt die Zusammenhänge.

Exkurs: Temperaturregler oder Thermostat

Von Regelung spricht man, wenn ein fester Wert, z. B. die Temperatur im Fettbad (Frittüre), eingehalten wird, obwohl Wärmeverluste entstehen, z. B. durch Einlegen von kalten Speisen zum Garen.

Betrachten Sie die Temperaturregelung am Beispiel des Fettbackgerätes **(Abb. 1).**

Die Temperatur des Fettbades soll gleichbleiben, z. B. 160 °C. Man nennt diese Temperatur den **Sollwert.** Das Fett kühlt aber laufend ab. Man nennt das Wärmeverlust. Ein Thermometer, auch Fühler genannt, stellt fest, wie hoch die Temperatur tatsächlich **ist.** Dies nennt man den **Istwert.**

Fällt nun der Istwert unter den gewünschten Sollwert, so erhält ein Schalter den Befehl, den Strom für die Heizung einzuschalten. Durch die Wärmezufuhr nähert sich der Istwert dem Sollwert, das Fett wird so heiß, wie man es wünscht. Erst dann wird der Stromkreis wieder unterbrochen.

In gleicher Weise funktioniert eine Kühlung, nur wird hierbei der Abzug von Wärme geregelt.

Wer die Zusammenhänge einer Temperaturregelung kennt, der weiß auch, dass es sinnlos ist, den Wahlschalter am Thermostat „vorzudrehen". Dadurch wird z. B. das Fett nicht schneller warm. Der Schalter kann nur auf „ein" stehen – mehr Energiezufuhr ist nicht möglich.

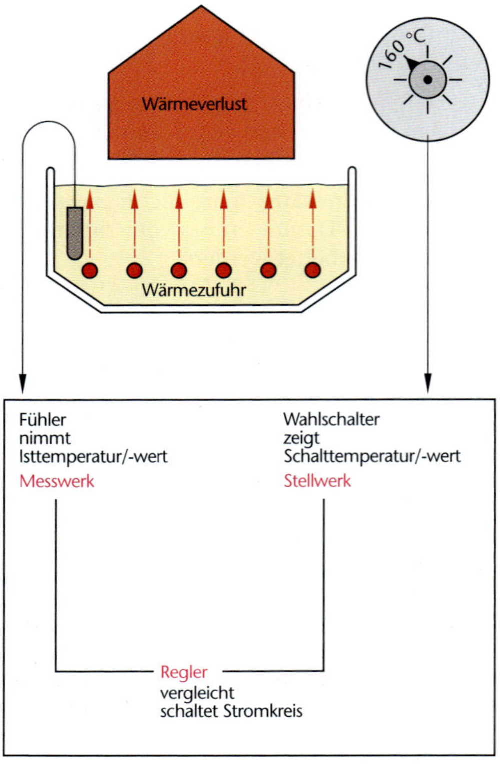

Abb. 1 Temperaturregelung

Aufgaben

1 Welche Vorschriften gelten für die Reinigung eines Fleischwolfes?

2 Beim Garen im Fettbad lösen sich immer Teilchen vom Gargut. Erläutern Sie in diesem Zusammenhang den grundlegenden Unterschied zwischen einem Fett-Topf und der Fritteuse.

3 Warum muss in bestimmten Zeitabständen das Fett der Fritteuse vollständig ausgewechselt werden?

4 Wie verhält man sich, wenn das Fett in einer Pfanne oder Fritteuse zu brennen beginnt?

5 Sie entleeren einen heißen Kipper, in dem Rindfleisch angebraten worden ist. Wie geht es weiter? Begründen Sie.

6 Warum wird eine Flüssigkeit im Kochkessel schneller erhitzt als vergleichsweise im Kochtopf?

7 „Ei in Mikrowelle explodiert!" stand in der Zeitung. Wie kann es dazu kommen?

8 Der eine sagt: „Im Mikro garen die Speisen von innen nach außen." Der andere meint: „Stimmt nicht, sie garen an jeder Stelle zur gleichen Zeit." Wer hat recht? Begründen Sie.

9 „Lasst mich doch in Ruhe mit eurer Technik. Ich habe noch gelernt, wie Escoffier gekocht hat. Und der hat gewusst, wie es geht." Sprechen Sie über Vor- und Nachteile von modernen Gargeräten.

10 Moderne Geräte regeln die Temperatur selbstständig. Man verwendet in diesem Zusammenhang die Begriffe Sollwert und Istwert. Erklären Sie.

GRUNDTECHNIKEN DER KÜCHE

1 Vorbereitende Arbeiten

preparatory work *travaux (m) préparatoires (m)*

1.1 Einführung

Die meisten Lebensmittel werden vor dem Genuss bearbeitet und/oder zubereitet. Neben dem Haushalt übernehmen diese Aufgaben das Lebensmittelgewerbe und die Gastronomie.

Die vielfältigen Arbeiten scheinen auf den ersten Blick unübersehbar. Eine genauere Betrachtung zeigt jedoch viele Gemeinsamkeiten.

- Zu den **vorbereitenden Arbeiten** zählen das Waschen, Wässern, Weichen, Putzen, Schälen.
- Zur **Bearbeitung** (nächstes Kapitel) werden Schneiden, Raffeln, Reiben, Blanchieren usw. gerechnet.
- Durch die **Garverfahren** werden viele Lebensmittel erst genussfähig. Die Garverfahren werden in einem getrennten Abschnitt behandelt.

1.2 Waschen *to wash* *laver*

Pflanzliche Rohstoffe sind von Natur aus mit **Verunreinigungen** behaftet. Am deutlichsten sind diese bei Kartoffeln und Wurzelgemüse sichtbar. Unabhängig vom sichtbaren Schmutz befinden sich an den Lebensmitteln aber auch immer **Kleinlebewesen.** Ferner können Reste von **Pflanzenschutzmitteln** an der Oberfläche haften. Durch sachgerechtes Waschen werden Schmutz, Keime und Rückstände weitgehend entfernt.

Lebensmittel werden möglichst **im Ganzen gewaschen,** weil dabei die **Verluste** an Inhaltsstoffen **geringer** sind. Bei zerkleinerter Ware sind viele Zellen verletzt und die Inhaltsstoffe werden **ausgelaugt.**

Hartnäckiger Schmutz wird zusätzlich mit einer Bürste mechanisch bearbeitet.

Gemüsewaschmaschinen arbeiten mit entsprechendem Wasserdruck, der Bewegung erzeugt.

Weil sich während des Waschens Schmutz und Keime im Wasser verteilen, muss mit **fließendem Wasser nachgespült** werden.

Am Ende des Waschvorganges muss das saubere, hygienisch einwandfreie Lebensmittel stehen.

1.3 Wässern *to water* *tremper*

Obwohl das Wässern von Lebensmitteln immer Nährstoffverluste mit sich bringt, ist es in **manchen Fällen** nicht zu vermeiden.

Bestandteile der Lebensmittel können den Geschmack beeinträchtigen, z. B. Bittergeschmack bei Endiviensalat, stark arteigener Geschmack bei Nieren.

Blutreste können störend wirken, z. B. an Hirn und Kalbsbries. Wasser kann diese unerwünschten Stoffe auslaugen.

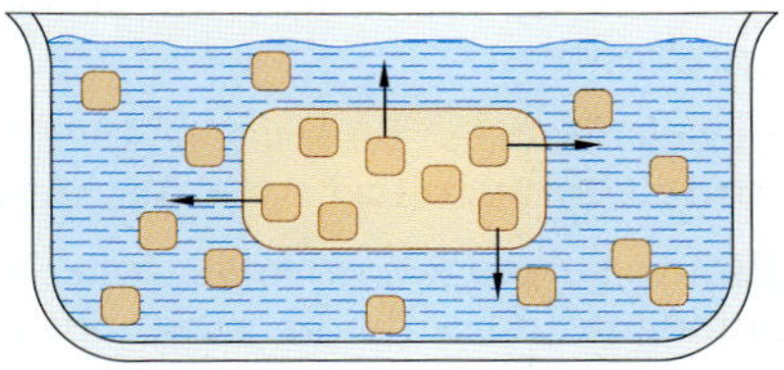

Abb. 1 Wasser laugt aus.

Bei der kurzfristigen Vorratshaltung (mise en place) muss **Luftsauerstoff** ferngehalten werden, damit die enzymatische Bräunung unterbleibt, z. B. bei geschälten rohen Kartoffeln, Sellerie, Äpfeln.

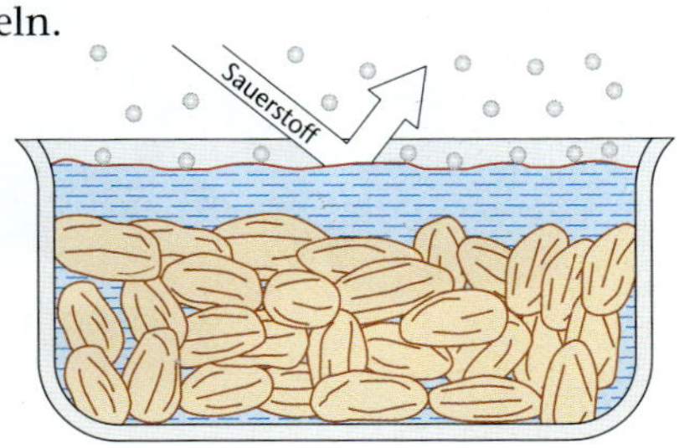

Abb. 2 Wasser hält Luftsauerstoff fern.

In vielen Fällen genügt es, die Lebensmittel mit einer Folie oder einem feuchten Tuch zu bedecken, um die helle Farbe zu erhalten und vor dem Braunwerden zu schützen.

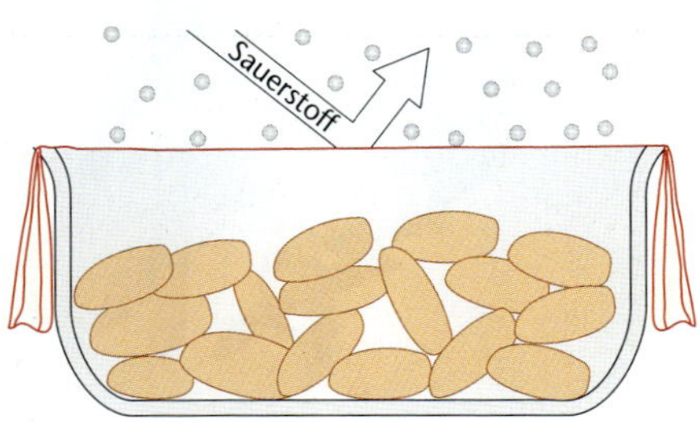

Abb. 3 Folie hält Luftsauerstoff fern.

1.4 Schälen to peal peler

Viele Gemüse und Obstarten müssen von ungenießbaren oder schlecht verdaulichen Randschichten befreit werden. Als Arbeitsgeräte verwendet man dazu:

- **Küchenmesser** mit gerader oder gebogener Klinge,

- **Tourniermesser** mit gebogener Klinge

- **Sparschäler** in verschiedenen Ausführungen.

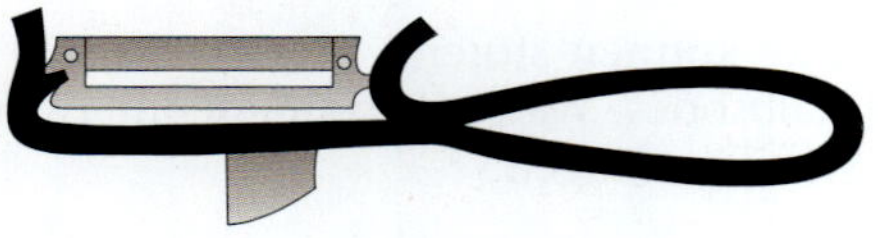

Rohe Lebensmittel

Runde Formen, z. B. Äpfel, Sellerie, schält man spiralenförmig, damit man ohne abzusetzen gleichmäßig arbeiten kann.

Längliche Formen, z. B. Kartoffeln, Birnen, Gurken, Karotten, schält man in Längsrichtung.

Gegarten und gebrühten Lebensmitteln, z. B. gekochten Kartoffeln, gebrühten Tomaten, Pfirsichen, zieht man die Schale (Haut) ab. Durch die vorausgegangene Wärmeeinwirkung löst sie sich leichter als in rohem Zustand.

Zum Abziehen stellt man das Messer steil, die abgehobene Schale wird zwischen Messer und Daumen festgehalten und nach unten gezogen.

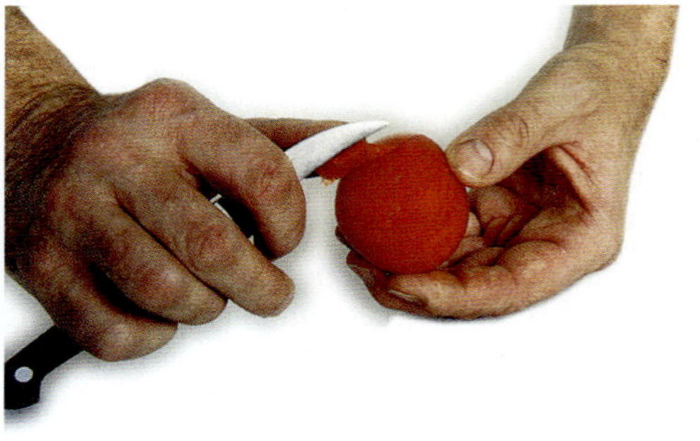

Wurzelgemüse, z. B. Möhren, Rettiche, können abgeschabt werden. Das Messer steht dabei fast im rechten Winkel zur Oberfläche des Gemüses. Beim Schaben wird lediglich eine dünne Schicht entfernt, sodass nur wenig Inhalts- und Geschmacksstoffe, die oft gerade in den Randschichten konzentriert sind, verlorengehen.

Spargel wird mit einem Sparschäler auf dem Unterarm liegend geschält.

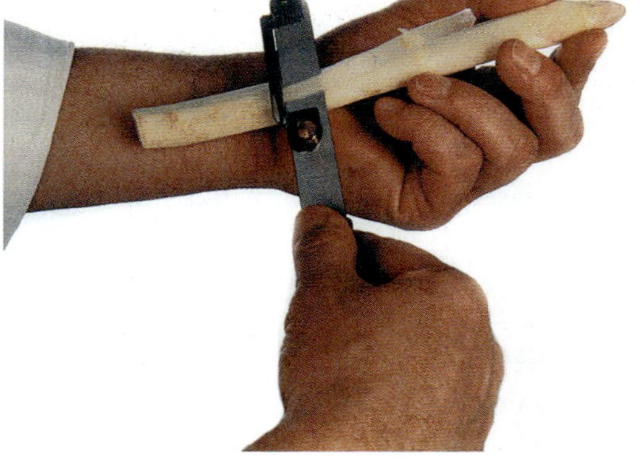

2 Bearbeiten von Lebensmitteln

food conditioning *conditionnement (m) des aliments*

2.1 Schneiden *to cut* *couper*

Lebensmittel müssen vor einer weiteren Bearbeitung oft grob zerteilt oder fein geschnitten werden. Deshalb zählt das Schneiden zu den wichtigen Grundfertigkeiten (siehe „Schnittformen“ auf Seite 146, 147).

Ziele des Schneidens können sein:

- verzehrfertige Stücke, z. B. bei portioniertem Fleisch;
- Verkürzung der Garzeit, z. B. Blumenkohl in Röschen, Kartoffeln in Stücken;
- Vergrößerung der Oberfläche, z. B. Röstgemüse, Zwiebelwürfelchen;
- ansprechendes Aussehen, z. B. Zuschneiden von Kartoffeln in bestimmte Formen (tournieren), streifig oder blättrig geschnittenes Gemüse.

Beim **Schneidevorgang** mit dem Messer wirken zusammen:

- **Schneidedruck,** der sich auf die sehr kleine Fläche der Messerschärfe konzentriert.
  Je schärfer das Messer, desto leichter dringt es in das Schneidegut ein.

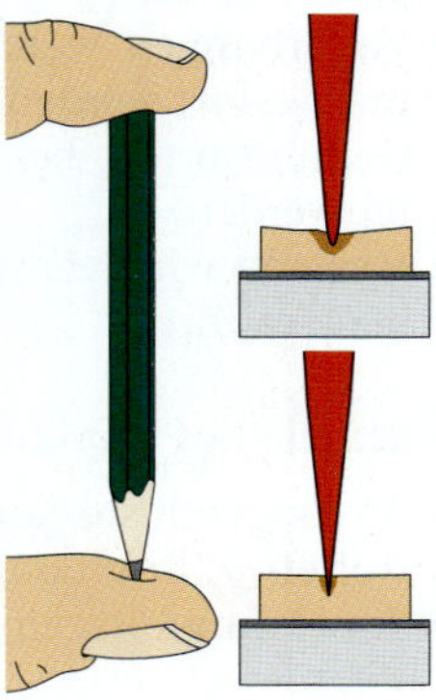

Abb. 1 Schneidedruck

- **Schneidebewegung,** die man auch den „Zug“ nennt. Wer ohne Schneidebewegung arbeitet, drückt das Messer nur in das Material und schneidet nicht richtig. Das ist leicht erkennbar, wenn man eine Vergrößerung des Querschnitts der Messerklinge näher betrachtet: Die sägende Wirkung entsteht erst durch die Schneidebewegung.

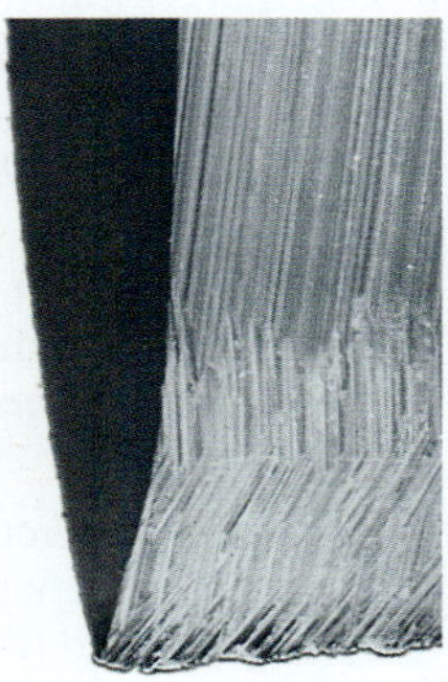

Abb. 2 Vergrößerter Querschnitt

Deshalb gilt:

Je größer die Schneidebewegung, desto geringer ist der erforderliche Schneidedruck. Dies wird vor allem beim Elektromesser deutlich.

Beim Schneiden mit dem Kochmesser werden Schneidedruck und Schneidebewegung durch eine wiegende Bewegung miteinander verbunden. Man spricht darum auch vom **Wiegeschnitt.**

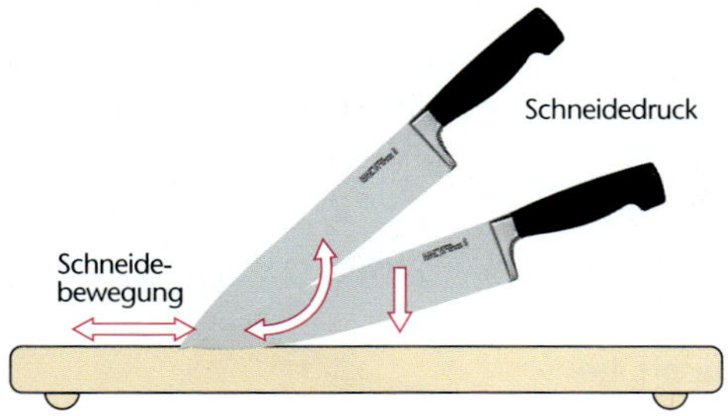

Abb. 3 Wiegeschnitt

Beim richtigen Schneiden dient die Haltehand dem Messer als Führung (siehe **Abb. 4**). Die Klinge gleitet an den Knöcheln der gekrümmten Finger entlang, der zurückweichende Finger gibt den Abstand zum folgenden Schnitt frei.

Die gezeigte Haltung der Hand (Krallengriff) ermöglicht gleichmäßigen Schnitt und schützt vor Verletzungen, weil die Fingerspitzen so Abstand zur Klinge haben.

Kleine Stücke sind schwieriger zu halten, darum erhöhte Verletzungsgefahr.

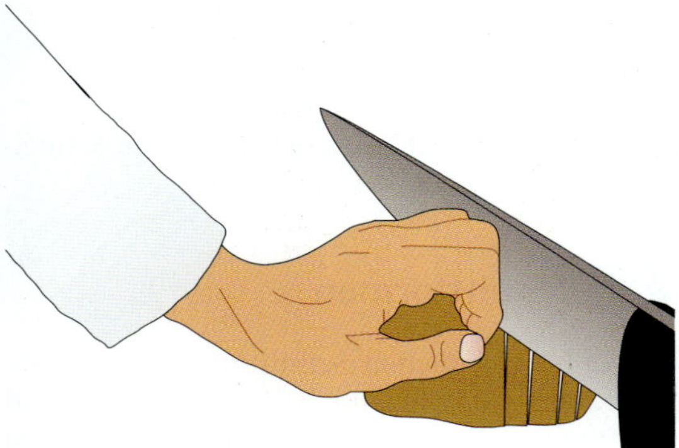

Abb. 4 Korrekte Finger- und Handhaltung

Das Prinzip des Schneidevorganges ist auch bei den folgenden Beispielen verwirklicht.

Abb. 1
Aufschnittmaschine

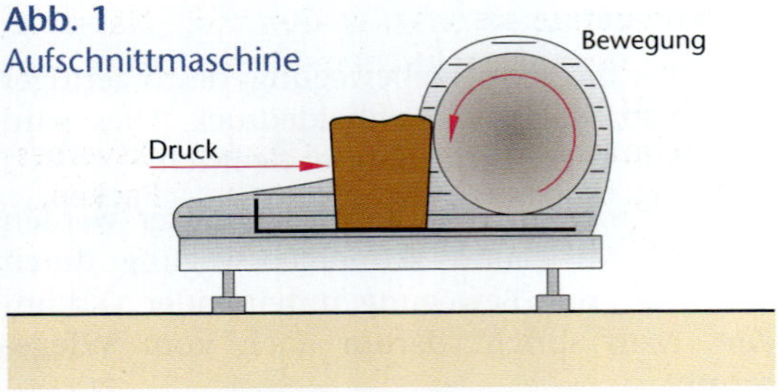

Bei der Aufschnittmaschine kommt die Schneidebewegung von der rotierenden Messerscheibe, der Schneidedruck wird über den Schlitten ausgeübt.

Abb. 2
Gemüsehobel

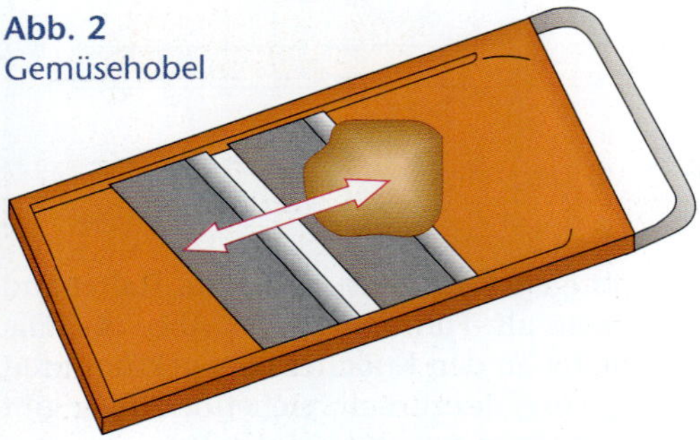

Beim Gemüsehobel stehen die Messer schräg, damit das Schneidegut ziehend durchschnitten wird.

Unfallverhütung

- Trockener Messergriff und trockene Hände vermindern die Abrutschgefahr,
- fallenden Messern nicht nachgreifen,
- nicht benötigte Messer aufräumen,
- Messer so ablegen, dass Griffe und Klingen nicht über die Tischkante hinausragen,
- Messer nicht ins Spülwasser legen,
- rutschsichere und ausreichend große Schneidebretter verwenden.

2.2 Schnittformen

Die unterschiedlichen Schnittformen sind praxisbezogen in den Abschnitten Gemüse und Kartoffeln (Seite 147 bis 149 und 172 bis 175) dargestellt.

2.3 Blanchieren

to blanch *blanchir*

Das Wort Blanchieren stammt vom französischen blanchir und bedeutet im ursprünglichen Sinne: weiß machen, bleichen. Wenn man also zerkleinerte Äpfel oder Selleriestückchen blanchiert, wird das Wort noch in diesem Sinne verwendet. Der Anwendungsbereich hat sich aber erweitert.

Heute gilt:
Blanchieren oder Abwällen ist kurzfristige Behandlung der Rohstoffe mit siedendem Wasser oder im Dampfgarer.

Vorteile des Blanchierens

- Gefüge wird gelockert, z. B. bei Kohl für Kohlrouladen,
- Verfärbungen werden verhindert, weil Enzyme zerstört werden, z. B. bei hellen Obst- und Gemüsesorten, bei Lebensmitteln, die gefrostet werden.
- Hygiene wird verbessert, weil Wärme Mikroben zerstört.

Nachteile des Blanchierens

- Auslaugverluste an wasserlöslichen Inhaltsstoffen, z. B. Vitaminen, Mineralstoffen,
- Zerstörung hitzeempfindlicher Vitamine, z. B. Vitamin C.

Werden Lebensmittel nicht sofort weiterverarbeitet, schreckt man sie nach dem Blanchieren in kaltem Wasser (Eiswasser) ab. So wird die Gefahr der Mikrobenvermehrung unterbunden, das Nachgaren vermieden, Farbe und Biss werden erhalten.

Blanchieren zählt zu den Vorbereitungsarbeiten und nicht zu den Garverfahren.
Beispiele für missverständliche Verwendung des Wortes:

- Spinat blanchieren: Die dünnen Blätter sind durch die kurze Wärmeeinwirkung bereits gar. Das „Blanchieren" ist also hier keine Vorbereitung, sondern ein Garen.
- Kartoffeln blanchieren, z. B. Pommes frites: Hier handelt es sich um ein Garen in zwei Stufen: Vorbacken (auch blanchieren genannt) und Fertigstellen bei Abruf.

GAREN VON SPEISEN

Durch Garen werden Lebensmittel in genussfähigen Zustand gebracht. Wärme bewirkt in den Lebensmitteln:

- **Lockerung,** dadurch werden die Nährstoffe den Verdauungssäften leichter zugänglich,
- **Eiweißgerinnung** und
- **Stärkeverkleisterung,** wodurch die Nährstoffe für den menschlichen Körper besser verwertbar werden,
- **Geschmacksveränderung, Geschmacksverbesserung,** besonders beim Braten und Backen,
- **Mikrobenzerstörung.**

1 Grundlagen *basics* *principes (m) de base*

Die zum Garen erforderliche Wärme kann auf drei Arten auf die Lebensmittel übertragen werden. Das ist unabhängig von der Art, wie sie erzeugt wird.

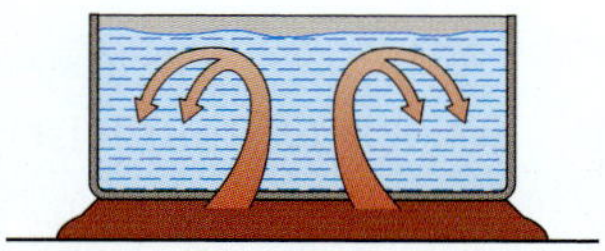

Strömung oder **Konvektion:**
In Flüssigkeiten (Wasser, Fett) und in Luft steigen warme Teilchen nach oben, abgekühlte fallen nach unten. So kommt es zu einem Kreislauf.

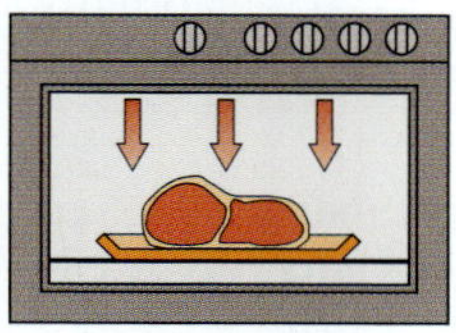

Strahlung:
Von jeder Wärmequelle gehen Strahlen aus. Treffen sie auf Lebensmittel, so erwärmen sie diese. Beispiel: Backrohr, Infrarotstrahler.

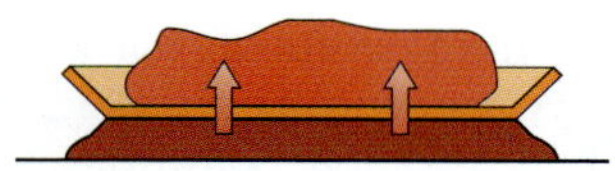

Kontakt oder **Leitung:**
Stoffe, die in direktem Kontakt stehen (Heizplatte → Pfanne → Steak), leiten die Wärme unmittelbar. Auf diese Art wird die Wärme am schnellsten übertragen.

Wird zum Garen Wasser verwendet, ist die Gartemperatur auf 100 °C begrenzt – beim Drucktopf auf ca. 120 °C.

Höhere Temperaturen sind möglich, wenn Luft oder Fett die Wärme übertragen oder die Wärme durch direkten Kontakt mit den Lebensmitteln in Verbindung kommt. Da die Veränderungen, die beim Garen in den Lebensmitteln ablaufen, sehr von der jeweils erreichbaren Temperatur abhängig sind, unterscheidet man die Garverfahren in:

Feuchte Garverfahren:
Das sind solche, bei denen während des Garens Feuchtigkeit vorhanden ist, z. B. Kochen, Dämpfen, Dünsten.

Trockene Garverfahren:
Das sind solche, bei denen während des Garens kein Wasser vorhanden ist, wie z. B. Braten, Grillen, Frittieren oder Backen.

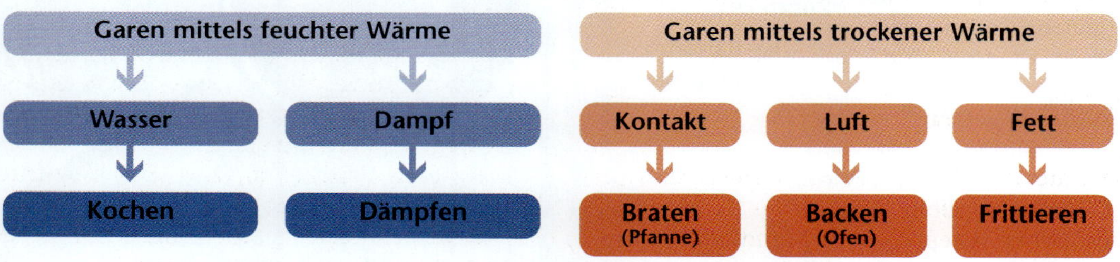

2 Garen mittels feuchter Wärme

moist heat cookery methods *faire cuire à la chaleur humide*

Beim Garen mittels feuchter Wärme unterscheidet man nach der **Höhe der Gartemperatur:**

- unter 100 °C → Garziehen/Pochieren
- um 100 °C → Kochen
- über 100 °C → Druckgaren

2.1 Kochen *to boil* *bouillir*

Kochen ist Garen in wässriger Flüssigkeit bei etwa 100 °C.

Die vorbereiteten Rohstoffe werden mit so viel Flüssigkeit angesetzt, dass diese das gesamte Gargut bedeckt. Die Temperatur im Gargut steigt nach und nach bis fast 100 °C.

Wenn die Kochflüssigkeit aufwallt, nimmt man die Wärmezufuhr zurück, denn „mehr als kochen = wallen" kann das Wasser nicht. Es ist deshalb Energieverschwendung, wenn man versucht, kochender Flüssigkeit noch mehr Wärme zuzuführen, dies führt nur zum Verdampfen, also zum Flüssigkeitsverlust (s. jedoch Reduzieren).

Die Rohstoffe werden in kochender oder kalter Flüssigkeit zugesetzt. Während des Garens treten folgende **Veränderungen** ein:

- **Stärke** nimmt Wasser auf und verkleistert, z. B. bei Reis und Teigwaren,
- **Eiweiß der Fleischfasern** gerinnt, wird locker und leicht kaubar,
- **Bindegewebe** lagert Wasser an, wird locker und leicht kaubar,
- **wasserlösliche Bestandteile,** z. B. Mineralstoffe, Vitamine und Geschmacksstoffe, gehen in die Flüssigkeit über.

Zubereitungsbeispiele

Pellkartoffeln

Zutaten
1 kg Kartoffeln
5 g Kümmel

- Kartoffeln, die von gleichmäßiger Form (gleiche Garzeit) und nicht zu groß sind, sauber waschen, in Kochtopf geben,
- Wasser auffüllen, bis die Kartoffeln bedeckt sind,
- Kümmel zugeben,
- aufkochen lassen, dann 30 Min. weiterkochen,
- Wasser abschütten, Kartoffeln schälen.

Salzkartoffeln

Zutaten
1,2 kg Kartoffeln
15 g/l Salz

- Kartoffeln waschen und schälen,
- vierteln oder halbieren, tournieren, je nach Größe,
- in Topf geben, mit kaltem Wasser auffüllen, salzen,
- 20 Min. kochen,
- abgießen und abdampfen lassen.

Halten Sie aus beiden Zubereitungsarten für Kartoffeln das Kochwasser zurück und vergleichen Sie dessen Aussehen und Geschmack.

Fleischbrühe – gekochtes Rindfleisch

Zutaten
zweimal je
250 g Rindfleisch (z. B. Brustspitz, Querrippe)
1,5 l Wasser
Wurzelwerk, Salz

- erstes Stück Fleisch in kaltem, gesalzenem Wasser zusetzen, bei mäßiger Wärmezufuhr zum Kochen bringen,
- zweites Stück Fleisch vorsichtig in kochendes gesalzenes Wasser einlegen,
- nach einer Stunde Garzeit Wurzelwerk (Möhren, Lauch, Petersilie) beigeben,
- jede Art etwa 1,5 Std. am Siedepunkt halten, aber nicht kochen.

Vergleichen Sie die Brühe und das gekochte Fleisch aus beiden Kochverfahren.

Abb. 1 Tafelspitz in der Brühe

2.2 Garziehen
to poach *pocher*

Garziehen oder Pochieren ist Garen in wässriger Flüssigkeit zwischen 75 und 98 °C.

Das Garziehen wird angewandt bei Lebensmitteln mit lockerer Struktur, z. B. leichten Farcen, ganzen Fischen.

Weil das Wasser unter dem Siedepunkt bleibt, kommt es nicht zum Wallen, und das Abkochen der jeweils äußeren Schicht wird vermieden.

Zubereitungsbeispiel

Pochierte Eier

Zutaten

4 frische Eier
2 EL Essig
1,5 l Wasser

- Wasser mit Essig aufkochen (Essig wirkt zusammenziehend auf das Eiweiß),
- Eier einzeln in flache Schälchen schlagen,
- Eier ins nicht mehr wallende Wasser gleiten lassen,
- nach 4 Min. mit einem Schaumlöffel entnehmen,
- Ränder glatt schneiden, auf Toast servieren.

Wie verändern sich die Eier, wenn sie in sprudelnd kochendes Wasser gegeben werden? Beschreiben Sie die Veränderungen.

2.3 Dämpfen
to steam *étuver*

Dämpfen ist Garen mittels Wasserdampf bei 100 °C.

Die Lebensmittel liegen beim Dämpfen in einem Siebeinsatz. Der Boden des Dämpfers ist mit Wasser bedeckt. Bei Wärmezufuhr wird das Wasser zu Dampf, der die Wärme auf die Lebensmittel überträgt. Steamer erzeugen den Dampf außerhalb des Garraums und leiten diesen auf das Gargut.

Die Auslaugverluste sind gering, weil die Lebensmittel nicht direkt mit dem Wasser in Berührung kommen.

Geschmack und Aussehen der Speisen sind mit gekochten vergleichbar.

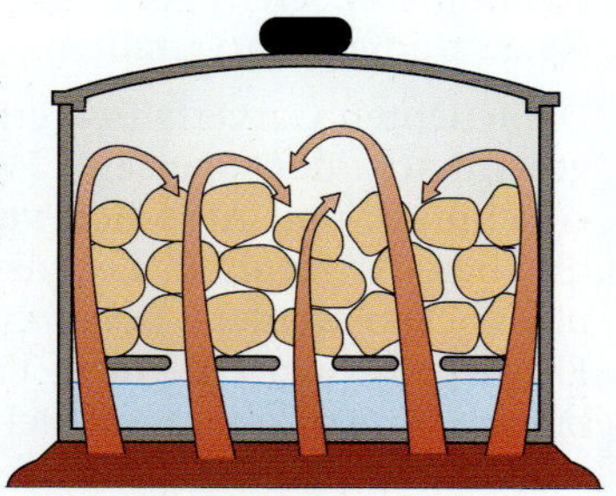

Abb. 1 Dämpfen

Zubereitungsbeispiel

Gedämpfte Kartoffeln

Zutaten

1,2 kg Kartoffeln
8 g/l Salz

- Kartoffeln waschen und schälen,
- vierteln oder halbieren/tournieren (je nach Größe)
- Kartoffelstücke in Dämpfeinsatz geben und Salz daraufstreuen,
- Wasser bis zur Markierung (etwa 1 cm unterhalb Dämpfeinsatz) in Dämpftopf gießen,
- Dämpfeinsatz einhängen, Wasser zum Kochen bringen und Deckel auflegen,
- vom Beginn der Dampfentwicklung an 25 Min. dämpfen.

2.4 Dünsten
to stew *cuire à l'étuvée*

Dünsten ist Garen in wenig Flüssigkeit bei etwa 100 °C, meist unter Zugabe von etwas Fett. Die meist geringe Menge Flüssigkeit kann zugesetzt sein oder aus dem Gargut kommen.

Vorbereitete Rohstoffe werden mit wenig Flüssigkeit und etwas Fett in einen Topf gegeben und abgedeckt. Bei stark wasserhaltigen Rohstoffen tritt durch die Wärmeeinwirkung so viel Saft aus, dass auf eine Zugabe von Flüssigkeit verzichtet werden kann. Man spricht dann vom Dünsten im eigenen Saft.

Während des Garens muss darauf geachtet werden, dass die Flüssigkeitsmenge im rechten Maß ist.

Zu wenig Flüssigkeit → Dünsten geht in Braten, evtl. Anbrennen über.

Zu viel Flüssigkeit → Dünsten geht in Kochen über.

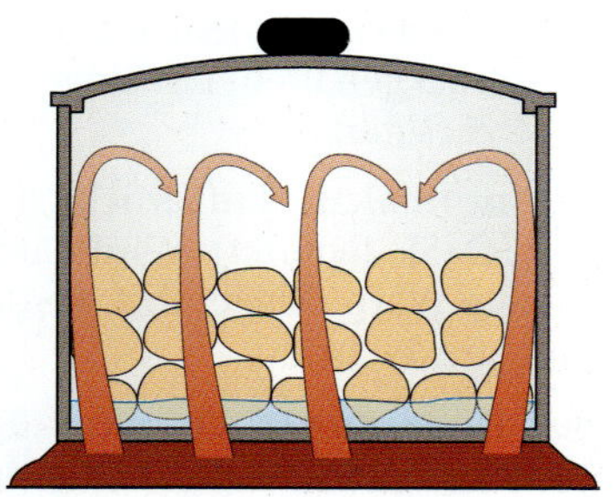

Abb. 2 Dünsten

Zubereitungsbeispiel

Gedünstete Möhren

Zutaten
1,2 kg Möhren
30 g Butter
0,25 l Wasser
15 g Zucker
3 g Salz

- Walzenförmige Möhren abschaben oder mit einem Sparschäler schälen und abspülen,
- in gleichmäßige, 4 cm lange Stäbe schneiden,
- Möhrenstäbe in einen Topf geben, Butter, Zucker und Salz dazugeben,
- Wasser untergießen, Inhalt zum Kochen bringen und Topf zudecken,
- bei mäßiger Wärmezufuhr 10 Min. dünsten.

Eine **besondere Art des Dünstens** ist das **Glasieren**.

Glasieren *to glaze* *glacer*

Zuckerhaltige Gemüse, wie Karotten, Maronen, kleine Zwiebeln, geben während des Dünstens Zuckerstoffe an den Dünstfond ab. Durch Verdunstung kocht dieser gegen Ende der Garzeit zu einer sirupartigen Glasur ein. Dieser Vorgang wird durch die Beigabe von wenig Zucker und Butter unterstützt.

Durch schwenkende Bewegung wird das Gemüse mit der „Glasur“ rundherum überzogen und erhält ein appetitlich-glänzendes Aussehen.

Beispiele

Glasierte Karotten, glasierte Rübchen, glasierte Perlzwiebeln, glasierte Maronen.

2.5 Druckgaren

pressure cooking
cuire en cocotte minute

Druckgaren ist Kochen oder Dämpfen bei etwa 120 °C.

Beim Druckgaren wird der Wasserdampf durch einen Deckel, mit dem der Topf fest verschlossen ist, zurückgehalten. Ein eingebautes Ventil regelt die Druckstärke.

Bei normalem Luftdruck siedet Wasser bei 100 °C (Siedepunkt). Wird darüber hinaus noch weitere Wärme zugeführt, verdampft das Wasser und entweicht.

Bei Druckgargeräten wird der Wasserdampf zurückgehalten, so baut sich ein Überdruck auf.

Mit steigendem Druck steigt die Gartemperatur. Die höhere Gartemperatur wirkt intensiver und verkürzt damit die Garzeit.

Darum spricht man auch vom „Schnellkochtopf“.

Beim Druckgaren ist die Temperatur im Vergleich zum üblichen Kochen zwar nur um etwa 20 °C erhöht, doch ist zu bedenken, dass die für das Garen wesentlichen Veränderungen, wie Stärkeverkleisterung oder Eiweißgerinnung, erst bei etwa 70 °C beginnen und dann mit zunehmender Temperatur immer rascher ablaufen, schließlich auch zu negativen Veränderungen führen.

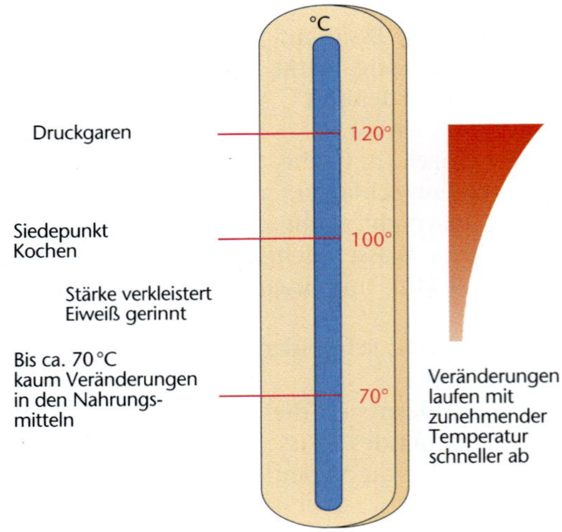

Abb. 1 Wärme verändert Lebensmittel.

Die Rezeptur ist beim Druckgaren grundsätzlich gleich wie beim Kochen oder Dämpfen. Die Garzeit ist vom Druck abhängig. Genaue Zeiten nennt die Betriebsanleitung.

2.6 Gratinieren oder Überbacken

to brown *gratiner*

Gratinieren ist eine **besondere Art der Fertigstellung** von bereits gegarten Speisen, es ist kein eigenständiges Garverfahren.

Die feuchten Garverfahren erhalten den Eigengeschmack der Speisen. Will man jedoch Geschmack und Aussehen verändern, können die bereits gegarten Lebensmittel zusätzlich überbacken werden. Dabei entsteht durch die Einwirkung von Oberhitze eine goldgelbe bis braune Kruste mit zusätzlichen Geschmacksstoffen.

Die gegarten Lebensmittel werden

- bedeckt mit geriebenem Käse und Butterflocken oder Sauce Mornay (Béchamelsauce mit Eigelb-Sahne-Legierung und Reibekäse),
- überbacken nur mit Oberhitze, z. B. im Salamander.

Beispiele

Blumenkohl überbacken, gratinierter Spargel.

3 Garen mittels trockener Wärme

dry heat cookery methods *faire cuire à la chaleur sèche*

Unter Garen in trockener Wärme versteht man:

Garen ohne Wasser.

Die Wärme kann auf das Gargut übertragen werden durch:

- direkten Kontakt → Pfanne, Grillplatte
- heißes Fett → Fritteuse
- heiße Luft → Rohr, Umluftgerät
- Strahlung → Rohr, Salamander

Dabei liegen die Temperaturen zwischen 150 °C bei heißem Fett und bis zu 260 °C bei heißer Luft. Durch die starke Wärmeeinwirkung bildet sich eine Kruste. Die dabei entstehenden Röststoffe geben das typische Bratenaroma.

3.1 Braten

to roast *rôtir*

Braten ist Garen mittels trockener Wärme. Man unterscheidet:

- ***Braten in der Pfanne***
  Wärme wird durch direkten Kontakt und/oder durch geringe Fettmenge übertragen.
- ***Braten im Ofen***
  Wärme wird durch direkten Kontakt und Strahlung oder heiße Luft übertragen.

Braten in der Pfanne

to pan fry *rôtir*

Zum Braten in der Pfanne oder **Kurzbraten** verwendet man wasserfreie Fette, denn wasserhaltige Arten würden spritzen und ließen sich nicht ausreichend erhitzen.

Durch die starke Wärmeeinwirkung gerinnt das Eiweiß in den Randschichten sofort; es verhindert zunächst, dass Fleischsaft austritt. Die Wärme dringt nach und nach ins Innere. Kurzbratfleisch muss gewendet werden, weil die Wärme nur vom Pfannenboden wirkt, also einseitig ist.

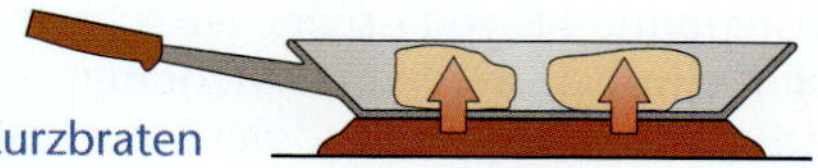

Abb. 1 Kurzbraten

Solange Fleisch nicht durchgebraten ist, hält die Bratenkruste dem Druck des Fleischsaftes stand. Bei längerer Wärmeeinwirkung treten jedoch „Saftperlen" aus, das Fleisch wird trocken.

Zubereitungsbeispiel

Kalbssteak, gebraten

Zutaten

4 Kalbssteaks zu je 150 g
30 g Bratfett
Salz, Pfeffer
Mehl
20 g Butter

- Kalbssteaks plattieren und wieder zur Steakform zusammendrücken,
- salzen, pfeffern, in Mehl wenden,
- Fett erhitzen, Fleisch einlegen und auf beiden Seiten anbraten,
- Wärmezufuhr reduzieren, weiterbraten, dabei wenden und mit dem Bratfett begießen,
- gebratene Kalbssteaks auf Abtropfgitter legen,
- Fett aus der Pfanne leeren, Butter in die Pfanne geben und hell bräunen,
- Kalbssteaks zur Geschmacksverbesserung darin nachbraten und anrichten,
- Bratbutter durch ein kleines Sieb auf die Kalbssteaks geben.

Sautieren

to saute *sautier*

Sautieren ist eine besondere Form des Kurzbratens. Das zerkleinerte Gargut, z. B. Geschnetzeltes, brät in einer besonderen Pfanne (Sauteuse) bei starker Wärmeeinwirkung. Es darf nur so viel in die Pfanne gegeben werden, dass alles nebeneinander liegen kann und darum rasch die Wärme aufnimmt. Durch Schwenken des Geschirrs wird das Gargut gewendet.

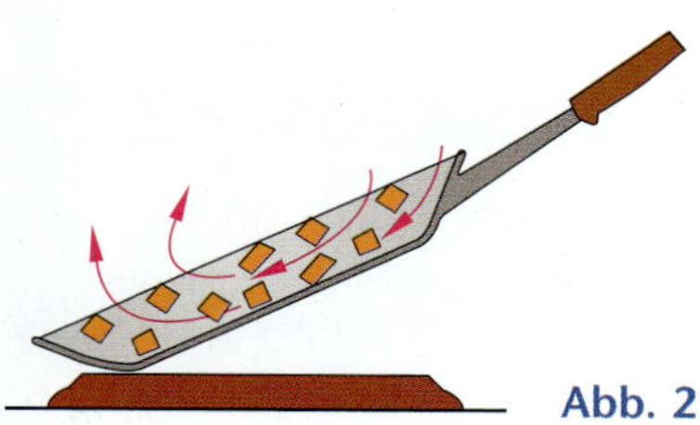

Abb. 2 Sautieren

Zubereitungsbeispiel

Filetgulasch

Zutaten

600 g Rinderfilet
40 g Zwiebelwürfel
60 g geklärte Butter
0,1 l Weißwein
0,3 l gebundene braune Sauce
Salz, Pfeffer oder Paprika

- Fleisch in gleichmäßige Würfel schneiden,
- geklärte Butter in einer Pfanne erhitzen,
- gewürzte Fleischwürfel dazugeben, auf der Bodenfläche verteilen,
- bei starker Wärmezufuhr rasch braun anbraten,
- durch Schwenken der Pfanne die Fleischwürfel wenden, dann in ein gewärmtes Geschirr leeren,
- Zwiebelwürfel in der benutzten Bratpfanne anschwitzen und mit Wein ablöschen,
- Sauce dazugeben, durch Einkochen im Geschmack kräftigen,
- gebratene Fleischwürfel einschwenken, nicht kochen lassen und in einem Töpfchen anrichten.

Butter klären: dazu zerlaufen lassen, vom Bodensatz abgießen, weil bei starker Hitze Eiweiß und Milchzucker verbrennen.

Braten im Ofen *to roast* *rôtir*

Beim Braten im Ofen oder Langzeitbraten sind zwei Stufen zu unterscheiden:

- Anbraten im Ofen bei hoher Temperatur,
- Weiterbraten bei etwa 140 °C, bis die gewünschte Garstufe erreicht ist.

Die Wärme wird übertragen durch

- Strahlung im Rohr des Ofens
- Strömung im Konvektionsofen.

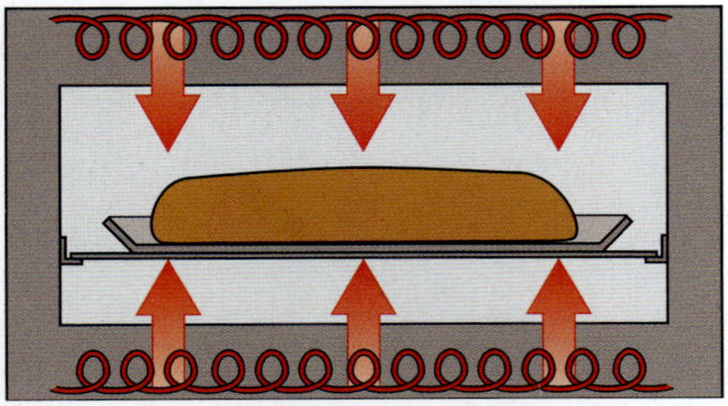

Abb. 1 Strahlungswärme im Rohr des Ofens

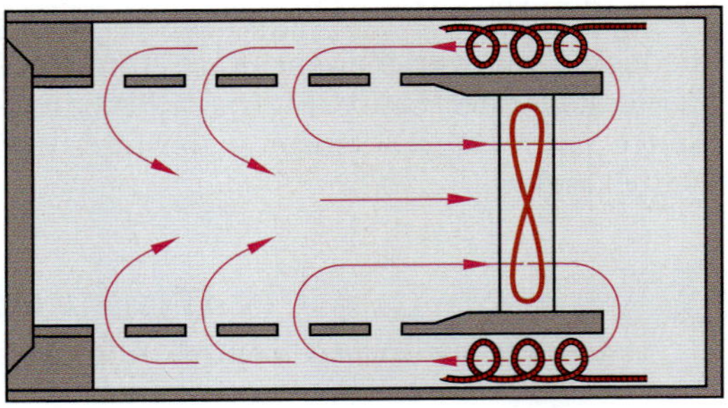

Abb. 2 Strömung im Konvektionsofen

Zubereitungsbeispiel

Gebratenes Schweinekarree

Zutaten

1 kg vorbereitetes Schweinekarree, Knochen und Parüren des Karrees, kleingehackt
150 g Röstgemüse
40 g Bratfett
10 g/l Speisestärke
Salz, Pfeffer

- Fett in einem Bratgeschirr erhitzen,
- Schweinekarree würzen, im erhitzten Bratfett wenden, dann auf die Knochenseite legen,
- in einen vorgeheizten Ofen (220 bis 250 °C) schieben und 20 Min. braten,
- Knochen, Parüren, Röstgemüse zugeben, Temperatur senken und weitere 40 bis 50 Min. braten,
- das Fleisch öfter mit dem Bratfett begießen,
- gebratenes Fleisch auf Blech mit Abtropfgitter legen,
- Fett behutsam aus dem Geschirr gießen, damit der Bratsatz erhalten bleibt,
- Flüssigkeit auffüllen, Bratrückstände zur Saucenbildung auskochen, Abtropfsaft des Fleisches dazugeben,
- Sauce mit angerührter Stärke leicht binden.

3.2 Grillen *to grill* *griller*

Grillen ist Garen mittels Strahlungs- oder Kontaktwärme.

Die trockene Wärmeeinwirkung führt rasch zur Krustenbildung, sodass der Fleischsaft erhalten bleibt. Ähnlich wie beim Kurzbraten wählt man die Garstufe entsprechend der Fleischart.

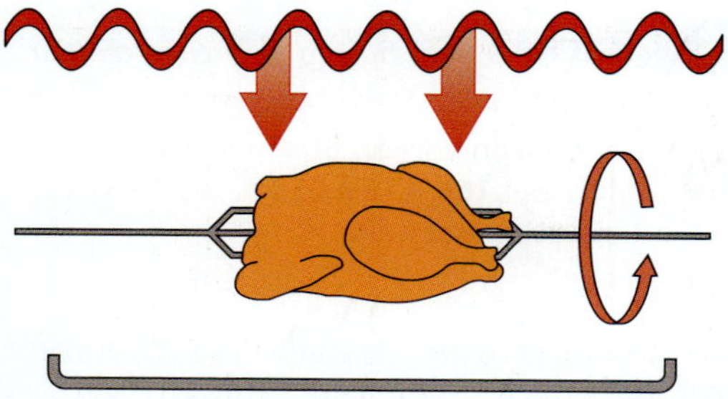

Abb. 1 Strahlungswärme beim Grillen

Damit die Randschichten nicht austrocknen, wird das Gargut mit Öl oder Fett bestrichen.

Keine Pökelware auf den Grill!

Aus dem Nitrit des Pökelsalzes und den Aminosäuren des Fleisches können sich bei starker Wärmeeinwirkung am Grill *Nitrosamine* bilden. Diese sind krebserregend.

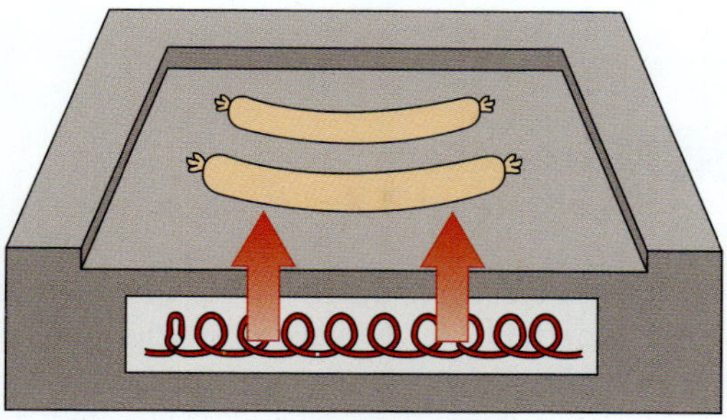

Abb. 2 Grillplatte gibt Kontaktwärme

Zubereitungsbeispiel

Rumpsteak vom Grill

Zutaten

4 Rumpsteaks, je 180 g
4 Scheiben Kräuterbutter
Salz, Pfeffer, Öl

- Rumpsteaks würzen und mit Öl beträufeln,
- heißen Grillrost mit Öl bestreichen, damit das Fleisch nicht anhängt.
- Fleischscheiben nebeneinander darauflegen und bei intensiver Wärmeeinwirkung grillen,
- Rumpsteaks wiederholt mit Öl bestreichen, um zu starkes Austrocknen zu vermeiden, und mit einer Grillzange umdrehen,
- beim zweiten und dritten Wenden das Fleisch im rechten Winkel zur Zeichnung auf die Grillstäbe legen (Grillkaro),
- nach 6 Min. Grilldauer die rosa gebratenen Rumpsteaks anrichten und Kräuterbutter auflegen.

3.3 Frittieren — deep frying — frire

Frittieren ist Garen in Fett schwimmend bei Temperaturen zwischen 150 und 175 °C.

Das heiße Fett umgibt das Gargut meist von allen Seiten, darum wird die Wärme rasch übertragen.

Kurze Garzeiten sind die Folge. Zum Frittieren dürfen nur wärmebeständige Spezialfette verwendet werden. Andere Arten würden sich rasch zersetzen und gesundheitsschädliche Stoffe bilden.

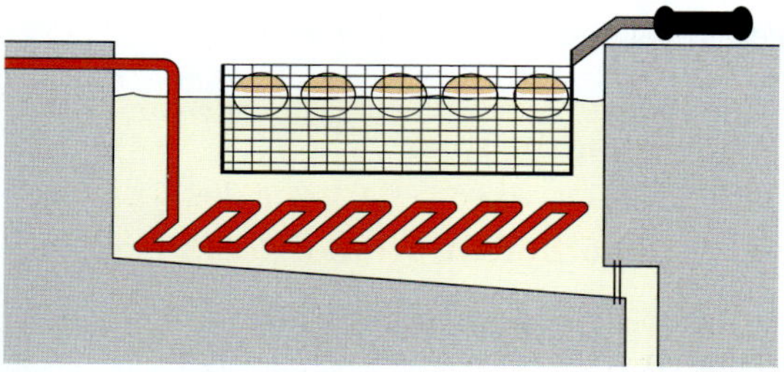

Abb. 3 Schnitt durch Fettbackgerät

Zubereitungsbeispiel

Frittierte Leberscheiben

Zutaten

4 Scheiben Kalbsleber (je 120 g)
1 Ei, Panierbrot
4 Zitronenviertel
Salz, Pfeffer, Mehl

- Leberscheiben in Mehl und zerschlagenem Ei wenden und Panierbrösel andrücken,
- Backfett der Fritteuse auf 160 °C erhitzen,
- Leberscheiben einlegen und 3 Min. frittieren,
- Leber aus dem Backfett heben, würzen,
- zum Abtropfen auf Tuch oder Küchenkrepp legen,
- frittierte Leberscheiben und Zitronenstücke auf einer Platte mit Papierserviette anrichten,
- keine Cloqué verwenden, damit rösche Backkruste erhalten bleibt.

3.4 Schmoren
to braise | braiser

Schmoren ist ein kombiniertes Garverfahren. Beim Anbraten mit Fett entstehen Farb- und Geschmacksstoffe, beim anschließenden Weitergaren in siedender Flüssigkeit wird Zellgefüge gelockert.

Durch das Anbraten des Fleisches entstehen Farbe und Geschmacksstoffe, die für Schmorgerichte typisch sind. Nach dem Aufgießen geht das Garen in Kochen über, die Bindegewebe lagern Wasser an und werden gelockert.

Schmoren wendet man vor allem bei bindegewebereichen Fleischteilen an.

Zubereitungsbeispiel

Schmorbraten/Schmorsteaks

Zutaten

2 kg	entbeinte Rinderschulter
300 g	Röstgemüse
0,3 l	Rot- oder Weißwein, brauner Kalbsfond
10 g/l	Speisestärke, 2 EL Tomatenmark
60 g	Fett, Salz, Paprika
1	Gewürzbeutel (Lorbeerblatt, Thymianzweig, 5 Knoblauchzehen, 1 Nelke, 10 Pfefferkörner, 100 g Petersilienstiele)

- gewürztes Fleisch in Schmorpfanne in heißem Fett allseitig anbraten,
- Röstgemüse beifügen, weiterbraten, bis das Gemüse braune Farbe zeigt,
- Tomatenmark dazugeben, kurze Zeit mitrösten,
- mit Wein ablöschen, einkochen, bis Ansatz glänzt,
- braunen Kalbsfond in die Schmorpfanne gießen, bis das Fleisch zu einem Viertel seiner Dicke darin liegt, und aufkochen,
- Gewürzbeutel dazulegen, Geschirr zudecken und im Ofen bei niedriger Temperatur etwa 2 Stunden schmoren,
- während des Garens Fleisch mehrmals wenden und verdunstete Flüssigkeit ersetzen,
- geschmortes Fleisch aus dem Geschirr nehmen,
- Sauce durch ein Sieb passieren, abfetten und mit angerührter Stärke leicht binden.

3.5 Backen
baking | cuire au four

Beim Backen wirken Strahlungswärme oder Umluft bei 160 °C bis 250 °C auf Teiglinge oder Backmassen ein.

Die grundlegenden Vorgänge der Wärmeübertragung zeigen Schemazeichnungen auf Seite 124.

Beim Backen bildet sich in den Randschichten eine aromatische **Kruste** mit geschmacksgebenden Röststoffen.

In der **Krume** gerinnen die Eiweißstoffe (Kleber des Mehles, Ei) und bilden ein elastisches Porengerüst. Die Stärke verkleistert und nimmt dabei Flüssigkeit auf.

Teige und Massen werden im Bereich Patisserie ab Seite 536 behandelt.

3.6 Mikrowellen
microwaves | micro-ondes (w)

Mikrowellen erzeugen durch Molekülbewegung Wärme innerhalb der Lebensmittel gleichzeitig an jeder Stelle.

Deshalb ist nur kurze Zeit erforderlich, um die Speisen auf Verzehrtemperatur zu bringen. Mikrowellengeräte eignen sich darum vorzüglich zum Wiedererwärmen (Regenerieren) bereits gegarter Lebensmittel, z. B. bei ruhigem Geschäftsgang.

Wird mittels des Mikrowellengerätes gegart, so entsprechen die Veränderungen in den Lebensmitteln etwa denen bei feuchten Garverfahren.

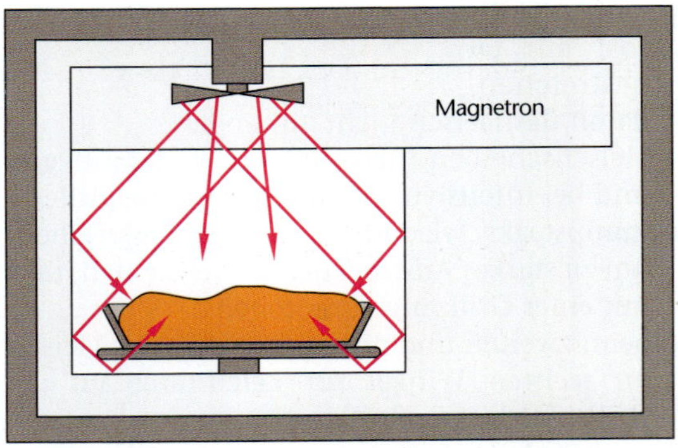

Abb. 1 Schnitt durch Mikrowellengerät (siehe auch S. 110)

3.7 Zusammenfassende Übersicht

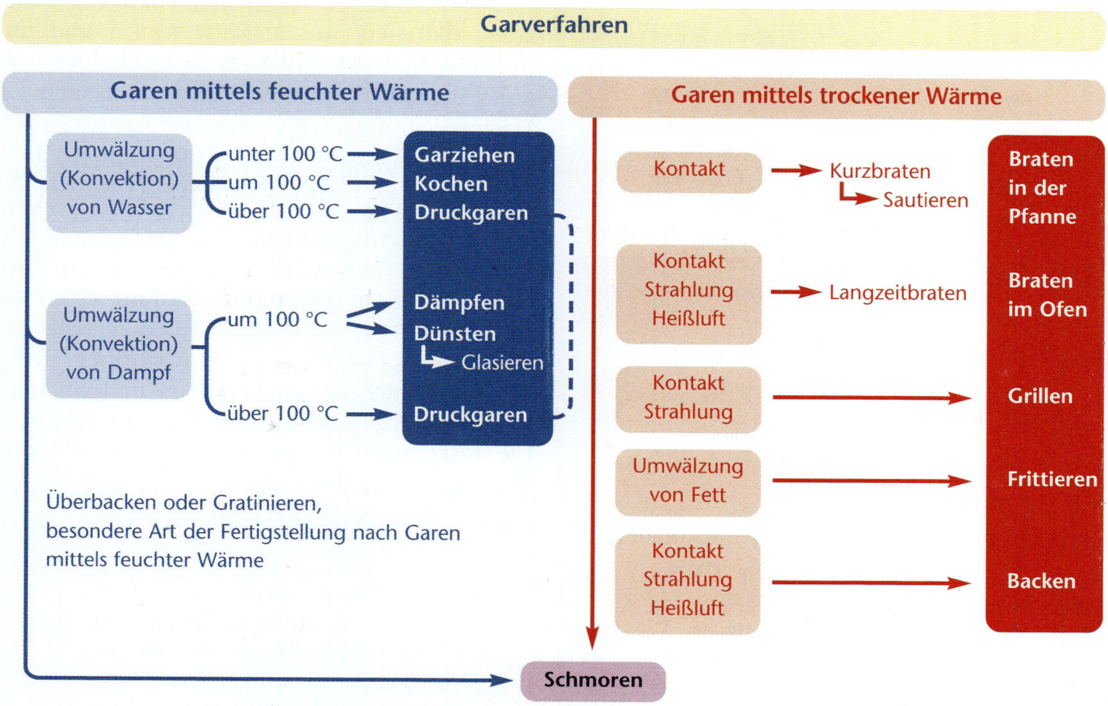

4 Zubereitungsreihen

preparation series *séries (w) de cuissons*

Escoffier schreibt in seinem Kochkunstführer:

Die Zubereitungsarten umfassen die wichtigsten Grundlagen der Kochkunst. Sie stellen die Grundlagen dar, die für jeden geregelten Arbeitsgang erforderlich sind und deren unbedingte Beherrschung das Kochen erst zur Wissenschaft erhebt.

Nur derjenige, der Ursachen und Wirkung der einzelnen Zubereitungsarten genau kennt, beherrscht die Kochkunst in vollem Umfange.

Bei den folgenden Zubereitungsreihen entstehen aus einem Grundrezept durch wechselnde Garverfahren unterschiedliche Gerichte.

So werden die Grundkenntnisse über die Garverfahren gefestigt, und die Auswirkungen können direkt verglichen werden.

4.1 Zubereitungsreihe Hackfleisch

Grundrezept

Hackfleisch
1 kg gemischtes Hackfleisch (Rind, Schwein),

Würzung
100 g Zwiebelwürfel, anschwitzen, Salz, Pfeffer,

Lockerung
100 g Weißbrot oder Semmeln eingeweicht, ausgedrückt,

Verbesserung
100 g Ei (2 Stück)

Alle Zutaten in eine Schüssel geben und zu einer glatten Hackfleischmasse vermengen.

Geschmackliche Abwandlungen sind möglich durch Beigabe von zerkleinerten frischen Kräutern, Paprikaschoten, Pilzen, Roten Rüben, Käse, Gewürzgurken, Kapern, Sardellen und Knoblauch, ferner durch Gewürze oder Würzsaucen.

Aus einem Grundrezept entstehen durch unterschiedliche **Garverfahren**

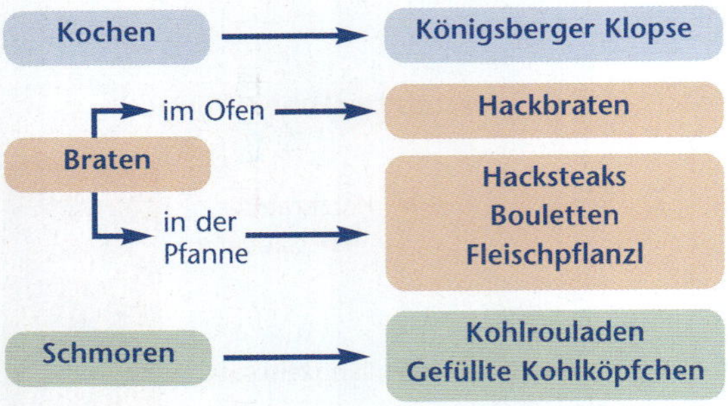

Kochen

Fleischklopse

Mit nassen Händen Klopse formen, je Portion 2 Klopse à 60 g.

Fleischbrühe mit gespickter Zwiebel aufkochen.

Wenn nicht vorhanden: Aus 1 *l* Wasser und Fleischbrühwürfel Brühe herstellen; am Siedepunkt halten, Klopse etwa 10 Min. in der Brühe garen und mit Schaumlöffel herausnehmen.

Aus 40 g Fett und 50 g Mehl eine helle Schwitze bereiten und mit der Fleischbrühe eine Sauce herstellen. Abschmecken mit Sauerrahm, Senf und Kapern. Klopse in der Sauce servieren.

Abb. 1 Königsberger Klopse

Wir empfehlen[1]

Wertvolles Hackfleisch wird gut gewürzt, zu Klößchen geformt und gegart. Wir servieren in sämiger Sauce, der Kapern eine besondere Note geben.

Schmoren

Gefüllte Kohlköpfchen

Strunk eines Weißkohlkopfes ausstechen. Kopf blanchieren, bis die Blätter formbar sind. Große Kohlblätter abnehmen, nebeneinander auslegen, kleine dazuordnen, salzen und pfeffern. Mit nassen Händen 100 g schwere Hackfleischbällchen abdrehen, in die Mitte setzen und die Kohlblätter darumschlagen. Gefüllte Köpfchen einzeln in einem Tuch fest zu Kugeln formen.

Flaches Schmorgeschirr mit Fett ausstreichen. Die Bodenfläche mit Zwiebel- und Möhrenscheiben auslegen. Kohlköpfchen nebeneinander einsetzen. Geschirr in einen vorgeheizten Ofen schieben und die Köpfchen braun anbraten. Mit Brühe (vgl. Rezept Klopse) untergießen und zugedeckt bei mittlerer Wärmezufuhr 45 bis 60 Min. schmoren. Verdunstung durch Flüssigkeitsbeigabe ausgleichen.

Gegarte Köpfchen mit einem Schaumlöffel entnehmen. Schmorfond passieren, mit angerührter Stärke leicht binden und über die gefüllten Kohlköpfchen geben.

Wir empfehlen

Ein traditionelles Gericht für die Wintermonate. Die gewürzte Hackfleischmasse wird in Kohlblätter gehüllt und dann langsam geschmort. Diese Kombination ergibt ein saftiges Gericht mit einer sehr aromatischen Sauce.

Braten im Ofen

Hackbraten

Hackbraten brotlaibähnlich formen, mit nasser Hand glätten. In Semmelbröseln wälzen und in ein ausgefettetes Bratgeschirr legen. Im vorgeheizten Ofen bei mäßiger Wärme etwa eine Stunde braten. Ab und zu begießen. Hackbraten entnehmen. Bratsatz mit Wasser ablöschen und loskochen. In 200 g Sahne 2 EL Stärke verrühren, dem Bratsatz beigeben, aufkochen und die Sauce passieren.

Hackbraten in Portionsscheiben schneiden, Sauce darübergeben oder separat reichen.

Wir empfehlen

Die Hackmasse wird mit Zwiebelwürfeln ergänzt und zu einem Laib geformt, der durch das Braten im Ofen ein besonderes Aroma erhält. Wir servieren davon zwei Scheiben mit einer delikaten Sauce und ...

Braten in der Pfanne

Hacksteaks

Hacksteaks in Portionsgröße von 120 g formen. Fett in einer Bratpfanne erhitzen. Hacksteaks

[1] Zum Beschreiben und Empfehlen von Speisen Seite 136

einlegen und auf beiden Seiten, unter mehrmaligem Wenden, gleichmäßig braun braten. Bratdauer etwa 10 Minuten.

Abb. 1 Hacksteaks

> *Wir empfehlen*
> Die fein gewürzte Hackfleischmasse wird zu flachen Bällchen geformt und in der Pfanne außen kross gebraten, das Innere bleibt dabei saftig.

4.2 Zubereitungsreihe Geflügel

Grundmaterial: Brathähnchen/Poularde

Zubereitungen unter Berücksichtigung verschiedener Garverfahren.

Garverfahren

Garverfahren		Zubereitung
Kochen	→	Gekochte Poularde
Dünsten	→	Gedünstete Poularde
Schmoren	→	Geschmorte Hähnchenkeule
Braten	im Ofen →	Gebratene Poularde
Braten	in der Pfanne →	Panierte Hähnchenbrust, gebraten
Grillen	→	Hähnchen vom Grill
Frittieren	→	Gebackenes Hähnchen

Kochen

Gekochte Poularde

Poularde blanchieren. Dann in einem passenden Topf knapp mit Wasser bedeckt aufsetzen, an den Kochpunkt bringen und bei geringer Wärmezufuhr etwa 45 Min. sieden.

Schaum und Fett durch Abschöpfen entfernen. Flüssigkeit nur leicht salzen. Lauch, Sellerie, Möhre zusammenbinden und zur Ergänzung des Brühengeschmacks mitkochen.

Gegarte Poularde entnehmen, in eiskaltem Wasser abschrecken und mit feuchtem Tuch bedecken. Poularde in Brusthälften und Keulen zerlegen und in der passierten Brühe aufbewahren.

Verwendungsmöglichkeiten für gekochte Poularde: Suppeneinlage, Geflügelragout, Geflügelsalat. Brühe zu Suppen, Saucen und Ansetzen einschlägiger Zubereitungen.

Dünsten

Gedünstete Poularde

Poularde blanchieren. Stücke von hellem Lauch und Sellerie (4:1) in passendem Topf mit Butter farblos anschwitzen. Poularde dazulegen. Mit wenig Weißwein ablöschen, so viel Wasser auffüllen, dass ein Drittel des Geflügelkörpers darinliegt. Aufkochen, Flüssigkeit salzen. Topf zudekken und die Poularde bei mäßiger Wärmezufuhr dünsten und von Zeit zu Zeit umdrehen.

Gedünstete Poularde nach 45 Min. entnehmen und mit feuchtem Tuch bedeckt abkühlen lassen. Danach zerlegen und die schwammige Haut abziehen. Vom passierten Dünstfond unter Verwendung von Mehlbutter und Sahne eine Sauce herstellen. Wird die Sauce mit Sahne und Eigelb legiert, darf sie danach nur kurz aufkochen, sonst flockt das Eigelb aus.

Geeignete Beilage: Reis oder Nudeln.

> *Wir empfehlen*
> Poulardenstücke durch Dünsten schonend gegart mit samtiger aber leichter Sauce, die mit Weißwein und etwas Zitrone pikant abgeschmeckt ist. Dazu reichen wir Basmatireis oder hausgemachte Nudeln.

Schmoren

Geschmorte Hähnchenkeulen

Schlussknochen an der Innenseite der Keulen entfernen. Salzen und pfeffern. In einem mit Fett erhitzten Geschirr mit der Außenseite zuerst anbraten. Zwiebel- und Möhrenstückchen dazulegen und weiterbraten, bis das Gemüse leicht Farbe hat. Mit Weißwein ablöschen, Flüssigkeit einkochen. Eine zerschnittene Tomate oder etwas Tomatenmark beigeben.

Wenn der Ansatz glänzt, mit Jus oder Wasser auffüllen und aufkochen.

Ein Kräutersträußchen (Petersilie, Bruchstück Lorbeerblatt, Zweig Thymian) dazulegen und zugedeckt 15 Min. schmoren.

Danach Keulen entnehmen. Fond passieren, abfetten und mit wenig angerührter Stärke binden. Keulen in der Sauce servieren.

Geeignete Beilage: Kartoffelpüree, Gurkensalat.

Wir empfehlen

... mit einer kräftigen aromatischen Sauce, die am besten mit geschmacklich neutralen Beilagen wie Teigwaren, Reis oder Kartoffelpüree zur Geltung kommt.

Braten in der Pfanne

Gebratene Hähnchenbrust

Eine rohe Hähnchenbrust erhält genau in der Mitte neben dem aufrecht stehenden Brustknochen einen Längsschnitt. Von hier aus die Brusthälften entlang der Knochen ablösen und die Flügel abschlagen.

Brustteile salzen, mit Paprika bestreuen.

Butter in einer Pfanne erhitzen, die panierten Brustteile einlegen und bei mäßiger Wärmeeinwirkung beidseitig hellbraun braten.

Gebratene Hähnchenbrust mit zwei Zitronensechsteln und frittierter Petersilie anrichten.

Geeignete Beilage: Salate der Saison.

Wir empfehlen

Das zarte Fleisch von der Brust ist mit einer goldbraunen knusprigen Panierung umhüllt, die das Fleisch saftig hält und einen typischen Geschmack verleiht.

Abb. 1 Gebratene Hähnchenbrust

Braten im Ofen

Gebratene Poularde

Bratfertige Poularde salzen und pfeffern. In erhitztem Bratfett wenden und auf der Seite liegend bei etwa 220 °C im Ofen beidseitig anbraten. Ofentemperatur auf 180 °C senken und das Verfahren fortsetzen. Poularde dabei mehrmals wenden und mit dem Bratfett begießen. Die Bratdauer beträgt 50 bis 55 Min. Etwa 10 Min. vor Garzeitende Zwiebel- und Möhrenwürfel beifügen und mitbräunen.

Gebratene Poularde aus dem Geschirr nehmen. Das Fett behutsam vom Bratsatz abgießen. Kalbsjus oder wenig Wasser in das Geschirr geben und den Bratsatz loskochen. Sauce passieren, nochmals aufkochen und mit angerührter Stärke leicht binden.

Geeignete Beilage: Pommes frites, Tomatensalat.

Wir empfehlen

Einen besonderen Geschmack verleiht die schön gebräunte knusprige Haut. Zu der dazugehörenden Sauce passen am besten ...

Frittieren

Gebackenes Hähnchen/ Wiener Backhähnchen

Hähnchen längs spalten, in Brusthälften und Keulen teilen. Knochen an den Innenseiten der Teile entfernen. Flügel abschlagen. Die Oberschenkelknochen aus den Keulen herauslösen.

Hähnchenteile mit Salz, Paprika, Zitronensaft und gehackter Petersilie würzen. In Mehl und Ei wenden und Panierbrot andrücken.

In einer Fritteuse bei 160 °C die panierten Geflügelteile ausbacken. Der Garpunkt ist erreicht, wenn das Fleisch an der Oberfläche schwimmt. Dann entnehmen und zum Abtropfen auf eine saugfähige Unterlage (Küchenkrepp) legen. Mit

Abb. 2 Gebackenes Hähnchen

Kresse und Zitronenstücken auf einer Papierserviette anrichten.

Frittierte Fleischteile müssen sofort serviert werden.

Geeignete Beilage: Salatplatte.

> *Wir empfehlen*
> Unter der röschen Kruste finden Sie bei der kurzen Garzeit ein besonders saftiges Hähnchenfleisch.

4.3 Zubereitungsreihe Gemüse

Grundmaterial: Fenchel,
auch andere Gemüsearten können in vergleichbarer Weise verwendet werden.

© FoodPhotogr./StockFood

Allgemeine Vorbereitung:
Fenchelknollen von braunen Stellen befreien, gründlich waschen, denn zwischen den Schichten kann Sand sitzen.

Grüne Fenchelkräuter zur Garnitur aufbewahren.

Garverfahren

Kochen | Dünsten | Braten | Schmoren | Frittieren

Kochen → Überbacken

Zum Vergleich: Fenchelrohkost

Kochen

Fenchel als Beilage

Sud aus Wasser, etwas Öl, Salz und Zitronensaft aufkochen. Fenchel halbieren und den Strunk so entfernen, dass die Fenchelblätter noch zusammenhalten. Nun den Fenchel quer in 7-mm-Stücke schneiden und 15 bis 20 Minuten kochen, abgießen und mit Butterflocken verfeinern.

> *Wir empfehlen*
> ... angenehm weich, aromatisch, im Geschmack an Anis erinnernd, knackig, aber nicht hart, noch etwas Biss.

Dünsten

Gedünsteter Fenchel

Fenchel quer in Scheiben von etwa 7 mm schneiden. Etwas Butter zergehen lassen, einen Schuss Weißwein zugeben, Fenchelscheiben einlegen, etwas Salz und Pfeffer darübergeben und 15 Min. dünsten.

> *Wir empfehlen*
> Besonders schonend gegart, Vitamine werden bestmöglich erhalten, als Gemüsebeilage mit vielen Gerichten kombinierbar.

Überbacken

Überbackener Fenchel

Fenchel halbieren und Strunk entfernen. Kochen oder Dünsten, in feuerfestes Geschirr ordnen, mit Béchamelsauce überdecken, mit geriebenem Käse bestreuen und überbacken.

Abb. 1 Überbackener Fenchel

> *Wir empfehlen*
> Nach dem Garen (Kochen, Dünsten) zusätzlich mit aromatischem Käse überdeckt und überbacken. Das bringt auf zweifache Weise zusätzliche Geschmackswerte.

Braten

Gebratener Fenchel

Fenchelknollen in Längsrichtung achteln, etwa 10 Min. kochen, in zerschlagenem Ei und

Küche

Paniermehl wenden, in Öl braten. Wird gebratener Fenchel als selbstständiges Gericht serviert, gibt man Béarner Sauce dazu.

Frittieren

Gebackener Fenchel

Fenchelknollen in Längsrichtung achteln, etwa 10 Min. kochen, abtropfen lassen. Die Stücke durch Backteig ziehen, bei etwa 170 °C in Fett schwimmend backen.

Beigaben: Tomatensauce, Blattsalate.

Schmoren

Geschmorter Fenchel

Fenchel wie zum Überbacken vorbereiten. In feuerfestes Geschirr oder Schmortopf sautierte Speck- und Zwiebelwürfel einstreuen, die ca. 7 Min. vorgekochten, abgetropften Fenchelhälften einordnen, mit Demiglace untergießen und zugedeckt im heißen Rohr gar schmoren.

Abb. 1 Rohkostplatte

Wir empfehlen

Weich, leicht kaubar, hat durch das Schmoren ein kräftiges Aroma.

Zum Vergleich: Ungegart

Fenchelsalat

Fenchelknolle längs halbieren, in Querrichtung sehr fein schneiden und lockern, damit die Segmente auseinander fallen. Mit Salatmarinade nur aus Zitronensaft, Salz und Öl anmachen, damit der reine Fenchelgeschmack zur Geltung kommt.

Wir empfehlen

Fein geschnitten, darum knackig, aber nicht hart, appetitanregend und erfrischend. Für Energiebewusste.

Fenchelrohkost

Bei Fenchelrohkost wird im Unterschied zu Fenchelsalat mit anderen rohen Zutaten ergänzt. Fenchel vorbereiten wie zu Fenchelsalat, säuerlich schmeckenden Apfel schälen, entkernen und grob raffeln, Nüsse reiben, Salat mit Joghurt anmachen.

Aufgaben

Wenn die Zubereitungen fertig gestellt sind, werden die Ergebnisse bewertet und verglichen. Siehe Seite 138.

1 Welches Gericht erhält innerhalb seiner Zubereitungsreihe die besten Noten für Geschmack?

2 Für die Gerichte einer Zubereitungsreihe sind die Materialkosten ähnlich. Welches ist am ansprechendsten?

3 Versuchen Sie einen Zusammenhang herauszufinden zwischen der Art des Garverfahrens und der Bildung von Geschmacksstoffen.

4 Bilden Sie selbst eine Zubereitungsreihe mit möglichst vielen Garverfahren. Beispiel: Rohstoff Kartoffel und die Zubereitungsmöglichkeiten im Sachwortverzeichnis suchen.

5 Sowohl bei der Zwischenprüfung als auch bei der Gehilfenprüfung sind die eigenen Produkte zu präsentieren. Das bedeutet: die Speisen beschreiben und empfehlen. Sie haben bei den vorausgegangenen Zubereitungen Beispiele für Wendungen zur Empfehlung gesehen. Auf Seite 136 ist das näher beschrieben.

a) Suchen Sie bei der Zubereitung immer nach Wendungen, wie ein Gericht wirksam einem Gast empfohlen werden kann. Sammeln Sie Wendungen, die Appetit machen.

b) Notieren Sie diese, damit Sie einen „Vorrat" haben. Ergänzen Sie Ihre Rezepte damit.

c) Sprechen Sie zu einem/er Kollegen/in wie zu einem Gast. Z. B. Das ist … Dazu reichen wir …

5 Erstellen von Garprogrammen

providing of cooking programs *fournir des programmes (m) de cuisson (w)*

„Wer mehr weiß, kann kreativ sein, denn er kann vorausschauend denken," sagt ein geschätzter Fachmann, und ein anderer „Nur wer Vorgänge durchschaut, kann sinnvoll damit umgehen." Nach den Zubereitungsreihen hier eine Anleitung, die zeigt, wie eigenständig Garprogramme für Kombidämpfer erstellt werden können.

Diese Geräte haben zwar für viele Zubereitungen bereits fertige Programme gespeichert, doch immer besteht die Möglichkeit, eigene Programme einzubringen.

Heißluftgargeräte verstehen nicht „Bei milder Hitze kurz garen." Es werden konkrete Angaben mindestens zur Temperatur und zur Gardauer benötigt. Herkömmliche Garanweisungen bewährter Rezepte müssen darum auf die Sprache der Kombigarer übertragen werden.

Die Beispiele unten zeigen, wie man zunächst eigene Erfahrung in konkreten Werten festlegt und in eine Tabelle einträgt. Wenn Überlegungen so festgehalten werden, kann man später ohne Probleme ändern oder verfeinern.

Gargut/ Anmerkungen	Menge/ Einschubteile	Programm-platz	Schritt	Verfahren	Temperatur	Garzeit (Min.) oder Kerntemp. (°C)	Zusätzliche Einstellungen
Schweine-hackbraten	3 x 2,5 kg	115	①	Dämpfen	100 °C	10 Min.	
			②	Heißluft	140 °C	15 Min	skl auf

Muster von Firmen für das Festhalten von Daten für eigene Programme

Gargut/ Anmerkungen	Menge/ Einschubteile	Programm-platz	Schritt	Verfahren	Temperatur	Garzeit (Min.) oder Kerntemp. (°C)	Zusätzliche Einstellungen
			①				
			②				
			③				
			④				
			⑤				

Programmnummer: **Produkt: Schweinebauch**

	1. Schritt	2. Schritt	3. Schritt	4. Schritt	5. Schritt	6. Schritt	7. Schritt	8. Schritt	9. Schritt
Gar-medium	feuchte Hitze	f. u. tr. Hitze	trockene Hitze						
0 10 20 30 40 50 60 70 80 90 100	100 %	70 %	70 %						
	100 °C	160 °C	220 °C						
	30 Min.	76 °C	78 °C						

Aufgaben

1 Vergleichen Sie die Beschreibung des Garvorgangs beim Rezept für Hackbraten, Seite 128, mit dem Beispiel Schweinehackbraten im Muster oben. Finden Sie dort alle erforderlichen Angaben?

2 Fertigen Sie eine Tabelle für den Garablauf nach einem Muster in der Abbildung oben.

3 Welche Größen/Werte müssen bei jedem Programmschritt festgehalten werden?

4 Erstellen Sie für Hacksteaks, Seite 129, eine Gar-Ablauf-Tabelle.

6 Speisenproduktionssysteme

food production systems *systèmes (m) de production (w) des repas (m)*

Ideal ist es, wenn Speisen frisch gekocht auf den Tisch kommen. Doch ist das in der gewerblichen Küche wegen der Arbeitsbelastung nur sehr eingeschränkt möglich. Und doch kennt man diese Art von Speisenzubereitung. Ein Steak wird auf Abruf gebraten – à la minute – und sofort serviert. Dieses Verfahren nennt man **Kochen und Servieren** oder **Cook & Serve.**

Vieles wird zeitlich vor dem Service produziert, bis zur Ausgabe warmgehalten und bei Abruf angerichtet, z. B. Schmorgerichte wie Gulasch oder große Braten. In diesem Fall gilt: **Kochen und Warmhalten** oder **Cook & Hold.**

Bei **Kochen und Kühlen** oder **Cook & Chill** stehen Produktion und Service nicht mehr in direkter Verbindung.

Die Zubereitungen werden nach dem Garen schnellstens auf +3 °C gekühlt und bei dieser Temperatur vorrätig gehalten. Bei Bedarf bringt man die Speisen auf Serviertemperatur, man regeneriert.

Das Verfahren „Kochen und Kühlen" wenden z. B. Fluggesellschaften für die Bordverpflegung an. Hotels, die in Verbindung mit Kongressen zeitgleich eine große Anzahl von Gästen versorgen müssen, portionieren auf den Tellern vor, bringen diese im Hordenwagen in die Kühlung und erhitzen/regenerieren kurz vor dem Service.

Die Speisen werden nach der Zubereitung rasch gekühlt, dann portioniert und in die gekühlten Trolleys gepackt. So haben Mikroben keine Gelegenheit, sich zu vermehren, und den Gästen kann nach dem Regenerieren/Wiedererwärmen eine warme Mahlzeit serviert werden.

Abb. 1 Speisen auf Tellern regenerieren

Kochen und Servieren	Kochen und Warmhalten	Kochen und Kühlen
Cook & Serve	**Cook & Hold**	**Cook & Chill**
Vorbereiten	Vorbereiten	Vorbereiten
Garen	Garen	Garen
Ausgeben	Warmhalten	Schnellkühlen
	Ausgeben	Kühllagern
		Regenerieren
		Ausgeben

ANRICHTEN UND EMPFEHLEN VON SPEISEN

1 Anrichten von Speisen

arranging food *arranger des mets (m)*

Nach dem Zubereiten werden die Speisen angerichtet, damit zum Verkauf vorbereitet und serviert.

Hier in der Grundstufe wird das **Anrichten von Tellergerichten** vorgestellt. Bei praktischen Prüfungen ist die Zubereitung vom Prüfling zu präsentieren, wobei neben Portionierung auch Anrichteweise und Gesamteindruck der Zubereitung bewertet werden.

Beim Anrichten auf dem Teller werden die einzelnen Zubereitungen portionsgerecht zu einem Gericht zusammengestellt.

Dabei denkt man sich den Teller dreigeteilt.

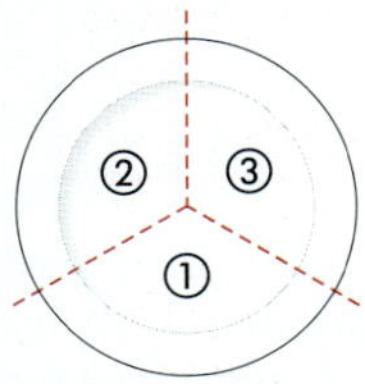

- **Fleischscheiben** ① und Sauce liegen im unteren, dem Gast zugewandten Drittel, damit der Gast sie leicht in Stücke schneiden kann. Besteht eine Portion aus mehreren Tranchen (Scheiben), wird zum Gast hin exakt ausgerichtet.
- **Beilagen** ② (Kartoffeln, Reis, Teigwaren) liegen oben links.
- **Gemüse** ③ liegen oben rechts. Werden mehrere Gemüse angerichtet, achtet man auf das Farbenspiel.

Das Auge des Gastes isst mit, drum tu was dafür.

Abb. 1 Anrichten von Tellergerichten

- **Warme Speisen** richtet man auf vorgewärmtem Teller aus dem Wärmeschrank oder Rechaud an.
- Ein angerichteter Teller soll nicht überladen sein, der **Tellerrand** oder die **Fahne muss sauber sein.** Nötigenfalls nachwischen.
- Haben Teller ein **Firmenzeichen**, eine **Vignette,** wird so angerichtet, dass sich das Zeichen beim Einsetzen dem Gast gegenüber befindet.

Manche Gerichte gewinnen, wenn man sie anschneidet und z. B. eine Füllung sichtbar wird wie bei gefüllten Keulchen oder Rouladen.

Eine glänzende Oberfläche wirkt kostbarer, lässt appetitlicher erscheinen. Dabei hilft in der warmen Küche z. B. zerlassene Butter, die mit einem Pinsel sparsam aufgetragen wird, in der kalten Küche wird mit Aspik überglänzt.

Man kann auch eine Garnierung, ein bisschen Schmuck, „etwas obendrauf" anbringen. Etwa gehackte Petersilie oder in Butter gebräunte Brösel, eine Rosette Kräuterbutter auf einer Zitronenscheibe, einen Sahnetupfer usw.

Fachbegriffe

à part	Getrennt anrichten, z. B. in einer Sauciere oder Gemüseschale (Legumier)
Fahne	Rand eines Tellers
glasieren	Überglänzen, z. B. Kartoffeln mit flüssiger Butter
gratinieren	oder überbacken. Ein Gericht unter starker Wärmeeinwirkung (Oberhitze) bräunen
nappieren	Mit Sauce überziehen
Rechaud	Wärmeschrank, Wärmeplatte
saucieren	Sauce angießen oder untergießen
Tranche	Scheibe, z. B. von Braten, Geflügelbrust
tranchieren	In Scheiben schneiden

2 Beschreiben von Speisen

describe of meals · décrire des mets (m)

Den Unterschied zwischen Bewerten und Beschreiben von Speisen erkennt man am besten, wenn die Sichtweisen von Küche und Restaurant gegenübergestellt werden.

Am Beispiel des *Wiener Schnitzels,* das jedem bekannt ist, wird der Unterschied zwischen Bewerten und Beschreiben einer Speise dargestellt.

Küche	Service
Produktion erfordert **Rezept**	Beratung der Gäste ist eine **Empfehlung**
Beispiel • Fett in der Pfanne erhitzen, • paniertes Schnitzel einlegen, • nach … Min. wenden, • ist fertig, wenn …	**Beispiel** • Saftiges Schnitzel von einem Kalb aus der Region, • frisch zubereitet, • aromatisch, • mit krosser Panierung
Das ist eine **Vorgangsbeschreibung** und wendet sich an den Verstand.	Das ist eine **Gegenstandsbeschreibung** und wendet sich an das Gefühl.
Die **Bewertung** des Produktes durch den Koch erfolgt sachlich mit dem Ziel, die Produktion zu erfassen und zu verbessern.	Die **Beschreibung** eines Gerichtes im Restaurant hat das Ziel, die Gäste zu informieren und zu einem Kauf zu animieren.

Besucht man Fastfood-Betriebe, fällt auf, dass man über das Angebot anders informiert wird als in einem Restaurant. Großformatige Aufnahmen zeigen dort, was zu kaufen ist. Dadurch hat der Gast eine klare Vorstellung, wie das von ihm ausgewählte Gericht aussehen wird.

Restaurants übernehmen bisweilen die Idee, z. B. in Form von bebilderten Eiskarten. Auch dort sieht man im Voraus, wie das Gewählte aussehen wird.

Im Allgemeinen ist der Gast jedoch auf die mündliche Information durch die Servicemitarbeiter angewiesen. Fachkräfte kennen die Frage: „Was ist eigentlich …?“ Die erwünschte Information ist Aufgabe und Verkaufs-Chance zugleich. Wir haben mit Worten zu beschreiben, wir haben mit Worten Appetit zu machen.

Essen kann man sehen, riechen und schmecken. Darum wendet sich die Beschreibung von Lebensmitteln an möglichst viele Sinne und nennt je nach Hauptbestandteil geschmacksbestimmende Zutat, Form, Farbe oder Beschaffenheit.[1]

Abb. 1 Die Eiskarte zeigt den Eisbecher.

[1] Beispiele einer Beschreibung bei den Zubereitungsreihen ab Seite 128 bei „Wir empfehlen“.

Worte, die verkaufen helfen

Beschaffenheit

- … lecker gefüllt mit …
- … eingelegt in eine würzige Marinade
- … gut gereift, … vitaminschonend gedünstet
- … kross gebraten,
- … täglich frisch, … frisch vom Markt
- … nach hauseigenem Rezept

Sinnesempfindungen

- buntes Gemüse
- knackiger Salat
- duftendes Gebäck
- knuspriger Blätterteig
- zarte Creme
- edelbittere Schokolade

Konsistenz – Beißgefühl (Wortauswahl)

- cremig
- fein
- flockig
- flüssig
- geliert
- knackig
- knusprig
- kompakt
- körnig
- kross
- lecker
- leicht
- locker
- mürbe
- rösch
- saftig
- sahnig
- schaumig

Geschmack

Der Geschmack kann unterschiedlich sein: ausgeprägt, arttypisch, kräftig, pikant bis kaum wahrnehmbar.

Auch die unterschiedliche Stärke einer Geschmacksausprägung lässt sich beschreiben.

Beispiele		
gerade erkennbar	**deutlich feststellbar**	**vorherrschend**
süß, süßlich	angenehm süß	zuckersüß
herb/bitter, bitterlich, etwas bitter	halbbitter, zartbitter	zusammenziehend

Beispiele für einfache Gerichte auf den Seiten 127 bis 131

Mischgeschmack

entsteht, wenn Grundrichtungen des Geschmacks kombiniert werden.

Beispiele	
süß-sauer	Hering nordische Art, Chinasauce
bitter-süß	Schokolade, Kakao
fruchtig-süß	Grapefruit, Ananas, Erdbeere
herb-fruchtig	Passionsfrucht, Saftorange

Temperatur

Beispiele, wie Wärme oder Kühle positiv oder negativ empfunden und beschrieben werden können.

Temperatur	(–) kühler	(+) wärmer
positiv	angenehm kühl richtig temperiert	schön warme Suppe frisch aus dem Ofen
negativ	kaltes Essen die Suppe ist zu kalt	das Bier ist zu warm so heiß, dass man … nicht essen kann da verbrennt man sich ja den Mund

Farbe

hellgelb	rötlich
strohgelb	fruchtig rot
goldgelb	tiefrot
leicht gebräunt	rotbraun
zart grün	goldbraun
grünlich	nussbraun
hellgrün	karamellfarben
kräftig grün	schokoladenbraun

Weitere Kriterien

Der **Geruch** kann sein ausgeprägt, ausgewogen, typisch, fruchtig, harmonisch, ...

An die **Genussgefühle** wenden sich Wörter wie typisch, angenehm, fein, harmonisch, weich, dezent, herzhaft, erfrischend, belebend.

Negative Wörter werden im Verkaufsgespräch nur verneinend verwendet.

- kräftig, jedoch nicht scharf
- weich, aber doch bissfest
- nicht faserig, butterweich gedünstet
- gut gewürzt, aber nicht scharf
- gut gekühlt, aber nicht kalt

Beispiele für Genussgefühle	
typisch	typisch für die Region, typische Würzung für Wild
angenehm	angenehm kühl, aber nicht kalt
weich	weich, dass es auf der Zunge zergeht
fein	fein abgestimmte Würzung
harmonisch	harmonische Kombination von ... und ...

3 Bewerten von Speisen

analysing food *évaluer des mets (m)*

Die Bewertung oder Beurteilung von Speisen und Getränken nennt man auch **Degustation.** Man kennt verschiedene Verfahren. Hier wird das vergleichende Verfahren nach dem Benotungssystem verwendet.

Bei einer vergleichenden Verkostung oder Degustation sind folgende **Regeln** zu beachten:
- Nur Gleiches mit Vergleichbarem verkosten.
- Jede Rezeptur genau einhalten.
- Gleiche Gefäße, gleiche Temperatur, usw.
- Proben „neutralisieren", das bedeutet, dass die Prüfenden nicht wissen, mit welchem Produkt sie es zu tun haben.
- Während der Verkostung nicht reden.
- Ergebnisse schriftlich festhalten.
- Zwischen den Proben die Geschmacksempfindung mit Brot oder Wasser neutralisieren.

Geschmackstest

Beispiel Tomatensuppe

Sehen Wie ist die Farbe? Kräftig, natürlich, blass oder wenig ansprechend? Kräftig rot oder gedeckt (Sahne)? Lassen Sie die Suppe vom Löffel oder über eine Untertasse laufen.
Wie ist die Beschaffenheit, Konsistenz? Zu dünn, flüssig, cremig, dicklich, pampig?

Riechen Rühren Sie mit dem Löffel mehrmals um und entnehmen Sie einen vollen Löffel. Halten Sie den vollen Löffel vor die Nase, atmen Sie ein. Wie ist der Geruch? Fruchtig, schwach, fremd, angenehm, ausdruckslos? Wie stark?

Schmecken Nehmen Sie die Suppe in den Mund, auf die Zunge. Wie ist der Geschmack? Gehaltvoll, aromatisch, fruchtig oder säuerlich, leer mit „Fremdgeschmack"?
Vor dem Schlucken achten Sie auf das, was Sie am Zungenende (unterhalb des Gaumens) empfinden. Bittergeschmack?
Nach dem Schlucken: Wie ist der Nachgeschmack? Füllig, rund, angenehm, leer, bitter, kratzend? Beim Wein bezeichnet man dieses Empfinden als „Abgang".

Abb. 1 Tomatensuppen zum Test

Verwenden Sie die richtigen Worte

Bei der Beschreibung muss man abstufend bewerten können. Hier als Beispiel die Intensität oder Stärke der Eindrücke.

Die Ergebnisse der Verkostung oder Degustation werden in den Prüfungsbogen eingetragen und verglichen.

Intensität Stärke	(–) schwach	(+) stark
positiv	mild dezent	kräftig intensiv ausgeprägt
negativ	schwach wenig Geschmack geschmacklos	aufdringlich zu stark hervortretend

Degustation Produktgruppe: Saucen

Produkt: Holländische Sauce

	Aussehen					Konsistenz					Geschmack					Bemerkungen
Note	**1**	**2**	**3**	**4**	**5**	**1**	**2**	**3**	**4**	**5**	**1**	**2**	**3**	**4**	**5**	
Probe A	○	○	○	○	○	○	○	○	○	○	○	○	○	○	○	________
Probe B	○	○	○	○	○	○	○	○	○	○	○	○	○	○	○	________
Probe C	○	○	○	○	○	○	○	○	○	○	○	○	○	○	○	________
Probe D	○	○	○	○	○	○	○	○	○	○	○	○	○	○	○	________
Probe E	○	○	○	○	○	○	○	○	○	○	○	○	○	○	○	________

Beurteilen Sie die einzelnen Proben anhand der Merkmale Aussehen, Konsistenz und Geschmack. Bitte kreuzen Sie die zutreffende Bewertung an!
(Bewertung: 1 = sehr gut; 2 = gut; 3 = befriedigend; 4 = ausreichend; 5 = mangelhaft)

Welches dieser Produkte würden Sie insgesamt in Ihrer Beurteilung auf den **1. Platz** setzen?

Probe Nr.: ________

Abb. 1 Muster eines Bewertungsblattes

Eignungsprofil

Ein Eignungsprofil zeigt auf einen Blick, wo die Schwerpunkte eines Rezeptes liegen.

- Wie hoch liegen die Materialkosten, der Arbeitsaufwand?
- Kann im Voraus produziert werden, z. B. für Empfänge, Tagungen?
- Kann die Zubereitung transportiert werden?
- Wie gut kann die Zubereitung aufwahrt werden?
- Welchen „Eindruck“ macht die Zubereitung, wie lässt sie sich präsentieren? („Einfach“ wie ein Nudelsalat oder „gehoben“ wie etwa Scampi auf gedünsteter Selleriescheibe)?

Abb. 1 Schinkencanapé

Abb. 2 Frischkäsehappen

Eignungsprofil für Schinkencanapé Frischkäsehappen

Kriterien	Extremwert	Rangplatzskala 1–7	Extremwert
Materialeinsatz	niedrig		hoch
Arbeitsaufwand	niedrig		hoch
Lagerung fertige Speise	gut möglich		schlecht möglich
Transportfähigkeit	unempfindlich		sehr empfindlich
Eignung für Veranstaltung	gut geeignet		schlecht geeignet
Präsentierbarkeit	gut		schlecht

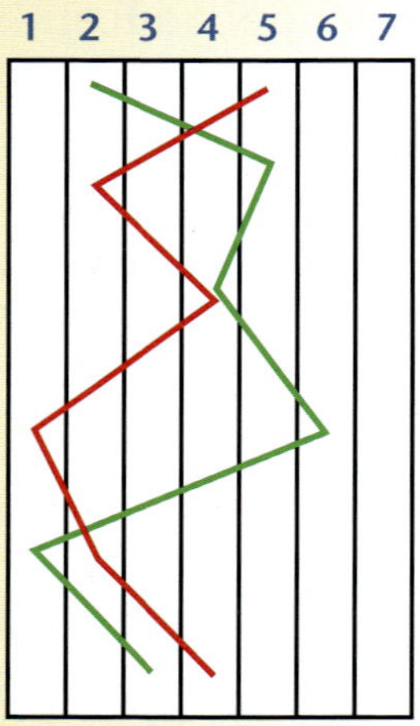

Aufgaben

1 Suchen Sie zu jedem der angeführten Eigenschaftswörter eine passende Speise: zartrosa, hellrot, hellbraun, goldbraun, knusprig braun, cremig-weiß, goldgelb.

2 Nennen Sie zu jedem Eigenschaftswort eine Zubereitung: neue, geeist, al dente, knackig, körnig, cremig, knusprig, saftig, sämig, leicht.

3 Für eine einfach durchzuführende Degustation werden verschiedene Orangensäfte eingekauft, und es wird auch Saft selbst gepresst. Gehen Sie nach den Regeln bei der Verkostung vor und halten Sie die Ergebnisse fest.

4 Zusätzlich zu Aufgabe 4 werden die Ergebnisse unter Berücksichtigung der Preise diskutiert. Kann das Beste auch preislich vertreten werden? Welches Produkt ist unter Berücksichtigung des Preises unsere Wahl?

5 Fertigen Sie selbst Tomatensuppe, z. B. mehrere Rezepte aus Frischware, Tomaten aus der Dose, Tomatenmark und Produkte verschiedener Firmen.

a) Suchen Sie nach verkaufsfördernden Wendungen.

b) Führen Sie sachgerecht eine Degustation durch und halten Sie die Ergebnisse im Bewertungsbogen fest.

c) Versuchen Sie, ein Eignungsprofil zu erstellen, z. B. in einem Blatt Eigenfertigung und Suppe aus der Tüte eintragen (vgl. oben).

1 Umrechnung von Rezepten

conversion of recipes *conversion (w) des recettes (w)*

Rezepte enthalten eine Auflistung der für eine Zubereitung erforderlichen Zutaten. Diese können bezogen sein auf

- **Rezeptmenge,** z. B. ergibt 12 Portionen,
- **Grundmenge eines Hauptrohstoffs,** z. B. eine Gans, eine Lammkeule.

Für die tägliche Produktion müssen die in den Rezepten genannten Mengen auf die Produktionsmengen umgerechnet werden.

Fachbegriffe

Herstellmenge oder Produktionsmenge	die Menge, die zu fertigen ist
Rezeptmenge	Mengen/Portionen, die das Rezept nennt
Umrechnungszahl oder Schlüsselzahl	das Vielfache oder Teil der Rezeptmenge im Verhältnis zur Produktionsmenge

1. Beispiel

Ein Rezept für Markklößchen ergibt 35 Portionen.

Wie lautet die Umrechnungszahl
a) für 100 Portionen,
b) für 20 Portionen?

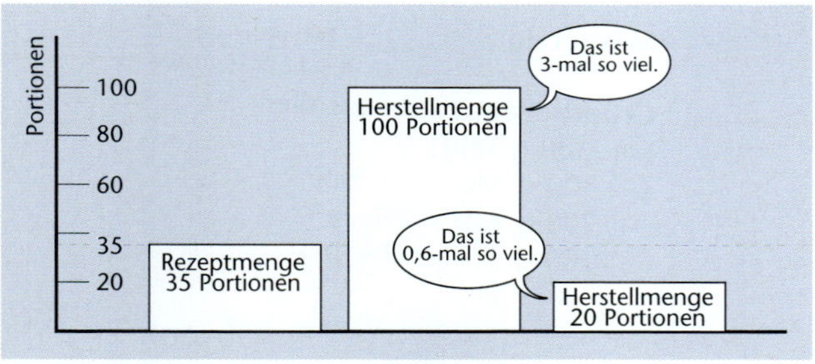

$$\textbf{Umrechnungszahl} = \frac{\text{Herstellmenge}}{\text{Rezeptmenge}} \qquad \text{z. B. } \frac{100}{35} \approx \mathbf{3} \qquad \frac{20}{35} \approx \mathbf{0{,}6}$$

2. Ein Rezept für 50 Grießklößchen lautet: 200 g Butter, 200 g Ei, 400 g Grieß, 4 EL Wasser, Salz.
   a) Ermitteln Sie die Umrechnungszahl für 150 Klößchen und rechnen Sie das Rezept um.
   b) Ermitteln Sie die Umrechnungszahl für 40 Klößchen und rechnen Sie das Rezept um.

3. Auf Seite 544 finden Sie ein Rezept für eine Brandmasse, aus der 35 Stück Windbeutel hergestellt werden können. Der Backofen kann bei einem Backvorgang 60 Windbeutel fassen.
Ermitteln Sie die Umrechnungszahl und rechnen Sie das Rezept entsprechend um.

4. Auf Seite 170 steht ein Rezept für Kartoffelsalat, das von 1 kg ungeschälten Kartoffeln ausgeht. Dieses soll auf ein Grundrezept von 10 Portionen je 250 g umgerechnet werden.
   a) Ermitteln Sie das Gesamtgewicht des Rezeptes aus den Hauptzutaten Kartoffeln (Schälverlust 20 %), Zwiebeln, Öl und Fleischbrühe.
   b) Berechnen Sie die Umrechnungszahl.
   c) Erstellen Sie das Rezept: Kartoffelsalat 10 Portionen.

5. Bei der Umrechnung eines Rezeptes erhält man als Ergebnis 3,4 Eier.
Welche Möglichkeiten ergeben sich?

2 Warenanforderung

🇬🇧 *ordering of goods* 🇫🇷 *commande (m) des marchandises (w)*

Die Warenanforderung ist die schriftliche Grundlage für die Warenausgabe des Magazins z. B. an die Küche. In vielen Betrieben gilt: **Keine Ware ohne Beleg.**

Zur Warenanforderung fassen die einzelnen Posten den Bedarf für die vorgesehenen Zubereitungen zunächst in einer Tabelle zusammen und übertragen dann die Werte in die Warenanforderung.

Waren-anforderung	Abteilung: .... Datum:				
Rezept Lebensmittel	Bez. l, kg, St.	Bayer. Creme	Biskuit	Mürbeteig	Gesamt
Milch	l	1			
Eier	St.	8	4		
Zucker					
Sahne					
Gelatine					
Vanille					
Mehl					

Mürbeteig 🇬🇧 *short pastry* 🇫🇷 *la pâte brisée*

Grundrezept zum Ausrollen (ca. 600 g Teig)

300 g Mehl = 3 Teile
200 g Fett = 2 Teile
100 g Zucker = 1 Teil
1 Ei
Zitrone, Vanille, Salz

Bayerische Creme 🇬🇧 *Bavarian Creme* 🇫🇷 *crème bavaroise*

Grundrezept (30 bis 35 Port.)

1 l Milch
8 Eigelb
250 g Zucker
Vanilleschote
1 l Sahne
14–18 Blatt Gelatine

Biskuitmasse 🇬🇧 *biscuit sponge* 🇫🇷 *l'apparell à biscuit (m)*

Grundrezept (1 Boden, ∅ 26 cm)

200 g Ei
100 g Zucker
50 g Mehl
50 g Weizenstärke
Zitronenabgeriebenes

Hinweise:

Meist ist es günstiger, wenn die Zutaten senkrecht angeordnet und die Rezepte in Spalten angeordnet werden, denn die Anzahl der erforderlichen Zutaten ist meist höher als die an einem Tag anfallenden Zubereitungen.

Benutzt man ein Tabellenkalkulationsprogramm, z. B. Excel, übernimmt dieses die Rechenarbeit, ebenso wie die Warenwirtschaftssysteme.

Aufgaben

1 Fertigen Sie ein entsprechendes Tabellenblatt.

2 Tragen Sie den Bedarf für die oben abgebildeten Rezepte ein.

3 Bilden Sie die Summen in der Spalte Gesamt.

4 Für einen festlichen Nachmittagskaffee bieten wir 80-mal Windbeutel mit Sauerkirschen. Suchen Sie im Fachbuch die entsprechende Rezeptur und rechnen Sie um. Mit der Schlagsahne aus 1 Liter kann man 20 Windbeutel füllen. Erstellen Sie eine Warenanforderung.

3 Kostenberechnung bei Rezepten

cost calculation of recipes *calcul (m) des recettes*

Die Berechnung der Kosten einer Rezeptur dient als Grundlage für die spätere Kalkulation. Man spricht auch von Warenkosten oder Wareneinsatz.

1. Beispiel

Zu einem Mürbeteig verwendet man 2 kg Zucker zu 0,90 €/kg, 4 kg Butter zu 4,10 €/kg, 6 kg Mehl zu 0,60 €/kg und Gewürz für 0,60 €. Berechnen Sie die Kosten für 1 kg Mürbeteig.

Lösung

Menge	Ware	Einzelpreis	Preis der Ware
2,000 kg	Zucker	0,90 €	1,80 €
4,000 kg	Butter	4,10 €	16,40 €
6,000 kg	Mehl	0,60 €	3,60 €
–	Gewürze		0,60 €
12,000 kg	Teig kosten		22,40 €
1,000 kg	Teig kostet		1,87 €

Lösungshinweis

Den Preis für jede einzelne Ware erhält man, wenn die Menge mit dem Einzelpreis malgenommen wird.

← Hier direkt einsetzen

Von Gesamt**menge** und Gesamt**preis** auf Preis für die Einheit schließen.

Antwort: 1 kg Mürbeteig kostet 1,87 €.

Anwendung des TR mit M-Tasten

Menge	Warenbezeichnung	Einzelpreis	Preis der Ware
☐	X	☐	M± ☐
•		•	M± •
•		•	•
			MR Summe

Achten Sie auf gleiche Größen, z. B. Gewicht in kg → Preis für 1 kg.

TR-Hinweise

M -Tasten → M von **m**emory → **m**erken

TR mit M-Tasten führen Rechenvorgänge aus (hier Multiplikation) und speichern zugleich die Werte. Ein Vorteil, denn man muss die Zwischenergebnisse nicht nochmals für die Gesamtsumme eintippen.

M± Berechnung ausführen und addieren oder abziehen

MR **M**emory = Speicher, **R**ecall = Abruf. Die Summe aus dem Speicher wird angezeigt.

MC **M**emory **C**lear – löscht den Speicher

Rechner mit STO-Tasten bedienen ebenfalls Speicher; Abruf über RCL.

2. Für holländische Sauce für 15 Personen werden benötigt: 900 g Butter zu 4,10 €/kg, 12 Eigelb (½ Eipreis) je Ei 0,15 €, 100 g Schalotten zu 3,20 €/kg, 50 g Weinessig zu 1,80 €/*l* und Gewürze für 0,30 €.
Berechnen Sie die Kosten für eine Portion.

3. Für 15 gegrillte Tomaten benötigt man: 1 kg Tomaten zu 1,20 €/kg, 20 g Speiseöl zu 0,80 €/kg, 30 g Butter zu 3,90 €/kg und Gewürze für 0,20 €.
Berechnen Sie die Materialkosten für eine gegrillte Tomate.

4 Mengenberechnung bei Verlusten

quantity computation of waste

calcul (m) de quantités en consideration (w) des pertes (m)

Beim Vorbereiten von Lebensmitteln werden nicht genießbare und geringwertige Teile entfernt. Durch diese Verluste ist der verwertbare Anteil geringer als das Einkaufsgewicht. Dies muss bei der Materialanforderung berücksichtigt werden. Rechnerisch handelt es sich meist um eine Prozentrechnung, weil die zu berücksichtigenden Verluste in Prozenten genannt werden.

Sachlich werden unterschiedliche Begriffe nebeneinander gebraucht.

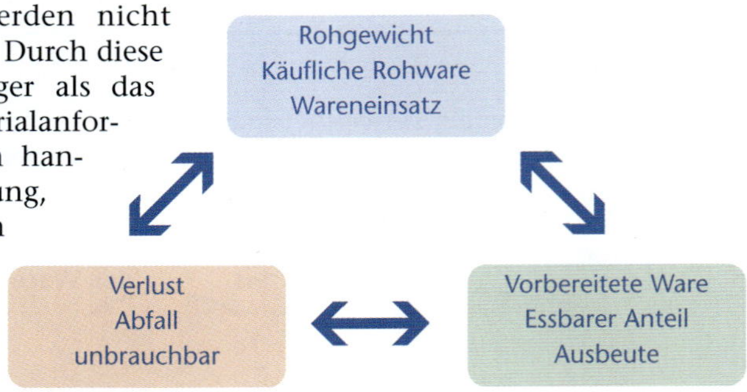

1. Beispiel

Aus 5,000 kg Kartoffeln bleiben nach dem Schälen 4,000 kg geschälte Ware.

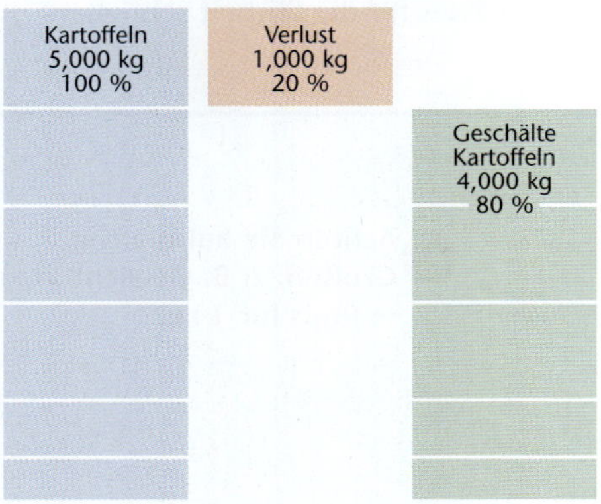

Aus dieser einfachen Situation ergeben sich zwei Möglichkeiten der Fragestellung.

a) Wie viel kg beträgt der Schälverlust?

b) Wie viel Prozent beträgt der Schälverlust?

Kartoffeln	5,000 kg	=	100 %
Schälverlust	*1,000 kg*	=	*20 %*
Geschälte Kartoffeln	4,000 kg	=	80 %

Wenn man den Sachverhalt so darstellt, erhält man eine klare Zuordnung der Werte und kann einfach auf die fehlenden Werte (kursiv) schließen.

2. Vom Einkauf zur vorbereiteten Ware

2.1 Bei Spargel rechnet man mit einem Schälverlust von 23 Prozent. Es wurden 12,300 kg Spargel eingekauft.
Wie viel kg geschälter Spargel sind zu erwarten?

2.2 Man bereitet 4,300 kg Rotkohl vor und rechnet für Außenblätter und Strunk mit einem Abfall von 22 Prozent.
Mit wie viel ganzen Portionen von 150 g Rohware kann man rechnen?

3. Von der vorbereiteten Ware zur Materialanforderung/Einkauf

3.1 Im Rahmen der Tageskarte wird *Gurkengemüse mit Dill* angeboten. Für Schalen und Kerne ist mit einem Abfall von 22 Prozent zu rechnen.
Wie viel kg Gurken sind für 30 Portionen à 160 g vorzubereiten?

3.2 Für *Schwarzwurzeln in Sahne* rechnet man je Portion 80 g geschälte Ware. Der Schälverlust wird mit 38 Prozent angenommen.
Wie viel kg frische Schwarzwurzeln sind für 45 Portionen einzukaufen?

4. Verluste in Prozent berechnen

4.1 Für einen Warenvergleich wurden 2,500 kg Champignons vorbereitet. Die geputzten Pilze wiegen 2,360 kg.
Wie viel Prozent beträgt der Verlust?

4.2 Aus 4,480 kg Rindfleisch wurden 21 Portionen zu je 160 g Bratengewicht erzielt.
Berechnen Sie den Bratverlust in Prozent.

4.3 Um die Saftausbeute bei frisch gepresstem Orangensaft zu erfahren, vergleicht man: 2,800 kg Orangen ergeben 0,910 kg Orangensaft.
Berechnen Sie die Saftausbeute in Prozent.

5 Kostenberechnung bei Verlusten

amount calculating of waste *calcul (m) des coûts en consideration (w) de pertes (w)*

Wenn beim Vorbereiten oder Zubereiten von Rohstoffen Verluste entstehen, wird das Produkt entsprechend teurer. Der Einkaufspreis muss auf das Produkt umgelegt werden.

1. Beispiel

Man kauft 5 kg einer Ware zu 1,00 €/kg und erhält daraus 4 kg vorbereitete Ware. Wie viel € sind für 1 kg vorbereitete Ware zu berechnen?

Einkauf
5 kg je 1,00 € = 5,00 €

1
2
3
4
5

5 × 1,00 € = 5,00 €

5,00 € : 4 = 1,25 €

Vorbereitet
5,00 € : 4 = 1,25 €/kg

1
2
3
4

Der Küchenchef

Wenn ich von 5 kg einer Ware nur 4 kg vorbereitete Ware erhalte, dann müssen diese 4 kg auch die Kosten von den gesamten 5 kg tragen. Ich muss also die gesamten Kosten beim Einkauf auf die vorbereitete Ware verteilen.

2. Für einen Preisvergleich schälte man 5,000 kg Kartoffeln zu 1,20 € je kg und erhielt daraus 3,800 kg geschälte Ware.
Wie viel € sind für 1 kg geschälte Kartoffeln zu veranschlagen?

3. Kartoffeln werden für 0,80 € je kg angeboten. Man rechnet mit einem Schälverlust von 22 %. Berechnen Sie den Preis für 1 kg geschälte Kartoffeln.

4. Bei frischen Steinpilzen guter Qualität rechnet man mit einem Vorbereitungsverlust von 15 Prozent. Ein kg Steinpilze wird für 18,00 € angeboten.
Wie viel € sind für ein kg geputzte Steinpilze zu veranschlagen?

5. Eine Dose mit 850 Gramm Inhalt enthält 550 Gramm abgetropfte Ware und kostet 0,80 €. Für eine Beilage rechnet man 120 Gramm. Berechnen Sie die Kosten für eine Portion.

6. Man kaufte 5,200 gefrostetes Rindfleisch zu 8,20 €/kg. Nach dem Auftauen wog das Fleisch 4,850 kg.
Berechnen Sie den Preis für 1 kg aufgetautes Rindfleisch.

7. Schweinefleisch zum Braten kostet je kg 5,90 €. Für eine tischfertige Portion rechnet man 160 Gramm Braten.
Wie viel € sind bei einem Bratverlust von 20 % dafür zu berechnen?

8. Spargel soll in Portionen mit 250 Gramm gekochtem Spargel angeboten werden. Man rechnet mit einem Schälverlust von 30 %.
Wie viel € Materialkosten sind für eine Portion zu rechnen?

9. Für Obstsalat von frischen Früchten schneiden wir Orangenfilets. Man rechnet mit einem Verlust von 55 Prozent. Wie viel € sind für 1 kg vorbereitete Orangenfilets zu berechnen?

Das hilft beim Schätzen!

Beim Vorbereiten ist

- **das Gewicht der vorbereiteten Ware immer geringer** als im Einkauf, denn man entfernt Geringwertiges,
- **der kg-Preis** der vorbereiteten Ware **immer höher,** denn es verbleibt Höherwertiges.

6 Rezeptverwaltungs-Software

administrative software for recipes *le logiciel (m) administratif de recette*

Auf der CD zu diesem Buch ist auch eine Rezepte-Software mit Rezepten des Buches enthalten.

Die Software berechnet Nährwerte auf Grundlage einer Nährwerttabelle. Damit können Sie

- Rezepte des Buches ansehen und drucken,
- eigene Rezepte erstellen und verwalten.

Nährwerte werden angezeigt, die Anzahl der Portionen kann automatisch umgerechnet werden. Buchrezepte können Sie nicht verändern.

Die Software wird regelmäßig überprüft und wenn notwendig überarbeitet. Über den Menüpunkt **„Info und Support"** gelangen Sie direkt zu unserer Internet-Seite mit

- erweiterten Anleitungen,
- aktuellen und zusätzlichen Informationen,
- Hilfestellungen zu Fragen und Problemen,
- Formular für den Kontakt direkt zu uns,
- Ergänzungen und Updates zum Download.

Rezepte des Buches

Die **Rezeptübersicht** bietet Ihnen die Möglichkeit, Rezepte zu suchen und anzusehen.

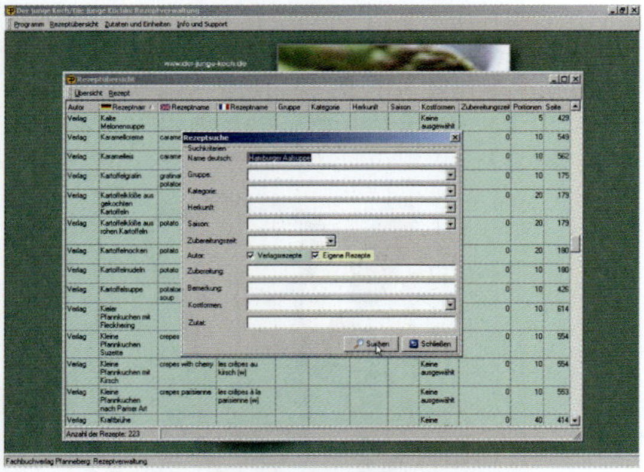

In der **Rezeptansicht** können Sie Portionsmengen umrechnen und drucken.

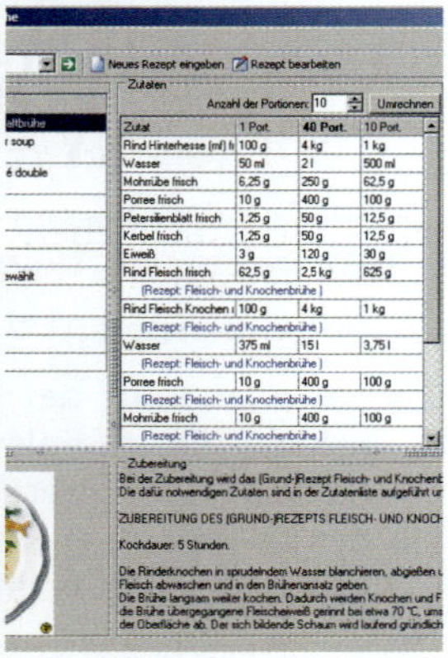

Tipp: Immer, wenn Sie in der Software eine tabellarische Darstellung sehen, können Sie sich über einen Klick im Tabellenkopf die Anzeige nach einzelnen Feldern sortieren lassen.

Eigene Rezepte

Auch hier ist die **Rezeptübersicht** der Startpunkt.

- Buchrezepte kopieren und verändern:
  Sie suchen ein Rezept aus und klicken auf **„Rezept ansehen"**. In der Rezeptansicht klicken Sie auf **„Rezept speichern unter ..."** und vergeben einen neuen Namen.
- Sie erstellen über **„Rezept neu"** ein eigenes.

Bei den Hauptangaben sollten Sie zumindest den Namen und die Anzahl der Portionen ausfüllen.

Bilder können im jpg-Format integriert werden. **Tipp:** Die Dateigröße der Bilder klein halten.

Zutaten

Damit die Nährwertberechnung korrekt erfolgt, suchen Sie aus den vorgegebenen Zutaten des linken Fensters aus und stellen Sie sie im rechten Zutaten-Fenster zusammen.

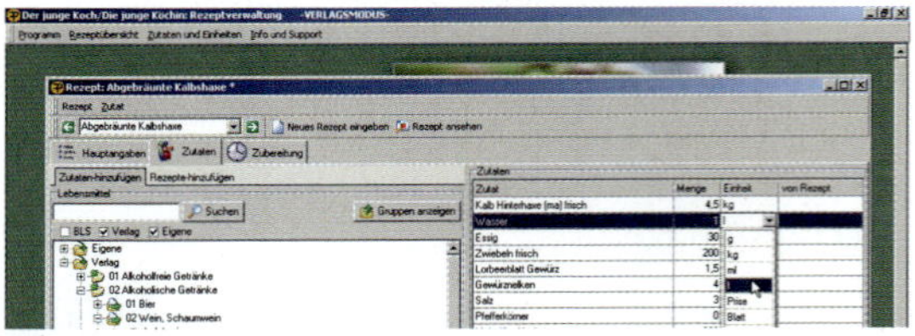

Normalerweise sollten Sie benötigte Zutaten unter „Verlag" finden. Vermissen Sie eine Ihnen wichtige Zutat, können Sie sie entweder in der Nährwerttabelle „BLS" suchen oder eine eigene Zutat neu anlegen.

Tipp: Sie können auch komplette (Grund-) Rezepte, die bereits vorhanden sind, in das neue Rezept übernehmen (Rezepte hinzufügen). Für die Übernahme sollten Sie wissen, für wie viele Portionen das Grundrezept berechnet ist. Wollen Sie das gesamte Rezept übernehmen, geben Sie diese Anzahl an, sonst lassen Sie auf eine andere Portionsanzahl umrechnen.

Zubereitung

Tipp: Im linken Zutaten-Fenster können Sie die Reihenfolge der Zutaten für den Ausdruck bestimmen.

Im rechten Fenster geben Sie den Text ein (oder kopieren ihn über die Zwischenablage).

Zutaten neu anlegen

Wenn Sie eigene Zutaten anlegen, sollten Sie auch die Nährwerte wissen und eintragen, sonst kann die Nährwertberechnung nicht korrekt erfolgen.

1 Speisen von Gemüse *vegetable dishes* *plats (m) de légumes (m)*

Innerhalb der Ernährung hat das Gemüse die Aufgabe, dem Körper ausreichend Vitamine, Mineralstoffe und Ballaststoffe zuzuführen.

Folglich gilt es, bei der Vor- und Zubereitung von Gemüsen die Verluste an Vitaminen und Mineralstoffen so gering wie möglich zu halten.

Wirkstoffe gehen hauptsächlich verloren durch:

- **Auslaugen** → waschen
  → wässern
  → kochen
- **Lufteinwirkung** → lagern
- **Lichteinwirkung** → lagern
- **Wärmeeinwirkung** → bereithalten

Wirkstoffe bleiben besser erhalten, wenn man Folgendes beachtet:

- Gemüse kühl und dunkel aufbewahren.
- Wann immer möglich, bereits vor dem Zerkleinern waschen.
- Geputzte Gemüse nicht im Wasser liegen lassen, sondern feucht abdecken.
- Blanchieren nur, wenn unbedingt erforderlich.
- Falls das Gemüse nach dem Blanchieren nicht sofort weiterverwendet wird, rasch abkühlen, möglichst mit Eiswasser.

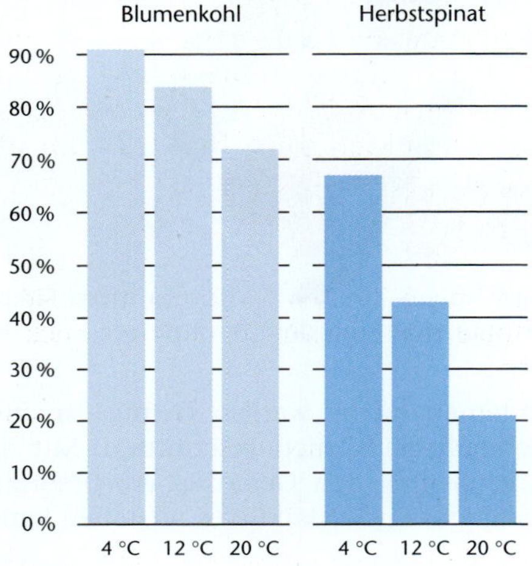

Abb. 1 Vitaminerhaltung bei unterschiedlichen Lagertemperaturen

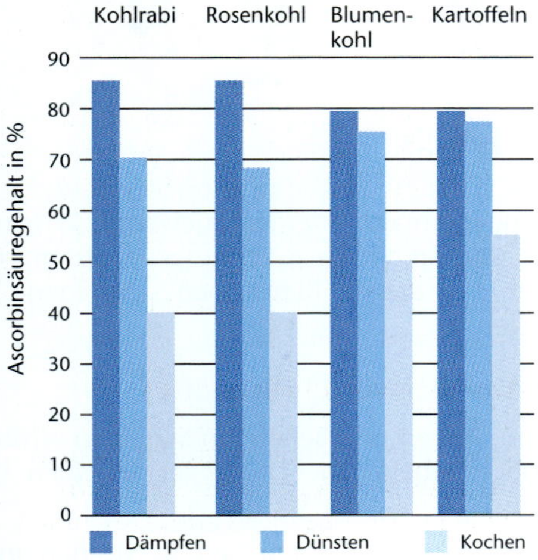

Abb. 2 Vitaminerhaltung beim Garen

- Dünsten und Dämpfen bevorzugen, denn beim Kochen entstehen die größten Verluste.
- Zum Kochen Gemüse in sprudelnd kochendes Wasser geben.
- In kleineren Mengen nach und nach garen oder wiedererwärmen, denn Warmhalten (z. B. im Bain-Marie) zerstört Vitamine.
- Einweichwasser von Hülsenfrüchten mitverwenden, weil es Nährstoffe in gelöster Form enthält.
- Viele Gemüse lassen sich auch roh zu Frischkost und Salaten verarbeiten und abwechslungsreich zubereiten.

1.1 Schnittarten bei Gemüse

cutting of vegetables
couper des légumes (m)

Die unterschiedlichen Schnittformen werden von der Gemüseart und der vorgesehenen Verwendung bestimmt.

Feine Gemüsestreifen (Julienne)

Karotten und Sellerie zunächst in dünne Scheiben schneiden. Diese sowie Lauchstücke dann in feine Streifen schneiden. Julienne sind etwa 3 bis 4 cm lang.

Abb. 1 Julienne

Für Suppeneinlagen werden auch zarte Wirsingblätter und Spinat zu Julienne geschnitten verwendet. Die dicken Blattrippen sind zuvor zu entfernen.

Feine Gemüsewürfel (Brunoise)

Möhren, Rüben und Sellerie in Scheiben schneiden oder hobeln. Die Dicke der Scheiben bestimmt die Größe der Würfel.

Mit dem Messer die Scheiben in Streifen und diese dann in Würfel schneiden.

Abb. 2 Brunoise

Vom Lauch wird hauptsächlich der helle Teil verwendet. Außen- und Innenblätter werden getrennt verarbeitet, um gleichmäßige Streifen zu erhalten. Die Breite der Lauchstreifen ergibt die Größe der Vierecke.

„Nach Bauernart" (Paysanne)

Die Bauern zerkleinern das Gemüse auf einfache Art. Für Suppe schneiden sie es blättrig.

In vierkantige Stäbe von 1 bis 1,5 cm Breite teilen und diese in 1 bis 2 mm dicke Blättchen schneiden. Lauch, Wirsingkohl und Zwiebeln in Quadrate gleicher Größe schneiden. Die Gemüseblättchen können durch Kartoffelblättchen ergänzt werden.

Abb. 3 Paysanne

Gemüsestäbe (Bâtonnets de légumes)

Die geputzten Gemüse, z. B. Möhren, Sellerie, Kartoffeln, Kohlrabi, Gurken oder Zucchini, werden zunächst in dicke Scheiben geschnitten und diese dann in Stäbe.

Abb. 4 Gemüsestäbe von Kohlrabi

Das **Buntmesser** gibt gegarten Gemüsen z. B. für Salate ein ansprechendes Aussehen.

Abb. 5 Schneiden mit dem Buntmesser

In der feinen Küche werden Gemüse in viele unterschiedliche Formen geschnitten. Mit diesen möchte man den Gemüsen ein besonders gleichmäßiges und dekoratives Aussehen verleihen.

Messer und entsprechende Arbeitsweisen siehe S. 100 und 116.

Abb. 1 Tournierte Gemüse

Schnittform	Gemüse
Tournieren	Karotten, Sellerie, weiße Rübchen, Zucchini, Gurke, Kürbis, Kartoffeln
Perlen, Kugeln	Karotten, Sellerie, weiße Rübchen, Zucchini, Kürbis, Gurke, Kohlrabi
Löffel	Fenchel, Kürbis

Abb. 2 Gemüseperlen und Fenchel-Löffel

Schnittarten bei Zwiebeln

Schneiden zu Ringen

Die geschälte ganze Zwiebel nach Entfernen des Lauchansatzes quer in gleichmäßige Scheiben schneiden.

Die Ringe werden durch die einzelnen Schalen (Blätter) gebildet, die sich leicht auseinanderdrücken lassen. Zum rohen Verzehr 1 mm, zum Frittieren 2 mm dick schneiden.

Abb. 3 Zwiebelringe

Schneiden in Würfel

Zwiebeln schälen, längs halbieren und den Lauchansatz entfernen. Die Schnitte so führen, dass sie vor der Zwiebelwurzel enden.

Dadurch hält die Zwiebel zusammen und lässt sich durch senkrechte und quer geführte Schnitte in Würfel schneiden. Der Abstand der Einschnitte bestimmt die Größe der Würfel.

Abb. 4 Zwiebelwürfel

Schneiden zu Blättchen

Zwiebeln schälen, längs halbieren, Lauchansatz abschneiden und die kleine Blattschicht aus der Mitte der Schnittflächen entfernen. Längsschnitte strahlenartig, also zur Zwiebelmitte hin, in gewünschtem Abstand so führen, dass sie vor der Zwiebelwurzel enden.

Mit senkrechten Querschnitten entsprechend breite Zwiebelteile abschneiden. Beim Auflockern fallen die Teile in Blätter auseinander.

Abb. 5 Zwiebelblättchen

Küche

1.2 Vor- und Zubereitung

preparation and cooking of vegetables

préparation des légumes

Vorbereitete Gemüse, die nicht gleich weiterverarbeitet werden, sind flach zu lagern, feucht abzudecken und kühl aufzubewahren. Die Zerkleinerung erfolgt erst unmittelbar vor der Zubereitung.

Bei der Zubereitung von Gemüse gilt es, das Garverfahren zu wählen, das

- die Nährstoffe möglichst erhält,
- dem Eigengeschmack der Gemüse gerecht wird,
- die Inhaltsstoffe für die Verdauung entsprechend aufschließt,
- die Verwendung innerhalb der Speisenfolge berücksichtigt.

Grundzubereitungsarten

Gemüse werden am häufigsten durch feuchte Garverfahren zubereitet, weil diese den Eigengeschmack schonen. Nur für spezielle Zubereitungen wendet man kombinierte oder trockene Garverfahren an.

Übersicht

Kochen, Dämpfen Blanchieren	Dünsten	Schmoren	Frittieren
Wasser oder Dampf übertragen Wärme.	Garen unter Beigabe von Fett und geringer Menge Flüssigkeit.	Garen zunächst in Fett, dann unter Zugabe von Flüssigkeit.	Garen im Öl- oder Fettbad. Wärmeüberträger ist Fett.
Beim Dämpfen geringste Auslaugverluste. Geschmack und Farbe bleiben weitgehend erhalten.	Keine Auslaugverluste. Geschmack wird durch Fett abgerundet.	Geschmacksvarianten durch Bildung von Röststoffen.	Geschmacksaufwertung durch Backkrustenbildung. Verwendung entsprechend der Struktur.
Beispiele: Artischocken, Blumenkohl, Spargel, Rote Bete, Bohnen, Spinat, Rosenkohl, Lauch, Grünkohl, Schwarzwurzeln, Speiserüben.	**Beispiele:** Beinahe alle Gemüsearten, ausgenommen ganze Blumenkohlköpfe, Spargel gebündelt, Artischocken, Rote Bete, ganze Sellerieknollen.	**Beispiele:** Auberginen, Zucchini, Zwiebeln, Gurken, Fenchel, Gemüsepaprika, Weißkohl, Wirsing (auch gefüllt).	**Beispiele:** roh: Auberginen, Zucchinischeiben, Champignons, Tomatenstücke. vorgekocht: Blumenkohlröschen, Schwarzwurzelstücke, Spargelstücke, Artischockenböden, Selleriescheiben.

Gegartes Gemüse wird rechtzeitig über einem Durchschlag abgegossen. Bei der Bestimmung des Garpunktes ist zu beachten, wie das Gemüse bis zur Weiterverwendung aufbewahrt wird.

- **Blumenkohl, Spargel** und **Artischocken, Knollensellerie** und **Rote Bete** bleiben bis zur Weiterverwendung in der heißen Flüssigkeit und garen nach. Im Zweifelsfall kann durch Zugabe von kaltem Wasser oder Eisstücken ein Übergaren vermieden werden.
- **Andere Gemüsearten** sind in einen Durchschlag abzugießen und sofort mit Eiswasser zu kühlen. Beim späteren Fertigstellen erreichen sie ihren Garpunkt. Spinat ist nur ganz leicht auszudrücken.

  Gemüse, die erst später verarbeitet werden, legt man flach in Behältnisse, deckt sie feucht zu und stellt sie kühl.
- **Zarte Gemüse** dürfen nicht in großen Mengen gekocht werden. Man gart sie in mehreren Teilmengen nacheinander. Denn je größer die Kochmenge, desto länger die Dauer der Hitzeeinwirkung; diese schadet den Inhalts- und Geschmacksstoffen.
- **Garflüssigkeiten** sollten nach Möglichkeit weiterverwendet werden, z. B. zu entsprechenden Suppen oder zu Buttersaucen, die zu Spargel und Blumenkohl gereicht werden können.

Gemüse ist gar, wenn es noch knackig ist, einen „Biss" hat. Übergartes Gemüse verliert nicht nur an Wirkstoffen, es ist auch im Genusswert geringer.

Artischocken

artichokes *artichauts (m)*

Stiel dicht unter dem Blütenkopf abbrechen. Gleichzeitig die in den Artischockenboden reichenden Fasern des Stieles mit herausziehen. Die Artischocke waschen, von der Blattspitze werden etwa 4 cm abgeschnitten (Abb. 1).

Die äußere Blattreihe entfernen und die verbleibenden Blätter mit einer Schere stutzen. Boden zuschneiden und sofort mit Zitrone einreiben, da die Schnittflächen schnell braun werden (Abb. 2). Enzyme in der Artischocke bewirken in Verbindung mit Luft diese Farbveränderung. Deshalb legt man sie bis zur Weiterverarbeitung in Zitronenwasser, kocht sie aber gleich nach dem Herrichten.

Auf das Festbinden einer Zitronenscheibe am Artischockenboden sollte man verzichten, denn die intensive Säure beeinträchtigt den feinen Geschmack.

Abb. 1 Entstielen und Zuschneiden

Abb. 2 Weitere Vorbereitungsschritte

Artischockenböden

artichoke bottoms
fonds (m) d'artichauts

Artischocken bearbeiten wie oben. Alle starken Blätter abbrechen, den nun sichtbaren Boden über dem Ansatz der zarten Mittelblätter abschneiden. Holzige Teile an der Bodenwölbung und die verbliebenen Staubgefäße (Heu) in der Bodenvertiefung entfernen (Abb. 3). Boden gegen Verfärben in mit Zitronensaft gesäuertes Wasser legen.

Böden blanchieren, in vorbereiteten Dünstfond legen und garen. In ausgebuttertem Geschirr einordnen.

Mit gekochten Brokkoliröschen belegen, mit Mornaysauce überziehen, mit Parmesan bestreuen, mit flüssiger Butter beträufeln und überbacken.

Abb. 3 Entfernen der Staubgefäße (Heu)

Auberginen

eggplants *aubergines (w)*

Waschen, Stielansatz entfernen. Evtl. Schale mit Sparschäler abnehmen. Fruchtkörper der Verwendung entsprechend in Stücke oder Scheiben teilen.

Dünsten in Öl oder Butter.

Zum **Braten** Scheiben von 1 cm Dicke salzen, Wasser ziehen lassen, abtupfen und in Öl goldgelb braten.

Gefüllte Auberginen siehe Zucchini Seite 157.

Blumenkohl

cauliflower *chou-fleur (m)*

Strunk mit Hüllblättern zurückschneiden. Bei Freilandware Köpfe wegen möglicherweise eingenistetem Ungeziefer 10 Minuten in Salzwasser legen. Vor Zubereitung dicken Strunkteil über Kreuz einschneiden, um gleichmäßiges Garen des ganzen Kopfes zu erreichen.

Eine andere Methode: Röschen vom Strunk abbrechen oder abschneiden, diese dann gründlich waschen und ebenfalls, nur nicht so lange, in Salzwasser legen.

Blumenkohl kochen, abtropfen, **gratinieren** oder auf **englische Art** mit Butter (Seite 158/159) und gehacktem Ei.

Brokkoli

🇬🇧 *broccoli* 🇫🇷 *brocoli (m)*

Hüllblätter entfernen. Röschen vom dicken Strunk abschneiden. Behutsam, doch gründlich waschen.

In Salzwasser kochen. Mandelblättchen in Butter rösten, auf die Röschen geben.

Chicorée

🇬🇧 *belgian endive* 🇫🇷 *endive (w)*

Äußere unschöne Blätter abnehmen. Strunk, der die meisten Bitterstoffe enthält, mit spitzem Messer aushöhlen. Danach Chicorée waschen.

Ist der Chicorée etwas bitter, so kann er auch in geschnittenem Zustand gewaschen werden, damit die Bitterstoffe ausgelaugt werden.

Für geschmorten Chicorée das Gemüse längs halbieren, blanchieren und auf einem Gitter abtropfen.

In einem Topf Zwiebel- und Speckwürfel anschwitzen, Chicorée mit Speckscheiben oder rohem Schinken umhüllen, einsetzen, mit Demi glace halb hoch angießen und zugedeckt im Rohr schmoren.

Abb. 1 Geschmorter Chicorée

Erbsen

🇬🇧 *green peas* 🇫🇷 *petits pois (m)*

Enthülsen und waschen. Bald kochen, denn rohe Erbsen verlieren an der Luft Farbe und Geschmack.

Anschließend in Butter sautieren.

Fenchel

🇬🇧 *fennel* 🇫🇷 *fenouil (m)*

Stiele an der Knollenbildung abtrennen. Dillähnliche, fadendünne Blätter zu späterer Beigabe aufheben. Wurzelende glattschneiden, Verfärbungen an den Knollen entfernen. Gründlich waschen, Erdunreinheiten zwischen den Blattscheiden ausspülen.

Von der Knolle die löffelförmigen Einzelblätter abbrechen und kochen oder bei halbiertem Fenchel Strunk entfernen und in Streifen schneiden.

Fenchelstreifen dünsten.

Fenchellöffel können verschiedenartig gefüllt werden.

Geschmorten Fenchel zubereiten wie Chicorée.

Frühlingszwiebeln

🇬🇧 *scallions* 🇫🇷 *ciboules (m)*

Zu lange, grüne Blattröhren und Wurzeln abschneiden. Äußere Blatthülle entfernen, Zwiebeln unter fließendem Wasser waschen, dabei gründlich in die Blattröhren brausen.

Den weißen Anteil, ca. 5 bis 7 cm, kurz blanchieren und in Butter sautieren.

Grünkohl

🇬🇧 *kale, green cabbage* 🇫🇷 *chou vert (m)*

Bedarf für 10 Portionen

2,5 kg	Grünkohlblätter mit Stängel
50 g	Schmalz vom Schwein
250 g	Speckwürfel
350 g	Zwiebelwürfel
100 g	Mehlschwitze
0,5 l	Räucherbrühe
	Salz, Pfeffer, Muskat

Bei diesem typischen Saisongemüse werden die einzelnen krausen Blätter zunächst gewaschen und dann mit den Fingern von der Mittelrippe gestreift oder keilförmig abgeschnitten.

- Die gewaschenen Grünkohlblätter in Salzwasser blanchieren und sofort in Eiswasser abkühlen.
- Nach dem Abtropfen die Blätter grob hacken.
- Speckwürfel in Schmalz glasig schwitzen und Zwiebelwürfel zugeben.
- Grünkohlstängel mit anschwitzen, mit Brühe auffüllen und ca. 1 Std. zugedeckt im heißen Rohr schmoren lassen. Falls nötig zusätzlich Brühe nachgießen.
- Kalte Mehlschwitze mit heißem Grünkohl-Schmorfond vermischen und aufkochen.
- Grünkohlblätter zugeben, nochmals gut aufkochen und abschmecken.

Grüne Bohnen

string beans *haricots (m) verts*

Stielansatz und spitzes Ende abnehmen (abspitzen), evtl. Fäden gleich mit abziehen. Danach waschen und entsprechend Art und Größe brechen oder schneiden; kleine, dünne Sorten (Prinzessbohnen) bleiben ganz.

Kochen, in Eiswasser abschrecken, abschütten und in Butter sautieren.

Gekochte Bohnen mit Frühstücksspeck bündeln und dünsten.

Gurken

cucumbers *concombres (m)*

Für warme Gerichte nach dem Waschen mit Sparschäler Schale abnehmen. Bei Freilandgurken Enden abschneiden, kosten, ob Bitterstoffe enthalten sind. Gurken längs teilen, Kerne entfernen und in die zum Garen vorgesehenen Stücke schneiden.

Gurkenstücke in wenig Flüssigkeit dünsten.

Für **gefüllte Gurken** die beiden Enden abschneiden; längs halbieren oder in Walzen schneiden, Kernmasse entnehmen.

Mit Kalbsfarce füllen und in ein gebuttertes Geschirr legen, mit Alu-Folie bedecken und garen.

Kaiserschote (Zuckerschote)

snow peas *pois mange-tout (m)*

Diese Erbsenschote hat eine abgeflachte Hülse, die besonders zart ohne die pergamentartige Innenhaut ist. Den Stielansatz abschneiden, evtl. vorhandene Fäden ziehen, die Schoten gründlich waschen.

Kochen, in Eiswasser abschrecken, abschütten und in Butter sautieren.

Abb. 1 Gemüseplatte

Karotten/Möhren

carrots *carottes (w)*

Bei jungen, kugelförmigen Karotten Kraut und Wurzeln abschneiden, kalt waschen, sofort in stark kochendes Salzwasser schütten, 2 Minuten blanchieren. Karotten abschütten, Hautteilchen unter fließendem Wasser rasch abspülen, oder:

© Brauner, M./StockFood

Bei walzenförmigen Möhren die äußere Schicht abschaben oder mit einem Sparschäler schälen, rasch abspülen, ganz lassen oder in entsprechende Stücke teilen.

Für **glasierte Karotten** in Stifte oder Scheiben schneiden, in Butter kurz angehen lassen, mit wenig Flüssigkeit auffüllen, Zucker zugeben, entstandenen Fond sirupartig einkochen und Karotten darin schwenken.

Kohlrabi

kohlrabi *chou-rave (m)*

Blätter von den Knollen nehmen. Zarte Blätter auslesen, entstielen und zur Weiterverwendung aufheben. Knollen vom Wurzelende zur Blattseite hin schälen, holzige Stellen abschneiden. Kohlrabi abspülen, in Stäbe oder Scheiben schneiden. Für Scheiben große Knollen zuvor halbieren oder vierteln.

In Salzwasser kochen und mit etwas Butter sautieren oder mit etwas Bechamelsauce oder etwas Sahne binden.

Für **gefüllte Kohlrabi** je nach Größe Kappe abschneiden oder quer halbieren, aushöhlen. Füllen mit einer Mischung aus Fleischfarce und angeschwitztem Gemüse. In eine gebutterte Form setzen, mit Brühe untergießen und zugedeckt dünsten.

Lauch/Porree

butterhead leek *poireau (m)*

Grüne Blattscheiden und Wurzeln abnehmen. Äußere Blatthülle entfernen. Pflanze längs durchschneiden. Hälften unter fließendem Wasser waschen. Wurzelenden schräg nach oben halten, damit der zwischen den Blattlagen haftende Sand wegschwemmen kann.

Für **Lauch in Rahm** in fingerbreite Stücke schneiden, kurz dünsten und mit Bechamelsauce und Sahne abbinden.

Mangold/Stielmangold

swiss chard *bette (w)*

Schnittmangold wird wie Spinat vorbereitet.

Der Stielmangold wird ganz gewaschen, der Stiel dann keilförmig aus dem Blatt herausgeschnitten, beide Teile werden gesondert verwendet. Der Stiel wird vor der Zubereitung noch in fingerbreite Stücke oder in noch dünnere Streifen geschnitten.

Ganze Mangoldblätter blanchieren und mit Hackfleischmischung oder Fischfarce füllen und garen.

Paprikaschoten

bell peppers *piments (m) doux*

Waschen, Stiel mit daran befindlichem Samenstempel und Scheidewände herausschneiden. Früchte ausspülen und im Ganzen oder zerkleinert weiterverarbeiten. Zum Füllen eignen sich grüne, bauchige Früchte mit dicker Fruchtwand. Tomatenpaprika verliert beim Kochen sein Aroma, weshalb man ihn nur roh für Salate verwenden sollte.

Für **gefüllte Paprika** gleich große und gleichförmige Schoten auswählen. Waschen, Stielseite quer als „Deckel“ abschneiden.

Samenstempel und Scheidewände aus der Frucht nehmen. Schoten in ein ausgefettetes Geschirr stellen.

Hackfleisch, vorgegarten Reis, angeschwitzte Zwiebelwürfel, Salz und Pfeffer vermengen. In die Schoten füllen und die „Deckel“ daraufdrücken.

Rinderbrühe, Demiglace oder Tomatensauce bis zu halber Höhe der gefüllten Schoten angießen. Mit Alu-Folie bedecken und im Ofen schmoren.

Abb. 1 Paprika gefüllt

Rosenkohl

brussels sprouts *choux de Bruxelles (m)*

Beschädigte oder welke Blättchen abbrechen. Braune Endfläche des Strunks entfernen, jedoch nicht zu stark kürzen, sonst fallen beim Zubereiten zu viele Blättchen ab. Strünke über Kreuz einschneiden, damit Strünke und Blätter gleichmäßig garen.

Eine andere Methode:

Die Rosenkohlköpfchen in einzelne Blätter zerpflücken und diese dann waschen.

Rosenkohl in Salzwasser garen, in Eiswasser abschrecken, in Butter mit Zwiebeln und Speckwürfeln sautieren.

Rote Rüben/Rote Bete

beets *betteraves (w) rouges*

Blattwerk so weit abdrehen, dass der Stielansatz an der Rübe bleibt, Wurzelende nicht entfernen. Bei verletzter Außenhaut tritt der Farbstoff in das Kochwasser und das Innere bleicht aus. Rüben einweichen, mit einer Bürste reinigen, danach kochen. Gegarte Rüben abgießen, kalt überbrausen und die Haut mit den Händen abstreifen. Knollen zur gewünschten Form schneiden (Scheiben, Würfel, Stäbchen).

Neben der hauptsächlichen Verwendung als Salat kann die vorgekochte rote Rübe auch in Butter sautiert werden.

Rotkohl/Rotkraut/Blaukraut

red cabbage *chou rouge (m)*

Bedarf für 10 Portionen

90 g	Schmalz	10 g	Salz
130 g	Zwiebelstreifen	20 g	Zucker
1 kg	Rotkraut	0,2 l	Brühe
150 g	Apfelschnitze	3 EL	Essig

1 Gewürzbeutel (Lorbeerblatt, Nelke, zerdrückte Pfefferkörner, Zimtrinde)

Abschmecken mit Johannisbeergelee, Zitronensaft

Unbrauchbare Außenblätter entfernen. Köpfe von der Strunkseite aus vierteln. Strunkanteile an den Kohlvierteln abschneiden, starke Blattrippen zurückschneiden oder ganz entfernen. Kohlviertel abspülen und in feine Streifen schneiden oder hobeln.

- Fett zerlassen, Zwiebeln darin farblos anschwitzen.
- In Streifen geschnittenes Rotkraut beifügen, durchrühren, kurze Zeit erhitzen.
- Zucker, Salz, Apfelschnitze, Essig sowie Wasser beifügen,
- alles gut vermengen.
- Gewürzbeutel in das Kraut stecken, Geschirr zudecken und den Inhalt bei mäßiger Hitze gar dünsten.
- Während des Garens das Gemüse öfter durchrühren.
- Es muss immer ein wenig Flüssigkeit vorhanden sein, damit das Gemüse nicht anbrennt.
- Am Ende der Garzeit die sichtbare Flüssigkeit entweder einkochen oder leicht binden mit angerührter Stärke oder durch rechtzeitige Beigabe von fein geriebenen Kartoffeln.
- Gewürzbeutel entfernen und das Rotkraut mit Johannisbeergelee und Zitronensaft abschmecken.

Schwarzwurzeln

black salsify *salsifis (m)*

Wurzeln in kaltes Wasser legen und anhaftende Erde abbürsten. Nach gründlichem Überbrausen mit einem Sparschäler schälen. Wurzelspitze sowie Blattansatz entfernen. Zur Erhaltung der hellen Farbe geschälte Wurzeln sofort in gesäuertes Wasser legen. (1 *l* Wasser, 1 EL Essig). Geschälte Wurzeln in 4 bis 5 cm lange Stücke schneiden, in vorbereiteten, bereits kochenden Dünstfond legen und zugedeckt garen.

Für **Schwarzwurzeln in Sahne** etwas Bechamelsauce und Rahm zugeben.

Für **gebackene Schwarzwurzeln** die gegarten Stücke mit Ausbackteig oder Panierung umhüllen und frittieren.

Sellerie, Knollensellerie

celeriac *céleri-rave (m)*

Blattstängel und kleine Wurzeln abtrennen. Unter fließendem Wasser mit einer Bürste reinigen. Sellerieknollen können ungeschält im Ganzen oder geschält und geschnitten gegart werden. Geschälter Sellerie verliert durch Oxidation leicht seine helle Farbe, deshalb legt man geschnittene Knollen sofort in gesäuertes Wasser.

Schalen als Geschmacksträger für Brühen, Saucen und Suppen verwenden.

In Salzwasser kochen, mit Umhüllung versehen und frittieren.

Sellerie, Bleichsellerie

celery *céleri (m)*

Blattwerk über der Verästelung der fleischigen Stangen abtrennen und als Würze für andere Zubereitungen verwenden. Wurzel der Staude glattschneiden. Faserprofil der äußeren Stangen mit einem Sparschäler abnehmen. Stauden waschen, Stangen spreizen und Unreinheiten aus dem Inneren herausspülen.

Die Selleriestauden können im Ganzen oder quer halbiert gegart werden.

Bleichsellerie in Stücke von 7 cm schneiden und blanchieren. Speck- und Zwiebelwürfel in wenig Fett anschwitzen, Bleichsellerie zugeben, mit Brühe oder Demi glace angießen und zugedeckt im Rohr schmoren.

Spargel

white asparagus *asperges (w)*

Spargelschäler (Messer mit verstellbarer Sparführung) unterhalb des Spargelkopfes ansetzen und die Schale in dünnen Streifen zum Ende hin rundum abschälen. Spargel abspülen, mit Bindfaden bündeln und an den Enden so abschneiden, dass die Stangen gleich lang sind.

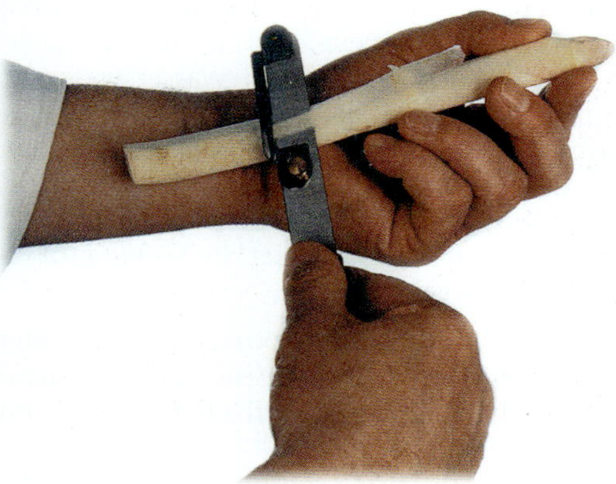

Abb. 1 Spargel schälen

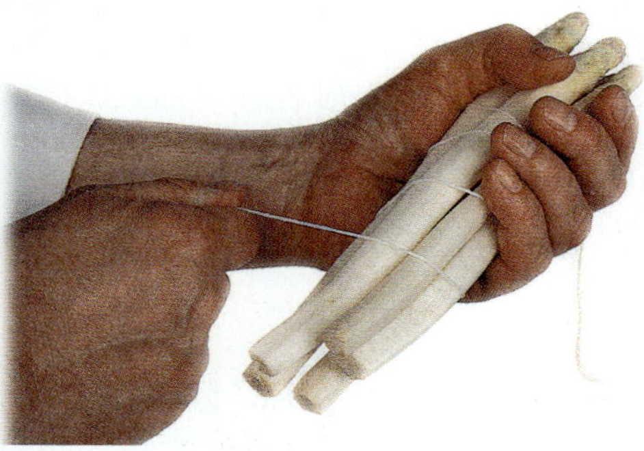

Abb. 2 Spargel portionsweise bündeln

Abb. 1 Spargel zum Kochen vorbereiten

Spargel in ausreichend leicht gezuckertem Salzwasser auf Biss kochen.

Für **gebackenen Spargel** gekochte Stangen mit Ausbackteig oder Panierung umhüllen und frittieren.

Spargel, grüner

green asparagus

asperges (w) vertes

Beim Schälen beginnt man etwa 5 cm oberhalb des Stangenendes.

Spinat

spinach *épinards (m)*

Spinat verlesen, von welken Blättern, beschädigten Teilen, Wurzeln und harten Stängeln befreien. Danach in reichlich Wasser waschen, damit anhaftende Erde und Ungeziefer weggeschwemmt werden. Wasser mehrmals wechseln. Dazu Gemüse immer aus dem Wasser nehmen, der Sand verbleibt am Boden des Geschirrs. Dann zum Abtropfen locker in einen großen Durchschlag legen.

Blanchierte, abgetropfte Spinatblätter versetzt aufeinanderlegen, damit jeweils eine genügend große Fläche entsteht. Blattflächen salzen und pfeffern.

Leichte Farce aus Fisch, Schlachtfleisch oder Geflügel esslöffelgroß auf die Spinatblätter häufen und einhüllen. Spinatwickel in flaches, ausgefettetes Geschirr legen.

Entsprechend der Füllung Fisch- oder Fleischbrühe untergießen und zugedeckt dünsten. Dünstfond leicht gebunden über die Spinatwickel gießen.

Tomatenfleischwürfel

tomato concasse

tomates (w) concassées

Tomate waschen, kurz blanchieren, in kaltem Wasser abschrecken, dann die Haut abziehen, vierteln und die Kerne entfernen. Die Tomatenfleischstücke je nach Bedarf so belassen oder nochmals in Längsstreifen oder in Würfel schneiden.

Abb. 2 Tomatenfleischstücke (Tomates concassées); gefüllte Käsetomate; Grilltomate

Gefüllte Tomaten:

Gleich große Tomaten waschen, Stielansätze ausstechen, Deckel abschneiden oder Tomate halbieren, Inhalt entnehmen. Die Tomaten würzen und in ein flaches, mit Butter ausgefettetes Geschirr setzen.

Füllung: Pilzfüllsel (Duxelles, Seite 162)
Mit Parmesan bestreuen, mit flüssiger Butter beträufeln und im Salamander überbacken.

Füllung: Blumenkohlröschen, Brokkoliröschen
Mit Mornaysauce überziehen, mit Käse bestreuen, mit Butter beträufeln und überbacken.

Füllung: Blattspinat
Butterbrösel darübergeben.

Füllung: Gemüsemais in Butter sautieren

Weißkohl

white cabbage *chou blanc (m)*

Unschöne Außenblätter entfernen. Den Kohlkopf vom Strunk aus vierteln oder sechsteln. Strunkanteil abtrennen. Kohlstücke abspülen, dicke Rippen flach schneiden und einzelne Blattlagen gemäß vorgesehener Zubereitung zerkleinern.

Zum Füllen wird **Weiß- oder Wirsingkohl** als ganzer Kopf belassen oder man bricht die Blätter einzeln ab.

Der Strunk wird ausgeschnitten, der Kopf gewaschen und in Salzwasser oder im Dämpfer so lange gegart, bis die Blätter elastisch sind und sich formen lassen.

Die Kohlblätter gibt man dann in Eiswasser, lässt sie darin abkühlen und anschließend in einem Durchschlag abtropfen.

Gefüllte Kohlköpfchen

stuffed cabbage
tête de choux farcis (m)

Große Blätter auslegen und jedem Blatt eine Anzahl kleinerer Mittelblätter zugeben. Mit Salz und Pfeffer würzen, in die Mitte ein Bällchen Fleischfüllung setzen und die Blätter darumschlagen. Mit Hilfe eines Tuches den gefüllten Kohl zu Köpfchen formen, die man in vorgefettete Geschirre ordnet.

Kohlköpfchen können anstatt mit Fleischfüllung auch mit kleinen Kohlstückchen gefüllt werden.

Abb. 1 Kohlköpfchen und Kohlrouladen

Wirsing

savoy cabbage *chou de Milan (m)*

Wie beim Weißkohl, so auch beim Wirsing die beschädigten Blätter abnehmen. Danach den Wirsingkopf in Viertel schneiden und die Strunkanteile direkt am Blattansatz abtrennen. Da Wirsingkohlblätter locker aneinanderliegen und von blasiger Struktur sind, ist der Befall durch Ungeziefer eher gegeben. Aus diesem Grund muss Wirsing besonders gründlich gewaschen werden.

Sauerkraut

sauerkraut *choucroute (w)*

Bedarf für 10 Portionen

100 g	Zwiebelstreifen
100 g	Apfelschnitze
60 g	Schmalz von Schwein oder Gans
50 g	Speckwürfel
0,3 l	Wasser
0,1 l	Weißwein
1,5 kg	Sauerkraut
1 EL	Honig
	Salz
1	Gewürzbeutel (Kümmel, Nelke, Wacholderbeeren, Lorbeerblatt)

- Speckwürfel, Zwiebelstreifen und Äpfel in erhitztem Schmalz farblos anschwitzen.
- Wasser angießen und aufkochen.
- Sauerkraut aufgelockert in den kochenden Ansatz geben und durchrühren.
- Alles rasch zum Kochen bringen.
- Gewürzbeutel in die Mitte stecken.
- Das Geschirr zudecken und den Inhalt bei mäßiger Hitze garen.
- Verdampfende Flüssigkeit ersetzen.
- Nach etwa halber Garzeit den Weißwein angießen.
- Wenn das Sauerkraut genügend gar ist, den Gewürzbeutel entfernen.
- Das Kraut mit dem Honig vollenden.

Gegartes Sauerkraut soll hell sein, appetitlich glänzen, fast keine sichtbare Flüssigkeit aufweisen, einen feinen säuerlichen Geschmack haben und beim Verzehren den Zähnen noch leichten Widerstand bieten (al dente sein).

Beide Krautarten erhalten durch etwas angerührte Stärke oder durch rechtzeitige Zugabe von fein geriebenen rohen Kartoffeln eine leicht sämige Bindung.

Zucchini

zucchini *courgettes (w)*

Zucchini (auch Zucchetti genannt) waschen. Das verbliebene sechseckige Stielende abschneiden. Junge, sehr kleine Früchte können ungeschält verwendet werden. Größere enthalten Bitterstoffe. Die Schale sowie das große Kerngehäuse sind deshalb zu entfernen.

Für **gefüllte Zucchini** Früchte waschen, längs halbieren. Fruchtfleisch einschneiden, ohne die Schale zu beschädigen. Früchte kurze Zeit frittieren oder auf den Schnittflächen braten. Weiches Fruchtfleisch entnehmen. Schalenhälften in gefettete Backplatte legen.

Gegarten Reis, Tomatenfleischwürfel, Kurzbratfleisch von Lamm in Schalottenbutter angebraten, reduzierte Jus, Gewürze sowie das gehackte Fruchtfleisch mischen. In die Schalenhälften füllen. Mit Parmesan bestreuen, mit Butter beträufeln und im Ofen backen.

Küche

Zwiebeln

onions *oignons (m)*

Zwiebeln schälen, die am Zwiebelboden haftenden Wurzelfasern und den vertrockneten Lauchansatz entfernen. Entsprechend der Verwendung in Stücke, Würfel, Streifen oder Ringe schneiden.

Zwiebelpüree

mashed onions *purée (w) d'oignons (Soubise)*

Zwiebelpüree wird zur Ergänzung von Zubereitungen verwendet.

- Zwiebelscheiben blanchieren, abtropfen, mit Butter andünsten.
- Rundkornreis zugeben, kochende Milch angießen, würzen, zugedeckt im Ofen ohne Farbgebung weichdünsten.
- Ansatz durch ein feines Sieb streichen, wieder erhitzen,
- Sahne mit Eigelb verrühren, unter das Zwiebelpüree rühren und mit Butter verfeinern.

Zwiebelpüree kann geschmacklich variiert werden, indem man vor dem Legieren kleingehackte Champignons untermischt.

Bedarf für 10 Portionen

500 g	Zwiebeln
50 g	Rundkornreis
90 g	Butter
0,4–0,5 l	Milch
3 EL	Sahne
2	Eigelb
	Salz, Pfeffer

Beide Arten eignen sich:

- **zum Füllen und Überbacken von Gemüsen, Kalbsrücken und Lammrücken;**
- **zum Überbacken auf gebratenen Koteletts, Steaks und Medaillons von Kalb und Lamm.**

Ratatouille (Südfranzösischer Gemüsetopf)

Ratatouille *ratatouille (w)*

- Zwiebelwürfel und durchgedrückte Knoblauchzehen in Öl anschwitzen.
- Paprikastreifen zugeben und kurz mitdünsten.
- Scheiben oder Würfel von Zucchini und Auberginen sowie das Tomatenmark einrühren,
- zugedeckt kurz dünsten lassen, evtl. etwas Brühe angießen, würzen und abschmecken.
- Kurz vor dem Anrichten Tomatenfleischstücke unterheben und
- mit den frischen, gehackten Kräutern geschmacklich vollenden.

Bedarf für 10 Portionen

3 EL	Olivenöl
1–2	Knoblauchzehen
300 g	Paprika rot/grün
300 g	Zucchini
200 g	Zwiebeln
1 TL	Tomatenmark
300 g	Auberginen
300 g	Tomaten
	Salz, Pfeffer,
	Thymian, Oregano,
	Basilikum

Verschiedene Arten der Fertigstellung – Übersicht

Die gegarten Gemüse lassen sich auf vielfältige Weise fertigstellen. Dabei zeigen sich Gemeinsamkeiten zwischen manchen Arten.

Die folgende Aufstellung zeigt diese Gemeinsamkeiten und macht zugleich die Unterschiede deutlich.

englische Art	*english style* *à l'anglaise*
Gemüse	Erbsen, Karotten, Bohnen, Brokkoli, Blumenkohl, Bleichsellerie, Spargel
Garverfahren	Kochen, Dämpfen
Fertigstellung	Gegartes Gemüse abgetropft anrichten. Butterstückchen darauflegen oder gesondert geben. Gewürze und gehackte Kräuter separat reichen.

in brauner Butter	*in brown butter* / *au beurre noisette*
Gemüse	Bohnen, Blattspinat, Blumenkohlröschen, Rosenkohl
Garverfahren	Kochen, Dämpfen
Fertigstellung	In flachem Geschirr Butter bräunen. Gegartes, abgetropftes Gemüse dazugeben, durchschwenken und anrichten.

mit Butter-krüstchen	*with bread-crumbs* / *aux croûtons*
Gemüse	Chicorée, Blumenkohl, Brokkoli, Fenchel, Spargel, Sellerie
Garverfahren	Kochen, Dämpfen, Dünsten
Fertigstellung	Gegartes Gemüse anrichten. Butter bräunen, kleinste geröstete Weißbrotwürfel oder grobe Brösel beifügen und über das Gemüse geben.

glasiert	*glaced* / *glacé*
Gemüse	Karotten, Schwarzwurzeln, Speiserübchen, Kohlrabi, Perlzwiebeln, Maronen, Zucchini
Garverfahren	Dünsten
Fertigstellung	Gemüsefond sirupartig einkochen, evtl. noch Butterstückchen beigeben. Gemüse durch Schwenken glasieren (glänzen). Bei Maronen und braunglasierten Zwiebeln Zucker beim Ansetzen zunächst zu Karamell schmelzen.

in Sahne	*with cream* / *à la crème*
Gemüse	Karotten, Schwarzwurzeln, Kohlrabi, Erbsen, Gurken, Auberginen
Garverfahren	Dünsten
Fertigstellung	Dünstfond kurz halten. Bevor das Gemüse gar ist, Sahne angießen. Offen weiterkochen, bis leichte Bindung erreicht ist.

gratiniert	*gratinated* / *au gratin*
Gemüse	Blumenkohl, Brokkoli, Fenchel, Schwarzwurzeln, Spargel, Bleichsellerie, Rosenkohl
Garverfahren	Kochen, Dämpfen, Dünsten
Fertigstellung	Reduziertem Dünstfond Mornaysauce beigeben. Abgetropfte Gemüse in ausgefetteten Backplatten anrichten. Mit Sauce überziehen, Käse bestreuen, Butter beträufeln, im Salamander gratinieren (überbacken).

Abb. 1 Überbackenes/gratiniertes Gemüse

Flan

Flan *flan (m)*

Gemüse wird nach dem Kochen oder Blanchieren püriert. Das Püree wird abgeschmeckt und mit Vollei und Sahne verrührt. Diese Masse wird in gebutterte Timbal oder ähnliche Förmchen gefüllt und im Wasserbad pochiert. Nach dem Stürzen wird der Flan als Beilage zu Hauptgerichten, als warme Vorspeise oder als Zwischengericht serviert. Der Flan kann auch kalt als Terrine serviert werden.

Püree von ...

mashed ... *... en purée*

Gemüse wie z. B. Brokkoli, Möhren, Sellerie, Spinat

Garverfahren: Kochen, Dämpfen, Dünsten

1.3 Besonderheiten bei vorgefertigten Gemüsen

particularities of prepared vegetables *particularités (w) des légumes préfabriqué*

Gemüse sind eine große Warengruppe, die zudem in fast jeder Speisenzusammenstellung vorkommt. Darum werden in Verbindung mit Gemüse auch die arbeitstechnischen und wirtschaftlichen Zusammenhänge zwischen Frischware und vorgefertigten Produkten betrachtet.

Gemüse bedürfen immer der Vorbereitung, denn sie müssen von nicht genießbaren Teilen befreit werden. Diese Arbeiten können in der eigenen Küche durchgeführt oder von der Zulieferindustrie übernommen werden.

Das breite Angebot an vorgefertigten Produkten kann unterschieden werden

- nach dem Grad der Vorbereitung und
- nach der Art der Qualitätserhaltung/Haltbarmachung.

Werden vorgefertigte Produkte verwendet,

- ist der Wareneinsatz je Portion geringer,
- spart die Küche Arbeitszeit,
- sind die Mehrkosten beim Einkauf gegenüber den möglichen Einsparungen – vor allem an Arbeitszeit – abzuwägen.

Vorbereitete Rohware, gekühlt

- Gemüse oder Kartoffeln sind bereits gewaschen und geputzt bzw. geschält erhältlich.
- Blattsalate kann man schon gewaschen und gezupft kaufen.
- Kartoffelkloßmasse ist frisch als Rohmasse zu beziehen.

Nasskonserven

Gemüse sind fertiggegart, sie werden im eigenen Fond erwärmt, abgetropft und

- mit Butterflocken vollendet oder
- mit Sauce gebunden.

Tiefkühlware

Gemüse haben kürzere Garzeit, weil durch das Blanchieren und Frosten die Zellstruktur bereits gelockert wurde.

- Stückgemüse (Bohnen, Erbsen) in kochendes Wasser geben.
- Blockgemüse (Spinatblock) unter Zugabe von wenig Wasser langsam erwärmen.

Trockenware

Gemüse sind meist einzuweichen, damit die Zellen das beim Trocknen entzogene Wasser wieder aufnehmen können.

Einweichwasser nach Möglichkeit mitverwenden.

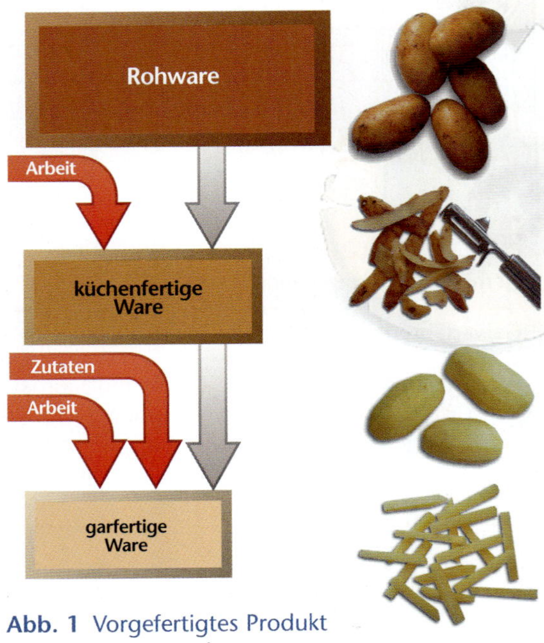

Abb. 1 Vorgefertigtes Produkt am Beispiel Pommes frites

Aufgaben

1 Wodurch gehen wichtige Wirkstoffe der Gemüse verloren?
2 Beschreiben Sie die Vorbereitung von Spargel.
3 Was soll mit den Garflüssigkeiten der Gemüse geschehen?
4 Welches Gemüse hat den höchsten Vorbereitungsverlust?
5 Nennen Sie vier Schnittformen für Gemüse.
6 In welche Formen können Zwiebeln geschnitten werden?
7 Nennen Sie die Grundzubereitungsarten für Gemüse.
8 Wie werden Gemüse vor dem Frittieren behandelt?
9 In welcher Form können Sie vorgefertigte Gemüse beziehen?
10 Schildern Sie die Zubereitung von Ratatouille.
11 Nennen Sie mindestens acht Gemüse, die sich zum Füllen eignen.

2 Pilze

mushrooms *champignons (m)*

Pilze sind nicht lange lagerfähig, da sie leicht verderbliches Eiweiß enthalten. Sie sollten deshalb nach der Ernte bzw. Lieferung rasch verarbeitet werden. An Druck- und Faulstellen tritt der Eiweißabbau sofort ein, es kommt zum Verderb.

Sollen gegarte Pilze aufbewahrt werden, sind sie sofort abzukühlen und bei Bedarf wieder zu erwärmen.

2.1 Vorbereiten

preparation *préparation (w)*

Frische Pilze wie Champignons, Pfifferlinge und Steinpilze werden am häufigsten verwendet. Sie sind sorgfältig zu putzen. Nach gründlichem Waschen Pilze aus dem Wasser heben, damit die erdigen Bestandteile auf dem Boden des Gefäßes bleiben. Nicht abgießen. Gewaschene Pilze umgehend garen.

Getrocknete Pilze sind vor dem Verwenden einzuweichen, damit genügend Wasser eindringen kann.

Die getrockneten Pilze legt man zunächst zum Anquellen in Wasser und wäscht sie anschließend. Danach werden sie mit Wasser bedeckt eingeweicht.

Das Einweichwasser kann beim Garen mit verwendet werden; es enthält wertvolle Inhaltsstoffe.

2.2 Zubereiten

cooking *cuisson (w)*

Champignons

Gedünstete Champignons

stewed mushrooms
champignons (m) étuvés

Bedarf für 10 Portionen

2 kg	Champignons
60 g	Zitronensaft
140 g	Butter
20 g	Salz

- Champignons putzen, waschen und zum Abtropfen in einen Durchschlag legen.
- Butter, Zitronensaft, Salz und einen Schuss Wasser in geräumigem Geschirr zum Kochen bringen.
- Champignons hineingeben, durchrühren und zugedeckt etwa 6 Minuten dünsten.

Siehe Abb. Seite 162

Küche

Abb. 1 Gedünstete und gebackene Champignons

Gebackene Champignons

🇬🇧 *deep fried field-mushrooms*
🇫🇷 *champignons (m) frits*

Bedarf für 10 Portionen

1 kg gleichmäßig große, rohe Champignons
für Panierung: 3 Eier, Mehl und Semmelbrösel
Zitrone, Salz, weißer Pfeffer
Fett zum Backen

- Champignons putzen, dabei evtl. die Stiele etwas kürzen, waschen und abtrocknen.
- Mit Mehl, Ei und Brösel panieren.
- In heißem Fett (Frittüre) backen, abtropfen lassen.
- Mit Zitrone, Pfeffer und Salz würzen.

Duxelles

🇬🇧 *duxelles* 🇫🇷 *duxelles (w)*

Bedarf für 10 Portionen

250 g	feine Zwiebel- und/oder Schalottenwürfel
700 g	feingehackte, rohe Champignons
150 g	Butter
50 g	gehackte Petersilie
4 cl	Sherry (trocken)
	Salz, Pfeffer

Duxelles ist eine Grundzubereitung aus gehackten Pilzen, die zur Vervollständigung von Speisen, zum Füllen von Gemüsen, Fleisch- und Teigtaschen verwendet wird.

- Zwiebeln und Schalotten farblos anschwitzen
- Champignons zugeben, salzen, pfeffern.
- Sherry zugießen und so lange dünsten, bis der ausgetretene Pilzsaft eingekocht ist.
- Petersilie untermischen und Duxelles in ein flaches Geschirr geben.
- Auskühlen lassen.

Duxelles kann durch Zugabe von Schinken variiert oder mit Demiglace leicht gebunden werden.

Morcheln

Rahmmorcheln

🇬🇧 *morels in cream*
🇫🇷 *morilles (w) à la crème*

Bedarf für 10 Portionen

200 g	getrocknete Morcheln
160 g	feine Zwiebelwürfel
120 g	Butter
1 TL	geschnittener Schnittlauch
0,5 l	Sahne
	Salz, Pfeffer

- Pilze in lauwarmem Wasser anquellen, gründlich waschen, mit Wasser bedeckt einweichen.
- Gequollene Morcheln aus dem Wasser nehmen.
- Einweichwasser aufbewahren.
- Zwiebelwürfelchen mit Butter anschwitzen.
- Morcheln salzen, pfeffern und zu den Zwiebeln geben.
- Das vom Bodensatz abgegossene Einweichwasser beifügen und die Pilze zugedeckt etwa 25 Minuten dünsten.
- Sahne an die Morcheln gießen und bei offenem Geschirr einkochen, bis die Flüssigkeit leicht gebunden ist.
- Angerichtete Rahmmorcheln mit Schnittlauch bestreuen.

Pfifferlinge

Sautierte Pfifferlinge mit Speck

🇬🇧 *sauted chanterelles*
🇫🇷 *chanterelles (w) sautées au lard*

Bedarf für 10 Portionen

1,5 kg	Pfifferlinge
200 g	magerer, durchwachsener Räucherspeck in Würfelchen
200 g	Schalottenwürfelchen
2 EL	gehackte Petersilie
	Salz, Pfeffer
60 g	Butter

- Pfifferlinge putzen, gründlich waschen und zum Abtropfen in einen Durchschlag legen.

- Flaches Geschirr ausfetten. Pilze zugeben, salzen und zugedeckt im alsbald austretenden Saft 10 Minuten garen.
- Speckwürfel in Stielpfanne anbraten, abgetropfte Pfifferlinge dazugeben.
- Schalotten und Butter beifügen, leicht pfeffern und
- bei starker Hitze und mehrfachem Schwenken sautieren.
- Gehackte Petersilie untermengen und anrichten.

© Hamon, J.-F./StockFood

Abb. 1
Waldpilzpfanne

Austernpilze

Gedünstete Austernpilze

oyster mushrooms *pleurotes (m)*

Bedarf für 10 Portionen

1,5 kg	vom Strunk befreite Austernpilze
200 g	Schalottenwürfelchen
60 g	Butter
2 EL	gehackte Küchenkräuter (Petersilie, Schnittlauch, Kerbel, Zitronenmelisse, Kresse usw.)
	Salz, Pfeffer, Zitrone

- Austernpilze waschen und abtropfen lassen.
- Schalotten in Butter glasig angehen lassen, Pilze zugeben und
- kurz zugedeckt leicht dünsten, dann im eigenen Saft schwenken (sautieren).
- Kräuter zugeben, würzen und anrichten.

Steinpilze

Steinpilze mit Brotkrüstchen

ceps with croûtons
cèpes (m) aux croûtons

Bedarf für 10 Portionen

1,5 kg	Steinpilze
80 g	feine Schalottenwürfel
60 g	feinste, geröstete Weißbrotwürfel
80 g	Öl
60 g	Butter
1 EL	gehackte Petersilie
	Knoblauchsalz, Pfeffer

- Steinpilze putzen, gründlich waschen und abgetropft mit einem Tuch trockenreiben.
- Pilze in flache Stücke schneiden.
- Öl in geräumiger Stielpfanne erhitzen.
- Zerkleinerte Pilze salzen, pfeffern, in die Pfanne geben und bei entsprechender Hitze leicht anbraten.
- Pilzsaft soll dabei nicht austreten.
- Pilze in ein vorgewärmtes Geschirr geben.
- In der gleichen Pfanne Butter aufschäumen lassen.
- Schalottenwürfel und Pilze wieder beifügen, Brotkrüstchen dazustreuen.
- Alles nochmals kurz erhitzen und mit Petersilie bestreut anrichten.

Shiitake-Pilze

Shiitake-Pilze (10 Portionen)

chinese mushrooms *shitakes (m)*

Zubereitung und Zutaten wie Steinpilze oder Austernpilze.

Beilagen zu Pilzgerichten

Als Beilage eignen sich Semmelknödel, Serviettenknödel, Salzkartoffeln, Kartoffelschnee, Nudeln und Gnocchi.

Aufgaben

1 Was ist bei der Lagerung von Pilzen zu beachten?
2 Was versteht man unter „Duxelles"?
3 Welche Beilagen eignen sich zu Pilzgerichten?
4 Nennen Sie vier Pilzgerichte mit Beilagen (speisekartengerecht).
5 Nennen Sie vier Hauptgerichte, bei denen Pilze als Garnitur oder Zutat verwendet werden.
6 Was haben Sie bei der Verwendung von getrockneten Pilzen zu beachten?

3 Salate

salad · salades (w)

Allgemein versteht man unter Salaten Zubereitungen aus frischen grünen Blättern, Gemüse, Pilzen, Kartoffeln, Obst, aber auch Fleisch, Fisch, Geflügel usw. und einer Salatsauce (Marinade).

Hier werden die Salate aus **pflanzlichen Zutaten** behandelt, Salate aus anderen Zutaten sind im Bereich kalte Küche und Patisserie zu finden.

3.1 Salatsaucen – Dressings

salad dressings · sauces (w) froides pour des salades

Für die Bezeichnungen von Salatsaucen, Marinaden, Dressings und Dips gibt es keine verbindlichen Richtlinien.

Salatsaucen oder **Marinaden** sind überwiegend klar und flüssig. *Blattgemüse* werden darin gewendet oder damit beträufelt. *Festere Gemüsearten* vermischt man mit der Marinade und lässt sie darin längere Zeit durchziehen.

Dressings sind vorwiegend sämig. Die emulgierende Bindekraft kommt von Joghurt, Sahne, gekochtem Eigelb, das durch ein Sieb gestrichen worden ist, Mayonnaise usw.

Ein **Dressing** wird meist über den angerichteten Salat gegeben und erst vom Gast entsprechend vermischt.

Dips sind kalte, dickflüssige Saucen zum Eintauchen kleinerer Happen, z. B. Fingerfood.

Der Name leitet sich ab vom englischen to dip = eintauchen.

Der Fachhandel bietet neben den klassischen Salatsaucen auch Salatsaucen für unterschiedliche Spezialitäten. Die meisten dieser Produkte sind mit nicht kennzeichnungspflichtigen Bindemitteln/Emulgatoren versetzt, damit sich die Bestandteile bei der Lagerung nicht entmischen.

Hauptbestandteile aller Salatsaucen sind neben Salz

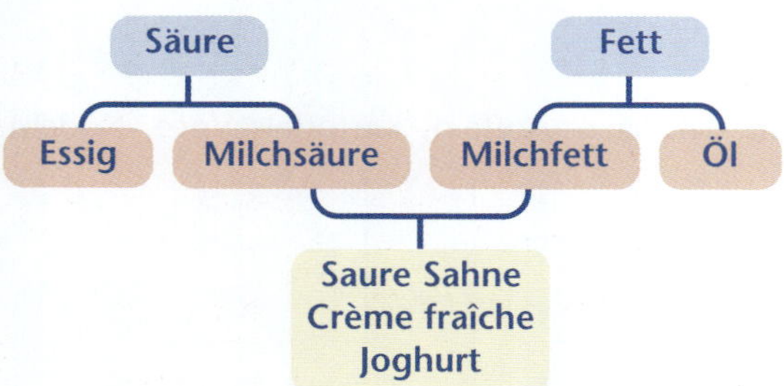

Säure

- Säure verleiht erfrischend pikante Note.
- Säure ist enthalten in Essig, Zitronensaft und Orangensaft, in Joghurt und Sauerrahm.

Abb. 1 Säureträger

Öl/Fett

- fördert die Geschmacksentfaltung und die Ausnutzung fettlöslicher Vitamine
- dient als Gleitmittel, besonders wichtig bei roh belassenem Salat
- Öle liefern Sonnenblumen, Erdnüsse, Oliven, Disteln, Kürbiskerne, Traubenkerne, Maiskeimlinge und Walnüsse sowie Mischungen mit Sahne oder Mayonnaise.

Abb. 2 Herstellung eines Dressings

Für den Gebrauch in der Küche wird die hergestellte Salatsauce (Marinade) zweckmäßig in Flaschen gefüllt und kühl gehalten. Vor jeder Entnahme ist die Sauce kräftig durchzuschütteln, damit eine günstige Verteilung von Öl und anderen Geschmackszutaten erfolgt. Die meisten Salatsaucen basieren auf Grundrezepten. Das persönliche Können besteht darin, die Rezepte so zu ergänzen, dass durch die Verbindung von Sauce und Naturalien ein wohlschmeckender Salat entsteht. Bei den folgenden Rezepten ist Speiseessig mit 5 % Säuregehalt vorgesehen.

Salatsaucen auf Essig/Öl-Grundlage

Bedarf
1 Teil Essig
1–2 Teile Öl
Salz, Pfeffer

Vinaigrette

- Salz in Essig auflösen, Öl dazurühren und
- mit wenig Pfeffer würzen,
- mit Zucker abrunden.
- Essig kann durch Zitronen- oder Limettensaft ersetzt werden.

Geeignet zu allen Salaten.

Bedarf
1 Teil Essig
1–2 Teile Öl
Salz, französischer Senf, Knoblauch, Pfeffer

Salatsauce mit Senf – French Dressing

- Salatschüssel mit der Schnittfläche einer halbierten Knoblauchzehe ausreiben.
- Darin Salz, Essig und Senf verrühren,
- Öl langsam dazurühren.
- Leicht mit Pfeffer abschmecken.

Geeignet zu Blattsalat und Gemüsesalat.

Bedarf
1 Teil Essig
1–2 Teile Öl
Salz, Pfeffer
Kräuter (Petersilie, Kerbel, Estragon, Schnittlauch)
Schalotten

Salatsauce mit Kräutern

- Salz in Essig auflösen, Öl einrühren, würzen.
- Frisch gehackte Kräuter und Schalotten zugeben.

Geeignet zu Salaten ohne Obst.

Bedarf
1 Teil Essig
1–2 Teile Öl
geröstete Speckstreifchen und Zwiebelstreifen
Salz, Pfeffer

Salatsauce mit geröstetem Speck

- Salatsauce mit Essig und Öl herstellen.
- Die noch warmen Speckstreifchen und Zwiebelstreifen auf oder unter den angemachten Salat geben.

Geeignet zu Kopf-, Löwenzahn-, Brunnenkresse-, Feld-, Kraut- oder Kartoffelsalat.

Salatsaucen aus Milchprodukten

Bedarf
4 Teile Sahne
1 Teil Zitronensaft
Salz, Pfeffer oder Edelsüßpaprika

Salatsauce mit Sahne

- Flüssige Zutaten verrühren,
- mit Salz und Gewürzen abschmecken.

Geeignet zu Blattsalat, Salat mit Obst, Gemüsesalat.

Bedarf
1 Becher Joghurt (250 g)
2 EL Orangensaft
1 TL Zitronensaft
Spritzer Worcestershire Sauce
2 EL Öl
Salz, Pfeffer

Salatsauce mit Joghurt

- Joghurt, Orangen-, Zitronensaft und Worcestershire Sauce glattrühren.
- Öl darunterschlagen und würzen.

Geeignet zu allen Salaten.

Bedarf

5 Teile saure Sahne oder Crème fraîche
1 Teil Zitronen- oder Limettensaft
Salz, Pfeffer
1 EL geschnittener Dill

Salatsauce mit saurer Sahne und Dill

- Sahne und Zitronensaft glattrühren,
- mit Gewürzen und Dill ergänzen.

Geeignet zu Blattsalat, Gemüsesalat.

Bedarf

50 g Roquefort
3 EL Sahne
1 EL Chablis (weißer Burgunder) oder Weißwein
1 EL Limettensaft
1 EL Öl
Pfeffer

Salatsauce mit Roquefort – Roquefort-Dressing

- Passierten Roquefort, Sahne, Weißwein und Limettensaft glattrühren.
- Öl darunterschlagen und würzen.
- Wenig Salz verwenden, weil Roquefort kräftig gewürzt ist.

Geeignet zu Blattsalat, Löwenzahn-, Bleichsellerie-, Tomatensalat.

Salatsaucen auf Ei-Grundlage

Bedarf

2 gekochte Eigelbe
Msp. Sardellenpaste
1 TL scharfer Senf
1 TL Essig
3 EL Öl
1 EL Sahne
Pfeffer

Salatsauce mit gekochtem Eigelb

- Fein passiertes Eigelb, Sardellenpaste, Senf und Essig glattrühren.
- Öl tropfenweise unterrühren,
- abschließend Sahne und Pfeffer dazugeben.

Geeignet zu Blattsalat und Gemüsesalat.

Bedarf

2 Teile würzige Mayonnaisensauce
1 Teil püriertes Tomatenfleisch oder Ketchup
1 EL geschlagene Sahne
Salz, Pfeffer, Zucker, Worcestershire Sauce, Spritzer Weinbrand, Msp. Meerrettich

Salatsauce mit Tomaten – Cocktailsauce

- Mayonnaise und Tomatenpüree glattrühren,
- Sahne unterheben und würzen.

Geeignet zu Blattsalat und Gemüsesalat.

3.2 Salate aus rohen Gemüsen/Rohkost

salads of raw vegetables *salades (w) de légumes crus*

Zur Verarbeitung gelangen **Blattsalate** und **Gemüse:**

Blattsalate	
Lollo rosso	Kopfsalat (grüner Salat)
Eichblattsalat	Brunnenkresse
Friséesalat	Gartenkresse
Chicorée	Löwenzahn
Eissalat (Krachsalat)	Radicchio
Endivie	Chinakohl
Feldsalat (Ackersalat)	Rucola

Blattsalate werden verlesen, von welken Teilen, Strünken und starken Blattrippen befreit und anschließend gewaschen. Dabei verwendet man reichlich Wasser, damit anhaftender Sand und Schmutz leicht abgespült werden können und die Blätter nicht geknickt werden. Salate dürfen nicht im Wasser liegen bleiben, weil es sonst zu Auslaugverlusten kommt und wertbestimmende, lösliche Inhaltsstoffe verloren gehen.

Damit gewaschener Salat in Verbindung mit der Marinade den vollen Geschmack behält, wird er in der Salatschleuder oder in einem Drehkorb durch Schwingen von noch anhaftenden Wasserperlen befreit. Bis zum Fertigstellen ist er flach und kühl aufzubewahren.

Die großen Blätter des Kopfsalats sind in mundgerechte Stücke zu zerpflücken.

Gemüse		
Bleichsellerie	Möhren	Gurken
Paprikaschoten	Fenchel	Weißkohl
Knollensellerie	Pilze	Rettich
Radieschen	Rotkohl	Tomaten

Gemüse, die roh verarbeitet werden, muss man gründlich waschen, Gurken, Knollen und Wurzeln schälen; Tomaten evtl. brühen und abziehen, Paprikaschoten von Stiel, Scheidewänden und Samenkernen befreien.

Die Zerkleinerung richtet sich nach der Beschaffenheit der Gemüse und erfolgt durch:

- Zerpflücken (Blattsalate)
- Schneiden in Streifchen (Kohlarten)
- Hobeln in Scheibchen (Gurken, Rettich)
- Raspeln (weichere Gemüse und Obst)
- Raffeln (Gemüse mit fester Struktur)
- Reiben (Zwiebeln, Meerrettich, Nüsse).

Anmachen – Marinieren

Die vorbereiteten Salatbestandteile werden mit der jeweiligen Marinade in einer Salatschüssel angemacht. Das Mischen bzw. Wenden mit dem Salatbesteck muss gründlich, jedoch behutsam erfolgen, damit alle Bestandteile zwar mit Marinade umgeben sind, aber unbeschädigt bleiben.

- **Unmittelbar vor dem Service fertiggestellt** werden Blattsalate und Salate aus zartem Gemüse, wie z. B. Gurke und Tomate, damit sie frisch und knackig bleiben. Würde man sie zu früh anmachen, zöge das Salz Flüssigkeit. Der Salat würde weich.
- **Längere Zeit vor dem Service fertiggestellt** werden Salate aus festeren, weniger saftreichen Gemüsearten, wie z. B. Möhren, Kohl, Paprikaschoten und Sellerie. Die Marinade kann dann einziehen und der Geschmack kommt voll zur Geltung.

Zubereitungsbeispiele

Apfel-Möhren-Rosinen-Salat

Möhren raffeln, Äpfel raspeln und mit Orangensaft vermischen. In Orangensaft eingeweichte Rosinen dazugeben. In halben Orangenschalen, Gläsern oder Glasschalen anrichten. Ein Löffelchen halbsteif geschlagene Sahne, abgeschmeckt mit geriebenem Meerrettich, aufsetzen und mit Haselnussscheibchen bestreuen.

Birnen-Radieschen-Kresse-Salat

Reife Birnen längs halbieren, Kerngehäuse entfernen. Fruchtfleisch mit einem olivenförmigen Kartoffelausbohrer entnehmen. Johannisbeersaft darüberträufeln, Radieschenscheiben und Kresse beifügen. Dickmilch und Öl verrühren, die Salatteile darin wenden und in die ausgehöhlten Birnenhälften einfüllen; geschnittenen Schnittlauch aufstreuen.

Abb. 1 Rohkostsalat

Rotkraut-Apfel-Weintrauben-Salat

Rotkraut und Äpfel in feine Streifen schneiden und mit Zitronensaft vermischen. Abgezupfte weiße Weinbeeren halbieren und ohne die Kerne zu den streifigen Zutaten geben. Mit ein wenig geriebener Zwiebel, Johannisbeergelee und Öl anmachen. Zum Durchziehen bedeckt kühl stellen. In Glasschalen anrichten und mit grob gehackten Walnusskernen bestreuen.

Radicchio-Fenchel-Melonen-Salat

Melone in Scheibchen, Fenchelknolle und Radicchio in Streifchen schneiden, mit Orangensaft beträufeln und alles vermischen. Gleiche Teile Frischkäse, pikante Mayonnaise und püriertes Tomatenfleisch verrühren, mit geriebenem Meerrettich und geschnittenem Fenchelgrün abschmecken. Die Salatbestandteile damit anmachen, auf Glasplatten anrichten und mit Brunnenkresse einfassen.

3.3 Salate aus gegarten Gemüsen

salads of cooked vegetables
salades (w) de légumes cuits

Für diese Salate kommen vorwiegend in Betracht:

Artischocken	Knollensellerie	Erbsen
Blumenkohl	Lauch	Rote Rüben
Brokkoli	Möhren	Spargel
Bohnenkerne	Pilze	Grüne Bohnen

Die Gemüse können im rohen oder gekochten Zustand in verschiedene Formen geschnitten werden. Bei Knollen und Rüben ist auch der Einsatz von Ausbohrern, Ausstechern oder eines Buntmessers (geriefte Schneide) möglich.

Die Schnittfläche von ungegarten, hellen Gemüsen verfärben sich unter Einwirkung von Luftsauerstoff. Besonders empfindlich sind Artischocken und Sellerie. Um dem entgegenzuwirken, legt man die Gemüse bis zum Garen in Wasser, das mit Essig oder Zitronensaft gesäuert ist. Die zugeschnittenen rohen Gemüse sind in leicht gesalzenem Wasser unter Zusatz von wenig Öl zu kochen. Dabei soll das Gemüse voll aufgeschlossen, aber nicht übergart werden.

Um Aroma und Geschmack zu erhalten, müssen die gekochten Gemüse in ihrem Garfond abkühlen. In der heißen Flüssigkeit zieht das Gemüse noch nach, deshalb ist der Garprozess rechtzeitig zu unterbrechen.

Anmachen – Marinieren

Salate aus gegarten Gemüsen sind im Voraus anzumachen, damit die Marinade einziehen kann. Kräuter, die in Säure rasch ihre schöne grüne Farbe verlieren, gibt man erst kurz vor dem Anrichten bei.

In der Regel sollte immer nur der jeweilige Tagesbedarf an Salaten mariniert werden.

Die abgetropften Gemüse werden mit der vorgesehenen Salatsauce in einer Salatschüssel gemischt.

Bis zum Anrichten legt man die Salate in flache Gefäße, deckt sie mit Folie zu und hält sie kühl.

Wird mit pikanter Mayonnaise angemacht, ist das abgetropfte Gemüse zunächst flach auf einem Tuch oder Küchenkrepp trockenzulegen. Noch anhaftende Feuchtigkeit würde die Mayonnaise zu dünnfließend machen und den Geschmack des Salates beeinträchtigen.

3.4 Anrichten von Salaten

presentation of salads
présentation (w) des salades

Abb. 1 Salat von geräucherten Forellen

Abb. 2 Pilzsülze mit rotem Chicorée, Frisee, Kirschtomaten und Walnussdressing

Abb. 3 Feldsalat mit Kartoffeldressing und Radieschensprossen

Alle Salatteile sollen mundgerecht zerkleinert sein, weil man zum Verzehren nur eine Gabel benutzt.

Die Salate sind locker und appetitlich anzurichten.

Geschmacksvariationen ergeben sich durch die Gemüsesorten und die unterschiedlichen Saucen sowie Ergänzungen, z. B. Kräuter oder Nüsse, mit denen die Salate fertiggestellt werden.

Die Farben frischer Salate üben eine appetitanregende Wirkung aus, deshalb ist beim Zusammenstellen und beim Anrichten der Salate auf wechselnde Farben zu achten. Aufgestreute Kräuter unterstützen manchmal das Farbenspiel.

Flache Schalen oder Platten aus Glas, aber auch kleine tiefe Teller oder Dessertteller sind zum Anrichten besonders vorteilhaft, weil sie Frische, Farbe und Form der Salate am wirkungsvollsten betonen.

Einfache Salate

simple salads *salades (w) simples*

Blattsalat oder Gemüse als einzelner Salat, z. B. Kopfsalat, Tomatensalat, Krautsalat, Gurkensalat, Bohnensalat oder Chicoréesalat.

Es ist zwischen den folgenden Möglichkeiten des Anrichtens zu unterscheiden:

Gemischte Salate

mixed salads *salades (w) mêlées*

Blattsalat und Gemüse werden miteinander vermischt, z. B. Kopf-Tomaten-Kresse-Salat oder Feld-Sellerie-Rote Rüben-Salat.

Salat-Komposition

assorted salads *salades (w) assorties*

Blattsalat und Gemüse sortiert nebeneinander, z. B. Chicorée-, Radieschen-, Gurken- und Eissalat oder Kopf-, Spargel-, Brokkoli- und Tomatensalat.

Abb. 1 Einfache Salate

Abb. 2 Salathygiene – Anrichten mit Handschuh

Abb. 3 Gemischter Salat

Abb. 4 Salat-Komposition

Küche

3.5 Kartoffelsalate

potato salads

salades (w) de pommes de terre

Zu einem guten Kartoffelsalat sind Kartoffeln zu wählen, die nicht zerfallen. Geeignete Sorten sind „Hansa" und „Sieglinde", beide sind mild bis kräftig im Geschmack, festkochend und formbehaltend.

Zubereitungsbeispiele

Kartoffelsalat

potato salad

salade (w) de pommes de terre

Bedarf

1 kg	Salatkartoffeln
100 g	feine Zwiebelwürfel
60 g	Öl
0,2 l	Fleischbrühe
4–6 EL	Essig
1 Msp.	hellen Senf
	Salz, Pfeffer
	Salatblätter zum Garnieren
1 EL	gehackte Kräuter

- Gewaschene Kartoffeln mit der Schale kochen,
- abgießen und zum Ausdampfen flach ausbreiten.
- Die noch warmen Kartoffeln pellen und in feine Scheiben schneiden.
- Fleischbrühe zusammen mit Zwiebeln und Essig aufkochen,
- Salz, Pfeffer und Senf beigeben, abschmecken,
- Öl dazurühren und die heiße Marinade über die Kartoffelscheiben gießen.
- Kartoffelsalat behutsam schwenken, bis er leicht gebunden ist.
- Angerichteten Kartoffelsalat mit Salatblättern einfassen und die Kräuter aufstreuen.

Kartoffelsalate können geschmacklich variiert werden.

Kartoffelsalat mit Mayonnaise

Kartoffelsalat mit halber Brühen- und Ölmenge herstellen. Etwa 60 g würzig abgeschmeckte Mayonnaise unterziehen.

Angerichteten Salat mit Radieschenscheiben einfassen und geschnittenen Schnittlauch aufstreuen.

Kartoffelsalat mit Löwenzahn und Speck

Anstelle von Öl: 100 g Bauchspeckstreifchen knusprig braten. Diese mit dem ausgetretenen Fett dem Kartoffelsalat beimischen, dazu eine Handvoll kurzgeschnittenen, leicht angemachtem Löwenzahn.

Dieser Salat ist zum direkten Verzehr bestimmt; noch lauwarm schmeckt er am feinsten.

3.6 Salatbüfett

salad bar *buffet (m) à salades*

In vielen Betrieben wird heute den Gästen Salat in Form eines Salatbüfetts angeboten. Ein nach Möglichkeit gekühltes Büfettmöbel steht an gut sichtbarer und leicht erreichbarer Stelle im Restaurant und lädt die Gäste zur Selbstbedienung ein.

Aufbau

Ein Salatbüfett sollte möglichst viel von der ganzen Palette der im Buch vorausgehend beschriebenen Salate anbieten, also sowohl viele Blatt- und Rohkostsalate mit extra bereitgestellten Dressings als auch bereits angemachte Gemüsesalate oder Salatkompositionen aus verschiedenen Zutaten wie Gemüse, Früchte, Fisch, Eier, Frischkäse und gegartem Fleisch.

Abb. 1 Salatbüfett

Dankbar sind die Gäste immer dann, wenn die Dressings und die angemachten Salate durch kleine Hinweisschilder gekennzeichnet bzw. benannt sind und der Gast somit Geschmacksrichtung und Zutaten erfährt und seine Auswahl entsprechend treffen kann.

Abrechnung

Die Verrechnung der Salate vom Büfett kann erfolgen:

- durch Verwendung verschiedener Teller- oder Glasschalengrößen,
- durch Wiegen der Salatmenge,
- durch einen Pauschbetrag,
- ohne getrennte Abrechnung, wenn der Salat bereits im Gericht einkalkuliert ist.

Worte, die verkaufen helfen

- frisch
- erfrischend durch den Gehalt an angenehmen Bitterstoffen
- knackig
- gesund
- energiearm
- wirkstoffreich
- hohe Nährstoffdichte
- appetitanregend
- herbwürzig
- ein Stück Natur
- ursprünglich
- unverfälscht
- kühlend im Sommer
- sehr bekömmlich
- vitaminschonend zubereitet
- marktfrische Ware
- leicht, nicht belastend.

Aufgaben

1 Nennen Sie Salate, die aus pflanzlichen Produkten hergestellt werden.

2 Unter welchen Voraussetzungen kann ein Salat als „vollwertig“ bezeichnet werden?

3 Erklären Sie bei Salatsaucen die Bedeutung der Zutatengruppen:
a) Öle, Rahm, Sahne oder Mayonnaise
b) Essig, Zitronen- oder Orangensaft, Joghurt oder Sauerrahm.

4 Welche Gemüse eignen sich für die Zubereitung von Rohkostsalat?

5 Welche Geschirrteile können zum Anrichten von Salaten verwendet werden?

6 Nennen Sie fünf verschiedene Salatsaucen und notieren Sie deren Zutaten.

7 Nennen Sie fünf Gemüse, die vor der Verarbeitung zu Salat gegart werden müssen.

8 Was versteht man unter „Dressing“?

9 Erstellen Sie eine Checkliste für die Bestückung und Kontrolle eines Salatbüfetts.

10 Welche Vorteile bringt ein Salatbüfett für: a) den Gastronomiebetrieb b) die Gäste?

11 Welche Abrechnungsverfahren werden beim Salatbüfett angewandt?

4 Beilagen *side dishes* *garnitures (w)*

Zu einem kompletten Gericht gehören neben Fleisch- oder Fischspeisen, Gemüsen oder Salaten auch stärkehaltige Beilagen. Wegen ihres hohen Stärkegehalts schmecken diese Beilagen neutral und eignen sich deshalb gut als Ergänzung. Der **Sättigungswert** beruht auf dem hohen Stärkegehalt. Die Grundlage für Beilagen dieser Art bilden Kartoffeln und Getreideerzeugnisse.

4.1 Kartoffeln *potatoes* *pommes (w) de terre*

Kartoffeln sind ein wesentlicher Bestandteil der Speisenzusammenstellungen, sie sind im Geschmack neutral und

- erlauben vielfältige Zubereitungsarten,
- harmonieren je nach Zubereitung mit den unterschiedlichsten Gerichten,
- enthalten Nähr- und Wirkstoffe in einem ausgewogenen Verhältnis.

Übersicht über Kartoffelzubereitungen

Die vielfältigen Kartoffelzubereitungen werden überschaubar, wenn man sie nach den Arten der Vorbereitung und Fertigstellung unterscheidet.

Diese Denkweise hilft, dem Bekannten das Neue zuzuordnen, und erleichtert so den Überblick.

Vorbereitung

Rohe Kartoffeln	Gekochte Kartoffeln (Pellkartoffeln, Salzkartoffeln)

Fertigstellung/Beispiel

Rohe Kartoffeln	Gekochte Kartoffeln
• im Fettbad → Kartoffelstäbe	• in vorbereiteter Sauce → Rahmkartoffeln
• in der Pfanne → Würfelkartoffeln	• in der Pfanne → Bratkartoffeln
• in Formen im Ofen → Annakartoffeln	• passiert → Kartoffelschnee
• mit Flüssigkeit im Ofen → Schmelzkartoffeln	• passiert mit Milch → Kartoffelpüree
• in Fleischbrühe → Bouillonkartoffeln	• passiert mit Schlagsahne → Schaumkartoffeln
• in der Folie im Ofen → Folienkartoffeln	• passiert mit Butter → Kartoffelplätzchen
	• passiert mit Eigelb → Kartoffelkroketten
	• passiert mit Brandmasse → Kartoffelkrapfen

Zubereitungen aus rohen Kartoffeln

Für Kartoffeln, die zugeschnitten werden, verwendet man aus wirtschaftlichen Gründen große Knollen, denn bei diesen entsteht weniger Schälverlust. Da sich geschälte wie auch geschnittene rohe Kartoffeln unter Einwirkung von Luftsauerstoff verfärben, bewahrt man sie kurzfristig bis zur Weiterverwendung in stehendem, kaltem Wasser auf. Durch das Schneiden der Kartoffeln werden Zellen zerstört und an den Oberflächen haftet ausgetretene Stärke.

Beim Frittieren würde dies zu einer ungleichmäßigen Bräunung führen, deshalb müssen geschnittene Kartoffeln zunächst gewaschen werden.

In Fett gebacken

Kartoffeln, die in der Fritteuse gebacken werden, müssen abtropfen und sorgfältig abgetrocknet werden.

Die anhaftende Flüssigkeit bringt sonst das Fett zum Schäumen, führt zur Gefahr von Verbrennungen und begünstigt den Fettverderb. Um die Acrylamidbildung gering zu halten, soll die Fetttemperatur nicht über 170 °C steigen.

Blond statt braun!
Vergolden statt verkohlen!
Frittiertes nicht über dem Fettbad salzen!

Kleiner geschnittene Arten

Diese werden in einem Arbeitsgang zubereitet. Bei 170 °C frittiert man sie also gleich mittelbraun.

Danach werden die Kartoffeln aus dem Fett genommen, abgeschüttelt und direkt gewürzt, damit das Salz haften bleibt.

Bis zum Servieren hält man sie in einem flachen, offenen Geschirr warm.

Strohkartoffeln

straw potatoes *pommes (w) paille*

1 mm starke Streifchen, 5 bis 6 cm lang geschnitten.

Aus diesen Schnittarten fertigt man mit Hilfe eines Doppelsiebes Kartoffelnester.

Streichholzkartoffeln

allumettes potatoes

pommes (w) allumettes

In Streichholzgröße geschnitten.

Waffelkartoffeln

waffles potatoes

pommes (w) gaufrettes

Rund beschnittene Kartoffeln, mit Spezialhobel Mandoline und entsprechender Messereinstellung in geriefte Scheiben geschnitten. Nach jedem Schnitt Kartoffel um 90° drehen, dadurch entsteht ein Waffelmuster.

Kartoffelchips

chips potatoes *pommes (w) chips*

Aus gleichmäßigen Kartoffelwalzen $\frac{1}{2}$ mm dick geschnittene Scheiben.

Größer geschnittene Arten

Diese werden zunächst bei etwa 130 °C vorgebacken (blanchiert). Dabei garen sie ohne Farbe an. Auf Abruf backt man sie dann portionsweise bei etwa 170 °C mittelbraun und knusprig. Das Innere bleibt dabei weich.

Nachdem das Fett abgetropft ist, werden sie unter schüttelnder Bewegung gesalzen und angerichtet. Gebackene Kartoffeln darf man nicht abdecken, sonst weicht die Kruste auf.

Pommes frites

french fried potatoes

pommes (w) frites

1 cm dicke und 5 bis 6 cm lange Kartoffelstäbe.

Gebackene Kartoffelstäbe

Pont-Neuf potatoes

pommes (w) Pont-Neuf

1,5 cm dicke und 5 bis 6 cm lange Kartoffelstäbe.

In der Pfanne gebraten

Zugeschnittene oder ausgebohrte Kartoffeln werden blanchiert, gut abgetrocknet und dann in der Pfanne in geklärter Butter angebraten.

Danach werden sie gewürzt und im Ofen zu goldgelber Farbe fertiggebraten. Dabei werden sie öfters geschwenkt.

Würfelkartoffeln

sauted potato cubes

pommes (w) carrées

Kartoffeln in Würfel mit 1 cm Seitenlänge schneiden.

Schlosskartoffeln

château potatoes
pommes (w) château

Halbmondähnliche Form von 5 cm Länge mit stumpfen Enden tournieren.

Eventuell nach Fertigstellung mit Petersilie bestreuen.

Olivenkartoffeln

olive potatoes *pommes (w) olives*

Mit einem ovalen Kartoffellöffel olivenförmig ausgebohrte Kartoffeln.

Nusskartoffeln

noisette potatoes
pommes (w) noisettes

Mit einem Kartoffellöffel ausgebohrte Kartoffelkugeln.

Pariser Kartoffeln

parisienne potatoes
pommes (w) parisiennes

Mit einem großen Kugelausbohrer ausgeformte Kartoffeln, größer als Nusskartoffeln.

In Formen im Ofen gebacken

Annakartoffeln

Anna potatoes *pommes (w) Anna*

Von kleinen Kartoffeln 1 bis 2 mm dünne Scheiben schneiden und würzen. Eine dickwandige Metallform mit geklärter Butter ausfetten und mit den schönen Kartoffelscheiben rosettenartig auskleiden. Die anderen ungeordnet in den freien Mittelraum füllen und fest eindrücken. Butter darüberträufeln und im Ofen goldbraun backen Garzustand durch Anstechen feststellen.

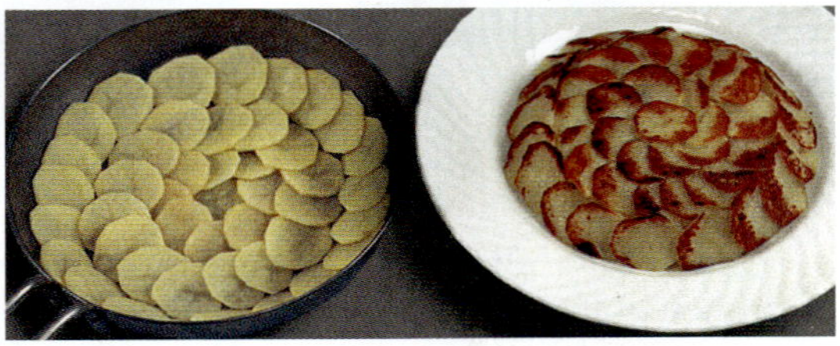

Bäckerinkartoffeln

potatoes baker's style
pommes (w) boulangère

Früher wurden rohe Kartoffelscheiben und Zwiebelstreifen dem Lammbraten nach der halben Garzeit zugegeben und in der entstandenen Jus mitgegart.

Um die fertigen Kartoffeln schöner anrichten zu können, werden sie heute wie die Savoyardkartoffeln in Porzellanbackformen eingeschichtet, gewürzt, mit Zwiebelstreifen bestreut, mit Lammjus untergossen und im Ofen gegart.

In Flüssigkeit gegart

Schmelzkartoffeln

fondant potatoes
pommes (w) fondantes

Länglich in Pflaumengröße tournierte Kartoffeln in ausgebutterte Randbleche oder feuerfeste Formen einsetzen, mit Brühe untergießen und im Ofen unbedeckt garen. Währenddessen mehrfach mit dem Fond überpinseln und goldbraun werden lassen. Vor dem Anrichten werden sie mit Butter bestrichen.

Bouillonkartoffeln

bouillon potatoes
pommes (w) au bouillon

Feinwürfelige Brunoise von Zwiebeln und Gemüse in Butter anschwitzen, blanchierte Kartoffelwürfel mit 2 cm Seitenlänge dazugeben, mit Fleischbrühe knapp bedecken, Salz und Pfeffer dazugeben und garen. Auf die angerichteten Kartoffeln Petersilie streuen.

Beim Blanchieren verkleistert die Stärke in den Randschichten; die Kartoffelwürfel halten besser zusammen.

Savoyardkartoffeln

savoyarde potatoes
pommes (w) savoyardes

Längshalbierte Kartoffeln in 2 mm dicke Scheiben schneiden, in ein mit Butter bestrichenes und mit feingehackten Schalotten ausgestreutes Geschirr flach einsetzen, mit Brühe untergießen und im Ofen unbedeckt garen. Vor Beendigung der Garzeit mit geriebenem Parmesan bestreuen, mit Butter beträufeln und die Oberfläche bräunen lassen. Savoyardkartoffeln müssen saftig bleiben.

Kartoffelgratin

gratinated potatoes *gratins (m) dauphinois*

Kartoffeln in 2 mm dünne Scheiben schneiden und in eine mit einer Knoblauchzehe ausgeriebene und gebutterte backfeste Form geben. Sahne mit Parmesan oder einem anderen Reibkäse vermischen, mit Salz und Pfeffer würzen und über die Kartoffeln gießen, Butterflocken daraufgeben und im 200 °C heißen Ofen ca. 25 Min. goldbraun backen.

Zubereitungen von gekochten Kartoffeln

Pellkartoffeln

jacket potatoes
pommes (w) en robe des champs

Für die Zubereitung von Pellkartoffeln verwendet man mittelgroße Kartoffeln. Sie werden gewaschen, mit Wasser oder im Dämpfer zugesetzt und in der Schale gegart. Die Garzeit beträgt vom Aufkochen an gerechnet 20–30 Min. Danach werden sie abgegossen und zum Auskühlen auf ein flaches Blech geschüttet. Man schält sie, wenn sie noch warm sind. So lässt sich die Schale am leichtesten entfernen.

Werden die Kartoffeln im Wasser gegart, gibt man dem Wasser Salz und nach Belieben Kümmel bei.

Salzkartoffeln

boiled potatoes
pommes (w) natures

Salzkartoffeln sind geschälte, gleichmäßig – meist zu länglicher Form – zugeschnittene (tournierte) Kartoffeln. Die gekochten Kartoffeln reicht man unverändert, lediglich manchmal mit zerlassener Butter bestrichen oder mit gehackten Kräutern bestreut.

In vorbereiteter Sauce fertiggestellt

In Scheiben oder Würfel geschnittene Pellkartoffeln werden in die vorbereitete Sauce eingeschwenkt und abgeschmeckt. Sie können noch mit Käse bestreut und überkrustet werden.

Rahmkartoffeln

cream potatoes
pommes (w) à la crème

In Scheiben oder Würfel schneiden, mit Rahm verkochen und durchmischen.

Saure Kartoffeln

sour potatoes
pommes (w) à l'aigre

Mehl mit feingeschnittenen Zwiebeln hellbraun schwitzen, mit Fleischbrühe auffüllen, mit Weinessig, Salz, Pfeffer und einer Prise Zucker abschmecken. Nelke und Lorbeerblatt beifügen und 15 Min. kochen. In die passierte Sauce nun die Kartoffelscheiben einschwenken.

In der Pfanne gebraten

In Scheiben oder Würfel geschnittene oder geraffelte Pellkartoffeln werden in Butter gebraten. Es darf jedoch nur so viel Fett verwendet werden, dass die Menge bis zum Ende des Bratvorgangs von den Kartoffeln aufgenommen werden kann. Man erzielt eine Geschmacksverfeinerung, wenn zu Anfang die Fettmenge so gering gehalten wird, dass man später noch einige frische Butterflöckchen zusetzen kann.

Bratkartoffeln

home fried potatoes
pommes (w) sautées

Kartoffelscheiben von 3 mm Stärke salzen, pfeffern und braun braten.

Lyoner Kartoffeln

Lyonnaise potatoes
pommes (w) à la lyonnaise

Bratkartoffeln mit goldgelb gebratenen Zwiebelstreifen vermischen, mit gehackter Petersilie bestreuen.

Kleine gebratene Kartoffeln

fried potatoes
pommes (w) (nouvelles) rissolées

Besonders geeignet sind kleine, neue Kartoffeln, die zuerst in der Schale gekocht und nach dem Abpellen in Butter allseitig goldbraun gebraten und gewürzt werden.

Berner Rösti

Swiss Roesti *roesti (w) bernois*

Gekochte Kartoffeln werden geraffelt und mit Speckwürfeln und Zwiebelwürfeln in Butter oder etwas Schweineschmalz geröstet und leicht angedrückt. Der entstandene Fladen wird gewendet, nochmals gebraten und serviert.

Rösti können auch aus rohen Kartoffelraffeln hergestellt werden.

Passierte Kartoffeln

Die geschälten, in Stücke geteilten Kartoffeln werden in Salzwasser gegart. Die Garzeit beträgt vom Aufkochen an 20 Min. Danach werden sie abgeschüttet und zum Abdämpfen auf den Herd zurückgestellt oder in ein heißes Bratrohr gegeben. Dies verringert den Wassergehalt und ergibt eine kompaktere Masse. Die trockenen heißen Kartoffeln werden dann weiterverarbeitet.

Neue Kartoffeln oder Frühkartoffeln sind stärkearm. Aus diesem Grunde eignen sie sich nicht zum Passieren.

Kartoffelschnee

potato snow
pommes (w) de terre à la neige

Die heißen Kartoffeln werden durch eine Presse direkt auf das Anrichtegeschirr gedrückt, leicht mit Salz und Muskat gewürzt und mit Butterflöckchen belegt. Mit frisch gehackten Küchenkräutern bestreut, erhalten sie eine besondere geschmackliche Note.

Passierte Kartoffeln mit Milch und Sahne

Kartoffelpüree

mashed potatoes
purée (w) de pommes de terre

Die heißen Kartoffeln durch die Presse passieren, mit Muskat und Butterflocken zusammenrühren, damit sich die locker liegenden Kartoffelkrümelchen verbinden können. Dann nach und nach kochend heiße Milch einrühren, bis das Püree die gewünschte Konsistenz erreicht hat. Das fertige Püree umfüllen und Deckel auflegen.

Kartoffelpüree mit Sahne

mousseline potatoes
pommes (w) mousseline

Zubereiten wie Püree, doch anstelle von Milch Sahne verwenden. Das Püree zunächst fester halten und kurz vor dem Anrichten einen Teil geschlagene Sahne locker unterziehen.

Passierte Kartoffeln mit Butter

Kartoffelplätzchen

Macaire potatoes
pommes (w) Macaire

Butterstückchen, geriebene Muskatnuss und, falls erforderlich, etwas Salz rasch unter passierte, heiße Kartoffeln rühren. Masse auf bemehlter Fläche zu Walzen mit 4 cm Durchmesser formen. Etwa 1,5 cm dicke Scheiben abschneiden und in gefetteter Pfanne beidseitig goldgelbe Farbe nehmen lassen. Steht zu viel Fett in der Pfanne, zerfallen die Kartoffelscheiben.

Abwandlungen: angebratene Speck-, Zwiebelwürfelchen und Petersilie oder angeschwitzte Würfelchen von gekochtem Schinken und geschnittenem Schnittlauch der Kartoffelmasse beigeben.

Passierte Kartoffeln mit Eigelb – Krokettenmasse

Unter 250 g heiße, passierte Kartoffeln 1 Eigelb, eine Prise Salz, geriebene Muskatnuss und evtl. Butterflocken mischen.

Wichtig: Vor dem Aufarbeiten der ganzen Masse eine Probe im Fett ausbacken.

Kartoffelkroketten

croquette potatoes
croquettes (w) de pommes (w) de terre

Kartoffelmasse zu Walzen mit 1,5 cm ∅ und 4 cm Länge formen. Panieren mit Mehl, Ei und Panierbrot. Backen im Fettbad bei 160 bis 170 °C ca. 1,5 Min.

Herzoginkartoffeln

duchess potatoes
pommes (w) duchesse

Kartoffelmasse mit Dressierbeutel und Sterntülle auf ein gefettetes Blech oder Backtrennpapier formen, mit Eigelb bestreichen und im Ofen goldgelb backen.

Birnenkartoffeln

William potatoes
pommes (w) William

Krokettenmasse zur Birne formen, panieren, mit Nelke und Petersilienstiel ausgarnieren und frittieren.

Mandelkrusteln

almond potatoes
pommes (w) croquettes aux amandes

Gehackte oder gehobelte, geröstete Mandeln unter die Kartoffelmasse mengen. Kugeln mit 2 cm Ø formen. Panieren mit Mehl, Ei und gehobelten Mandeln. Im Fettbad bei 160 bis 170 °C ca. 1,5 Min. backen.

Für **Kokosbällchen** verwendet man statt gehobelter Mandeln Kokosraspeln.

Bernykartoffeln

Berny potatoes
pommes (w) Berny

Gehackte Trüffeln unter Kartoffelmasse mengen. Panieren und backen wie Mandelkrusteln.

Passierte Kartoffeln mit Brandmasse – Dauphinemasse

Bedarf für 10 Portionen

200 g	Wasser
30 g	Butter
100 g	Mehl
2	Eier
1000 g	passierte gekochte Kartoffeln
	Salz, Muskatnuss

Wasser mit Butter und Salz aufkochen, Mehl beigeben und erhitzen, bis sich die Masse vom Boden löst. In kaltes Geschirr geben, Eier und passierte Kartoffeln einarbeiten.

Wichtig: Vor dem Aufarbeiten der ganzen Masse eine Probe backen.

Kartoffelkrapfen/Thronfolgerkartoffeln

dauphine potatoes
pommes (w) dauphine

Kartoffelmasse mit Esslöffel zu Klößchen formen. Auf geölte Papiere absetzen. Papier mit Klößchen in Fettbad mit 160 bis 170 °C tauchen. Papier entfernen und ca. 1,5 Min. backen. (s. Abb. rechts oben, jeweils links)

Lorettekartoffeln

Lorette potatoes
pommes (w) Lorette

Unter Kartoffelmasse 60 g geriebenen Parmesan mengen. In Beutel mit glatter Tülle (Ø 1 cm) füllen.

Lange zylinderförmige Streifen auf bemehlte Unterlage spritzen; 5-cm-Stücke schräg abschneiden, zu Halbbogen formen und auf geölte Papiere legen.

Backen wie bei Krapfen beschrieben (s. obige Abb. jeweils rechts).

Kartoffelstrauben

potato rosettes
rosettes (w) de pommes de terre

Die Dauphinemasse ringförmig in zwei Lagen auf ein gefettetes Papier oder Backpapierstück spritzen und im Fettbad backen. Da die Ringe aufgehen und Höhe gewinnen, müssen sie nach einigen Minuten gewendet werden.

Vorgefertigte Produkte – Convenience

Die Industrie stellt aus Kartoffeln eine Reihe vorgefertigter Produkte her. Für die Gastronomie hauptsächlich Fertigpüree, gefrostete Pommes frites und Zubereitungen aus Kartoffelteig, wie z. B. Kroketten.

Püreegranulat ist unempfindlicher, die Flüssigkeit kann heißer sein, und es kann wie bei Püree eigener Herstellung gerührt werden, ohne dass es zäh wird.

Bei vorgefertigten Produkten immer die Hinweise des Herstellers beachten.

Pommes frites

Vorgebackene Pommes frites werden überwiegend tiefgekühlt angeboten. Man backt sie unaufgetaut bei etwa 170 °C, bis sie die entsprechende Bräunung haben.

Bei aufgetauten Pommes frites ist die Oberfläche mit Kondenswasser beschlagen. Das führt zum Schäumen des Fettes und zu einem rascheren Verderb.

Von den gefrosteten Pommes frites dürfen nicht zu viele auf einmal in den Korb gegeben werden, weil sonst die Fett-Temperatur zu stark absinkt.

Fertigpüree/Krokettenpulver

Die Kartoffeln werden gegart, püriert und getrocknet. Nach Art des Trocknens unterscheidet man Püreeflocken und Püreegranulat (Körnchen).

Püreeflocken sind empfindlich gegen starkes Rühren, weil dadurch Kartoffelzellen zerstört werden und durch die dann freiliegende Stärke das Püree zäh wird.

Bei der Verarbeitung von Püreeflocken werden diese in die gewürzte und erhitzte – aber nicht kochende – Flüssigkeit kurz eingerührt. Während der vorgeschriebenen Quellzeit darf nicht gerührt werden. Anschließend wird kurz aufgelockert.

Weitere Fertigprodukte aus dem Bereich der Kartoffeln sind Rohmassen für Kartoffelknödel.

Im Tiefkühlbereich reicht die große Angebotspalette von fertigen Kroketten über Rösti bis zu Dauphinekartoffeln und Kartoffelpuffern.

Bei vegetarischer Kost verwendet man Kartoffelmasse gerne als Umhüllung oder Taschen für Gemüsefüllungen.

Gratinierte Rahmkartoffeln (Gratin dauphinois) werden in sehr guter Qualität passend zu Gastro-Norm-Einsätzen angeboten.

4.2 Klöße – Knödel – Nocken

dumplings
quenelles (w) et noques (w)

In gewerblichen Küchen werden Klöße manchmal im Voraus hergestellt, abgekühlt und bereitgehalten. Vor dem Ausgeben legt man sie erneut in siedendes Salzwasser ein und belässt sie darin, bis die Wärme zur Mitte durchgedrungen ist.

Beim Anrichten bestreicht man sie gelegentlich mit Butter oder übergießt mit Bröselbutter. Nocken bestreut man mit Käse und träufelt Butter darüber.

Kartoffelklöße

potato dumplings
quenelles (w) de pommes (w) de terre

Zubereitung aus rohen Kartoffeln:

Bedarf für 2,5 kg Masse (20 Portionen)

2 kg	rohe Kartoffeln
0,35 l	Milch
70 g	Butter
180 g	Grieß
50 g	geröstete Semmelwürfelchen
	Salz, Muskat

- Kartoffeln in ein Gefäß mit kaltem Wasser reiben.
- Reibsel in ein Tuch schütten, abtropfen lassen und fest ausdrücken.
- Wenn sich die Stärke abgesetzt hat, Wasser abgießen,
- die Stärke mit den Kartoffeln mischen.
- Milch, etwas Salz und Butter aufkochen.
- Grieß einlaufen lassen und abrühren, bis sich ein Kloß gebildet hat.
- Gekochten Grieß heiß unter die ausgepressten Kartoffeln arbeiten und den Teig würzen.
- Klöße in gewünschter Größe formen, dabei Semmelwürfelchen in die Mitte drücken.
- Klöße in kochendes Salzwasser einlegen. Das Kochgeschirr muss so groß sein, dass sie nebeneinander Platz haben.
- Rasch zum Kochen bringen und bei wenig geöffnetem Deckel 20 Min. sieden lassen.

Zubereitung aus gekochten Kartoffeln:

Bedarf für 2,5 kg Masse (20 Portionen)

2 kg	gekochte Kartoffeln
125 g	Mehl
125 g	Grieß
5	Eier
50 g	Röstbrotwürfel
	Salz, Muskat

- Die Kartoffeln durchpressen, mit den anderen Zutaten vermischen.
- Klöße formen und in die Mitte Röstbrotwürfel einlegen.
- Rasch zum Kochen bringen und bei wenig geöffnetem Deckel 20 Min. sieden lassen.

Küche

Zubereitung aus rohen und gekochten Kartoffeln (Thüringer Klöße):

Bedarf für 2,5 kg Masse (20 Portionen)

1,5 kg rohe Kartoffeln
800 g gekochte Kartoffeln
Salz, Muskat, Petersilie
50 g geröstete Weißbrotwürfel
evtl. 50 g gebratene, magere Speckwürfel
evtl. 50 g angeschwitzte Zwiebelwürfel

- Die rohen Kartoffeln bearbeiten wie für rohe Kartoffelklöße (Seite 179).
- Die frisch gekochten, passierten Kartoffeln salzen, noch heiß zu einem Brei rühren und unter die rohe Kartoffelmasse mischen.
- Röstbrotwürfel in die portionierte Kloßmasse stecken, zu Kloß rollen und kochen.

Abb. 1 Croutons in die Mitte geben

Abb. 2 Gegarter Knödel geöffnet

Kartoffelnocken

potato dumplings *gnocchi (m) à la piémontaise*

Das Wort Nocken ist eine im italienischen Sprachraum gebräuchliche Bezeichnung für Klöße. Während Klöße meist Kugelform haben, gibt man Nocken kleinere, ovale oder andere Formen.

Bedarf für 2,5 kg Masse

2 kg frisch gekochte Salzkartoffeln
400 g Mehl
2 Eier
60 g Butter
Salz, Muskat

- Die frisch gekochten Salzkartoffeln passieren;
- in die heißen Kartoffeln Eier, Butter und Mehl einrühren;
- schnell aufarbeiten.
- Tischplatte mit Kartoffelmehl bestäuben,
- darauf die heiße Masse zu Walzen formen,
- diese in Scheiben schneiden und mit den Zinken einer Tischgabel markieren.
- Sofort in bereit stehendes kochendes Salzwasser einlegen,
- aufkochen lassen,
- mit einem Schaumlöffel zum Abkühlen in kaltes Wasser umsetzen.
- Auf einem Blech mit Tuch zum Wiedererwärmen auf Abruf bereit halten.

Kartoffelnudeln

potato noodles *nouilles (w) aux pommes (w) de terre*

Bedarf für 10 Portionen

1 kg Kartoffeln (mehlig kochend)
300 g Mehl oder Stärke
60 g Butter
150 g Semmelbrösel
2 Eigelb
Salz, Muskat

- Kartoffeln kochen, schälen,
- heiß durch die Kartoffelpresse drücken und etwas abkühlen lassen.
- Die Kartoffelmasse mit Mehl, Gewürzen und Eigelb rasch zu einem Teig kneten und diesen sofort aufarbeiten, da er sonst weich wird.
- Den Teig mit Hilfe von Mehl zu einer Rolle formen,
- in kleine Stücke schneiden und diese
- zu fingerlangen Nudeln formen. Dabei die Hand, die Nudeln und die Arbeitsplatte immer wieder mit etwas Mehl bestäuben.
- Die Fingernudeln in siedendes Salzwasser legen,
- etwa 5 Min. ziehen lassen, herausnehmen und abtropfen lassen.
- Die Nudeln nun in geklärter, heißer Butter leicht abrösten, mit Brösel bestreuen und servieren.

Semmelknödel

bread-dumplings *quenelles (w) de pain*

Bedarf für 2,5 kg

1 kg	altbackene Semmeln oder Weißbrot
0,8–0,9 l	Milch
250 g	Zwiebelwürfel, angeschwitzt
100 g	Butter
7	Eier
	Petersilie, Salz, Muskat

- Semmeln oder Weißbrot in kleine Würfel schneiden.
- Davon 200 g in Butter hellbraun rösten und wieder den anderen Würfeln beigeben.
- In einer Schüssel mit der erwärmten Milch übergießen und 30 Min. zum Weichen beiseitestellen.
- Zerschlagene Eier und alle anderen Zutaten untermischen, würzen und 30 bis 45 Min. ruhen lassen.
- Aus der Masse Knödel in gewünschter Größe abdrehen,
- in sprudelnd kochendes Salzwasser einlegen und garen.

Hefeklöße

yeast dough-dumplings *quenelles (w) à la levure*

Bedarf für 1,8 kg

1 kg	Mehl
75 g	Hefe
10 g	Salz
125 g	Butter
0,4–0,5 l	Milch
1 TL	Zucker
2	Eier
2	Eigelb

- Milch anwärmen, Butter zerlaufen lassen, die anderen Zutaten temperieren.
- Mehl in eine Schüssel sieben.
- In der Mitte eine Mulde bilden,
- Hefe hineinbröckeln, einen Teil der Milch und den Zucker zugeben und
- mit etwas Mehl einen leichten Vorteig rühren.
- Schüssel zugedeckt an einen warmen Ort stellen, damit der Vorteig genügend aufgehen (gären) kann.
- Übrige Zutaten beifügen, alles zu einem glatten Teig verarbeiten und ihn
- zugedeckt nochmals aufgehen lassen.
- Auf bemehlter Arbeitsfläche aus dem Teig Walzen formen,
- diese in gleich schwere Stücke von 50 g teilen.
- Mit bemehlten Händen runde Klöße formen,
- auf bemehltes Brett ablegen und zugedeckt warmstellen.
- Klöße in kochendes Salzwasser einlegen und
- zugedeckt etwa 25 bis 30 Min. sieden.
- Nach halber Garzeit Klöße umdrehen.
- Garzustand mit einem Hölzchen probieren: Haftet kein Teig mehr daran, sind die Klöße gar.
- Klöße aus dem Wasser heben, dabei abtropfen lassen,
- anrichten, mit Butter bestreichen oder Bröselbutter darübergeben und sofort servieren.

Serviettenknödel

napkin dumplings *quenelles (w) en serviette*

Aus beiden vorgenannten Zubereitungen lassen sich Serviettenknödel herstellen.

Beim Rezept „Semmelknödel" werden die Eier getrennt und das Eiweiß als steif geschlagener Schnee kurz vor dem Garen untergehoben.

Beim Rezept „Hefeklöße" arbeitet man unter den Teig fünf in Würfel geschnittene, in wenig Milch vorgeweichte Semmeln und 150 g Röstbrotwürfel.

Abb. 1 Serviettenknödel garen und schneiden

Küche

Die weitere Verarbeitung ist bei beiden Teigen gleich:

- Statt Knödel formt man eine Walze oder einen Laib und legt ihn auf ein bemehltes Passiertuch.
- Das Tuch schlägt man locker um die Form, da der Teig während des Garprozesses noch aufgehen soll. Mit einem Bindfaden beide Enden zubinden.
- Den Serviettenknödel lässt man nun in einem entsprechend großen (länglich-ovalen) Gefäß in Salzwasser garziehen, wickelt ihn aus und schneidet ihn mit Hilfe eines Bindfadens in Scheiben

Als Beilage zu:

Pilzragouts, Schmor- und Sauerbraten, Burgunderbraten, geschmortem Wildbraten von Hirsch, Hase oder Wildschwein, Gulasch und braunen Ragouts.

Grießnocken

semolina dumplings *gnocchi (m) à la romaine*

Bedarf für 10 Portionen

0,5 l	Milch
100 g	Grieß
20 g	Butter
1	Ei
	Salz, Muskat

- Grieß in kochender Milch zu einem dicken Brei aufquellen lassen und
- mit Butter, Gewürzen und verrührtem Ei vermischen.
- Blech mit Backpapier auslegen, die Grießmasse darauf aufstreichen (ca. 1,5 cm dick),
- auskühlen lassen und mit Parmesan bestreuen.
- Grießnocken halbmondförmig ausstechen und überbacken.

Polenta

Polenta *polenta (w)*

Bedarf für 10 Portionen

50 g	Butter
250 g	groben Maisgrieß
0,6 l	Wasser
0,6 l	Milch
100 g	Zwiebelwürfel
100 g	Parmesan
	Salz, weißer Pfeffer

- Zwiebeln in Butter anschwitzen,
- mit Wasser und Milch aufgießen und aufkochen.
- Maisgrieß einlaufen lassen und ca. 5 Minuten unter ständigem Rühren kochen,
- danach bei geringster Temperaturzufuhr ca. 30 Minuten quellen lassen.
- Geriebenen Parmesan unterziehen und auf einem mit Klarsichtfolie belegtem Blech nach gewünschter Dicke aufstreichen und auskühlen lassen.

Die Herstellung von Polenta

Abb. 1 Grieß einlaufen lassen

Abb. 2 Masse abgebunden

Abb. 3 Masse ausbreiten

Abb. 4 Form geben

Pariser Nocken

Paris dumplings *gnocchi (m) à la parisienne*

Bedarf für 10 Portionen

0,4 l	Milch
60 g	Butter
200 g	Mehl
6	Eier
	Salz

- Brandmasse herstellen,
- mit Spritzbeutel und Lochtülle (Nr. 8) haselnussgroße Nocken in siedendes Salzwasser abstechen,
- kurz garen.
- Auf Gratinplatte anrichten,
- mit Béchamelsauce nappieren, mit Parmesan bestreuen, Butterflocken auflegen und überkrusten.

4.3 Teigwaren

pasta *pâtes (w) alimentaires*

Sie werden in der neuzeitlichen Küche gelegentlich selbst hergestellt. Für die Eigenproduktion verwendet man neben Weizenmehlen auch fein gemahlene Vollkornmehle aus Roggen, Dinkel (mit Grünkern) oder Buchweizen. Industriell hergestellte Teigwaren werden meist aus Hartweizengrieß gefertigt.

Teigwaren sind neben Kartoffeln und Reis eine wichtige Sättigungsbeilage, aber auch Hauptbestandteil vieler beliebter Gerichte.

Abb. 1 Teigbereitung

Steht für die Nudelherstellung eine Maschine zur Verfügung, so übernimmt diese sowohl das Ausrollen als auch das Schneiden der Nudeln.

Nudeln

Nudelteig

noodle-dough *pâte (w) de nouilles*

Bedarf für 10 Portionen

1 kg	Mehl
400 g	Eier
200 ml	Wasser
8 g	Salz

- Mehl auf die Arbeitsfläche sieben,
- in der Mitte eine Mulde bilden und die aufgeschlagenen Eier zugeben.
- Alles zusammen zu einem glatten Teig kneten.
- Den Teig in 4 bis 6 Stücke teilen und gegen Austrocknen zugedeckt etwa 30 Min. ruhen lassen. Dadurch entspannt sich der Kleber im Mehl, und der feste Teig lässt sich später leichter ausrollen.

Formgebung

Bei manueller Weiterverarbeitung des Teiges wird dieser mit einem Rollholz zu der gewünschten Dünne ausgerollt und unter mehrmaligem Wenden angetrocknet. Danach wird der Teig in der gewünschten Breite geschnitten.

Abb. 2 Formgebung

Abwandlungen:

Nudeln bekommen Farbe und eine zusätzliche Geschmacksnote durch:

- Tomatenpüree, Rote-Bete-Saft, Karottensaft, reduzierten Rotwein;
- Spinat- oder Mangoldpüree, feingehackte Küchenkräuter;
- Vollkornmehle, Buchweizenmehl, Steinpilzpulver;
- Sepiatinte.

Trocknung

Nudeln können sofort nach dem Schneiden gegart werden. Will man sie auf Vorrat fertigen, muss man sie trocknen. Erst, wenn sie völlig trocken sind, werden sie staubfrei verpackt und bis zur Verwendung aufbewahrt.

Abb. 1 Trocknung

Garen

Teigwaren werden in viel sprudelndem Salzwasser gekocht. Die Kochbewegungen des Wassers und gelegentliches Umrühren verhindern ein Zusammenkleben bzw. ein Ankleben der Teigwaren am Topfboden. Das schnelle Erhitzen lässt die Randschichten rasch verkleistern, wodurch sich die Schaum- und Schleimbildung verringert. Etwas Öl im Kochwasser verhindert ein Zusammenkleben.

Teigwaren sind gar, wenn sie beim Probieren noch einen leichten Biss haben, also „al dente" sind. Sie werden dann sofort abgeschüttet und meist auch noch in kaltem Wasser abgekühlt oder, falls sie gleich heiß weiterverwendet werden, mit frischem heißem Wasser überspült.

Die Garzeit liegt zwischen 2 und 14 Min. und wird wesentlich von der Dicke der Teigwaren beeinflusst. Am kürzesten ist sie bei frisch hergestellten Produkten.

Portionsmengen:
- Vorgerichte 30 g
- Beilagen 60 g
- Gericht 100 g

Vorrätighalten – Wiedererwärmen

Teigwaren werden auf Vorrat gekocht und bei Bedarf wieder erwärmt.

Die abgeschütteten Teigwaren werden mit kaltem Wasser überbraust und unter einer Folie aufbewahrt, um sie vor dem Austrocknen zu schützen. Bei Bedarf erhitzt man die Teigwaren in kochendem Salzwasser, lässt sie im Durchschlag gut abtropfen und schüttet sie in ein bereit gehaltenes Gefäß. Mit einer Gabel werden frische Butterflocken untergezogen. Dabei legt sich die Butter um die Teigwaren und verleiht ihnen einen feinen Schmelz.

Gefüllte Teigwaren

Darunter versteht man alle Täschchen, Päckchen und Halbmonde, die mit verschiedenen Füllmassen gefüllt, dann gekocht und mit entsprechenden Saucen serviert werden.

Die bekannten italienischen Produkte sind neben den Ravioli rund ausgestochene Tortellini.

Sehr bekannt sind die Südtiroler Schlutzkrapfen und die schwäbischen Maultaschen.

Durch unterschiedliche Füllungen aus Käse, Gemüse, Fisch, Krustentieren, Wild, Pilzen, Schlachtfleisch usw. erhalten die Teigtaschen ihre besondere, geschmackliche Note.

Ravioli mit Ricotta und Spinat

Nudelteig von 500 g Mehl (von Seite 183)

Zutaten für die Füllung

400 g junger Spinat
300 g Ricotta
150 g geriebener Parmesan
2 Eigelb
Eiweiß zum Bestreichen
Salz, Pfeffer, Muskat

- Spinat kurz blanchieren, in Eiswasser abschrecken, abtropfen lassen, dann gut auspressen und hacken.
- Mit den restlichen Zutaten vermischen.
- Teigplatten ausrollen, Füllung in ausreichendem Abstand aufteilen, dazwischen mit Eiweiß bestreichen und mit zweiter Teigplatte bedecken.
- Obere Teigplatte um die Füllungserhebungen andrücken und mit Messer oder Teigrädchen schneiden.

Abb. 2 Füllung zwischen Teigplatten

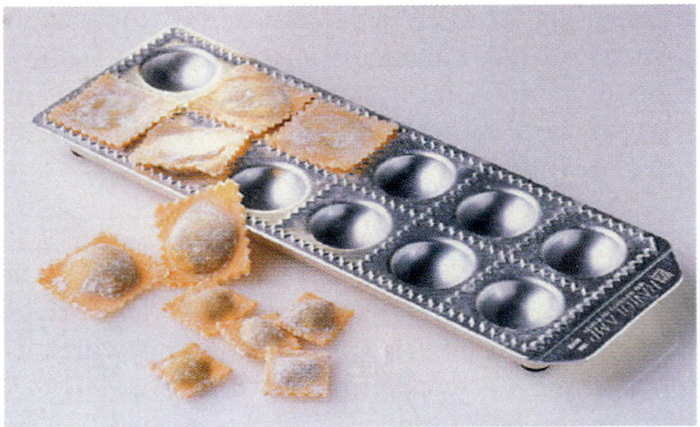

Abb. 3 Ravioli mit Form herstellen

Für die Herstellung von Ravioli kann man auch eine spezielle Ravioli-Form verwenden oder speziell ausgerüstete Nudelmaschinen.

Tortellini

Je kleiner die Nudelart wird, umso feiner muss auch die Füllung verarbeitet sein.

Ausgestochene Teigscheiben werden mit feiner Füllung belegt, mit Ei bestrichen, halbmondförmig zusammengeklappt, die beiden Enden nochmals bestrichen und um den Finger ringförmig zusammengedrückt.

Abb. 1 Formen von Tortellini

Lammfleisch-Füllung

300 g	gewolftes Lammfleisch
100 g	Zwiebelwürfel
2 EL	Olivenöl
50 g	Karottenwürfel
50 g	Selleriewürfel
1	Ei
2 EL	Paniermehl
	Salz, Pfeffer
	Rosmarin, Thymian

Spätzle

Spätzle

Swabian spaetzle *spaetzli (m)*

Bedarf für 10 Portionen

1 kg	Mehl
20 g	Salz
etwa 0,2 l	Wasser oder Milch
12	Eier

- Das gesiebte Mehl mit den restlichen Zutaten zu einem sehr glatten Teig schlagen, bis er Blasen bildet.
- Die Spätzle durch Hobeln (Abb. 2), Schaben (Abb. 3) oder Pressen (Abb. 4) formen.
- Beim Schaben der Spätzle den Teig in kleinen Mengen auf das angefeuchtete Spätzlebrett geben,
- mittels einer Palette glattstreichen.
- Das Brettchen mitsamt dem aufgestrichenen Teig nochmals kurz in das Kochwasser tauchen.
- Dann mit einer Palette dünne Teigstreifen vom Brett direkt in das kochende Salzwasser schaben.
- Nach einmaligem Aufkochen die Spätzle mit einem Schaumlöffel abschöpfen und in kaltes Wasser geben.
- Im Durchschlag gut abtropfen lassen und auf ein mit einem Tuch bedecktes Blech legen.
- Zum Wiedererwärmen werden Spätzle in einer Pfanne mit aufgelöster Butter geschwenkt.

Käsespätzle

Mit dem Hobel hergestellte Spätzle werden heiß direkt aus dem Kochwasser mit dem Schaumlöffel in eine Schüssel gegeben und lagenweise mit Reibkäse (Allgäuer Bergkäse) bestreut. Obenauf kommen in zerlassener Butter gebräunte Zwiebelwürfel.

Drei Herstellungsformen für Spätzle

Abb. 2 Hier wird Spätzleteig zu Knöpfle gehobelt.

Abb. 3 Die Spätzle werden vom Brett geschabt.

Abb. 4 Oder man presst die Spätzle durch eine Presse.

4.4 Reis *rice* *riz (m)*

Reis schmeckt neutral und ist vielseitig verwendbar.

Portionsmengen:

- Vorgericht 20 g bis 30 g
- Beilage 40 g bis 50 g
- Gericht 60 g bis 70 g
- Suppeneinlage 5 g bis 10 g

Abb. 1 Die Herstellung von Pilaw in vier Schritten

Gekochter Reis

boiled rice *riz (m) blanc*

Bedarf

5 l	Wasser
50 g	Salz
500 g	Reis

Garzeit ca. 18 Min.

Oftmals wird der Reis vor dem Kochen mit kaltem Wasser abgewaschen, damit feine Stärkereste den Reis und das Kochwasser nicht verkleben.

Naturreis wird auf jeden Fall gründlich gewaschen.

- Salzwasser aufkochen und Reis einrühren.
- Wärmezufuhr drosseln und Reis garen.
- Gegarten Reis sofort in ein Sieb geben und unter fließendem kaltem Wasser abkühlen.
- Gut abtropfen lassen und bis zum Bedarf kühlstellen.

Wiedererwärmung:

- Im Ofen: auf gefettetem Blech Reis ausbreiten, mit Butterflocken belegen, unter mehrmaligem Wenden erwärmen.
- Im Kombidämpfer: auf gelochtem Gastro-Norm-Behälter unter Dampfzuführung erwärmen.
- Portionsweise in der Pfanne in Butter schwenken.
- Portionsweise im Mikrowellengerät regenerieren.

Pilaw

pilaf rice *riz (m) pilaf*

Bedarf

1 kg	Reis
150 g	Butter
250 g	Zwiebelbrunoise
2 l	helle Fleischbrühe
	Salz

Garzeit ca. 18 Min.

- Reis waschen und gut abtropfen lassen.
- Zwiebelbrunoise in Butter farblos anschwitzen ①,
- Reis zugeben und so lange umrühren, bis er glasig wird ②.
- Mit heißer Fleischbrühe auffüllen, salzen und zugedeckt im heißen Ofen garen ③.
- Den Reis mit einer Fleischgabel lockern und dabei gleichzeitig einige Butterflöckchen untermischen ④.

Risotto

risotto *risotto (m)*

Bedarf

1 kg	Reis
100 g	Butter
50 g	Olivenöl
250 g	Zwiebelbrunoise
150 g	geriebener Parmesan
ca. 3,5 l	helle Fleischbrühe

Garzeit ca. 18 bis 20 Min.

- Zwiebelbrunoise in Öl und 50 g Butter farblos anschwitzen,
- Reis (vorzugsweise italienischen Rundkornreis) zugeben und glasig werden lassen.
- Unter Rühren etwas heiße Fleischbrühe zugießen.
- Diesen Vorgang solange wiederholen, bis der Reis gar ist.
- Danach restliche Butter und den Parmesan unter den Reis geben.

Das fertige Risotto soll eine leicht breiige Konsistenz haben bzw. in sich etwas gebunden sein.

Abb. 1 Fleischbrühe zugießen

Abb. 2 Unter Rühren garen

Abb. 3 Fertiges Risotto

> Alle Reiszubereitungen können ergänzt und geschmacklich variiert werden durch Zugabe von: Curry, Paprika, Safran, Kräutern, Pilzen, Tomatenfleischwürfeln, Erbsen, Hühnerfleisch, Lammfleischwürfeln, Schinken, Krabben, Fischfiletstücken, Tintenfisch usw.

Wildreis

Eine besondere Art ist der kanadische Wildreis mit seinem delikat-nussartigen Geschmack.

Man wäscht den Wildreis kurz und gibt ihn in die dreifache Menge kochendes Wasser, kocht ihn nur 3 bis 5 Minuten, entfernt den Topf vom Herd und lässt ihn zugedeckt eine Stunde quellen.

Dieser nach dem „Schnell-Quell-Verfahren" vorbereitete Wildreis wird nun in Salzwasser ca. 30 Minuten gekocht. Das Restwasser wird abgegossen.

Manchmal gibt man dem Wildreis nach zehnminütiger Garzeit die gleiche Menge Langkornreis zu und gart beide Reissorten zusammen. Bei dieser Methode entsteht eine schöne, schwarzweiße Reisbeilage.

Küche

Aufgaben

1 Welcher Posten in der Küche ist für die Zubereitung der Beilagen zuständig?

2 Welche Kartoffelzubereitungsarten werden in Fleischbrühe gegart?

3 Sie haben eine Krokettenmasse hergestellt. Was sollten Sie unbedingt vor der Verarbeitung der ganzen Masse getan haben?

4 Benennen Sie die Kartoffelzubereitungen auf nebenstehendem Bild.

5 Wie heißt die Kartoffelmasse mit Brandteig?

6 Erklären Sie die Herstellung von Kartoffelschnee.

7 Ein Gast wünscht als Beilage zu seinem Gericht keine Kartoffeln. Welche andere Beilage empfehlen Sie ihm?

8 Womit können Teigwaren bunt gefärbt werden?

9 Nennen Sie 3 Fertigstellungsmethoden für Spätzle.

10 Erklären Sie den Begriff „Polenta".

11 Erklären Sie Ihrem neuen Azubi-Kollegen den Unterschied zwischen Pilaw und Risotto.

12 Wie bereiten Sie Wildreis zu?

5 Eierspeisen 🇬🇧 *egg dishes* 🇫🇷 *entremets (m) aux œufs*

Eier schmecken neutral, sind leicht verdaulich und lassen sich sehr abwechslungsreich zubereiten.

Frühstücksgerichte

- Gekochte Eier in der Schale oder im Glas
- Pochierte Eier auf Toast
- Rühreier naturell oder mit Schinkenstreifen
- Spiegeleier naturell oder mit krossem Speck

Kalte Vorspeisen

- Halbierte, gefüllte Eier auf Frühlingssalat
- Eiersalat mit Kräutern, in Tomaten gefüllt
- Pochierte Eier mit Räucherlachs und Kresse
- Eierscheiben mit Krabben in Estragongelee

Warme Zwischengerichte

- Eier im Näpfchen mit Sahne
- Frittierte Eier mit Speck auf Toast, Tomatensauce
- Pochierte Eier mit Mornaysauce, überbacken
- Rühreier mit Geflügelleber und Pilzen

Eigenständige warme Gerichte

- Wachsweiche Eier in Currysauce mit Tomatenreis
- Omelett mit Kalbsragout und Petersilienkartoffeln
- Spiegeleier auf Rahmspinat mit Fondantkartoffeln
- Käseomelett mit buntem Salatteller

5.1 Gekochte Eier

🇬🇧 *boiled eggs* 🇫🇷 *œufs (m) cuits*

Zum Kochen verwendet man Eier ohne Sprünge. Bei schadhafter Schale würde während des Kochens das Eiweiß austreten. Darum prüft man Eier, indem man je zwei leicht gegeneinander klopft.

Eier, die direkt aus dem Kühlschrank kommen, legt man vor dem Kochen in warmes Wasser. Der damit erreichte Temperaturanstieg mindert die Gefahr des Reißens der Schale.

Werden größere Mengen Eier gekocht, legt man sie in einen Drahtkorb und gibt diesen in das kochende Wasser. Die Eier müssen vom Wasser bedeckt sein.

Die Kochzeit wird vom Wiederaufwallen des Wassers an gerechnet.

Hart gekochte Eier

🇬🇧 *hard boiled eggs* 🇫🇷 *œufs (m) durs*

Hart gekochte Eier haben eine Kochzeit von 10 Minuten.

Will man die Eier gleich verwenden, werden sie nach dem Kochen mit kaltem Wasser abgeschreckt. Wenn man die Eier in einer mit kaltem Wasser gefüllten Schüssel schält, lässt sich die Schale leichter entfernen.

Bei hart gekochten Eiern kann es vorkommen, dass sie sich schlecht schälen lassen oder dass der Dotter einen blaugrünen Rand zeigt. Beides hat nichts mit dem Abschrecken zu tun, sondern mit dem Alter des Eies.

Sehr frische Eier lassen sich schwerer schälen, haben aber einen hellen Dotter. Ältere Eier lassen sich dagegen leichter schälen, neigen aber zu dunklerem Dotterrand. Das mindert aber nicht die Qualität.

Werden Eier auf Vorrat gekocht, bewahrt man sie am besten in der Schale auf.

Will man geschälte Eier vorrätig halten, legt man die Eier in kaltes Wasser, damit sie sich nicht verformen.

Weiche Eier in der Schale

🇬🇧 *soft boiled eggs*
🇫🇷 *œufs (m) à la coque*

Die gekochten Eier werden in kaltem Wasser abgeschreckt und warm in Eierbechern serviert.

Kochdauer: 3 bis 5 Min. nach Wunsch

Weiche Eier im Glas

🇬🇧 *soft boiled eggs*
🇫🇷 *œufs (m) en verre*

Nach Abschrecken in kaltem Wasser die gekochten Eier behutsam schälen, in Gläser legen und warm servieren.

Kochdauer: 4 Min.

5.2 Pochierte Eier

poached eggs *œufs (m) pochés*

Pochierte Eier werden ohne Schale in ungesalzenem Essigwasser gegart. Der Dotter soll am Ende der Garzeit weich sein.

Die Eier müssen unbedingt frisch sein, damit sich das Eiweiß im Wasser nicht zu einer formlosen Masse verliert. Das Wasser darf nur am Siedepunkt sein und nicht wallen, weil sonst durch die Bewegung des Wassers das Eiweiß auseinander gezogen würde. Der Essiggehalt des Wassers begünstigt das Gerinnen, ohne den Geschmack zu stark zu beeinflussen.

Arbeitsablauf

- Wasser in geräumigem Topf zum Sieden bringen, je Liter ein EL Essig beigeben,
- Eier in Schälchen aufschlagen und in rascher Folge in das siedende Wasser gleiten lassen,
- 4 Min. ziehen lassen,
- mit Schaumkelle entnehmen und in kaltem Wasser abschrecken,
- abstehende Eiweißenden abschneiden,
- in gesalzenem warmem Wasser (50 °C) bis zum Servieren bereithalten,
- vor dem Anrichten auf Tuch abtropfen lassen.

Die pochierten Eier werden auf gebutterten Toastscheiben oder in gefüllten Törtchen mit einer entsprechenden Sauce angerichtet. Die Füllung der Törtchen kann aus Fleischragout oder feinen gebundenen Gemüsen oder Pilzen bestehen. Pochierte Eier können aber auch mit Gemüsen angerichtet und mit Mornaysauce überbacken werden.

Abb. 1 Ei ins Wasser gleiten lassen

Abb. 2 In Eiswasser abschrecken

Abb. 3 Auf Tuch abtropfen lassen

Abb. 4 Wieder erwärmt und angerichtet

5.3 Spiegeleier

fried eggs *œufs (m) sur le plat*

Spiegeleier werden in stabilen Stielpfannen oder in feuerfesten Spezial-Eierplatten zubereitet. Am Ende der Garzeit soll das Eiweiß gestockt, die Dotter sollen aber weich und glänzend sein. Beim Würzen das Eigelb nicht salzen, da sich sonst weiße Punkte bilden.

Arbeitsablauf

- Butter in dem gewählten Geschirr erhitzen,
- Eier einschlagen,
- bei mäßiger Temperatur garen, damit das Eiweiß ohne scharfe Bratränder vollkommen gerinnt,
- nur Eiweißfläche würzen, denn Salzkörnchen auf dem Eigelb bilden helle Flecken,
- bei Zubereitung in der Pfanne Eier mit einer Winkelpalette entnehmen und auf einer vorgewärmten Platte anrichten,
- Zubereitungen in Spezialplatten so rechtzeitig vom Herd nehmen, dass das Eigelb trotz der nachwirkenden Wärme weich bleibt.

Abwandlungen

Spiegeleier mit gebratenem Speck oder gebratenem Schinken, mit Rostbratwürstchen, Geflügellebern oder Scheiben von Nieren, mit Spargel oder Pilzen.

5.4 Rühreier

scrambled eggs
œufs (m) brouillés

Rühreier werden in einer Stielpfanne zubereitet. Tadellose Ergebnisse erfordern eine vollkommene Vermischung von Eiweiß und Eigelb, eine langsame Gerinnung der Eimasse bei andauerndem Rühren sowie die Einhaltung der richtigen Gardauer. Rühreier sollen von kleinflockiger, cremig-lockerer Beschaffenheit sein.

Müssen Rühreier im Voraus bereitet werden, so schlägt man je Ei einen Esslöffel Milch oder Sahne in die Eimasse. Die zarte Konsistenz der Rühreier bleibt dadurch besser erhalten. Verwendet man pasteurisiertes Vollei, besteht auch dann keine Salmonellengefahr, wenn Rühreier vorrätig gehalten werden.

Arbeitsablauf

- Eier in eine Schüssel schlagen,
- würzen und mit Schneebesen verrühren,
- Butter in einer Pfanne erwärmen,
- bei mäßiger Hitze Eimasse eingießen und stocken lassen,
- gerinnende Eimasse fortlaufend mit einer Winkelpalette von der Bodenfläche abrühren,
- kleinflockige, cremige Rühreier sofort auf eine vorgewärmte Platte leeren oder anrichten.

Abb. 1 Rührei mit verschiedenen Garnituren

Abwandlungen

Zubereiten mit Schnittlauch, gemischten Kräutern, geröstetem Speck oder Schinken, angebratenen Pilzen, Brotkrüstchen oder geriebenem Käse;

Anrichten in Tarteletts, Schiffchen, Artischockenböden, Auberginen, Tomaten oder auf Toast;

Garnieren mit Spargel, Geflügelleber, Rostbratwürstchen oder Krebsschwänzen.

5.5 Omelett

omelette *omelette (w)*

Zur Zubereitung von Omeletts benutzt man eine Omelettpfanne. Der Übergang vom Boden zu dem etwas steileren und höheren Rand ist bei dieser Pfanne gerundet. Man darf sie nur für diesen Zweck verwenden. Selbst kleinste angebackene Reste anderer Zubereitungen würden die Eier anhängen lassen, das Omelett wäre nicht zu formen.

Ein fachgerecht zubereitetes Omelett soll eine schöne Form haben, es soll außen zart und glatt und innen von weicher Konsistenz sein.

Arbeitsablauf

- Eier in eine Schüssel schlagen, würzen und mit einem Schneebesen vollkommen vermischen oder pasteurisiertes Vollei verwenden,
- Butter in einer Omelettpfanne schmelzen,
- Eimasse hineingießen, bei starker Hitze mit dem Rücken einer Gabel rühren und die Pfanne bewegen,
- die gleichmäßig gerinnende, cremige Masse durch Schräghalten in den vorderen Pfannenteil gleiten lassen,
- mit den Gabelzinken die verbliebene dünne Bodenschicht vom Pfannenstiel aus bis zur Mitte hin umklappen,
- Pfanne anheben, mit der Faust auf den Pfannenstiel schlagen, wodurch das Omelett vollends in den vorderen Pfannenteil gerät, sich rollt und schließt,
- aus dieser Lage das Omelett auf eine erwärmte, gefettete Platte kippen,
- mit einem aufgespießten Butterstückchen das Omelett behutsam bestreichen, damit es appetitlich glänzt.

Abb. 2 Eimasse mit Gabel rühren.

Abb. 3 Omelett zum Rand rollen und formen.

Abb. 4 Omelett auf Teller stürzen.

Abb. 5 Omelett mit Butter bestreichen.

Abwandlungen

Omeletts kann man mit verschiedenen Beigaben servieren. Besonders geeignet sind gedünstete Pilze, Tomaten, Spargel, Speck oder Schinken, feines Geflügelragout, Geflügelleber, Nieren, Kalbsbries, geröstete Brot- oder Kartoffelwürfelchen oder Käse.

Die Beigabe erfolgt auf verschiedene Arten:

- Zutaten anschwitzen und mit der rohen Eimasse übergießen und garen,
- Zutaten wie zum Beispiel Reibkäse unter die rohe Eimasse geben,
- als Füllung in die Mitte des Omeletts vor dem Falten, in das angerichtete, längs eingeschnittene Omelett einfüllen,
- neben dem fertigen Omelett anrichten.

5.6 Frittierte Eier

deep fried eggs *œufs (m) frits*

Frittierte Eier werden einzeln ohne Schale in heißem Öl gebacken. Am Ende der Garzeit soll der Dotter weich und von goldbraun gebackenem Eiweiß umgeben sein.

Beim Frittieren wirft das rasch stockende Eiweiß große Blasen. Diese werden mit der tiefen Laffe eines Holzlöffels fortlaufend an den Dotter gedrückt, ohne ihn zu beschädigen. Weil man die Eier einzeln frittieren muss, ist die Zubereitung zeitaufwendig.

Arbeitsablauf

- In einer kleineren, tiefen Stielpfanne etwa 0,25 *l* Öl auf 180 °C erhitzen.
- Eier einzeln in Schälchen aufschlagen, Pfanne leicht neigen, damit das Öl an eine Seite läuft, ein Ei in die geneigte Pfanne gleiten lassen, mit einem Holzlöffel die Eiweißblasen immer wieder rasch an den Dotter drücken.
- Ei zum gleichmäßigen Bräunen behutsam wenden, nach einer Minute Backdauer mit Schaumlöffel entnehmen.
- Auf saugfähiger Unterlage bei 50 °C warmhalten.

Nachdem alle Eier frittiert sind, werden sie gewürzt und vorwiegend auf Toast angerichtet.

Beigaben

Gegrillte Speck- und Schinkenscheiben, gebratene Nieren oder Würstchen, frittierte Auberginen oder Zucchini, sautierte Pilze, gedünsteter Blattspinat, frittierte Petersilie, Curry-, Tomaten-, Tatarensauce.

5.7 Eier in Näpfchen

eggs in molds
œufs (m) en cocotte

Eier in Näpfchen gart man in feuerfesten Porzellanförmchen (Cocotten) im Wasserbad. Das Ei soll am Ende der Garzeit einen weichen Dotter aufweisen.

Arbeitsablauf

- Förmchen mit Butter ausstreichen und Sahne eingießen,
- aufgeschlagenes Ei daraufgeben,
- mit Butterstückchen belegen, damit sich keine Haut bildet,
- im Wasserbad bis zum Stocken garen.

Eier in Näpfchen werden in der Form serviert.

Anstelle von Sahne gibt man z. B. Geflügelragout, Ragout von Kalbsbries oder Krustentieren, gedünstete Gemüse, Pilz- oder Zwiebelpüree oder Schinken- und Käsewürfelchen in die Förmchen und ergänzt nach dem Garen mit einer dazu passenden Sauce.

Abb. 1 Eier im Näpfchen, roh und gegart

Küche

5.8 Pfannkuchen – Eierkuchen

pancakes
pannequets (m)/crêpes (w)

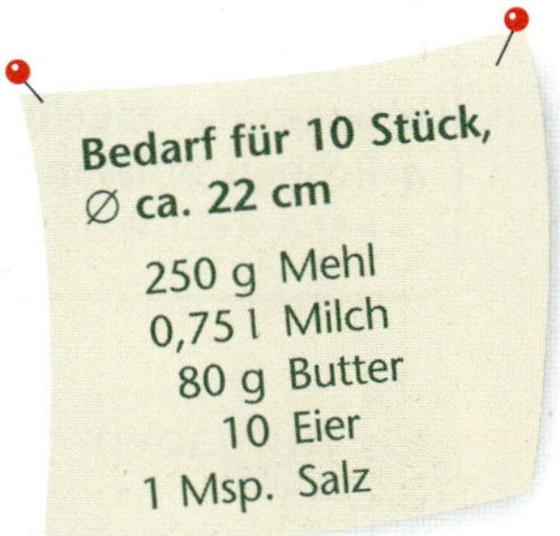

- Milch und Mehl gut verrühren, die Eier dazugeben und alles zu einer glatten Masse schlagen.
- Pfanne mit Butter erhitzen.
- Pfannkuchenteig durch rotierende Bewegung gleichmäßig dünn in der Pfanne verteilen.
- Farbe nehmen lassen, wenden und fertig backen.

Um die Pfannkuchen lockerer zu machen, kann man die Eier trennen und das Eiweiß als Schnee unter die angerührte Masse heben.

Die Eierkuchen werden in einer Pfanne mit heißer Butter gebacken. Man lässt sie auf dem Herd Farbe nehmen, dreht sie um und backt sie im Ofen fertig.

Die Pfannkuchen sollen goldgelb und leicht aufgebläht sein und schnellstens dem Gast serviert werden.

Pfannkuchen können u. a. mit eingebackenem Speck und grünem Salat oder mit eingebackenen Apfelscheiben und Zucker serviert werden.

Man kann die Pfannkuchen auch mit Wurstfarce (Brät) bestreichen, aufrollen, in Dampf garen und erhält so die so genannten Brätstrudel, die ebenfalls als Suppeneinlage oder als kleines, warmes Zwischengericht Verwendung finden.

Pfannkuchenteig dünn verteilen

Farbe nehmen lassen

Für Suppeneinlage feine Streifen schneiden

Die Herstellung von Crêpes wird im Kapitel „Süßspeisen“ behandelt.

Schutz vor Salmonellen

Hühnereier können von Salmonellen befallen sein. Bei der Verarbeitung, z. B. beim Aufschlagen der Eier, können die Salmonellen mit dem Ei-Inhalt in Berührung kommen und so in Speisen gelangen.

Um den Gast vor Salmonellen zu schützen, sind folgende Regeln zu beachten:
- **nur frische Eier verwenden,** die Luftkammer ist dann klein,
- **Eier kühl lagern,** dann können sich die Salmonellen kaum vermehren,
- **warme Eierspeisen,** z. B. Rührei oder Ei im Näpfchen, dürfen nur bis zwei Stunden nach der Herstellung angeboten werden,
- **Speisen aus pasteurisierten Eiprodukten** können länger warmgehalten werden.
- **Eier, deren Mindesthaltbarkeit abgelaufen ist,** dürfen nur in durcherhitzter Form angeboten werden,
- **wenn das Eigelb geronnen ist,** besteht keine Salmonellengefahr,
- **Proben müssen zurückgestellt werden,** wenn mehr als 30 Portionen von eihaltigen Speisen hergestellt werden. Die Proben sind mindestens 96 Stunden (4 Tage) gekühlt aufzubewahren.

Aufgaben

1 Zählen Sie fünf verschiedene Garverfahren für Eier auf.

2 Beschreiben Sie die Zubereitung von: a) Rühreiern b) Spiegeleiern c) Omelett d) Eiern im Näpfchen.

3 Beschreiben Sie Beilagen, Saucen oder Garnituren, die zu pochierten Eiern passen.

4 Schildern Sie Ihrem jüngeren Kollegen die Herstellung eines Omeletts.

5 Nennen Sie vier verschiedene Arten von Omeletts.

6 Welche Materialien sind zur Herstellung eines Pfannkuchens notwendig?

7 Schildern Sie den Arbeitsablauf bei der Herstellung von Pfannkuchen.

8 Was versteht man unter „Rückstellproben“?

Projekt

Vegetarisches aus Bio-Produkten

In unserem Hause werden Bio-Produkte aus der Region vorgestellt.

Dabei soll mit einer Aktion auf die vielfältigen Möglichkeiten der Zubereitung und Präsentation vegetarischer Gerichte hingewiesen werden.

Damit die Aktion für die Bio-Produzenten sowie für unser Haus ein voller Erfolg wird, muss sie mit größter Sorgfalt geplant, vorbereitet und ausgeführt werden.

Analyse

1 Was bedeutet für die Köche diese Herausforderung?

2 Welche Gesichtspunkte müssen dabei beachtet werden?

Vorschläge

1 Erarbeiten Sie Vorschläge für ein vegetarisches 3-Gang-Menü und/oder ein vegetarisches Büfett mit mindestens drei kalten und vier warmen Gerichten.

2 Beachten Sie bei Ihren Ausarbeitungen die Vielfalt der Produkte, der Zubereitungsarten und der Gerichte.

3 Erstellen Sie zu den Speisevorschlägen Rezepturen für jeweils 10 Portionen.

4 Fertigen Sie zu Ihrer Aufgabe einen Arbeitsablaufplan an. Vergleichen Sie Seite 47.

5 Kochen Sie die Gerichte vor der Aktion mindestens einmal und lassen Sie diese von verschiedenen Leuten beurteilen. Benutzen Sie hierzu das Degustationsblatt von Seite 139.

6 Führen Sie eine Ergebnisliste, die Sie anschließend auswerten. Die besten Gerichte wählen Sie für Ihr Menü oder das vegetarische Büfett aus.

Kosten

Die Veranstaltung mit 3-Gang-Menü oder Büfett soll für 100 Personen ausgerichtet werden.

1 Stellen Sie zur Kostenermittlung den Materialbedarf anhand der Rezepturen fest.

2 Erstellen Sie nun eine Kostenübersicht für den gesamten Materialeinsatz.

Das Thema gästeorientiert darstellen

1 Welche Möglichkeiten haben Sie, das Thema optisch gut darzustellen?

2 Nennen Sie Vor- und Nachteile bei der Präsentation eines vegetarischen Menüs oder eines vegetarischen Büfetts.

3 Welche Ideen werden Sie entwickeln, um das Thema dekorativ zu präsentieren?

BASISWISSEN: GETRÄNKE

Der Mensch besteht zu etwa zwei Dritteln aus Wasser. Wie notwendig regelmäßige Flüssigkeitszufuhr ist, beweist die Tatsache, dass man im Extremfall nur wenige Tage ohne Wasser auskommen kann, ohne Essen dagegen längere Zeit – wie Fastenkuren zeigen.

Der Abschnitt Getränke beginnt mit den alkoholfreien Getränken. Zuerst werden die Durstlöscher Trinkwasser und Mineralwasser behandelt. Dann führt der Weg zu den Produkten aus Obst, die uns viele Vitamine und Mineralstoffe liefern. Es folgen die Aufgussgetränke mit ihren anregenden Wirkstoffen.

Die alkoholhaltigen Getränke bilden einen eigenen Abschnitt.

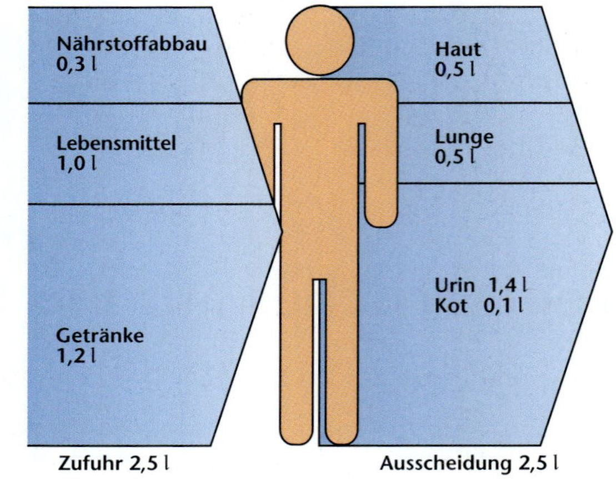

Abb. 1 Wasseraufnahme – Wasserabgabe

1 Wässer *drinking water and mineral water* *eau (w) potable et des eaux minérales*

Das Lebensmittelrecht unterscheidet bei Wässern je nach Herkunft und Eigenschaften verschiedene Arten.

Diese kann man in zwei Gruppen unterteilen, nämlich Trinkwasser und natürliches Mineralwasser.

1.1 Trinkwasser

drinking water *eau (w) potable*

Trinkwasser ist Wasser, das zum direkten Genuss sowie zur Zubereitung von Speisen und zur Herstellung von Lebensmitteln geeignet ist. Es muss darum auf jeden Fall hygienisch einwandfrei sein. Man erhält es entweder aus Grundwasser (hier wirkt der Boden als natürlicher Filter) oder aus Oberflächenwasser, das entsprechend aufbereitet werden muss.

- **Tafelwasser** ist, vereinfacht gesagt, hygienisch einwandfreies Trinkwasser mit Zusätzen wie z. B. Sole oder Meerwasser. Diese sollen das Wasser vor allem geschmacklich verbessern. Die Zusätze müssen auf dem Etikett genannt werden. Am bekanntesten aus dieser Gruppe ist das **Sodawasser.**
- **Quellwasser** ist Trinkwasser aus unterirdischen Wasservorkommen. Im Gegensatz zum Mineralwasser müssen keine ernährungsphysiologischen Wirkungen nachgewiesen werden.

1.2 Natürliches Mineralwasser

mineral water
eau (w) minerale

Natürliches Mineralwasser hat seinen Ursprung in unterirdischen, vor Verunreinigungen geschützten Quellen. Auf dem langen Weg vom Versickern bis zur Quelle wird das Wasser gefiltert und ist darum besonders rein. Zugleich reichert es sich mit Mineralstoffen und/oder Kohlendioxid (CO_2) an.

Die **Mineralstoffe**
- geben dem Wasser eine besondere Geschmacksnote,
- ergänzen den Bedarf des Körpers an Mineralstoffen.

Das **Kohlendioxid** (Kohlensäure)
- bewirkt bessere Löslichkeit der Mineralstoffe,
- wirkt erfrischend,
- regt die Verdauung an.

Abb. 2 Mineralwasserquelle

Art und Menge der in einem Mineralwasser enthaltenen Mineralstoffe werden teilweise in der chemischen **Analyse** genannt.

Arten

Natürliche Mineralwässer werden in zwei Gruppen unterschieden:

- **Mineralstoffreiche natürliche Mineralwässer** werden hauptsächlich wegen ihres Mineralstoffgehaltes getrunken. Enthalten sie nur wenig oder kein Kohlendioxid (CO_2), nennt man sie **stille Wässer.** Man serviert sie ungekühlt.
- **Kohlensäurereiche natürliche Mineralwässer** werden hauptsächlich ihrer erfrischenden Wirkung wegen getrunken. Liegt der CO_2-Gehalt besonders hoch, spricht man von **Säuerling** (der Name kommt von der Kohlensäure). Diese Wässer serviert man gekühlt.

Der gesunde Durststiller

Mineralinger

Natürliches Mineralwasser, enteisent ①

mit Quellenkohlensäure versetzt ②

Seit dem 12. Jahrhundert berühmte Mineralquellen

Wohlschmeckend, bekömmlich, erfrischend und gesund — M — Zum Mischen mit Wein und Fruchtsäften vorzüglich geeignet ③

Mineralbrunnen GmbH Bad ... ④

Angaben auf dem Flaschenetikett (Beispiel)

Erforderliche Angaben:
① Art des Mineralwassers
② eventuelle Veränderungen
③ Eigenschaften, Eignung
④ Abfüllungsfirma, Quellenangabe

Veränderungen

Bestimmte Mineralstoffe wie Eisen oder Schwefel verändern beim Mischen mit Wein oder Fruchtsäften den Geschmack des Mischgetränks. Diese Stoffe werden darum bei manchen Mineralwässern entzogen. Allerdings entweicht dabei gleichzeitig das CO_2, das wieder zugesetzt wird. Diese Veränderungen sind anzugeben. Beispiele: „**Enteisent** und mit Kohlensäure versetzt" – „Entschwefelt und mit der natürlichen Quellenkohlensäure versetzt".

Natürliches Mineralwasser muss am Quellort abgefüllt und dem Gast in Flaschen angeboten werden.

Mineralwasser muss in geschlossenen Flaschen serviert werden. Tafelwasser darf offen angeboten werden.

Verwendung

Als **Tafelgetränk** eignet sich jede Art von Mineralwasser, **zum Mischen** mit Wein oder Säften und für Drinks können nur geschmacksneutrale Wässer verwendet werden.

1.3 Heilwasser

healing water *eau (w) minérale*

Heilwasser besitzt aufgrund seiner Zusammensetzung nachweisbar vorbeugende, krankheitslindernde oder heilende Wirkung.

Aus diesem Grund zählt Heilwasser nicht zu den Lebensmitteln, sondern zu den Arzneimitteln. Es ist aber frei verkäuflich.

Im Rahmen der Wellness-Welle wird es verstärkt nachgefragt. Man serviert es temperiert in Flaschen.

2 Säfte und Erfrischungsgetränke

fruit drinks *boissons (w) à base de fruits*

Aus reifen und gesunden Früchten wird Saft gewonnen, der alle wertvollen Inhaltsstoffe des Obstes enthält.

Um Lagerraum und Transportkosten zu sparen, werden diese Säfte häufig **konzentriert** (eingedickt) oder zusammen mit Zucker zu **Sirup** eingekocht. Werden aus diesen Zwischenprodukten durch Rückverdünnung wieder Säfte, muss der Vorgang gekennzeichnet werden, z. B. „aus ...konzentrat".

2.1 Fruchtsäfte

fruit juices *jus (m) de fruit*

Fruchtsäfte enthalten den aus den Früchten gewonnenen Saft. Lediglich Zucker darf zum Geschmacksausgleich zugefügt werden.

Aroma und Geschmack müssen charakteristisch sein. Durch schonende Entkeimungsverfahren – also ohne Konservierungsstoffe – wird der Saft haltbar gemacht. Am bekanntesten aus dieser Gruppe sind Apfel- und Traubensaft.

Bei der Kennzeichnung gilt:

- **Saft einer Frucht:** Frucht wird genannt, z. B. Apfelsaft, Traubensaft;
- **Saft mehrerer Früchte:** Früchte in der Reihenfolge des Saftanteils, z. B. Apfel-Orangen-Getränk;
- **Herstellung aus Konzentrat:** „aus ...konzentrat".

Fruchtsäfte sind durch ihren hohen Gehalt an Vitaminen und Mineralstoffen eine sehr wertvolle Ergänzung für die ernährungswissenschaftlich richtige Ernährung.

Säfte in geschlossenen Flaschen sind lange haltbar; man lagert sie am besten kühl und lichtgeschützt. Offene Flaschen sollen möglichst rasch verbraucht werden.

Klare Säfte schmecken gekühlt bei etwa 8–12 °C am besten. Naturtrübe Säfte entfalten erst bei Zimmertemperatur (18–20 °C) ihr volles Aroma.

2.2 Gemüsesäfte/Gemüsenektar

vegetable juices
jus (m) de légumes

Gemüsesäfte dienen wegen ihrer appetitanregenden und verdauungsfördernden Wirkung der Ergänzung der Mahlzeiten, insbesondere des Frühstücks. Säfte aus Gemüse werden überwiegend in trüber Form angeboten. Da die enthaltenen Vitamine licht- und wärmeempfindlich sind, lagert man die Säfte dunkel und kühl.

Gemüsenektar hat mindestens 40 % Gemüseanteil; neben Trinkwasser können Salz, Zucker, Gewürze und Genuss-Säuren zugesetzt werden.

2.3 Fruchtnektare und Süßmoste

fruit nectar
nectars (m) de fruit

Der Fruchtanteil bei **Fruchtnektar** liegt zwischen 50 und 25 %, je nach Geschmacksstärke der Ausgangsfrucht. Der Anteil ist für die einzelnen Fruchtarten vorgeschrieben. Neben Fruchtsaft werden Wasser, Zucker und Kohlensäure verwendet.

Wird ein Fruchtnektar aus Früchten hergestellt, deren Saft wegen des hohen Säuregehaltes ohne Verdünnung nicht zum Genuss geeignet ist (z. B. Johannisbeeren), kann er als **Süßmost** bezeichnet werden. Süßmoste sind meist „blank", also ohne Fruchtmark.

2.4 Fruchtsaftgetränke

beverages with fruit juice
boissons (w) fruitées

Fruchtsaftgetränke bestehen aus Fruchtsaft
+ Wasser
+ Zucker
+ Fruchtsäuren
+ natürlichen Aromastoffen.

Die Fruchtsäfte geben diesen Getränken Geschmack, Geruch und Farbe. Eine leichte Trübung rührt von kleinen Fruchtfleischstücken her, die beim Auspressen mitgerissen werden. Der Mindestgehalt an Fruchtsaft ist gesetzlich vorgeschrieben. Er beträgt z. B. bei Kirschen und Trauben 30 %, bei Johannisbeeren 10 %, bei Orangen und Zitronen 6 %.

Fruchtsäuren und natürliche Aromastoffe, bei Orangen z. B. die in der Schale enthaltenen ätherischen Öle, runden zusammen mit dem Zucker den Geschmack ab. Fruchtsaftgetränke gibt es mit und ohne Kohlensäure. Der Vitamin- und Mineralstoffgehalt ist entsprechend der Verdünnung geringer.

Fruchtsaftgetränke serviert man am besten kühl.

2.5 Limonaden

lemonades *limonades (w)*

Limonaden enthalten natürliche Stoffe wie Extrakte aus Früchten, Fruchtsäuren, Zucker und Trink- oder Tafelwasser. Hinweise auf besonderen Geschmack sind erlaubt, z. B. Zitronenlimonade.

Zu den Limonaden zählen auch

- **Cola-Getränke** mit Auszügen aus der koffeinhaltigen Kolanuss,
- **Bitter-Limonaden,** z. B. Bitter Lemon, Tonic Water, mit Auszügen aus der chininhaltigen Chinarinde. Auf den Gehalt an Koffein und Chinin muss hingewiesen werden.

Energy Drinks versprechen Leistungssteigerung. Sie enthalten als Energielieferanten verschiedene Zuckerarten und als anregende Bestandteile Koffein in höherer Konzentration als in üblichen Cola-Getränken. Ferner teilweise Guarana und Taurin.

Light-Getränke/Brennwertverminderte Getränke haben gegenüber Getränken gleicher Art wegen reduzierten Zuckeranteils einen um mindestens 40 % verringerten Energiegehalt.

2.6 Diätetische Erfrischungsgetränke

diet soft drinks
boissons (w) diététiques

Bei diesen Getränken wird anstelle von Zucker Süßstoff verwendet. Darum ist der Energiegehalt sehr niedrig. Es dürfen keine künstlichen Aromastoffe verwendet werden, auch die anregenden Stoffe Koffein und Chinin sind nicht erlaubt. Diabetiker und Personen mit Gewichtsproblemen bevorzugen (neben Mineralwasser) Getränke dieser Art.

2.7 Fruchtsaftgehalt von Getränken

Die Vorschriften für den Mindestanteil an Fruchtbestandteilen sind je nach Frucht unterschiedlich, weil die Geschmacksintensität der Früchte verschieden ist (vergleichen Sie Apfelsaft mit Zitronensaft).

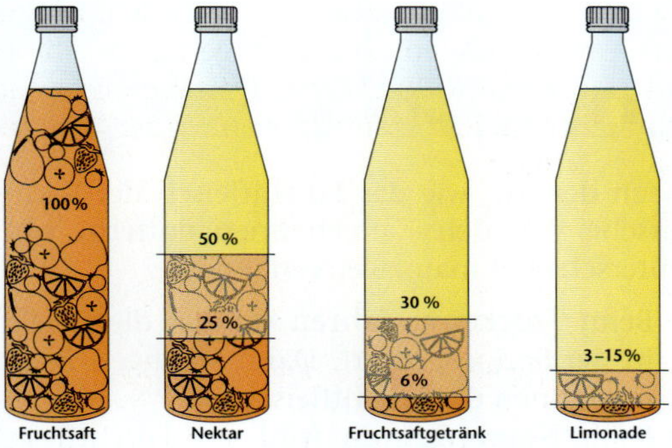

Abb. 1 Fruchtsaftgehalt von Getränken

Der **Zuckergehalt** bei Fruchtsaftgetränken und Limonaden ist beträchtlich. Untersuchungen ergaben, dass er bei durchschnittlich 10 % liegt; das bedeutet, in einem Liter sind 100 g Zucker enthalten. Das sind 1.700 kJ!

Wer den Durst energiearm löschen will, sollte das beachten.

2.8 Mineralstoffgetränke

Mineralstoffgetränke werden auch **Sportgetränke** oder **Elektrolytgetränke** genannt. Ihnen sind Mineralstoffe, teils auch Vitamine zugesetzt. Sie dienen insbesondere zum Ersatz von Mineralstoffen durch Schweiß bei starker Ausdauerbelastung.

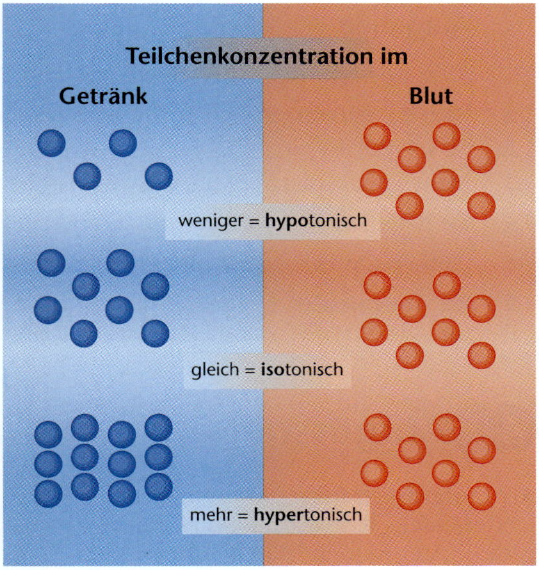

Fachbegriffe zu Sportgetränken

Elektrolyte	Gelöste Mineralstoffe in Form von Ionen
Osmose	Hier das Wandern der Mineralstoffe durch die Darmwand in das Blut
isotonisch	Iso bedeutet gleich. Ein isotonisches Getränk hat die gleichen Mineralstoffanteile wie das Blut.

Service

3 Milch und Milchgetränke

milk and milk beverages *lait (m) et boissons (w) à base de lait*

Durch bewusste Ernährung ist der Verbrauch von Milch und Milcherzeugnissen erheblich gestiegen.

Besonders beliebt sind die gesäuerten Produkte wie Buttermilch, Joghurt, Kefir und Dickmilch. Die Milchsäure erfrischt und ist gut für die Verdauung.

Milch in jeder Form enthält wertvolles Eiweiß, reichlich Vitamine und Mineralstoffe. Fettreiche Produkte sollen nicht in größeren Mengen („für den Durst") getrunken werden; der Energiegehalt ist zu hoch.

Vollmilch hat 3,5 % Fettgehalt, ist pasteurisiert und meist auch homogenisiert (s. S. 348). Man reicht sie als Trinkmilch und am Frühstücksbüfett und zu Zerealien. Ferner bildet sie die Grundlage für Milchmixgetränke.

Milchmixgetränke sind mit Früchten gemixt. Dabei gibt man immer die Früchte in die Milch und nicht umgekehrt. Gießt man die Milch in die Früchte, ist anfangs der Gehalt an Fruchtsäure zu hoch und die Milch gerinnt durch die Säureeinwirkung.

Sauermilcherzeugnisse sind mit Hilfe von Kleinlebewesen gesäuerte Milcherzeugnisse. Nach diesem Prinzip entstehen Produkte mit unterschiedlichen Fettgehalten, z. B.

- Sauermilch
- Joghurt
- Kefir
- Buttermilch als Nebenprodukt bei der Herstellung von Butter.

Aufgaben

1 Worin besteht der Unterschied zwischen Trinkwasser und Tafelwasser?

2 Welche Wirkungen haben Mineralstoffe im menschlichen Körper? Nennen Sie mindestens vier Beispiele.

3 Manche Etiketten auf Mineralwasserflaschen zeigen eine „Analyse“. Was versteht man darunter?

4 Sie bestellen „Ein Mineralwasser, bitte.“ Es wird in einem Glas serviert. Erläutern Sie.

5 „Bitte ein stilles Wasser.“ Was versteht der Gast darunter? Welche Marke können Sie anbieten?

6 Sie wollen einen Orangen-Milch-Shake herstellen. Dazu pressen Sie eine frische Orange aus und gießen Milch zum Saft. Was wird geschehen? Begründen Sie.

4 Aufgussgetränke *hot drinks* *boissons (w) chaudes*

Als Aufgussgetränke bezeichnet man Kaffee (coffee/café), Tee (tea/thé) und Kakao (cocoa/cacao). Sie werden durch Überbrühen (Aufgießen) mit Flüssigkeit (in der Regel Wasser) hergestellt. Alle Aufgussgetränke wirken durch Alkaloide anregend auf Kreislauf und Nervensystem. Kaffee und Tee enthalten Koffein, Kakao enthält Theobromin.

4.1 Kaffee *coffee* *café*

Aufbereitung von Kaffee

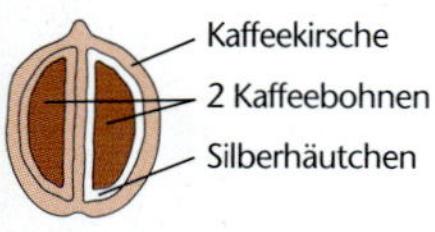

Kaffee wird aus Kaffeebohnen gewonnen. Nach der Ernte werden die Kaffeebohnen vom Fruchtfleisch und dem Silberhäutchen befreit und anschließend getrocknet. Die noch grünen Bohnen kommen als Rohkaffee in den Handel.

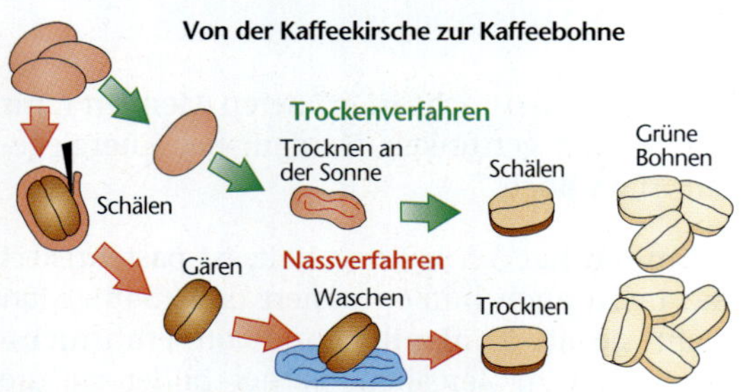

Abb. 1 Kaffeeaufbereitung

Nach der Art, wie das Fruchtfleisch der Kaffeekirsche von den Kaffeebohnen entfernt wird, unterscheidet man zwei Verfahren.

- Beim **Trockenverfahren** werden die Früchte in der Sonne gedörrt. Dann sprengen Brechmaschinen das Fruchtfleisch ab.
- Beim **Nassverfahren** wird das Fruchtfleisch zunächst grob entfernt. Dann lässt man die Bohnen gären; dabei wird das verbleibende Fruchtfleisch gelockert und kann später abgespült werden. Diese „gewaschenen Sorten“ ergeben einen feineren Kaffee und haben einen höheren Preis.

Beim **Rösten** des Rohkaffees verändern sich die Bohnen.

- Stärke und Zucker werden zu karamellartigen Stoffen verwandelt, die dem Kaffee-Getränk Farbe und Geschmack geben,
- Aromastoffe entstehen,
- die Gerbstoffe werden auf etwa die Hälfte verringert.

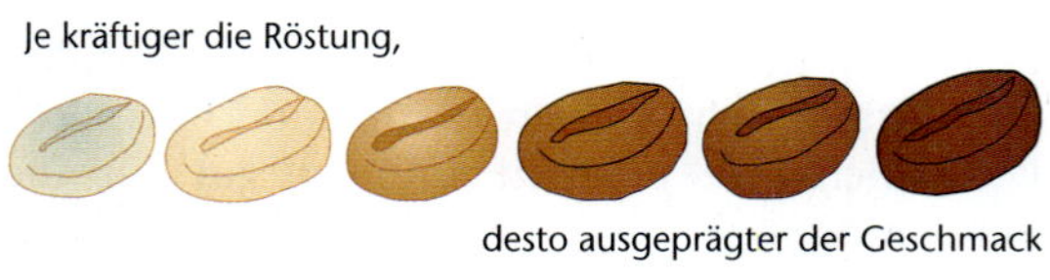

Abb. 2 Die Röstung beeinflusst den Geschmack.

Koffein ist der Hauptwirkstoff des Kaffees. Üblicher Kaffee enthält 1 bis 2 Prozent.

Koffein

- regt das Zentralnervensystem an,
- steigert die Herztätigkeit und erhöht den Blutdruck (was aber auch zu Herzklopfen und Schlaflosigkeit führen kann).

Kaffee mit besonderen Behandlungen

- **Entkoffeinierter** Kaffee
  enthält höchstens 0,1 % Coffein und kann darum auch von Personen getrunken werden, bei denen Koffein zu Herzklopfen und Schlaflosigkeit führen würde.
- **Säurearmem** Kaffee
  ist Gerbsäure entzogen worden, das Koffein bleibt erhalten. Diese Art ist darum für Personen mit säureempfindlichem Magen geeignet.
- **Kaffee-Extraktpulver** oder **Instant-Kaffee**
  löst sich sofort und ohne Rückstände auch in kalter Flüssigkeit. Das Produkt wird hergestellt, indem man konzentriertem Kaffee im Sprühverfahren oder durch Gefriertrocknung das Wasser entzieht. Das Pulver ist sehr wasseranziehend (hygroskopisch) und muss darum unbedingt verschlossen aufbewahrt werden.
- **Kaffee-Konzentrat**
  wird durch stufenweises Auslaugen der Kaffeebohnen gewonnen. Beim Fertigstellen ist mit der jeweils vorgeschriebenen Wassermenge zu verdünnen.

Zubereitung des Kaffees

Die Aromastoffe des Kaffees sind leicht flüchtig. Darum ist entweder röstfrischer oder aromageschützter (Vakuumpackung) Kaffee zu verwenden. Beim Brühen in der Kaffeemaschine ist auf die Gebrauchsanweisung des Herstellers zu achten.

Kännchen und Tassen müssen unbedingt vorgewärmt sein, denn bei kaltem Geschirr verliert der Kaffee an Aroma.

Man rechnet

1 Tasse (125 ml) Kaffee
↓
6–8 g Bohnen

1 Tasse (≈50–60 ml) Mokka
↓
6–7 g Bohnen

Kaffee-Ersatz ergibt ein kaffeeähnliches, koffeinfreies Getränk. Als Rohstoffe dienen Zichorien, Feigen und Gerstenmalz. Diese Produkte erhalten durch Rösten Aroma, Farbe und Geschmack. Malzkaffee kommt gemahlen in den Handel, Feigen und Zichorien werden zerrieben und gepresst. Das Hauptangebot besteht aus sofort löslichem Extraktpulver.

Grundlegende Angebotsformen für Kaffee s. Seite 267.

4.2 Tee *tea* *thé (m)*

Tee wird von dem immergrünen Teestrauch gewonnen. Man pflückt die Blattknospen mit zwei bis drei Blättern. Je jünger der Trieb ist, desto feiner und aromatischer schmeckt der Tee.

Aufbereitung von Tee

Klassische Aufbereitung

Durch **Welken** werden die Blätter geschmeidig und so für die Weiterverarbeitung vorbereitet.

Beim **Rollen** brechen die Zellen der Blätter auf, sodass sich der Zellsaft mit dem Luftsauerstoff verbinden kann. Diese Oxidation nennt man **Fermentation.** Dabei bewirken die Fermente (Enzyme) eine Aufspaltung der Gerbsäure Tannin. Der Tee wird durch das Fermentieren milder und aromatischer. Zugleich werden die grünen Blätter kupferrot, was dem Getränk später seine typische Farbe verleiht. Durch das **Trocknen** wird die Fermentation unterbrochen und der Tee wird haltbar.

Bei der Gewinnung des **grünen Tees** unterbleibt die Fermentation. Er besitzt deshalb einen höheren Gerbsäuregehalt und ist herber.

Welken
↓
Rollen
↓
Fermentieren
(nicht bei grünem Tee)
↓
Trocknen
↓
Sortieren

Die CTC-Produktion

Bei der CTC-Produktion werden die Teeblätter nach dem Welken einem geschlossenen Arbeitsgang unterworfen. Dabei wird der Tee wie folgt behandelt:

Zerbrechen	(crushing)	C
Zerreißen	(tearing)	T
Rollen	(curling)	C

Über 50 % der Weltproduktion werden so hergestellt.

Bei diesem Verfahren entstehen vorwiegend kleine Tee-Stücke für Teebeutel.

Arten

Angeboten wird Tee nach folgenden Unterscheidungsmerkmalen:

- Anbaugebiet
- Blattfolge
- Sortierung

Anbaugebiet

Darjeeling, an den Südhängen des Himalaja, liefert einen feinen und aromatischen Tee.

Assam, eine nordindische Provinz, ist bekannt für gehaltvolle und kräftige Arten.

Ceylon ist die tropfenförmige Insel südlich von Indien, deren Tees ein herbes Aroma haben. Heute wird die Insel **Sri Lanka** genannt.

Blattfolge

Flowery Orange Pekoe (FOP) mit vielen Spitzen (Tips) ist die beste Sorte.

Orange Pekoe (OP) ist dünn gedreht, länglich.

Pekoe (P) ist kleiner und rundlich gerollt.

Manche Firmen haben die Skala der Teeauszeichnung erweitert und wenden zusätzlich folgende Bezeichnungen an:

Finest = F, Tippy = T, Golden = G.

Beste Qualität ist dann **FTGFOP,** gefolgt von **TGFOP** usw.

Sortierung

Blatt-Tee ist das ganze Blatt, das länglich oder rundlich gerollt sein kann.

Broken-Tee ist absichtlich gebrochener Tee, der besser ausgelaugt wird und damit ergiebiger ist (etwa 95 % der Produktion).

Fannings sind Blattstücke, kleiner als Broken-Tee.

Dust (engl. Staub) sind feinste Teile, die beim Sieben des Tees anfallen. Dust und Fannings werden für Teebeutel verwendet.

Abb. 1 Teeblätter

Teemischungen

Durch das Mischen verschiedener Sorten können Geschmack, Aroma und Preis ausgeglichen werden. Häufig angeboten werden:

Englische Mischung:
Volles, schweres Aroma, wird bevorzugt mit Milch getrunken.

Ostfriesische Mischung:
Kräftiges, fülliges Aroma. Wird bevorzugt mit Milch und Kandis getrunken.

Ceylon-Mischung:
Fein-würziges Aroma, goldene Farbe.

Wirkung

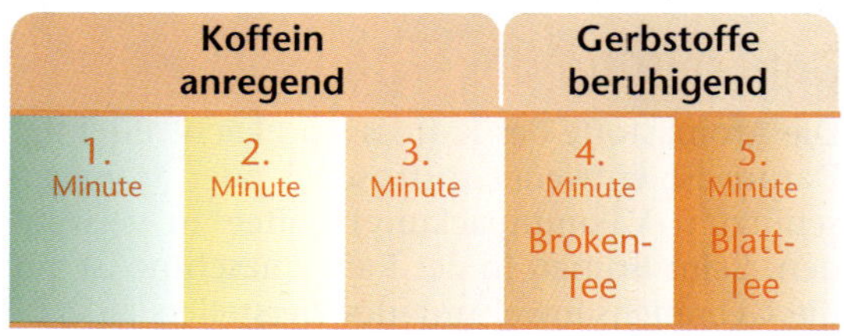

Die Hauptwirkstoffe sind:

Koffein (Tein), das anregt und beim Aufbrühen rasch in das Wasser übergeht.

Tannin (Gerbsäure), das beruhigt und langsam in das Wasser übergeht.

Die Wirkung des Tees kann darum reguliert werden:

anregend ➔ dann kurz ziehen lassen (ca. 3 Min.),

beruhigend ➔ länger ziehen lassen (4–5 Min.).

Zubereitung

Genügend Tee nehmen: einen Teelöffel voll je Tasse oder entsprechenden Beutel; frisches, kochendes Wasser.

Nur Geschirr aus Glas, Porzellan oder Edelmetall verwenden, weil sonst der Geschmack gemindert wird.

Nicht länger als 5 Min. ziehen lassen (beim Teebeutel kann der Gast selbst bestimmen).

Teeähnliche Erzeugnisse

Teeähnliche Getränke können durch Aufbrühen geeigneter getrockneter Pflanzenblätter oder -teile hergestellt werden. Die darin enthaltene Gerbsäure verleiht einen teeähnlichen Geschmack. Wegen des fehlenden Koffeins (Teins) werden Herz und Nerven nicht belastet. Die Industrie bietet ein Sortiment unterschiedlicher Pflanzenarten in fertigen Portionsbeuteln an.

Medizinische Tees haben Heilwirkung.

Pfefferminz- und Lindenblütentee wirken krampflösend.

Flieder- und Lindenblütentee treiben Schweiß.

Baldriantee beruhigt die Nerven und wirkt schlaffördernd.

Kamillentee begünstigt die Heilung.

Deutscher Haustee und medizinische Tees werden vor allem in Kurhäusern, Sanatorien und Krankenhäusern angeboten.

4.3 Kakao *cocoa* *cacao (m)*

Kakao und Schokolade werden aus den Samenkernen des in tropischen Gebieten wachsenden Kakaobaumes gewonnen.

Aus den melonenartigen Früchten werden zunächst die Kakaobohnen (es sind die Kerne) entfernt.

Bei der Fermentation wird der Gerbsäuregehalt verringert, es entstehen Geschmack, Aroma und Farbe.

Anschließend werden die Kakaobohnen getrocknet und kommen so zum Versand.

Abb. 1 Kakaofrucht

Verarbeitung

Die gereinigten Bohnen werden zur Verbesserung des Aromas zuerst geröstet, dann zerkleinert und von den Schalen befreit.

Der so entstandene Kakaobruch wird zwischen erwärmten Walzen vermahlen. Die fein zermahlenen Bohnen bezeichnet man als **Kakaomasse.** Durch starken Druck trennt man die **Kakaobutter** (Fett der Kakaobohnen) von den übrigen Kakaobestandteilen, die als Presskuchen zurückbleiben. Der fein zermahlene Presskuchen ergibt das **Kakaopulver.**

Schwach entöltes Kakaopulver hat 20 % Kakaobuttergehalt. Es ist dunkler, hat ein volles Aroma und ist mild im Geschmack. Man verwendet es für Kakao und Schokoladegetränke (Seite 270).

Stark entöltes Kakaopulver hat 10–20 % Kakaobuttergehalt. Der Geschmack ist sehr kräftig. Man verwendet es in der Patisserie für Schokoladengebäck und Eis.

„Aufgeschlossener Kakao“ wird mit Wasserdampf behandelt und erhält Zusätze. Dabei wird das Zellgefüge lockerer, ein Teil der Stärke verkleistert, und darum setzt sich dieser Kakao weniger leicht ab. Schokoladenpulver ist gezuckertes Kakaopulver mit ergänzenden Geschmackszutaten.

Zubereitung

Für eine Portion rechnet man 12 g Kakaopulver. Es wird mit kaltem Wasser oder kalter Milch angerührt und dann in die kochende Flüssigkeit eingerührt.

Schokolade

Bei der Herstellung von Schokolade geht man von der Kakaomasse aus. Ihr werden die erforderliche Menge Puderzucker, Gewürze, evtl. auch Milchpulver zugesetzt. Die Zutaten werden vermengt und dann fein geschliffen, damit die Bestandteile möglichst fein werden und die Schokolade den „Schmelz“ erhält.

Angeboten wird Schokolade in Blöcken mit 2,5 und 5 kg. Diese Blöcke tragen Ziffernkombinationen, die zusammen immer 100 ergeben. Dabei nennt die erste Ziffer stets den Gehalt an Kakaobestandteilen, die zweite den Zuckeranteil.

Beispiel

70/30 = 70 % Kakaobestandteile + 30 % Zucker.

Je weniger Zucker die Schokolade enthält, desto höher ist die Qualität.

Aufgaben

1 Bei der Gewinnung der Kaffeebohnen aus der Kaffeekirsche unterscheidet man zwei Verfahren. Nennen Sie jeweils Vor- und Nachteile.

2 Welche Wirkungen hat das Koffein auf den menschlichen Körper?

3 Im Rezept für eine Mocca-Creme steht: „4 TL Instantkaffee." Was versteht man darunter? Nennen Sie gängige Marken. Welchen Vorteil hat in diesem Beispiel die Verwendung von Instantkaffee?

4 Sie wollen nach dem Menü einen Kaffee empfehlen. „Nein, danke, ich vertrage keinen Kaffee", ist die Antwort. Welche Gründe könnte der Gast haben? Welche speziellen Kaffeesorten berücksichtigen körperliche Empfindlichkeiten? Nennen Sie zwei Beispiele mit Markennamen.

5 Von welchen Einflüssen ist die Qualität eines Tees abhängig? Nennen Sie drei Faktoren.

6 Schwarzer und grüner Tee können von der gleichen Teepflanze gewonnen werden. Worin besteht der Unterschied?

7 „Unser Tee für die Teebeutel wird nach dem modernen CTC-Verfahren gewonnen." So steht es auf dem Teebeutel. Erklären Sie dem Gast das Verfahren.

8 Beschreiben Sie die unterschiedliche Wirkung der Tees auf den Menschen.

9 Wie gewinnt man das Kakaopulver?

10 Eine bestimmte Kakaosorte ist „aufgeschlossen". Was versteht man darunter? Welchen Vorteil hat ein auf diese Weise behandelter Kakao?

5 Alkoholische Gärung

alcoholic fermentation *fermentation (w) alcoolique*

Die alkoholische Gärung war schon den alten Ägyptern bekannt. Wandbilder zeigen, wie Wein und Bier gewonnen wurden und wie durch Hefe gelockertes Brot hergestellt wurde.

Auch heute lockert die Gärung das Brot. Wenn Bier oder Wein gewonnen werden, ist die alkoholische Gärung der zentrale Vorgang. Ohne Gärung hätten wir auch keinen Sekt, keinen Korn und keinen Weinbrand. Darum werden hier kurz die grundlegenden Vorgänge aufgezeigt.

Versuche

1. Lassen Sie Fruchtsaft in einem Glas bei Zimmertemperatur stehen. Beobachten Sie während der folgenden Tage Aussehen und Geruch.
2. Lösen Sie in 100 g warmem Wasser 50 g Zucker und geben Sie 10 g Hefe dazu. Prüfen Sie den Geruch, wenn die Flüssigkeit zu perlen beginnt.
3. Nach etwa einer Woche ist die Flüssigkeit aus Versuch 1 ruhig und klar geworden. Prüfen Sie Geschmack und Süße.
4. Erhitzen Sie die Flüssigkeit aus Versuch 2 entsprechend der Versuchsanordnung. Das Glasrohr soll etwa 60 cm lang sein und einen Durchmesser von 1 cm haben.

Der durch das Kochen aufsteigende Dampf besteht aus Alkohol und Wasser. Das Wasser kondensiert bereits während des Aufsteigens am Glasrohr, der Alkohol entweicht und kann entzündet werden.

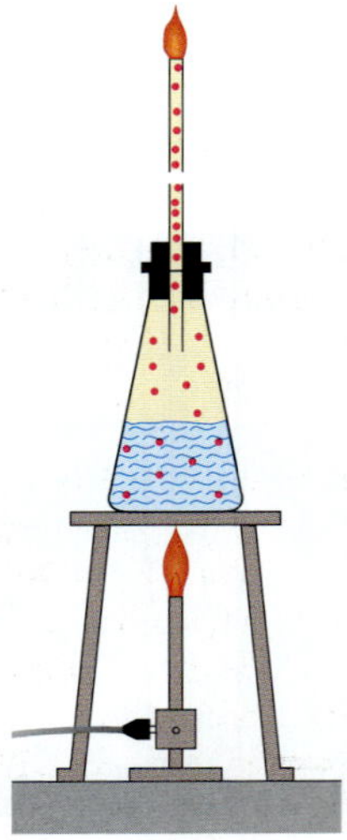

Abb. 1 Versuch

Hefe ist ein **Kleinlebewesen** (siehe Abschnitt Hygiene), das in der Luft und auf reifenden Früchten vorkommt. Diese Arten nennt man „wilde“ Hefen.

Im Lebensmittelgewerbe verwendet man speziell gezüchtete Hefearten, z. B. Backhefe für Hefeteig, Bierhefe bei der Bierherstellung. Diese Arten nennt man auch **Kulturhefen.**

Bei der Gärung nimmt die Hefe Zuckerstoffe auf, Alkohol und Kohlendioxid werden ausgeschieden.

$C_6H_{12}O_6$	→	$2\ C_2H_5OH + 2\ CO_2$
Traubenzucker	→	Alkohol + Kohlendioxid
100 g		ca. 45 g + ca. 50 g

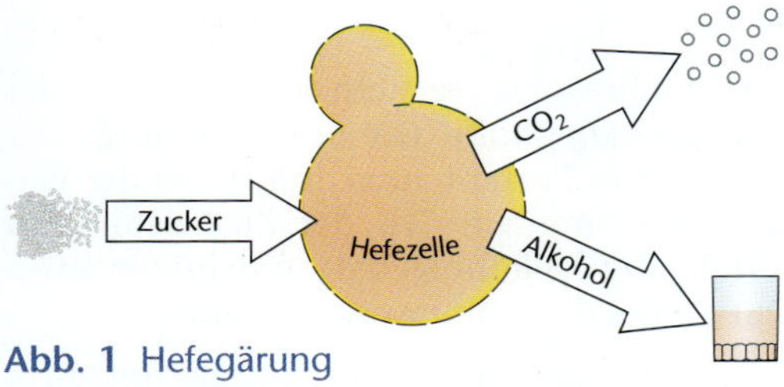

Abb. 1 Hefegärung

Der Gärvorgang endet, wenn der Zucker verbraucht ist oder der Alkoholgehalt etwa 15 % erreicht hat. Zunehmende Alkoholkonzentration schwächt die Hefe und bringt sie schließlich zum Stillstand.

Auf diese Weise entstehen Gärungsgetränke wie Bier und Wein.

Wird eine höhere Alkoholkonzentration gewünscht, bedarf es der **Destillation.** Dabei wird der leichter verdampfende Alkohol abgetrennt und damit konzentriert. Getränke mit einem Alkoholgehalt über 15 % vol bezeichnet man als Spirituosen.

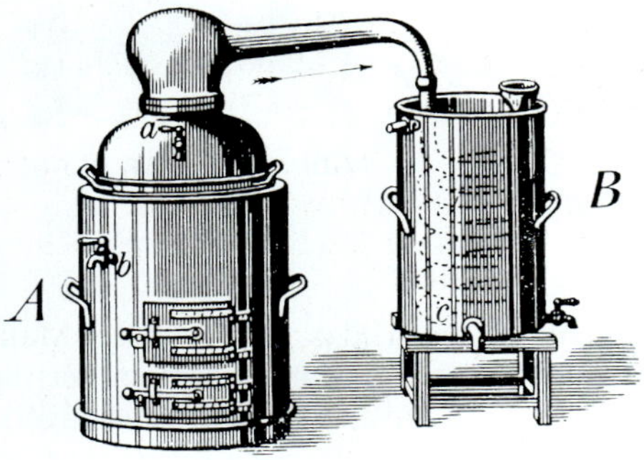

Abb. 2 Historische Destillationsanlage

Wer im Service beschäftigt ist, berät und bedient Gäste. Sachwissen über das Angebot ist die Grundlage für ein kompetentes Beratungsgespräch.

Dazu muss man aber nicht, um ein Beispiel zu nennen, die gesamte Bier- oder Weinherstellung kennen.

Von der Produktion der Getränke ist nur so viel an Wissen erforderlich, wie sich die Arbeitsschritte unmittelbar auf die besonderen Eigenschaften der Produkte auswirken und damit für die Beratung von Gästen sinnvoll sind.

Diese Gedanken leiten die Stoffauswahl für die folgenden Abschnitte.

6 Bier *beer* *bière (w)*

Bier ist ein alkoholisches Getränk, das nach dem Reinheitsgebot aus **Malz, Hopfen** und **Wasser** mit **Hefe** hergestellt wird. Für deutsches Bier werden keine weiteren Zusätze oder andere Ausgangsstoffe verwendet. Bier, das abweichend hergestellt worden ist, erkennt man an der veränderten Zutatenliste.

Herstellung

Der Hauptvorgang bei der Bierherstellung ist die alkoholische Gärung. Weil jedoch die Hefe nur Einfachzucker zu Alkohol vergären kann, müssen die im Getreide in Form von Stärke enthaltenen Kohlenhydrate zuerst in Zuckerstoffe umgewandelt werden. Das geschieht vorwiegend beim **Mälzen.** Anschließend werden bei der **Bereitung der Würze** die Inhaltsstoffe des Getreides ausgelaugt.

Hopfen wird zugegeben, weil er Geschmack gibt, die Haltbarkeit verbessert und die Schaumbläschen festhält. Nach der **Gärung** folgt die **Lagerung,** während der das Bier reift und an Qualität zunimmt.

Mälzen

Das Getreidekorn (Gerste oder Weizen) wird durch Einweichen zum Keimen gebracht. Enzyme beginnen, die Stärke zu Zucker abzubauen, Eiweißstoffe werden gelöst. Dadurch entsteht aus Gerste Malz. Nach einer bestimmten Zeit wird das Keimen durch schonendes **Darren** (Trocknen) abgebrochen.

Dabei färbt sich das Malz je nach Temperatur. Die Farbe überträgt sich später auf das Bier. Keime und am Korn anhängende Wurzeln werden anschließend entfernt.

Abb. 1 Aus Gerste wird Malz.

Abb. 2 Hopfen bringt Würze.

Bereitung der Würze

Beim **Maischen** wird das getrocknete Malz geschrotet (zerkleinert) und mit warmem Wasser gemischt, sodass alle löslichen Stoffe auslaugen. Enzyme bauen restliche Stärke und Zucker zu Einfachzucker ab. Es folgt das **Läutern** (Reinigen) der Würze durch Filtern.

Beim **Kochen** gibt Hopfen durch Bitterstoffe Geschmack und Aroma, Hopfenharze halten den Schaum des späteren Bieres.

Vergärung

Der abgekühlten Würze wird Bierhefe zugesetzt, je nach Bierart unter- oder obergärige Hefe. Durch die Vergärung werden Alkohol und Kohlensäure gebildet.

Untergärige Hefe vergärt die Würze zwischen 6 und 9 °C und setzt sich unten auf dem Boden des Gärbehälters ab. Bei untergärigen Bieren ist die Kohlensäure stärker an die Flüssigkeit gebunden und wird nur langsam abgegeben. Das Bier perlt langsamer, dafür aber länger, z. B. übliches Helles oder Pils.

Obergärige Hefe vergärt die Würze zwischen 15 und 18 °C und steigt dabei nach oben. Obergärige Biere enthalten viel Kohlensäure, die weniger fest an die Flüssigkeit gebunden ist. Darum schäumen diese Biere stärker, z. B. Weizenbier.

Nachgärung und Reifung in geschlossenen Behältern dienen der Qualitätsverbesserung.

Stammwürze – Alkoholgehalt

Unter Stammwürze versteht man alle in der Würze gelösten Stoffe vor der Vergärung. Der Gehalt wird in Prozent ausgedrückt. Bei der Vergärung wird nur ein Teil der Zuckerstoffe zu Alkohol. Der Alkoholgehalt entspricht etwa einem Drittel des Stammwürzegehaltes.

Bei einem Vollbier mit 11 bis 16 % Stammwürze beträgt also der Alkoholgehalt etwa 3,5 bis

Produktionsschritte		Stichworte für die Beratung
Mälzen Stärke wird zu Zuckerstoffen umgewandelt. Trocknen des Malzes →	Temperatur hoch → Temperatur niedrig →	**Farbe des Bieres** dunkles Bier helles Bier
Bereitung der Würze Verzuckerung geht weiter Feste Bestandteile (Treber) werden abgetrennt. → Aufkochen mit Hopfen →	Anteil der gelösten Stoffe in der Flüssigkeit = **Stammwürze** → Hopfeninhaltsstoffe →	**Stärke des Bieres = Biergattung** Geschmacksrichtung Schaumbildung
Vergärung Der Würze wird Hefe zugefügt. Die Art der Hefe bestimmt den Gärverlauf. →	untergärig obergärig → Je nach Gärverfahren werden etwa 25 bis 30 % der Stammwürze zu Alkohol →	**Bierart** Alkoholgehalt
Lagerung	Bier „reift" →	Verfeinerung des Aromas Sättigung mit CO_2

4,5 % mas. Auf dem Etikett muss der Alkoholgehalt angegeben werden, und zwar in „% vol". Das bedeutet Prozent des Volumens. Nachdem Alkohol eine Dichte von ungefähr 0,8 hat, lautet die Umrechnung % mas: 0,8 ≈ % vol.

Vollbier hat zwischen 4,3 und 5,6 % vol Alkoholgehalt.

Biergattungen, Bierarten, Biersorten

Die **Biergattung** ist gesetzlich festgelegt und wird durch den Stammwürzegehalt (Stärke des Bieres) bestimmt. Hauptsächlich getrunken wird Vollbier, in geringem Maße auch Schankbier und Starkbier (siehe Übersicht unten).

Die **Bierart** wird durch die Art der Vergärung bestimmt. Man unterscheidet untergärige Biere, bei denen sich die Hefe nach unten absetzt, von den obergärigen, die als aromatischer bezeichnet werden.

Die **Biersorten** bezeichnen typische Eigenschaften oder weitere Unterteilungen, die sehr oft mit den Handelsbezeichnungen gleich sind.

Biersorten

Bierart / Biergattung	untergärig	obergärig
Bier mit niedrigem Stammwürzegehalt unter 7 % Stammwürze		
Schankbier 7–11 % Stammwürze	Leichtbier	Weizen-Light, Berliner Weiße
Vollbier (ca. 95 % des Angebotes) 11–16 % Stammwürze	Pils, Lager, Export, Märzen, Hell	Alt, Kölsch, Weizen
Starkbier über 16 % Stammwürze über 18 % Stammwürze	 Bock, Starkbier Doppelbock, ...ator	 Weizenbock

Der Geschmack des Bieres gründet auf
- **den verwendeten Rohstoffen,**
- **dem speziellen Brauverfahren.**

Die Brauwirtschaft unterscheidet folgende Richtungen:

M-Typ: **Malzbetont, mäßig vergoren; also eher süßlich bei geringem Alkoholgehalt.**

H-Typ: **Hopfig, hochvergoren; also eher bitter, z. B. Pilsener.**

S-Typ: **Säuerlich, spritzig, stark schäumend, z. B. Weißbier.**

Biersorten von A bis Z

Wenn man im Verkaufsgespräch dem Gast ein Bier empfiehlt, beschreibt man es und nennt dabei z. B.:

- Biergattung = Stärke des Bieres,
- Bierart = Art der Vergärung (ober-/untergärig),
- Bierfarbe und vielleicht
- besondere Merkmale zur Herkunft oder Entstehung.

Alkoholfreie Biere

Alkoholfreie Biere können bis 0,5 % Alkohol aufweisen. Diese Biere werden meist zunächst nach üblichem Verfahren gebraut. Nach der Vergärung wird diesen Bieren durch verschiedene Verfahren Alkohol entzogen.

Alt, Altbier

Ein obergäriges, kräftig gehopftes Vollbier mit dunkelbrauner Farbe aus der Düsseldorfer Region. Der Name Altbier leitet sich ab von alter Tradition.

Ausschank in einem becherartigen, geraden Spezialglas.

Berliner Weiße

Das obergärige Schankbier (weniger Alkohol) ist schwach gehopft und unter Verwendung von Weizenmalz hergestellt.

Bei der besonderen Gärung entsteht auch Milchsäure, die mit einem Schuss Himbeer- oder Waldmeistersirup ausgeglichen wird.

Serviert wird in einer halbkugelförmigen Schale.

Bock, Bockbier

Das untergärige Bier hat mindestens 16 % Stammwürze, ist also ein Starkbier. Kennzeichnend sind ein hoher Alkoholgehalt und ein malziger Geschmack. Bockbier stammt ursprünglich aus Einbeck; daraus wurde vereinfacht Bock.

Doppelbockbiere haben 18 % Stammwürze und enden, ohne dass es dafür eine Vorschrift gibt, auf „…ator", z. B. Salv**ator**.

Eisbock ist mit etwa 19 % Alkohol noch stärker. Diese Spezialität erhält man, indem man dem fertigen Bier durch Einfrieren Wasser in Form von Eis entzieht (gefrierkonzentrieren).

Diätbier, Diätpils

Eine helle, untergärige Vollbiersorte mit geringem Kohlenhydratgehalt. Darum ist es für Diabetiker geeignet. Der Alkoholgehalt liegt bei 4 %. Diätbier darf nicht mit alkoholarmem oder alkoholfreiem Bier verwechselt werden.

Export

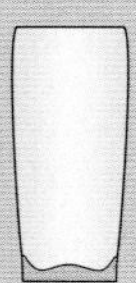

Ein helles untergäriges Bier mit ausgeprägtem Hopfengeschmack. Es ist allgemein etwas stärker als das übliche „Helle" der selben Brauerei.

Der Name Export entstand nach dem 1. Weltkrieg, als man bewusst nur besondere Qualität exportierte.

Kölsch

Ein goldfarbenes obergäriges Bier mit etwa 4 % Alkohol, das nur im Raum Köln hergestellt wird.

Ausschank in der Stange, einem schlanken, geraden Spezialglas.

Lager

Heute bezeichnet man mit Lager untergäriges, schwächer gehopftes, einfaches Bier, das man auch einfach „Helles" nennt.

Malzbier/-trunk

Ein obergäriges malzig-süß schmeckendes Bier, das höchstens 1 % Alkohol haben darf. Meist ist es jedoch „alkoholfrei" (Alkoholgehalt unter 0,5 %).

Leichtbiere, light

Diese Bezeichnung tragen unterschiedliche Biere. Gemeinsam ist der verringerte Alkoholgehalt (etwa 2,5 bis 3 %) und damit verbunden ein geringerer Brennwert.

Märzen

Helles oder dunkles untergäriges Vollbier, mittelstark gehopft und malzbetont. Der Alkoholgehalt liegt bei 4,5 %.

Die Bezeichnung Märzen stammt aus einer Zeit, in der es noch keine Kühlmaschinen gab. Im März, also vor Beginn der warmen Jahreszeit, bestand die letzte Möglichkeit, untergäriges Bier zu brauen. Ein höherer Alkoholgehalt schützt vor Verderb und darum braute man dieses Bier stärker ein.

Pils, Pilsener

Es ist ein untergäriges helles Bier und zeichnet sich durch ein spritzig-frisches Hopfenaroma aus. Pilsgläser sind nach oben verjüngt, damit die Schaumkrone fest und dicht gehalten wird.

Das Bier stammt ursprünglich aus dem böhmischen Pilsen, heute ist Pils eine Gattungsbezeichnung und kann von jeder Brauerei hergestellt werden.

Radler, Alsterwasser

Biermischgetränk aus einem Teil hellem Bier und einem Teil klarer Zitronenlimonade.

Weizenbier, Weißbier

Es handelt sich um ein obergäriges Vollbier, zu dem etwa ein Drittel Weizen verwendet wird.

Durch den hohen Kohlensäuregehalt schäumt es stark und wirkt erfrischend. Neben dem klaren *Kristallweizen* gibt es *naturtrübes Hefeweizen*, das vor dem Abfüllen nicht gefiltert wird.

Russ

Biermischgetränk aus einem Teil Weizenbier und einem Teil klarer Zitronenlimonade.

Zwickelbier

Es ist naturbelassen und darum hefetrüb. Zwickel ist der Name für den Probehahn, über den das Zwickelbier dem Fass entnommen wurde.

Biere anderer Länder

Biere anderer Länder müssen nicht dem Reinheitsgebot entsprechen.

England	Ale, Porter, Stout
Frankreich	Kronenbourg (Elsass)
Dänemark	Carlsberg, Tuborg
Holland	Heineken, Skol
Tschechien	Budweiser, Pilsener Urquell

Ausschank

Die Temperatur beträgt der Jahreszeit angepasst 8 bis 10 °C.

Das Bier muss klar sein und den ursprünglichen Kohlensäuregehalt aufweisen.

Das Bier ist so einzuschenken, dass es eine gewölbte, kompakte Schaumkrone erhält.

Biermischgetränke

Biermischgetränke bestehen meist zur Hälfte aus Bier und sind mit anderen Getränken wie z. B. Zitronenlimonade oder Cola gemischt.

Radler, Alsterwasser

Radler besteht je zur Hälfte aus hellem Vollbier und klarer Zitronenlimonade. Im Süden Deutschlands wird das Getränk als Radler bezeichnet, im Norden Alsterwasser.

Berliner Weiße, Weiße mit Schuss

Ursprünglich handelt es sich bei der Berliner Weißen um ein leichtes Schankbier (7–11 % Stammwürze). Heute wird es vorwiegend mit Himbeer- oder Waldmeistersirup serviert. Die beiden Bezeichnungen werden meist gleichgesetzt.

Diesel

Diesel ist eine Mischung von hellem Bier und Cola.

Russ, Russe

Ein Russ ist eine Mischung aus hellem Weizenbier und klarer Zitronenlimonade. Verwendet man statt der Zitronenlimonade ein Mineralwasser, handelt es sich um einen **sauren Russen.**

Aufgaben

1 Erklären Sie den Unterschied zwischen untergärigen und obergärigen Bieren und nennen Sie die besonderen Eigenschaften der jeweiligen Biere.

2 Obwohl die meisten Bierarten aus Gerste hergestellt werden, gibt es helle und dunkle Biere. Erklären Sie dies in einer für den Gast verständlichen Weise.

3 Worin besteht der Unterschied zwischen Hefeweizen und Kristallweizen?

4 Nennen Sie drei Biergattungen mit dem zugehörenden Stammwürzegehalt.

5 Ein Gast will weniger Alkohol trinken und bestellt Diätbier. Was werden Sie antworten?

6 Aus welchem Grund muss Bier rechtzeitig beim Lieferanten bestellt werden?

7 Sie sind im Service beschäftigt. Zu welchen Speisen werden Sie ein Bier/ein Pils empfehlen?

8 Weizenbier erreicht einen immer höheren Umsatzanteil. Welche Gründe können die Gäste zu dieser Änderung der Trinkgewohnheit bewegen?

9 Auch in der Küche wird Bier verwendet. Suchen Sie nach mindestens drei Rezepturen. Diese Stichworte sollen Ihnen helfen: Suppe, Karpfen, Apfelringe.

7 Wein wine vin (m)

Wein ist ein alkoholisches Getränk, das durch Vergärung des Traubenmostes oder frischer eingemaischter Trauben gewonnen wird.

Die unterschiedlichen Eigenschaften der einzelnen Weine werden hauptsächlich bestimmt von der **Rebsorte,** aber auch von dem Boden, auf dem sie wächst, und dem Klima, also dem **Anbaugebiet.**

Rebsorte, man spricht vom **Sortencharakter**

- Die Rebsorten mit ihren unterschiedlichen Inhaltsstoffen bestimmen den Charakter eines Weines am stärksten.
- In Deutschland werden vorwiegend weiße Rebsorten angebaut wie z. B. Riesling oder Silvaner.
- Für rote Reben wird nur etwa ein Fünftel der Anbaufläche verwendet.
- Typische Anbaugebiete für Rotweine sind Frankreich und Italien.
- Die Abbildungen auf den folgenden Seiten zeigen die Rebsorten und geben Hinweise auf den Geschmack und Hilfen zur Weinempfehlung.

Anbaugebiet, man spricht vom **Gebietscharakter**

- Art und Beschaffenheit des Bodens bestimmen die Auswahl geeigneter Rebsorten.
- Wegen des unterschiedlichen Bodens schmecken selbst gleiche Rebsorten in jedem Anbaugebiet anders.
- Zum Weinbau werden Hänge bevorzugt, die nach Süden, Südosten und Südwesten geneigt sind. Die Sonnenstrahlen treffen hier konzentriert auf und erwärmen den Boden kräftig.
- Der Sonne abgewandte, schattige Hänge können keine Qualitätsweine liefern.

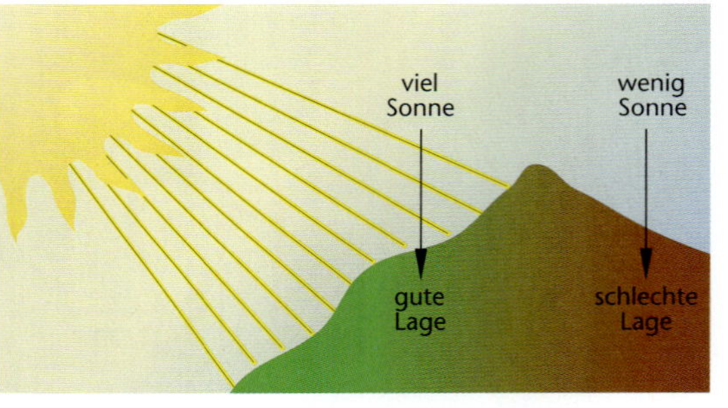

Abb. 1 Sonneneinstrahlung bestimmt die Lage.

Zur Orientierung zunächst eine Übersicht, die nach geschmacklichen Gesichtspunkten fünf Gruppen unterscheidet.

Gruppe	Beschreibung	z. B. Rebsorte
Milde Weißweine	Verhaltener Duft, milde bis feine Säure	Silvaner, Müller-Thurgau, Gutedel, Ruländer
Rassige Weißweine	Dezenter Duft, spürbare bis kräftige Säure	Riesling, Weißburgunder, Grauburgunder, Chardonnay
Bukettreiche Weißweine	Intensiver, typischer Duft	Gewürztraminer, Scheurebe, Muskateller, Morio-Muskat
Samtig-fruchtige Rotweine	Harmonisch, wenig Gerbstoffe	Spätburgunder, Trollinger, Portugieser, Schwarzriesling
Kräftige Rotweine	Farbintensiv, gerbstoffbetont	Lemberger, Dornfelder

Nach dieser Übersicht eine genauere Typisierung häufiger Rebsorten als **Hilfe für Formulierungen im Verkaufsgespräch.**

7.1 Rebsorten *grape varieties* *vignes (w)*

Deutsche Weißwein-Rebsorten

① **Silvaner**

② **Müller-Thurgau**

③ **Riesling**

④ **Kerner**

⑤ **Ruländer** (Grauburgunder)

⑥ **Scheurebe**

Rebsorte und Weinfarbe	Weincharakter	Weinempfehlung
① **Silvaner** blass, fast wasserhell	neutrales Bukett, feine Säure, vollmundiger, gefälliger Wein	zu gedünstetem Fisch, Spargel, mildem Käse
② **Müller-Thurgau** blass bis hellgelb	blumiges Bukett, mildere Säure als Riesling, leichter Muskatgeschmack	zu leichten, geschmacksneutralen oder zart-aromatischen Speisen
③ **Riesling** blassgelb, mit zartem Grünstich	an Pfirsichduft erinnernd mit feinfruchtigem Bukett, pikant, säurebetont und lebendig	passt besonders gut zu Fisch, Schalen- und Krebstieren und vor allem zu Gerichten mit delikater Sahnesauce
④ **Kerner** hellgelb bis strohgelb	fruchtig, mit leichtem Muskatbukett; rassige, lebendige Säure	ideal zu Kalb und Schwein, zu ausdrucksvollen Käsesorten
⑤ **Ruländer** strohgelb bis goldgelb	milde Säure, deutlicher Honigduft, manchmal leichter Mandelton	als trockene Version zum kräftigen und geschmacksintensiven Essen
⑥ **Scheurebe** hellgelb bis goldgelb	rassige Säure, volles kräftiges an schwarze Johannisbeeren erinnerndes Bukett	passt sehr gut zu würzigen Ragouts und Braten

Deutsche Rotwein-Rebsorten

① **Spätburgunder** (Pinot noir)

② **Trollinger**

③ **Portugieser**

Ausländische Rebsorten

④ **Sémillon** (edelfaul)

⑤ **Merlot**

⑥ **Cabernet Franc**

Rebsorte und Weinfarbe	Weincharakter	Weinempfehlung
① **Spätburgunder** tiefrot	samtig, vollmundig, feurig, mit einem Hauch von Mandelgeschmack	besonders geeignet zu Wild und Wildgeflügel sowie zu kräftig-aromatischen Braten und gehaltvollen Käsesorten
② **Trollinger** leuchtend hell- bis blassrot	duftig, frisch, fruchtig, mit gutem Säuregehalt und herzhaftem Geschmack	zu allen dunklen, dezent gewürzten Fleischsorten, aber auch zu Ente und Gans und milderen Käsesorten, ein guter Trinkwein
③ **Portugieser** hellrot	leicht, mild, bekömmlich und gefällig im Geschmack	idealer, süffiger Schoppen- und Tischwein
④ **Sémillon** Chablis-grün	Die Traube bringt große Weine, wenn sie „edelfaul" geerntet und mit der Sauvignon-Blanc-Traube zu Wein verarbeitet wird	zu Fischgerichten
⑤ **Merlot** rubinrot	tanninreiche Weine mit besonderem Duft und Aroma, die ihre Vollreife erst nach längerer Lagerung erreichen	zu dunklem Schlachtfleisch von würziger Zubereitung sowie Wild und Wildgeflügel
⑥ **Cabernet Franc** intensives Rot	ein Wein mit starkem Aroma von schwarzen Johannisbeeren, hoher Gerbsäuregehalt	sehr gut zu würzigen Gerichten wie Wild und Geflügel

7.2 Gebietseinteilung

Deutsche Weinanbaugebiete erstrecken sich vom Bodensee entlang des Rheins und seiner Nebenflüsse bis zum Mittelrhein bei Bonn und im Osten bis Dresden. Die Böden und das Klima innerhalb dieses Raumes sind so unterschiedlich, dass zur Charakterisierung eines Weines eine nähere geografische Angabe erforderlich ist.

Die ausländischen Weinregionen sind weniger differenziert, Boden und Klima sind über weitere Gebiete einheitlicher.

Die gesamte deutsche Rebenfläche ist in 13 **bestimmte Anbaugebiete** unterteilt. Jedes umfasst eine zusammenhängende Weinbaulandschaft mit vergleichbaren Voraussetzungen und bringt typische Weine mit ähnlichen Geschmacksnoten hervor.

Die **bestimmten Anbaugebiete** bezeichnen Gebiete für **Qualitätsweine** (s. Seite 214).

Tafelweine werden **Wein*bau*gebieten** zugeordnet. Tafelweine und die gehobenen Landweine machen nur wenige Prozent des gesamten Weinangebotes aus und werden in der Gastronomie kaum geführt. Aus diesem Grund entfallen weitere Ausführungen zu den Weinbaugebieten.

Die dreizehn bestimmten Anbaugebiete für Qualitätsweine

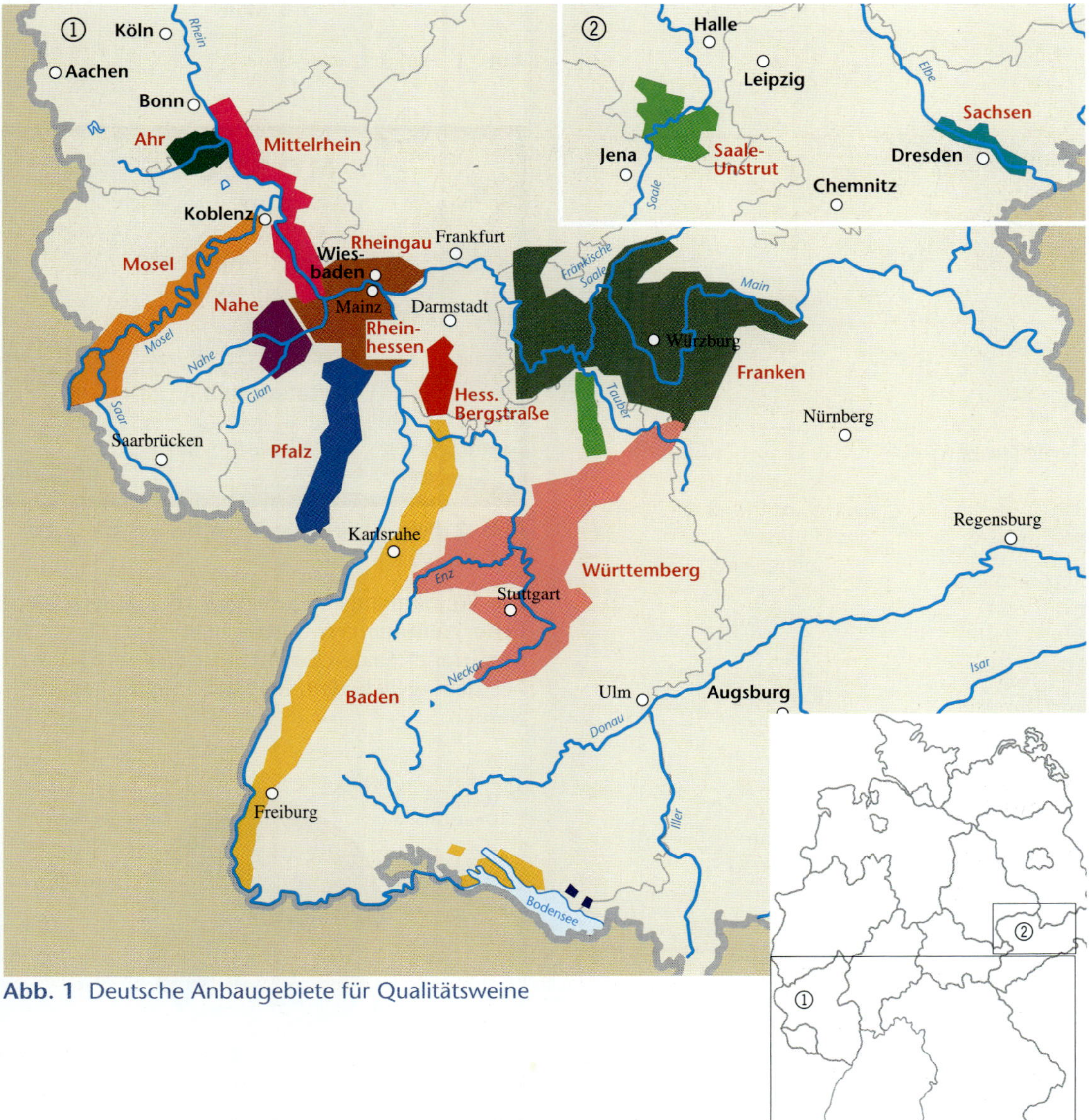

Abb. 1 Deutsche Anbaugebiete für Qualitätsweine

Qualitätsweine b. A.	
„bestimmte Anbaugebiete“	„Bereiche“
Ahr	Walporzheim/Ahrtal
Hessische Bergstraße	Starkenburg Umstadt
Mittelrhein	Loreley Siebengebirge
Nahe	Nahetal
Rheingau	Johannisberg
Rheinhessen	Bingen Nierstein Wonnegau
Pfalz	Südliche Weinstraße Mittelhardt/Deutsche Weinstraße
Mosel	Burg Cochem Bernkastel Obermosel Moseltor Saar Ruwertal
Franken	Steigerwald Maindreieck Mainviereck
Württemberg	Bayerischer Bodensee Remstal-Stuttgart Württembergisches Unterland Kocher-Jagst-Tauber Oberer Neckar Württembergischer Bodensee
Baden	Bodensee Marktgräflerland Kaiserstuhl Tuniberg Breisgau Ortenau Kraichgau Badische Bergstraße Tauberfranken
Sachsen	Elstertal Meißen
Saale-Unstrut	Schloss Neuenburg Thüringen Mansfelder Seen

Die Herkunft des Weines kann näher beschrieben werden. Bei Qualitätsweinen b. A. genügt es, das **Anbaugebiet** zu nennen, bei Prädikatsweinen muss der **Bereich** angegeben werden. Wird gar die **Gemeinde** oder innerhalb dieser die **Lage** genannt, ist das für den Weinkenner ein besonderes Zeichen für Qualität.

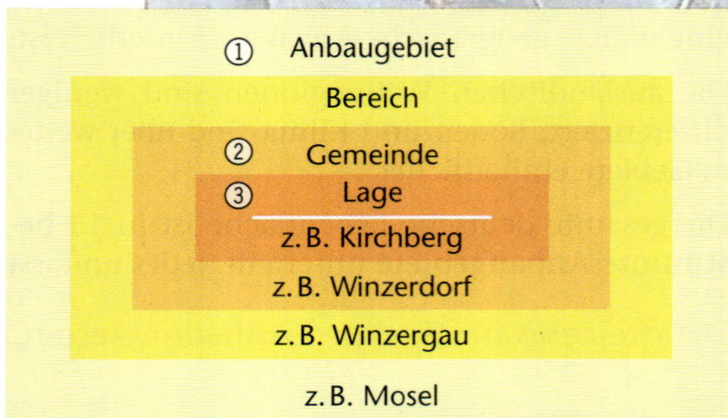

Abb. 1 Herkunft des Weines

Abb. 2 Beispiel einer genauen Herkunftsangabe

Die Weinanbaugebiete liefern sehr unterschiedliche Weinmengen. Mittelrhein, Ahr, Hessische Bergstraße, Saale-Unstrut und Sachsen können bei dem gegebenen Maßstab nicht dargestellt werden.

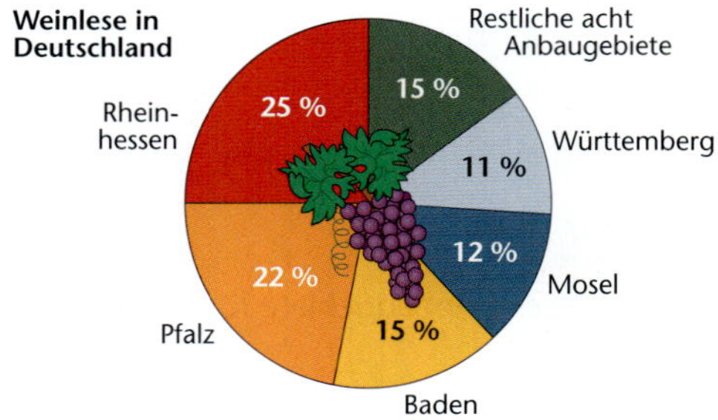

Abb. 3 Die größten Anbaugebiete

7.3 Weinbereitung

Weißwein 🇬🇧 *white wine* 🇫🇷 *vin (m) blanc*

Die Trauben werden gequetscht, damit sich alle Zellen der Frucht öffnen, die **Maische** entsteht.

Aus dieser presst man beim Keltern den **Most** ab. Zurück bleibt der aus Schalen und Kernen bestehende Trester.

Bei der Hauptgärung werden die Zuckerstoffe in Alkohol und Kohlensäure umgewandelt.

Während der Nachgärung reift der Wein.

Rotwein 🇬🇧 *red wine* 🇫🇷 *vin (m) rouge*

Die im Rotwein erwünschten Farb- und Geschmacksstoffe befinden sich in der Schale der roten Beere.

Der bei der Gärung der **Maische** entstehende Alkohol löst diese, sodass sie in die Flüssigkeit übergehen.

Nach einem anderen Verfahren wird die Maische vor der Gärung erwärmt.

Der Jungwein wird erst während der Nachgärung harmonisch.

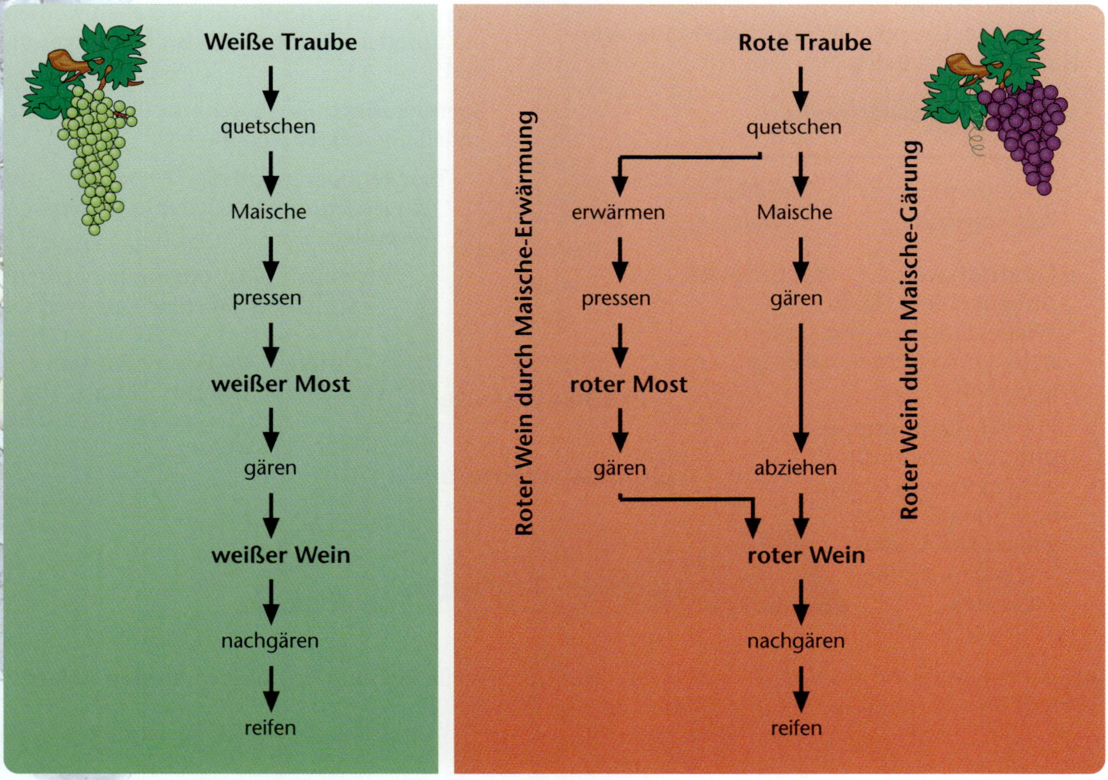

Besondere Verfahren für weitere Weinsorten.

Rotling ist ein Wein mit blass- bis hellroter Farbe, der entsteht, wenn weiße und rote Trauben oder deren Maischen zusammen nach dem Rotweinverfahren verarbeitet werden.

Schillerwein ist ein qualitativ hochwertiger Rotling aus Württemberg.

Badisch Rotgold ist ein Qualitäts-Rotling aus Baden ($^1/_2$ Ruländer, $^1/_2$ Spätburgunder).

Rosé schimmert golden bis rötlich und wird aus roten Trauben nach dem Weißweinverfahren gewonnen. Hochwertige Produkte dürfen als **Weißherbst** bezeichnet werden.

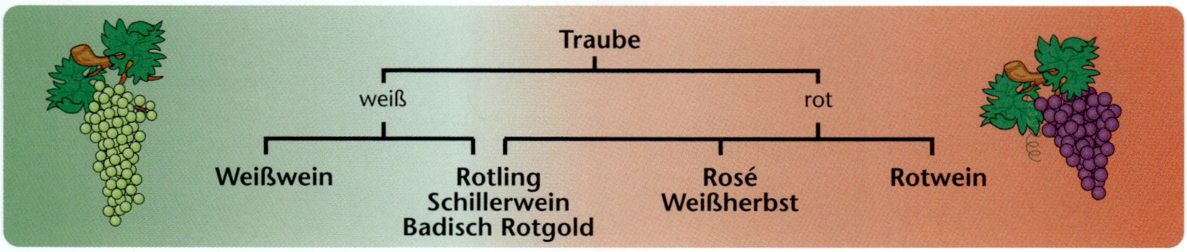

Service

7.4 Güteklassen für deutschen Wein

Im Weinrecht gibt es Vorgaben durch die EU. Diese sind in deutsches Recht umgesetzt worden.

Für deutschen Wein gibt es zwei Gütegruppen, nämlich Tafelwein und Qualitätswein. Diese Gütegruppen werden weiter unterteilt.

- **Tafelwein** hat mindestens 8,5 % vol. Alkohol.
  - **Landwein** ist ein gehobener Tafelwein mit einem für die Region typischen Charakter.
- **Qualitätsweine**
  Die große Gruppe der Qualitätsweine wird weiter unterschieden.

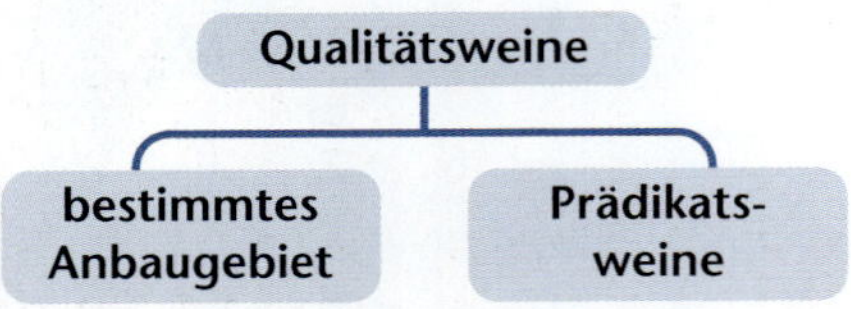

- **Qualitätsweine bestimmter Anbaugebiete (Q. b. A.)**
  Weine mittlerer Güte, die einem Prüfverfahren unterzogen worden sind.

  Ein Mindestmostgewicht und die Herkunft der ausgereiften Trauben aus dem Anbaugebiet sind Voraussetzungen für die Zulassung.

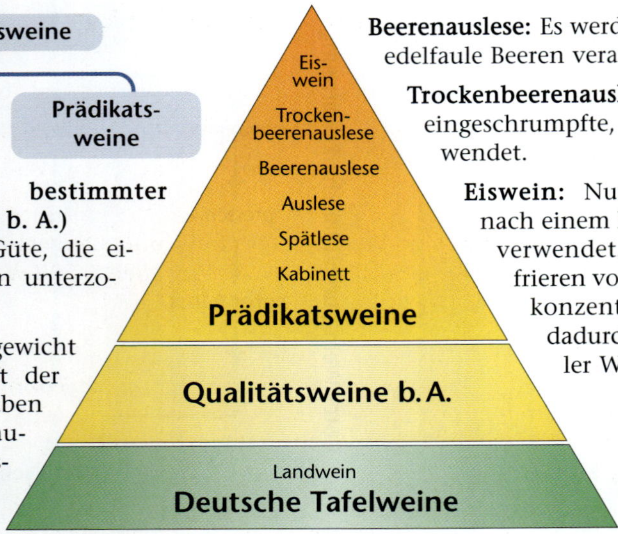

- **Prädikatsweine** haben eng begrenzte Herkunftsgebiete und müssen strengen Qualitätsanforderungen genügen.

Die Prädikate sind zusätzliche Qualitätsangaben. Es gibt sechs verschiedene Prädikate.

Kabinett: Das vorgeschriebene Mindestmostgewicht muss aus der Rebe stammen. Das bedeutet: Kabinett ist die erste Qualitätsstufe *ohne Zuckerzusatz.*

Spätlese: Die Trauben werden nach der allgemeinen Ernte, also zu einem späteren Zeitpunkt in vollreifem Zustand geerntet.

Auslese: Aus den vollreifen Trauben werden die unreifen und kranken Beeren ausgesondert.

Beerenauslese: Es werden nur überreife und edelfaule Beeren verarbeitet.

Trockenbeerenauslese: Es werden nur eingeschrumpfte, edelfaule Beeren verwendet.

Eiswein: Nur edelfaule Beeren, nach einem Frost gelesen, werden verwendet. Durch das Ausfrieren von Wasser entsteht ein konzentrierter Most, und dadurch ein sehr gehaltvoller Wein.

Bei der Auswahl von Weinen sind neben der Qualität die Eignung des Weines für den Anlass und die Kombination mit den Speisen zu beachten.

Das Weinetikett

Das Weinetikett wird auch als die Geburtsurkunde eines Weines bezeichnet. Hier ein Beispiel für eine umfassende Information.

Über die amtlichen Vorgaben hinaus können Auszeichnungen genannt werden, z. B.:

Das **deutsche Weinsiegel** ist ein Gütezeichen für deutsche Weine. Farben signalisieren Geschmacksrichtungen.

Rot für vorwiegend liebliche Weine

Grün für halbtrockene Weine

Gelb für trockene Weine

Weine aus gebietstypischen klassischen Rebsorten; gehaltvoll, fruchtig und harmonisch trocken.

CLASSIC

Trockene Spitzenweine eines Jahrgangs. Sie müssen aus Einzellagen stammen und unterliegen besonderen Vorschriften.

SELECTION

Daneben gibt es **Gütesiegel regionaler Weinbauverbände** und Banderolen für bestimmte Prämierungen, für deren Vergabe strenge zusätzliche Qualitätskriterien erfüllt werden müssen.

7.5 Weinlagerung

Weine werden in kühlen und dunklen Räumen aufbewahrt, damit die Reifung des Weines möglichst ungestört ablaufen kann. **Flaschen mit Korken** sind liegend zu lagern, der Korken trocknet so nicht aus, und der Wein kann nicht durch Luftzutritt und Mikroben verderben.

Flaschen mit Schraubverschluss oder Kunststoff-Korken können auch stehend gelagert werden.

Günstigste Lagertemperatur	für Weißwein:	10 bis 12 °C
	für Rotwein:	14 bis 15 °C.

Wein-ABC

Für ein so umfangreiches Gebiet wie das des Weines hat sich eine eigene Fachsprache entwickelt. Wichtige Begriffe für die Gästeberatung und Produktbeschreibung sind hier zusammengestellt.

Produktbeschreibung

Abgang
Nachgeschmack am Gaumen, wenn der Wein geschluckt ist.

ansprechend
zum Trinken anregend

Aroma, aromatisch
reich an Duft- und Geschmacksstoffen (Nase und Zunge)

Blume, blumig
reich an Duftstoffen (Nase)

Bukett, bukettreich
reich an Duft- und Geschmacksstoffen. Vergleichbar mit dem Begriff Aroma. In Verbindung mit Wein wird Bukett bevorzugt verwendet.

duftig
feine, angenehme Blume

elegant
fein abgestimmt in Säure, Alkoholgehalt und Bukett

gehaltvoll
reich an Inhaltsstoffen wie Zucker, Glycerin, Gerb- und Farbstoffen

harmonisch
ausgewogenes Verhältnis aller Inhaltsstoffe

herb
Rotweine mit viel Gerbsäure; Achtung: herb ist nicht sauer

kräftig
höherer Alkoholgehalt, angenehme Säure

lieblich
leicht, angenehm, wenig Alkohol, wenig Säure

prickelnd
leicht kohlensäurehaltig

rassig
ausgeglichene erfrischende Säure, z. B. bei Riesling

spritzig
frisch, angenehm prickelnd, z. B. Saarweine

süffig
Bei einfachen Weinen verwendet man den Begriff für Arten, die zum Weitertrinken anregen.

trocken
Vollständig durchgegoren, ohne Restzucker, hoher Alkoholgehalt. Trocken ist nicht mit sauer gleichzusetzen.

wuchtig
viel Körper und Alkohol; bei Rotweinen verwendet

Herstellung

anreichern
Wenn der Zuckergehalt der Weinbeeren, z. B. wegen schlechten Wetters, zu gering ist, darf im Rahmen der gesetzlichen Vorgaben vor der Vergärung dem Most Zucker zugefügt werden. So erhält man Wein mit dem erforderlichen Alkoholgehalt. Qualitätsweine mit Prädikat dürfen nicht angereichert werden.

Barriques
Eichenholzfässer mit einem Fassungsvermögen von 225 Litern.

keltern
Abpresssen des Rebensaftes, es verbleibt der Trester.

Mostgewicht
Dichte des Mostes. Das Mostgewicht kann mit der Öchslewaage oder einem Refraktometer festgestellt werden.

Öchslegrade
Dichte (spezifisches Gewicht des Mostes); sie geben Auskunft über den Zuckergehalt und damit indirekt über den zu erwartenden Alkoholgehalt.

Restsüße
Zuckergehalt des fertigen Weines, also nach der abgeschlossenen Gärung. Wird meist durch Zusatz von Traubenmost (Süßreserve) erreicht.

schönen
Trübstoffe werden gebunden und sinken zu Boden. Sie würden im Wein Trübungen hervorrufen.

schwefeln
Die Zugabe von Schwefel stoppt die Tätigkeit unerwünschter Bakterien und die Oxidation, die z. B. zum Braunwerden des Mostes führt.

Süßreserve
ist dem vergorenen Wein zugesetzter Traubenmost. Die enthaltenen Zuckerstoffe bleiben im Wein, werden nicht vergoren.

verschneiden
Dies bedeutet Vermischen von Most oder Wein, um bestimmte Eigenschaften wie Farbe, Geschmack oder Säuregehalt auszugleichen. Es dürfen nur Weine mit vergleichbarer Qualität zusammengeführt werden.

7.6 Weine europäischer Länder

Österreich sowie Frankreich und Italien erzeugen und verbrauchen beachtliche Mengen Wein. Deutsche Importe aus diesen Ländern sind bedeutend.

Zwar hat die EU verbindliche Begriffe für die Bezeichnung der Qualitätsstufen von Weinen festgelegt, doch bewerten die Wein anbauenden Länder traditionell nach eigenen unterschiedlichen Gesichtspunkten.

In Deutschland und Österreich ist das Mostgewicht (Öchslegrade) und damit der Zuckergehalt wesentlich für die Einstufung in die Qualitätsstufen.

In Frankreich und Italien bestimmt vorwiegend die Herkunft (Gebiet, Terroir) die Qualitätsstufe.

Die Tabelle auf der folgenden Seite stellt die Begriffe in den einzelnen Sprachen gegenüber und nennt ungefähre Anteile der einzelnen Qualitätsstufen. Vergleichen Sie die Prozentwerte bei Tafelwein.

Weinqualitäten und Anteile an der Jahresproduktion			
Deutschland	**Frankreich**	**Spanien**	**Italien**
Qualitätsstufen	Qualitätsstufen	Qualitätsstufen	Qualitätsstufen
Tafelwein [≈2 %] ● darunter Landwein	Vin de Table [≈45 %] ● darunter Vin de Pays [≈15 %]	Vino de Mesa	Vino da Tavola [≈70 %] ● darunter Indicazione Geografica Tipica – IGT [≈20 %]
Qualitätswein bestimmter Anbaugebiete – Q.b.A. [≈30 %]	Vin délimité de Qualité Supérieure – VdQS [≈45 %]	Denominación de Origen – DO – und Denominación de Origen Calificada – DOC – [≈33 %] als: ● Vino de Crianza (6 Monate Lagerung) ● Vino de Reserva (24 Monate Lagerung) ● Vino de Gran Reserva (48 bzw. 60 Monate Lagerung für Weiß- und Rosé- bzw. Rotweine)	Denominazione di Origine Controllata – DOC [≈12 %]
Prädikatswein [≈70 %] ● Kabinett, Spätlese, Auslese, Beeren- und Trockenbeerenauslese	Appellation (d'Origine) Contrôlée – AC, AOC		Denominazione di Origine Controllata e Garantita – DOCG

Österreichische Weine

In Österreich werden vorwiegend Weißweine erzeugt, der Anteil an Rotwein ist gering. Einige Besonderheiten seien herausgestellt.

Die am stärksten vertretene Rebsorte ist der **Grüne Veltliner,** der etwa ein Viertel der gesamten Weißweinproduktion erbringt. Ein guter Grüner Veltliner schmeckt frisch und fruchtig, hat eine angenehme Säure und eine grün-goldene Farbe.

Gumpoldskirchner aus der Thermenregion ist ein extraktreicher, vollmundiger Weißwein mit feinem Bukett aus den Rebsorten Zierfandler und Rotgipfler.

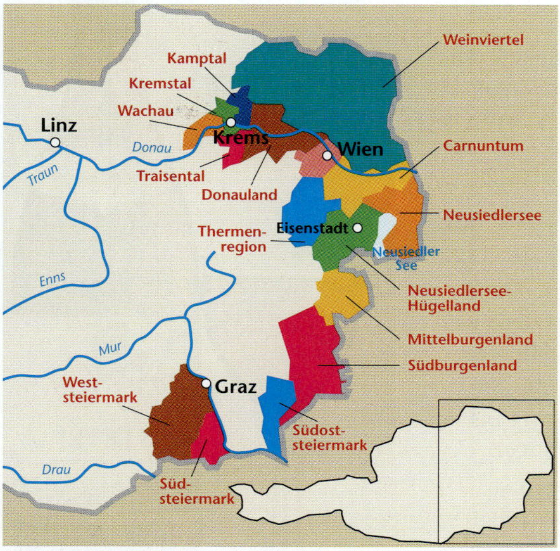

Abb. 1 Österreichische Weinbaugebiete

Heuriger ist ein Jungwein aus dem laufenden Weinjahr. Er wird vornehmlich in den sogenannten Buschenschenken gereicht.

Französische Weine

Zwar gibt es französische Weine in allen Geschmacksrichtungen von sehr trocken bis sehr süß. Da man aber in Frankreich Wein vor allem zum Essen trinkt, sind die meisten französischen Weine eher trocken. Wie sollte denn ein süßer Wein zu Fisch oder Rind passen?

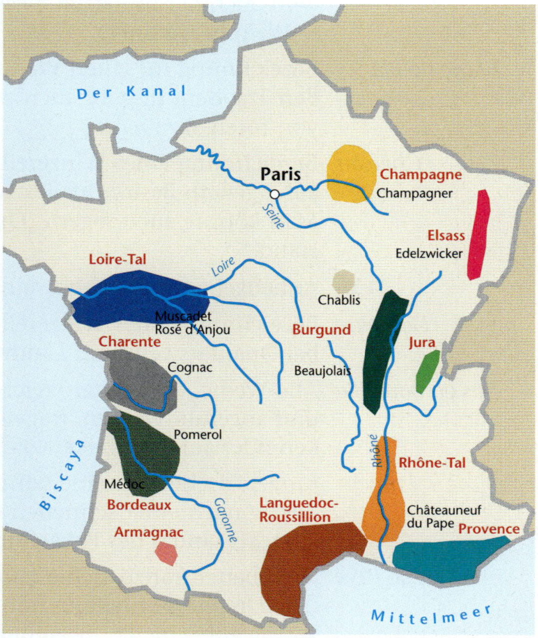

Abb. 2 Weinanbaugebiete Frankreichs

Service

Weinbaugebiete und bekannte Weine aus Frankreich

Elsass	*Gewürztraminer* ist ein kräftiger vollrunder Wein mit charakteristischem Bukett. *Muscat d'Alsace* ist ein herber, fruchtiger Wein mit dem typischen Aroma der Muskattraube. *Edelzwicker* ist eine Besonderheit aus einer Mischung Elsässer Rebsorten.
Burgund	*Chablis* ist ein trockener, rassiger Weißwein. *Côte de Beaune* ist ein kräftiger eleganter Rotwein. *Meursault* gehört zu den trockenen rassigen Weißweinen. *Beaujolais* ist vor allem als *nouveau* (neuer) bekannt, ein spritziger, leichter Rotwein.
Rhône-Tal	*Châteauneuf-du-Pape* und *Côtes du Rhône* sind kräftige und körperreiche Rotweine.
Languedoc-Roussillon	Es werden vor allem *Vins de Pays*, fruchtige, rote Landweine angebaut.
Bordeaux	*Entre-deux-Mers* ist ein lebhafter, frischer Weißwein. *Sauternes* ist ein vollrunder, lieblicher Weißwein von Trauben, die von der Edelfäule befallen sind. *Pomerol* und *Saint-Emilion* sind körperreiche, weiche Rotweine von dunkler Farbe.
Loire-Tal	*Muscadet* ist ein trockener, frischer Weißwein. *Rosé d'Anjou* ist ein lieblicher fruchtiger Wein.
Champagne	Die Weinproduktion wird nahezu ausschließlich für die Schaumweinherstellung verwendet.

Französische Fachbegriffe (Eine Hilfe bei der Beratung)

Barrique	Kleines Eichenfass mit etwa 225 Litern, in dem Wein ausgebaut wird. Die Eiche gibt an den Wein Aromastoffe ab. Als Barrique wird auch der in Barrique-Fässern ausgebaute Wein bezeichnet.
Blanc de Blancs	Bezeichnung für einen Weißwein aus weißen Trauben. (Es gibt auch weißen Wein von roten Trauben.)
Château	Bezeichnung eines Winzereibetriebes, der auf eigenem Besitz Qualitätsweine ausbaut. Man könnte auch sagen: „Qualität aus einer Hand."
Cru	Anbaugebiet für Spitzenweine
Domaine	Bezeichnung eines Winzereibetriebes, nur bei Qualitätswein und Landwein zulässig.
Mis en bouteille	Alle Weine, die in Frankreich ausgebaut und abgefüllt werden, tragen auf dem Korken oder auf dem Etikett diesen Hinweis.
Primeur	Junge, frische Rotweine können diesen Zusatz nach einer schnellen Gärung bis zum 31. Januar des Folgejahres tragen.
Vin de Pays	Gehobener französischer Landwein. (Die Qualitätseinteilung französischer Weine auf Seite 217 beachten.)

Italienische Weine

Auch in Italien sind etwa 50 % der Ernte Tafelwein (Vino da Tavola).

Weinbaugebiete und bekannte Weine	
Südtirol	Bekannt für Rotweine aus den namengebenden Trauben Blauburgunder (Pinot noir), Lagrein, Weißburgunder und Gewürztraminer. *Kalterer See* und *St. Magdalener* sind bekannte Weine.
Friaul	Die Weine sind nach den Rebsorten benannt. *Pinot Grigio* (bei uns Ruländer), ein frischer Weißwein, den man jung trinkt. *Pinot Bianco* (Weißburgunder) *Merlot* und *Cabernet* sind charaktervolle Rotweine.
Piemont	*Barbera,* ein rubinroter Rotwein mit intensiver Blume und würzigem Geschmack. *Barolo,* ein Rotwein aus der Nebbiolo-Traube mit markantem Duft und kräftigem Geschmack. *Barbaresco,* ein leuchtend roter Wein, vollmundig und kräftig.
Umbrien	*Orvieto,* ein goldener Weißwein, geschmeidig und gehaltvoll.
Latium	*Frascati,* ein Weißwein mit kräftig gelber Farbe und ausgeprägtem, aber weichem Geschmack.
Toskana	*Chianti,* ein Rotwein aus überwiegend roten, aber auch weißen Trauben.

Italienische Fachbegriffe (Eine Hilfe bei der Beratung)

secco	trocken
abboccato	halbtrocken
amabile	leicht süß
dolce	süß
Vino bianco	Weißwein
Vino rosato	Roséwein
Vino rosso	Rotwein
Vino frizzante	Perlwein
Vino spumante	Schaumwein

Abb. 1 Weinanbaugebiete Italiens

Spanische Weine

Spanien hat zwar die größte Weinanbaufläche der Erde, Trockenheit und Dürre beschränken die Erträge jedoch sehr stark, sodass Spanien bei der Produktion hinter Frankreich und Italien an dritter Stelle steht.

Die mineralreichen Böden und das trockene Klima bedingen in Verbindung mit gehaltvollen Gewächsen bukettreiche Weine. Landestypische Reben führen zu neuen geschmacklichen Noten.

Abb. 2 Weinanbaugebiete Spaniens

Hauptanbaugebiete

Rioja liegt in Nordspanien am Fluss Ebro und ist das bedeutendste spanische Rotweingebiet. Weine der Rebsorte Tempranillo überwiegen.

Navarra liegt zwischen dem Ebro und den Pyrenäen. In den Tallagen gedeihen sowohl Rot- wie auch Weißweine.

Valencia wird klimatisch vom Mittelmeer beeinflusst. Diese Region liefert alkoholreiche Rotweine.

Der Sherry aus dem Gebiet um Jerez im Südwesten Spaniens wird in mehreren Arten ausgebaut und reicht vom trockenen Fino bis zum süßen Cream.

Spanische Fachbegriffe (Eine Hilfe bei der Beratung)

Vino blanco	Weißwein
Vino tinto	Rotwein
Rosado	Roséwein
Clarete	leichter heller Rotwein aus roten und weißen Reben

7.7 Beurteilen von Wein

Die Eigenschaften eines Weines werden bei der **Weinprobe** oder **Degustation** erfasst und mit Fachbegriffen beschrieben.

Unsere Sinnesorgane sind dabei die Sensoren. Ein angemessener Fachwortschatz befähigt das Servierpersonal, den Gast entsprechend zu beraten.

Farbe und Klarheit prüfen	Blume riechen	Geschmack prüfen

Das Glas wird gegen das Licht gehalten.	Man gibt dem Glas eine leicht kreisende Bewegung. Dadurch lösen sich die Duft- und Aromastoffe. Sie geben dem Wein die Blume.	Erst jetzt nimmt man einen kleinen Schluck. Zunge und Gaumen prüfen die Fülle der Geschmacksstoffe. Man „beißt“ den Wein.

Sehen → Klarheit → Farbe → Aussehen

Riechen → Duftstoffe → Blume → Bukett

Schmecken → Geschmacksstoffe → Aroma → Bukett

Schmecken → Extraktstoffe Alkohol → Körper

Beurteilungs-merkmale	Bezeichnungen	Beschreibungen positiv	Beschreibungen negativ
Geruch	Blume → Bukett	• zart, dezent, feinduftig • duftig, blumig, voll • ausdrucksvoll, ausgeprägt • kräftig duftend	• ausdruckslos, flach • aufdringlich, parfümiert • fremdartig, unsauber
Geschmack	Aroma → Bukett	• neutral, zart • feinwürzig, herzhaft, erdig • würzig, aromatisch	• korkig
• Zucker		• herb, trocken • dezent, feinherb, halbtrocken • lieblich, süffig, süß	• pappsüß • aufdringlich • unharmonisch
• Säure		• mild, zart, verhalten • frisch, feinrassig • herzhaft, rassig, pikant	• matt, flach • unreif, spitz • hart, grasig
• Frucht		• neutral, zart • feinfruchtig, fruchtig	• fremd • unschön
	Bukett	• mild, zart, fein • rund, harmonisch, voll	• dünn, flach • leer, plump
Extrakt Alkohol	Körper	• leicht • mundig, vollmundig, saftig • schwer, wuchtig, stoffig • feurig (Alkohol)	• dünn, leer • plump • brandig • spritzig (Alkohol)
Alter		• jung, frisch, spritzig • reif, entwickelt, vollreif • edelfirn, firn	• unreif • matt, leer • abgebaut

7.8 Likörweine, Süd- und Dessertweine

Was das Gesetz als *Likörwein* bezeichnet, wird in der Alltagssprache oft als *Südwein* (Herkunft) oder *Dessertwein* (zum Abschluss eines Menüs) bezeichnet.

Je nach Art werden diese Weine in der Gastronomie unterschiedlich eingesetzt:

- Trockene Arten als geschmacksanregender Aperitif vor dem Essen,
- süßliche Arten als verdauungsfördernder Digestif nach dem Essen.

Trockene Dessertweine

Dem Wein wird nach kurzer Gärung Weingeist zugesetzt. Der nun hohe Alkoholgehalt (bis 22 % vol.) unterbricht die natürliche Gärung. Man erhält alkoholreiche trockene Weine.

Beispiele

- Sherry aus Spanien
- Portwein aus Portugal
- Madeira von der Insel Madeira

Süße (konzentrierte) Dessertweine

Dem Most oder Ausgangswein werden Trockenbeeren (Rosinen) oder eingedickter Traubensaft beigegeben. Das ergibt süße Weine mit üblichem Alkoholgehalt.

Beispiele

- Tokajer aus Ungarn
- Samos aus Griechenland
- Malaga aus Spanien

8 Schaumwein 🇬🇧 *sparkling wine* 🇫🇷 *vin (m) mousseux*

Schaumwein entsteht, wenn Wein nach der Hauptgärung nochmals in abgeschlossenen Behältnissen zum Gären gebracht wird. Das bei dieser zweiten Gärung entstehende CO_2 kann nicht entweichen, verbindet sich mit dem Wein und verleiht ihm den schäumenden Charakter. Aus Wein ist prickelnder Schaumwein geworden.

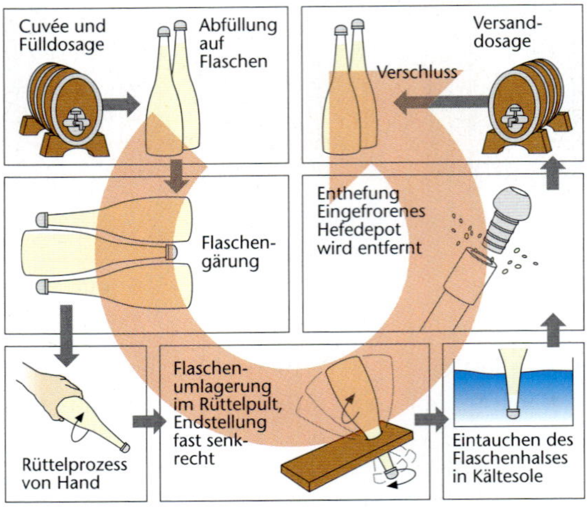

Abb. 1 Traditionelle Flaschengärung

Herstellung

Beim Schaumwein wird vom Gast je nach Sorte eine über Jahre gleiche Qualität und Geschmacksrichtung erwartet.

Darum vermischt man verschiedene *Grundweine*. Diesen Verschnitt nennt man *Cuvée*.

Damit die notwendige zweite Gärung beginnt, kommt die *Fülldosage* hinzu. Das ist eine Mischung von in Wein aufgelöstem Kristallzucker und Reinhefe.

Bei der Gärung unterscheidet man drei Verfahren.

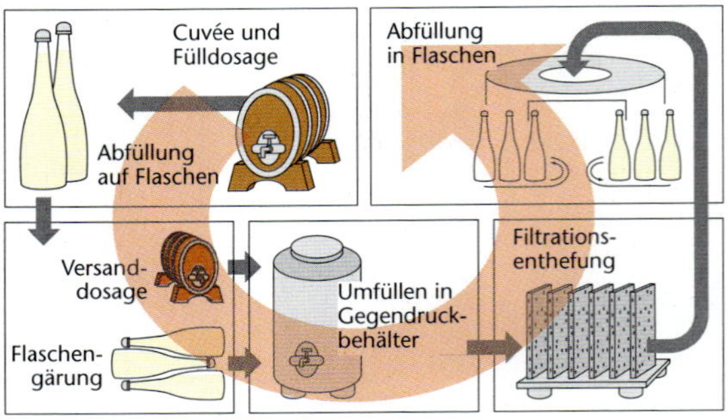

Abb. 2 Transvasierverfahren

- **Flaschengärung (Abb. 1)**
  Die gefüllten Flaschen werden verschlossen und mit dem Hals nach unten in Rüttelpulte gestellt. So setzt sich der Hefetrub am Korken ab und kann nach der Lagerung leicht entfernt werden. Der dabei auftretende Verlust wird durch die *Versanddosage* ersetzt. Diese klassische Flaschengärung ist das aufwendigste und damit teuerste Verfahren.

- **Transvasierverfahren (Abb. 2)**
  ist eine vereinfachte Flaschengärung. Das Cuvée wird wie beim klassischen Verfahren auf Flaschen gefüllt. Nach abgeschlossener Zweitgärung entleert man die Flaschen in Tanks, filtert den Schaumwein und gibt die Versanddosage bei. Danach füllt man erneut auf Flaschen und überlässt den Schaumwein einer Reifung. Die zeitaufwendigen Arbeitsvorgänge wie Rütteln und Enthefen von Hand werden bei diesem Verfahren eingespart.

- **Tankgärung (Abb. 3)**
  Sie ist arbeitssparender. In den Tankräumen werden während der Gärung Temperatur und Druck genau geregelt. Der Hefetrub wird durch Filtern abgetrennt.

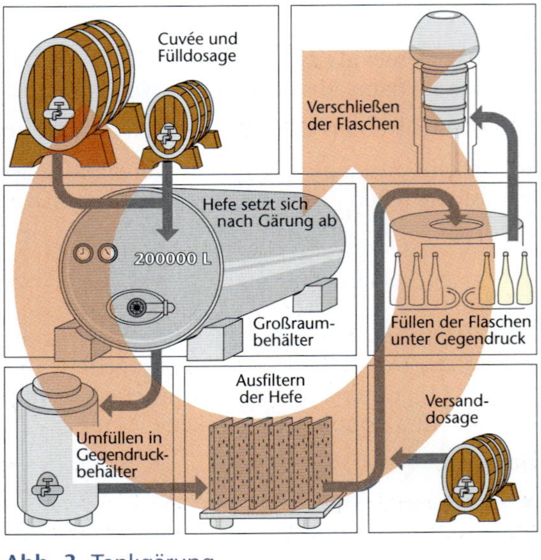

Abb. 3 Tankgärung

Abb. 1 Flaschengärung: Rütteln der Flaschen von Hand oder mit Rüttelanlage

Geschmacksrichtungen

Unabhängig von Gärverfahren bestimmen

- **Qualität** die Mischung der Grundweine, das Cuvée,
- **Geschmacksrichtung** die Dosage, welche den gewünschten Süßegrad verleiht.

Bezeichnung des Geschmacks		Restzuckergehalt/l
deutsch	französisch	
extra herb	extra brut	0 bis 6 g
herb	brut	0 bis 15 g
extra trocken	extra sec	12 bis 20 g
trocken	sec	17 bis 35 g
halbtrocken	demi-sec	33 bis 50 g
mild	doux	über 50 g

Gesetzliche Bestimmungen

Bei Schaumwein ist der Hersteller oder die Vertriebsfirma anzugeben. Bei ausländischen Erzeugnissen ist das Herstellungsland zu nennen.

Mit **Schaumwein** muss in Deutschland hergestellter Schaumwein bezeichnet werden. (Der gebräuchliche Name Sekt darf für die einfachste Qualitätsstufe nicht verwendet werden.)

Qualitätsschaumwein oder **Sekt** ist von gehobener Güte. Es werden Mindestanforderungen hinsichtlich Alkoholgehalt, Druck (CO_2) und Lagerdauer gestellt.

Mögliche Zusatzbezeichnungen:

- Qualitätsschaumwein Sekt b. A.: gleiche Bestimmungen wie bei Wein,
- mit Jahrgangsangabe,
- mit Angabe der Traubenart.

Champagner ist Schaumwein aus einem genau festgelegten Gebiet der Champagne (Frankreich, siehe Abb. Seite 217).

Vin mousseux ist französischer Schaumwein mit Ausnahme der besonders herausgehobenen Champagne.

Prosecco bezeichnet eine weiße Rebsorte aus Italien. Daraus werden gewonnen:

Prosecco spumante mit hohem Kohlesäuredruck, ein Schaumwein bzw. Sekt;

Prosecco frizzante, ein Perlwein mit geringerem Kohlesäuregehalt.

Spumante ist ein süßlicher, gelber Schaumwein aus Italien. Bekannt ist er aus der Provinz Asti.

Cava ist ein spanischer Schaumwein, der in traditioneller Flaschengärung hergestellt wird; kommt vorwiegend aus Katalonien.

Flaschengrößen

Sekt wird in speziellen Flaschen und besonderen Größen angeboten. Diese Flaschen haben wegen der Druckbelastung extra starke Wände.

- Piccolo 0,2 *l* etwa 2 Gläser
- $^1/_2$-Flasche 0,375 *l* etwa 4 Gläser
- $^1/_1$-Flasche 0,75 *l* etwa 8 Gläser
- $^2/_1$-Flasche 1,5 *l* etwa 16 Gläser
  Diese Flasche wird auch Magnumflasche genannt und wird vor allem dann eingesetzt, wenn es repräsentativ sein soll.

Verwendung von Schaumwein

Als erfrischendes und belebendes Getränk wird Schaumwein insbesondere zu festlichen Anlässen und als Aperitif pur getrunken.

Auf gemischte Getränke werden die herzhafte Frische und das angenehme Schäumen übertragen, z. B.:

- Sekt mit Orangensaft
- Sekt mit Cassis (Kir)
- Sekt mit Zitronensaft, Angostura und Läuterzucker **(Sektcocktail)**

Darüber hinaus ist Schaumwein Bestandteil von Bowlen und Kaltschalen.

Schaumweinlagerung

Lagerung unter 10 °C, liegend; vor dem Servieren auf 6 bis 8 °C kühlen.

Abb. 2 Bekannte Marken

9 Weinhaltige Getränke

blended drinks with wine *boissons (w) à base de vin*

Unter weinhaltigen Getränken versteht man Getränke, die einen Anteil von mehr als 50 % Wein, Dessertwein oder Schaumwein haben.

Der restliche Anteil kann Weinbrand, Fruchtsäfte, Kräuterauszüge, Honig, Wasser usw. enthalten.

Weinschorle besteht aus gleichen Teilen Wein und kohlensäurehaltigem Wasser. Schorlen sind durch diese Mischung erfrischend und alkoholarm.

Glühwein ist heißer Rotwein, gewürzt mit Nelken, Zimt, Zitrone und Zucker. Spezielle Aufgussbeutel erleichtern die Herstellung.

Kalte Ente ist eine Mischung von Wein, Perlwein und Schaumwein mit Zusatz von Zitrone. Der Anteil an Schaumwein muss im fertigen Getränk mindestens 25 % betragen.

Wermut (Vermouth) ist mit Wermutkraut aromatisierter Wein; Alkoholgehalt um 15 %. Wermut ist Grundlage von Mischgetränken wie Manhattan oder Martini.

Bowle besteht aus Wein, Schaumwein, auch Fruchtwein oder Mineralwasser und Geschmacksträgern, die auch namengebend sind, z. B. Pfirsich, Erdbeer, Waldmeister.

Aufgaben

1 Boden und Klima bestimmen wesentlich die Eigenschaften des späteren Weines. Erläutern Sie.

2 Bei der Empfehlung von Weinen müssen Wünsche bzw. Aussagen von Gästen in fachliche Zusammenhänge übertragen werden. Nennen Sie zu den folgenden Aussagen passende Rebsorten.
a) „Zum Fisch hätte ich gerne einen milden Weißen."
b) „Einen Weißen bitte, darf schon etwas Kräftiges sein."
c) „Ich hätte gerne ein Glas würzig-aromatischen Weißwein."
d) „Zum Rehbraten bitte einen kräftigen Rotwein."

3 Beschreiben Sie die wesentlichen Arbeitsschritte bei der Herstellung von Weißwein und von Rotwein.

4 Das Weinetikett wird gerne als die „Geburtsurkunde" eines Weines bezeichnet. Nennen Sie die für einen Qualitätswein vorgeschriebenen Angaben.

5 Da streiten sich zwei: „Weinbaugebiete heißt es", sagt der eine, „Nein, Weinanbaugebiete, da bin ich mir sicher", meint der andere. Beide können im Recht sein. Erklären Sie.

6 Nennen Sie die drei größten deutschen Weinanbaugebiete.

7 In welche beiden Gruppen werden die deutschen Weine nach der Qualität eingeteilt?

8 Nennen Sie die Qualitätsweine mit Prädikat in aufsteigender Reihenfolge.

9 Das Weinsiegel gliedert das Angebot in drei Gruppen. Nennen Sie die Geschmacksrichtungen und die dazugehörige Farbe des Weinsiegels.

10 Wie nennt man bei der Sektherstellung die Mischung der Grundweine?

11 Welche Gärverfahren werden unterschieden?

12 Erklären Sie den Unterschied zwischen einem Sekt und einem Champagner.

13 Wie entstehen die verschiedenen Geschmacksrichtungen bei Sekt?

10 Spirituosen *spirits* *spiritueux (m)*

Spirituosen sind zum menschlichen Genuss bestimmte Getränke, in denen Alkohol (Ethylalkohol) als wertbestimmender Anteil mit mindestens 15 % enthalten ist.

Der Alkoholgehalt ist in % vol (sprich: Prozent des Volumens oder Volumenprozent) anzugeben.

Alkohol entsteht bei der Gärung durch die Tätigkeit der Hefe. Bei einem Alkoholanteil von etwa 15 % stellen jedoch die Hefen ihre Tätigkeit ein.

Will man höhere Alkoholgehalte erreichen, muss man den vorhandenen Alkohol konzentrieren. Das geschieht beim Destillieren oder Brennen.

Das Prinzip der Destillation

Wasser verdampft bei 100 °C, Alkohol bei etwa 80 °C. Darum bilden sich beim Erhitzen von alkoholhaltigen Flüssigkeiten zuerst Alkoholdämpfe, die über ein Rohrsystem abgeleitet und durch Abkühlen wieder verflüssigt werden. Viele Geschmacksstoffe sind in Alkohol gelöst und gehen mit in das Destillat über. Wasser und unlösliche Stoffe bleiben zurück.

So wird zum Beispiel

- Wein zu Weinbrand,
- vergorenes Obst zu Obstbrand.

Soll aus stärkehaltigen Rohstoffen wie Getreide Alkohol gewonnen werden, muss die Stärke zunächst in Einfachzucker umgewandelt werden, damit sich die Hefe davon ernähren und Alkohol erzeugen kann.

Die folgende Seite zeigt in einer Übersicht die unterschiedlichen Wege.

Bestimmte Spirituosen, besonders solche auf der Grundlage von Wein und Getreide, gewinnen durch eine längere Reifezeit nach dem Brennen. Während dieser Zeit wirkt Sauerstoff der Luft auf die zunächst farblose Flüssigkeit ein und verändert Farbe und Aroma in erwünschter Weise. Je nach Qualitätsstufe sind aus diesem Grund für bestimmte Produkte Mindestlagerzeiten vorgeschrieben.

Versuche

1. Versetzen Sie Fruchtsaft mit etwas Hefe und stellen Sie die Lösung eine Woche an einen warmen Ort. Oder: anstelle des Fruchtsaftes 0,25 *l* Wasser und 75 g Zucker, oder, wenn der Versuch sofort durchgeführt werden soll: 150 g Wasser und 30 g Alkohol vermischen.
2. Bauen Sie die abgebildete Anlage auf. Auf Bunsenbrenner einen Rund- oder Kantkolben mit einer der oben beschriebenen Flüssigkeiten stellen, in den Korken ein geknicktes Glasrohr einführen, zweiten Rundkolben in Eis stellen und das Glasrohr einführen. Oder Liebig-Kühler verwenden.
   Erhitzen Sie, und probieren Sie vorsichtig das Kondensat.

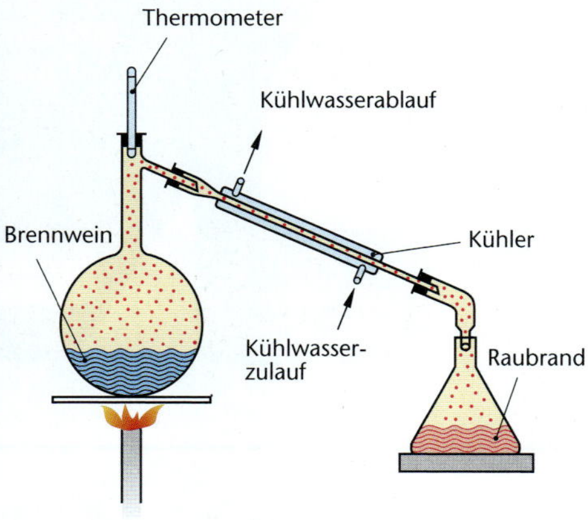

3. Geben Sie etwa 250 g Himbeeren (als Tiefkühlware immer erhältlich) in ein enges Gefäß oder in einen Kolben. Übergießen Sie mit 100 g Wasser und der gleichen Menge Alkohol. Mit Korken oder Gummipfropfen verschließen. Nach einer Woche destillieren Sie mit der in Versuch 2 beschriebenen Anlage. Verdünnen Sie das Kondensat 1:1 mit Wasser und probieren Sie.
4. Geben Sie in einen Shaker ein Eigelb, 1 Teelöffel Zucker, 5 cl Weinbrand, 5 cl Wasser und vermischen Sie gut. Was entsteht?

Service

Der Weg zur Spirituose

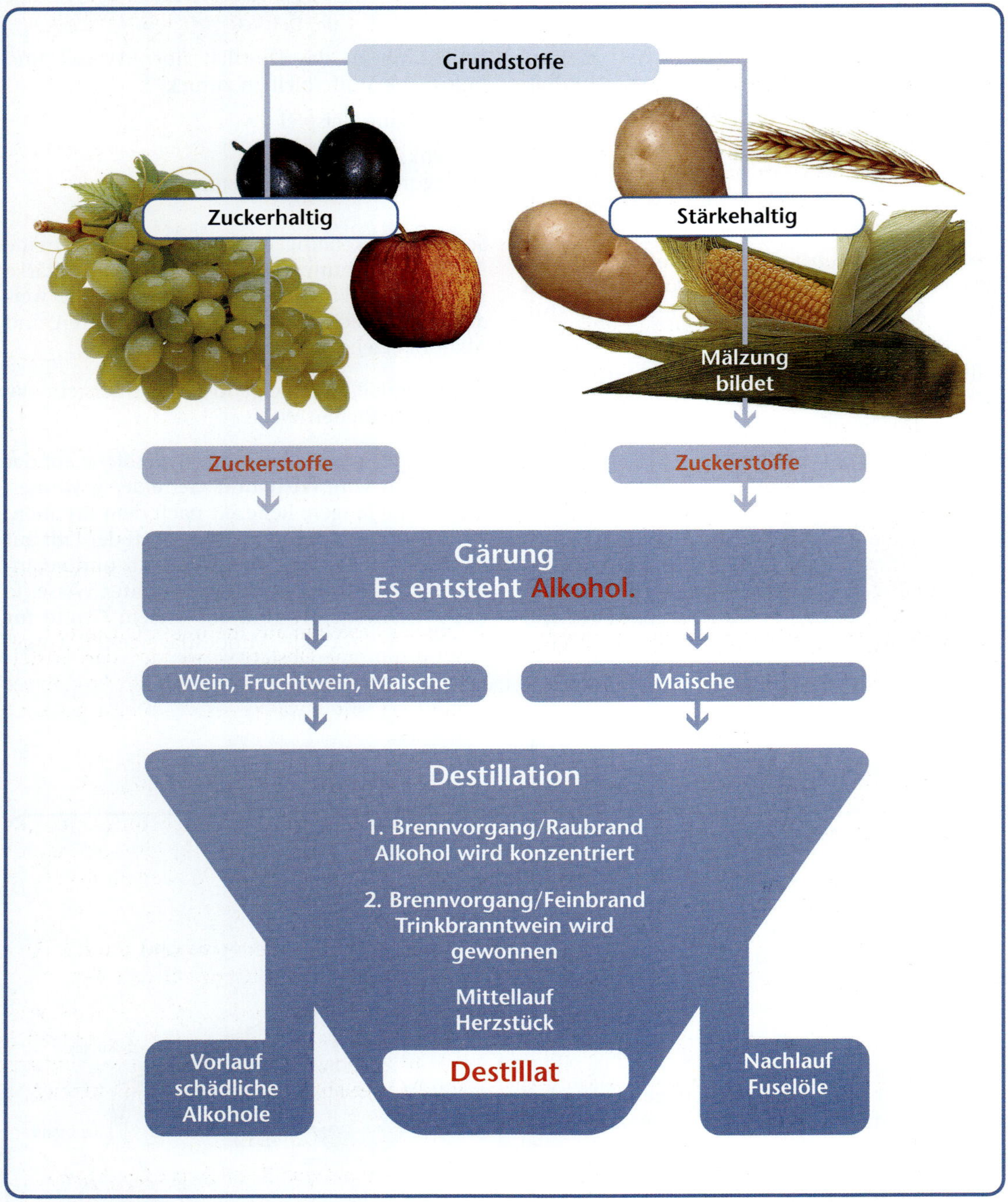

Nach der EU-Spirituosenverordnung unterscheidet man folgende vier Gruppen von Spirituosen:

- **Brände,** die aus Wein, Obst, Zuckerrohr oder Getreide hergestellt werden. Der Alkohol entsteht bei der Gärung aus dem Grundstoff.
- **Geiste,** die vorwiegend unter Verwendung aromareicher, zuckerarmer Beeren hergestellt werden. Dabei werden die Aromastoffe von zugesetztem Alkohol ausgelaugt.
- **Aromatisierte Spirituosen,** bei denen vorwiegend Wacholder neutralem Alkohol den Geschmack gibt;
- **Liköre,** die auf unterschiedliche Weise nach bestimmten Regeln hergestellt werden. Siehe Seite 229.

10.1 Brände

Brände sind Spirituosen, deren Alkoholgehalt und Geschmack durch Vergären und anschließendes Brennen (Destillieren) entsteht. Namengebend sind meist die Rohstoffe.

Hinweis: Früher wurde jedes Getränk, das *gebrannt* wurde, als *Branntwein* bezeichnet. Auch Spirituosen aus Getreide oder Kartoffeln waren Branntwein.

Heute muss Brannt*wein* aus *Wein* gewonnen sein.

Innerhalb der großen Gruppe der Brände gliedert man nach den Rohstoffgruppen.

Spirituosen aus Wein

spirits from wine *liqueurs (w) de vin*

Man gewinnt diese Spirituosen durch Destillation von Wein oder Brennwein. Auf das Destillieren oder Brennen folgt eine längere Lagerung.

- **Deutscher Weinbrand**
  Die Hersteller bevorzugen Weine aus französischen Reben, denn diese sind besonders aromatisch und alkoholreich.
- **Eau-de-vie de vin**
  Dies bedeutet wörtlich Branntwein aus Wein. Vielfach wird das Herkunftsgebiet zusätzlich genannt, z. B. ... de la Marne.
- **Armagnac**
  Eine geschützte Herkunftsbezeichnung für Branntwein aus Wein aus der Gascogne.
- **Cognac**
  Eine geschützte Herkunftsbezeichnung für Weinbrand aus der Charente, deren Mittelpunkt die Stadt Cognac ist.
- **Trester oder Tresterbrand** gewinnt man aus Traubentrester (Rückstände beim Abpressen des Traubenmostes). **Grappa** aus Italien und **Marc** aus Frankreich gehören zu dieser Gruppe.

Altersangaben bei Cognac

Alterskonto	Lagerzeit des Destillates	Produktkennzeichnungen
1, 2 und 3	1 bis 3 Jahre	• Cognac • Cognac Authentique • Cognac***
4	mindestens 4 Jahre	• VO (very old) • VSOP (very superior old pale) • Réserve
5	mindestens 5 Jahre	• Extra • Napoléon • Vieille Réserve
–	über 5 Jahre (u. U. sehr alt)	• Hors d'Age • XO (extra old) • Cordon d'Argent

Spirituosen aus Obst

spirits from fruits *liqueurs (w) de fruits*

Werden frisches Obst oder Most vergoren und destilliert, erhält man Obstbrände.

- **Obstler** bestehen aus mehreren Obstarten. Wird nur eine Obstart verwendet, darf anstelle des Wortes Obst der Name der Frucht zusammen mit ...wasser oder ...brand genannt werden.
  Beispiele: • Kirschwasser/-brand
  • Zwetschgenwasser/-brand
- **Calvados** gewinnt man in der Normandie aus Apfelwein (Cidre). Die goldgelbe Farbe erhält er durch längere Lagerung in Eichenholzfässern.
- **Slibowitz** ist ein Pflaumenbrand.
- **Marillenbrand** (Österreich) und **Barack** (Ungarn) werden aus Aprikosen hergestellt.
- **Enzian:** Die Wurzeln des gelben Enzians werden eingemaischt und vergoren. Dieses Destillat bildet neben reinem Alkohol die Grundlage für die Spezialität aus Bayern und Österreich.

Spirituosen aus Zuckerrohr

spirits from sugar *liqueurs (w) de sucre*

- **Rum** hat Zuckerrohrsaft oder Zuckerrohrmelasse als Grundlage. Das Destillat ist zunächst klar (*Weißer Rum*), durch Reifung und Zusatz von Zuckerkulör wird es bräunlich (*Brauner Rum*).
  - Echter Rum wurde im Ursprungsland destilliert.
  - Rum-Verschnitt ist eine Mischung (Verschnitt) aus echtem Rum und Neutralalkohol.

Spirituosen aus Getreide

spirits from grains *liqueurs (w) de blé*

Getreidearten wie Weizen, Roggen, Gerste werden meist gemälzt, dann vergoren und anschließend destilliert. Wird im fertigen Produkt eine Getreideart genannt, darf bei der Herstellung nur diese verwendet werden.

Mälzen Stärke wird zu Zucker

↓

Gären Zucker wird zu Alkohol

↓

Destillieren Alkohol wird konzentriert

- **Korn** hat mindestens 32 % vol,
- **Kornbrand** hat mindestens 37,5 % vol Alkohol.
- **Whisky/Whiskey**
  Die unterschiedliche Schreibweise beruht auf einer Vereinbarung der Produzenten.
  Whis**ky** werden die schottischen und kanadischen Arten genannt; sie haben einen leichten Rauchgeschmack.
  Whis**key** schreibt man bei irischen Sorten und dem amerikanischen Bourbon.

Besonderheiten der Whisk(e)y-Sorten

- **Irish Whiskey**
  - von der klassischen Art her reiner Malt-Whisky (heute aber auch blended Whiskys)
  - kräftiges, jedoch mildes Malzaroma
- **Scotch Whisky**
  - bukettreiche und geschmacksintensive Malt-Whiskys sowie milde Blends
  - Rauchgeschmack, der durch Darren des Malzes über Torf-Feuer entsteht.
- **Canadian Whisky**
  helle, leichte Grain-Whiskys (idealer Mix-Whisky)
- **Bourbon Whiskey**
  mindestens 51 % Mais, aus den USA
- **Rye Whiskey**
  mindestens 51 % Roggen (Canada und USA)

10.2 Geiste

Beeren enthalten nur wenig Zucker, der in Alkohol umgewandelt werden könnte.

Sie werden darum in Alkohol (auch Weingeist genannt) eingelegt, damit die Geschmacksstoffe entzogen werden. Die aromahaltige Flüssigkeit wird dann abdestilliert.

Alkohol aus anderen Rohstoffen löst

↓

Geschmacksstoffe der Beeren

↓

Durch **Destillation** entsteht **Geist**

So erhält man z. B.

- Himbeergeist
- Brombeergeist
- Schlehengeist
- Heidelbeergeist

10.3 Alkohol mit geschmackgebenden (aromatisierenden) Zusätzen

Bei dieser Getränkegruppe werden einem Alkohol, der aus Getreide oder Kartoffeln gewonnen worden ist, geschmackgebende Gewürze wie Wacholder, Kümmel oder Anis zugefügt.

Wacholder gibt Geschmack bei:

- **Wacholder:** Dem Alkohol wird Wacholder oder Wacholderdestillat als Geschmacksträger zugefügt.
- **Gin:** Ein englisches Produkt, das neben dem geschmacklich vorherrschenden Wacholder meist auch andere Aromastoffe enthält.
- **Genever:** Diese vor allem in Holland hergestellte Spezialität hat meist nur einen sehr geringen Wacholdergeschmack.
  Man unterscheidet
  - Jonge (junger) Genever mit zarter Wacholder-Note und
  - Oude (alter) Genever mit deutlicherem Geschmack.

Kümmel gibt Geschmack bei:

- **Kümmel:** Alkohol wird mit Kümmel geschmacklich ergänzt.
- **Akvavit** oder **Aquavit** darf die Spirituose genannt werden, wenn die geschmackgebenden Stoffe aus einem besonderen Kräuter- und Gewürzdestillat stammen.

Anis gibt Geschmack bei:

- **Pastis:** Alkohol ist aromatisiert mit Sternanis, Anis und anderen Pflanzen wie z. B. Fenchel. Diese Zutaten sind verdauungsanregend. Darum wird Pastis auch als Aperitif gereicht. Bei der Zugabe von Wasser wird die zunächst klare Flüssigkeit milchig trübe.
- **Ouzo:** Die anishaltige Spirituose muss in Griechenland hergestellt worden sein.

Hinweis: Immer wieder fragen die Gäste: „Warum wird mein ... (Anisspirituose) trüb, wenn ich Wasser beigebe?"

Hier die einfache Antwort: Bestimmte Stoffe in Pastis usw. sind nur in Alkohol löslich. Gibt man der Spirituose nun Wasser bei, wird die Alkoholkonzentration geringer und reicht nicht mehr aus, um alle Anteile zu lösen. Die nicht gelösten Teilchen brechen das Licht und machen das Getränk trüb oder milchig.

Wermut gibt Geschmack bei:

- **Absinth:** Auszüge aus der Wermutpflanze geben dieser Spirituose neben Anis und Fenchel den typischen Geschmack und die grünliche Farbe. Der Gehalt an nervenschädigendem Thujon ist begrenzt.

Ohne geschmackgebende Ergänzung:

- **Wodka:** Dieses aus Russland stammende Getränk ist ein auf Trinkstärke herabgesetzter Alkohol. Die besonders weiche Note ist charakteristisch. Das ist auch der Grund, warum sich Wodka gut für Longdrinks eignet.

10.4 Liköre *liqueurs* *liqueurs (w)*

Allen Likören **gemeinsam** ist ein bestimmer Anteil an Alkohol, Zucker und Wasser.

Unterschiede entstehen durch die geschmackgebenden Zutaten.

Man unterscheidet folgende Gruppen:

- **Fruchtliköre**
  - mit Saftzugabe, z. B. Cherry Brandy mit Kirschsaft und Kirschwasser, Apricot Brandy mit Aprikosensaft, Cassis mit dem Saft schwarzer Johannisbeeren,
  - mit Zugabe von Auszügen (Extrakten) oder Destillaten von Früchten/Fruchtschalen, z. B. Grand Marnier mit Cognac und Schalen von der Bitterorange (Frankreich), Cointreau mit Orangenschalen und Kräutern (Frankreich), Maraschino mit Destillat der Maraskakirsche.
- **Bitter- und Kräuterliköre**
  haben durch Auszüge von Kräutern und Gewürzen meist eine bitter-aromatische Note, z. B. Campari, Fernet Branca, die Klosterliköre wie Ettaler, Chartreuse Bénédictine, Pfefferminzlikör.
- **Emulsionsliköre**
  enthalten fetthaltige Zutaten wie Sahne, Eigelb oder Schokolade. Diese werden mit den übrigen Bestandteilen durch Homogenisieren zu einer dickflüssigen cremigen Masse verarbeitet, z. B. Eierlikör, Mocca Sahne.

Aufgaben

1 Bei der Gärung können nur Getränke mit etwa 15 % vol Alkohol gewonnen werden. Wie erhält man Spirituosen mit 40 % vol?

2 Zur Herstellung von deutschem Weinbrand werden auch französische Brennweine verwendet. Welcher Vorteil ist damit verbunden?

3 Worin besteht der wesentliche Unterschied zwischen deutschem Weinbrand und Cognac?

4 Whisky oder Whiskey? Erklären Sie den Unterschied.

5 Es gibt Spirituosen aus Obst, die mit „...wasser" enden und andere Produkte, die mit „...geist" bezeichnet werden. Erklären Sie den Unterschied.

6 Woraus werden Grappa und Marc hergestellt?

7 Rum-Verschnitt ist billiger als Jamaika-Rum. Begründen Sie diesen Unterschied.

8 Aus welchen Grundbestandteilen werden Liköre hergestellt?

GRUNDKENNTNISSE IM SERVICE

1 Mitarbeiter im Service *service staff* *personnel de service*

1.1 Umgangsformen

manners *manières (w)*

Das äußere Erscheinungsbild und die Umgangsformen des Servierpersonals sind von großem Einfluss auf die Stimmung des Gastes.

Der Service verlangt neben Anpassungsfähigkeit und Geschicklichkeit auch Gewandtheit im Umgang mit anderen Menschen. Der Gast erwartet:

- Zuvorkommende, aufmerksame Bedienung,
- angemessene Freundlichkeit und
- taktvolles Benehmen.

1.2 Persönliche Hygiene

personal hygiene
hygiène (w) personnelle

Im Umgang mit Speisen ist ein hohes Maß an persönlicher Hygiene erforderlich (siehe S. 33).

- Besonders wichtig sind gepflegte Hände und Fingernägel, weil sie der Gast in unmittelbarer Verbindung mit der Speise sieht.
- Mund- und Körpergeruch wirken äußerst lästig, deshalb ist Körperpflege und öfterer Wäschewechsel geboten.
- Gepflegtes Haar ist ein wesentlicher Bestandteil der Gesamterscheinung. Modische Frisuren dürfen den Service nicht beeinträchtigen.

1.3 Arbeitskleidung

uniforms
vêtements (m) de travail

Manche Betriebe legen Wert auf einheitliche Berufskleidung, die dem Stil des Hauses angepasst ist. Wird dies nicht verlangt, tragen Restaurantfachleute im Allgemeinen die in der Übersicht dargestellte Kleidung.

1.4 Persönliche Ausrüstung

personal equipment
èquipement (m) personnel

- Kellnermesser, Korkenzieher
- saubere Handservietten (s. S. 234),
- Geldtasche mit Wechselgeld,
- Streichhölzer.

Weibliches Servierpersonal

- schwarzes Kleid oder Dirndl, oder schwarzer Rock kombiniert mit weißer Bluse, evtl. Weste
- evtl. weiße Servierschürze
- Strümpfe in unauffälliger Farbe oder schwarz
- schwarze Schuhe mit niedrigen Absätzen

Männliches Servierpersonal

- schwarze Hose, kombiniert mit weißem Hemd
- schwarze Krawatte/Schleife
- weiße oder schwarze Kellnerjacke oder Weste
- schwarze Schuhe und schwarze Socken

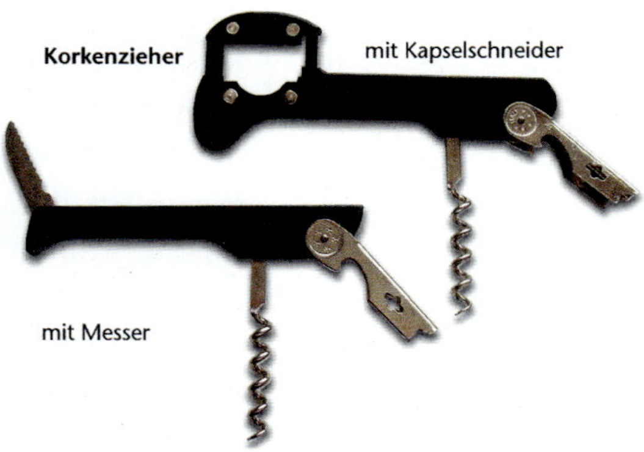

2 Einrichtung und Geräte

equipment and devices *équipement (m) et appareils (m)*

In Restaurants und Gaststätten sind folgende Einrichtungsgegenstände vorhanden:

- Stühle, Sessel und/oder Bänke,
- Tische, Tafeln, Beistelltische (Guéridons),
- Servicetische, Servanten (Anrichten),
- fest eingebaute oder bewegliche Raumteiler.

In den folgenden Abschnitten geht es darum, diese Einrichtungsgegenstände kennenzulernen und alles über deren Handhabung und Pflege sowie ihren sachgerechten Einsatz zu erfahren.

2.1 Einzeltische und Festtafeln

Der Tisch, an dem der Gast sich entspannt und wohlfühlt, muss eine bequeme Höhe, Stabilität und Beinfreiheit aufweisen. Der Gast möchte dort allein oder in Gesellschaft gemütlich sitzen, bedient und verwöhnt werden.

Einzeltische

single tables *table (w) individuelle*

Tische gibt es in verschiedenen Formen und Größen.

Rechteckige Tische

- **80 × 120 cm** (Standardmaß)
- 80 × 160 cm
- 90 × 180 cm

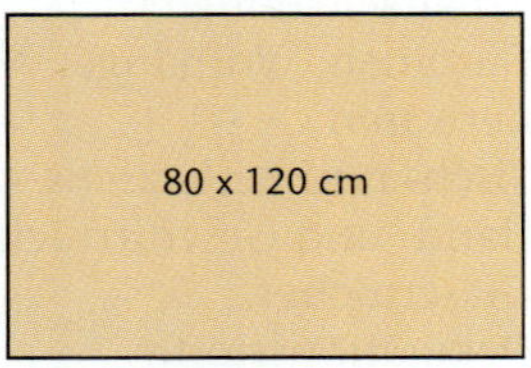

Quadratische Tische

- 70 × 70 cm
- **80 × 80 cm** (Standardmaß)
- 90 × 90 cm

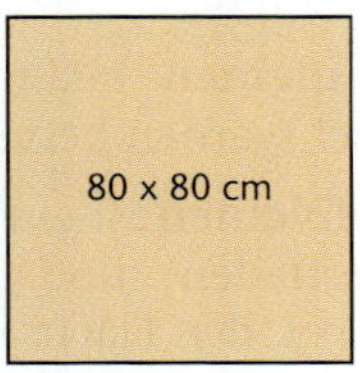

Runde Tische

- 70 cm Durchmesser
- 80 cm Durchmesser
- 90 cm Durchmesser
- und mehr

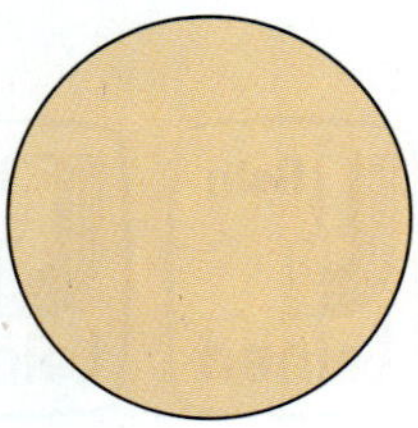

Festtafeln

banquet tables *tables (w) de fête (w)*

Zu besonderen Anlässen werden rechteckige und quadratische Tische zu unterschiedlichen Tafelformen zusammengestellt. Dabei ist für die Größe und Form vor allem die Anzahl der Personen ausschlaggebend. Darüber hinaus sind zu beachten:

- Die Größe und Grundfläche des Raumes, in den sich die Tafel harmonisch einordnen soll,
- der freie Raum um die Tafel herum, der so bemessen sein muss, dass die Servicearbeiten während des Essens störungsfrei ausgeführt werden können.

Abb. 1 Festliche Tafel

Tafelformen

shapes of table *façon (w) de tables*

- **runde Tafel**
  6–12 Personen

- **T-Tafel**
  16–26 Personen

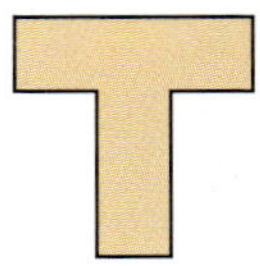

- **lange Tafel**
  10–16 Personen

- **U-Tafel**
  26–40 Personen

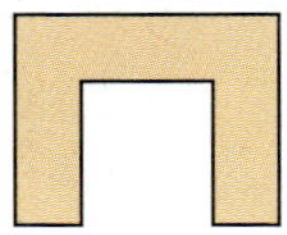

- **Block**
  12–20 Personen

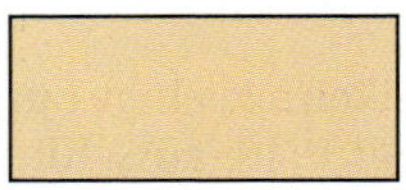

- **E-Tafel**
  40–60 Personen

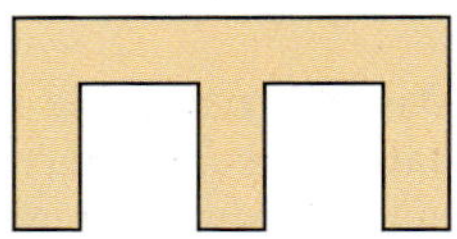

2.2 Tischwäsche

table linen *linge (m) de table*

Zur Herstellung von Tischwäsche werden neben Mischgeweben vor allem Baumwolle und/oder Flachsgarne verwendet. Die entsprechenden Textilbezeichnungen sind **Baumwolle, Reinleinen** und **Halbleinen.**

Materialien

Baumwolle *cotton* *coton (m)*

Zur Reifezeit springen die walnussgroßen Fruchtkapseln des Baumwollstrauches auf. Aus ihnen quellen die Samenfasern in Form von Wattebäuschen heraus. Die Gewinnung der Fasern ist relativ einfach, woraus sich der günstige Preis für dieses Rohprodukt ergibt. Aus Ägypten kommt unter der Bezeichnung **Mako-Baumwolle** eine der besten Baumwollsorten.

Baumwolle

- ist reiß- und nassfest
- ist saugfähig und kochecht
- ist geringfügig wärmend
- fusselt, läuft ein und knittert stark

Tischdamast aus Baumwolle

Abb. 1

Das internationale Baumwollkennzeichen bürgt dafür, dass zur Herstellung der Ware ausschließlich Baumwollfasern verwendet wurden.

Verwendung zu Tischwäsche, Damast, Bettwäsche und Dekorstoffen. Besonders hervorzuheben ist die Unempfindlichkeit gegenüber Hitze, die beim Waschen (kochecht) und Bügeln von Bedeutung ist. Angesichts der sonst negativen Eigenschaften muss Baumwolle je nach Verwendungszweck entsprechend veredelt werden.

NATURFASER BAUMWOLLE

Internationales Baumwollsiegel

Leinen *linen* *toile (w)*

Die Leinen- oder Flachsfaser wird aus den Stängeln der Flachspflanze gewonnen. Es handelt sich demnach um eine natürliche Bastfaser, die durch ein besonderes Aufbereitungsverfahren gewonnen wird. Diese Naturfasern sind die Grundlage für das Gewebe Leinen, Leintuch oder Leinwand. Gewebt wird Leinen meist in der klassischen Leinwandbindung.

Flachsfaser

- ist reiß- und nassfest
- ist kochecht
- fusselt nicht und knittert stark
- hat einen natürlichen Glanz und wirkt kühlend

Verwendung

- Arbeitskleidung
- Gardinen, Vorhänge, Möbelstoffe und Frottierwaren
- Tisch- und Bettwäsche
- Hand- und Geschirrtücher
- Gläsertücher
- Dekorationsstoffe

Bei diesem Gewebe sind zwei Bezeichnungen zu beachten.

Reinleinen heißt, dass das Gewebe nur aus Flachsgarnen besteht (100 %).

Halbleinen ist ein Mischgewebe aus Baumwolle (Kettfäden) und Flachsgarnen (Schussfäden), wobei der Flachsanteil mindestens 40 % vom Gesamtgewicht betragen muss.

Rein Leinen

Halb Leinen

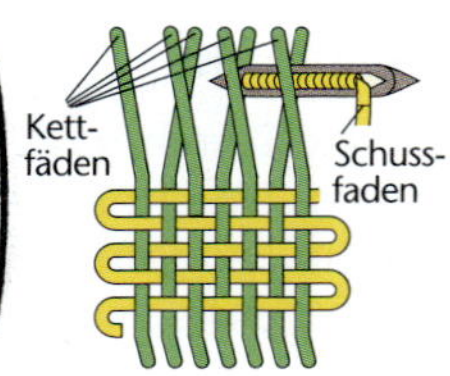

Geschirrtuchstoff aus Leinen

Abb. 1 Leinwandbindiges Halbleinengewebe mit gebleichten und gefärbten Garnen

Vliesstoffe

Vliesstoffe werden meist aus Chemiefasern hergestellt. Wegen ihrer besonderen Eigenschaften gewinnen sie im Gastgewerbe immer mehr an Bedeutung.

Eigenschaften	Verwendung
• leicht • gut faltbar • saugfähig • kostengünstig • vielseitig verwendbar	• Tischwäsche, Servietten und Sets • Einwegwäsche (Tisch- und Bettwäsche) • Putz- und Poliertücher • Passiertücher

Vlies/Filz

Vlies entsteht durch Verkleben.

Für Filz wird die Faser mechanisch bearbeitet. Diese Technik nennt man Walken.

Abb. 2 Vliesstoff mit Punktschweißung

Abb. 3 Wirrfaservlies

Arten

Tischwäsche wird nach ihrer Zweckbestimmung unterschieden. Danach gibt es Tischtuchunterlagen, Tisch- und Tafeltücher, Decktücher und Servietten.

Tischtuchunterlagen/Moltons

Ursprünglich wurden diese Unterlagen aus beidseitig aufgerautem Baumwollstoff (Flanell) hergestellt. Wegen der flauschigen und weichen Beschaffenheit des Stoffes haben sie die Bezeichnung Moltons (mou, molle = weich).

Molton erhält den Halt auf der Tischfläche durch

- Bänder oder Klettverschlüsse, mit deren Hilfe er an den Ecken befestigt wird, ferner durch
- eingearbeitete Gummizüge, die sich über die Tischkante spannen.

Moltons gibt es auch aus weichem Kunststoff oder aus einseitig aufgerautem Baumwollstoff, der auf ein gummiartiges Material geklebt ist.

Abb. 4 Molton, gummiert

Abb. 5 Molton mit Gummizug

Moltons dienen folgenden Zwecken:

- Die Oberfläche des Tisches ist gegen die Einwirkung von Hitze und Feuchtigkeit geschützt,
- das aufgelegte Tischtuch kann nicht verrutschen, und es wirkt „weicher“ und „satter“,
- das Einsetzen bzw. Auflegen der Tischgeräte während der Mahlzeiten kann geräuscharm ausgeführt werden.

Tisch- und Tafeltücher

Sie bestehen im Allgemeinen aus strapazierfähigem Leinen oder Halbleinen und dienen dazu, der Tischoberfläche ein sauberes und gepflegtes Aussehen zu geben. Damit sie diesen Zweck erfüllen, müssen Tisch- und Tafeltücher, insbesondere beim Auflegen und Abnehmen, mit besonderer Sorgfalt gehandhabt werden (siehe in den nachfolgenden Abschnitten). Neben besonders festlich wirkenden weißen Tüchern werden heute oft auch bunte verwendet.

Die Größe der Tisch- und Tafeltücher muss der jeweiligen Tischoberfläche so angepasst sein, dass der Überhang über die Tischkante allseitig etwa 25 bis 30 cm beträgt.

Decktücher oder Deckservietten

Decktücher sind kleine, etwa 80 × 80 cm große Tücher, die wegen ihrer Größe auch Deckservietten genannt werden und im Französischen die Bezeichnung **napperon** haben.

Sie überdecken Tischtücher diagonal,

- um diese entweder grundsätzlich zu schonen
- oder um sie bei geringfügiger Verschmutzung nicht sofort abnehmen und waschen zu müssen,
- um einen dekorativen Effekt zu erzielen, indem man z. B. auf eine weiße Tischdecke eine farbige Deckserviette auflegt.

Decktücher sollten nicht verwendet werden, um stark verschmutzte Tischtücher zu überdecken.

Servietten

Im Rahmen des Services unterscheidet man zwischen Mund- und Handservietten.

Mundservietten

Obwohl sie während des Essens auch zum Schutz der Kleidung verwendet werden, dienen sie vor allem zum Abwischen des Mundes. Das ist insbesondere vor dem Trinken wichtig, damit keine Speisereste an den Rand des Glases gelangen. Im anspruchsvollen Service sind die Mundservietten Teil der dekorativen Ausstattung von Menügedecken. Es ist selbstverständlich, dass zu diesem Zweck Stoffservietten verwendet werden. Der Einsatz von Mundservietten aus Papier und Zellstoff sollte auf einfache Formen des Services beschränkt bleiben.

Handservietten

Sie gehören zum Handwerkszeug des Servierpersonals und haben deshalb auch die Bezeichnung **Serviertücher.** Handservietten werden im gepflegten Service hängend über dem linken Unterarm getragen. Handservietten dienen zu folgenden Zwecken:

- Schutz der Hand und des Armes beim Tragen von heißen Tellern und Platten,
- Vermeiden von Fingerabdrücken beim Tragen von Tellern und Bestecken,
- Umlegen von Flaschen bei der Entnahme aus Weinkühlern.

Aus ästhetischen und hygienischen Gründen hat die Handserviette immer in einwandfreiem Zustand zu sein.

Reinigung und Pflege der Wäsche

Die beim Gebrauch verschmutzte Wäsche muss in regelmäßigen Abständen gereinigt und gepflegt werden. Wegen unterschiedlicher Materialeigenschaften sowie unterschiedlicher Reinigungs- und Pflegebedingungen gibt es zu diesem Zweck sehr verschiedenartige Hilfsmittel.

Sortieren der Wäsche

Die Wäsche wird vor dem Waschen nach Art und Beschaffenheit der Faser, dem Verschmutzungsgrad, der Farbechtheit und der Temperaturverträglichkeit sortiert.

Waschvorgang

Beim Waschen der Wäsche wirken vier Faktoren zusammen: Chemie, Mechanik, Temperatur und Zeit.

- **Chemie** (Wasser und Waschmittel = Flotte) – Die Flotte soll den Schmutz vom Gewebe lösen und forttragen. Weiches Wasser schont die Wäsche, deshalb enthalten Waschmittel Enthärter.
- **Mechanik** – Sie ist erforderlich, um das Lösen des Schmutzes von der Wäsche zu beschleunigen. Dies wird erreicht durch Bewegung der Wäsche mit der Hand oder in der rotierenden Waschmaschine.
- **Temperatur** – Durch sie kommen die Komponenten in den Waschmitteln erst zur Wirkung. Die Temperatur ist auf die Art der Wäsche und des Waschmittels einzustellen.
- **Zeit** – Sie ist ausgerichtet auf den Verschmutzungsgrad und die Intensität des Waschmittels.

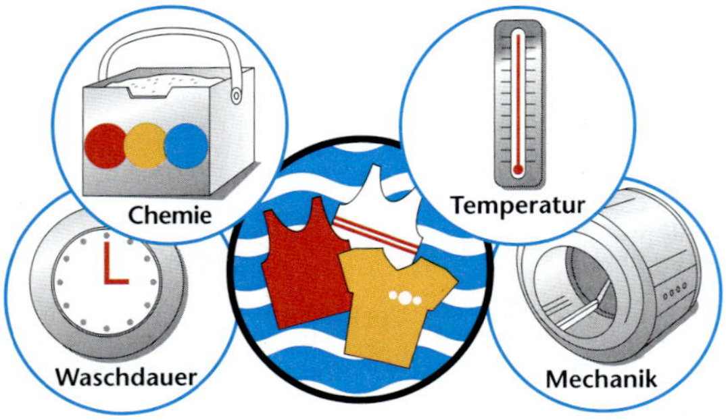

Der Waschvorgang gliedert sich bei Waschmaschinen in Vorwäsche, Hauptwäsche, Spülen und Schleudern. Dabei sind folgende Richtlinien und Hinweise zu beachten:

- Die Waschmaschine füllen, aber nicht überfüllen. Bei Überfüllung wird der Reinigungseffekt vermindert.
- Die Dosierung des Waschmittels richtet sich nach der Wäscheart, der Wäschemenge, der Wasserhärte und dem Verschmutzungsgrad der Wäsche.

- Eine zu geringe Dosierung kann zur Vergrauung der Wäsche führen.
- Überdosierung hat eine zu starke Schaumbildung zur Folge, die sich hinderlich auf den Reinigungsprozess auswirkt.
- Bei sehr weichem Wasser sind schaumbremsende Spezialmittel unerlässlich.
- Bei wenig verschmutzter Wäsche bildet sich mehr Schaum als bei stark verschmutzter Wäsche.
- Bei hartem Wasser ergibt sich ein höherer Waschmittelverbrauch, die Schaumbildung ist geringer.

Pflege- und Behandlungssymbole für Textilien

Die Behandlung von Textilien ist auf deren Eigenschaften abzustimmen. Zur Information sind die Textilien deshalb mit jeweils entsprechenden Pflegesymbolen ausgestattet.

Die nachstehenden und ähnliche Kennzeichnungen erleichtern die Zuordnung der Textilien zu jeweils artspezifischen Reinigungs- und Pflegeverfahren.

Internationale Pflegekennzeichen

Waschen (Waschbottich)	95	60	40	30		
	Normalwaschgang	Normalwaschgang	Normalwaschgang	Schonwaschgang	Handwäsche	nicht waschen
	• Die in den Waschbottichen angegebenen Temperaturen dürfen nicht überschritten werden. • Der Strich unter einem Waschbottich weist darauf hin, dass beim Waschen eine schonendere mechanische Einwirkung anzuwenden ist (Schonwaschgang).					
Chloren (Dreieck)	Cl					
	Chlorbleiche möglich	**Chlorbleiche nicht möglich**				
Tumbler-Trocknung (Trockentrommel)	**Trocknen möglich** normale Temperatureinstellung	**Trocknen möglich** herabgesetzte Temperatureinstellung	**Trocknen im Tumbler nicht möglich**			
Bügeln (Bügeleisen)	**heiß bügeln**	**mäßig heiß bügeln**	**nicht heiß bügeln**	**nicht bügeln**		
	Die Punkte weisen auf die Temperaturbereiche beim Bügeln hin.					
Chemisch-Reinigung (Reinigungstrommel)	**keine Chemisch-Reinigung möglich**					

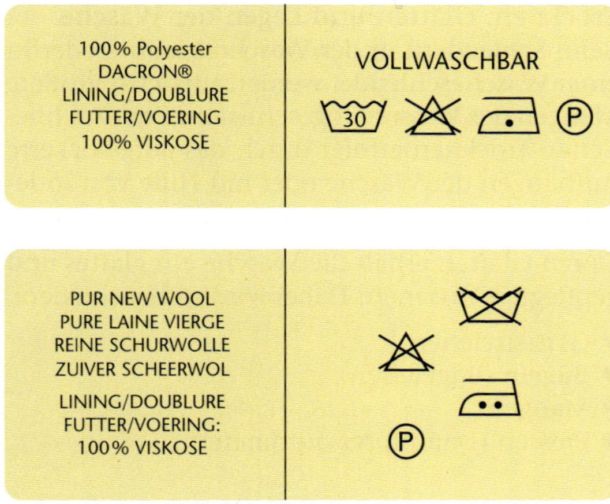

Abb.1 Beispiele für eingenähte Etiketten mit Pflegekennzeichnung

Waschen, Trocknen und Glätten

Waschen
Die Wäsche wird nach folgenden Gesichtspunkten sortiert (siehe Pflegekennzeichen):

- Temperaturverträglichkeit,
- mechanische Belastbarkeit.

Daraus ergeben sich folgende Kombinationen:

95 Kochwäsche
- weiße und farbechte Wäschestücke aus Baumwolle, Leinen und Halbleinen

60 Heißwäsche
- nicht farbechte Buntwäsche aus Baumwolle, Leinen und Halbleinen
- weiße Wäschestücke aus Chemiefasern (z. B. Hemden und Blusen)

40 Feinwäsche
- Wäsche aus Seide und synthetischen Fasern

(Bei Mischgeweben ist das empfindlichste Gewebe ausschlaggebend.)

30 Feinwäsche
- Gardinen, Stores, feine Leibwäsche und andere sehr feine Gewebe aus Natur- und Synthetikfasern

30 Wolle
- alle Wollwaren aus reiner Schurwolle und mit dem Hinweis „filzt nicht“.

(Wollwaren ohne diesen Hinweis sollten besser von Hand gewaschen oder chemisch gereinigt werden.)

Service

Trocknen, Glätten und Legen der Wäsche
Beim Schleudern in der Waschmaschine oder in einer Wäscheschleuder werden zunächst größere Mengen des Wassers abgeschieden. Das anschließende Trocknen erfolgt durch das aufgelockerte Aufhängen der Wäsche oder mit Hilfe von rotierenden Trockenautomaten.

Durch Glätten erhält die Wäsche ein glattes und gepflegtes Aussehen. Dabei wird unterschieden:

- Glattstreichen,
- Bügeln (Bügeleisen),
- Mangeln,
- Pressen (Dampfpressautomaten).

Ausgenommen davon sind Frottierwäsche, bestimmte Wollwaren und bügelfreie Wäsche. Das Glätten wird durch das Zusammenwirken von Feuchtigkeit, erhöhter Temperatur und Druck erreicht. Sehr trockene Wäsche muss deshalb vor dem Bügeln mit Wasser leicht befeuchtet werden. Das erübrigt sich bei der Verwendung von Dampfbügelgeräten, durch die beim Bügeln entsprechende Mengen Dampf auf die Wäsche übertragen werden, oder bei Wäsche, die vom Waschen her noch feucht ist.

Die Wäsche muss auch beim Bügeln entsprechend ihrer Temperaturverträglichkeit sortiert werden. Die Pflegekennzeichen (s. S. 235) sind unbedingt zu beachten.

Bei Mischgeweben ist die temperaturempfindlichste Faser ausschlaggebend.

Der letzte Vorgang der Wäschepflege ist das Zusammenlegen und Einlagern der Wäsche. Durch das Zusammenlegen erreicht man die schrankgerechte und stapelbare Form. Für den weiteren Gebrauch der Wäsche ist auf das richtige Falten zu achten (siehe z. B. „Auflegen und Abnehmen von Tisch- und Tafeltüchern“ sowie „Formen von Mundservietten“ im Kapitel „Service“). Nach dem Bügeln und fachgerechten Falten ist die Wäsche knitterfrei einzuräumen.

2.3 Bestecke

cutlery *couvert (m)*

Erst mit einer zunehmenden Kultivierung der Essgewohnheiten setzte sich der Gebrauch von Bestecken allmählich durch.

Die Besteckteile entwickelten sich für unterschiedliche Anwendungen, und zwar hinsichtlich:

- der Vielfalt der Lebensmittel, z. B. Spargel, Austern o. Ä.,
- der unterschiedlichen Speisen, z. B. Vorspeisen, Fleisch-/Fischgerichte u. a., aber auch
- des Anlasses des Essens, z. B. vom Standardfrühstück bis zur Festtafel.

Material

Abgesehen von Bestecken mit Holzgriffen, die wegen des häufigen Spülens für gastgewerbliche Zwecke nicht geeignet sind, bestehen Bestecke im Allgemeinen aus Metall.

Versilberte Bestecke

Silberbesteck ist teuer und deshalb selten. Um aber auf den Glanz dieses edlen Metalls nicht verzichten zu müssen, werden Bestecke versilbert. Dabei erhält ein Metallkern eine Silberauflage in unterschiedlicher Dicke, die an stark beanspruchten Stellen häufig zusätzlich verstärkt wird. Bei dreifach verstärkter Auflage spricht man von **Patentsilber** (s. Abb. unten). Die Kennzeichnung 80, 90 oder 100 bedeutet, dass für 24 dm² Besteckoberfläche entsprechende Mengen Silber in Gramm verwendet wurden (je höher die Zahl, desto dicker die Silberschicht).

Silberbestecke und versilberte Bestecke, die wegen des „Anlaufens“ einer regelmäßigen intensiven Pflege bedürfen, werden nur bei gehobenen Ansprüchen oder nur zu festlichen Anlässen verwendet.

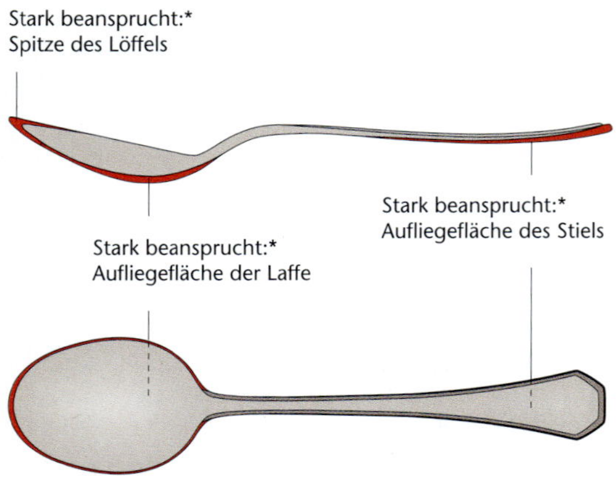

* Das Silber wird so umverteilt, dass eine Verstärkung der Silberschicht um 100 % entsteht.

Abb. 1 Verstärkung der Silberschicht bei Patentsilber

Edelstahlbesteck

Das am häufigsten verwendete Grundmaterial ist Stahl, weil er genügend stabil und hart ist. Um das Rosten zu verhindern, wird der Stahl veredelt (**Edelstahl**).

Darüber hinaus werden Festigkeit und Korrosionsbeständigkeit durch Legieren mit anderen Metallen erhöht.

Chromstahl → Legierung mit Chrom
Chromnickelstahl → Legierung mit Chrom und Nickel

Neben den Kennzeichnungen „rostfrei" oder „stainless" geben die Einprägungen 18/8 oder 18/10 Hinweise auf die Art der Legierung: 18 % Chromanteile sowie 8 bzw. 10 % Nickel.

Edelstahlbestecke, die matt- oder hochglanzpoliert sein können, sind pflegeleicht und werden deshalb für einfachere Ansprüche bevorzugt.

Arten und Einsatz

Übersicht Besteckgruppen
Die vielfältigen Besteckteile werden nach folgenden Gesichtspunkten geordnet.

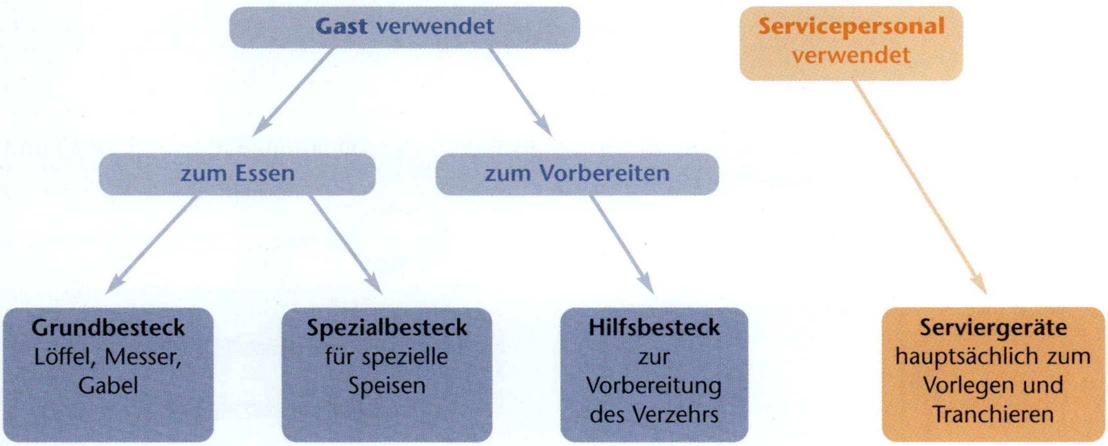

Grundbesteck

Zum Grundbesteck gehören Messer, Gabeln und Löffel, die es in drei verschiedenen Größen gibt.

Die Wahl eines Bestecks steht in enger Beziehung zu der jeweiligen Art der Speise:

Löffel für Speisen, die geschöpft werden können,

Messer und Gabel für Speisen, die durch Schneiden zerkleinert werden müssen,

Löffel und Gabel für Speisen, die aufgrund ihrer Beschaffenheit entweder mit dem Löffel oder mit der Gabel zerteilt werden können.

Die *Größe des Bestecks* richtet sich nach dem Volumen der Speise bzw. nach der Größe des Tellers, auf dem die Speise angerichtet ist. In jedem Fall muss aus optischen Gründen die Verhältnismäßigkeit der Größen gewährleistet sein.

Großes Besteck Mittelbesteck Kleines Besteck

Speisenspezifische Verwendungszwecke für Bestecke		
Großes Besteck (Tafelbesteck)	**Mittelbesteck** (Dessertbesteck)	**Kleines Besteck**
Löffel ● für Suppen mit grober Einlage, die in tiefen Tellern angerichtet werden ● zum Vorlegen von Speisen, die geschöpft werden können (z. B. Erbsen, Karotten, Reis, Kartoffelpüree und Saucen)	**Messer** ● für das einfache Frühstück ● auf dem Beiteller für Toast und Butter **Löffel** ● für Suppen in zweihenkeligen Suppentassen ● für Frühstücksspeisen (Cornflakes, Porridge, Müsli)	**Löffel** ● für Suppen in kleinen Spezialtassen ● für cremige Speisen in Gläsern oder Schalen, sofern sie keine festen Bestandteile enthalten ● für Quarkspeisen oder Joghurt zum Frühstück
Löffel und Gabel ● für selbstständige Gerichte aus Spaghetti ● als Vorlegebesteck für Speisen, die mit zwei Bestecken aufgegriffen werden müssen	**Löffel und Gabel** ● für Teigwarengerichte, wie Ravioli, Cannelloni und Lasagne ● für Desserts, die auf Tellern angerichtet sind, wie Crêpes, Obstsalat, Parfait mit Früchten	**Löffel und Gabel** ● für Vorspeisen und Nachspeisen in Gläsern oder Schalen, die in kleingeschnittener Form feste Bestandteile enthalten (z. B. Krabben- oder Gemüsecocktail, cremige Speisen mit Früchten, Früchte in Gelee, Obstsalat)
Messer und Gabel ● für Hauptspeisen jeglicher Art, sofern das Schneiden erforderlich ist (siehe Fischbesteck)	**Messer und Gabel** ● für Vorspeisen und Zwischengerichte ● für Frühstücksspeisen (Wurst, Käse, Schinken, Melone) ● für Käse als Nachspeise	

Im klassischen Service werden Desserts als **Entremets** bezeichnet. Die Kombination von Löffel und Gabel heißt deshalb **Entremet-Besteck.**

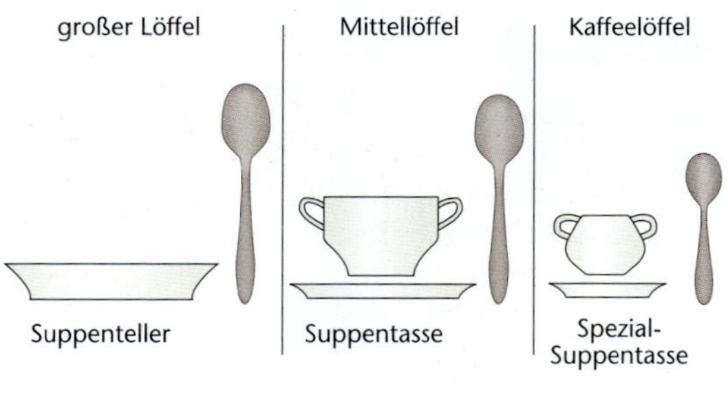

Abb. 1 Verwendung des Löffels an Beispielen

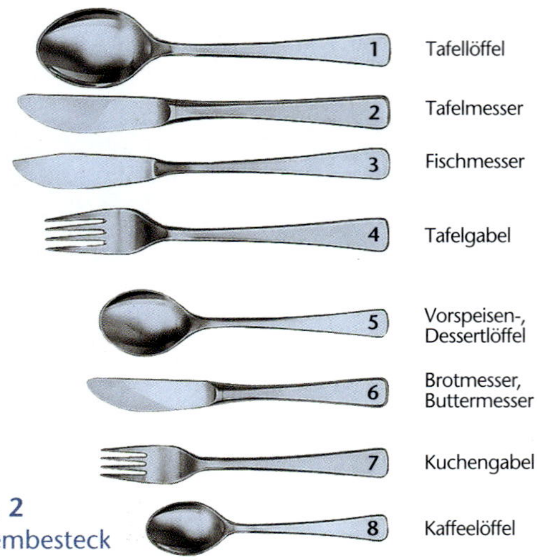

Abb. 2 Systembesteck

Hotel-Systembesteck

Hotel-Systembesteck ist ein Besteckssortiment, bei dem Art und Größe der Bestecke so gewählt sind, dass sie in verschiedenen Kombinationen und für verschiedenartige Zwecke verwendet werden können. Aufgrund dieser Vereinfachung reduziert sich die Vielfalt der im Einsatz befindlichen Besteckteile.

Die Bestecke 5 bis 8 genügen, um Vorspeisen- und Dessertgedecke mit unterschiedlichen Volumen bzw. Größen durch jeweils entsprechende Kombinationen sachgerecht ausstatten zu können.

Beispiel

Die Tafelgabel ist

- einerseits so groß, dass sie für Hauptgerichte ausreicht und gleichzeitig auch für Vorspeisen und Desserts noch angemessen ist,
- andererseits so breit, dass sie auch als Fischgabel eingesetzt werden kann.

Spezialbestecke

- **Fischbesteck**
Das Fischbesteck ist für Speisen von Fisch sowie Schalen- und Krustentieren geeignet, sofern diese aufgrund ihrer Verarbeitung eine weiche Beschaffenheit haben und nicht geschnitten werden müssen. Sonst sind Messer und Gabel einzudecken, z. B. bei

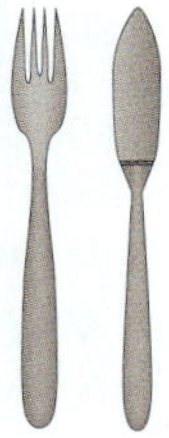

  - Mariniertem Fisch: Matjeshering, Bismarckhering und Rollmops
  - Geräuchertem Fisch: Lachs, Aal und Stör
  - Größeren Stücken von Krebstieren: Hummer, Languste

  Wegen der zarten Beschaffenheit wird zu geräucherten Forellenfilets das Fischbesteck verwendet.

- **Austerngabel**
Mit der Austerngabel werden die frischen Austern aus der Schale herausgelöst. Nach klassischer Art ist es möglich, die Austern aus der Schale zu schlürfen.

- **Steakmesser**
Um das gebratene Steakfleisch einfach und sauber durchschneiden zu können, ist das Steakmesser mit einem Wellen- oder Sägeschliff versehen. Bei Bestellung eines Steaks wird es gegen das Tafelmesser ausgetauscht.

Hilfsbestecke

- **Kaviarlöffel und Kaviarmesser**
Mit dem Löffel wird der Kaviar auf den Toast vorgelegt und mit dem Messer verteilt. Weil Metalle den Geschmack des Kaviars verändern, sind die Bestecke meist aus Horn oder Perlmutt.

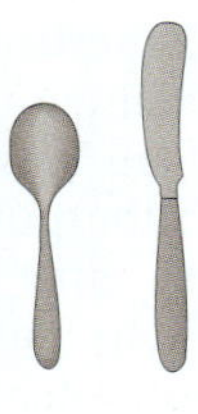

- **Hummergabel, Hummerzange**
Mit der **Hummergabel** wird das Fleisch aus den Scheren und Beingliedern herausgezogen und auf den Teller vorgelegt.

  Damit das möglich ist, bricht der Koch die Scheren an. Das zugehörige Essbesteck ist entweder das Fisch- oder das Mittelbesteck.

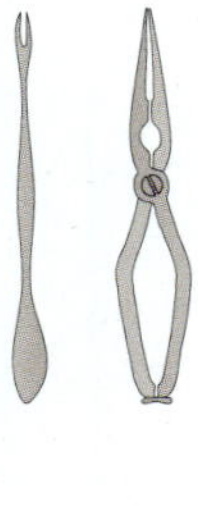

  Die **Hummerzange** wird nur dann vom Gast benötigt, wenn die Krustentiere rustikal (unzerteilt und unaufgebrochen) angerichtet sind.

- **Schneckenzange und Schneckengabel**
Die Schneckenzange dient dazu, das heiße Schneckenhaus aufzunehmen und zu halten (linke Hand). Mit der Schneckengabel wird die Schnecke aus dem Haus genommen und auf einem Löffel vorgelegt (rechte Hand). Die Butter im Schneckenhaus wird dazugegossen.

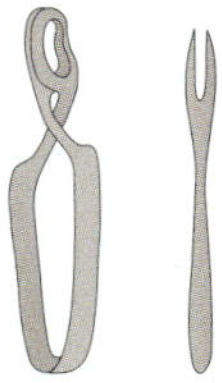

  Werden Schnecken in einer Schneckenpfanne serviert, ist lediglich ein Kaffeelöffel oder eine kleine Gabel erforderlich. Die Butter wird in diesem Falle mit Brot aus den Vertiefungen getunkt.

- **Krebsbesteck**
Das Krebsbesteck dient zum Aufbrechen von Krebspanzer und Scheren. Durch das Loch in der Messerschneide steckt man die Scherenspitzen, bricht diese ab und hebt das beim Kochen entstandene Vakuum auf. So kann das Fleisch leicht aus der Schere gezogen werden

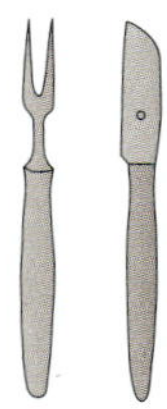

Serviergeräte

- **Saucenlöffel**
Der Saucenlöffel dient den Servicemitarbeitern zum Vorlegen von Saucen. Außerdem kann er in Verbindung mit der Sauciere eingesetzt werden.

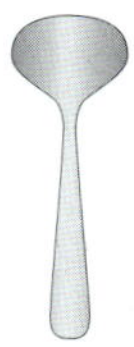

- **Tranchierbesteck**
Das Tranchierbesteck wird zum portionsgerechten Zerteilen größerer Teile von Schlachtfleisch und Wild verwendet. Nur mit einem besonders scharfen Messer lassen sich gute Ergebnisse erzielen. Zum Festhalten des Fleischstückes wird die Tranchiergabel nur aufgelegt und nicht in das Fleisch eingestochen.

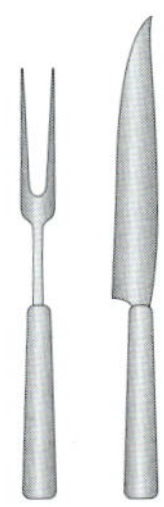

- **Salatbesteck**
Zum Mischen von Frischsalaten und zum Vorlegen aller Salatarten verwendet man an Stelle der Tafelbesteckteile das größer gehaltene Salatbesteck.

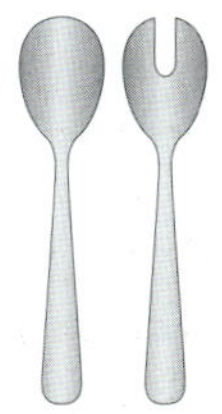

- **Käsemesser**
  Beim Käsemesser ist die Klinge mit Kuhlen versehen. Diese verhindern, dass die abgeschnittenen Käsescheiben am Messer haften. Die Gabelspitzen am Messerrücken dienen zum Vorlegen.

- **Spargelheber**
  Der Spargelheber ist mit Rillen versehen, die das Abgleiten der Spargelstangen verhindern. Die breite Auflagefläche verhindert das Abknicken der Spargelstangen.

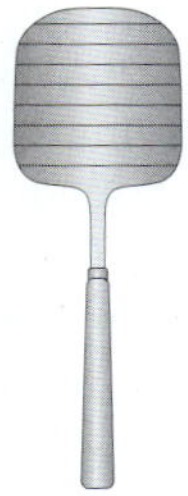

Handhaben im Service

Bestecke sollen in ästhetisch einwandfreiem Zustand bleiben. Deswegen sind sie pfleglich zu behandeln.

Löffel und Gabel sollten stets mit den Wölbungen ineinander und nicht gegeneinander liegen.

Nachpolierte Bestecke sind so zu handhaben, dass Fingerabdrücke möglichst vermieden werden. An Stellen, die mit Speisen bzw. mit dem Mund in Berührung kommen, dürfen sie überhaupt nicht entstehen.

- Bestecke dürfen niemals in der bloßen Hand getragen werden.
- Beim Aufnehmen und Ablegen am Tisch greift man mit Daumen und Zeigefinger, und zwar an den schmalen Seitenflächen.
- Das Berühren der nach oben gerichteten Sichtflächen ist unbedingt zu vermeiden.

Beim Tragen gelten folgende Regeln:
- **Beim Mise en place dürfen Bestecke auf einer in der Hand liegenden Serviette getragen werden,**
- **bei Anwesenheit von Gästen ist in jedem Fall eine Unterlage, entweder ein mit Serviette belegter Teller oder ein Tablett zu verwenden.**

Reinigung und Pflege

An die Bestecke werden hohe Anforderungen gestellt (Ästhetik, Hygiene). Das ist verständlich, denn die meisten Bestecke kommen in irgendeiner Form mit Speisen, die speziellen Essbestecke außerdem mit dem Mund in Berührung. Daraus ergibt sich für den Service die Verpflichtung, Bestecke nur in tadellosem Zustand auf den Tisch zu bringen.

Grundlegende Reinigung

Benutzte Besteckteile in klares, warmes Wasser einlegen. Danach die Besteckteile möglichst stehend in Besteckköchern in die Spülmaschine einstellen. Die Besteckköcher sollten dabei nicht überladen werden, da sonst die Besteckdichte ein einwandfreies Reinigen verhindert.

Zum Vorreinigen können die Besteckteile auch in den Köchern stehend mit der Spülbrause vorgeduscht werden.

Es ist sinnvoll, die Besteckteile zu trennen, d. h. Messer, Gabeln und Löffel in verschiedene Köcher zu stellen. Die Messer sollten stets mit der Klinge nach oben im Köcher stehen.

Durch eine richtige Dosierung des Spülmittels und besonders heiße Nachspülung erhält man schlieren- und fleckenfreies Besteck, und das übliche Nachpolieren ist deshalb nicht mehr nötig.

Aus hygienischen Gründen sollte man beim Entnehmen der mit der Klinge nach oben stehenden Messer Gummihandschuhe tragen.

Das Nachpolieren von Besteckteilen ist bedenklich, da für viele Besteckteile das gleiche Tuch verwendet wird und somit eventuell darin vorhandene Bakterien auf das Besteck übertragen werden können.

Besondere Pflege des Silberbestecks

Silber „läuft an“. Durch Schwefelwasserstoff, der sich in Speisen und in der Luft befindet, bildet sich an der Oberfläche der Silberbestecke ein festhaftender bräunlicher Belag. Dieser kann nur mit Hilfe von geeigneten Reinigungsmaßnahmen entfernt werden:

- **Silberputzpaste**
  Sie wird aufgetragen und nach dem Eintrocknen wieder abgerieben (einfache, zeitaufwendige Methode).
- **Silberbad galvanisch**
  Reinigung erfolgt chemisch mit Hilfe von heißem Wasser, Aluminium, Soda und Salz.
- **Silberputzmaschine**
  In einer sich drehenden Trommel befinden sich Stahlkügelchen und ein Spezialmittel zum Reinigen und Polieren.

2.4 Gläser *glasses* *verres (m)*

Die Herstellung von Glas und seine Verarbeitung zu Trinkgläsern war in Ägypten bereits 1500 v. Chr. bekannt. In Syrien wurde um die Zeitenwende die sogenannte Glasmacherpfeife erfunden, die das Mundblasen von Gläsern ermöglichte und den beschleunigten Aufschwung des Glasmachergewerbes zur Folge hatte. Die Römer brachten die neue Technik nach Italien, und sie waren es auch, die nördlich der Alpen eine bedeutende Glasindustrie ins Leben riefen.

Material

Glas ist ein Schmelzprodukt aus verschiedenartigen Materialien, das durch Abkühlung erstarrt. Zur Herstellung verwendet man:

- als Hauptbestandteil Quarz bzw. Quarzsand, der chemisch aus Kieselsäure besteht,
- als Beimischung unterschiedliche Metalloxide, z. B. Natrium (Natron), Kalium (Kali), Magnesium und Blei.

Die geschmolzenen Massen sind Silikate, wobei die Art der Beimischung einerseits der Glasmasse den Namen gibt und andererseits wesentlich deren Eigenschaften bestimmt.

Auswahlkriterien

Gläser, die im Pressverfahren produziert sind, werden im Allgemeinen nur für einfache Getränke verwendet, z. B.:

- Wasser, Milch und Limonaden,
- Schoppenweine und einfache Schnäpse.

Geblasene bzw. Kristallgläser lassen höherwertige Getränke besser zur Geltung kommen, z. B.:

- hochwertige Säfte und hochwertige Spirituosen,
- Qualitätsweine.

Formen und Arten der Gläser

Grundlegende Gläserformen

In Bezug auf die Grundform unterscheidet man:

Bechergläser, die im Allgemeinen für einfache Getränke verwendet werden, z. B. für Wasser, Bier, klare Spirituosen,

Stielgläser, die im Vergleich zu den Bechergläsern eleganter wirken, für höherwertige Getränke, z. B. für Wein, Schaumwein, Cognac, Liköre, Cocktails.

Getränkespezifische Formen der Gläser

Hochwertige Getränke haben Eigenschaften, die erst durch eine besondere Form des Glases richtig zur Geltung kommen.

Getränke mit besonderen Duftstoffen

Ein typisches Getränkebeispiel ist der **Wein.** Der Kelch des Glases ist zum Rand hin verjüngt, sodass die Duftstoffe oberhalb der Glasöffnung zusammengeführt und nicht wie beim geöffneten Kelch zerstreut werden.

Getränke mit viel Kohlensäure

Typische Getränke sind **Schaumwein** und **Bier.** Das Glas hat eine schlanke, hohe Form, sodass die frei werdende Kohlensäure aufsteigend auf einem langen Weg sichtbar ist.

Sektkelch Sektschale

Die niedrige und breite Sektschale ist unter diesem Gesichtspunkt ungeeignet.

Weingläser

wine glasses *verres (m) à vin*

Sherryglas Rheinweinglas Moselweinglas

Römerglas Bordeauxglas Burgunderglas

Schaumweingläser
champagne glasses
verres (m) à champagne

Sektspitz | Flöte | Sektkelch

Biergläser
beer glasses *verres (m) à bière*

Becher | Tulpe | Kelch

Bargläser
bar glasses *verres (m) de bar*

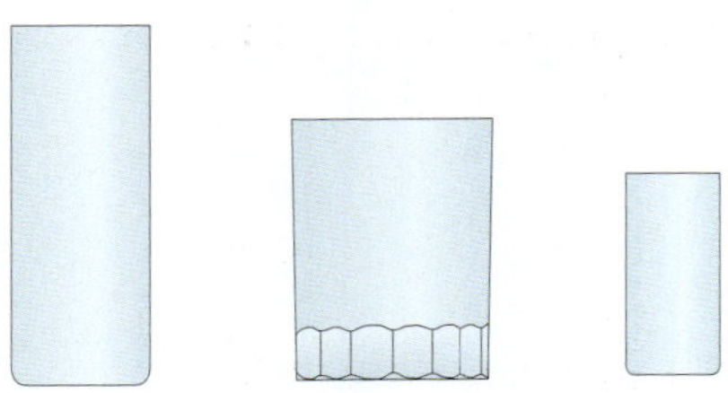

Hoher Tumbler **Longdrinks** | Tumbler **Whisk(e)y** | Stamper **Klare Spirituosen**

Schwenker **Weinbrand/Cognac** | Spirituosenglas **Geiste** | Schale **Likör/Cocktail**

Reinigung und Pflege

Wenn man bezüglich der Sauberkeit bei Tafelgeräten überhaupt von einer Abstufung sprechen kann, dann sind an die Sauberkeit von Gläsern die höchsten Anforderungen zu stellen. Dafür gibt es wichtige Gründe:

- Selbst Spuren von Schmutz (Fett, Staub, Spülmittelreste) fallen bei Licht besonders auf.
- Sie stören bei hochwertigen und feinen Getränken den Geschmack und das Bukett.
- Fettspuren an Biergläsern mindern beim Zapfen die Ausbildung der Schaumkrone oder sie zerstören diese nachträglich.

Beschädigte Gläser dürfen im Service nicht mehr verwendet und müssen aussortiert werden.

Grundlegende Reinigung

Gläser werden fast ausschließlich in einer Gläserspülmaschine gereinigt. Die Gläser trocknen innerhalb kürzester Zeit, da das Wasser auf dem angewärmten Glas rasch verdampft. Weil sich durch den richtig dosierten Klarspüler an den Gläsern keine Wasserflecken bilden, ist das Nachpolieren nicht mehr nötig.

Deswegen können keine Bakterien durch das Poliertuch übertragen werden.

Gläser nach Gebrauch so schnell wie möglich spülen. Eingetrocknete Getränkereste erschweren das Reinigen.

Getränkereste und Garniturreste von Getränken vor dem Beschicken der Spülmaschine entfernen. Nach dem Spülen den Spülkorb mit den Gläsern sofort aus der Maschine nehmen. Die Gläser trocknen durch die Eigenwärme in wenigen Minuten fleckenfrei. Beim Einräumen in die Schränke werden die Gläser optisch auf Sauberkeit kontrolliert.

Lagerung der Gläser

Gläser lagert man möglichst in geschlossenen Schränken mit dem Mundrand nach oben. Gläser dürfen niemals ineinander gestapelt werden. Sie sollen auch nicht hängend über der Theke gelagert werden, da Dunst und Zigarettenrauch sich im Kelch sammeln.

Handhaben im Service

Sowohl beim Mise en place als auch während des Service dürfen Gläser niemals im Trinkbereich angefasst werden. Es ist insbesondere zu vermeiden, in das Glas hineinzugreifen oder es vom oberen Rand her mit den Fingern zu umfassen, **auch nicht beim Ausheben von geleerten Gläsern.** Stielgläser werden zwischen Daumen sowie Zeige- und Mittelfinger erfasst (S. 284).

Gläser werden im Allgemeinen auf einem Tablett getragen, wobei die Anzahl so zu begrenzen ist, dass sie nicht aneinanderstoßen. Ein untergelegtes Tuch verhindert das Rutschen. Stielgläser werden beim Mise en place ausnahmsweise zwischen den Fingern der linken Hand hängend getragen, bei Anwesenheit von Gästen aus optischen Gründen jedoch nicht mehr als vier Gläser.

2.5 Porzellangeschirr

china *porcelaine (w)*

Das Ursprungsland der Porzellanherstellung ist China. Seitdem die Holländer im 13. Jahrhundert chinesisches Porzellan nach Europa einführten, wurden hier viele Versuche der Nachahmung unternommen, z. B. in Holland selbst (Delft), in Italien und schließlich nach 1700 auch in Deutschland (Meißner Porzellan).

Eigenschaften

Für den **Porzellankörper** werden die Rohstoffe Kaolin, Quarz und Feldspat verwendet. Je nach der Zusammensetzung und der Art des Brennens erhält man

- hartes oder weiches Porzellan,
- feuerfestes oder nicht feuerfestes Porzellan.

Bezüglich der **Form** gibt es neben gradlinigem, stapelbarem Porzellan auch solches, das sich durch individuell gestaltete, teilweise künstlerisch hochwertige Formen auszeichnet. Rein weißes und buntes Porzellan wird auch mit mehr oder weniger aufwendigem **Dekor** versehen.

Man unterscheidet bei Dekor:

- Randdekors in Form von Linien, Streifen und Bildmotiven (Monogramme oder Vignetten),
- Flächendekors in Form von Blumen, Ranken und anderen Motiven,
- Auf- oder Unterglasurdekors, je nachdem, ob diese vor oder nach dem Glasieren aufgebracht wurden.

Die **Glasur** gibt dem Porzellan eine glatte, versiegelte Oberfläche, die vor Feuchtigkeit schützt und die Reinigung wesentlich vereinfacht. Je nach Material und Art des Brennens gibt es *harte* und *weiche* Glasuren.

Auswahlkriterien für Hotelporzellan

Weil Hotelporzellan stark belastet wird, bevorzugt man:

- hartes Porzellan, um Beschädigungen und Verluste durch Bruch möglichst niedrig zu halten,
- harte Glasuren sowie Unterglasurdekors, weil sie gegenüber den mechanischen Einwirkungen beim Essen und Spülen unempfindlicher sind,
- feuerfestes Geschirr, das zum Garen und Überbacken (z. B. auch beim Kochen am Tisch) und zum heißen Anrichten von Speisen unerlässlich ist.

Für die Auswahl von Form und Dekor gelten:

- Für den täglichen Gebrauch werden stapelbare und deshalb raumsparende Formen sowie schlichte Dekors bevorzugt.
- Für den anspruchsvollen Service, insbesondere zu festlichen Anlässen, kann auf individuell gestaltete Formen sowie auf besonderes Dekor nicht verzichtet werden.

Arten und Einsatz von Porzellangeschirr

Verwendungszwecke für tiefe Teller

Tiefe Teller ∅ 26 cm/∅ 23 cm
Diese Teller, auch Suppenteller genannt, werden für Speisen verwendet, bei denen ein etwas höherer Tellerrand erforderlich ist, z. B. für:

- Suppen mit groben Einlagen (Gemüse, Hülsenfrüchte, Teigwaren, Reis, Muscheln und Fisch) sowie Eintopfgerichte,
- Spaghetti und andere Teigwarengerichte,
- Frühstücksgerichte (Cornflakes, Porridge, Müsli),
- Salatvariationen,
- warme Desserts.

Tiefe Teller werden außerdem als Ablageteller für nicht verzehrbare Speisenteile verwendet, insbesondere dann, wenn es sich um größere Mengen handelt, z. B. Muschelschalen oder Krustentierpanzer.

Werden Speisen in tiefen Tellern serviert, setzt man zum sicheren Tragen die tiefen Teller auf flache Teller.

Platzteller ∅ 31 cm
Platzteller sind große dekorative Teller, die den Gedeckplatz während des Essens ausfüllen und auf die jeweils die Teller der Speisenfolge aufgesetzt werden. Sie werden bereits beim Eindecken des Tisches bzw. der Tafel eingesetzt und frühestens nach dem Hauptgang wieder ausgehoben. Damit der dekorative Rand des Tellers sichtbar bleibt, sind Platzteller größer als der größte aufgesetzte Teller. Deckchen schützen die Oberfläche der Platzteller, außerdem können andere Gedeckteile dann geräuscharm aufgesetzt werden.

Große Teller ∅ 28 cm/∅ 26 cm
∅ 28 cm, auch *Grillteller* genannt; für komplette Gerichte. Zubereitungen aus Fleisch, Fisch oder Geflügel werden mit den dazugehörigen Beilagen auf diesen Tellern angerichtet (Tellerservice).

∅ 26 cm, auch *Fleisch- oder Gedeckteller* genannt; auf ihnen werden meist separat angerichtete Speisen am Tisch vorgelegt. Sie finden aber auch beim Tellerservice Verwendung.

Vorspeisenteller ∅ 23 cm
Für kalte und warme Vorspeisen; für Frühstücksbüfett.

Mittelteller ∅ 19 cm
auch Dessertteller genannt; für Zwischengerichte, Salate, Käse, Gebäck, Kuchen, Desserts, als Frühstücksteller und Ablageteller.

Kleine Teller/Brotteller ∅ 15 cm
für Brot, Brötchen, Toast, Butter, eventuell als Ablageteller.

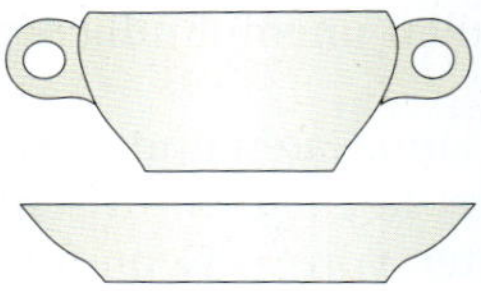

Suppentassen 0,2 *l*/0,1 *l*
soup bowls *tasses (w) à soupe*
mit zwei Henkeln, für gebundene und klare Suppen mit Einlage (z. B. Leberklößchen, Markklößchen). Kleine *Spezialtassen* für exotische Suppen und Essenzen.

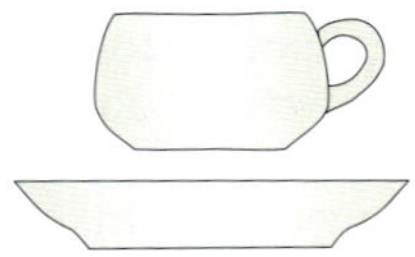

Getränketassen 0,15 *l*/0,2 *l* und weniger
coffee cups *tasses (w) à café*
mit unterschiedlichen Formen und den dazu passenden Untertassen für Kaffee, Tee, Schokolade und Milch; desgleichen Mokka- und Espressotässchen.

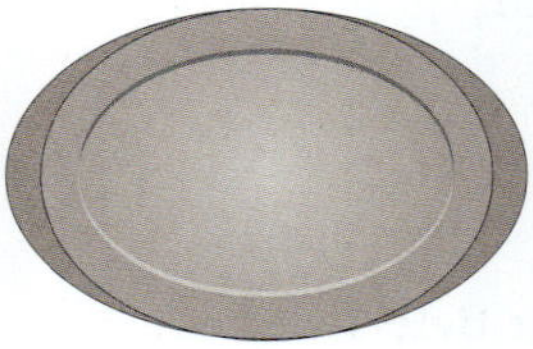

Platten *serving dishes* *plats (m)*
in ovaler oder rechteckiger Form für Fleisch, in langovaler Form für Fisch und in runder Form vorwiegend für Gemüse.

Saucieren *sauce boats* *saucières (w)*
unterschiedlicher Größe und Formen, teilweise mit Gießer, für warme und kalte Saucen sowie für flüssige und geschlagene Butterarten.

Schüsseln und Terrinen
bowls and terrines *plats (m) et terrines (w)*
mit und ohne Deckel für Eintöpfe, Suppen und Beilagen sowie für Zubereitungen mit viel Sauce, z. B. Ragouts.

Kännchen *small can* *burette (w)*
mit und ohne Deckel, in Form und Größe verschieden für Kaffee, Tee, Schokolade und Milch; außerdem Gießer für Kaffeesahne zu den Aufgussgetränken.

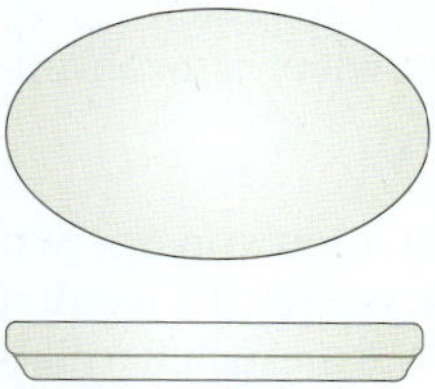

Backformen
Backformen oder Kokotten, rund und oval, zum Anrichten von Fisch, Fleisch und Gemüse. Zum Gratinieren von Teigwaren, zum Backen von Kartoffeln und Überbacken von Gemüsen.

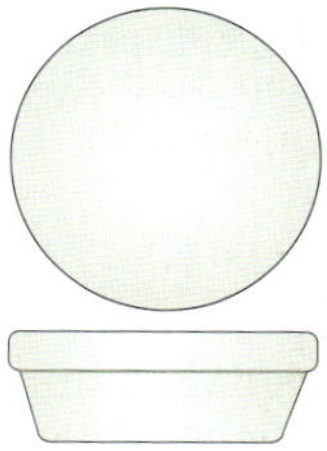

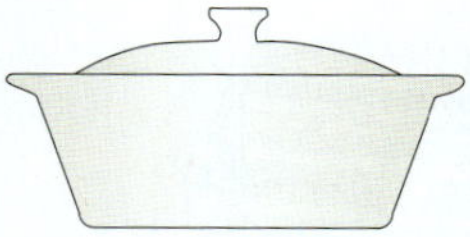

Eierplatten
oder Eierpfannen zum Anrichten von Eierspeisen und zum Zubereiten und Servieren von Spiegeleiern.

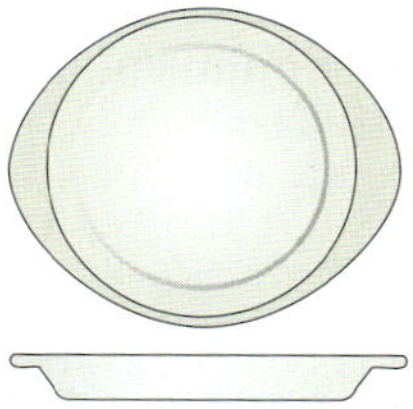

Sonstige Teile
Schalen oder Schälchen für Zucker, Konfitüre, Marmelade, Kompott, Fisch- oder Muschelragout, Apfelmus, geschnittene Kräuter oder Zwiebelwürfelchen; Fingerschalen; Stövchen; Fondueteller, Austernteller.

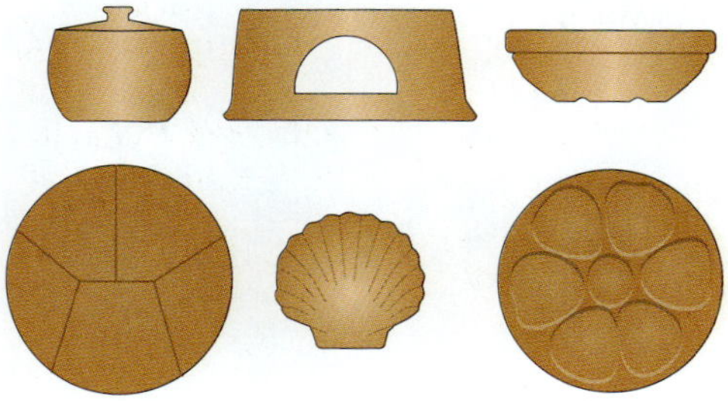

Schneckenpfannen
Flache Geschirre mit halbkugelförmigen Vertiefungen, in welche vorbereitete Schnecken gelegt und im Ofen erhitzt werden.

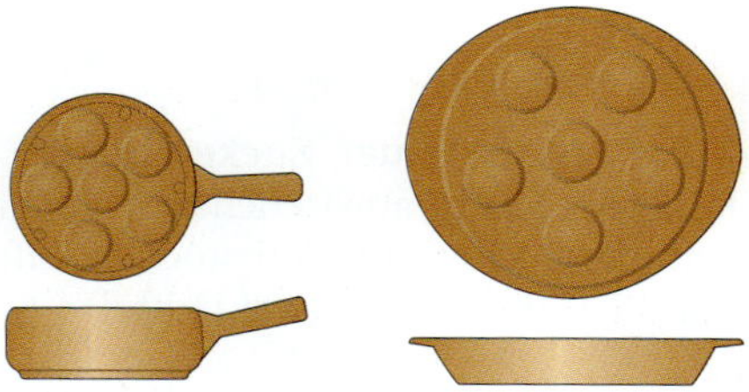

Abb. 1 Schneckenpfannen

Auflaufformen
oder Souffléschalen zum Backen und Servieren von Aufläufen aller Art.

Kasserollen
oval mit Deckel zum Fertigstellen von Spezialgerichten. Die halbfertigen Zubereitungen kommen in die Geschirre (z. B. Geflügel), werden darin fertig gegart und auch serviert.

Die aus **feuerfestem Porzellan** hergestellten Geschirre dienen hauptsächlich zum Zubereiten und Fertigstellen von Speisen, da die Gerichte auch darin serviert werden.

Reinigung und Pflege des Porzellans

Porzellan wird bei 60 °C gereinigt und aus hygienischen Gründen bei 80 °C nachgespült. Die dabei entstehende Wärmereserve lässt das Geschirr selbstständig trocknen. Sauberes Porzellan muss frei von Wasserschlieren und Fettfilm sein.

Schadhafte Geschirrteile werden aussortiert. Bei Tassen, Kännchen und Kannen können sich an Henkelansätzen Rückstände ablagern. Darum kontrolliert man sorgfältig.

2.6 Sonstige Tisch- und Tafelgeräte

table equipment

appareils (m) de table

Neben den grundlegenden Geräten, wie Bestecke, Gläser und Porzellan, gibt es solche, die beim Servieren von Speisen ganz bestimmte Zwecke erfüllen.

Menagen *ondiments* *ménages (m)*

Menagen sind Tischgestelle für Essig und Öl, für Salz, Pfeffer, Paprika und andere Gewürze. Behältnisse für Senf und Würzsaucen sowie Pfeffermühlen und Zuckerstreuer gehören ebenfalls dazu.

Abb. 1 Menagen

Tägliche Pflege von Menagen

Salz- und Pfefferstreuer, Zuckerstreuer
- Glaskörper feucht abwischen und polieren
- verstopfte Löcher mit Zahnstocher „öffnen"
- nachfüllen (höchstens zwei Drittel)

Pfeffermühlen
- trocken abwischen, auffüllen

Senftöpfe
- leeren, reinigen, wieder füllen
- mit etwas Essig beträufeln, um das Austrocknen der Oberfläche zu verhindern

Essig- und Ölflaschen
- feucht abwischen und trockenreiben

Würzsaucen
- Flaschenverschluss und Flaschenmund reinigen
- verschmierte und verkrustete Reste abwischen
- Flaschen feucht abwischen und trockenreiben

Tischgeräte für spezielle Zwecke

Spezielle Geräte für den Speisenservice sind:

- Rechauds und Clochen zum Warmhalten von Speisen
- Tranchierbretter, Tranchierbestecke und Flambierrechauds für das Arbeiten am Tisch
- Fingerschalen bzw. Fingerbowlen zum Abspülen der Finger

Rechauds dienen dem Warmhalten von Speisen und Getränken am Tisch des Gastes. Es werden hauptsächlich vorheizbare Wärmespeicherplatten eingesetzt.

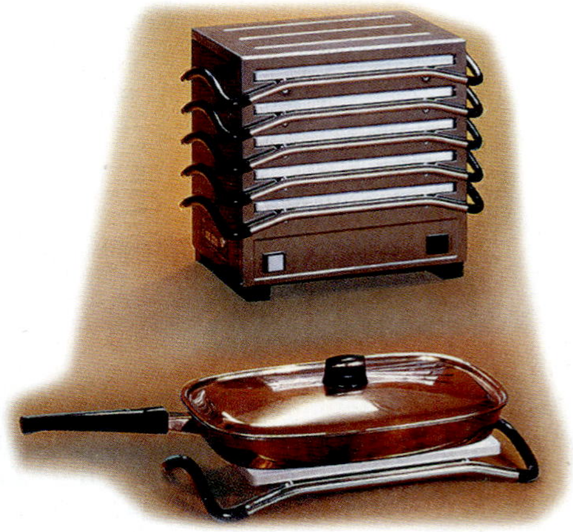

Abb. 2 Rechaudplatten

Clochen, halbkugelförmige Abdeckhauben, zum Warmhalten angerichteter Speisen während des Transportes aus der Küche. Clochen werden aber auch als Geruchs-, Aroma- oder Abtrocknungsschutz verwendet. Clochen stets gut erwärmt benutzen.

Abb. 3 Käsecloche und Tellercloche

Tranchierbretter mit umlaufender Saftrille und napfartiger Vertiefung dienen als Unterlage beim Aufteilen (Tranchieren) von Fleisch und Geflügel am Gästetisch. Austretender Fleischsaft läuft in die Rille und in die Vertiefung und kann mit einem Löffel entnommen werden.

Abb. 1 Tranchierbrett für Räucherlachs

Die **Fingerschale** oder Fingerbowle ist eine kleinere Schale, die zum Reinigen der Fingerspitzen mit Wasser und einer Zitronenscheibe gefüllt wird. Sie wird nach dem Genuss von Speisen gereicht, die mit der Hand berührt wurden, z. B. Muscheln, Krebse, Geflügel, rohes Obst. Die Fingerschale steht in einer Stoffserviette, damit Spritzer abgefangen werden.

Abb. 2 Fingerschale

Im **Dekantierkorb** werden alte Rotweine serviert. In **Brotkörben** reicht man Brot und Brötchen oder setzt sie am Tisch ein. Toaste legt man in eine **warme Stoffserviette** und serviert sie auf einem **Mittelteller.** Die warme Serviette verhindert einen Niederschlag der aus den Brotscheiben entweichenden Feuchtigkeit und damit das Weichwerden der Toaste.

Abb. 3 Dekantierkorb – Brotkörbchen

2.7 Tisch- und Tafeldekoration

table decoration

décoration (w) de table

Die dekorative Ausschmückung eines Tisches oder einer Festtafel schafft Atmosphäre und hat positive Auswirkungen auf die Stimmung der Gäste. Zur Dekoration dienen unter anderem Blumen, Bänder und Kerzen.

Dekorationsmittel können u. a. sein:

- Tischläufer oder Bänder,
- Blumenschmuck oder farbiges Herbstlaub,
- Leuchter oder Öllichter,
- künstlerisch gestaltete Menü- und Tischkarten.

Bei der Anwendung ist auf einige Punkte zu achten:

- Tischläufer und Bänder über die gesamte Länge der Tafelmitte legen,
- Blumengestecke möglichst flach (25 cm) und wenig ausladend halten; alle Gäste wollen sehen und gesehen werden und miteinander plaudern können,
- Leuchter so aufstellen, dass der Kontakt zum Gegenüber möglich ist.

Die Auswahl der Blumen und Dekorationsgegenstände wird vom Anlass her bestimmt, denn eine Hochzeitstafel verlangt z. B. eine andere Ausstattung als ein Jagdessen (Abb. 4 unten und Abb. 1 und 2 nächste Seite).

Abb. 4 Blumengesteck für Hochzeitstafel

Blumen *flowers* *fleurs (w)*

Blumen haben aufgrund der Vielfalt ihrer Blüten und Farben eine starke Ausstrahlungskraft. Sie vermögen Freude zu wecken. Mit der gleichen Absicht werden sie im Service zum Schmücken von Tischen und Festtafeln verwendet. Ob als Solitär (Einzelblüte) in Form einer Rose auf den Tischen im Abendrestaurant, ob als schlichtes Sträußchen auf dem Frühstückstisch oder als dekoratives Gesteck auf einer Festtafel, stets kommt dabei die besondere Aufmerksamkeit gegenüber dem

Gast zum Ausdruck. Bezüglich Auswahl und Pflege der Blumen ist von Bedeutung:

- Die Größe des Blumenarrangements muss dem Anlass angemessen sein (Frühstück, Hochzeit), wobei zu beachten ist, dass die Blumen
  - in Farbe und Größe harmonieren,
  - die Sicht zum gegenübersitzenden Gast nicht beeinträchtigen,
  - nicht Teller oder Gläser der Gäste berühren.
- Stark duftende und stark Blütenstaub abgebende Blumen sind ungeeignet.
- Die Blumen bleiben länger frisch, wenn man sie nachts in einen kühlen Raum bringt. Am nächsten Morgen werden sie mit frischem Wasser versorgt. Schnittblumenstiel schräg zurückschneiden, welke Blumen austauschen.

Kerzen *candles* *bougies (w)*

Kerzenlicht ist gedämpftes und warmes Licht und eignet sich deshalb besonders gut, eine gemütliche Atmosphäre zu schaffen. In Verbindung mit dekorativen Leuchtern auf Festtafeln wird darüber hinaus die festliche Stimmung auf besondere Weise unterstrichen.

Abb. 1 Gesteck für Jagdessen

Abb. 2 Gesteck mit Kerze

Aufgaben

1 Beschreiben Sie im Zusammenhang mit dem Bewirten von Gästen die Bedeutung des Services.

2 Nennen Sie Tischformen und übliche Maße für Einzeltische.

3 Nennen Sie unterschiedliche Tafelformen.

4 Welche Kriterien sind für die Wahl einer bestimmten Tafelform ausschlaggebend?

5 Welche Wäschestücke gehören zur Tischwäsche?

6 Aus welchen Materialien wird Tischwäsche hergestellt?

7 Erklären Sie die Begriffe Reinleinen und Halbleinen.

8 Aus welchem Material werden Moltons hergestellt?

9 Welche unterschiedlichen Zwecke erfüllen Moltons?

10 Wozu dienen Decktücher und wozu dürfen sie nicht verwendet werden?

11 Nennen und erklären Sie andere Bezeichnungen für Decktücher.

12 Erläutern Sie die Bedeutung von Mundservietten.

13 Welchen Zwecken dient die Handserviette? Welche Richtlinien sind unter hygienischen und ästhetischen Gesichtspunkten bezüglich des Gebrauchs zu beachten?

14 Unter welchen Gesichtspunkten muss Wäsche vor dem Waschen sortiert werden?

15 Unterscheiden Sie in Bezug auf die Waschtemperatur und die Materialbeschaffenheit der Wäsche folgende Bezeichnungen: a) Kochwäsche b) Heißwäsche c) Feinwäsche

16 Unter welchen Gesichtspunkten muss die Wäsche zum Bügeln sortiert werden?

17 Welche Funktionen erfüllt das Bügeln und welche Faktoren wirken dabei zusammen?

18 Warum muss Tischwäsche nach ganz bestimmten Gesichtspunkten zusammengelegt werden?

3 Vorbereitungsarbeiten im Service

preparatory work in the restaurant *mise en place au restaurant*

Der Arbeitsablauf im Service ist durch zwei aufeinanderfolgende Arbeitsphasen gekennzeichnet:

- Die Vorbereitungsarbeiten im Hinblick auf die nächste Mahlzeit.
- Das Bedienen von Gästen während einer Mahlzeit.

Obwohl sich das Bedienen der Gäste zweifellos als die interessantere Arbeitsphase darstellt, kommt den Vorbereitungsarbeiten eine mindestens ebenso große Bedeutung zu. Der eigentliche Service kann nur dann rasch, reibungslos und zufrieden stellend ablaufen, wenn die Vorbereitungsarbeiten mit angemessener Sorgfalt ausgeführt wurden.

Abb. 1 Arbeitsplatz Getränkebüfett

3.1 Überblick über die Vorbereitungsarbeiten

Die Vorbereitungsarbeiten werden als **Mise en place** bezeichnet. Der Begriff kommt aus dem Französischen.

Im engeren Sinn bedeutet das wirklich „an den Platz stellen" oder „legen", z. B. Bestecke, Gläser. Darüber hinaus sind jedoch auch alle anderen vorbereitenden Arbeiten gemeint.

Die Vorbereitungsarbeiten werden in zwei voneinander getrennten Arbeitsbereichen ausgeführt: im Office und im Restaurant.

Vorbereitungsarbeiten im Office

Das **Office** liegt meist zwischen Küche und Gastraum. Es dient als:

- **Bereitstellungsraum** für Tischwäsche, Porzellan, Gläser, Rechauds usw.; kurz für alles, was zum Service erforderlich ist;
- **Arbeitsraum** für Reinigung und Pflege aller zum Service notwendigen Gegenstände.

Die Arbeiten sind im Einzelnen bei Geschirr und Geräten ab Seite 236 beschrieben.

Zusammenfassung der Vorbereitungsarbeiten im Office:

- Spülen und Polieren der Gläser,
- Reinigen der Brotkörbe, Tabletts, Servierbretter und Rechauds,
- Säubern und Auffüllen der Menagen,
- Überprüfen der Rechauds auf Betriebsfähigkeit,
- Nachpolieren und Einsortieren von Porzellan in den Wärmeschrank,
- Einordnen des Silbers in Besteckkästen,
- Austauschen, Auffüllen und Einsortieren von Tischwäsche und Gläsertüchern.

Vorbereitungsarbeiten im Restaurant

Das Mise en place beeinflusst die Arbeiten am Servicetisch und am Restauranttisch.

Servicetisch

service table *table (w) de service*

Der Servicetisch (Servant) ist dem Arbeitsbereich (Revier) zugeordnet, aus der Sicht der Arbeitsorganisation ist er ein vorgeschobener Arbeitsplatz.

Der Servicetisch

- verkürzt die Arbeitswege, denn der Weg Restauranttisch → Servicetisch ist meist kürzer als der Abstand Restauranttisch ↔ Office;
- ist entsprechend dem jeweiligen Service (à la carte, Bankett) und dem Angebot auf der Speisekarte, z. B. für Spezialitäten wie Austern, Hummer, Schnecken auszustatten.

Restauranttisch

guest table *table (w) de restaurant*

Für die Vorbereitung gilt:

- Tische ausrichten und auf Standfestigkeit prüfen, evtl. durch Unterlegen stabilisieren,
- Molton aufspannen und Tischtücher auflegen,
- Grundgedeck eindecken.

Guéridon

Als *Guéridon* (Beistelltisch) bezeichnet man kleine Tische, die zu unterschiedlichen Zwecken an den Tisch des Gastes herangestellt werden.

Service

Einsatz des Guéridon:

- zum Flambieren, Tranchieren und Vorlegen oder
- zum Servieren von Wein und Schaumwein aus Flaschen.

3.2 Herrichten von Servicetischen

Funktion des Servicetisches

Aus dem Vorrat des Office werden die für die Mahlzeit erforderlichen Geräte ausgewählt und auf dem Servicetisch übersichtlich und griffbereit angeordnet. In größeren Restaurants hat jede Station ihren eigenen Servicetisch. Dadurch bleibt der Gerätevorrat für die einzelne Station überschaubarer, und es werden wechselseitige Störungen und Behinderungen vermieden.

Ausstattung des Servicetisches

Es gibt Servicetische, die auf den gesamten Service ausgerichtet sind und deshalb alle Materialien bzw. Geräte enthalten, die zu den verschiedensten Servicevorgängen erforderlich sind. Es gibt aber auch Servicetische, die aufgrund ihrer jeweiligen Zweckbestimmung unterschiedlich ausgestattet sind. Solche Zwecke sind z. B.:

- Frühstück
- Hauptmahlzeiten
- Kaffee und Kuchen
- Sonderveranstaltungen und Festessen.

Einteilung des Servicetisches

Zugunsten der guten Überschaubarkeit ist der Tisch in drei Bereiche eingeteilt:

- Der hintere Bereich ist für die größeren, höheren Tischgeräte bestimmt,
- im mittleren Bereich liegen die Bestecke,
- der vordere Bereich ist, abgesehen von Tabletts, grundsätzlich frei. Er dient zu letzten Handgriffen beim Service, z. B. Aufnehmen von Vorlegebestecken, Anlegen von Essbestecken an Vorspeisen oder Suppen, Aufsetzen von Suppentassen auf vorbereitete Suppengrundgedecke.

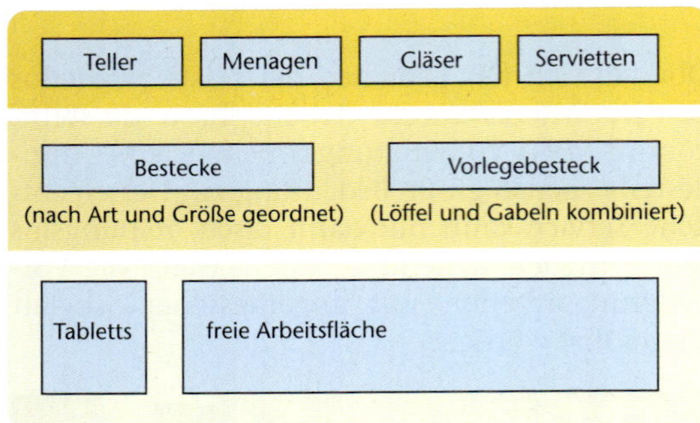

Abb. 1 Einteilung eines Servicetisches

Um störungsfreie Serviceabläufe zu gewährleisten, darf die freie Fläche nicht zum Abstellen von gebrauchtem Geschirr benutzt werden.

3.3 Servicestation

🇬🇧 *service station* 🇫🇷 *station (w) de service*

Im Gegensatz zu Servicetischen, deren Funktion und Ausstattung auf die jeweilige Mahlzeit ausgerichtet ist, handelt es sich bei dieser Servicestation um eine stehende Einrichtung im Rahmen des À-la-carte-Service eines Restaurants.

Abb. 2 Beispiel einer Servicestation

3.4 Herrichten von Tischen und Tafeln

Der Tisch ist der Ort, an dem der Gast bedient und verwöhnt werden möchte, an dem er sich wohl fühlen und entspannen will. Angesichts solcher Erwartungen ist dem Gasttisch und allem, was zu seiner Ausstattung gehört, eine besondere Aufmerksamkeit zu schenken.

Der Tisch darf nicht wackeln, denn das ist eine unzumutbare Störung. Gegebenenfalls ist er mit einer Korkscheibe unter dem entsprechenden Tischbein festzustellen. Bierdeckel und anderes großflächiges Material ist dazu aus optischen Gründen nicht geeignet.

Der Tisch muss einladend wirken durch:

- ein sauberes, sorgfältig ausgebreitetes Tischtuch,
- eine ansprechend geformte Serviette,
- ordnungsgemäß aufgelegte und ausgerichtete Gedeckteile.

Behandeln der Tischwäsche

- Die Wäsche ist nach dem Bügeln so zu handhaben und zu lagern, dass sie nicht schon vor der Wiederverwendung verschmutzt und zerknittert ist.
- Das Auflegen von Tischtüchern muss sachgerecht und mit angemessener Sorgfalt ausgeführt werden (siehe in den nachfolgenden Abschnitten).
- Die Tücher, die nach dem Gebrauch einen weiteren Einsatz zulassen, sind mit entsprechender Vorsicht exakt in die Bügelfaltung zurückzulegen.

Servietten dürfen aus hygienischen Gründen und wegen der Reinhaltung niemals als Putztücher oder auf andere Weise zweckentfremdet verwendet werden.

Auflegen und Abnehmen von Tisch- und Tafeltüchern

Tischtücher sind quadratisch oder rechteckig, selten rund.

Die Größe ist der Tischplatte so angepasst, dass die Tuchenden an allen Seiten gleichmäßig etwa 25 cm lang herabhängen.

Das Tischtuch wird nach dem Mangeln zuerst zweimal längs und dann zweimal quer zusammengelegt (siehe Skizzen ①–⑤).

Voraussetzung für das fachgerechte Auflegen und Abnehmen eines Tischtuches sind exakt gebügelte und richtig gefaltete Tischtücher.

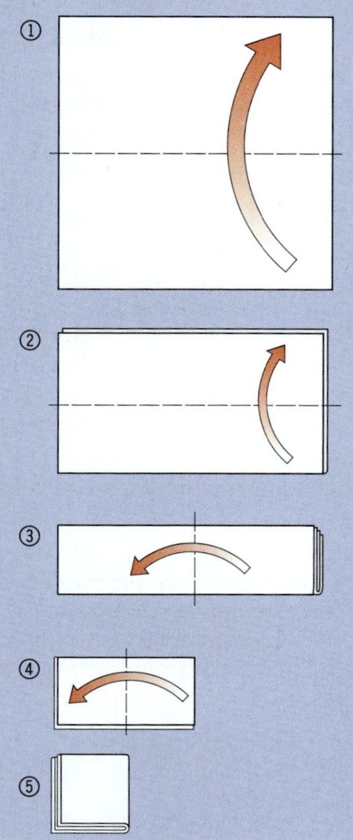

Faltet man ein Tischtuch auseinander, so zeigen sich drei Längs- und drei Querbrüche und damit 16 quadratische Felder. Wichtig ist, dass der Mittelbruch des aufgelegten Tischtuches immer parallel zu den Tischkanten auf der Mitte der Tischplatte liegt und nach oben zeigt.

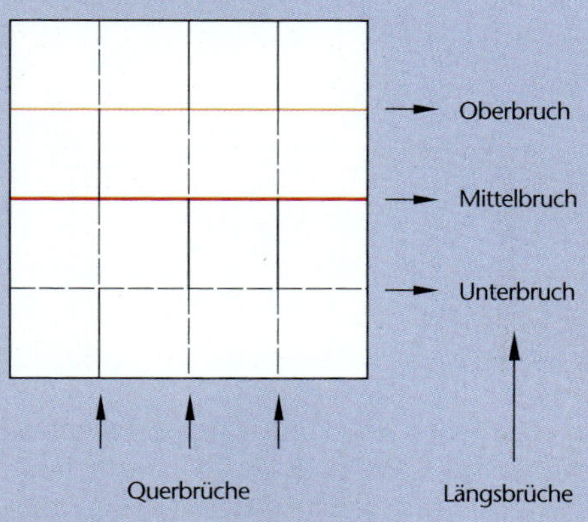

Auflegen von Tisch- und Tafeltüchern

Quadratische und kleinere rechteckige Tücher

Der Tisch muss einen festen Stand haben. Sollte er wackeln, wird er mit dünnen Korkscheiben stabilisiert.

Vor dem Auflegen des Tischtuches ist die Moltonunterlage zu prüfen; diese muss glatt und fest über die Tischplatte gespannt sein.

Beim Auflegen des Tischtuches muss die Servierfachkraft so vor dem Tisch stehen, dass ihr Rücken zur Eingangstür zeigt. Damit ist der Oberbruch immer auf der gegenüberliegenden Seite und somit meist zur Fensterseite gerichtet.

Angesichts unterschiedlicher Raumsituationen muss in der Praxis die beste Lösung ausprobiert werden.

- Das Tischtuch wird nun auf den Tisch gelegt und in seiner Länge entfaltet. Die seitlich überhängenden Tuchenden müssen gleichmäßig lang sein.

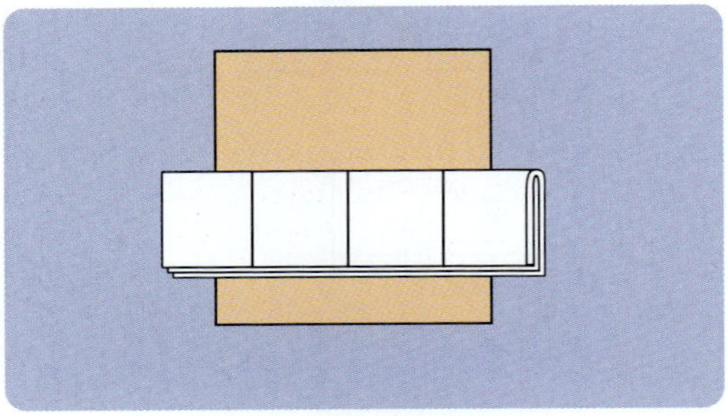

- Beide Webkanten (Enden) des Tischtuches (① + ②) müssen unten liegen, der Mittelbruch obenauf; sie zeigen zur Servicefachkraft.
- Mit ausgestreckten Händen erfassen Daumen und Zeigefinger den Mittelbruch ④ des Tischtuches, gleichzeitig halten Zeigefinger und Mittelfinger die darunterliegende Webkante ② des Tuches. Die folgende zweite Webkante liegt frei auf dem Tisch.

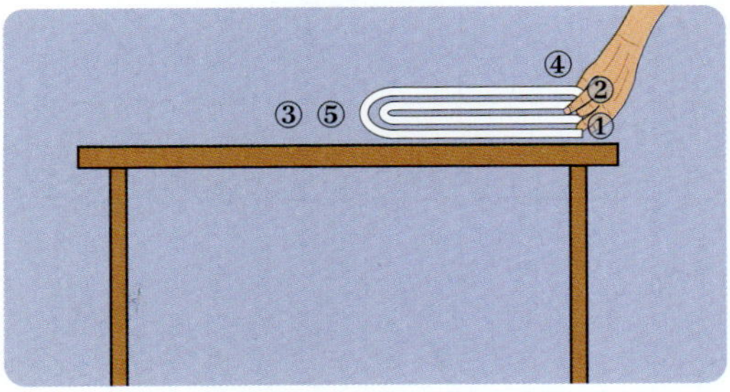

- Das Tischtuch wird nun angehoben und die freiliegende Webkante ① mit leichtem Schwung, und entsprechend lang, über die entgegengesetzte Tischkante gebracht.

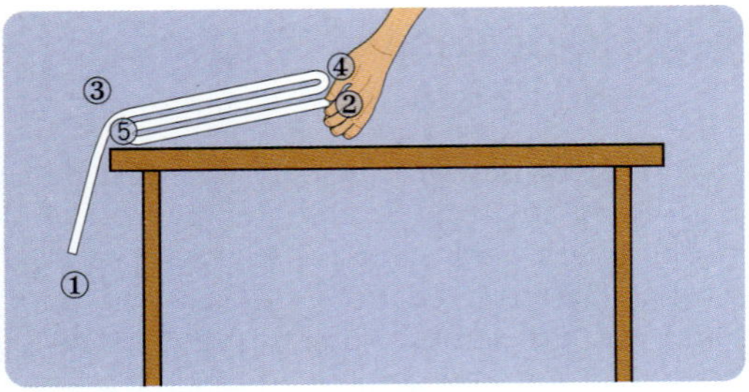

- Den mit Daumen und Zeigefinger gehaltenen Mittelbruch ④ lässt man nun los. Dann wird die mit Zeigefinger und Mittelfinger festgehaltene Webkante ② des Tuches nach vorn gezogen, wobei gleichzeitig die korrekte Lage des Tischtuches bestimmt wird. – Das Glattstreichen der Tischtücher mit den Händen ist unhygienisch und deshalb abzulehnen.

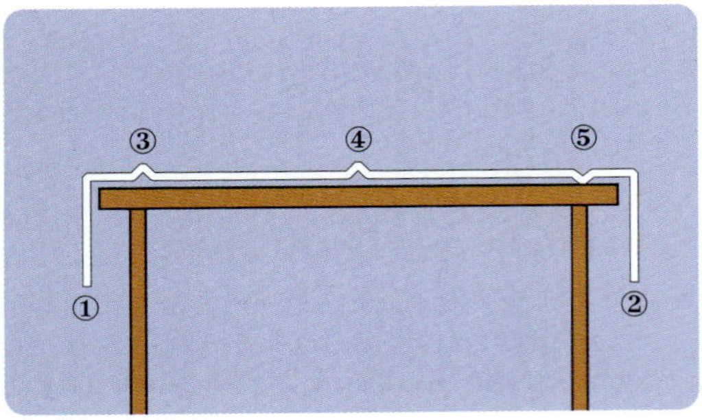

Größere rechteckige Tafeltücher

Wegen ihrer Größe muss das Auflegen in diesem Falle von zwei Personen und unter Beachtung entsprechender Sorgfalt ausgeführt werden.

- Das Tuch, auf der Tafel liegend, vorsichtig in den Querbrüchen entfalten und auseinander legen,
- mit den Händen die Ecken erfassen, das Tuch vorsichtig auseinander ziehen und nach sorgfältiger Prüfung der Abstände und Ausrichtungen auf der Tafel ablegen.

Bei Festtafeln ist darüber hinaus auf die Lage der Oberbrüche und der Überlappungen besonders zu achten.

Bezüglich der Oberbrüche gilt:

Ist zum Überdecken der Tafel eine Tischtuchbreite ausreichend, dann liegen die Oberbrüche

- bei der langen Tafel nach der Seite, die unter Beachtung aller Umstände (z. B. Sitzordnung, Tageslicht) am zweckmäßigsten erscheint.

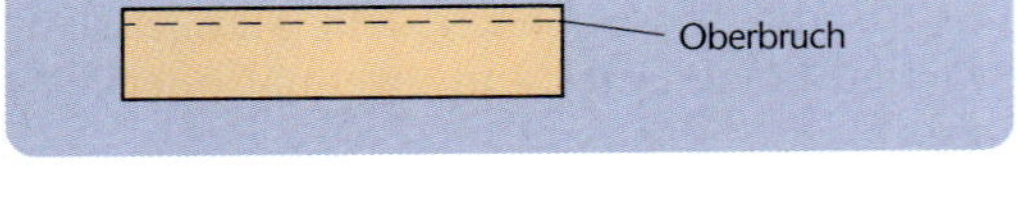

- bei den übrigen Tafelformen, abgesehen vom senkrechten Teil der T-Tafel und dem Mittelteil der E-Tafel, nach den Außenseiten.

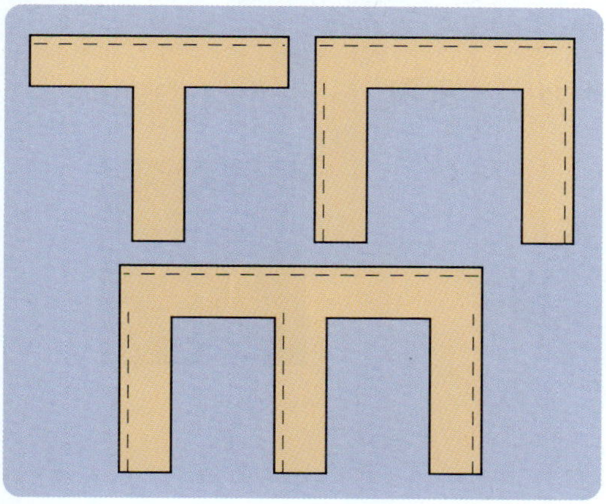

Sind zum Überdecken der Tafel zwei Tuchbreiten erforderlich, können die Oberbrüche

- entweder nach beiden Seiten unmittelbar auf den Tischkanten liegen (vorausgesetzt, die Überhänge der Tischtücher reichen höchstens bis auf die Sitzhöhe der Stühle),
- oder andernfalls auf den Tischen.

Für die Überlappung gilt:

- Bei Tageslicht liegen die Tischtücher zum Licht hin übereinander, so entsteht keine Schattenwirkung.
- Aus der Sicht des eintretenden Gastes liegen die Überlappungen von ihm weg, damit er nicht unter die Kanten schaut.

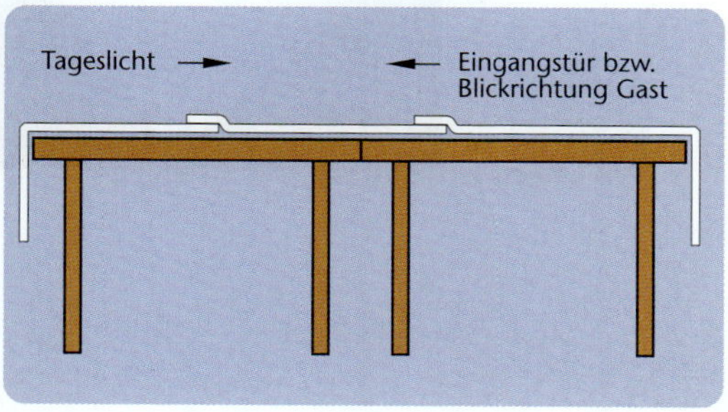

Abnehmen von Tisch- und Tafeltüchern

Saubere Tischtücher legt man zum nochmaligen Gebrauch wieder exakt in ihre alten Bügelfalten zurück:

- Die Arme spreizen und mit Daumen und Zeigefingern den Mittelbruch des Tuches rechts und links fassen.
- Tischtuch nach oben heben, sodass beide Seiten frei hängen und das Tuch im Mittelbruch gefaltet ist. Durch das jeweilige Hochheben in den Brüchen und das Herabfallenlassen der Seitenteile wird das Tuch exakt in die Bügelfalten zurückgelegt.
- Das nun einmal gefaltete Tuch mit den Längsbrüchen nach oben auf den Tisch legen; die Längsbrüche fassen und das Tuch ein letztes Mal nach oben heben, damit es glatt hängt.
- Danach auf dem Tisch zweimal korrekt in seine Querfalten zurücklegen und das zusammengelegte Tischtuch im Servicetisch verwahren.

Zum Abnehmen von Tafeltüchern sind zwei Personen erforderlich.

Mund- und Dekorationsservietten

napkins *serviettes (w)*

Für den gepflegten Service ist es üblich, Servietten in eine mehr oder weniger aufwendige Form zu bringen. Diesen Vorgang bezeichnet man als Falten oder Brechen der Servietten.

Mundservietten benutzt der Gast zum Schutz seiner Kleidung sowie zum Abtupfen des Mundes vor dem Trinken oder nach dem Essen.

Als Schmuck bei Platten und Serviertabletts oder als Untersetzer für Schüsseln, Saucieren usw. werden kunstvoll aussehende Dekorationsservietten verwendet (s. Seite 258).

Servietten gibt es in verschiedenen Größen:

Material	Größe	Verwendung
Papier, Zellstoff oder Vlies	20 × 20 cm	Aufgussgetränke, Bargetränke, Speiseeis
Papier, Zellstoff oder Vlies	33 × 33 cm	Kleinere Gerichte, Zwischenmahlzeiten
Papier, Zellstoff oder Leinen	40 × 40 cm	Frühstück, Hauptmahlzeiten
Leinen (Damast)	50 × 50 cm und größer	Festliche Bankette und Dekorationen

Um möglichst viele Varianten herstellen zu können, werden die Servietten heute nicht mehr vorgefaltet, sondern offen, mit der linken Seite nach oben (Saumnaht sichtbar) aufbewahrt. Eine Ausnahme bilden lediglich übergroße Servietten, die in Schränken sonst nicht ausreichend Platz finden.

Falten von Mundservietten

napkin folding *pliage (m) des serviettes*

Einfache wie kunstvoll gebrochene Servietten werden aus hygienischen Gründen mit Handschuhen aus den nachfolgend dargestellten Grundelementen **A, B** oder **C** gefaltet:

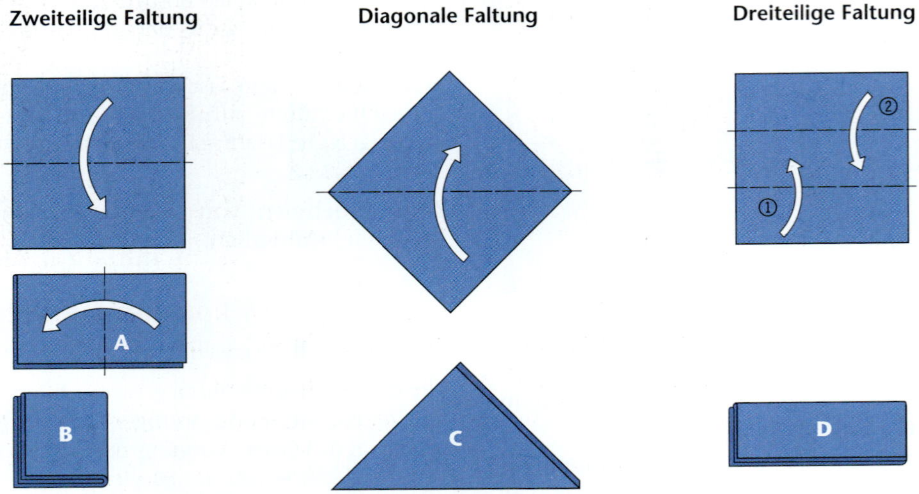

Aus der Grundform **A, B** oder **C** werden die meisten Serviettenformen erstellt.

Dreifache Welle

Serviette mit dreiteiliger Faltung (**D**) wieder zum Rechteck öffnen. Die beiden Außendrittel so umlegen, dass sie mit ihren Seitenkanten auf die senkrechten Brüche zu liegen kommen.

Der mittlere Serviettenteil wird durch eine schiebende Bewegung nach oben gewölbt auf den linken Teil gebracht, worauf durch Anlegen und Umschlagen des rechten Drittels an die mittlere Wölbung die dreifache Welle entsteht.

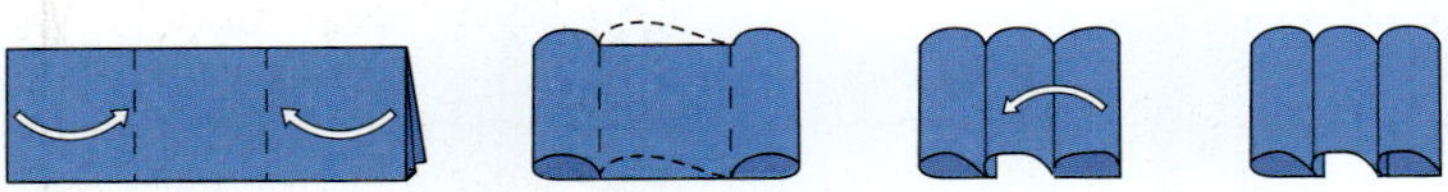

Jakobinermütze

Beim Grundelement (**B**) werden die geschlossenen oder die offenen Spitzen der Serviette um ein Drittel nach oben gefaltet. Die entstandene Figur wird rund gestellt und ineinander gesteckt.

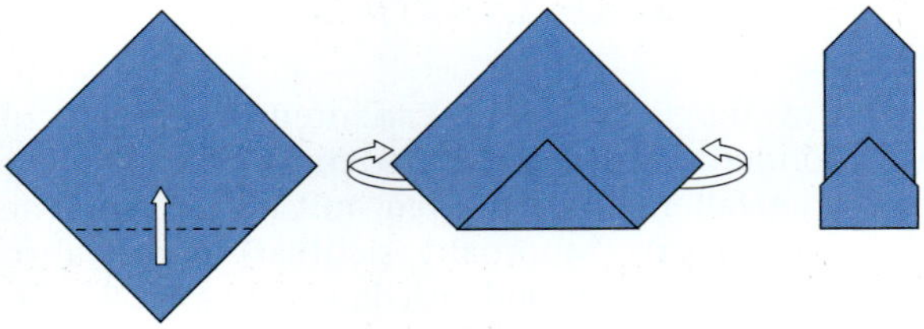

Doppelter Tafelspitz

Faltung aus Grundelement **A**

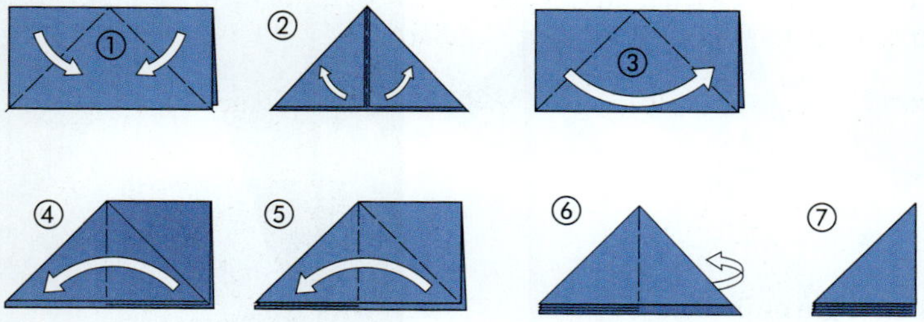

① Die beiden oberen Enden zur Mitte hin falten, sodass ein Dreieck entsteht.

② Hilfsfalz andrücken und wieder öffnen.

③ Die linke obere Lage so nach rechts ziehen, dass die beiden Hilfsfalze aufeinander liegen.

④ Das rechts entstandene Dreieck entlang der Mittellinie nach links falten.

⑤ Die rechte obere Lage so nach links ziehen, dass ihr Hilfsfalz auf der linken Außenkante liegt.

⑥ Das rechts verbleibende vierte Dreieck nach hinten falten.

⑦ Die Figur an der oberen Spitze anfassen und füllig aufstellen.

Ahornblatt

Faltung aus Grundelement **A** mit der offenen Seite nach oben

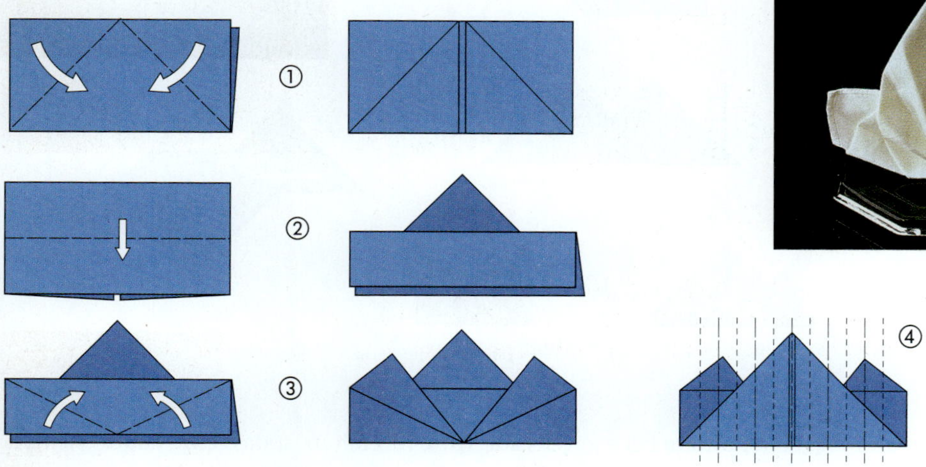

① Die rechte und linke Ecke der oberen Lage auf die Mittellinie zurückfalten und die Serviette wenden.

② Jetzt nur die obere Lage längs nach unten falten.

③ Die linke und rechte Ecke der jetzt oberen Lage entlang den schraffierten Linien nach oben falten.

④ Die Serviette wenden. Die gesamte Serviette ziehharmonikaartig zusammenfalten. Gut zusammendrücken, am unteren Ende festhalten und an der oberen Seite vorsichtig auseinander ziehen.

Tüte

Faltung aus Grundelement **A**

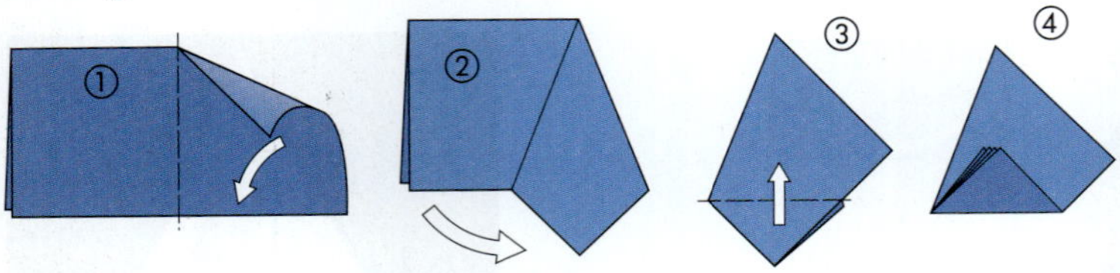

① Die rechte Hälfte zur Mitte hin als Tüte einrollen.

② Die linken unteren Ecken auf die Spitze der Tüte legen.

③ Die exakt aufeinanderliegenden Spitzen der Tüte nach oben falten.

④ Die Ecke rechts bleibt freistehend. Die Servietten rundformen und aufstellen.

Krone/Doppelte Bischofsmütze

Faltung aus Grundelement **A**

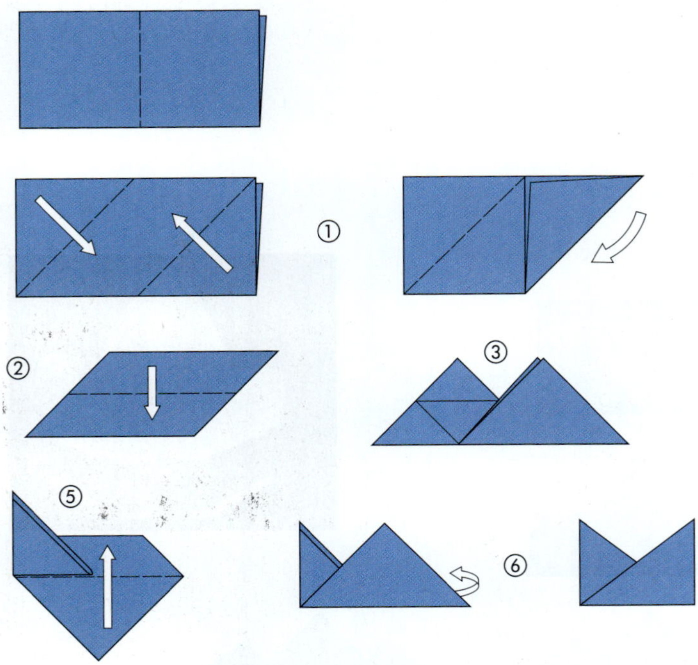

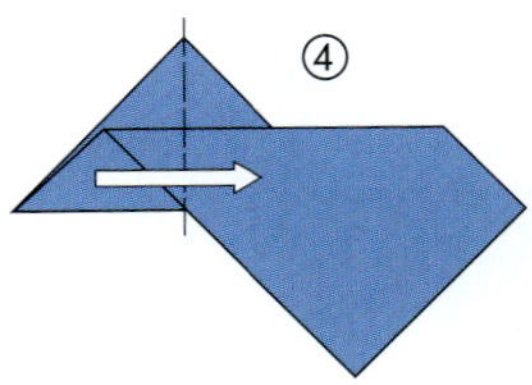

① Die linke obere und die rechte untere Ecke jeweils zur Mitte hin falten, sodass eine Raute entsteht.

② Die Serviette wenden.

③ Jetzt die Raute nach unten halbieren und die verdeckte Dreieckspitze herausfalten, sodass zwei Pyramiden entstehen.

④ Das obere Dreieck nach unten schlagen und die linke Pyramide zum Dreieck falten.

⑤ Die geöffnete Pyramide wieder nach oben falten.

⑥ Die Spitze der Pyramide in das Dreieck stecken und rundstellen.

Segelboot

Faltung aus Grundelement **B**

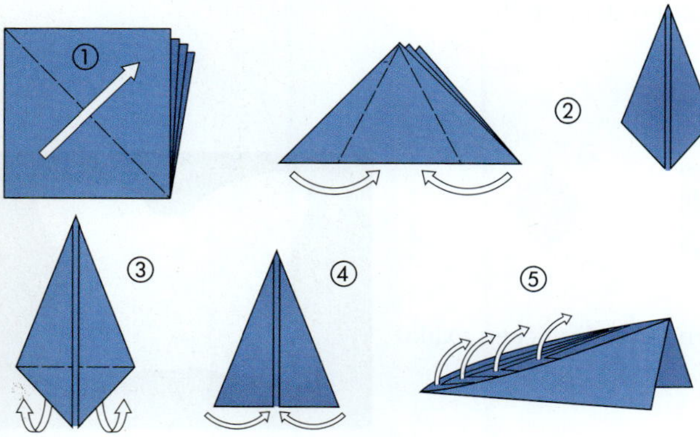

① Die quadratisch vorgefaltete Serviette diagonal zum Dreieck falten und wenden.

② Die vier offenen Spitzen des Dreiecks liegen oben. Jetzt das linke und rechte Ende so nach innen falten, dass eine Drachenfigur entsteht.

③ Die Figur an die Tischkante legen und die unteren Enden nach unten falten.

④ Das linke und rechte Ende nach unten falten. Die Mitte zeigt nach oben. Gut zusammendrücken.

⑤ Die Spitzen als Segel vorsichtig aus der Mitte herausziehen und aufrichten, sodass ein Segelboot entsteht.

Lilie

Faltung aus Grundelement **C**

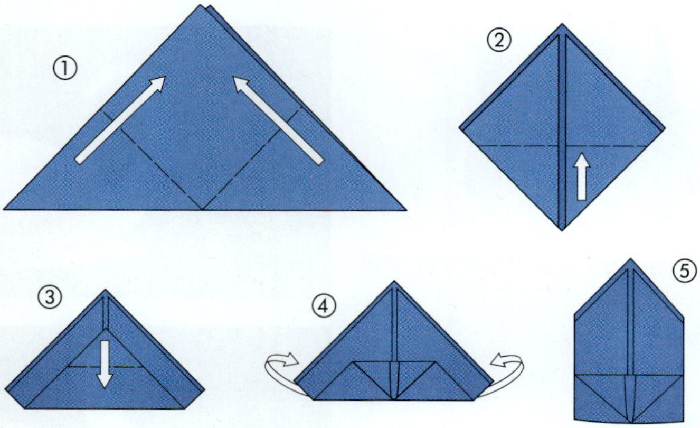

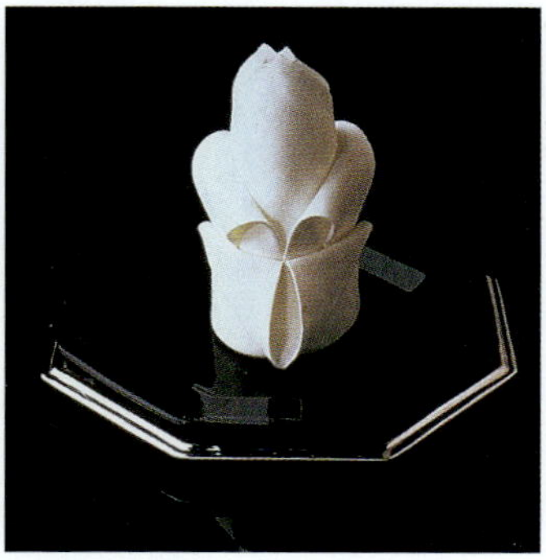

① Die linke und rechte Ecke zur Mitte hin falten, sodass ein Quadrat entsteht.

② Die untere Spitze des Quadrats ca. 2 cm unterhalb der Mittellinie nach oben falten.

③ Von dem jetzt oben aufliegenden, kleineren Dreieck die Spitze zur Grundlinie zurückfalten.

④ Die linke und rechte Ecke nach hinten falten, ineinanderstecken und die Serviette rund formen.

⑤ Die beiden Spitzen vorne oben vorsichtig nach unten ziehen und die Enden in die Manschette auf halber Höhe einstecken.

Falten von Dekorationsservietten

In der Erlebnisgastronomie setzt man besondere Serviettenformen auch als Dekorationsmittel ein. Darum werden hier entsprechende Möglichkeiten dargestellt.

Seerose – Artischocke

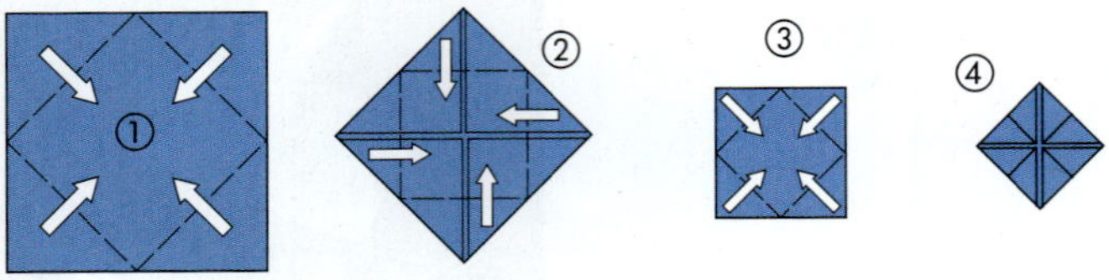

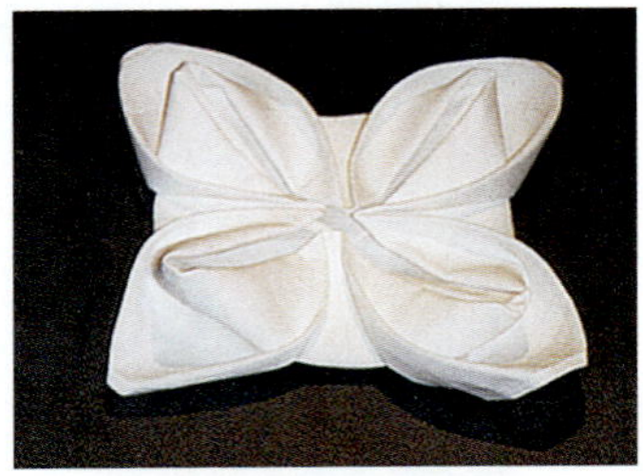

① Serviette mit dem Saum nach oben legen und die vier Ecken exakt zur Mitte falten.

② Den gleichen Vorgang wiederholen.

③ Serviette wenden.

④ Die vier Ecken abermals zur Mitte falten.

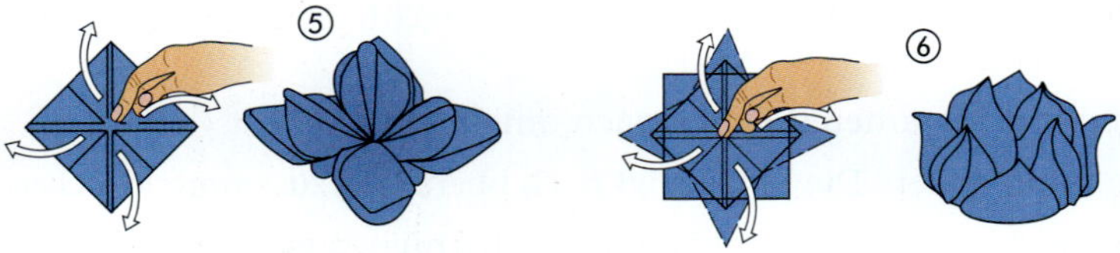

⑤ Die vier inneren Ecken mit dem Finger gut festhalten. Die verdeckten Tuchzipfel nach außen ziehen, bis eine Seerose entsteht.

⑥ Die so freigewordenen weiteren vier Tuchzipfel von unten heraus steil nach oben ziehen, bis eine Artischocke entsteht.

Hörnchen – Schwanenhals

Verwendung: Ausschließlich zur Dekoration auf Silberplatten und Büfett-Tafeln.

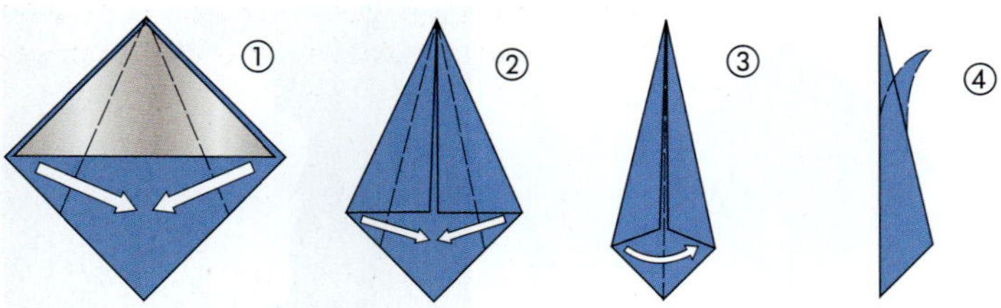

① Serviette mit dem Saum nach oben legen, mit einem Dreieck von Alufolie belegen.

②/③ Die Ecken zweimal exakt nach innen falten.

④ Das entstandene Element halbieren.

⑤ Die Spitze des Elements so verändern, dass das Hörnchen entsteht.

⑥ Die Spitze des Elements so verändern, dass der Schwanenhals entsteht.

Arten der Gedecke

Grundgedecke

Da nicht bekannt ist, was die zu erwartenden Gäste im À-la-carte-Service im Einzelnen essen und trinken, werden auf den Tischen im Restaurant lediglich Grundgedecke vorbereitet. Erst nach der Bestellung des Gastes entscheidet es sich dann, ob das Grundgedeck bleibt oder ob Gedeckteile ergänzend einzusetzen bzw. bereits vorhandene abzuräumen oder auszutauschen sind. Die Mindestausstattung umfasst folgende Teile:

- Serviette, großes Messer und große Gabel,
- Salz- und Pfeffermenage.

Grundgedeck *cover* *couvert (m)*

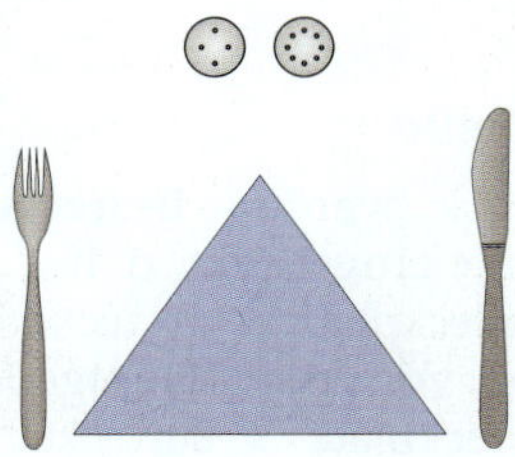

Grundgedeck

Erweiterte Grundgedecke

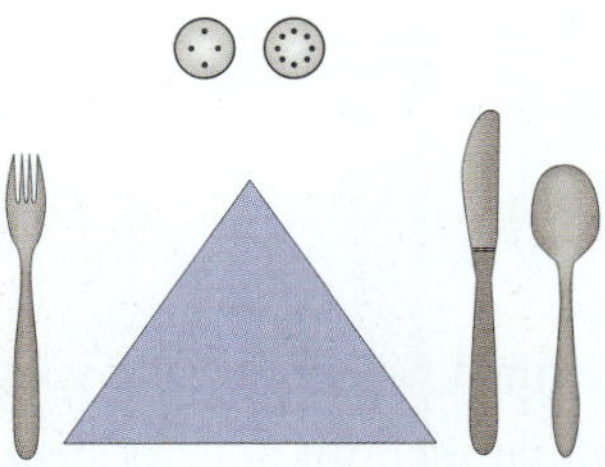

Hauptgang mit Suppe ...

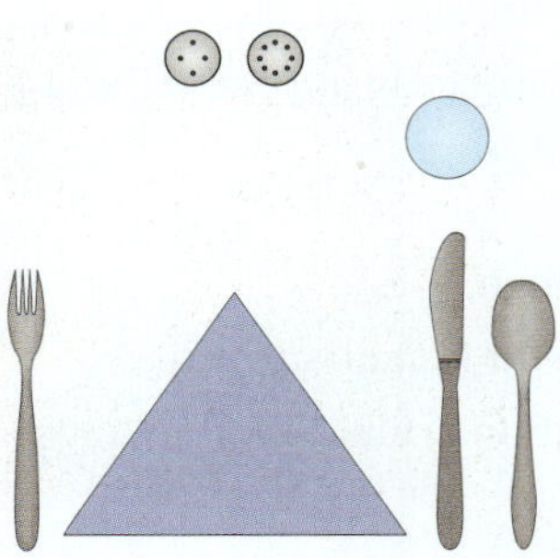

... zusätzlich Glas für Getränk

... erweitert um Brotteller

Hauptgang mit Suppe, Dessert und zweitem Glas

Menügedecke

Menügedecke stehen in direkter Beziehung zu bestimmten vorgegebenen Menüs, z. B. dem Menüangebot an Festtagen und zu Festbankketten.

Menügedeck

Getränke: Weißwein, Rotwein, Sekt

Speisen: Räucherlachs, Toast und Butter,
Geflügelcremesuppe,
Filetsteak nach Gärtnerinart,
Aprikosen mit Weinschaumsauce

Ablauf des Eindeckens

(siehe Menü vorige Seite)

Zuerst wird mit der Serviette oder dem Platzteller der Gedeckplatz markiert. Will man die Serviette zuletzt einsetzen, dient der Stuhl der Orientierung.

Eindecken der Bestecke

- Großes Messer rechts (Schneide nach links) und große Gabel links für das Hauptgericht, die immer eingedeckt werden müssen,
- dann entsprechend des Menüaufbaus nacheinander Mittellöffel für die Suppe rechts, Mittelmesser rechts und Mittelgabel links für die kalte Vorspeise (die Gabel wird etwas nach oben geschoben),
- den Abschluss bildet das Besteck oberhalb des Gedeckplatzes für das Dessert:
  - Mittelgabel unmittelbar oberhalb des Gedeckplatzes, den Griff nach links gerichtet,
  - Mittellöffel oberhalb der Gabel, den Griff nach rechts gerichtet.
  - Die Lage der Griffe deutet die Richtung an, in der die Bestecke vor dem Servieren des Desserts auf den Gedeckplatz heruntergezogen werden. Die Gabel liegt unterhalb, damit man beim Erfassen des Löffels nicht mit den Gabelzinken in Berührung kommt.

Einsetzen der Gläser

- Ein Glas wird zuerst oberhalb des Messers zum Hauptgang platziert. Dieses bezeichnet man als **Richtglas.**
- Dann nacheinander das Glas zur kalten Vorspeise vor und das Glas zum Dessert hinter dem Richtglas.

Die Gläser können als *diagonale Reihe* (siehe im Menü S. 259) oder als *Block* angeordnet werden.

Der **Brotteller** wird zuletzt links vom Gedeck platziert. Ein Messer, dessen Schneide nach links gerichtet ist, wird nur aufgelegt, wenn es zum Toast oder Brötchen Butter gibt.

Ausrichtungen

- Die Bestecke liegen im rechten Winkel zur Tischkante, exakt parallel zueinander,
- die Besteckenden sind mit Ausnahme der zweiten Gabel alle auf einer gedachten Linie 1 cm parallel zur Tischkante (s. Seite 259).

Anzahl der Besteckteile

- **Beim Menügedeck werden Bestecke für höchstens 5 Gänge eingedeckt,** d. h.:
  - **rechts** vom Gedeckplatz **4** Bestecke (kalte Vorspeise, Suppe, Vorspeise, Hauptgericht),
  - **links** vom Gedeckplatz **3** Bestecke (kalte Vorspeise, Vorspeise, Hauptgericht),
  - **oberhalb** des Gedeckplatzes **2** Bestecke.

Sollte das Menü mehr als 5 Gänge umfassen, dann sind die im Gedeck fehlenden Bestecke an entsprechender Stelle der Speisenfolge rechtzeitig nachzudecken.

Aufgaben

1 Welche Metalle werden zur Herstellung von Bestecken hauptsächlich verwendet und warum?

2 Begründen und beschreiben Sie die besonderen Reinigungsmaßnahmen für Silberbesteck.

3 Nennen Sie unter Beachtung der jeweiligen Größe Verwendungszwecke: a) für den Löffel, b) für die Kombination Messer und Gabel, c) für die Kombination Löffel und Gabel.

4 Nennen Sie Beispiele für Speisen, zu denen das Fischbesteck eingedeckt wird.

5 Nennen Sie Fischzubereitungen, zu denen Messer und Gabel einzudecken sind. Begründen Sie das.

6 Beschreiben Sie an Beispielen getränkespezifische Glasformen in Bezug auf Bukett und Kohlensäure.

7 Was versteht man unter Menagen und was gehört dazu?

8 Beschreiben Sie die Pflegemaßnahmen für Menagen im Einzelnen.

9 Beschreiben Sie wichtige Vorbereitungsarbeiten im Office und im Restaurant.

10 Was sind Servicetische, wo befinden sie sich und welche Funktion erfüllen sie?

11 Wie korrigiert man wackelnde Tische fachgerecht?

12 Unterscheiden Sie Grundgedeck und Menügedeck.

4 Arbeiten im Service — service (GB), service (m) (F)

Während sich die Vorbereitungsarbeiten des Service gleichsam „im Verborgenen" abspielen, muss die Servicefachkraft beim Servieren von Speisen und Getränken ihre berufliche Qualifikation unter Beweis stellen. Dabei soll der Gast freundlich behandelt und fachlich richtig beraten werden. Alles, was dabei an Regeln, Richtlinien und Arbeitstechniken von Bedeutung ist, wird in den folgenden Abschnitten beschrieben und erläutert.

Der Gast im Mittelpunkt

Getränkeservice

Getränk am Büfett vorbereiten

Speiseservice

Speisen am Pass aufnehmen

Getränke servieren — Tellergericht dem Gast einsetzen — Kurzkontrolle

4.1 Arten und Methoden des Service

Im Laufe der Zeit haben sich auch für das Bedienen von Gästen spezifische Arbeitsmethoden und Arbeitstechniken herauskristallisiert.

Arten des Service

Unter *Art* ist hier der äußere Rahmen des Service zu verstehen. Man unterscheidet dabei im Restaurant:

- À-la-carte-Service
- Bankett-Service
- Table-d'hôte-Service
- Büfett-Service

À-la-carte-Service

Die Bezeichnung kommt daher, dass der Gast Speisen und Getränke nach der Karte (à la carte) auswählt. Er wird nach Aufgabe seiner Bestellung individuell bedient. Die Servicekraft rechnet alle Leistungen direkt mit dem Gast ab.

Bankett-Service

Beim Bankett-Service werden die Gäste zu einem festgelegten Zeitpunkt mit dem gleichen Menü bedient. Es handelt sich dabei um eine geschlossene Gesellschaft, die das Essen gemeinsam im festlichen Rahmen einnimmt.

Table-d'hôte-Service

Wichtigstes Kennzeichen dieses Service ist es, dass zu einem festgelegten Zeitpunkt für alle Gäste des Hauses das gleiche Menü serviert wird.

Büfett-Service

Bei Büfetts sind folgende Angebotsformen besonderer Art zu unterscheiden:

- Frühstücksbüfett
- Salatbüfett
- Lunchbüfett
- Kuchenbüfett
- Kaltes Büfett
- Getränkebüfett

Büfetts werden an sich zur Selbstbedienung aufgebaut. Meist stehen aber auch Servicefachkräfte und Köche zur Betreuung der Gäste bereit.

Zu den Betreuungsaufgaben gehören:

- Beraten bei der Wahl von Speisen und Getränken,
- Tranchieren und Vorlegen von Speisen,
- Anbieten und Ausgeben von Getränken.

Methoden des Service

Unter Methode versteht man die *Art und Weise* des Servierens und unterscheidet dabei grundlegend zwischen Teller- und Plattenservice.

Tellerservice

Beim Tellerservice werden die Speisen in der Küche auf Tellern angerichtet. Im weiteren Sinne gehören aber auch solche Speisen dazu, die in unterschiedlichen Gefäßen angerichtet und auf Untertellern aufgesetzt werden:

- Vorspeisen und Desserts in Gläsern oder Schalen,
- Suppen in tiefen Tellern oder in Suppentassen,
- Zwischen- und Hauptgerichte,
- Süßspeisen.

Plattenservice

Plattenservice bedeutet, dass die Speisen von der Küche auf Platten bzw. im weiteren Sinne auch in Schüsseln angerichtet sind und erst am Tisch auf die Teller vorgelegt werden. Je nachdem, wer vorlegt bzw. auf welche Weise sich das Vorlegen vollzieht, unterscheidet man folgende Methoden:

1. Vorlegen von der Platte – **Vorlegeservice**
2. Darbieten der Platte – **Darbieteservice**
3. **Mischformen des Service** – Einsetzen von Platten, Saucieren und Schüsseln
4. **Servieren vom Beistelltisch**

- Bei der 2. und 3. Methode legt sich der Gast die Speisen selbst vor,
- bei der 1. und 4. Methode legt die Servicefachkraft vor.

4.2 Grundlegende Richtlinien für den Service

Neben den Regeln und Richtlinien für ganz bestimmte Serviervorgänge gibt es Regeln von allgemeiner Bedeutung, die aber für den Service am Tisch des Gastes nicht weniger wichtig sind:

- Allgemeine Rücksichtnahme gegenüber dem Gast,
- Reihenfolge des Bedienens bei zusammengehörenden Gästen,
- störungsfreie und kräftesparende Wege beim Servieren.

Rücksichtnahme

Der Gast hat das berechtigte Bedürfnis, sein Essen in ungestörter und entspannter Atmosphäre einzunehmen. Deshalb sind durch den Service in Bezug auf Lärm, Hektik und Belästigungen wichtige Regeln zu beachten:

Geräusche während des Servierens

Die durch den Service bedingten Geräusche sind stets auf ein Mindestmaß zu begrenzen. Das gilt z. B. für das Sprechen der Servicefachkraft mit dem Gast sowie für das Handhaben der Tischgeräte beim Servieren.

Hektik

Bei aller Eile, die während des Service oftmals geboten ist und die sich meistens ganz automatisch einstellt, ist es wichtig, nach außen hin Ruhe zu bewahren, niemals zu rennen und keinesfalls heftig zu gestikulieren.

Belästigungen

Die Servicefachkraft darf den Gast nicht belästigen

- durch allzu übertriebene Aufmerksamkeit,
- durch beharrliches Aussprechen von Empfehlungen,
- durch eine schlechte Arbeitshaltung oder durch Nichtbeachten sachgerechter Arbeitstechniken beim Bedienen am Tisch.

Abb. 1 Gästestörung: Was ist hier falsch?

Reihenfolge des Bedienens von Gästen

Wenn eine Gruppe von Gästen in kleinem Kreis bedient wird, beachtet man die Reihenfolge:

Ehrengäste ➔ Damen ➔ Herren ➔ Gastgeber

Störungsfreie und kräftesparende Wege

Insbesondere in den Hauptgeschäftszeiten müssen viele Wege zurückgelegt werden. Damit aber die Vorgänge bei aller notwendigen Eile und Zügigkeit störungsfrei und reibungslos ablaufen, gilt:

- Auf den „Verkehrswegen" immer rechts gehen,
- bei den Serviceabläufen immer vorwärts, nie rückwärts laufen und nicht plötzlich stehen bleiben,
- möglichst keinen Weg im „Leerlauf" zurücklegen, denn zwischen den Abgabestellen, dem Servicetisch und den Tischen der Gäste gibt es immer etwas zu transportieren.

4.3 Richtlinien und Regeln zum Tellerservice

Die Hände erfüllen wichtige Funktionen beim sachgerechten Aufnehmen, Tragen, Einsetzen und Ausheben von Tellern.

Die **rechte Hand** ist die **Arbeitshand.** Sie ist zuständig für das Aufnehmen der Teller, für die Übergabe in die linke Hand sowie für das Einsetzen und Ausheben am Tisch. – Die **linke Hand** ist die **Tragehand.**

Aufnehmen und Tragen von Tellern

Ein Teller

Den Teller zwischen Zeigefinger und Daumen halten und mit den übrigen Fingern unterstützen. Der Daumen liegt angewinkelt auf dem Tellerrand.

Abb. 1 Tragen *eines* Tellers

Zwei Teller

Hier können beim Tragen zwei verschiedene Griffe angewendet werden:

Tragen mit Untergriff

Den zweiten Teller muss man unter dem Handteller bis an den Zeigefinger heranschieben und mit den restlichen, fächerartig gespreizten Fingern unterstützen.

Abb. 2 Tragen von *zwei* Tellern (Untergriff)

Tragen mit Obergriff

- Den ersten Teller als Handteller aufnehmen,
- den zweiten Teller auf den Handballen, den Unterarm und die seitlich hochgestellten Finger aufsetzen.

Abb. 3 Tragen von *zwei* Tellern (Obergriff)

Drei Teller

- Den ersten Teller als Handteller aufnehmen,
- den zweiten Teller unterschieben *(Unterteller)*,
- das Handgelenk nach innen abwinkeln,
- den dritten Teller auf den Rand des Untertellers und den Unterarm aufsetzen.

Abb. 4 Tragen von *drei* Tellern

Beim Einsetzen von heißen Tellern müssen alle Tragegriffe auch mit einem Serviertuch beherrscht werden.

Service

Einsetzen von Tellern

Bewegungsrichtung beim Einsetzen

Am Tisch wird der jeweilige Teller in die **rechte Hand** übernommen und **von der rechten Seite des Gastes** eingesetzt. Das entspricht der natürlichen Bewegungsrichtung des angewinkelten Armes, der den Teller im Bogen um den Gast herumführt.

Beim Einsetzen von der linken Seite würde der Gast durch den angewinkelten Arm belästigt (Seite 262, Abb. 1).

Ausnahmen:

- Beim Einsetzen von Tellern, die ihren Platz links vom Gedeck haben (z. B. Brot- und Salatteller). Von der rechten Seite würde der Gast zu sehr belästigt.
- Ausnahmen gibt es auch dann, wenn die Platzverhältnisse das Einsetzen von rechts nicht zulassen.

Laufrichtung beim Einsetzen

Beim Einsetzen geht man im Uhrzeigersinn vorwärts, denn so nähert sich die Servicefachkraft jeweils dem Gast von rechts.

Ausheben von Tellern

Für das Ausheben gelten die gleichen Regeln wie für das Einsetzen:

- Ausheben von der rechten Seite des Gastes,
- Laufrichtung im Uhrzeigersinn von rechts nach links.

Beim Ausheben wird im Allgemeinen die Methode *„Zwei Teller mit Obergriff"* angewendet. In Verbindung mit Speiseresten auf den Tellern ist aber auch die Methode *„Drei Teller mit Unter- und Obergriff"* üblich.

Damit es nicht wie ein „protziger Kraftakt" aussieht, werden beim Ausheben im gepflegten Service höchstens vier Teller aufgenommen.

Ausheben mit Obergriff

Den ersten Teller als Handteller aufnehmen und das Besteck darauf ordnen:

- Dabei die Gabel so ausrichten, dass sie am Griffende mit dem Daumen gehalten werden kann. Durch diesen Haltepunkt wird die gesamte Besteckablage gesichert und das Abrutschen verhindert,
- das Messer im rechten Winkel unter die Wölbung der Gabel schieben.

Den zweiten Teller als Oberteller aufnehmen und das Besteck auf dem Handteller ablegen.

Die weiteren Teller auf den Oberteller aufsetzen und das Besteck jeweils der Besteckablage auf dem Handteller zuordnen.

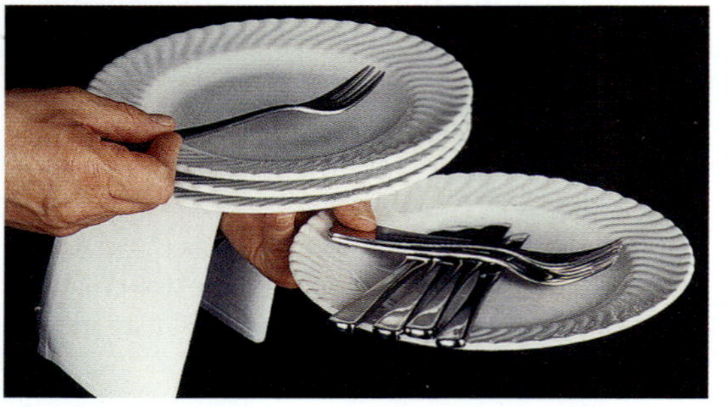

Abb. 1 Ausheben von zwei und mehr Tellern (*Obergriff*)

Ausheben mit Ober- und Untergriff

Diese Methode wird angewandt, wenn die Gäste Speisereste auf ihren Tellern zurücklassen. Während es bei geringen Mengen üblich ist, die Reste auf den Handteller neben die Besteckablage abzuschieben, wird bei größeren Mengen die Methode mit drei Tellern angewandt.

Abb. 2 Ausheben von drei und mehr Tellern

- Der Handteller dient zur Besteckablage,
- auf den Unterteller werden jeweils mit dem Messer die Speisereste abgeschoben (dazu wendet man sich aus dem Blickfeld des Gastes),
- der Oberteller dient zum Aufnehmen weiterer Teller.

Bei sehr großen Mengen von Speiseresten ist es ratsam, die Teller wie beim Einsetzen mit Unter- und Obergriff aufzunehmen und das Sortieren der Bestecke und Speisereste im Office vorzunehmen.

Tragen, Einsetzen und Ausheben von Gedecken

Unter Gedeck versteht man in diesem Zusammenhang die Kombination von Unterteller und aufgesetztem Gedeckteil. Die Vorbereitung solcher Gedecke erfolgt in der Regel bereits beim Mise en place, damit während des Essens keine Verzögerungen eintreten. So werden Gedeckteile z. B. vorbereitet und entweder an der Speisenabgabestelle oder auf einem Servicetisch gestapelt:

- **Gedecke für Suppen in Tassen**
  Unterteller mit Piccolo-Serviette oder Deckchen und Suppenuntertasse
- **Gedecke für Vorspeisen oder Desserts in Gläsern oder Schalen**
  Unterteller mit Piccolo-Serviette

Aufnehmen, Tragen und Einsetzen

Die am Küchenpass übernommenen Tassen mit der Suppe und die Gläser oder Schalen mit der Vorspeise bzw. dem Dessert werden auf die vorbereiteten Unterteller aufgesetzt und wie folgt serviert:

- Mit der linken Hand zwei Gedecke (Obergriff), mit der rechten Hand eventuell ein drittes Gedeck aufnehmen,
- von der rechten Seite des Gastes einsetzen,
- von rechts nach links fortschreiten.

Neueres Tafelgeschirr stellt sich in verschiedensten Formen dar. Es wird je nach Design rechteckig, quadratisch, wellenartig, geschwungen, oval oder in Blattformen angeboten. Von den Service-Mitarbeitern erfordert das ein Umdenken beim Tragen. Durch ein kurzes Training mit dem neuen Tafelgeschirr wird sehr schnell die sicherste Trageart gefunden.

Ausheben von Gedecken

Grundsätzlich werden sowohl Suppengedecke als auch Gedecke von Vorspeisen, Salaten oder Desserts wie beim Einsetzen mit dem Besteck ausgehoben. Bei entsprechendem Geschick ist es auch möglich, die Gedecke bereits beim Ausheben zu ordnen.

Abb. 1 Tragen von Suppentassen

Suppengedecke

- Das erste Gedeck als Handgedeck aufnehmen,
- das zweite Gedeck unterschieben,
- die Tasse und den Löffel des Handgedecks auf das Untergedeck übernehmen,
- das dritte Gedeck auf das Handgedeck aufsetzen und den Löffel ablegen.

Vorspeisen- und Dessertgedecke mit Schalen

- Das erste Gedeck als Handgedeck aufnehmen,
- das zweite Gedeck unterschieben und die Dessertschale auf dem Handgedeck stapeln,
- den Löffel des Handgedecks auf dem Unterteller ablegen,
- das dritte Gedeck als Obergedeck aufnehmen, die Schale auf dem Handgedeck stapeln und den Löffel auf den Unterteller übernehmen,
- das vierte Gedeck auf das Obergedeck aufsetzen und den Löffel auf dem Unterteller ablegen.

4.4 Zusammenfassung der Servierregeln

Beim Servieren haben sich alle Bewegungsabläufe danach zu richten, dass der Gast nicht gestört wird und gleichzeitig das Servierpersonal möglichst ungehindert arbeiten kann.

Alle Gerichte, die einzeln angerichtet an den Platz des Gastes gebracht werden, sind von der rechten Seite einzusetzen. Salat und Kompott von links einsetzen.

Beim **Vorlegeservice** wird von einer Platte auf den vorher eingesetzten Gedeckteller vorgelegt. Das geschieht von der linken Seite.

Dabei wird auf der flachen linken Hand (Tragehand) mit gefalteter Handserviette die Platte gehalten. Mit der rechten Hand (Arbeitshand) wird mit einem Vorlegebesteck (Löffel, Gabel), die Speise gefasst und auf den Teller gelegt.

Beim **Darbieteservice** bedient sich der Gast selbst von einer von links dargebotenen Platte. Diese wird möglichst nahe an den Teller des Gastes gebracht, ohne diesen zu berühren.

Einsetzen von links

- Brot, Brötchen, Toast
- Kompott
- Salat
- Resteteller
- Fingerschale
- Frühstücksei
- Präsentieren und Vorlegen von Speisen

Einsetzen von rechts

- Suppen
- Teller mit Speisen
- leere Gedeckteller
- Kaffee- und Mokkatassen
- Gläser
- Präsentieren und Einschenken von Getränken

Fachbegriffe

Aufdecken Arbeiten von der Raumdisposition über das Auflegen der Tischwäsche bis zur Raumdekoration

Ausheben Entfernen von Einzelteilen am Gästetisch

Beistelltisch Kleinerer, leicht tragbarer Tisch, auf dem die Restaurantfachkraft vor den Augen des Gastes arbeitet

Cloche Kuppelhaube zum Warmhalten von Tellergerichten

Dessert Nachspeise (Käse oder Süßspeise)

Eindecken Auflegen der benötigten Tisch- und Tafelgeräte

Guéridon Beistelltisch

Menagen Zusammenstellung von Würzsaucen, Salz, Pfeffer usw.

Mise en place Alle Vorbereitungsarbeiten im Office und im Restaurant für die Dienstleistung im À-la-carte-Geschäft und für das Bankett

Office Arbeits-, Lager- und Bereitstellungsbereich für den Service

Rechaud Wärmeschrank, Wärmeplatte

Service In der Gastronomie ist der Service die Gesamtheit aller Dienstleistungen

Servieren Bereitstellen von Speisen und Getränken sowie das Bedienen der Gäste

Aufgaben

1 Erläutern Sie folgende Bezeichnungen:
a) Table-d'hôte-Service, Bankett-Service,
b) À-la-carte-Service, Büfett-Service.

2 Beschreiben Sie grundlegende Richtlinien für den Service in Bezug auf
a) Rücksichtnahme gegenüber dem Gast,
b) störungsfreie und kräftesparende Wege der Servicekraft.

3 Welche Aufgaben haben die beiden Hände beim Tellerservice und wie werden sie deshalb genannt?

4 Beschreiben Sie das Aufnehmen von ein, zwei und drei Tellern und nennen Sie die Bezeichnungen für die Teller sowie die Art des Greifens.

5 Beschreiben und begründen Sie zum Einsetzen der Teller am Tisch
a) die Bewegungsrichtung beim Einsetzen,
b) die Laufrichtung der Servicekraft,
c) Ausnahmen.

6 Beschreiben Sie zum Ausheben von Tellern
a) die Bewegungsrichtungen,
b) das Aufnehmen der Teller und das Ordnen der Bestecke,
c) die Behandlung von Speiseresten auf den Tellern.

7 Beschreiben Sie das Ausheben von Suppen- und Dessertgedecken.

5 Kaffeeküche *coffee kitchen* *caféterie (w)*

Die Hauptaufgabe der Kaffeeküche besteht in der Herstellung von Aufgussgetränken. Außerdem sind Frühstücksgetränke und -gerichte bereitzustellen.

Abb. 1 Kaffeegeschirr aus Silber

5.1 Herstellen von Aufgussgetränken

Kaffee *coffee* *café (m)*

Für das Frühstück wird Kaffee in größeren Mengen auf Vorrat zubereitet. Er sollte jedoch nicht länger als 45 bis 60 Minuten vorrätig gehalten werden, weil sich danach die Farbe und das Aroma nachteilig verändern. Die Warmhaltetemperatur liegt bei etwa 80 °C.

Zubereiten von Kaffee

Um einen wohlschmeckenden, vollaromatischen Kaffee zu erhalten, ist einiges zu beachten:

- Grundbedingung ist die Verwendung von bewährtem Markenkaffee, dessen Einkaufsmengen dem jeweiligen Bedarf anzupassen sind, damit keine Aromaverluste durch Überlagerung entstehen.
- Der Feinheitsgrad der Körnung ist auf die Art des Brühverfahrens abzustimmen, damit sich das Aroma optimal entfalten kann.
- Wichtig sind die richtig dosierte Menge des Kaffeepulvers sowie die sachgerechte Temperatur des Brühwassers zwischen 95 und 98 °C.
- *Porzellangeschirr*, gut vorgewärmt, gilt als besonders *aromafreundlich.*

Handfiltern von Kaffee

Beim Handfiltern ist zu beachten:

- Das Kaffeepulver im Filter mit wenig heißem Wasser anbrühen, damit es aufquillt,
- den Rest des Wassers dann stufenweise *in die Mitte* des Filters nachgießen, damit das Wasser durch das Kaffeemehl zum Filter hin fließt.

Produktbezeichnung	Kaffeepulver	Flüssigkeitsmenge
Tasse		
Kaffee	6–8 g	$^1/_8$ l (0,125)
Mokka	6–7 g	$^1/_{12}$ l (0,080)
Mokka double	24–26 g	$^1/_8$ l
Kännchen		
Kaffee	12–16 g	$^1/_4$ l (0,25)
Großmenge	80–100 g	2 l (16 Tassen)

Maschinelle Kaffeezubereitung

Kaffeemaschinen ermöglichen es, in kurzer Zeit große Mengen Kaffee bereitzustellen. Die beiden grundlegenden Verfahren sind:

- das drucklose *Überbrühverfahren* ①
- das *Dampfdruckverfahren* ②

①

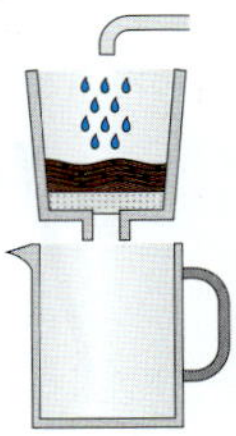

②

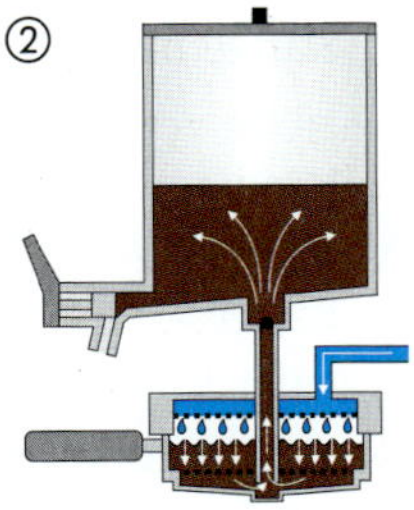

Die jeweilige Ausstattung der Maschine erlaubt es schließlich, den Kaffee entweder für einzelne Tassen oder Portionen oder in größeren Mengen zuzubereiten und diesen dabei gleichzeitig in einem Behälter vorrätig halten zu können.

Grundlegende Angebotsformen für Kaffee

Kaffee mit Sahne und Zucker/Süßstoff

Man unterscheidet:

- **Kaffee nature**
  schwarz, mit oder ohne Zucker,
- **Kaffee crème**
  mit Kaffeesahne (mit oder ohne Zucker).

Unter dem Gesichtspunkt der Menge gibt es:

eine Tasse Kaffee

ein Kännchen Kaffee

Bereitstellen für ein Kännchen Kaffee

- Tablett mit Papiermanschette,
- Untertasse mit Deckchen, vorgewärmter Tasse und Kaffeelöffel,
- Schälchen mit Zucker/Süßstoff,
- Kännchen mit Sahne,
- Kännchen mit Kaffee.

Spezielle Kaffeezubereitungen

Cappuccino

- Eine Tasse ¾ mit starkem Kaffee füllen,
- mit aufgeschäumter Milch ergänzen,
- mit Kakaopulver bestreuen.

Espresso

Das Zubereiten von Espresso erfolgt mit Hilfe des Dampfdruckverfahrens. Der aromastarke Kaffee wird in kleinen Spezialtassen angerichtet. Zucker reicht man à part, auf Wunsch auch Sahne.

Kaffee mit Milch, auch geschlagener Sahne

Kaffee mit Milch

- Anstelle von Sahne wird ein Kännchen heiße Milch gereicht

Kaffee – Latte macchiato

Diese Kaffeezubereitung wird im Spezialglas wie folgt angerichtet: ⅓ heiße Milch ins Glas, darauf Milchschaum geben und vorsichtig einen Espresso einfliessen lassen, damit die Schichten entstehen

Kaffee mit einer Spirituose

Kaffee verträgt sich gut mit Spirituosen. Es gibt Gäste, die diese besondere Geschmacksnote lieben. Geeignete Spirituosen sind z. B.: Cognac, Kirsch, Amaretto.

- Die Grundausstattung ist wie bei einer Tasse oder einem Kännchen Kaffee.
- Die gewählte Spirituose wird im entsprechenden Glas à part gereicht.

Pharisäer

- In einer vorgewärmten Tasse je 1 Kaffeelöffel Zucker sowie 4 *cl* Rum verrühren,
- mit starkem Kaffee auffüllen,
- mit angeschlagener Sahne garnieren.

Irish Coffee

- In ein gut vorgewärmtes Originalglas 1 bis 2 Kaffeelöffel braunen Zucker sowie 4 *cl* Irish Whiskey geben,
- den Zucker durch Rühren auflösen,
- mit heißem Kaffee auffüllen,
- mit dickflüssig angeschlagener Sahne garnieren.

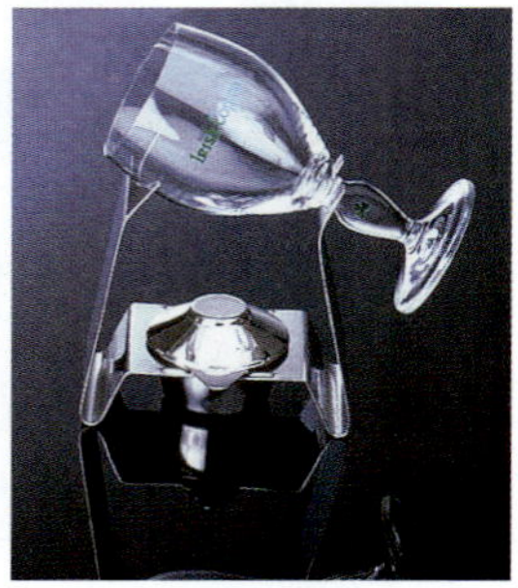

Die Sahne lässt man vorsichtig über die Wölbung eines Löffels auf die Oberfläche des Kaffees gleiten. Sie darf nicht sinken.

Wenn auch nicht original irisch, aber effektvoll und verkaufsfördernd ist folgende **Variante für Irish Coffee.** Man verwendet dazu die sogenannte Irish-coffee-Garnitur, bestehend aus Rechaud, Glashalter und Glas.

- Zucker und Whiskey in das Glas geben,
- über dem Rechaud drehend erwärmen, damit sich der Zucker auflöst (die Flamme nicht in das Glas überschlagen lassen),
- mit Kaffee auffüllen und wie bei der Originalherstellung mit Sahne vollenden.

Rüdesheimer Kaffee

- 3 bis 4 Stück Würfelzucker in der vorgewärmten Originaltasse mit 4 *cl* Asbach übergießen,
- mit einem langen Streichholz entzünden und bei gleichzeitigem Rühren mit einem langstieligen Löffel flambieren (den Zucker leicht karamellisieren lassen),
- mit heißem Kaffee auffüllen,
- mit geschlagener Sahne garnieren und mit Schokoladenraspel bestreuen.

Eiskaffee

- Ein bis zwei Kugeln Vanilleeis gibt man in ein hohes Glas und gießt leicht gezuckerten kalten Kaffee darüber. Mit Sahnehaube garnieren.

Tee *tea* *thé (m)*

Voraussetzungen für eine gute Tasse Tee

Das Aroma des Tees ist sehr empfindlich, sodass zu beachten ist:

- Teekannen nur mit heißem Wasser, nicht in Verbindung mit Spülmitteln reinigen (der sich entwickelnde braune Belag in der Kanne hat keine negativen Auswirkungen),
- Kannen sowie Tassen oder Gläser gut vorwärmen,
- zum Überbrühen frisches, sprudelnd heißes Wasser verwenden.

Erforderliche Teemengen

Flüssigkeitsmenge	Teemenge
eine Tasse oder ein Glas	2 g Tee (das sind ein gestrichener Kaffeelöffel oder 1 Teebeutel)
eine Portion	4 bis 5 g Tee oder 2 Teebeutel

Zubereiten von Tee

Aus Gründen des einfachen Gebrauchs hat sich im Gastgewerbe im allgemeinen die Verwendung von Teebeuteln durchgesetzt. Das frisch zum Kochen gebrachte Wasser wird sprudelnd über den Tee gegossen. Diesen lässt man 3 bis 5 Minuten ziehen. Dabei ist der Zusammenhang zwischen der Brühdauer und den physiologischen Auswirkungen des Tees zu beachten:

- **Bis 3 Minuten**
  wird vorwiegend Coffein (Tein) ausgelaugt, sodass der Aufguss zu diesem Zeitpunkt vor allem anregend auf den Kreislauf wirkt.
- **Nach 3 Minuten**
  gehen in zunehmender Menge Gerbstoffe in den Aufguss über, die eine beruhigende Wirkung auf Magen und Darm haben.

Die Brühdauer für Tee ist auf den jeweils beabsichtigten Zweck abzustimmen (belebend oder beruhigend).

Angebotsformen für Tee

Abb. 1 Glas Tee

Abb. 2 Kännchen Tee

Die grundlegende Angebotsform ist *mit Zucker:*

- Ein Tablett mit Papiermanschette,
- eine Untertasse mit Glas oder Tasse und Kännchen
- ein Schälchen mit Zucker,
- ein Schälchen zur Ablage des Teebeutels.

Abb. 3 Verschiedene Zuckerangebote – Tee-Zubehör

Abwandlungen

- Tee mit Sahne oder Milch
- Tee mit Zitrone:
  ein Schälchen mit Zitrone in der Presse
- Tee mit Rum:
  4 cl Rum im Glas oder Portionsfläschchen

Spezielle Teezubereitungen

Eistee

- Teeglas $^{2}/_{3}$ mit Eiswürfel füllen
- mit doppelt starkem Tee auffüllen
- Zucker, Zitrone à part reichen, evtl. Gin/Cognac

Kakao und Schokolade

hot chocolate *cacao (m)*

Kakao ist eine Zubereitung aus Kakaopulver, Milch und Zucker.

Zutat	Tasse	Portion	Tasse	Portion
	Kakao		Schokolade	
Milch	0,15 l	0,3 l	0,15 l	0,3 l
Kakaopulver	7 g	12 g	–	–
Schokoladenpulver oder Kuvertüre	– – –	– – –	15 g oder 15 g	30 g oder 30 g
Zucker	getrennt servieren		getrennt servieren	

Trinkschokolade bereitet man aus geriebener Blockschokolade oder Kuvertüre und Milch ohne Zusatz von Zucker oder mittels eines fertigen Schokoladenpulvers.

Zubereitung von Kakao

Kakaopulver in einem kleinen Teil der Milch anrühren. Die restliche Milch zum Kochen bringen. Vorbereitete Kakao-Milch-Mischung einrühren und aufkochen.

Zubereitung von Schokolade

Milch erhitzen, geriebene Schokolade (Kuvertüre) oder Schokoladenpulver einstreuen und unter Rühren mit einem Schneebesen zum Kochen bringen.

Beigabe zu Kakao und Schokolade

- Zu Kakao wird Streuzucker gereicht.
- Kakao oder Schokolade in Tassen werden mit geschlagener Sahne garniert.
- Zu Kännchen reicht man die Schlagsahne in einem Schälchen à part.

Eisschokolade

Herstellung wie Eiskaffee. Statt Kaffee verwendet man kalte Schokolade oder Kakao.

5.2 Herstellen von alkoholfreien Mischgetränken

Alkoholfreie Mischgetränke sind Getränke, zu deren Herstellung Fruchtsäfte, Gemüsesäfte, Fruchtmark, Fruchtnektar, Fruchtsirupe, Früchte, Wasser, Sodawasser, Mineralwasser, Limonaden, Milch, Eier oder Speiseeis ohne Zusatz von Alkohol verwendet werden.

Einfache Mischgetränke

- **Spezi**
  Cola und Orangenlimonade mit Zitronenscheibe
- **Schorle**
  Fruchtsaft mit Mineralwasser
- **Bowle**
  Fruchtstücke, Fruchtsaft, Fruchtsirup, Zitrone, Läuterzucker, Mineralwasser
- **Limonade**
  Fruchtsaft (Zitrone), Wasser, Zucker

Diese Mischgetränke mischen sich bereits beim Eingießen ins Glas.

Limonadendrink

Grapefruit Wonder

4 *cl* Grapefruitsaft
1 TL brauner Zucker
4 Grapefruitfilets
6 *cl* Zitronenlimonade
1 *cl* Zitronensaft
4 *cl* Mineralwasser
2 Eiswürfel

- Fruchtfilets mit braunem Zucker im Glas zerstoßen.
- Mit den restlichen Zutaten auffüllen und umrühren.

Der Drink kann auch als Heißgetränk kurz erhitzt mit normalem Wasser ohne Eiswürfel hergestellt werden.

Andere Mischgetränke

Man benutzt für die Herstellung dieser Getränke Elektromixer, da meist größere Mengen in einem Arbeitsgang hergestellt werden.

Mischgetränke können aber auch einzeln hergestellt werden. Dabei wendet man die Arbeitstechniken der Bar an, also Schütteln oder Rühren oder Aufbauen Getränke. Mischgetränke sind vitaminhaltige und erfrischende Longdrinks. Die Geschmacksskala reicht von herbwürzig über fruchtig-säuerlich bis fruchtig-süß.

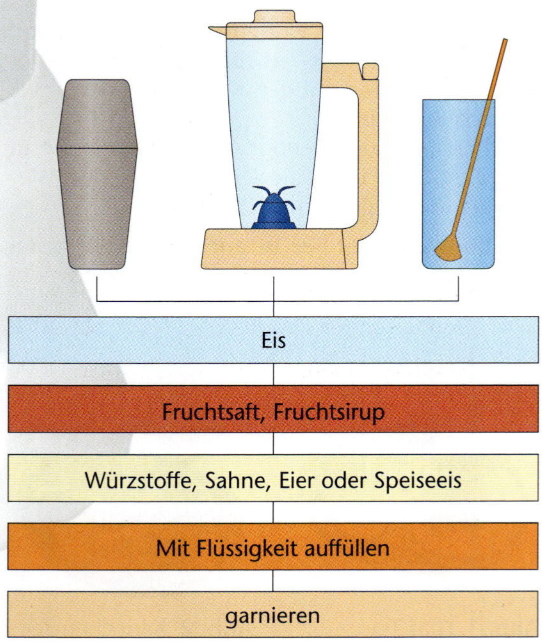

Alkoholfreie Cocktails

Möhrchen-Mix

- 5 cl Milch mit 5 cl Karottensaft, 2 cl Apfelsaft, 1 TL Honig und 1 TL Sanddorn mixen

Milchocolada

- 5 cl Milch mit 1 Kugel Schokoladeneis, 1 EL Schokosauce und 1 TL Kokosnuss-Sirup mixen

Apfel-Holunder-Traum

- 5 cl Milch, 50 g Apfelmus, 1 TL Puderzucker und Zimt mixen, 3 EL Holundersaft

Aufgaben

1 Nennen Sie zu folgenden Kaffeezubereitungen die erforderliche Menge des Kaffeepulvers sowie die Flüssigkeitsmenge:
a) eine Tasse Kaffee, eine Tasse Mokka, Mokka double,
b) ein Kännchen Kaffee.

2 Beschreiben und erläutern Sie den sachgerechten Ablauf beim Handfiltern von Kaffee.

3 In welchen Variationen wird Kaffee als Getränk angeboten?

4 Beschreiben Sie das sachgerechte Bereitstellen für ein Kännchen Kaffee.

5 Beschreiben Sie folgende Angebotsformen für Kaffee:
a) Kaffee mit Milch und Kaffee Melange,
b) Kaffee mit einer Spirituose,
c) Cappuccino und Pharisäer,
d) Rüdesheimer Kaffee und Irish Coffee.

6 Nennen Sie Voraussetzungen für eine gute Tasse Tee.

7 Beschreiben Sie das sachgerechte Zubereiten von Tee.

8 Welche Beziehung besteht zwischen der Brühdauer des Tees und den physiologischen Wirkungen?

9 Welche Beigaben werden zu Kakao und Schokolade gereicht:
a) beim Anrichten in Tassen,
b) beim Anrichten in Kännchen?

10 Definieren Sie den Begriff „Alkoholfreie Mischgetränke“.

11 Nennen Sie einige alkoholfreie Mischgetränke.

6 Frühstück *breakfast* *petit déjeuner (m)*

Vom Frühstück hängt die Stimmung und Schaffenskraft eines Menschen für den ganzen Tag ab, deshalb gebührt dieser wichtigen Mahlzeit die erforderliche Beachtung.

6.1 Arten des Frühstücks

Es sind zu unterscheiden:

- Das **einfache, kontinentale Frühstück** mit seinem einfachen Angebot,
  - Kaffee, Tee oder Kakao,
  - Brot, Brötchen, Toast,
  - Butter, Konfitüre zur Wahl, Bienenhonig
- das **erweiterte Frühstück,** das nach einer Frühstückskarte ausgewählt oder ergänzt wird,
  - wie kontinentales Frühstück, ergänzt durch Säfte, z. B. Orangensaft oder Tomatensaft, Eierspeisen, Wurst, Käse, Müsli, Joghurt, angemachten Quark usw.
- das **Frühstücksbüfett,** auf dem die Speisen zur Selbstbedienung bereitstehen, die heißen Aufgussgetränke aber serviert werden,
  - wie kontinentales Frühstück, erweitert um Frucht- und Gemüsesäfte, Rühreier, Spiegeleier, Omeletts, pochierte Eier, Pfannkuchen, Käse, gebratenen Speck, Schinken, Bratwürstchen, kleine Steaks, Grilltomaten, Cornflakes (Cereals) oder Porridge, frisches Obst, frisch gebackene Waffeln, Plundergebäck usw.

Sonderformen

- das **Etagenfrühstück,** wobei der Gast am Abend vorher seine Wünsche in eine Bestell-Liste einträgt (s. S. 278). Am nächsten Morgen wird ihm dann zur gewünschten Zeit das Frühstück im Zimmer serviert.

Eine besondere Form des Etagenfrühstücks ist das **Thermo-Frühstück.** Dies wird dem Gast bereits am Abend ins Zimmer gestellt, wenn er vor dem üblichen Frühstücks-Servicebeginn abreisen möchte.

Nationale Frühstücksbesonderheiten

Es ist verständlich, dass das Hotel- und Gaststättengewerbe den Erzeugnissen des jeweils eigenen Landes eine besondere Aufmerksamkeit schenkt und sie im Angebot für den Gast berücksichtigt.

Holländische Besonderheit

- bei Gebäck Zwieback und Kuchen
- Eierspeisen und kalter Braten
- Milcherzeugnisse

Skandinavische Besonderheit

- verschiedene kalte und warme Fischgerichte
- neben anderem Gebäck Knäckebrot

Schweizer Besonderheit

- Käse u. a. Milcherzeugnisse
- Müsli, Brotspezialitäten

6.2 Bereitstellen von Frühstücksspeisen

Bei Frühstücksspeisen ist zu unterscheiden zwischen den Standardbestandteilen des einfachen Frühstücks und den Speisen, die auf einer Frühstückskarte angeboten werden.

Speisen für das einfache Frühstück

Es handelt sich dabei um tägliche Routinearbeiten:

- Brötchen, Brot, sonstige Backwaren werden übersichtlich und dekorativ in Körbchen angeordnet.
- Butter, Milch, Konfitüre sowie einfache Wurst- und Käsezubereitungen, die es heute portionsweise abgepackt gibt, werden auf Tellern zusammengestellt.

Aus Gründen des Umweltschutzes werden die genannten Speisen vielfach in „loser Form“ bzw. offen angerichtet und angeboten.

Zubereiten von speziellen Frühstücksgerichten

Frühstückseier

Zu diesem Zweck dürfen nur frische Eier verwendet werden, und bei ihrer Zubereitung sind folgende Richtlinien zu beachten:

- Am stumpfen Ende (Luftkammer) einstechen, damit sich der beim Kochen entstehende Innendruck ausgleichen kann und das Platzen der Eier verhindert wird,
- mit Hilfe eines Korbes gleichzeitig in das kochende Wasser geben sowie gleichzeitig wieder entnehmen, damit bei allen Eiern die gleiche Garstufe gewährleistet ist,
- in kaltem Wasser abschrecken, damit das Nachgaren verhindert wird.

Die Garzeit beträgt je nach Gewichtsklasse und gewünschter Festigkeit des Eis 3 bis 5 Minuten.

Rühreier

scrambled eggs — *œufs (m) brouillés*

- Die Eier zu einer gleichmäßigen Masse verrühren und mit Salz und Pfeffer würzen,
- in der Pfanne Fett schmelzen, Eimasse zugeben, bei mäßiger Temperaturzufuhr und gleichzeitigem Rühren zu einer feinflockigen, weichen und saftigen Masse stocken lassen.

Bei zu hoher und langer Einwirkung der Temperatur wird die Masse fest, trocken und gebräunt. Als besondere Zutaten können Champignons, Schinken und Kräuter verwendet werden.

Werden Rühreier auf Vorrat z. B. für das Frühstücks-Büfett hergestellt, verwendet man pasteurisiertes Ei.

Spiegeleier

fried eggs — *œufs (m) sur le plat*

- Eier aufschlagen, ohne die Dotterhaut zu verletzen,
- vorsichtig in die Pfanne mit Fett gleiten und bei mäßiger Temperaturzufuhr stocken lassen.
- Nur die Eiweißfläche salzen.

Das Eiweiß darf nicht zu fest und trocken und höchstens an den Rändern leicht gebräunt sein.

Omelett

omelette — *omelette (w)*

- Die Eier zu einer gleichmäßigen Masse verrühren und würzen,
- in der Pfanne mit Fett bei mäßiger Temperaturzufuhr und leichtem Rühren stocken lassen,
- durch Abrollen aus der schräggehaltenen Pfanne zum Omelett formen und auf einen Teller abkippen.

Abb. 1 und 2 Herstellung von Omelett

Als Zutaten können Schinken, Speck, Käse, Champignons und Kräuter verwendet werden. Zum Füllen des in Längsrichtung aufgeschnittenen Omeletts eignen sich feine Ragouts von Geflügel und Krustentieren sowie Kalbsnieren und Geflügelleber, Pilze und Spargel.

Müsli

swiss muesli — *muesli (m)*

- Haferflocken in kaltem Wasser einweichen,
- mit Zitronensaft und Milch ergänzen,

Service

- grob geraspelte Äpfel und gehackte Nüsse sowie Rosinen untermischen,
- mit einem Teil der Nüsse bestreuen.

Es können zusätzlich oder alternativ zerkleinerte Trockenfrüchte oder auch frische Früchte wie Erdbeeren oder Bananen verwendet werden.

Abb. 1 Zutaten für Müsli

6.3 Herrichten von Frühstücksplatten

breakfast platters

plats (m) pour le petit déjeuner

Käse, Wurst und Schinken sind neben anderen Speisen beliebte Ergänzungen zum erweiterten Frühstück. Auf Platten oder auch auf Portionstellern angerichtet, sollen sie dem Gast in ansprechender Form präsentiert werden.

Vorbereiten des Materials

Aufschneiden von Wurst und Schinken

Dazu muss das Material in jedem Falle gut gekühlt sein, damit es beim Schneiden nicht schmiert. Für die Art des Schneidens ist darüber hinaus die Art und Beschaffenheit des Materials ausschlaggebend.

Brühwurstsorten werden von der Haut befreit und in gerade, runde Scheiben geschnitten.

Harte Wurstsorten, wie Salami, schneidet man dünn, und zwar in schräger Richtung, wodurch die Scheiben eine etwas größere, ovale Form erhalten.

Streichwurst, wie Mett- oder Leberwurst, wird per Hand mit einem dünnen schmalen Messer in 0,5 bis 1 cm dicke Stücke geschnitten.

Schinken befreit man durch Parieren zunächst von der Fettschicht und schneidet dann je nach Festigkeit des Schinkens (roher oder gekochter Schinken) entsprechend dickere bzw. dünne Scheiben.

Schneiden von Käse

Der Schnittkäse wird von der Rinde befreit, in Scheiben geschnitten, die bei entsprechender Größe in kleinere Stücke zu teilen sind.

Darüber hinaus sind die Schnittformen für andere Käse von der jeweiligen Form abhängig. Unter diesem Gesichtspunkt werden z. B. geschnitten:

- Runde und halbrunde Käse keilförmig

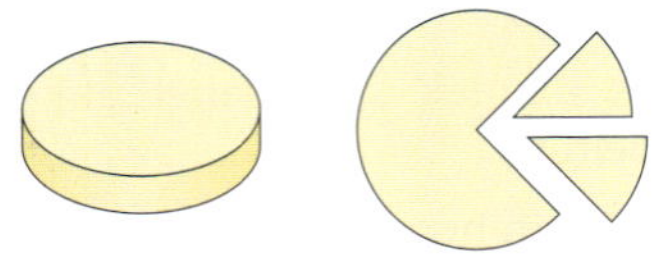

- Keilförmige Käse von der Spitze ausgehend bis etwa $^2/_3$ quer, der Rest in Längsrichtung

- Ovale Käse quer zur Längsrichtung

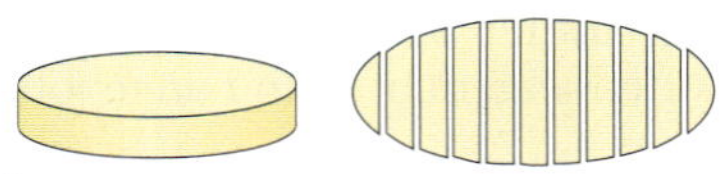

Bereitstellen des Garniermaterials

- **Hartgekochte Eier:** Scheiben, Sechstel, Achtel
- **Gewürzgurken, Cornichons:** Scheiben, Fächer
- **Champignons:** Köpfe oder Scheiben
- **Tomaten:** Scheiben, Viertel, Achtel, Würfel
- **Kräuter:** Sträußchen oder gehackt
- **Radieschen:** Streifen, Viertel, Röschen
- **Paprika:** Rauten, Ringe, Streifen, Würfel
- **Frische Früchte:** Segmente, Viertel, Kugeln, Würfel

Anrichten der Platten

Im Vergleich zu sehr aufwendigen Anrichteweisen, bei denen das Material in Taschen, Röllchen, Tüten und Fächer geformt wird, erfolgt das Anrichten auf einfache Weise durch dachziegelartiges Übereinanderlegen des Materials. Dabei ist zu beachten:

- Die Scheiben exakt, in Taschenform und in gleichen Abständen übereinanderlegen,
- für den Abschluss eine besonders schöne Scheibe auswählen (sie ist im Ganzen sichtbar),
- die Fettränder von Schinken zum Plattenrand legen,
- den Plattenrand freilassen,
- buntes Material farblich kontrastierend anrichten.

Bezüglich des Garniturmaterials ist zu beachten:

- Auswahl passend zum Grundmaterial,
- Garnieren bedeutet Schmücken und nicht Bedecken des Grundmaterials.

Abb. 1 Käseplatte

6.4 Frühstücksservice

breakfast service

service (m) du petit déjeuner

Das Frühstück unterscheidet sich in wichtigen Punkten von den anderen Mahlzeiten.

Merkmale der Frühstückssituation

Sie ergeben sich vor allem durch die besondere Situation am Morgen. Der Frühstücksatmosphäre kommt im Hinblick auf den Gast eine besondere Bedeutung zu, denn sie beeinflusst in hohem Maße seine „Stimmung“ und sein „Wohlbefinden“ für die nachfolgenden Stunden. Der Service muss seinen Beitrag zu einer guten Atmosphäre leisten:

- Ein gut gelüfteter Raum,
- ein sauberer und sorgfältig eingedeckter Tisch mit einem kleinen Blumenschmuck,
- Servierpersonal, das ausgeschlafen ist und dem Gast mit Aufmerksamkeit und Freundlichkeit begegnet.

Mise en place zum Frühstück

Servicetisch

Für das **einfache kontinentale Frühstück** sind bereitzustellen:

- Mittelteller und Kaffeeuntertassen,
- Mittelmesser und Kaffeelöffel,
- Menagen und Servietten.

Wegen der Portionspackungen zum Frühstück gibt es heute außerdem entsprechende Tischrestebehälter.

Zum **erweiterten Frühstück** nach der Karte sind folgende Ergänzungen auf dem Servicetisch notwendig:

Speisen à la carte	Ergänzungen auf dem Servicetisch
Gekochtes Ei	• Unterteller, Eierbecher, Eierlöffel • Pfeffer- und Salzmenage
Wurst gekochter Schinken Käse roher Schinken	• Mittelgabel und Vorlegebesteck • Pfeffer- und Salzmenage • zusätzlich Pfeffermühle
Spiegeleier Rühreier	• Mittelgabel und Mittelmesser • Pfeffer- und Salzmenage
Porridge Cornflakes Müsli	• Unterteller und Mittellöffel • Karaffe mit Milch • Zuckerstreuer
Joghurt Quarkspeisen	• Unterteller und Kaffeelöffel
Milch Buttermilch Obstsäfte Gemüsesäfte Tomatensaft	• Unterteller • Milchbecher • Saftglas • ergänzend Rührlöffel • Pfeffermühle
Grapefruit	• Unterteller • Kaffeelöffel oder Grapefruitlöffel • Zuckerstreuer
Melone	• Mittelmesser und Mittelgabel
Tee	• Zitronenpresse • Unterteller und Ablageteller • brauner Zucker od. Kandiszucker

Service

Der Servicetisch ist beim erweiterten Frühstücksangebot folgendermaßen ausgestattet:

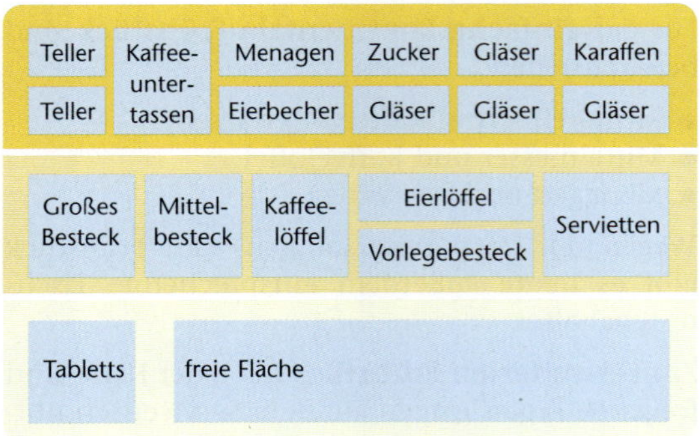

Abb. 1 Servicetisch für Frühstücksservice

Frühstücksgedecke

breakfast covers

couverts (m) pour le petit déjeuner

Je nach Umfang des Frühstücks werden einfache oder erweiterte Gedecke vorbereitet. Aus zeitlichen Gründen geschieht das im Allgemeinen bereits am **Vorabend.**

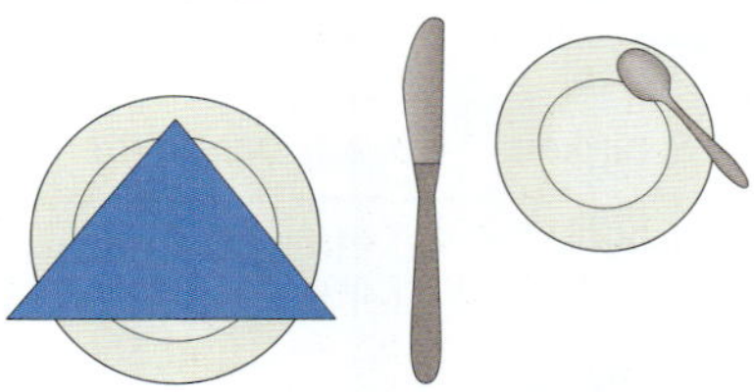

Abb. 2 Einfaches Frühstücksgedeck

Die Kaffeetassen werden im Rechaud vorgewärmt. Zusammen mit dem bestellten Getränk werden sie eingesetzt.

Einfaches Frühstücksgedeck

Es handelt sich dabei um das Gedeck für die einfachste Art des kontinentalen Frühstücks, bestehend aus Getränk sowie Gebäck, Butter und Konfitüre.

Abb. 3 Komplettes Frühstücksgedeck

- Mittelteller mit Serviette
- Mittelmesser
- Kaffeeuntertasse mit Kaffeelöffel

Erweitertes Frühstücksgedeck

Das einfache Frühstück wird manchmal mit Wurst oder Käse erweitert. Das Frühstücksgedeck ist dann entsprechend zu ergänzen.

- Mittelteller mit Serviette
- Mittelmesser und **Mittelgabel**
- Kaffeeuntertasse mit Kaffeelöffel
- **Salz-** und **Pfeffermenage**

Morgens, noch bevor die ersten Gäste kommen, werden die am Abend vorbereiteten Gedecke bzw. Tische vervollständigt:

- Konfitüre und Honig sowie Zucker und Süßstoff auf kleinen Tellern angerichtet,
- kleine Vasen mit Blumen.

Abb. 4 Erweitertes Frühstücksgedeck

Aufgrund von zusätzlichen Bestellungen nach der Frühstückskarte ergeben sich im Gedeck weitere Veränderungen, die aber erst nach Aufnahme der Bestellung auszuführen sind (siehe „Servieren des Frühstücks“).

Servieren des Frühstücks

Einfaches Frühstück

Nachdem der Gast seinen Getränkewunsch bekanntgegeben hat, kann mit dem Service begonnen werden:

- Einsetzen von Gebäck und Butter und eventuell die kleine Wurst- oder Käseplatte mit Vorlegebesteck,
- Servieren des Getränks, einschließlich der vorgewärmten Tasse, sowie der Sahne oder der Milch.

Erweitertes Frühstück nach der Karte

Bei solchen Ergänzungen ist zu unterscheiden zwischen denen, die außerhalb des Gedeckplatzes eingesetzt werden, und solchen, für die der Gedeckplatz freigemacht werden muss.

Außerhalb des Gedeckplatzes werden eingesetzt:

- das gekochte Ei im Eierbecher, auf Unterteller, mit Eierlöffel,
- Wurst, Schinken und Käse auf einer Platte, mit Vorlegebesteck,
- Joghurt und Quark auf Unterteller, mit Kaffeelöffel,
- Milch auf Unterteller und Säfte.

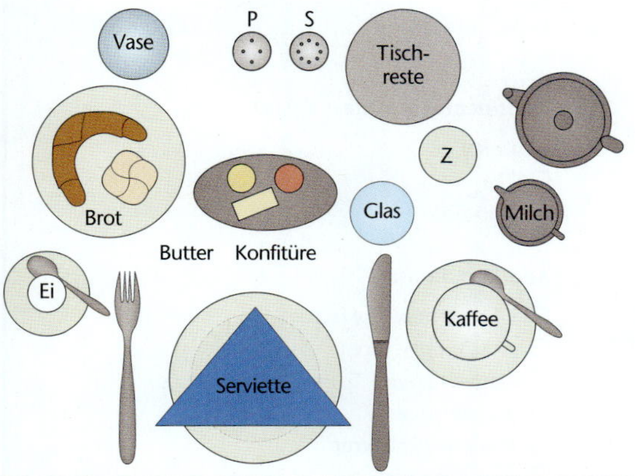

Abb. 1 Einfaches Frühstück

Für folgende Speisen ist der Gedeckplatz freizumachen:

- Eierspeisen (Rühreier und Spiegeleier),
- Getreidespeisen (Porridge, Cornflakes und Müsli),
- Obst (Grapefruit und Melone).

Nach der Aufnahme der Bestellung gibt es dabei für den Service folgenden Ablauf:

→ Die Bestellung an die Abgabestelle weiterreichen,
→ am Tisch den Mittelteller mit dem Messer nach links außerhalb des Gedeckplatzes umstellen,
→ das für die bestellte Speise erforderliche Besteck eindecken sowie die Menagen einsetzen,
→ die Speise servieren,

und nachdem der Gast die Speise verzehrt hat:

← den Speisenteller mit dem Besteck ausheben,
← den Mittelteller mit dem Messer auf den Gedeckplatz zurückstellen.

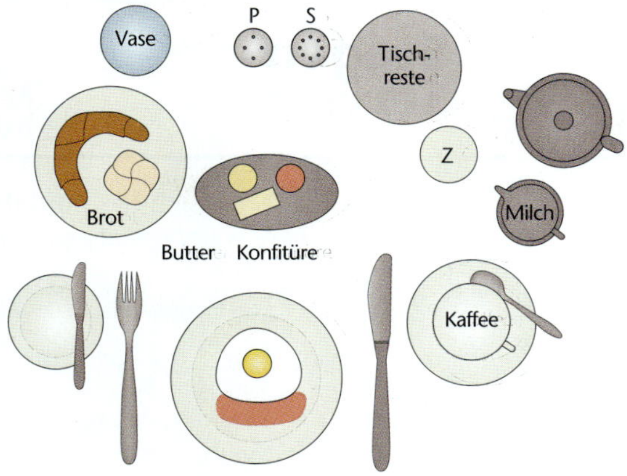

Abb. 2 Erweitertes Frühstück: Spiegelei mit Schinken

Etagenfrühstück

breakfast room service *service (m) à l'étage*

Der Service auf der Etage ist sehr aufwendig und bedarf deshalb einer besonders guten Organisation.

Mise en place

Für das Etagenfrühstück werden am Vorabend **Einer-** und **Zweierplateaus** vorbereitet.

- Plateautuch,
- Mittelteller mit Serviette,
- Mittelmesser, Untertasse und Kaffeelöffel,
- Schälchen mit Zucker bzw. Süßstoff.

Frühstücksbestellung durch den Gast

Das Zimmermädchen legt dem Gast auf dem Zimmer täglich eine Frühstücksbestellliste für den nächsten Morgen bereit. Wenn dieser sein Frühstück auf dem Zimmer einnehmen möchte, trägt er seine Wünsche am Abend vorher in die Liste ein und hängt sie dann außen an die Zimmertür.

Frühstücksdienst auf der Etage

Als erstes sammelt die Servicefachkraft auf der Etage die Frühstücksbestelllisten ein und erstellt daraufhin eine **Kontrollliste** für den Frühstücksservice. Diese enthält

- entsprechend den eingegangenen Bestellungen die Zimmernummern und die jeweils zugehörende Zeitangabe für das Servieren des Frühstücks
- sowie Spalten für die Vermerke *„Frühstück serviert"* und *„Frühstücksgeschirr abgeräumt"*.

Etagen Service KRONE HOTEL ***Room Service***

BESTELLEN Sie sich das pünktliche Frühstück am Abend vorher.
To have your breakfast in time ORDER it the evening before.

Service gewünscht/zwischen: – *Desired Service Time:*

7.00 – 7.30 ☐ 7.30 – 8.00 ☐ 8.00 – 8.30 ☐ 8.30 – 9.00 ☐ 9.00 – 9.30 ☐ 9.30 – 10.00 ☐

Zimmer Nr. / *Room No.* ☐ Anzahl der Gäste / *Number of guests* ☐ Service / *Waiter* ☐ Datum / *Date* ☐

Frühstück komplett € 9,00		***Continental breakfast € 9,00***
☐ Kaffee		☐ *Coffee*
☐ Tee		☐ *Tea*
☐ Kakao		☐ *Chocolate*
Zusatzbestellung	€	***Additional orders***
☐ Glas Milch, warm oder kalt	1,20	☐ *Glass of milk, hot or cold*
☐ Orangensaft	2,50	☐ *Fresh orange juice*
☐ Grapefruitsaft	2,50	☐ *Grapefruit juice*
☐ Tomatensaft	2,50	☐ *Tomato juice*
☐ Frische halbe Grapefruit	2,00	☐ *Fresh half grapefruit*
☐ Backpflaume	2,00	☐ *Stewed prunes*
☐ Frisches Land-Ei	1,00	☐ *Soft-boiled fresh egg*
☐ Zwei in Butter gebratene Spiegeleier oder Rühreier	3,00	☐ *Pair of fresh country-eggs cooked to your order*
☐ (wahlweise mit Schinken, Speck oder Würstchen)	3,50	☐ *(choice of with ham, bacon or sausages)*
☐ Schinken oder Frühstücksspeck, knusprig gebraten	3,00	☐ *Rasher of bacon, ham or sausages*
☐ Zwei pochierte Eier auf Toast	3,00	☐ *Two poached eggs on toast*
☐ Eine Tasse Haferflockenbrei mit frischer Sahne oder Milch	2,50	☐ *One cup of hot porridge with fresh cream or milk*
☐ Cornflakes mit frischer Sahne oder Milch	2,50	☐ *Cornflakes with fresh cream or milk*
☐ Joghurt	1,50	☐ *Joghurt*
☐ Schinken, roh oder gekocht (kleine Portion)	4,00	☐ *Smoked or boiled ham (half portion)*
☐ Gemischter Aufschnitt (kleine Portion)	4,00	☐ *Mixed cold cuts (half portion)*
☐ Käse in reicher Auswahl	4,00	☐ *Assortment of cheeses*
Obige Preise sind Inklusivpreise		*Service and tax included*

Besondere Wünsche — *Special Requests*

Unterschrift des Gastes (Unterschreiben Sie bitte erst nach Erhalt Ihrer Bestellung.)
Signature (Sign after receipt of your order only, please.)

No. 3498

Abb. 1 Frühstücksbestellliste

Plan für Etagenfrühstück

Zeit	Zimmer	Frühstück	
		serviert	abgeräumt
7.40 h	128	✓	✓
8.10 h	137	✓	✓
9.00 h	210	✓	

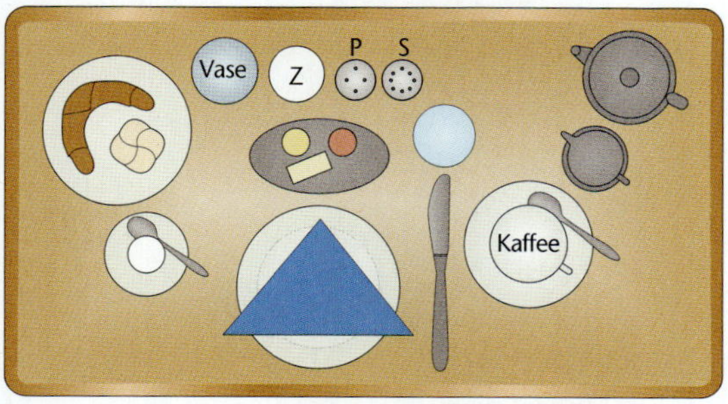

Abb. 1 Etagen-Frühstücks-Plateau

Zur Servicezeit wird das Plateau vervollständigt: Gebäck, Butter, Konfitüre, die vorgewärmte Tasse, das Getränk, die bestellten Extras.

Für den Transport wird das Plateau mit beiden Händen aufgenommen, wobei die rechte Hand Hilfestellung leistet, bis auf der linken Hand (Tragehand) das Gleichgewicht hergestellt ist. Die rechte Hand muss frei sein für das Anklopfen und Öffnen von Türen. Das Zimmer wird erst betreten, wenn der Gast „herein"-gebeten hat. Für das Verhalten im Zimmer ist zu beachten:

- Ein höfliches und freundliches „Guten Morgen" ist selbstverständlich,
- Zurückhaltung und Diskretion sind geboten.

Frühstücken im Zimmer zwei oder mehr Personen, ist ein kleiner Frühstückstisch bereitzustellen und einzudecken.

Vorteilhaft sind hier Room-Service-Wagen, auf denen das komplette Frühstück angerichtet in das Gästezimmer gefahren wird.

Durch Hochstellen von zwei beweglichen Kreissegmenten wird der Wagen zu einem runden Frühstückstisch für 1–3 Personen.

Frühstücksbüfett und Brunch

Frühstücksbüfett

🇬🇧 *breakfast buffet* 🇫🇷 *buffet (m) de petit déjeuner*

Beim Frühstücksbüfett handelt es sich um ein sehr reichhaltiges, umfangreiches Angebot. Von geringfügigen Abweichungen abgesehen, werden auf dem Büfett alle zum Frühstück üblichen Speisen bereitgestellt. Gründe für das Frühstücksbüfett:

- Bedürfnisse, die sich aus dem internationalen Reiseverkehr ergeben,
- unterschiedliche Verzehrgewohnheiten,
- der Mangel an Fachkräften,
- das leichtere Erfassen der Kosten sowie die Vereinfachung der Preisgestaltung,
- die Verringerung des Arbeitsaufwandes.

In Verbindung mit dem Frühstücksbüfett hat der Service neben der Bereitstellung warmer Getränke lediglich dafür zu sorgen, dass das Büfett immer wieder aufgefüllt wird.

Der einwandfreie und appetitliche Zustand des Büfetts muss auch noch für den letzten Frühstücksgast erhalten bleiben.

Brunch

Der Brunch ist eine Angebotsform, die sich immer größerer Beliebtheit erfreut. Er nimmt, wie die Wortkombination zeigt, eine Zwischenstellung zwischen dem Frühstück und Mittagessen ein.

- **Br**eakfast = Frühstück
- L**unch** = Mittagessen

Beim Brunch wird das Frühstücksbüfett mit Suppen, kleineren warmen Gerichten, Salaten und Süßspeisen ergänzt.

Abb. 2 Gedeck für Brunch

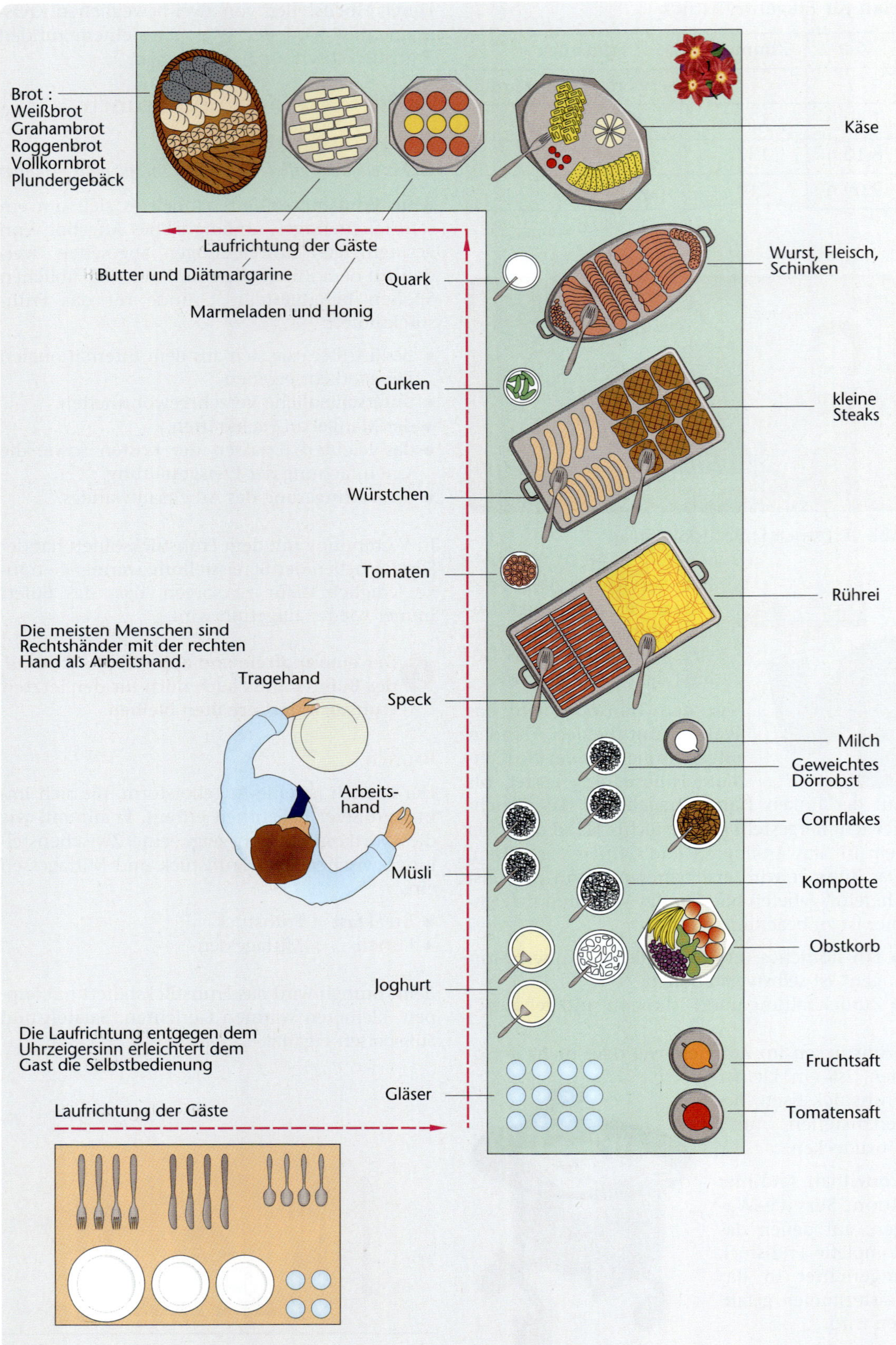
Brot :
Weißbrot
Grahambrot
Roggenbrot
Vollkornbrot
Plundergebäck
Käse
Laufrichtung der Gäste
Butter und Diätmargarine
Marmeladen und Honig
Quark
Wurst, Fleisch,
Schinken
Gurken
kleine
Steaks
Würstchen
Tomaten
Rührei
Die meisten Menschen sind
Rechtshänder mit der rechten
Hand als Arbeitshand.
Tragehand
Speck
Milch
Geweichtes
Dörrobst
Arbeits-
hand
Cornflakes
Müsli
Kompotte
Obstkorb
Joghurt
Die Laufrichtung entgegen dem
Uhrzeigersinn erleichtert dem
Gast die Selbstbedienung
Fruchtsaft
Gläser
Laufrichtung der Gäste
Tomatensaft

Aufgaben

1 Beschreiben Sie das einfache kontinentale und das erweiterte Frühstück.

2 Nennen Sie Formen des Frühstücksangebotes.

3 Entwerfen Sie eine einfache Frühstückskarte.

4 Beschreiben und begründen Sie das Angebot in Form eines Frühstücksbüfetts.

5 Erklären Sie die Bezeichnung Brunch.

6 Welche Bedeutung hat die Frühstücksatmosphäre für den Gast, und welchen Beitrag muss der Service diesbezüglich leisten? Nennen Sie Beispiele.

7 Erstellen Sie eine Waren-Bedarfsliste für ein Frühstücksbüfett für 60 Personen.

8 Beschreiben Sie das Herrichten von einfachen und erweiterten Frühstücksgedecken:
a) Vorbereitungen am Vorabend,
b) Ergänzungen am Morgen.

9 Wie ist der Servicetisch für das einfache Frühstück ausgestattet?

10 Nennen Sie die Angebote einer Frühstückskarte sowie die dazugehörenden Ergänzungen auf dem Servicetisch (Tischgeräte, Menagen).

11 Beschreiben Sie das Servieren des einfachen Frühstücks sowie die Anordnung der Frühstücksteile um den Gedeckplatz herum.

12 Auf welche Weise und unter Beachtung welcher Ergänzungen und Abläufe werden serviert:
a) ein Ei, Joghurt, Quark, Wurst oder Schinken?
b) Rühreier oder Spiegeleier?
c) Porridge, Cornflakes oder Müsli?
d) Grapefruit oder Melone?

13 Auf welche Weise bestellt der Gast sein Frühstück für die Etage, und welche Kontrollmaßnahmen sind für den Ablauf des Service erforderlich?

14 Welche besonderen Regeln sind für den Service auf der Etage zu beachten?

7 Service einfacher Getränke

beverages service *service (m) des boissons*

7.1 Bereitstellen von Getränken

Die meisten Getränke werden entweder in Flaschen mit Beistellgläsern oder im Schankglas serviert.

Für die am Büfett übergebenen Bons erhält die Servicefachkraft die bestellten Getränke.

Beim Ausschank der Getränke trägt das Büfettpersonal die Verantwortung dafür, dass bestimmte fachliche und sachliche Voraussetzungen erfüllt werden:

- Die bestellten, offenen Getränke müssen in den dafür vorgesehenen Schankgläsern mit der passenden Form, der richtigen Größe und der korrekten Inhaltsmenge bereitgestellt werden.
- Die Getränke müssen die für sie spezifische Getränketemperatur haben (siehe Tabelle).

Die Art der Bereitstellung aus dem Angebot in der Getränkekarte ergibt den Service

- in Gläsern oder in Karaffen,
- in Portionsflaschen oder in großen Flaschen.

7.2 Getränkeservice in Schankgefäßen

Die Getränke, die in Gläsern und Karaffen, manchmal auch in Krügen serviert werden, bezeichnet man als „offene Getränke", weil sie bereits am Büfett in diese Schankgefäße gefüllt und auf einem Tablett „offen" zum Tisch des Gastes gebracht werden.

Zur besseren Kontrollmöglichkeit für den Gast müssen Gläser laut Schankgefäßverordnung mit einem gut sichtbaren Füllstrich, dem Nennvolumen und dem Herstellerzeichen der Firma, die die Markierung angebracht hat, versehen sein.

Der Gastronom haftet für die Richtigkeit dieser Angaben. Darum ist es sinnvoll, diese mit einem geeichten Messglas nachzuprüfen.

Abb. 1
Getränketabletts

Getränkeart	Getränkebeispiele	Serviertemperatur (°C)
Erfrischungsgetränke	• Mineralwässer • Fruchtgetränke, Limonaden	8–10
Bier	• helle Sorten • dunkle Sorten	6–9 9–12
Wein	• Roséwein • Weißwein, leicht • Weißwein, schwer • Rotwein, leicht • Rotwein, schwer	9–11 9–11 10–12 12–14 16–18
Likörwein	• trocken • süß	10–12 16–18
Schaumwein	• weiß und rosé • rot	6–8 5–7
Liköre	• im Allgemeinen • Magenbitter	10–12 16–18
Brände und Geiste	• Korn, Wacholder, Genever • Steinhäger, Wodka, Gin • Enzian	0–4
	• Geiste: Aprikosen, Himbeeren • Wasser: Kirschen, Zwetschgen	5–7
	• Hochwertige Obstbrände: Williamsbirne, Mirabelle, • Marc, Grappa, • Weinbrand, Cognac • Whisky	16–18

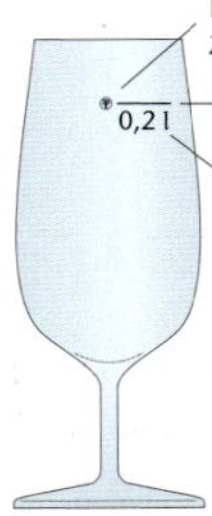

7.3 Ausschenken von Bier

Bier wird serviert als **Flaschenbier** oder als **Bier vom Fass.** Über die notwendige **Pflege des Bieres** wurde im Kapitel Basiswissen Getränke bereits Wichtiges erläutert.

Das Bier muss klar sein und den ursprünglichen Kohlensäuregehalt aufweisen.

Das Bier ist so einzuschenken, dass es eine gewölbte, kompakte Schaumkrone erhält.

Hefeweißbier aus der Flasche

Zuerst das Glas mit kaltem Wasser spülen. Die Biertemperatur soll nie über 8 °C liegen.

Das Weißbier langsam am Rand entlang in einem Zug ins Glas laufen lassen.

Nach kurzer Wartezeit die Schaumkrone aufsetzen.

Zapfen des Bieres

Beim Zapfen des Bieres müssen die Gläser einwandfrei sauber sein, weil selbst Spuren von Fett und Spülmittelresten keine stabile Schaumkrone zustande kommen lassen. Darüber hinaus muss das Zapfen sachgerecht ausgeführt werden.

Zapfen von Pils

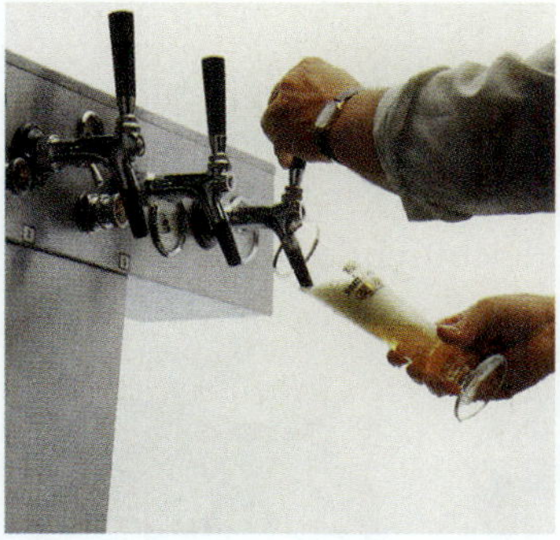

Vorzapfen: Dazu den Zapfhahn voll öffnen und das Glas so halten, dass das Pils an der Glaswand entlangfließen kann.

Nach ungefähr einer Minute nachzapfen, ohne den Zapfhahn ins Bier zu tauchen.

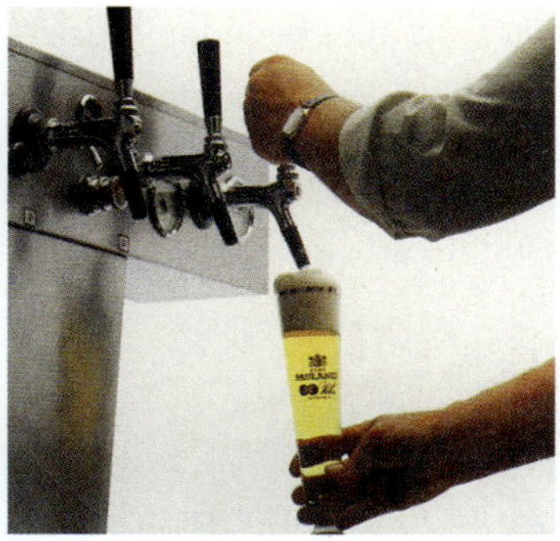

Nach kurzer Wartezeit die Schaumkrone aufsetzen.

Servieren von Getränken in Gläsern

- Das Glas wird von der rechten Seite des Gastes eingesetzt.
- Aus hygienischen Gründen dürfen Gläser nicht im Trinkbereich angefasst werden.
- Aus ästhetischen Gründen gilt dies auch beim Ausheben der leeren Gläser.
- Stielgläser werden grundsätzlich nur am Stiel angefasst, Bechergläser im unteren Drittel.
- Bei den Gläsern ist darauf zu achten, dass Dekor und Beschriftungen zum Gast hin, Gläserhenkel nach rechts gerichtet sind.

Servieren von Getränken in Karaffen und Krügen

- Das Glas wird von der rechten Seite eingesetzt und mit dem bestellten Getränk $1/3$ bis $1/2$ gefüllt.
- Nach dem Einschenken wird die Karaffe oder der Krug halb rechts oberhalb des Glases eingesetzt.

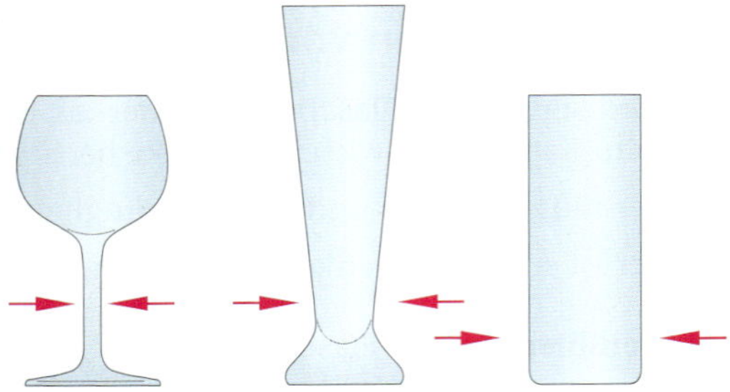

Abb. 1 Gläser und Griffstellen

Servieren von Getränken in Portionsflaschen

Portionsflaschen sind Getränkeabfüllungen, die für eine Person gedacht sind, z. B. Mineralwasser, Fruchtgetränke, Limonaden und Bier.

Beim Servieren werden Glas und Flasche auf einem Tablett getragen. Am Tisch gilt:

- Das Glas von der rechten Seite des Gastes einsetzen und $1/3$ bis $1/2$ füllen,
- die Flasche auf einen Untersetzer halb rechts oberhalb des Glases abstellen mit dem Etikett zum Gast.

Bier in Portionsflasche

Service von Wein mit Karaffe

Mineralwasser in Portionsflasche

Servieren von Aufgussgetränken

Aufgussgetränke wie Kaffee, Tee oder Kakao werden in Gläsern, Tassen oder Kännchen angerichtet und in der Regel auf einem ovalen Tablett serviert. Das Tablett soll dabei so hergerichtet sein, dass der Gast alles bequem vor sich findet und erreichen kann.

Der Tassengriff und der Kännchengriff zeigen immer nach rechts, der Kaffeelöffel liegt parallel dazu, und der Würfelzucker muss vor dem weiter hinten stehenden Kännchen platziert sein wie auf den nachfolgenden Bildern.

Die Tabletts werden von rechts so eingesetzt, dass sie, wie abgebildet, leicht schräg stehen.

Tasse Kaffee

Kännchen Kaffee

Glas Tee

Kännchen Tee

Aufgaben

1 Worin werden die meisten Getränke serviert?

2 Wie wird Bier serviert?

3 Was ist beim Einsetzen von Gläsern am Tisch des Gastes zu beachten?

4 Beschreiben Sie das sachgerechte Zapfen von Bier.

Projekt

Attraktives Frühstücksbüfett

Für eine einwöchige Tagung von internationalen Fremdenverkehrsfachleuten möchte Ihr Chef eine besondere Frühstücksattraktion bieten.

Das normale Frühstücksbüfett soll mit attraktiven Kochaktionen (Front Cooking) versehen werden, z. B. Herstellen von Eierspeisen oder Waffeln usw.

© De Santo, Thom/StockFood

Vorschläge für Sonderaktionen am Frühstücksbüfett

1 Unterbreiten Sie Ihrem Chef fünf bis sieben Vorschläge.

2 Beschreiben Sie kurz die einzelnen Vorschläge genauer.

3 Wie viel Büfettfläche und welche Arbeitsgeräte werden zusätzlich benötigt?

Erstellen Sie ein komplettes Sortiment für ein Frühstücksbüfett mit fünf Attraktionen

1 Listen Sie die benötigten Waren und Produkte für die vorgesehene Personenzahl auf.

2 Listen Sie die benötigten Besteck- und Geschirrteile auf.

3 Erläutern Sie die Herstellung der fünf besonderen Kochattraktionen.

4 Skizzieren Sie den Aufbau des Frühstücksbüfetts mit den Kochstellen.

Kennzeichnen der einzelnen Büfettelemente mit Hinweisschildern

1 Erstellen Sie diese Schilder in deutscher Sprache.

2 Übersetzen Sie die Büfettelemente auch in englische und französische Versionen, damit diese mit auf die Schilder gedruckt werden können.

3 Gestalten Sie diese Schilder mit Hilfe des Computers (Schriftart, Schriftgröße).

Kosten

1 Berechnen Sie die gesamten Materialkosten für das Frühstücksbüfett.

2 Berechnen Sie den ungefähren Materialeinsatz für eine Person.

MAGAZIN

Im Gastgewerbe versteht man unter Magazin die verschiedenen Lagerräume, in denen die Waren gelagert und bei Bedarf abgerufen werden. Die Übersicht zeigt das Magazin im organisatorischen Zusammenhang eines größeren Betriebes.

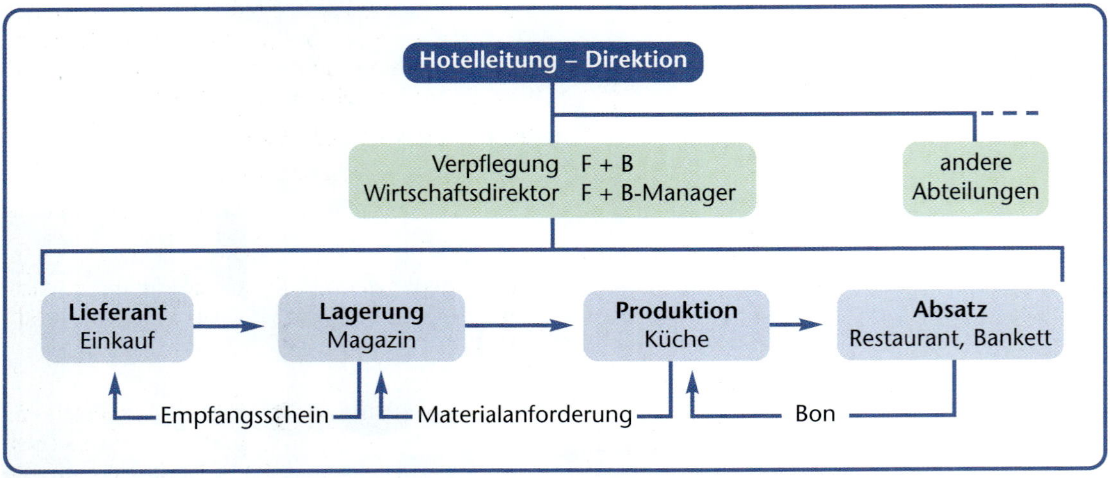

Ob in Ihrem Betrieb das Magazin als eine eigene Abteilung bezeichnet wird, ist für das Verständnis der folgenden Abschnitte nicht wichtig.

Auch im kleineren Betrieb wird eingekauft, gelagert, gegen Beleg ausgegeben usw.

Nur liegen manchmal mehrere Schritte in einer Hand. Dann fällt es weniger auf, dass hier unterschiedliche Vorgänge ablaufen und dass man im Großbetrieb von unterschiedlichen Abteilungen spricht.

Die **Inventur** ist eine Bestandsaufnahme der vorhandenen Waren. Dazu werden die vorhandenen Produkte gezählt, gemessen oder gewogen und in Listen erfasst.

Die Übersicht zeigt auch, dass jeder Veränderung im Warenbestand ein schriftlicher Beleg zugeordnet werden kann.

1 Warenbeschaffung *purchasing* *acquisition (w) de la marchandise*

„Im Einkauf liegt der halbe Gewinn", sagt ein bekannter kaufmännischer Grundsatz. Ein Einkäufer muss darum nicht nur ein guter Rechner sein, sondern auch folgende Punkte berücksichtigen:

- Welche Waren
- werden zu welchem Preis
- wann
- wo bestellt.

Bedarfsermittlung – Bestellmenge

Der Einkäufer im Großbetrieb, bei Klein- und Mittelbetrieben der Inhaber, wird in Zusammenarbeit mit den einzelnen Abteilungen zunächst feststellen, welche Waren in welcher Menge bestellt werden müssen. Dabei ist z. B. die Saison ebenso zu berücksichtigen wie Sonderveranstaltungen.

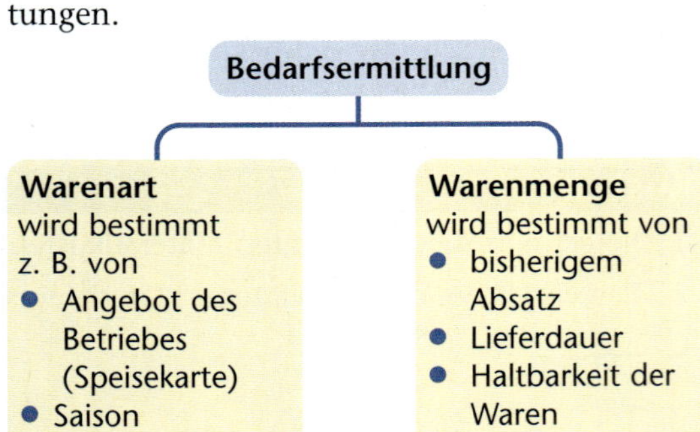

In der Regel kann bei Abnahme einer größeren Menge einer Ware ein günstigerer Preis erzielt werden. Andererseits bringen zu hohe Lagerbestände Nachteile. Es gilt abzuwägen:

- ein **zu großer Lagerbestand**
  - bindet unnötig Kapital, weil die eingekauften Waren bezahlt werden müssen,
  - benötigt Lagerraum,
  - kann zu unnötigem Verderb führen;
- ein **zu geringer Lagerbestand**
  - kann zu Einschränkungen im Angebot führen, wenn nicht alle Gästewünsche erfüllt werden können,
  - führt zu Nachkäufen, die Zeit beanspruchen und zu höheren Einkaufspreisen führen.

Für eine optimale Bestellmenge ist darum zwischen den Vor- und Nachteilen abzuwägen, die sich aus dem Bezug unterschiedlicher Mengen ergeben.

Wichtige **Kennzahlen** helfen dabei.

- **Höchstbestand:** Er wird bei Frischware und Tiefkühlware durch die Lagermöglichkeiten gegeben.
- **Meldebestand:** Er ist abhängig von der Lieferzeit (wöchentlich, monatlich) und von Verpackungseinheiten, z. B. 360 Eier im Karton.
- **Mindestbestand/eiserner Bestand:** Diese Menge muss stets am Lager sein, damit man in einem bestimmten Rahmen uneingeschränkt anbieten kann. Diese Bestände werden von der Geschäftsleitung festgelegt.

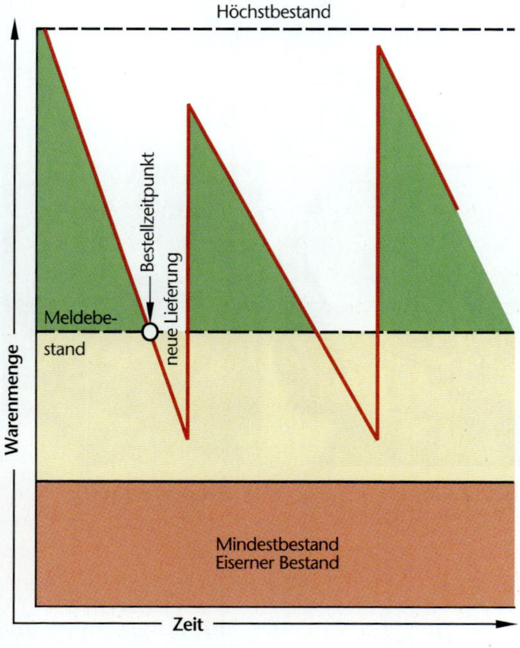

Abb. 1 Lagerbestände

Berechnung des Meldebestandes

Meldebestand =
(Tagesbedarf × Lieferzeit) + Mindestbestand

Beispiel

Ein Betrieb verkauft täglich durchschnittlich 40 Flaschen eines bestimmten Mineralwassers. Der Mindestbestand ist auf 140 Flaschen festgelegt. Es wird jeweils am Dienstag geliefert.

Berechnen Sie den Meldebestand.

(40 Flaschen × 7) + 140 = **420 Flaschen**

Bestellzeitpunkt

Der Bestellzeitpunkt gibt an, wann die nächste Bestellung zu erfolgen hat. Dabei sind zu beachten:

- Verbrauchsmenge,
- Lieferungsabstände (viele Lebensmittellieferanten kommen z. B. regelmäßig an einem bestimmten Wochentag oder jeweils im Abstand von zwei Wochen),
- Veranstaltungen, Feiertage, Saisonspitzen.

Bezugsquellenermittlung

Nachdem feststeht, welche Waren in welcher Menge zu welchem Zeitpunkt bestellt werden müssen, ist zu ermitteln, bei welchem Betrieb eingekauft werden soll.

Bezugsquellenverzeichnisse halten Liefer- und Zahlungsbedingungen, eventuelle Rabatte und Lieferzeiten fest.

Angebotsvergleich

Ein überlegter Einkauf orientiert sich nicht nur am Listenpreis. Es sind daneben z. B. Rabatte, Skonti und Transportkosten sowie die Zahlungsbedingungen zu berücksichtigen.

Beispiel

Frisches Rinderfilet kostet 28,00 €/kg. Argentinische Ware wird zu 26,80 €/kg angeboten. Beim Auftauen der Importware ist mit einem Verlust von 6 % zu rechnen.

Welches Angebot ist preislich günstiger?

Frisch	Import
1.000 g = 28,00 €	940 g = 26,80 € 1.000 g = **28,51 €**

Beispiel

Für Wein liegen zwei Angebote vor. Lieferant A macht folgendes Angebot: Je Flasche 6,00 € netto, ab 100 Flaschen 10 % Rabatt, bei Zahlung innerhalb von 10 Tagen 3 % Skonto. Lieferung frei Haus.

Lieferant B verlangt je Flasche 5,25 € und bietet ab 100 Flaschen 5 % Rabatt. Zahlung rein netto, Lieferung unfrei. Es ist mit 35,00 € für Fracht und Rollgeld zu rechnen. Die Mehrwertsteuer ist bei diesem Vergleich nicht zu berücksichtigen.

Man beabsichtigt, 200 Flaschen zu kaufen.

Wie viel € kostet eine Flasche bei jedem Angebot?

Angebot A		Angebot B	
6,00 € × 200 =	1.200,00 €	5,25 € × 200 =	1.050,00 €
– 10 % Rabatt	120,00 €	– 5 % Rabatt	52,50 €
rab. Betrag	1.080,00 €	rab. Betrag	997,50 €
– 3 % Skonto	32,40 €	+ Fracht	35,00 €
Einstandspreis	1.047,60 €	Einstandspreis	1.032,50 €
Flasche	**5,24 €**	**Flasche**	**5,16 €**

2 Wareneingang *receiving goods* *entrée (w) des marchandises*

Annahme

Die Waren werden im Beisein des Lieferanten angenommen.

- Ohne **Lieferschein** keine Warenannahme.
- Gelieferte Waren mit den Angaben auf dem Lieferschein vergleichen.
- Erkennbare (offene) Mängel lässt man sich auf dem Lieferschein bestätigen.
  Beispiele
  - Anzahl stimmt nicht – bei offenen Verpackungseinheiten aufpassen,
  - Mindesthaltbarkeitsdatum ist überschritten,
  - Verbrauchsdatum ist überschritten,
  - Temperaturvorgaben sind nicht eingehalten,
  - Frischware ist erkennbar „alt", z. B. welk.

Beispiele

Abb. 1 Spargel frisch und lange gelagert

Abb. 2 Kopfsalat frisch und lange gelagert

- Abschließend wird der **Empfangsschein** unterschrieben. Er dient dem Auslieferer als Beleg gegenüber seiner Geschäftsleitung.

Mängel

Gastgewerbliche Betriebe sind nach dem HGB verpflichtet, die Ware bei der Annahme zu prüfen und **offene Mängel** unverzüglich zu beanstanden, zu rügen.

Versteckte Mängel, die sich erst zeigen, wenn die Ware weiterverarbeitet wird, müssen unmittelbar nach Entdeckung, spätestens sechs Monate nach dem Kauf gerügt werden.

Abb. 1 Schneebildung bei wechselnden Temperaturen

Gefahrenpunkte (CCP)

Bei eiweißreichen Frischwaren führen erhöhte Temperaturen beim Transport zu einer raschen Keimvermehrung. Darum beachten:

- Temperaturkontrolle bei Frischfleisch, besonders bei Hackfleisch
- Sichtkontrolle bei Frischfisch; liegt er zwischen Eis oder im Schmelzwasser?
- Bei Beerenobst, z. B. Erdbeeren, können tiefer liegende Schichten verdorben sein.
- „Schnee" zwischen den Teilen von stückiger Frostware ist ein Zeichen von wechselnden Temperaturen und ein Qualitätsmangel.
- Bei beschädigten Verpackungen/Umhüllungen kann die Ware austrocknen und verliert damit an Qualität. Man nennt diese Veränderung Gefrierbrand.

Abb. 2 Gefrierbrand bei beschädigter Umhüllung

3 Warenlagerung

storage of goods *dépôt (m) de marchandises (l'économat)*

Nachdem die Waren angenommen sind, müssen sie in die entsprechenden Lager gebracht werden. Dabei sind sachliche und lebensmittelrechtliche Vorgaben zu beachten.

3.1 Grundsätze der Lagerhaltung

Hygienevorschriften legen für einzelne Lebensmittelgruppen Höchsttemperaturen für die Lagerung fest. Diese werden bei den entsprechenden Lebensmitteln genannt.

Ferner ist zwischen „unreinen" und „reinen" Lebensmitteln zu unterscheiden.

- Als „unrein" bezeichnet man in diesem Zusammenhang Lebensmittel, die mit Keimen belastet sein können, z. B. durch Reste von Erde an Kartoffeln oder Wurzelgemüse, Insekten im Salat usw.
- Weil „reine" Lebensmittel getrennt zu lagern sind, kann die Gefahr der Keimübertragung stark eingeschränkt werden.

Durch eine sachgerechte Lagerhaltung wird versucht, die Qualität der Lebensmittel vom Einkauf bis zum Verbrauch bestmöglichst zu erhalten. Die Art und Weise, wie die Lebensmittel im Einzelnen zu lagern sind, nennt man die Lagerbedingungen.

Die **Lagerbedingungen** umfassen hauptsächlich

- Lagertemperatur und
- Luftfeuchtigkeit sowie
- Forderungen der Hygiene.

Lagertemperatur

Die Lagertemperatur ist vor allem bei leicht verderblichen Lebensmitteln genau zu beachten, denn die Vermehrungsgeschwindigkeit der Mikroben steht in direktem Zusammenhang mit der Temperatur. Teilweise sind vom Gesetzgeber Höchsttemperaturen vorgeschrieben, die bei der Lagerung nicht überschritten werden dürfen, so z. B. bei Hackfleisch oder Frischmilch. Andererseits können niedrigere Temperaturen manchen Lebensmitteln schaden. So sollen bestimmte Gemüsearten (Tomaten, Paprika, Auberginen) und Obstsorten (Ananas, Banane) nicht in üblichen Kühlräumen gelagert werden. Diesen Arten schaden niedrigere Temperaturen.

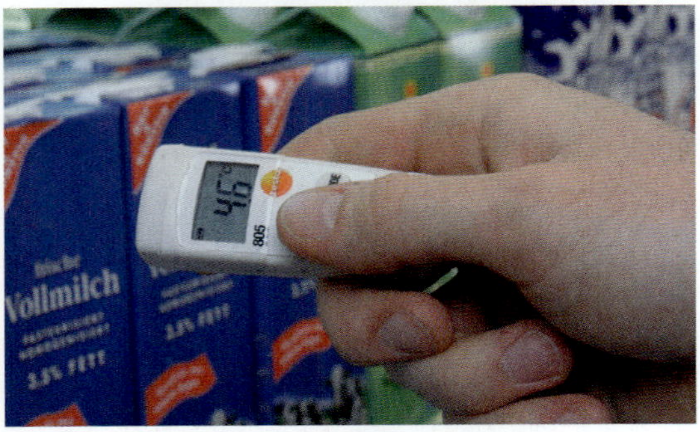

Abb. 1 Thermometer

Luftfeuchtigkeit

Die Luftfeuchtigkeit ist den Bedürfnissen der Lebensmittel anzupassen. Ist sie zu niedrig, werden Obst, Gemüse und insbesondere Salate schnell welk.

Frischfleisch, Käse sowie vorbereitete Lebensmittel trocknen in den Randschichten aus.

Bei zu hoher Luftfeuchtigkeit verliert dagegen Brot rasch die Frische, Puderzucker klumpt und die Schimmelbildung wird bei vielen Lebensmitteln gefördert.

Abb. 2 Hygrometer

Forderungen der Hygiene

Frischware aus dem Pflanzenreich, z. B. Kartoffeln oder Gemüse, ist mit Erde behaftet. Im Erdreich befindet sich immer eine hohe Zahl von Mikroorganismen. Aber auch tierische Produkte wie ganze Fische, ungerupftes Geflügel oder Wild in der Decke sind Keimträger. Um zu vermeiden, dass Krankheitserreger auf andere, unverpackte Frischware oder vorbereitete Speisen übertragen werden, geben Hygieneverordnungen entsprechende Vorschriften. Weil die Lagerbedingungen so unterschiedlich sind, benötigt ein gastgewerblicher Betrieb mehrere Lagerräume (vgl. S. 34).

3.2 Lagerräume

Magazin oder Normallager

Hier werden gelagert:

- **Trockenprodukte** wie Mehl, Reis, Teigwaren, Zucker, Rosinen, Marzipan.
- **Konserven** mit Ausnahme solcher mit eingeschränkter Haltbarkeit (siehe bei Mindesthaltbarkeit).

Der Raum wird möglichst kühl und trocken gehalten.

Gefahrenpunkte:

- Bei zu hoher Luftfeuchtigkeit kommt es zu Schimmelbildung.
- Bei geöffneten Verpackungen können Gerüche übertragen werden.

Kühlräume

Der überwiegende Teil der Frischware wird gekühlt gelagert. Wegen der unterschiedlichen Lagertemperaturen und wegen der Hygienevorschriften ist zu trennen:

- **Gemüse und Obst** wird mit hoher Luftfeuchtigkeit bei + 6 °C bis + 8 °C gelagert.
- **Milch und Milcherzeugnisse** lagern bei etwa + 8 °C. Verpackte Ware kann zusammen mit anderen Produkten lagern, offene Ware muss getrennt untergebracht sein.
- **Frischfleisch und Fleischteile** auch von Wild und Geflügel lagern zusammen bei + 4 °C.
- **Fische,** ganze Tiere oder Filets sowie gekochte Krebs- und Weichtiere lagern bei 0 °C am besten zwischen Eis.

Abb. 3 Fleischkühlraum

Gefahrenpunkte:

- Verluste durch Austrocknen, wenn die Waren nicht abgedeckt sind.
- Übertragung von Fremdgerüchen.
- Mikrobenvermehrung, wenn zu warm oder zu lange gelagert wird.
- **Kühllager Getränke**
  Flaschenkühlraum: Säfte, Limo, Wasser
- **Kühllager Bier**
  Außer Fässern, Kegs und Getränke-Containern keine anderen Waren.

Tiefkühlräume

Das bestimmende Merkmal ist die Temperaturgrenze von –18 °C. Hier sind alle Lebensmittel verpackt, um Frostbrand zu vermeiden. Die Verpackung schützt zugleich vor einer Keimübertragung. Darum ist eine Trennung der Lebensmittelgruppen nicht notwendig.

Gefahrenpunkte:

- Gefrierbrand bei verletzter oder geöffneter Packung.
- Mikrobenvermehrung, wenn die Tiefkühlkette unterbrochen wird.

Beim **Einräumen der Ware** gilt in allen Bereichen: Altes nach vorne, Neues nach hinten.

Oder in anderer Form:

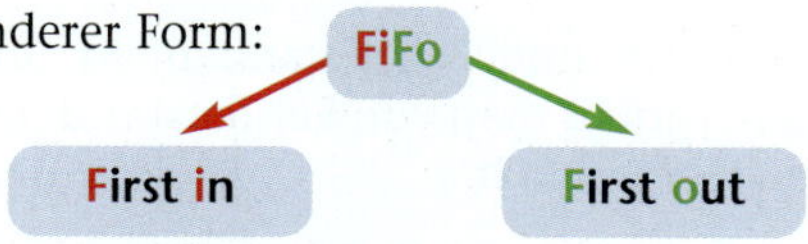

Das macht zwar zusätzliche Arbeit, doch nur so ist gewährleistet, dass die Bestände nicht veralten.

Fristen beachten

Das **Mindesthaltbarkeitsdatum** gibt an, wie lange das Lebensmittel bei sachgemäßer Lagerung mindestens haltbar ist. Bis zu diesem Zeitpunkt trägt der Hersteller die Verantwortung (Garantie). Wenn die Ware nach diesem Zeitpunkt noch in Ordnung ist, kann sie nach Prüfung noch verzehrt werden.

Das **Verbrauchsdatum** ist rechtlich verbindlich. Nach dem Termin gelten die Waren als verdorben und dürfen nicht mehr verwendet werden.

Warenannahme und Warenlagerung

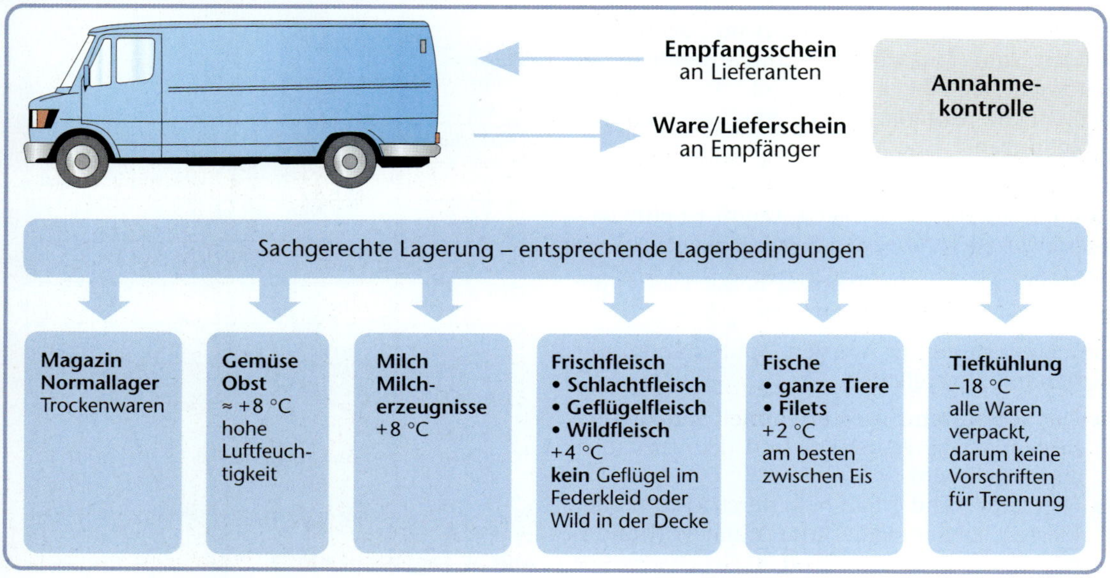

3.3 Lasten richtig bewegen

Wenn die beim Warentransport erforderlichen Bewegungen nicht richtig ausgeführt werden, kann die Wirbelsäule Schaden nehmen.

Beim **Heben von Lasten** werden die Beine gespreizt, und die Last wird bei geradem Rücken aus der Hocke heraus aufgenommen. Die „Arbeit" leisten dabei die Bein- und Oberschenkelmuskeln. Weil der Rücken gerade bleibt, wird die Wirbelsäule geschont.

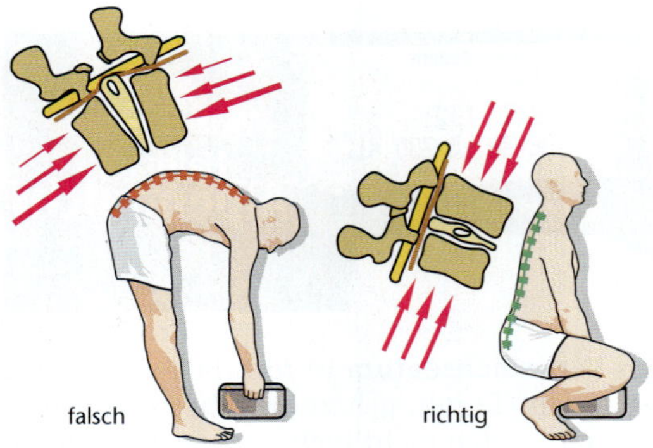

Abb. 1 Heben von Lasten

Beim **Tragen von Lasten** soll der Körper gleichmäßig belastet werden, damit keine Spannungen in der Wirbelsäule auftreten. Die Last wird darum nach Möglichkeit auf beide Arme verteilt.

Was gefahren werden kann, wird nicht getragen. Das spart Arbeitskraft und Zeit, denn mit einem Weg werden wesentlich mehr Lasten bewegt.

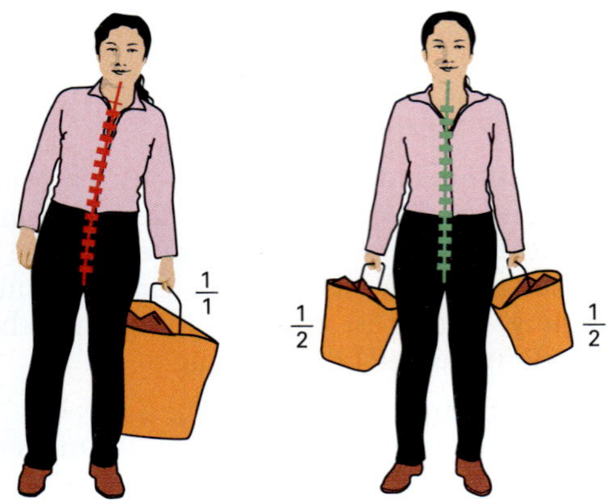

Abb. 2 Falsches und richtiges Tragen

4 Warenausgabe *issuing goods* *sortie (w) des marchandises*

In Betrieben kann man nicht wie in einem Haushalt Dose für Dose oder Flasche für Flasche dann aus dem Vorratsbestand entnehmen, wenn man sie gerade braucht.

Der Bedarf wird für eine bestimmte Zeit zusammengefasst und dem Vorrat entnommen.

Ohne Beleg keine Ware, lautet der Grundsatz bei der Warenausgabe. So wie beim Zugang von Waren zum Magazin der Empfangsschein zu unterschreiben ist, so fordert das Magazin eine schriftliche Unterlage von den anfordernden Abteilungen.

In der **Lagerfachkarte** werden die Veränderungen im Bestand eingetragen. Damit ist eine laufende Übersicht über den Bestand gegeben.

Die EDV in der Buchhaltung liefert Listen, die eine Abgleichung der Werte ermöglichen.

Bei einer Inventur werden Sollbestände mit Istbeständen verglichen.

- Der **Sollbestand** wird **errechnet,** indem zum Bestand Zugänge addiert und der Verbrauch abgezogen wird.
- Den **Istbestand** erhält man durch Zählen oder Messen. Er nennt die **tatsächlich vorhandene** Menge.

Wenn Ist- und Sollbestand nicht übereinstimmen, spricht man von **Fehlbestand.** Dieser kann entstehen durch

- Schwund, Verderb oder Bruch,
- Fehler bei der Datenerfassung, z. B. Eintragung vergessen
- Unehrlichkeit von Mitarbeiten.

Zugang:
Ware wird angenommen und verbucht.

Brathähnchen				
Datum	Vorgang	Zugang	Verbrauch	Bestand
1.10.	Übertrag			14
3.10.	Geflügel Schulze	48		62
5.10.	Anford. Küche		12	50

Verbrauch:
Ware wird angefordert und ausgegeben.

Dafür ist die Lagerverwaltung verantwortlich.

Abb. 3 Lagerfachkarte

5 Lagerkennzahlen *stock ratios* *ratios (m) des stocks*

Das Lager bindet vom Wareneingang bis zum Verkauf der Speisen oder Getränke erhebliches Kapital. Eine vergleichende Bewertung ist durch die Kennzahlen für

- Lagerbestand und
- Lagerdauer möglich.

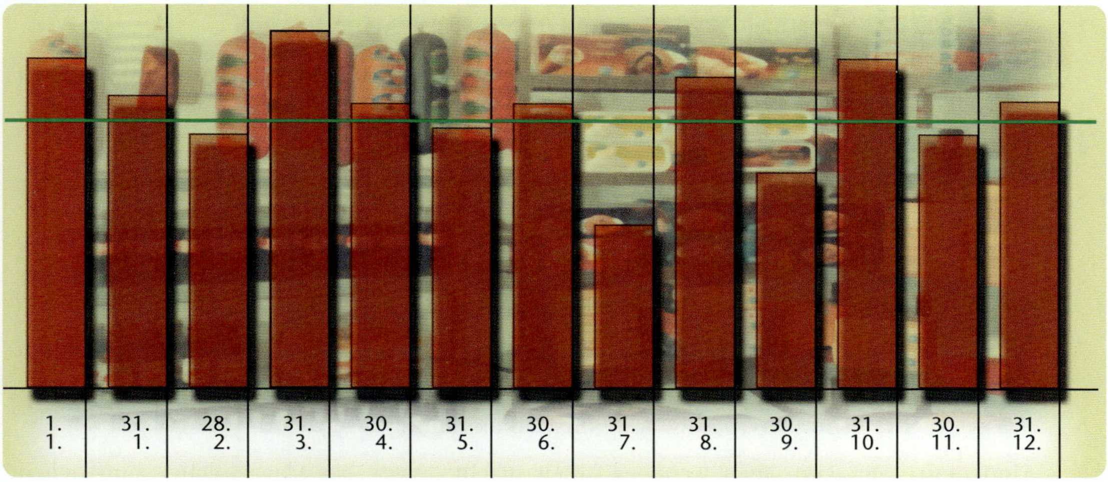

Der **durchschnittliche Lagerbestand** nennt den Durchschnitt/Mittelwert für ein Lager im Abrechnungszeitraum.

$$\varnothing \textbf{ Lagerbestand} = \frac{\text{Anfangsbestand + 12 Monatsendbestände}}{13}$$

Beispiel

$$\varnothing \textbf{ Lagerbestand} = \frac{33.000 + 240.000}{13} = 21.000$$

Die Umschlagshäufigkeit sagt aus, wie oft ein Lager innerhalb eines Jahres (gedanklich) ganz leer und wieder gefüllt ist. Denken Sie z. B. an Heizöl.

$$\textbf{Umschlagshäufigkeit} = \frac{\text{Wareneinsatz}}{\text{durchschnittlicher Lagerbestand}}$$

Beispiel

$$\textbf{Umschlagshäufigkeit} = \frac{231.000}{21.000} = 11$$

Die **durchschnittliche Lagerdauer** nennt die Anzahl der Tage, die eine Ware durchschnittlich im Lager ist. Dieser Wert ist besonders bei Frischware wichtig. Je kürzer die Lagerhaltung, desto besser die Qualitätserhaltung.

$$\varnothing \textbf{ Lagerdauer} = \frac{\text{360 Tage (ein Jahr)}}{\text{Umschlagshäufigkeit}}$$

Beispiel

$$\varnothing \textbf{ Lagerdauer} = \frac{360}{11} = \text{33 Tage}$$

Aufgaben

1 Nennen Sie die Namen der Schriftstücke bei folgenden Abläufen:
a) Magazin bestätigt dem Lieferanten den richtigen Empfang der Waren.
b) Ausfahrer weist nach, was er zu liefern hat.
c) Küche will Waren aus dem Magazin.
d) Restaurant will eine Portion Rinderschmorbraten von der Küche.

2 Nennen Sie je zwei Beispiele für offene und für versteckte Mängel.

3 Auf dem Lieferschein stehen 12 Flaschen Kräuteressig. Es werden jedoch nur 10 Flaschen angeliefert. Sie haben den Auftrag, die Waren anzunehmen. Wie verhalten Sie sich?

4 Nennen Sie drei Lagerbedingungen und erläutern Sie eine davon näher.

5 In einem Lagerraum für Trockenwaren hat sich in einer Ecke Schimmel gebildet. Nennen Sie mögliche Gründe.

6 Manchmal wird von Verpackungen nur eine Teilmenge benötigt. Warum muss dann die Verpackung wieder sorgfältig verschlossen werden?

7 Nennen Sie Gründe, warum aus hygienischen Gründen Gemüse und Fleisch nicht zusammen im Kühlraum gelagert werden dürfen.

8 Was geschieht, wenn unverpackte Ware im Tiefkühlraum gelagert wird?

9 „Und merke Dir: Fifo, auch wenn es Arbeit macht“, sagte der Magazinleiter zum neuen Auszubildenden. Erläutern Sie.

10 „Die Ware im Lager bindet unnötig Kapital. Darum muss der Lagerbestand ganz niedrig gehalten werden.“ Beurteilen Sie:
a) Welche Nachteile können mit einem sehr geringen Lagerbestand verbunden sein?
b) Wie nennt man den Bestand, der zur Absicherung des Betriebsablaufs immer vorhanden sein muss?
c) Wer legt diesen Wert fest?

11 Nennen Sie Faktoren, die die Höhe des Meldebestandes beeinflussen.

12 Die Buchführung des Hotels Königshof liefert folgende Werte:

01.01.	9.657,00 €						
31.01.	11.870,00 €	30.04.	11.621,00 €	31.07.	11.864,00 €	31.10.	6.756,00 €
28.02.	6.453,00 €	31.05.	8.879,00 €	31.08.	13.452,00 €	30.11.	11.829,00 €
31.03.	13.236,00 €	30.06.	9.682,00 €	30.09.	12.461,00 €	31.12.	8.973,00 €

Berechnen Sie den durchschnittlichen Lagerbestand.

13 Die Lagerbuchhaltung weist für das vergangene Jahr folgende Werte aus:

Anfangsbestand	15.200,00 €
Summe der Monatsendbestände	182.400,00 €
Wareneinsatz während des Jahres	258.400,00 €

Berechnen Sie die Lagerumschlagshäufigkeit und die durchschnittliche Lagerdauer in Tagen.

14 Die Lagerfachkarte für einen Tischwein enthält folgende Eintragungen:

Mindestbestand	20 Flaschen
Lieferdauer	7 Tage
Meldebestand	90 Flaschen

Können Sie aus diesen Angaben den durchschnittlichen Tagesverkauf ermitteln?

15 Für Gemüse wurde im Vorjahr eine durchschnittliche Lagerdauer von 15 Tagen ermittelt. Für dieses Jahr ist eine Lagerumschlagshäufigkeit von 30 geplant.
In welchem Fall ist die Lagerdauer kürzer?

6 Büroorganisation

office organization · organisation (w) de bureau

6.1 Schriftliche Arbeiten

Innerhalb der Ausbildung lernt man die unterschiedlichen Arten von berufsbezogenen schriftlichen Arbeiten kennen.

- **Karteien,** z. B. als Rezeptkartei im Abschnitt Arbeitsplanung, als Lagerfachkarte im Magazin
- **Arbeitsablaufpläne**
- **Checklisten**
- **Speise- und Getränkekarten**

Diese arbeitsplatzbezogenen schriftlichen Arbeiten sind dort besprochen, wo sie sachlich vorkommen. Die Besonderheiten bei der Gestaltung und der Schreibweise bei Speisekarten z. B. innerhalb der Menükunde. Hier wird vorgestellt, was allen Schriftstücken gemeinsam ist.

6.2 Ablage- und Ordnungssysteme

Wenn innerhalb eines Betriebes ein Vorgang, z. B. eine Bestellung, ordnungsgemäß ausgeführt worden ist, dann werden alle zugehörigen Informationen aufbewahrt. Man sagt, sie kommen in die **Ablage.**

Wenn die Schriftstücke sicher und rasch wiedergefunden werden sollen, müssen diese nach einem vereinbarten System an festgelegten Stellen abgelegt werden. Die geplante Ablage nennt man **Registratur.**

Dabei kann nach verschiedenen Arten geordnet werden. Man spricht von Ordnungsgrundsätzen oder **Ordnungsprinzipien oder Ordnungssystemen.**

Ablagesysteme

Damit zusammenbleibt, was zusammengehört, verwendet man unterschiedliche Schriftgutbehälter.

- **Sichthüllen**
  dienen der raschen vorläufigen Aufbewahrung. Es gibt sie oben und an der Seite offen in verschiedenen Farben und Folienstärken.

- **Aktendeckel**
  sind aus gefaltetem Karton. Im Unterschied zu den Sichthüllen haben sie den Vor- oder Nachteil, dass man den Inhalt nicht sieht.

- **Schnellhefter**
  mit oder ohne durchsichtiger Oberseite halten die Schriftstücke mit einem Heftstreifen zusammen.

- **Hängemappen**
  sind unten geschlossen und seitlich mit oder ohne Gewebestreifen. Sie hängen mit Haken in einem Rahmen und erlauben einen raschen Zugriff auf die Schriftstücke.

- **Ordner**
  sind aus starker Pappe gefertigt und in mehreren Breiten mit unterschiedlicher Mechanik verfügbar. „Selbststehende" Ordner kippen nicht und werden darum bevorzugt.

- **Archivschachteln**
  sind aus Pappe und werden für die staubfreie Altablage von Schriftgut verwendet.

Ordnungssysteme

Zunächst wird nach bestimmten Vorgängen unterschieden. Das können z. B. sein:

- *Personen,* wie Gäste oder Lieferanten
- *Vorgänge,* z. B. Frühlingsfest, Spargelwoche

Innerhalb dieser ersten Einteilung wird weiter getrennt.

Alphabetisch geordnet ist eine Ablage, wenn nach den Anfangsbuchstaben z. B. der Lieferfirmen oder der Gäste geordnet wird. Auf **A** folgt **B** usw. Kommt ein Anfangsbuchstabe mehrmals vor, berücksichtigt man den Folgebuchstaben. Beispiel: Lieferant **Be**rthold steht vor **Bu**sch.

Chronologisch geordnet ist eine Ablage, wenn nach dem **Datum** abgelegt wird. Eine Reservierung für einen Tisch im Restaurant wird sicher zunächst dem entsprechenden Datum zugeordnet.

Auch die Kontrolllisten, nach denen die betriebseigenen Kontrollen (HACCP) nach der Lebensmittelhygieneverordnung durchzuführen sind, werden sinnvoller Weise nach dem Datum abgelegt, an dem sie auszuführen sind.

Alphanumerisch geordnet ist eine Ablage, wenn **zunächst** nach dem **Alpha**bet und **dann** nach der **Nummer** unterschieden wird. Das kann sein das Datum, die Rechnungsnummer usw.

Im geschäftlichen Bereich wird in den meisten Fällen der neueste Vorgang „oben auf" gelegt. Das bringt den Vorteil, dass man das Neue immer zuerst zur Hand hat. Man nennt das **kaufmännische Ablage.**

Legt man dagegen das Neue immer hinten ab, wie z. B. in einem Fotoalbum, spricht man von **Buchablage.**

7 Datenverarbeitung *data processing* *traitement (m) des données*

Mit Hilfe der Datenverarbeitung werden viele Arbeitsvorgänge automatisiert, die früher z. T. zeitaufwendig und mühsam erledigt werden mussten.

Die technischen Geräte, die der Datenverarbeitung dienen, werden **Hardware** genannt. Was ein Rechner kann, hängt von der **Software** ab.

Neben allgemeinen Programmen wie Textverarbeitung (z. B. Word) oder Tabellenkalkulation (z. B. Excel) gibt es die **Branchensoftware.** Darunter versteht man Programme, die eigens für bestimmte Aufgaben bestimmter Branchen, bestimmter Betriebszweige gemacht sind. Verbreitet sind im Gastgewerbe z. B. Bankett-Profi, Fidelio oder Protel.

Jede Datenverarbeitungsanlage arbeitet nach dem **E-V-A-Prinzip.**

Erfasst werden die Daten z. B. über die Tastatur oder den Scanner.

Verarbeitet werden die Daten durch bestimmte Programme.

Ausgegeben werden die Ergebnisse über Bildschirm oder Drucker.

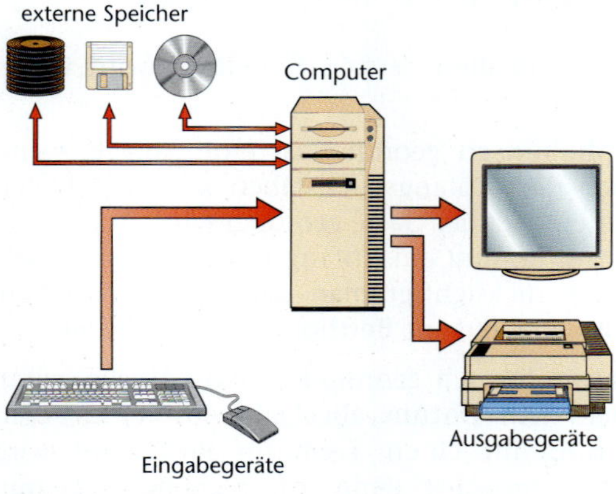

Abb. 1 Computersystem

7.1 Geräte

equipment *appareils (m)*

Mit Hilfe von **Eingabegeräten** gelangen die Daten in den Rechner. Neben der

- **Tastatur** und der
- **Maus** dient dazu auch der
- **Scanner,** vergleichbar einem Kopiergerät.
- **Barcodeleser** können die Informationen aus Strichcodes übernehmen.
- **Handterminals** können z. B. im Service verwendet werden, um Bestellungen direkt vom Tisch des Gastes aus in das System einzugeben.

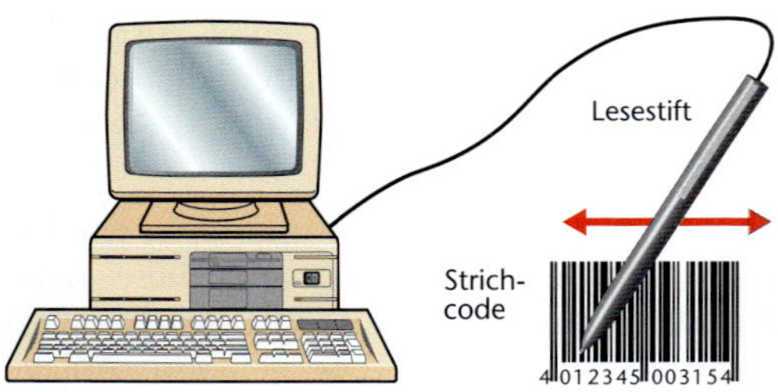

Abb. 2 Barcodeleser

Ausgabegeräte sind vorwiegend

- **Bildschirm** und
- **Drucker.** Neben dem üblichen Drucker kennt man auch einen besonderen Bondrucker, der direkt bei der Küche oder am Getränkebüfett ausdruckt.

Von **Datenkommunikation** oder **Netzwerk** spricht man, wenn die Geräte vernetzt sind, wenn gleichsam der eine Rechner weiß, was auf dem anderen gemacht wird. Software und Daten können zentral auf einem sogenannten Server abgelegt werden. Alle PCs und Terminals greifen hierauf zu.

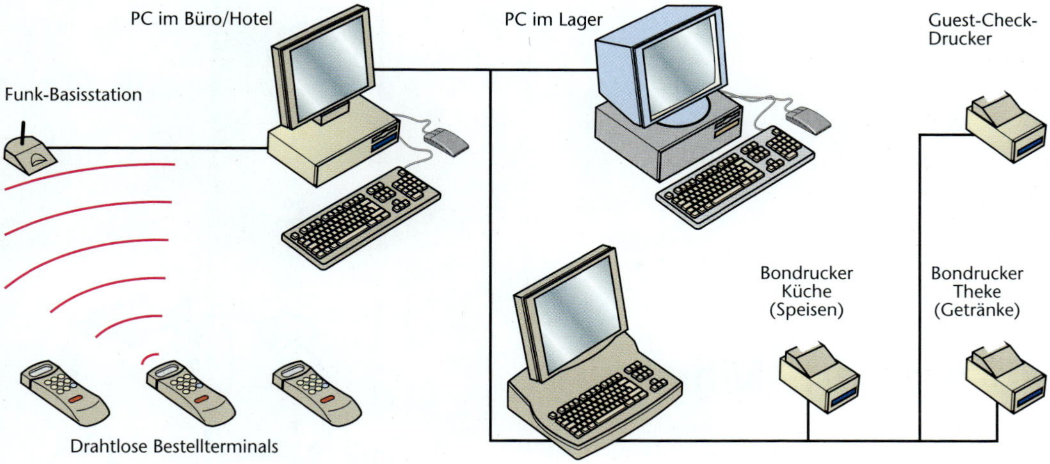

Abb. 1 Vernetzung: Service – Warenwirtschaft

Beispiel für das Zusammenwirken vernetzter Geräte:

Ein Gast bestellt eine Flasche Wein

Service	Getränkebüfett	Getränkelager
ordert eine Flasche Wein über Terminal	• Bon wird ausgedruckt	• Bestand wird überwacht
	• Bestellung wird • dem Mitarbeiter belastet • vom Büfettbestand abgebucht • beim Gastkonto (Guest-Check) belastet	• evtl. Bestellung vorgemerkt

7.2 Software

software *logiciel (m)*

Was eine EDV-Anlage „kann", hängt von der installierten Software ab.

- **Standardsoftware** ist
  - Textverarbeitung, z. B. Word
  - Tabellenkalkulation, z. B. Excel
  - Datenverwaltung, z. B. Access
- **Branchensoftware** ist speziell für eine Branche oder Teilbereiche entwickelt, z. B.
  - Kassensysteme, so genannte Kellnerkassen,
  - Veranstaltungssoftware, z. B. Bankett-Profi,
  - Rezeptverwaltung
- **Individualsoftware** ist für einen ganz bestimmten Betrieb oder für ein besonderes Problem erstellte Software.

7.3 Datensicherung und Datenschutz

data security

protection (w) des données

Unter **Datensicherung** versteht man alle Maßnahmen zu Sicherung der Datenbestände. Die Sicherung von Daten ist unbedingt notwendig, denn diese können

- zufällig verloren gehen, z. B. durch eine falsche Bedienung der Tastatur, einen kurzfristigen Stromausfall, usw.
- absichtlich verfälscht oder zerstört werden.

Dem wird durch unterschiedliche Verfahren der Datensicherung entgegengewirkt.

- Eine automatische Abspeicherung der Daten während der Arbeit kann über die Systemsteuerung in den Rechner eingegeben werden. Das sichert für den Fall einer Störung, dass nur die Daten seit der letzten automatischen Sicherung verloren gehen.
- Eine Gesamtsicherung oder Tagessicherung wird auf einem anderen Medium angelegt. Man nennt das **Backup.** Damit sind die Daten außerhalb des Computers gesichert und von diesem Gerät völlig unabhängig.

Der **Datenschutz** schützt personenbezogene Daten vor Missbrauch. Die Bestimmungen des Datenschutzgesetzes versuchen einen Ausgleich zwischen dem Schutz der Persönlichkeit und dem Recht auf Informationen von Institutionen zu schaffen. Beispiel Hotels, die die Anschriften für Werbeaktionen nutzen wollen.

Projekt

Arbeiten im Magazin

Ihr Haus plant eine Aktionswoche unter dem Motto

Aus Neptuns Reich

Sie sollen im Rahmen Ihrer Ausbildung bei dieser Aktion mitwirken.

Angebote einholen und vergleichen

1 Welche Möglichkeiten hat man, umfassende Angebote einzuholen?

2 Angenommen, Sie suchen über eine Suchmaschine im Internet. Welche Begriffe/Suchworte können rasch zu brauchbaren Ergebnissen führen?

3 Für das Tagesgericht Heilbutt nach Art der Herzogin rechnet man mit 65 Portionen je 180 g Fischfilet. Der Vorbereitungsverlust wird mit 35 Prozent angenommen. Wie viel kg Heilbutt sind zu bestellen?

4 Im Rahmen der Aktionswoche bieten wir hausgebeizten Lachs. Es liegen zwei Angebote vor.
Angebot A: Lachs als ganzer Fisch zu 4,90 €/kg. Aus Erfahrung ist mit 45 Prozent Verlust beim Filetieren zu rechnen.
Angebot B: Lachsseite zu 9,40 €/kg. In diesem Fall entstehen keine Verluste.
Berechen Sie den Preisunterschied je kg.

5 „Ein preisgünstiges Gericht, bei dem die Materialkosten nicht höher sind als 2,40 €, muss in unser Angebot.“ Das gebratene Filet soll 180 Gramm wiegen. Man rechnet mit einem Bratverlust von 28 Prozent. Der Preis bestimmt also die Fischart.
Wie viel € darf ein kg Fischfilet im Einkauf höchstens kosten?

Ware annehmen

Die bestellte Ware wird geliefert. Sie sind beauftragt, diese anzunehmen.

1 Welche Schriftstücke benötigt man bei einer korrekten Warenannahme?

2 Worauf achten Sie bei der Warenannahme? Welche Punkte kontrollieren Sie?

3 Es waren 60 Seezungen bestellt. Geliefert werden zwei Behältnisse mit je 20 Seezungen. Was werden Sie unternehmen?

4 Die frischen Seezungen sind nicht von crushed Eis umgeben. Darum prüfen Sie die Temperatur und stellen fest: + 7 ° C. Wie haben Sie zu handeln?

5 Wie werden Frischfische aufbewahrt?

6 Nennen Sie für die folgenden Waren jeweils einen Lagerort und die Lagerbedingungen: Frostfisch, Räucheraal, Dose mit Bismarckheringen, Mayonnaise, Crème fraîche für Salate.

Projekt

Zwischenprüfung

Die Verordnungen über die Berufsausbildung im Gastgewerbe und die zum Koch/zur Köchin sehen nach einem Ausbildungsjahr eine **Zwischenprüfung** vor. Zu den Berufen im Gastgewerbe zählen u. a. die Fachkraft im Gastgewerbe, Restaurantfachmann/Restaurantfachfrau und Hotelfachmann/Hotelfachfrau.

Für diese Berufe ist in der Ausbildung eine gemeinsame Grundstufe vorgesehen, und darum sind auch die Bestimmungen für die Zwischenprüfung vergleichbar. Ein Auszug aus den Bestimmungen, die für alle Berufe gelten:

Zwischenprüfung

(3) In höchstens drei Stunden soll der Prüfling eine praktische Aufgabe bearbeiten. Dabei soll er zeigen, dass er Arbeiten planen, durchführen und präsentieren, die Ergebnisse kontrollieren und Gesichtspunkte der Hygiene, des Umweltschutzes, der Wirtschaftlichkeit und der Gästeorientierung berücksichtigen kann. Hierfür kommen insbesondere in Betracht:

1. Planen von Arbeitsschritten,
2. Anwenden von Arbeitstechniken und
3. Präsentieren von Produkten.

Vergleichen Sie zu diesen Prüfungsinhalten die Lerngebiete im Buch:		Bewertung
● Planen von Arbeitsschritten	➔ Umrechnen von Rezepten, Seite 141 ➔ Arbeitsablaufplan, Seite 47	100 Punkte
● Anwenden von Arbeitstechniken	➔ Grundtechniken der Küche, Seite 115 ➔ Garverfahren, Seite 119 ➔ Zubereiten einfacher Speisen, Seite 147	100 Punkte
● Präsentieren von Produkten	➔ Grundkenntnisse im Service, Seite 230 ➔ Beschreiben von Speisen, Seite 135	100 Punkte

Themen

Beispiele Koch

In Ihrem Ausbildungsbetrieb bestellen Gäste **Schweinerückensteak in der Pfanne gebraten, Kräuterbutter, Grilltomate, Würfelkartoffeln.** Ihr Küchenchef beauftragt Sie, zwei Portionen herzustellen.

Oder

Ihr Ausbilder beauftragt Sie, **zwei Salatplatten mit gekochtem Ei** zuzubereiten. Tomaten, Gurken, Blattsalate, Kartoffel und Karotten stehen bereit.

Beispiele Gastgewerbe

Sie werden beauftragt, eine **Warenlieferung anzunehmen.** Welche Bereiche sind bei der Warenannahme zu kontrollieren? Nennen Sie auf der vorgegebenen Warenliste die für die Lagerung vorgeschriebenen Mindesttemperaturen.

Bereiten Sie für eine Person **Rühreier mit Schinken auf Toast** und **Joghurt mit Früchten.**

Decken Sie einen Tisch für ein erweitertes Frühstück, servieren Sie die Zubereitungen und beraten Sie die Gäste.

Für die Ausarbeitung erhalten Sie vorbereitete Blätter wie auf der Rückseite.

Projekt

Zwischenprüfung (Fortsetzung)

Beispiel Koch

Situation: In Ihrem Ausbildungsbetrieb bestellen Gäste **Schweinerückensteak in der Pfanne gebraten mit Kräuterbutter, Grilltomate und Würfelkartoffeln.** Sie werden beauftragt, zwei Portionen herzustellen.

Aufgabe 1a Erstellen Sie eine Warenanforderung mit genauen Mengenangaben.

Warenanforderung

Menge	Ware

Aufgabe 1b Erstellen Sie einen Arbeitsablaufplan in Stichworten und mit Zeitangaben

Arbeitsablaufplan

Zeit in Min.	Arbeitsschritt

Aufgabe 2 Bereiten Sie das Steak mit Beilagen zu.

Aufgabe 3 Im Restaurant ist ein Tisch für zwei Personen zum Mittagessen einzudecken. Decken Sie zuerst den Tisch für zwei Personen ein. Präsentieren Sie dort Ihre Zubereitung und beantworten Sie die gastorientierten Fragen der Prüfungskommission.

1 Führen Sie zumindest die Aufgaben 1 und 3 der Prüfungsanforderungen aus.

2 Fragen Sie Ihre KollegInnen, welche Aufgaben sie zu bearbeiten hatten. Das ist eine gute Möglichkeit zu üben.

3 Üben Sie das Präsentieren und neben dem richtigen Eindecken auch die Gästeorientierung. Es wird erwartet, dass Sie das Gericht verkaufsfördernd anbieten können und auf Nachfragen über die verwendeten Rohstoffe und die Zubereitung Auskunft geben können.

4 Bitten Sie einen Kollegen/eine Kollegin, die Gastrolle zu übernehmen. Üben Sie sprachlich das Anbieten der Speise, lassen Sie sich mit Nachfragen über die Zubereitung und den Geschmack „löchern“.

1 Gemüse

vegetables *légumes (m)*

Das Wort Gemüse ist abgeleitet von dem alten Wort „muos", mit dem Breispeisen bezeichnet worden sind. Heute versteht man darunter Pflanzenteile, die in rohem oder gegartem Zustand genossen werden.

Für die menschliche Ernährung liefern die Gemüse hauptsächlich Vitamine und Mineralstoffe sowie Ballaststoffe.

1.1 Gemüse in der Ernährung

Die Gemüse haben einen geringen Energiegehalt, da sie vergleichsweise wenig Kohlenhydrate, Fette und Eiweiß enthalten. Sie sind jedoch wichtige Lieferanten von Vitaminen, Mineralstoffen und Extraktstoffen, die geschmacksgebend und appetitanregend wirken. Der hohe Gehalt an Zellulose (Rohfaser) füllt den Magen-Darm-Trakt, erzeugt ein Sättigungsgefühl und fördert die Darmbewegung.

	100 g essbarer Anteil enthalten			
Lebensmittel	Eiweiß g	Fett g	Kohlenhydrate g	Energie kJ
Aubergine	1	+	3	70
Blumenkohl	2	+	2	60
Kohlrabi	1	+	3	65
Kopfsalat	1	+	1	30
Möhren	1	+	4	90

\+ = in Spuren enthalten

Sekundäre **P**flanzen**s**toffe (SPS) oder bioaktive Pflanzenstoffe nennt man Stoffe, die nicht zu den primären Nährstoffen (KH, E, F) zählen. Sie dienen zunächst den Pflanzen selbst als Schutzstoffe gegen Schädlinge und gegen Krankheiten.

Sekundäre Pflanzenstoffe

- stärken das Immunsystem,
- schützen vor Infektionen,
- wirken gegen Krebs,
- senken den Cholesterinspiegel.

Diese gesundheitsfördernden Eigenschaften können bewusst in die Ernährung eingeplant werden.

1.2 Nährwerterhaltung

Die im Gemüse enthaltenen Wirkstoffe sind nur dann für die Ernährung von Nutzen, wenn sie bei der Vor- und Zubereitung nicht zerstört werden.

Die Vitamine A und C und die Vitamine der B-Gruppe sind empfindlich gegen Wärme, Einwirkung von Licht und Luftsauerstoff. Alle Mineralstoffe und die wasserlöslichen Vitamine (B_6, C) werden durch Wasser ausgelaugt.

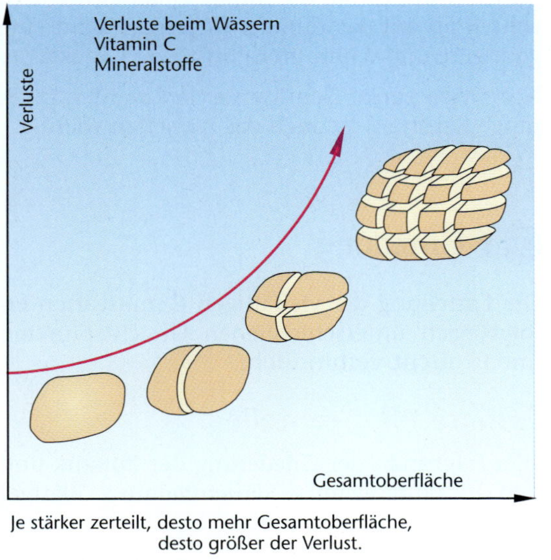

Abb. 1 Verluste durch Wässern

Von diesen Tatsachen sind für die Erhaltung der Nährwerte folgende Regeln abzuleiten:

- Gemüse kühl und dunkel lagern
- Gemüse kurz, aber gründlich waschen
- Gemüse erst kurz vor der Verarbeitung zerkleinern
- Vorbereitete Gemüse abdecken, kühl stellen
- Zubereitete Gemüse nicht lange warm halten. Besser: rasch, möglichst in Eiswasser, abkühlen und bei Bedarf wieder erwärmen (z. B. Mikrowellengerät).

1.3 Einkauf

Trotz moderner Anbaumethoden gedeihen Naturprodukte unterschiedlich. Die Einteilung in Güteklassen ermöglicht einen Qualitäts- und Preisvergleich.

Güteklassen sind im gesamten EU-Bereich verbindlich.

Es gilt folgende Unterteilung:

Extra, I, II, wobei nicht bei allen Gemüsearten jede Klasse vorkommt.

Die Güteklassen berücksichtigen nur **äußere Qualitätsmerkmale** wie Größe, Gewicht, Aussehen, nicht aber **innere Qualitätsmerkmale** wie Geschmack, Konsistenz und Gehalt an Vitaminen und Mineralstoffen. Dabei kann es durchaus sein, dass Ware mit äußeren Mängeln hohe innere Qualität aufweist – der umgekehrte Fall ist genauso möglich.

Beim Einkauf ist darum die geplante Verwendung zu berücksichtigen. Bei Zubereitungen, zu denen z. B. das Gemüse kleingeschnitten oder püriert wird, ist auf die innere Qualität mehr zu achten als auf das Äußere. Es genügt dann eine geringere und damit preisgünstigere Güteklasse.

Nur wenn ganze Gemüse serviert werden (z. B. junge Karotten) ist auch das Aussehen wichtig.

1.4 Einteilung

Die Einteilung der vielfältigen Gemüsearten erfolgt nach unterschiedlichen Gesichtspunkten und ist **nicht verbindlich.**

Essbare Pflanzenteile

Hier folgt man der Gliederung der Botanik und teilt in Blütengemüse, Fruchtgemüse, Blattgemüse, Wurzelgemüse usw.

Am Beispiel des Kohls lässt sich gut aufzeigen, wie der Mensch aus einer Wildpflanze verschiedene Nutzpflanzen gezüchtet hat.

Aus der Blüte entstanden

- Blumenkohl,
- Romanesco,
- Brokkoli.

Blätter, die sich wie ein Kopf übereinander lagern, bilden den Kopfkohl wie

- Weißkohl/Weißkraut,
- Rotkohl/Blaukraut,
- Wirsing und Rosenkohl.

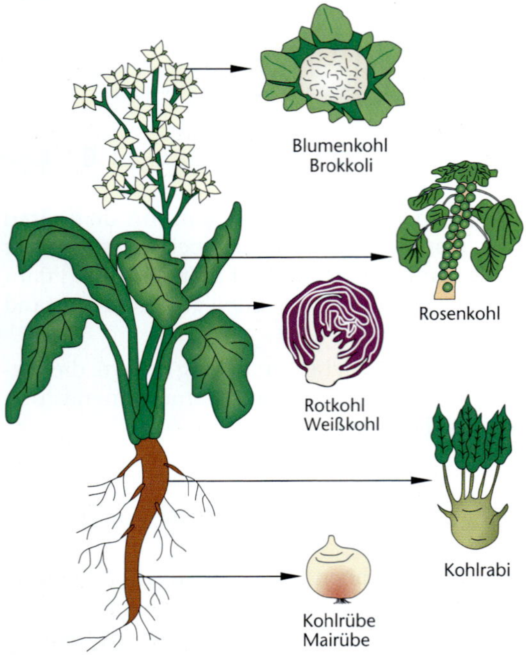

Abb. 1 Entwicklung der Kohlarten

Aus der verdickten Wurzel entwickeln sich

- Kohlrabi,
- Kohlrübe/weiße Rübe/Mairübe.

Preisgruppen

Die Materialkosten stehen im Vordergrund. Der Handel unterscheidet:

- **Niedrigpreisige Sorten,** z. B. Kohl, Gelbe Rüben, Gurken
- **Hochpreisige Gemüse,** z. B. Spinat, Spargel, Auberginen

Wirkung auf die Verdauung

Man unterscheidet hier zwischen **Grobgemüse** mit hohem Zellulosegehalt wie Weißkohl, das den Magen-Darm-Trakt belastet und zu Blähungen führen kann, und **Feingemüse** wie z.B. Spargel und grüne Erbsen mit geringem Zellulosegehalt.

Handelsübliche Sammelbegriffe

Verwendungsmöglichkeiten in der Küche stehen bei der folgenden Gliederung im Vordergrund, wobei Überschneidungen nicht immer zu vermeiden sind.

- Kohlgemüse
- Wurzelgemüse
- Salatgemüse
- Fruchtgemüse
- Hülsenfrüchte
- Zwiebelgemüse
- sonstige Gemüse

Zeit des Hauptangebots

Hier unterscheidet man nach Saisongemüse (z. B. Spargel), Sommergemüse (z. B. Tomaten, Brokkoli), Herbst- und Wintergemüse (z. B. Grünkohl).

Neben dem Anbau im Freiland ist Ware aus Treibhäusern und importiertes Gemüse das ganze Jahr über erhältlich. Eine moderne, ernährungsbewusste Küche beachtet dennoch die Saisonzeiten. Dafür gibt es mehrere Gründe.

In der Saisonzeit

- ist Gemüse geschmackvoller, denn es hat viel Sonne aufgenommen,
- ist Gemüse preisgünstiger und erlaubt preisgünstige Aktionen,
- ist der Gemüseanbau ökologisch optimal, weil am wenigsten Energie benötigt wird.

Ein Sprichwort sagt: Alles zu seiner Zeit und aus der Umgebung, das schätzen Gaumen und Geldbeutel.

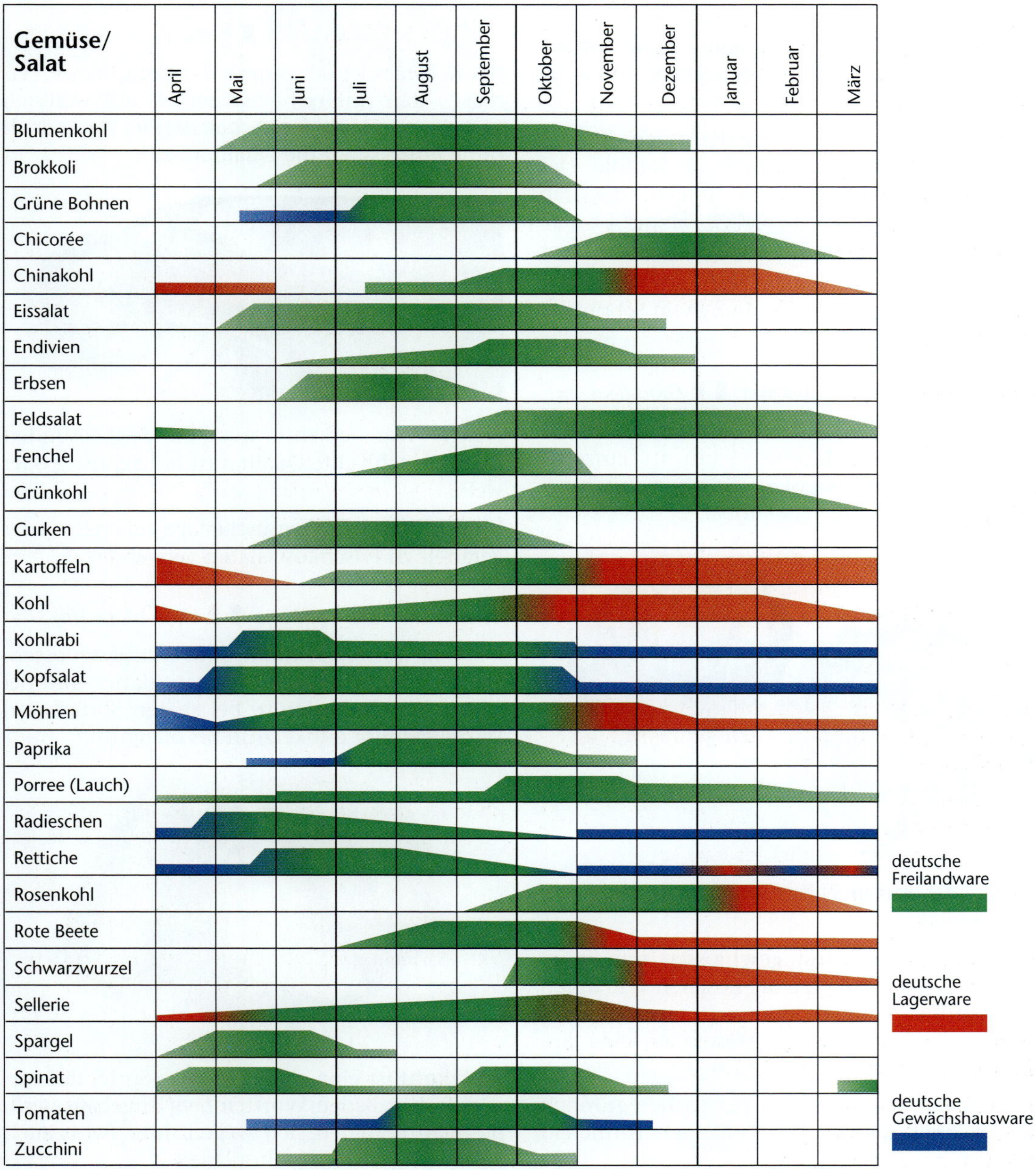

Saisonkalender (s. Seite 303)

Der Saisonkalender beginnt nicht wie das Kalenderjahr mit dem Januar, sondern mit dem Monat April.

Er folgt damit dem Jahreslauf, dem Ablauf in der Natur. Im April werden die Tage wieder länger, die Sonne liefert mehr Energie. Die ersten neuen Pflanzen gedeihen, zunächst im Treibhaus, dann im Freien, und kommen verstärkt auf den Markt.

1.5 Kohlgemüse

Kohlgemüse ist ein bedeutender Lieferant für Vitamin C. Von unserer Gemüseernte sind 60 % Kohlgemüse.

Bei der Zerkleinerung entstehen durch die Einwirkung von Enzymen ätherische Senföle. Das sind schwefelhaltige Verbindungen, die den typischen Kohlgeruch bewirken. Dieser ist z. B. bei Weißkohl stark ausgeprägt.

Die Kopfkohlarten haben blähende Wirkung; das ist bei der Zusammenstellung von Schonkost zu beachten.

Blumenkohl *cauliflower* *chou-fleur (m)*

Beim Blumenkohl ist der Blütenstand verstärkt ausgebildet. Die „Blume“ kann in einzelne „Röschen“ zerlegt werden. Er ist wohlschmeckend und vielseitig verwendbar.

Wegen der zarten Zellstruktur zählt er zu den Feingemüsen.

Blumenköpfe sind fest geschlossen und möglichst hell, Verfärbungen der Röschen sind durch Lichteinfluss bedingt und nur ein optischer Mangel. Welke Hüllblätter weisen auf eine längere Lagerung hin.

Beim *Romanesco* sind die Einzelröschen grünlich oder gelblich und zu spitzen kleinen Türmchen geformt.

Brokkoli

broccoli *brocoli (m)*

Die Form ist ähnlich dem Blumenkohl, doch sind die Röschen lockerer; Brokkoli ist dunkelgrün bis leicht bläulich.

Im Angebot wird zwischen den kleineren Seitentrieben (etwa 80 g) und den größeren Haupttrieben unterschieden, die bis zu 500 g schwer werden können.

Brokkoli hat eine kürzere Garzeit als Blumenkohl.

Kohlrabi *kohlrabi* *chou-rave (m)*

Bei Kohlrabi ist der Strunk der Kohlpflanze verdickt. Man unterscheidet Sorten mit weißlich hellgrüner oder blauer Schalenfarbe, was jedoch ohne Einfluss auf die Qualität ist.

Frische Ware erkennt man an den gesunden Blättern, schlechte Qualität ist holzig, rissig oder welk.

Kohlrabi wird als Gemüsebeilage zubereitet oder geraffelt zu Frischkostsalaten verwendet.

Weißkohl *cabbage* *chou blanc (m)*

Die kugelförmigen Köpfe sind fest geschlossen. Die schalenförmig gekrümmten Blätter sind bei frühen Sorten hellgrün, bei späten Sorten und Wintergemüse dunkelgrün bis blaugrün.

Spitzkohl ist eine spezielle, zarte Sorte, die vorwiegend in Baden-Württemberg angebaut wird; die Blätter eignen sich wegen ihrer Form auch besonders gut für Kohlrouladen.

Sauerkraut *sauerkraut* *choucroute (w)*

Der geschnittene Weißkohl wird unter Beigabe von Salz einer milchsauren Gärung überlassen und später pasteurisiert. Gute Qualität ist gleichmäßig geschnitten, knackig, hell, von fein säuerlichem Geruch und Geschmack.

Rotkohl, Blaukraut *red cabbage* *chou rouge (m)*

Der fest geschlossene Kopf ist, je nach Erntezeit, unterschiedlich gefärbt: frühe Sorten mehr rötlich, spätere Sorten und Lagerwaren dunkelblau. Bei der Zubereitung wird durch Säureeinwirkung (Essig, Zitrone) die dunkelblaue Farbe wieder rötlich.

Rotkohl ist eine typische Gemüsebeilage zu Wildgerichten und Schweinebraten. Als Frischkost wird er kombiniert mit Früchten wie Äpfeln oder Orangen angeboten.

Wirsing *savoy* *chou de Milan (m)*

Die Blätter des lockeren Kopfes sind von dunkelgrüner bis hellgelber Farbe und blasig gewellt. Wirsing ist zarter als Weißkraut und benötigt nur kurze Garzeit.

Frühwirsing gibt es ab Juni.

Rosenkohl

brussels sprouts *chou (m) de Bruxelles*

An einem Stamm, der in einem Blätterdach endet, stehen in den Blattwinkeln die runden oder ovalen Röschen. Gehandelt werden nur die Röschen, die gleichsam Kohlköpfe im Kleinen sind. Frosteinwirkung macht das Gemüse milder und leichter verdaulich.

Gute Qualität ist fest geschlossen und kräftig grün.

Chinakohl

chinese cabbage *chou (m) chinois*

Chinakohl wird auch als Pekingkohl bezeichnet. Längliche, hellgrüne Blätter sind zu einem lockeren ovalen Kopf geschlossen.

Gute Ware hat eng anliegende Blätter und einen saftigen Strunk; braune und schwarze Flecken deuten auf lange Lagerung oder unsanfte Behandlung hin. Verwendung vorwiegend zu Salat.

Grünkohl *kale* *chou (m) vert*

Grünkohl wird auch Blätterkohl oder Krauskohl genannt und ist vor allem im Norden und Westen unseres Landes bekannt. Von einem Stängel aus wachsen die gekrausten Blätter in unterschiedlichen Grüntönen. Grünkohl wird nach der ersten Frosteinwirkung geerntet und vorwiegend gekocht oder gedünstet.

Paksoi

pak-choi | pak-choi

Paksoi ist eine asiatische Kohlsorte. Man kann ihn geschmacklich mit dem Chinakohl vergleichen, er ist jedoch etwas saftiger und würziger. Paksoi hat lange weiße Stiele, an denen große, runde, dunkelgrüne Blätter wachsen.

1.6 Wurzelgemüse

Die verdickten Wurzeln dienen den Pflanzen als Nährstoffreserve für das Folgejahr. Die meisten Arten haben darum eine festere Struktur, sind kompakt und gut lagerfähig. Der guten Lagerfähigkeit wegen bezeichnet man sie auch als *Herbst- und Wintergemüse.*

Wurzelgemüse verarbeitet man überwiegend zu Beilagen; für Salate werden die Wurzeln meist vorher gekocht. Sollen Rohkostsalate zubereitet werden, sind die Pflanzen zu raffeln oder sehr fein zu schneiden, damit die Zellstruktur aufgeschlossen wird.

Möhren, Karotten, Gelbe Rüben

carrots | carottes (w)

Möhren werden auch als Mohrrüben oder Gelbe Rüben bezeichnet. Je nach Sorte ist die Form der Wurzel spitzkugelig oder walzenförmig. Die kleinen runden Sorten (ähnlich dem Radieschen) werden vielfach Karotten genannt und überwiegend zu Konserven verarbeitet, z. B. „Pariser Karotten", oder sind Bestandteil des Leipziger Allerlei.

Möhren gelten als das carotinreichste Lebensmittel.

Verwertung: gekocht als Gemüse und Salat, geraffelt als Frischkost, gepresst als Karottensaft.

Rettich, Radieschen

radish | radis (m)

Das Angebot umfasst heute vorwiegend milde Sorten, deren Außenhaut unterschiedliche Farbe haben kann; weiße Ware wird bevorzugt. Durch den Anbau in Treibhäusern ist der Rettich das ganze Jahr über am Markt. Der typische Geschmack beruht hauptsächlich auf dem Gehalt an Senfölen.

Rettich und Radieschen werden überwiegend roh verzehrt, z. B. dünn aufgeschnitten oder geraffelt und gesalzen.

Schwarzwurzel

black salsify | salsifis (m) noir

Die schwarzbraun gefärbte Korkschale hat der Pfahlwurzel den Namen gegeben. Sie wird etwa 1 bis 2 cm dick und bis zu 30 cm lang. Da die Schwarzwurzel in Form, Farbe und Zubereitung den Spargelstangen ähnelt, wird sie auch als „Spargel des Winters" bezeichnet.

Gute Qualität ist glatt, ohne Verzweigungen, hellfleischig, fest und reich an Milchsaft.

Beim Schälen der rohen Wurzeln tritt Milchsaft aus, der bei Luftzutritt rasch bräunt (oxidiert). Darum werden die geschälten Stangen sofort in Wasser gelegt (Luftabschluss), dem etwas Säure (Zitrone, Essig) beigefügt ist.

Sellerie *celery root* *céleri-rave (m)*

Die Sellerieknolle ist eine außen braune, innen hellfleischige Wurzelverdickung. An den unteren Hälften zweigen zahlreiche Nebenwurzeln ab. Gute Qualität ist gleichmäßig hellfleischig, weder hohl noch holzig und bleibt beim Kochen weiß.

Stangensellerie (Stauden-, Bleichsellerie) wird roh und gekocht zu Salaten verarbeitet.

Rote Rüben

beetroot *betterave (w) rouge*

Die rund oder länglich geformten Wurzeln werden nach dem Kochen vor allem als Salat zubereitet.

Bei guter Qualität ist die Rübe gleichmäßig entwickelt und ohne Verletzungen. Die Blätter werden abgedreht, nicht abgeschnitten, weil damit beim Kochen ein „Ausbluten" des Farbstoffes Betanin vermieden wird.

Meerrettich *horseradish* *raifort (m)*

Die Pfahlwurzeln werden bis zu 500 g schwer; das Angebot reicht von Oktober bis Mai. Ätherische Senföle bilden das scharfe Aroma. Meerrettich dient als Würzmittel, z. B. bei Sahnemeerrettich oder zu gekochtem Rindfleisch. Durch die anregende Wirkung auf die Verdauung macht er schwere Speisen bekömmlicher. Die grüne japanische Wasabi-Wurzel ist schärfer als Meerrettich.

Speiserübe *turnip* *navet (w)*

Die Rübenart wird im Frühjahr (Mairüben) und im Herbst (Herbstrüben, Kohlrüben) angeboten. Das Wurzelgemüse ist weiß- oder gelbfleischig; die gelblichen Arten werden bevorzugt.

Eine besondere Gruppe bilden die Teltower Rübchen. Diese radieschenähnliche, oval-bauchige Spezialität schmeckt mild-herb. Die Rübchen werden ähnlich wie Karotten gekocht oder gedünstet.

1.7 Blattgemüse

Mit dem Wort Blattsalat verbindet der Gast Eindrücke wie frisch, knackig, gesund, anregend usw. Aus der Sicht der Küche sollen die empfindlichen Gewächse gut lagerfähig und einfach vorzubereiten sein. Außerdem sollen sie der Säure der Dressings standhalten, damit der angerichtete Salat nicht so schnell zusammenfällt.

Diese Ansprüche berücksichtigen Neuzüchtungen. Sie sind knackig ohne hart zu sein und ergänzen die Farbpalette.

Weil Blattgemüse vorwiegend roh genossen werden, ist auf eine besonders sorgfältige Reinigung der Pflanzenteile zu achten.

Kopfsalat *lettuce* *laitue (w)*

Kopfsalat wird als Freiland- und als Treibhausware angeboten und ist darum das ganze Jahr über am Markt.

Freilandsalat hat festere Köpfe und derbere Blätter, Treibhaussalat ist lockerer, hat nur geringen Abfall.

Die Frische des Salates ist am Strunk erkennbar, der bei zu langer Lagerung braun wird. Kopfsalat fällt nach dem Anmachen rasch zusammen.

Eisbergsalat

iceberg lettuce *laitue (w) d'hiver*

Der Eisbergsalat ist eine Unterart des Kopfsalates. Bei ihm bilden die hellgrünen fleischigen, grobadrigen Blätter einen festen Kopf. Eisbergsalat ist knackig und fällt kaum zusammen.

Crispsalat ist eine Variante des Eisbergsalates, die in den Wintermonaten aus den Treibhäusern der Niederlande zu uns kommt.

Römischer Salat

roman lettuce

salade (w) romaine

Die länglich spitzen festeren Blätter bilden einen lockeren Kopf. Er schmeckt herzhafter als Kopfsalat, etwas herb.

Bataviasalat

batavia lettuce

laitue (w) de Batavia

Die Blätter mit rötlichem Rand sind dem Kopfsalat ähnlich. Er schmeckt kräftiger und fällt nicht so leicht zusammen.

Eichblattsalat

oakleaf lettuce

salade (w) de feuilles de chêne

Die eichblattähnlichen geschlitzten Blätter haben rötlich braune Spitzen. Die dekorativen Blätter fallen leicht zusammen. Schmeckt herzhafter als Kopfsalat.

Endivie *curly endive* *chicorée (w) frisée*

Die eigentliche Endivie ist winterhart und wird darum auch Winterendivie genannt. Sie hat einen lockeren Kopf mit krausen Blättern. In den grünen Blattteilen befinden sich die Bitterstoffe, schmeckt bitterherb.

Eskariol ist eine Endivienart mit glatten Blatträndern. Er wird auch als Sommer-Endivie oder Römischer Kohl bezeichnet.

Chicorée *chicory* *chicorée (w)*

Die Chicorée kommt vorwiegend aus Holland zu uns. Im ersten Jahr werden nur die Wurzeln getrieben. Im Herbst des folgenden Jahres wachsen in geheizten Treibhäusern unter Lichtabschluss die Blätter aus. Der Lichtmangel bewirkt, dass die Triebe hell bleiben und arm an Bitterstoffen sind.

Radicchio rosso

red-leaf chicory *barbe (w) de capucin*

Die festen fleischigen Blätter sind intensiv rot und haben weiße Rippen. Oftmals ist der Geschmack leicht bitter.

Blattsalate aus der Familie der Zichoriengewächse (z. B. Endivie, Chicorée, Radicchio) haben eine leichte appetitanregende Bitterkeit sowie die Eigenschaft, in angemachtem Zustand längere Zeit knackig zu bleiben.

Feldsalat

lamb's lettuce *mâche (w)*

Die knackigen Blätter des Feldsalates werden auch Ackersalat oder Vogerlsalat genannt. Da die Ernte mühsam ist, liegt der Preis der aromatischen Blätter relativ hoch.

Fenchel *fennel* *fenouil (m)*

Bei Gemüsefenchel bilden die verdickten Blattscheiden eine fleischige Knolle. Fenchel schmeckt anisartig.

Er kann roh zu Salaten und gegart zu Beilagen oder Zwischengerichten verarbeitet werden.

Spinat *spinach* *épinards (m)*

Spinat ist ein Blattgemüse, das vorwiegend warm zubereitet wird.

Nach der Ernteart unterscheidet man Blattspinat und Wurzelspinat, bei dem die ganze Pflanze aus dem Boden gestochen wird. Das Putzen dieser Sorte erfordert mehr Zeit.

Spinat ist ein Gemüse mit hohem Nitratgehalt. Das Nitrat kann bei Wärme durch Bakterien rasch zu gesundheitsgefährdendem Nitrit abgebaut werden. Darum darf Spinat nicht zu lange warm gehalten werden. Man sollte ihn nicht wiedererwärmen.

Frischemerkmale bei Blattgemüsen

Abb. 1 Kopfsalat frisch/alt

Die Farbe des Strunks zeigt das Alter. Je dunkler die Schnittfläche, desto länger lagert der Salat schon.

1.8 Fruchtgemüse

Früchte sind Pflanzenteile, in denen die Samen heranreifen. Für die Ernährung ist eine Zuchtauswahl getroffen, die die Bildung von *Fruchtfleisch* bevorzugt und die Samenbildung zurückdrängt. Fast alle Fruchtgemüse eignen sich für warme und kalte Zubereitungen.

Aubergine *eggplant* *aubergine (w)*

Die dunkelvioletten Früchte sind etwa 10 bis 15 cm lang und haben helles Fruchtfleisch. Roh werden sie nicht gegessen. Das typische Aroma entwickeln sie erst beim Garen, insbesondere beim Braten.

Gurke *cucumber* *concombre (w)*

Das Angebot an Frischware wird nach dem Anbau unterschieden:

Schlangen- oder Salatgurken kommen aus Treibhäusern und müssen gleichmäßig gewachsen sein. Man verwendet sie vorwiegend zu Salaten.

Schäl- oder Schmorgurken haben eine derbere Schale. Bei dieser Art ist die Bitterprobe am Stielansatz erforderlich. Sie werden hauptsächlich für warme Zubereitungen verwendet.

Zucchini *zucchini* *courgette (w)*

Die gurkenähnlichen, am Stielansatz sechskantigen Früchte, können bis zu mehreren Kilogramm schwer werden. Am wohlschmeckendsten sind sie bei einer Länge von etwa 15 cm. Große Exemplare haben weniger Aroma. Weiße Stellen auf der Schale sind ein Zeichen für Freilandware, die aromatischer ist.

Mais/Zuckermais *corn* *maïs (m)*

Zuckermais wird auch Gemüsemais oder Süßmais genannt und unterscheidet sich vom Körnermais. Die bei der Fotosynthese gebildeten Zuckerstoffe werden nur verzögert in Stärke umgewandelt, sodass auch die größeren Körner noch süß schmecken.

Frischware unbedingt kühl lagern, da sonst die Süße verloren geht.

Paprika/Gemüsepaprika

🇬🇧 *bellpepper* 🇫🇷 *poivron (m)*

Die bis faustgroßen Schoten sind stumpf oder spitz auslaufend geformt. Die Farbe ist unterschiedlich: Grüne Schoten sind nicht unreif, ihr Geschmack ist würzig; gelbe Ware ist mild im Geschmack; rote Schoten sind voll ausgereift, mild bis leicht süßlich. Die Schärfe des Paprikas liegt in den Kernen und den Trennwänden der Frucht. Darum werden diese beim Vorbereiten sorgfältig entfernt.

Tomate 🇬🇧 *tomato* 🇫🇷 *tomate (w)*

Durch Züchtungen und Anbaumethoden hat sich das Angebot im Handel praktisch auf zwei Sorten verringert.

Runde Tomate oder Hollandtomate. Die Frucht ist gleichmäßig rund und von sattem Rot. Die Miniform wird als *Kirschtomate* bezeichnet. Sie sind etwa 2 bis 3 cm groß und dienen vorwiegend als Garnitur.

Gerippte Tomate oder Freilandtomate oder Fleischtomate ist unregelmäßig gerippt. Ihr Anteil an „Fleisch" ist höher, darum ist sie geschmacksintensiver.

Bohnen

🇬🇧 *string beans* 🇫🇷 *haricots (m) verts*

Bei Bohnen verzehrt man die unreifen Hülsen mit den Kernen oder nur die Bohnenkerne (siehe folgende Seite). Stangenbohnen sind kräftiger und länger als Buschbohnen. Weil letztere leichter zu ernten sind, bilden sie das Hauptangebot. Nach dem Aussehen werden die grünschaligen Bohnen und die gelbschaligen **Wachsbohnen** unterschieden.

Bohnen eignen sich nicht für Rohkost, denn sie enthalten das Gift Phasin, das jedoch beim Garen zerstört wird.

Frische Ware knackt beim Umbiegen der Hülse, die Bruchstelle ist glatt und saftig.

Prinzess-/Delikatessbohnen haben eine sehr dünne, zarte Schale und feines Fruchtfleisch. Sie werden unzerteilt serviert.

Brechbohnen werden aus dickfleischigen, rundhülsigen Bohnen hergestellt. Die Schoten werden in mundgerechte Stücke gebrochen.

Schnittbohnen werden aus flachhülsigen Schoten geschnitten.

Erbsen 🇬🇧 *green peas* 🇫🇷 *petits pois (m)*

Erbsen bezeichnet man entsprechend der Entwicklungsstufe als **Schoten** und meint damit die ganzen Früchte.

Die von der Schote befreiten „Kugeln" nennt man **grüne Erbsen.** Die ausgereiften gelben Samen zählen zu den **Hülsenfrüchten** (siehe nächste Seite).

Zuckererbsen und Zuckerschoten haben in den Hülsen keine feste und damit ungenießbare Pergamentschicht. Man isst darum die fleischige, süße Hülse mit den noch unentwickelten Körnern.

Pflückerbsen nennt man die unreif geernteten Erbsenschoten. Vor dem Garen müssen die Erbsen aus den Schoten gepalt werden.

Weil der Zeitaufwand für das Pflücken und das Palen hoch ist, sind sie weniger oft im Angebot.

Unreife (grüne) Erbsen ohne Schote werden unmittelbar mit dem Mähdrescher geerntet, wobei der richtige Erntezeitpunkt für die Qualität wesentlich ist. Bei Konserven und Tiefkühlware muss die Erbsensorte angegeben werden.

Man unterscheidet: Mark- und Palerbsen.

Markerbsen sind süßer und zarter, jedoch nicht so gleichmäßig geformt. **Palerbsen** haben glattes, kugeliges Korn, sie schmecken eher mehlig.

1.9 Hülsenfrüchte

Der Lebensmittelhandel zählt zu den Hülsenfrüchten nur die reifen getrockneten Samenkörner von Bohnen, Erbsen und Linsen. Grüne Erbsen mit oder ohne Hülse und grüne Bohnen rechnen zu den Fruchtgemüsen.

Bohnenkerne

beans *haricots (m) secs*

Weiße Bohnen sind mild im Geschmack und kochen weich.

Limabohnen sind klein, behalten beim Kochen die Form und eignen sich darum besonders für Salate.

Rote Bohnen sind die Grundlage für Baked Beans.

Erbsen (gelbe, grüne)

split peas *pois (m) secs*

Von getrockneten Erbsen und Kichererbsen wird ein Teil der zellulosereichen Schale abgeschliffen, damit die Zubereitungen weniger blähend wirken.

Verwendung für Erbsensuppe und Erbsenpüree.

Linsen

lentils *lentilles (w)*

Sie werden nach Größen sortiert angeboten, wobei die größeren teurer sind als die kleinen. Auf den Geschmack hat die Größe keinen Einfluss. Der Handel bietet grüne, schwarze und rote Linsen.

1.10 Zwiebelgemüse

Zwiebeln sind Speicherorgane der Zwiebelgewächse mit fleischigen, schuppenförmig verkürzten Blättern. Die darin gespeicherten Zuckerstoffe karamellisieren beim Erhitzen (Anschwitzen, gebräunte Zwiebel) und geben Farbe. Schwefelhaltige Verbindungen bilden den typischen Geschmack und erzeugen die Tränen beim Umgang mit rohen zerkleinerten Zwiebeln.

Von großem gesundheitlichem Wert sind die Zwiebeln wegen ihrer ätherischen Öle, die die Durchblutung fördern, den Blutdruck senken und Erkältungen entgegenwirken.

Küchenzwiebel

onion *oignon (m)*

Die Küchenzwiebel wird auch Haushalts- oder Speisezwiebel genannt, sie ist die am häufigsten verwendete Art.

Die rundliche bis längliche Zwiebel ist gelb bis braun und je nach Sorte von sehr unterschiedlicher Schärfe.

Rote Zwiebel

Italian red onion *oignon (m) rouge*

Die rote Zwiebel ist eine Verwandte der Haushaltszwiebel mit dunkelroter Außenhaut und rötlichen Schalen.

Wegen des mild-würzigen Geschmacks ist sie für den Rohverzehr geeignet; bei Rohkostsalaten bildet sie eine willkommene farbliche Abwechslung.

Gemüsezwiebel

Spanish onion *oignon (m) jaune*

Die apfelgroße Zwiebel hat eine gelbliche bis kupferrote Farbe.

Ihr Geschmack ist mild, und darum eignet sie sich zum Frischverzehr.

Wegen der Größe wird sie zum Füllen bevorzugt.

Schalotte *shallot* *échalote (w)*

Schalotten sind klein, länglich und kantig. Meist sind mehrere Zwiebelchen unter einem gemeinsamen Hüllblatt vereint. Man unterscheidet die milderen grünen und die etwas kräftigeren, rötlich violetten Züchtungen.

Schalotten gelten als die feinste Zwiebelart, sie sind jedoch teuer und arbeitsaufwendig in der Vorbereitung.

Perlzwiebel *pearl onion* *rocambole (w)*

Perlzwiebeln oder Silberzwiebeln haben etwa 1 cm Durchmesser und werden vorwiegend säuerlich eingelegt angeboten und in der kalten Küche verwendet. Auch Bestandteil von Mixed Pickles.

Knoblauch

garlic *ail (m)*

Er besteht aus zahlreichen Einzelzwiebeln, die als Zehen bezeichnet werden. Senföle bewirken das ausgeprägte Aroma.

Knoblauch dient vorwiegend zum Würzen.

Porree/Lauch *leek* *poireau (m)*

Bei Porree bildet sich aus den Blättern im Gegensatz zu den Zwiebeln ein Schaft. Der geschlossene Teil ist weiß, die Blattspitzen werden unter Lichteinfluss grün.

Frühlingszwiebel

scallion *onionv (m) de mai*

Sie wird im Frühjahr und im Frühsommer mit dem hohlen grünen Schaft angeboten. Weil dieser mitverwendet wird, ist auf Frische zu achten.

1.11 Sonstige Gemüse

Unter den bisher genannten Gesichtspunkten können nicht alle Gemüsearten eingeordnet werden. So ist z. B. die Artischocke die Blüte einer Distel, der Spargel der Spross einer Pflanze, und die Marone zählt eigentlich zum Obst. Diese Besonderheiten werden hier vorgestellt.

Artischocke *artichoke* *artichaut (m)*

Was wir als Artischocke verwenden, ist die Blütenknospe einer Distelart. Genießbar sind nach dem Kochen der fleischige Blütenboden und die Verdickungen an den Blättern.

Die Böden werden auch als Konserve angeboten. Den typischen Bittergeschmack bewirkt das Cynarin.

Spargel *asparagus* *asperge (w)*

Die Spargelstangen sind Sprossen aus den Wurzelstöcken der Spargelpflanze. In Deutschland schätzt man eher Spargel mit weißen Köpfen (Bleichspargel). Darum sticht man die Stangen, sofort, wenn sie aus der Erde stoßen. Bei Lichteinfluss färben sich die Köpfe bläulich, später grün. Das schätzen besonders die Franzosen und ernten darum später.

Grünspargel wächst über der Erde und sammelt darum Blattgrün (Name). Er schmeckt kräftiger als Bleichspargel und wird nur im unteren Drittel geschält. Weil die Ernte weniger zeitaufwendig ist, wird er billiger angeboten.

Die Saison für Spargel endet allgemein Ende Juni, damit die Pflanze in der zweiten Jahreshälfte Gelegenheit hat, für das folgende Jahr Vorratsstoffe in den Wurzeln anzulegen.

Frischer Spargel hat eine glatte helle Schnittfläche, die mit zunehmender Lagerdauer zusammenschrumpft und sich bräunlich verfärbt. Überlagerter Spargel verliert an Geschmack und wird strohig.

Links: Frischer Spargel

Rechts: Überlagerter Spargel

Marone 🇬🇧 *chestnut* 🇫🇷 *marron (w)*

Die Marone ist die Frucht des echten Kastanienbaumes und ist nach der Systematik dem Obst zuzurechnen. Weil die Edelkastanie jedoch in der Gastronomie bei der Menüplanung wie ein Gemüse eingesetzt wird, wird sie hier behandelt.

Die bei uns wachsenden Kastanienbäume zählen zu den Rosskastanien, deren Früchte nicht genießbar sind.

Maronen haben Stärke eingelagert; erst nach einer Wärmeeinwirkung (Rösten, Kochen) verwandelt sich Stärke in Zuckerstoffe; die Frucht wird weich, süßlich und damit nach dem Schälen genießbar.

Verwendung vorwiegend zu glasierten Maronen oder Maronenpüree.

1.12 Exotische Gemüse

Exotische Gemüse nennt der Handel Produkte aus fernen Ländern, die bei uns (noch) wenig bekannt sind. Man muss wissen, dass bei dieser Wortbildung Überlegungen der Werbung im Vordergrund stehen. Ohne auf einzelne Exoten näher einzugehen, genügt es, grundsätzlich über dieses Angebot zu sprechen.

Exoten

- sind eine Ergänzung des Angebots, insbesondere im Winterhalbjahr,
- sind im Nährwert- und Wirkstoffgehalt mit den Durchschnittsgehalten anderer Gemüse vergleichbar, selten höher,
- bilden eine Möglichkeit zur Erweiterung unserer Geschmackspalette; sie bieten vor allem bei Sonderveranstaltungen Abwechslung und Variationsmöglichkeiten,
- sind unter ökologischen Gesichtspunkten kritisch zu bewerten, denn der Energieaufwand für Anbau und Transport liegt sehr hoch.

1.13 Keimlinge – Sprossen

🇬🇧 *sprouts* 🇫🇷 *germes (m)*

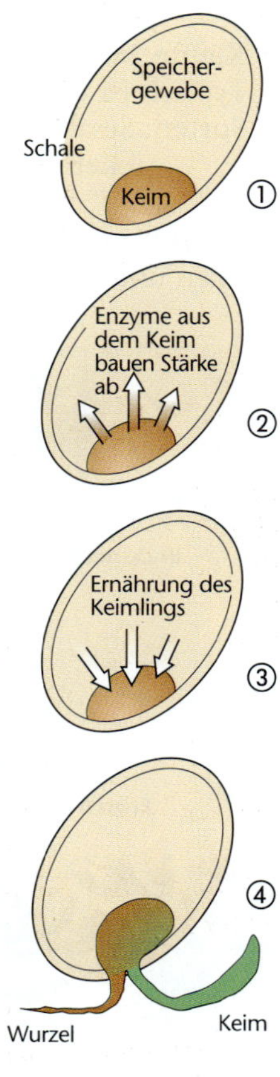

Keimlinge und Sprossen bieten eine Erweiterung des Angebots bei Gemüsen und Salaten. Die asiatische Küche nutzt diese Möglichkeit seit Jahrtausenden.

Keimlinge können von nahezu allen Samen gewonnen werden, und zwar zu einer von uns bestimmbaren Zeit.

Dazu ist grundsätzlich zu wissen: Jeder Samen besteht aus drei Teilen.

Im **Keim** ① steckt die Anlage zur neuen Pflanze, das **Speichergewebe** enthält die für die Keimung erforderlichen Nährstoffe als Vorrat. Eine Schale bildet die Umhüllung. Das trockene Samenkorn befindet sich im Ruhezustand.

Der **Keimvorgang** ② beginnt mit dem Einweichen. Durch das Wasser

Lebensmittel

werden die im Keimling ruhenden **Enzyme aktiv**, wandern in das Speichergewebe und beginnen dort mit einer **Veränderung der Nährstoffe:** Stärke und Fett werden abgebaut, Vitamine (A, C) entstehen. In der Natur geschieht das, um den Keimling zu ernähren (③ vorige Seite), ihm die Kraft zum Austreiben zu geben (④).

Dienen die Keimlinge der menschlichen Ernährung, erntet man nach zwei bis fünf Tagen Keimdauer; bei längerer Keimzeit werden viele Arten bitter.

Arten

Zu den vielfältigen Samensorten eine Übersicht.

- **Getreide**
  Typisch ist ein milder, süßlicher Geschmack, der durch den Abbau der Stärke in Zuckerstoffe entsteht.
  Sorten: Weizen, Roggen, Gerste, Hafer, Reis.
- **Hülsenfrüchte**
  Typisch ist ein süßer bis nussartiger Geschmack.
  Sorten: Mungobohnen (meist fälschlich als Soja bezeichnet), Linsen, Erbsen, Sojabohnen.
- **Kleine Samen**
  Typisch ist ein herzhafter Geschmack.
  Sorten: Sesam, Senf, Hirse, Luzerne, Radieschen, Buchweizen.

Verwendung der Sprossen: Salate, Einlage zu Suppen und Saucen, Eintopf, Füllungen.

1.14 Lagerung von Gemüse

Unsere Gemüse sind Pflanzenteile, die auch nach der Ernte noch leben. Um Aussehen, Geschmack und Vitamine bestmöglich zu erhalten, müssen bestimmte Regeln für die Lagerung beachtet werden.

Kühlung hält Gemüse frisch.
Bei niederer Temperatur laufen Veränderungen in den Pflanzen langsamer ab. Es gibt jedoch Temperaturgrenzen, die nicht unterschritten werden dürfen, wenn die Pflanzen nicht leiden sollen.

Hohe Luftfeuchtigkeit verhindert das Welken.
Die Pflanzen haben einen Wassergehalt zwischen 75 und 90 Prozent. Ist die umgebende Luft zu trocken, geben sie von ihrer Flüssigkeit ab und werden dabei welk. Dem kann man entgegenwirken, wenn die Pflanzen, z. B. Kopfsalat, mit Wasser bespritzt werden.

Lichtabschluss erhält Vitamine und Qualität.
Viele Vitamine sind lichtempfindlich. Wird geerntetes Gemüse unnötig dem Licht ausgesetzt, verliert es dabei genau die wesentlichen Inhaltsstoffe, deretwegen wir es zu uns nehmen. Muss Gemüse außerhalb der Kühlung gelagert werden, sollte man es abdecken.

1.15 Vorgefertigte Produkte – Convenience

Fertig-Mischsalate

Küchenfertig vorbereitete Mischsalate ersparen in der Küche Arbeitszeit. Die Rohware wird von Zulieferern geputzt, gewaschen, geschnitten und meist in Folienbeutel abgepackt gekühlt geliefert.

Um die Lebensvorgänge in den Pflanzenteilen zu verlangsamen und damit den Verderb zu verzögern, wird aus den Beuteln vielfach mit einer Gasmischung der Sauerstoff vertrieben.

Fertig-Mischsalate werden darum in ungeöffneten Beuteln kühl gelagert.

Weil viele Gemüse nur eine kurze Saison haben und zudem vielfach nur begrenzt haltbar sind, wie z. B. Spargel oder grüne Erbsen, hat man schon immer versucht, durch geeignete Verfahren die Verwendungszeiten zu verlängern. Heute übernimmt die Nahrungsmittelindustrie die Haltbarmachung. Für die Küche gilt es, bei der Weiterverarbeitung die Besonderheiten der einzelnen Verfahren zu berücksichtigen.

Nasskonserven (Dosen, Gläser)

Die Gemüse sind fertig gegart, brauchen darum nur auf Verzehrtemperatur gebracht und fertiggestellt zu werden. Um die Nährstoffverluste möglichst gering zu halten, erwärmt man sie in der Aufgussflüssigkeit.

Bei Angebotsvergleichen muss neben der Qualität auch auf die Menge geachtet werden. Was nach dem Abgießen der Flüssigkeit als Ware bleibt, nennt man das **Abtropfgewicht.** Es ist die Grundlage für mengenbezogene Preisvergleiche.

Viele Konservendosen sind auf der Innenseite beschichtet, das bedeutet, mit dünner Kunststoffschicht überzogen. Die Schicht schützt vor Reaktion des Doseninhaltes mit dem Metall. In geöffneten unbeschichteten Dosen dürfen Lebensmittel nicht aufbewahrt werden.

Tiefkühlgemüse

Die rohen Gemüse werden zunächst gereinigt, blanchiert und dann schockgefrostet. Bei diesen Vorgängen wird das Zellgefüge gelockert, sodass die in der Küche folgenden Garzeiten kürzer sind.

Zur Verarbeitung taut man größere Mengen an. Kleinere Mengen werden ohne Antauen zubereitet:

- zum Kochen sofort ins kochende Wasser,
- zum Dünsten Fett zergehen lassen, unaufgetaute Ware zugeben.

Für Gemüsezubereitungen mit Sauce, z. B. Kohlrabi in Rahmsauce, werden die einzelnen Gemüsestücke mit der fertigen Sauce oder den entsprechenden Geschmacksstoffen ummantelt. Dieses Verfahren nennt man **Coating** oder **Umhüllung.**

Getrocknetes Gemüse

Gefriergetrocknete Ware kann die entzogene Flüssigkeit in kurzer Zeit wieder aufnehmen, nach etwa 20 Min. hat sie wieder eine pralle Beschaffenheit.

Luftgetrocknete Ware wie Hülsenfrüchte (gelbe Erbsen, Bohnenkerne und Linsen) werden über Nacht eingeweicht.

Geschälte Trockenware braucht nicht eingeweicht zu werden.

Lebensmittel

Aufgaben

1 Beschreiben Sie drei Vorteile einer gemüsereichen Kost.

2 Nennen Sie mindestens drei Gruppen von Gemüsen, die nach Pflanzenteilen benannt sind.

3 Kohl- und Zwiebelgemüse sind nach anderen Gesichtspunkten benannt. Erklären Sie.

4 Ist es richtig, dass grüne Bohnen und grüne Erbsen nicht zu den Hülsenfrüchten zählen?

5 Der Händler spricht von einem hochpreisigen Gemüse. Was versteht man darunter? Nennen Sie mindestens drei Beispiele für hochpreisiges Gemüse.

6 Welche Gemüse sollten bei der Zusammenstellung von Schonkost nicht verwendet werden? Begründen Sie Ihre Meinung.

7 Bestimmte Gemüse eigenen sich nicht für Rohkost. Nennen Sie zwei Beispiele und begründen Sie.

8 Wie soll Gemüse behandelt werden, um die Nährstoffe möglichst zu erhalten?

9 Einige Salate werden überwiegend in den Wintermonaten angeboten. Nennen Sie mindestens zwei Beispiele.

10 Warum kann Grünspargel preisgünstiger angeboten werden als Bleichspargel?

11 An welchen Merkmalen erkennt man frisch gestochenen Spargel?

12 Begründen Sie, warum Restmengen von Gemüse nicht in unbeschichteten Dosen verbleiben sollen.

13 Berichten Sie über Vor- und Nachteile bei Verwendung von Tiefkühlgemüse.

2 Pilze mushrooms champignons (m)

2.1 Aufbau und Zusammensetzung

Was wir als Pilz genießen, ist nicht die ganze Pflanze, sondern nur der oberirdische Fruchtkörper. Die eigentliche Pflanze liegt als feines Fadengeflecht unter der Erde; man nennt es Myzel.

An der Unterseite des Pilzhutes befinden sich Röhren wie beim Steinpilz. Andere Arten (z. B. Champignons) haben Blätter oder Lamellen (Abb. 2)

Die Bedeutung der Pilze für die Ernährung ist unterschiedlich je nach Art, Wachstumsbedingungen und Jahreszeit.

Der Nährwert ist mit etwa 2 % Eiweiß und 3 % Kohlenhydraten gering und entspricht dem vieler Gemüsearten.

Beliebt sind die Pilze wegen des aromatisch würzigen Geschmacks.

Abb. 1 Pilzwachstum

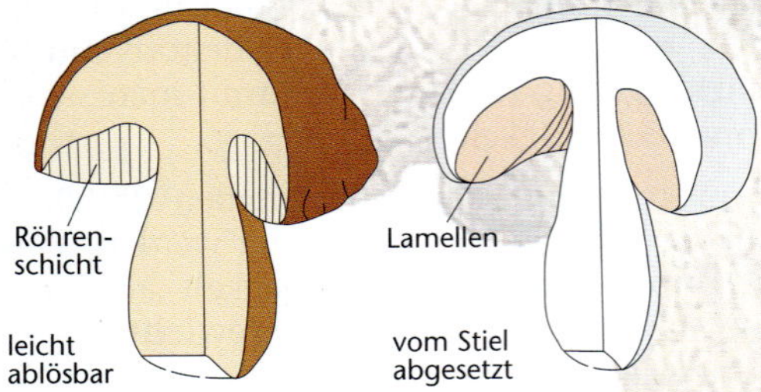

Abb. 2 Röhrenpilz (z. B. Steinpilz) und Blätterpilz (z. B. Champignon)

2.2 Angebot

Wildpilze werden nur saisonal und in begrenzter Menge angeboten. Die Trüffel ist am teuersten. Von den heimischen Wildpilzen werden Steinpilze und Pfifferlinge bevorzugt.

Mengenmäßig stehen die **Zuchtpilze** im Vordergrund. Sie können das ganze Jahr über in der erforderlichen Menge bezogen werden. An erster Stelle stehen Champignons, gefolgt von Austernsaitling und Braunkappe/Kulturträuschling.

Wildpilze

Trüffel *truffle* *truffe (w)*

Die eigentliche Trüffel ist bei genauer Bezeichnung die *schwarze Périgord-Trüffel.* Sie wird walnuss- bis apfelgroß, ist schwarz und mit vieleckigen Warzen bedeckt. Das Innere ist braunrot bis schwarz und mit feinen weißlich glänzenden Adern durchzogen.

Geerntet wird die echte Trüffel von Dezember bis Mitte März. Die beste Qualität kommt aus Frankreich, aber auch Italien, Spanien und Bulgarien liefern die Trüffel. Wegen des besonderen Aromas ist sie der teuerste Pilz. In den Sommer- und Herbstmonaten sind die weiße Trüffel und die Sommertrüffel im Angebot.

Steinpilz *bolefus* *cèpe (m)*

Der Steinpilz, auch Herrenpilz genannt, ist ein vorzüglicher Speisepilz. Die Röhren im rotbraunen Hut sind bei jungen Pilzen grau, werden später gelb und dann olivgrün. Gute Frischware ist frei von Maden. Steinpilze sind empfindlich; nach wenigen Tagen werden die Röhren schleimig und zerfallen.

Die Unterscheidung in Zucht- und Wildpilze entspricht den Leitsätzen. Den Begriff „Edelpilze" gibt es nicht mehr.

Pfifferling

chanterelle *chanterelle (w)*

Der Pfifferling ist wegen seiner Farbe auch als Eierschwamm oder Reherl bekannt. Der Hut ist bei jungen Pilzen kugelförmig nach unten gewölbt. Später öffnet sich der Hut trichterförmig nach oben. Man sieht dann den dottergelben Fruchtkörper mit den nach unten laufenden Leisten.

Der Pfifferling ist ein sehr guter Speisepilz mit festem Fleisch.

Morchel

morel *morille (w)*

Die Morchel wird wegen des intensiven Aromas besonders zu Saucen verwendet. Von den verschiedenen Arten ist die dunkelbraune Speisemorchel am begehrtesten, gefolgt von der gelbbraun bis grauen Spitzmorchel. Der Hut hat wabenartige Vertiefungen und ist hohl.

Zuchtpilze

Champignon

champignon *champignon (m) de Paris*

Als Champignons dürfen nur Pilze aus Züchtereien bezeichnet werden. Auf freien Wiesen wachsende Arten sind „Wiesenchampignons". Bei Konserven gelten geschlossene Köpfe als I. Wahl, beste Qualität, es folgen leicht geöffnete Köpfe, II. Wahl, offene Köpfe oder Stücke sind III. Wahl.

Der *Egerling* oder Steinchampignon ist eine Champignonart mit bräunlichem Hut und kräftigerem Geschmack.

Junge frische Champignons sind geschlossen und einheitlich hell. Lagern diese zu lange, bräunen die Schnittränder.

Alte Champignons haben schlaffe Kappen und dunkle Lamellen.

Austernsaitling

oyster mushroom *pleurote (m)*

Er wird wegen seines zarten Fleisches auch Kalbfleischpilz genannt. Der Hut ist an der Oberseite samtig mausgrau bis kräftig dunkelgrau, aber auch gelbbräunlich. Bei jüngeren Pilzen ist der Hutrand nach unten gerichtet. Ältere Pilze sehen trichterförmig aus. Bei größeren Pilzen kann das Stielende hart sein und wird darum abgeschnitten.

Braunkappe/Kulturträuschling

garden giant *bolet tête (m) de nêgre*

Der halbkugelförmige Hut hat einen Durchmesser von etwa 10 cm, ist zunächst rehbraun, verliert jedoch mit dem Alter an Farbe. Die Lamellen färben sich von grau-lila beim jungen Pilz bis schwarz bei älterer Ware.

Braunkappen schmecken ähnlich wie Steinpilze und werden wie diese verarbeitet.

2.3 Behandlung in der Küche

Nur einwandfreie, frische Ware verwenden. Die Pilze sorgfältig von anhaftender Erde befreien und bald verarbeiten.

Für das Schneiden von Pilzen gilt:

- Je fester der Pilz, desto feiner die Scheiben. Das gibt mehr Aroma.

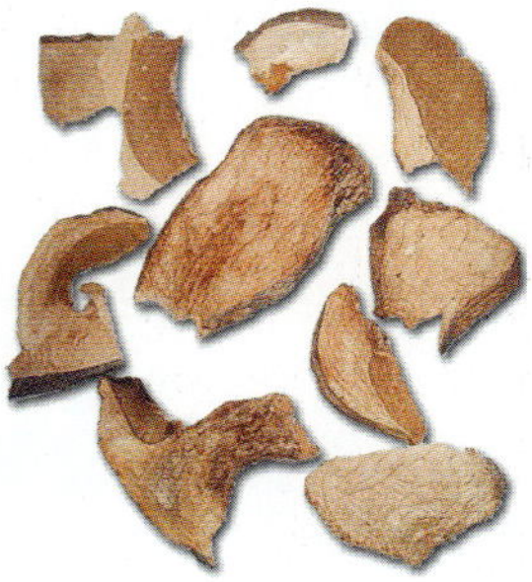

Getrocknete Pilze zunächst gründlich waschen und mit Wasser bedeckt einweichen. Zum Verarbeiten die Pilze aus dem Einweichwasser heben, damit Rückstände von Sand auf der Bodenfläche des Geschirrs liegen bleiben. Beim Zubereiten das vorsichtig abgegossene Einweichwasser mitverwenden, denn es enthält Aromastoffe.

2.4 Lagerung

Frische Pilze nur kurzfristig und im Kühlraum aufbewahren.

Pilze in Dosen sind nach dem Öffnen bald zu verbrauchen. Zwischen den Servicezeiten und über Nacht unbedingt im Kühlraum aufbewahren.

Getrocknete Pilze werden kühl, trocken und luftig gelagert.

Aufgaben

1 Vergleichen Sie Wildpilze mit Zuchtpilzen in Bezug auf Verfügbarkeit, Preis und Belastungen aus der Umwelt.

2 Nennen Sie zwei Unterschiede zwischen Champignons und Egerlingen.

3 Bei getrockneten Morcheln gibt es ein Problem: Einerseits soll man das Einweichwasser nicht wegschütten, andererseits befinden sich im Einweichwasser Sandreste. Schlagen Sie eine Lösung vor.

4 Wie ist es mit dem Aufwärmen von zubereiteten Pilzen? Darf man? Wenn ja, was ist zu beachten? Worin liegt die eigentliche Gefahrenquelle.

3 Kartoffeln *potatoes* *pommes (w) de terre*

Die Kartoffelknolle ist keine Frucht, sondern eine unterirdische Wurzelverdickung. Sie dient der Pflanze als Speicherorgan für die nächste Generation; dann liefert die Knolle Energie für die aus den „Augen“ wachsenden „Keime“. Ein Vorgang, den man im Frühjahr auch an Speisekartoffeln beobachten kann.

Die Kartoffel enthält

- etwa 18 % Kohlenhydrate in Form von Stärke,
- etwa 2 % Eiweiß mit hohem Ergänzungswert,
- reichlich Kalium und Vitamin C.

3.1 Arten

Die **Küche unterscheidet** die Kartoffeln nach

- Kocheigenschaften,
- Ernte-/Angebotszeit und
- Qualität.

Abb. 1
Kartoffelpflanze

Kocheigenschaften

fest kochend	vorwiegend fest kochend	mehlig kochend
• kochen speckig • geringer Stärkeanteil	• kochen leicht mehlig • mittlerer Stärkeanteil	• kochen stark mehlig • hoher Stärkeanteil
	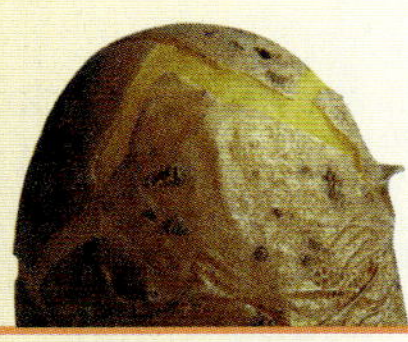	
• Schale nach Kochen ganz • z. B. die Sorten: Hansa, Sieglinde • zu Kartoffelsalat	• Schale nach Kochen leichte Einrisse • z. B. Clivia, Hela, Grata • zu Salzkartoffeln und Pommes frites	• Schale nach Kochen eingerissen • z. B. Datura, Irmgard • zu Püree und Kartoffelteigen, Folienkartoffeln

← Hauptangebot für Gastgewerbe →

Sehr frühe Sorten	Frühe Sorten	Mittelfrühe Sporten		Späte Sorten
Juni	Juli	August	September	Oktober

Erntezeit/Angebotszeit

Mit „neuen Kartoffeln“ bezeichnet die Gastronomie sehr frühe Sorten. Diese kommen zu Beginn der Saison aus wärmeren Ländern, im Juli auch aus deutschem Anbau. Diese Kartoffeln haben eine sehr dünne Schale und behalten wegen des geringen Stärkegehaltes beim Kochen die Form. Mittelfrühe Sorten reifen im August und September, späte Sorten werden bis in den Oktober hinein geerntet. Spätere Sorten haben im Allgemeinen einen höheren Stärkegehalt.

Qualität

Nach der **Qualität** werden unterschieden

- **äußere Qualitätsmerkmale, z. B.**
  - gleichmäßige Größe
  - Augentiefe (möglichst flach)
  - ohne Beschädigung
- **innere Qualitätsmerkmale, z. B.**
  - Kocheigenschaften
    je nach Verwendungszweck fest oder mehlig kochend
  - Speiseeigenschaften
    Geschmascksrichtung, Farbe, wobei gelblich bevorzugt wird

3.2 Lagerung

Das Gastgewerbe lagert Kartoffeln meist nur für den unmittelbaren Bedarf. Dabei gilt:

- Vorsichtig behandeln, damit keine Druckstellen entstehen.
- Nicht in Folienverpackung lagern.
- Nicht höher als 40 cm aufschütten.
- Frische Luft mit ca. 4 °C.
- Keine Lichteinwirkung, denn bei Grünfärbung entsteht das giftige Solanin. Es ist hitzebeständig.

3.3 Vorgefertigte Produkte – Convenience

Kartoffeln sind in vielfältiger Form Beilage zu unterschiedlichen Gerichten.

Das Vorbereiten von Kartoffeln wie Waschen und Schälen ist personalaufwendig und wird zudem ungern verrichtet. Die Industrie bietet darum mit Erfolg in immer größerem Umfang vorgefertigte Kartoffelprodukte an.

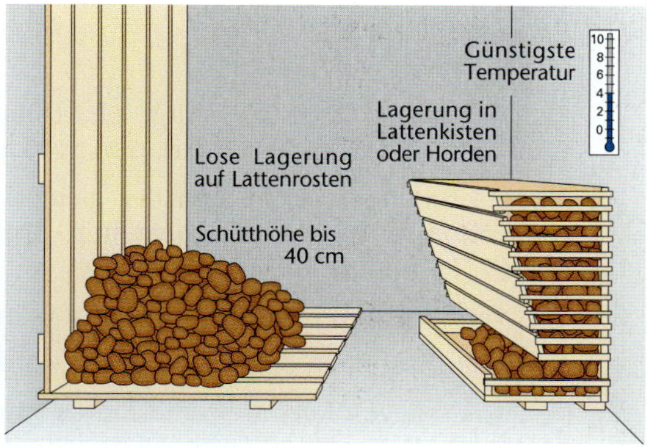

Abb. 1 Kartoffellagerung

Neben **„Frischware“** wie geschälten Kartoffeln oder Kartoffelteig gibt es noch eine große Vielfalt vorgefertigter Produkte in Form von **Trockenprodukten** und **Tiefkühlware.**

Trockenprodukte

- Lagerung: kühl und trocken,
- Haltbarkeit: etwa ein Jahr,
- genaue Werte: siehe Packung.

Vor der Weiterverarbeitung wird das beim Trocknen entzogene Wasser wieder zugeführt. Mengenangaben und Quellzeiten sind unbedingt einzuhalten, wenn einwandfreie Produkte erzielt werden sollen.

Kartoffelkloßmehl wird entsprechend den angegebenen Typen (roh, halb und halb, gekocht) angeboten.

Püree wird in Pulver- und Flockenform angeboten.

Bei der Verwendung ist auf die Zubereitungshinweise des Herstellers zu achten. Bei nicht sachgerechter Arbeitsweise erhält man ein zähes, klebriges Produkt.

Tiefkühlware

- Lagerung bei – 18 °C = * * *
- Haltbarkeit etwa 6 Monate,
- genaue Werte siehe Packung.

Pommes frites bilden das Hauptangebot. Die Kartoffeln werden nach dem Schneiden blanchiert und vorfrittiert.

Ferner werden angeboten zum Beispiel *Rösti, Puffer, Kroketten.*

Wird Tiefkühlware im Fett schwimmend fertiggegart, darf nicht zu viel auf einmal in die Frittüre gegeben werden. Die in der Tiefkühlware gespeicherte Kälte führt dazu, dass die Fett-Temperatur stark absinkt. Zu kaltes Fett führt aber zu einer erhöhten Fettaufnahme der Kartoffeln und damit zu Qualitätsmängeln bei tischfertigen Produkten.

Aufgaben

1 Eine weitverbreitete Meinung: „Kartoffeln machen dick." Nehmen Sie dazu Stellung. Beziehen Sie in Ihre Argumentation Salzkartoffeln und Pommes frites ein.

2 „Man kann doch nicht von der gleichen Kartoffelsorte einwandfreien Kartoffelsalat und zugleich auch gutes Püree zubereiten. Trotzdem verwenden viele Hotels nur eine Kartoffelsorte." Nennen Sie mögliche Gründe.

3 Was versteht man bei der Beurteilung von Kartoffeln unter „inneren Qualitätsmerkmalen"?

4 Kartoffeln mit flach liegenden Augen werden bevorzugt. Warum?

5 Vor Ihnen liegen Kartoffeln mit kräftig grünen Stellen.
a) Unter welchen Bedingungen entstehen diese?
b) Welche Auswirkungen hat das auf die menschliche Gesundheit?
Ist es richtig, dass diese Stellen gründlich ausgeschnitten werden müssen, oder ist das nicht so wichtig, weil das Solanin durch die Hitzeeinwirkung zerstört wird?

6 „Hausgemachte Kartoffelknödel machen wir mit Weißbrotwürfeln, die wir in Butter angehen lassen. Bei Tütenware machen wir das nicht." Beurteilen Sie.

4 Obst *fruit* *fruits (w)*

4.1 Bedeutung für die Ernährung

Obwohl die meisten Obstsorten nur eine begrenzte Haltbarkeit haben, ist ein breites Angebot ganzjährig erhältlich. Das beruht auf verbesserten Lagermöglichkeiten für Inlandsware und den vielfältigen Importmöglichkeiten mit Kühltransporten bis hin zur Luftfracht.

An Nährstoffen enthält Obst hauptsächlich Kohlenhydrate in Form von Frucht- und Traubenzucker. Letzterer kann direkt in die Blutbahn aufgenommen werden. Daneben ist Obst eine bedeutende Quelle für Vitamine und Mineralstoffe, die dem Körper als Schutz- und Reglerstoffe dienen. Fruchtsäuren und Aromastoffe machen das Obst erfrischend und appetitanregend. Die Zellulose bildet das Gerüst des Obstes. Sie regt als Ballaststoff die Verdauung an.

Der Energiegehalt des Obstes ist gering; nur Schalenobst, z. B. Nüsse, hat einen hohen Fettanteil und damit einen nennenswerten Energiegehalt.

Trauben und Beeren haben ihr volles Aroma bereits bei der Ernte und sollen bald verbraucht werden. Bei Kernobst, wie Äpfeln und Birnen, aber auch bei Orangen liegt zwischen Erntereife (Zeitpunkt der Ernte) und Genussreife eine unterschiedliche Zeitspanne. Erst während der Weiterentwicklung der Früchte nach der Ernte entsteht die erwünschte Konsistenz, und der arttypische Geschmack bildet sich voll aus.

Früh geerntete Ware lässt sich zwar leichter transportieren, reift aber trotz Lagerung nicht mehr richtig nach.

4.2 Verwendung

Nach der Verwendung des Obstes unterscheidet man Tafelobst und Verarbeitungsobst.

Tafelobst reicht man am Frühstücksbüfett oder in der Fruchtschale auf dem Zimmer. Es wird geschätzt wegen seiner erfrischenden Säure und der Knackigkeit. Für diese Verwendung ist das Obst wegen möglicher Rückstände besonders gründlich zu waschen.

Verarbeitungsobst verwendet man für

- Kompotte, die als Nachtisch gereicht werden,
- zu Füllungen und als
- Kuchenbelag.

4.3 Einteilung

Obst ist ein Sammelbegriff für Früchte und Samen von mehrjährigen Pflanzen. Der Handel unterscheidet zumeist folgende Gruppen:

- **Kernobst** wie Äpfel, Birnen
- **Steinobst** wie Kirschen, Pflaumen
- **Beerenobst** wie Erdbeeren, Johannisbeeren
- **Südfrüchte** wie Orangen, Bananen
- **Schalenobst** wie Nüsse, Mandeln
- **Trockenobst** wie Rosinen, getrocknete Feigen

Die hier behandelten Obstsorten können nur einen Ausschnitt aus der Fülle des Angebotes darstellen. Es werden aus jeder Gruppe vor allem diejenigen Arten besprochen, die der Handel vorwiegend anbietet und die in nennenswertem Maße in der Küche bzw. Patisserie verarbeitet werden. Neue Züchtungen und Geschmacksänderungen führen zu einem stetigen Wandel.

4.4 Kernobst

Diese Gruppe ist durch ein Kernhaus gekennzeichnet, das die Kerne (Samen) der Früchte umschließt.

Die Gastronomie unterscheidet bei Kernobst nach der Verwendung. Tafelobst soll süß und aromatisch sein. Bei Kochware schätzt man säuerliche Arten, die auch beim Garen die Form behalten.

Apfel *apple* *pomme (w)*

Äpfel werden vielseitig verwendet. Sie sind Bestandteil des Waldorfsalates, dienen zum Füllen von Gans oder Ente und sind das wichtigste Obst in der Patisserie. Von Apfelkuchen bis Apfelbeignets reicht die Palette.

Birne *pear* *poire (w)*

Bei der Birne ist die Beachtung der Genussreife besonders wichtig.

Verwendung zu Kompott, pochierter Birne und Birnenkuchen.

4.5 Steinobst

Kirsche *cherry* *cerise (w)*

Die Kirschen unterteilt man nach dem Geschmack in Süß- und Sauerkirschen. Süßkirschen haben festes Fruchtfleisch; die Farbe reicht von Gelb über Hellrot bis Dunkelrot.

Sauerkirschen sind rot bis dunkelrot. Die bekanntesten Sorten sind Schattenmorellen und Weichseln.

Pflaume

plum *prune (w)*

Pflaumen (unten, links) und Zwetschgen haben eine blaue Haut und saftiges Fruchtfleisch, sie unterscheiden sich in Form und Angebotszeit.

Reineclaude

greengage *reine-claude (w)*

Reineclauden (oben, rechts) sind gelbe oder grüne Verwandte der Pflaume.

Pfirsich *peach* *pêche (w)*

Pfirsiche (oben, links) haben eine samtartige Haut, die vor dem Verzehr meist entfernt wird. Das saftige, gelbe bis rötliche Fruchtfleisch umschließt den „Stein“.

Aprikose *apricot* *abricot (m)*

Aprikosen (oben, rechts) sind kleiner als Pfirsiche, mit festerem Fleisch.

Nektarinen sind eine Pfirsichart mit glatter Schale.

4.6 Beerenobst

Beerenobst wächst vorwiegend an Sträuchern. Die Samenkerne sind im Fruchtfleisch verteilt (Johannisbeere) oder sitzen wie bei der Erdbeere an der Oberfläche.

Erdbeere *strawberry* *fraise (w)*

Die Gartenerdbeere wird in vielen Sorten angeboten, die sich in Größe und Geschmack unterscheiden. Darum ist beim Einkauf ein Geschmacksvergleich anzuraten.

Himbeere *raspberry* *framboise (w)*

Die Himbeere ist eine Sammelfrucht aus vielen einzelnen kleinen Früchten. Himbeeren werden überwiegend durch Tiefkühlen haltbar gemacht.

Tafeltraube *grape* *raisin (w) de table*

Die großen Beeren der Tafeltraube haben eine dünne Schale und nur wenige Kerne. Je nach Art sind sie von hellgrüner oder rötlich blauer Farbe.

4.7 Südfrüchte

Das Wort Südfrüchte ist ein Sammelbegriff des Handels für essbare Früchte, die normalerweise nicht bei uns wachsen und deswegen aus tropischen und subtropischen Ländern eingeführt werden. Dazu zählen z. B. Zitrusfrüchte, Bananen, frische Feigen, aber auch die sogenannten exotischen Früchte. Exotische Früchte sind neuere, seltenere Importfrüchte, wie z. B. Papaya, Mango oder Litschi. Das Angebot an Früchten und die Zuordnung zu den Exoten unterliegen einem stetigen Wandel.

Orange *orange* *orange (w)*

Orangen haben gelbes bis rotes Fruchtfleisch.

Navelorangen sind kernlos.

Orangen werden frisch verzehrt oder zu Saft verarbeitet.

Grapefruit *grapefruit* *pamplemousse (m)*

Die 10 bis 15 cm große Frucht hat ein fein säuerliches bis leicht bitteres Fruchtfleisch. Sie wirkt appetitanregend.

Limette *lime* *citron (m) vert*

Limetten sind mit Zitronen vergleichbar, doch ist die Schale dünner und grün. Der Saft ist mildsauer und wird vorwiegend zum Würzen sowie für Säfte verwendet.

Ananas — *pineapple* — *ananas (m)*

Um eine Mittelachse sind viele Einzelfrüchte, das eigentliche Fruchtfleisch, zu einer Scheinfrucht vereinigt. Der typische Geschmack entwickelt sich erst bei Vollreife. Das ist der Fall, wenn sich die inneren Rosettenblätter ausziehen lassen.

Avocado — *avocado* — *avocat (m)*

Die birnenförmige Frucht hat eine grünlich glatte oder leicht genarbte Haut. Das gelblich grüne Fruchtfleisch ist cremig zart, denn es hat einen Fettgehalt bis 30 %.

Kaki

persimmon — *kaki (m)*

Die apfelförmige Frucht ist gelb bis orangefarben. In das süße Fleisch sind größere Kerne eingelagert. Die ausgereiften Früchte sind schmackhaft und werden zu Obstsalaten verwendet.

Litschi — *litchi* — *lichee (m)*

Die etwa pflaumengroße Frucht hat eine schuppige Schale mit rosaroter bis roter Farbe. Das glasig weiße Fruchtfleisch wird meist als Konserve angeboten und eignet sich als Kompott, zu Fruchtsalaten und als Garnitur zu zartem Fleisch.

Granatapfel — *pomegranate* — *grenade (w)*

Die Frucht eines Strauches wächst vorwiegend in den Mittelmeerländern. Sie wiegt etwa 100 bis 300 g und ist sehr saftreich; die vielen orangeroten Kerne werden nicht verzehrt. Granatäpfel eignen sich für Säfte, Mixgetränke und als Geschmacksträger für Speiseeis.

Kiwi — *kiwi* — *kiwi (m)*

Die Frucht hat eine braune Schale, aber grünes Fruchtfleisch und wird auch chinesische Stachelbeere genannt. Sie ist genussreif, wenn das Fruchtfleisch auf leichten Daumendruck nachgibt.

Verwendung zu Obstkuchen, Fruchtsalaten, Sandwiches und nach dem Blanchieren zu Quarkspeisen.

Kaktusfeige

prickly pear — *figue (w) de Barbarie*

Die Frucht einer Kakteenart hat eine stachelige, derbe Haut, deren Farbe von Grün über Brauntöne bis zu Lachsfarben reicht. Sie wird vorwiegend aus Südafrika und Sizilien importiert. Die Kaktusfeige verwendet man vor allem zu Obstsalat.

Mango 🇬🇧 *mango* 🇫🇷 *mangue (w)*

Die Frucht kann grün, gelb, aber auch rötlich sein und wird hauptsächlich aus dem Orient und aus Afrika importiert. Das Fruchtfleisch ist gelb bis orange und schmelzendweich. Von ihm umschlossen ist ein flacher, faseriger Kern. Die Schale ist ungenießbar.

Mango reicht man gekühlt zu Schinken, Lachs und Käse, man kann die Frucht aber auch zu Kompott und Obstsalat verarbeiten oder als Garnitur verwenden.

Papaya 🇬🇧 *papaya* 🇫🇷 *papaye (w)*

Papaya, die Frucht eines Feigenbaumes, hat eine grüne Schale und rotes Fruchtfleisch; sie kann bis zu 6 kg schwer werden. Die Importe aus Mittel- und Südamerika sind meist konserviert.

Die Papaya kann als Kompott serviert oder zu Mixgetränken verarbeitet werden.

Maracuja (Passionsfrucht)

🇬🇧 *passion fruit* 🇫🇷 *fruit (m) de la passion*

Die etwa 10 cm lange, kernreiche Frucht zählt zu den Bananengewächsen. Bei der Ernte hat sie eine grüne Schale, die jedoch später bei der Vollreife purpurrot bis braun wird.

Das aromatische Fruchtfleisch eignet sich zu Fruchtsäften, Süßspeisen und Speiseeis; auch Säfte und Liköre von Maracuja werden geschätzt.

4.8 Schalenobst

Zum Schalenobst zählen alle Nussarten. Ihre essbaren, fetthaltigen Samen sind von einer verholzten Schale umgeben.

Für den Gewerbebetrieb ist der Einkauf von geschälter Ware günstiger als das Selberschälen.

Walnuss 🇬🇧 *walnut* 🇫🇷 *noix (w)*

Walnüsse werden leicht ranzig. Darum nicht zu große Mengen eingekaufen und die Ware an einem kühlen Ort lagern.

Haselnuss 🇬🇧 *hazelnut* 🇫🇷 *noisette (w)*

Haselnüsse sollen gleichmäßig groß, weder geschrumpft noch ausgetrocknet sein. Ware alter Ernte hat eine trockene Außenhaut und schmeckt leicht ranzig. Vor der Verwendung werden Nüsse bei mäßiger Hitze geröstet. Dadurch entwickelt sich das Aroma zur vollen Stärke und die dünne braune Schale kann durch Reiben entfernt werden.

Mandel 🇬🇧 *almond* 🇫🇷 *amande (w)*

Mandeln werden als „süße“ und „bittere“ Mandeln angeboten. Spricht man nur von Mandeln, so sind damit die süßen gemeint. Bittere Mandeln werden nur in geringen Mengen zur Aromatisierung von Backwaren verwendet.

Die braune Außenhaut lässt sich nach kurzem Brühen leicht abziehen.

Pistazie *pistachio* *pistache (w)*

Pistazien werden vor der Verwendung gebrüht, damit die glatte Außenhaut abgezogen werden kann. Die leuchtend grüne Frucht eignet sich vorzüglich zum Garnieren von Pasteten und Galantinen, findet aber auch in der Patisserie Verwendung. Bei längerer Lagerung werden Pistazien leicht ranzig und verlieren ihre frische Farbe. Darum werden nur geringe Vorräte gehalten.

4.9 Trockenobst

Trocken- oder Dörrobst ist der Sammelname für alle Arten von getrocknetem Obst. Als Backobst oder Mischobst wird eine Mischung bezeichnet, die vorwiegend aus Äpfeln, Aprikosen, Pflaumen, Birnen usw. besteht.

Bei Rezepturen auf die Unterschiede in der Bezeichnung achten.

Durch das Trocknen wird der Wassergehalt der Früchte so stark verringert, dass sie haltbar sind.

Rosine *raisin* *raisin (m) sec*

Darunter versteht man alle Arten von getrockneten Weinbeeren. Die Trauben für Rosinen bleiben länger am Stock und werden dann getrocknet. Damit sie nicht zu dunkel werden, dürfen sie geschwefelt werden. Das ist aber kennzeichnungspflichtig.

Man unterscheidet

- **Sultaninen,** die hellfarben, kernlos und großbeerig sind,

- **Traubenrosinen,** die dunkler, kernhaltig und großbeerig sind, und

- **Korinthen,** die sehr dunkel, mit oder ohne Kern und kleinbeerig sind.

4.10 Erzeugnisse aus Obst

Gelee – Konfitüre – Marmelade

Zu ihrer Herstellung werden Früchte und Zucker etwa im gleichen Verhältnis verwendet. Die Gelierung bewirkt das im Obst enthaltene Pektin. Pektinarmen Sorten kann käufliches Pektin (z. B. Opekta) oder Gelierzucker beigegeben werden.

Gelee *jelly* *gelée (w)*

Gelee wird hergestellt aus Fruchtsaft und Zucker, bei Gelee-Extra ist der Fruchtanteil höher.

Konfitüre
jam *confiture (w)*

Konfitüre besteht aus Früchten in stückiger oder breiiger Form. Je nach dem Fruchtanteil unterscheidet man Konfitüre-Einfach und Konfitüre-Extra.

Marmelade *marmalade*

Marmeladen sind Erzeugnisse aus Zitrusfrüchten, z. B. Orangenmarmelade.

Kandierte Früchte

Die vorbehandelten Früchte werden in Lösungen mit steigendem Zuckergehalt eingelegt.

Dabei dringt der Zucker bis in das Innere der Frucht. Abschließend überzieht man die Früchte mit einem glasierenden Überzug.

- Zitronat (Succade) wird auf diese Weise von der Zedrat-Zitrone, die bis zu 2 kg schwer werden kann, gewonnen.
- Orangeat ist kandierte Schale der Bitterorange.
- Belegfrüchte werden wie kandierte Früchte behandelt, es entfällt aber der glasierende Überzug.

Aufgaben

1 „Esst Obst und ihr bleibt gesund" lautet ein bekannter Werbespruch. Welche Gründe sprechen für eine regelmäßige Aufnahme von Obst?

2 „Das Schalenobst passt unter Gesichtspunkten der Ernährung überhaupt nicht in die Gruppe."
a) Nennen Sie vier Arten von Schalenobst.
b) Ist es richtig, dass das Schalenobst innerhalb der Gruppe Obst eine Besonderheit ist? Begründen Sie.

3 Erklären Sie am Beispiel einer Birne den Unterschied zwischen Erntereife und Genussreife.

4 Obst zu trocknen, um es über den Winter zu bringen, ist eine alte Konservierungsart.
a) Nennen Sie mindestens vier Obstarten, die durch Trocknen haltbar gemacht werden.
b) Welche Möglichkeiten gibt es für die Verwendung von Rosinen?

5 Auf einer Speisekarte finden Sie *Obstsalat mit exotischen Früchten.* Schlagen Sie bei exotischem Gemüse (Seite 313) nach und versuchen Sie, das Wort „exotisch" zu erklären.

5 Getreide *cereals* *céréales (w) et produits (m) à base de céréales*

Versuche

1. Besorgen Sie sich von einer Mühle ungeputzten Grieß. Ist das nicht möglich, vermischen Sie Grieß mit getrocknetem, zerriebenem Gras oder Petersilie.

   Stellen Sie sich an einen Tisch, lassen Sie dieses Gemisch in Augenhöhe langsam von einem Blatt Papier laufen und blasen Sie leicht gegen die fallenden Teilchen.

2. Bereiten Sie aus 100 g Mehl, Type 405, einen Teig. Nach 10 Min. Ruhezeit bearbeiten Sie diesen unter fließendem Wasser in einem Leintuch, bis klares Wasser abläuft. Die Flüssigkeit wird aufgefangen.

   Wenn die Flüssigkeit einen Bodensatz bildet, gießen Sie das Wasser ab und geben der weißen Masse einige Tropfen Jod bei.

3. Waschen Sie aus 100 g Mehl der Type 1050 (Bäckerei) mit der gleichen Sorgfalt wie bei Versuch 2 den Kleber aus. Formen Sie den Kleber beider Versuche zu je einer Kugel und backen Sie diese auf dem gleichen Backblech bei etwa 220 °C. Vergleichen Sie!

4. Erhitzen Sie auf einem Stück Blech über dem Bunsenbrenner etwa 5 g Mehl.

5.1 Arten

Getreide gehören botanisch zu den Gräsern. In Europa wachsen Weizen, Roggen, Hafer und Gerste. In Nordamerika ist Mais, in Asien ist der Reis die bedeutendste Getreideart.

5.2 Bedeutung für die Ernährung

Getreide bilden seit Menschengedenken eine wesentliche Grundlage der Ernährung. Zwar wurde in letzter Zeit mit zunehmendem Wohlstand mehr und mehr auf Brot verzichtet, doch weiß man heute den Wert der Körner wieder zu schätzen.

Hauptbestandteil aller Getreidearten ist Stärke, sie liefert dem Körper Energie. Bei Vollkornprodukten nimmt man zugleich nennenswerte Mengen an Vitaminen, besonders solche der B-Gruppe, zu sich.

Auch Mineralstoffe sind in den Randschichten reichlich vorhanden. Ballaststoffe, das sind vorwiegend die unverdaulichen Bestandteile der Schale, regen die Verdauung an und verhindern Verstopfung.

Weil bei Verzehr von Vollkornprodukten mit der Energie zugleich wichtige Ergänzungsstoffe aufgenommen werden, spricht man von einer hohen Nährstoffdichte des Getreides (vgl. S. 79).

5.3 Aufbau und Zusammensetzung der Getreide

Das Getreidekorn besteht aus drei Hauptteilen.

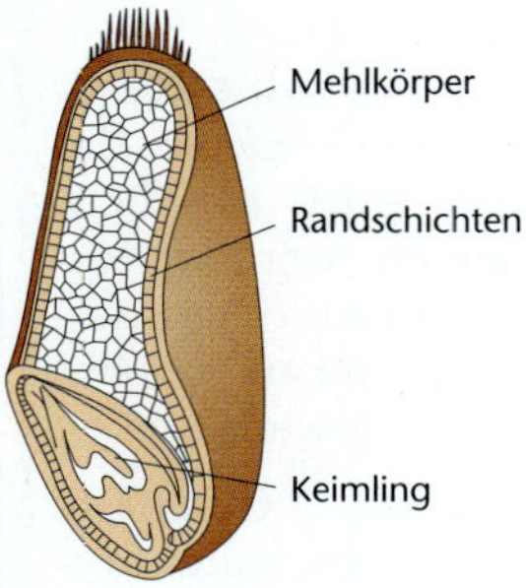

Der **Mehlkörper,** das ist der eigentliche Getreidekern, besteht hauptsächlich aus **Stärke** und Eiweißstoffen.

Die **Randschichten** sind aus mehreren Schichten aufgebaut. Sie enthalten vor allem Ballaststoffe und Mineralstoffe.

Im **Keimling** ist die neue Getreidepflanze vorgebildet. Er enthält darum **Vitamine, Mineralstoffe** sowie hochwertiges Eiweiß und Fett.

5.4 Vermahlung des Getreides

In der Mühle wird das Getreide zuerst gereinigt.

Bei der Vermahlung zu hellen Mehlen zerschneiden zunächst Riffelwalzen das Korn. Dabei wird der Mehlkern freigelegt. Siebe trennen die unterschiedlich großen Teilchen voneinander. Wind trennt die spezifisch leichteren Schalen von den schwereren Mehlteilchen (Versuch 1., Seite 326). Die weißen Teilchen des Mehlkörpers werden anschließend fein vermahlen.

Mühlenprodukte werden nach der **Feinheit** unterschieden in Schrot, Grieß, Dunst und Mehl (Abb. 1).

Unabhängig davon ist die Bewertung nach dem **Ausmahlungsgrad,** das ist das Maß für die Abtrennung von Schalenteilen und Keimling (siehe Mehltype).

Vollkornerzeugnisse enthalten alle Bestandteile des gereinigten Getreides – unabhängig davon, ob es sich um groben Schrot oder feines Mehl handelt. Sie sind gesundheitlich wertvoll.

Auszugsmehle sind hell, weil Schalen und Keimlinge abgesondert wurden. Der Mehlkern wurde „herausgezogen“; er ist arm an Wirkstoffen.

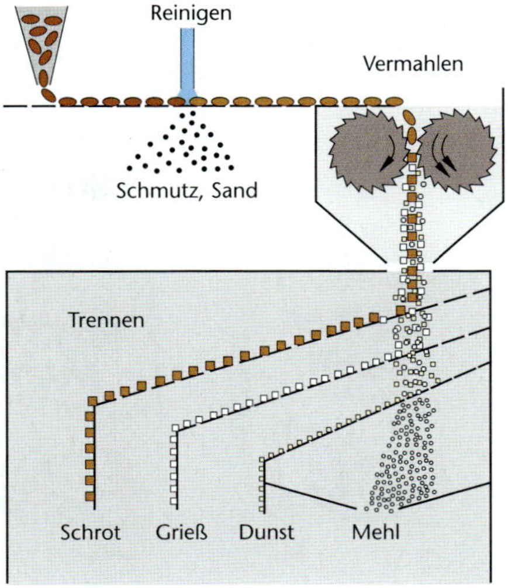

Abb. 1 Vom Korn zum Mehl

Mehltype

Der Ausmahlungsgrad wird durch die Mehltype ausgedrückt. Die Typenzahl gibt an, wie viel Milligramm (mg) Asche zurückbleiben, wenn 100 g wasserfreies Mehl verbrannt werden. Die Asche wiederum besteht aus den unverbrennbaren Mineralstoffen, die sich vorwiegend in den Schalenteilen befinden.

Daraus folgt:

Dunkles Mehl	Helles Mehl
• viel Randschichten	• wenig Randschichten
• viel Mineralstoffe	• wenig Mineralstoffe
• viel Asche	• wenig Asche
• hohe Type, z. B. 1700	• niedrige Type, z. B. 405
• Vollkornmehl	• Auszugsmehl

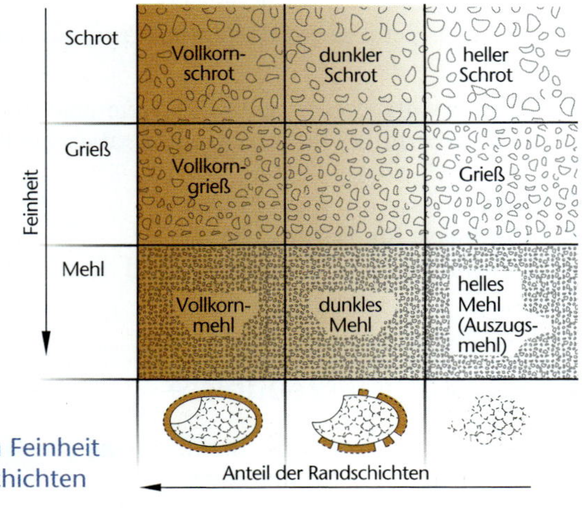

Abb. 2 Mahlerzeugnisse nach Feinheit und Anteil der Randschichten

Mehl

In Küchen verwendet man vor allem Weizenmehl der Typen 405 und 550.

Abb. 1 Mehlkennzeichen

Instantmehle klumpen nicht, wenn sie direkt in eine Flüssigkeit eingerührt werden, und lassen sich darum besonders gut zum Nachbinden verwenden.

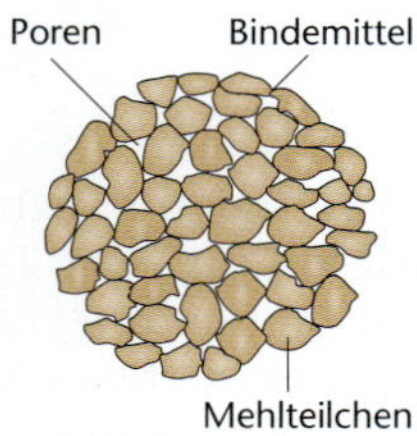

Abb. 2 Instantmehle

Diese Eigenschaft erreicht man, wenn die staubfeinen Mehlteilchen mit Hilfe von Feuchtigkeit zu größeren Körnchen zusammengefügt werden, die dann leicht körnig aussehen.

Backmischung/Backfertige Mehle

Backmischungen enthalten alle Zutaten oder den überwiegenden Teil der Zutaten, die für ein bestimmtes Gebäck benötigt werden.

Bei der Teigbereitung wird diesen Mischungen Flüssigkeit (Wasser, Milch) zugefügt, je nach Art auch Hefe, Eier und Fett.

Der Handel bietet gebrauchsfertige Produkte an z. B. für

- **Hefeteig** allgemein, spezielle Hefeteige für Krapfen/Berliner, Pizza, Ciabatta, aber auch für
- **Biskuitmasse** für Tortenböden
- **Sandmasse** für Marmorkuchen
- **Brandmasse** für Windbeutel und Kartoffelmassen.

5.5 Getreideerzeugnisse

Aus den Getreidesorten stellt man neben Mehl eine Reihe anderer Produkte her.

Schrot ist grob vermahlenes Getreide mit groben und feinen Bestandteilen. Vollkornschrot enthält auch Keimling und Schale. Wird aus allen Getreidearten hergestellt.

Graupen. Durch Schleifen werden die Randschichten entfernt, das Korn wird rundlich. Graupen werden vorwiegend aus Gerste hergestellt und als Suppeneinlage verwendet.

Flocken. Geschälte oder ungeschälte Körner werden gedämpft, gequetscht und wieder getrocknet. Am bekanntesten sind Haferflocken.

Grütze sind geschälte, geschnittene Körner von Hafer, Gerste, Buchweizen oder Grünkern. Grütze wird als Suppeneinlage und zu Grützwurst verwendet.

Stärke

Aus den Zellen der Getreidekörner oder der Kartoffelknollen werden die Stärkekörner freigelegt. Dies geschieht meistens mithilfe von Wasser (vgl. Versuch 2, Seite 326).

- **Weizen- und Maisstärke**
  - Kleister ist milchig trüb, standfest und nicht ziehend; er hält die Flüssigkeit für längere Zeit.
  - Bindemittel für Cremes, Beigabe zu Massen, z. B. Biskuitmasse, Sandmasse.
- **Kartoffelstärke**
  - Kleister ist klar, zäh und hält die Flüssigkeit nur für begrenzte Zeit.
  - Bindemittel für Jus, da der Bratensaft klar bleiben soll.
- **Spezialstärken**
  Diese sind durch die Industrie vorbehandelt.
  - **Gefrierfeste Stärke** behält auch beim Frosten die Bindefähigkeit, während sie bei üblicher Stärke verloren geht.
  - **Quellstärke** kann ohne Wärmeeinwirkung Flüssigkeit binden, weil sie bereits verkleistert und anschließend getrocknet ist.

Sago

Sago ist Stärke, die in Kugelform gebracht wurde. Die Außenschicht ist verkleistert. Darum quellen die Körner beim Kochen wohl auf, zerfallen aber nicht.

Sago verwendet man als Einlage bei Kaltschalen, aber auch zum Andicken.

Echter Sago oder **Palmsago** wird aus dem Mark der Sagopalme hergestellt, längere Kochzeit.

Deutscher Sago besteht aus Kartoffelstärke und wird häufiger angeboten. Erheblich billiger als echter Sago.

5.6 Backwaren

Brot *bread* *pain (m)*

Brot wird aus Getreide hergestellt, das zuvor gemahlen (fein zerkleinert) oder geschrotet (grob zerkleinert) worden ist.

Bei der **Teigbereitung** wird das Mehl mit Wasser vermischt. Die Beigabe von Hefe oder Sauerteig dient der späteren **Lockerung.** Während des Knetens nehmen die Mehlbestandteile das Wasser auf und quellen.

Nach dem Formen der Teigstücke und der Gare folgt das **Backen.** Dabei gerinnt das Klebereiweiß und gibt dem Brot das Gerüst, die Stärke verkleistert und wird dadurch den Verdauungssäften zugänglicher.

Die Merkmale der unterschiedlichen Brotarten werden wesentlich durch die verwendeten **Mehle** und die **Backverfahren** bestimmt.

Die **Mehlmischung** beeinflusst Geschmack und Frischhaltung.

Lockerung durch Hefe	Lockerung d. Sauerteig
milder Geschmack	kräftiger Geschmack
geringe Frischhaltung	gute Frischhaltung

Neben der Zusammensetzung beeinflusst das **Backverfahren** die Eigenschaften des Brotes.

Freigeschobene Brote

haben einen großen Krustenanteil, weil sie frei nebeneinander im Ofen liegen und die Wärme allseitig einwirken kann.

Abb. 1 Freigeschobenes Brot

Das Verfahren wird vor allem bei Landbroten und Bauernbroten angewendet.

Angeschobene Brote

haben einen geringen, auf die Oberfläche beschränkten Krustenteil. Die Teigstücke werden so eng aneinander geschoben, dass sie sich gegenseitig berühren.

Abb. 2 Angeschobenes Brot

Auf diese Art werden z. B. Kommissbrot und Paderborner gebacken.

Kastenbrot

wird in besonderen Blechkästen gebacken. Dieses Verfahren wird bei weichen Weizenteigen (Toastbrot) und Schrotbroten angewandt. Es bildet sich dabei zwar an den Seitenwänden auch eine Kruste, doch ist diese dünn und darum den Geschmack nur wenig beeinflussend.

Abb. 3 Kastenbrot

Weizenkleingebäck

Weizenkleingebäck wird regional nach unterschiedlichen Rezepturen in den verschiedensten Formen angeboten.

Das Gastgewerbe bietet es hauptsächlich zum Frühstück und als Tischbrot an. Besondere Frische kann erzeugt werden, wenn kurz aufgebacken wird.

Teiglinge sind gefrostete Gebäckstücke, die zugekauft, tiefgekühlt gelagert und bei Bedarf entsprechend den Anweisungen des Herstellers gebacken werden.

Der Gast schätzt Regionaltypisches. Deshalb sollte man den Bäcker am Ort bevorzugen.

5.7 Teigwaren

pasta *pâtes (w) alimentaires*

Teigwaren in der einfachsten Art bestehen aus einem Teig aus Mehl, Wasser und Salz. Der feste Teig wird geformt, die entstandenen Nudeln gart man in kochendem Wasser und die Teigwaren sind servierfertig. Bereitet man hausgemachte Teigwaren auf Vorrat, so trocknet man sie nach dem Formen und gart sie erst später.

Bei der industriellen Fertigung kennt man die gleichen Arbeitsgänge:

Teigbereitung → Formen → Trocknen

Die Qualität der Teigwaren ist wesentlich vom Anteil an Eiweißstoffen abhängig, denn der Nährstoff Eiweiß macht die Teigwaren kompakt und bissfest. Der kleberreiche Hartweizen (Durum) wird deshalb für die Teigwarenherstellung bevorzugt. Fertigt man Teigwaren aus anderen Weizenarten, so werden dem Teig Eier beigegeben. Der Eigehalt ist darum ein wichtiges Merkmal bei der Qualitätseinteilung.

Arten

Grießteigwaren

sind ohne Eier hergestellt, vergleiche obige Beschreibung. Im Angebot sind Spaghetti (Pasta) aus dem besonders kleberreichen Durumweizen.

Eierteigwaren

werden unter Verwendung von mindestens 100 g Ei je kg Mehl hergestellt. Bei „hohem Eigehalt“ oder „Hausmacher …“ müssen mindestens 200 g je kg Mehl verwendet werden. 300 g Ei je kg Mehl sind zu verwenden, wenn ein „besonders hoher Eigehalt“ angepriesen wird.

Teigwaren besonderer Art

Gemüse- und Kräuterteigwaren haben entsprechende Zusätze, z. B. Spinat für grüne Nudeln, Tomatenmark für rote Nudeln und „Tinte“ der Tintenfische für schwarze Nudeln.

Vollkornteigwaren bestehen aus Vollkornmehl, sind bräunlich und kräftig im Geschmack.

Bei **Teigwaren mit Füllung** stehen als gekühlte oder tiefgekühlte Produkte eine breite Palette von regionalen und italienischen Spezialitäten zur Verfügung.

Maultaschen sind Teigtaschen, gefüllt mit Spinat oder Hackfleisch/Brät.

Ravioli sind kleine, quadratische Teigtaschen mit einer Füllung z. B. aus Spinat, Ricotta oder Brät mit gehackten Kräutern.

Tortellini sind kleine, gefüllte rundgebogene Teigtaschen.

Tortelloni sind größere Formen von Tortellini.

Formen

Die Formen der Teigwaren und deren Bezeichnungen sind äußerst vielfältig. Je nach Form ist die Verwendung unterschiedlich.

Faden- und Schnittnudeln

Die schmale Form tritt optisch in den Hintergrund.

Einlage für klare Suppen und Gemüsesuppen.

Abb. 1 Faden- und Schnittnudeln

Bandnudeln

Abb. 2 Bandnudeln

Eine große Oberfläche bringt Nudelgeschmack zur Geltung.

Beilage zu Fleischgerichten, für Nudelauflauf.

Kurze, gedrehte Nudeln

wie Hörnchen oder Zöpfchen mit stark gegliederter Oberfläche haben mehrere Vorteile:

- bei der Vorratshaltung verkleben sie weniger,
- mit der großen Oberfläche lässt sich „die Sauce gabeln",
- sie eignen sich darum besonders zu Gerichten mit Bratensauce,
- die gegliederte Oberfläche macht die Teigwaren für das Auge fülliger und die Portion scheint damit größer.

Abb. 1 Kurze, gedrehte Nudeln

5.8 Reis — *rice* (GB) — *riz (m)* (FR)

Reis ist eine Getreideart, die nur im warmen Klima gedeihen kann; er wird deshalb importiert.

An Nährstoffen enthält der Reis etwa 80 % Kohlenhydrate in Form von Stärke. Natur- oder Braunreis besitzt einen hohen Anteil an Vitaminen der B-Gruppe, Weißreis ist dagegen nahezu ohne Vitamine. Reis enthält viel Kalium und wenig Natrium. Darum ist er vor allem für kochsalzarme Diät geeignet. Reis ist sowohl für salzige Speisen (Suppen, Beilagen) als auch für süße Gerichte (Auflauf, Pudding) verwendbar.

Reissorten

Das vielfältige Reisangebot gliedert man unter zwei Gesichtspunkten:

- Die **biologischen Sorten** bestimmen die **Kocheigenschaften.**
- Die **Bearbeitungsart** entscheidet über den **Wert für die Ernährung** und das Aussehen.

Bei handelsüblichem Reis besteht ein Zusammenhang zwischen der Form des Reiskorns und den Kocheigenschaften.

Biologische Sorten

Langkornreis

Das Korn ist 6 bis 8 mm lang, hart und glasig. Beim Kochen bleibt es körnig und locker. Verwendung für Beilagen und als Suppeneinlage.

Die bekannteste Langkornsorte ist *Patnareis,* vergleichbare Eigenschaften hat der *Karolinareis. Basmati* ist ein indischer, polierter Langkornreis, der nach dem Kochen besonders duftet und locker ist.

Rundkornreis

Er ist rundlich, etwa 5 mm lang und mattweiß. Beim Kochen nimmt er mehr Wasser auf und wird dadurch weich und breiig.

Arborio und *Vialone* sind beliebte italienische Risottoreisarten. Andere Rundkornarten werden zu Süßspeisen wie Milchreis oder Reis Trauttmansdorff verarbeitet.

Bearbeitungsarten

Braun- oder Naturreis ist enthülst, aber nicht geschält. Darum sieht er braungelb aus und enthält noch Vitamine und Ballaststoffe. Er schmeckt kräftiger als geschälter, hat aber eine längere Garzeit. Wegen des im Keimling enthaltenen Fettes ist er nicht so lange lagerfähig.

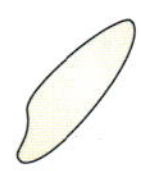

Geschliffener Reis/Weißreis ist enthülst und geschliffen; die wirkstoffhaltigen Schalenteile und der Keimling sind entfernt. Das weiße Korn ist geschmacksneutral und lange lagerfähig.

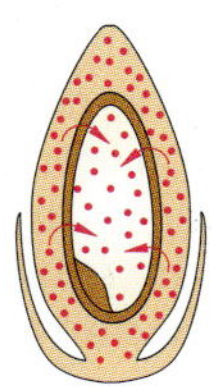

Parboiled Reis. Rohreis wird nach einem besonderen Verfahren mit Dampf und Druck behandelt. Dabei wandern Vitamine und Mineralstoffe aus der Schale in den Kern. Anschließend wird das Korn geschliffen. Das Verfahren macht das Reiskorn ergiebiger und kochfester.

Die Qualität innerhalb der einzelnen Reissorten ist vom Anteil an gebrochenen Reiskörnern abhängig. In absteigender Folge:

Spitzenreis → Standardreis → Haushaltsreis

Wildreis

Wildreis ist kein Reis im eigentlichen Sinne. Es handelt sich um den Samen einer nordamerikanischen Grasart. Die schwarzbraunen, nadelförmigen Körner sind geröstet und haben darum einen leicht nussartigen Geschmack. Wildreis hat eine längere Kochzeit und ist teuer.

Lagerung:
Luftig und trocken; geschliffener Reis ist bis zu zwei Jahre lagerfähig.

Aufgaben

1 Nennen Sie drei Getreidearten, die in der Küche in größerer Menge verwendet werden.

2 Im Zusammenhang mit Vollkornprodukten spricht man von Nährstoffdichte. Erklären Sie.

3 Aus welchen wesentlichen Teilen ist ein Getreidekorn aufgebaut?

4 Worüber gibt die Typenzahl eines Mehles Auskunft?

5 Es wird Auszugsmehl angeboten. Nennen Sie Vor- und Nachteile dieses Mehles.

6 Von Gerste werden Grütze und Graupen hergestellt. Wie unterscheiden sie sich?

7 Nennen Sie mindestens zwei Anwendungsmöglichkeiten für Sago.

8 „Ich esse Braunreis, weil er gesundheitlich wertvoller ist. Parboiled Reis können Sie vergessen." Antworten Sie.

9 Welchen Reis verwenden Sie für Risotto?

10 Welche Reissorten können für Reis als Beilage verwendet werden?

11 Aus einem Rezept für Rotkohl: „Koche einige Reiskörner von Anfang an mit." Welche Aufgabe hat der Reis bei dieser Kochanweisung?

6 Süßungs- und Geliermittel

sweeteners and gelatinizers *édulcorants (m) et substances (w) gélifiantes*

Zucker *sugar* *sucre (m)*

In der Umgangssprache versteht man unter Zucker die Saccharose, die aus Zuckerrübe oder Zuckerrohr gewonnen wird. Bisweilen spricht man auch von Gebrauchszucker oder Haushaltszucker.

Dem menschlichen Körper liefert Zucker rasch Energie, weil er schnell verdaut werden kann. Zucker ist aber ein „leeres" Nahrungsmittel, weil er außer Energie weder Vitamine noch Mineralstoffe enthält. Das führt leicht dazu, dass über einen erhöhten Zuckerverbrauch ein Energieüberschuss entsteht, der dann zu Übergewicht führt. Gleichzeitig kann es zu einem Mangel an Vitaminen und Mineralstoffen kommen. Eine vernünftige Ernährung sieht im Zucker nur ein Würzmittel.

Gewinnung

Durch **Zerkleinern** der Zuckerrüben werden die Zellen geöffnet und das Auslaugen wird gefördert.

Beim **Auslaugen** leitet man Wasser auf die Rübenschnitze und reinigt anschließend den so gewonnenen Zuckersaft.

Durch **Einkochen** (reduzieren) wird die Lösung konzentriert. Aus der eingedickten Zuckerlösung scheiden beim Abkühlen die Zuckerkristalle aus.

Zentrifugieren ermöglicht eine Trennung der Zuckerkristalle vom Sirup, der Rohzucker ist entstanden. Er kommt so nicht in den Handel, sondern wird einer Reinigung unterzogen.

Zuckersorten

Das Angebot wird von Reinheit, Form und Farbe des Zuckers bestimmt.

Weißzucker (EG-Qualität II) sind Rohzuckerkristalle, die mit Dampf von anhaftenden Siruppresten befreit sind. Verwendung vorwiegend zum Backen.

Raffinade (EG-Qualität I) ist die reinste Zuckersorte. Die Zuckerkristalle werden dazu nochmals aufgelöst und gereinigt. Anschließend beginnt erneut die Kristallisation.

Handelssorten

Die folgenden Handelssorten werden aus Raffinade hergestellt.

- **Kristallzucker:** feinkörniger Zucker. Die unterschiedliche Körnigkeit wird mit Symbolen gekennzeichnet: Grob = G, mittel = M, fein = F. Zucker mit der Bezeichnung RF ist eine Raffinade feiner Körnung.
- **Puderzucker:** feinst gemahlene Raffinade für Dekorzwecke, auch für Glasuren.
- **Dekorpulver:** Puderraffinade mit wasserabweisenden Zusätzen. Wird von der Feuchtigkeit der Backwaren nicht so rasch aufgelöst.
- **Hagelzucker:** besonders grobkörnige Raffinade, die zu Dekorzwecken verwendet wird.
- **Würfelzucker:** zu Platten gepresster und anschließend zersägter Raffinadezucker.
- **Hutzucker:** zu einer Kegelform gepresste Zuckerkristalle. Er wird zur Herstellung einer Feuerzangenbowle benötigt.
- **Fondant:** gekochte Zuckerglasur aus Raffinade, Stärkesirup und Wasser. Er wird vor allem zum Glasieren von Backwaren (z. B. Petits fours) verwendet.

Küchentechnische Eigenschaften

Zucker dient als

- Würzmittel, z. B. bei Salatdressings, Cocktails,
- Konservierungsmittel, weil er wasseranziehend wirkt, z. B. bei Konfitüren, Gelees,
- Schönungsmittel bei Glasuren, beim Überstreuen mit Puderzucker.

Zuckeraustauschstoffe – Süßstoffe

Diabetikern (Zuckerkranken) ist der Genuss von Zucker und Zuckerwaren nur in eingeschränktem Maße erlaubt, weil diese wegen der mangelnden oder gar fehlenden Insulinproduktion des menschlichen Körpers den Blutzuckerspiegel lebensgefährlich verändern können. Diabetiker sind in starkem Maße auf Süßungsmittel angewiesen.

Die Süßungsmittel, die anstelle von Gebrauchszucker verwendet werden können, lassen sich in zwei Gruppen unterscheiden.

Zuckeraustauschstoffe

Zuckeraustauschstoffe beanspruchen zum Abbau im Körper kein Insulin und können darum mit Einschränkungen von Diabetikern anstelle des Gebrauchszuckers verwendet werden.

Gewerblich nutzt man Zuckeraustauschstoffe vor allem bei der Herstellung von Diabetikergebäck, wenn diese Backwaren nicht, wie in letzter Zeit üblich, mit Fruchtzucker gesüßt werden können.

Zuckeraustauschstoffe **liefern** ebenso viel **Energie** (Joule) wie Gebrauchszucker. Am häufigsten verwendet werden *Fructose, Xylit* und *Sorbit.* Neu ist *Isomalt,* das nur halb so viel Energie wie Zucker liefert.

Zuckeraustauschstoffe können abführend wirken.

Süßstoffe *sweetener* *sucrette (w)*

Als Süßstoffe bezeichnet man Stoffe, die **starke Süßkraft, aber keinen Nährwert** besitzen.

Die käuflichen Präparate enthalten überwiegend die Süßstoffe *Saccharin, Cyclamat* und *Aspartam.*

Diabetikern, deren Zucker- und Kohlenhydrate-Verbrauch ja stark eingeschränkt ist, bieten sie eine Möglichkeit, Speisen zu süßen.

Die Werbung empfiehlt die Verwendung auch Gesunden, die Energie einsparen wollen. Vom ernährungsphysiologischen Standpunkt aus ist dagegen nichts einzuwenden.

Doch ist zu bedenken, dass die Einsparung an Kohlenhydraten, die durch die Verwendung von Süßstoffen erreicht wird, von geringer Wirkung bleibt, solange nicht die Gesamtnahrungsmenge eingeschränkt wird.

Zusammenfassende Übersicht

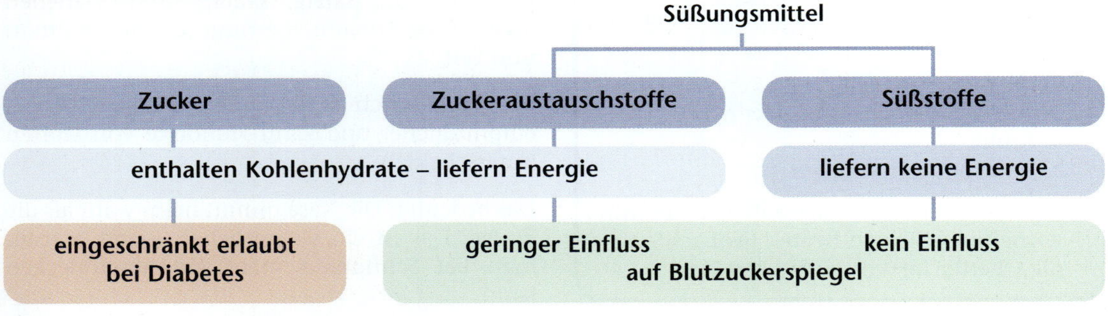

Geliermittel

Gelatine ist das Kollagen aus den Knochen und Schwarten der Schlachttiere. Angeboten wird Gelatine als Pulver und in Blattform. Die Qualitätsstufen: Gold extra, Gold, Silber. Gelatineblätter werden in Wasser eingeweicht, ausgedrückt und vorsichtig erwärmt. Gelatine dient als Bindemittel für Sahne, Creme und Aspik.

Agar-Agar ist eine Alge, die ausgekocht und getrocknet in den Handel kommt. Nach 24-stündigem Einweichen werden die Algen mit Wasser aufgekocht und ergeben ein Gelee, das hauptsächlich in der Patisserie für Obstkuchen verwendet wird.

Pektin wird aus Obsttrester gewonnen. Es geliert nur, wenn gleichzeitig entsprechende Mengen Zucker und Säure vorhanden sind. Verwendung zu Gelees, für Obstkuchen.

Tortenguss, Geleeguss: Unter diesem Namen werden Mischungen von Bindemitteln angeboten, die nach dem Aufkochen beim Abkühlen erstarren und vorwiegend für Obstkuchen verwendet werden.

Modifizierte Stärke/Quellstärke/Kaltbinder
Quellstärke hat den Vorteil, dass sie ohne Aufkochen Flüssigkeit binden kann. Um dies zu erreichen, lässt man die Stärke zunächst mit heißem Wasser verkleistern, trocknet und pulverisiert sie dann.

Quellstärke wird vor allem in der Patisserie/Küchenkonditorei verwendet.

- *Kaltcremepulver* für Vanillecreme,
- *Saftbinder* zum Binden von Sauerkirschen z. B. für Schwarzwälder Kirschschnitten.

Dem Vorteil der schnellen Herstellung steht als Nachteil entgegen, dass die Bindung mit Quellstärke schneller nachlässt.

7 Gewürze, Küchenkräuter und würzende Zutaten

spices, herbs and seasoners *epices (w), aromates (m) et condiments (m)*

Versuche

1. Beobachten Sie bei sich selbst das Maß der Speichelabsonderung, wenn
   a) Sie ihre Lieblingsspeise oder eine appetitlich angerichtete Speise sehen,
   b) Bratengeruch oder der Geruch frischen Gebäcks eingeatmet wird,
   c) jemand in eine Zitrone beißt.
2. Vergleichen Sie den Geschmack
   a) Salzkartoffel – Bratkartoffel,
   b) gekochtes Fleisch – gebratenes Fleisch,
   c) gekochte Teigwaren – in der Pfanne wieder erwärmte Teigwaren.
3. a) Zerdrücken Sie einige Nelken auf einem Papier und beobachten Sie, wann die Ölflecke verschwinden.
   b) Drücken Sie ein Stück Orangen- oder Zitronenschale neben einer brennenden Kerze zusammen und beobachten Sie die Flamme.
4. Zerkleinern Sie weißen Pfeffer, riechen Sie und probieren Sie etwas davon
   a) sofort,
   b) nach einigen Stunden.
5. Brühen Sie eine Tasse Tee auf. Nach 15 Min. entnehmen Sie den Beutel. Beobachten Sie die Oberfläche, kosten Sie den Tee.

7.1 Vom Schmecken und Riechen

Speisen werden nicht nur nach ihrem Gehalt an Nährstoffen beurteilt. Sie sollen auch appetitlich aussehen (das Auge „isst" mit) und zudem so riechen und schmecken, „dass einem das Wasser im Munde zusammenläuft".

Ob uns ein Gericht „schmeckt", bestimmen die Geruchs- und Geschmacksstoffe, die darin enthalten sind. Obwohl üblicherweise von „schmecken" und „Geschmack" gesprochen wird, bestimmt der Geruch einer Speise diese stärker als der Geschmack.

Als **Geschmack** bezeichnet man die Empfindungen der Zunge. Die Zunge kann neben der Temperatur (heiß – kalt) und der Festigkeit nur vier Geschmacksrichtungen unterscheiden, nämlich: süß, salzig, sauer, bitter. Daneben erkennt sie Umami (bestimmte Aminosäuren) und Fett.

Bei dem **Geruch** ist das anders: Die Nase ist viel empfindlicher und kann Hunderte von Düften unterscheiden.

Das bedeutet: Die Nase nimmt mehr wahr als die Zunge. Das ist ein wesentlicher Grund, warum man bei Schnupfen nicht gut abschmecken kann.

Was wir von Speisen schmecken und riechen, wird bestimmt von:

- Eigengeschmack der verwendeten Lebensmittel (Fisch bleibt Fisch, Lamm bleibt Lamm usw.).
- Geruchs- und Geschmacksstoffen, die beim Zubereiten entstehen, z. B. beim Braten.
- Wirkung der Würzstoffe.

Von den Arten der Würzstoffe handeln die folgenden Seiten.

Von den Würzstoffen beeinflussen:

- **vorwiegend Geruch**
  Gewürze, Küchenkräuter,
- **Geschmack**
  Salz, Säuerungsmittel,
  daneben Zucker, Wein, Früchte usw.

Als Gewürze und Küchenkräuter können alle Pflanzenteile dienen. Beispiele:

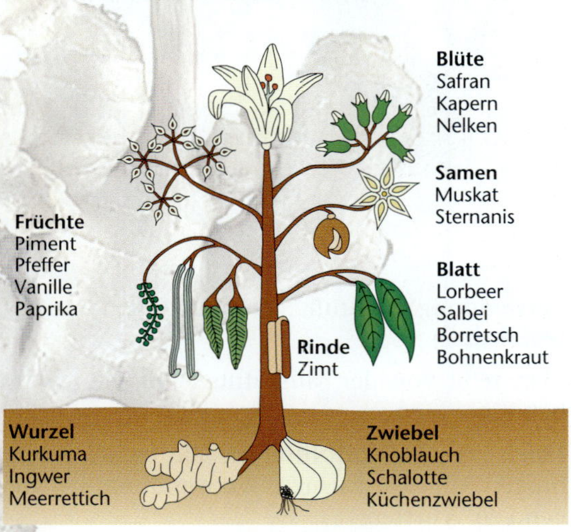

7.2 Gewürze 🇬🇧 *spices* 🇫🇷 *éspices (w)*

Arten

Gewürze sind getrocknete Teile von Pflanzen, die in den heißen Zonen wachsen. Durch die starke Sonneneinstrahlung entwickeln sich große Mengen an Duft- und Geschmacksstoffen, wesentlich mehr als in den bei uns wachsenden Küchenkräutern.

Pfeffer 🇬🇧 *pepper* 🇫🇷 *poivre (m)*

Pfefferkörner sind die Beeren einer Kletterpflanze. Nach dem Zeitpunkt der Ernte unterscheidet man ausgereifte Beeren und grüne Beeren.

- **Reife Beeren:**
  - *Weißer Pfeffer*
    Die reifen Beeren werden vom Fruchtfleisch befreit und getrocknet; milder aromatischer Pfeffer.
- **Unreife Beeren:**
  - *Schwarzer Pfeffer*
    Unreife Beeren werden getrocknet. Weil das Fruchtfleisch am Gewürz bleibt, hat schwarzer Pfeffer mehr Schärfe.
  - *Grüner Pfeffer*
    sind unreife Pfefferbeeren, in einer Salzlake sterilisiert oder gefriergetrocknet.
- *Roter Pfeffer, rosa Beeren, Szechuan-Pfeffer*
  sind die Beeren eines asiatischen Strauchs, schmecken leicht süßlich. Roter Pfeffer wird reif geerntet und nach einem Spezialverfahren getrocknet. Typisch in „China-Gerichten".
- *Cayenne-Pfeffer*
  getrocknete gemahlene Chilis. Siehe Paprika.

Piment 🇬🇧 *allspice* 🇫🇷 *piment (m)*

Die etwa 5 mm großen, braungrauen Beeren, teilweise auch Nelkenpfeffer genannt, werden kurz vor der Reife geerntet und getrocknet. Verwendung zu Beizen (Sauerbraten, Wild), gekochtem Fleisch, Gerichten von Herz und Zunge sowie zur Weihnachtsbäckerei.

Paprika *paprika* *paprika (m)*

Gewürzpaprika wird von einer bleistiftdicken, etwa 8 cm langen Frucht der Paprikapflanze gewonnen.

In den Außenwänden sind u. a. die Aromastoffe, die Zwischenwände und Samen enthalten die Schärfe, das Capsaicin.

Anteile	Bezeichnung
Außenwände	Capsaicinfrei
Aroma	Delikatess-Paprika
	Edelsüß
Schärfe:	Halbsüß
Kerne, Innenwände	Rosenpaprika

Kleiner als Gewürzpaprika sind **Chilis.** In grünem Zustand werden sie als Peperoni angeboten, ausgereift und gemahlen erhält man *Cayenne-Pfeffer.*

Lorbeerblätter

bay leafs *feuilles (w) de laurier*

Die Lorbeerblätter stammen vom immergrünen Lorbeerbaum, der im gesamten Mittelmeergebiet heimisch ist.

Gute Ware hat eine schöne grüne Farbe und duftet beim Zerreiben aromatisch.

Verwendung zu Marinaden für Sauerbraten und Wild, Sauerkraut.

Nelke *clove* *clou de girofle (m)*

Die noch nicht aufgegangene Blüte des Gewürznelken-Baumes wird getrocknet, sie enthält das erwünschte aromatische Nelkenöl überwiegend in der Knospe (Kugeln).

Verwendung zu Kohlgerichten, Sauerkraut, Wild und Fischsud sowie Glühwein und Weihnachtsgebäck.

Kümmel *cumin* *cumin (m)*

Kümmel wird in ganz Europa angebaut, für besondere Qualität ist Holland bekannt. Kümmel wirkt verdauungsfördernd und blähungshindernd.

Verwendung zu Kohlgerichten, Sauerkraut, Gulasch, Schweinebraten und Likör.

Wacholderbeere

juniper berry *genièvre (m)*

Die Beeren des Wacholderstrauches riechen etwas harzig und schmecken bitterwürzig. Qualitätsware ist erbsengroß und glatt.

Verwendet werden die Beeren ganz oder zerdrückt zu Wild und Wildgeflügel, zu Sauerbraten, Sauerkraut, zu Fischmarinaden und Spirituosen.

Muskatnuss

nutmeg *noix (m) de muscade*

Der etwa walnussgroße Samenkern des Muskatnuss-Baumes hat eine gefurchte mattbraune Schale. Seine weißliche Oberfläche besteht aus Kalk, der vor Insektenfraß schützt.

Verwendung zu Brühe, Blumenkohl, Kartoffelbrei, Farcen.

Man reibt von der Muskatnuss nur die jeweils benötigte Menge.

Macis oder **Muskatblüte** (im Bild rechts unten) umgibt die Muskatnuss. Verwendung vorwiegend zu Würsten.

Senf mustard moutarde (w)

Es gibt zwei Arten von Senfsamen. Die gelben sind größer und milder, die braunen schärfer.

Der typische Senfgeschmack entsteht erst bei Wasserzusatz durch Einwirkung von Enzymen.

Dazu kommen Essig, Wein, Salz, Zucker sowie Würzstoffe, die die Geschmacksrichtung beeinflussen, wie Meerrettich, Sardellen, Kräuter.

Delikatess-Senf und *Tafelsenf* sind mittelscharf.

Dijon-Senf besteht überwiegend aus braunen Senfkörnern, bei denen die Schalenteile abgesiebt werden.

Süßer oder *Weißwurstsenf* besteht aus grob gemahlenen weißen und braunen Körnern. Zucker gibt den typischen Karamellgeschmack.

Rotisseur-Senf ist ein grob vermahlener, mittelscharfer Senf, der beim Erhitzen das Aroma behält.

Zimt cinnamon canelle (w)

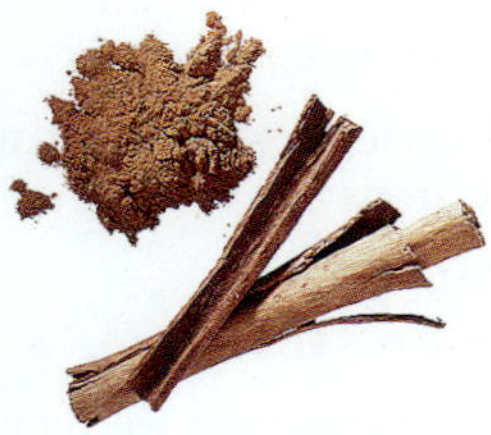

Die abgelösten Rindenstücke des Zimtbaumes rollen sich beim Trocknen und werden braun.

Je dünner die Rinde, desto feiner ist das Aroma.

Stangenzimt verwendet man, wenn nur der Geschmack, nicht aber die Farbe erwünscht ist, z. B. bei Glühwein, Kompott.

Gemahlenen Zimt nutzt man bei Apfelmus, Gebäck und zu Zimtzucker für Süßspeisen.

Ingwer ginger gingembre (m)

Die Wurzeln der Pflanze dienen getrocknet als Gewürz und kandiert als Rohstoff in der Patisserie.

Verwendung zu:

- exotischen Salaten,
- Reissalat,
- Kürbisgemüse,
- indischen Fleischgerichten,
- Ingwerreis,
- pikanten Fruchtsaucen,
- Konfekt.

Safran saffron safran (m)

Die getrockneten Blütennarben sind braunrot und schmecken leicht bitter. Safran löst sich in Wasser und färbt gelb.

Verwendung zu Safranreis, Bouillabaisse, spanischer Paella, italienischem Risotto sowie zu Gerichten von Fisch und Krustentieren.

Vanille vanilla vanille (w)

Die grüne Kapselfrucht einer Orchideenart wird fermentiert und getrocknet. Dabei entwickelt sich das feine Aroma. Weiße Pünktchen an der Oberfläche sind auskristallisiertes Vanillin.

Verwendung zu Creme, Pudding, Auflauf und Gebäck. Dazu wird die Schote längs aufgeschnitten und das Vanillemark herausgekratzt.

Vanille-Zucker erhält den Geschmack durch echte Vanilleschoten.

Vanillin-Zucker ist Zucker mit Zusatz von synthetisch hergestelltem Vanillin.

Curry curry curry (m)

Das gelblich braune Pulver ist eine indische Gewürzmischung.

Sie enthält bis zu 15 Gewürze.

Farbe gebender Hauptbestandteil ist die Kurkuma, auch Gelbwurz genannt.

Verwendung zu verschiedenen Reisgerichten und exotischen Fleischgerichten sowie Currysaucen.

Kapern *caper* *câpre (w)*

sind die unreifen, geschlossenen Blütenknospen des Kapernstrauches. Sie werden in eine Salzlake eingelegt. Verwendung zu Königsberger Klopsen, Remouladensauce, Heringssalat.

Angebot der Industrie

Die Nahrungsmittelindustrie bietet eine Reihe von Gewürzkombinationen in unterschiedlicher Form an.

- **Gewürzmischungen** bestehen ausschließlich aus Gewürzen, so ist z. B. der vorausgehend beschriebene Curry eine Gewürzmischung. Andere Mischungen sind Gulaschgewürz, Schaschlikmischung oder Lebkuchengewürz. Gewürzmischungen kann man auch selbst zusammenstellen.
- **Gewürzzubereitungen** sind Mischungen von Gewürzen mit anderen geschmackgebenden Zutaten wie Sojasauce oder Tabasco (vgl. bei Würzsaucen).
- **Aromen** sind Zubereitungen von Geruchs- und Geschmacksstoffen, die der Aromatisierung von Lebensmitteln dienen. Für die Patisserie gibt es z. B. in dickflüssiger Form Vanillearoma und Zitronenaroma. Diese Zubereitungen sind leicht vorrätig zu halten und können einfach dosiert werden.
- **Glutamat** ist ein weißes, pulvriges Salz ohne typischen Eigengeschmack. Es regt die Geschmacksnerven an und macht sie empfindlicher. Darum „verstärkt" es den Eigengeschmack der Speisen, ohne selbst hervorzutreten. Anwendung bei hellem Fleisch, Fisch, Gemüse, Reis, Pilzen und Gerichten der chinesischen Küche.

Anwendung

Grundregeln des Würzens

Das Gewürz unterstreicht und ergänzt den Charakter des Gerichts. Der Eigengeschmack der Rohstoffe muss im Vordergrund bleiben, Gewürze betonen nur oder geben eine Nuance.

Beim Würzen bestimmt ein Gewürz die Richtung, weitere Gewürze ergänzen, bleiben aber im Hintergrund.

Bei der Auswahl der Gewürze ist mehr auf die Zubereitungsart zu achten als auf den Rohstoff; das gilt insbesondere bei Fleisch und Fisch.

Gemahlene Gewürze

verwendet man,

- weil die geschmackgebenden Stoffe schneller auf die Speisen übergehen,
- weil gemahlene Gewürze leichter dosierbar sind.

Man fertigt eine **Reduktion,**

wenn man die geschmackgebenden Stoffe ohne die festen Bestandteile der Gewürze in konzentrierter Form will, z. B. bei einer holländischen Sauce.

Ganze Gewürze

verwendet man,

- wenn zum Auslaugen der geschmackgebenden Stoffe genügend Zeit zur Verfügung steht (z. B. Marinade),
- wenn die festen Bestandteile der Gewürze leicht entfernbar sein sollen (z. B. Nelken und Lorbeerblatt an der gespickten Zwiebel, Wacholderbeeren aus der Marinade).

Ganze Gewürze gibt man immer zu Beginn des Garens bei.

Lagerung

Bei Gewürzen werden nie zu große Mengen auf einmal eingekauft. Lange Lagerdauer bedeutet Qualitätsminderung, weil die Aromastoffe verfliegen. Man sagt, das Gewürz „verraucht". Aus dem gleichen Grund werden Gewürze immer luftdicht verschlossen aufbewahrt. Mit feuchten Fingern darf man nie in die Gewürzdose greifen, denn durch die anhaftenden Reste entstehen Verluste. Zweckmäßiger ist die Verwendung einer kleinen Gewürzschaufel.

7.3 Küchenkräuter

potherbes *fines herbes (w)*

Küchenkräuter geben den Speisen nicht nur den erwünschten Geschmack, sie sind, besonders in frischem Zustand, reich an Vitaminen und Mineralstoffen und darum für eine gesunde Ernährung sehr wertvoll.

Bärlauch 🇬🇧 *wood garlic* 🇫🇷 *ail (m) de bois*

Die lanzettförmigen Blätter riechen kräftig in einer dem Knoblauch vergleichbaren Art, ohne den Geruch über den Atem abzugeben. Verwendung zu Kräuterbutter, Pesto, Salaten und Sandwiches.

Basilikum 🇬🇧 *basil* 🇫🇷 *basilic (m)*

Die Würzkraft liegt in den Blättern. In kleinen Mengen angewandt, ist es zu verschiedenen Ragouts sowie zu Lammbraten und Tomatensuppe geeignet; mit anderen Kräutern vermischt ist es eine gute Salatwürze.

Beifuß 🇬🇧 *mugwort* 🇫🇷 *armoise (w)*

Dieses Küchenkraut gilt als Spezialgewürz für fette Speisen, z. B. für Gänse-, Enten- und Schweinebraten. Seine Inhaltsstoffe fördern die Fettverdauung und machen deftige Gerichte bekömmlicher.

Bohnenkraut 🇬🇧 *savory* 🇫🇷 *sarriette (w)*

Es ist vor dem Aufblühen zu pflücken. Frischware schmeckt intensiv, das getrocknete Kraut eher derb und wuchtig. Das Aroma wird erst beim Kochen frei. Darum vorsichtig würzen. Bohnenkraut ist ein bewährtes Würzkraut für Bohnen, Linsen und auch für Eintöpfe.

Borretsch 🇬🇧 *borage* 🇫🇷 *bourrache (w)*

Die frischen Blätter dieses Küchenkrauts eignen sich, fein gehackt, als Würzkraut zu Gurken und Salaten sowie auch zu Kräuterquark und grüner Sauce. Borretsch wird eine belebende Wirkung zugeschrieben.

Dill 🇬🇧 *dill* 🇫🇷 *aneth (m)*

Dill wird hauptsächlich verwendet zu Fischgerichten (Aal, graved Lachs), zum Einmachen von Gurken, für Salatzubereitung und Rohkostplatten.

Die Dillsamen sind unentbehrlich beim Einlegen von Essiggurken.

Estragon 🇬🇧 *tarragon* 🇫🇷 *estragon (m)*

Junge Estragonblätter sind wichtig bei der Zubereitung von Fischgerichten, Saucen, Salaten, Mayonnaisesaucen, Essig-, Salz- und Senfgurken sowie bei der Herstellung von Tafelessig. Überlagerter Estragon schmeckt penetrant und muffig.

Kresse 🇬🇧 *cress* 🇫🇷 *cresson (m)*

Wird Brunnenkresse und auch Gartenkresse fein gehackt, sind sie ein Würzmittel für Quark, Suppen und Salate.

Brunnenkresse verwendet man gerne als Garnitur für Gegrilltes.

Kerbel 🇬🇧 *chervil* 🇫🇷 *cherfeuil (m)*

Kerbel ist ein ausgezeichnetes Suppenkraut (Kerbelsuppe).

Desgleichen eignet sich Kerbel als Würze zu Gemüsen und Eintopfgerichten sowie als Rohkost und natürlich zu vielen Arten von Salaten.

Liebstöckel *lovage* *livèche (w)*

Von dieser Pflanze sind der Wurzelstock und das Blatt sehr gute Geschmacksträger.

Verwendung zu Suppen, Saucen, Salaten, Eintopfgerichten.

Ein alter Name ist Maggi-Kraut. Wegen des intensiven Geschmacks nur sparsam verwenden.

Lauch/Porree *leek* *poireau (m)*

Lauch wird als Gemüse verwendet, dient aber auch als Beigabe zu Suppen und zu Rohkost. Der weiße Knollenteil kann auch anstelle von Zwiebeln verwendet werden.

Majoran/Oregano

marjoram *marjolaine (w)*

Majoran wird bei verschiedenen Wurstsorten verwendet; er ist das Spezialgewürz zu gelben Erbsen und Kartoffelsuppe.

Oregano ist wilder Majoran, ein typisches Kraut der italienischen Küche, z. B. für Pizzen und Tomatenzubereitungen.

Melisse *balm* *mélisse (w)*

Diese Pflanze, auch Zitronenmelisse genannt, hat einen leichten Zitronengeschmack, wenn sie frisch ist. Sie trägt zur Geschmacksverfeinerung von Wildgerichten bei, sie ist auch für Salate, Kräutersauce und Quark geeignet.

Schnittlauch *chives* *ciboulette (w)*

Fein geschnittener Schnittlauch ist eine Würze für Quark, Fleisch-, Fisch- und Gemüsesalate und für Pasteten. Er lässt sich auch für alle klaren Suppen verwenden.

Petersilie *parsley* *persil (m)*

Die Petersilie ist für viele Würzzwecke anwendbar. Als Büschel gebacken, wird sie panierten Fischen oder Fleischgerichten beigegeben, die in Fett gebacken worden sind. Die Petersilienwurzel ist Bestandteil des Bouquet garni.

Die glatte Petersilie hat das kräftigere Aroma, die krausen Arten eignen sich besser zum Garnieren.

Pfefferminze *mint* *menthe (w)*

Die Triebe werden vor dem Blühen geerntet. Grob gehackt sind sie das Spezialgewürz für eine süßsaure, in England landesübliche Sauce, die zum gebratenen Lammfleisch gereicht wird.

Die Mintsauce gibt es auch als fertige Zubereitung.

Rosmarin *rosemary* *romarin (m)*

Der harzige und bitterwürzige Eigengeschmack der Rosmarinblätter harmoniert mit Wildgerichten sowie mit Schaf- und Schweinefleisch.

Er harmoniert aber auch mit Tomaten, Zucchini und Auberginen. Rosmarin muss mitgaren, damit die Würzkraft frei wird.

Salbei sage sauge (w)

Die herben, bitteren Salbeiblätter werden vor der Blüte gepflückt.

Sie geben einigen Fisch- und Schlachtfleischgerichten den besonderen Geschmack.

Thymian thyme thym (m)

Dieses Küchenkraut wird bei Suppen, Eintopfgerichten, Fisch- und Fleischspeisen, Saucen und bei der Wurstbereitung ausgiebig verwendet.

Außerdem würzt man mit diesem Kraut Tomaten und Auberginen.

Kräutermischungen

Fines herbes (sprich: finserb) sind eine Mischung aus feinen Kräutern. Man verwendet dazu Schnittlauch, Kerbel, Petersilie, Estragon und je nach Verwendung weitere Kräuter.

Die Zusammenstellung passt zu Eierspeisen, Frischkäse, gebundenen Suppen und Saucen.

Herbes de Provence = Kräuter der Provence. Die Provence ist ein Gebirgsland Frankreichs am Mittelmeer, das sich an Italien anschließt. Die käufliche Mischung von getrockneten Kräutern besteht entsprechend dem Klima und der Höhenlage hauptsächlich aus Majoran, Thymian, Basilikum und Rosmarin. Die aromatische Mischung wird zum Würzen von Fleisch- und Fischgerichten „nach provencalischer Art" verwendet.

Behandlung

Frische Kräuter werden gewaschen, entstielt und gehackt oder fein geschnitten. Den Speisen werden sie möglichst spät beigegeben. Man streut sie auch über die Gerichte (z. B. Petersilie, Schnittlauch), um ihnen ein gefälliges, appetitanregendes Aussehen zu geben.

Petersilie wird vielfach nach dem Hacken in einem Tuch ausgedrückt. Das ist nicht notwendig und sogar falsch, denn mit dem Saft gehen Aroma und Wirkstoffe verloren.

Petersilie wird von den groben Stängeln befreit, gewaschen und in einem Tuch trockengerieben. Dann wischt man das trockene Tranchierbrett feucht ab, damit es den austretenden Petersiliensaft nicht aufsaugen kann, und hackt die Petersilie mit einem scharfen Messer. So erhält man eine würzige, vitaminreiche und gut streufähige Petersilie.

Getrocknete Kräuter lässt man mit dem Gericht kurz aufkochen und dann etwa 15 Min. ziehen. Nur so können sie den vollen Geschmack entfalten.

Kräutersträußchen (Bouquet garni), gespickte Zwiebel, Gewürzbeutel s. Abschnitt „Brühen".

Aufbewahrung

Frische Kräuter bewahrt man kurzfristig im Kühlraum auf. Die Saison für die einzelnen Küchenkräuter ist jedoch nur kurz.

Längere Zeit haltbar machen kann man Kräuter durch:

- **Einfrieren;** es ist vor allem darauf zu achten, dass das Gefriergut trocken ist, denn nur so lässt es sich später leicht den Vorratsbehältern entnehmen.
- **Einlegen in Essig;** dabei entsteht Kräuteressig, denn die Aromastoffe lösen sich und gehen in die Flüssigkeit über. Dieses Verfahren ist deshalb vor allem für Kräuter geeignet, die für Marinaden verwendet werden.
- **Trocknen;** das ist zwar sehr einfach, doch verfliegt dabei das Aroma besonders leicht. Käufliche Ware ist in der Regel der selbst getrockneten überlegen, denn sie wird in Spezialanlagen schonend getrocknet.

7.4 Würzsaucen

Würzsaucen sind kalte, fließfähige Zubereitungen mit ausgeprägtem Geschmack.

Chilisauce

besteht aus Tomatenmark, Chilis, Essig, Salz und Zucker. Sweet Chili ist milder.

Verwendung als Tischsauce, aber auch zu Vorspeisen und Salaten, zu Saucen und Gerichten von Ei.

Ketchup/Ketschup

Tomatenmark wird mit Salz, Zucker, Essig, Ingwer, Nelken, Pfeffer und Zitronensaft gewürzt.

Verwendung als Tischsauce, aber auch zu Vorspeisen und Salaten.

Sojasauce

Sojasauce ist eine Würzsauce aus dem asiatischen Raum. Sojabohnen werden in einer Salzlake zusammen mit anderen Zutaten enzymatisch abgebaut. Der Grundgeschmack ist mit unseren Würzsaucen vergleichbar, sie schmeckt jedoch etwas malzig süßlich.

Verwendung zu Fleisch-, Fisch-, Geflügel- und Gemüsegerichten der asiatischen Küche.

Speisewürze

Das flüssige Würzmittel ist bekannt unter Markennamen (Maggi, Knorr, Hügli). Der Begriff Würzsauce ist nicht gebräuchlich.

Die Grundlage für die Herstellung bildet pflanzliches Eiweiß wie Getreidekleber. Die Proteine werden aufgeschlossen und zu Aminosäuren abgebaut. Danach ist eine mehrmonatige Reifung erforderlich. Die Aminosäuren beeinflussen den geschmacklichen Gesamteindruck positiv.

Verwendung als Tischsauce, aber auch zu Suppen, Gemüsen und Eintopfgerichten.

Tabascosauce

Diese Würzsauce entsteht auf der Grundlage von Chili. Der feurig scharfe Geschmack entsteht nach mehrmonatiger Reifung.

Verwendet wird Tabasco zu südamerikanischen Gerichten. Zum Würzen von Reis, Salaten und Eierspeisen genügen wenige Spritzer. Tabasco wird auch als Tischsauce gereicht.

Worcestershire Sauce

Hauptbestandteil sind Fleischextrakt, Cayennepfeffer, Essig, Rum, Zuckersirup.

Verwendung als Tafelsauce, aber auch zu Frikassee, Ragoût fin, Fisch, Salaten.

7.5 Speisesalz *salt* *sel (m)*

Kochsalz ist zwar ein Mineralstoff (NaCl), doch ist es ein bedeutendes Mittel zur Beeinflussung des Geschmacks. Es wirkt nicht nur durch den Eigengeschmack, es verstärkt zugleich die Würze anderer Produkte wie etwa Fleisch und Brot.

Speisesalz ist ferner ein wichtiger Bestandteil des menschlichen Körpers. Fünf Gramm Salz werden täglich ausgeschieden und müssen über die Nahrungsaufnahme ersetzt werden. Allerdings sind viele industriell gefertigte Lebensmittel reichlich gesalzen, sodass aus gesundheitlichen Gründen Salz sparsam zu verwenden ist.

Handelsprodukte

- **Siedesalz**
  Salz wird durch Wasser aus dem Berg gelöst. Die so entstandene Sole wird durch Sieden eingedampft (reduziert), bis das reine Salz zurückbleibt.
- **Steinsalz**
  wird aus dem Salzstock bergmännisch abgebaut und fein gemahlen.
- **Jodiertes Speisesalz**
  dient zur Ergänzung der in der Bundesrepublik allgemein mangelhaften Jodversorgung. Das Spurenelement Jod ist für die Funktion der Schilddrüse notwendig.

7.6 Essig *vinegar* *vinaigre (m)*

Essig wirkt in Speisen auf zweifache Weise:

- geschmackliche Wirkung, z. B. Sauerbraten, Salate,
- Verbesserung der Haltbarkeit, z. B. Essiggurken, Aspik.

In den folgenden Abschnitten wird Essig nur als Geschmacksbildner besprochen.

Essig entsteht entweder aus alkoholischen Flüssigkeiten durch Gärung (Gärungsessig) oder auf synthetischem Wege als Essigessenz.

Die Essigsäure ist in beiden Fällen gleich. Essigessenz ist rein sauer, Gärungsessig enthält zusätzliche Geschmacksstoffe, z. B. aus Wein.

Angebot des Handels

- **Weinessig**
  ist ausschließlich aus Wein hergestellt, mit 6 % Säure kräftig und reich an begleitenden Aromastoffen. Er ist eine Spezialität für die feine Küche.
- **Speise- oder Tafelessig**
  enthält 5 % Säure und wird aus vergorenen Kartoffeln oder Getreide gewonnen.
- **Wein-Branntwein-Essig**
  ist eine Mischung aus Weinessig und Speiseessig, liegt folglich in der Qualität zwischen den beiden Arten; er wird am häufigsten verwendet.
- **Kräuteressig**
  ist 5 %iger Essig, der zusätzlich durch feine Kräuter (Dill, Estragon, Melisse) aromatisiert ist.

- **Essig mit besonderen Geschmacksrichtungen** entsteht, wenn von besonderen Rohstoffen ausgegangen wird.

  Beispiele
  Sherryessig, Rotweinessig oder Apfelessig.

- **Balsamico-Essig**
  ist eine italienische Spezialität. Er wird aus konzentriertem Traubensaft gewonnen und verliert bei einer langen Lagerung weiteres Wasser. Dadurch tritt die Säure in den Hintergrund und die anderen Geschmacksstoffe überwiegen. Geschmack und Preis sind mit gewöhnlichem Essig nicht vergleichbar.
  Verwendung zu Carpaccio, Tomaten mit Mozzarella usw.

- **Essig-Essenz**
  (70 % bis 80 % Säure bei gewerblicher Verwendung, für Haushalte höchstens 25 %) ist wegen des hohen Säureanteils mit **besonderer Vorsicht anzuwenden.** Neben der Säure enthält sie keine weiteren Geschmacksträger.

Essigvariationen eigener Herstellung

Gewürz- und Kräuteressig kann jederzeit selbst hergestellt werden. Man setzt für Dillessig z. B. etwa 20 g frisches Dillkraut mit einem Liter Essig an und lässt das Ganze etwa 14 Tage stehen. Verbleiben Dill oder andere Kräuter zu lange im Essig, kann dieser einen unangenehm krautigen Geschmack annehmen.

Für *Gewürzessig* verwendet man Pfefferkörner, Lorbeerblätter, Senfkörner und Dill.

Für *Himbeeressig* oder *Knoblauchessig* setzt man Weinessig mit den entsprechenden Aromaträgern an.

Aufgaben

1. Geschmackvolle Speisen sind unser Ziel: Wovon ist der Geschmack stärker abhängig als von der Würzung? Sehen Sie dazu auch auf Seite 335 nach.
2. Welche Grundregeln sollten beim Würzen beachtet werden?
3. Nennen Sie Vor- und Nachteile von Gewürzmischungen.
4. Bei welchen Anwendungen verwendet man Gewürze im Ganzen und wann in gemahlener Form?
5. Welcher Unterschied besteht bei der Verwendung zwischen frischen und getrockneten Kräutern?
6. Aus welchem Grund wird jodiertes Speisesalz verwendet?
7. Für Essig-Essenz wird mit der Aussage „Die reine Säure des Essigs" geworben. Diese Aussage enthält Wahres und Bedenkenswertes im Zusammenhang mit der Geschmackgebung. Erläutern Sie.

8 Speisefette und Speiseöle

food fats and oils *graisses (w) et huile (w)*

Fette sind neben Kohlenhydraten und Eiweiß ein Hauptbestandteil unserer Nahrung. Wir verwenden jedoch die meisten Fette in einer Art, wie sie in der Natur so nicht vorkommen. Man „gewinnt" die Fette: Oliven enthalten 13 % Fett, das ausgepresste Olivenöl ist nahezu 100 %iges Fett; Milch enthält etwa 4 % Milchfett, die daraus gewonnene Butter dagegen 82 %. Man sieht: Fettgewinnung ist Konzentration eines Lebensmittelbestandteils. Daraus erklärt sich, warum aus der Sicht einer ausgewogenen Ernährung das Fett mit Bedacht eingesetzt werden muss.

Speisefette und Speiseöle werden hier unter folgenden Gesichtspunkten behandelt:

Bedeutung für

Ernährung	Küchentechnik	Geschmack
Was ist gesund?	Welches Fett für welche Zubereitung?	Wie schmeckt es?

8.1 Bedeutung für die Ernährung

Die Bedeutung des Nährstoffs Fett ist durch folgende Eigenschaften gekennzeichnet:

- Fett ist der Nährstoff mit dem höchsten Energiegehalt. Ein Gramm Fett liefert 37 kJ[1]. Bei einer Einschränkung des Fettverzehrs sind neben den **sichtbaren Fetten** wie Speck oder Butter auch die **versteckten oder unsichtbaren Fette** wie in Mayonnaise, Leberwurst oder in Nüssen zu beachten.
- Fett liefert **essenzielle Fettsäuren,** die der Körper nicht selbst bilden kann. Sie müssen darum mit der Nahrung aufgenommen werden. Essenzielle Fettsäuren sind vor allem in Ölen enthalten.
- Fett ist notwendig als **Lösungsmittel** für fettlösliche Vitamine.
- Fett dient in Form von Körperfett der Wärmeisolierung (Nierenfett) und als Schutz gegen Druck und Stoß (z. B. Fett hinter den Augäpfeln).

8.2 Fette in der Küchentechnik

Fett ermöglicht das Garen bei Temperaturen über 100 °C.

Während Wasser bei normalem Luftdruck nur bis 100 °C erhitzt werden kann und dann verdampft, erreichen bestimmte Fette Temperaturen um 200 °C. Das ermöglicht Garverfahren, bei denen erwünschte, geschmackgebende Röststoffe entstehen.

Die erwünschte Gartemperatur bestimmt die zu verwendende Fettart.

- **Dünsten und helle Roux:**
  Das Fett wird nur kurz und nicht zu stark erhitzt. Geeignet: Butter, Butterschmalz, Margarine.
- **Schmoren:**
  Zum Bräunen ist starke Hitze nötig, darum sind hitzebeständige Fette, wie Erdnuss- oder Kokosfett, zu verwenden.
- **Braten in der Pfanne:**
  Die erforderlichen Temperaturen sind sehr unterschiedlich und liegen zwischen 120 und 220 °C.
  - **Eierspeisen** (Omelett, Spiegelei) garen bereits bei niederen Temperaturen. Aus geschmacklichen Gründen werden darum Butter und Butterschmalz bevorzugt.
  - **Beim Schwenken oder Aufbraten von Gegartem** (Reis, Kartoffeln, Teigwaren) ist nur eine mittlere Temperatur erforderlich. Butter und Butterschmalz lassen diese Temperatur noch zu und heben zugleich den Geschmack.
  - **Pfannengerichte** verlangen hohe Temperaturen, damit die Schnittflächen des Fleisches rasch geschlossen werden. Geeignet sind Erdnuss- und Kokosfett und Pflanzenöle.
- **Braten im Ofen:**
  Dabei entstehen sehr hohe Temperaturen. Verwendet werden bevorzugt Pflanzenfette und besondere Backfette.
- **Frittieren:**
  Dabei wird das Fett am stärksten beansprucht, denn es bleibt oft lange auf 170 °C erhitzt. Man verwendet darum besondere Frittürenfette.

Keine „Fettmischungen" selbst zuzsammenstellen, die einzelnen Fettarten können sich gegenseitig ungünstig beeinflussen.

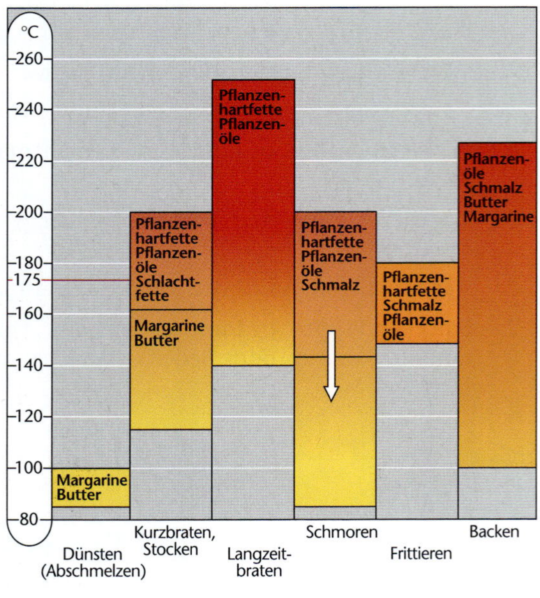

Abb. 1 Eignung der Fette

Fett verbessert Teig und Gebäck.

Durch die Beigabe von Fett erzielt man geschmeidigere Teige und ein elastischeres, saftigeres und abgerundet schmeckendes Gebäck. Andere Teige werden zart und mürbe.

Fett wirkt als Trennmittel.

In Bratgeschirr und Backformen verhindert Fett das Anlegen der Speisen, denn es isoliert verkleisternde Stärke und gerinnendes Eiweiß.

[1] Nach Nährwertkennzeichnungsverordnung

Als Trennmittel verwendet man salbige Fette; sie lassen sich nach leichtem Erwärmen gut verstreichen und laufen in den Formen nicht ab.

Achtung! Brennendes Fett muss erstickt werden. Abdecken! Nicht mit Wasser löschen!

8.3 Geschmacklicher Einfluss der Fette

Bei den meisten Speisen erhöht ein Fettanteil den Wohlgeschmack, die Zubereitung wird runder, voller, cremiger. Daneben kann der arteigene Geschmack von Fetten bewusst eingesetzt werden.

Butter dient in der kalten Küche zum Bestreichen, z. B. von Broten.

Butter dient in der warmen Küche als zerlassene Butter, z. B.

- zur Verfeinerung zarter Gemüse,
- zur Herstellung von holländischer Sauce.

Öle mit neutralem Geschmack

- bilden die Grundlage für Mayonnaise,
- können für alle Salate verwendet werden.

Öle mit Eigengeschmack

- eignen sich besonders für Blattsalate, weil sie mit deren Bitterstoffen harmonieren.

Fette sind aber besonders energiereich, und der Mensch nimmt ohnehin im Verhältnis zum Bedarf zu viel Energie auf (Bewegungsarmut). Daher sollte die ernährungsbewusste Küche versuchen, mit geringen Fettmengen auszukommen.

8.4 Arten

Butter

Butter ist eine Emulsion aus dem Fett der Milch. Sie enthält mindestens 82 % Fett. Die wichtigsten Herstellungsschritte sind: Sahne (Rahm) so lange bearbeiten, bis Butterflocken entstehen, diese in kaltem Wasser kneten, damit die restliche Buttermilch entfernt wird, dann ausformen. Man kann das auch so sagen: Beim Buttern wird die Fett-in-Wasser-Emulsion zerstört (Sahne hat 30 % Fett), es entsteht eine Wasser-in-Fett-Emulsion (Butter enthält 16 % Wasser).

Nach der Behandlung des Rahms unterscheidet man folgende Geschmacksrichtungen:

- **Sauerrahmbutter**
  Dem Rahm werden geschmacksbildende Milchsäurebakterien zugesetzt – Hauptangebot.
- **Mild gesäuerte Butter**
  Süßrahmbutter wird Milchsäure zugesetzt. Geschmacklich zwischen Süß- und Sauerrahmbutter.
- **Süßrahmbutter**
  Hergestellt aus ungesäuertem Rahm. Milder, sahniger Geschmack.
- **Gesalzene Butter**
  hat aus geschmacklichen Gründen einen höheren Salzgehalt.
- **Butterzubereitungen** wie Kräuterbutter oder Joghurtbutter müssen mindestens 62 % Fett enthalten.

Güteklassen unterscheiden nach Aussehen, Gefüge, Konsistenz, Geruch und Geschmack in *Markenbutter* (1. Qualität) und *Molkereibutter*.

Butterschmalz (Butterreinfett) ist aus geschmolzener Butter hergestellt, vergleichbar dem, was der Koch als geklärte Butter kennt: also Butter ohne Wasser und Milcheiweiß. Man kann dieses Fett deswegen höher erhitzen.

Pflanzenfette

Manche Pflanzen lagern in den Samen Fett ab. So enthält die uns allen bekannte Erdnuss etwa 45 % Fett, das Fruchtfleisch einer Avocado, bei der wir nicht an Fett denken, liefert immerhin 20 Gramm Fett je 100 Gramm Frucht.

Dieses Fett wird ausgepresst oder mit Hilfe von Lösungsmitteln ausgelaugt. Weil diese Fettarten bei Zimmertemperatur flüssig sind, nennt man sie Öl.

Speiseöle

Die Qualität von Speiseölen wird hauptsächlich beeinflusst durch

- **Pflanzenart,**
  von der das Öl gewonnen wird, z. B. Olive, Distel, Sesam.

- **Gewinnungsverfahren**
  - *Nativ* oder *kalt gepresst* ist Öl, das ohne Vorwärmung aus den Ölfrüchten gewonnen wird. Es enthält Geschmacksstoffe aus der Ölfrucht und ist die beste Qualität.
  - *Nicht raffinierte Öle* können wegen einer besseren Ausbeute warm gepresst werden und zur Verbesserung von Aussehen und Geschmack weiter behandelt werden.
  - *Raffinierte Öle* werden mit Hilfe von Lösungsmitteln gewonnen und weiter behandelt. Sie sind geschmacksneutral.

Öle, die nach einer Pflanzenart benannt sind, dürfen nicht vermischt werden, z. B. Olivenöl. Markenbezeichnungen geben keinen Hinweis auf die Zusammensetzung.

Öle können je nach Rohstoff einen mehr oder weniger stark ausgeprägten Eigengeschmack haben. Nicht jedes Öl passt für jeden Zweck.

Pflanzliche Fette

Pflanzenöle können von der Lebensmittelindustrie durch bestimmte Verfahren aus dem flüssigen Zustand in feste oder streichfähige Fette umgewandelt werden.

Am gebräuchlichsten sind:

- **Erdnussfett**
  aus Erdnüssen – Rauchpunkt bei ca. 220 °C.
- **Palmkernfett**
  aus dem Samenkorn der Ölpalme – Rauchpunkt bei ca. 220 °C.
- **Kokosfett**
  aus dem Fleisch der Kokosnüsse – Rauchpunkt bei ca. 180 °C.
- **Frittürenfette**
  Spezialfette, die überwiegend aus Fetten mit gesättigten Fettsäuren bestehen. Darum sind sie besonders hitzebeständig (Rauchpunkt bei 200 °C) und gegen die Einwirkung von Sauerstoff weniger empfindlich.
- **Konvektomaten-Fette**
  enthalten bräunungsfördernde Zusätze wie Eiweiß und Zuckerstoffe, damit das Bratgut bei der verringerten Gartemperatur die erwünschte Bräune erhält. Sie sind nicht geeignet für Pfanne und Fritteuse.

Margarine

Margarine ist ein streichbares Fett, das vorwiegend aus pflanzlichen Fetten und Ölen besteht. Um eine möglichst butterähnliche Beschaffenheit zu erreichen, werden bei der Herstellung entrahmte Frischmilch zur Geschmacksgebung, Lezithin als Emulgator, Eigelb und Vitamine zur Ergänzung beigegeben.

Durch Rühren der Zutaten entsteht eine Emulsion, die während des Kühlens durch Kneten streichfähig gehalten wird.

Besondere Margarinearten

- **Crememargarine**
  hat einen niederen Schmelzbereich und wird vor allem für Cremefüllungen verwendet.
- **Backmargarine**
  ist so zusammengesetzt, dass sie beim Rühren besonders viel Luft einschließt. Man kann aus ihr lufthaltige, lockere Teige herstellen.
- **Ziehmargarine**
  ist vorwiegend für die Herstellung von Blätterteigen bestimmt. Dazu benötigt man zähes Fett mit höherem Schmelzpunkt.
- **Schmelzmargarine**
  ist wasserfrei, dem Butterschmalz sehr ähnlich und wie dieses zu verwenden. Der Rauchpunkt liegt bei 180 °C.
- **Halbfettmargarine**
  enthält etwa 40 % Fett und eignet sich nur als Aufstrich.

8.5 Aufbewahrung

Fette oxidieren unter Einwirkung von Luftsauerstoff rasch, sie werden ranzig. Licht und Wärme begünstigen diesen Vorgang.

Wasserhaltige Fette
wie Butter und Margarine in den Kühlschrank stellen.

Wasserfreie Fette
wie Plattenfett und Butterreinfett kühl lagern; das muss nicht im Kühlraum sein.

Speiseöle
in angebrochenen Behältnissen verschließen, um den Luftsauerstoff fern zu halten.

Aufgaben

1 Welche Verbesserungen bringt die Zugabe von Fett bei Teigen?

2 „Bei keinem anderen Verfahren wird Fett so stark belastet wie beim Frittieren. Darum ist es angezeigt, Spezialfette zu verwenden," sagt eine Firmenschrift. Erläutern Sie.

3 Welche Gruppe von Fetten kann am höchsten erhitzt werden?

4 Nennen Sie drei Beispiele, wo Fett als Trennmittel verwendet wird.

5 „Ist Butter nicht rein, wenn es auch ein Butterreinfett gibt?" werden Sie gefragt. Klären Sie das Missverständnis.

6 Einem Teig sollen nach Rezeptur 750 Gramm Butter beigegeben werden. Sie haben nur Butterreinfett/Butterschmalz zur Verfügung. Wie viel Gramm verwenden Sie?

7 Ziehmargarine ist für die Herstellung von Plunder- und Blätterteig geschaffen. Nennen Sie die besonderen Eigenschaften.

8 Welche Besonderheiten weisen Spezialfette für Konvektomaten auf? Mit welchen Nachteilen muss gerechnet werden, wenn übliches Fett zum Befetten verwendet wird?

9 Nennen Sie zwei Öle mit typischem Eigengeschmack. Wozu werden sie bevorzugt verwendet?

9 Milch und Milchprodukte

milk and dairy products *lait (m) et produits (m) à base de lait*

9.1 Zusammensetzung und Bedeutung für die Ernährung

Das Milcheiweiß kann vom menschlichen Körper sehr gut verwertet werden, es ist darum biologisch hochwertig. Milchfett ist besonders fein verteilt und das am leichtesten verdauliche Nahrungsfett. Das Wachstum nützlicher und erwünschter Darmbakterien wird durch den Milchzucker gefördert. Unter den Mineralstoffen hat Kalk den größten Anteil. Er wird zum Aufbau des Knochengerüstes und der Zähne benötigt. Reichlich enthalten sind auch die Vitamine A und B. Quark enthält die Bestandteile der Milch in konzentrierter Form. Nur die Vitamine der Gruppe B bleiben teilweise in der Molke zurück, weil sie wasserlöslich sind.

	100 g enthalten			
Lebensmittel	Eiweiß g	Fett g	Kohlenhydrate g	Energie kJ
Vollmilch	3,3	3,5	5	275
Teilentrahmte Milch	3,4	1,5	5	200
Entrahmte Milch	3,5	0,5	5	145
Kondensmilch (10 %)	8,8	10,1	12,5	760
Sahne (Rahm)	2,4	32	3	1345
Kakaotrunk	3,5	0,5	9	245

9.2 Arten

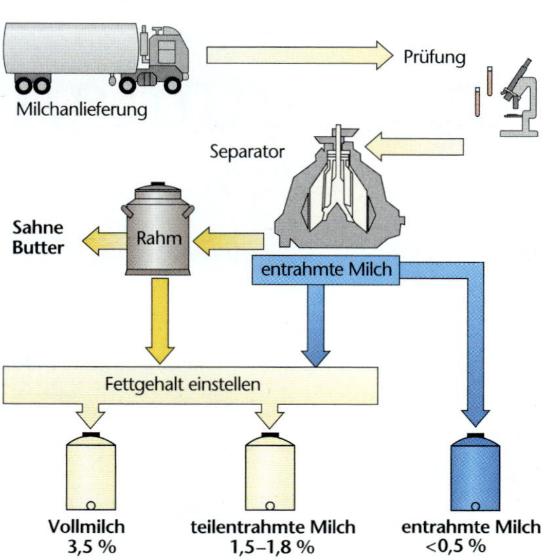

Rohmilch ist die unveränderte Milch mit wechselndem Fettgehalt. Die Abgabe direkt vom Bauernhof ist an besondere Hygieneanforderungen gebunden. Als **Vorzugsmilch** wird sie abgepackt vom Handel angeboten.

In den Molkereien wird die Milch behandelt. Es entstehen Sorten mit

- **unterschiedlichem Fettgehalt**
  - **Vollmilch** hat 3,5 % Fettgehalt, sie ist pasteurisiert und meist homogenisiert (s. unten),
  - **Teilentrahmte Milch** hat nur 1,5 % Fettgehalt,
  - **Entrahmte Milch = Magermilch** mit höchstens 0,5 % Fett,
- **unterschiedlicher Haltbarkeit**
  - **Pasteurisiert:** Eventuelle Krankheitserreger werden durch Erhitzen auf etwa 75 °C zerstört. Die Milch ist etwa eine Woche haltbar.
  - **ESL-Milch** (**E**xtended **S**helf **L**ife) ist etwa 20 Tage haltbar, wenn sie wie pasteurisierte Milch gekühlt gelagert wird.
  - **Ultrahocherhitzt:** Bei Erhitzung auf etwa 130 °C ist die Milch besonders haltbar (H-Milch) und kann ungeöffnet ohne Kühlung sechs Wochen gelagert werden.
  - **Sterilisiert:** Die Milch ist bei etwa 120 °C keimfrei gemacht und darum auch ungekühlt lange haltbar.
  - **Beim Homogenisieren** werden die Fettkügelchen der Milch zerkleinert, sodass sie nicht mehr die Kraft zum Aufsteigen (Aufrahmen) haben. Homogenisierte Milch rahmt darum nicht auf, sie bleibt homogen.

Wärmebehandlung der Milch

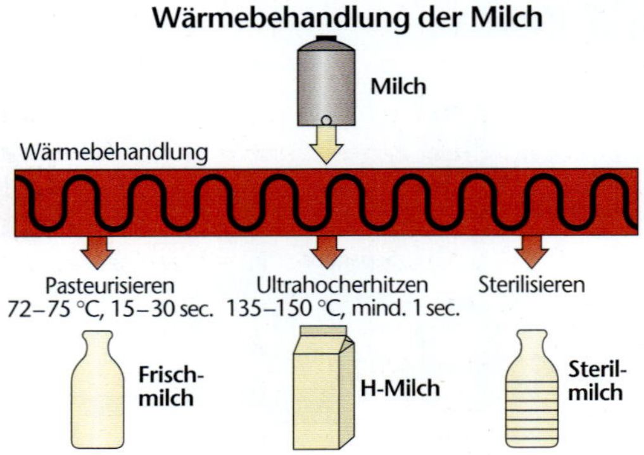

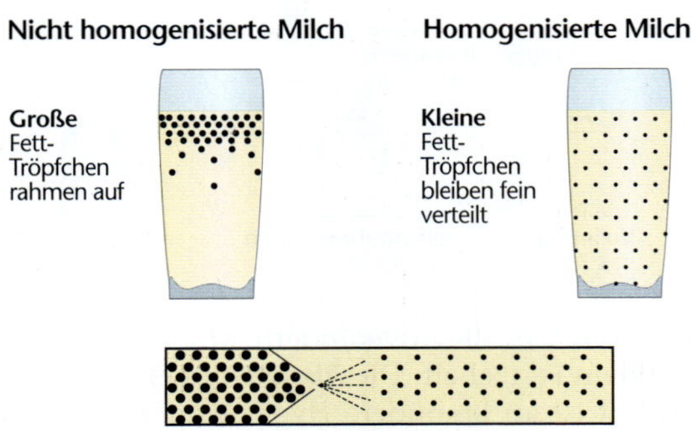

Milch wird durch feine Düsen gepresst. Das Milchfett wird in so feine Tröpfchen zerkleinert, dass es nicht mehr aufrahmt

Milcherzeugnisse

Joghurt ist Milch, die durch besondere Bakterien dickgelegt worden ist. Die Art der verwendeten Bakterien bestimmt den Geschmack. Es werden verschiedene Fettstufen angeboten.

Kondensmilch entsteht, wenn der Milch durch Verdampfen Wasser entzogen wird. Das geschieht im Unterdruck (Vakuum), weil die Milch dann bei niederer Temperatur siedet und der Kochgeschmack dadurch weitgehend vermieden werden kann.

Wird 1 *l* Milch auf 0,5 *l* eingedickt, erhält man Kondensmilch mit 7,5 % Fett und 17,5 % fettfreier Trockenmasse. Bei einem Eindickungsverhältnis von 3 : 1 entsteht eine Kondensmilch mit 10 % Milchfett und 23 % fettfreier Trockenmasse.

Trockenmilch wird nach dem *Sprühverfahren* (Pulver löst sich leicht) und nach dem *Walzverfahren* (schwer löslich) hergestellt. Vor der Verwendung wird das Pulver im Verhältnis 1 : 8 mit Wasser angerührt.

Kaffeeweißer sind keine Milcherzeugnisse. Sie werden aus pflanzlichen Rohstoffen (Soja) hergestellt.

Sahneerzeugnisse

Durch rasche Bewegung lassen sich leichtere und schwerere Bestandteile einer Mischung trennen. Das beruht auf der Wirkung der Fliehkraft. Die Zentrifuge trennt die Milch in die leichteren Fettbestandteile und die schwerere Magermilch.

Bei Sahneerzeugnissen wird unterschieden nach gesäuerten und ungesäuerten Produkten sowie nach dem Fettgehalt. Daraus ergibt sich die **Übersicht** auf Seite 349 oben.

9.3 Aufbewahrung

Frische Milch und Sahne werden gekühlt aufbewahrt.

H-Milch (ultrahocherhitzte Milch) ist ungekühlt sechs Wochen haltbar

Milchdauerwaren in Dosen, wie Sterilmilch und Kondensmilch, lagert man an kühlem Ort. Milchpulver ist kühl, verschlossen und trocken aufzubewahren. Feuchtes Milchpulver klumpt und ist schwerer löslich.

ungesäuerte Sahneerzeugnisse	Fettgehalt	gesäuerte Sahneerzeugnisse
Kaffeesahne zu Kaffee und Tee	mindestens 10 %	**Saure Sahne** (Sauerrahm) für Dressings, zur Verfeinerung von Saucen und Suppen.
	20 %	**Schmant** zu Saucen; kann wegen des hohen Fettgehalts direkt eingerührt werden; gerinnt dabei nicht.
Schlagsahne zum Legieren von Suppen und Saucen. Als geschlagene Sahne in der Patisserie.	30 %	**Crème fraîche** – wie Schmant
Crème double, Doppelte Sahne vorwiegend zur Verfeinerung von Saucen und Suppen.	40 %	

9.4 Veränderungen bei der Verarbeitung

Versuche

1. Geben Sie in lauwarme Milch einige Tropfen Zitronensaft oder Essig, schütteln Sie und erwärmen Sie langsam bis etwa 50 °C weiter.
2. Seihen Sie die geronnene Flüssigkeit vom 1. Versuch durch ein Leinentuch und bringen Sie die Flüssigkeit zum Kochen. Achten Sie dabei auf die Trübung.
3. Bereiten Sie aus 100 g Weizenmehl, 2 g Backpulver und a) 65 g Wasser, b) 65 g Milch je einen Teig und backen Sie diesen sofort bei 230 °C.

Ab 70 °C verändern sich die Inhaltsstoffe der Milch.

Der Eiweißstoff Albumin gerinnt und bildet die Haut.

Geronnenes Kasein setzt sich punktförmig am Boden fest und verursacht das Anliegen und Anbrennen. Mit dem Eiweiß setzt sich am Boden Milchzucker fest und karamellisiert unter der Hitzeeinwirkung. Durch diese Einwirkungen entsteht der „Kochgeschmack“ der Milch.

Milch kann durch Säure gerinnen. Milch enthält immer eine gewisse Anzahl an Milchsäurebakterien. Diese vermehren sich bei Wärme, verwandeln den Milchzucker in Milchsäure. Die Milchsäure spaltet, wie jede andere Säure, die Verbindung von Kalksalzen und Kasein und das freie Kasein gerinnt. Wird die Milch erwärmt, flockt das Eiweiß bereits bei einem sehr geringen Säuregehalt aus.

Milch verbessert den Geschmack. Die Inhaltsstoffe der Milch bewirken einen volleren runderen Geschmackseindruck. Darum verwendet man Milch als Flüssigkeitszugabe bei Hefeteigen und Béchamelsauce sowie Sahne zu Rahm- und Cremesaucen.

- **Nur einwandfreie Milch kann erhitzt werden.**
- **Milch rasch erhitzen, das verhindert das Anlegen und Anbrennen.**

Aufgaben

1 Wie ist der Wert der Milch für die menschliche Ernährung zu beurteilen?

2 Aus welchem Grund werden die meisten Milcharten pasteurisiert?

3 Unterscheiden Sie zwischen pasteurisierter und sterilisierter Milch in Bezug auf Haltbarkeit und Wert für die Ernährung.

4 Warum kann H-Milch länger aufbewahrt werden als andere Milcharten? Wenn Sie schon H-Milch getrunken haben, berichten Sie über den Geschmack.

5 Was geschieht beim Homogenisieren von Milch und welcher Vorteil ist damit verbunden?

10 Käse

cheese · fromage (m)

10.1 Bedeutung für die Ernährung

Bei der Käsegewinnung wird die Milch dickgelegt, die wässerige Molke wird abgetrennt. Darum ist Käse gleichsam Milch in konzentrierter Form und wie diese für die Ernährung sehr wertvoll. Durch die Reifungsvorgänge wird das Eiweiß verändert, und es ist in dieser Form noch leichter verdaulich.

Für eine ernährungsbewusste Auswahl von Käse ist die Wechselwirkung Fett ⟷ Eiweiß zu berücksichtigen.

In 100 g Käse sind enthalten:

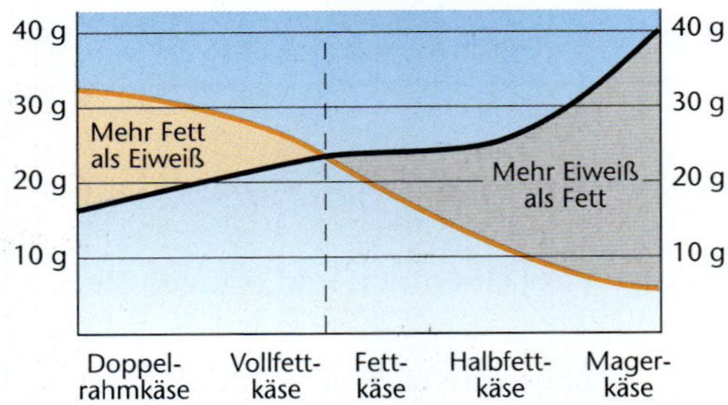

Abb. 1 Fett- und Eiweißgehalt

10.2 Herstellung

Das Ausgangsprodukt für alle Käsearten ist Milch. Zwei wesentliche Vorgänge lassen sie zu Käse werden.

- Bei der **Dicklegung** gerinnt die Milch. Vom geronnenen Eiweiß wird die Molke abgetrennt.
- **Reifungsvorgänge** führen zu erwünschten Veränderungen in Geruch, Geschmack und Konsistenz.
  Wasserarme Käsemassen reifen langsam in der ganzen Masse. Bei den wasserhaltigeren Weich- und Schnittkäsearten verläuft die Reifung rascher von außen nach innen. Sie sind deshalb weniger lagerfähig.

Die Vielzahl der Käsearten wird eingeteilt nach

- **Gerinnungsart:**
  Süßmilchkäse gerinnen durch Lab; durch die Einwirkung von Milchsäure entstehen **Sauermilchkäse.**
- **Reifung:**
  Die meisten Käsearten unterliegen einer Reifung. Käse ohne Reifung sind **Frischkäse.**
- **Wassergehalt:**
  Er bestimmt innerhalb der Süßmilchkäse die Gruppen: **Weichkäse, Halbfester Schnittkäse, Schnittkäse** und **Hartkäse.**

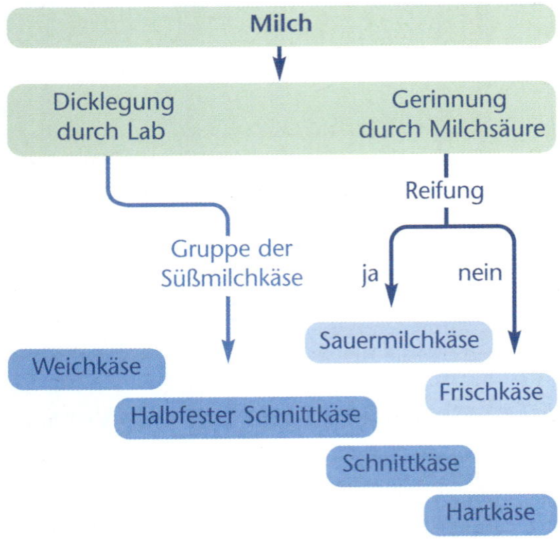

Abb. 2 Käseherstellung und Käsearten

- **Unterschiedliche Fettgehalte:**
  Der Fettgehalt des Käses beeinflusst Beschaffenheit, Nährwert, Geschmack und Preis.

  Gemessen wird der Fettgehalt **i**n der **Tr**ockenmasse (**i. Tr.**). Diese entspricht 100 %. Die Trockenmasse enthält alle Bestandteile des Käses ohne das Wasser. Dieses Messverfahren ist notwendig, weil sich der Wassergehalt und damit die Gesamtmasse während der Reifung des Käses verändert.

  Der tatsächliche Fettgehalt ist immer niedriger als der Gehalt in der Trockenmasse.

Emmentaler hat 45 % Fett in der Trockenmasse. Die Trockenmasse ist 62 %. Wie viel Gramm Fett sind in 100 g Käse enthalten?

Antwort: In 100 g Emmentaler sind rund 30 g Fett enthalten.

Abb. 3 Tatsächlicher Fettgehalt

10.3 Arten

Nach der Art der Herstellung und der Festigkeit unterteilt man Käse in sieben Gruppen.

Hartkäse

Hartkäse hat eine Reifezeit von 4 bis 10 Monaten; **Parmesan** reift noch länger. Am Ende der Reifezeit liegt der Trockenmassegehalt bei 60 bis 62 %.

Die bekannteste Sorte ist der **Emmentaler. Greyerzer** kommt ebenfalls aus der Schweiz, schmeckt etwas würziger und wird deshalb zum Fondue bevorzugt.

Beaufort und **Comté** kommen aus Frankreich.

Chester und **Cheddar** werden in England hergestellt.

Schnittkäse

Bei Schnittkäse beträgt der Trockenmassegehalt etwa 49 bis 57 %. Er ist darum weicher und geschmeidiger als Hartkäse. Am bekanntesten sind **Edamer** und **Gouda** aus Holland. In Deutschland wird der **Tilsiter** hergestellt. In dieser Art liefert die Schweiz den **Appenzeller** und den **Walliser Raclette-Käse,** Dänemark den **Havarti** und den **Maribo.**

Halbfester Schnittkäse

Der Trockenmassegehalt liegt zwischen 44 und 55 %. Das ergibt geschmeidige und saftige Käse, von denen aber nur dicke Scheiben geschnitten werden können.

Die bekanntesten Sorten: **Butterkäse** aus Deutschland, **Port Salut** aus Frankreich, **Bel paese** aus Italien, **Esrom** aus Dänemark.

Zu der Gruppe der halbfesten Schnittkäse zählen die **Edelpilzkäse,** die man auch als **Blauschimmelkäse** bezeichnet. Sie haben im Inneren blauen oder grünen Schimmel. Dieser wächst dort durch Edelpilze, die nicht gesundheitsschädlich sind.

Bekannte Sorten sind: **Roquefort** aus Frankreich, **Stilton** aus England, **Danablue** aus Dänemark, **Gorgonzola** aus Italien und der deutsche **Bavaria blue.**

Weichkäse

Weichkäse unterscheiden sich von den anderen durch die Reifung. Während bei den bisher genannten Arten die Reifung im ganzen Käse gleichmäßig vor sich geht, reift der Weichkäse durch besondere Bakterien von außen nach innen. Beim Einkauf ist er in der Regel außen bereits reif, während der „Kern" in der Mitte noch fester ist.

Camembert, **Brie** und französische Spezialitäten haben an der Außenseite eine weiße Schimmelschicht. Rotbraune Schmiere haben **Limburger** und **Romadur.**

Sauermilchkäse

Diese Käse sind regionale Spezialitäten, werden aus Magermilch hergestellt und gerinnen durch Zusatz von Milchsäurebakterien. Im Gastgewerbe findet man sie selten.

Zu dieser Gruppe gehören Harzer, Mainzer, Handkäse, Stangenkäse, Korbkäse, Spitzkäse, Olmützer Quargel.

Frischkäse

So bezeichnet man Käse, die noch keine Reifung durchgemacht haben. Es sind also die frischen, geronnenen Milchbestandteile.

Speisequark ist die bekannteste Art. Er wird in fast allen Fettstufen hergestellt.

Rahmfrischkäse, Doppelrahmfrischkäse sind besonders fetthaltige Quarksorten. **Hüttenkäse** ist stückig.

Ricotta ist ein italienischer Frischkäse mit weicher bis leicht körniger Beschaffenheit.

Mascarpone ist ein Doppelrahmfrischkäse, der für Backwerke und Cremes verwendet wird.

Mozzarella ist ungereift, schmeckt leicht säuerlich und hat eine leicht gummiartige Beschaffenheit.

Schmelzkäse

Die Käsemasse wird auf 80 bis 90 °C erhitzt, dabei wird sie flüssig und kann in Formen eingegossen werden.

So erhält man regelmäßige, rindenlose Stücke. Schmelzkäse werden als „Dreiecke" und als „Scheibletten" angeboten.

Beim Einschmelzen werden die Reifungsbakterien durch die Hitze abgetötet. Darum verändert sich Schmelzkäse nicht mehr und kann lange aufbewahrt werden.

10.4 Fettgehaltsstufen

Nach den Bestimmungen der Käseverordnung ist bei allen Käsesorten der Fettgehalt anzugeben. Das kann durch die Angabe der Fettgehaltsstufe oder des **F**ettgehalts **i**n der **Tr**ockenmasse (Fett i.Tr.) geschehen.

Doppelrahmkäse	60 bis 85 % Fett i. Tr.
Rahmkäse	50 % Fett i. Tr.
Vollfettkäse	45 % Fett i. Tr.
Fettkäse	40 % Fett i. Tr.
Dreiviertelfettkäse	30 % Fett i. Tr.
Halbfettkäse	20 % Fett i. Tr.
Viertelfettkäse	10 % Fett i. Tr.
Magerkäse	unter 10 % Fett i. Tr.

Der tatsächliche Fettgehalt ist wesentlich geringer (s. Seite 350, Abb. 3).

10.5 Verwendung

In der Küche dient Käse der Geschmacksgebung und der Ergänzung von Speisen. Er wird verwendet zum Gratinieren, für verschiedene Toasts, gerieben als Beigabe für Mornaysauce, Spaghetti, verschiedene Panierungen und zur Vervollständigung von Suppen.

Zum Gratinieren eignet sich nur Käse mit höherem Fettgehalt. Magerer Käse würde nicht schmelzen.

Bei Käseplatten, kalten Platten und als Käseportion wird Käse dem Gast unbearbeitet gereicht.

10.6 Aufbewahrung

Hartkäse und Schnittkäse werden im Kühlraum aufbewahrt und sind vor dem Austrocknen zu schützen. Dazu schlägt man den Käse in eine Folie ein. Käse, die in Frischhaltefolien verpackt sind, stellt man mit der Schnittfläche auf einen Teller.

Damit das Aroma voll zum Ausdruck kommt, werden diese Käsesorten etwa eine halbe Stunde vor dem Service aus dem Kühlraum genommen.

Abgetrocknete Schnittflächen kann man zu Reibkäse verarbeiten.

Weichkäse
lagert man bei etwa 15 °C, bis sie die gewünschte Reife erreicht haben. Dann gibt man sie in den Kühlraum, wo der Reifeprozess gestoppt wird.

Frischkäse und Quark
sind gleichmäßig kühl bei + 4 °C aufzubewahren. Beachten Sie die Mindesthaltbarkeit.

Abb. 1 Käseplatte

Aufgaben

1 Nennen Sie Beispiele für Frischkäse.

2 Nennen Sie drei europäische Edelpilzkäse und deren Herkunftsländer.

3 Wie verändert sich Camembert mit zunehmendem Alter?

4 Nennen Sie drei warme Käsegerichte.

5 Warum wird bei Käsen der Fettgehalt in der Trockenmasse angegeben?

6 Karl und Anna sind sich nicht einig. Jeder glaubt, mit seiner Wahl sparsamer mit Fett umzugehen. Karl isst 150 g Emmentaler mit 50 % Fett in der Trockenmasse und 40 % Wassergehalt. Anna bevorzugt Frischkäse, einen Becher mit 250 g mit 20 % Fett i. Tr. und 20 % Trockenmasse. Wer nimmt weniger Fett zu sich?

7 Welcher Unterschied besteht zwischen einem Tilsiter und einem Tilsiter Schmelzkäse?

8 Welche Käsearten werden in einem kühlen Raum gelagert? Welche müsen im Kühlraum aufbewahrt werden?

11 Hühnerei *egg* *œuf (m)*

Wenn im Nahrungsgewerbe von Eiern gesprochen wird, sind damit immer Hühnereier gemeint. Alle anderen Eierarten sind vollständig zu benennen, z. B. Möwen- oder Wachteleier.

11.1 Aufbau

Das Ei besteht aus dem Eiklar und dem Eigelb; die Schale wird von einer porösen Kalkschicht gebildet.

Eiklar wird auch Weißei oder Eiweiß genannt. Es ist eine wässerige Lösung von Albumin und Globulin. Die weißgrauen Hagelschnüre halten den Dotter in der Mitte des Eies.

Eigelb wird auch als Gelbei oder Dotter bezeichnet. Es ist von einem feinen Häutchen umgeben, auf dem sich die Keimscheibe befindet. Das Eigelb enthält Fett.

Die **Kalkschale** ist porös. An der Innenseite ist sie mit zwei Häutchen, die man nur an der

Luftblase unterscheiden kann, ausgekleidet. Die Außenseite ist mit einem dünnen, wachsartigen Film überzogen.

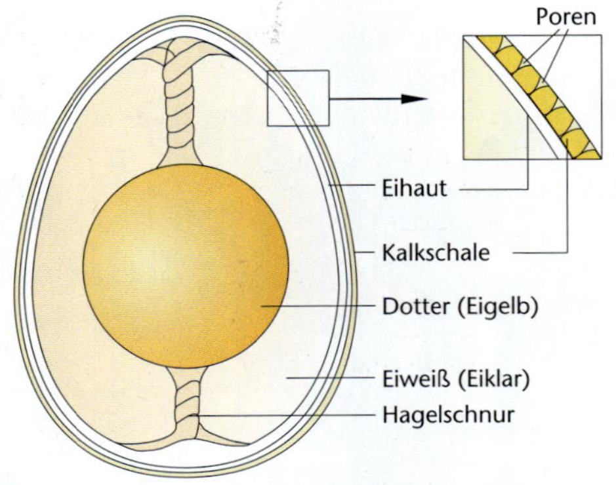

Abb. 1 Aufbau des Eies

Vom gesamten Ei entfallen auf:

	Eiklar	Eigelb	Schale
in Prozent	60	30	10
in Gramm	30	15	5

11.2 Bedeutung für die Ernährung

Die im Ei enthaltenen Eiweißstoffe sind biologisch vollwertig. Alle Mineralstoffe und Vitamine, außer Vitamin C, sind enthalten.

Weich gekochte Eier sind leichter verdaulich als hart gekochte.

Eier können Träger von Salmonellen sein.

	100 g essbarer Anteil enthalten			
Lebensmittel	Eiweiß g	Fett g	Kohlenhydrate g	Energie kJ
Eiklar	11	+	1	210
Eigelb	16	32	+	1.460
Vollei	11	10	1	570

+ = in Spuren enthalten

11.3 Kennzeichnung

Güteklassen

Die Güte oder Qualität von Eiern wird wesentlich von der Frische bestimmt. Da die Luftkammer im Ei ein deutliches Zeichen für Lagerdauer und Lagerbedingungen ist, werden die Güteklassen durch die Größe der Luftkammer bestimmt.

Güteklasse	Bezeichnung	Merkmal
A	frisch	Luftkammer kleiner als 6 mm
B	2. Qualität Für die Industrie bestimmt	Luftkammer größer als 6 mm

Der Handel bietet praktisch nur A-Eier an.

Gewichtsklassen

Kurzbezeichnung		Gewicht
XL extra **L**arge	sehr groß	73 g und größer
Large	groß	63 g bis 72 g
Medium	mittel	53 g bis 62 g
Small	klein	52 g und kleiner

Zeitangaben

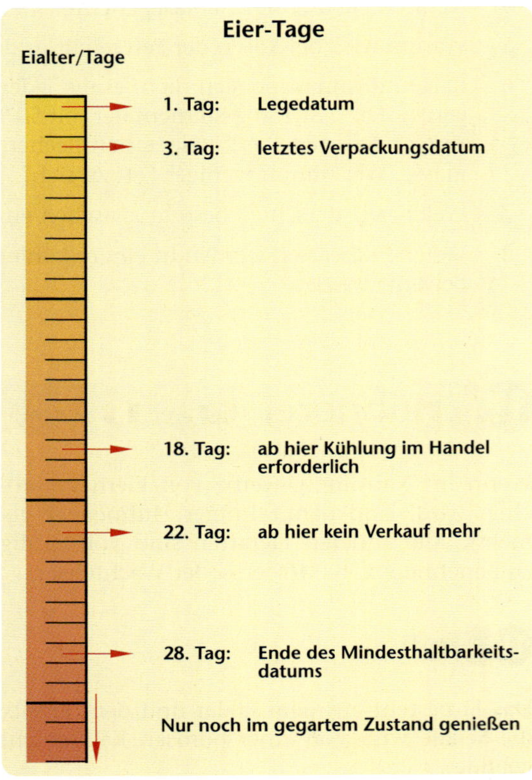

Diese Zusammenhänge sehen auf dem Etikett so aus:

Mindestens haltbar bis	bei + 5 bis + 8 °C zu kühlen ab	Gewichtskl.	Packstelle
02.05	22.04	L	DE-140002

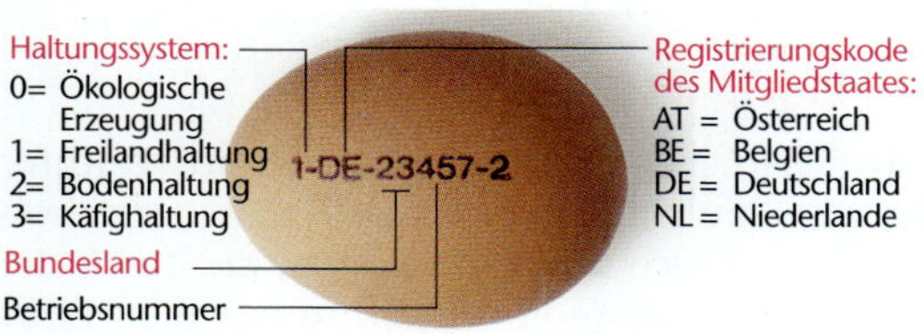

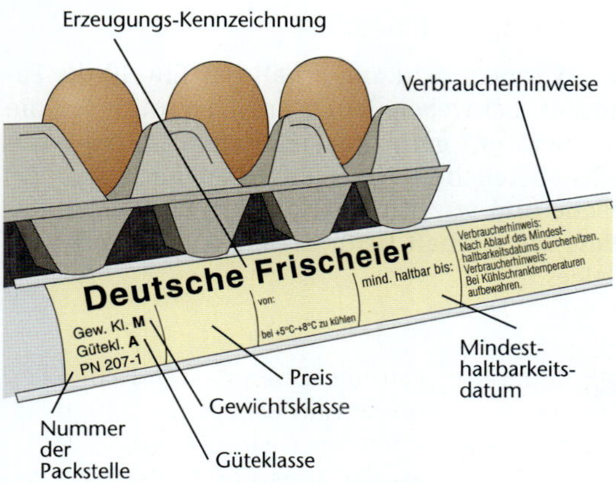

Abb. 1 Eierkennzeichnung

11.4 Qualität

Die Frische ist das wichtigste Qualitätsmerkmal bei Eiern. Mit zunehmender Lagerdauer verringern sich der Geschmack und die für eine einwandfreie Verarbeitung erforderlichen Eigenschaften. Allerdings benötigt das Ei drei Tage, bis Geschmack und Schälbarkeit optimal sind.

Je älter das Ei,

- desto größer die Luftkammer;
- desto flacher der Dotter, denn die Dotterhaut ist schwach. Darum lassen sich auch ältere Eier schwerer in Eiklar und Eigelb trennen;
- desto flüssiger das Eiklar, was zu Nachteilen bei der Zubereitung von Spiegelei und pochiertem Ei führt.

Die Farbe des Dotters hängt von der Fütterung der Hühner ab. Sie ist kein Qualitätsmerkmal, aber für die Verarbeitung von Bedeutung, weil der Gast den Eiergehalt der Speisen, z. B. Kuchen, nach der Farbe beurteilt.

In der Küche können zur Qualitätsprüfung angewandt werden:

Sichtprobe

Die Dotterhaut ist beim frischen Ei straff, der Dotter darum hoch gewölbt. Diese Spannung lässt bei zunehmendem Alter nach, der Dotter wird flacher. Bei alten Eiern ist die Dotterhaut so schwach, dass sich Eigelb und Eiweiß nur noch schwer trennen lassen.

Abb. 2 Sichtprobe

Schüttelprobe

Bei der Lagerung verdunstet Wasser durch die poröse Kalkschale, der Ei-Inhalt verringert sich, die Luftblase wird größer. Schüttelt man, schlägt das Ei gegen die Schale.

Frische Eier schwappen nicht, weil die Luftkammer klein ist, alte Eier schwappen, weil die Luftkammer vergrößert ist.

Angebot der Industrie

Pasteurisierte Eiprodukte sind durch Wärmebehandlung frei von Salmonellen.

Beim Pasteurisieren gibt es aber ein Problem: Die für das Abtöten der Keime erforderliche Temperatur und die Gerinnungstemperatur liegen sehr nah beieinander. Gibt man den Eiern vor dem

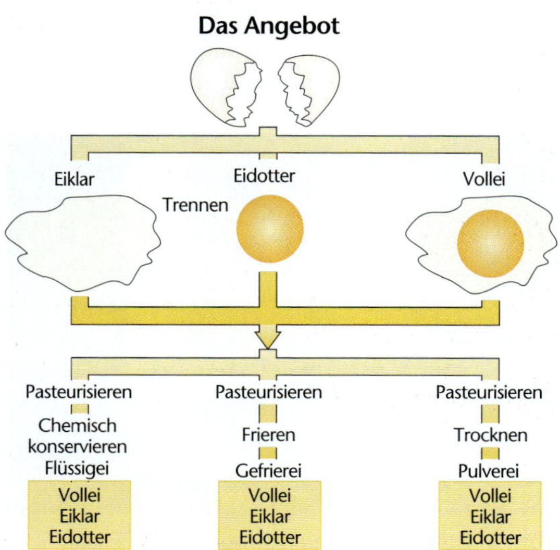

Erhitzen jedoch Zucker oder Salz bei, wird der Gerinnungspunkt in einen höheren Temperaturbereich verschoben. Das vereinfacht die Herstellung. In der Küche müssen aber die Rezepte entsprechend korrigiert werden.

Eirolle ist gleichsam ein gekochtes Ei von der Stange. Der wesentliche Vorteil besteht darin, dass bei der Herstellung von Eischeiben keine Verluste entstehen.

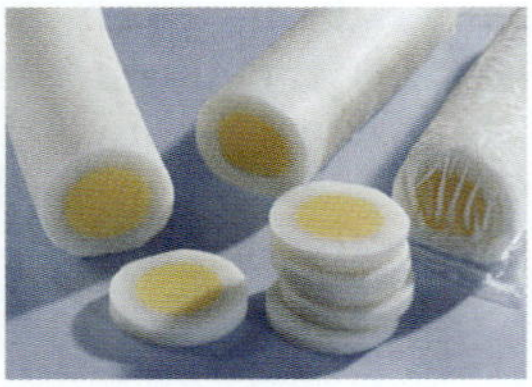

11.5 Verwendung in der Küche

Beobachtungen – Überlegungen

1. Haben Sie schon erlebt, dass Eiklar nicht zu Schnee geschlagen werden konnte?

   Welche Gründe für das Misslingen konnten Sie erfahren?
2. Was geschieht, wenn Eischnee nach dem Schlagen nicht sofort weiterverarbeitet wird?
3. Vergleichen Sie das Gewichtsverhältnis von Eiern und Milch bei Rezepten zu Eierstich (Royale).
4. Was ist nach dem Legieren einer Suppe zu beachten?
5. Welche Temperatur soll eine Brühe haben, wenn das Eiklar als Klärmittel beigegeben wird?

Das Ei als Lockerungsmittel

Das zähflüssige Eiweiß nimmt beim Schlagen Luft auf. Es bildet dann als feine Bläschen, den Eischnee. Die eingeschlagene Luft lockert.

Abb. 1 Schaumbildungsvermögen von Eiklar

Das Ei als Bindemittel

Beim Erhitzen gerinnen die Eiweißstoffe Albumin und Globulin. Dabei können sie bis zur doppelten Gewichtsmenge des Eies Flüssigkeit binden. Genutzt wird die Bindefähigkeit des Eies bei Teigen und Massen, bei der Herstellung von Eierstich (Royale) und beim Binden (Legieren) von Suppen und Saucen.

Das Eigelb als Emulgator

Das Eigelb enthält den Fettbegleitstoff Lezithin, der als Emulgator wirkt. Mayonnaise und holländische Sauce sind Emulsionen, die durch die Emulsionswirkung von Lezithin aus dem Ei in der Küche hergestellt werden.

Das Eiklar als Klärmittel

Bei Wärmeeinwirkung erhält das Eiweiß die Fähigkeit, Schwebeteilchen anzulagern. Steigt die Temperatur, gerinnt das Eiweiß, bindet die Schwebeteilchen fest an sich, steigt an die Oberfläche und setzt sich als Schaum ab. Man nutzt diese Eigenschaft beim Klären von Brühen und Gelees.

Zubereitungen mit rohen Bestandteilen von Eiern unterliegen wegen der Salmonellengefahr Verzehrfristen:

- **Warme Zubereitungen (z. B. Rührei) nicht später als zwei Stunden nach der Herstellung.**
- **Kalte Zubereitungen bis zwei Stunden ohne besondere Kühlung (z. B. frischeihaltige Cremes).**
- **Kalte Zubereitungen mit Kühlung bei höchstens +7 °C bis zu 24 Stunden.**
- **Zubereitungen mit rohen Eibestandteilen dürfen nicht über die Straße verkauft werden (vergleiche Vorschriften für Hackfleisch).**

11.6 Aufbewahrung

- Eier für den alsbaldigen Verbrauch werden kühl und dunkel aufbewahrt.
- Vom 18. Tag nach dem Legen an muss die Lagertemperatur zwischen + 5 und + 8 °C liegen.
- Die Mindesthaltbarkeitsdauer darf höchstens 28 Tage betragen.
- Nach dem Mindesthaltbarkeitsdatum dürfen Eier nur verwendet werden, wenn die Zubereitung durcherhitzt wird, z. B. Biskuitmasse.

Aufgaben

1 Erklären Sie den Zusammenhang zwischen der Größe der Luftblase und dem Alter des Eies.

2 Warum kann man durch Schütteln etwas über das Alter eines Eies erfahren?

3 Sie sollen Eier in Eiklar und Dotter trennen. Es gelingt kaum. Sind Sie so ungeschickt oder gibt es andere Gründe?

4 Wenn Eiklar Reste von Eigelb enthält, kann es nicht zu Eischnee geschlagen werden. Erläutern Sie.

5 Nennen Sie vier küchentechnische Eigenschaften von Eiern und geben Sie je ein Anwendungsbeispiel.

6 Eine holländische Sauce ist mit Frischei hergestellt worden. Wie lange darf sie höchstens im Bain-marie stehen?

7 Eine Küche stellt Mayonnaise selbst her. Begründen Sie, warum es zweckmäßig ist, dazu pasteurisiertes Eigelb zu verwenden.

8 Im Betrieb werden ungestempelte Eier angeliefert. Welche Güteklasse müssen diese aufweisen?

9 Beschreiben Sie die Klärwirkung von Eiklar beim Klären einer Bouillon.

12 Fleisch *meat* *viande (w)*

Nach EU-Recht versteht man unter Fleisch das Skelettmuskelfleisch von Schlachttieren. Das ist Fleisch, das mit Knochen verbunden ist. Daneben werden Innereien, Fett und Blut verarbeitet.

Die Herkunft von Rindfleisch wird auf einem besonderen Etikett nachgewiesen

Das Beispiel zeigt die Herkunft der Oberschale eines Jungrindes: Das Tier wurde in Deutschland geboren, gemästet und geschlachtet (D, D, D).

Zerlegebetrieb ORGAINVENT 12345-1	D EZ 123 EWG
Kategorie/Fleischart **Jungbulle**	Geburt/Mast/Schlachtung **D/D/D**
Artikel **Oberschale**	Ident.-Nr. **4711**

12.1 Bedeutung für die Ernährung

Kaum ein Nahrungsmittel ist so unterschiedlich zusammengesetzt wie Fleisch. Die Gegenüberstellung der verschiedenen Schweinefleischsorten zeigt das deutlich. Bei den übrigen Fleischarten werden Mittelwerte angegeben.

Fleisch und Fleischerzeugnisse sind bedeutende Lieferanten für tierisches Eiweiß (Protein). Fleischeiweiß besitzt eine hohe biologische Wertigkeit, weil es viele essenzielle Aminosäuren enthält, die dem Bedarf des menschlichen Körpers entsprechen. Von den Mineralstoffen ist das Eisen hervorzuheben, das im Fleisch reichlich vorkommt, und zwar in einer Form, die vom menschlichen Körper besonders leicht aufgenommen werden kann.

Fleisch ist ein wichtiger Lieferant für B-Vitamine, Innereien enthalten außerdem reichlich Vitamin A.

	100 g essbarer Anteil enthalten			
Lebensmittel	**Eiweiß** g	**Fett** g	**Kohlenhydrate** g	**Energie** kJ
Schweinefleisch (m)	22	2		445
Schweinefleisch (mf)	15	9		595
Schweinefleisch (f)	18	17		920
Rindfleisch (mf)	20	5		540
Kalbfleisch (mf)	21	3		455
Herz (Rind, Kalb)	16	6	1	480
Leber (Kalb)	19	4	4	550
Zunge (Rind)	14	14	+	760

(m) = mager, (mf) = mittelfett, (f) = fett

12.2 Fleischuntersuchung

Zum Schutz des Verbrauchers schreibt das Gesetz eine Untersuchung aller Teile von warmblütigen Schlachttieren vor. Unmittelbar nach dem Schlachten kontrollieren amtliche Beschauer. Das Ergebnis der Untersuchung wird durch einen Stempelaufdruck am Tierkörper festgehalten.

Das Gastgewerbe verarbeitet nur taugliches Fleisch.

Tauglich

bedeutet Fleisch von gesunden Tieren, gesundheitlich unbedenklich. Der Tauglichstempel ist jedoch kein Gütezeichen. Die Kennzeichnung kann unterschiedlich sein.

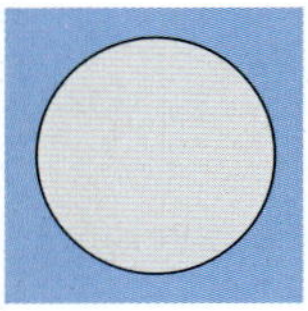

tauglich, Inland

In Deutschland geschlachtet und beschaut.

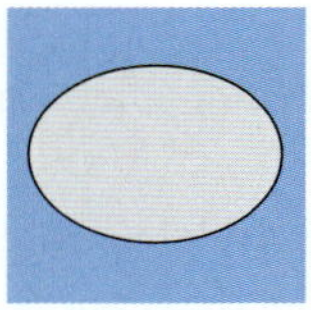

tauglich EU

In EU-Schlachthöfen geschlachtet und beschaut.

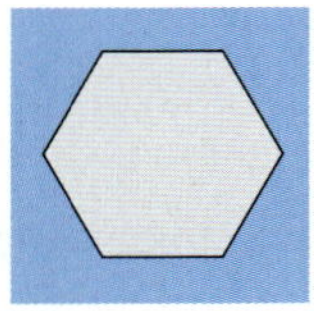

tauglich, Ausland

Sonstiges Drittland, dort geschlachtet, bei Einfuhr kontrolliert.

12.3 Aufbau des Fleisches

Was in der Küche als Fleisch bezeichnet wird, ist die Skelettmuskulatur der Tiere.

Diese Muskeln sind über Sehnen mit den Knochen verbunden. Verändern die Muskeln die Länge, so werden die Körperteile bewegt.

Jeder einzelne Muskel ist aus Bündeln von **Muskelfasern,** den **Muskelfaserbündeln,** aufgebaut. Diese können wir als „Fasern" beim gekochten Fleisch ablösen.

Bindegewebe gibt dem Fleisch den Zusammenhalt, es verbindet die vielen Fasern.

Fett kann zwischen das Bindegewebe eingelagert sein. Der Anteil an Bindegewebe im Fleisch bestimmt die Verwendung und damit den Preis.

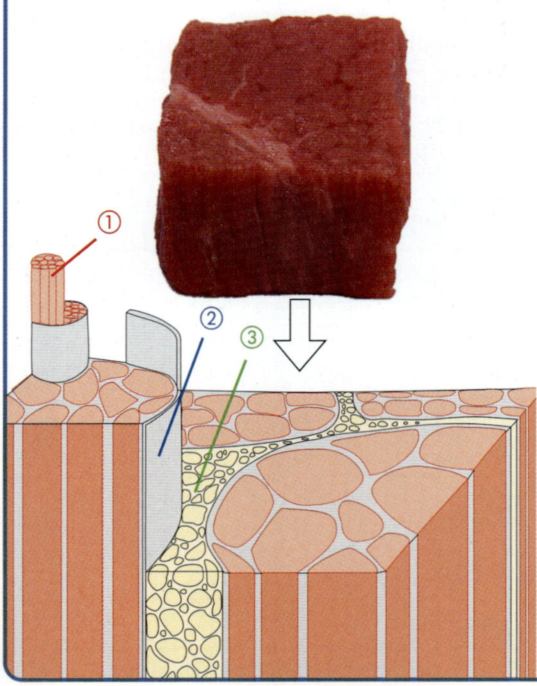

① Muskelfasern

Muskelfasern sind der Hauptbestandteil dessen, was man in der Fachsprache als Fleisch bezeichnet. Sie bestehen aus den wertvollen Eiweißstoffen. In den Muskelfasern laufen die Stoffwechselvorgänge ab, dort entsteht die „Muskelkraft".

② Bindegewebe

Bindegewebe hält die Muskelfasern zusammen, es verbindet sie und bildet die „Seile" zur Kraftübertragung. Bindegewebe sind zäh und werden erst durch die Fleischreifung und das Garen, insbesondere durch feuchte Garverfahren, kaubar.

③ Fettzellen

Gut ernährte Tiere lagern in das Bindegewebe Fett ein. Küchentechnisch fördert Fett die Saftigkeit und das Aroma des Fleisches.

Wenn feine Fettadern in die Muskeln eingelagert sind, nennt man das Fleisch **marmoriert.** Ist das Fett zwischen den Muskelsträngen, spricht man von **durchwachsenem Fleisch.**

Der Anteil an Bindegewebe im Fleisch bestimmt die Verwendung und damit den Preis.

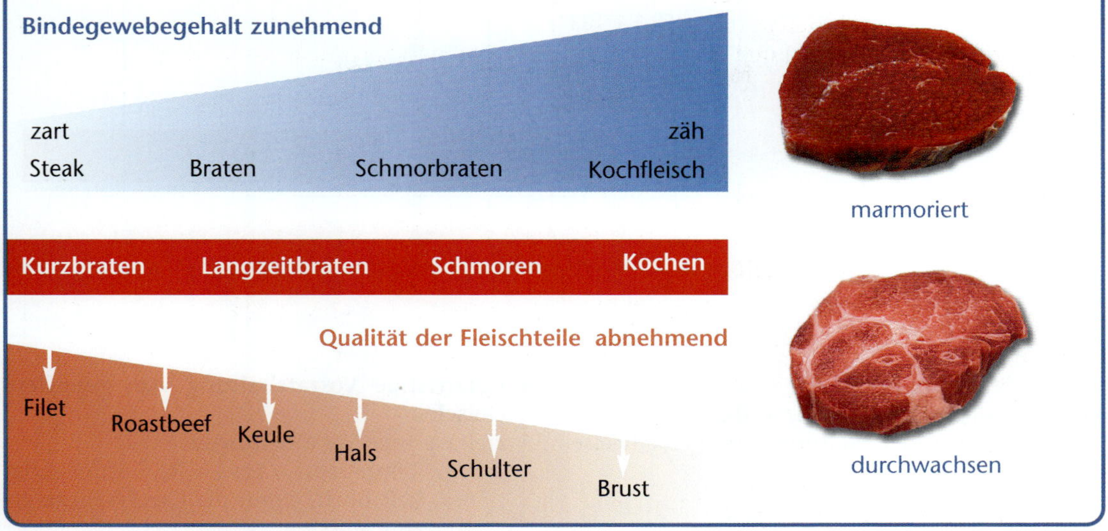

12.4 Veränderungen nach dem Schlachten

Muskelstarre – Reifung

Unmittelbar nach dem Schlachten ist das Fleisch schlaff, weich und glänzend rot. Wenige Stunden später verkürzen sich die Muskeln und werden fest. Unbeweglich und starr sind die Gelenke. Die **Muskelstarre** ist eingetreten. Fleisch in der Muskelstarre würde beim Kochen oder Braten zäh und trocken.

Nach **zwei bis drei Tagen löst sich die Muskelstarre.** Diesen Vorgang bezeichnet man als **Reifung.** Gereiftes oder abgehangenes Fleisch ist mattrot, riecht und schmeckt leicht säuerlich.

Bei der Fleischreifung wirken zusammen:

- **Enzyme des Fleisches:**
  Sie bauen große Eiweißbausteine zu kleineren ab. Diese Abbauvorgänge **erhöhen Genusswert und Verdaulichkeit.**
- **Milchsäure:**
  Sie entsteht im Fleisch aus dem Zuckerstoff Glykogen. Milchsäure lässt das Bindegewebe quellen und begünstigt das Fleischaroma.
- **Reifedauer:**
  Je nach Tierart sind die Bindegewebe unterschiedlich ausgebildet. Zudem werden sie innerhalb der gleichen Tierart mit zunehmendem Alter fester. Weil die bei der Reifung erwünschten Veränderungen Zeit erfordern, ist neben der Lagertemperatur die Reifedauer von wesentlichem Einfluss.

Die Reifedauer ist abhängig vom:

- **Alter des Tieres**
  Das Bindegewebe verfestigt sich mit zunehmendem Alter des Tieres; die Reifezeit wird länger.

  Beispiel Schwein:
  Spanferkel: Ohne Reifezeit
  Schwein: 3 bis 5 Tage
- **Verwendungszweck**
  Bei den **feuchten Garverfahren,** z. B. Kochen, wird während des Garens zähes Bindegewebe in leicht kaubare Gelatine umgewandelt.

  Darum muss das Fleisch nicht so lange reifen.

  Bei den **trockenen Garverfahren,** z. B. Braten, Grillen, muss das Fleisch zarter sein. Darum muss das Fleisch länger reifen.

  Rindfleisch zum **Kochen** soll nur kurz abhängen (5 bis 7 Tage), denn von der Brühe erwartet man einen frischen und kräftigen Geschmack. Verwendet man zu Brühen voll ausgereiftes Fleisch, können sie „alt“ schmecken.

  Rindfleisch zum **Braten und Kurzbraten** soll möglichst lange abhängen. Beim Kurzbraten, z. B. für rosa gebratenes Roastbeef, muss das Fleisch schon durch das Abhängen völlig zart sein, denn im Innern des Roastbeefs steigt die Temperatur beim Braten nur auf ca. 55 °C und bewirkt keine weitere Lockerung.

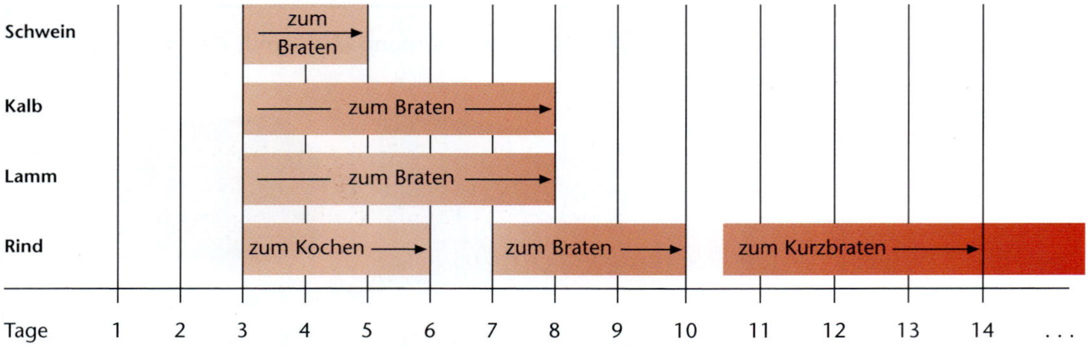

Abb. 1 Reifedauer bei ca. 2 °C

Tiefkühlen unterbricht die Reifung, denn die Enzyme können nicht mehr wirken. Nach dem Auftauen geht der Reifungsprozess teilweise weiter.

Vakuumreifung

Für ausgewählte Fleischstücke zum Braten und Kurzbraten bietet sich die Vakuumreifung an. Dazu wird das Fleisch in Schrumpfbeutel aus Kunststoff gezogen. Dann saugt man mit speziellen Geräten die Luft ab (man vakuumiert) und verschließt anschließend den Beutel luftdicht.

Die Vorteile liegen im Abschluss der Luft. Dadurch entstehen keine Austrocknungsverluste, die Fleischfarbe dunkelt an der Oberfläche nicht. Dem stehen als Nachteile die Kosten für Gerät und Folien gegenüber.

Vakuumgereiftes Fleisch kann beim Öffnen des Beutels einen säuerlichen Geruch aufweisen. Dieser verschwindet, wenn das Fleisch vor der Weiterverarbeitung mindestens 30 Minuten an der Luft liegt.

> Gereiftes Fleisch ist zart, schmeckt leicht säuerlich und riecht aromatisch. Die Reifedauer ist je nach Tierart, Alter und Verwendungszweck unterschiedlich.

12.5 Lagerung

Anlieferungstemperatur höchstens
+ 7 °C bei Frischfleisch,
+ 4 °C bei Hackfleisch und Innereien.
Ware sofort in den Kühlraum bringen.

Gastgewerbliche Betriebe beziehen üblicherweise gereiftes Fleisch. Innerhalb des Betriebs kann die Lagerhaltung zwei Ziele haben.

- **Kurzfristige Vorratshaltung von gereiftem Fleisch**
  Ziel: Geringe Veränderungen
  darum: Temperatur 0 bis + 4 °C, Luftfeuchtigkeit hoch, damit die Lagerverluste gering sind.
- **Nachreifung zur Qualitätsverbesserung**
  Ziel: Fortsetzung der Reifung
  darum: Schutz der Oberfläche durch Folie oder Einlegen in Öl oder Marinade.

Hygiene ist die Voraussetzung für eine einwandfreie Fleischreifung, denn wo keine Verderbniserreger sind, können sie nicht wirken, kann nichts verderben.

- Eine trockene Fleischoberfläche hindert das Bakterienwachstum.
- Unnötiges Öffnen des Kühlraums vermeiden. Warme Luft bildet auf dem Fleisch einen Niederschlag (vgl. Brillenträger) und verbessert damit für eingedrungene Bakterien die Lebensbedingungen.
- Fleischstücke, z. B. Keulen, Rücken, sollen sich nicht berühren, denn feuchte Stellen begünstigen den Verderb.
- Ausgelöste, wertvolle Stücke wie Filet und Roastbeef, die noch reifen sollen, können in Folie eingezogen oder in Öl eingelegt werden.
- Im Fleischkühlraum dürfen nur Fleisch und Fleischerzeugnisse, gerupftes Geflügel oder Wild ohne Decke gelagert werden.

Im Fleischkühlraum dürfen **nicht** gelagert werden

- Wild in der Decke,
- Geflügel im Federkleid,
- Gemüse,

weil die dort anhaftenden Bakterien bei gemeinsamer Lagerung auf das Fleisch übergehen könnten.

12.6 Verderben des Fleisches

Schmierigwerden – Fäulnis

Während des Abhängens muss die Fleischoberfläche trocken sein. Wird der Kühlraum zu oft geöffnet, dringt viel warme Luft ein, deren Feuchtigkeitsgehalt sich auf dem kalten Fleisch niederschlägt. An der feuchten Fleischoberfläche finden die **Bakterien aus der Luft** ideale Lebensbedingungen und zersetzen das Eiweiß. Die **Oberfläche** wird klebrig und schmierig, verändert die Farbe und riecht unangenehm.

Vakuumverpacken (Einziehen) in Folie schützt die Oberfläche des Fleisches sowohl vor dem Beschlag durch Feuchtigkeit als auch vor dem Austrocknen.

Überreife – Selbstzersetzung

Lässt man Fleisch zu lange abhängen, dann lösen **fleischeigene Enzyme** die Muskelfasern nach und nach völlig auf. Das Fleisch zersetzt sich selbst. Dabei entsteht ein Geruch, der an verfaulte Eier erinnert.

Überreifes Fleisch gilt als verdorben und darf nicht verwendet werden; sein Genuss führt zu Erbrechen und Durchfall.

Je kühler das Fleisch gelagert wird, desto langsamer verläuft die Selbstzersetzung.

Vergleicht man Schmierigwerden mit Überreife, so zeigt sich:

- **Schmierig** ist nur die Oberfläche, Befallenes kann entfernt werden.
- **Überreif** ist ein Fleisch durch und durch. Es kann nichts entfernt werden.

Übersicht: Fleischreifung, Fleischverderb

Enzyme des Fleisches
↓
Muskelstarre
Enzyme des Fleisches
↓
Reifen
Enzyme des Fleisches | + Bakterien +
↓ ↓
Verdorben

12.7 Arten des Fleischbezugs

Innerhalb der Materialkosten ist das Fleisch der größte Posten. Wegen der unterschiedlichen Struktur der Betriebe wird Fleisch auf verschiedene Weise bezogen.

- **Tierkörper** (Hälften, Viertel) werden zerlegt.

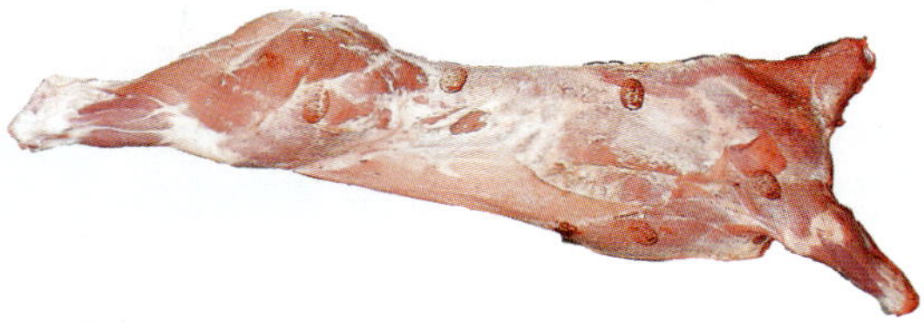

- **Fleischteile** wie Keule, Schulter, Rücken erhält man bei der Grobzerlegung.

- **Teilstücke** werden entsprechend dem Verlauf der Muskulatur abgetrennt, z. B. Oberschale, Nuss.

- **Portionierte Ware** schneidet man quer zur Fleischfaser aus den Teilstücken, z. B. Koteletts aus dem Kalbsrücken.

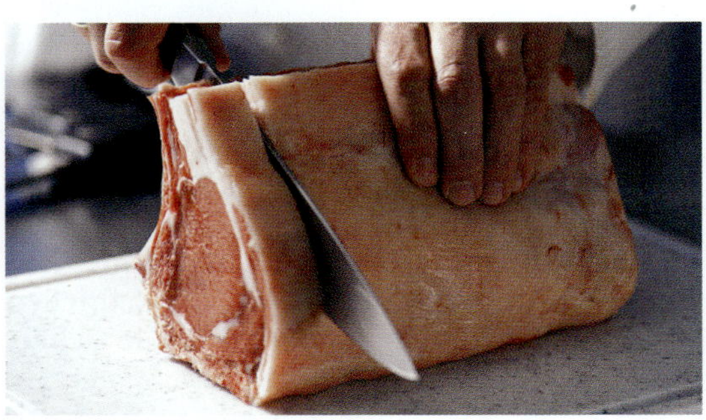

Abb. 1 Kotelett vom Kalb

Jede Bezugsart hat Vor- und Nachteile. Die sachgerechte Zerlegung eines Schlachttierkörpers erfordert besondere fachliche Fertigkeiten, denn nur bei einwandfreier Arbeitsweise erhält man portionierte Stücke in der geforderten Qualität. Ferner fallen Knochen und Parüren in größerer Menge an, für die zweckgerechte Verwendungsmöglichkeiten vorhanden sein müssen.

Viele Betriebe beziehen Teilstücke wie eine Oberschale vom Kalb oder ein Rinderfilet und portionieren bei Bedarf. Wird portionierte Ware wie Kalbsschnitzel oder Schweinekotelett bezogen, hat der Lieferant der Küche bereits vorgearbeitet und liefert ohne die geringer wertigen Parüren. Das erhöht zwar den Preis je kg, spart jedoch Arbeitszeit und zwingt nicht zur Verarbeitung von Nebenprodukten.

Je weiter das Fleisch beim Einkauf bearbeitet ist, desto einfacher ist die Warenkontrolle.

Übersicht – Vom Schlachttier zur Portion

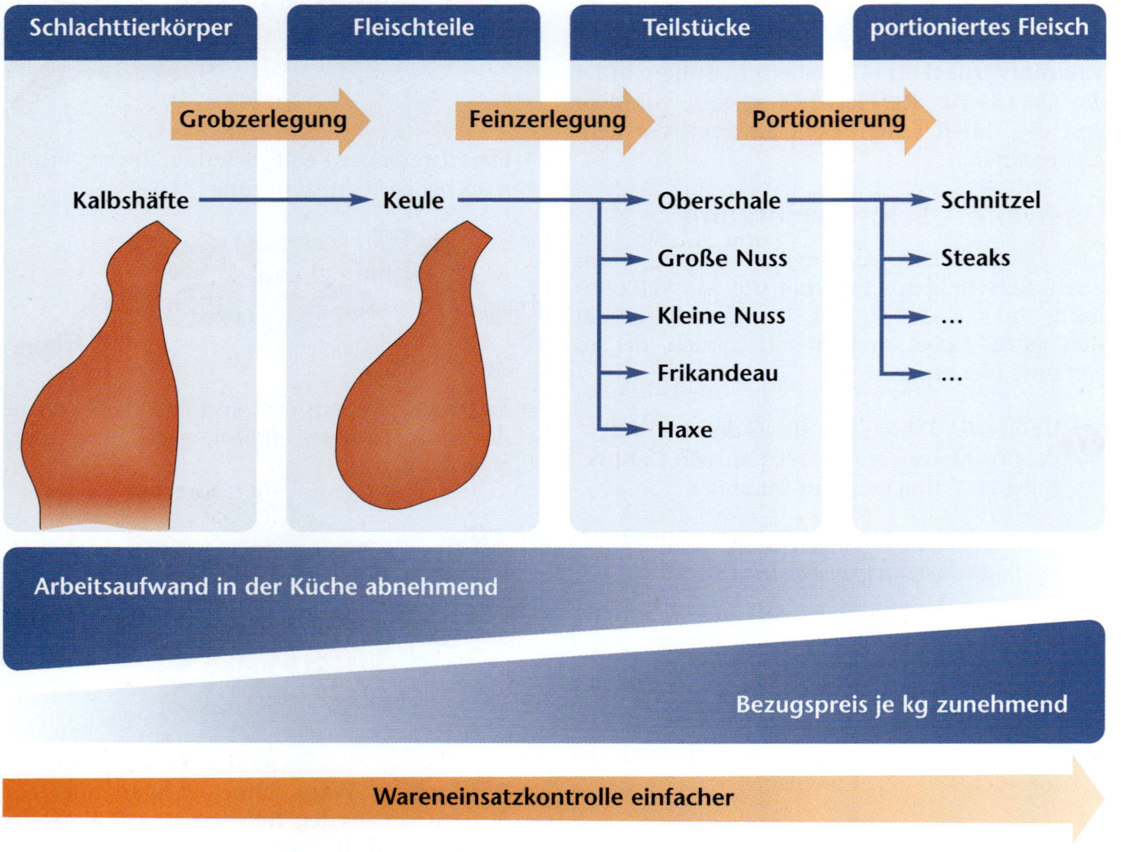

12.8 Qualitätsbeurteilung

Der Ruf einer Küche wird wesentlich von den Fleischgerichten bestimmt. Die richtige Auswahl und Verwendung des Fleisches erfordert vom Koch viel Fachwissen und Sachkenntnis. Nur wer die Qualität des Fleisches richtig beurteilen kann, ist fähig, die einzelnen Fleischteile fachgerecht zu verarbeiten.

Der **Genusswert von Fleisch** wird wesentlich von folgenden Faktoren bestimmt:

- **Zartheit,** je weniger Bindegewebe, desto zarter.
- **Saftigkeit,** die mit dem Fettgehalt zusammenhängt.
- **Aroma,** das sehr von der Tierart und vom Mastverfahren beeinflusst wird.

Kategorie

Mit Kategorien bezeichnet man Gruppen von Schlachttieren, geordnet nach Alter und Geschlecht. Diese Einteilung kennt man bei Rind und Schaf.

Kategorie **Kalb – V**

Tiere, die nicht älter sind als acht Monate und

Seit 1.7.2008 regelt eine neue Verordnung der EU die Verwendung der Begriffe Kalbfleisch und Jungrindfleisch.

hauptsächlich mit Milch und Milcherzeugnissen gefüttert werden.

Kalbfleisch ist hell und fettarm. Durch das geringe Alter der Tiere ist das Bindegewebe noch sehr locker, das Fleisch zart. Kalbfleisch ist teurer als Rindfleisch.

Kategorie **Jungrind – Z**

Diese Rinder sind zwischen acht und zwölf Monate alt und werden zusätzlich mit Gras/Heu, Silomais und Getreide gefüttert.

Das Fleisch ist fütterungsbedingt etwas dunkler als Kalbfleisch, doch heller als Rindfleisch.

Kategorie **Färsen – E**

Fleisch von ausgewachsenen weiblichen Tieren, die nicht gekalbt haben.

Färsenfleisch hat kräftige Farbe und feine Faser. Es ist gering marmoriert, saftig und zart. Sehr gut zum Braten geeignet. Fleisch von Färsen schmeckt ausgeprägter als Kalbfleisch.

Kategorie **Ochsen – C**

Fleisch von ausgewachsenen männlichen, kastrierten Tieren. Ochsen setzen langsamer Fleisch an als Jungbullen. Das hochwertige Ochsenfleisch ist darum teuer.

Ochsenfleisch hat kräftig rote Farbe und mittelfeine Faser. Das stark marmorierte Fleisch ist saftig und hat kräftiges Aroma. Sehr gut zum Braten geeignet.

Kategorie **Jungbulle – A**

Fleisch von ausgewachsenen jungen männlichen, nicht kastrierten Tieren unter zwei Jahren.

Fleisch mit hellroter Farbe und mittelfeiner Faserstruktur. Eine Maserung ist kaum vorhanden, und darum ist das gegarte Fleisch eher trocken. Es wird bevorzugt zu Wurst verarbeitet.

Andere Kategorien, wie Kuhfleisch und Bullenfleisch, werden in der Gastronomie kaum verwendet.

Handelsklassen

Die **Handelsklasse** berücksichtigt zusätzlich Fleischigkeit und Fettabdeckung.

- **Fleischigkeit** ist der Anteil des Muskelfleisches am Schlachttier, der auch als Muskelfülle bezeichnet wird. Je höher die Fleischigkeit, desto besser die Qualität. Man kennzeichnet sie mit den Großbuchstaben E, U, R, O und P (EUROP).
- **Fettabdeckung,** die mit steigendem Anteil durch die Ziffern 1 bis 5 gekennzeichnet wird.

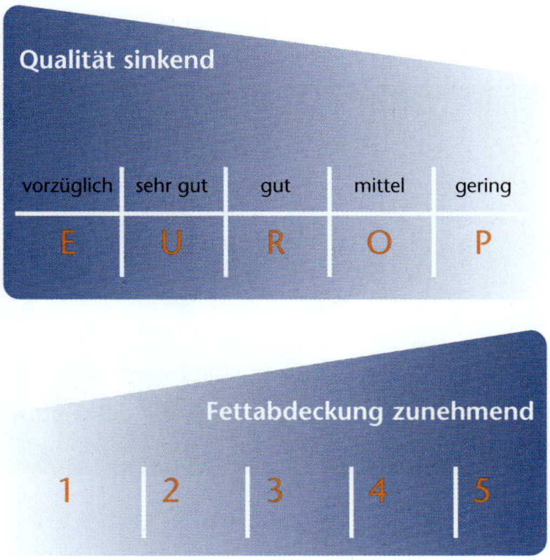

Kennzeichnung

Die Kennzeichnung[1] erfolgt nach Kategorie und Handelsklasse.

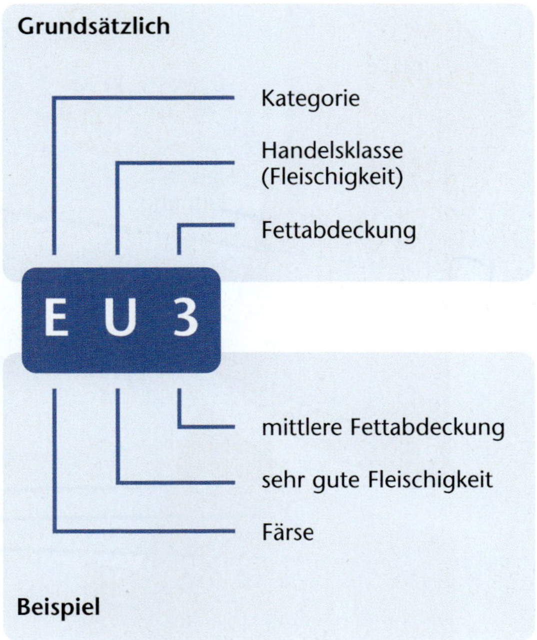

Nach EU-Recht müssen auf diese Weise Schlachtkörper (Hälften, Viertel) gekennzeichnet werden. Nicht der Kennzeichnung unterliegen weiter zerlegte Fleischteile (Rücken, Keule) und Fleischstücke (Oberschale, Nuss), wenn diese einzeln gehandelt werden.

[1] Die Kennzeichnung nach Kategorie und Handelsklassen wird nur in Grundzügen behandelt, weil die gewerbliche Küche meist Teilstücke bezieht, selten Tierkörper. Nur für diese ist die Kennzeichnung vorgeschrieben.

12.9 Fleischteile und deren Verwendung

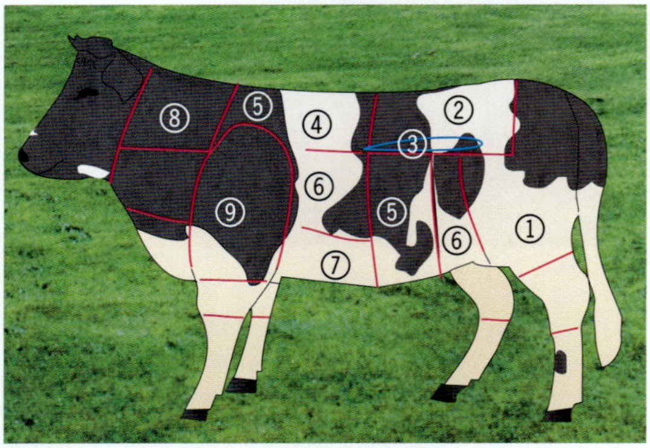

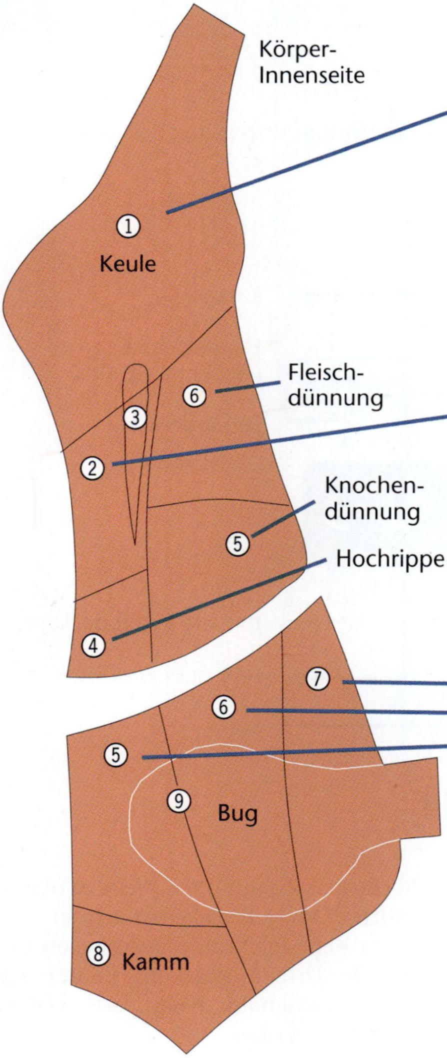

Rind *beef* *bœuf (m)*

Keule

Fleisch zum Schmoren und Braten

Das Fleisch ist fettarm, aber in den meisten Muskeln bindegewebereich. Man verwendet es darum zum Schmoren, für Rouladen und Gulasch.

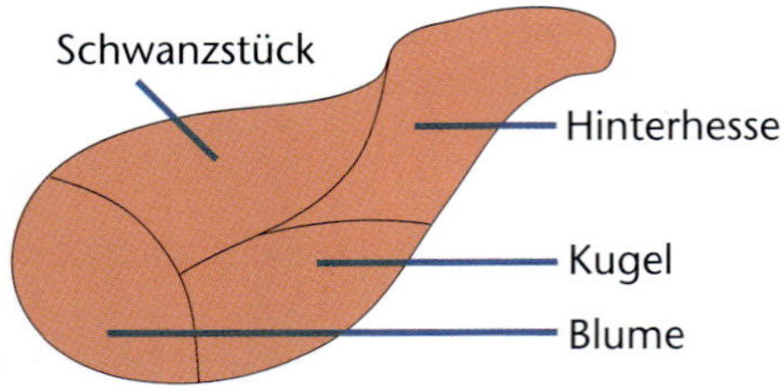

Nierenstück, Große Lende[1]

Wertvolles Fleisch zum Kurzbraten und Braten

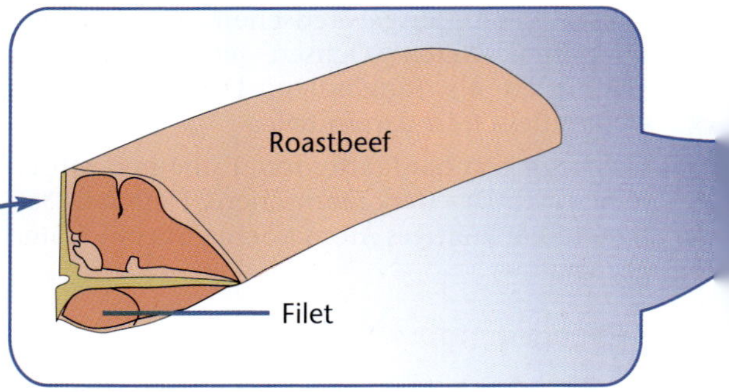

Teile aus Brust und Dünnung

Fleisch zum Kochen:

- **Brust**
- **Spannrippe**
- **Fehlrippe**

Bug (Schulter)

Fleisch zum Schmoren und Kochen

Der Bug besteht aus vielen Einzelmuskeln und gibt darum kaum kompakte Portionsstücke. Das Gastgewerbe schneidet daraus Gulasch und Ragout oder bereitet Hackfleisch.

[1] Begriffe der Leitsätze

Bezeichnung nach DLG[1]	ortsüblich auch	Verwendung vorwiegend
Keule	*Schlegel*	Schmorgerichte
Blume	*Hüfte, Rose*	Rouladen, Rumpsteak, Schmorbraten
Kugel	*Große Nuss, Maus*	Rouladen, Gulasch, Tatar
Schwanzstück	*Unterschale, Frikandeau, Tafelspitz*	Rouladen, Gulasch, Schmorbraten
Oberschale	*Klappe, Kluft*	Rouladen, Tatar, Schmorbraten
Hinterhesse	*Wadschenkel, Wade*	Klärfleisch, Gulasch

Côte de bœuf[2] Rinderkotelett

T-Bone-Steak kleiner Filetanteil

Porterhouse-Steak großer Filetanteil

Entrecôte (double) Zwischenrippenstück (doppeltes)

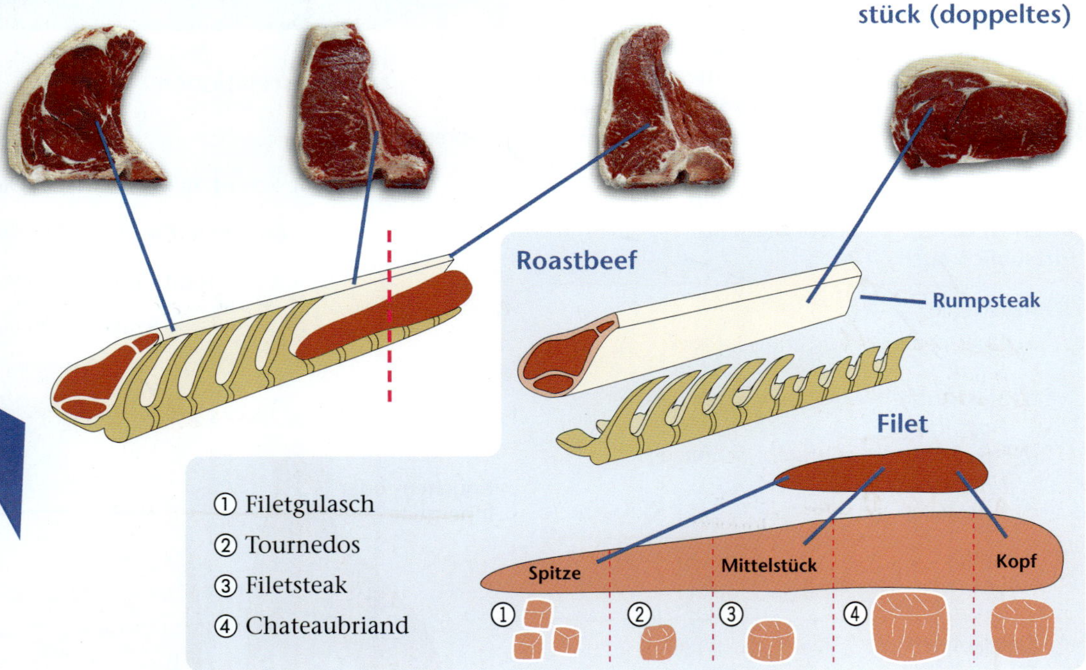

Bezeichnung nach DLG[1]	ortsüblich auch	Verwendung vorwiegend
Fleischdünnung Knochendünnung	*Bauchlappen* *Spannrippe* } *auch Lappen, Weich*	Koch- und Suppenfleisch
Fehlrippe	*Dicke Rippe, Vorschlag*	
Kamm	*Hals, Halsgrat*	
Spannrippe	*Querrippe, Leiterstück*	
Brust		
Bug		
Falsches Filet	*Falsche Lende*	kochen, schmoren
Schaufelstück	*Mittelbug, Schulterspitz*	Ragout
Dickes Bugstück	*Dicke Schulter*	Gulasch
Schaufeldeckel	*Bugdeckel, Schabelappen*	Hackfleisch
Hesse	*Bein, Wadschenkel, Haxe*	Klärfleisch, Gulasch

[1] Wird bei schriftlichen Prüfungen nach Fleischteilen gefragt, so gelten die Bezeichnungen nach DLG als verbindlich. Die kursiv gedruckten ortsüblichen Bezeichnungen dienen hier dem besseren Verständnis.
[2] Steaks mit Knochen dürfen seit 1.1.2009 von bis zu 48 Monate alten Rindern geschnitten werden.

Kalb veal veau (m)

Kalbfleisch ist von jungen Rindern, die mit Milch oder Milchprodukten gefüttert werden, bis zu einem Alter von acht Monaten.

Wenn die Tiere mit zunehmendem Alter auch Raufutter (Gras, Heu, Silage) erhalten, wird das Fleisch durch die Einlagerung von Mineralstoffen dunkler. Fleisch zwischen dem achten und zwölften Lebensmonat der Tiere nennt man **Jungrindfleisch.**[1]

Beim Kalbfleisch überwiegt die Nachfrage nach Kurzbratfleisch wie Schnitzel und Steaks. Beim Zerlegen teilt man darum überwiegend entlang der Muskelstränge, sodass die Unterschiede der einzelnen Fleischstücke berücksichtigt werden können.

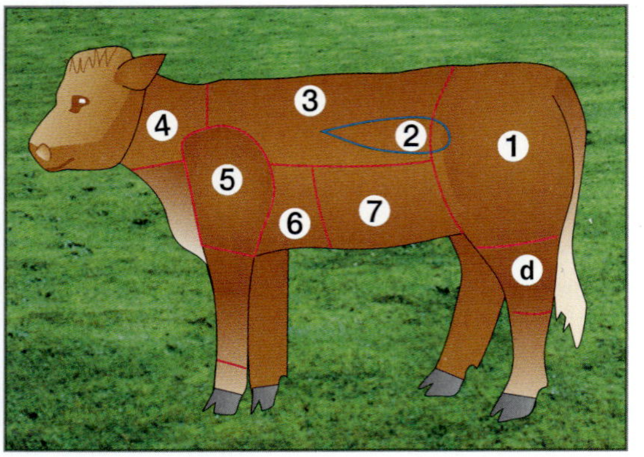

Bezeichnung nach DLG[2] *ortsüblich auch*	Verwendung vorwiegend
① Kalbskeule	
a) Oberschale *Schale*	Schnitzel, Steak
b) Nussstücke *Nuss, Hüfte*	Braten, Schnitzel
c) Frikandeau *Unterschale*	Braten, Schnitzel
d) Kalbshaxe	Braten, Ragout, Gulasch
② Kalbsfilet *Lende*	im Ganzen gebraten, Medaillons
③ Kalbskotelett *Rücken*	Koteletts, Schmetterlingsschnitzel, Steak, Kalbsroll-, Kalbsnierenbraten
④ Kalbshals	Rollbraten, Frikassee Ragout
⑤ Kalbsbug *Schulter, Blatt*	Rollbraten, Frikassee Ragout
⑥ Kalbsbrust	Braten mit und ohne Füllung, Tendron, Ragout
⑦ Kalbsbauch *Dünnung, Lappen*	Teil des Kalbsrollbratens, Ragout, Farce

Preisrelationen

Rücken/Steak	250 %
Keule für Schnitzel	200 %
Bug ohne Knochen	150 %
Hälftenpreis	100 %
Brust	90 %

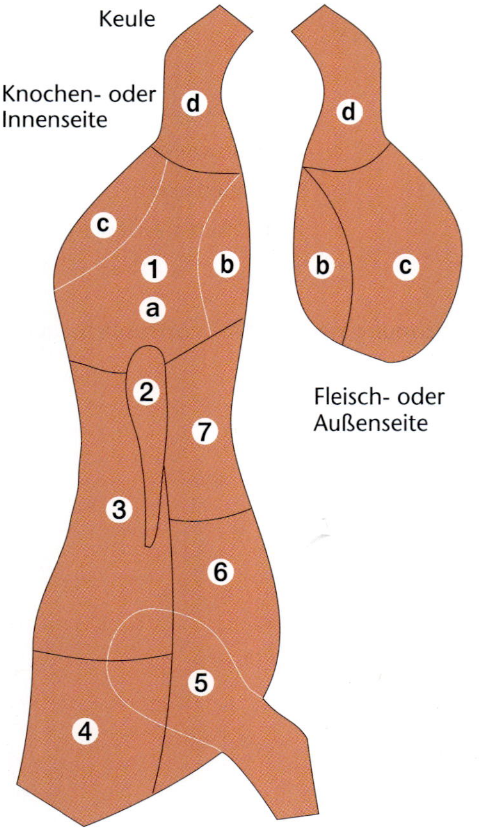

[1] EG-Verordnung Nr. 700/2007 gültg ab 1.7.2008.

[2] Wird bei schriftlichen Prüfungen nach Fleischteilen gefragt, so gelten die Bezeichnungen nach DLG als verbindlich. Die kursiv gedruckten ortsüblichen Bezeichungen dienen hier dem besseren Verständnis.

Schwein *pork* *porc (m)*

Das Gastgewerbe verwendet Fleisch von Masttieren im Alter von etwa sechs Monaten. Diese Tiere werden als „Hälften" angeboten und müssen nach Handelsklassen (E, U, R, O, P) gekennzeichnet sein. Die Einstufung richtet sich nach Fleischansatz und Fettabdeckung.

Schweinefleisch ist blassrot bis rosarot, feinfaserig und leicht mit Fett durchwachsen.

Bei der Zucht von besonders fettarmen Schweinen kann es zu Mängeln kommen. Fleisch kann unter größerem Saftverlust beim Garen schrumpfen und dann trocken und zäh sein. Deswegen ist das Fleisch zwar nicht gesundheitsschädlich, doch im Genusswert erheblich eingeschränkt und darum „seinen Preis nicht wert". Das Fleisch ist hell (**p**ale), weich (**s**oft) und wässrig (**e**xudativ). Von diesen englischen Wörtern abgeleitet ist die Bezeichnung PSE-Fleisch. Es handelt sich um einen Qualitätsmangel – zurückweisen.

Schweinefleisch soll nicht länger als eine Woche abhängen.

Bezeichnung nach DLG	Verwendung
① Schinken a) Oberschale b) Nuss c) Schinkenspeck d) Schinkenstück	Schinken Schnitzel Schnitzel, Schinken braten, kochen Schinken
② Kotelett	Koteletts, Kasseler Rippenspeer, Karree, Lachsschinken
③ Filet	Kurzbraten, im Ganzen braten
④ Kamm	braten, Halskoteletts, Pökelkamm
⑤ Bug, Schulter	braten, Ragout und Farce
⑥ Bauch	kochen
⑦ Wamme	kochen, räuchern
⑧ Kopf	kochen
⑨ Eisbein, Haxe	Eisbein, im Ganzen braten oder grillen
⑩ Spitzbein, Pfötchen	kochen, Sülze

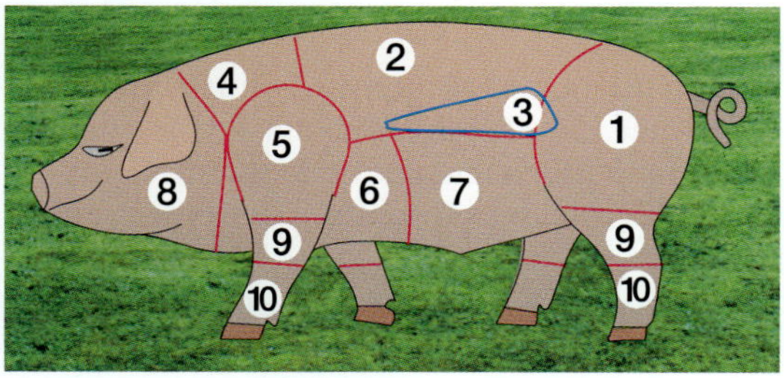

Preisrelationen

Rücken ohne Knochen	250 %
Keule, Schnitzelfleisch	200 %
Kotelett	160 %
Hals ohne Knochen	130 %
Hälftenpreis	100 %

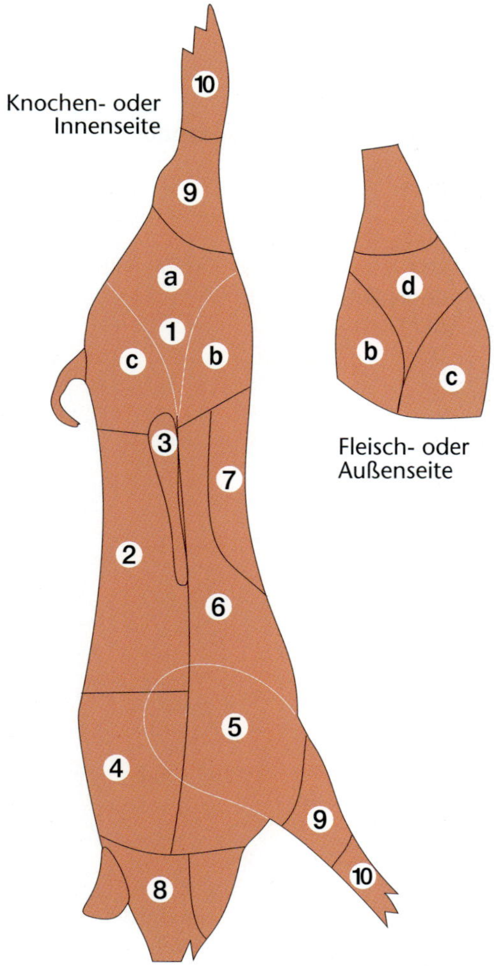

Schaf *mutton* *mouton (m)*

Bei Schaffleisch verändern sich mit zunehmendem Alter die Fleisch- und die Fettbeschaffenheit sehr deutlich. Darum ist die Kennzeichnung der **Kategorie** sehr wichtig. Es werden unterschieden:

Ⓛ Lämmer, nicht älter als 12 Monate, und
Ⓢ andere Schafe.

Die **Qualität** wird wie beim Rind dargestellt. Die **Fleischigkeit,** die Muskelfülle kennzeichnen die Buchstaben E, U, R, O und P. Die **Fettabdeckung** wird mit den Ziffern 1 bis 5 angegeben.

Lammfleisch ist je nach Alter lachsfarben bis ziegelrot und zartfaserig. Beim Milchlamm ist die Fettauflage weiß, beim Lammfleisch gelblich weiß. Da der Schmelzbereich von Lammfett über der menschlichen Körpertemperatur liegt, muss heiß serviert und heiß gegessen werden.

Alle Arten sollen etwa eine Woche abhängen.

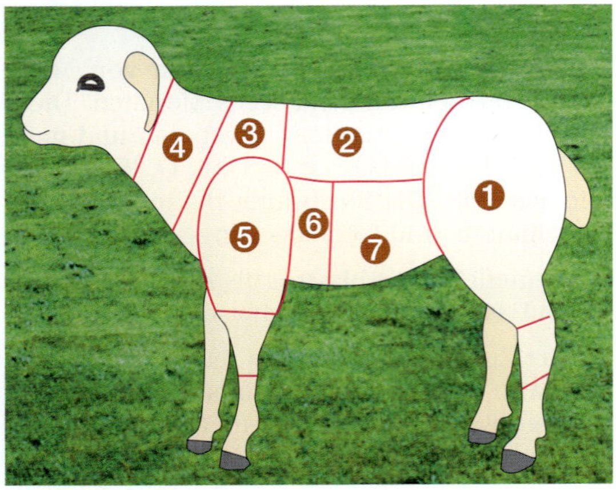

Preisrelationen

Lendenkotelett	**200 %**
Keule ohne Knochen	170 %
Rücken ohne Knochen	170 %
Kotelett	100 %
Hälftenpreis	100 %
Bug/Hals ohne Knochen	100 %
Ragout	60 %

Bezeichnung	Verwendung
① Keule	Braten im Ganzen, Schmorbraten
② Rücken a) Lendenkotelett (mit Filet) 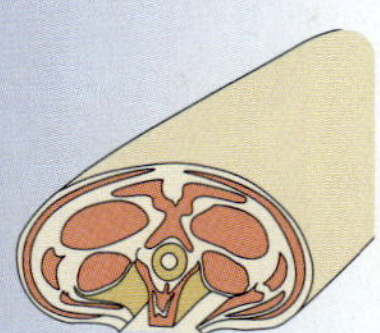	Braten im Ganzen, Lammkrone Lendenkoteletts, Nüsschen, Muttonchops
b) Kotelettstück 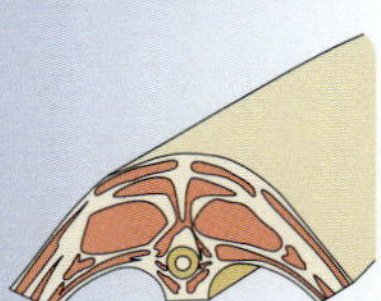	Koteletts
③ Kamm	
④ Hals	Ragout Eintopf ● Irish Stew ● Navarin z. T. Rollbraten
⑤ Bug, Schulter	
⑥ Brust	
⑦ Dünnung	

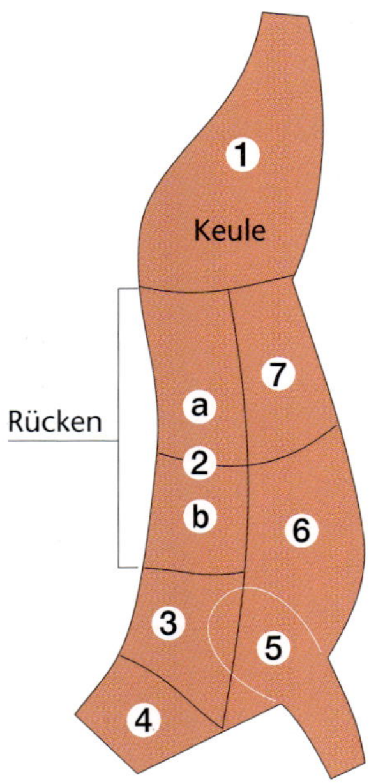

Nur zur Information, da im Gastgewerbe kaum verwendet:

Hammelfleisch ist von Tieren mit etwa zwei Jahren.

12.10 Hackfleisch und Erzeugnisse aus rohem Fleisch

Rohes, zerkleinertes Fleisch bietet Mikroben ideale Lebensbedingungen und verdirbt darum besonders rasch. Der Umgang mit rohem, zerkleinertem Fleisch ist streng geregelt. Das Ziel ist der Schutz des Verbrauchers.

- **Schutz der Gesundheit** durch strenge Hygienevorschriften, die bestimmen, wie die Produkte zu behandeln sind. Tierische Lebensmittel-Hygieneverordnung (Tier-LMHV).
- **Schutz vor Täuschung** durch Vorschriften über die Zusammensetzung, die festlegen, was verarbeitet werden darf. Leitsätze für Fleisch- und Fleischerzeugnisse.

Die Hygienevorschriften gelten für das Herstellen, Behandeln und Inverkehrbringen von Erzeugnissen aus rohem, zerkleinertem Fleisch.

Es ist zu beachten: Fleisch oder Fleischerzeugnisse müssen roh **und** zerkleinert sein, wenn sie den strengen Bestimmungen unterliegen.

Frisches Fleisch	Fleischzubereitungen	Fleischerzeugnisse
roh – aber nicht zerkleinert	roh und zerkleinert	zerkleinert – aber „nicht mehr roh"
Fleischteile wie Keule, Oberschale, Filet	zerkleinert: Hackfleisch, Schabefleisch (Tatar), Geschnetzeltes, Gesteaktes, Fleischspieß mit anderen Lebensmitteln (Fleischteige) z. B. für Klopse, Frikadellen, Farcen	durch Erhitzen ➔ Braten: Frikadellen, Kochen: Klopse Pökeln ➔ Schinken Beizen ➔ Entenbrust

zu beachten

Behandeln	Lagertemperatur	Lagerdauer
Geräte sind bei Gebrauch mindestens mittags und abends zu reinigen	nicht wärmer als + 7 °C bei Fleisch + 3 °C bei Innereien	Bei Hackfleisch, das *unter Schutzatmosphäre verpackt* ist, legt der Hersteller die Verbrauchsfrist fest. Zubereitungen aus gefrorenem Hackfleich dürfen nicht nochmals eingefroren werden.

Anforderungen an die Zusammensetzung

Die Anforderungen an die Zusammensetzung von Hackfleisch sind in den Leitsätzen festgelegt. Sie richten sich nach dem Anteil an BEFFE (**B**indegewebs**e**iweiß**f**reies **F**leisch**e**iweiß). Das sind die wertvollsten Eiweißstoffe im Fleisch. Die Lebensmittelüberwachung richtet sich nach dem Fettgehalt.

Hackfleisch (Gehacktes, Gewiegtes) muss aus sehnenarmem oder grob entsehntem Skelettmuskelfleisch bestehen, das außer Kälteanwendung keinem Behandlungsverfahren unterzogen worden ist. Es ist grob zerkleinert und ohne jeden Zusatz.

Fettgehalt:

- Rinderhack 20 %
- Schweinehack 35 %
- Gemisch von Rind und Schwein 30 %

Schabefleisch (Tatar, Beefsteakhack) darf nur aus sehnen- und fettgewebearmem (schierem) Skelettmuskelfleisch vom Rind bestehen, das außer Kälteanwendung keinem Behandlungsverfahren unterzogen worden ist. Der Fettgehalt darf höchstens 6 % betragen.

Zerkleinertes Fleisch wird durch die Beigabe von Salz, Zwiebeln usw. rasch grau. Gastgewerbliche Betriebe stellen darum Tatar erst auf Anforderung her und servieren es unzubereitet mit den erforderlichen Zutaten.

12.11 Innereien

Innereien können vielseitig zubereitet werden und bereichern die Speisekarte. Je frischer die Innereien sind, je kürzer also die Zeit zwischen Schlachtung und Zubereitung ist, desto besser ist die Qualität. Wegen der feinen Struktur wird die Qualität von Innereien durch Frosten gemindert. Diese Qualitätsveränderung ist bei Preisvergleichen und beim Einkauf zu beachten.

Zunge

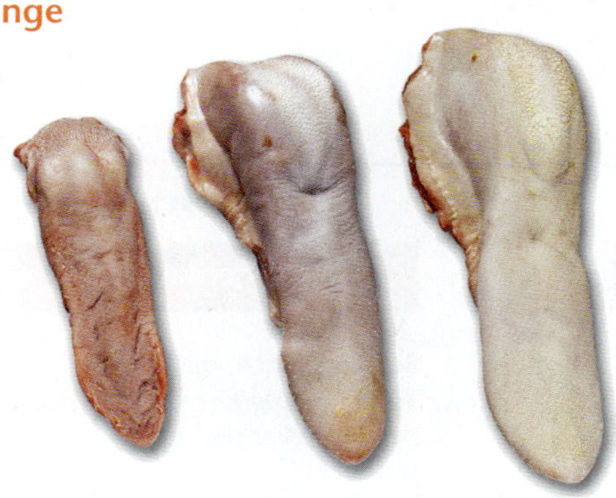

Zungen werden von allen Schlachttieren verwendet. Der verhältnismäßig hohe Preis wird wesentlich vom Zuschnitt bestimmt: Je sorgfältiger die Teile zum Kehlkopf hin abgetrennt sind, desto besser ist die Qualität, desto höher ist der Preis. Neben frischer Ware werden auch Pökelzungen angeboten (Abbildung: Schwein, Kalb, Rind).

Herz

Das Herz ist ein Muskel und zeigt die gleiche Faserstruktur wie Skelettmuskelfleisch. An erster Stelle steht das Kalbsherz, das wegen seiner Eignung zum Kurzbraten und Grillen und wegen seines Geschmacks bevorzugt wird. In der Qualität folgen die Herzen von Schwein und Jungrind (Abbildung: Schwein, Kalb, Rind).

Hirn

Die Gehirne der einzelnen Tierarten unterscheiden sich im Wesentlichen nur in der Größe. Gemeinsam ist ihnen die helle Farbe und eine lockere Struktur, die das Gehirn leicht verdaulich macht. Hirn wird vor der Weiterverarbeitung gewässert und anschließend immer blanchiert.

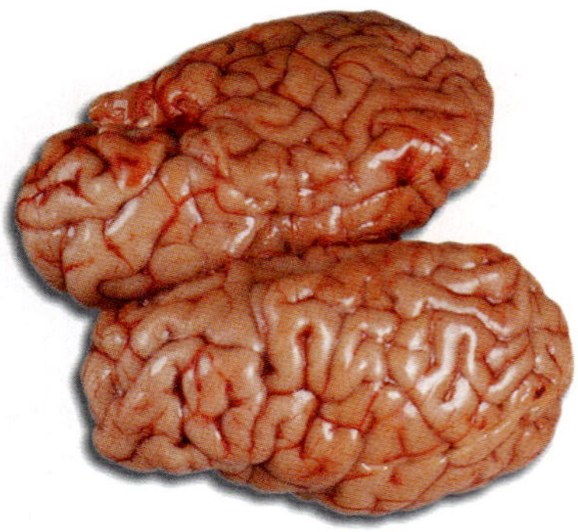

Bries (Kalbsmilch)

Nur von Kalb und Lamm gibt es ein Bries, denn es ist die Wachstumsdrüse (Thymusdrüse), die nur während der Wachstumszeit entwickelt ist und sich nach der Pubertät zurückbildet.

Das Bries ist ähnlich dem Hirn weiß und zart, jedoch von festerer Struktur.

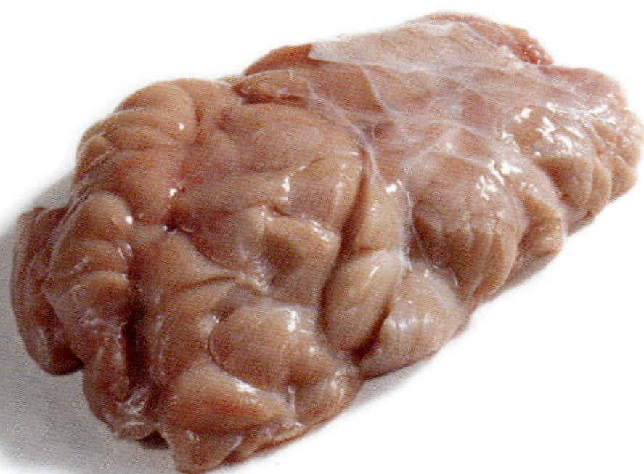

Nieren

Die bekannte Nierenform haben nur die glatten Schweine- und Schafsnieren. Kalbs- und Rindernieren sind kammerförmig unterteilt und unterscheiden sich in Farbe und Größe. Bei Nieren ist darauf zu achten, dass sie sorgfältig gewässert werden, damit der Harngeschmack verschwindet (in der folgenden Abbildung von links nach rechts: Schwein, Kalb).

Leber

Kalbsleber ist am beliebtesten. Sie hat eine feine, lockere Struktur, ist mild im Geschmack und bleibt beim Braten saftig (Abb.).

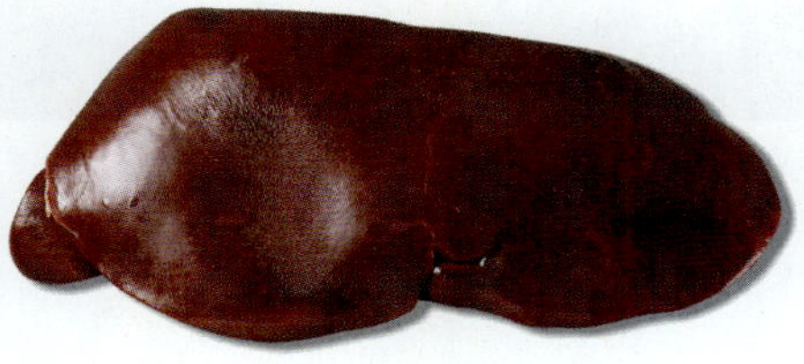

Schweineleber besteht aus mehreren Lappen. Man erkennt sie an einer porösen, leicht körnigen Schnittfläche.

Rinderleber bildet die Grundlage für Leberknödel und Leberspätzle. Zum direkten Verzehr ist sie weniger geeignet.

Schweinenetz ist ein feines Fettgewebe aus der Bauchhöhle des Schweines.

Man verwendet es zum Auskleiden von Formen und zum Umhüllen von Zubereitungen.

Beim Garen schmilzt durch die Einwirkung von Wärme das Fett aus und macht das Gargut saftig.

Kalbslunge

Vor allem die Regionalküche verwendet die Kalbslunge z. B. zu Lunge sauer oder Beuscherl.

Die Lunge hat eine schwammige Beschaffenheit und wird vor der Weiterverarbeitung immer zuerst gewässert und dann gekocht.

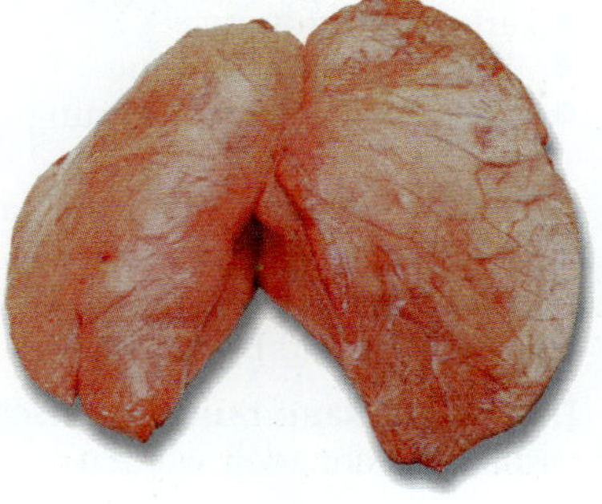

12.12 Verwendung von Knochen

Knochen bestehen hauptsächlich aus Kalk und Leimeiweiß. Kalk und andere Mineralstoffe geben die erforderliche Festigkeit, das Leimeiweiß verleiht Elastizität. Mit zunehmendem Alter wird der Kalkanteil in den Knochen höher.

Bei der Verwendung ist zu unterscheiden

- **Knochen junger Tiere** (Kalb, Schwein)
  haben einen hohen Gehalt an Leimeiweiß. Man verwendet sie darum zum Ansetzen von Saucen.
  Beim Anbraten entstehen Farb- und Geschmacksstoffe, die nach dem Aufgießen in die Flüssigkeit übergehen. So entsteht ein gehaltvoller Grundstock für Saucen.
- **Knochen älterer Tiere** (Rind)
  sind kalkhaltiger, trüben darum weniger und werden hauptsächlich für Brühen verwendet. Die geschmacksgebenden Bestandteile lösen sich nur langsam, und darum ist eine Kochzeit von mehreren Stunden erforderlich.
- **Röhrenknochen**
  aller Altersstufen enthalten das fettreiche Mark, das als Suppeneinlage, zu Markklößchen oder für Garnituren verwendet werden kann.

12.13 Haltbarmachen

Kühlen

Fleisch wird durch die Tätigkeit von Enzymen und Bakterien verändert und verdirbt schließlich. Bei niederen Temperaturen arbeiten diese langsamer. Ist das Fleisch gefroren, wirken sie kaum noch.

Lagerung im Kühlraum

Für kürzere Zeit wird Fleisch im Kühlraum gelagert.

Hinweise

Die Temperatur soll nicht mehr als +4 °C betragen, denn sonst werden die Bakterien zu wenig gehemmt.

Die Tür soll möglichst selten und möglichst kurz geöffnet werden, denn sonst kann das Fleisch feucht werden.

Der Tagesbedarf an Fleisch gehört in den Küchenkühlschrank. Der Kühlraum muss peinlich sauber gehalten werden, damit die Kleinlebewesen keinen Nährboden finden.

Der Verdampfer darf nicht vereisen, weil Eis die Kälte aus der Maschine zurückhält.

Tiefkühlen

Bei Temperaturen unter –18 °C treten kaum Veränderungen im Fleisch ein. Nur Fett zersetzende Enzyme können bis –40 °C wirken.

Mageres Rindfleisch ist etwa 1 Jahr haltbar, fettes Schweinefleisch dagegen nur etwa sechs Monate. Zerkleinertes Fleisch darf nur sechs Monate lagern. Je schneller das Fleisch eingefroren wird, desto besser ist die Qualität. Das Wasser gefriert dann in kleinsten Kristallen innerhalb der Muskelfasern und wird nach dem Auftauen wieder vom Fleischeiweiß aufgenommen. Bei langsamem Einfrieren entstehen größere Auftauverluste.

Hinweise

Vor dem Einfrieren wird das Fleisch möglichst in verarbeitungsfertige Stücke zerlegt. Das spart Zeit und Platz im Tiefkühlraum. Außerdem frieren die Stücke rascher durch.

Nur durch Schockfrosten (– 40 °C) erhält man eine gute Qualität.

Gefrierfleisch muss verpackt werden, denn Eis kann verdunsten und es entsteht der Gefrierbrand.

Größere Stücke werden zum Auftauen in den Kühlraum gebracht, damit das Fleisch langsam auftaut. Aufgetaute Stücke lässt man noch einen Tag ruhen, damit der Fleischsaft vollkommen von den Fleischfasern aufgenommen werden kann.

Portionsstücke lässt man antauen und bereitet sie dann sofort zu. Die Hitze verhindert das Ausfließen des Fleischsaftes.

Räuchern

Während früher das Räuchern hauptsächlich der Konservierung diente, will man heute damit in erster Linie den Geschmack verändern.

Der beim Verglimmen von Hartholzspänen entstehende Rauch

- trocknet die Oberfläche und nimmt den Bakterien die lebensnotwendige Feuchtigkeit,
- enthält konservierende Stoffe, die Bakterien töten,
- gibt würziges Aroma,
- gibt goldgelbe bis braune Farbe.

Abb. 1 Würste beim Räuchern

Pökeln

Zum Pökeln wird **Salz** mit **Pökelstoffen** verwendet. Hauptsächlich verwendet man das Nitrit, das in einem Anteil von 0,4 bis 0,5 Prozent beigemischt wird. Diese Mischung wird auch als **N**itrit**p**ökel**s**alz (**NPS**) bezeichnet. Die kontrollierte Beimischung verhindert eine übermäßige Verwendung von Nitrit.

Das **Salz** senkt den a_w-Wert (s. S. 19) und verringert damit die Tätigkeit der Bakterien und der Eiweiß abbauenden Enzyme. Das Fleisch wird länger haltbar.

Das **Nitrit** verbindet sich mit dem roten Muskelfarbstoff und macht diesen gegenüber der Einwirkung von Wärme und Sauerstoff unempfindlich. Diesen Vorgang nennt man Umrötung. Umgerötetes Fleisch bleibt darum beim Erhitzen rot. Vergleiche: Koteletts und Kasseler werden aus dem gleichen Fleischteil des Schweines gewonnen. Nur das gepökelte Kasseler ist nach dem Erhitzen rot.

Pökeln verändert beim Fleisch:

- Farbe → Umrötung
- Aroma → Aromabildung
- Haltbarkeit → Konservierung

Pökelware soll man **nicht grillen**, denn bei den hohen Temperaturen entstehen krebserregende **Nitrosamine.** Unbedenklich ist das Grillen von Frischfleisch und Bratwurst.

Das Fleisch kann durch unterschiedliche Pökelverfahren behandelt werden.

Folgende Übersicht zeigt die wesentlichen Pökelverfahren.

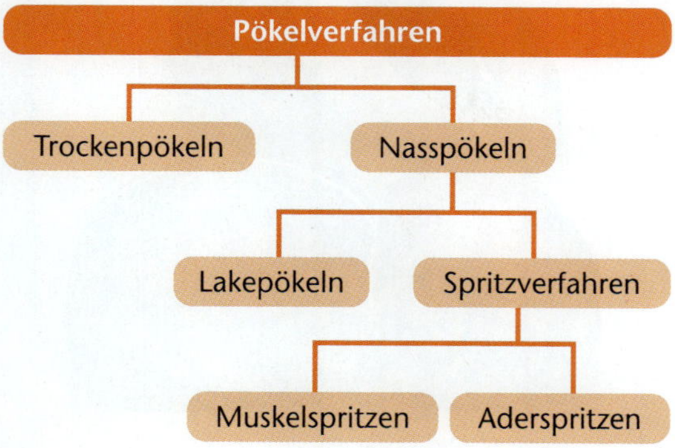

Trockenpökeln

Das Fleisch wird mit NPS eingerieben und aufeinander geschichtet. Das Pökelsalz dringt in das Fleisch ein; zugleich tritt Fleischsaft aus (vgl. Salzen von Rettichen). Nach einigen Wochen ist der Pökelvorgang beendet.

Anschließend wird geräuchert.

Der Schinken ist wegen des großen Flüssigkeitsverlustes **lange haltbar.**

Angewendet wird das Verfahren vor allem bei rohen Schinken wie Knochenschinken und Rohschneider.

> Gewichtsveränderung: **großer Verlust**
>
> Haltbarkeit: **lange**

Nasspökeln

Das NPS wird in Wasser gelöst; es entsteht die Lake.

Diese wird auf zwei Arten angewendet:

- **Lakepökeln**
  Fleisch wird in Lake eingelegt.
  Diese dringt von außen nach innen vor.

> Gewichtsveränderung: **geringer Verlust**
>
> Haltbarkeit: **kürzer**

- **Spritzverfahren**
  - **Muskelspritzen**
    Schnelle Verteilung der Pökellake. Kürzere Pökelzeit.
  - **Aderspritzen**
    Beste Verteilung der Lake. Nur bei ganzen Stücken möglich.

> Gewichtsveränderung: **Gewichtszunahme**
>
> Haltbarkeit: **kurz**

12.14 Fleisch- und Wurstwaren

Fleischwaren

Fleischwaren unterscheiden sich von den Wurstwaren dadurch, dass die Fleischfaser bei der Bearbeitung ganz bleibt und nicht zerkleinert wird. Durch Pökeln und Räuchern, teilweise auch durch Erhitzen, wird das Fleisch haltbarer und genussfähig.

Rohe Schinken

- **Knochenschinken, Rohschinken**
  Keule ohne Bein, aber mit Schwarte, nur mäßige Fettauflage; meist trocken gepökelt.
- **Rollschinken**
  Ohne Knochen und Schwarte, gerollt und durch Garn oder Folie zusammengehalten.
- **Lachsschinken**
  Aus dem Kotelettstrang wird der Hauptmuskel entnommen und mit einer Speckscheibe umwickelt.
- **Kasseler**
  Kotelettstrang, meist durch Muskelspritzung gepökelt.
- **Parmaschinken**
  ist nur gesalzen, also weder gepökelt noch geräuchert, und reift etwa ein Jahr an der Luft.
- **Südtiroler Speck**
  wird aus dem Schweinebauch gewonnen und nach dem Pökeln kalt geräuchert.

Abb. 1 ① Parmaschinken, ② Südtiroler Speck, ③ Bündner Fleisch

- **Bündner Fleisch**
  Das Fleisch stammt von der Keule junger Rinder, wird in eine Salzlake eingelegt (nicht gepökelt) und an der Luft getrocknet.

  Nur Ware aus dem Graubündner Oberland darf als Bündner Fleisch bezeichnet werden. Ein weißer Schimmelbelag (Edelschimmel) an der Oberfläche ist für dieses Fleisch typisch.

Gekochte Schinken

- **Gekochter Schinken**
  Ohne näheren Zusatz darf nur Hinterschinken so angeboten werden.

  Man unterscheidet:
  Naturform, Blockform, Birnenform

  Die Formen entstehen durch Verwendung entsprechender Koch- bzw. Pressformen.

- **Vorderschinken**
  Wird aus der Schweineschulter hergestellt und muss als „gekochter Vorderschinken" gekennzeichnet werden.

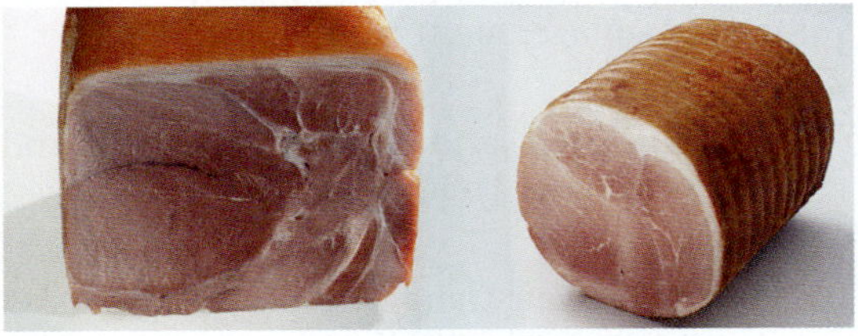

Abb. 1 Vorderschinken, gepresst; Prager Schinken

Gekochte Schinken haben einen hohen a_w-Wert und müssen darum wie Frischwurst unbedingt gekühlt gelagert werden.

Wurstwaren

Nach den verschiedenen Herstellungsverfahren unterscheidet man: Kochwurst, Brühwurst und Rohwurst.

Kochwurst

Fleisch und andere Zutaten wie Zunge werden im Voraus gekocht (Name). Die Gelatine aus Schwarten und Knochen oder das Blut geben Bindung.

- **Leberwurst**
  muss einen vorgeschriebenen Anteil an Leber haben. Bezeichnungen wie feine oder sehr feine beziehen sich auf die Zerkleinerung.

- **Blutwurst/Rotwurst**
  enthält einen entsprechenden Blutanteil, der Farbe und Geschmack verleiht. Während bei der einfachsten Qualität, der Speckwurst, die Einlage hauptsächlich aus Schweinespeck besteht, hat z. B. Thüringer Rotwurst gepökelte Zunge als Hauptbestandteil.

- **Sülzwurst oder Presssack**
  enthält grobe Fleischstücke, z. T. mit Schwarte. Als Bindemittel dient Aspik.

> **Frischwurst**
> Lagerung nur gekühlt, kurze Haltbarkeit

Abb. 2 Kochwurst
(Überwiegend einfache Wurstarten)

Brühwurst

Fleisch und Speck werden fein zerkleinert und gekuttert. Durch Salzbeigabe lösen sich die Eiweißstoffe und binden zusätzlich Wasser, das man in Form von Eis beigibt. Das Eis schmilzt durch die Wärme und vermeidet so die für die Bindefähigkeit schädliche Erwärmung.

Es entsteht das Brät; in der Küche bezeichnet man vergleichbare Massen als Farce.

Nach dem Einfüllen in Därme wird bis etwa 75 °C erhitzt, **gebrüht** (Name). Dabei gerinnt das Eiweiß und die Wurst wird schnittfest. Manche Arten werden zur zusätzlichen Geschmacksgebung geräuchert.

Bei den Brühwurstsorten, die das Hauptangebot stellen, unterscheidet man die einzelnen Arten nach dem Grad der Zerkleinerung des Fleisches und nach der Würzung.

Beispiele
Schinkenwurst, Bierwurst, Kochsalami, Lyoner, Mortadella, Regensburger.

Abb. 3 Brühwurst (Hauptangebot, viele Arten)

Die Wurstmasse ist weiß, wenn statt Nitritpökelsalz Kochsalz verwendet wird, z. B. bei Weißwürsten, Rostbratwürsten, Schweinsbratwürsten, Wollwürsten.

Rohwurst

Fleisch und Speck werden zerkleinert und mit Nitritpökelsalz und Gewürzen versetzt. Nach dem Einfüllen in die Därme beginnt ein biologischer Reifungsprozess. Dabei wird Wasser abgegeben, und gelöstes Eiweiß macht die Wurstmasse bindig. Nach der Feinheit der Zerkleinerung und der Festigkeit unterscheidet man schnittfeste und streichfähige Arten.

Zu den schnittfesten Arten gehören z. B. Cervelatwurst, Plockwurst und Salami. Rohwürste geben bei der Lagerung Wasser ab und werden hart. Darum bezeichnet man sie auch als Hartwürste; der Name Dauerwurst bezieht sich auf die lange Lagermöglichkeit.

Für streichbare Rohwürste wird das Ausgangsmaterial stärker zerkleinert. Diese Art ist nicht so lange haltbar. Man zählt dazu Teewurst, Mettwurst, Braunschweiger.

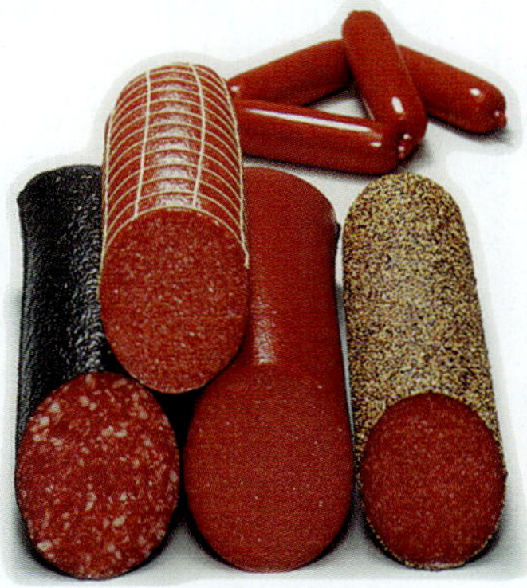

Abb. 1 Rohwurst (hoher Preis, weil ohne Wasserzusatz)

Dauerwurst hat gute Haltbarkeit

Angebot der Industrie

Die Lebensmittelindustrie hält ein vielfältiges Angebot an Zubereitungen aus Schlachtfleisch für die Bereiche der warmen und kalten Küche bereit.

Warme Küche

Neben den altbekannten Konserven und der Tiefkühlware besteht ein neues Angebot aus *Menükomponenten in gekühlter Form.*

Die Produkte werden nach der Herstellung sofort heruntergekühlt und abgepackt in Portionsbeutel für Einzelservice und Großgebinde für den Einsatz im Bankettgeschäft.

Die Zubereitungen sind vorwiegend aus dem Bereich der kombinierten Garverfahren, also Geschmortes und Gedünstetes mit/in Sauce, z. B.

- **Vom Rind**
  - Gulasch
  - Rouladen
  - Schmorbraten
  - Sauerbraten
- **Vom Kalb**
  - Kalbfleischröllchen
  - Kalbsrahmgulasch
  - Rahmgeschnetzeltes vom Kalb
- **Vom Geflügel**
  - Poulardenbrust in Morchelrahm
  - Hühnerfrikassee
  - Putenröllchen in Currysauce

Lagerung

Die Kühlkette mit einer Temperatur zwischen 0 °C und + 2 °C ist unbedingt einzuhalten, wenn die Qualität erhalten bleiben soll. Die meisten Produkte sind unter diesen Bedingungen etwa 10 Tage lagerfähig.

Regenerieren

bedeutet das Aufbereiten der Speisen durch Wärmezufuhr. Oder einfacher gesagt: auf Serviertemperatur bringen. Dazu gibt es verschiedene Möglichkeiten. In jedem Fall bleibt die Zubereitung im Beutel. Portionsbeutel erwärmt man im Wasserbad. Großgebinde erwärmt man auch im Kombidämpfer. Portionsbeutel können auch im Mikrowellengerät erwärmt werden. Man sticht in den Beutel ein Loch, damit kein Überdruck entsteht.

Kalte Küche

Spezialisierte Betriebe bieten eine breite Palette von Produkten, die bei etwa 4 °C etwa eine Woche haltbar sind (Eigene Herstellung s. S. 583 im Abschnitt „Vorspeisen – Kalte Küche“).

Pasteten sind Zubereitungen aus feiner Farce, auch mit Einlagen, umgeben von einer Teigschicht.

Terrinen sind Zubereitungen aus feiner Farce, die in einer Schüssel gegart werden (Merkhilfe: Irdene Schüssel – Erde = lat. terra).

Galantinen sind gefüllte Tierkörper, z. B. Entengalantine.

Diese Produkte werden sachgemäß aufgeschnitten und auf Platten angerichtet.

Abb. 1 Pastete

Abb. 2 Terrine

Abb. 3 Galantine

Aufgaben

1 Welchem Zweck dient die Fleischbeschau?

2 Auf einer Kalbskeule befindet sich ein ovaler Stempel, auf einem Karton mit gefrostetem Rinderfilet ein sechseckiger. Erklären Sie jeweils die Bedeutung.

3 Beschreiben Sie den Aufbau des Muskelfleisches. Nennen Sie dabei drei allgemein sichtbare Teile.

4 Worin liegt der Unterschied zwischen marmoriertem und durchwachsenem Fleisch?

5 Welcher Zusammenhang besteht zwischen dem Alter des Schlachttieres und der Reifedauer von Fleisch?

6 Der Bindegewebegehalt bestimmt die möglichen Garverfahren. Erläutern Sie diese Aussage.

7 Fleisch ist schmierig geworden. Was ist die eigentliche Ursache? Welche Umstände begünstigen das Schmierigwerden?

8 Nennen Sie Teilstücke vom Rind,
a) die vorwiegend kurzgebraten werden,
b) die üblicherweise als Suppenfleisch dienen.

9 Auf einem Hinterviertel sehen Sie den Stempel „E U 3". Erklären Sie.

10 Ein Gast fragt nach dem Unterschied zwischen einem T-Bone-Steak und einem Porterhousesteak. Was antworten Sie?

11 Die Hackfleischverordnung regelt den Umgang mit einer Gruppe von Fleischstücken.
a) Welche Voraussetzungen müssen erfüllt sein, damit ein bestimmtes Fleisch unter die Hackfleischverordnung fällt?
b) Welche Gründe können den Gesetzgeber veranlasst haben, diese strengen Vorschriften zu erlassen?

12 Nennen Sie mindestens drei Anforderungen, die Tatar erfüllen muss.

13 Warum ist roher Schinken länger lagerfähig als gekochter?

14 Welche Wurstarten unterscheidet man nach dem Herstellungsverfahren?

15 Erklären Sie den Begriff Frischwurst.

16 „Welches scharfe Mittel kommt in die Weißwurst, dass sie die rote Farbe verliert?" Antworten Sie auf diese Frage eines Gastes.

13 Geflügel und Wildgeflügel

poultry | volaille (w) et gibier (m) à plumes

Geflügel wird unterschieden in Hausgeflügel und Wildgeflügel:

- **Hausgeflügel**
  wird als Haustier gefüttert und ist vor äußeren Einflüssen geschützt.

  Zu diesem zählen Hühner, Enten, Gänse, Puter, Perlhühner und Tauben.

- **Wildgeflügel**
  lebt in freier Wildbahn, vielfach unterstützt durch Zufütterung.

  Der Handel bietet vorwiegend Fasan, Rebhuhn und Wachtel an.

Lebensmittel	100 g essbarer Anteil enthalten			
	Eiweiß g	Fett g	Kohlenhydrate g	Energie kJ
Brathuhn	15	7	•	515
Ente	14	14	•	755
Gans	10	20	•	900
Putenfleisch	20	3	•	480
Wildgeflügel im Durchschnitt	20	6	•	555
Zum Vergleich:				
Rindfleisch, mittelfett	20	5	•	540
Kalbfleisch, mittelfett	21	3	•	455
Schweinefl., mittelfett	15	9	•	595

13.1 Bedeutung für die Ernährung

Unter Ernährungsgesichtspunkten und für die Küchenpraxis ist die Unterscheidung nach der Fleischfarbe bedeutsam.

- Geflügel mit hellem Fleisch wie Hühner und Puten,
- Geflügel mit dunklem Fleisch wie Ente und Gans.

Das helle Fleisch hat eine zarte Faser und nur geringen Fettgehalt.

Fleisch von *Hähnchen und Puter* ist eiweißreich, fettarm und leicht bekömmlich. Aus diesem Grund kann man es auch bei Schonkost und bei fast allen Diätformen einsetzen.

Das dunkle Fleisch enthält mehr Mineralstoffe, wodurch die dunkle Farbe, aber auch der ausgeprägte Geschmack entstehen.

Ente und Gans haben in rohem Zustand einen hohen Fettgehalt (Nährwerttabelle). Es ist jedoch zu bedenken, dass ein großer Anteil des Fettes unmittelbar unter der Haut gelagert ist und bei der Zubereitung ausbrät. Ente und Gans werden darum zum Braten oftmals zunächst mit etwas Wasser angesetzt und dann im austretenden eigenen Fett gebraten.

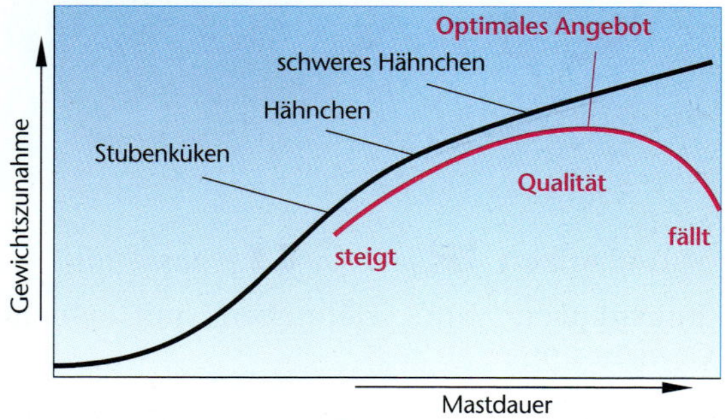

Abb. 1 Gewicht und Qualität

Betrachtet man Gewichtszunahme und Qualitätsentwicklung im Zusammenhang, so zeigt sich, dass zu einem bestimmten Zeitpunkt eine optimale Qualität erreicht wird. Vor diesem Zeitpunkt ist die Qualität nicht so gut wie sie sein könnte, später sinkt sie wieder ab, denn das Fleisch wird zäher und das Tier verfettet.

13.2 Hausgeflügel

Die Nachfrage nach Geflügelfleisch wird heute überwiegend durch planmäßige Züchtung gedeckt. Der Konsument wünscht zartes, wohlschmeckendes Fleisch, der Züchter andererseits muss mit den Kosten, insbesondere mit den Futterkosten, rechnen.

Die Verordnung über **gesetzliche Handelsklassen** regelt bei Hausgeflügel, das über den Handel vertrieben wird, das Angebot.

Anzugeben sind:

- **Verkehrsbezeichnung,**
  der Name des Produkts. Es handelt sich um festgelegte Bezeichnungen wie Hähnchen,

Ente oder Junge Gans. Das vielfältige Angebot wird dadurch überschaubar.

- **Handelsklasse,**
  sie gibt an, welche Qualität das Geflügel hat. Die Tiere werden allerdings nur nach äußeren Merkmalen eingeteilt.
- **Angebotszustand,**
  z. B. frisch, gefroren, tiefgekühlt.

Verkehrsbezeichnung

Hähnchen/Broiler *chicken* *poulet (m)*

Hähnchen sind männliche oder weibliche Tiere vor der Geschlechtsreife. Mit 5 bis 6 Wochen wiegen sie zwischen 800 bis 1.200 g.[1]

Maishähnchen sind mit Mais gefüttert und haben darum kräftig gelb gefärbte Haut. Der Begriff wird vom Handel verwendet, ist aber keine Verkehrsbezeichnung.

Schwerere Tiere sind vorteilhafter, denn sie haben eine höhere Fleischausbeute und sind kräftiger im Geschmack.

Stubenküken *poussin* *poussin (m)*

Stubenküken sind Hähnchen mit einem Gewicht unter 750 g.

Suppenhuhn *cock* *coq (m)*

Bezeichnung für die nach der Legeperiode geschlachteten Hühner. Sie werden für Geflügelbrühe, Frikassee und Geflügelsalat verwendet.

Alle anderen Arten werden vorwiegend gebraten und gegrillt.

Frühmastente *duck* *caneton (m)*

Frühmastenten sind etwa drei Monate alt und wiegen bis 2 kg. Kennzeichnend ist das noch biegbare Brustbein. Ältere Tiere werden in der Gastronomie nicht verwendet.

[1] Kapaun oder Junger Hahn ist eine Bezeichnung der EG für ein kastriertes männliches Huhn. Die Kastration ist nach deutschem Tierschutzrecht nicht erlaubt.

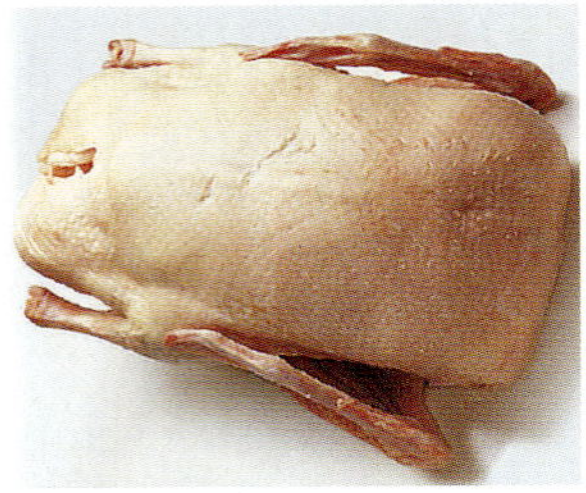

Pekingente ist die Bezeichnung einer Rasse, die hauptsächlich zur Zucht verwendet wird. Es ist keine Herkunftsbezeichnung.

Flugenten/Barbarieenten sind Tiere mit kräftiger Flugmuskulatur, sie sind besonders fleischig und mager.

Frühmastgans/Junge Gans
goose *oison (m)*

Frühmastgänse werden überwiegend im Herbst mit einem Gewicht von 3 bis 6 kg angeboten. **Gänse** sind vom Vorjahr und werden in der Gastronomie nicht verwendet.

Martinsgans und *Weihnachtsgans* sind traditionelle Bezeichnungen, die darauf hinweisen, dass Gänse überwiegend in der kalten Jahreszeit verzehrt werden. Die Begriffe werden auf der Speisekarte verwendet, sind aber keine Verkehrsbezeichnungen.

Perlhuhn 🇬🇧 *Guinea fowl* 🇫🇷 *pintade (w)*

Das dem Haushuhn verwandte Tier hat ein leicht orangefarbenes Fleisch, das einen leichten Wildgeschmack aufweist. Der Preis ist wesentlich höher als beim Brathähnchen. Darum wird das Perlhuhn meist nur im Rahmen von besonderen Anlässen verarbeitet.

Truthahn, Pute 🇬🇧 *turkey* 🇫🇷 *dindon (m)*

Baby-Puter sind junge Tiere, die im Ganzen angeboten werden und z. B. bei Sonderessen vor den Gästen tranchiert werden können.

Putenfleisch wird besonders geschätzt, wenn die Ernährung eiweißreich, aber energiearm sein soll.

Das überwiegende Angebot besteht aus Teilstücken schwerer Tiere, die man Zerlegeputen nennt.

Herrichtungsform

Die **Herrichtungsform** gibt an, ob mit oder ohne Innereien angeboten wird.

- **bratfertig** oder **mit Innereien** bedeutet mit Herz, Hals, Muskelmagen ohne Hornhaut sowie Leber;
- **grillfertig** oder **ohne Innereien.**

Handelsklassen

Mit der Handelsklasse wird der äußere Zustand der Tiere bewertet. Die eigentliche Qualität ist jedoch wesentlich von Alter und Fütterung abhängig.

Handelsklasse A umfasst einwandfreie Tiere. Das sind solche mit einem gleichmäßig entwickelten Körper, die sauber gerupft sind und keine Verletzungen aufweisen. Bei Gefrierware darf kein Frostbrand vorliegen.

Wird **vom Erzeuger direkt geliefert,** also ohne den Handel einzuschalten, gelten auch nicht die Vorschriften der Handelsklassenverordnung. Die Qualitätsbeurteilung ist dann von der Küche vorzunehmen.

Übersicht Teilstücke

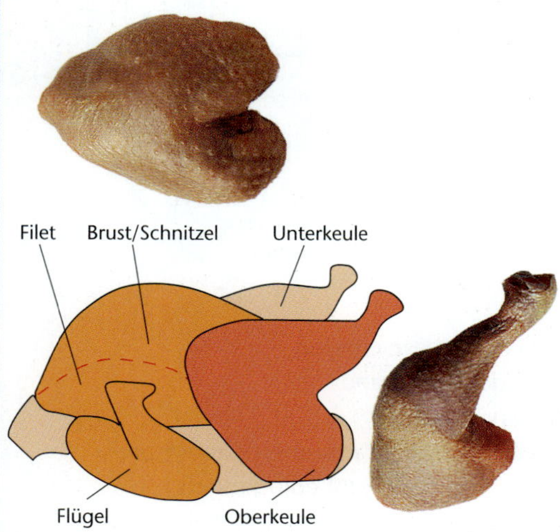

Merkmale zur Qualitätsbestimmung

Bei **Hühnern** haben junge Tiere eine biegsame Brustbeinspitze. Bei älteren ist diese verknöchert und darum nur wenig biegsam.

Bei **Ente** und **Gans** kann neben dem Brustbein die Luftröhre zur Altersbestimmung herangezogen werden: Sie ist bei jungen Tieren leicht eindrückbar, bei älteren nur schwer.

Angebotszustand

Das Geflügel wird angeboten:

- **Frisch:** Bei frischer Ware sollte die Schlachtung mindestens einen Tag zurückliegen, denn auch Geflügelfleisch unterliegt einem natürlichen Reifungsvorgang. Frischware sollte innerhalb von drei bis fünf Tagen verbraucht sein.

  Weil Frischware einer besonderen Aufmerksamkeit bei der Lagerung bedarf und mit dem Risiko des Verderbs behaftet ist, liegt der Kilopreis höher als bei Frostware.
- **Gefroren:** Die Tiere werden unmittelbar nach dem Schlachten schockgefrostet und bei mindestens –12 °C gelagert. Der überwiegende Anteil an Geflügel wird in dieser Form angeboten.
- **Tiefgekühlt:** Behandlung wie bei gefroren, Lagerung jedoch bei –18 °C.

Kennzeichnung bei verpackter Ware (Beispiel)

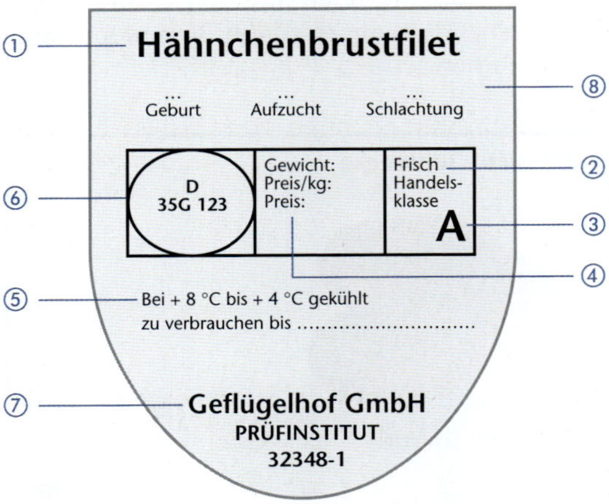

① Verkehrsbezeichnung
② Angebotszustand
③ Handelsklasse
④ Gewicht/Kilogrammpreis/Gesamtpreis
⑤ Hinweis auf Lagerbedingungen
Verbrauchsdatum bei Frischfleisch
Mindesthaltbarkeit bei Frostware
⑥ Schlacht- bzw. Zerlegebetrieb
⑦ Name und Anschrift des Vertreibers
⑧ Herkunftsnachweis (freiwillig)

Zusätzliche Informationen

Das **Kühlverfahren** beeinflusst die Qualität. Darum ist es auf der Verpackung anzugeben.

Beim **Tauchkühlverfahren** liegen die schlachtwarmen Hähnchen in einem Bad von Eiswasser. Das kühlt zwar schnell, doch ist dieses Verfahren mit Nachteilen verbunden: Das schlachtwarme Fleisch nimmt Wasser auf, was später zu größeren Tau- und Garverlusten führt. Außerdem können Keime (Salmonellen) übertragen werden.

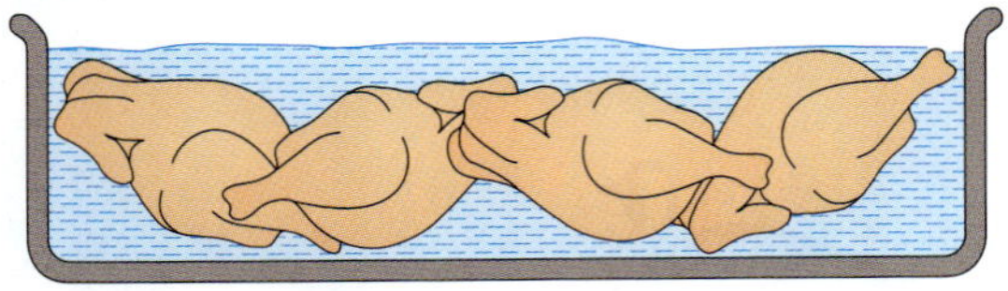

Abb. 1 Tauchkühlverfahren

Beim **Luftsprühkühlen** umströmt feuchte Luft die Schlachtkörper. Dieses Verfahren ist zwar aufwendiger, doch es wird kein Fremdwasser aufgenommen und es werden keine Keime übertragen. Das Hähnchenfleisch schmeckt kerniger und saftiger.

Abb. 2 Luftsprühkühlen

Gefrierbrand zeigt sich in gelblich grauen rundlichen Stellen auf der Haut. Das darunter liegende Fleisch ist ausgetrocknet und darum strohig im Geschmack. Diese nachteilige Veränderung tritt auf bei beschädigter Verpackung. Die unter den Löchern der Verpackung liegenden Stellen sind „gefriergetrocknet“. Gefrierbrand ist ein Qualitätsmangel, das Produkt ist jedoch nicht verdorben.

Abb. 3 Gefrierbrand

Schneebildung in der Verpackung beruht auf stark schwankenden Lagertemperaturen. Dabei verdunstet zunächst Wasser aus den Randschichten der Frostware. Diese Flüssigkeit bildet dann später Eiskristalle, „Schnee“, in der Verpackung. Schneebildung ist ein Zeichen mangelhafter Lagerung.

Lagerung

Frostware kann bis zum angegebenen Mindesthaltbarkeitsdatum gelagert werden.

Frischware ist innerhalb kurzer Zeit zu verbrauchen. Die Verpackung trägt den Aufdruck „Verbrauchen bis ...“.

Anlieferungstemperatur maximal + 4 °C.

Behandlung in der Küche

Gefrostetes Geflügel muss vor der Weiterverarbeitung aufgetaut werden. Dazu nimmt man es aus der Verpackung. Die Auftauzeit richtet sich nach der Umgebungstemperatur und dem Gewicht des Tieres. Am schonendsten wird im Kühlraum aufgetaut, denn dann ist Zeit, dass der zu Eis gewordene Fleischsaft wieder in die Muskulatur aufgenommen werden kann.

Auf der Haut von Geflügel können sich Salmonellen befinden. Diese werden zwar beim Garen abgetötet, doch können sie bereits vorher auf andere Lebensmittel übertragen worden sein und auf diesem Umweg zu Lebensmittelvergiftungen führen.

Nach der Vorbereitung von Geflügel und Wildgeflügel sind Tisch, Gefäße, Werkzeuge und Hände gründlich zu reinigen. Nur dann ist gewährleistet, dass keine Salmonellen übertragen werden.

Frischware wird gerupft, gesengt und ausgenommen. Frischware muss außerhalb der Küche bearbeitet werden, weil die Möglichkeit besteht, dass an den Federn anhaftende Krankheitskeime sonst auf andere Lebensmittel übertragen werden könnten.

Frisch geschlachtetes Geflügel bedarf wie das Schlachtfleisch einer *Reifezeit*.

Bei jüngeren Hühnern rechnet man mit einem Tag, bei älteren sowie bei Gans und Ente mit zwei Tagen.

13.3 Wildgeflügel

Wildgeflügel wird auch Federwild genannt. Es unterscheidet sich von Hausgeflügel dadurch, dass es in freier Wildbahn lebt und nicht in Geflügelfarmen. Der großen Nachfrage wegen züchtet man heute auch Tiere und schützt sie im freien Gelände durch Gehege vor natürlichen Feinden, wie z. B. Füchsen. Das Fleisch aller Wildgeflügelarten ist dunkler und aromatischer als das von Hausgeflügel. Für alle Arten gilt: Braten kann man nur junge Tiere. Fleisch von Wildgeflügel, das über ein Jahr alt ist, wird geschmort oder für Wildbrühen verwendet.

Fasan

🇬🇧 *pheasant*
🇫🇷 *faisan (m)*

Der Fasan ist das am häufigsten angebotene Wildgeflügel. Während der Hahn ein buntes Gefieder und einen langen Schwanz aufweist, ist die Henne unscheinbar erdfarben.

Altersbestimmung: Junge Tiere haben ein weiches Brustbein, sie werden vorwiegend gebraten. Ältere Tiere werden geschmort, zu Farce oder Brühe (Fasanenessenz) verarbeitet.

Rebhuhn

🇬🇧 *partridge* 🇫🇷 *perdreau (m)*

Das Rebhuhn ist etwas kleiner als eine Taube und hat ein erdfarbenes Federkleid.

Junge Tiere haben ein weiches Brustbein, sie werden vorwiegend gebraten. Über ein Jahr alte Tiere schmort man oder bereitet Farcen aus ihnen.

Wildente *wild duck* *canard (m) sauvage*

Unter dem Begriff Wildente werden im Handel meist mehrere Arten der frei lebenden Enten zusammengefasst. Hauptangebot sind Stock- und Krickenten. Tauchenten können tranig schmecken.

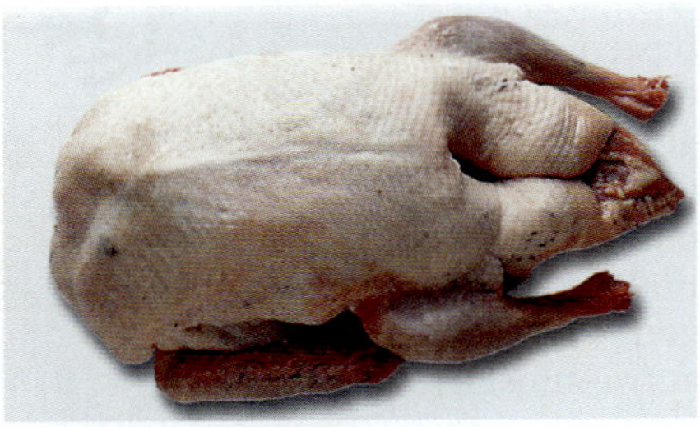

© FoodPhotogr. Eising/StockFood

Wachtel *quail* *caille (w)*

Die Wachtel hat ein dem Rebhuhn ähnliches Federkleid, ist aber wesentlich kleiner. Überwiegendes Angebot ist aus Züchtereien und saisonunabhängig.

Das helle, leicht verdauliche Fleisch ist mildaromatisch im Geschmack. Verwendung: Gebraten vorwiegend als Zwischengericht.

© FoodPhotogr. Eising/StockFood

Aufgaben

1 Welche Gründe sprechen aus ernährungsphysiologischer Sicht für die Verwendung von Geflügelfleisch?

2 „Ich nehme lieber schwere Hähnchen. Die sind ausgemästet und schmecken besser." Erläutern Sie.

3 Worin besteht der Unterschied zwischen einem Hähnchen und einem Stubenküken?

4 Sie erhalten ein Angebot für Maishähnchen. Was ist das Besondere daran?

5 Wie wird Geflügel sachgerecht aufgetaut? Begründen Sie.

6 „Das Wildgeflügel lebt heute auch nicht mehr wild!" behauptet ein Gast. Hat er Recht? Hat das Angebot für die Küche Vor- oder Nachteile?

7 Wie unterscheidet sich das Fleisch vom Wildgeflügel von dem des Hausgeflügels?

8 Warum muss Geflügel und Wildgeflügel außerhalb der eigentlichen Küchenräume gerupft werden?

14 Wild *game* *gibier (m)*

Als Wild bezeichnet man Säugetiere, die gejagt werden; Wildbret nennt man das für die menschliche Ernährung bestimmte Fleisch des Nutzwildes.

Von den vielen Wildarten haben wirtschaftliche Bedeutung Rehwild, Rotwild, Dam- und Sikawild („Hirsche"), Wildschweine (Schwarzwild) sowie Hasen und Kaninchen.

Der Bedarf an Wildbret ist wesentlich höher als die Jagdstrecke aus heimischen Jagden. Importe aus Neuseeland, Osteuropa und aus Argentinien ergänzen darum das Angebot. Dam- und Sikawild wird in zunehmendem Maße nutztierartig in Gehegen gehalten.

14.1 Bedeutung für die Ernährung

Wildfleisch ist fettarm und reich an Eiweiß. Geschmack und Farbe des Fleisches sind kräftiger als bei Haustieren, weil die Muskeln anders aufgebaut sind und das Wild sich anders ernährt.

Wild ist darum für eine energiearme Kost besonders geeignet und bietet dem Gast Abwechslung.

Lebensmittel	100 g essbarer Anteil enthalten			
	Eiweiß g	Fett g	Kohlenhydrate g	Energie kJ
Reh (Rücken)	15	2	•	360
Hase	17	2	•	380
Hirsch	17	3	•	375
Zum Vergleich:				
Rindfleisch, mittelfett	20	5	•	540
Kalbfleisch, mittelfett	21	3	•	455
Schweinefl., mittelfett	15	9	•	595

Wesentliche Qualitätsmerkmale des Wildfleisches sind neben Struktur (Beschaffenheit) vor allem Geschmack und Geruch. Außer den typischen Eigenschaften der Tierart sind als **Qualitätsmerkmale** zu beachten:

- **Alter der Tiere,** da alte Tiere zäheres Fleisch haben,
- **Lebensraum und Futter,** die den Geschmack beeinflussen,
- **Fleischreifung** lässt einen angenehm säuerlich-aromatischen Geruch und Geschmack entstehen. Die Reifung darf keinesfalls zu weit gehen; das Fleisch beginnt sonst, sich zu zersetzen.[1]

14.2 Gesetzliche Bestimmungen

Alle Wildarten unterliegen der *Fleischuntersuchung,* wenn sie über den Handel vertrieben oder importiert werden. Nur dann, wenn die Tiere unmittelbar zum eigenen Verbrauch durch den Jäger oder an nahe gelegene Betriebe abgegeben werden und keine bedenklichen Merkmale vorliegen, die auf Krankheiten hindeuten, kann auf die Untersuchung verzichtet werden. Die Verantwortung trägt dann der Jäger.

Wildschweine können von Trichinen befallen sein. Sie müssen in jedem Fall auf Trichinen untersucht werden; ebenso andere Allesfresser wie Bären (Bärenschinken).

14.3 Arten und Verwendung

Hase/Kaninchen

hare/rabbit *lièvre (m)/lapereau (m)*

Hasen werden von Oktober bis Januar gejagt. In dieser Zeit sind sie gut ernährt und darum am wohlschmeckendsten.

Zum Braten sind Hasen nur im ersten Jahr geeignet, in diesem Alter wiegen sie etwa 3 bis 4 kg.

Auf ein junges Tier weisen hin:

- Rippen sind leicht brechbar,
- Knochen zwischen den Keulen ist knorpelig.

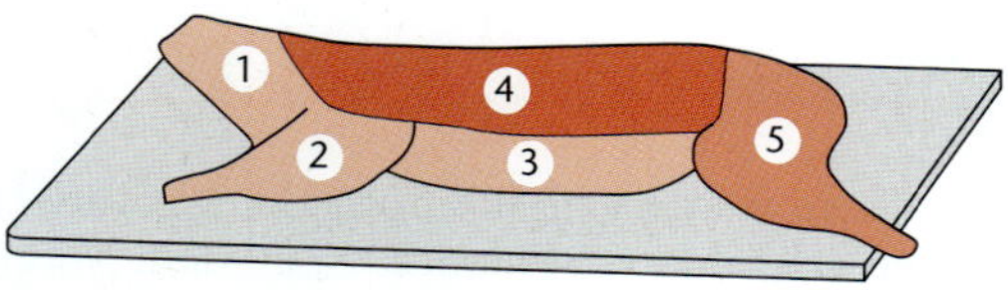

Abb. 1 ① Hals
② Vorderläufe
③ Brust und Lappen
④ Rücken
⑤ Keule und Hinterläufe

Verwendung:

- Rücken und Keulen: Braten
- Vorderläufe, Hals, Brust: Ragout

Kaninchen sind kleiner als Hasen und haben ein hellgraues Fell. Das Fleisch ist hellrot, dem Geflügel ähnlich und unterscheidet sich stark vom rotbraunen Hasenfleisch. Darum sind Rezepte einschließlich Gewürze und Beilagen wie bei hellem Geflügel.

Reh/Hirsch

venison/deer *chevreuil (m)/cerf (m)*

Das **Reh** liefert den Hauptanteil an Wildfleisch. Das rotbraune, kurzfaserige und saftige Fleisch ist von Tieren in einem Alter von zwei bis drei Jahren am schmackhaftesten.

Unter **Hirsch** werden in der Gastronomie Rotwild und Damwild zusammengefasst. Auch hier bieten die zwei- bis dreijährigen Tiere die beste Qualität.

Fleisch von **Damwild** hat eine rotbraune Farbe ähnlich dem Rehfleisch, Hirschfleisch (Rotwild) dagegen ist dunkelbraun bis schwarzbraun und kräftiger im Geschmack.

[1] Hautgout (wörtlich: Hochgeschmack) entstand beim Reifen des Wildes bei ungenügender Kühlung. Heute weniger geschätzt.

Lebensmittel

Beim Wild wechseln mit den Altersstufen die Bezeichnungen.

	weiblich	männlich	
Reh			
erstes Jahr	Kitz	Kitz	8 bis 13 kg
zweites Jahr	Schmalreh	Jährlingsbock	12 bis 18 kg
später	Ricke, Geiß	Bock	18 bis 24 kg
Hirsch (Rotwild, Damwild)			
erstes Jahr	Wildkalb	Hirschkalb	15 bis 35 kg
zweites Jahr	Schmaltier	Spießer	35 bis 60 kg
später	Alttier	Hirsch	80 bis 250 kg

Ältere Tiere werden zu Schmorgerichten verwendet. Dieses Garverfahren gibt beim Anbraten Farbe und verstärkt den Geschmack. Nach dem Aufgießen lockert sich dann das Bindegewebe.

Verwendung (zweites Jahr)

Bezeichnung	Verwendung
① Qualität: Rücken	Braten im Ganzen, Steaks, Nüsschen
② Qualität: Keule	Braten, Schmoren
③ Qualität: Schulter, Hals, Brust, Bauchlappen	Schmoren, Ragoutgerichte

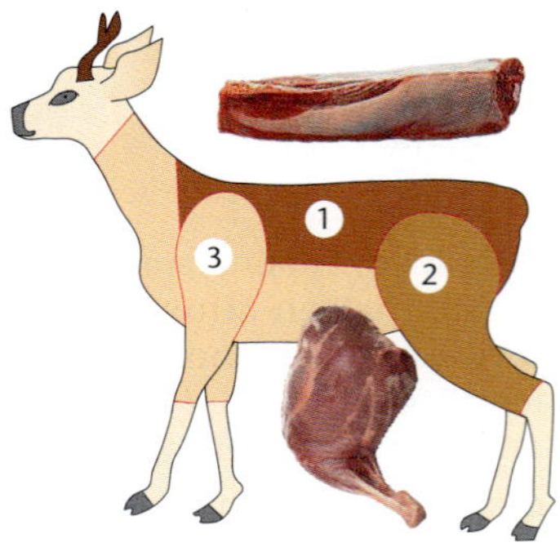

© Krauth, B./StockFood

Wildschwein *wild boar* *sanglier (m)*

Das Fleisch der Wildschweine ist dunkelrot und kräftig im Geschmack. Geschätzt sind Jungtiere, ältere sind zäher und werden darum geschmort. Das Wildschwein ist ein Allesfresser und muss darum auf Trichinen untersucht werden.

Mit dem Alter wechseln die Bezeichnungen.

erstes Jahr	Frischling (männl./weibl.)	bis 30 kg
zweites Jahr	Überläufer (männl./weibl.)	bis 45 kg

Verwendung:

Rücken vorwiegend zum Kurzbraten wie Koteletts oder Medaillons; auch zum Braten im Ganzen.

Keule: braten im Ganzen.
Teile auch zum Kurzbraten.

Schulter: Schmorbraten.

Saisonzeiten – Schonzeiten

Um den Fortbestand des Wildes zu sichern, sind durch das Bundesjagdgesetz Schonzeiten festgelegt. Während der Schonzeit darf das entsprechende Wild nicht gejagt werden. Für Wildschweine und Kaninchen bestehen keine Schonzeiten.

Für das Wildangebot bedeutet das:

- Frisches Wild ist nicht das ganze Jahr über verfügbar.
- Die Jagdzeiten liegen vorwiegend im Herbst. Das nutzt man für aktuelle Angebote und Aktionen.

Unabhängig von den Jagdzeiten gibt es das ganze Jahr über

- Wild aus Gehegehaltung, das nicht der Schonzeit unterliegt,
- tiefgekühltes Wild aus heimischer Jagd und aus Importen.

Die Jagdzeiten einheimischer Wildarten nach Bundesregelung

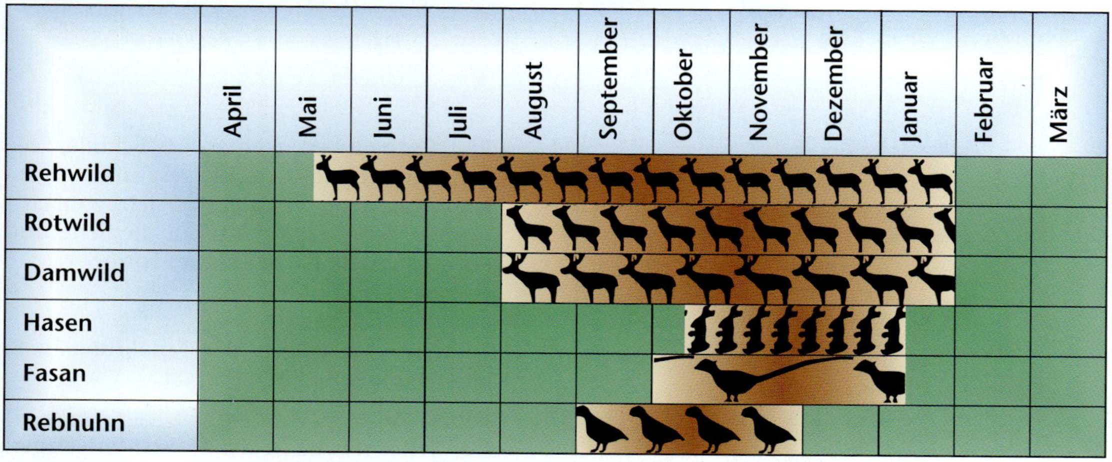

Aufgaben

1. Wenn uns der Jäger ein Reh bringt, unterliegt das nicht der Fleischuntersuchung, wohl aber, wenn es der Händler liefert. Eine Ungerechtigkeit?
2. Welche Teile des Wildes eignen sich zum Braten im Ganzen und welche zum Kurzbraten?
3. Hasen sind keine Kaninchen. Nennen Sie drei Unterschiede.
4. „Wir liefern das ganze Jahr über schussfrisches Reh!" steht in einer Werbeschrift. Ist das möglich? Macht es Sinn, das ganze Jahr über Rehbraten auf der Karte zu haben?
5. Wildfleisch ist sehr fettarm. Wie ist der Fettgehalt der Wildgerichte? Denken Sie an die Zubereitung und die Saucen.
6. Im Herbst findet man das größte Angebot an Wild. Nennen Sie Gründe.
7. Warum wird tiefgekühltes Wild nur selten gebeizt?

15 Fisch *fish* *poisson (m)*

Fische sind wechselwarme Tiere, die im Wasser leben und sich vorwiegend durch Flossen fortbewegen. Wechselwarm bedeutet, die Tiere wechseln ihre Körpertemperatur entsprechend der Temperatur des sie umgebenden Wassers. Die meisten Meeresbewohner atmen durch Kiemen.

Das Fleisch der Fische ist, von einigen Ausnahmen abgesehen, nahezu weiß, weil es wenig Muskelfarbstoff (Myoglobin) enthält.

15.1 Aufbau

Das Fischfilet ist die Muskulatur der Fische. Da der Fisch vom Wasser getragen wird, hat das Fischfleisch einen anderen Aufbau und weniger Bindegewebe als das Fleisch der Landtiere.

Bei gegarten Fischen lassen sich im Filet die kurzen Fasern gut als Segmente erkennen. Sie sind durch dünne Schichten von Bindegewebe getrennt. Diese wandeln sich bereits bei 60 bis

65 ° C in lösliche Gelatine um, die Segmente halten nicht mehr zusammen und der gegarte Fisch zerfällt leicht.

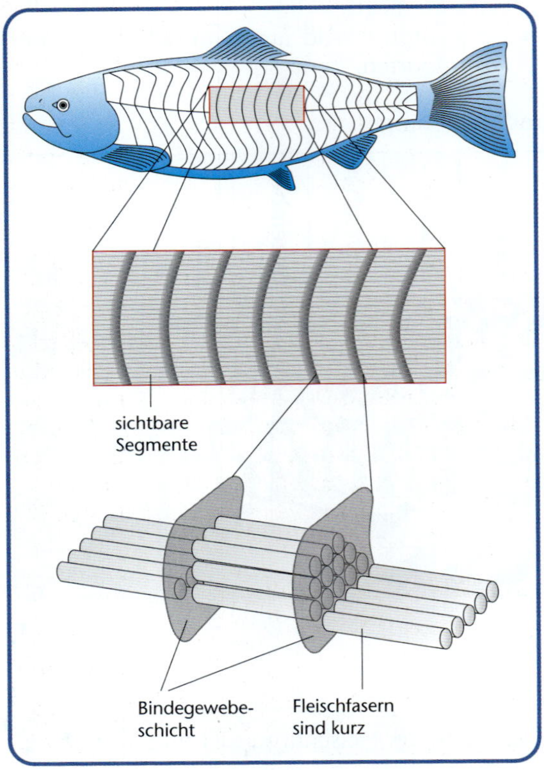

Abb. 1 Aufbau von Fischfleisch

15.2 Einteilung

Die große Gruppe der Fische wird nach unterschiedlichen Gesichtspunkten eingeteilt:

- **Nach der Herkunft**
  - **Süßwasserfische** aus Binnengewässern, z. B. Forelle, Karpfen, Schleie, Hecht
  - **Seefische** aus dem Meer, z. B. Kabeljau, Rotbarsch, Scholle, Seezunge

  Aal und Lachs leben im Süß- und Salzwasser, sind also Wanderfische. Der Handel rechnet sie zu den Süßwasserfischen.

- **Nach der Qualität**
  Sie bestimmt Verwendungsmöglichkeit und Preis
  - **Feinfische, Edelfische**
    hochwertige Arten aus dem Süß- und Salzwasser
  - **Konsumfische**
    sind von durchschnittlicher Qualität und kommen häufig vor, wie etwa Kabeljau und Hering.

- **Nach der Körperform**
  - **Rundfische** (unten, links), z. B. Forelle, Kabeljau
    Der Körper ist im Querschnitt rund oder keilförmig.

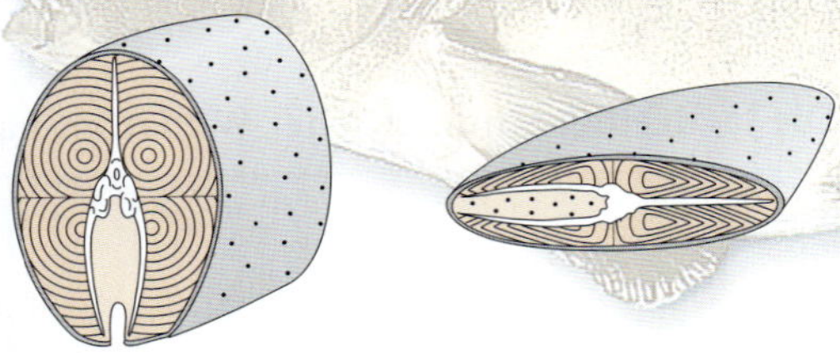

  - **Plattfische** (oben, rechts), z. B. Scholle, Seezunge, leben meist am Meeresgrund.
    Die Jungfische entwickeln sich zunächst normal, legen sich dann auf die Seite und entwickeln die flache (platte) Form.

- **Nach dem Fettgehalt**
  Es überwiegen Fragen der Ernährung, z. B. Diät (Tabelle Seite 387)
  - **Fettfische**
    Der Fettvorrat ist in das Fleisch eingelagert und wird mitverzehrt, z. B. Aal, Lachs, große Forellen, gemästete Karpfen, Heilbutt, Makrele.

  - **Magerfische**
    Der Fettvorrat ist in die Bauchhöhle eingebettet und wird bei der Vorbereitung entfernt, z. B. bei Kabeljau, Schellfisch, Seezunge, Scholle, Hecht, Zander.

15.3 Bedeutung für die Ernährung

Fischfleisch ist gesund, leicht verdaulich und biologisch hochwertig.

Der **Eiweißgehalt** liegt meist zwischen 15 % und 20 %. Damit ist Fischfleisch mit magerem Schlachtfleisch vergleichbar. Von besonderer Bedeutung ist, dass es sich um biologisch hochwertiges Eiweiß handelt, das der menschliche Körper gut ausnützen kann.

Das **Fett** ist reich an essenziellen Fettsäuren, die einem hohen Cholesteringehalt im Blut entgegenwirken.

Vitamine und Mineralstoffe sind reichlich vorhanden. Zu erwähnen ist der hohe Jodgehalt bei Seefischen, der für die Funktion der Schilddrüse von Bedeutung ist.

	100 g essbarer Anteil enthalten			
Lebensmittel	Eiweiß g	Fett g	Kohlenhydrate g	Energie kJ
Heringsfilet	18	15	+	930
Makrele	12	8	+	495
Kabeljaufilet	17	+	+	325
Rotbarschfilet	18	4	+	475
Schellfischfilet	18	1	•	325
Seezunge (Filet)	18	1	•	350
Forelle, jung	10	1	+	220
Hecht	10	1	•	190
Karpfen	9	3	+	250
Aal, geräuchert	14	22	•	1045
Fischstäbchen	16	7	20	840
Matjeshering (Filet)	16	23	•	1120
Zum Vergleich:				
Rindfleisch, mager	21	4	•	510
Putenfleisch	20	3	•	480
Schweinefl., mittelfett	15	9	•	595

Weil das Fischfleisch wenig Bindegewebe enthält, wird es rasch verdaut und verweilt nur kurz im Magen. Darauf beruht das geringe „Sättigungsgefühl“.

15.4 Süßwasserfische

Bei allen Fischen sind neben der Handelsbezeichnung auch Produktionsmethode und Herkunft anzugeben (vgl. Seite 392).

Die **Salmoniden** oder lachsartigen Fische (von Salm = Lachs) haben als besonderes Merkmal die Fettflosse zwischen Rücken- und Schwanzflosse. Alle haben ein wohlschmeckendes, fettreiches und grätenarmes Fleisch. Die Salmoniden zählen zu den Edelfischen. Genutzt werden vorwiegend Forellen und Lachse.

Weitere Salmoniden von regionaler Bedeutung sind *Renken, Felchen, Bach-* und *Seesaibling* sowie *Huchen*. Alle Arten sind von guter Qualität.

Arten

Forelle *trout* *truite (w)*

Die *Regenbogenforelle* hat eine schwarzgefleckte Haut und entlang der Seitenlinie ein regenbogenfarben rötlich schimmerndes Band. Sie ist schnellwüchsig, wird darum von den Zuchtbetrieben bevorzugt und bildet das Hauptangebot unter den Forellenarten. Am häufigsten werden Portionsfische mit einem Gewicht zwischen 200 und 300 Gramm angeboten.

In den sauerstoffreichen Gewässern der Voralpen findet man ferner die *Bachforelle*, deren Oberfläche rote Punkte auf weißem Grund zeigt. Sie besitzt ein besonders wohlschmeckendes Fleisch.

Die *Lachsforelle* muss mindestens 1,5 kg schwer sein und fettreiches, lachsrotes Fleisch haben (Verkehrsbezeichnung).

Lachs *salmon* *saumon (m)*

Der Lachs lebt im Meer und kehrt zum Laichen an seinen Geburtsort in den Flussoberläufen

zurück. Man nennt ihn darum Wanderfisch. Wegen der großen Nachfrage wird Lachs auch gezüchtet.

Im Angebot unterscheidet man zwischen *Wildlachs* und *Farmlachs.* In den kälteren Gewässern wachsen Lachse mit festerem, kräftiger schmeckendem Fleisch heran.

Neben Frischware wird Lachs auch als *Graved-Lachs* (gebeizt mit Salz und Zucker und dadurch gar) sowie *Räucherlachs* (zusätzlich geräuchert) angeboten.

Karpfen 🇬🇧 *carp* 🇫🇷 *carpe (w)*

Spiegelkarpfen haben nur wenige, große Schuppen und bilden das Hauptangebot. Sie werden in Teichwirtschaften herangezogen und wiegen nach zwei bis drei Sommern etwa 1,5 kg. Das Fleisch der Karpfen ist rötlich grau.

Der *Schuppenkarpfen* mit völlig von Schuppen bedeckter Körperoberfläche ist die Wildform des Karpfens und damit der Vorläufer des Spiegelkarpfens. Der *Lederkarpfen* hat eine schuppenlose Körperoberfläche.

Aal 🇬🇧 *eel* 🇫🇷 *anguille (w)*

Der Aal ist ein schlangenförmiger Fisch, der im Süßwasser lebt und im Atlantik (Sargassomeer) laicht. Der Golfstrom bringt die Larven an die europäischen Küsten, von wo aus die Aale im Süßwasser flussaufwärts ziehen. *Grünaal* ist unbehandelter Fisch; *Räucheraal* ist heiß geräuchert.

Zander 🇬🇧 *pike-perch* 🇫🇷 *sandre (w)*

Der Raubfisch hält sich vor allem in stehenden Gewässern auf. Das Fleisch ist feinfaserig, schmackhaft und grätenarm.

Hecht 🇬🇧 *pike* 🇫🇷 *brochet (m)*

Bei diesem Raubfisch ist das Fleisch junger Tiere bis zu einem Gewicht von etwa 2,5 kg weiß, fest und sehr schmackhaft. Ältere Tiere sind trocken und werden darum zu Farcen (Hechtklößchen) verarbeitet.

Aufbewahrung

Lebende Fische

Lebende Fische benötigen Sauerstoff, Kühlung und Wasseraustausch.

Den Wasseraustausch bewältigt auf einfache Weise die Wasserstrahlpumpe.

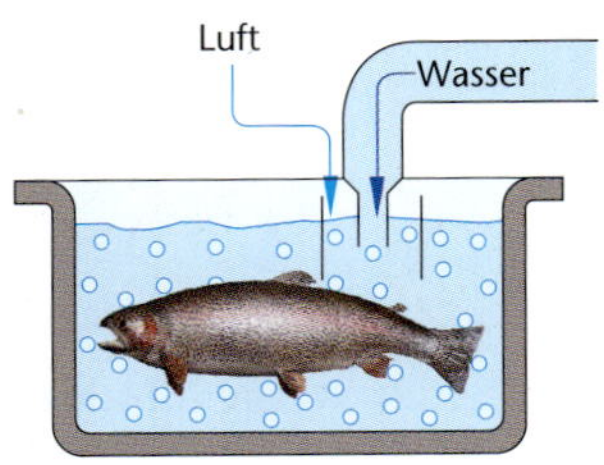

Geschlachtete Fische

Fisch verdirbt besonders leicht, weil das Fleisch bindegewebearm ist und die Oberfläche bei geschlachteten Fischen feucht gehalten wird.

Die Frische kann erhalten werden, wenn die Lagertemperatur möglichst niedrig ist. Optimal

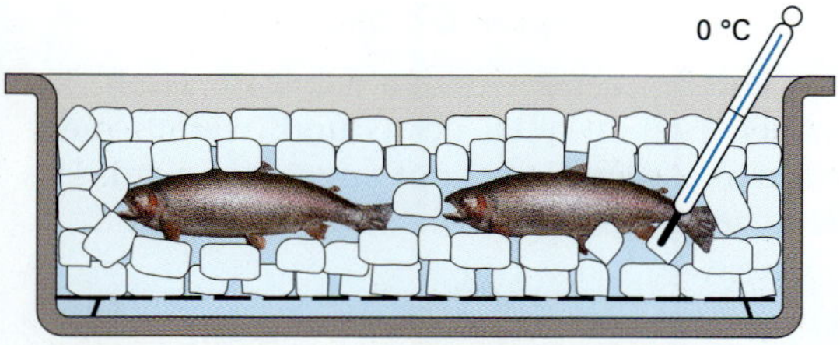

ist eine Lagerung zwischen Eis, das beim Abschmelzen kühlt und zugleich die Oberfläche der Fische vor dem Austrocknen schützt.

Frischemerkmale bei geschlachteten Fischen

So erkennen Sie die Frische von Fischen:

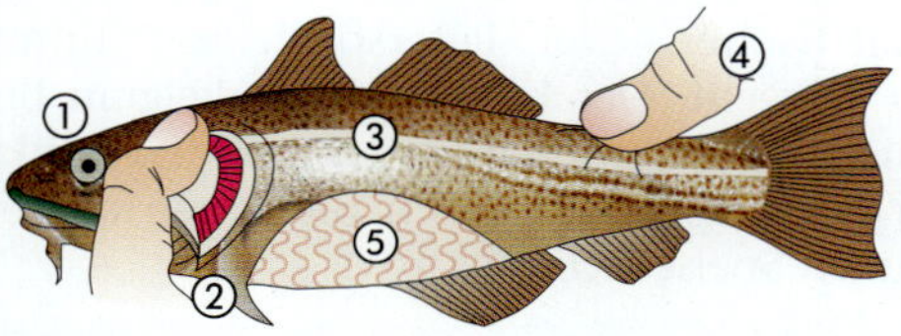

① Augen prall, klar und glänzend
② Kiemen hellrot, fest anliegend
③ Schleimhaut nicht schmierig
④ Fleisch ist elastisch, gibt auf Druck nach, kehrt in die Ausgangslage zurück.
⑤ Geruch unbedingt frisch, „Fischgeruch" deutet auf lange Lagerung.

Frischemerkmale bei Fischfilets

So erkennen Sie die Frische von Filets:

Abb. 1 Links frischer Fisch – rechts länger gelagerter Fisch

Frisches Fischfilet ist feucht, schimmert weißlich, leicht durchscheinend, riecht frisch.

Älteres Fischfilet wird besonders an den Rändern gelblich bis bräunlich, der Geruch ist fischig bis unangenehm, das Filet verliert an Elastizität, Druckstellen bleiben.

15.5 Seefische

Rundfische

Die Familie der dorschartigen Fische hat am weltweiten Fang großen Anteil. Rundfische haben ein mildes Aroma und helles Fleisch, das in gegartem Zustand leicht in blätterige Stücke zerfällt. Sie zählen zu den Konsumfischen.

Kabeljau, Dorsch *cod* *cabillaud (m)*

Der Kabeljau hat, je nach Fanggebiet, braune bis olivfarbene Punkte (Anpassung an den Meeresgrund) auf grau weißer Haut und eine helle Seitenlinie. Die jungen Tiere aus der Nordsee und die kleinwüchsigeren Fische aus der Ostsee bezeichnet man als *Dorsch*. Das Fleisch ist zart und wohlschmeckend, zerfällt jedoch leicht.

Schellfisch *haddock* *aiglefin (m)*

Hauptunterscheidungsmerkmal ist die schwarze Seitenlinie und der dunkle Punkt über der Brustflosse. Das weiße Fleisch hat einen feinen Geschmack. Schellfisch wird vorwiegend gedünstet oder gekocht.

Seelachs (Köhler)

coalfish *carbonnier (m)*

Der Seelachs hat einen dunklen Rücken (daher der Name Köhler) und eine helle Seitenlinie. Das grau-rötliche Fleisch ist fest und wird vorwiegend als Filet angeboten. Wegen der Festigkeit wird das Fleisch auch zu Seelachs in Öl (Lachsersatz) verarbeitet.

Leng, Blauleng *ling* *lingue (w)*

Der langgestreckte Fisch hat einen durchgehenden Flossensaum am Rücken, dessen Farbe von dunkelbraun ausgehend zur Seite hin heller wird. Das Fleisch ist wohlschmeckend.

Rotbarsch *ocean perch* *sébaste (m)*

Wegen der ziegelroten Farbe wird er auch Goldbarsch genannt. Das Fleisch wird fast immer als Filet angeboten. Es ist fettreich, fest und wohlschmeckend. Rotbarschfilet ist zum Braten und Dünsten geeignet.

Makrele *mackerel* *maquereau (m)*

Der schlanke Körper hat eine schuppenlose Oberfläche, der Rücken schimmert blaugrün und zeigt dunkle Querstreifen. Das rötliche Fleisch hat einen kräftigen Geschmack.

Seeteufel *angler* *lotte (w)*

Das abschreckende Äußere gab dem Fisch den Namen und ist auch der Grund, warum meist nur der Körper ohne Kopf angeboten wird. Das feine, feste Fleisch ist sehr wohlschmeckend.

Petersfisch *John Dory* *Saint Pierre (m)*

Der Körper des Fisches ist seitlich abgeplattet wie bei Plattfischen. Der Petersfisch schwimmt jedoch aufrecht. Der Körper ist dunkelgrau bis bräunlich mit einem markanten dunklen Punkt an der Seite. Es handelt sich um einen ausgezeichneten Speisefisch.

Wolfsbarsch *sea perch* *loup de mer (m)*

Der Wolfsbarsch wird auch Seebarsch oder Seewolf genannt. Er hat einen langgestreckten Körper, der am Rücken grau ist und zum Bauch hin heller wird. Das magere, feste Fleisch ist grätenarm und von bestem Geschmack.

Hering *herring* *hareng (m)*

Heute ist der Fang weltweit eingeschränkt, um die Fischart zu schützen. Hering war der meistgefangene Fisch. Der blaugrün silbern schimmernde Körper ist durchschnittlich 24 cm lang. Er wird hauptsächlich von der Fischindustrie

verarbeitet. Entsprechend dem Alter und dem Entwicklungszustand unterscheidet man:

- **Matjeshering**
  Ein Fisch im Vorfruchtbarkeitsstadium, der eingesalzen wird. Das Salz und eine biologische Reifung machen das Fleisch gar und schmackhaft. Vor der Verwendung wässert man die Fische, um den Salzgehalt zu verringern.
- **Vollheringe**
  Sie enthalten Milch oder Rogen, das Fettpolster ist abgebaut. Vollheringe werden warm geräuchert und kommen als Bücklinge auf den Markt.
- **Ihlen**
  So nennt man die Heringe nach dem Ablaichen. Das Fleisch ist mager und eher trocken. Darum verwendet man sie zu Marinaden, wie Rollmops oder Bismarckhering, oder zu Fischsalaten.

Heringsartige Fische:

- **Sardinen**
  Sie werden an der Mittelmeerküste gefangen und ohne Kopf in Öl konserviert (Ölsardinen).
- **Sprotten**
  Sie werden im Ganzen heiß geräuchert; am bekanntesten sind die „Kieler Sprotten“.

- **Anchovis**
  Dies sind Sprotten ohne Kopf und Schwanz, in einer würzigen, süß-sauren Lake gegart.
- **Sardellen**
  Die fettreichen Fische werden im Mittelmeer und an der Westküste Europas gefangen und in Salz gegart. Sardellen dienen oft der geschmacklichen Abrundung oder zur Garnitur.

Plattfische

Alle Plattfische haben in frühester Jugend die übliche Fischform. Wenn die Umwandlung zum Plattfisch beginnt, wandert ein Auge auf die andere Seite des Körpers und die Fische beginnen auf einer Seite liegend zu schwimmen. Die obere Seite nennt der Fischer Augenseite; sie ist wegen der Tarnung der Farbe des Meeresgrundes angepasst. Die untere Seite wird Blind- oder Bauchseite genannt; sie ist meist farblos. Rücken- und Afterflosse sind vergrößert und säumen den Fisch an beiden Seiten. Die Plattfische zählen zu den Edelfischen.

Seezunge — *dover sole* — *sole (w)*

Die Seezunge ist an der Oberseite graubraun mit dunklen Flecken; die Bauchseite ist weißlich grau. Der Körper ist von kleinen Schuppen bedeckt. Wegen des festen, feinfaserigen, weißen Fleisches wird sie als bester Plattfisch bezeichnet.

Rotzunge — *lemon sole* — *limande (w)*

Sie ähnelt in der Körperform der Seezunge. Die Oberseite ist rötlich-braun bis gelb-braun. Das feste, trockene Fleisch ist etwas brüchig und lässt sich schlecht formen. Darum reicht man sie vorwiegend als Portionsfisch.

Scholle/Goldbutt — *plaice* — *carrelet (m)*

Die graue, glatte schuppenlose Oberfläche hat typische rotgelbe Tupfen. Die Scholle wird deswegen auch Goldbutt genannt. Die Bauchseite ist gelblich weiß. Der geschätzte Portionsfisch hat große wirtschaftliche Bedeutung.

Als besonders schmackhaft gelten im Mai gefangene Tiere (Maischolle).

Flunder *flounder* *flet (m)*

Sie ist in Körperform und Aussehen der Scholle sehr ähnlich und doch an der Oberfläche gut zu unterscheiden: Die Scholle ist glatt, die Flunder rau. Verwendungsmöglichkeiten wie bei der Scholle.

Steinbutt *turbot* *turbot (m)*

Der Fisch ist fast rund, an der schuppenlosen Oberfläche bräunlich grau mit hellen Tupfen. Die Bauchseite ist weiß. Den Namen hat er von den steinartigen Verknöcherungen in Augenhöhe.

Das schneeweiße Fleisch ist sehr aromatisch. Hauptfanggebiet sind die Nordsee, Skagerrak und Kattegat.

Heilbutt *halibut* *flétan (m)*

Die schuppenlose Oberfläche ist grau-braun mit helleren Flecken entlang der in der Mitte liegenden Seitenlinie.

Der Heilbutt ist der größte unter den Plattfischen und wird auch Riesenscholle genannt. Das geschätzte Fleisch erreicht im Spätherbst und Winter die optimale Güte.

Fischkennzeichnung

Bei Fischen und Krebstieren müssen neben der Handelsbezeichnung (dem Namen) auch die Produktionsmethode und das Fanggebiet genannt werden.

Die Produktionsmethode muss mit folgenden Worten angegeben werden:

gefangen in ... für Seefische

aus Binnenfischerei für Fische aus Binnenfischerei

aus Aquakultur für Fische aus Aquakultur

Processor/Exporter: Big Fish Processing Factory		Origin: Maledives EU no: MDV 006 Catch Zone: 57
GRN: 1120		Packing date: 30-06-20..
Keep Refrigerated at < 4 °C		
Product: Yellowfin Tuna *Thunnus albacares*		Net Weight KG: 2,90
Use By Date: 10-07-2007	Batch No: ASAR-015	Loin of fish N° 78

Abb. 1 Fischkennzeichnung

Angebotsformen

Die Bezeichnung von Fischteilen ist in den Leitsätzen[1] festgelegt.

Seiten

Fischhälften in Längsrichtung geschnitten, mit der Haut, jedoch ohne Kopf und die Rückengräte.

Filet

Zusammenhängendes Fischfleisch ohne Rückengräte und ohne Haut.

Bei *kleineren Fischen* entspricht das Filet der Größe einer Seite (Körperhälfte),

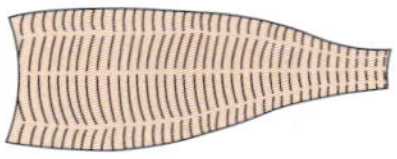

bei *größeren Fischen* werden portionsgroße Stücke geschnitten,

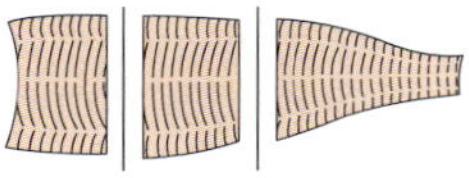

bei *Plattfischen* (Seezunge, Rotzunge) erhält man vier Filets von einem Tier.

[1] LEITSÄTZE beschreiben die bestehende Verkehrsauffassung. Sie beschreiben Herstellung und Beschaffenheit und werden von einer Kommission beschlossen.

Kotelett, Karbonade

Quer zum Körper geschnittene dickere Fleischscheiben von Rundfischen.

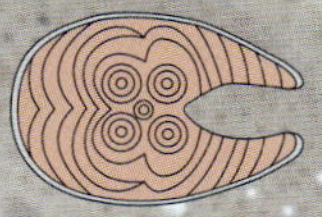

Steak

Quer zum Körper geschnittene dickere Fleischscheiben aus dem Schwanzstück von Rundfischen.

Frischfisch

Als Frischfisch wird im Handel Fisch bezeichnet, der auf dem Weg zum Verbraucher nur gekühlt wird, also keinem Konservierungsverfahren unterzogen worden ist. „Frischfisch" ist damit keine Aussage zur Frische, es ist der Gegenbegriff zu konservierter Ware.

Um Transportkosten zu sparen, werden die Fische meist ohne den unverwertbaren Kopf oder als Filet aufgeteilt geliefert.

Die Frische der Ware erkennt man am einfachsten am Geruch. Stark riechende Fische sind zu lange oder nicht sachgerecht gelagert. Anlieferungstemperatur max. + 2 °C auf schmelzendem Eis.

Im Betrieb wird er mit dem Eis in tiefe Tabletts gebettet. Ein eingelegtes Lochblech lässt das Tauwasser ablaufen, sodass die Fische davon nicht berührt werden.

Die Lagertemperatur für Frischfisch liegt um 0 °C.

Frostfisch

Bei Frostfisch oder tiefgekühltem Fisch darf die Tiefkühlkette nicht unterbrochen werden. Darum wird bei Anlieferung mit dem Lastwagen die Ware baldmöglichst in den Tiefkühlraum gebracht.

Bei Bahnversand verwendet man Isolierbehälter, denen als Kältereserve Trockeneis (CO_2-Schnee) beigegeben ist; es wird bei Kälteabgabe zu Gas. Das Kohlendioxid ist gesundheitlich unbedenklich.

Trockeneis hat eine Temperatur von etwa – 80 °C. Es *darf nicht mit den ungeschützten Händen berührt* werden, denn sonst kommt es zu Erfrierungen (Kaltverbrennungen).

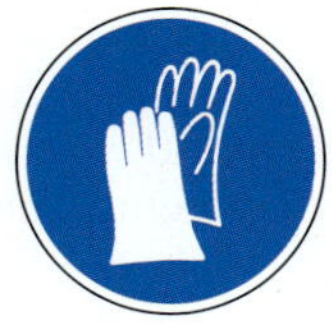

Zur Lagerung muss die Ware unbedingt luftdicht verpackt sein. Auch Anbruchkartons sind wieder gut zu schließen. Bei unverpackter Ware trocknen die Randschichten aus, es kommt zum *Frostbrand*, der die Ware sehr schädigen, ja unbrauchbar machen kann.

15.6 Fischdauerwaren

Geräucherte Fische

Räuchern macht für eine begrenzte Zeit haltbar und gibt einen typischen Geschmack.

Nach dem Räucherverfahren unterscheidet man zwei Arten. Beim **Heißräuchern** werden die Fische bei ca. 60 °C geräuchert. Dabei wird das Eiweiß gar, zugleich sinkt der Wasseranteil im Fleisch.

Bücklinge ① sind mit Kopf heiß geräucherte Heringe; **Delikatessbücklinge** sind von ausgesuchter Rohware ohne Kopf.

Schillerlocken ② sind in Streifen geschnittene und geräucherte Bauchlappen des Dornhais.

Räucheraal ③ wird aus frischen, ausgenommenen ganzen Aalen hergestellt.

Beim **Kalträuchern** erhält der Fisch abschließend Geschmack und eine goldgelbe Farbe. Das Fleisch ist bereits durch Beizen, also die Einwirkung von Salz (und Zucker), gar. Am bekanntesten ist der *Räucherlachs*, der in ganzen Seiten oder aufgeschnitten und vakuumverpackt in den Handel kommt.

Eingesalzene Fische

Durch das Salzen werden die Fische haltbar und durch einen biochemischen Vorgang gar und genussfähig. Für gastgewerbliche Betriebe hat der Matjeshering Bedeutung.

Matjesheringe sind im Vorfruchtbarkeits-Stadium im Frühsommer gefangene Fische. Sie werden nach dem Fang mild gesalzen und benötigen eine Reifedauer von acht Wochen.

Heringsfilets Matjesart sind nicht gereift, sondern durch eine besondere Behandlung in einen dem echten Matjes ähnlichen Zustand versetzt.

Graved Lachs ist ein süßlich gebeiztes Lachsfilet. Die schwedische Spezialität wurde früher zum Reifen eingegraben (graved).

Fischkonserven

Vollkonserven sind sterilisierte Dauerwaren, die lange haltbar sind. Sie kommen in der Regel in den längsovalen Hansadosen in den Handel. Bekannte Arten sind *Hering in Tomatensauce* oder *Senfsauce* sowie *Ölsardinen*.

Präserven sind Fische in Marinaden, die nur begrenzt haltbar sind. Die Haltbarkeit bei kühler Lagerung muss auf den Tag genau angegeben werden.

Bekannte Erzeugnisse:

- **Bismarckhering**
  Entgrätete Heringshälften in Marinade.
- **Rollmops**
  Entgrätete Heringshälften mit eingerollten Gurkenstückchen, evtl. auch Zwiebeln.
- **Bratheringe**
  Entgrätete Heringe werden paniert und frittiert und anschließend in Marinade gelegt.

Mindesthaltbarkeitsdatum (MHD)

Bei *Präserven* muss das Mindesthaltbarkeitsdatum (MHD) unbedingt auf den Tag genau angegeben werden.

Bei *Konserven* genügt die Angabe des Jahres, z. B. „Haltbar bis Ende 20..“.

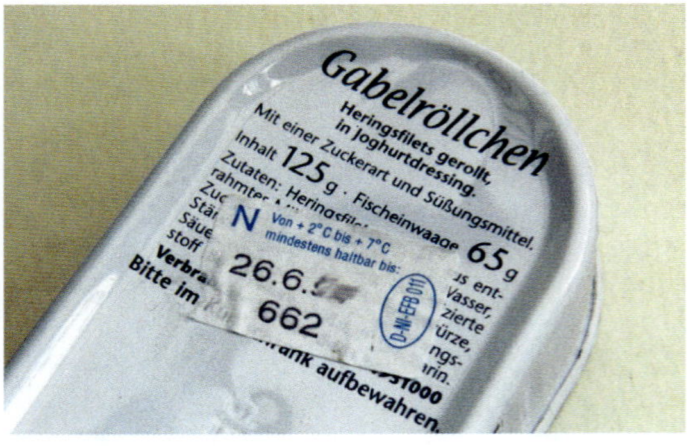

Aufgaben

1 Welche wesentlichen Unterschiede bestehen zwischen dem Fleisch von Schlachttieren und Fischfleisch?

2 Welche Merkmale unterscheiden eine Lachsforelle von einer Regenbogenforelle?

3 Nennen Sie fünf Merkmale, an denen die Frische von geschlachteten Fischen beurteilt werden kann.

4 Wie frisch ist „Frischfisch“?

5 Wie sollen geschlachtete Fische und Fischfilet aufbewahrt werden?

6 Größere Seefische werden für den Verkauf aufgeteilt. Nennen Sie drei Teilstücke und beschreiben Sie diese.

7 Welche Vorsichtsmaßnahmen sind beim Umgang mit Trockeneis zu beachten?

8 Auf einer Speisekarte lesen Sie eine Zubereitung von Loup de mer. Um welchen Fisch handelt es sich? Welche Eigenschaften hat das Fleisch dieses Fisches?

9 Aus einer Packung werden fünf gefrostete Seezungenfilets entnommen. Was geschieht, wenn die Packung in den Froster zurück gestellt, aber nicht sorgfältig verschlossen wird?

10 Nennen Sie drei Beispiele für Räucherfische, die bei einem kalten Büfett verwendet werden können. Beschreiben Sie mehrere Präsentationsmöglichkeiten.

11 Wie unterscheiden sich Konserven und Präserven in der Haltbarkeit?

16 Krebstiere und Weichtiere

crustaceans and molluscs *crustacés (m) et mollusques (m)*

Unter den Handelsbezeichnungen Krebstiere und Weichtiere werden in den **Leitsätzen** wirbellose Tiere, wie Krebse, Hummer, Langusten, Muscheln, Austern usw. zusammengefasst.

Wirbellose Tiere haben kein Skelett, aber an der Körperaußenseite eine Kruste oder eine Schale aus Chitin. In diese hornartigen Panzer ist ein Stoff eingelagert, der beim Kochen die rote Farbe bildet.

Nach dem Körperbau unterscheidet man Krebstiere und Weichtiere.

16.1 Krebstiere

Aufbau[1]

Kopf und Brust der gepanzerten Tiere sind zu einem starren *Kopf-Brust-Stück* verwachsen. Darin befinden sich Magen und Leber sowie bei den weiblichen Tieren, je nach Jahreszeit, die glänzend grünschwarzen Eier, der *Rogen*, der auch *Corail* genannt wird. Der gegliederte Hinterleib wird als Schwanz bezeichnet. In ihm befindet sich bei allen Arten die Hauptmenge des weißen, zart-knackigen Fleisches. Der Darm wird vor der Zubereitung entfernt.

Transport

Lebende Krebstiere werden meist in nasse Holzwolle verpackt und in Spankörben versandt. So können sie atmen und bis drei Tage ohne Wasser weiterleben. Lebende Krebstiere nicht auf Eis lagern.

Frischemerkmale

Lebende Krebstiere ziehen beim Berühren sofort reflexartig den Schwanz ein.

Werden Tiere gekocht, die bereits tot sind, so ist bei diesen in gekochtem Zustand der Schwanz nicht nach innen gekrümmt.

Verderb

Ganze Krebstiere enthalten noch den Magen-Darm-Trakt. Die Verdauungsenzyme arbeiten auch nach dem Tod weiter. Darum verderben nicht mehr lebende Tiere besonders rasch.

Verdorbenes Fleisch ist weich, leicht grünlich und riecht. Es darf auf keinen Fall verwendet werden, denn es führt zu lebensgefährlichen Vergiftungen.

Töten

Nach den Bestimmungen des Tierschutzgesetzes sind Krebstiere durch Einlegen in kochendes Wasser zu töten. Dabei werden die Gehirnzellen sofort zerstört und die Tiere leiden nicht. Bei diesem Kochvorgang wechselt die Farbe. Die blaugraue bis bräunliche oben liegende und der Tarnung dienende Farbschicht ist nicht temperaturbeständig und wird zerstört.

Rote Farbpigmente bleiben erhalten und geben den gekochten Krustentieren die typische Rotfärbung.

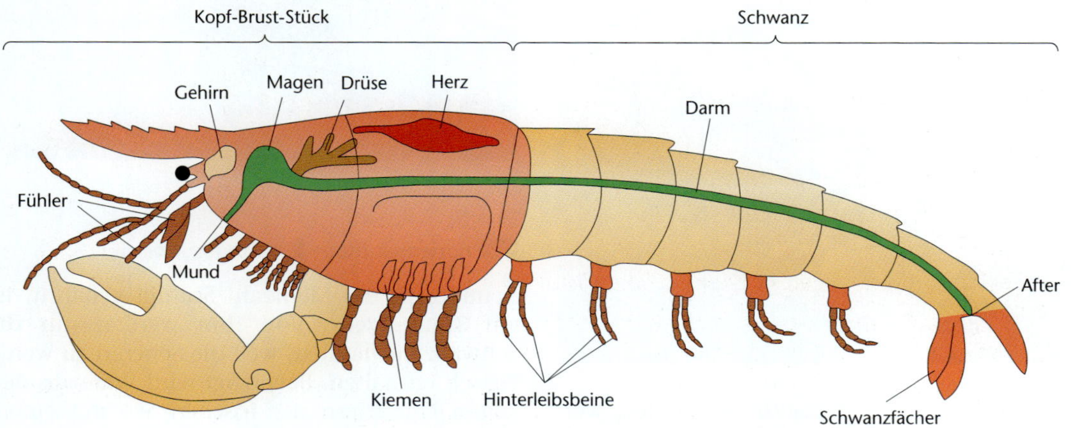

[1] Hier wurde bewusst die Form der Zeichnung gewählt, weil der Anteil an genießbaren Stücken so deutlicher gezeigt werden kann.

Arten

Flusskrebs

freshwater crayfish *écrevisse (w)*

Der Flusskrebs lebt in den Uferzonen fließender Gewässer. Krebse müssen mindestens 10 cm lang und 35 g schwer sein. Um wachsen zu können, wechseln sie im Sommer wiederholt den Panzer. Nach dem Häuten sind sie nur von einer weichen Hornschicht bedeckt; man bezeichnet sie dann als **Butterkrebse.** Das Kopfbruststück nennt man **Krebsnase** und verwendet es zum Garnieren und Füllen.

Krebse reagieren empfindlich auf Wasserverschmutzung. Das Angebot an Inlandsware ist gering.

Hummer *lobster* *homard (m)*

Der Hummer gedeiht in kühlem Meerwasser auf felsigem Untergrund. Am schmackhaftesten sind die Tiere mit einem Gewicht von etwa einem kg. Größere Exemplare verwendet man als Schaustücke bei kalten Büfetts. Hauptlieferländer sind Norwegen und Schottland sowie Kanada und die USA.

Weil sich die Tiere gegenseitig bekämpfen, werden die Scheren mit einem Gummiband zusammengehalten, das man erst nach dem Kochen abnimmt.

Languste *spiny lobster* *langouste (w)*

Die Languste hat im Gegensatz zum Hummer keine Scheren, aber lange Fühler. Das Hauptangebot hat eine Größe von etwa 35 cm, doch werden auch Exemplare bis 60 cm angeboten. Die Fanggebiete erstrecken sich von Südengland entlang der gesamten europäischen und afrikanischen Atlantikküste. Weil von den Langusten nur das Schwanzfleisch verzehrbar ist, sind als Tiefkühlware nur Langustenschwänze am Markt.

Königskrabbe

king crab *crabe (w) géant*

Diese Krebsart wird auch als King-Crab bezeichnet und das Fleisch als Crab-Meat angeboten. Sie wird im Ganzen offeriert, vielfach bevorzugt man die gefrosteten Beine und das ausgelöste Fleisch. Bei Angeboten von Crab-Meat ist die Qualität von der Zusammensetzung des Fleisches abhängig. Die Angabe 60/40 bedeutet z. B. 60 % höherwertiges Beinfleisch und 40 % geringerwertiges Körperfleisch.

Scampo/Kaisergranat

norway lobster *langoustine (w)*

Scampo, in der Mehrzahl Scampi genannt, ist ein Tiefseekrebs. Von ihm werden nur die Schwänze gehandelt, weil die Scheren zu wenig Fleisch enthalten. Bevorzugt wird Ware aus den kalten Gewässern der Irischen See mit einem Gewicht um 40 g je Stück. Das Angebot umfasst geschälte und ungeschälte Ware in gefrostetem Zustand.

Scampi haben einen harten Panzer mit eher rundlichem, leicht abgeplattetem Querschnitt.

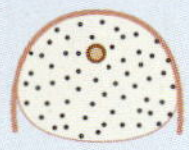

Zur Unterscheidung

Garnelen haben einen weichen Panzer. Der Querschnitt ist kielförmig.

Riesengarnelen

king prawns *crevettes (w)*

Die Riesengarnelen werden nach der Herkunft unterschieden in

- **Salzwassergarnelen** (Seawater-Prawns) und
- **Süßwassergarnelen** (Freshwater-Prawns).

Die Seewasserarten sind intensiver im Geschmack.

Verwendet werden sie im Ganzen als Schaustücke, die geschälten Schwänze zu Cocktails, Salaten und für Garnituren.

Tiefseegarnelen

deep-sea prawns *crevettes (w) roses*

Diese Garnelenart wird auch als Camarone bezeichnet und lebt in allen großen Meeren in 200 bis 700 m Tiefe.

Die langsam wachsenden Arten aus kalten Gewässern sind grundsätzlich von besserer Qualität.

Nordseegarnelen/-krabben

shrimps *crevettes (w) grises*

Die Nordseegarnele wird an der Küste auch als Krabbe (von krabbeln) bezeichnet. Die eigentliche Krabbe hat eine rundliche Körperform und zählt zu den Kurzschwanzkrebsen. Es handelt sich bei dieser biologisch falschen Bezeichnung jedoch um einen alten Handelsbrauch.

Die Fänge aus dem Wattenmeer werden unmittelbar nach dem Fang gekocht und, außer direkt an der Küste, nur geschält als konservierte Ware angeboten.

Hinweise zur Bezeichnung

Die Einteilung der kleineren Krustentiere erfolgt teilweise unter biologischen und teilweise unter handelsüblichen Gesichtspunkten. Zusätzlich kommen neue Arten aus fernen Gebieten auf den Markt, sodass man immer wieder neuen Begriffen begegnen wird. In manchen Fällen werden bewusst irreführende Wendungen in Verbindung mit dem Wort Hummer gebraucht.

Beachten Sie:

Es gibt keine Hummerkrabben, Hummergarnelen oder schlanke Hummer.

Qualitätsmerkmale

Seewassertiere sind immer von besserer Qualität als Frisch(Süß)wassertiere. Tiefseeware schmeckt intensiver als solche aus Flachwasser. Die Panzer der Meerestiere sind dünner, darum ist die Ausbeute höher.

Je kälter der Lebensraum, desto feiner der Geschmack.

Schälung von Hand (meist auf der Packung genannt) ist besser als Maschinenschälung.

Das Fleisch soll von zarter Beschaffenheit sein, aber einen festen Biss haben.

Fachbegriffe bei Krebstieren

Die Größensortierung gibt an, wie viele Krebstiere auf ein britisches Pfund kommen (1 lbs ≙ 454 g). Als Grundregel kann man sich merken: je größer die Krebstiere, desto höher der Preis je kg.

8/12 bedeutet: 8 bis 12 Stück wiegen 450 g oder: 450 g : 10 = 45 g/Stück

U 5 bedeutet: unter 5 (weniger als) kommen auf 450 g
oder: 450 g : 4 (weniger als 5) = 110 g/Stück

Tail on: Die Garnelenschwänze sind geschält, jedoch ist die Schwanzflosse (tail) zur Dekoration am Fleisch belassen.

IQF bedeutet **i**ndividually **q**uick **f**rozen. Weil die Teilchen einzeln gefrostet sind, können sie bei Bedarf auch einzeln entnommen werden.

Blockware wird vor allem bei kleinen Tieren (Garnelen) angeboten. Sie ist preisgünstiger, allerdings muss der gesamte Packungsinhalt auf einmal verwendet werden.

Darm gezogen gibt es als Zusatzbezeichnung bei großen Krebstieren. Hier ist der Darm entfernt, ohne dass die Außenschicht des Schwanzes verletzt ist.

Surimi

Surimi ist eine Nachahmung von Krebstierfleisch. Das Gesetz nennt es „Krebsfleischimitat" und verlangt zum Schutz des Verbrauchers eine entsprechende Kenntlichmachung.

Für Surimi wird Fischfleisch behandelt, mit Stabilisatoren und Geschmacksstoffen vermischt und in eine Beschaffenheit gebracht, die der von Muskelfasern sehr ähnlich ist. Nach dem Formen gibt Paprika die leicht rote Oberfläche.

16.2 Weichtiere

Weichtiere sind zum Verzehr bestimmte Muscheln, Schnecken und Tintenfische. Die vielen Arten von Muscheltieren unterscheiden sich zwar in der Form und Größe, sie haben aber alle das gleiche Bauprinzip. Die beiden kalkhaltigen Außenschalen sind durch ein Gelenk verbunden, das man als **Schloss** bezeichnet. Mit Hilfe der Kiemen, die man **„Bärtchen"** nennt, filtern sie tierische und pflanzliche Schwebeteilchen aus dem Wasser. Dieses Plankton dient als Nahrung und beeinflusst die Qualität. Bei Muscheln nennt man außenliegende Fäden **„Biss"**. Das sind die Ausscheidungen der Byssusdrüse, sie dienen den Tieren zum Festhalten an den Pfählen im Wattenmeer. Gegessen wird die Muskulatur der Tiere.

Frischemerkmale

Frische Muscheltiere haben geschlossene Schalen. Schließen sich Tiere mit geöffneten Schalen beim Berühren, sind sie noch gesund. Tiere mit offen bleibenden Schalen sind tot und dürfen nicht verwendet werden.

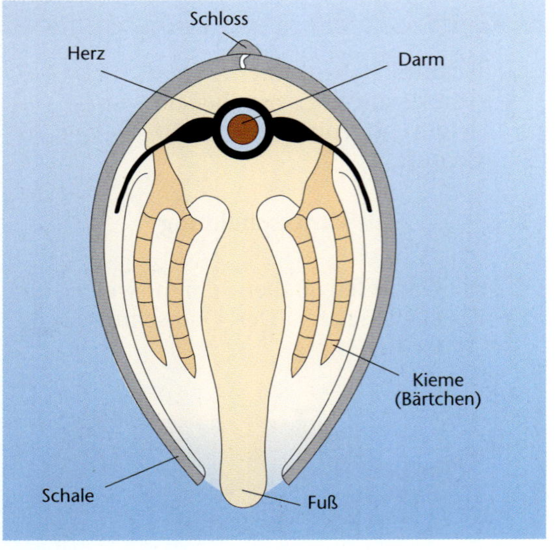

Austern und Muscheln werden traditionell in der kühlen Jahreszeit gehandelt, von September bis April. Das sind die Monate mit „r". Die heutigen Zucht- und Kühlmöglichkeiten erlauben eine Ausweitung der Angebotszeit.

Arten

Mies- oder Pfahlmuschel

mussel *moule (w)*

Der Name leitet sich ab von Mies, worunter man an der Küste das Moos, den Sumpf oder das Watt versteht, oder aber von den Pfählen, an denen sich die Muscheln festhalten. Mies- oder Pfahlmuschel sind also Bezeichnungen für die gleiche Tierart.

Die länglichen Schalen sind blaugrau bis schwarz und mindestens fünf cm groß. Das Fleisch dieser Muscheln ist gelblich. Einwandfreie Ware ist frei von Verunreinigungen. Muscheln werden vor der weiteren Verarbeitung immer erst gedünstet. Dabei öffnen sich die Schalen durch die Wärmeeinwirkung von selbst.

Austern

oysters *huîtres (w)*

Austern werden heute überwiegend auf Austernbänken gezüchtet (Aquafarming) und sind mit etwa drei Jahren marktreif.

Das Austernangebot muss nach den **biologischen Arten** und der **Herkunft** unterschieden werden.

Man unterscheidet bei den biologischen Arten:

- **Europäische** oder **flache Auster** oder **runde Auster.**

Runde Auster mit bis zu 12 cm Durchmesser besonders geschätzt, heute aus züchterischen Gründen geringeres Angebot. Während der Laichzeit von Mai bis August sind diese nicht zu kaufen, weil das Fleisch in dieser Zeit eine geringere Qualität hat.

- **Tiefe Auster** oder **Felsenauster** oder **Portugiesische Auster.**

  Verwandt: **Gigas Auster** bis 15 cm Länge.

Diese Arten sind besonders robust und schnellwüchsig und werden darum für die Zucht bevorzugt und sind das ganze Jahr über verfügbar.

Wie die Eigenschaften des Weines vom Boden des Anbaugebietes bestimmt werden, so beeinflusst bei den Austern das Wasser Farbe und Geschmack des Fleisches wesentlich. Darum werden Austern unabhängig von der biologischen Art **nach der Herkunft** gehandelt.

Handelsbezeichnungen der Austern

Bezeichnung	Herkunft
Imperial	Holland
Limfjord	Dänemark
Colchester, Whitstable	Großbritannien
Belon, Marennes	Frankreich
Ostseeperle, Sylter Royal	Deutschland

Der Preis der Austern richtet sich neben der Art und der Herkunft auch nach der **Größe.** Für die Größenangaben besteht jedoch kein einheitliches System.

Abb. 1 Das Gesundheitsetikett ist die Garantie für die einwandfreie Austern-Qualität

Beim Ernten schließen die Austern Seewasser zwischen den Schalen ein und bleiben so auch außerhalb des Wassers lebensfähig. Zum Versand legt man sie mit der gewölbten Schale nach unten in Fässchen oder Körbe.

Gesunde Austern leben etwa eine Woche, wenn sie kühl und mit einem Gewicht beschwert aufbewahrt werden.

Austern werden überwiegend roh serviert. Dazu reinigt man sie in der Küche und bricht sie mit einem Austernmesser auf. Dabei muss die gewölbte Schale unten liegen, damit das eingeschlossene Seewasser erhalten bleibt.

St.-Jakobs-Muschel

scallop *coquille (w) Saint-Jacques*

Die Pilger des Mittelalters führten diese Muschel mit sich. So erhielt sie den Namen Pilgermuschel oder auch Schale des heiligen Jakob (Coquille Saint Jacques).

Frische ganze Muscheln kommen aus Schottland und Frankreich.

Tiefgekühlt wird das rohe Fleisch des Schließmuskels mit oder ohne Rogen angeboten. Gedünstete oder gebratene Zubereitungen werden in der gewölbten Schale serviert.

Schnecken (Weinbergschnecken)

snails *escargots (m)*

Weinbergschnecken werden heute überwiegend in besonderen Schneckengärten gezüchtet. Für das Sammeln gelten Mindestgrößen, wodurch die Tiere vor der Ausrottung geschützt werden sollen.

Während der Fresszeiten werden die Schnecken als Kriechschnecken bezeichnet; wenn sie sich für die Überwinterung in das Haus zurückgezogen und dieses mit einem Kalkdeckel verschlossen haben, nennt man sie Deckelschnecken.

Die gewerbliche Küche verwendet aus wirtschaftlichen Gründen fast nur noch Schneckenkonserven. Die leeren Schneckenhäuser werden getrennt angeboten.

Zubereitete Schnecken werden meistens in ihren Häusern serviert. Sie können aber auch zu Ragouts und Suppen verarbeitet und gebacken werden.

Kopffüßler

Die Kopffüßler sind eine Gruppe von Meerestieren, deren wichtigstes Kennzeichen die Kopffüße oder Arme sind. Die Wissenschaft nennt diese Tentakel. Es gibt Arten mit acht Armen und solche mit zehn.

Wichtige Arten sind Tintenfisch, Kalmar und **Krake.**

Man verwendet die Fangarme und die entleerte Körperhöhle, nicht aber den Kopf. Die „Tinte" wird von einer besonderen Drüse erzeugt und dient in der Natur dazu, bei der Flucht eine Tarnwolke zu bilden. In der Küche kann man sie zur Geschmacksgebung und zum Färben (Teigwaren) verwenden.

Abb. 1 Tintenfisch

Abb. 2 Kalmar

Abb. 3 Krake

Aufgaben

1 Warum gelten beim Fang von Krebsen Mindestmaße?

2 Sie haben den Auftrag, aus einer Sortenliste die besten gefrosteten Riesengarnelen auszuwählen. Auf welche Merkmale achten Sie?

3 Welcher Zusammenhang besteht zwischen Herkunft und Qualität von Austern?

4 Warum werden heute überwiegend tiefe Austern angeboten?

5 Nennen Sie je zwei Austernangebote aus Frankreich und Deutschland.

6 Ein Gastronom berichtet: „Schnecken aus Konserven oder tiefgefrorene Schnecken verwende ich. Fertig gefüllte Schneckenhäuser, die schon mit Schneckenbutter abgedeckt sind, kommen mir nicht ins Haus.“ Wie ist diese Aussage zu interpretieren?

17 Kaviar

caviar *caviar (m)*

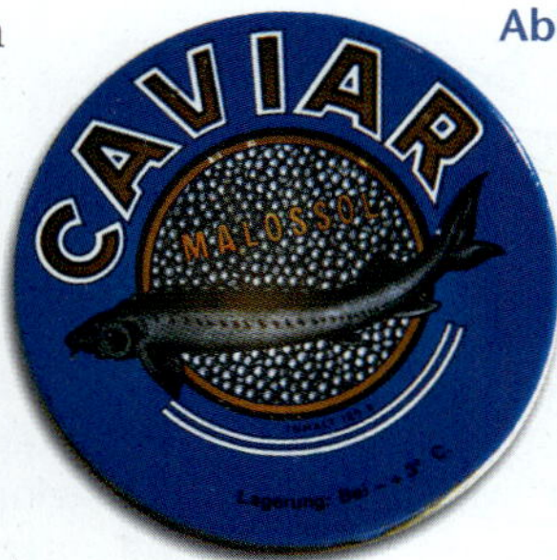

Abb. 1 Echter Kaviar – Delikatesse zum Direktverzehr

Echter Kaviar ist der Rogen von weiblichen Stören. Deren Lebensraum ist heute auf das Schwarze und auf das Kaspische Meer beschränkt und auch dort durch Umweltverschmutzung gefährdet. Das verringerte Angebot führt bei laufend zunehmender Nachfrage zu hohen Preisen. Zur Kaviargewinnung schneidet man den Tieren nach dem Fang die Eierstöcke auf und drückt den Rogen durch ein Sieb. Häutchen und Schalen werden dabei abgetrennt. Vom Fischei bleibt der Teil zurück, den wir beim Hühnerei Dotter nennen. Eine gezielte Salzung macht die Körnchen fest und dunkler.

Die Qualität des Kaviars wird von der Größe und der Farbe der Körner bestimmt. Diese wiederum sind abhängig von der Störart. Der Name des Fisches aus der Familie der Störe gibt dem Kaviar den Namen.

Störart	Beschaffenheit	
Beluga Deckel blau	großes Korn, 1 bis 2 mm, zartschalig	
Osietra Deckel gelb	noch großes Korn, ca. 1 mm, zartschalig	
Sevruga Deckel rot	kleinkörnig, unter 1 mm, sehr zartschalig	

© Maximilian Stock Ltd./StockFood

Der **Zusatz „Malossol“** bedeutet:

Malo ➔ wenig, Sol ➔ Salz

Also: **Wenig gesalzen.** Die Salzzugabe beträgt dann etwa 3 %. Heute wird überwiegend Malossol angeboten, weil die Qualität durch Kühlung erhalten wird.

Kaviarersatz aus Eiern anderer Fischarten wird vorwiegend zu Dekorationszwecken verwendet.

Bezeichnung	Beschaffenheit	
Deutscher Kaviar	Rogen vom Seehasen, kleinkörnig, gefärbt	
Lachskaviar (Keta-Kaviar)	Rogen vom Lachs, großkörnig, rotorange	
Forellenkaviar	Rogen der Forelle, mittelkörnig, orange	

© Maximilian Stock Ltd./StockFood

Qualitätsmerkmale für alle Kaviararten

- Frischer Kaviar perlt locker,
- je zarter die Schale, desto besser der Kaviar,
- heller Kaviar (silbergrau, hellbraun) ist wertvoller.

Kaviar wird luftdicht verpackt in Dosen geliefert. Diese sind gekühlt zu lagern. Geöffnete Dosen sollen bei etwa –2 °C aufbewahrt und der Inhalt innerhalb einer Woche verbraucht werden.

Verdorbener Kaviar riecht und schmeckt säuerlich.

BRÜHEN

Grundlage für Suppen und Saucen sind fachgerecht hergestellte Brühen (Fonds) mit reinem Geschmack.

Suppen und Saucen sind Zubereitungen mit sehr ähnlichen Eigenschaften. Die hellen und braunen Grundbrühen bzw. Fonds stellen ein wichtiges Ausgangsprodukt dar. Brühen, Suppen und Saucen können entweder selbst hergestellt oder vorgefertigt als Convenience-Produkte bezogen werden.

1 Übersicht *survey* *tableau (m) synoptique*

Grundbrühen

Helle Grundbrühen

Für die hellen Brühen werden die Zutaten in Wasser gekocht und ausgelaugt. Hauptrohstoffe sind jeweils artbestimmende Materialien wie z. B. Knochen vom Rind und Kalb, Karkassen von Geflügel, Gräten von Fischen sowie die Panzer der Krebstiere.

Außerdem verwendet man die Abgänge (Parüren) von Schlacht- und Geflügelfleisch oder von Fischen.

Geschmackgebende Zutaten sind Gemüse, Kräuter, Gewürze.

- **Fleisch- und Knochenbrühe** — *Bouillon*
- **Kalbsbrühe** — *Fond blanc (de veau)*
- **Geflügelbrühe** — *Fond (blanc) de volaille*
- **Gemüsebrühe** — *Fond de légumes*
- **Fischbrühe** — *Fumet de poisson*
- **Helle Nachbrühe** — *Remouillage*

Braune Grundbrühen

Im Gegensatz zu den hellen Brühen werden bei der Herstellung der braunen Brühen die Rohstoffe kleingeschnitten bzw. kleingehackt und angebraten. Dabei entstehen Geschmack und Farbe.

Als Rohmaterialien verwendet man die jeweils artspezifischen Knochen und Fleischparüren von Schlachttieren und Geflügel sowie von Haar- und Federwild, außerdem grobwürfelig geschnittenes Röstgemüse (Mirepoix) aus Sellerie, Karotten, Zwiebeln und Lauch.

- **Braune Kalbsbrühe** — *Fond de veau brun*
- **Braune Wildbrühe** — *Fond de gibier*
- **Große braune Brühe** — *Grandjus*

Im Gegensatz zur deutschen Sprache bezeichnet die französische die Brühen unterschiedlich:

Fleisch- und Knochenbrühe ➔ *Bouillon*
Geflügel- und Wildbrühe ➔ *Fond*
Fischbrühe ➔ *Fumet*[1]

2 Vorbereitungen *preparations* *préparations (w)*

Würzende Zutaten für Brühen, Suppen und Saucen

Kräutersträußchen *bouquet (m) aromatique*

Das Kräutersträußchen (kleines Bouquet garni) ist zusammengesetzt aus einigen Stängeln Petersilie, einem Thymianzweig und einem Lorbeerblatt und wird mit einem Faden umbunden.

[1] Larousse Gastronomique deutsch 2009

Die Grundbestandteile können gemäß ihrer Verwendung mit weiteren Kräutern und/oder Gemüseteilen ergänzt werden.

Sie dienen der Würzung von Speisen. Damit die Duftstoffe erhalten bleiben, gibt man sie den entsprechenden Flüssigkeiten später bei.

Gemüsebündel *bouquet (m) garni*

Das Gemüsebündel (großes Bouquet garni), meist aus Lauch, Möhren und Sellerie bestehend, verbessert den Geschmack von Brühen.

Es wird so rechtzeitig der Flüssigkeit beigegeben, dass es geschmacklich ausgenutzt ist, wenn die Kochzeit der Brühe beendet ist.

Der Vorteil gegenüber zerkleinerter Gemüsebeigabe: Zusammengebundene Gemüse behindern nicht beim Abfetten (Degraissieren). Die gegarten Gemüse können z. B. als Suppeneinlage weiter verwendet werden.

Gespickte Zwiebeln *onions (m) piqués*

Für viele Zubereitungen verwendet man als Würzbeigabe ganze Zwiebeln, mit Lorbeerblatt und Nelken besteckt. Sie werden bei Pökelkamm oder Kasseler, Schinken, Eisbein, Speck und Leberknödeln oder in hellen Brühen und weißen Saucen mitgekocht.

Varianten: Das Lorbeerblatt wird in einen Zwiebeleinschnitt gesteckt oder man spickt eine Zwiebel nur mit den Nelken.

Gewürzbeutel *sachet (m) d'épices*

Bei manchen Zubereitungen werden zur besseren Ausnutzung die Gewürze in zerkleinertem Zustand mitgekocht. Besonders bei hellen Gerichten würden die dunklen Bestandteile als störend empfunden. Darum gibt man die zerkleinerten Gewürze auf ein Leinentüchlein und bindet dieses locker zum Gewürzbeutel zusammen. Sind die Gewürze ausgewertet, wird der Beutel entnommen.

Röstgemüse *Mirepoix (w)*

Röstgemüse besteht aus Zwiebeln und Wurzelgemüsen wie Möhren, Sellerie und Petersilienwurzeln. Die Zusammenstellung richtet sich nach der jeweiligen Weiterverwendung. Geschmacksintensive Gemüse hält man anteilmäßig geringer. Während des Anröstens verdampft durch die Hitzeeinwirkung ein Teil des Wassers, und die Außenschichten trocknen aus. Die in Zwiebeln und Wurzelgemüse enthaltene Stärke wird zu Dextrin, die Zuckerstoffe karamellisieren. So entstehen neue Farb- und Geschmacksstoffe, die die Qualität der Zubereitung wesentlich beeinflussen.

Am Ende der Anbratzeit soll das Mirepoix vollkommen geröstet sein und die gleiche Bräunung haben wie später die Sauce. Darum richtet sich die Größe der Gemüsewürfel nach der Anbratzeit.

Zu Schmorfleischstückchen und in Verbindung mit Knochen verwendet man große Gemüsewürfel, denn hier nimmt das Anbraten längere Zeit in Anspruch.

Lange Anbratzeit
z. B. Knochen oder Schmorbraten

↓ ↓ ↓

lange Hitzeeinwirkung

↓ ↓ ↓

❐ **große Würfel** ❐

Bei Braten, bei denen das Mirepoix erst kurz vor Ende der Garzeit beigegeben wird, verwendet man kleine Würfel, die rascher bräunen.

Kurze Anbratzeit
z. B. Braten, dem später
Mirepoix beigegeben wird

↓ ↓ ↓

kurze Hitzeeinwirkung

↓ ↓ ↓

❐ **kleine Würfel** ❐

Röstgemüse (Mirepoix) muss immer **gleichmäßig geschnitten** werden, denn selbst bei eifrigstem Umrühren verbrennen sonst die kleinen Würfel, bevor die großen braun sind. Verbranntes Gemüse gibt einen bitteren Geschmack und macht die Zubereitungen minderwertig.

Passieren

Zum Passieren genügt im Allgemeinen ein Sieb. Kommt es jedoch darauf an, feinere, geronnene oder abgekochte Teilchen zurückzuhalten, benutzt man ein Spitzsieb mit einem eingelegten Passiertuch (Etamine). Vor dem Gebrauch werden Passiertücher heiß ausgespült und kräftig ausgewrungen.

Passieren ungebundener Flüssigkeiten

Brühen seiht man durch ein feinmaschiges Saucensieb oder ein Spitzsieb (siehe S. 106). Meist wird das Sieb mit einem Passiertuch aus Stoff oder Vlies ausgelegt. Die Flüssigkeit wird mit einer Schöpfkelle eingegossen (siehe S. 405).

Bei Brühen können geriebene Muskatnuss und gequetschte Stängel von Kräutern (Petersilie, Kerbel) in das Tuch gegeben werden. Die darübergeschöpfte heiße Brühe löst die Aromastoffe aus Gewürz und Kräutern.

Abb. 1 Spitzsieb mit Haarsiebdraht

Gelees müssen absolut klar sein. Um auch die feinsten Schwebeteilchen der geklärten Flüssigkeit zurückzuhalten, passiert man Gelees bzw. Aspik durch zwei übereinanderliegende Tücher (Etamines). Anstelle von Passiertüchern kann man auch große Filtertüten verwenden. Damit die Flüssigkeit klar bleibt, wird sie schöpflöffelweise und behutsam in die Tuchmulde eingefüllt.

Passieren gebundener Flüssigkeiten

Suppen. Passiertuch auf eine Schüssel legen, bis auf die Bodenfläche herabdrücken und die Suppe einfüllen. Als Passierhilfe einen Metallgegenstand (Sauciere) einlegen.

Die Ecken des Passiertuches erfassen und mit dem Inhalt anheben. Durch abwechselnd seitliches Auf- und Abwärtsbewegen des Tuches fließt die Flüssigkeit durch das Gewebe in die Schüssel.

Saucen mit leichter Bindung werden wie Suppen passiert. Enthalten Saucen mitgekochte Knochen, so werden sie durch ein Sieb in das Tuch gegossen, um eine Beschädigung des Gewebes zu vermeiden.

Saucen mit stärkerer Bindung (z. B. Béchamelsauce, Demiglace) werden durch das Passiertuch gedreht.

Sauce einfüllen, Tuch gleichzeitig straff gegen sich ziehen und von den Seiten zur Mitte nach und nach zusammenfassen. Eine Tuchseite längs 2 cm über die andere legen und unter beiderseitigem Anziehen und Rechtsdrehen den Inhalt durch das Gewebe pressen.

Schmorbratensaucen und ähnliche mit weichstückigen Bestandteilen von Gemüsen und Tomaten passiert man zweckmäßig durch ein Sieb. Leichtes Schlagen mit der Handkante auf den Stiel des Passiersiebes in Siebrandnähe beschleunigt den Passiervorgang. Durch die Erschütterung bewegen sich die zunächst verstopfenden feinen und gröberen Bestandteile vom Siebgeflecht weg nach oben. Die Sauce fließt rascher durch das Sieb.

Mixen – Pürieren

Suppen und Saucen mit fein musiger Konsistenz erhält man, wenn Mixgeräte oder Passiermaschinen verwendet werden. Durch die mechanische Feinstzerkleinerung der geschmacksgebenden Gemüse entsteht die gewünschte Sämigkeit. Die meist stärkehaltigen Gemüse binden. Man benötigt keine zusätzliche Roux (Mehlschwitze siehe S. 436) oder Beurre manié (Mehlbutter siehe S. 437).

Abb. 2 Mixgerät

3 Helle Grundbrühen

white stocks · fonds (m) blancs

Grundsätzliche Herstellung von hellen Grundbrühen

Abb. 1 Blanchierte Knochen mit kaltem Wasser ansetzen.

Abb. 2 Wasser zu den Knochen geben.

Abb. 3 Beim Kochen sich bildenden Schaum von der Oberfläche abschöpfen.

Abb. 4 Geschnittenes Gemüse und Gewürzsträußchen zugeben.

Abb. 5 Langsam weiterkochen lassen.

Abb. 6 Durch das Kochen reduziert sich der Flüssigkeitsanteil.

Abb. 7 Durch ein Passiertuch vorsichtig abseihen.

Abb. 8 Brühe in kaltem Wasser rasch abkühlen

Abb. 9 Umfüllen in Lagereimer, versehen mit Bezeichnung und Datum.

Übersicht

- Fleisch- und Knochenbrühe *Bouillon*
- Kalbsbrühe *Fond blanc (de veau)*
- Geflügelbrühe *Fond (blanc) de volaille*
- Gemüsebrühe *Fond de légumes*
- Fischbrühe *Fumet de poisson*
- Nachbrühe *Remouillage*

3.1 Fleisch- und Knochenbrühe

meat stock *bouillon (m)*

Kochdauer: 5 Stunden.

- Knochen in sprudelndem Wasser blanchieren, abgießen und mit kalten Wasser wieder aufsetzen.
- Fleisch abwaschen und in den Brühenansatz geben.
- Das in die Brühe übergegangene Fleischeiweiß gerinnt bei etwa 70 °C, umschließt die Trübstoffe und setzt sich beim Sieden als Schaum an der Oberfläche ab.
- Die Brühe langsam weiter kochen. Dadurch werden Knochen und Fleisch langsam ausgelaugt; es entsteht eine reinere Brühe.
- Der sich bildende Schaum wird laufend gründlich abgeschöpft, ebenso das Fett (degraissieren).
- Das geputzte, evtl. zusammengebundene Gemüse und die angebräunten Zwiebelhälften etwa 60 Min. vor Ende der Garzeit des Fleisches beigeben und salzen. Kocht man Gemüse zu lange, so verflüchtigen sich die erwünschten Geschmacksstoffe.
- Das gegarte Fleisch und das Gemüse entnehmen.
- Die fertige Brühe durch ein Tuch passieren.

Bedarf für 10 Liter

15 l	Wasser
4 kg	Rinderknochen, gesägt
2,5 kg	Rindfleisch
1,8 kg	Gemüse (400 g Möhren, 400 g Lauch, 400 g Sellerie, 400 g Petersilienwurzel, 200 g Zwiebeln)
3	Knoblauchzehen
80 g	Salz

3.2 Kalbsbrühe

veal stock *fond (m) blanc (de veau)*

Kochdauer: 4 Stunden.

- Gehackte Kalbsknochen und -parüren in Wasser aufkochen (blanchieren),
- abgießen und kalt abspülen (Abb. 1).
- Die blanchierten Zutaten mit kaltem Wasser neu aufsetzen, erneut aufkochen und bei mäßiger Wärmezufuhr sieden lassen.
- Nach etwa drei Stunden das Gemüse-Kräuter-Bündel und die gespickte Zwiebel in die Brühe geben.
- Während des Kochens die Oberfläche mehrmals entfetten (degraissieren) und verdunstete Flüssigkeit durch Wasser ausgleichen.
- Nach dem Kochprozess die Brühe durch ein Tuch passieren.

Bedarf für 10 Liter

10 kg	Kalbsknochen und -parüren
12 l	Wasser
2	gespickte Zwiebeln
60 g	Salz
1	Gemüse-Kräuter-Bündel (200 g Lauch, 150 g Möhren,100 g Sellerie, Thymianzweig, 1 Knoblauchzehe)

Geeignet zu:

- weißen Grundsaucen,
- Tomatensauce,
- Kalbsfrikassee, Kalbsblankett,
- Kalbscurry,
- Kalbsschwanzsuppe,
- weiße Kalbsrahmsuppe.

Abb. 1 Knochen blanchieren und kalt abbrausen

3.3 Geflügelbrühe

chicken stock *fond (m) blanc de volaille*

Kochdauer: 2–3 Stunden.

Die Geflügelbrühe wird wie Kalbsbrühe zubereitet.

Geeignet zu:
- weißer Geflügelgrundsauce,
- Dünstgerichten von Geflügel,
- Hühnerfrikassee,
- Curryhähnchen,
- klaren und gebundenen Suppen.

Bedarf für 10 Liter

10 kg	Kalbsknochen
2 kg	Geflügelklein
3 kg	Suppenhuhn
12 l	helle Bouillon
700 g	heller Lauch
200 g	Möhren
200 g	Sellerie
1	Kräutersträußchen (Petersilienstiele, kleines Lorbeerblatt, Thymianzweig, 1 Knoblauchzehe)
0,4 l	Weißwein
60 g	Salz

3.4 Gemüsebrühe

vegetable stock *fond (m) de légumes*

Gemüsebrühen entstehen durch Auskochen mehrerer würziger Gemüsearten, hauptsächlich von Wurzelgemüsen und Pilzen.

Spezielle Gemüsebrühen erhält man bei der Verwendung von nur einer Gemüsesorte.

Kochdauer: 30 Minuten.

- Das geputzte Gemüse klein schneiden.
- Zwiebelwürfel in Öl andünsten, dann die restlichen Gemüse zugeben und mitdünsten.
- Wasser und Gewürze zufügen und ca. 30 Min. bei mäßiger Hitze kochen lassen.
- Anschließend passieren.

Geeignet zu:
- Aufguss von Suppen und Saucen,
- Herstellung von klarer Gemüsesuppe,
- zum Angießen von gedünstetem Gemüse.

Bedarf für 10 Liter

400 g	Zwiebeln
40 g	Öl
400 g	Lauch
200 g	Karotten
200 g	Fenchel
200 g	Sellerie
200 g	Petersilienwurzeln
200 g	Weißkraut
300 g	Tomaten
11 l	Wasser
2	Lorbeerblätter
	Pfefferkörner

3.5 Fischbrühe

fish stock *fumet (m) de poisson*

Kochdauer: max. 15 Minuten.

- Die in Scheiben geschnittenen Zwiebeln, der Lauch und die zerdrückten Pfefferkörner in Butter anschwitzen.
- Gewaschene, zerkleinerte und abgetropfte Fischgräten beigeben.
- Ansatz mit Weißwein ablöschen, mit Wasser, Champignonfond und Zitronensaft aufgießen und das Kräutersträußchen dazulegen.
- Das Ganze zum Kochen bringen, abschäumen, langsam auskochen und dann abseihen.

Geeignet zu:
- Fischsaucen,
- Dünstgerichten von Fisch,
- klaren und gebundenen Fischsuppen.

Bedarf für 10 Liter

8 kg	Gräten von Magerfischen wie Zander, Seezunge oder Hecht
100 g	Zwiebeln
500 g	heller Lauch
100 g	Fenchel
100 g	Butter
1 l	Weißwein
12	Pfefferkörner
10 l	Wasser
	Champignonfond,
	Zitronensaft
1	Kräutersträußchen (Petersilienstiele, Lorbeerblatt, Thymianzweig, 1 Knoblauchzehe)

3.6 Nachbrühe

remouillage *remouillage*

Die Knochen der Rinderbrühe werden zur weiteren Auswertung nochmals mit kaltem Wasser aufgesetzt.

Nachbrühe ist wenig gehaltvoll und wird darum überwiegend zum Auffüllen brauner gebundener Suppen, brauner Brühen oder zum Angießen derber Gemüsegerichte verwendet.

Beispiele:
Kohlrouladen, Grünkohl, Paprikaschoten

4 Braune Grundbrühen *brown stocks* *fonds (m) bruns*

Übersicht

- Braune Kalbsbrühe *Fond de veau brun*
- Wildbrühe *Fond de gibier*
- Große braune Brühe *Grandjus*

4.1 Braune Kalbsbrühe *brown vealstock* *fond (m) de veau brun*

- Kleingehackte Knochen, Parüren und Speckreste mit Fett in einem geräumigen, flachen Geschirr auf dem Herd langsam anbraten.
- Röstgemüse (Mirepoix) hinzufügen und alles hellbraun anbraten, bis sich das Fett klar absetzt.
- Das Fett abgießen, die Knochen mit nur wenig großer brauner Brühe ablöschen.
- Den Ansatz einkochen (glasieren) und Tomaten beifügen.
- Wenn der Ansatz erneut glänzt (glasiert ist), die übrige Brühe (Grandjus) aufgießen, das Kräutersträußchen (Bouquet garni) beigeben und das Ganze langsam auskochen.
- Nach ca. 4 Stunden die braune Kalbsbrühe durch ein Tuch passieren.

Bedarf für 10 Liter

10 kg	Kalbsknochen und -parüren
300 g	magere Speckreste
400 g	Fett
1.000 g	Röstgemüse (200 g Zwiebeln, 200 g Karotte, 200 g Sellerie, 200 g Petersilienwurzeln, 200 g Lauch)
1.000 g	Tomaten
2	Bouquet garni
15 l	Große braune Brühe (Grandjus siehe Seite 409)

Geeignet zu:
- Natureller Kalbsjus und gebundener Kalbsjus,
- Bratenjus,
- Demiglace,
- Kalbsrahmsauce,
- Schmorgerichten von Kalb,
- Schmorgerichten von Geflügel,
- Suppen klar und gebunden.

© Mewes, K./StockFood

Abb. 1 Braune Kalbsbrühe

Abb. 2 Ansatz für braune Kalbsbrühe

4.2 Wildbrühe *venison stock* *fond (m) de gibier*

- Kleingehackte Knochen und Parüren, Speckreste, Röstgemüse und Wacholderbeeren im erhitzten Fett braun angebraten.
- Mit Rotwein und etwas großer brauner Brühe ablöschen und die Flüssigkeit einkochen.
- Wenn der Ansatz glänzt (glasiert ist), die übrige Brühe aufgießen.
- Brühe etwa 3 bis 4 Stunden langsam kochen lassen und das abgesetzte Fett mehrmals entfernen.
- Eine Stunde vor dem Passieren den Gewürzbeutel (Sachet d'épice) beigeben.
- Abschließend Brühe passieren.

Geeignet zu:
- Wildsaucen,
- Wildragouts,
- Schmorgerichten von Wild und Wildgeflügel,
- klaren und gebundenen Suppen von Wild.

Bedarf für 10 Liter

10 kg	Wildknochen und -parüren
400 g	magere Speckreste
1.000 g	Röstgemüse (200 g Zwiebeln, 200 g Karotte, 200 g Sellerie, 200 g Petersilienwurzeln, 200 g Lauch)
20	zerdrückte Wacholderbeeren
500 g	Fett
0,5 l	Rotwein
15 l	Große braune Brühe
1	Gewürzbeutel (20 Pfefferkörner, Lorbeerblatt, 2 Nelken, 2 Knoblauchzehen, Msp. Rosmarin, Msp. Basilikum)

4.3 Große braune Brühe *grand jus* *grandjus (m)*

Die im Tagesablauf der gewerblichen Küche anfallenden braunen Brühen, Bratreste und Saucenreste werden zur großen braunen Brühe (Grandjus) gegeben. Nicht verwendet werden Parüren von Lamm oder Wild, weil diese einen starken Eigengeschmack besitzen.

4.4 Entfetten von Fonds, Extrakten, klaren Brühen und Saucen

Entfernen von Fett auf einer Flüssigkeit bezeichnet der Fachmann auch als *degrassieren*. Hierfür können verschiedene Methoden angewandt werden:

Abb. 1 Fettentfernung mittels einer Schöpfkelle während des Kochvorgangs

Abb. 2 Aufnehmen und Entfernen von Fett mittels eines saugfähigen Küchenpapiers

Abb. 3 Entfernen von erstarrtem Fett von einer bereits gekühlten Flüssigkeit

Alle Brühen entfetten und nur mäßig salzen, denn die Flüssigkeit kocht ein. Gepflegte gehaltvolle Brühen sind die Voraussetzung für schmackhafte Saucen.

5 Extrakte
extracts *glaces (w)*

Durch Einkochen von hellen oder braunen Brühen entstehen Extrakte.

So erhält man aus

Rinderbrühe
↓
Fleischextrakt *(Glace de viande)*

Geflügelbrühe
↓
Geflügelextrakt *(Glace de volaille)*

Wildbrühe
↓
Wildextrakt *(Glace de gibier)*

Fischbrühe
↓
Fischextrakt *(Glace de poisson)*

Extrakte

- verstärken den Gehalt von Suppen und Saucen,
- heben den Geschmack einzelner Gerichte,
- dienen zum Glasieren von Bratfleisch,
- geben bestimmten Saucen den typischen Charakter.

Einkochen und Aufbewahren

Um einen einwandfreien Extrakt (Glace) zu erhalten, muss die Brühe während des Einkochens ständig abgeschäumt und dazwischen zwei- bis dreimal passiert werden. Man passiert stets in ein entsprechend kleineres Geschirr, da beim Einkochen dauernd Flüssigkeit verdampft und dadurch die verringerte Menge sonst an den Seitenwänden des Geschirrs durch die starke Hitze unerwünscht bräunen würde.

Ist der Extrakt (Glace) sirupartig dick, wird er in ein Porzellan-, Steingut- oder Edelstahlgefäß gefüllt. Mit Folie verschlossen, hält man ihn zum Verbrauch bereit.

Durch Frosten in kleineren Verbrauchsmengen wird die Produktion rationeller und es stehen jederzeit Extrakte für den täglichen Bedarf zur Verfügung.

Fachbegriffe

Beurre manié	Mehlbutter
Bouillon	Fleisch- oder Knochenbrühe
Bouquet aromatique	Kräutersträußchen
Bouquet garni	Gemüsebündel
degraissieren	entfetten
Etamine	Passiertuch
Fond	Grundbrühe
Fumet	Fischbrühe
Glace de viande	Fleischextrakt
Grandjus	Große braune Brühe
Mirepoix	Röstgemüse
Onion piqué	Gespickte Zwiebel
Parüren	Abschnitte, die verwertet werden können
passieren	durchseihen
Roux	Mehlschwitze
Sachet d'epices	Gewürzsäckchen

Aufgaben

1 Nennen Sie die verschiedenen Arten von Brühen.

2 Erklären Sie Ihrem jüngeren Kollegen die wesentlichen Vorgänge bei der Herstellung einer hellen Grundbrühe.

3 Welche würzenden Zutaten sind bei der Herstellung von Brühen wichtig?

4 Erklären Sie die Fachwörter: a) Bouillon b) Grandjus c) Extrakt

5 Vergleichen und beurteilen Sie eine selbst produzierte Bouillon und ein entsprechendes Convenienceprodukt nach Farbe, Geschmack, Geruch und Klarheit.

6 Schildern Sie die Herstellung einer Wildbrühe.

7 Wozu werden Brühen im Allgemeinen verwendet?

Innerhalb der Speisenfolge haben die Suppen vor allem die Aufgabe, den Magen aufnahmebereit zu machen.

Die Verdauungssäfte werden angeregt durch

- appetitliches Aussehen,
- Wirkung der Geruchs- und Geschmacksstoffe.

Heute werden vorwiegend kleinere Mengen gereicht. Man serviert in Tassen oder kleinen Suppentellern.

1 Tasse = 150 ml = 0,15 l → 1 l ergibt 7 Tassen

Wird die Suppe extra schön garniert oder zu einem besonderen Anlass gereicht, verwendet man Teller.

1 Teller = 250 ml = 0,25 l → 1 l ergibt 4 Teller

1 Übersicht der Suppenarten

synopsis of the different kinds of soups *tableau (m) synoptique des potages*

Die Grundlage bei der Herstellung von Suppen sind Brühen. Man unterscheidet klare und gebundene Suppen. Sie werden in verschiedene Gruppen eingeteilt.

Klare Suppen	Gebundene Suppen		
Brühen aus Schlachtfleisch, Geflügel, Wild, Gemüsen, Fischen			
Klare Suppen *Consommés*	**Gebundene helle Suppen** *Potages liés*	**Gebundene braune Suppen** *Potages brun liés*	**Gemüsesuppen** *Potages aux légumes*
• **Kraftbrühen** *Consommes* • **Doppelte Kraftbrühen** *Consommes doubles*	• **Legierte Suppen/ Samtsuppen** *Potages veloutés* • **Rahmsuppen oder Cremesuppen** *Potages crèmes* • **Püreesuppen** *Potages purées*	• **Suppen aus Wild, Wildgeflügel oder Schlachtfleisch**	• **Alle Suppen, bei denen geschnittene Gemüse in Brühe gekocht werden**

Sondergruppen

Kaltschalen	Regionalsuppen	Nationalsuppen
Suppen, die aus Fruchtpürees oder Milch mit Zucker hergestellt und kalt gereicht werden (s. S. 428 und 429)	Suppen, die ursprünglich nur in einem bestimmten Gebiet (Region) Deutschlands bekannt waren (s. S. 430 und S. 605)	Suppen, die eine Besonderheit bestimmter Nationen sind (s. S. 430 und S. 618)

2 Klare Suppen *clear soups* *potages (m) clairs*

Kräftige, klare Brühen können für eine klare Suppe verwendet werden, in denen dann die jeweiligen Suppeneinlagen voll zur Geltung kommen. Sie werden auch gerne in ein mehrgängiges Menü eingeplant, da sie weniger sättigen als gebundene Suppen.

2.1 Fleisch- und Knochenbrühe

meat stock *bouillon (w)*

Bedarf für 10 Portionen

15 l Wasser
3–4 kg Rinderknochen
2,5 kg Rindfleisch
1,8 kg Gemüse (Möhren, Lauch, Sellerie, Petersilienwurzel, 1 Zwiebel)
Knoblauchzehen, Salz

Arbeitsfolge für Fleisch- und Knochenbrühe

Material	Arbeitsvorgang	Begründung
Rinderknochen	blanchieren	Trübstoffe gerinnen, können abgespült werden.
Rindfleisch	waschen, mit den Knochen kalt aufsetzen	Begünstigt reinen Geschmack
	aufkochen, abschäumen	Fleischeiweiß umschließt Schwebeteilchen und steigt geronnen als Schaum nach oben; wirkt klärend.
	langsam weiterkochen, während des Kochens entfetten	Entfetten verhindert Trüben.
Gebräunte Zwiebelhälften Gemüsebündel, Salz	1 Std. vor Garwerden des Fleisches in die Brühe geben	Farbgebung, Geschmacksstoffe bleiben erhalten, Fleisch wird nicht rot.
	gegartes Fleisch und Gemüse entnehmen	dienen anderer Verwertung
	Brühe passieren, ergibt 10 *l*	Abkochreste bleiben im Tuch.

Fleisch- und Knochenbrühe – *Bouillon*

mögliche Weiterverwendung

durch Klären → **Kraftbrühe** *Consommé* (s. S. 413)

durch Einkochen → **Fleischextrakt** *Glace de viande* (s. S. 410)

2.2 Kraftbrühen

clarified soups *consommés (m)*

Kraftbrühen sind durch Klärfleisch und Aromastoffe gekräftigte geklärte Brühen ohne sichtbares Fett. Sie werden aus unterschiedlichen Rohstoffen bereitet. Man reicht sie zu Beginn der Speisenfolgen; sie sollen den Appetit anregen, ohne den Magen zu belasten.

Klärfleisch ist fettarmes, geschrotetes Fleisch, vorzugsweise aus den Wadenmuskeln des Rindes. Entsprechend der Brühenart kann es auch aus Fleisch von Wild, Geflügel oder von Fisch bestehen.

Übersicht

Fleisch- und Knochenbrühe *Bouillon*
+ Klärfleisch +
↓ ↓ ↓ ↓ ↓
Kraftbrühe *Consommé*

Fleisch- und Knochenbrühe *Bouillon*
+ doppelte Menge Klärfleisch +
↓ ↓ ↓ ↓ ↓
Doppelte Kraftbrühe *Consommé double*

Geflügelbrühe *Bouillon*
+ Klärfleisch von Geflügel +
↓ ↓ ↓ ↓ ↓
Geflügelkraftbrühe *Consommé de volaille*

Wildbrühe *Fond de gibier*
+ Klärfleisch von Wild +
↓ ↓ ↓ ↓ ↓
Wildkraftbrühe *Consommé de gibier*

Fischbrühe *Fumet de poisson*
+ Klärfleisch von Fisch +
↓ ↓ ↓ ↓ ↓
Fischkraftbrühe *Consommé de poisson*

Klärvorgang

Rindfleisch enthält ca. 22 % Eiweiß und bewirkt in Verbindung mit Hühnereiweiß die Klärung der Brühe.

Die Rinderhesse (Wade) wird im Wolf grob zerkleinert, mit Wasser, Eiweiß und den gewürfelten Gemüsen vermischt und kaltgestellt.

Das zerkleinerte Fleisch laugt im Wasser aus. Eiweiß und Geschmacksstoffe des Fleisches gelangen in die Flüssigkeit.

Die vorbehandelten Zutaten gibt man in einen Topf, gießt die kalte, entfettete Brühe dazu und bringt langsam alles zum Kochen. Dabei muss bis zum Sieden wiederholt langsam und vorsichtig umgerührt werden, denn die Rohstoffe würden sich am Topfboden festsetzen und anbrennen.

Bei 70 °C beginnt das Eiweiß zu gerinnen, es umschließt alle Schwebeteilchen, zieht sich zusammen und hat bei Erreichen des Kochpunkts die Brühe geklärt. Danach steigt es mit den anderen Zutaten als geronnene, dicke Schicht an die Oberfläche.

Um die Naturalien voll auswerten zu können, muss die Kraftbrühe 2 Stunden sieden und ist öfter zu entfetten. Starkes Kochen würde sie trüben, da sich das Fett nicht nach oben absetzen kann, sondern wieder in die Brühe einkocht.

Das ausgelaugte Klärfleischgemisch wird mit einem Schaumlöffel vorsichtig entfernt. Dann gibt man die Brühe durch ein Passiertuch, das die restlichen Trübstoffe zurückhält.

Kraftbrühe

Bedarf für 10 Liter

10 l	Fleisch- und Knochenbrühe
2 kg	Rinderhesse (Wade)
8	Eiweiß
1 l	Wasser
350 g	Möhren
400 g	Lauch
80 g	Petersilie (und Kerbel)
Msp.	Muskat

Kraftbrühe

Arbeitsfolge für Kraftbrühe

Material	Arbeitsvorgang	Begründung
Eiweiß, Wasser	zerschlagen	Gute Verteilung begünstigt Klärvorgang.
Klärfleisch, Gemüsewürfel	schroten, dazugeben und gründlich vermengen	Fleischfaser wird ausgelaugt, Inhaltsstoffe gelangen in Flüssigkeit, Gemüse geben Aroma.
Entfettete Brühe (am besten kalt, jedoch höchstens 40 °C)	dazugießen, verrühren	Fett beeinträchtigt den Klärvorgang negativ. Heiße Brühe mit Eis abkühlen; zu heiße Brühe ließe das Eiweiß zu schnell gerinnen und würde somit den Klärvorgang verhindern.
	alles unter vorsichtigem Rühren erhitzen	Rühren verhindert Anbrennen und fördert den Klärvorgang. Ab 70 °C gerinnt das Eiweiß, lagert Schwebeteilchen an, zieht sich zusammen und steigt als geronnene, dicke Schicht an die Oberfläche.
	2 Stunden ziehen lassen, mehrfach entfetten, Verdunstung durch kaltes Wasser ersetzen	Starkes Kochen würde zur Trübung führen, denn Fett kann sich dann nicht absetzen.
Petersilie, Kerbel, Messerspitze Muskat	ins Tuch geben, Kraftbrühe passieren	Heiße Brühe löst Aromastoffe aus Kräutern und Gewürz.
	nochmals aufkochen, entfetten, abschmecken	Kraftbrühe soll ohne sichtbares Fett und gehaltvoll sein.
	Kraftbrühe – *Consommé*	

Sonstige Kraftbrühen

Die Regeln für die Herstellung der Kraftbrühe gelten auch für die folgenden Arten. Eine Kraftbrühe ohne genauere Angabe ist immer vom **Rind.**

Geflügelkraftbrühe

consommé (m) de volaille

Zutaten

Geflügelbrühe,
Klärfleisch von Geflügel,
Eiweiß,
zerkleinertes Wurzelgemüse,
angebratene Geflügelknochen und/oder Suppenhuhn.

Kochdauer: Aufkochen, 1 Std. ziehen lassen.

Wildkraftbrühe *consommé (m) de gibier*

Zutaten

Wildbrühe,
Wildklärfleisch,
Eiweiß,
zerkleinertes Wurzelgemüse,
angebratene Wildknochen und -parüren,
Pilzabschnitte,
Wacholderbeeren,
Pfeffer.

Kochdauer: Aufkochen, 1 Std. ziehen lassen.

Fischkraftbrühe *consommé (m) de poisson*

Zutaten

Fischbrühe,
Fischklärfleisch,
Eiweiß,
zerkleinerter Lauch und Petersilienwurzel,
Weißwein.

Kochdauer: Aufkochen, 15 Min. ziehen lassen.

Kraftbrühen mit Einlagen

Abb. 1 Kraftbrühe mit Eierstichtimbal

Wird Kraftbrühe **mit einer Einlage** gereicht, so benennt man sie nach dieser, z. B. Kraftbrühe mit Markklößchen, – mit Butternocken, – mit Käsebiskuit usw.

Besteht die **Einlage aus verschiedenen Einzelheiten,** bezeichnet man die Kraftbrühe

- mit einem Eigennamen
  Beispiel: Kraftbrühe *Colbert*
- nach ihrer Art
  Beispiel: Geflügelkraftbrühe nach *Königinart*
- oder nach ihrer regionalen Herkunft
  Beispiel: *Ostender* Fischkraftbrühe

Kraftbrühe Carmen

consommé Carmen *consommé (m) Carmen*

Rinderkraftbrühe mit Streifen von Paprikaschoten und Tomaten, körnigem Reis und Kerbel.

Kraftbrühe Colbert

consommé Colbert *consommé (m) Colbert*

Rinderkraftbrühe mit Streifen oder Würfelchen von Wurzelgemüsen und pochiertem Ei.

Geflügelkraftbrühe auf Königinart

clear chicken soup Queen's style

consommé (m) de volaille à la reine

Geflügelkraftbrühe mit Tapioka, Hühnerbruststreifchen und Eierstich.

Wildkraftbrühe nach Jägerart

clear game soup hunter's style

consommé (m) de gibier chasseur

Wildkraftbrühe wird mit Madeira abgeschmeckt und erhält eine Einlage von Wildklößchen und Champignonstreifchen.

Fischkraftbrühe

clear fish soup *consommé (m) de poisson*

Abb. 1 Fischkraftbrühe mit Stückchen von der Räucherforelle, gedünsteten Gemüsen und Dill.

Doppelte Kraftbrühe

double clear soup *consommé (m) double*

Bedarf für 10 Liter

10 l Fleisch- und Knochenbrühe
2 l Wasser
4 kg Rinderhesse (Wade)
250 g Möhren
400 g Lauch
100 g Petersilie (und Kerbel)
4 Eiweiß

Doppelte Kraftbrühe wird mit der zweifachen Menge an Klärfleisch zubereitet. Dadurch kann die Beigabe von Hühnereiweiß verringert werden. Arbeitsfolge und Klärvorgang wie bei der Kraftbrühe.

Zum kräftigen Geschmack doppelter Brühen harmonieren besonders:

- Likörweine (Madeira, Malaga, Marsala, Portwein, Sherry),
- Pilz-, Gemüse- oder Kräuterauszüge (Essenzen),
- Wildgeflügelauszüge (Rebhuhn, Fasan).

Die Aromastoffe sollen den Geschmack der Brühe ergänzen, ihn jedoch nicht überdecken Die Brühen werden der Beigabe entsprechend bezeichnet und vorwiegend ohne Einlage gereicht.

Doppelte Kraftbrühe mit Madeira

double consommé with madeira
consommé (m) double au madère

Bedarf für 1 Liter doppelte Geflügelkraftbrühe

80–90 g Madeira

Nach dem Passieren mit dem Wein abschmecken.

Rebhuhnessenz

partridge essence *essence (w) de perdrix*

Bedarf für 5 Liter

2 (ältere) Rebhühner

Brusthälften der Rebhühner auslösen und anderweitig verwenden. Karkassen und Keulen hacken, braun anbraten, dem Kläransatz der doppelten Wildkraftbrühe beigeben und in der Brühe auswerten.

Kalte Kraftbrühe

cold clear soup *consommé (m) froid*

Kalte Kraftbrühe (auch als „geeiste Kraftbrühe“ bezeichnet) ist eine gehaltvolle, leicht gelierte Brühe.

Beim Klären der Brühe werden zusätzlich Geflügelknochen und ausgelöste, zerkleinerte Kalbsfüße mitgekocht. Die gelatinösen Bestandteile dieser Zusätze gehen in die Flüssigkeit über. Völlig entfettet und fertig abgeschmeckt, lässt man die Kraftbrühe kalt werden und stellt sie in den Kühlraum. Der gelierende Stand tritt erst 5 Stunden nach dem Erkalten ein, der Endwert der Gelierfestigkeit nach etwa 20 Stunden.

Der Geschmack gelierter Brühen ist natürlicher und feiner, wenn er durch mitgekochte Rohstoffe erzeugt wurde. Deshalb sollte man darauf verzichten, den Gelierstand mit Gelatine oder Aspikpulver herzustellen.

Kraftbrühe Madrider Art

chilled clear soup madrilene
consommé (m) froid madrilène

Einer kräftigen oder doppelten Geflügelkraftbrühe werden frische Tomatenfleischstückchen und rote Paprikafrüchte beim Klären zugesetzt. Sie wird kalt und in leicht geliertem Zustand mit Tomatenfleischstücken als Einlage serviert.

2.3 Suppeneinlagen

Einlagen sollen kleingehalten, mäßig portioniert und für den Geschmack der jeweiligen Suppe geeignet sein. Zweckmäßig hält man die Einlage wie Klößchen, Eierstich u. Ä. separat in einem Gefäß mit etwas Brühe warm und verteilt sie mit einem kleinen Schaumlöffel in vorgewärmte Tassen oder tiefe Teller. Der Geschmack kann mit frischen zerkleinerten Kräutern (Kerbel, Petersilie, Schnittlauch u. a.) ergänzt werden.

Übersicht Suppeneinlagen

- Klößchen/Nocken
- Nockerln
- Teigwaren
- Eierstich
- Pfannkuchen
- Gemüse
- Röstbrot
- Biskuit

Klößchen/Nocken

dumplings *quenelles (w)*

Kleine Klößchen als Einlage für viele klare Suppen und einige gebundene Suppen werden aus den Farcen von Kalbfleisch, Geflügel, Wild, Fisch, Krebs- und Weichtieren hergestellt.

Häufig verwendet man hierfür auch bereits fertige Wurstrohmasse (Brät vom Kalb oder Rind).

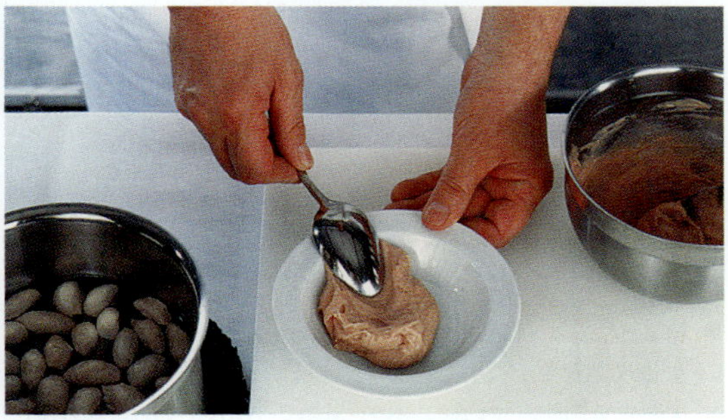

Grundsätzlich sollte man vor der eigentlichen Produktion der Klößchen eine Garprobe durchführen, um gegebenenfalls noch auf Geschmack und Konsistenz Einfluss zu nehmen.

Klößchen sind in der Regel klein und haben eine runde oder ovale Form. Die ovalen Formen bezeichnet man auch als *Nocken* oder *Nockerl*.

Der Geschmack der Klößchen lässt sich zusätzlich durch zerkleinerte Beigaben verändern, wie z. B.:

- Pilze
- Kräuter
- Gemüsebrunoise
- Reibkäse
- Ingwer
- Trüffeln
- Pistazien
- Schinkenwürfelchen
- Nüsse/Mandeln

Schwemmklößchen

milk dumplings *quenelles (w)*

0,4 l Milch
50 g Butter
200 g Mehl
300 g Eier (6 St.)
5 g Salz
Msp. Muskat

für ca. 40 Portionen

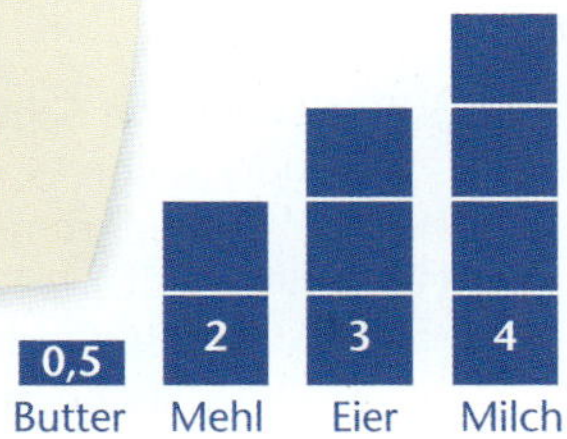

- Milch, Butter und Gewürze aufkochen.
- Topf vom Herd nehmen, gesiebtes Mehl auf einmal zugeben, wie eine Brandmasse abbrennen, bis sich die Masse vom Topf löst.
- In ein anderes Gefäß geben, etwas auskühlen lassen und
- Eier nach und nach einrühren.
- Klößchen abstechen, in siedendem Salzwasser garen und
- in Brühe bereithalten.

Käsenocken

cheese dumplings

quenelles (w) au fromage

Schwemmklößchenmasse (Rezept oben) mit 200 g Parmesan vermischen. Abstechen wie oben.

Quarkklößchen

curd dumplings

quenelles (w) au fromage blanc

160 g Quark
80 g Eigelb (4 St.)
40 g Weißbrotkrume
40 g Mehl
Weißer Pfeffer
Salz

für ca. 15 Portionen

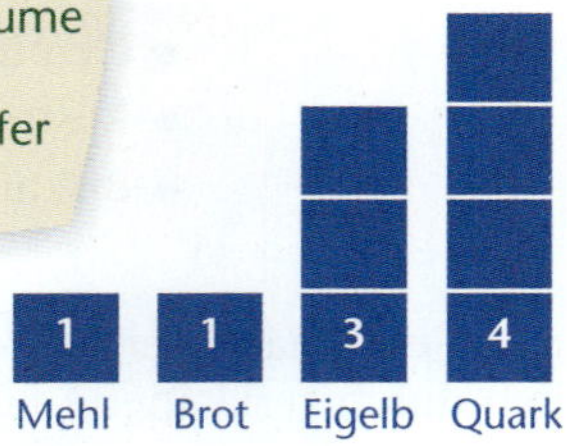

- Quark und Eigelb gründlich verrühren, Weißbrotkrume (mie de pain) zugeben, würzen und gesiebtes Mehl untermischen.
- Die Masse 20 Min. kühl stellen, nochmals durchrühren, Klößchen abstechen und
- in Salzwasser ca. 10 Min. ziehen lassen.

Leberklößchen

liver dumplings

quenelles (w) de foie

300 g Leber von Schwein oder Kalb
100 g Weißbrotkrume
100 g Eier (2 St.)
50 g Schalotten- oder Zwiebelscheiben
50 g Lauch, weiß
5 g Majoran, getrocknet
1 EL Kräuter, geschnitten
Salz und Pfeffer

für ca. 30 Portionen

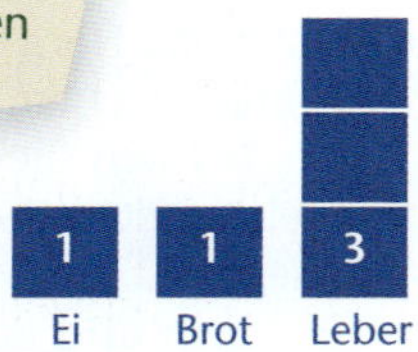

- Schalotten- oder Zwiebelscheiben und Lauchstreifen zur Geschmacksverstärkung anschwitzen.
- Weißbrot in feine Scheiben schneiden und die Eier darüberschlagen.
- Leber in Stücke schneiden und würzen.
- Alle Zutaten gut vermengen, durch die feine Scheibe des Wolfs drehen,
- gehackte Kräuter darunterarbeiten.
- Klößchen in siedende Brühe abstechen und gar ziehen lassen.

Käsebiskuit (Schöberl)

cheese biscuits *biscuit (m) au fromage*

1 Eigelb
3 Eiweiß
25 g Mehl
25 g Stärke
25 g Parmesan
Msp. Muskat
Salz

für ca. 25 Port.

- Mehl mit Stärke sieben und dann mit Parmesan und Muskat vermischen.
- Eiweiß mit Salz zu einem steifen Schnee schlagen, das glatt gerührte Eigelb unterziehen und die Mehl-Parmesan-Mischung unterheben.
- Biskuitmasse gleichmäßig 1 cm dick auf Backpapier streichen und im vorgeheizten Ofen bei 200 °C ca. 12 Minuten goldgelb backen.
- Backpapier abziehen.
- Ausgekühlten Biskuit in Rauten schneiden.

Geschmackliche Abwandlungen durch Auswechseln des Käseanteils:

- **Schinkenbiskuit**
  le biscuit au jambon
  100 g kleinste Würfel gekochten Schinkens.
- **Mandelbiskuit**
  le biscuit aux amandes
  80 g abgezogene, geröstete Mandeln, feingehackt.

Windbeutelchen

cream puff dumplings

profiteroles (w)

150 g Wasser
50 g Butter
100 g Mehl
150 g Eier (3 St.)
20 g Parmesan
Msp. Salz

für ca. 30 Portionen

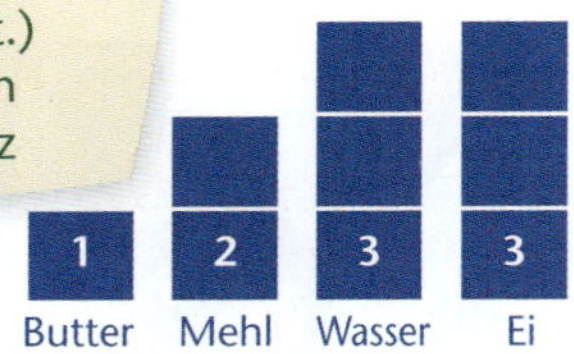

- Wasser, Butter und Salz zum Kochen bringen.
- Topf von der Kochstelle nehmen.
- Gesiebtes Mehl beigeben und mit einem Holzlöffel zu einem Kloß rühren.

- Diesen auf dem Feuer abbrennen, bis sich am Topfboden ein weißer Belag bildet.
- Mehlkloß in ein anderes Gefäß geben.
- Eier nach und nach beigeben und glatt unterrühren,
- abschließend geriebenen Parmesan beigeben.
- Brandmasse mit Spritzbeutel und glatter Tülle in 2 bis 3 mm großen Tupfen auf ein Backpapier oder leicht gefettetes, mit Mehl bestäubtes Blech spritzen.
- Bei mittlerer Hitze im Ofen hellbraun backen.

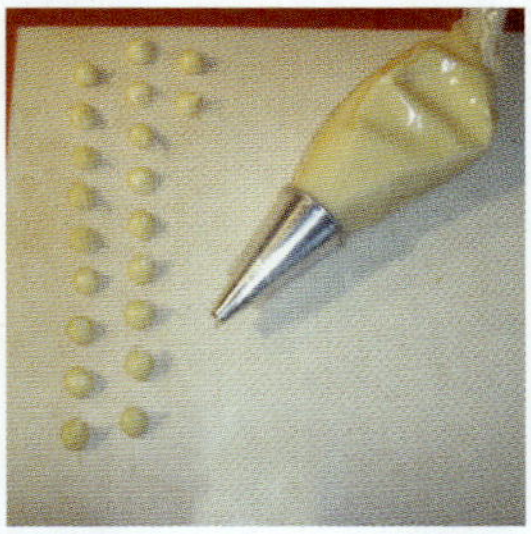

Eierstich

custard (en) · *royale (w)* (fr)

100 g Eigelb (5 St.)
200 g Eier (4 St.)
0,4 l Milch
Salz
Muskat

für ca. 40 Portionen

Eigelb	Ei	Milch
1	2	4

- Eier und Eigelb kräftig verrühren.
- Milch aufkochen, langsam unter kräftigem Rühren zugeben, würzen und passieren.
- In gebutterte Form (Timbale) oder Wurstdarm füllen.
- Förmchen im Wasserbad oder im Ofen, Wurstdarm nur im Wasserbad im Ofen bei mäßiger Hitze etwa 40 bis 50 Min. stocken lassen.
- Eierstich erst nach dem völligen Erkalten in gewünschte Form schneiden.
- In warmer Brühe bereithalten.

Hinweise:
- Zugabe von Eigelb ergibt ein dichteres und geschmacklich feineres Produkt.
- Heiße Milch verkürzt die Gardauer.
- Mäßige Hitze stockt den Eierstich dicht.
- Starke Hitze und zu langes Erhitzen treiben; das Produkt wird löcherig („käsig“).

Eierstich kann durch Beigabe feiner Pürees (Artischocken, Erbsen, Brokkoli, Tomaten, Geflügel, Wild, Leber u. a.) geschmacklich variiert werden. Die Milchmenge ist dann um den beigegebenen Püreeanteil zu verringern.

Butternockerln

butter dumplings (en)
noques (w) au beurre (fr)

200 g Butter
200 g Eier (4 St.)
200 g Mehl
5 g Salz
Msp. Muskat

für ca. 30 Portionen

Butter	Ei	Mehl
1	1	1

- Butter schaumig rühren.
- Eier und gesiebtes Mehl rasch nach und nach einrühren.
- Masse würzen und kurze Zeit kaltstellen.
- In kochendheiße Brühe oder Salzwasser abstechen und gar ziehen lassen.

Markklößchen

marrow dumplings (en)
quenelles (w) à la moëlle (fr)

250 g Rindermark
250 g Weißbrotkrume (mie de pain)
250 g Eier (5 St.)
1 EL Petersilie, gehackt
5 g Salz
Pfeffer
Msp. Muskat

für ca. 35 Portionen

Mark	Brot	Ei
1	1	1

- Frische Weißbrotkrume in dünne Scheiben schneiden.
- Eier darüberschlagen, Mark dazubröckeln und würzen.
- Vermengen, ohne zu kneten. Wolfen mit feiner Scheibe.
- Petersilie zufügen, durchrühren und kaltstellen.
- Abgesteiften Teig mit Mehl zu Walzen formen, diese in Stücke schneiden.
- Stücke mit Mehl bestäuben und im Rahmensieb durch kreisende Bewegungen zu Kugeln formen oder zwei Klößchenteile zwischen den beiden Handflächen gleichzeitig kreisend zu Kugeln formen.
- Auf bemehltes Blech ablegen und kühlen.
- In siedendem Salzwasser garen.

Gekühlter Teig lässt sich sauberer verarbeiten. Im Sieb lassen sich viele Markklößchen auf einmal rollen und formen (Abb. s. Seite 420).

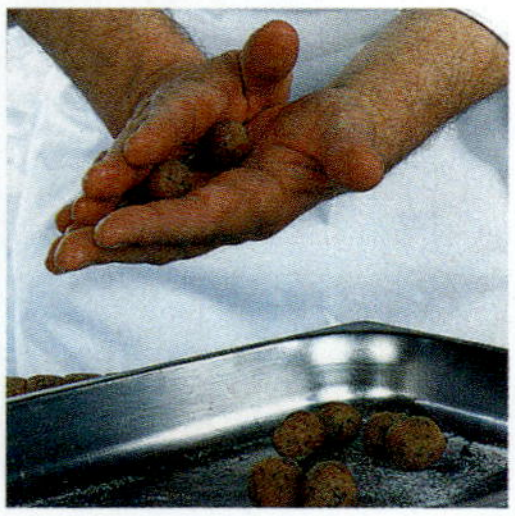

Grießnockerln

semolina dumplings

noques (w) de semoule

150 g Butter
150 g Eier (3 St.)
300 g Grieß, feinkörnig
3 EL Wasser
5 g Salz
Msp. Muskat

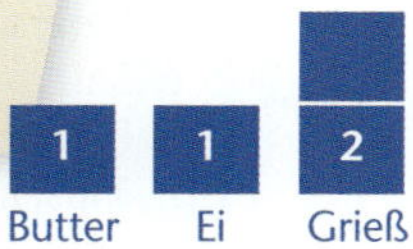

für ca. 35 Portionen

- Butter schaumig rühren.
- Eier, Grieß und Wasser nach und nach einrühren.
- Masse würzen und kurze Zeit anziehen lassen.
- Mit einem Löffel Nockerln in siedendes Salzwasser abstechen,
- 10 Min. leicht kochen und weitere 5 Min. zugedeckt ziehen lassen.

Pfannkuchenstreifen (Flädle)

sliced pancakes *célestine (w)*

150 g Mehl
300 g Eier (6 St.)
0,45 l Milch
5 g Salz
1 EL Schnittlauch

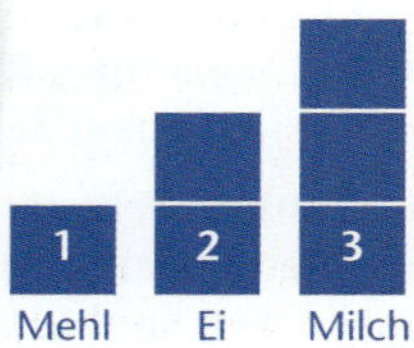

für ca. 30 Portionen

- Mehl in eine Schüssel sieben und mit Milch glatt rühren.
- Aufgeschlagene, verrührte Eier, Schnittlauch und Salz dazugeben und gründlich vermengen.
- Teig etwas anziehen lassen.
- In einer Pfanne mit wenig Butter dünne Pfannkuchen backen.
- Zum Abkühlen nebeneinander auf ein Gitter legen.
- Kalte Pfannkuchen entweder übereinander legen und in 4 mm breite Bänder teilen und in feine Streifen schneiden.

Abb. 1 Flädle/Pfannkuchenstreifen

Röstbrotstücke

croutons *croûtons (m)*

Zu Röstbrotscheiben verwendet man Stangenbrot oder Brötchen. Zu Röstbrotwürfelchen ist Kastenweißbrot (Toastbrot) geeigneter.

Das geschnittene Brot zuerst im Ofen goldbraun rösten. Noch warm mit einigen Butterflöckchen durchschwenken.

Dadurch erhalten die knusprigen Krüstchen ein feines Butteraroma und weichen in der Suppe nicht so rasch auf.

Man kann aber auch die Brotwürfel in Öl in einer Pfanne auf der Kochstelle durch stetes Schwenken herstellen. Kurz vor Erreichen des gewünschten Röstgrades gibt man etwas Butter dazu.

Sago/Tapioka

tapioka | tapioca (m)

Sago ist ein Erzeugnis von unregelmäßig bis regelmäßig geformten, 1 bis 3 mm großen Kügelchen, hergestellt aus verschiedenen Stärkearten.

Sago in kochendes Salzwasser schütten und garen. Die Kochdauer ist auf den Verpackungen vermerkt. Danach absieben, kalt überbrausen und abgetropft in die Kraftbrühe geben.

Man verwendet Sago auch zu gebundenen Suppen, Kaltschalen und Süßspeisen.

© TH Foto/StockFood

3 Gebundene Suppen

thick soups | potages (m) liés

Suppenarten	Ansetzen	Grundstoff	Auffüllen	Fertigstellen	Vollenden
Legierte Suppen/ Samtsuppen *Potages veloutés*	weiße Mehlschwitze mit weißen Wurzelgemüsen	Gemüse, Pilze, Fisch, Geflügel, Schlachtfleisch	Kalbs- oder Geflügelbrühe und/oder Brühe des Grundstoffs	passieren	Eigelb **und** Sahne (Liaison)
Rahmsuppen/ Cremesuppen *Potages crèmes*	wie oben	wie oben	wie oben	passieren, auch unpassiert	**nur** Sahne
Püreesuppen *Potages purées*	Butter, Fett oder Speck, Wurzelgemüse, auch Mehl	Hülsenfrüchte, Gemüse, Kartoffeln	Brühe von Schlachtfleisch oder Geflügel	pürieren, passieren	Butter, auch Sahne
Gebundene braune Suppen *Potages brun liés*	Butter, Fett oder Speck, Röstgemüse, Mehl	Wild, Wildgeflügel, Schlachtfleisch, Knochen und Parüren, geröstet	Große braune Brühe und/oder Brühe des Grundstoffs, Nachbrühe	passieren	Butter oder Sahne

Gebundene Suppen sind sämig gemachte Brühen verschiedener Art.

Die Bindemittel können Weizen-, Reis-, Roggen-, Hafer-, Gerste-, Grünkern- oder Maismehl sowie Pürees von Gemüsen, Tomaten, Kartoffeln, Hülsenfrüchten, Fischen und Krebstieren, Geflügel- und Wildfleisch sein. Mehle und Pürees können auch zusammen als Bindung wirken.

Entsprechend ihrer Art werden die gebundenen Suppen zur geschmacklichen Verbesserung mit frisch gehackten Kräutern, Sahne und Eigelb (Liaison), Sahne und/oder Butter vervollständigt.

In der Praxis haben wirtschaftliche Überlegungen den Vorrang, deshalb gibt es keine starre Form der Zubereitung. Die Grundzüge der einzelnen Suppenarten und die der Herstellung müssen jedoch berücksichtigt werden.

Die **Neue Küche** bevorzugt die Methode des starken Reduzierens von kräftigen Fonds. Diese Reduktionen werden dann mit Crème fraîche, Crème double oder Schlagsahne gebunden oder mit kalten Butterflöckchen montiert.

Diese Suppen weisen allerdings sehr hohe Energiewerte (Kilojoule) auf. Deshalb serviert man von dieser Art meist nur kleine Mengen und nicht übliche Portionen.

3.1 Legierte Suppen – Samtsuppen

velouté soups *potages (m) veloutés*

Samtsuppen bzw. legierte Suppen sind aus einem angeschwitzten Bindemittel, einer entsprechenden Brühe und einem gegarten Grundstoff zusammengesetzt. Eine abschließende Legierung, bestehend aus Eigelb und Sahne, verleiht ihnen eine gewisse samtige Weichheit. Die Bezeichnungen und den jeweiligen Geschmack erhalten die Suppen durch die verwendeten Brühen (z. B. von Kalb, Geflügel, Gemüse, Fisch) und dem dazugehörenden Grundstoff (Gemüse, Pilze, Geflügel, Muscheln u. a.).

Kochzeit:
25 bis 45 Min.
(je nach verwendetem Grundstoff).

Bedarf für 10 Liter Suppe

- 400 g Butter
- 100 g Sellerie
- 300 g Lauch, weiß
- 400 g Reis- oder Weizenmehl
- 10 l Brühe (geschmacksbest. Grundstoff)
- 1 l Sahne
- 10 Eigelb
- 100 g Butter

Arbeitsfolge für legierte Suppen/Samtsuppen

Material	Arbeitsvorgang	Begründung
Butter, Sellerie, Lauch	Butter zerlassen, Gemüse ohne Farbe schwitzen	Durch Schwitzen entstehen Aromastoffe.
Reismehl oder Weizenmehl	einstreuen, mitschwitzen	Reismehl ist geeigneter, weil weniger Kleberanteile. Durch Schwitzen dextriniert die Stärke; Geschmacksaufwertung.
abgekühlte Brühe	in kleinen Mengen zugießen, rühren, aufkochen, abschäumen, langsam weiterkochen	Schwitze bindet ohne Klümpchenbildung ab. Abschäumen fördert Aussehen und Geschmack. Mäßige Wärme verhindert Ansetzen.
vorgesehenen Grundstoff	beifügen und mitkochen	Suppe erhält den typischen Geschmack.
	durch Sieb oder Tuch passieren	Entfernen ausgewerteter Naturalien und feinster Rückstände.
Eigelb, Sahne (Legierung)	einen Teil der Suppe in die Legierung rühren, dieses Gemenge unter die verbliebene Suppe mischen	Suppentemperatur wird verringert. Legierung vermischt sich, ohne sogleich abzubinden oder zu gerinnen.
	nahe an den Kochpunkt bringen; nicht kochen!	Eigelb bindet ab, Suppe erhält samtene Weichheit. Da die Suppe wenig Stärkebindung hat, gerinnt sie leicht.
gesondert gedünsteten oder reduzierten Grundstoff	in die legierte Suppe geben	Verbesserung des Suppengeschmacks und des Aussehens.
Butter	in Flocken unterziehen	Verfeinerung des Geschmacks.
	Legierte Suppe/Samtsuppe – *Potage velouté*	

Legierung *(Liaison)*

Legierung oder Liaison ist eine Mischung vorwiegend von Eigelb und Sahne. Sie dient zum Legieren von Suppen und Saucen. Liaison verleiht den Zubereitungen ein zartes, samtweiches Gefüge. Beim Trennen der Eier ist darauf zu achten, dass die Hagelschnüre sorgfältig vom Dotter entfernt werden. Dies erübrigt ein weiteres Passieren.

Grundrezept

Bedarf für 1 Liter Suppe

1 Eigelb
0,1 l Sahne

Bedarf für 1 Liter Sauce

2–4 Eigelb
0,05–0,2 l Sahne

Zum Legieren muss die Suppe auf jeden Fall heiß sein, damit genügend Wärme zum Abbinden vorhanden ist.

Damit sich die Liaison gleichmäßig vermischt, rührt man zunächst einen Teil der Suppe in die Liaison, dann wird dieses Gemenge unter die verbliebene Suppe gerührt.

Bei Suppen darf die Legierung nicht mitkochen, denn durch den geringen Stärkeanteil würde das Eigelb ausflocken, gerinnen.

Bei Saucen, die durch die Bindung einen höheren Stärkeanteil aufweisen, kann die eingerührte Liaison kurz mit aufkochen; die dichtere Konsistenz verhindert die Gerinnselbildung des Eigelbs.

Suppen und Saucen in eine Wasserbadkasserolle (Bain-marie-Behälter) gießen. Butter in Flöckchen unterrühren; zugedeckt warmhalten, damit sich keine Haut bildet.

Wurde der geschmacksbestimmende Grundstoff als zerkleinerte Einlage separat gedünstet, so gibt man ihn jetzt der fertigen Suppe bei.

Nach dem Prinzip des Grundrezeptes lassen sich z. B. herstellen:

Samtsuppe Dubarry

cream soup Dubarry
velouté (m) Dubarry

Blumenkohl-Röschen dünsten. Unter Verwendung des grob zerkleinerten Blumenkohlstrunks eine Suppe mit heller Brühe zubereiten. Röschen als Einlage der fertigen Suppe beigeben.

Geflügelsamtsuppe

chicken cream soup
velouté (m) de volaille

Suppe mit Geflügelbrühe bereiten. Zur Kräftigung des spezifischen Geschmacks Geflügelklein oder -karkassen mitkochen. Einlage: Streifchen von gekochter Geflügelbrust (Julienne de volaille).

Legierte Morchelsuppe

morrel cream soup
velouté (m) aux morilles

Suppe mit Kalbsbrühe bereiten. Einlage: gedünstete Morchelstückchen samt kurzgehaltenem Dünstfond; auf die Oberfläche der eingefüllten Suppe geschnittenen Schnittlauch und/oder Estragon streuen.

Abb. 1 Legierte Morchelsuppe

Legierte Spargelsuppe

asparagus cream soup
velouté (m) d'asperges

Suppe mit Spargelbrühe bereiten. Zur Erzeugung des spezifischen Geschmacks Spargelabschnitte und/oder Spargelschalen mitkochen. Einlage: Stückchen gekochten Spargels

Zubereitung Speisen

An folgendem Beispiel soll der Unterschied zwischen der herkömmlichen (konventionellen) und der modernen Küche aufgezeigt werden. Hierfür wird in beiden Fällen die Herstellung einer legierten Kerbel- oder Sauerampfersuppe dargestellt:

Herkömmliche Küche	Rezepturbestandteile für 1 l Suppe	Heutige Küche
1 l	helle Brühe vom Kalb oder Geflügel	1,5 l
40 g	Butter	–
40 g	Mehl	–
1	Eigelb	1
0,1 l	Sahne	0,4 l
20 g	Butter	100 g
100 g	frischer Sauerampfer oder Kerbel	100 g
	Salz und Pfeffer	

- Mit Roux und heller Brühe eine gebundene Suppe bereiten und gut durchkochen.
- Suppe mit Eigelb und Sahne legieren.
- Sauerampfer waschen, zupfen, in feine Streifen schneiden und in Butter dünsten.
- Gegarten Sauerampfer samt Dünstfond als Geschmacksträger und Einlage unter die legierte Suppe mengen, evtl. nachwürzen.

- Den hellen Fond auf die Hälfte einkochen.
- die Sahne zugießen und bis zur gewünschten Konsistenz weiter reduzieren.
- Währenddessen den gewaschenen, gezupften Sauerampfer im Mixer pürieren; dabei die Butter und das Eigelb dazu geben.
- Mit Salz und Pfeffer würzen und mit einem Mixstab die Sauerampferbutter in die heiße Suppe montieren.

Herstellung von Brokkolisuppe

Verwendet man beispielsweise zur Herstellung der Suppe **Brokkoli,** so wird zuerst der Strunk kleingeschnitten, weichgekocht, aus dem Wasser genommen und in Eiswasser abgeschreckt.

Brokkoliröschen ebenfalls in der Brühe kochen und rasch abkühlen. Aus einer weißen Roux und dem Brokkolifond wird eine Cremesuppe hergestellt, die Strünke werden püriert und zugegeben. Nach dem Abschmecken und Legieren gibt man noch die Brokkoliröschen in die Suppe (siehe Abb. 1 bis 3).

Abb. 1 Mitgekochte Brokkolistrünke entnehmen.

Abb. 2 Pürierte Strünke einrühren.

Abb. 3 Suppe mit Brokkoliröschen garnieren.

3.2 Rahmsuppen – Cremesuppen

cream soups *potages (m) crèmes*

Rahmsuppen bzw. Cremesuppen werden aus einem angeschwitzten Bindemittel, einer entsprechenden Brühe und einem gegarten Grundstoff hergestellt. Kennzeichnend ist, dass sie nur mit Sahne vollendet werden.

Grundrezept

Bedarf für 10 Liter Suppe

400 g	Fett (Butter)
400 g	Weizenmehl oder Reismehl
100 g	Sellerie
300 g	Lauch, weiß
10 l	Brühe (geschmacksbest. Grundstoff)
2 l	Rahm

Kochzeit: 25 bis 45 Min. (je nach Grundstoff).

Die Rahmsuppe wird wie die Samtsuppe (s. d.) angesetzt. Nach dem Passieren rührt man die Sahne in die Suppe und erhitzt alles ohne aufzukochen. Um das feine Aroma der Sahne zu erhalten, darf die vollendete Suppe nicht mehr kochen.

Nach dem Prinzip des Grundrezepts lassen sich herstellen zum Beispiel:

Geflügelcremesuppe

chicken cream soup

potage (m) crème de volaille

Eine Rahmsuppe mit kräftigem Geflügelfond herstellen und Hühnerbruststreifchen als Einlage in die Suppe geben.

Grünkernsuppe

cream soup ceres

potage (m) crème blé vert

Unter Anwendung von Grünkernmehl eine Rahmsuppe zubereiten. Kleine geröstete Weißbrotwürfel (Croûtons) extra dazu reichen.

Tomatensuppe

tomato cream soup

crème (w) de tomates

Mit wenig magerem Speck, ausgedrückten frischen Tomaten (750 g/*l*) und Tomatenmark (75 g/*l*) eine Rahmsuppe herstellen. Suppe mit Salz, Zucker, Pfeffer abschmecken.

3.3 Püreesuppen

puree soups *potages (m) purées*

Suppen, deren Grundbestandteile püriert werden und die hauptsächlich dadurch ihre Bindung erhalten, bezeichnet man als Püreesuppen.

Die Grundstoffe sind vorwiegend Hülsenfrüchte, Gemüse oder Kartoffeln. Sie bestimmen Geschmack und Bindung.

Hülsenfrüchte haben mehr Stärkeanteile als Gemüse, diese genügen als Suppenbindung. Bei Gemüse ist deshalb ein Zusatz von Weizen- oder Reismehl oder Brot nötig.

Die fertig gekochten Püreesuppen erhalten zur Geschmacksverfeinerung meistens etwas Butter, aber auch mit gehackten frischen Kräutern oder Sahne können sie vollendet werden.

Kürbissuppe

pumpkin soup *soupe (w) au potiron*

Bedarf für 2,5 Liter Suppe/10 Portionen

200 g	Zwiebeln
75 g	Kürbiskernöl
75 g	Milchreis
1,25 kg	Kürbisfleisch
50 g	Butter
2 l	Brühe
	Koriander, Ingwer
	Salz und Pfeffer
30 g	geröstete Kürbiskerne
30 g	Crème fraîche

- Zwiebeln in Kürbiskernöl farblos anschwitzen, Milchreis dazugeben, kurz angehen lassen.
- Vorbereitete Kürbiswürfel beifügen und mit der Brühe auffüllen und aufkochen lassen.
- Würzstoffe zugeben.
- Die Suppe so lange kochen bis der Kürbis bzw. der Milchreis weich ist, dann noch etwa eine halbe Stunde zur Seite stellen und nachziehen lassen.
- Die Suppe nun im Mixer pürieren, erneut erhitzen und abschmecken.
- Mit Kürbiskernen, einigen Tropfen Kürbiskernöl und wenig Crème fraîche garnieren (siehe Abb. 3 Seite 430).

Kartoffelsuppe

potatoe puree soup *purée (w) Parmentier*

- Zwiebel- und Lauchscheiben in Fett farblos anschwitzen.
- Kartoffelscheiben hinzufügen, mit heller Fleischbrühe auffüllen und weich kochen.
- Suppe passieren, erhitzen, mit Butter, Sahne, etwas Muskat abschmecken, und mit Petersilie bestreuen.
- Geröstete Weißbrotwürfelchen (Croûtons) gesondert reichen.

Bedarf für 2,5 Liter Suppe/ 10 Portionen

200 g	Zwiebeln und Lauch
75 g	Fett
25 g	Butter
750 g	mehlige Kartoffeln
200 g	Weißbrotwürfelchen
0,125 l	frische Sahne
	Fleischbrühe

3.4 Gebundene braune Suppen

brown soups *potages (m) bruns liés*

Grundlage für braune Suppen sind Parüren und Knochen von Schlachtfleisch, Wild oder Karkassen von Wildgeflügel. Zum Ansetzen brauner Wildgeflügelsuppen sind auch alte Tiere, z. B. Fasane, verwendbar.

Die braune Farbe wird durch Anbraten des Grundmaterials mit Röstgemüse erreicht.

Gebunden wird mit goldbrauner Mehlschwitze. Sie wird für sich zubereitet oder durch Stäuben des angebratenen Grundmaterials gebildet.

Zum Auffüllen kann je nach Art der Suppen vorhandene Brühe des Grundstoffs, Fleischbrühe oder Große braune Brühe genommen werden. Den Suppenansatz kann man zuvor auch mit Weiß- oder Rotwein ablöschen.

Verschiedene Küchenkräuter, wie Basilikum, Rosmarin, Thymian, Bohnenkraut, ferner Wacholder und Knoblauch oder Gewürzmischungen, dienen der geschmacklichen Vervollkommnung.

Braune Suppen können mit Butter oder Sahne oder auch mit Likörwein (Sherry, Portwein, Madeira) vollendet werden.

Gebundene Ochsenschwanzsuppe

thick oxtail soup

potage (m) lié à la queue de bœuf

- Ochsenschwanz in den Gelenken durchschneiden, mit einem Drittel des Röstgemüses anbraten, mit Rotwein ablöschen, Tomatenmark dazugeben und glasieren.
- Mit Wasser bedecken und weich schmoren. Fleisch von den Knochen lösen.
- Aus den restlichen Zutaten eine braune Suppe bereiten. Dazu den Fond des geschmorten Ochsenschwanzes mitverwenden.
- Die fertige Suppe mit Madeira abschmecken.
- Als Einlage dient das abgelöste kleinwürfelig geschnittene Ochsenschwanzfleisch.
- Mögliche Ergänzung:
  Würfelchen von Karotten und Sellerie;
  Gemüse-Chips;
  Stroh von Wurzelgemüse als Garnitur obenauf;
  Ornamente aus Brandteig.

  Eine besondere geschmackliche Note erhält die Suppe durch Zugabe von etwas dunkler Kuvertüre.

Bedarf für 2,5 Liter Suppe/10 Portionen

800 g	Ochsenschwanz
80 g	Fett
500 g	Röstgemüse (100 g Zwiebel, 100 g Karotten, 100 g Sellerie, 100 g Petersilienwurzel, 100 g Lauch)
750 g	Knochen und Parüren von Kalb und Rind
110 g	Mehl
20 g	Tomatenmark
0,125 l	Madeira
0,1 l	Rotwein
	Gewürze: Nelke, Lorbeer, Pfefferkörner
	Wasser oder Nachbrühe

St.-Hubertus-Suppe

St. Hubertus soup — *potage (m) St. Hubert*

Bedarf für 2,5 Liter Suppe/10 Portionen

1,5 kg	Wildparüren
250 g	Röstgemüse (50 g Zwiebel, 100 g Karotte, 100 g Sellerie)
100 g	Fett
120 g	Mehl
150 g	Champignons
0,25 l	Rotwein
0,25 l	Sahne
0,125 l	Madeira
	Cayennepfeffer, Wacholder, Lorbeer, Piment
2 l	Wildbrühe

© FoodPhotogr. Eising/StockFood

- Wildparüren in Fett anbraten, Röstgemüse zugeben und mitbraten.
- Mit Rotwein ablöschen, mit Wildbrühe auffüllen und kochen lassen.
- Aus Fett und Mehl eine hellbraune Roux herstellen und den Wildsaucenansatz damit abbinden.
- Gewürze zufügen und weiterkochen lassen.
- Fertige, passierte Suppe mit Sahne verfeinern und mit Madeirawein und Cayenne abschmecken.

Einlage: Würfelchen von Wildfleisch, gedünstete Champignonscheiben, Pilze und Croutons.

3.5 Gemüsesuppen

vegetable soups — *potages (m) aux légumes*

Gemüsesuppen entstammen der bäuerlichen Küche. Die Gemüse werden in Blättchen, Streifen, Stäbchen oder Würfel geschnitten, mit Fett und/oder Speck angeschwitzt, aufgefüllt und gegart oder mit zuvor zugesetztem Fleisch gekocht. Oftmals kommen auch Kartoffeln, Teigwaren oder Reis dazu. Die Gemüse bleiben in der Brühe wie sie sind, die Suppe wird also nicht passiert.

Bei der Zusammenstellung ist zu berücksichtigen, dass Gemüse mit intensivem Geschmack anteilig in geringerer Menge verwendet werden.

Gemüsesuppen können je nach ihrer Art mit Mehl oder Brot leicht gebunden werden sowie mit Milch oder Sahne verkocht sein. Sie werden mit zerkleinerten Kräutern ergänzt.

Gemüsesuppe

vegetable soup

potage (m) aux légumes

Für Croûtons

400 g	Scheiben von Stangenbrot oder Brötchen
60 g	Butter
50 g	Öl

Gardauer: 30 bis 40 Min.

- Speckstreifchen und Zwiebelwürfelchen mit wenig Butter anschwitzen.

Bedarf für 10 Liter/40 Portionen

8 l	Rinderbrühe oder Gemüsebrühe
200 g	Speckstreifchen
200 g	Zwiebelwürfelchen
150 g	Butter
800 g	Lauch
400 g	Sellerie
300 g	Kohlrabi
400 g	Wirsing
800 g	Kartoffeln
800 g	weiße Rüben oder Karotten
30 g	gehackte Petersilie
	Kräuterbündel aus Liebstöckel, Petersilienwurzel, Basilikum, 2 gequetschten Knoblauchzehen
	Salz und Pfeffer

- Übrige Butter und die blättrig geschnittenen Gemüse zugeben und zur Geschmacksbildung ebenfalls anschwitzen.
- Mit Brühe auffüllen, Kräuterbündel einlegen, alles zum Kochen bringen und bei wenig geöffnetem Deckel und schwacher Hitze sieden.
- Nach halber Gardauer feinblättrig geschnittene Kartoffeln zugeben.
- Inzwischen Brotscheibchen im Ofen hellbraun rösten, mit zerlaufener Butter beträufeln, durchschwenken und später separat zur Suppe anbieten.
- Der gegarten Suppe das Kräuterbündel entnehmen, Salz zugeben, mit gehackter Petersilie servieren.

Gemüsesuppe Bauernart

farmer's soup *potage (m) paysanne*

Gemüse der Jahreszeit und einige Kartoffeln in Blättchen schneiden. Mit Speckwürfeln und etwas Butter farblos anschwitzen, leicht mit Mehl bestäuben, mit Fleischbrühe auffüllen und garen.

Die fertige Suppe mit gehackten Kräutern bestreuen und mit Röstbrotscheibchen servieren.

Kleiner Suppentopf

vegetable meat soup

petite marmite (w)

- Ein blanchiertes Suppenhuhn, die gleiche Gewichtsmenge blanchiertes Rindfleisch mit Brühe ansetzen, aufkochen und garen.
- Die Brühe abschäumen und später abfetten. Gegartes Huhn und Rindfleisch entnehmen und auskühlen lassen.
- Lauch, Karotten, weiße Rüben, Wirsing- oder Weißkohl zu gleichen Teilen und ein wenig Sellerie blättrig schneiden und mitkochen.
- Fleisch in gleichmäßige Stücke schneiden und zusammen mit einigen Scheiben Mark in die Suppe geben und mit frisch gehackter Petersilie bestreuen.

Suppentopf soll Fettaugen aufweisen. Er wird immer in einer Terrine aufgetragen.

4 Sondergruppen *special groupes* *groupes (w) spéciaux*

4.1 Kaltschalen *sweet cold soups* *soupes (w) froides douces*

In der warmen Jahreszeit sind Kaltschalen eine erfrischende Abwechslung. Sie werden als Milch- oder Fruchtkaltschalen mit Zucker zubereitet und anstelle von klaren oder gebundenen warmen Suppen serviert.

Milchkaltschale *sweet milk soups* *soupes (w) froides au lait*

Grundstoff	Bindung	Würzstoffe	Einlage
Milch und Zucker	Eier oder Eiweiß (Eiklar)	Zitronenschale, Orangensaft, Zimt oder Ingwer	Gezuckerte, rohe, reife Beerenfrüchte oder zerkleinertes Obst

Milchkaltschalen werden durch Abziehen mit Eiern oder Eiweiß (Eiklar) gebunden. Aromen, wie Vanille, Zitronenschale usw., gibt man zur Ausnutzung des Geschmacks gleich zu Anfang in die Milch.

Milchkaltschalen, die mit Mandeln, Pistazien oder Nüssen zubereitet werden, bindet man mit Eiweiß.

Die abgezogenen Mandeln oder Pistazien (80g/*l*) mixt man mit Milch und rührt sie unter die Kaltschale.

Nüsse (80 g/*l*) sind erst zu rösten, von der Schale zu befreien und dann feingerieben beizugeben.

Bedarf für 2 Liter

1,5 l Milch
100 g Zucker
4 Eier *oder*
200 g Eiweiß
Würzstoffe

- Eier oder Eiweiß in einer Schüssel kräftig verrühren.
- Milch und vorgesehene Geschmacksträger zusammen aufkochen.

- Unter kräftigem Rühren mit einem Schneebesen nach und nach in die Eimischung gießen.
- Das Gemenge in den Milchtopf zurückgeben.
- Bei mäßiger Wärmezufuhr mit einem Spatel rühren, bis die Flüssigkeit bindet und den Spatel leicht überzieht. Die Mischung darf nicht kochen, da sie sonst gerinnt.
- Wenn die Bindung erreicht ist, die Mischung durch ein Haarsieb gießen und kaltrühren.

Fruchtkaltschale *sweet fruit soups* *soupes (w) froides au fruits*

Grundstoff	Bindung	Würzstoffe	Einlage
Früchte und Zucker	Kartoffelmehl, Sago oder Fruchtmark	Vanille, Zimt, Zitronensaft oder -schale, Wein	Rohe, reife Beerenfrüchte oder zerkleinertes, gedünstetes Obst. Makronen, Biskuitwürfel, Baiserbruch

Fruchtkaltschalen kann man von einer Fruchtart oder einer Mischung aus mehreren Früchten herstellen.

Vor der Bearbeitung das Obst waschen, schneiden und sofort weiter verarbeiten, da die Schnittflächen schnell braun werden. Die im Obst enthaltenen Enzyme bewirken diese Farbveränderung. Sie beeinträchtigen aber auch Aroma und Geschmack. Besonders empfindlich sind Äpfel, Birnen, Aprikosen und Pfirsiche. Beträufeln mit Zitronensaft hemmt die enzymatischen Veränderungen.

Die Art des verwendeten Obstes bestimmt die Menge des Bindemittels. So wird z. B. bei Apfelkaltschale durch die Konsistenz des Früchtepürees nur sehr wenig oder keine Bindung benötigt.

Da Kartoffelmehl und Sago abbinden, ohne zu trüben, werden sie zum Sämigmachen bevorzugt.

Bedarf für 2,5 Liter/10 Portionen

1 kg	vorbereitete Früchte
30 g	Kartoffelstärke, evtl. mehr oder 35 bis 50 g Sago
1 l	Wasser
150 g	Zucker, evtl. mehr

- Früchte weich kochen und passieren.
- Zucker und Früchte zugeben und aufkochen.
- Mit kalt angerührter Kartoffelstärke binden.
- Wird Sago verwendet, so kocht man ihn mit dem Wasser 10 bis 15 Minuten. Dann das Fruchtpüree beifügen und kaltrühren.

Bei **Fruchtkaltschalen mit Wein** erfolgt die Weinzugabe erst nach dem Kochen, damit das Aroma des Weines möglichst erhalten bleibt.

Dienen Beerenfrüchte als Einlage, so sind sie leicht gezuckert unter die Kaltschale zu mischen.

Anderes Obst wird zerkleinert und mit Zucker gedünstet beigegeben.

Kalte Melonensuppe

cold melon soup

soup (w) froide aux melons

Bedarf

900 g	rotes Wassermelonenfruchtfleisch, püriert
100 ml	roter Portwein
15 ml	Limettensaft
	weißer Pfeffer
1 Msp.	Ingwerpulver
2 Blatt	Gelatine, kalt eingeweicht
25	Melonenkugeln mittlerer Größe
	Limettenzesten

Melonenpüree durch ein Sieb passieren, es sollte 1 *l* Saft sein, und mit Portwein, Limettensaft, Pfeffer und Ingwer würzen. Gut ausgedrückte Gelatine schmelzen, unter den Saft rühren und alles gut durchkühlen lassen. Je 5 Melonenkugeln in Tellern anrichten, mit der leicht gelierenden Suppe umgießen, mit Limettenzesten garnieren.

4.2 Regionalsuppen

regional soups

potages (m) reginaux

Suppen, die einem bestimmten Gebiet (Region) Deutschlands entstammen, bezeichnet man als Regionalsuppen.

Bodenständige Erzeugnisse oder die besondere Verarbeitung der Naturalien bestimmen ihren Charakter.

- Baden-Württemberg → Riebelesuppe
- Bayern → Leberknödelsuppe
- Hamburg → Hamburger Aalsuppe
- Mecklenburg-Vorpommern → Bohnensuppe
- Nordrhein-Westfalen → Kartoffelsuppe
- Sachsen → Warmbiersuppe
- Thüringen → Sauerkrautsuppe

→ siehe ab Seite 605

4.3 Nationalsuppen

national soups

potages (m) nationaux

Suppen, die der Küche einer bestimmten Nation (Volk) entsprechen und eine Besonderheit dieses Landes darstellen, sind Nationalsuppen.

Beispiele für Nationalsuppen:

- England → Clear Oxtail Soup
- Frankreich → La soupe à l'onion
- Indien → Mulligatawny
- Italien → Minestrone
- Österreich → Kaiserschöberlsuppe
- Schweiz → Bündner Gerstensuppe
- Spanien → Gazpacho
- Russland → Borschtsch
- Ungarn → Gulyásleves
- USA → Clam chowder

→ siehe ab Seite 616

© Brauner, M./StockFood

Abb. 1 Thüringer Sauerkrautsuppe

© Plewinski/StockFood

Abb. 2 Spanischer Gazpacho

© Schmid, U./StockFood

Abb. 3 Borschtsch

5 Anrichten und Dekorieren von Suppen

arranging and decorating of soupes *arranger et decorer des soupes*

Bei **klaren Suppen** bieten die Einlagen dem Auge eine angenehme Abwechslung. Die Einlagen bilden einen schönen Kontrast in der klaren Suppe.

Bei **gebunden Suppen** blickt der Gast auf eine einheitliche, stumpf wirkende Fläche. Deshalb frischt man die Suppen durch einen Oberflächendekor auf (Abb. 5, Abb. 6).

Beispiele von Dekormaterial

- Croutons, kleine Koblauch- oder Kräutertoasts,
- Rauten, Streifen, Scheibchen oder Würfelchen von Gemüse, Schlagsahnehäubchen,
- Kräuterblättchen, Rosenkohlblätter, Brokkoliröschen und Öltropfen.

Abb. 4 Klare Suppe

Abb. 5 Gebundene Suppe

Abb. 6 Gebundene Suppe mit Dekor

Fachbegriffe

Bouillon	Fleischbrühe
Bouquet garni	Gemüsebündel
Consommé	Kraftbrühe
Consommé double	Doppelte Kraftbrühe
degraissieren	Fett (frz. grasse) abschöpfen
Fond	Grundbrühe
Glace de viande	Fleischextrakt
legieren	Helle Suppen und Saucen mit einer Mischung aus Sahne und Eigelb binden
Liaison	Mischung aus Eigelb und Sahne
Mirepoix	Röstgemüse, würfelig geschnitten
passieren	Durchgießen, durchstreichen
Royale	Durch Pochieren gestockte Mischung aus Milch und Eigelb als Einlage für klare Suppen

Aufgaben

1 Nennen Sie die verschiedenen Arten von Brühen.

2 Schildern Sie Ihrem jüngeren Kollegen die Herstellung einer doppelten Kraftbrühe.

3 Nennen und erläutern Sie die unterschiedlichen Qualitätsabstufungen bei klaren Suppen.

4 Nennen Sie zehn verschiedene Einlagen für Kraftbrühen.

5 Wodurch können gebundene Suppen ihre Bindung erhalten?

6 Warum darf eine Samtsuppe nach der Zugabe der Legierung nicht mehr aufkochen?

7 Erklären Sie den Unterschied zwischen einer Samtsuppe und einer Rahmsuppe.

8 Zählen Sie fünf Regionalsuppen und fünf Nationalsuppen auf.

9 Führen Sie einen Kosten- und Arbeitszeitvergleich zwischen einer selbstproduzierten, gebundenen Suppe und einem vergleichbaren Convenienceprodukt durch.
Beurteilen Sie beide Produkte nach Geruch, Aussehen, Geschmack und Konsistenz.

6 Vorgefertigte Brühen, Suppen und Saucen – Convenienceprodukte

ready made stocks, soups and sauces *fonds (m), potages (m) et sauces (w) conditionnés*

Brühen und Suppen

Eines der ersten industriell vorgefertigten Lebensmittel ist die sogenannte „Erbswurst", ein in Wurstform gepresstes, kochfertiges Suppenerzeugnis. Im heutigen Angebot der Industrie nehmen die vorgefertigten Suppen und Brühen einen breiten Raum ein. Die Entscheidung, ob selbstgekochte oder industriell produzierte Suppen zubereitet werden, hängt von wirtschaftlichen und personellen Überlegungen ab.

Vorgefertigte **Brühen** werden zur weiteren Verarbeitung oder als Ergänzung eingesetzt, wenn nicht genügend selbst gefertigte Brühe zur Verfügung steht.

Bei den industriell hergestellten **Suppen** werden je nach Eigenschaften der Bestandteile verschiedene Arten der Haltbarmachung angewandt:

- **Trocknen**
  Vorwiegend bei kohlenhydratreichen Produkten wie Suppen mit Nudeln, mit Gemüsen oder Suppen aus Hülsenfrüchten.
- **Sterilisieren**
  Hauptsächlich bei Zubereitung mit Fleisch- oder Fischeinlage wie Aalsuppe, Schneckensuppe, Haifischflossensuppe
- **Eindicken oder Konzentrieren**
  Meist bei klaren Suppen, die dann für den Gebrauch verdünnt werden.

Ergänzungsmöglichkeiten

- Klare Hühnersuppe → Profiterole, Kerbel
- Wildkraftbrühe → Steinpilzscheiben, Madeira
- Rinderkraftbrühe → Grießnockerln, Schnittlauch
- Fasanenkraftbrühe → Maronenklößchen
- Spargelcremesuppe → Spargelstücke, Schlagsahne
- Lauchcremesuppe → Lauchstreifen, Croûtons
- Tomatensuppe → Quarkklößchen, Basilikum
- Erbsensuppe → Geröstete Speckwürfel

Saucen

Für die Herstellung, zur Anreicherung von Saucenansätzen und als tischfertige Produkte bietet die Industrie der Gastronomie eine breite Palette von vorgefertigten Produkten an.

Jeder Chef entscheidet ob, wann und wie er die einzelnen Angebote in seinem Betrieb verwendet.

Ihm stehen folgende Artikel zur Verfügung:

- Trockenware, also in pulverisierter Form.
- Pastöse Cremes, die gezielt in Kleinmengen oder als kompletter Saucenanteil verwendet werden können.
- Nasskonserven, die direkt oder in rückverdünnter Form verwendet werden.
- Tischfertige Saucen, abgefüllt in Tetrapacks. Sie müssen vor dem Servieren noch erhitzt werden.

Außerdem bietet die Industrie Trockenbinder, weiße und braune Roux, pulverisierte Beurre manié usw. mit technologischen Besonderheiten an.

Diese Produkte haben:

- teilweise geringeren Energiewert,
- reduzierte Hautbildung,
- verminderte Gerinnungsgefahr,
- Standstabilität beim Wiedererwärmen,
- Gefrier- und Auftaustabilität, die bei einfacher Mehl-Stärkebindung nicht gegeben ist.

Projekt

Suppen aus den Regionen

Im Herbst des Jahres will unser Restaurant eine Aktionswoche durchführen. Unsere Arbeitsgruppe soll das einmal vorausschauend planen und testen.

Planen

1 Wir haben nach einem Motto gesucht und folgende Wendungen festgehalten:

- Mit guten Suppen findet man gute Freunde
- Wollen wir eine Suppe zusammen auslöffeln?
- Schauen Sie uns in den Topf/Suppentopf
- Suppen, die man gerne auslöffelt
- Suppen-Topf-Gucker gesucht

1.1 Schlagen Sie im Lexikon nach, was man unter einem Motto versteht.

1.2 Aus welchen Gründen wird das Restaurant ein Motto für die Aktionswoche wählen?

1.3 Wählen Sie aus den Vorschlägen ein Motto oder finden Sie ein anderes.

2 Um Abwechslung zu schaffen, sollen die Besonderheiten der verschiedenen Regionen berücksichtigt werden.

2.1 Suchen Sie zunächst möglichst viele Rezepte für Regionalsuppen. Dabei sind Übergänge zu Eintöpfen erlaubt. Die Rezepte aus dem Jungen Koch sollten dabei möglichst nicht verwendet werden.

2.2 Treffen Sie eine Entscheidung für die Anzahl und die Arten der Suppen, die Sie im Unterricht berücksichtigen wollen.

3 Die von Ihnen gesammelten Rezepte sind vermutlich auf unterschiedliche Personenzahlen ausgelegt und in verschiedener Form geschrieben.

3.1 Rechnen Sie die ausgewählten Rezepte auf die „Profi-Menge" von zehn Portionen um.

3.2 Schaffen Sie klare Arbeitsanweisungen, so dass man danach folgerichtig handeln kann (Richtige Reihenfolge, auf kritische Punkte hinweisen usw.).

3.3 Auf Seite 430 finden Sie einen Vergleich unterschiedlicher Anrichteweisen für Suppen. Ergänzen Sie die Rezepturen professionell mit einem „Dekor", denn was besser aussieht, wird leichter verkauft.

3.4 Die fertigen Rezepte sollen für alle verfügbar sein. Bringen Sie diese darum in die Form einer Datei oder drucken Sie die Rezepturen auf Karteikarten aus.

4 Erstellen Sie für die von Ihrer Gruppe zu fertigenden Suppen eine zusammenfassende Materialanforderung.

weiter Seite 434

Projekt

Suppen aus den Regionen

Planen (Fortsetzung)

5 Nun sind das Büfett und die Präsentation zu planen.

5.1 Wählen Sie die in Ihrer Situation bestmögliche Tafelform aus.

5.2 Damit sich die Gäste über die einzelnen Produkte informieren können, sind Schilder für die „Suppentöpfe" und Informationsschriften/Flyer mit Wissenswertem über Herstellung, Herkunft, Entstehung oder Ähnlichem zu schaffen.

Suchen Sie Informationen im Internet z. B. unter www.suppenindustrie.de. Oder verbinden Sie einfach Herstellernamen wie Maggi, Knorr, Eto usw. mit „de" oder „com". Auch die Suchmaschinen lassen sich einsetzen. Beispiele für reiche Informationen: Hamburger Aalsuppe, Gaisburger Marsch.

Auf Seite 661 befindet sich eine Zusammenstellung von nützlichen Internetadressen.

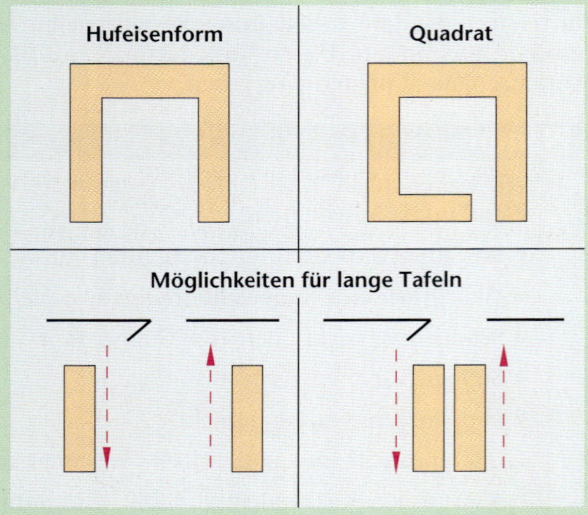

Ausführen

1 Die Gruppen führen die vereinbarten Aufträge aus (Suppenzubereitung, Büfetterstellung, Tischaufsteller usw.).

Bewerten

1 Regionalsuppen sind in bestimmten Regionen entstanden. Dabei muss zwischen den Alltagssuppen (Kartoffelsuppe, Brotsuppe) und den „Festtagssuppen" unterschieden werden.

1.1 Welche Suppen würden Sie bei einer Wiederholung der Suppenwoche aus dem Programm streichen?

1.2 Welche Suppen müssten in Geschmack oder z. B. Energiegehalt der Zeit angepasst werden?

2 Welche Suppen waren „Renner" und sollten darum in die Standardkarte übernommen werden?

SAUCEN

Saucen sind im Rahmen einer Speisenzusammenstellung wichtige Geschmacksträger. In vielen Fällen erhält man erst durch längere Wärmeeinwirkung die erwünschten Geschmackswerte, die die entsprechenden Gerichte ergänzen und abrunden.

Bei der Zubereitung von Saucen steht darum die Bildung von Geschmackswerten im Vordergrund, die Erhaltung von Wirkstoffen ist hier ausnahmsweise nachgestellt.

1 Übersicht Grundsaucen

synopsis of the different kinds of basic sauces *tableau (m) synoptique des sauces de base*

Fachgerecht zubereitete Saucen zeigen einen appetitlichen Farbton und weisen kein sichtbares Fett auf. Sie sind von feinem, differenziertem Geschmack und spürbar angenehmer Konsistenz.

Voraussetzungen dazu sind:

- Verarbeitung einwandfreier Rohstoffe,
- folgerichtiges Verfahren beim Ansetzen,
- Verwendung gehaltvoller Brühen bzw. Fonds,
- treffende Auswahl der geschmackstypischen Zutaten und deren sinnvolle Dosierung.

Die vielfältigen Saucen haben gemeinsame Grundlagen, die man als **Grundsaucen** bezeichnet.

Bei deren Gruppierung unterscheidet man nach:

- **Temperatur** beim Service: warm oder kalt;
- **Farbe,** den Rohstoffen und deren Behandlung entsprechend: braun oder hell;
- **Ausgangsmaterial:** Brühe bzw. Fonds, Milch, Fette;
- **Art der Bindung:** Mehlschwitze, Mehlbutter, Stärke, Eigelb.

Grundsaucen

warm					kalt
Braune Grundsauce *Demiglace*	**Wildsauce** *Sauce gibier*	**Weiße Grundsauce** *Velouté*	**Béchamelsauce** *Sauce Béchamel*	**Holländische Sauce** *Sauce Hollandaise*	**Mayonnaise** *Sauce mayonnaise*
Ausgangsmaterial					
Brühen braun	braun	hell	**Milch**	**Fette** Butter	Öl
Bindung					
Mehlschwitze braun	braun	hell	hell	Emulsionsbildung durch **Eigelb**	

2 Braune Saucen

brown sauces *sauces (w) brunes*

2.1 Grundlagen

Beim Braten oder Schmoren von Fleisch bildet sich die entsprechende Sauce.

Diese Menge ist oft nicht ausreichend für den täglichen Bedarf, deshalb ist die Küche gezwungen, die Saucengrundlage zu ergänzen.

Herkömmlich benutzt man dazu **geschmacksähnliche Grundstoffe,** wie entsprechende Knochen und Fleischabschnitte (Parüren) sowie Röstgemüse (Mirepoix). Durch das **Anbraten** bildet sich der Geschmack und die erwünschte Farbe. Während des **Auskochens** löst das Wasser die **Geschmacks-** und **Farbstoffe.**

Man erhält auf die Weise die **Grundbrühe** (s. S. 405, 408).

Die Grundbrühe wird durch **erneutes Ansetzen** mit Knochen, Fleischabschnitten (Parüren) und **Röstgemüse** (Mirepoix) **verstärkt** und anschließend gebunden. So entsteht die **Grundsauce.**

Durch Zusatz von typischen geschmackgebenden Zutaten wird daraus die **vollendete Sauce,** die man auch als **Ableitung** bezeichnet.

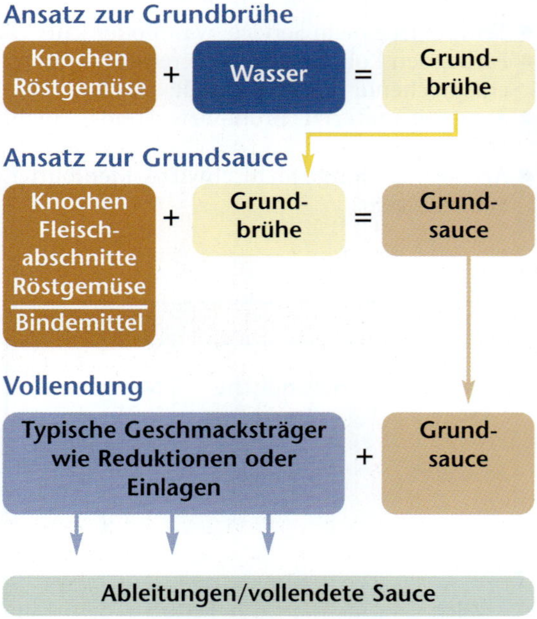

Viele Betriebe beziehen das Fleisch weitgehend vorbereitet, lösen die Fleischteile also nicht selbst aus. Darum fallen kaum Knochen und Parüren an, die für den Ansatz von Grundbrühen und Grundsaucen zu verwenden sind.

Anstelle der selbst gefertigten Grundlagen bezieht man entsprechende Produkte über den Handel.

Das Prinzip

Grundsauce + **typische Geschmacksträger** = **Vollendete Sauce = Ableitung**

bleibt gleich.

Bindemittel – Saucenbindung

Die meisten Saucen werden durch Stärke gebunden. Vorwiegend verwendet man Mehl, vermischt mit Fett, zu einer Mehlschwitze (Roux).

Zudem stehen Fertigprodukte der Industrie in Form von Saucenbindern zu Verfügung.

Mehlschwitze – Roux

Bei der Herstellung einer Mehlschwitze wird Fett zerlassen und darin Mehl verrührt.

Durch die Hitze wird die Stärke des Mehls teilweise zu Dextrin, und der unerwünschte Mehlgeschmack geht verloren.

Farbe der Roux	weiß	blond	braun
Temperatur	niedrig	mittel	hoch
Fettart	Butter Margarine	Pflanzenfett Schweinefett	Pflanzenfett Schweinefett

Je nach späterer Verwendung soll die Mehlschwitze einen einheitlichen Farbton aufweisen. Je nach Verwendung kann die Farbe von Weiß bis Braun reichen.

Entsprechend der erforderlichen Farbe ist die Wärmezufuhr zu regulieren und die Fettart zu wählen.

Abb. 1 Mehlschwitzen

Für **weiße Mehlschwitzen** kann man wasserhaltige Fette wie Butter oder Margarine verwenden, deren Rauchpunkt liegt bei nur ca. 120 °C.

Für **blonde und braune Mehlschwitzen** verwendet man wasserfreie Fette wie Pflanzenfett oder Schweineschmalz, denn diese Fettarten sind bis etwa 180 °C erhitzbar.

Fette dürfen nicht über den Rauchpunkt hinaus erhitzt werden. Es entstehen sonst Zersetzungsprodukte, die schlecht riechen und schmecken sowie gesundheitsschädlich sind.

Beim **Aufgießen** ist darauf zu achten, dass keine Klümpchen entstehen. Es gelten folgende Arbeitsregeln:

- Heiße Roux ist kalt aufzugießen; so haben die Stärketeilchen Zeit, Flüssigkeit aufzunehmen und zu verkleistern.
- Kalte Roux kann heiß aufgegossen werden.

Fertige Mehlschwitze (Roux) kann über den Fachhandel bezogen werden. Sie kann man ohne Klumpenbildung in heiße oder kalte Flüssigkeit rühren.

Sonderformen der Mehlschwitze

Bei der Herstellung von braunen Saucen kann man das Mehl auch einstäuben. Sobald Knochen und Gemüse genügend angebraten sind, gibt man das Mehl bei und röstet bis zur gewünschten Farbe. Das Fett, das zum Anrösten von Knochen und Gemüse (Mirepoix) notwendig war, wird auf diese Weise zugleich zum Schwitzen für das Mehl verwendet. Die Mehlschwitze (Roux) entsteht noch während des Röstvorgangs, also zusammen mit den anderen Zutaten.

Stärkepuder (Stärkemehl)

Saucen, die klar sein sollen und nur eine kaum merkliche Bindung haben dürfen, z. B. Bratensauce (jus de viande), werden mit angerührter Stärke sämig gemacht. Man verwendet dazu Kartoffelstärke oder Maisstärke, weil diese Arten die Flüssigkeit nicht trüben. Damit keine Klümpchen entstehen, muss kalt angerührt und unter Rühren der kochenden Sauce beigegeben werden.

Mehlbutter (Beurre manié)

Mehlbutter *(Beurre manié)* wird verwendet:

- zum Nachbinden von Saucen,
- für Saucen, die à-la-minute zubereitet werden und eine Bindung benötigen.

Bei der Herstellung werden Mehl und geschmeidige Butter (1:1) gut verknetet. Die einzelnen Mehlpartikelchen sind dann vom Fett umgeben und voneinander getrennt.

Gibt man Mehlbutter (Beurre manié) in die heiße Flüssigkeit, schmilzt das Fett ab, die Stärketeilchen gehen nach und nach in die Flüssigkeit über und binden. Das Fett verhindert die Klümpchenbildung. Mehlbutter kann auf Vorrat hergestellt werden, wenn sie kühl aufbewahrt wird.

Abb. 1 Herstellen von Mehlbutter

Abb. 2 Binden mit Mehlbutter

Saucenbinder

Saucenbinder ergeben eine glasige durchscheinende Bindung wie z. B. Kartoffelstärke. Das Instantprodukt kann ohne Anrühren in warme oder kalte Flüssigkeit eingerührt werden, ohne dass sich Klümpchen bilden.

Es eignet sich besonders zum Andicken von Jus und zum Ausgleich bei Saucen.

Bindung mit Butter (Montieren)

Butterstückchen werden dabei durch Schwenken (montieren) oder mit Hilfe eines Mixstabes intensiv in die Sauce emulgiert, sodass Bindung entsteht. Butter gibt zugleich Geschmack.

Geschmackbildende Zutaten

Gewürze, wie Pfefferkörner, Wacholderbeeren, Piment, Nelken und Lorbeerblätter entwickeln ein stärkeres Aroma, wenn sie erhitzt werden. Man kann sie darum vor dem Ablöschen oder Aufgießen einige Zeit mitrösten. Paprika, Thymian und Majoran werden dabei leicht bitter. Sie sind darum nur ganz kurz vor dem Ablöschen im Ansatz zu erhitzen.

Kräuter, frisch gehackt, haben einen feinen aromatischen Geschmack und ein frisches, grünes Aussehen. Beides wird durch Hitze zerstört. Darum gibt man sie erst kurz vor dem Servieren in die Zubereitung.

Weine. Zum **Dünsten** in Wein und zum **Ablöschen** mit Wein (auch Weinmarinade) verwendet man Tafelweine mit kräftigem Aroma. Der Wein gibt in diesen Fällen den Zubereitungen einen pikant-säuerlichen Geschmack.

Likörwein, Weinbrand und Likör enthalten Geschmacksstoffe, die besonders geschätzt werden. Um die flüchtigen Aromaten zu bewahren, gibt man diese Spirituosen erst kurz vor dem Servieren bei.

2.2 Braune Grund- oder Kraftsauce *demiglace* *sauce (w) demiglace*

Bedarf für 10 Liter

10 kg Kalbsknochen und -parüren
15 l Große braune Brühe
1 kg Röstgemüse
250 g magere Speckreste
400 g Fett
300 g Tomatenmark
800 g Mehlschwitze (≙ 400 g Fett, 480 g Mehl)
20 g Paprika, edelsüß
0,5 l Wein
Gewürzbeutel mit: 1 Zweig Thymian, 20 zerdrückte Pfefferkörner, 3 Knoblauchzehen, 2 Lorbeerblätter, 150 g zerkleinerte Petersilienwurzeln

Arbeitsfolge für Braune Grund- oder Kraftsauce

Material	Arbeitsvorgang	Begründung
Fett; kleingehackte Knochen, Parüren und Speckreste	Fett erhitzen, alles zusammen braun anbraten	Geschmacks- und Farbstoffe durch Rösten. Kleine Knochenstücke = mehr Röstfläche = mehr Farb- und Geschmacksstoffe
Röstgemüse	dazugeben, bräunen, öfter umrühren, Ecken des Bratgeschirrs berücksichtigen	Bräunen steigert Aroma und Farbwerte. Zuckerstoffe der Gemüse karamellisieren. Ungleiches Rösten führt zu Bitterstoffen.
Tomatenmark	nach Abgießen des Fettes einrühren, mitrösten	verliert Säure, entwickelt Geschmack
Paprika wenig Große braune Brühe Wein	darüberstäuben, kurz durchhitzen, ablöschen, glasieren lassen, angießen	Paprika erhält volle Würze. Durch Glasieren werden Farbe und Geschmack gesteigert. Wein erzeugt pikantes Aroma.
braune Mehlschwitze Große braune Brühe	dazugeben, kalt auffüllen	schnellere Auswertung des Röstgutes; verhindert Klumpenbildung
	5 Std. langsam kochen, dabei abschäumen und abfetten	durch Saucenpflege appetitlicher Farbton, reiner Geschmack
Gewürze, Kräuter	1 Std. vor Passieren dazugeben	bewirkt Aromaerhaltung
	passieren über Sieb in Passiertuch	Knochen können Tuch nicht beschädigen. Im Tuch bleiben kleine Rückstände.
	Braune Grund- oder Kraftsauce – *Demiglace*	

Herstellung einer braunen Grund- oder Kraftsauce (Sauce Demiglace) aus frischen Produkten in klassischen Arbeitsschritten in einer Kippbratpfanne.

Abb. 1 … Alle Zutaten vorbereiten …

Abb. 2 … kleingehackte Knochen schonend rösten …

Abb. 3 … Röstgemüse (Mirepoix) zugeben…

Abb. 4 … Tomatenmark zugeben, kurz mitrösten, danach mit wenig Fond und Wein ablöschen …

Abb. 5 … mehrfach reduzieren, danach braune Mehlschwitze zugeben …

Abb. 6 … mit braunem, kaltem Fond aufgießen…

Abb. 7 … auskochen lassen und passieren.

Kleinere Mengen werden im Bratgeschirr im Rohr in gleichen Arbeitsschritten hergestellt.

Die Kraftsauce kann neben den beiden genannten Methoden auch in einem Umluftgerät oder einem Kombidämpfer hergestellt werden. Hierbei folgt man nach dem Anrösten der Knochenstücke ebenfalls weitgehend der klassischen Arbeitsfolge (s. S. 442).

Braune Grund- oder Kraftsauce (Demiglace) kann auch nach einem weiteren Verfahren hergestellt werden.

Brauner Kalbsfond *(fond de veau brun)* wird ergänzt mit kräftig angebratenem Röstgemüse, Tomatenmark und Wein. Die gesamte Flüssigkeitsmenge wird um die Hälfte eingekocht (reduziert), mit angerührter Stärke gebunden und danach passiert.

Vorgefertigte Produkte ergeben mit entsprechender Flüssigkeit die Grundsauce.

Übersicht: Drei Wege zur Demiglace

Selbst hergestellte Sauce		Vorgefertigtes Produkt
Methode 1: über Große braune Brühe *Grandjus*	**Methode 2:** über Kalbsbrühe *Fond de veau brun*	
Röstansatz: Knochen, Fleischabschnitte, Röstgemüse, Tomatenmark, Wein	Braune Kalbsbrühe stark reduzieren	Pulver oder Paste
Zur Bindung braune Roux verwenden	Ergänzung: Röstgemüse, Tomatenmark, Wein	Ergänzung Flüssigkeit
Große braune Brühe (Grandjus) zugießen	Bindung mit Stärke	

Braune Grund- oder Kraftsauce – *Demiglace*

Ableitungen durch Ergänzungen

Schalottenwürfel, Pfefferkörner, Thymian und Lorbeerblatt mit rotem Bordeauxwein auf ein Drittel der Flüssigkeit einkochen, Demiglace zugießen, gut durchkochen; dann passieren. Sauce mit Zitronensaft und Butterstückchen fertigstellen. Blanchierte Markwürfel und gehackte Petersilie beifügen.	Kraftsauce (Demiglace) wird mit Madeirawein verkocht. Man kann auch vom Madeirawein eine Reduktion herstellen und der Demiglace zugeben. Abschließend mit Butter verfeinern.	Feingeschnittene Zwiebeln in Butter anschwitzen. Mit Weißwein ablöschen. Flüssigkeit stark reduzieren. Demiglace dazugeben und alles gut durchkochen. Abseits der Hitze Senf einrühren, Butterstückchen unterziehen und mit Pfeffer und wenig Zucker abschmecken.
Bordelaiser Sauce *Sauce bordelaise*	**Madeirasauce** *Sauce madère*	**Robertsauce** *Sauce Robert*
Geeignet zu Schlachtfleisch vom Grill und aus der Pfanne und zu Gemüsen wie Staudensellerie, Fenchel, Chicorée.	Geeignet zu glasiertem Schinken, gekochter Rinderzunge, gebratenem Geflügel, Geflügelkroketten, Geflügelleber, Kalbsnieren.	Geeignet zu Schweinekoteletts und Schweinefilets vom Grill.

Erläuterung weiterer Ableitungen

Pikante Sauce

piquant sauce *sauce (w) piquante*

Feingeschnittene Zwiebeln oder Schalotten in Butter anschwitzen. Zerdrückte Pfefferkörner beifügen, ablöschen und Flüssigkeit nahezu einkochen. Demiglace aufgießen und einige Zeit kochen. Danach passieren und der Sauce gehackte Gewürzgurken zugeben.

Geeignet zu Schweinefleisch vom Grill, gekochter Rinder- und Kalbszunge sowie Kalbskopf.

Teufelssauce

devilled sauce *sauce (w) diable*

Gehackte Schalotten und zerdrückte Pfefferkörner in heißer Butter anschwitzen. Mit Weißwein ablöschen. Zur Hälfte einkochen. Demiglace auffüllen, eine Zeit lang kochen. Sauce passieren, Butterstückchen unterschlagen und mit ein wenig Cayennepfeffer abschmecken.

Geeignet zu Geflügel und Schlachtfleisch vom Grill.

2.3 Bratensauce

gravy *jus (m) de rôti*

Entfetteter Bratensatz, der beim Braten von Fleisch oder Geflügel entsteht, wird mit Brühe oder Fond (z. B. brauner Kalbsfond) abgelöscht, aufgefüllt und bis zu kräftigem Geschmack eingekocht. Es entsteht Bratensauce (jus de rôti).

Die aufgelösten Geschmacksstoffe des Bratensatzes geben der Sauce den Eigengeschmack des jeweils gebratenen Fleisches. Bratensauce (Jus de rôti) kann, nachdem sie durch ein Tuch passiert wurde, mit angerührter Kartoffel-, Reis- oder Maisstärke sowie Saucenbinder oder durch Einschwenken von kalten Butterstückchen leicht gebunden werden (jus lie). Der Abtropfsaft des Bratens wird der Sauce beigegeben.

Bratensauce *(jus de rôti)*
- muss kräftig und durchscheinend sein,
- muss nach dem jeweiligen Braten schmecken,
- darf nur leichte, fast unmerkliche Bindung haben.

2.4 Wildsauce

game sauce *sauce (w) gibier*

Wird Wild oder Wildgeflügel ganz oder in Portionsstücken gebraten, fertigt man die zugehörige Sauce meist auf der Grundlage des entsprechenden Bratensatzes.

Es ist vorteilhaft, wenn zum Ablöschen des Bratensatzes eine Wildgrundsauce verwendet wird. Die Wildgrundsauce wird in der gleichen Weise hergestellt wie eine Demiglace, unterschiedlich sind nur die geschmacksgebenden Rohstoffe.

Bedarf für 5 Liter

5 kg	Wildknochen und -parüren
200 g	Mehl
500 g	Röstgemüse
350 g	Fett
50 g	Speckreste
30 g	Senf
0,5 l	Rotwein; 6 l Wildbrühe
5	Wacholderbeeren
5	Pfefferkörner
	Gewürzbeutel mit Lorbeerblatt, 2 Nelken, Msp. Basilikum, Msp. Rosmarin
25 g	Trockenpilze

Kochdauer: 3 Stunden.

Wildgrundsauce – *Sauce gibier*

Ableitungen der Wildsauce durch Ergänzungen

Zwiebelwürfelchen, Wacholderbeeren, Butter, Nelke, Lorbeer, Essig, saure Sahne oder Crème fraîche, Johannisbeergelee, Zitronensaft, Pfeffer	Speck- und Schalottenwürfelchen, Pfefferkörner, evtl. grüner Pfeffer, Essig, Weißwein, Butterstückchen	Speck- und Schalottenwürfelchen, Wacholderbeeren, Rotwein, Zitronensaft, Pfeffer, Genever oder Gin
Wildrahmsauce *Sauce venaison*	**Wildpfeffersauce** *Sauce poivrade*	**Wacholdersauce** *Sauce au genièvre*

Zubereitung Speisen

Saucengewinnung im Kombidämpfer

Werden Bratenstücke im Kombidämpfer gegart, bietet es sich an, im gleichen Arbeitsgang die Sauce zu gewinnen.

Arbeitsfolge:

- Tiefes Gastronorm-Blech in den untersten Einschub geben,
- Knochen, Parüren und Mirepoix in den Behälter legen und unter dem Fleisch mitrösten.
- Wenn die erwünschte Farbe erreicht ist, Brühe zugießen. Behälter während der gesamten Bratzeit im Gerät belassen.
- Der in dieser Zeit abtropfende Bratsaft wird auf diese Weise aufgefangen und gibt der Sauce den arteigenen Geschmack.
- Aus dem Behälter in einen Topf umfüllen.
- Gewünschte Menge Wasser aufgießen, durchkochen und passieren.
- Mit Roux binden und abschmecken.

Aufbewahren von Saucen

Grundsaucen werden in größerer Menge hergestellt und auf Vorrat gehalten. Um eine Keimvermehrung während der Lagerung einzuschränken, müssen sie rasch abgekühlt und dann kühl aufbewahrt werden.

Dazu hat man verschiedene Möglichkeiten.

- *Umfüllen in flache Gastronorm-Schalen*
  Eine Unterlage lässt die Luft an der Bodenfläche durchstreichen. Die vergrößerte Oberfläche lässt die Wärme leichter abziehen.

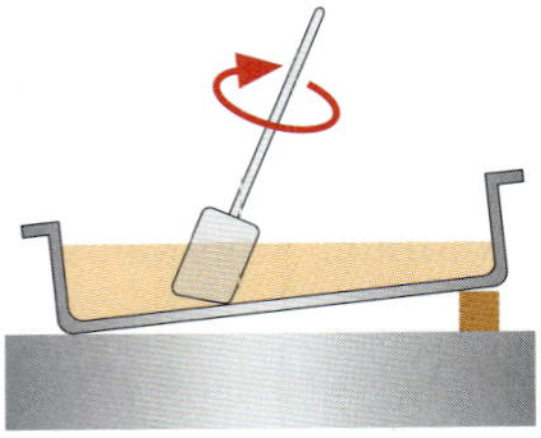

- *Abkühlen im Wasserbad*
  Die Sauce wird in einen Topf gefüllt und in ein kaltes Wasserbad gestellt, das des Öfteren gewechselt wird. Eiswürfel beschleunigen die Abkühlung.

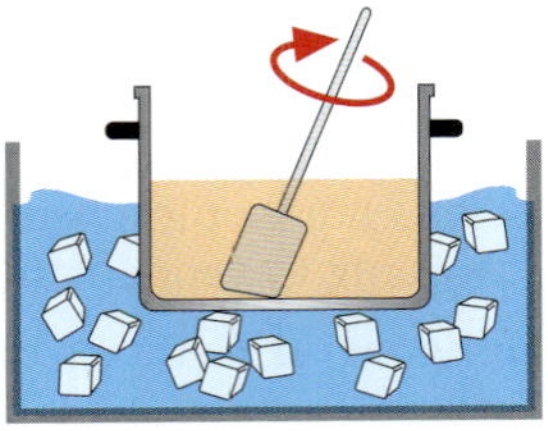

Weil gebundene Flüssigkeiten kaum zirkulieren, muss des Öfteren umgerührt werden.

3 Weiße Saucen — *white sauces* — *sauces (w) blanches*

3.1 Grundlagen

Weiße Saucen werden zu gekochtem, gedünstetem und gedämpftem Schlachtfleisch, Geflügel, Fisch, Gemüsen und Eiern gereicht.

Sie müssen im Geschmack mit dem Gericht übereinstimmen.

Darum verwendet man als Geschmacksgrundlage, je nach ihrer Art, eine helle, gehaltvolle **Grundbrühe** von Kalb, Geflügel oder Fisch.

Werden diese **Grundbrühen** mit weißer Mehlschwitze (Roux blanc) oder mit Mehlbutter (Beurre manié) gebunden, so entstehen **Weiße Grundsaucen** (Veloutés).

Die Herstellung der Grundsaucen ist in allen Fällen gleich; unterschiedlich ist nur die Grundbrühe, nach der die Sauce dann benannt wird.

3.2 Weiße Grundsaucen

velouté sauces — *veloutés (m)*

- **Weiße (Kalbs-)Grundsauce** *Velouté de veau*
- **Geflügelgrundsauce** *Velouté de volaille*
- **Fischgrundsauce** *Velouté de poisson*
- **Béchamelsauce** *Sauce Béchamel*

Bedarf für 5 Liter

300 g	Butter
250 g	Mehl
7 l	entsprechende Flüssigkeit (Kalbsbrühe, Geflügelbrühe oder Fischbrühe)

Kochdauer: etwa 45 Minuten.

Arbeitsfolge für Weiße Grundsaucen

Material	Arbeitsvorgang	Begründung
Butter, Mehl	Butter zerlassen, Mehl darin glattrühren, weiß schwitzen	Durch Schwitzen geht der Mehlgeschmack verloren. Stärke wird zu Dextrin umgesetzt. Farbstoffe dürfen nicht entstehen, sonst erhält die Sauce eine falsche Farbe.
entsprechende Grundbrühen (Kalb, Geflügel, Fisch) (s. Seite 406)	dazugießen; unter ständigem Rühren aufkochen; abschäumen, langsam kochen lassen	Klümpchenbildung wird vermieden. Sauce setzt nicht an. Aufsteigende Schwebeteilchen werden entfernt. Sauce erhält Konsistenz.
	durch Tuch oder Haarsieb passieren	Entfernen von Rückständen. Sauce ist glattfließend.
	Weiße Grundsauce – *Velouté (m)*	

Weiße Grundsauce – *Velouté (m)*
Selbst hergestellt oder vorgefertigt

Kalbsgrundsauce (2 Liter) *velouté de veau*	**Geflügelgrundsauce** (2 Liter) *velouté de volaille*	**Fischgrundsauce** (2 Liter) *velouté de poisson*
100 ml reduzierter Kalbsfond 60 ml Champignonfond 150 ml Sahne 1 EL Zitronensaft 3 Eigelb Salz, weißer Pfeffer 30 g Butterflocken	100 ml reduzierter Geflügelfond 60 ml Champignonfond 150 ml Sahne Salz, weißer Pfeffer 30 g Butterflocken	100 ml reduzierter Fischfond 100 ml trockener Weißwein 150 ml Sahne Salz, weißer Pfeffer 30 g Butterflocken
Deutsche Sauce *sauce allemande* (S. 444)	**Geflügelrahmsauce** *sauce suprême* (S. 444)	**Weißweinsauce** *sauce au vin blanc* (S. 444)

Die Arbeitsfolge wiederholt sich bei allen hellen Saucen. Verschieden sind nur die zugegebenen Flüssigkeiten. Die bestimmte Grundsauce wird mit den entsprechenden reduzierten Fonds und dem Champignonfond bzw. Weißwein verkocht. Zur Fertigstellung werden die kalten Butterstückchen in die heiße Soße montiert.

Abgeleitete Saucen entstehen durch die Beigabe geschmacksgebender Zutaten.

Wird eine vorbereitete Grundsauce wieder erwärmt, gibt man zunächst etwas von dem entsprechenden Fond in den Topf. Das verhindert das Anlegen der Grundsauce am Topfboden.

Deutsche Sauce

allemande sauce *sauce (w) allemande*

Ableitungen von der Deutschen Sauce *(sauce (w) allemande)* **durch Ergänzungen**

Ergänzungen mit Champignonscheibchen und eingekochtem Champignonfond

Champignonsauce
sauce aux champignons

Ergänzungen mit gehacktem Kerbel, Petersilie, Schnittlauch und Zitronenmelisse

Kräutersauce
sauce aux fines herbes

Ergänzungen mit Kapern und Kapernfond

Kapernsauce
sauce aux câpres

Geflügelrahmsauce

suprême sauce *sauce (w) suprême*

Ableitungen von der Geflügelrahmsauce *(sauce (w) suprême)* **durch Ergänzungen**

In Butter und Zitronensaft weichgedünstete Würfel von grünen Paprikaschoten werden mit der Grundsauce verrührt.

Andalusische Sauce
sauce andalouse

So viel Geflügelextrakt (Glace de volaille) unter die Grundsauce mischen, bis diese schön elfenbeinfarben ist.

Elfenbeinsauce
sauce ivoire

In Butter gedünstete, dicke Champignonstreifen und eingekochten Trüffelfond sowie einige Butterflocken rührt man unter die Grundsauce

Alexandrasauce
sauce Alexandra

Weißweinsauce

white wine cream sauce *sauce (w) au vin blanc*

Ableitungen von der Weißweinsauce *(sauce (w) sau vin blanc)* **durch Ergänzungen**

Feingehackten Dill kurz vor dem Anrichten der heißen Grundsauce beifügen.

Dillsauce
sauce au fenouill

Kapern mit dem Kapernessig verkochen und unter die Weißweinsauce (Sauce au vin blanc) mengen.

Kapernsauce
sauce aux câpres

Zugabe von Hummerbutter sowie Würfel von Hummerfleisch und Trüffel in die heiße Grundsauce.

Diplomatensauce
sauce diplomate

3.3 Béchamelsauce

béchamel sauce
sauce (w) Béchamel

Als Bestandteil vieler Gerichte und Basis für Suppen wird die Béchamelsauce auf Vorrat gehalten.

Weil sie auch zum Überbacken verwendet wird, hält man sie im Allgemeinen dicker als andere Grundsaucen.

Bedarf für 1 Liter

70 g	Butter
40 g	Zwiebeln
80 g	Mehl
1,2 l	Milch
1	Bruchstück Lorbeerblatt
2	zerdrückte Pfefferkörner
1	Nelke
Spur	geriebene Muskatnuss
5 g	Salz

Arbeitsfolge für Béchamelsauce

Material	Arbeitsvorgang	Begründung
Butter, Zwiebelbrunoise	Butter zerlassen, Zwiebeln glasig dünsten	Geschmacksbildung
Mehl	hinzufügen und weiß schwitzen	Mehlgeschmack geht verloren. Stärke wird zu Dextrin.
Würzstoffe kalte Milch oder zur Hälfte mit Kalbsfond	zugeben dazugießen und unter ständigem Rühren aufkochen und 30 Minuten auskochen lassen	Klümpchenbildung wird vermieden. Die Sauce erhält Geschmack und Konsistenz. Mehlgeschmack verliert sich.
	passieren durch Spitzsieb	Entfernen kleiner Rückstände
flüssige Butter	auf die fertige Sauce geben	Fett schütz vor Abtrocknung. Hautbildung wird vermieden.
	Béchamelsauce – *Sauce (w) Béchamel*	

Abb. 1 Ansatz der Mehlschwitze (Roux)

Abb. 2 Milch zugießen und aufkochen

Abb. 3 Konsistenz prüfen

Ableitungen von der Béchamelsauce *(sauce (w) Béchamel)* durch Ergänzungen

Béchamelsauce wird mit einer angemessenen Menge von frischer Sahne verkocht und mit kalten Butterflocken aufgeschlagen.

Rahmsauce
sauce à la crème

Verwendung vorwiegend zu Eiern, gedünsteten Fischen, gekochtem Geflügel, Teigwaren und vor allem zu Gemüsen.

Die Grundsauce mit kräftiger Rinderbrühe verkochen, geriebenen Meerrettich zugeben, mit Essig, Zucker und Salz abschmecken, zur Vollendung Butterstückchen zugeben und montieren.

Meerrettichsauce
sauce aux raifort

Die Meerrettichsauce eignet sich hauptsächlich zu gekochtem Rindfleisch.

Béchamelsauce wird mit dem entsprechenden Fischfond und Sahne verkocht und mit Hummerbutter aufgeschlagen.

Kardinalsauce
sauce cardinal

Geeignet ist diese Sauce vorwiegend zu gedünstetem Fisch, Eierspeisen, Schalen- und Krebstieren.

Weitere Ableitungen

Mornaysauce

cheese sauce *sauce (w) Mornay*

Unter die kochende Béchamel rührt man geriebenen Käse, vorzugsweise Parmesan, und legiert dann die Sauce mit Eigelb und Sahne.

Geeignet ist die Sauce vorwiegend für überbackene Gerichte von Eiern, Fischen, Muschel- und Krebstieren, weißem Fleisch, weißem Geflügel, Gemüsen und Nudelgerichten.

Weiße Zwiebelsauce

white onion sauce *sauce (w) soubise*

Man schneidet geschälte Zwiebeln in Scheiben, blanchiert sie und dünstet sie dann mit etwas weißer Kalbsbrühe (Fond blanc) und Butter weich. Die Zwiebeln werden durch ein Sieb gestrichen und mit Béchamelsauce und Sahne verkocht.

Geeignet zu gekochtem und gebratenem Hammelfleisch, zu Eiern und Gemüsen.

Walewskasauce

walewska sauce *sauce (w) Walewska*

Der reduzierte Dünstfond des Fisches wird unter Béchamelsauce gezogen, mit Sahne und Eigelb legiert.

Walewskasauce dient zum Überbacken von Fischgerichten. Nachdem der Fisch mit der Sauce bedeckt ist, wird Parmesankäse darübergestreut, mit Butterflöckchen belegt und überbacken.

Geeignet zu gedünstetem und gekochtem Fisch, für Krebs- und Weichtiere.

Abb. 1 Mornaysauce entsteht durch Einstreuen von Reibkäse

3.4 Varianten zur klassischen Zubereitung von weißen Saucen

Bindung mit Mehlbutter

Weiße Saucen lassen sich auch so zubereiten, dass der kräftige, evtl. stark reduzierte Fond mit Mehlbutter (beurre manié) gebunden wird.

0,5 l reduzierter Fond
60 g Mehlbutter

Bindung durch hohen Fettanteil

Den entsprechenden Fond vom Kalb, Geflügel, Gemüse oder Fisch auf weniger als die Hälfte einkochen. Butter und Sahne bzw. Crème double (doppelt fette Sahne) einarbeiten.

0,5 l reduzierter Fond
150 g Crème fraîche
50 g Butter oder
200 g Crème double

Bindung mit Saucenbinder

Saucenbinder in Saucenflüssigkeit einstreuen, umrühren und bis zur erwünschten Bildung köcheln lassen

0,5 l reduzierter Fond
35 g Saucenbinder

4 Aufgeschlagene Saucen 🇬🇧 *whipped sauces* 🇫🇷 *sauces (w) émulsionnées*

Bei den meisten Gerichten werden die Saucen aus den Braten oder Bratenansätzen der Hauptbestandteile gewonnen.

Aufgeschlagene Saucen werden unabhängig vom Hauptbestandteil eines Gerichtes hergestellt. Dies bedeutet für den Arbeitsablauf eine eigenständige Vorbereitung und Fertigstellung der Sauce.

Saucen, die durch das Warmaufschlagen von Eigelb mit warmer, zerlassener Butter hergestellt werden, bezeichnet man als **aufgeschlagene Buttersaucen.** Zu den am häufigsten verwendeten aufgeschlagenen Buttersaucen zählen die holländische Sauce und die Béarner Sauce.

Die Grundbestandteile für beide Saucen sind gleich und werden auch im gleichen Verhältnis verwendet. Der Unterschied liegt in den würzenden Bestandteilen.

Eine **Reduktion** ist ein Auszug aus Gewürzen und Zwiebeln. Man verwendet sie dann, wenn feste Bestandteile wie Pfefferkörner oder Zwiebelstückchen die zarte Beschaffenheit der Sauce stören würden.

Zunächst werden die zerkleinerten Zutaten durch Kochen ausgelaugt. Durch Einkochen (Reduzieren) werden die Geschmacksstoffe konzentriert.

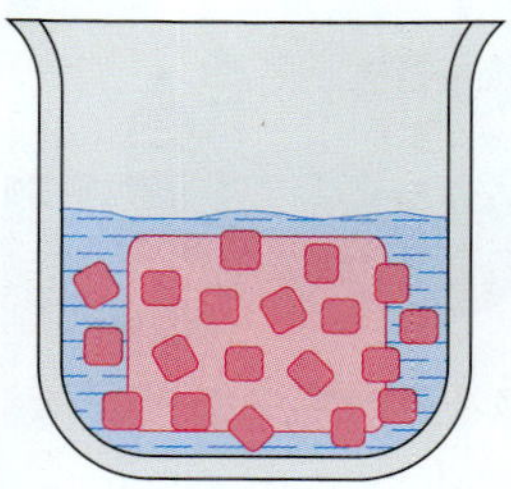

Auslaugen

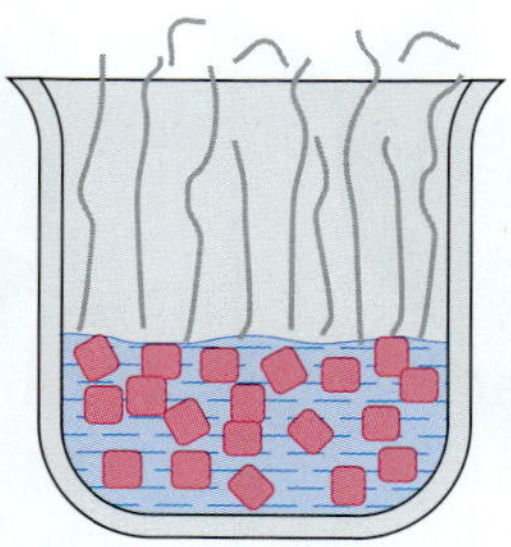

Reduzieren

Gegenüberstellung von Reduktionen und Gewürzen

Holländische Sauce *la sauce hollandaise* (diese Seite)	**Béarner Sauce** *la sauce béarnaise* (Seite 451)
Reduktion	Reduktion
Essig Wasser Pfefferkörner Schalotten	Essig **Weißwein** Pfefferkörner Schalotten **Estragon** **Kerbel**
Gewürze	**Gewürze**
Salz Cayenne Zitronensaft	Salz Cayenne **gehackter Estragon** **gehackter Kerbel**

4.1 Holländische Sauce

🇬🇧 *hollandaise sauce*
🇫🇷 *sauce (w) hollandaise*

Holländische Sauce wird nach der Verbrauchererwartung nur mit Butter hergestellt. Es dürfen weder Pflanzenfett noch Binde-/Streckungsmittel verwendet werden.

Reduktion		**Bedarf für 1,25 Liter (950 g)**	
4 EL	Essig	10	rohe Eigelb
8 EL	Wasser	10 EL	Wasser
15	Pfefferkörner	900 g	Butter
2	Schalotten		Salz
			Zitronensaft

Arbeitsfolge für holländische Sauce

Material	Arbeitsvorgang	Begründung
Pfefferkörner, zerdrückt Schalottenwürfelchen Essig Wasser	zum Kochen bringen auf 1/3 reduzieren und abseihen	Geschmacksstoffe werden zunächst ausgelaugt, dann konzentriert.
kaltes Wasser Eigelb	zusammen mit Reduktion verrühren und abseihen, in mäßig heißem Wasserbad aufschlagen, bis sich die Masse allmählich verdickt	Wasser kühlt heiße Reduktion, verhindert vorzeitiges Stocken. Rückstände werden entfernt. Schlagen bringt Luft in die Eigelbmasse. Wärme bindet und gibt Stand.
zerlassene Butter	warme Butter zuerst tropfenweise unter verdicktes Eigelb schlagen	zu rasche Zugabe hindert Emulsionsbildung und kann zum Gerinnen führen.
restliches Wasser	immer erst nach erreichter Konsistenz der Sauce zusetzen	Beigabe von Wasser erhöht Aufnahmefähigkeit der Eigelbmasse.
Zitronensaft, Salz	zugeben	Geschmacksstoffe der Reduktion werden ergänzt. Mäßig würzen und salzen, da Grundsauce.
Holländische Sauce – *sauce (w) hollandaise*		

Abb. 1 Rohstoffe

Abb. 2 Reduktion herstellen.

Abb. 3 Reduktion abseihen.

Abb. 4 Butter zerlassen, Eier trennen.

Abb. 5 Eigelb mit Reduktion im Wasserbad aufschlagen.

Abb. 6 Flüssige Butter langsam unterrühren.

Risiken und Fehler bei holländischer Sauce

Kaum ein Bereich oder ein Produkt bei der Speisenbereitung ist so empfindlich wie die holländische Sauce. Schon kleine Fehler können zu einem Misserfolg führen.

- An erster Stelle muss bei der Bereitstellung der Materialien darauf geachtet werden, dass nur absolut frische Eier der Güteklasse A zur Verwendung kommen. Die holländische Sauce wird auf etwa 70 °C erwärmt. Danach wird sie noch längere Zeit warmgehalten.

Aus diesem Grund ist es sehr wichtig, die Gefahr einer Salmonellenverbreitung durch Verwendung absolut frischer Produkte oder von pasteurisiertem Eigelb zu verhindern.

- Durch die Produktion von Kleinmengen bei der Herstellung der Reduktion kann es zu erheblichen Geschmacksschwankungen kommen.
- Klären der Butter bedeutet Geschmacksverlust.
- Zu schwaches Aufschlagen bedeutet für die Sauce mangelhafte Bindung und Volumen.
- Zu heißes Wasserbad lässt das Eigelb stocken.
- Übermäßiges Erwärmen verhindert das volle Aufschlagvolumen, lässt die Eigelbe zu stark abbinden und die Sauce gerinnen.

Verwendung

Man kann weiße Saucen und Gerichte von Eiern, Fischen, Krusten-, Schal- und Weichtieren, aber auch Schlachtfleisch-, Geflügel- und Gemüsespeisen mit holländischer Sauce (sauce hollandaise) verfeinern.

Holländische Sauce als Beigabe zu Fischen, Eiern oder Gemüsen schmeckt man entsprechend ihrer Bestimmung nochmals mit Zitronensaft und Salz ab.

Ableitungen auf den Seiten 450 und 451

Besonderheit

Während bei der „Hollandaise" der Geschmack neutral gehalten wird, ist die „Béarnaise" durch Zugabe von Wein und Kräutern würziger.

Früher ist die Bearner Sauce (sauce béarnaise) als selbstständige Sauce aufgeschlagen worden.

Aus Gründen einer arbeitssparenden Küchenführung leitet man heute die Béarner Sauce (sauce béarnaise) von der holländischen Sauce ab.

Die charakteristischen Würzstoffe werden der fertig aufgeschlagenen holländischen Sauce (sauce hollandaise) zugesetzt.

Sie wird nur noch selten als Sauce für sich hergestellt (siehe S. 451).

Geronnene holländische Sauce

Die Sauce kann gerinnen durch:

- zu schnelles Unterrühren der zerlassenen Butter – trennt die Emulsion, die Saucenbindung bricht,
- zu heiße Butterflüssigkeit,
- Fehler bei der Rezeptvorbereitung; zu viel flüssige Butter,
- zu hohe Warmhaltetemperatur

Eine geronnene oder gebrochene Sauce ist zunächst nicht mehr verwendbar. Es gibt jedoch Möglichkeiten, die Sauce wieder verwendbar zu machen.

Methode ①: Kaltes Wasser beigeben

Beginnt die Sauce zu gerinnen, gießt man ein wenig kaltes Wasser an den Rand der Schüssel mit der geronnenen Sauce. Mit einem Schneebesen wird vorsichtig an der Oberfläche gerührt. Dabei beschränkt man sich zunächst auf einen kleinen Umkreis, immer an der gleichen Stelle. Ist dort dann eine Bindung hergestellt, rührt man größere Kreise, bis die Sauce völlig glatt ist.

Methode ②: Eigelb zugeben

Kommt auf diese Art keine Bindung zustande, werden, je nach Saucenmenge, ein oder mehrere Eigelb dazugegeben und ebenfalls vom Rand aus gerührt.

Die weitaus sicherere Methode ist jedoch, die Eigelb mit etwas Wasser neu aufzuschlagen und die geronnene Sauce zunächst tropfenweise hinzuzurühren.

Ist eine Bindung wieder hergestellt, kann der Rest in schnellerer Folge eingerührt werden.

Methode ③: Fertige Sauce einrühren

Dies ist ein nicht ganz klassisches Schnellverfahren aus der Praxis.

Die geronnene holländische Sauce wird nach und nach in eine bereits fertige, gut emulgierte holländische Sauce eingerührt.

Es ist auch möglich, sie in wenig weiße gebundene Sauce, z. B. Béchamelsauce, nach und nach einzurühren.

Methode ④: Mixstab verwenden

Mit einem Mixstab gelingt es in der Regel, eine gerade gerinnnende Sauce wieder glattzurühren.

Ableitungen von der Holländischen Sauce durch Ergänzungen

Mit Zitronensaft pikant abgeschmeckter Holländischer Sauce wird geschlagene Sahne untergezogen.

Schaumsauce
sauce mousseline

Serviert man zu gedünstetem oder gedämpftem Fisch und zu gekochten Gemüsen.

Den Saft reifer Blutorangen und dünn abgeriebene unbehandelte Orangenschale rührt man unter die Grundsauce.

Malteser Sauce
sauce maltaise

Wird ausschließlich zu Spargel gereicht.

Sherrywein wird mit etwas Trüffelfond verkocht und mit etwas Geflügelextrakt und geschlagener Sahne der Grundsauce beigegeben.

Göttliche Sauce
sauce divine

Wird zu Spargel, Artischocken, aber auch zu gekochtem Hummer und Langusten gereicht.

Weitere Ableitungen

Cédardsauce

🇬🇧 *cédard sauce* 🇫🇷 *sauce (w) Cédard*

Der reduzierte Fond von frisch gekochten Champignons, Zitronensaft und Geflügelextrakt (Glace de volaille) bildet die Geschmacksergänzung, mit der die holländische Sauce (Sauce hollandaise) vollendet wird.

Zu Spargel und Artischocken geeignet.

Dijonsauce

mustard sauce *sauce (w) dijonnaise*

Unter holländische Sauce (Sauce hollandaise) französischen Senf (Moutarde de dijon) und geschlagene Sahne mischen.

Zu gekochten Fischen und zu verlorenen und weichen Eiern.

Kaviarsauce

caviar sauce *sauce (w) au caviar*

Holländische Sauce (Sauce hollandaise) mit wenig warmer gehaltvoller Fischsauce (Velouté de poisson) vermengen. Trockenen Kaviar und geschlagene Sahne vorsichtig unterheben. (Je Portion 3 g Kaviar.)

Vorwiegend zu gekochtem Lachs geeignet.

Venezianische Sauce

venitian sauce *sauce (w) vénitienne*

Petersilie, Kerbel, Estragon und einige gebrühte (blanchierte) Spinatblätter werden feingehackt und durch ein Sieb gestrichen. Dieses Kräuterpüree zieht man unter dicke holländische Sauce (Sauce hollandaise).

Findet Verwendung zu gekochtem Fisch und Eiern.

Béarner Sauce

béanaise sauce *sauce (w) béarnaise*

Weißwein, Estragonessig und einige zerdrückte Pfefferkörner einkochen und passieren. Holländische Sauce wird mit einem entsprechenden Quantum der Reduktion, mit gehacktem Kerbel und gehacktem Estragon abgeschmeckt.

Zu Fleisch- und Fischzubereitungen vom Grill und aus der Pfanne sowie zu Eierspeisen.

Choronsauce

choron sauce *sauce (w) Choron*

Tomatenpüree ohne Farbe schwitzen und mit Béarner Sauce oder holländischer Sauce, der eine passierte Reduktion aus Weißwein, Estragonessig und Pfefferkörnern zugegeben wurde, vermischen.

Typische Beigabe zu Tournedos und zu anderen gebratenen und gegrillten Fleischzubereitungen, zu Fisch und zu Eierspeisen.

4.2 Buttersauce

butter sauce *sauce (w) au beurre*

Buttersauce wird unter Verwendung von Gemüse-, Fisch- oder Fleischbrühe angefertigt.

Bedarf für 2 Liter

80 g	Butter
100 g	Mehl
1 l	Holländische Sauce
1 l	Gemüsebrühe (Blumenkohl, Spargel), Fisch- oder Fleischbrühe
	Salz
	Zitronensaft

- Aus Butter und Mehl eine weiße Mehlschwitze (Roux blanc) herstellen.
- Die entsprechende, abgekühlte Brühe dazugeben und das Ganze unter fortgesetztem Rühren an den Kochpunkt bringen und sogleich von der Herdplatte nehmen.
- Die holländische Sauce nach und nach darunterschlagen.
- Die Buttersauce mit Salz, Zitronensaft und einer Spur Cayenne geschmacklich vervollständigen und bis zum Gebrauch warmstellen.

Nicht mehr aufkochen, enthaltenes Fett tritt aus.

Buttersaucen können gereicht werden aus

- verarbeitungstechnischen Gründen: Stärkeverkleisterung schützt weitgehend vor Gerinnen;
- gesundheitlichen Gründen: Fettanteile werden verringert;
- wirtschaftlichen Überlegungen: Materialkostensenkung (einfache Betriebe, Großküchen).

Aufbewahrung

Aufgeschlagene Buttersaucen sind temperaturempfindlich. Man kann sie auf einer Unterlage an einer warmen Stelle des Herdes bereitstellen.

Besser ist die Aufbewahrung im sogenannten Saucen-Thermer, einem Warmhaltegerät mit Einsatztöpfen aus Edelstahl und konstant einstellbarer Temperatur.

Hierin lässt sich die Sauce ohne Qualitätseinbuße über einen längeren Zeitraum warmhalten.

In rentabel geführten Küchen wird zunächst die holländische Sauce (Sauce hollandaise) für den Mittags-Service zubereitet.

5 Kalte Grundsauce

cold basic sauces *sauce (w) de base froid*

Mayonnaise

mayonnaise *sauce (w) mayonnaise*

Mayonnaise ist eine Vermischung (Emulsion) von Pflanzenöl, Hühnereigelb, Zitrone oder Essig und Salz. Sie wird auf mechanischem Wege durch Rühren hergestellt.

Die Zutaten müssen temperiert sein. Kühlschrankkaltes Eigelb und sehr kaltes Öl lassen sich nicht zusammenrühren (emulgieren). Sie entmischen sich sofort wieder. Die Emulsion gerinnt.

Mayonnaise wird zugedeckt und kühl aufbewahrt.

Bedarf für 1 Liter

5	Eigelbe
10 g	Salz
10 g	Senf
1 l	Öl
2 EL	Wasser
2 EL	Essig oder Zitronensaft

Herstellung

Mayonnaise ist eine kalte Öl-Grundsauce.

Feste Konsistenz und neutraler Geschmack sind Voraussetzung für ihre verschiedenartige Verwendbarkeit.

Frisches Eigelb, reinschmeckendes Pflanzenöl sowie Qualitätsessig oder Zitronensaft sind Voraussetzung für ein geschmacklich einwandfreies Produkt.

Bei der Herstellung einer Mayonnaise ist besonders zu achten auf:

- **Richtige Temperatur** der Zutaten: Diese liegt bei etwa 20 °C. Wenn Zutaten kühl gelagert werden (z. B. Eier), sind sie rechtzeitig bereitzustellen, damit sie Raumtemperatur annehmen.
- **Passendes Geschirr und Schneebesen,** damit die anfangs geringe Masse ausreichend bearbeitet werden kann.
- **Angemessene Ölzugabe:** Am Anfang nur geringe Menge, später kann mehr beigegeben werden. Die Emulsionsbildung ist auch von der für das Rühren aufgewendeten Kraft abhängig. Wer mit geringerer Kraft rührt, braucht längere Zeit, um eine Mayonnaise von einwandfreier Beschaffenheit zu erhalten.

Arbeitsablauf

In einer Schüssel aus säurebeständigem Material sind Eigelb, Senf und Salz schaumig zu rühren. Vom Öl wird zunächst ein kleiner Teil tropfenweise dazugerührt. Später, wenn schon ein gewisser Stand vorhanden ist, kann man dann größere Mengen einrühren.

Es kommt darauf an, Eigelb und Öl zu einer kompakten Masse zu vereinigen, die im Schneebesen oder Rührgerät hängenbleibt, wodurch ein beständiger Zusammenhalt gegeben ist.

Erst jetzt können der Mayonnaise Essig oder Zitronensaft hinzugefügt werden. Der Rest des Öls und das Wasser sind dann allmählich einzurühren.

Wenn die Mayonnaise ausgiebig gerührt wurde, zeigt sie nun eine feste Konsistenz, die sich ohne Einschränkungen zu jedem gewünschten Verwendungszweck eignet.

Verwendung

Mayonnaise dient zur Bereitung von kalten Saucen, zum Anmachen verschiedener Salate und zum Überziehen kalter Speisen.

Wegen der vielseitigen Verwendung muss eine Grundmayonnaise von neutralem Geschmack und sehr fester Konsistenz sein. Man kann sie darum von mild zu süß und von pikant zu würzig abschmecken.

Beim Rühren von Mayonnaise dürfen also von vornherein keine intensiven Geschmacksträger wie Ketchup oder sonstige Würzsaucen zugesetzt werden.

Geronnene Mayonnaise

Mayonnaise kann gerinnen (sich entmischen), wenn

- Eigelb und Öl nicht temperiert sind,
- das Öl zu schnell eingerührt wird,
- der Ölanteil die Rezeptmenge übersteigt,
- sie zu kalt aufbewahrt wird.

Waren Eigelb und Öl zu kalt, sodass keine Verbindung zustande kam, müssen die geronnene Masse und das Öl temperiert werden. Danach rührt man die Masse tropfenweise zu einem frischen Eigelb und erhält so wieder den Zusammenhalt. Das restliche Öl dann langsam dazurühren.

Ist trotz temperierter Zutaten die Mayonnaise geronnen, weil das Öl zu schnell beigegeben wurde, muss wie im ersten Fall mit einem frischen Eigelb noch einmal begonnen werden.

Auch bei Mayonnaise, die sich wegen zu hoher Ölbeigabe wieder entmischt hat, ist mit 2 bis 3 Eigelb nochmals zu beginnen. Die geronnene Masse ist erst tropfenweise, bei erreichter Emulgierung in größeren Partien dazuzurühren.

Mayonnaise, die durch zu kalte Aufbewahrung geronnen ist, kann im warmen Wasserbad wieder glattgerührt werden. Eine weitere Möglichkeit der Emulgierung besteht darin, die geronnene Mayonnaise in kleinen Mengen in etwas heißes Wasser zu rühren.

Aufbewahrung

Frischei kann Salmonellen enthalten, die sich bei Aufbewahrung vermehren. Daher sind Fristen zu beachten.

- **Ohne Kühlung 2 Std. von Herstellung bis Verzehr.**
- **Bei 7 °C gekühlt 24 Std. von Herstellung bis Verzehr.**

Für Mayonnaise aus pasteurisiertem Eigelb gelten diese Fristen nicht. Handelsware ist pasteurisiert.

Ableitungen von der Mayonnaise ***(sauce mayonnaise)*** **durch Ergänzungen**

Mit Zitronensaft, Salz und Cayennepfeffer schmeckt man Mayonnaise ab und zieht geschlagene Sahne darunter oder häuft sie auf die angerichtete Sauce.	Mayonnaise wird pikant mit gehackten Gewürzgurken, Kapern, Sardellen, Petersilie, Kerbel, Estragon, frisch gemahlenem Pfeffer und Senf abgeschmeckt. Bei baldigem Verbrauch Zusatz von Zwiebelwürfeln möglich (Schärfe durch kurzes Blanchieren mildern).	Unter eine pikant abgeschmeckte Mayonnaisensauce (Sauce mayonnaise) gibt man hartgekochte, gehackte Eier und feingeschnittenen Schnittlauch.
Chantillysauce *sauce Chantilly*	**Remouladensauce** *sauce rémoulade*	**Tatarensauce** *sauce tartare*
Diese Sauce wird hauptsächlich zu Spargel und Artischocken gereicht.	Geeignet zu gebackenen Gemüsen, gebackenen Fischen, zu kaltem Braten und zu kalten Eiern.	Vorwiegend geeignet zu gebackenem Fisch und kaltem Braten sowie zu kalten Eiern.

6 Eigenständige Saucen *independent sauces* *sauces (w) autonomes*

Zu vielen warmen oder kalten Zubereitungen aus Fisch, Fleisch, Geflügel und Wildgeflügel, aber auch zu Pasteten kann man Saucen mit betont pikant-würzigem Geschmack servieren. Hier werden oft bewusst Kontraste im Geschmack zwischen Gericht und Sauce gesucht. Ausschlaggebend ist die richtige Zusammenstellung, denn jedes Gericht braucht die passende Komponente, mit der es geschmacklich harmoniert und so voll zur Geltung kommt.

6.1 Warme Saucen

Tomatensauce

tomato sauce *sauce (w) tomate*

Tomatensauce ist von feinem, fruchtig-säuerlichen Geschmack und wirkt durch die Farbe appetitanregend. Sie dient als Beigabe zu Gerichten und zum Ergänzen von Saucen. Der vielfältige Bedarf macht sie zu einem unentbehrlichen Grundstock der Küche.

Obwohl das ganze Jahr frische Tomaten am Markt sind, wird zur Herstellung der Tomatensauce, aus wirtschaftlichen Erwägungen, vielfach Tomatenmark verwendet. Geschmacklich vorteilhaft ist eine kombinierte Verarbeitung von Tomatenmark und frischen Tomaten.

Bedarf für 5 Liter

2 kg	reife Fleischtomaten
5 l	Kalbsbrühe
250 g	Möhren
250 g	Zwiebeln
200 g	Butter
50–80 g	Mehl
400 g	Tomatenmark
5	Knoblauchzehen
50 g	Zucker
	Salz, Pfeffer
1	Kräutersträußchen (Petersilienstiele, Lorbeerblatt, Thymianzweig, Basilikumblätter)

Kochdauer: 30 bis 60 Min.

- Tomaten waschen, quer halbieren und die Kerne ausdrücken.
- Zwiebeln und Möhren in kleine Würfel schneiden.
- Butter in einem Topf erhitzen.
- Geschnittene Gemüse zugeben, leicht Farbe nehmen lassen, Mehl darüberstäuben und anschwitzen.
- Präparierte Tomaten, Tomatenmark und gepresste Knoblauchzehen beifügen und alles kurze Zeit schmoren.
- Kalbsbrühe aufgießen und unter Rühren aufkochen.
- Sauce mit Zucker, Pfeffer und wenig Salz würzen, Kräutersträußchen einlegen.
- Zugedeckt im Ofen bei mäßiger Hitze garen. Dabei Sauce mehrmals vom Topfboden losspachteln.
- Fertige Tomatensauce durch ein Sieb passieren und die Oberfläche mit Butter betupfen, damit sich bei Abkühlung keine Haut bildet.

Geeignet zu Gemüsen, Eierspeisen, Gerichten von Fisch, Schlachtfleisch und Geflügel sowie Teigwaren und Reis.

Apfelsauce

apple sauce *sauce (w) aux pommes*

Reife, saure Äpfel waschen, vierteln, vom Kernhaus befreien und mit Zucker, etwas Weißwein, einem Stück Zimtrinde und Wasser weichkochen. Den Zimt entfernen, die weichgekochten Äpfel durch ein Sieb streichen und warmstellen.

Apfelsauce (*Sauce aux pommes*) wird neben der betreffenden Bratensauce genossen, deshalb muss sie dick gehalten werden.

Geeignet zu Gänse-, Enten-, Schweinebraten und Hasenrücken.

Brotsauce

bread sauce *sauce (w) au pain*

Weißbrotscheiben ohne Kruste und gebrühte (blanchierte) Zwiebelscheiben in aufgekochter Milch (rohe Milch zersetzt sich!), mit Nelke, Muskat, weißem Pfeffer und einer Prise Salz zu Brei kochen. Nelke entnehmen, durch ein feines Nylonsieb streichen, mit wenig Rahm verkochen und mit einigen Butterflöckchen verfeinern.

Geeignet zu gebratenem Geflügel und Wildgeflügel.

6.2 Kalte Saucen

Meerrettichsahne
horseradish cream
crème (w) au raifort

Geriebenen Meerrettich mit Essig oder Zitronensaft marinieren und unter geschlagene Sahne ziehen. Zum Abschmecken etwas Zucker und Salz.

Geeignet zu gekochtem Fisch warm und kalt, Räucherlachs und -forellen, gekochtem Schinken warm und kalt, gekochtem Rindfleisch warm und kalt und kalten Eierspeisen.

Cumberlandsauce
Cumberland sauce
sauce (w) Cumberland

Dünn abgeschälte Orangen- und wenig Zitronenschale in sehr feine Streifchen (Julienne) schneiden, mit wenig Wasser schnell aufkochen, abschütten und in Rotwein weichkochen. Johannisbeergelee und ein Löffelchen Preiselbeeren passieren, etwas englisches Senfpulver mit Rotwein glattrühren und daruntermengen. Mit dem Saft der geschälten Orangen, etwas Zitronensaft und geriebenem Meerrettich und einem Hauch Cayennepfeffer abschmecken. Die Sauce mit den abgekühlten Schalenstreifchen vollenden.

Zum Verzehr bestimmte Orangen- oder Zitronenschalen dürfen nur von unbehandelten Früchten stammen.

Geeignet zu kaltem Wildbraten, Wildgeflügel, Pasteten und Terrinen.

Minzesauce
mint sauce *sauce (w) à la menthe*

Weinessig halb mit Wasser verdünnt, gehackte frische Minzeblätter und Zucker zusammen vermischen und zugedeckt stehen lassen. Die Minzesauce ist nach einer Stunde gebrauchsfertig. Bei Verwendung von getrockneter Pfefferminze die Mischung aufkochen und erkalten lassen.

Geeignet zu Lammbraten warm und kalt.

7 Beurteilungsmerkmale und Anrichten von Saucen
evaluation characteristics and arranging of sauces
caractéristiques de jugement et dresser des sauces (w)

Beurteilungsmerkmale für Saucen

- **Konsistenz/Beschaffenheit:** Dick, dünn, zähflüssig, stückig, geronnen, cremig, deckend.
- **Aussehen:** ohne sichtbares Fett, keine dunklen Pünktchen, durchscheinend, saucentypisch.
- **Geruch, Geschmack:** Arttypisch, frisch, aromatisch, ausgeprägt.

Anrichten von Saucen

Eine Sauce ergänzt und unterstützt das Gargut. Fleisch, Geflügel oder Fisch bleiben die Hauptsache, die Sauce tritt zurück.

Anrichtemöglichkeiten:

Saucenmengen

Ein Liter fertige Sauce ergibt

- zum Saucenspiegel 12 Portionen
- zum Angießen 12 bis 16 Portionen
- getrennt/á part 12 Portionen

Fleisch- oder Fischstücke werden auf einen flachen **Saucenspiegel** gesetzt.

Gargut etwa ein Drittel, höchstens die Hälfte mit ein wenig Sauce bedecken. Diesen Vorgang nennt man **Angießen.**

Die Fleisch- oder Fischstücke werden ganz mit gebundener Sauce bedeckt. Man bezeichnet das als **Nappieren.**

Zusätzliche Sauce wie z. B. bei Braten oder Spargel wird getrennt in einer Sauciere gereicht, **à part** serviert.

Fleisch und Fisch mit Kruste werden nicht nappiert.

8 Buttermischungen *butter mixtures* *beurres (m) composés*

Frische Butter hebt durch ihr feines Aroma den Geschmack der Speisen und wertet sie auf. Je nach Gericht verwendet man unterschiedliche kalte Buttermischungen.

8.1 Kalte Butter

Vermischt man frische Butter mit würzigen Zutaten, so entstehen Buttermischungen mit eigener, typischer Geschmacksprägung.

Buttermischungen finden Verwendung:

- zur Ergänzung von Suppen und Saucen,
- anstelle von Saucen zu Kurzbratfleisch, Fischen, Krebstieren und Gemüsen,
- als Aufstrich für Toast- und Brotschnitten, Canapés,
- zum Verschließen gefüllter Schneckenhäuser.

Man unterschiedet:

- **Cremige Buttermischungen,** die nach der Herstellung sofort weiterverarbeitet werden, als Brotaufstrich, zum Füllen oder als Beigabe zu gekochten, warmen Zubereitungen.
- **Feste Buttermischungen,** die man auf Vorrat herstellt und erst später verwendet. Deshalb bringt man sie in Walzen- oder Rosettenform und lässt sie in der Kühlung absteifen.

Herstellung

Die jeweilige Zustandsform der Butter ist abhängig von der Temperatur.

Butter ist in kaltem Zustand von fester Beschaffenheit und lässt sich dann nur schwer mit anderen Zutaten vermischen.

Für die Herstellung von kalten Buttermischungen muss die Butter geschmeidig sein. Bei der Herstellung gilt:

- Butter auspacken und in Schüssel bei Raumtemperatur lagern, damit die Butter weich wird,
- Butter cremig rühren,
- Geschmacksträger beigeben und gut vermischen.

Schmilzt Butter beim Erwärmen, geht das zarte Gefüge verloren und die erkaltete Masse ist körnig-grießig. Das ist ein Qualitätsmangel.

Formen

Buttermischungen können geformt werden

- in cremigem Zustand zu Rosetten oder
- zu Kugeln oder
- in Stangen rund oder eckig.

Rosetten werden mit dem Spritzsack und einer Sterntülle auf Pergamentpapier oder Folie dressiert. Bei Bedarf werden sie mit einem Messer von der Unterlage abgehoben.

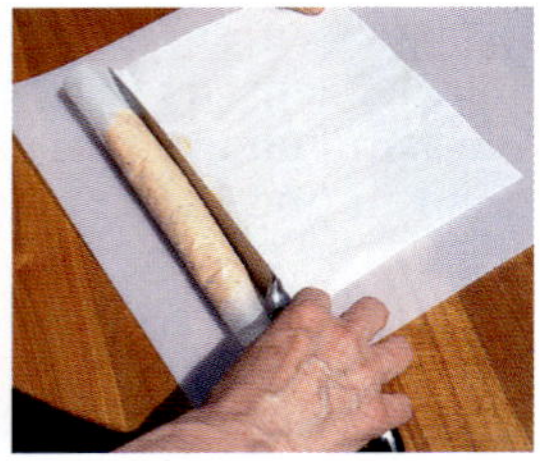

Butterscheiben erhält man, wenn von durchgekühlten Stangen Scheiben abgeschnitten werden.

Die Buttermischung wird nach der Herstellung auf Folie oder Pergamentpapier gegeben, zu Walzen mit etwa 3 cm Durchmesser geformt, in der Umhüllung gerollt und durchgekühlt.

Geschlagene Butter

whipped butter *beurre (m) battu*

Geschmackbestimmende Zutaten:
Weiche Butter mit Zitronensaft, Cayennepfeffer, Salz cremig schlagen. Wenig Schlagsahne unterziehen.

Verwendung: Gekochte Fische und Krebstiere. Gekochte und gedämpfte Gemüse (z. B. Spargel, Brokkoli).

Kräuterbutter

herb butter *beurre (m) aux fines herbes*

Geschmackbestimmende Zutaten:
Gehackte Kräuter: Estragon, Petersilie, Schnittlauch, Kerbel, gehackte Schalotten, Zitronensaft, Pfeffer, Salz.

Verwendung: Suppen, Saucen. Fisch und Fleisch gebraten, gegrillt, gebacken. Krebstiere gegrillt. Schnittchen mit Ei, Tomate, Braten, Käse.

Schalottenbutter

shallot butter *beurre (m) d'échalote*

Geschmackbestimmende Zutaten:
Gleiche Anteile feingeschnittene Schalotten und weiche Butter miteinander vermischen.

Verwendung: „Mise en place" der Küche. Ansetzen oder Fertigstellen von Suppen, Saucen, Fisch, Fleisch, Geflügel, Gemüse, Pilzen.

Colbertbutter

Colbert butter *beurre (m) Colbert*

Geschmackbestimmende Zutaten:
Gehackte Petersilie, Zitronensaft, Fleischextrakt, Pfeffer, Salz.

Verwendung: Fisch und Fleisch gebraten, gegrillt, gebacken. Krebstiere gegrillt, Schnittchen mit Ei, Tomate, Braten.

Schneckenbutter

snail butter

beurre (m) pour escargots

Geschmackbestimmende Zutaten:
Schalottenwürfel, zerriebener Knoblauch, gehackte Petersilie, Zitronensaft, Worcestershire Sauce, Pfeffer, Salz.

Verwendung: Verschließen gefüllter Schneckenhäuser oder der gefüllten Vertiefungen spezieller Schneckenplatten; Schneckensuppe.

Würzbutter

seasoned butter

beurre (m) assaisonné

Geschmackbestimmende Zutaten:
Englisches Senfpulver, Salz, Pfeffer.

Verwendung: Aufstrichbutter für Sandwiches, Toast- und Brotschnitten.

8.2 Heiße Butter

Zur geschmacklichen Vervollkommnung wird zu vielen Zubereitungen auch heiße Butter verwendet. Zutaten und Würzen, aber auch der Erhitzungsgrad geben heißer Butter einen besonderen Geschmack.

Herstellung

Durch Erhitzen wird Butter flüssig. Milchreste (Wasser und Eiweiß) sinken auf den Boden. Bei weiterem Erhitzen verdampft das Wasser und bildet in Verbindung mit dem Eiweiß aufsteigenden Schaum. Deshalb zerlässt man Butter in einem Geschirr mit hohem Rand (Stiel- oder Schwenkkasserolle). Durch Rühren mit einem Schneebesen wird dabei das Entweichen des Dampfes gefördert und ein Überschäumen verhindert. Die ausgeschäumte Butter gießt man durch ein Sieb mit feinem Geflecht, entfernt die zusammengekrümelten Eiweißteilchen und hat so zerlassene, geklärte Butter.

Bei fortschreitendem Erhitzen verändert Butter ihren Geschmack und ihre Farbe.

Für braune Butter wird eine saubere Stielpfanne benutzt. Durch die größere und dünnere Bodenfläche dringt mehr Hitze in die Butter und der Bräunungsvorgang wird stark beschleunigt. Das Wasser verdampft sofort, die Butter schäumt nur wenig und ist sehr schnell braun.

Beim Zubereiten von brauner Butter ist deren Veränderung genau zu beobachten. Die Wärmezufuhr muss rasch unterbrochen werden, wenn die Butter beinahe die gewünschte Bräunung erreicht hat, denn heiße Butter bräunt noch nach.

Nussbutter

noisette butter *beurre (m) noisette*

Vorgang und Zutaten:
In einer Kasserolle zerlassene Butter herstellen und Weitererhitzen zu nussbrauner Farbe.

Verwendung: Gekochte Fische, Krebstiere und Gemüse (z. B. Spargel, Blumenkohl).

Bröselbutter

polish butter *beurre (m) polonaise*

Vorgang und Zutaten:
Nussbutter herstellen und darin Semmelbrösel rösten.

Verwendung: Gekochte oder gedämpfte Fische, Teigwaren, Klöße, Blumenkohl, Spargel.

Senfbutter

mustard butter

beurre (m) de moutarde

Vorgang und Zutaten:
In einer Stielpfanne braune Butter herstellen. Ohne Satz auf Senf abgießen, dabei rühren (schäumt stark auf).

Verwendung: Gekochte Fische

Müllerinbutter

meunière butter

beurre (m) meunière

Vorgang und Zutaten:
In einer Stielpfanne braune Butter herstellen, durch ein Sieb auf die mit Zitronensaft beträufelte und mit gehackter Petersilie bestreute Zubereitung gießen.

Verwendung: Gebratene Fische und angebratene, gedünstete Gemüse (z. B. Chicorée, Fenchel, Sellerie).

Zwiebelbutter

onion butter *beurre (m) à l'oignon*

Vorgang und Zutaten:
Zerlassene Butter herstellen. Zwiebelwürfelchen zugeben, unter Rühren hell bräunen.

Verwendung: Gekochte Fische, Leberknödel, gekochte Kartoffeln, Klöße

Zerlassene Butter

melted butter *beurre (m) fondue*

Vorgang und Zutaten:
In einer Kasserolle Butter ohne Farbgebung zerlaufen lassen.

Verwendung: Wie bei Nussbutter

Rotweinbutter

red wine butter

beurre (m) au vin rouge

Vorgang und Zutaten:
Schalottenwürfel in etwas Butter ohne Farbe nehmen zu lassen anschwitzen, mit Rot- und wenig Portwein aufgießen und zur Hälfte einkochen.

Eiskalte Butter nach und nach einschwenken oder einmixen, mit Salz und Cayenne abschmecken.

Verwendung: Zu gedünsteten und gedämpften Fischen, poêliertem Geflügel- und Rehfilets

Fachbegriffe

á la minute	Erst auf Bestellung zubereiten
Chinois	Spitzsieb mit engen Maschen
deglacieren	Ablöschen, die angebratenen Knochen und das Röstgemüse oder den Bratensatz in der Pfanne mit … ablöschen
Etamine	Passiertuch
Glace	Stark eingekochter reduzierter Bratensaft
montieren	Butterflöckchen unter eine Sauce schwenken
Reduktion	Einkochung
reduzieren	Durch Einkochen Flüssigkeit verringern

Aufgaben

1 Nennen Sie sechs Grundsaucen.

2 Nach welchen Gesichtspunkten kann man Saucen einteilen?

3 Was versteht man unter einer Grundsauce?

4 Erstellen Sie eine Materialanforderung für 15 Liter Demiglace.

5 Beschreiben Sie schriftlich die Herstellung einer Demiglace.

6 Saucenableitungen werden auf der Basis einer Grundsauce mit verschiedenen Zutaten hergestellt. Benennen Sie anhand der Zutaten die entsprechenden Ableitungen der Demiglace.
a) Schalottenwürfel, zerdrückte Pfefferkörner, Thymian, Lorbeerblatt, roter Bordeauxwein.
b) Zwiebelwürfel, Butter, Weißwein, Senf.
c) Gehackte Schalotten, Champignons, Schinkenwürfel, Tomatenfleischwürfel, Kräuter.

7 Wie heißen die weißen, gebundenen Grundsaucen und ihre Verfeinerungen?

8 Welche beiden Grundsaucen sind auf der Basis einer Emulsion hergestellt?

9 Wie bzw. womit kann eine geronnene holländische Sauce wieder emulgiert werden?

Projekt

Saucen im Vergleich

Wieder einmal geht es um die Verwendung von vorgefertigten Produkten. Die Diskussion ist heftig. Da meint der Saucier: „So kommen wir nicht weiter. Wir müssen von den Meinungen wegkommen. Was wir brauchen, sind Fakten. Nur dann können wir vernünftig entscheiden.“

Man einigt sich darauf, für Demiglace, Kalbsjus, Holländische Sauce und Mayonnaise Vergleiche zwischen Eigenherstellung und verschiedenen Produkten durchzuführen.

Planen

1 Verteilen Sie die Aufgaben auf Arbeitsgruppen. Bedenken Sie, dass es für die Produkte meist Angebote von mehreren Firmen gibt.

2 Erstellen Sie entsprechende Materialanforderungen.

3 Bereiten Sie Unterlagen vor für Arbeitsablauf, Zeiterfassung und Bewertung der Produkte.

Zubereiten

1 Stellen Sie die Saucen her und halten Sie die reinen Arbeitszeiten fest (wenn die Sauce auskocht, ist das keine Arbeitszeit).

2 Verfahren Sie in der gleichen Weise bei Convenience-Produkten.

Bewerten

1 Beurteilen Sie Aussehen, Beschaffenheit und Geschmack der hergestellten Saucen. Eine Hilfe, wie man bei der Bewertung vorgeht und die Ergebnisse festhält, finden Sie auf Seite 136.

2 Ermitteln Sie die Lebensmittelpreise und berechnen Sie die Materialkosten Ihrer Zubereitungen.

3 Erfassen Sie die gesamte Tätigkeitszeit. Berechnen Sie die Produktionskosten, wenn für einen Koch ein Bruttostundenlohn von 20,00 € angesetzt wird.

4 Sammeln Sie zu jeder Sauce Argumente und ordnen Sie diese nach folgendem Muster:

Eigenfertigung für

Für (+)	Gegen (–)

Zukauf für

Für (+)	Gegen (–)

5 Treffen Sie für jede Sauce eine Entscheidung. Bedenken Sie dabei, dass die Entscheidung in das Niveau des Gesamtangebots an Speisen einzuordnen ist.

1 Vorbereiten *preparation* *préparation (w)*

In der gewerblichen Küche versteht man unter Schlachtfleisch das Muskelfleisch von Kalb, Rind, Schwein und Schaf. Zu den Innereien zählen Leber, Niere, Bries, Herz, Zunge, Hirn und Lunge.

1.1 Kalb *veal* *veau (m)*

Kalbfleisch ist das Fleisch von Rindern, die nicht älter als 8 Monate sind und hauptsächlich mit Milch und Milcherzeugnissen gefüttert werden.

Der bisher als Qualitätsmerkmal geltenden hellen Fleischfarbe wird heute weniger Bedeutung beigemessen.

Die Bezeichnung aller Schlachtfleischteile und deren Verwendung sind im Abschnitt „Lebensmittel" aufgeführt.

Auslösen der Keule

Beim Zerlegen muss mit einem scharfen Ausbeinmesser gearbeitet werden.

Das ist zeitsparend; ferner entstehen glatte Schnittflächen, die eine rationelle Auswertung der einzelnen Stücke begünstigen.

Es ist Vorschrift und zur Sicherheit unabdingbar, beim Auslösen von Fleischteilen Stechschutzschürze und einen Stechschutzhandschuh zu tragen (siehe nachfolgende Abbildungen).

Die Fleischausbeute ist abhängig von

- der Fleischfülle der ausgelösten Teile und
- der Schnittführung beim Zerlegen.

An der Innenseite der Keule wird zuerst der Schlossknochen ① ausgelöst. Das Messer ist direkt am Knochen entlangzuführen, damit das Fleisch unverletzt bleibt. In der halbkugelförmigen Ausbildung des Schlossknochens (Pfanne) bewegt sich der Gelenkkopf ② des Oberschenkelknochens. Beide Knochen sind im Gelenk mit einer kleinen Sehne verbunden. Diese wird durchschnitten und der Schlossknochen vollends ausgelöst.

Danach trennt man die Haxe ③ ab.

Zuerst durchschneidet man die starke Sehne ④ am Sprunggelenk ⑦.

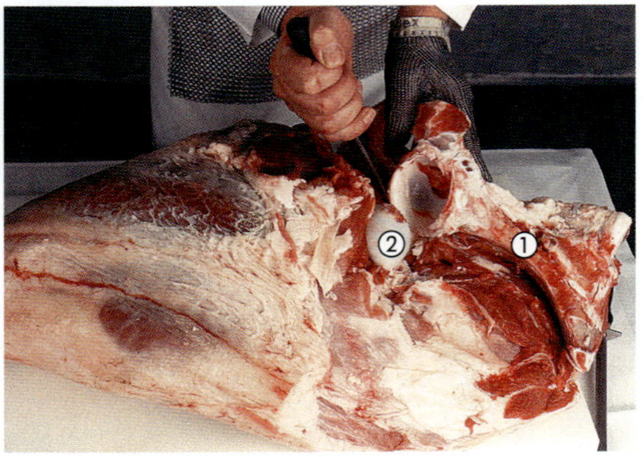

Anschließend wird der Frikandeaukopf ⑤, der teilweise um die Haxe liegt, abgelöst und die Haxe im Kniegelenk ⑥ abgeschnitten.

Den Knochen mit dem starken Sprunggelenk ⑦ trennt man mit einer Säge ab. Die Trennstelle ist unmittelbar vor dem Wadenmuskel.

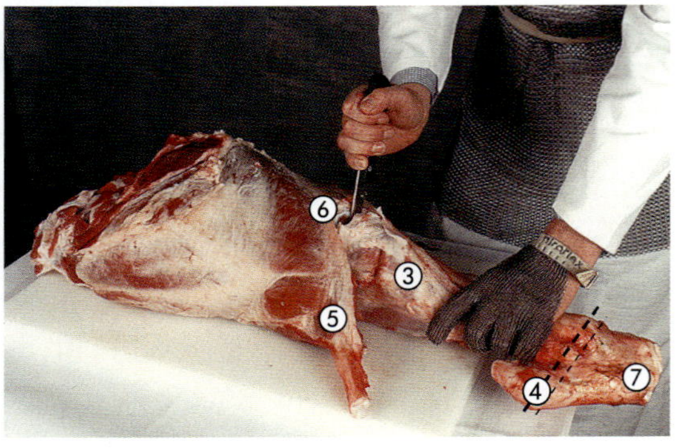

Die folgenden Arbeitsgänge zeigen die Zerlegung der Kalbskeule in die einzelnen Fleischteile.

Mit einem Längsschnitt durchtrennt man seitlich die Haut ⑦a, genau entlang des Frikandeaus, um dann mit der Messerspitze das Bindegewebe zu zerschneiden und so die Oberschale ⑧ abzulösen. Der auf der Hautseite liegende Lappen wird behutsam abgetrennt (vgl. Abb. rechte Spalte unten, die Teile Ⓐ Ⓗ).

Der große Röhren- oder Oberschenkelknochen ⑨ liegt jetzt einseitig frei. Zwischen den Gelenkköpfen erhält er einen kräftigen Längsschnitt.

Die durchgetrennte Knochenhaut lässt sich dadurch mit dem Fleisch nach rechts und links abdrücken.

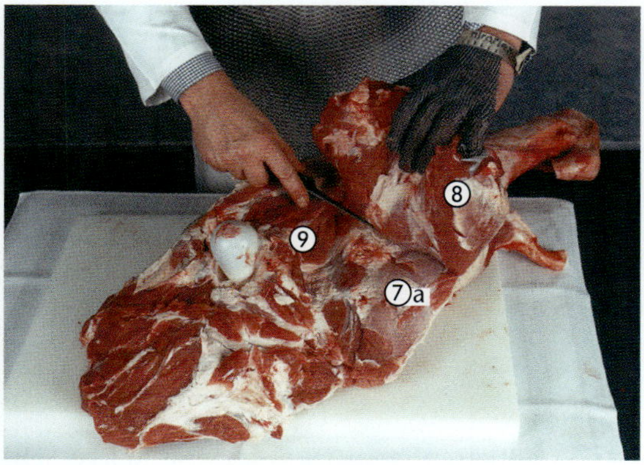

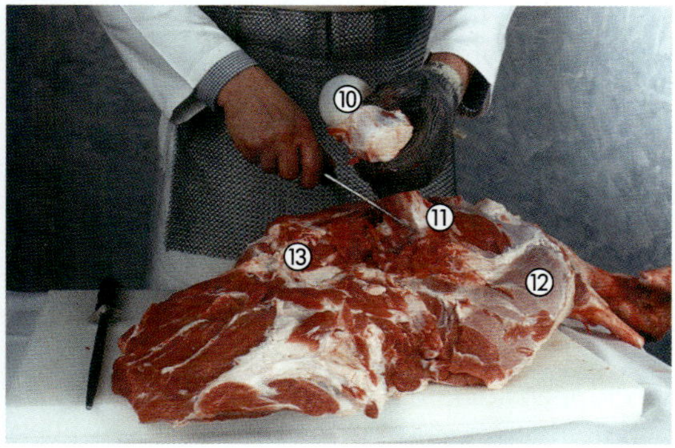

Dann wird das Kugelgelenk ⑩ umschnitten, der Röhrenknochen durch Längsschnitte aus seiner Fleischlage gelöst, der Knochen aufrecht gestellt und der Kniegelenkkopf ⑪ mit kurzen Schnitten aus dem Fleischansatz gelöst.

Mit dem Abschneiden des Frikandeaus ⑫ von der großen Nuss ⑬ und der kleinen Nuss ist die Kalbskeule in ihre Fleischstücke aufgeteilt. Bei größeren Keulen trennt man noch die seitlich am Frikandeau liegende Rolle ab.

Die Nuss besteht aus einem kleinen und einem großen Muskel (große und kleine Nuss), die mit einem Fleischlappen zu einem Stück verwachsen sind. Brät man die Nuss im Ganzen (z. B. Kalbsnuss, glasiert), belässt man sie „wie gewachsen".

	Bezeichnung	Verwendung
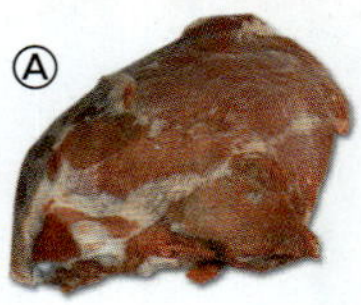	Oberschale Ⓐ	Schnitzel, Steak
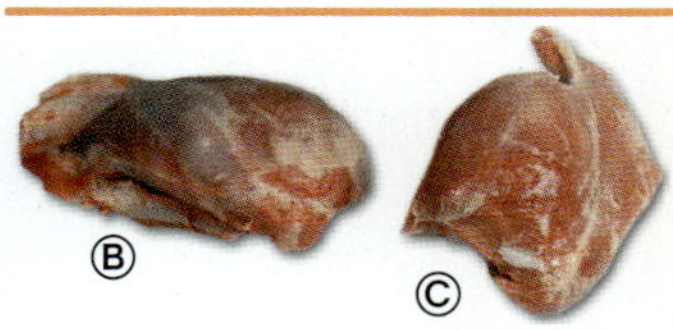	Nuss wie gewachsen große Nuss Ⓑ, kleine Nuss Ⓒ	im Ganzen zubereitet Schnitzel, Steak
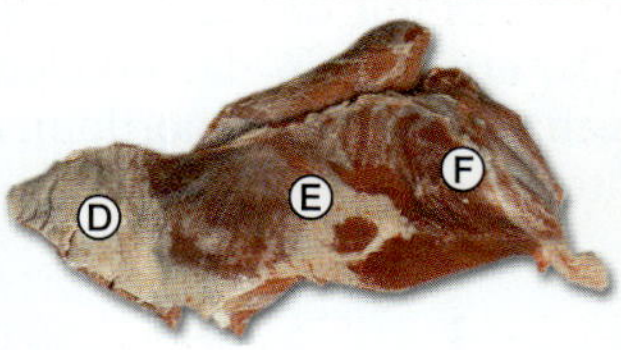	Frikandeau Ⓓ Frikandeauspitze Ⓔ Frikandeaukopf Ⓕ	im Ganzen zubereitet, Rouladen Kurzbratfleisch-Gerichte Ragout, Frikassee, Blankett
	Haxe Ⓖ	im Ganzen zubereitet, Ragout, Gulasch
	Lappen von der Oberschale und Nuss Ⓗ Anschnitte und Reste	gerollt zu Braten, Gulasch, Farcen Minutengulasch, Hacksteak, Farcen
	Knochen, Sehnen, Haut	Suppen, Saucen, Brühe

Soll die Nuss für Schnitzel oder Steaks verwendet werden, so wird sie durch Ablösen des Fleischlappens Ⓗ in ihre zwei Teile zerlegt (vgl. Tabelle S. 461, Ⓑ, Ⓒ).

Bearbeiten des Rückens

Rücken

Die Filets ① auslösen und die seitlichen Bauchlappen ② bis auf 3 cm stutzen. An der Außenseite des Rippenstücks die zu beiden Seiten liegenden Schulterlappen abtrennen. Die über dem Rückgratknochen entlanglaufenden Sehnen entfernen.

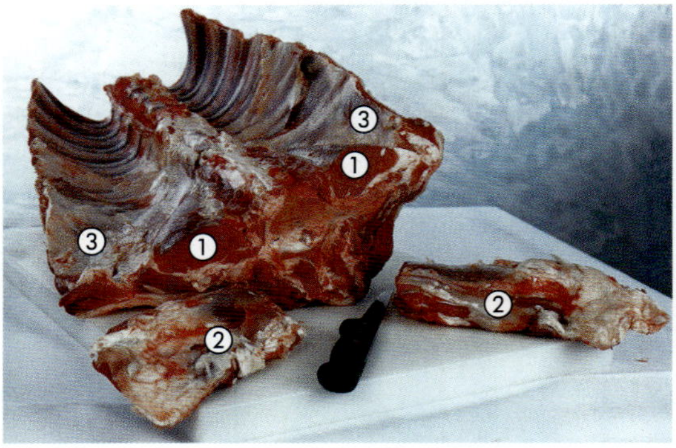

Zubereiten im Ganzen: Rippen beidseitig in Höhe der gestutzten Bauchlappen abnehmen. Hohes Rippenstück rechts wie links entlang des Rückgratknochens einschneiden. Dies bewirkt ein gleichmäßigeres Garen.

Sattel

Der Teil des Rückens mit den flachen, kurzen Rippen ist der Sattel. Die Trennstelle ist der Wirbel zwischen den langen und den kurzen, flachen Rippen.

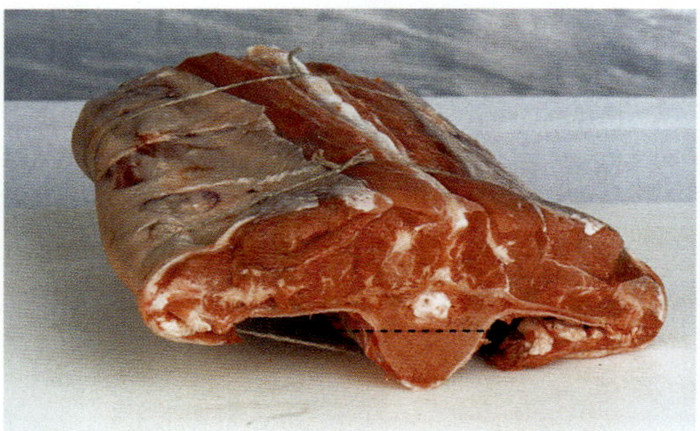

Zubereiten im Ganzen: Die Wölbung der Lendenwirbel soweit abschlagen, dass der Sattel eine stabile Lage erhält. Die Bauchlappen nach innen klappen und zur Formhaltung binden.

Nierenbraten

Das ausgebeinte Sattelstück mit Niere ist der Nierenbraten. Dafür verbleibt der ganze Bauchlappen am ausgelösten Fleisch. Eine längs halbierte oder ganze Niere mit dünner Fettschicht auf die Fleischinnenseite legen. Den Lappen darüberklappen, eine Rolle formen und mit Schnur oder Netz umbinden.

Rückensteak

Das Sattelfleisch ist auszulösen. Das starke Sehnenband wird abgenommen und der Bauchlappen gestutzt.

Das gelöste Fleisch, in Portionsscheiben geschnitten, gibt die Rückensteaks, die auch als Lendensteaks bezeichnet werden.

Kotelett

Wird der Teil des Rückens mit den langen Rippen ausgeschlagen, so erhält man das Kotelettstück. Es kann als ganzes Stück oder portioniert zu Koteletts zubereitet werden.

Entlang des Rückgratknochens wird das Fleisch bis auf die Wirbel eingeschnitten. Den Knochen trennt man mit Beil oder Säge.

Bezeichnung	Verwendung
Rücken	im Ganzen zubereitet
Sattel	im Ganzen zubereitet Nierenbraten, Steaks
Rippenstück	Karrees, Koteletts
Filets (Lenden)	im Ganzen zubereitet Nüsschen, Medaillons
Nieren	im Ganzen zubereitet in Scheiben geschnitten, am Spieß klein geschnitten sautiert

Auslösen des Bugs (Schulter, Blatt)

Aus der Abbildung ist die Lage der Knochen ersichtlich. Zum Ausbeinen wird die dünne Fleischschicht auf der Schaufel nach rechts und links abgelöst und die Kante des Schaufelknochens freigelegt. Dann ist der Schaufelknochen im Gelenk zu trennen, etwas nach oben aus der Führung zu drücken und zu umschneiden, damit sich die Knochenhaut ablösen kann. Mit kräftigem Griff lässt sich nun die Schaufel nach vorn aus ihrer Lage herausziehen, wobei die Knochenhaut am Fleisch verbleibt. Danach wird der Vorderschenkelknochen ausgelöst.

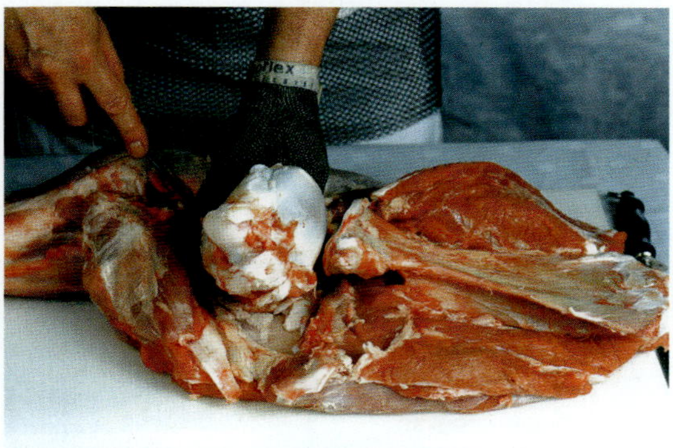

Bezeichnung	Verwendung
Bug (Schulter, Blatt)	gefüllt oder ungefüllt, gerollt und gebunden zubereitet, in Stücke geschnitten für Ragout, Gulasch, Frikassee und Blankett
Haxe	im Ganzen oder zerteilt in Portionen zubereitet, in Stücke geschnitten für Ragout und Gulasch

Herrichten der Brust

Nachdem die Rippen aus der Brust entfernt wurden, kann die Brust zum Füllen vorbereitet werden. Man öffnet sie von der flachen Seite her mit einem Messer. Zwischen den Fleischschichten zertrennt man die Bindegewebe und schafft so eine Tasche zur Aufnahme der Füllung. Nach dem Füllen wird die Öffnung mit einer Dressier- oder Bridiernadel und Faden zugenäht.

Verwendung:

- im Ganzen gebraten, gefüllt oder gerollt und gebunden,
- in Portionsstreifen geschnitten zu Tendrons.

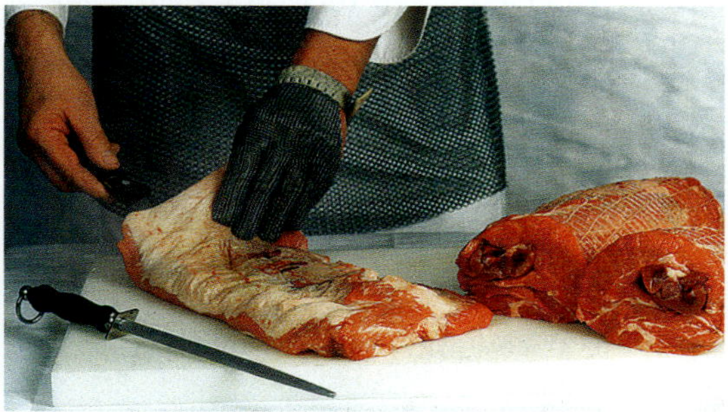

Füllung für eine Kalbsbrust

Bedarf

600 g	Weißbrotwürfel
300 g	Geflügelleberstückchen
140 g	Butter
100 g	Schinken, gekocht
200 g	Zwiebelwürfelchen
60 g	Petersilie, gehackt
8	Eier
0,8 l	Sahne
	Salz, Pfeffer, Muskat

- Zwiebelwürfel und Schinkenwürfel mit der Butter anschwitzen und zu den Brotwürfeln geben.
- Eier zerschlagen, Sahne dazurühren und mild würzen.
- Petersilie und Geflügelleberstückchen hinzufügen.
- Diese Mischung über die Brotwürfel gießen, vorsichtig vermengen (die Brotwürfel sollen ganz bleiben) und die Flüssigkeit einziehen lassen.
- Brotfüllung in die Kalbsbrust geben und die Öffnung schließen.

Weitere Füllmassen und Farcen zum Füllen einer Kalbsbrust s. Abschnitt „Füllmassen – Farcen“, S. 571.

1.2 Rind beef bœuf (m)

Schlachtkörperhälften von Rindern werden in Vorder- und Hinterviertel zerlegt. Der Trennschnitt erfolgt zwischen der 8. und 9. Rippe. Demnach gehören zum

- **Hinterviertel:**
  Keule mit Hinterhesse (Haxe),
  Roastbeef mit Hochrippe und Filet;
- **Vorderviertel:**
  Bug mit Vorderhesse (Haxe),
  Kamm, Spannrippe, Fehlrippe und Brust.

Zum Bearbeiten in der Küche kommt meist nur das gespaltene Rückenstück mit dem Filet in Betracht.

Alle übrigen Fleischteile des Hinterviertels, wie auch die des Vorderviertels, werden überwiegend schon in den Fleischereibetrieben zerlegt und bereits ausgelöst geliefert.

Bearbeiten des Roastbeefs

Für die Verwendung in der Küche teilt man das Roastbeef in

- **Filet,**
- **Hochrippe:** Teil mit den langen Rippen,
- **Roastbeef:** Teil mit den flachen Rippen.

Das **Filet** liegt an der Innenseite des Roastbeefs; es wird zunächst herausgenommen.

Den ersten Schnitt führt man entlang der Wirbelknochen bis auf den Rippenansatz, um es danach von den flachen Rippen abzulösen. Das

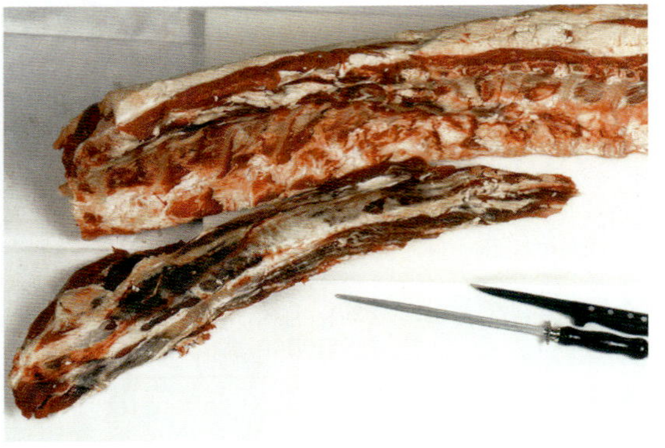

Ablösen geschieht immer von der Filetspitze aus.

Wird die Hochrippe im Ganzen verwendet oder zu Koteletts für 2 bis 3 Personen portioniert, so ist der Rückgratknochen zu entfernen. Dazu schneidet man das Fleisch scharf am Rückgratknochen ein und schlägt diesen Knochenteil bis zum Rückenansatz ab. Die starke Bandsehne ist abzulösen; sie würde das Fleisch beim Braten zusammenziehen.

Für **Rostbraten** ① wird die **Hochrippe** völlig ausgelöst, in gleich schwere Scheiben zerteilt und diese werden flachgeklopft.

Das **flache Roastbeef** wird für die Zubereitung ausgelöst, im Ganzen verwendet oder in Portionen geschnitten

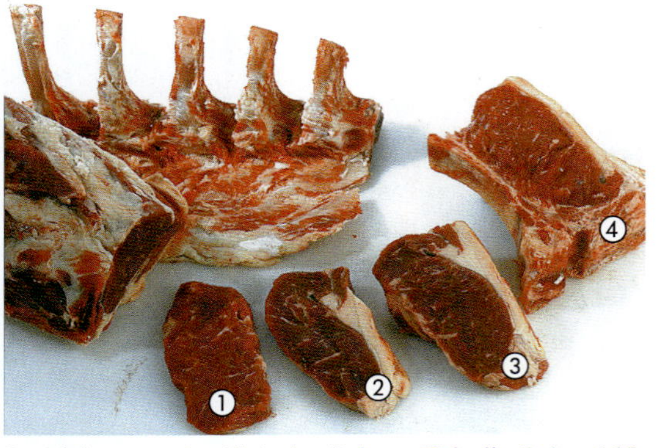

Bezeichnung der Fleischstücke s. Tabelle Seite 465

Porterhouse-Steak, T-Bone-Steak, Club-Steak[1] entstammen der englisch-amerikanischen Küche. Sie werden aus dem unbearbeiteten flachen Roastbeef geschnitten und mit der Knochensäge durchtrennt.

Beim Club-Steak ist das Filet abgetrennt. Diese etwa 1 kg schweren Steaks reichen für mehrere Personen. Richtig gebraten, werden sie meist erst am Gästetisch tranchiert.

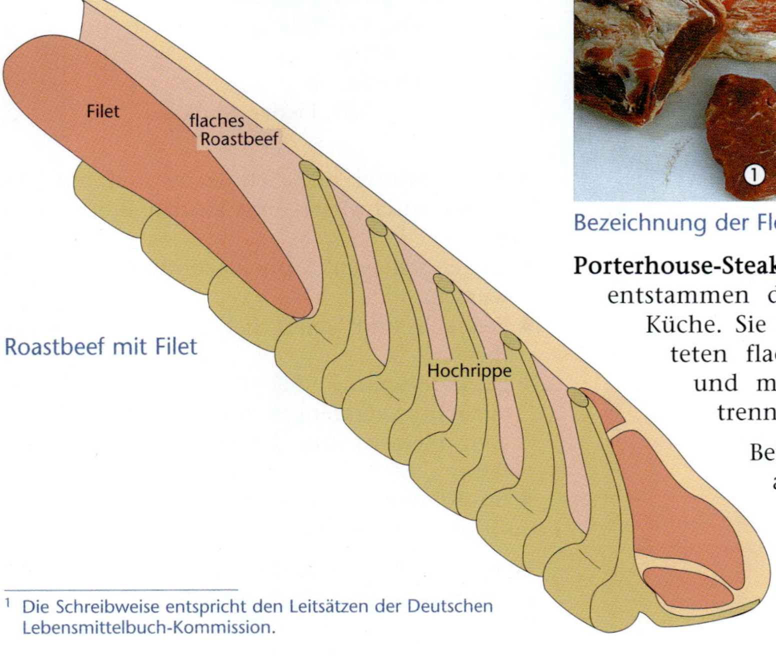

Roastbeef mit Filet

[1] Die Schreibweise entspricht den Leitsätzen der Deutschen Lebensmittelbuch-Kommission.

Abb. 1 Ganzes Rückenstück mit Filet; Porterhouse-Steak; T-Bone-Steak

Bezeichnung	Verwendung
Hochrippe	im Ganzen gebraten, auch unter Salzkruste; Rinderkotelett (④ Abb. S. 464) (Côte de bœuf/Rib-Steak); Rostbraten, (① Abb. S. 464) Zwischenrippenstück (② S. 464)
flaches Roastbeef	im Ganzen gebraten; Rumpsteak (② Abb. S. 464), auch Zwischenrippenstück ≙ Entrecôte; doppeltes Zwischenrippenstück ≙ Entrecôte double (③ S. 464)
flaches Roastbeef mit Filet und Knochen	Porterhause-Steak (40 mm dick), T-Bone-Steak (15 mm dick)
flaches Roastbeef mit Knochen ohne Filet	Club-Steak

Rumpsteak

In England und den USA, den Ursprungsländern, wird das „Rump steak" aus der Hüfte, dem zartesten Teil der Rinderkeule, geschnitten.

In Deutschland ist es üblich, Scheiben des ausgelösten Roastbeefs mit Rumpsteak zu bezeichnen.

Häuten und Einteilen des Filets

Das Rinderfilet hat die feinsten Fasern, wenig Bindegewebe und ist das zarteste Fleischteil des Rindes.

Das Filet wird zunächst vom Fettbelag befreit und die Haut wird mit einem dünnen Messer abgeschnitten.

Der seitlich laufende Strang (Kette) wird entfernt.

Zur Weiterverarbeitung wird der Strang von den außen laufenden Sehnen befreit.

Zur wirtschaftlichen Einteilung unterscheidet man:

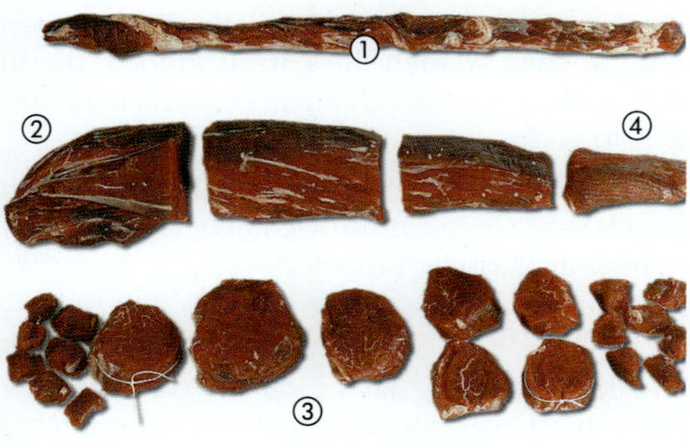

Abb. 2 ① Filetstrang (auch Kette genannt)
② Filetkopf
③ Filet-Mittelstück
④ Filetspitze

Bezeichnung	Verwendung
Filet ganz (ohne Spitze)	im Ganzen gebraten (mit Duxelles und Blätterteig umhüllt als Filet Wellington)
Filetkopf ②	Filetsteak, Filetgulasch
Filet-Mittelstück ③	doppeltes Filetsteak (Chateaubriand), Filetsteak
Filetspitze ④	Tournedos, kleine Filetschnitten (Filets mignons), Filetgulasch
Filetstrang ①	Ragout, Farce, Gulaschsuppe, Klärfleisch

Herrichten der Brust

Die Rinderbrust ist frisch und gepökelt vorzüglich zum Kochen geeignet.

Zweckmäßig wird vor der Verwendung der kammförmige, knorpelige Brustknochen ausgelöst und die starke Fettauflage an der Brustseite abgeschnitten.

Ochsenschwanz

Allgemein bezeichnet man die Schwänze aller Rinder mit Ochsenschwanz.

Die dünne Schwanzspitze und der erste starke Wirbel werden zweckmäßigerweise zu Suppe verwendet. Den übrigen Teil zerlegt man in die einzelnen Wirbel, indem man die Gelenke durchschneidet, um später genauer portionieren zu können.

Der so vorbereitete Ochsenschwanz kann noch 2 bis 3 Tage in Marinade gelegt und danach zu Ragout verarbeitet werden.

Eine besondere Zubereitungsart ist der gefüllte Ochsenschwanz. Dafür werden die Fleischpartien so von den Wirbeln gelöst, dass ein dreieckiger Fleischlappen entsteht. Dieser wird gefüllt und gerollt.

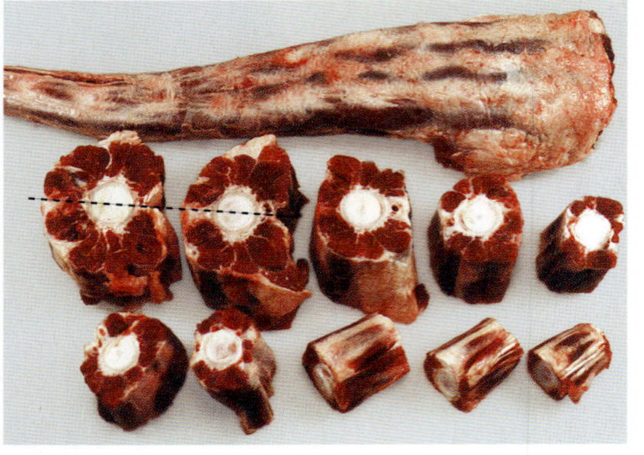

Abb. 1 Ochsenschwanz, ganz und zerteilt

1.3 Schwein *pork* *porc (m)*

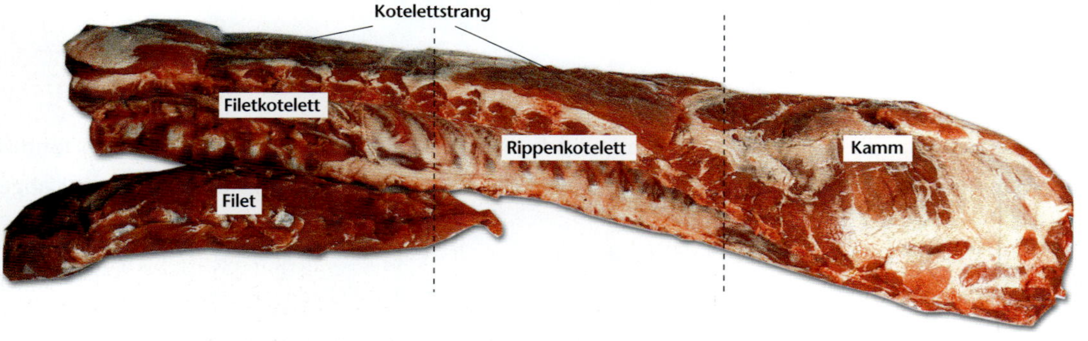

Aufteilen und Bearbeiten des Rückens

Im Gegensatz zum Rindfleisch weist Schweinefleisch in den ersten Tagen nach der Schlachtung die höchsten Geschmackswerte auf und soll frisch verwendet werden.

Erstklassiges Schweinefleisch ist feinfaserig und rosa; die Fettauflage ist fest und weiß.

Der gespaltene Schweinerücken besteht aus dem Kamm, den man auch als Nacken bezeichnet, und dem Kotelettstrang. Dieser wird unterteilt in Rippenkotelett und Filetkotelett. Die dritte Rippe ist die Trennstelle zwischen Kamm und Kotelettstrang.

Kamm

Der Kamm ist fettdurchzogen. Mit den Knochen in Portionsscheiben geschnitten, ergeben sich die Nacken- oder Kammkoteletts. Zum Braten oder Kochen werden die kurzen Rippen, die in den starken Halswirbelknochen übergehen, ausgelöst.

Der Kamm wird auch gepökelt als Pökelkamm angeboten. Gepökelt und geräuchert bezeichnet man es als Kasseler Rippenspeer.

Kotelettstrang

Der Kotelettstrang lässt sich im Ganzen oder portioniert verarbeiten. Für Portionsgerichte löst man zuerst das Filet vom Rückgratknochen ab. Dann wird der Kotelettstrang aufrecht gestellt und der Rückgratknochen entlang des Wirbelknochens abgeschlagen. Damit sich das Fleisch beim Zubereiten nicht verzieht, ist noch die starke Rückensehne abzutrennen.

Der Kotelettstrang liefert:

- Schweinekoteletts,
- Kamm ohne Knochen,
- Schweinerückensteaks.

Der Kotelettstrang kann auch völlig ausgebeint, mit Schnur umwickelt, als Rollbraten Verwendung finden.

Neben der Zubereitung in frischer Form verarbeitet man den Kotelettstrang auch

- gepökelt zu Pökelrippchen,
- gepökelt und geräuchert zu Kasseler,
- in spezieller Herstellung als Lachsschinken.

Bezeichnung	Verwendung
Kammstück oder Nackenstück	im Ganzen zubereitet; Halskoteletts (Kamm-, Nackenkoteletts), Pökelhals (Pökelkamm, Pökelnacken), Kasseler
Rippenkotelett	Koteletts im Ganzen zubereitet; Rollbraten; Pökelrippchen, Kasseler
Filetkotelett	Koteletts, Lachsschinken
Filet (Lendchen)	im Ganzen zubereitet; portioniert (Medaillons)
Keule	im Ganzen gebraten; ausgelöste Einzelteile für Steaks und Schnitzel

Auslösen des Bugs (Schulter, Blatt)

Am Bug befinden sich Eisbein ① und Spitzbein ②, diese werden im Gelenk ③ abgetrennt. Danach ist vom Bug die Schwarte abzuschneiden und ein Teil der Fettschicht zu entfernen. Der Schaufel- und der Vorderschenkelknochen werden ausgelöst wie beim Kalbsbug.

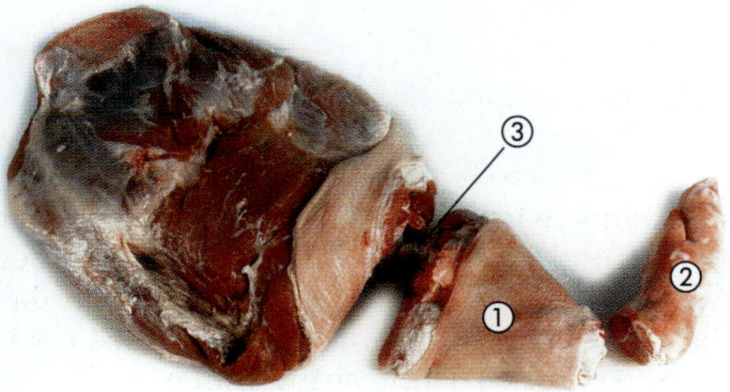

Bezeichnung	Verwendung
Bug (Schulter, Blatt)	gerollt und gebunden oder in große Stücke zerteilt, gebraten oder geschmort; geschnitten zu Ragout oder Gulasch; gepökelt zu Vorderschinken
Eisbein ①	gekocht oder geschmort oder gebraten; gepökelt gekocht; Sülze
Spitzbein ②	gekocht und für Sülze gepökelt gekocht

Spanferkel

Als Spanferkel bezeichnet man Ferkel, die höchstens sechs bis acht Wochen alt sind und mit Milch ernährt werden (Wortherleitung: spanen = säugen).

Spanferkelfleisch ist heller und zarter als das älterer Tiere.

Sie werden im Ganzen am Spieß und zerlegt als Teilstücke zubereitet (siehe Abbildung)

Abb. 1 Fleischteile vom Spanferkel

1.4 Schaf *mutton/lamb* *mouton (m)*

Fleisch von Schafen wird entsprechend dem Alter der Tiere unterschiedlich bezeichnet und beurteilt. Fleisch- sowie Fettbeschaffenheit verändern sich während des Wachstums deutlich.

Für die Verwendung in der Küche kommt vorwiegend **Mastlammfleisch** in Betracht.

Da die einzelnen Fleischteile verhältnismäßig klein sind, bereitet man sie öfter als bei anderem Schlachtfleisch im Ganzen zu.

Bearbeiten des Rückens

Rücken

Zunächst sind die Nieren mit dem Fett abzunehmen, die Filets auszulösen und die Bauchlappen auf etwa 3 cm zu stutzen. Dann schneidet man an der Außenseite des Rippenstücks die flachen Teile der Schultern ab und entfernt die papierdünne Haut. Schließlich wird noch die zu starke Fettauflage pariert, die über dem Rückgratknochen entlanglaufenden Sehnenbänder werden entfernt.

Zum Braten im Ganzen die Rippen in Höhe der gestutzten Bauchlappen abschlagen. In den Hohlraum des Rückgratknochens einen Eisenspieß stecken; er verhindert das Durchbiegen während des Bratens.

Fleisch rechts wie links entlang des Rückgratknochens bis auf die Wirbel einschneiden. Rücken aufrechtstellen und den Rückgratknochen ausschlagen. Werden Karrees im Ganzen gebraten, so sind die Rippen etwa in Höhe der gestutzten Bauchlappen abzuschlagen.

Koteletts

Die ausgeschlagenen Karrees in Rippenstück und Sattelstück teilen. Je Kotelettportion zwei entsprechend dicke Scheiben schneiden, die eine mit, die andere ohne Rippenknochen (Sattelstück). Bei den Rippenkoteletts das Fleisch am Ende des Knochens etwa 2 cm umschneiden und abstreifen.

Sattel

Zugeschnittene Rücken auf Höhe der letzten langen Rippe quer durchschneiden und den Knochen durchschlagen. Sattel aufrecht stellen und die Wölbung der Wirbelsäule etwas abschlagen, damit der Sattel eine gerade Standfläche erhält.

Gestutzte Bauchlappen nach innen klappen. Sattel an beiden Enden umschnüren, damit er die Form behält.

Chops

Für Chops verbleiben die Filets im Sattel. Portionsscheiben mit Knochen quer über den Sattel schneiden (Tranchiersäge). Bauchlappenteile nach innen klappen und eventuell mit einem Spieß zusammenhalten.

Bezeichnung	Verwendung
Rücken	im Ganzen gebraten
Karree	im Ganzen gebraten, Koteletts
Sattel	im Ganzen gebraten, Chops
Nieren	am Spieß, Garnitur zu Fleisch und Eiern
Filets	im Ganzen zubereitet, Minutengerichte

Hohlauslösen der Keule

Die Lammkeule wird vorwiegend im Ganzen zubereitet. Sie lässt sich gleichmäßiger garen und vorteilhafter tranchieren, wenn der Oberschenkelknochen zuvor hohl ausgelöst wird.

An der Innenseite der Keule entfernt man den verbliebenen Teil des Bauchlappens und löst den Schlussknochen aus. Beide Gelenkköpfe des Röhren- oder Oberschenkelknochens werden vorsichtig freigelegt, ohne das darunter liegende Fleisch zu zerschneiden.

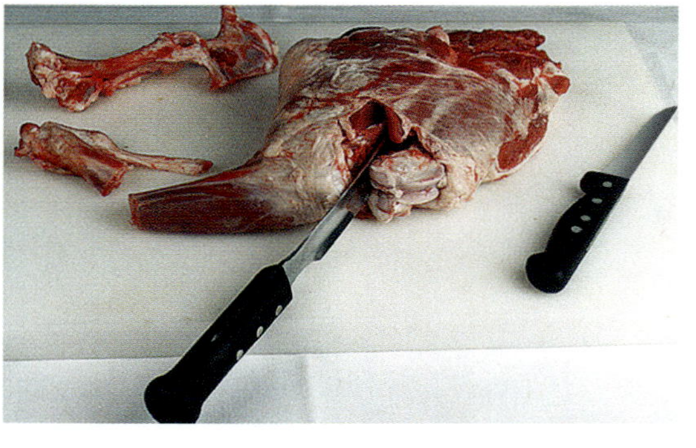

Dann setzt man den Knochenauslöser auf den Röhrenknochen und schiebt das Fleisch rundum vom Knochen ab.

Wenn die Gelenkköpfe korrekt ausgelöst waren, lässt sich jetzt der Knochen leicht aus dem Fleisch ziehen.

Nun werden die Sprungsehne durchschnitten und das Gelenk des Haxenknochens abgesägt.

Nachdem der überschüssige Fettbelag abgeschnitten wurde, ist die Keule netzartig zu umbinden. Man erreicht einen besseren Zusammenhalt der Fleischmuskulatur.

Halsstück

Zum Braten oder Kochen werden die kurzen Rippen, die in die starken Halswirbelknochen übergehen, ausgelöst. Das Halsfleisch wird auch für Ragoutgerichte wie Navarin und Irish Stew verwendet. Hierfür wird es in entsprechende Würfel geschnitten.

Schulter

Das Auslösen der Lammschulter erfolgt nach der gleichen Methode wie beim Kalb (s. S. 463).

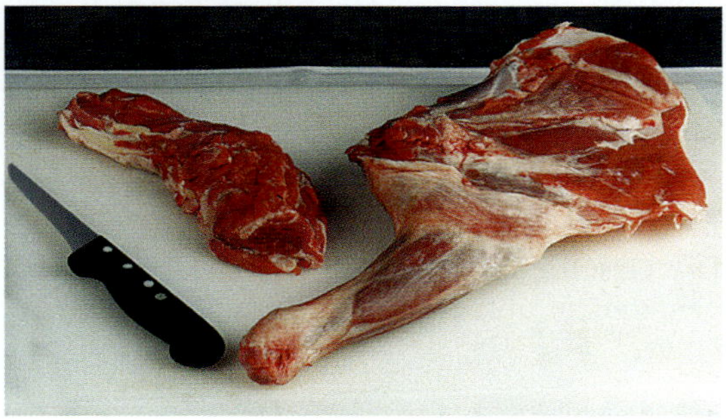

1.5 Durchschnittliche Rohgewichte für Fleischportionen

Einzelportionen (Kurzbratfleisch)	Gramm
Fleisch	
• ohne Knochen	150
• paniert	120
• mit Knochen (Kotelett)	180
• paniert	150
• mit Fettrand (Zwischenrippenstück)	180
Innereien	150

Spezialstücke für 2–4 Personen	Gramm
Porterhouse-Steak, Club-Steak (3–4)	1.000
Rinderkotelett (Côte de bœuf, Rib-Steak) (3–4)	1.000
Doppeltes Rippenstück (Entrecôte double), T-Bone-Steak	400
Doppeltes Filetsteak (Chateaubriand)	400

Garfertige Fleischteile im Ganzen Menge je Portion	Gramm
Kalbsfrikandeau, Kalbsnuss	180
Kalbsrücken im Ganzen	280
Bug von Kalb und Schwein, entbeint	200
Kalbsbrust ohne Rippen	220
Hochrippe	220
Roastbeef	180
Rinderfilet	160
Schweinekamm, entbeint	180
Lammrücken	250
Keule und Bug vom Lamm, entbeint	220

Aufgaben

1 Was versteht man in der Küche unter dem Begriff Schlachtfleisch?

2 Sie haben eine Kalbskeule zerlegt. Beschreiben Sie Ihrem neuen Kollegen die einzelnen Teile und erklären Sie deren Verwendung.

3 Nennen Sie die einzelnen Teilstücke des Rindsfilets und geben Sie Beispiele für deren Verwendung.

4 Welche Kurzbratstücke können aus dem Roastbeef geschnitten werden?

5 Aus welchen Teilstücken des Schweins werden geschnitten: a) Koteletts, b) Steaks?

2 Zubereiten *cooking* *cuisson (w)*

Die Aufwendungen für Fleisch bilden in der Küchenabrechnung den größten Posten. Darum ist die sachgerechte Verwendung des Fleisches für eine wirtschaftliche Küchenführung besonders wichtig.

Aus der Sicht des Konsumenten ist Fleisch dann richtig gegart, wenn es

- geschmackvoll,
- zart und
- saftig ist.

Der **Geschmackswert** liegt im Allgemeinen bei gebratenem und gegrilltem Fleisch höher als bei gekochtem oder gedünstetem Fleisch, denn die typischen und erwünschten Geschmacksstoffe entstehen nur bei den trockenen Garverfahren wie Braten, Grillen und Frittieren.

Die starke Wärmeeinwirkung lässt die Randschichten bräunen, sodass bei Temperaturen über 100 °C im Fleisch andere Veränderungen ablaufen als beim Kochen oder Dünsten.

Zartheit und **Saftigkeit** von gegartem Fleisch stehen in enger Wechselbeziehung. Dies beruht auf dem unterschiedlichen Verhalten der im Fleisch enthaltenen Eiweißarten.

2.1 Garverfahren

Übersicht

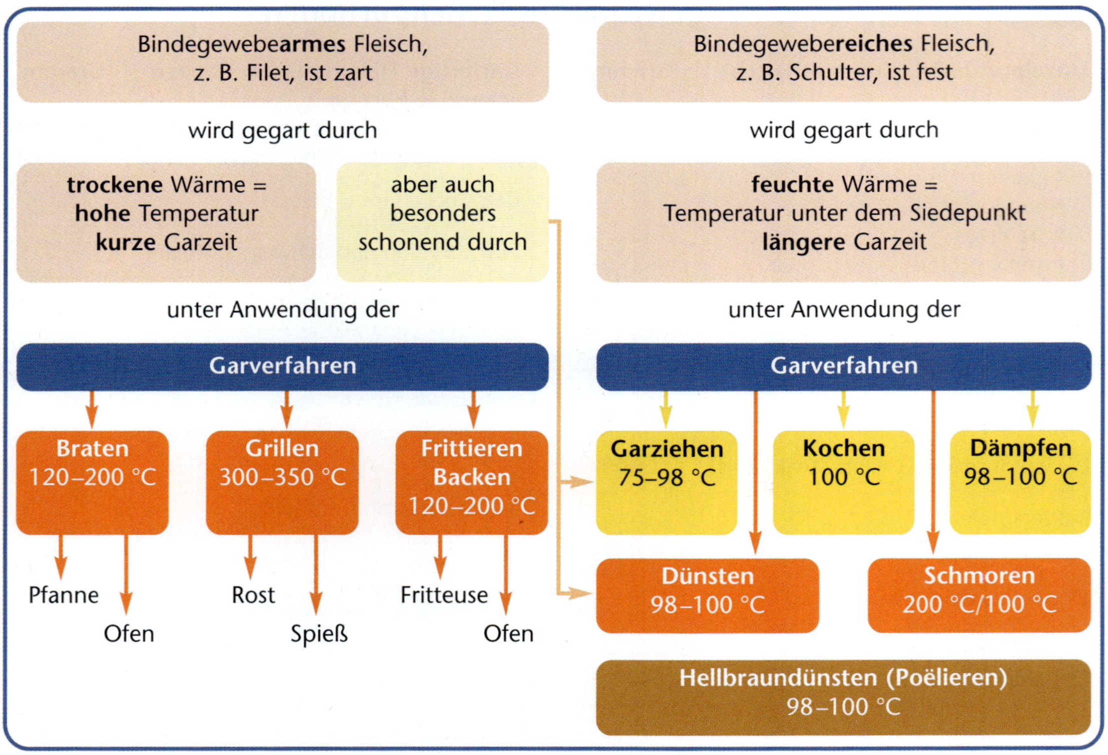

2.2 Kochen von Schlachtfleisch

Weniger zartes Fleisch wird gekocht. Dabei wird das zähe Bindegewebe durch Anlagerung von Flüssigkeit in leicht kaubare Gelatine umgewandelt. Dieser Vorgang ist sichtbar durch das Aufquellen des gekochten Fleisches.

Um den Kochvorgang zu beschleunigen, legt man Kochfleischstücke in heißes Wasser ein.

Rindfleischstücke mit 3 bis 4 kg brauchen 4 bis 5 Std. zum Garkochen. Wegen der unterschiedlichen Beschaffenheit des Fleisches lässt sich keine genaue Kochzeit festlegen. Gekochtes Fleisch bleibt saftiger, wenn man es bis zum Tranchieren in der Brühe belässt.

Durch Kochen werden gegart vom	
Rind	Brust, Spannrippe (Querrippe), Tafelspitz, Hesse (Haxe), Bug (Schulter), Hals, Zunge
Kalb	Bug (Schulter), Brust, Lappen, Bries, Hirn, Zunge
Schwein	Hals, Bauch, Haxe, Füße, Zunge
Schaf	Keule, Bug (Schulter), Hals, Brust

Zubereitungen

Rinderbrust nach flämischer Art

boiled brisket of beef

poitrine (w) de bœuf à la flamande

Die gewaschene Rinderbrust weichkochen, in Scheiben schneiden, ein wenig Rindsbrühe untergießen und wenig grobes Salz mit gehackter Petersilie vermischt darüberstreuen.

Die Fleischtranchen garnieren mit Krautköpfchen, Scheiben von gekochtem Speck und Brühwurst, gedämpften Lauchstücken, tournierten Karotten und weißen Rübchen.

- **Weitere Beilagen zu gekochtem Rindfleisch:**
  Meerrettichsauce, Kräutersauce, Senfsauce, Sahnemeerrettich oder geschabter frischer Meerrettich; Salzkartoffeln, Petersilienkartoffeln, Bouillonkartoffeln, Kümmelkartoffeln oder Kartoffelgemüse (Béchamel-Kartoffeln).
- **Kalte Beilagen:**
  Rote Bete, Gewürz- oder Senfgurken, Essigpflaumen, Preiselbeeren, Kürbis, Radieschen-, Rettich-, Bohnen- oder Gurkensalat.

Kalbszunge in Champignonsauce

veal tongue

langue (w) de veau sauce champignon

Gewaschene, frische Kalbszungen mit Wasser zusetzen, aufkochen und abschäumen. Danach Suppengemüse und Salz beigeben und langsam weiterkochen (Garprobe durch Anstechen der Zungenspitze). Die Zungen in kaltem Wasser abziehen und wieder in ihren Fond zurücklegen.

Zum Anrichten längs in Scheiben schneiden und mit Champignonsauce begießen.

- **Beilagen:**
  Spinat, Erbsen, Spargel, Karotten, Brokkoli oder Blumenkohl; Blattsalate. Salz- oder Petersilienkartoffeln, Kartoffelpüree, Macairekartoffeln.

Pökelrippchen mit Sauerkraut

pork ribs

carré (m) de porc salé au choucroute

Das gewaschene Pökelrippchen mit Wasser zusetzen, aufkochen und abschäumen.

Kochwasser nicht salzen. Mit gespickter Zwiebel bei etwa 80 °C 50 bis 60 Min. garen. Von der Kochstelle nehmen und im Fond liegen lassen.

Zum Kochen des Sauerkrautes von der Brühe des Pökelrippchens verwenden. Das Rippchen portionieren und mit etwas Brühe anrichten oder auf dem angerichteten Kraut anrichten.

- **Beilagen:**
  Erbsenpüree, Salzkartoffeln, Kartoffelpüree oder Kartoffelschnee.

Lammkeule auf englische Art

leg of lamb

gigot (m) de mouton à l'anglaise

Die vorbereitete, blanchierte Lammkeule mit Wasser zusetzen, aufkochen und abschäumen. 4 Möhren, 1 kleinen Selleriekopf, 3 Zwiebeln und Salz dazugeben und langsam kochen. Ein Gewürzbeutel, Inhalt: 3 Nelken, 1 Lorbeerblatt, 1 Zweig Thymian, 4 zerdrückte Knoblauchzehen und Petersilienstiele, mitkochen. Kochdauer je kg Fleisch etwa 30 bis 40 Min.

Vom Fond eine Kapernsauce bereiten und getrennt servieren.

Die Lammkeule in Scheiben schneiden, mit wenig Fond und Petersiliensalz (gehackte Petersilie und grobes Salz gemischt) bestreut anrichten.

- **Beilagen:**
  Gedämpfte Kartoffeln, Petersilien- oder Fondantkartoffeln.

2.3 Dünsten von Schlachtfleisch

Bei hellen Fleischsorten wird das Dünsten angewendet. Weil durch das feuchte Garverfahren die Bindegewebe gelockert und in leicht kaubare Gelatine umgewandelt werden, lassen sich Fleischteile einfacherer Qualität wie Hals, Brust und Bug verarbeiten.

Frikassee und Blankett

Heute wird vielfach Frikassee angeboten, dieses jedoch nach der Art eines Blanketts hergestellt.

Das hat folgende Gründe:

- Der Begriff Frikassee ist den Gästen allgemein geläufiger, darum verwendet man ihn gerne auf der Speisekarte.
- Das Arbeitsverfahren zum klassischen Frikassee ist arbeitsaufwendiger, und das Garverfahren selbst muss sorgfältig beobachtet werden. Deshalb bevorzugt man das einfachere Verfahren.

In der klassischen Küche wird unterschieden

- **Frikassee:** Fleisch wird hell angedünstet, mit Mehl bestäubt, aufgegossen und in der sich bildenden Sauce gegart.
- **Blankett:** Fleisch(stücke) werden gekocht, und aus der entsprechenden Brühe bereitet man die zugehörige Sauce.

Grundzüge der Zubereitungen

Frikassee	Blankett
● Fleisch mit Zwiebeln andünsten ● Mehl einstäuben, keine Farbe nehmen lassen ● mit heller Brühe auffüllen ● würzen, Kräutersträußchen einlegen ● garen durch Dünsten ● Fleisch ausstechen ● Sauce passieren ● legieren mit Eigelb und Sahne ● vollendete Sauce dem Fleisch beigeben	● Fleisch blanchieren ● mit heller Brühe auffüllen ● würzen, Gemüsebündel, gespickte Zwiebel einlegen ● garen durch Kochen ● Fleisch ausstechen ● weiße Roux ansetzen, Fond binden ● Sauce passieren ● legieren mit Eigelb und Sahne ● vollendete Sauce dem Fleisch beigeben
Geschmack: fein und kräftig	**Geschmack:** fein und mild

Kalbsfrikassee

veal fricassée

fricassée (w) de veau

Bedarf für 10 Portionen

150 g feine Zwiebelwürfel
100 g Butter
2 kg Frikasseefleisch (Stücke mit je 50 g)
70 g Mehl
2 l helle Brühe
0,2 l Weißwein
0,3 l Sahne
3 Eigelb
1 Kräutersträußchen (Lauch, Petersilienwurzel, Lorbeerblatt, Thymianzweig)
Salz
Zitronensaft

Gardauer: 50 Min.

Blankett von Lamm

lamb blanquette

blanquette (w) d'agneau

Bedarf für 10 Portionen

2 kg Blankettfleisch (Stücke mit je 50 g)
2 l helle Brühe
1 Gemüsebündel (Lauch, Möhre, Sellerie)
1 gespickte Zwiebel
Salz
60 g Butter
70 g Mehl
0,2 l Weißwein
3 Eigelb
0,3 l Sahne
Zitronensaft

Gardauer: 40–50 Min.

Arbeitsablauf für Kalbsfrikassee

- Zwiebeln und geschnittenes Kalbfleisch in Butter (farblos) andünsten.
- Den sich bildenden Dünstfond unter Rühren reduzieren. Mehl einstäuben, durchrühren, Brühe auffüllen und aufkochen, Salz und Kräutersträußchen beifügen und das Fleisch in der gebundenen Flüssigkeit bei mäßiger Wärmezufuhr garen. Kurz vor dem Garsein Weißwein zugießen.
- Gegartes Fleisch aus der Sauce stechen und in einen anderen Topf legen.
- Sauce passieren, mit Eigelb und Sahne legieren und mit Zitronensaft und Salz abschmecken. Sauce dem Fleisch beigeben.

Arbeitsablauf für Blankett vom Lamm

- Geschnittenes Lammfleisch blanchieren. Mit Brühe bedeckt ansetzen, zum Kochen bringen und abschäumen. Salz, Gemüsebündel und gespickte Zwiebel zugeben und bei wenig geöffnetem Topfdeckel und mäßiger Wärmezufuhr garen.
- Aus Butter und Mehl eine helle Schwitze (Roux) herstellen.
- Gegartes Fleisch dem Fond entnehmen. Fond auf die abgekühlte Schwitze gießen. Weißwein zugeben, glattrühren, etwa 10 bis 15 Min. kochen und passieren. Sauce mit Eigelb und Sahne legieren, nachwürzen, mit Zitronensaft vervollständigen und auf das Fleisch gießen.

Geschmackliche und appetitanregende Abwandlungen sind durch Garnituren gegeben, z. B.:

- Spargel und Krebsschwänze
- Morcheln und Schnittlauch
- Champignons und weiß glasierte Zwiebelchen
- Streifchen von Pökelzunge und Bleichsellerie
- Tomatenfleischstücke und Estragonblättchen
- Brokkoliröschen und Pfifferlinge

- **Beilagen:**
  Glasierte Karotten, Zuckerschoten, Erbsen, Spargel, gedünstete Gurken oder Viertel von Artischockenböden; Reis, Nudeln oder Petersilienkartoffeln.

2.4 Braten von Schlachtfleisch

Je nach Größe des Fleischstücks, der Eigenart des Fleisches und der Art des Gerichts werden unterschiedliche Bratverfahren gewählt. Braten kann man im Bratrohr des Herds, in besonderen Umluftöfen und in der Pfanne.

Eine Übersicht stellt die Verfahren gegenüber.

Bratverfahren

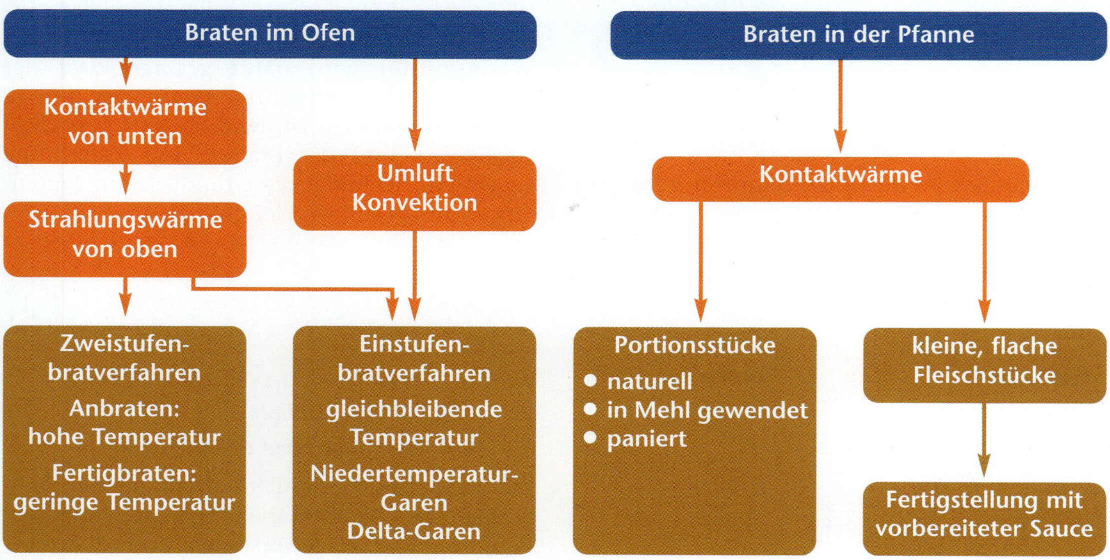

Braten im Ofen

Zum Braten eignet sich nur zartes, also bindegewebearmes und ausreichend abgehangenes Fleisch.

Das Bratgeschirr ist so zu wählen, dass das Fleisch möglichst die ganze Bodenfläche bedeckt. Unbedeckter Boden überhitzt und lässt den Bratansatz verbrennen. Wegen der hohen Gartemperatur verwendet man zum Braten nur wasserfreie, wärmebeständige Fette.

Das mit Salz und Pfeffer gewürzte Fleisch wird von allen Seiten angebraten. Bei verringerter Wärme wird der Bratprozess fortgesetzt. Die Bratdauer richtet sich nach der Größe und Qualität des Fleischstücks.

Zur Geschmacksbildung wird Röstgemüse so rechtzeitig beigegeben, dass es noch bräunen kann. Gibt man es zu früh bei, verbrennt es, und es entstehen unerwünschte Bitterstoffe.

Glasieren

Soll Schweine- oder Kalbsbraten überglänzt (glasiert) werden, so wird er kurz vor Beendigung des Bratvorgangs wiederholt mit kräftiger entfetteter Jus begossen. In der Ofenwärme verdunstet die Flüssigkeit, die enthaltenen Leimstoffe bleiben an der Oberfläche haften. Nach und nach erhält so der Braten eine braunglänzende, wohlschmeckende Glasur.

Garpunkt

Helles Fleisch, wie Kalb und Schwein, erreicht den vollen Geschmackswert beim Durchbraten.

Dunkles Fleisch mit starkem Eigengeschmack, wie Rind, Lamm und auch Wild, wird rosa gebraten. Brät man dunkles Fleisch länger, verliert es zunehmend an Saft. Es wird schließlich zäh, trocken und unansehnlich. Darum ist das Erkennen des erwünschten Garpunktes die Voraussetzung für fachgerechtes Braten.

Die Garstufe wird durch die Temperatur im Kern (im Mittelpunkt) des Fleischstücks bestimmt. Diese kann mit einem Fleischthermometer (Einstechthermometer) oder durch eine Nadelprobe ermittelt werden.

Garzustand	Kerntemperatur
halbroh (blutig rot)	45–55 °C
halbgar (vollrosa)	60–68 °C
vollgar (saftig grau, durch)	75–82 °C

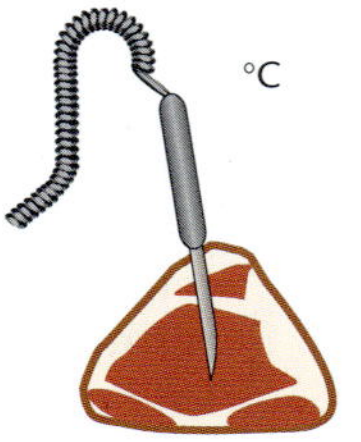

- **Fleischthermometer** so einstechen, dass die Spitze genau im Kern des Fleisches steckt.
- **Nadelprobe.** Lange, dünne Nadel (Bindenadel) senkrecht in das Fleisch stechen, einige Augenblicke darin belassen, dann herausziehen und direkt an die Handwurzel führen.

  Rosa gebratenes Fleisch ➔ mäßig erwärmt.

  Durchgebratenes Fleisch ➔ stark erwärmt.

Durch die in den Randschichten des Bratens gestaute Wärme wird der Garvorgang noch kurze Zeit fortgesetzt. Mit abfallender Temperatur verringert sich der Druck des Fleischsafts. Der Braten darf erst dann angeschnitten werden; sonst wäre starker Saftverlust die Folge.

Zum Entspannen wickelt man das Fleischstück nach dem Braten in Alufolie und lässt es darin ca. 15 bis 20 Min. ruhen, nach Möglichkeit im Wärmeschrank.

Genaue, auf ein Gewicht bezogene Bratzeiten für große Fleischstücke können nicht genannt werden. Die Bratzeit ist nämlich nicht nur von dem Gewicht des Stückes abhängig, sondern vielmehr von dessen Form (Dicke) und der gewünschten Garstufe. Gestreckte Stücke haben bei gleichem Gewicht eine wesentlich kürzere Garzeit als kompakte Stücke, weil die Wärme viel schneller zur Fleischmitte vordringen kann.

Bratensauce (Jus)

Während des Garens bildet sich durch den austretenden Fleischsaft ein Bratsatz. Durch richtige Wärmezufuhr wird dafür gesorgt, dass der Bratsatz nicht verbrennt. Wenn der fertige Braten entnommen ist, wird das Fett vorsichtig abgegossen und der Bratsatz mit Kalbsbrühe abgelöscht. Er bildet die Grundlage zur Bratensauce zum jeweiligen Fleisch.

Variationen der Grundzubereitung

Rinderfilet nach portugiesischer Art

tenderloin of beef

filet (m) de bœuf à la portugaise

Ein bardiertes Rinderfilet salzen, pfeffern und braten. Den Bratsatz ablöschen, mit Tomatensauce und Kraftsauce verkochen und passieren.

Tomatenfleischwürfel mit Knoblauchsalz würzen, in Butter mit gehackten Schalotten anschwitzen, mit Weißwein ablöschen und in die Sauce geben. Mit Petersilie und Butterflocken vollenden.

- **Beilagen:**
  Tomaten gefüllt mit Duxelles;
  Schlosskartoffeln.

Lammkeule nach Bäckerinart

roasted leg of lamb baker's style

gigot (m) d'agneau à la boulangère

Die hohl ausgelöste Lammkeule wird mit etwas Salz, Pfeffer und Thymian eingerieben. Je nach Geschmack kann sie auch mit Knoblauchstiften gespickt werden. Die so vorbereitete Keule wird ringsum angebraten. Nun gibt man Zwiebel- und rohe Kartoffelscheiben bei, gießt etwas Lammjus zu und gart alles zusammen, bis das Fleisch zartrosa ist. Die tranchierte Lammkeule wird zusammen mit den Bäckerinkartoffeln serviert.

Kalbsnierenbraten Clamart

roast veal Clamart

rognonnade (w) de veau Clamart

Einen vorbereiteten Nierenbraten zubereiten. Den Bratsatz mit Kalbsbrühe verkochen und mit angerührter Stärke leicht binden. Das Fleisch in Scheiben schneiden, anrichten, mit Butter bestreichen und Kalbsbratensauce untergießen.

- **Beilagen:**
  Artischockenböden mit Erbsen gefüllt;
  Nusskartoffeln.

Glasierter Schweinerücken

glaced pork loin

carré (m) de porc glacé

Einen vorbereiteten Schweinerücken braten und glasieren (S. 474). Den Bratsatz mit Kalbsbrühe ablöschen und mit angerührter Stärke leicht binden. In der Küche tranchiertes Fleisch ist anzurichten, leicht mit Butter zu bestreichen und mit wenig Bratensauce zu umkränzen.

- **Beilagen:**
  Spinat, Karotten, Blumen- oder Rosenkohl, Kohlrabi, Rotkraut, Erbsen oder Spargel; Kartoffelkroketten, Dauphinekartoffeln, Robertkartoffeln, Lyoner Kartoffeln, Parmentierkartoffeln, Kartoffelnocken oder Semmelklöße.

Arbeit mit Umluftgeräten

Gargeräte, die mit Umluft arbeiten und mit einer Kerntemperaturmessung ausgestattet sind, bieten für größere Fleischstücke weitere Garmöglichkeiten.

Dabei werden niedrige Temperaturen eingesetzt, die Garzeit verlängert sich.

Weil die Wärme langsam zugeführt wird, entstehen im Fleisch weniger Spannungen. So erhält man einen saftigen Braten, der für längere Zeit servierbereit gehalten werden kann.

Niedertemperatur-Garen (NT)

Arbeitsablauf

- Gerät vorheizen, in Fleisch Kerntemperatur-Fühler einstecken,
- in der Anbratphase entsteht die Bratenkruste,
- in der Reifephase geht die Kerntemperatur auf die vorgewählte Stufe zurück.

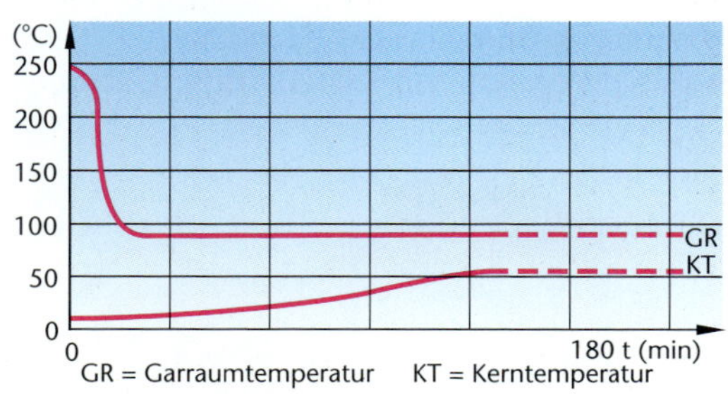

GR = Garraumtemperatur KT = Kerntemperatur

Delta-Garen

Arbeitsablauf

- in Fleisch Kerntemperatur-Fühler einstecken,
- die Temperatur steigt langsam an, wobei zwi-

schen der gewählten Kerntemperatur und der Temperatur des Garraumes stets ein bestimmter, gleichbleibender Abstand (Delta-T) gehalten wird.

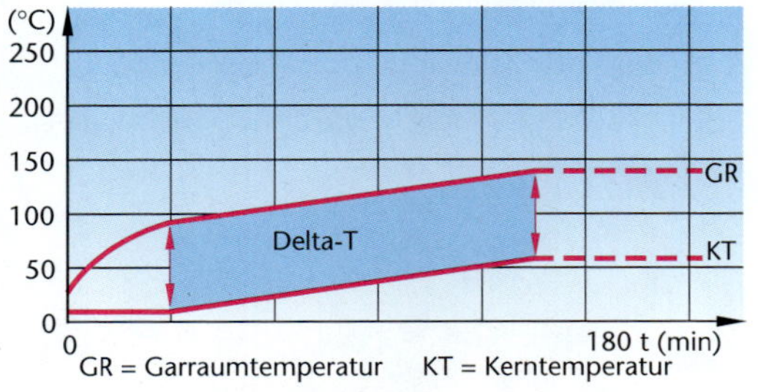

Braten in der Pfanne/auf der Platte

Grundzüge der Zubereitung

Zum Braten in der Pfanne werden reifes (abgehangenes) Fleisch mit zarter Faser sowie Leber und Nieren junger Schlachttiere verwendet. Das Fleisch wird überwiegend in Einzelportionen geschnitten, denn zum Kurzbraten sind flache Fleischteile am geeignetsten.

Zum Braten von großen Portionsmengen werden auch Kippbratpfannen und Bratplatten benutzt.

Um eine möglichst schmackhafte Bratkruste zu erhalten, wird das Fleisch vor dem Garen gewürzt und dann sorgfältig gebraten. Da Salz bekanntlich Feuchtigkeit anzieht, darf das Salzen bzw. Würzen erst unmittelbar vor dem Braten erfolgen.

Dunkles Fleisch (Rind, Lamm, Wild) wird

- naturell gebraten,
- in unterschiedlichen Garstufen gebraten.

Helles Fleisch (Kalb, Schwein) wird

- wegen der zarteren Faser in Mehl gewendet und dann gebraten (bessere Krusten- sowie Farbbildung),
- paniert gebraten,
- durchgebraten, soll jedoch saftig bleiben.

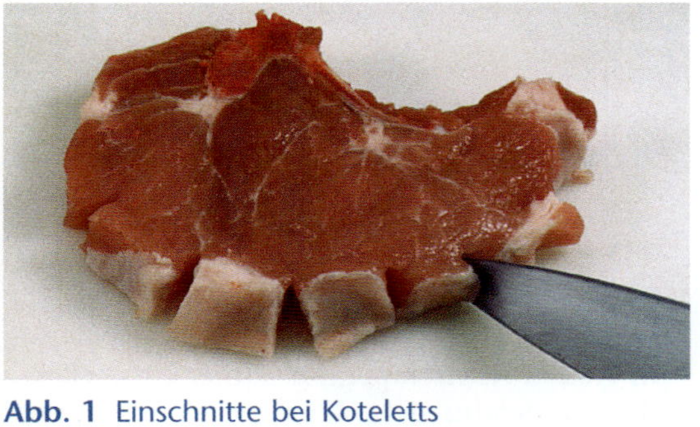

Abb. 1 Einschnitte bei Koteletts

Einschneiden – Plattieren

Bindegewebe hat die Eigenschaft, sich beim Erwärmen zu verkürzen. Beim Braten führt das zum Austritt des Fleischsaftes aus den Fasern, die Fleischscheiben wölben sich und werden trocken.

Fleischteile mit starkem Bindegeweberand, wie Kotelett oder Rumpsteak, sind vor dem Braten **einzuschneiden.** Das zerschnittene Bindegewebe ist unterbrochen, das Fleisch bleibt flach.

Geschnittene Fleischteile **plattiert** man. Dadurch werden die Fleischfasern gestaucht und die sie umgebenden Bindegewebe zerrissen. Wenn sie sich beim Erwärmen verkürzen, können sie keinen Fleischsaft aus den Fasern pressen. Die Stücke bleiben saftiger.

Abb. 2 Muskelbündel mit Bindegewebe vor und nach dem Plattieren

Kurzbraten

Zum Braten verwendet man wasserfreie Fette. Butter und Margarine enthalten Eiweißanteile, die bei hohen Temperaturen schwarz würden. Sie können beim Nachbraten mit geringeren Temperaturen verwendet werden, wobei sie gleichzeitig den Geschmack der Bratkruste aufwerten.

Weil beim Braten in der Pfanne die Kontaktwärme nur jeweils auf eine Fleischseite wirkt, muss das Fleisch während des Garens gewendet werden.

Angebraten wird bei starker Wärmezufuhr. Dabei entsteht der gewünschte Geschmack in den Randschichten. Bei verringerter Temperatur brät man bis zur erwünschten Garstufe weiter.

Bei Portionsstücken kann wegen der geringen Einstecktiefe der Garpunkt nicht mithlife der Kerntemperatur ermittelt werden.

- Bei dünnen Fleischscheiben (Schnitzel) braucht wegen der viel kürzeren Garzeit die Anbrattemperatur nicht gesenkt zu werden.

- Paniertes Fleisch muss im Allgemeinen mit niedrigeren Temperaturen gebraten werden, denn die Umhüllung nimmt viel rascher Farbe an.
- Angestochenes Fleisch verliert an Saft. Deshalb zum Wenden eine Gabel unter das Fleisch schieben, mit einer Palette oben halten, dann auf die andere Seite legen. Empfehlenswert ist das Arbeiten mit einer Fleischzange, wie man sie am Grill benutzt.

Garpunkt

Gebratenes Fleisch von Rind und Schaf wird mit unterschiedlicher Garstufe gewünscht; dieser ist von der Bratdauer und der dadurch im Fleisch entstehenden Temperatur abhängig. In der Praxis gilt die Fleischfarbe im Kern des gegarten Fleisches als Maßstab für den jeweiligen Garpunkt.

Mit zunehmender Erwärmung des Fleisches verändert sich der Muskelfarbstoff Myoglobin.
Bei einer Kerntemperatur von etwa 70 °C wird das Fleisch grau.

			Gardauer in Minuten		
	Kerntemperatur	Bezeichnung[1]	Fleischdicke 2 cm	3 cm	4 cm
	ab 45 °C	stark blutig 🇬🇧 *rare* 🇫🇷 *bleu*	1 Min. jede Seite 30 Sek.	1,5 Min. jede Seite 45 Sek.	2 Min. jede Seite 1 Min.
	ab 50 °C	blutig (engl.) 🇬🇧 *medium rare* 🇫🇷 *saignant*	2 Min. jede Seite 1 Min.	3 Min. jede Seite 1,5 Min.	4 Min. jede Seite 2 Min.
	ab 60 °C	rosa 🇬🇧 *medium* 🇫🇷 *à point*	6 Min. jede Seite 3 Min.	7 Min. jede Seite 3,5 Min.	8 Min. jede Seite 4 Min.
	ab 75 °C	durchgebraten 🇬🇧 *well done* 🇫🇷 *bien cuit*	8 Min. jede Seite 4 Min.	10 Min. jede Seite 5 Min.	12 Min. jede Seite 6 Min.

Daumenballentest
Eine Möglichkeit, die Beschaffenheit von Kurzbratfleisch durch die Druckprobe in unterschiedlichen Garstufen zu beschreiben, ist der Vergleich mit der Festigkeit des Daumenballens.

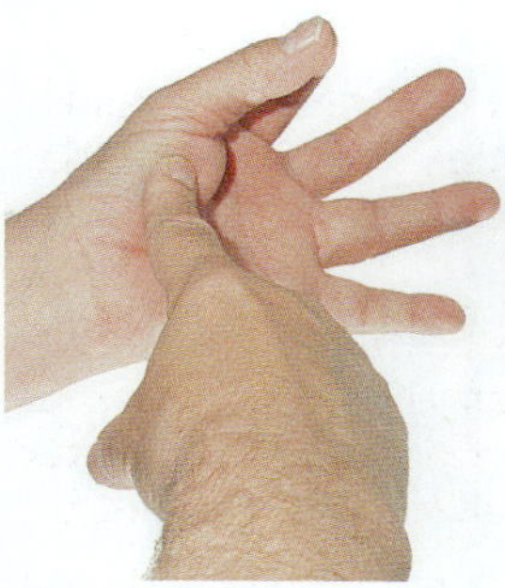
Daumen gegen Zeigefinger = **rare**

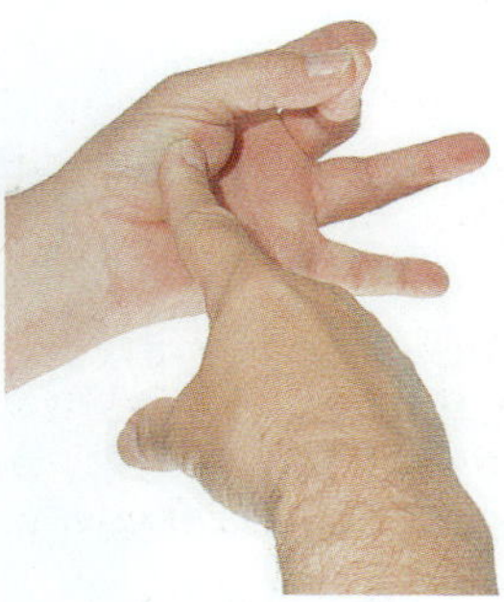
Daumen gegen Mittelfinger = **medium rare**

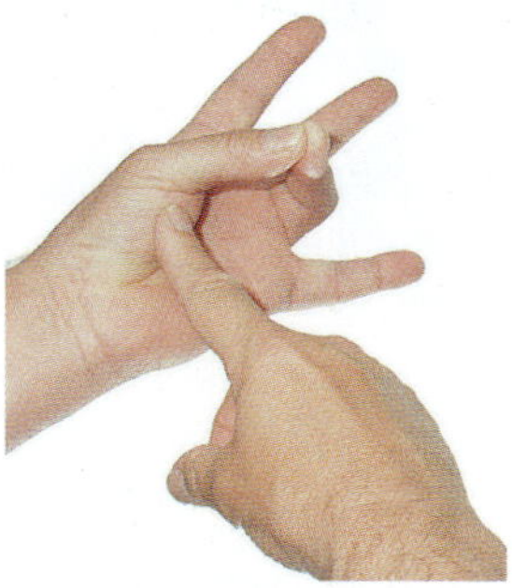
Daumen gegen Ringfinger = **medium**

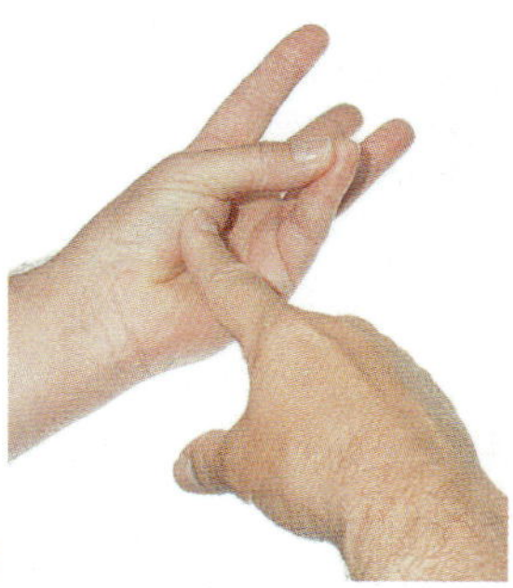
Daumen gegen kleiner Finger = **well done**

[1] Bezeichnungen der Garstufen nach Empfehlungen der Gastronomischen Akademie Deutschlands

Druckprobe:
Bei Portionsstücken wird der Garpunkt durch Tasten festgestellt. Dabei gilt die Grundregel: Je fester das Fleisch, desto weiter fortgeschritten ist der Garvorgang.

- **Blutig gebratenes** Fleisch fühlt sich weich an.
- **Rosa gebratenes** Fleisch gibt auf Druck federnd nach.
- **Durchgebratenes** Fleisch von Kalb und Schwein fühlt sich fest an.

Panieren

Unter Panieren versteht man das Umhüllen von vorbereiteten Lebensmitteln mit unterschiedlichen Zutaten.

Umhüllungen
- vermindern den Saftaustritt und
- werten den Geschmack der Speisen auf.
- Es entstehen entsprechend den verwendeten Zutaten weitere Geschmacksvariationen.

Einbröseln kann erfolgen mit
- Panierbrot bzw. Semmelbrösel (chapelure): getrocknete, geriebene Semmeln;
- Weißbrotkrume (mie de pain): frische, geriebene Weißbrotkrume;
- geriebenen Nüssen oder Mandeln, mit Sesam oder Kokosflocken.

Vor dem Umhüllen müssen die vorgefertigten Lebensmittel (Koteletts, Schnitzel usw.) gewürzt werden. Salz zieht Feuchtigkeit an. Man darf deshalb das Panieren nicht zu weit im Voraus durchführen, sonst weicht die Umhüllung auf und löst sich beim Garen ab.

Arten der Panierung

- **Wiener Panierung**
  in Mehl und geschlagenem Ei wenden, Panierbrot andrücken
- **Mailänder Panierung**
  in Mehl und geschlagenem Ei wenden, Weißbrotkrume mit geriebenem Parmesan gemischt andrücken
- **Englische Panierung**
  in Mehl und geschlagenem Ei wenden, Weißbrotkrume andrücken
- **Pariser Panierung**
  in Mehl wenden, abschütteln, durch geschlagenes Ei ziehen

Garnituren und Beilagen zu Kurzbratfleisch

Rind

Bordelaiser Art *à la bordelaise*

- **Garnitur:**
  Markscheiben, Petersilie, Bordelaiser Sauce
- **Beilage:**
  Chicorée oder Fenchel; gebackene oder gebratene Kartoffeln

Choron *choron*

- **Garnitur:**
  Artischockenboden gefüllt mit feinen Erbsen, Choronsauce
- **Beilage:**
  Nusskartoffeln

Rossini *Rossini*

- **Garnitur:**
  Sautierte Gänseleberscheiben und Trüffelscheiben, Madeirasauce, Croûton
- **Beilage:**
  Butterkartoffeln und zarte Gemüse

Tiroler Art *à la tyrolienne*

- **Garnitur:**
  angeschwitztes Tomatenfleisch (tomates concassées), gebackene Zwiebelringe, Petersilie, Béarner Sauce
- **Beilage:**
  gebackene oder gebratene Kartoffeln

Abb. 1 Rostbraten nach Tiroler Art

Helder 🇫🇷 *Helder*

- **Garnitur:**
  Tomatenhälfte gefüllt mit Béarner Sauce, Kalbsjus
- **Beilage:**
  Nusskartoffeln; Salate der Jahreszeit

Mirabeau 🇫🇷 *Mirabeau*

- **Garnitur:**
  Sardellengitter, Olivenscheiben
- **Beilage:**
  Frittierte oder gebratene Kartoffeln

Kalb

Dubarry 🇫🇷 *Dubarry*

- **Garnitur:**
  Blumenkohlröschen und Mornaysauce
- **Beilage:**
  Petersilienkartoffeln

Florentiner Art 🇫🇷 *à la florentine*

- **Garnitur:**
  Spinattimbale, Sauce Mornay
- **Beilage:** Herzoginkartoffeln

Holstein 🇫🇷 *Holstein*

- **Garnitur:**
  Spiegelei und kleine Fisch-Canapés
- **Beilage:** Bratkartoffeln

Mailänder Art 🇫🇷 *à la milanaise*

- **Garnitur:**
  Tomatensauce, Zitronenstücke. Fleisch mit Weißbrot und Parmesan paniert
- **Beilage:**
  Spaghetti oder Makkaroni vermengt mit Streifchen von gekochtem Schinken, Champignons sowie Trüffeln

Schwein

Robert 🇫🇷 *Robert*

- **Garnitur:**
  Brunnenkresse, Robertsauce. Fleisch in flüssiger Butter wenden, Weißbrot andrücken und braten
- **Beilage:**
  Schwarzwurzeln oder Rotkraut; Kartoffelpüree

Zigeuner Art 🇫🇷 *à la zingara*

- **Garnitur:**
  Julienne von Pökelzunge, Champignons, Schinken und Trüffeln in Butter sautiert, Madeirasauce
- **Beilage:**
  Salzkartoffeln, Thronfolgerkartoffeln

Lamm

Andalusische Art 🇫🇷 *à l'andalouse*

- **Garnitur:**
  sautiertes Tomatenfleisch (tomates concassées), gedünstete Streifen von grüner Paprikaschote, gebackene Auberginenscheiben, tomatierte Demiglace
- **Beilage:**
  körniger Reis

Soubise 🇫🇷 *soubise*

- **Garnitur:**
  Zwiebelpüree (purée Soubise) auf das gegarte Fleisch geben, mit Parmesan bestreuen, im Salamander überbräunen
- **Beilage:**
  Blattspinat, Fenchel, Chicorée oder Bleichsellerie; Annakartoffeln, frittierte oder gratinierte Kartoffeln

Minutengerichte

Zu Minutengerichten eignen sich nur zartes Schlachtfleisch, das in Würfel, Streifen oder Scheiben geschnitten wird, oder kleine Stücke von zartem Wildfleisch, rohem Geflügel, Leber und Nieren. Durch die Zerkleinerung wird der Bratprozess verkürzt.

Zum Braten wird geklärte Butter verwendet (Milcheiweiß und Milchzucker der Butter würden sonst verbrennen). Das gewürzte Fleisch gibt man in die heiße Pfanne und brät es bei hohen Temperaturen.

Die Größe der Pfanne muss so gewählt werden, dass die Bratstücke auf dem Pfannenboden nebeneinander liegen können. Ist das Bratgeschirr zu klein, wird die Wärme zu stark verringert, der Fleischsaft tritt aus, das Braten geht in Kochen über und das Fleisch wird hart und trocken. Man brät nur kurz an, damit die Stückchen innen rosa bleiben.

Nach kurzem Anbraten werden die Fleischstücke noch etwas in der Pfanne geschwenkt (sautiert).

Das Bratgut gibt man in ein bereitgestelltes Geschirr; in der Pfanne wird die Sauce bereitet, heiß über das Fleisch gegossen und durchgeschwenkt.

Das Fleisch darf bei Minutengerichten nicht in der Sauce kochen, da es sonst trocken und hart wird.

Züricher geschnetzeltes Kalbfleisch

diced sauted veal

émincé (m) de veau à la minute

In Streifen oder Scheibchen geschnittenes Kalbfleisch zum Kurzbraten mit Paprika und Salz würzen und braten wie beschrieben. Im Bratsatz der Pfanne gehackte Schalotten angehen lassen, mit Weißwein ablöschen, zwei Teile Sahne und einen Teil Demiglace auffüllen und zur benötigten Saucenmenge reduzieren. Sauce über das Fleisch gießen, durchschwenken und abschmecken.

- **Beilagen:**
  Rösti, aber auch Reis, Spätzle, Salate, Gemüse

Filetgulasch Stroganow

diced sauted beef

bœuf (m) Stroganoff

Würfel oder Scheibchen von Rinderfiletkopf oder der -spitze mit Salz, Pfeffer und Paprika würzen und braten. In der Pfanne mit dem Bratsatz gehackte Schalotten und wenig Tomatenmark angehen lassen. Mit vier Teilen saurer Sahne und einem Teil Demiglace auffüllen; scharf angebratene, gewürzte Steinpilze dazugeben und zur benötigten Saucenmenge verkochen. Sauce über die Fleischwürfel gießen, diese durchschwenken und, wenn erforderlich, mit Zitronensaft und frisch gemahlenem Pfeffer abschmecken.

Anrichten mit Gewürzgurkenstreifchen.

- **Typische Beilage:**
  Bratkartoffeln, Kartoffelschnee

Lammfilets Madras

fillets of lamb

filets (m) mignons d'agneau Madras

Lammfilets in 3 cm lange Stücke schneiden, mit Salz und Curry würzen und braten. Im Bratsatz mit Butter gehackte Schalotten, Curry und eine Messerspitze Tomatenmark angehen lassen und mit vier Teilen Sahne und einem Teil Kalbsjus verkochen. Die Sauce mit gehacktem Mango-Chutney, Apfelmus und Butterflocken vollenden, über das Fleisch gießen, durchschwenken und anrichten.

Mit Curry gewürzte, angebratene Ananasstücke, gedünstete Streifchen roter Paprikaschote und einige geröstete Mandelstifte darauflegen.

- **Beilagen:**
  Reis, Chicoréesalat oder Tomatensalat.

2.5 Grillen von Schlachtfleisch

Gegrillt wird reifes Fleisch mit zarter Faser von Rind, Mastlamm und Schwein. Kalbfleisch ist zum Grillen weniger geeignet. Da es leicht trocken wird, muss man es mit besonderer Sorgfalt zubereiten.

Kleine Teile von Schlachtfleisch, Filetspitzen, Lammfilets oder Innereien lassen sich leichter grillen, wenn man sie dazu auf Spieße steckt.

Durch die intensive Strahlungswärme schließen sich die Außenschichten des Garguts sofort, der Fleischsaft und die Nährstoffe bleiben besser erhalten als bei anderen Zubereitungsarten. Da man das Fleisch mit sehr wenig Fett grillen kann, ist es für verschiedene Diätformen ausgezeichnet geeignet.

Abb. 1 Spieße von Lammfilet, Rehfilet, Hähnchenbrust mit Geflügelleber, Kalbsniere und Schweinefilet.

Kurzmarinaden

Kurzmarinaden werden auf der Grundlage von Öl mit Würzzutaten kombiniert. Sie dienen spezieller Geschmacksgebung von Grillgerichten.

Als Würzzutaten eignen sich: Kräuter und Gewürze, ferner z.B. Knoblauch, Schalotten, ungespritzte Zitronenschale, Cognac und Südwein.

Das Öl kann die Duftstoffe (ätherische Öle) der Zutaten lösen, an sich binden und sie auf die damit bestrichenen oder eingelegten Fleischstücke übertragen. In Verbindung mit dem späteren Röstaroma bildet sich so eine besondere Geschmacksintensität.

Der Wohlgeschmack basiert auf der Zubereitung und der Ausgewogenheit der verschiedenen Würzzutaten.

Grillvorgang

Bei der Zubereitung müssen die Grillstäbe oder die Griddleplatte heiß sein. Das gewürzte Fleisch wird zuvor geölt. Dadurch wird die Übertragung der Wärme gefördert und ein Anhängen an den Grillstäben vermieden.

Flaches Grillgut braucht nur einmal umgedreht zu werden; dickere Stücke wendet man mehrmals und bestreicht die Flächen wiederholt mit Öl. Das Grillkaro wird erreicht, wenn die Stücke beim Wenden im rechten Winkel zur Zeichnung auf den Grillrost gelegt werden.

Angestochenes Grillgut läuft leicht aus. Deshalb benutzt man statt der Gabel eine Palette oder eine Grillzange.

Beim Grillen von Pökelwaren können durch die hohen Temperaturen krebserregende Nitrosamine entstehen. Unbedenklich ist dagegen das Grillen von Schlachtfleisch und Bratwurst.

Gardauer

Die Grilldauer ist unterschiedlich. Sie ist abhängig von

- dem Grillgerät,
- der erwünschten Endgare,
- der Grilltemperatur,
- der Fleischsorte und Qualität,
- der Dicke des Fleisches.

Gegrilltes Fleisch soll sofort serviert werden. Es wird trocken angerichtet. Kräuterbutter kann daraufgelegt werden. Saucen reicht man jedoch separat.

Beilagen zu gegrilltem Fleisch

Saucen

Bei gegrilltem Fleisch reicht man als Saucenbeilagen vor allem Ableitungen der holländischen Sauce sowie fast alle Arten von kalten Buttermischungen wie Kräuterbutter, Café-de-Paris-Butter oder Bercybutter. Neben diesen serviert man auch noch Ableitungen der Demiglace wie zum Beispiel Robertsauce oder Teufelssauce.

Gemüse

Als Gemüsebeilagen passen gebackene Champignons, gedünsteter Blattspinat, glasierte Karotten, in Butter sautierte Bohnen, Grilltomaten.

Beilagen

Am häufigsten verwendet man die in der Folie gebackene Kartoffel. Außerdem passen fast alle frittierten Zubereitungen aus rohen Kartoffeln sowie Schloss-, Nuss- und Olivenkartoffeln.

Salat

Vielfach genießt man Grillgerichte zusammen mit großen bunten Salattellern, die vorrangig mit Blattsalaten, aber auch mit Tomaten-, Gurken- oder Paprikasalaten kombiniert und mit mehreren Dressingvariationen dem Gast angeboten werden.

2.6 Frittieren von Schlachtfleisch

Zum Garen im Fettbad eignen sich Scheiben von zartem, rohem Fleisch und von gekochtem Fleisch. Es wird für diese Zubereitungsart vorwiegend paniert, aber auch mit Ausbackteig (s. S. 545) umhüllt.

Die Fett-Temperatur beträgt für

- **dünnes Backgut** etwa 175 °C,
- **dickeres Backgut** etwa 160 °C.

Ist das Backfett zu heiß, bräunen die Stücke zu stark, ohne gar zu sein. Gesundheitsschädliches Acrylamid entsteht.

Liegt die Temperatur zu niedrig, bildet sich keine Kruste, das Backgut saugt viel Fett auf und ist weniger bekömmlich.

Bei gekochtem Fleisch müssen die Scheiben vor dem Panieren mit einem Tuch oder mit Küchenkrepp trockengetupft werden. Sonst weicht die Panierung auf und fällt beim Backen ab.

Frittiert werden

- **von rohem Fleisch**
  Scheiben von Kalb, Schwein, Lamm, Leber, Herz
- **von gekochtem Fleisch**
  Scheiben von Zunge, Hirn und Herz.

Das gebackene Fleisch legt man zum Abtropfen auf ein Gitter oder auf eine saugfähige Unterlage. Damit die rösche, wohlschmeckende Backkruste erhalten bleibt, darf es nicht zugedeckt werden, z. B. mit Clochen.

Frittierte Zubereitungen sind zum unverzüglichen Verzehr bestimmt. Sie werden auf Servietten oder Papierdeckchen angerichtet und mit Zitronenstückchen und Petersilie oder Brunnenkresse oder gebackener (frittierter) Petersilie garniert.

Beilagen zu frittiertem Fleisch

Saucen

Als Saucen eignen sich vor allem die Ableitungen der Mayonnaise wie Remouladensauce, Tatarensauce, Tiroler Sauce usw. Außerdem kann man, je nach Panierung oder Umhüllung des Fleischstückes, Tomatensauce oder Gribichesauce servieren.

Gemüse

Bei der Auswahl von Gemüsebeilagen sollte man keine zu nassen oder zu cremigen Zubereitungsarten auswählen. Es empfiehlt sich gedünstetes oder glasiertes Gemüse.

Beilagen

Durch die Panierung bzw. Umhüllung der Fleischstücke sind nur noch kleinere Mengen an Hauptbeilagen notwendig. Sehr gut eignen sich Kartoffelsalat, wie auch Risipisi (Reis mit Erbsen) oder frittierte Kartoffelzubereitungen.

Salat

Als erfrischende Beigaben haben die Salate einen hohen Stellenwert. Sie können einzeln, vermischt oder mehrere nebeneinander angerichtet werden. Den Vorrang haben Blattsalate sowie Tomatensalat.

Zusammenstellung von Gerichten mit passenden Beilagen

Gebackenes Kalbshirn
- Grüne Sauce, Kartoffelsalat, Salate der Saison

Frittiertes Kalbsherz
- Senfsauce, Glasierte Karotten, Rahmkartoffeln

Frittierte Leberscheiben
- Apfelmeerrettich, Prinzessbohnen, Fondantkartoffeln

Gebackene Kalbsbrust in Bierteig
- Tiroler Sauce, Kartoffelsalat, Kopfsalat mit Kresse

Frische Rinderzunge, gebacken
- Tomatensauce, Schwarzwurzeln mit Kräutern, Risotto

2.7 Schmoren von Schlachtfleisch

Schmoren ist ein kombiniertes Garverfahren, das vorwiegend bei Schlachtfleisch mit höherem Bindegewebegehalt (Keule, Bug, Brust, Hals) angewandt wird.

Durch das Anbraten im offenen Geschirr mit trockener Wärme entstehen in den Randschichten des Fleisches wohlschmeckende Aromastoffe.

Beim späteren Angießen von Flüssigkeit wird das Garen im abgedeckten Geschirr mit feuchter Wärme fortgesetzt. Dabei wird das zähe Bindegewebe gelockert und zu leicht kaubarer Gelatine.

Je nach Vorbereitung des Fleisches werden unterschieden

Schmoren großer Fleischstücke
Portionieren nach dem Garen
s. S. 482

Schmorgerichte in Portionen
Portioniertes Fleisch wird gegart
s. S. 486

Ragout, Gulasch
Fleischteile kleiner als Portionsgröße
s. S. 488

Fleischoberfläche je Portion nimmt zu →

Röststoffbildung nimmt zu

Der Genusswert und der Garverlust des Fleisches sind maßgeblich von der Temperatur während des Garverfahrens abhängig.

- **Anbraten** bei hoher Temperatur (180–200 °C);
- **Schmoren** bei niederer Temperatur (etwa 100 °C) in geringer Flüssigkeitsmenge.

Schmoren großer Fleischstücke

Grundzüge der Zubereitung

Magere Fleischstücke können durch Speckbeigabe saftiger und schmackhafter zubereitet werden. Dazu wird Speck gekühlt und in lange Streifen mit einem Querschnitt von etwa 1 cm geschnitten. Diese werden in Richtung der Fleischfaser mit einem **Lardoir** in das Fleisch eingeführt: Es wird **lardiert.** In Portionsscheiben sind diese Speckstreifen als weiße Punkte sichtbar.

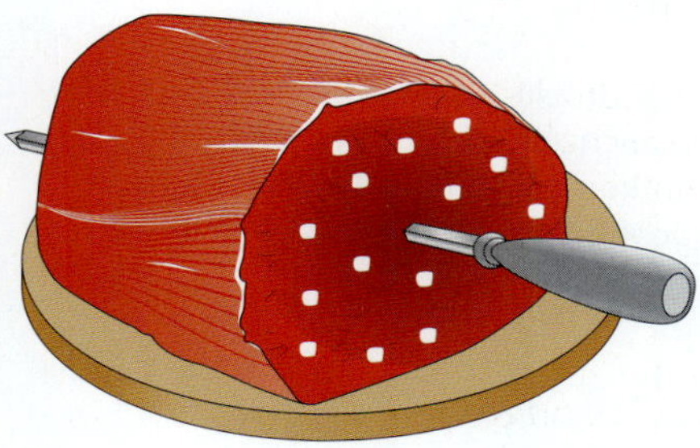

Abb. 1 Mit Speckstreifen durchzogenes (lardiertes) Fleischstück.

Während beim Lardieren der Speck auch ins Zentrum der Fleischstücke gebracht wird, bleibt der Speck beim **Spicken** (s. Seite 492) vorwiegend an der Oberfläche und brät zum Teil aus.

Anbraten
Fett in einer Schmorpfanne erhitzen. Fleischstücke würzen, einlegen und allseitig braun anbraten. Desgleichen später beigefügte Röstgemüse (Mirepoix), zerkleinerte Speck- und Schinkenschwarten.

Geschmacksbildung
Gebräuntes Fleisch und Gemüse mit kräftig gewürzter Flüssigkeit ablöschen und den Bratsatz loskochen. Flüssigkeit einkochen (reduzieren), damit das Schmoren erneut in Braten übergeht. Dieser Vorgang, ablöschen (deglasieren) und einkochen (glasieren), verstärkt den Geschmack und die Farbe der Zubereitung. Er wird mehrmals wiederholt, wobei zuletzt ein wenig Tomatenmark dazukommt.

Schmoren
So viel Flüssigkeit in die Schmorpfanne gießen, dass das angebratene Fleisch nur zu einem Viertel seiner Dicke darin liegt. Nachdem die Flüssigkeit kocht, die vorgesehenen Gewürze (Kräutersträußchen, Gewürzbeutel, s. S. 408) beifügen. Die Schmorpfanne zudecken und im Ofen bei niedriger Temperatur garen. Während des Garens das Fleischstück mehrmals wenden; mögliche Verdunstung durch Beigabe von Flüssigkeit ergänzen. Der Schmorbraten ist gar, wenn beim Anstechen nur noch geringer Widerstand spürbar ist.

Saucenbildung
Die gehaltvolle, entfettete und durch ein Sieb passierte Schmorflüssigkeit bildet die Sauce zum Fleisch. Ist die Menge zu reichlich, wird sie auf das erforderliche Maß eingekocht. Die Bindung erhält die Sauce durch die mitgegarten Zutaten: Röstgemüse, Schwarten und Tomatenmark. Fehlende Bindung lässt sich ergänzen, indem etwas Stärke mit Wein angerührt in die kochende Sauce gegeben wird.

Variationen der Grundzubereitung

Rinderbraten nach Burgunder Art

braised beef

culotte (w) de bœuf à la bourguignonne

Bedarf für 10 Portionen

2 kg	Fleisch ohne Knochen
	Salz, Paprika
150 g	Fett
500 g	Röstgemüse (100 g Zwiebel, 100 g Karotten, 100 g Sellerie, 100 g Petersilienwurzel, 100 g Lauch)
300 g	Tomaten oder 2 EL Tomatenmark
0,5 l	Rotwein
2 l	Große braune Brühe
1	Kräutersträußchen (Petersilienstängel, Thymian, Lorbeer, Knoblauchzehen)
10	Pfefferkörner

- **Garnitur:**
  20 Perlzwiebeln, glasiert
  30 kleine Champignons, gedünstet

- Das Fleisch mit Salz und Paprika würzen,
- Fleisch in Geschirr mit heißem Fett einlegen und allseitig braun anbraten.
- Röstgemüse beifügen und mitrösten.
- Mehrmals ablöschen und reduzieren.

- Nach dem letzten Bratabschnitt mit Wein ablöschen, braune Brühe aufgießen und Kräutersträußchen und zerdrückte Pfefferkörner hinzufügen.
- Geschirr zudecken und im Ofen, bei wiederholtem Wenden des Fleisches, etwa 2 bis 3 Std. garschmoren.
- Danach Fleisch entnehmen und warm halten.
- Die passierte Sauce entfetten und auf 1 Liter reduzieren.
- Das geschmorte Fleisch quer zur Faser in Scheiben schneiden, anrichten und saucieren.
- Champignons und Perlzwiebeln darüber streuen.
- **Beilagen:**
  Karotten, Schwarzwurzeln, Rosenkohl, Rotkohl; Teigwaren, Klöße, Kartoffelbrei.

Sauerbraten

marinated beef *bœuf (m) braisé à l'aigre*

Sauerbraten ist ein Rinderschmorbraten, der in Marinade vorbehandelt ist.

Das rohe Fleisch legt man 3 bis 5 Tage in Marinade. Es wird zugedeckt kühl aufbewahrt und zwischenzeitlich einige Male umgedreht, damit die Marinade gleichmäßig einwirken kann. Durch das Marinieren erhält das Fleisch würzig-säuerlichen Geschmack.

Marinade

0,4 l Essig (5 %ig) *oder* 0,8 l Weiß- oder Rotwein
0,6 l Wasser *oder* 0,2 l Essig (5 %ig)
1 Zwiebel in Würfel
1 Möhre in Würfel
1 Thymianzweig
1 Lorbeerblatt
Jeweils zerdrückt:
1 Knoblauchzehe, 1 Gewürznelke,
2 Pimentkörner, 8 Pfefferkörner
evtl. kurz aufkochen und dann wieder abkühlen

- Das Fleischstück mehrere Tage in die Marinade legen.
- Stück aus der Marinade nehmen, gut abtropfen lassen und mit einem Tuch oder mit Küchenkrepp trockentupfen.
- Danach das Fleischstück in Fett ringsum scharf anbraten und
- die ebenfalls abgetropften Gemüse aus der Marinade zugeben.
- Nach dem letzten Bratabschnitt löscht man mehrmals mit der Marinade ab, lässt einkochen (glasieren) und füllt mit brauner Brühe auf.
- Sauerbraten in zugedecktem Topf im Rohr weich schmoren.
- Die Sauce passieren.
- Die Sauce kann durch ein wenig Karamellzucker farblich und geschmacklich abgerundet werden.
- **Beilagen:**
  Klöße, Teigwaren; Sellerie-, Tomaten-, Gurkensalat und Blattsalate.

Geschmorter Kalbsbug Gärtnerinart

braised veal chuck

épaule (w) de veau à la jardinière

- **Garnitur:**
  - 20 kleine Karotten
  - 15 Spargelstangen, in 5-cm-Stücke geteilt
  - 200 g Erbsen, fein
  - Petersilie, gehackt
- Den entbeinten Kalbsbug binden, würzen und schmoren
- Das Fleisch tranchieren, mit wenig Sauce begießen, die gedünsteten Gemüse darumlegen und mit Petersilie bestreuen.
- **Beilagen:**
  Kartoffelkroketten, Herzogin-, Macaire- oder Petersilienkartoffeln, Teigwaren.

Bedarf für 10 Portionen

2 kg	Kalbsbug, entbeint
	Salz, Pfeffer
150 g	Fett
500 g	Röstgemüse (100 g Zwiebel, 100 g Karotten, 100 g Sellerie, 100 g Petersilienwurzel, 100 g Lauch)
2 EL	Tomatenmark
0,3 l	Weißwein
1,5 l	Große braune Brühe
0,5 l	Demiglace
1	Kräutersträußchen (Petersilienstängel, 1 Thymianzweig, 1 Knoblauchzehe)

Schweinekamm in Rahmsauce

Boston butt in creamsauce *cou (m) de porc à la crème*

Bedarf für 10 Portionen

2 kg	Schweinekamm ohne Knochen
	Salz, Pfeffer
0,5 l	Wasser
500 g	Röstgemüse (100 g Zwiebel, 100 g Karotten, 100 g Sellerie, 100 g Petersilienwurzel, 100 g Lauch)
1 EL	Tomatenmark
2 l	Große braune Brühe
0,4 l	saure Sahne
1	Gewürzbeutel (1 g Kümmel, 2 g Majoran, ½ Lorbeerblatt, 2 Knoblauchzehen, 10 Pfefferkörner)
	Mehlbutter nach Bedarf

- Das Fleisch würzen, Wasser zugießen und das Geschirr unbedeckt in den heißen Ofen schieben.
- Nach dem Verdampfen des Wassers beginnt das Fleisch im inzwischen ausgetretenen Fett zu braten.
- Das Röstgemüse zugeben und mitbraten. Sind Fleisch und Gemüse genügend braun, wird das überschüssige Fett abgegossen.
- Tomatenmark dem angebratenen Gemüse beigeben, kurz durchrösten und mit wenig brauner Brühe ablöschen.
- Wenn die Flüssigkeit verdunstet ist und der Ansatz glänzt, gießt man die übrige Brühe zu und gibt einen Gewürzbeutel bei.
- Bei geschlossenem Geschirr fertig garen.
- Schmorfond passieren, entfetten, auf etwa 0,7 Liter einkochen und mit Mehlbutter leicht binden.
- Nach kurzer Kochzeit rührt man die saure Sahne dazu, bringt alles nochmals an den Kochpunkt und würzt die Sauce gegebenenfalls nach.
- Der Schweinekamm wird quer zur Fleischfaser in Scheiben geschnitten, mit wenig Rahmsauce nappiert (s. S. 455). Die übrige Sauce wird separat gereicht.
- **Beilagen:**
  Rosen- oder Blumenkohl, Karotten, Kohlrabi oder Rotkraut; Tomaten-, Sellerie-, Gurken- oder Feldsalat; Teigwaren, Kartoffel- oder Semmelklöße, Kartoffelpüree, Herzogin- oder Macairekartoffeln.

Schmoren von portioniertem Fleisch

Gerichte dieser Art werden bereits vor der Zubereitung in Einzelportionen mit einem festgelegten Gewicht geteilt.

Grundzüge der Zubereitung

Anbraten
Das portionierte Fleisch würzen und in Fett von allen Seiten anbraten.

Ansetzen
Ein flaches Geschirr mit Butter ausstreichen. Je nach verwendetem Fleisch in Würfel oder Scheiben geschnittene Zwiebeln und Wurzelgemüse, mitunter auch Speckstückchen auf der Bodenfläche des Geschirrs verteilen.

Die angebratenen Fleischteile darauflegen und das Ganze bei stärkerer Wärmeeinwirkung angehen lassen.

Schmoren
Zuerst wenig Fleischbrühe oder Braune Kalbsbrühe angießen. Nach Einkochen der Flüssigkeit erneut Brühe angießen sowie Gewürze und/oder Zutaten (z.B. Kräutersträußchen, Knoblauch, Tomatenmark, Pilze) beifügen. Das Geschirr zudecken, den Inhalt im Ofen bei mäßiger Temperatur schmoren und gegen Abtrocknen mehrmals mit der Schmorflüssigkeit begießen.

Glasieren
Kurz vor dem Garsein den Deckel entfernen. Die Fleischstücke mit dem nun stark eingekochten Schmorfond wiederholt begießen. Durch weitere Verdunstung in der Wärme des Ofens bildet sich dabei auf der Fleischoberfläche eine dünne, glänzende Extraktschicht; das Fleisch ist glasiert.

Saucenbildung
Die glasierten Fleischportionen in ein anderes Geschirr legen. Etwas Wein und Kalbsjus oder Demiglace in das Schmorgeschirr geben, kurz durchkochen und abfetten (degraissieren). Die Sauce passieren und entsprechend der Zubereitungsart geschmacklich vollenden.

Schmorgerichte in Portionen lassen sich durch Garnituren ergänzen.

Ossobuco
(Geschmorte Kalbshaxenscheiben)

veal knuckle italian style

jarret (m) de veau à l'italienne

Bedarf für 10 Portionen

10 St.	Kalbshaxenscheiben (je 250 g)
	Salz, Pfeffer
50 g	Mehl
50 g	Olivenöl ①
200 g	Zwiebeln
1	Knoblauchzehe
400 g	Würfel von Gemüsen: Sellerie, Fenchel, Karotten, Lauch, Petersilienwurzel
50 g	Tomatenmark
0,3 l	Weißwein
1,5 l	Braune Kalbsbrühe
400 g	Tomatenfleischwürfel
	Oregano, Rosmarin, Thymian

Für Gremolata

Gemisch aus 1 zerdrückten Knoblauchzehe, geriebener Zitronenschale und gehackter Petersilie

Kalbshaxenscheiben am Rand einschneiden ②, würzen, in Mehl wenden und in heißem Öl in einer Schmorpfanne beidseitig anbraten. ③
Zwiebelwürfel, zerdrückte Knoblauchzehe und Gemüse schneiden ④, zugeben und mitdünsten. ⑤
Tomatenmark zugeben, kurz angehen lassen, mit Weißwein ablöschen und einkochen. ⑥
Den gleichen Vorgang mit Zugabe von wenig Brühe ⑦ wiederholen, dann die halbe Menge der noch vorhandenen Brühe aufgießen, Kräuter ⑧ zugeben und zugedeckt im Rohr garschmoren. ⑨
Kurz vor dem Garsein das Schmorgeschirr aus dem Ofen auf die Herdplatte nehmen und die Fleischstücke in dem einkochenden Schmorfond glasieren.
Die Fleischstücke nun in ein anderes Geschirr legen und warmhalten.
Den eingedickten Schmorfond mit der restlichen Brühe durchkochen.
Kurz vor dem Anrichten die Tomatenfleischwürfel zugeben, nochmals durchkochen, abschmecken und mit den Fleischstücken servieren.
Die **Gremolata** entweder unter die Sauce geben oder über das Gericht streuen.

- **Beilagen:**
  Tournierte Wurzelgemüse, Teigwaren, Polenta, Reis bzw. Risotto oder gekochte Kartoffeln.

Arbeitsablauf

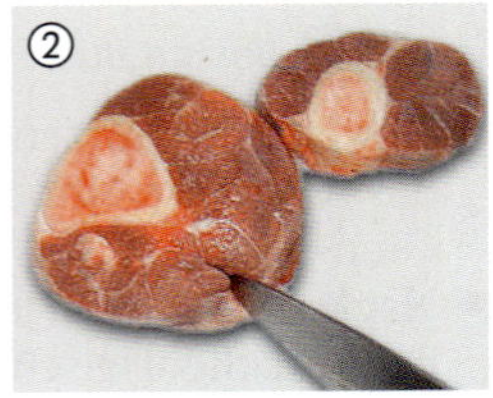

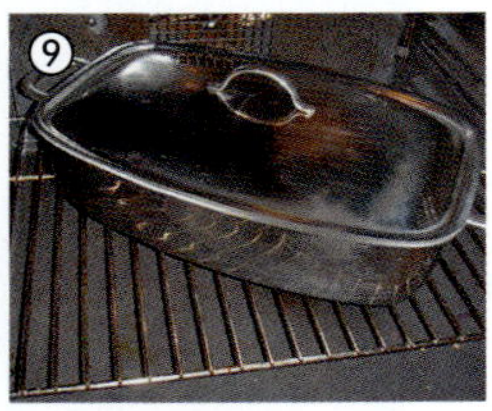

Gremolata:
Gemisch aus gehackter Petersilie, zerdrückter Knoblauchzehe und abgeriebener Schale einer ungespritzten Zitrone

Variationen der Grundzubereitung

Kalbsröllchen mit Morcheln und Rahmsauce

rolled braised veal

paupiettes (w) de veau à la crème aux morilles

- **Ergänzung:**
  Fleischscheiben mit Kalbs- oder Geflügelfarce und Kräutern füllen. Schmorfond mit Sahne und Morcheldünstfond verkochen.

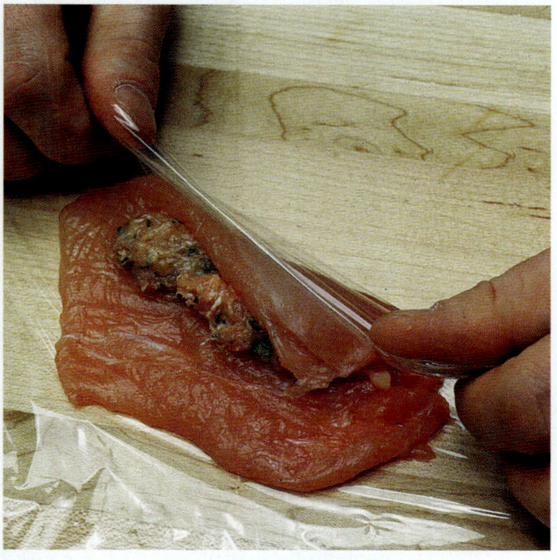

Abb.1 Füllen von Kalbsröllchen

- **Garnitur:**
  Morcheln, Schnittlauch, Rahmsauce
- **Beilagen:**
  Spargel oder feine Erbsen oder Chicorée- und Kressesalat, Spätzle, Nudeln, Reis oder Kartoffelpüree

Rindsroulade in Rotweinsauce

rolled braised beef

paupiette (w) de bœuf à la sauce au vin rouge

- **Ergänzung:**
  Fleischscheiben mit Senf bestreichen, mit Gewürzgurke, angebratenen Speck- und Zwiebelwürfeln füllen. Beim Schmoren Rotwein und Pilzfond beifügen.
- **Garnitur:**
  Champignonköpfe, Rotweinsauce
- **Beilagen:**
  Karotten, Erbsen, Schwarzwurzeln oder Speiserüben, Kartoffelpüree, -kroketten oder Makkaroni

Schweinekammscheibe mit glasierten Zwiebeln

pork butt carbonade (with glaced onions)

carbonade (w) de porc aux oignons glacés

- **Ergänzung:**
  Schmorfond mit Demiglace fertigstellen.
- **Garnitur:**
  glasierte Perlzwiebeln und Speckstreifchen
- **Beilagen:**
  Rosenkohl, Wachsbohnen, Bohnenkerne, Kohlrabi oder Wirsing, Kartoffelnocken, Rahmkartoffeln oder Kartoffelkroketten

Kalbshaxe mit Tomaten

veal shank

jarret (m) de veau aux tomates

- **Ergänzung:**
  Vor dem Angießen Tomatenmark und Knoblauch zugeben.
- **Garnitur:**
  Tomatenfleischstücke (tomates concassées), gehackte Petersilie und Basilikum
- **Beilagen:**
  Gurken und Blattsalate, Spaghetti mit Parmesan oder Herzoginkartoffeln

Kalbsbruststück mit Oliven

gristle of veal

tendron (m) de veau aux olives

- **Ergänzung:**
  Zum Schmoren ein Kräutersträußchen einlegen. Sauce mit in Sherry angerührter Stärke leicht binden.
- **Garnitur:**
  entsteinte grüne Oliven
- **Beilagen:**
  Blumenkohl, gefüllte Tomaten, Zuckerschoten oder Bleichsellerie, Dauphine-, Petersilienkartoffeln, Kartoffelpüree mit Sahne

Ragout und Gulasch

Ragout und Gulasch sind Gerichte, zu denen Schlachtfleischteile einfacherer Qualität, wie Bug, Hals (Kamm), Brust und Haxe (Hesse) zur Verarbeitung gelangen. Die Teile werden entbeint, von Häuten und aufliegenden Sehnen befreit und in würfelige Stücke geschnitten.

Im Gegensatz zu Gulaschfleisch kann Ragoutfleisch Knorpelanteile (z.B. bei Verwendung von Brust) oder Knochenanteile (z.B. Ochsenschwanzragout) enthalten.

Geeignete Schlachtfleischarten
- Ragout: Rind, Kalb, Schwein, Schaf
- Gulasch: Rind, Kalb, Schwein

Grundzüge der Zubereitungen

Ragout

- Fleisch anbraten
- Zwiebeln oder Röstgemüse dazugeben
- ablöschen mit Wein
- einkochen, glasieren
- auffüllen mit Großer brauner Brühe

© Teubner Foodfoto/StockFood

Gulasch

- Zwiebeln anbraten
- Fleisch dazugeben
- Fond ziehen lassen
- einkochen, glasieren
- auffüllen mit Wasser

© Teubner Foodfoto/StockFood

Kalbsragout (aus der Schulter)

veal stew

sauté (w) de veau

Bedarf für 10 Portionen

50 g	Fett
	Salz, Pfeffer, Edelsüß-Paprika
2 kg	Ragoutfleisch (50-g-Stücke)
300 g	Zwiebelwürfel
50 g	Tomatenmark
0,2 l	Weißwein
40 g	Mehl
2 l	Große braune Brühe
1	Kräutersträußchen (Lauch, Thymian, Lorbeerblatt, Petersilie)

Gardauer: 90 Min.

- Fett in flachem Geschirr erhitzen.
- Gewürztes Fleisch dazugeben, bei starker Wärme anbraten.
- Zwiebeln beifügen, Farbe nehmen lassen und Tomatenmark einrühren.
- Mit Weißwein ablöschen. Nach Verdunsten der Flüssigkeit Mehl darüber stäuben und unter Rühren anschwitzen.
- Große braune Brühe auffüllen, Kräutersträußchen einlegen und das Ganze zugedeckt garen.
- Gegartes Fleisch mit einer Gabel ausstechen und in einen anderen Topf legen.
- Ragoutsauce entfetten, fertigstellen und durch ein Sieb auf das Fleisch passieren.

Rindsgulasch (von der Hesse)

beef goulash

goulache (gulyas) (m) de bœuf

Bedarf für 10 Portionen

50 g	Fett
900 g	Zwiebelwürfel
2 kg	Gulaschfleisch (50-g-Stücke)
10 g	Edelsüß-Paprika, Salz
1 EL	Tomatenmark
1 EL	Gulaschgewürz (Knoblauch, unbehandelte Zitronenschale, Kümmel, gerebelter Majoran und Thymian)

Gardauer: 150 Min.

- Fett in flachem Geschirr erhitzen, Zwiebeln dazugeben, hellbraun braten.
- Fleischstücke mit Paprika und Salz einreiben, beigeben, angehen lassen und Tomatenmark beifügen.
- Mit etwas Wasser ablöschen, Topf zudecken, bei schwacher Wärme Saft ziehen lassen.
- Danach Deckel abnehmen, Saft unter Abspachteln der Bodenfläche reduzieren.
- Wasser bis auf Fleischhöhe angießen.
- Topf zudecken, bei niedriger Temperatur garen.
- Fein gehacktes Gulaschgewürz beigeben.
- Fleisch ausstechen und in einen Topf legen.
- Sauce abfetten und so lange kochen lassen, bis sie eine entsprechende Bindung erhält.

Lammragout mit Paprikarauten

lamb stew *ragoût (m) d'agneau*

- Das würfelig geschnittene Fleisch in heißem Fett ringsum scharf anbraten, Zwiebel zugeben und mitbraten.
- Das Tomatenmark sowie Knoblauch hinzufügen und leicht angehen lassen.
- Die Fleischwürfel würzen, mit Mehl bestäuben und Farbe nehmen lassen.
- Mit Rotwein ablöschen, Brühe beigeben.
- Kräutersträußchen zugeben und aufkochen.
- Topf abdecken und im Ofen schmoren.
- Die Paprikarauten rechtzeitig beigeben.

Salzkartoffeln oder Reis als Beilage

Bedarf für 10 Portionen

2 kg	Lammfleisch von Bug/Schulter oder Hals
	Salz, Pfeffer
50 g	Olivenöl
300 g	Zwiebeln
1 EL	Tomatenmark
1	Knoblauchzehe
0,2 l	Rotwein
2 l	Große braune Brühe
60 g	Mehl
1	Kräutersträußchen (Lauch, Thymian, Lorbeer, Petersilienstängel)
4	rote Paprikaschoten
30	kleine, tournierte Kartoffeln

evtl. noch 400 g tourniertes Wurzelgemüse

Abb. 1 Fleisch und Zwiebeln schneiden

Abb. 2 Fleisch in Öl gut anbraten

Abb. 3 Zwiebelstreifen zugeben und mit braten

Abb. 4 Tomatenmark und Knoblauchzehe zufügen

Abb. 5 Mit braunem Fond und Rotwein aufgießen

Abb. 6 Paprikarauten unter das Ragout mischen

Szegediner Schweinsgulasch

pork goulash

goulache (m) de porc à la choucroute

- **Ergänzung der Grundzubereitung:**
  Neben Paprika feingehackten Kümmel sowie Knoblauch dem Ansatz beigeben. Sauce mit saurer Sahne vollenden. Gulasch auf gedünstetem Sauerkraut anrichten oder mit dem Sauerkraut vermischen.

Kalbsgulasch mit Auberginen

veal goulash

goulache (m) de veau aux aubergines

- **Ergänzung der Grundzubereitung:**
  Ansatz mit ausgedrückten Tomaten betonen.
- **Garnitur:**
  kleine, gebackene Auberginenscheiben

Allgemeine Hinweise

Bei Herstellung „in Sahne" wird von vornherein durch Knapphalten der Garflüssigkeit die abschließende Sahnebeigabe berücksichtigt. Der typische Geschmack der Zubereitung bleibt dadurch bewahrt.

Bei der Zugabe von Sahne, saurer Sahne, Crème fraîche oder Crème double sollte diese immer erst mit einer kleinen Menge der Sauce angerührt und dann der restlichen Saucenmenge beigegeben werden, damit es nicht zur Gerinnung der Sahne kommt.

Fachbegriffe

ablöschen Angeröstete Knochen mit Flüssigkeit begießen

abschrecken Etwas Gekochtes in kaltes Wasser legen

auslösen Aus großen Fleischstücken die Knochen herausschneiden und das Fleisch nach Muskeln zerteilen

blanchieren Mit heißem Wasser abwällen oder überbrühen

deglacieren Bratensatz mittels Flüssigkeit von Kochgeschirr lösen

degraissieren Fett abschöpfen; entfetten

Irish stew Irischer Lamm-Gemüse-Eintopf

marinieren Fleisch in säure- oder würzstoffhaltige Flüssigkeit einlegen

Navarin Französisches Lammragout mit Gemüsen

panieren Umhüllen von Lebensmitteln mit Panierungsmittel

Panierung Material zum Umhüllen von Schnitzeln usw.

parieren Zurechtschneiden von Fleischteilen, Entfernen von Bindegewebe und Fett

Parüren Abschnitte, die beim Zurechtschneiden von Fleischstücken anfallen.

plattieren Flach- bzw. Breitklopfen von portioniertem Fleisch

pochieren Ein Produkt am Siedepunkt garziehen lassen

reduzieren Einkochen von Flüssigkeit durch Verdampfen

Aufgaben

1 Was versteht man in der Küche unter dem Begriff Schlachtfleisch?

2 Sie haben eine Kalbskeule zerlegt. Beschreiben Sie Ihrem neuen Kollegen die einzelnen Teile und erklären Sie deren Verwendung.

3 Nennen Sie die Unterteilung des Rindsfilets und geben Sie Beispiele für deren Verwendung.

4 Beschreiben Sie einem Restaurantfachmann die Zubereitung von Rinderbrust nach flämischer Art.

5 Wodurch unterscheiden sich Frikassee und Blankett? Warum wird die Herstellung aus gekochtem Fleisch bevorzugt?

6 Wie sollten Bratenstücke zwischen dem Ende des Bratvorgangs und dem Tranchieren behandelt werden?

7 Welche Arten von Umhüllungen bzw. Panierungen unterscheidet man?

8 Welche Vorteile bietet das Arbeiten mit Hilfe der Kerntemperatur?

9 Gäste wollen über die Garstufen von Rindersteaks informiert werden. Beschreiben Sie drei Garstufen.

10 Erklären Sie einem Gast kurz die Zubereitung von Ossobuco.

11 Wodurch unterscheiden sich Ragout und Gulasch?

12 Führen Sie eine Vergleichsverkostung (Degustation) am Beispiel Rindroulade durch. Verwenden Sie hierzu Roulade aus Eigenherstellung, Frostware und Konserve.

1 Vorbereiten 🇬🇧 *preparation* 🇫🇷 *préparation (w)*

Das zu verarbeitende Wild wie Hirsch, Reh, Wildschwein oder Hase, Wildkaninchen ist heute fast ausnahmslos zerlegt (zerwirkt) im Handel.

Die einzelnen Teilstücke wie Rücken, Keule und Blatt (Bug) werden frisch und tiefgefroren angeboten; tiefgefrorene Ware überwiegt.

Die Vorbereitung umfasst:

- Zuschneiden (Parieren),
- Häuten, Spicken, Bardieren
- und je nach Verwendung eine weitere Feinzerlegung der Teilstücke.

Vorbereiten des Rückens

Zunächst trennt man das schmale, hohe Halsstück des Rückens mit einer Säge ab und kürzt die Rippenknochen beidseitig. Danach löst man die unterhalb des Sattels liegenden Filets aus.

Beim Häuten schneidet man zuerst die locker aufliegenden Hautschichten ab. Die festere, direkt mit dem Fleisch verbundene Haut muss so abgeschnitten werden, dass dabei das Rückenfleisch nicht verletzt wird. Ein schmales, spitzes Messer wird zwischen Haut und Fleisch geschoben und ein Teil der Haut freigelegt. Dann erfasst die linke Hand die freigelegte Haut und zieht sie straff entgegen der Schnittrichtung; die rechte führt unmittelbar darunter das Messer entlang. Der beschriebene Vorgang wird so bei allen Wildteilen angewandt.

Rücken können ausgelöst zu Nüsschen oder Medaillons verarbeitet werden. Die ausgelösten Rückenfilets schneidet man in Stücke mit festgelegtem Gewicht. Je Portion werden zwei Fleischstücke gerechnet. Das geschnittene Fleisch wird leicht plattiert und gespickt. In jedes Stück werden zwei Speckstäbchen über Kreuz eingezogen.

Bei größeren Rücken kann das abgetrennte Rippenstück (Teil mit den langen Rippen) auch zu Koteletts verarbeitet werden. Die Karrees teilt man in Koteletts auf. Für eine Portion sind meist zwei Koteletts erforderlich; sie werden leicht plattiert und evtl. gespickt.

Vorbereiten von Keule und Blatt

Die starke Sprungsehne am Frikandeaukopf der **Keule** wird durchschnitten, das untere Haxengelenk abgesägt und der Schlussknochen der Keule ausgelöst (s. S. 460, Kalbskeule).

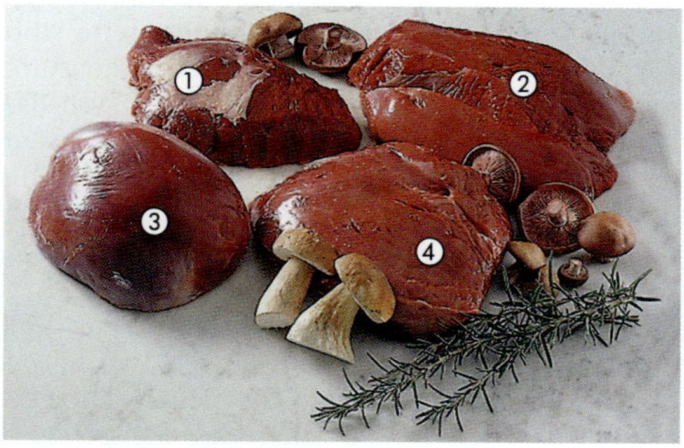

Abb. 1 Teile der Rehkeule:
kleine Nuss mit Deckel ①,
Fricandeau ②,
große Nuss ③,
Oberschale ④

Danach wird die Keule auf der Außen- und Innenseite gehäutet. Bei kleinen Keulen von Frischling oder Reh löst man zweckentsprechend den Oberschenkelknochen vor dem Braten hohl aus (s. S. 468, Lammkeule). Nach dem Braten können dann die Keulen, quer zur Fleischfaser, über die ganze Fläche in Scheiben geschnitten werden. Auf diese Weise vermeidet man unschöne kleine Eckstücke.

Keulen von Hirsch, Reh oder Wildschwein lassen sich wie die zarten Schlachtfleischkeulen in ihre einzelnen Muskeln zerlegen und portionieren. Große Muskelteile (Oberschale, Frikandeau) in dickere Scheiben geschnitten ergeben Steaks; die kleineren Muskelpartien (Nüsse) teilt man in Medaillons oder Nüsschen. Das geschnittene Fleisch wird weiterbehandelt wie die obigen Rückenfilets.

Hasenkeulen werden in der Regel im Ganzen verarbeitet, meist geschmort oder hohl ausgelöst, gefüllt und gebraten.

Abb. 1 Hasenkeulen

Vom **Blatt** trennt man zuerst die Haxe im Gelenk ab. Nach dem Häuten der Blattaußenseite sind der Schaufel- und der Röhrenknochen auszulösen (s. S. 463, Auslösen des Kalbsbugs). Soll das Blatt im Ganzen zubereitet werden, wird es zu einer Rolle geformt und mit Schnur netzartig umbunden. Die Fleischrolle kann zuvor gespickt oder mit dünnen Speckscheiben belegt werden.

Für Wildragouts oder Wildpfeffer wird der Bug entbeint und dann in gleich schwere, würfelförmige Stücke geschnitten. Zu beiden Zubereitungsarten eignet sich auch das Fleisch von anfallenden Halsstücken, Haxen und Lappen.

Abb. 2 Wildschweinragout

Spicken und Bardieren

Durch Spicken oder Bardieren soll verhindert werden, dass fettarme Fleischarten von zarter Struktur während des Bratens in den Randschichten zu stark austrocknen.

Zum **Spicken** verwendet man meist frischen (grünen), selten gesalzenen Rückenspeck.

Spickspeck lässt sich leichter schneiden, wenn er gut gekühlt und darum fest ist. Man schneidet nun 3 mm breite Speckstäbchen ab. Um ein Anhaften des Specks zu verhindern, wird das Messer während des Schneidens in heißes Wasser getaucht.

Gespickt wird mit einer Spicknadel. Die Speckstäbchen sind so in das Fleisch zu schieben, dass sie mit der Fleischfaser laufen. Die einzelnen Reihen werden versetzt eingebracht.

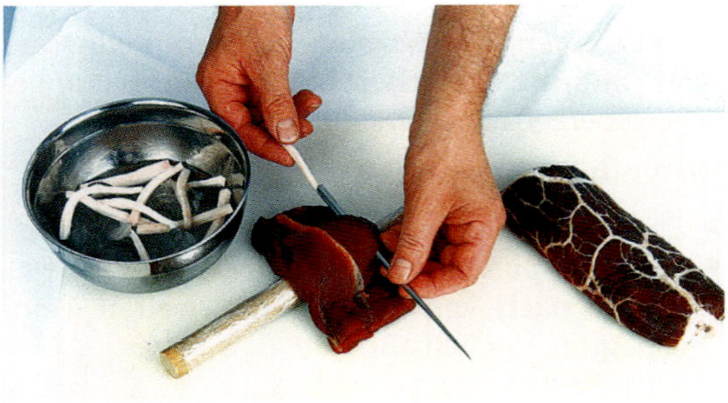

Eine Ausnahme bildet der Rücken. Bei diesem wird schräg zur Faser gespickt, denn das ausgelöste Rückenfleisch wird zum Service mit schrägen Schnitten in Scheiben tranchiert und wieder auf den Rückenknochen zurückgelegt.

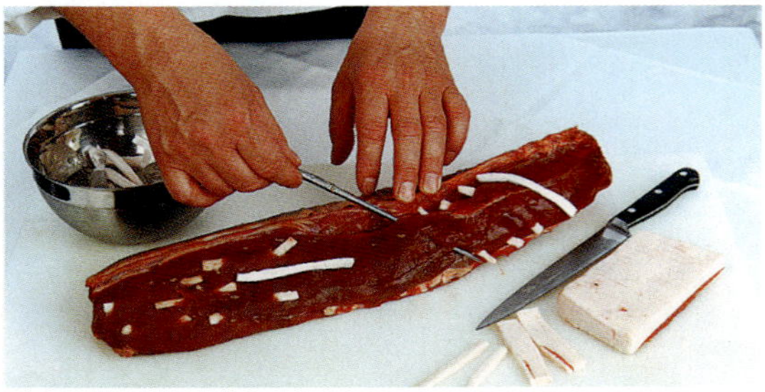

Für schmale Rücken genügt eine Speckreihe. Bei starken Rücken werden zwei Speckreihen gespickt.

Beim Spicken dürfen die Speckstäbchen nicht zu tief unter die Fleischoberfläche eingeführt werden. Bei den verhältnismäßig kurzen Garzeiten für rosa gebratene Stücke bleibt sonst der Speck in den tieferen Schichten roh.

Spicken ist etwas in die Kritik geraten, da dem Fleisch zwar Fett unter der Fleischoberfläche zugeführt wird, das Fleischstück dabei aber durch eine Vielzahl an Einstichen verletzt wird. Statt Spicken empfiehlt es sich, zu Bardieren (s. S. 493, 502), d. h. die Fleischoberfläche mit Speckplatten abzudecken oder mit einem Schweinenetz zu umhüllen.

Übersicht

Zart soll Gebratenes sein und schön saftig. Die Saftigkeit kann durch verschiedene Maßnahmen unterstützt werden. Ein wesentlicher Faktor für die Saftigkeit ist Fett. Es kann auf folgende Art dem Fleisch zugeführt werden.

In vielen Fällen verwendet man Speck. Das ist Bindegewebe mit eingelagertem Fett. Bei Wärmeeinwirkung fließt es aus und beeinflusst das Bratgut. Nach der Art der Beigabe des Fettgewebes unterscheidet man:

Spicken

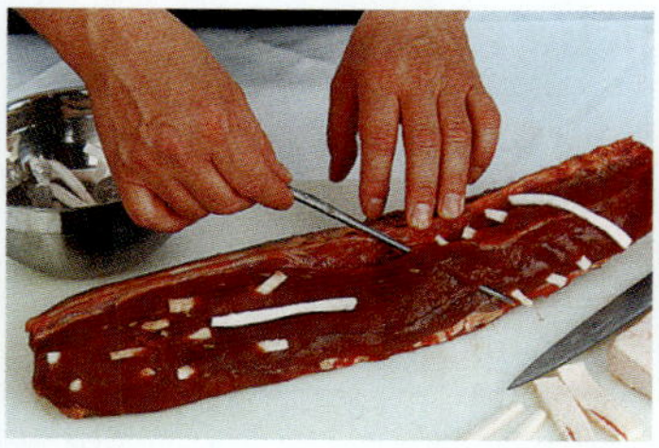

Dünne Speckstreifen werden mit der Spicknadel (s. S. 492) durch die äußere Fleischschicht gezogen, die Enden stehen dabei etwas hervor und geben während des Bratens Fett ab.

Lardieren

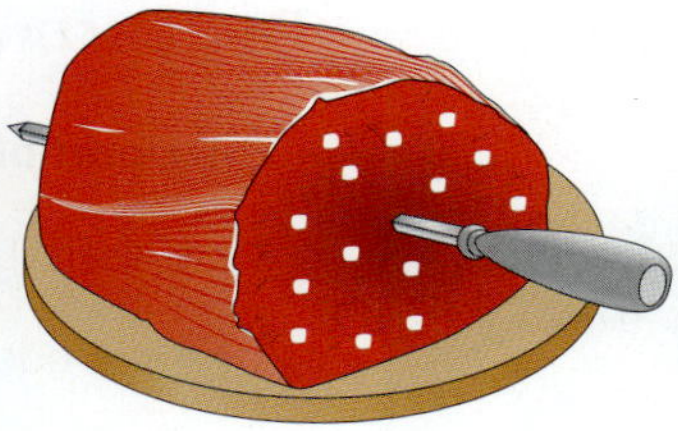

Bleistiftdicke Speckstreifen werden mit dem Spickrohr (Lardoir, s. S. 483) in das Fleischinnere gebracht. Während des Bratens schmilzt Fett aus und macht saftig. Die Speckstreifen sind später in den Tranchen als weiße Punkte sichtbar. Vorwiegend bei Schmorbraten.

Bardieren

Fleischstücke werden mit dünnen Speckplatten belegt oder umwickelt. Während des Bratens geben sie Fett an die Fleischoberfläche ab. Damit der Braten Farbe nehmen kann, entfernt man sie rechtzeitig vor Ende der Bratzeit.

Das **Schweinenetz** ist ein netzartiges Gewebe aus dem Bauch des Schweines, das wie der Speck aus Bindegewebe mit eingelagertem Fett besteht. Man verwendet es zum Zusammenhalten von Zubereitungen wie z. B. Rouladen. Während des Garens befettet austretendes Fett die Oberfläche, bis zum Ende des Garens löst sich das Netz nahezu vollständig auf.

© Medilek/StockFood

Abb. 1 Schweinenetz

© Bischof, Harry/StockFood

Abb. 2 Wachtel im Schweinenetz

Beim **Arrosieren** werden Bratenstücke wiederholt mit dem Bratensaft begossen. Das darin enthaltene Fett verhindert das Austrocknen der Randschichten.

Marinaden – Beizen

Durch Marinieren wird Fleisch würziger, Geschmacksstoffe werden übertragen.

Beizdauer: 2 bis 5 Tage, abhängig von Stückgröße und Lagertemperatur. Mariniertes Fleisch muss vor der Weiterverarbeitung gründlich abtropfen. Nasses Fleisch nimmt beim Anbraten keine Farbe an.

Mariniert werden

- frische Fleischteile älterer Wildtiere,
- frisches Ragoutfleisch, das nicht sofort verwendet werden kann.

Nicht marinieren

- Wildbret junger Tiere,
- aufgetautes Wildfleisch jeder Art.

Bei Tiefkühlware ist durch das Frosten das Zellgefüge gelockert. Durch Marinieren würde es zu erhöhten Auslaugverlusten kommen. Zubereitet wäre das Fleisch trocken und strohig.

Bei tiefgekühltem Fleisch deshalb

- zubereiten direkt nach dem Auftauen,
- Wein oder Säure erst nach dem Anbraten zufügen.

Essigmarinade 0,4 l Essig (5 %ig) 0,6 l Wasser	1 Zwiebel in Würfeln 1 Möhre in Würfeln 1 Thymianzweig
Weinmarinade 1 l Rotwein oder Weißwein	1 Lorbeerblatt 1 Msp. Rosmarin 2 Gewürznelken } zer- 8 Pfefferkörner } drückt 6 Wacholderbeeren }
Buttermilchbeize 1 l Buttermilch	1 Knoblauchzehe, gequetscht

Abb. 1 Buttermilchbeize und Rotweinmarinade

Garfertige Fleischteile im Ganzen, Menge je Portion	Gramm
Hirsch-, Wildschweinrücken	220
Reh-, Frischlingsrücken	250
Hasen-, Wildkaninchenrücken	300
Reh-, Frischlingskeule	220
Teile der Hirschkeule, entbeint	180
Hirsch-, Rehblatt, entbeint	200
Hasen-, Wildkaninchenkeule	250–300
Ragoutfleisch	200

Knochen und Parüren

Die anfallenden Wildknochen, Häute und Sehnen werden zum Ansetzen von Wildbrühen und Wildsaucen verwendet (s. S. 441); sie bilden die Geschmacksgrundlage für diese Saucen.

Wildknochen sind spröde, sie splittern leicht. Deshalb Knochen immer sägen, nicht hacken.

Durchschnittliche Rohgewichte

Einzelportionen (Kurzbratfleisch)	Gramm
Medaillons, Nüsschen (2 Stück)	150
Steaks (1 oder 2 Stück)	150
Koteletts (1 oder 2 Stück)	180
Wildfleisch in Streifen oder Scheibchen (Geschnetzeltes)	150

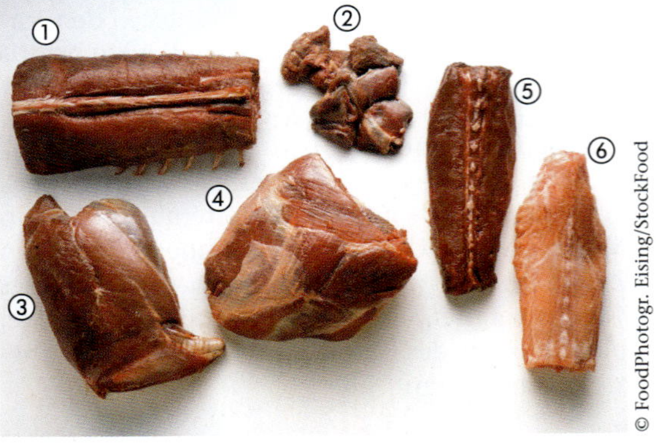

Abb. 2 Rehrücken ①, Hirschragout ②, Rehfricandeau mit Fricandeaukopf ③, Wildschweinoberschale mit Deckel ④, Hasenrücken ⑤, Kaninchenrücken ⑥

2 Zubereiten *cooking* *cuisson (w)*

Das Fleisch des erlegten Wildes muss, wie das frische Schlachtfleisch, vor der Verarbeitung erst abhängen (reifen). Dabei entwickelt sich ein feiner Wildbretgeschmack.

Im Wildangebot befinden sich Tiere mit unterschiedlichem Alter. Junge Tiere haben die beste Fleischqualität, deshalb werden sie bevorzugt bei:

- Dam- oder Rotwild: Hirschkalb und Schmaltier,
- Rehwild: Schmalreh und Jährlingsbock,
- Wildschwein: Frischling und Überläufer.

Für die Wildzubereitung wendet man je nach Eignung der einzelnen Fleischteile folgende Garverfahren an:

Garverfahren	Hirsch, Reh, Wildschwein, Frischling	Hase, Wildkaninchen
Braten in der Pfanne	**Portioniertes Fleisch:** Medaillons, Nüsschen, Koteletts, Steaks, Geschnetzeltes	**Portioniertes Fleisch:** Rückenfilets
Braten im Ofen	**Fleischteile im Ganzen oder Stücke davon:** Rücken, Keule, Blatt/Schulter	**Fleischteile im Ganzen:** Rücken, Keule
Schmoren	**Fleischteile im Ganzen oder Stücke davon:** Keule, Blatt/Schulter **Zerkleinertes Fleisch (Ragout):** Blatt/Schulter, Hals, Haxe, Fleischlappen	**Fleischteile im Ganzen:** Keule, Lauf

2.1 Braten im Ofen

Grundzüge der Zubereitung

Die vorbereiteten Teilstücke des Wildes erlangen den feinsten Geschmack, wenn sie so gebraten werden, dass die Außenflächen gleichmäßig glänzend braun sind, das Fleischinnere saftig ist und einen zartrosa Farbton aufweist. Einwandfreie Bratergebnisse sind an Grundbedingungen gebunden:

- Wärmezufuhr der jeweiligen Bratphase anpassen.
- Bratgut während des Garverfahrens mehrmals mit Bratfett begießen. Kompakte Stücke auch mehrmals wenden.
- Garzustand gegen Ende des Verfahrens überprüfen.
- Temperatur-Zeit-Verhältnis beachten; nicht bei höherer Temperatur und nicht länger braten als erforderlich.

Der erwünschte Garpunkt (Kerntemperatur) im Fleisch kann mit einem Einstech-Thermometer oder durch eine Nadelprobe ermittelt werden.

Den gegarten Braten vor dem Tranchieren zum Entspannen und einer gleichmäßigen Saftverteilung im Inneren des Fleischstückes noch für 20 Minuten in eine Alufolie wickeln.

Variationen der Grundzubereitung

Gebratener Hirschkalbsattel mit Wacholdersauce

saddle of deer *cimier (m) de cerf rôti*

Der Sattel des Wildes (Rückenteil zwischen langen Rippen und Keulen) wird auch als Ziemer (Cimier) bezeichnet. Er gilt allgemein als wertvollster Teil.

Braten

Die Gardauer für einen rosa gebratenen Sattel mit 2,5 kg beträgt 35 bis 45 Min.

Fett in einem Bratgeschirr erhitzen. Vorbereiteten Sattel salzen, pfeffern und mit der Knochenseite nach unten in das Geschirr legen. Heißes Bratfett darübergießen und im vorgeheizten Ofen (200 bis 220 °C) braten. Damit bei fortschreitender Bräunung die Außenschicht des Fleisches geschmeidig bleibt, ist der Sattel auch während des Garverfahrens öfter mit dem Bratfett zu beschöpfen.

Nach etwa 20 Min. Bratzeit gequetschte Wacholderbeeren und Röstgemüse zum Bräunen um das Fleischstück legen und weitere 15 bis 20 Min. garen. Die Wärmezufuhr so einstellen, dass der Bratsatz nicht verbrennen kann.

Danach den gebratenen Sattel auf ein Gitter mit Tropfblech legen. Einige Minuten ruhen lassen, damit die in den Randschichten gespeicherte Wärme entweichen kann und somit ein Nachgaren vermieden wird. Dann den Sattel bis zum Tranchieren mit Alufolie umwickelt warmhalten.

Saucenbildung

Das überschüssige Fett aus dem Bratgeschirr gießen. Den Bratsatz mit Rotwein ablöschen und loskochen. Wildsauce dazugeben und so lange kochen, bis eine leichte Bindung vorhanden ist. Die Sauce durch ein feines Sieb gießen und mit ein wenig Genever (Wacholderbranntwein) vollenden.

Tranchieren

Beide Seiten des Sattelfleisches vom Rückenknochen ablösen. Mit schrägen Schnitten in Scheiben schneiden, und zwar so, dass sich die Scheiben wieder auf den Knochen geordnet beiderseits im spitzen Winkel gegenüberliegen.

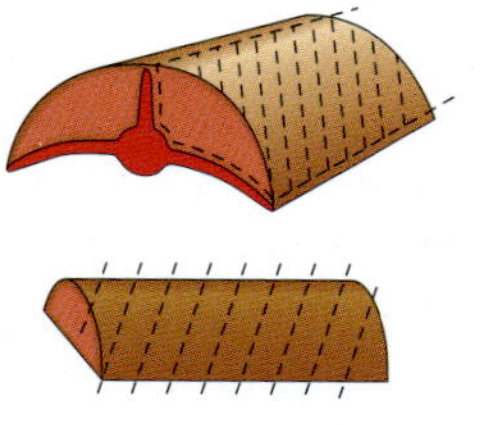

Abb. 1 Rücken tranchieren

Gefüllter Hirschkalbsrücken mit Tartelett von feinen Gartengemüsen, Krautkräpfle und Schupfnudeln

stuffed saddle of deer

selle (w) de cerf farci

Bedarf für 10 Portionen

1 kg	Hirschrückenfilet
500 g	rohes Perlhuhnfleisch
2	Eiweiß
150 ml	Sahne
	Salz, Pfeffer, Zitronenschale
100 g	geschlagene Sahne
100 g	Preiselbeeren, frisch oder gefroren ersatzweise Pilze

Für die Sauce

	Wildknochen vom Rücken, Fett
400 g	Wurzelgemüse
1 EL	Senf
2 EL	Preiselbeerkompott
	Wacholder, Piment, Lorbeerblatt

Hirschkalbsrücken vom Knochen ablösen und enthäuten. Knochen klein hacken und für die Saucenherstellung verwenden. Perlhuhn- oder Putenfarce (s. S. 571) herstellen.

Die Hirschrückenfilets seitlich im unteren Drittel längs einschneiden, aufklappen und das höhere Fleischpolster nochmals längs einschneiden und ebenfalls aufklappen. Das Fleischstück nun in einen breiten Vakuumierbeutel legen und gleichmäßig dick palttieren. Leicht würzen mit Salz und Pfeffer und danach gleichmäßig dick mit Farce bestreichen. Unter die Farce kann man frische Preiselbeeren oder Moosbeeren oder kleine Pfifferlinge oder frisch gehackte Kräuter mischen.

Die Hirschrückenfilets nun wie einen Strudel aufrollen, mit einer Schnur binden, leicht anbraten und dann im heißen Rohr 50 bis 60 Minuten garen.

Das Fleischstück danach noch 15 bis 20 Minuten in eine Alufolie zum Entspannen wickeln, gleichmäßige Tranchen schneiden und anrichten.

Anrichten

Als Erstes Sauce auf den Teller gießen und darauf ein gekochtes, gut gewürztes heißes Wirsingherz legen, danach die Fleischtranchen anrichten und den Teller mit den Beilagen vervollständigen.

Gebratener Rehrücken mit Rahmsauce

saddle of venison

selle (w) de chevreuil rôtie sauce à la crème

Bei Wildrücken ist die Fleischauflage des Sattels verhältnismäßig flach, im Bereich des Rippenstücks aber wesentlich höher. Diese Ungleichheit würde beim Braten zu unterschiedlicher Gare führen. Deshalb ist es ratsam, das Fleisch an den Seiten des aufrecht stehenden Rückgratknochens durch je einen Einschnitt zu lösen und flachzudrücken. Dadurch hat der Rücken eine gleichmäßige Fleischdicke. Der herausragende Teil des Rückgratknochens kann mit einer stabilen Schere auf Höhe des Fleisches gekürzt werden. Beim Braten dringt jetzt die Ofenwärme gleichmäßiger in das Fleisch ein. Abschließend ist ein Metallspieß in den Hohlraum des Rückgrats zu schieben, um ein Durchbiegen des Rückens beim Braten zu verhindern.

Für einen rosa gebratenen Rehrücken mit 1,8 kg beträgt die Gardauer 20 bis 25 Min. Der Bratvorgang entspricht dem des Hirschkalbssattels. Es empfiehlt sich, den Rücken nach dem Braten zum Entspannen in Alufolie zu wickeln, wie bei Schlachtfleisch.

Saucenbildung

Abgekochten Bratsatz mit Wildsauce und Rahm zur gewünschten Bindung kochen.

Rehrückenfilet mit Sherrysahnesauce, Maroninudeln, glasierten Perlzwiebeln

fillet of venison

filet (m) de chevreuil

© Lehmann, H./StockFood

Garnituren zu Rehrücken

... nach Jägerart

hunter style *à la chasseur*

Pilze mit Speckstreifchen sautiert, gedünsteter Rosenkohl. Wildpfeffersauce.

Baden-Baden

Baden Baden *Baden-Baden*

Birnenhälften gedünstet, gefüllt mit Preiselbeeren (Johannisbeergelee). Wildrahmsauce.

© Brauner, M./StockFood

Beigaben zu Wildzubereitungen

Um den würzigen Geschmack von Wildfleisch besser hervorzuheben, kombiniert man die Gerichte mit Beilagen von süßlich-herbem Geschmack. Ferner verwendet man gerne Lebensmittel, die im Lebensraum des Wildes gedeihen.

Saucen

Von der Wildgrundsauce erhält man durch Zugabe von Rahm, Wacholder, Pilzen oder Senf pikante Ableitungen (Seite 441). Daneben werden gerne ergänzend die süß-säuerlichen Gelees oder Kompotte von Preiselbeeren, Johannisbeeren, Hagebutten, Brombeeren oder Quitten serviert.

Gemüse

Die typischen Gemüse zu den Wildgerichten sind Pilze und die Herbstgemüse wie Blaukraut, Rosenkohl, Bleichsellerie, Petersilienwurzeln, gelbe Rüben, Schwarzwurzeln, Wirsing und Maronen (Edelkastanien).

Die Zubereitung der Gemüse richtet sich immer nach der Zubereitungsart des Wildfleisches. Neben den Gemüsebeilagen gibt man aber auch Früchtebeilagen wie gefüllte Birnen, Bratäpfel, Sauerkirschen, Nüsse oder Weintrauben.

Beilagen

Die gebundenen Saucen bestimmen die Auswahl. Besonders Teigwaren wie Spätzle, Nudeln oder Semmelknödel werden bevorzugt zu Wild serviert.

Als Kartoffelbeilage serviert man je nach Zubereitungsart des Wildes Kartoffelpüree oder Kartoffelschnee, Kartoffelkroketten, Mandel-, Nuss- oder Kokosbällchen oder, wenn passend, auch Kartoffelklöße und Serviettenknödel.

Salat

Die Salate sollen ebenfalls zum typischen Geschmack des Wildes passen. Deshalb wählt man zum Beispiel Selleriesalat, Feldsalat oder Endiviensalat sowie den klassischen Waldorfsalat.

2.2 Braten in der Pfanne

Grundzüge der Zubereitung

Das portionierte Kurzbratfleisch des Wildes stammt aus Rücken und Keulen junger Tiere. Die kleinen Fleischteile werden erst bei Bedarf gebraten. Das Fleisch soll halbgar, also innen zartrosa (à point) sein. Der jeweilige Garpunkt wird durch Druckprobe (Fingerdruck) ermittelt. Brät man das Fleisch darüber hinaus, so verliert es zunehmend an Zartheit und Geschmack. Für das Fertigstellen der vorgesehenen Sauce muss kräftige Wildbrühe oder Wildgrundsauce bereitstehen.

Variationen der Grundzubereitung

Hirschkalbskoteletts mit Orangen

deer cutlets

côtelettes (w) de cerf à l'orange

Die Koteletts werden aus den Rippenstücken des Hirschkalbsrückens geschnitten.

Zunächst sind die Früchte zu bearbeiten. Mit einem Sparschäler ein wenig farbige Orangenschale (unbehandelte Frucht) abnehmen. In feinste Streifen (Julienne) schneiden, blanchieren und in Wein dünsten. Die verbliebene Haut der Orangen mit einem Messer entfernen.

Die Orangenfilets aus den Häuten schneiden und in ein flaches, mit Butter ausgestrichenes Geschirr legen. Anfallenden Orangensaft für die spätere Sauce reservieren.

Fett in einer Stielpfanne erhitzen, die gewürzten Koteletts einlegen und beidseitig braun anbraten. Auf ein Gitter mit Tropfblech legen. Das Fett aus der Bratpfanne gießen, durch einige Butterstückchen ersetzen und die Koteletts in der heißen Butter bis zum gewünschten Garpunkt weiterbraten.

Gebratene Koteletts anrichten und warmhalten. Reservierten Orangensaft und Wildpfeffersauce in die Pfanne gießen und kochen, bis eine leichte Bindung erreicht ist. Sauce mit Orangenlikör (Grand Marnier) aromatisieren.

Angerichtete Hirschkalbskoteletts mit den erwärmten Orangenfilets garnieren, Schalenstreifchen aufstreuen und mit ein wenig Sauce umgießen. Übrige Sauce gesondert reichen.

- **Beilagen:**
  Prinzessbohnen, Dauphinekartoffeln, Preiselbeeren.

Rehrückenfilets in Zimtsauce mit glasierten Möhren und Kräuter-Polenta-Nocken

fillets of venison

filets (m) de chevreuil

Bedarf für 10 Portionen

1,8 kg	Rehrückenfilet
0,5 l	Wildgrundsauce
0,25 l	Rotwein
2	Zimtstangen
	Salz, Pfeffer, Fett
40 g	Butter

- In der Wildgrundsauce die Zimtstangen auskochen, später abpassieren.
- Aus dem parierten Fleisch 10 Medaillons schneiden, salzen und pfeffern.
- In Öl zunächst anbraten, wenden, langsam weiterbraten.
- Öl aus der Pfanne gießen und die Medaillons mit Butter nachbraten und zum Entspannen aus der Pfanne nehmen.
- Danach den Bratsatz mit Rotwein abkochen und in die Wildsauce geben.
- Die Medaillons quer durchschneiden und auf dem Gemüse anrichten.
- **Beilagen:**
  Möhrchen, Kartoffelplätzchen oder Polentanocken

Frischlingsmedaillons mit Pfifferlingen

medaillons of young boar

médaillons (m) de marcassin aux chanterelles

Die aus dem ausgelösten Rückenfleisch geschnittenen Medaillons leicht plattieren, würzen und braten wie die Hirschkalbskoteletts. Danach anrichten und warmhalten. Im gleichen Bratgeschirr einige Speck- und Schalottenwürfelchen anschwitzen. Gedünstete, gut abgetropfte, kleine Pfifferlinge dazugeben, salzen, pfeffern und bei stärkerer Wärmeeinwirkung sautieren. Die Pilze auf die angerichteten Frischlingsmedaillons häufen, mit gehackter Petersilie bestreuen und Wildrahmsauce gesondert dazureichen.

- **Beilagen:**
  Gedünsteter Rosenkohl, Fondantkartoffeln, Johannisbeergelee.

Garnituren

Diana — *Diana* (EN) — *Diane* (FR)

Dianasauce: Wildpfeffersauce mit Sahne verkocht und Einlage von Trüffel- und Eiweißstreifchen.

- **Beilage:** Maronenpüree.

Mirza — *Mirza* (EN) — *Mirza* (FR)

Apfelhälften napfartig vertieft, in Butter gegart; gefüllt mit Johannisbeergelee. Wildpfeffersauce.

2.3 Schmoren

Zum Schmoren werden Keule, Blatt/Schulter, Hals und die beim Zerlegen anfallenden Haxen und Bauchlappen des Wildes verwendet. Die Sauce entsteht beim Schmoren des Fleisches meist in Verbindung mit der entsprechenden Beize/Marinade.

Geschmorte Hasenkeule

braised leg of hare (EN)

cuisse (w) de lièvre braisée (FR)

Marinierte Keulen müssen zuvor abtropfen und mit einem Tuch trockengetupft werden, damit ein Bräunen des Fleisches möglich ist. Die vorbereiteten, mit Salz und Pfeffer gewürzten Hasenkeulen in heißem Fett anbraten.

Dann Röstgemüse beigeben und alles braune Farbe nehmen lassen. Wenig Mehl darüberstäuben, anschwitzen und mit Wein oder Marinade ablöschen. Wildbrühe oder Große braune Brühe auffüllen und aufkochen. Ein Kräutersträußchen (Petersilie, Lorbeerblatt, Knoblauchzehe, Thymianzweig) und einige gequetschte Wacholderbeeren dazulegen. Die Keulen zugedeckt bei mäßiger Wärmezufuhr schmoren.

Sobald sich das Fleisch weich ansticht, werden die Keulen entnommen und in einer Servierkasserolle warmgehalten. Die Sauce abfetten, durch ein feines Sieb gießen, nochmals an den Kochpunkt bringen und fehlendes Gewürz ergänzen. Sauce den Hasenkeulen beigeben.

- **Beilagen:**
  Semmelklöße, Feldsalat, Apfelmus.

Rehragout

venison stew (EN) — *sauté (m) de chevreuil* (FR)

Mariniertes Fleisch zunächst in einem Durchschlag abtropfen lassen und zum Trocknen auf einem Tuch ausbreiten. Die Weinmarinade auffangen und zur Saucenbereitung beiseitestellen. Fett in einer Bratpfanne erhitzen, das mit Pfeffer

und Salz gewürzte Ragoutfleisch hineingeben und bei starker Wärme rasch anbraten. Fleisch in einen Durchschlag leeren, damit das Bratfett abtropfen kann.

In einem Schmorgeschirr durchwachsene Speckwürfel und Röstgemüse mit Butter braun anbraten. Das angebratene Fleisch dazugeben, ein wenig Mehl darüberstäuben, durchrühren und leicht anschwitzen. Aufgefangene Weinmarinade, Wildbrühe oder Große braune Brühe angießen und alles unter Rühren aufkochen. Einen Gewürzbeutel (Knoblauchzehen, Lorbeerblatt, Thymianzweig, Petersilienwurzel, Wacholderbeeren) dazulegen und zugedeckt bei geringer Wärmezufuhr schmoren. Garzustand durch Anstechen des Fleisches prüfen.

Gegartes Fleisch in ein anderes Geschirr legen. Sauce entfetten (degraissieren), durch ein feines Sieb passieren und mit Johannisbeergelee sowie Zitronensaft geschmacklich vollenden.

- **Beilagen:**
  Spätzle oder Nudeln.

Geschmorte Schulter vom Jungbock mit Morchelfüllung und weißen und gelben Rüben

braised shoulder of venison (EN)

épaule (w) de chevreuil braisé (FR)

Bedarf für 10 Portionen

2 kg	Rehschulter, entbeint
100 g	Morchel-Duxelles
1	Zwiebel
300 g	Wurzelgemüse (Mirepoix)
	Salz, Pfeffer
0,25 l	Wildgrundsauce
0,25 l	Weißwein
	Wacholder, Nelke, Lorbeerblatt, Zitronenthymian
	Dünstfonds der Gemüse und Morcheln
0,25 l	Sauerrahm
0,25 l	geschlagene Sahne

- Die zugeschnittene Rehschulter innen salzen, mit Morchel-Duxelles bestreichen, zur Rolle formen und binden.
- Das Fleisch würzen und ringsum in Öl anbraten, Zwiebel und Wurzelgemüsewürfel zugeben und mitbraten.
- Mit Weißwein ablöschen, die Wildgrundsauce zugießen, die Gewürze und die Dünstfonds dazugeben.
- Die Schulter zugedeckt bei mäßiger Hitze schmoren.
- Wenn das Fleisch weich ist, aus dem Schmortopf nehmen und warm halten.
- Die Sauce abfetten, passieren und einkochen.
- Nun den Sauerrahm mit etwas Sauce verrühren, danach in die restliche Sauce geben und ebenfalls gut verrühren.
- Zum Schluss die Schlagsahne unterheben und mit dem Mixstab aufschäumen.

Anrichten

Gemüse mit Morcheln auf den Teller anrichten, mit Sauce übergießen und darauf die Tranchen der Rehschulter platzieren.

- **Beilagen:** Teigwaren, Kroketten, Püree.

Fachbegriffe

arrosieren	Bratenstücke wiederholt mit Bratensaft übergießen
Beize	Flüssigkeit mit Genusssäure (Rotwein, Essig, Sauermilch) als wesentlichem Bestandteil.
marinieren	Zugabe von säure- oder/und würzstoffhaltigen Flüssigkeiten (Beize) zur Geschmacksveränderung.
Pfeffer	Ragoutartiges Gericht von Wild, gebunden mit Tier-(Schweine)blut.
Ragout	Schmorgericht von dunklen Fleischarten, das auch, im Unterschied zum Gulasch, Knochen enthalten kann.
spicken	Einziehen von Speckstreifen in mageres Fleisch (Rind, Wild).

Aufgaben

1 Für ein Festessen wird ein Rehrücken im Ganzen gebraten. Beschreiben Sie die Vorbereitungsarbeiten.

2 Nennen Sie typische Gewürze, die mit Wild harmonieren.

3 Wildfleisch wird manchmal gespickt oder mit Speck umwickelt. Weshalb macht man diesen Unterschied? Nennen Sie Vor- und Nachteile.

4 Nennen Sie zu Rehbraten je 4 typische
a) Saucen,
b) Gemüsebeilagen,
c) Hauptbeilagen,
d) Früchtebeilagen.

5 Beschreiben Sie die Herstellung eines Wildschweinpfeffers.

GEFLÜGEL UND WILDGEFLÜGEL

Geflügelfleisch zählt heute zu den preiswertesten Eiweißlieferanten; es ist zudem fettarm, leicht verdaulich und auf vielfältige Weise zuzubereiten. Diese Gründe haben zu einem stetig steigenden Verzehr von Geflügel geführt.

Die gewerbliche Küche folgt diesem Trend, indem sie Geflügelzubereitungen vermehrt als Hauptgerichte anbietet und Geflügelfleisch als Basis für Salate in der kalten Küche verwendet.

Alle Geflügel- und Wildgeflügelarten werden angeboten:

- frisch, in gekühltem Zustand; ganz oder als Teilstück (z. B. Keulchen),
- tiefgekühlt, ganz oder als Teilstücke.

Tiefkühlware

- Aus der Sicht der Ernährungswissenschaft ist Tiefkühlware der Frischware gleichwertig, weil das sofortige Frosten die Wirkstoffe weitestgehend erhält, während bei längerem Kühlliegen von Frischware erhebliche Verluste, auch im Geschmackswert, eintreten können.
- Aus der Sicht des informierten Gastes ist bei Zubereitungen, die Knochen enthalten, die Unterscheidung zwischen Frischware und Tiefkühlware deutlich erkennbar.

Tiefkühlware hat dunkle Knochen, weil bei jungen Tieren während des Frostens rote Blutkörperchen aus dem Knochenmark nach außen treten und sich bei Wärmeeinwirkung die Knochen außen dunkel färben.

Die Gastronomie sollte darum, wenn in der Zubereitung Knochen erkennbar sind, Frischware bevorzugen, um sich von bestimmten „Geflügel-Ketten" zu distanzieren.

1 Vorbereiten *preparation* *préparation (w)*

Das frische oder gefrorene Geflügel wird wie folgt angeboten:

- bratfertig **mit** Innereien,
- grillfertig **ohne** Innereien.

Hygienevorschriften

Das Geflügel wird in reichlich Wasser gründlich gewaschen, kalt abgebraust und mit der Bauchöffnung nach unten zum Abtropfen in einen Durchschlag gestellt.

An der Haut von Geflügel können sich Salmonellen befinden. Diese werden zwar durch den Garprozess abgetötet, doch können sie auf andere Lebensmittel übertragen werden und dann zu Lebensmittelinfektionen führen. Darum:

Nach Abschluss der Vorbereitungsarbeiten alle Geräte wie Tisch, Arbeitsplatte, Gefäße und Werkzeuge sowie die Hände gründlich reinigen. Auftau- oder Abtropfflüssigkeit sofort entsorgen.

1.1 Herrichtungstechniken

Formgebung

Geflügel kann man mit und ohne Flügel binden (bridieren). Dafür kann man eine Bindenadel (Bridiernadel) mit Schnur einsetzen. Die Flügelspitzen werden nach innen verschränkt. Nun legt man z. B. ein Huhn auf die Brust und sticht durch die Mitte der verschränkten Flügelknochen (s. Abb. unten), wobei gleichzeitig die zurückgelegte Halshaut durch Unterstechen des Rückgrats festgelegt wird.

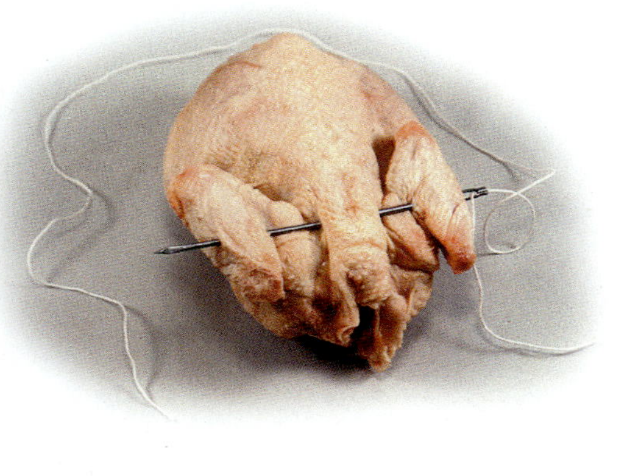

Das Huhn wird auf den Rücken gewendet; dabei hält man es in der gewünschten Form. Die Nadel sticht man durch die Muskeln der unteren Beine (Abb. unten), zieht die Schnur durch und verknotet sie.

Das Binden von Geflügel ist auch *ohne Bridiernadel* möglich. Dazu verschränkt man die Flügelspitzen nach innen, umlegt mit der Schnur die straff zurückgezogene Halshaut. Das Huhn liegt dabei auf dem Rücken. Es wird leicht angehoben und dabei die Schnur unter dem Rücken verkreuzt (Abb. unten).

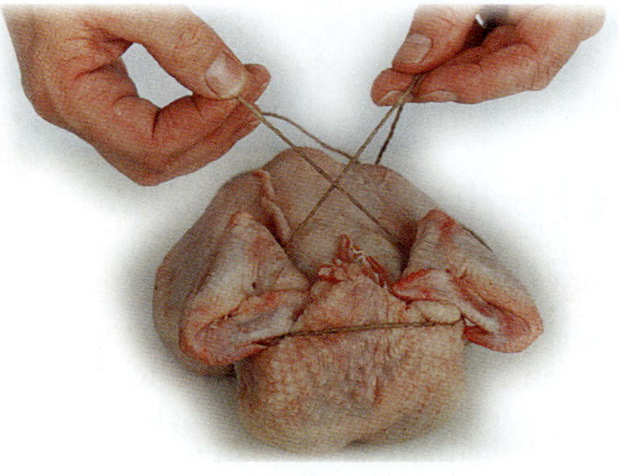

Anschließend wird die Schnur über die beiden Keulenansätze gezogen, einmal um die Beinenden gewunden und verknotet (Abb. unten und oben rechts).

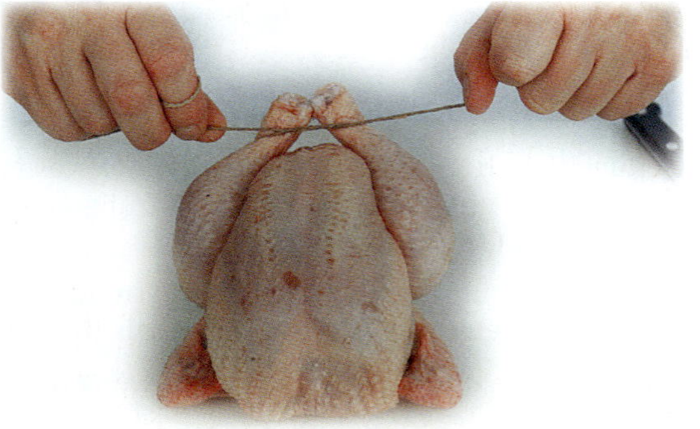

Bardieren von Geflügel

Das Bardieren (mit Speck umwickeln) soll die zarte Brust während der Zubereitung vor möglicher Verkrustung schützen. Das ist vorwiegend bei Wildgeflügel erforderlich.

Die Geflügelbrust belegt man mit einer Speckscheibe und bindet diese mit Schnur fest. Das rechteckige Speckstück, von dem die dünnen Scheiben geschnitten werden, muss der Größe der zu belegenden Brust entsprechen. Die Scheiben erhalten Einschnitte; durch diese kann die Ofenwärme dringen und die Geflügelbrust leicht bräunen.

Abb. 1 Fasanenbruststücke und bardierte Wachteln

Spalten, Zerlegen, Auslösen und Füllen

Für manche Zubereitungsarten muss das vorbereitete Geflügel im rohen Zustand gespalten, zerlegt oder ausgelöst und gefüllt werden. Rationell lassen sich diese Arbeiten nur ausführen, wenn man den Körperbau des Geflügels kennt.

Spalten zum Grillen

Gegrillt werden hauptsächlich Brathähnchen. Hierzu bleiben die Flügel am Rumpf.

Von der hinteren Öffnung aus ein stabiles Messer in den Rumpf schieben. Den Geflügelkörper direkt neben der Wulst der Wirbelsäule durchtrennen. Den aufgeschnittenen Körper flach auseinanderdrücken und die Wirbelsäule abschlagen. Die Flügelspitzen nach unten verschränken und die Enden der Keulen durch einen Einschnitt in die dünne Bauchhaut stecken. Beim Grillen bleibt der Tierkörper flach und kann sich nicht verziehen.

Zerlegen zum Frittieren und Schmoren

Zur Zubereitung von Backhähnchen und Schmorhähnchen das Geflügel in Brustteile und Keulen zerlegen; Flügel abschlagen.

Hähnchen halbieren und die Hälften in Keulen und Brustteile zerlegen. Die Knochen der Brustteile bis auf den Flügelgelenkknochen abtrennen. Von den Keulen die Schlussknochen und den Oberschenkelknochen auslösen. Zum Frittieren noch den dicken Unterschenkel einschneiden, damit gleichmäßiges Garen gewährleistet ist.

Zum Schmoren des Schenkels das Gelenk abschlagen und das Fleisch etwas zurückschieben, damit der Knochen freigelegt ist. Den Knochen des Oberschenkels auslösen. Am äußersten Ende des Oberschenkels einstechen und den freigelegten Unterschenkelknochen stecken.

Auslösen und Füllen

Portionsgeflügel wie Küken, Tauben und Rebhühner wird gern gefüllt zubereitet. Die Füllung wird in den Hohlraum und unter die abgelöste Haut an Brust und Hals geschoben. Das gefüllte, gebratene Geflügel lässt sich vom Gast angenehmer verspeisen, wenn die Knochen vor dem Füllen ausgelöst wurden.

Werden Hähnchen gefüllt, ohne sie ganz zu entbeinen, so entfernt man erst den Brustgabelknochen an der Halsöffnung. Dann drückt man das Brustbein nach innen, fasst in den Hohlraum und zieht es heraus. Wird ganzes Geflügel zum Füllen vorbereitet, verfährt man wie bei der Vorbereitung einer Galantine (s. S. 583).

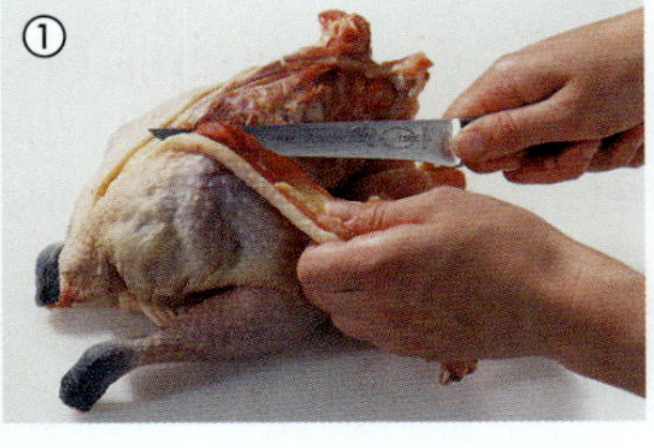

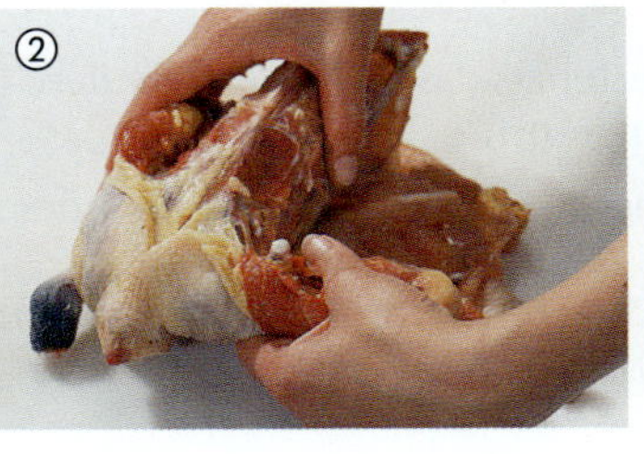

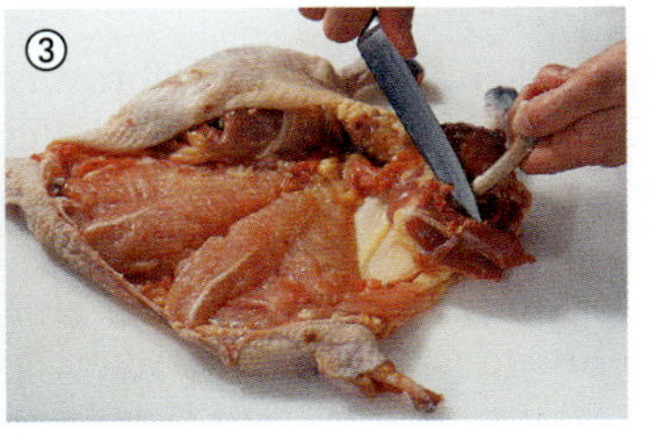

Flügel am ersten Gelenk abtrennen. Geflügel auf die Brust legen und die Haut entlang der Mitte des Rückgrats bis auf die Knochen durchtrennen ①. Vom Einschnitt ausgehend beidseitig der Karkasse das Fleisch ablösen. Dabei die Keulenknochen sowie die Flügelstummel in den Gelenken abschneiden und die ganze Karkasse mit kleinen Schritten vollends von der Fleischhülle abtrennen ②. Danach die Oberschenkelknochen auslösen ③. Die Unterschenkelknochen umschneiden, sie zur Hälfte aus dem sie umgebenden Fleisch drücken und die freigelegten Teile abhacken.

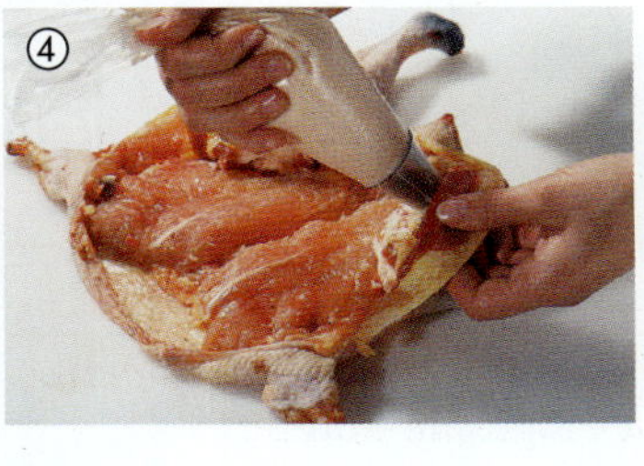

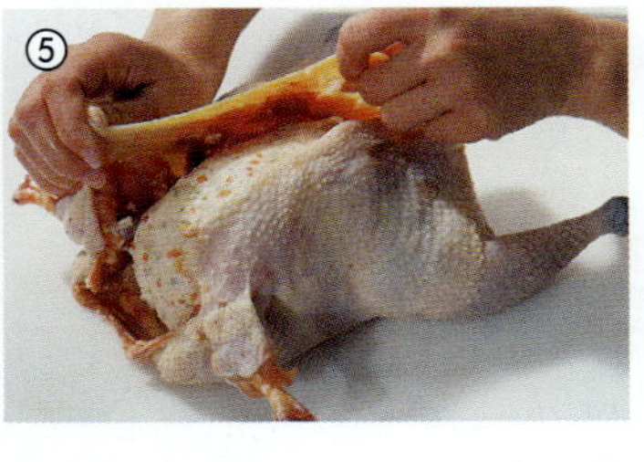

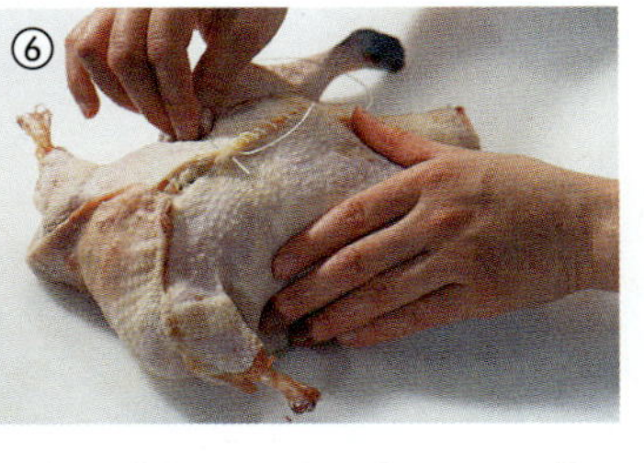

Die hohlen Keulentaschen mit einem Spritzbeutel mit Farce füllen ④. Die Fleischinnenseite des ausgelösten Geflügels würzen und die Füllung darauflegen. Die rechte und linke Seite sowie die Halshaut über die Füllung klappen ⑤ und die Hautnaht vernähen ⑥. Das Geflügel in ein Tuch binden und kochen oder würzen, eventuell zu einer Rolle binden und braten.

Zubereitung Speisen

Füllen von Geflügel

In der Regel werden ganzes Geflügel oder Geflügelteile vor dem Füllen ausgebeint oder hohl ausgelöst. Geflügel kann aber auch gefüllt werden, ohne ausgebeint zu sein.

Als Füllungen verwendet man z. B.:

- rohe Äpfel,
- Semmelknödelmasse, vermischt mit frischen Preiselbeeren, geschälten Maronen oder Pilzen oder Nüssen (s. S. 181),
- Farcen aus Geflügelleber oder Geflügelfleisch,
- Brotfüllung mit Gemüsen und Kräutern (s. S. 463).

2 Zubereiten von Hausgeflügel *cooking* *cuisson (w) de la volaille*

Das garfertige Geflügel kann im Ganzen oder zerteilt verwendet werden. Je nach Eignung der einzelnen Tiere und der Zubereitungsart wendet man nachfolgende Garverfahren an:

Garverfahren	Geflügelart
Kochen Dünsten	Küken, Hähnchen, Suppenhuhn, Taube, Pute
Schmoren	Hähnchen, Taube
Braten im Ofen	Küken, Hähnchen, Taube, Pute, Gans, Ente
Braten in der Pfanne	ganze Brustteile oder Geschnetzeltes von Hähnchen, Steak und Schnitzel von Pute, Brust von Ente
Frittieren	Hähnchen, Brustteile von Hähnchen, Steak und Schnitzel von Pute
Grillen	Küken, Hähnchen, Taube, Steak und Schnitzel von Pute

Garpunkt

Das Fleisch der Geflügelbrust ist zarter als das Fleisch der Keulen. Der Garpunkt wird deshalb bei ganzen Tieren immer an den Keulen geprüft.

- **Junges Geflügel** ist gar, wenn beim Anstechen der Keulen der austretende Fleischsaft klar ist, also keinen rosafarbenen Fleischsaft zeigt (s. S. 508).
- **Älteres Geflügel** bedarf einer längeren Garzeit. Es ist gar, wenn beim Anstechen der Keulen nur noch geringer Widerstand spürbar ist.

2.1 Durchschnittliche Garzeiten

Garfertiges Hausgeflügel	Gewicht in Gramm	Garverfahren in Minuten Kochen/Dünsten	Schmoren	Braten	Grillen
Stubenküken	350	15		20	12
Hähnchen	800	25	15	35	20
Junge Pute (Baby-P.)	3.500	80–90		90–120	
Junge Taube	250	15		20	12
Junge Gans	3.500			120–150	
Junge Ente	2.200			80	

Tiefgekühltes Geflügel hat durch das Frosten eine gelockerte Fleischfaser und dadurch eine kürzere Garzeit.
Gefülltes Geflügel hat eine längere Garzeit. Der Garpunkt wird am besten über Kerntemperatur oder durch eine Nadelprobe ermittelt.

2.2 Kochen von Geflügel

Suppenhühner kocht man in erster Linie, um Hühnerbrühe zu gewinnen. Damit die spätere Brühe eine appetitlich klare Farbe aufweist, wird das garfertige Geflügel zunächst blanchiert.

Zum Zerlegen muss das gekochte Geflügel erst abkühlen, sonst kommt es zu starkem Saftverlust und dadurch zu empfindlicher Einbuße der Fleischqualität.

Arbeitsablauf

- Blanchierte Hühner knapp mit Wasser bedeckt zum Kochen bringen und bei angelegtem Topfdeckel und geringer Wärmezufuhr sieden.
- Schaum und Fett abschöpfen. Flüssigkeit nur leicht salzen.
- Ein Gemüsebündel (heller Lauch, Möhre, Sellerie) beifügen. Frisches Gemüsearoma ist flüchtig, deshalb legt man es erst 30 Min. vor dem Garende dazu.
- Gegarte Hühner aus der Brühe nehmen und kurz in kaltem Wasser abschrecken. Gegen Abtrocknen und Verfärben mit Folie bedeckt abkühlen lassen.
- Hühner in Keulen und Brusthälften zerlegen (ausbrechen). Die Haut abziehen. Ober- und Unterschenkelknochen sowie die kleinen Stummel der Flügel bleiben noch im Fleisch.
- Brühe durch ein Tuch seihen. Zerlegte Geflügelteile in der Brühe aufbewahren.

- **Verwendung**
  - **Hühnerfleisch:** Hühnerfrikassee, Hühnerkroketten, Suppeneinlage, kombinierte Geflügelsalate.
  - **Hühnerbrühe:** Suppen, Saucen.

2.3 Dünsten von Geflügel

Grundzüge der Zubereitung

Zum Dünsten verwendet man helles, blanchiertes Geflügel im Ganzen oder zerteilt. Um den Geschmack der Zubereitungen zu betonen, werden das Geflügel wie auch das zum Ansetzen erforderliche Gemüse farblos angeschwitzt. Es wird nur so viel Flüssigkeit angegossen, wie zum Fertigstellen der jeweiligen Sauce nötig ist. Späteres Reduzieren zu dünnem Fond kostet Zeit und Energie.

Arbeitsablauf

- Hellen Lauch und etwas Sellerie bei mäßiger Wärme mit Butter anschwitzen.
- Blanchiertes Geflügel dazulegen. Das Ganze farblos weiterschwitzen.
- Ansatz mit Weißwein ablöschen. Geflügel- oder Kalbsbrühe aufgießen.
- Aufkochen, die Flüssigkeit leicht salzen. Geschirr zudecken, Inhalt dünsten. Geflügel gelegentlich wenden.
- Gedünstetes Geflügel auf ein Blech legen. Mit Folie bedeckt abkühlen. Geflügelhaut abziehen. Ganze Tiere zerlegen.
- Dünstfond passieren, abfetten und mit weißer Roux oder Mehlbutter leicht binden.
- Sauce gemäß der vorgesehenen Zubereitungsart mit Sahne oder Eigelb und Sahne (Liaison), fehlendem Gewürz (Cayennepfeffer, Salz) und Zitronensaft vollenden.

Frikassee von Geflügel nach klassischer Art bereitet man nach der Grundform des Dünstens zu. Dabei wird ein wenig Mehl auf die angedünsteten Zutaten gestäubt und leicht mitgeschwitzt. Das gibt die Bindung für die Sauce (Seite 472).

Neben dieser Zubereitungsart der klassischen Küche ist eine vereinfachte Herstellungsform gebräuchlich, die genau genommen jedoch der Zubereitung eines **Blanketts** entspricht. Das Huhn wird mit Wurzelwerk gekocht und danach zerlegt. Von der Brühe bereitet man mit weißer Roux die Sauce, welche mit Eigelb und Sahne legiert wird (Seite 472).

Variationen der Grundzubereitung

Hühnerfrikassee …

… Berliner Art

Berlin style *à la berlinoise*

- **Garnitur:**
  Champignons, Stückchen von Kalbsbries, Kalbsklößchen, Spargelspitzen, Krebsschwänze.
- **Beilage:**
  Pilaw

… auf alte Art

old fashioned style *à l'ancienne*

- **Garnitur:**
  weißglasierte Perlzwiebeln, kleine Champignons.
- **Beilagen:**
  Risotto oder Petersilienkartoffeln

… nach Elfenbeinart

ivory style *à l'ivoire*

- **Garnitur:**
  Würfel von Artischockenböden, Champignonköpfe.
- **Beilage:**
  Risi-Pisi

Dünsten mit leichter Farbgebung – Poëlieren

Grundzüge der Zubereitung

Poëlieren kommt besonders für das helle Hausgeflügel in Betracht. Hierbei erhält das Geflügel leichte, hellbraune Farbe. Das Verfahren wird im Ofen durchgeführt. Die Farbgebung kann auf zwei Arten geschehen:

- Geflügel bei mäßiger Wärmeeinwirkung zugedeckt im sich bildenden eigenen Fond dünsten; später aufgedeckt blonde Farbe nehmen lassen.
- Geflügel bei mäßiger Wärmeeinwirkung im offenen Geschirr blonde Farbe nehmen lassen; danach zugedeckt im sich bildenden eigenen Fond dünsten.

Bei poëliertem Geflügel wird die Haut nicht abgezogen. Durch das leichte Anbraten bzw. Farbenehmenlassen tritt ein Teil des unter der Haut gelagerten Fettes aus, wodurch die Haut schmackhaft und zart wird.

Diese Zubereitungsarten stehen zwischen Dünsten und Schmoren.

Variationen der Grundzubereitung Methode 1:

Poëlierte Hähnchenkeule mit Apelspalten und Schalotten

butter sauted chicken leg *cuisse (m) de volaille poêlée*

Bedarf für 10 Portionen

10	Hähnchenkeulen	
6	säuerliche Äpfel	
30	geschälte Schalotten	
0,5 l	Geflügelfond	①
0,5 l	brauner Kalbsfond	
500 g	Crème fraîche oder Sahne	
200 g	Speck	
40 g	Butter	
	Salz, Pfeffer, Paprika, Öl	

- Hähnchenteile abwaschen, trocken tupfen und würzen.
- Butter in eine Pfanne geben und darin die Hähnchenteile ② beidseitig leicht hell anbraten, überschüssiges Fett abgießen ③, die Hälfte der Fonds dazugießen ④ und dünsten.
- In der Zwischenzeit Speck in Streifchen oder Würfel schneiden. Schalotten je nach Größe halbieren oder vierteln.
- Äpfel waschen, Kernhaus ausstechen und in Achtel schneiden. Speckwürfel und Schalottenstücke in wenig Butter leicht anbraten ⑤.
- Apfelschnitze dazugeben und einige Minuten mitbraten. Diese Mischung nun unter die Hähnchenkeulen geben.
- Restlichen Fond zugeben und zugedeckt auf kleiner Flamme dünsten lassen ⑥.
- Während der Garzeit die Hähnchenteile einmal wenden.
- Kurz vor dem Servieren die Crème fraîche unter die Sauce rühren oder als Kleckse obenauf anrichten.

①

②

③

④

⑤

⑥

Methode 2:

Poëliertes Hähnchen

butter roasted chicken

poularde (w) poêlée

- Hähnchen innen und außen leicht salzen und pfeffern.
- Brust des garfertigen Hähnchens bardieren.
- Bratgeschirr angemessener Größe mit Butter ausstreichen.
- Hähnchen hineinlegen, mit Zwiebel- und Möhrenscheiben belegen.
- Geflügelkörper mit zerlaufener Butter beträufeln.
- Geschirr zudecken. Hähnchen im Ofen bei mäßiger Wärme dünsten. Gelegentlich wenden und mit dem sich bildenden Fond begießen.
- Im letzten Viertel des Garverfahrens Geschirrdeckel abnehmen.
- Reste des Bardierspecks entfernen. Hähnchen leicht Farbe nehmen lassen, dabei mehrmals mit dem Dünstfond bestreichen.

- Hähnchen ohne Bindfaden in eine Servierkasserolle legen und warm halten.
- Überschüssiges Fett aus dem Bratgeschirr gießen. Bratensatz mit Kalbsjus verkochen.
- Erhaltene Geflügeljus durch ein Sieb gießen und in eine Sauciere füllen.

- **Beilagen:**
  Feine gedünstete Gemüse, Pilze in Sahne; Pilaw, körniger Reis, Olivenkartoffeln oder Dauphine-Kartoffeln.

2.4 Schmoren von Geflügel

Grundzüge der Zubereitung

Schmoren ist eine kombinierte Garmachungsart aus trockener Wärmeeinwirkung beim Anbraten und feuchter Wämeeinwirkung bis zur Gare.

Für die Zubereitung eines Schmorhähnchens ist ein entsprechend großes Geschirr zu wählen, damit die Geflügelstücke beim Anbraten nebeneinander Platz finden. Wenn die Geflügelstücke beidseitig braune Farbe haben, legt man den Topfdeckel auf und gart bei verminderter Temperatur weiter. Da nun das Verdampfen der aus dem Gargut entweichenden Feuchtigkeit erschwert ist, steigt der Feuchtigkeitsgehalt der Gar-Atmosphäre an, das Braten geht in Schmoren über.

Arbeitsablauf

- Gewürzte Geflügelteile in Mehl wenden, in einem Geschirr Fett erhitzen, beidseitig anbraten.
- Entsprechend der Zubereitung Röstgemüse, Zwiebel- oder Schalottenwürfel beigeben.
- Temperatur zurücknehmen, Geschirr zudecken. Inhalt weitergaren.
- Brustteile zuerst entnehmen, später die Keulen, weil diese eine längere Garzeit haben.
- Überschüssiges Fett vom Schmorrückstand abgießen. Braune Brühe beigeben und einkochen bis zur gewünschten Bindung.
- Geschmortes Geflügel in die fertige Sauce legen, bis zum Anrichten noch ziehen lassen.

Variationen der Grundzubereitung

Schmorhähnchen nach Jägerart

braised chicken hunter's style

poulet (m) sauté à la chasseur

Schalottenwürfelchen und Waldpilze dem Geflügel beigeben. Schmorrückstand mit Weißwein und Weinbrand ablöschen, Demiglace angießen. Sauce mit gehacktem Estragon und Kerbel vollenden.

- **Beilagen:**
  Schloss-, Nuss- oder Parmentierkartoffeln; Salate

Schmorhähnchen in Wein

braised chicken in wine *coq (m) au vin*

Mit Zwiebeln, Speck, Pilzen in Wein geschmort. Schmorfond mit Sahne verfeinern und einkochen.

Zubereitung Speisen

2.5 Braten von Geflügel

Braten im Ofen/Braten von ganzen Tieren

Zum Braten im Ganzen eignen sich alle jungen Geflügelarten.

Grundzüge der Zubereitung

Helles Hausgeflügel

Der während des Bratens austretende Fleischsaft, der sich als sogenannter Bratsatz größtenteils am Geschirrboden anlegt, bildet die Geschmacksgrundlage der späteren Geflügeljus. Damit er nicht verbrennt, muss die Ofentemperatur sorgsam überwacht werden.

Um festzustellen, ob der **Garpunkt** erreicht ist, sticht man eine Gabel in die Keulen, nimmt das Huhn aus dem Bratgeschirr und lässt den Saft aus dem Rumpf auf einen Teller tropfen. Ist der Tropfsaft klar ①, ist der Garpunkt erreicht. Bei noch nicht durchgebratenem Geflügel ist der austretende Saft blutig. ②

Arbeitsablauf

- Garfertiges Geflügel würzen, im erhitzten Bratfett wenden und auf den Keulen liegend im Ofen bei 220 °C beidseitig anbraten.
- Ofentemperatur auf 180 °C reduzieren. Bei öfterem Wenden und Beschöpfen mit dem Bratfett das Verfahren fortsetzen.
- Etwa 10 Min. vor dem Garsein Röstgemüse beifügen und mitbräunen.
- Danach das Geflügel auf den Rücken legen, damit die Brust vollends bräunen kann.
- Bei Erreichen des Garpunktes Geflügel entnehmen.
- Überschüssiges Fett behutsam vom Bratsatz abgießen.
- Den Bratsatz mit Geflügelbrühe ablöschen und loskochen.
- Sauce passieren, noch einmal aufkochen und mit angerührter Stärke leicht binden.

Dunkles Hausgeflügel

Gänse und Enten sind fett. Damit man dieses Eigenfett beim Braten nutzen kann, setzt man die Tiere zunächst mit Wasser an. Damit das Fett besser austreten kann, werden die Fettpolster an den Oberschenkeln und an den Flügelpartien mit einer starken Bindenadel mehrfach durchstochen. Später, wenn das Wasser verdampft ist, wird das Geflügel in dem eigenen Fett fertiggebraten.

Junge Gänse- und Ententeile werden wie das helle Geflügel gebraten.

Die Haut von Gänsen und Enten wird knuspriger, wenn man während der letzten Minuten die Ofentemperatur verstärkt und die Haut mit Salzwasser bestreicht.

Arbeitsablauf

- Geflügel innen und außen salzen und pfeffern.
- Den Boden eines Bratgeschirrs, das der Größe des Geflügels entspricht, mit Wasser bedecken.
- Geflügel auf die Keulenseite einlegen und mit dem kochenden Wasser begießen.
- Geschirr in einen vorgeheizten Ofen schieben und das Garverfahren bei 220 °C beginnen.
- Geflügel wenden, mit dem ausgetretenen Fett begießen und den Bratvorgang bei 180 °C fortsetzen.
- Evtl. einen Teil des ausgetretenen Fettes abschöpfen. Röstgemüse zum Mitbräunen um das Geflügel streuen.
- Gegartes Geflügel auf den Rücken legen, Ofentemperatur bzw. Oberhitze stark erhöhen und zur Krustenbildung die Haut mehrmals mit Salzwasser bestreichen.
- Bratgut aus dem Geschirr nehmen, das Fett abgießen. Den Bratsatz mit Kalbsjus auffüllen und kochen, bis er sich völlig gelöst hat.
- Geflügelsauce passieren, Fett abschöpfen und mit angerührter Stärke leicht binden.

Garen im Heißluftdämpfer

Arbeitsablauf

- Gewürzte Tiere auf Gitterroste legen.
- Auffangwanne in Heißluftdämpfer auf unterste Stufe einschieben.
- Tiere 20 Min. dämpfen, um das Eigenfett auszuschmelzen.
- Danach „Heißluft und Dampf" wählen und bei 80 bis 110 °C garen; die Geschwindigkeit des Lüfterrades auf halbe Stufe einstellen. Dies verhindert ein Austrocknen des Fleisches.
- Die Tiere aus dem Gerät nehmen und den Ofen bei trockener Hitze auf 280 °C vorheizen.
- Tiere wieder einschieben und bei 225 °C und 0 Prozent Feuchtigkeit etwa 10 bis 15 Minuten knusprig braten.

Im Bild sind neuartige Bratroste für Geflügel zu sehen. Vor dem Braten wird das ganze, gewürzte Geflügel auf Drahttürme gesteckt. Somit erreicht man im Umluftofen eine ringsum gleichmäßige Bräunung des Gargutes.

Variationen der Grundzubereitung

Gänse

Chipolata

chipolata *chipolata*

- **Garnitur:**
  braunglasierte Perlzwiebeln, glasierte Maronen, glasierte Karotten, Chipolatawürstchen.
- **Beilagen:**
  Nusskartoffeln, Waldorfsalat

Glasierte Keule der Hafermastgans mit Kronsbeerensauce, Apfelrotkohl und Kartoffelklößen

glaced gooseleg with cranberrysauce, red cabbage with apples, potato dumplings

cuisse d'oie glacé avec sauce d'aireelles rouge, choux rouge avec pommes, quenelles de pommes de terre

Enten

... mit Orangen

with orange *à l'orange*

- **Garnitur:**
  Orangenfilets, gegarte Streifchen von Orangenschale; Sauce mit Orangensaft verkocht, vollendet mit Grand Marnier.
- **Beilagen:**
  gedünsteter Chicorée, Lorettekartoffeln

... mit Pfirsichen

with peaches *aux pêches*

- **Garnitur:**
  abgezogene, gedünstete Pfirsichhälften; Sauce mit Pfirsichsaft verkocht, abgeschmeckt mit Maraschino und Zitronensaft.
- **Beilagen:**
  braisierter Staudensellerie, Mandelkartoffeln

Braten in der Pfanne/Braten von Portionsstücken

Zum Braten in der Pfanne wird nur zartes Geflügelfleisch verwendet.

Brusthälften kleineren Geflügels, Steaks oder Schnitzel von Fleischputen oder geschnetzeltes Geflügelfleisch (Streifchen, Scheibchen) behandelt man wie das helle Kurzbratfleisch der Schlachttiere. Die Geflügelteile können naturell oder paniert zubereitet werden.

Eine Besonderheit ist die Zubereitung von Entenbrust. Vor dem Braten wird die Haut rautenförmig eingeritzt, damit das Fett austreten und die Haut kross werden kann.

2.6 Frittieren von Geflügel

Grundzüge der Zubereitung

Das Frittieren ist nur für junges, zerteiltes Geflügel geeignet. Die Stücke werden vorwiegend paniert, aber auch in Ausbackteig getaucht und dann im Fettbad gebacken.

Fett-Temperatur für

- flache Geflügelteile 170 °C,
- dickere Geflügelteile etwa 160 °C.

Unter 150 °C darf die Temperatur nicht absinken, weil das Backgut sonst zu viel Fett aufnimmt und die Qualität beeinträchtigt wird.
Über 170 °C würde das Backgut stark rasch dunkel bräunen, dabei aber nicht gar werden. Bildung von Acrylamid muss vermieden werden.

Der Garpunkt ist erreicht, wenn die Geflügelteile an der Oberfläche schwimmen.

Dem Fettbad entnehmen, gut abtropfen lassen und auf saugfähigem Papier absetzen.

Das frittierte Geflügel darf vor dem Service nicht mit einer Cloche abgedeckt werden, denn sonst durchweicht die Backkruste, Aroma und Geschmack werden gemindert.

Variationen der Grundzubereitung

Gebackenes Hähnchen/ Wiener Backhendl

fried chicken *poulet (m) frit*

Vorbereitete Hähnchenteile mit Salz, Paprika und Zitronensaft würzen. In Mehl und Ei wenden und geriebenes Weißbrot (Mie de pain) andrücken. In der Fritteuse bei 160 °C ausbacken.

Gebackene Hähnchenteile auf saugfähiger Unterlage (Küchenkrepp) abtropfen lassen. Offen auf Serviette oder Papierdeckchen anrichten, mit Kresse oder gebackener Petersilie und Zitronenstücken garnieren und unverzüglich servieren.

- **Beilage:**
  Salate der Saison

Gebackene Hühnerbrüstchen

fried breast of chicken

suprême (m) de poulet frit

Ausgelöste Hähnchenbrusthälften mit schräggeführtem Schnitt teilen. Mit Zitronensaft, Kräutern und einigen Tropfen Öl marinieren. Danach salzen und pfeffern, in Mehl wenden, durch Ausbackteig ziehen und direkt in das erhitzte Fettbad legen.

Gebackene Hühnerbrüstchen weiterbehandeln und anrichten wie Backhähnchen.

- **Beilage:**
  Tomatensauce und Blattsalate

2.7 Grillen von Geflügel

Grundzüge der Zubereitung

Als Grillgeräte kommen die Grill- oder Griddleplatte und der Holzkohlengrill zur Anwendung.

Ganzes Geflügel bereitet man am **Spieß** in einem Drehgrill zu.

Geflügelfleisch wird beim Grillen leicht trocken. Darum legt man es vor dem Grillen in eine Kurzmarinade. Diese besteht aus Öl mit Würzzutaten. So bleibt die Saftigkeit des Geflügels erhalten.

Das zum Grillen vorbereitete und marinierte Geflügel wird auf den heißen, geölten Grillrost gelegt. Während des Garens wird das Geflügel mit der übrigen Marinade mehrmals bestrichen und gewendet. Das Grillkaro entsteht, wenn man das Geflügel beim Wenden um 90 Grad dreht und wieder auf den heißen Grillrost legt.

Gegrillte Hähnchenbrust mit Kirschtomaten und Dipp

grilled chicken breast

poulet (m) de grain grillé

Variationen der Grundzubereitung

… auf amerikanische Art

american style *à l'américaine*

- **Garnitur:**
  gebratene Speckscheiben, gebratene Tomaten, Kräuterbutter.
- **Beilagen:**
  Stroh- oder Chipskartoffeln; römischer Salat mit Grapefruitfilets

… nach Teufelsart

devil style *à la diable*

Geflügel mit in Weißwein angerührtem Senfpulver bestreichen, einbröseln und grillen.

- **Garnitur:**
  Brunnenkresse; Teufelssauce.
- **Beilagen:**
  Streichholz- oder Waffelkartoffeln; gebackene Gemüse oder grüne Bohnen

Sate-Spießchen

Kleine indonesische Spießchen mit mariniertem Geflügelfleisch. Das Fleisch wird gewürzt mit Koriander, Curry und Kokoscreme, dann auf dem Grill gegart.

3 Zubereiten von Wildgeflügel

cooking of feathered game *cuisson (w) de la gibier à plume*

Wildgeflügel muss wie das frische Schlachtfleisch vor der Verarbeitung erst abhängen, um zu reifen.

Grundzüge der Zubereitung

Wildgeflügel (Federwild) wird vorwiegend im Ganzen zubereitet. Je nach Alter des Wildgeflügels werden unterschiedliche Garverfahren angewandt.

Garpunkt

Junges Wildgeflügel wird gebraten. Am besten schmeckt es, wenn das gebratene Fleisch am Knochen noch zartrosa ist.

Der Garpunkt wird an den muskulösen Keulen festgestellt.

- **Junges Wildgeflügel** hat den Garpunkt erreicht, wenn bei der Tellerprobe der abtropfende Saft rosafarben ist.
- **Älteres Wildgeflügel** ist gar, wenn die Keulen beim Anstechen weich sind.

Älteres Wildgeflügel wird vorwiegend für Brühen und Suppen (Rebhuhnessenz, Fasanenkraftbrühe) genutzt. Zur Geschmacksverstärkung brät man es braun an und kocht es dann aus.

3.1 Braten von Wildgeflügel

Zum Kurzbraten verwendet man vorwiegend nur die Brustfilets.

Junges Rebhuhn, gebraten

roast partridge *perdreau (m) rôti*

Bratfertige, bardierte Rebhühner salzen und pfeffern. In einem Bratgeschirr Butter erhitzen. Rebhühner einlegen und auf den Keulenseiten braun anbraten. Kleine Zwiebelwürfel und einige Wacholderbeeren in das Bratgeschirr streuen. Bratvorgang im Ofen fortsetzen und unter mehrmaligem Wenden und Begießen der Rebhühner mit dem Bratfett zu Ende führen.

Schnüre mit Bardierspeck abnehmen, eventuell Brust nachbräunen und die Rebhühner warm halten. Bratfett vom Bratsatz in eine Pfanne abgießen. Den Bratsatz mit Kalbsjus loskochen, zur gewünschten Menge reduzieren und passieren. In der Bratbutter Croûtons rösten.

Rebhühner mit dem Rücken auf die Croûtons stellen. Rebhuhnjus gesondert reichen.

Bratzeit: 15 bis 20 Min.

- **Beilagen:**
  Apfelrotkraut, Champagnerkraut oder Pfifferlinge mit Kräutern; Dauphinekartoffeln.

Junger Fasan Winzerinart

pheasant wine grower's style

faisan (m) à la vigneronne

Fasane werden wie Rebhühner gebraten. Bratsatz mit Wildbrühe auffüllen, etwas einkochen und mit saurer Sahne ergänzen. Nach dem Passieren wird die Sahnesauce mit frisch gemahlenem Pfeffer, Zitronensaft sowie einigen Butterstückchen vollendet und darf dann nicht mehr kochen. Entkernte, in Butter erhitzte Weinbeeren und knusprig gebratene Speckrauten bilden die Garnitur. Die Sahnesauce reicht man separat.

Bratzeit: 25 bis 35 Min.

- **Beilagen:**
  Weinsauerkraut und Kartoffelpüree

Gebratene Wildente mit Ananas

roast duck

canard (m) sauvage rôti à l'ananas

Garfertige Wildenten salzen, in heiße Butter legen, auf beiden Seiten anbraten und im vorgeheizten Ofen weiterbraten. Nach halber Gardauer Zwiebel- und Möhrenwürfel (2:1) und einige zerdrückte Pfefferkörner in das Bratgeschirr geben und mitbräunen.

Die rosa gebratenen Wildenten auf ein Gitter mit Tropfblech legen. Fett aus dem Bratgeschirr gießen, Bratsatz mit Portwein ablöschen.

Kalbsjus und etwas Ananassaft beifügen und auf das erforderliche Maß einkochen. Sauce mit in Portwein angerührter Stärke leicht binden, abseihen und den abgetropften Fleischsaft dazugeben.

Enten in Brusthälften und Keulen zerlegen, Knochen entfernen. Entenfleisch anrichten und mit halben in Butter erhitzten Ananasscheiben umlegen. Im Ofen nochmals erhitzen. Wildentensauce gesondert reichen.

Bratzeit: 25 bis 30 Min.

- **Beilagen:**
  gedünsteter Chicorée und Bernykartoffeln

3.2 Schmoren von Wildgeflügel

Mürbe und Geschmack älteren Wildgeflügels können durch Marinaden positiv beeinflusst werden. Beim Schmoren entstehen gute Saucen, geringerwertig ist dagegen das etwas trockene, strähnige Fleisch. Alte Wildenten sind tranig, vor der Verwendung müssen sie abgebalgt und zur Neutralisierung des Geschmacks eine Zeit lang in Milch gelegt werden.

Geschmorter Fasan

braised pheasant *faisan (m) braisé*

Einen älteren, garfertigen Fasan salzen und pfeffern. In einem Schmortopf Fett erhitzen, den Fasan darin braun anbraten. Röstgemüse und einige gequetschte Wacholderbeeren beifügen. Wenn das Gemüse Farbe genommen hat, mit Rotwein ablöschen. Flüssigkeit einkochen, bis das Gemüse glänzt. Große braune Brühe oder Wildbrühe auffüllen, sodass der angebratene Fasan zu einem Drittel darin liegt. Inhalt aufkochen, ein Kräutersträußchen dazulegen und den Topf verschließen. Bei mäßiger Wärmezufuhr und gelegentlichem Wenden den Fasan weichschmoren.

Fasan entnehmen, Bindfaden entfernen und das Fleisch bedeckt warm halten. Sauce abfetten, passieren, zur erforderlichen Menge einkochen und leicht mit in Rotwein angerührter Stärke binden.

Fasan in Brüste und Keulen zerlegen, Knochen bis auf die Schenkelknochen und Flügelstummel entfernen. Die Fleischteile in eine Servierkasserolle legen und leicht saucieren.

- **Beilagen:**
  glasierte Maronen, gebratene kleine Champignons und glasierte Perlzwiebeln; Kartoffelpüree oder Kartoffelkroketten.

4 Geflügel als Menükomponente

poultry as a more course menu component

volaille (w) comme composante (w) de menu (m)

Während die Vorbereitungsarbeiten für Haus- und Wildgeflügel gleich sind, ist bei der Menügestaltung zu unterscheiden:

Helles Fleisch

- **Hausgeflügel wie Küken, Hähnchen**
  Kombination möglich mit dunklem Schlachtfleisch (Rind, Lamm) oder Wildfleisch (Reh, Hirsch, Hase).

Dunkles Fleisch

- **Hausgeflügel wie Ente, Gans**
  Keine Kombination mit anderem dunklem Schlachtfleisch (Rind, Lamm) oder Wildfleisch (Reh, Hirsch, Hase).

  Mögliche Kombination mit hellem Schlachtfleisch (Kalb, Lamm, Schwein).

- **Wildgeflügel wie Fasan, Rebhuhn, Wildente**
  Keine Kombination mit anderem Wild (Reh, Hirsch, Hase) oder dunklem Schlachtfleisch (Rind, Lamm).

  Mögliche Kombination mit hellem Schlachtfleisch (Kalb, Lamm, Schwein).

Beispiele für die Menügestaltung

Menü

Suppe
...
Rehkrusteln
...
Poulardenfrikassee
...
Nachspeise

Menü

Suppe
...
Kalbsbries in Weißwein
...
Ente mit Orange
...
Nachspeise

Menü

Suppe
...
Champignonrisotto
...
Fasan Winzerart
...
Nachspeise

Fachbegriffe

abflammen	Bei Geflügel feine Haare und Federreste über offener Flamme abbrennen
absteifen	Geflügelfleisch kurz brühen oder ohne Farbgebung in der Pfanne schwenken
bardieren	Mit Speckscheiben belegen zum Schutz vor Austrocknung, z. B. bei Wildgeflügel
beizen	Lebensmittel in eine Beize/Marinade einlegen; vorwiegend zur Geschmacksverbesserung
bridieren	Binden, zusammenbinden, um Form zu geben
dressieren	Geflügel durch Binden Form geben
Farce	Füllmasse
flambieren	Abflammen
Karkasse	Geflügelgerippe
legieren	Geflügelsauce oder -ragouts mit Eigelb und Sahne binden
Marinade, Beize	Flüssigkeit mit Genusssäuren
Panade	Lockerungsmittel bei der Herstellung von Farcen
poëlieren	Hellbraundünsten; Variante des Garverfahrens Dünsten. Dabei wird Geflügel zuerst dezent angebraten und dann in wenig Flüssigkeit gar gedünstet

Aufgaben

1 Bei der Vor- und Zubereitung von Geflügel verwendet man Fachausdrücke. Erklären Sie die folgenden: a) Bridieren, b) Bardieren, c) Poëlieren.

2 Nennen Sie gebratene Gerichte aus hellem Geflügel und ordnen Sie diesen geeignete Beilagen zu.

3 Sie verarbeiten tiefgekühltes Geflügel und gefülltes Geflügel. Was ist bei der Bestimmung der Gardauer gegenüber einem frischen, ungefüllten Geflügel zu beachten?

4 Beschreiben Sie den Arbeitsablauf beim Garen eines poëlierten Hähnchens.

5 Erklären Sie Ihrem neuen Kollegen die Zubereitung eines Schmorhähnchens in Wein (Coq au vin).

6 Woraus besteht die Garnitur Chipolata?

7 Sie sollen ein junges Rebhuhn braten. Planen Sie die Arbeitsschritte in der richtigen Reihenfolge.

8 Womit setzt man eine Gans oder eine Ente zum Braten an?

9 Womit kann Geflügel gefüllt werden?

Projekt

Materialkosten am Beispiel Fleisch

Der Gast erwartet von uns beste Qualität, „ordentliche Portionen" – und das alles ganz günstig. Forderungen, die kaum gleichzeitig erfüllt werden können.

Zwischen der Qualität und damit dem Einkaufspreis je kg, der Portionsmenge und den Kosten für eine Portion bestehen Zusammenhänge.

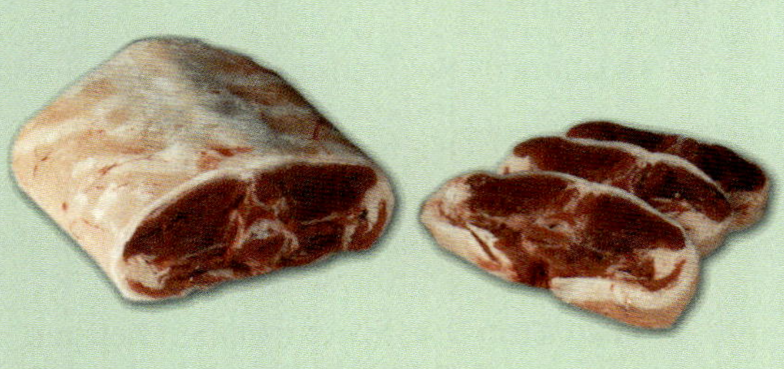

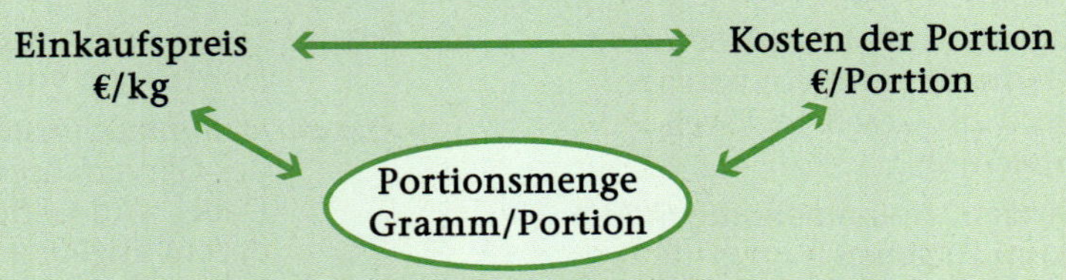

In den folgenden drei Aufgaben ist jeweils eine andere Größe zu ermitteln.

1 Schweinerücken kostet 4,80 € je kg und wird zu Schnitzeln mit einem Stückgewicht von 180 g verarbeitet. Wie viel Euro betragen die Materialkosten für ein Schnitzel?

2 Im Rahmen eines Festessens werden Kalbsmedaillons mitgereicht. Die Materialkosten sollen in diesem Fall 4,10 € nicht übersteigen. Das entsprechende Kalbfleisch wird für 14,20 €/kg angeboten. Wie viel Gramm können je Portion gereicht werden?

3 Bei Menüvorschlägen für Reiseunternehmen sind Schnitzel erwünscht. Die Betriebsleitung gibt der Küche vor: Garfertiges Gewicht 160 Gramm, Materialkosten höchstens 0,90 €. Nun können „Schnitzel" aus verschiedenen Fleischarten hergestellt werden. Es stehen jeweils in der erforderlichen Qualität zur Verfügung: Kalbfleisch zu 8,40 €/kg, Schweinefleisch zu 5,60 €/kg und Putenbrust zu 4,80 €/kg. Mit welcher Fleischart können die Vorgaben der Geschäftsleitung erfüllt werden?

4 Schweinefleisch zum Braten kostet je kg 4,60 €. Es ist mit einem Bratverlust von 32 Prozent zu rechnen. Wie viel Euro betragen die Materialkosten für eine Portion mit 160 g gebratenen Fleisches?

5 Aus 8,000 kg Brathähnchen wird Hühnerfrikassee bereitet. Beim Kochen rechnet man mit einem Verlust von 20 Prozent, beim Ausbrechen verbleiben 80 Prozent Fleisch. Für eine Portion werden 130 Gramm gekochtes Hähnchenfleisch gerechnet. Die Brathähnchen kosten im Einkauf 3,10 €/kg. Berechnen Sie die Materialkosten für eine Portion.

6 Gefrostetes Fleisch wird meistens günstiger angeboten als Frischware. Bei einem Preisvergleich ist jedoch der Tauverlust zu berücksichtigen. Gefrostetes Roastbeef wird zu 12,40 €/kg angeboten; man rechnet mit einem Tauverlust von 8 Prozent. Wie viel Euro darf 1 kg Frischware höchstens kosten, um nicht teurer zu sein?

Fische verderben leicht. Deshalb werden sie zwischen gestoßenem Eis bei 0 bis 2 °C gelagert.

Weil Eis auch im Kühlraum schmilzt, ist der Gastronormbehälter aus hygienischen Gründen mit einem gelochten Einsatzblech versehen.

So kann das Schmelzwasser nach unten ablaufen.

Dadurch hat man die Gewähr, dass die Fische nicht im Schmelzwasser liegen und auslaugen.

1 Vorbereiten *preparation* *préparation (w)*

1.1 Rundfische

Schuppen und Ausnehmen

Die meisten Fische, die man mit der Haut zubereitet und serviert, werden geschuppt. Dazu zunächst die Rücken-, Bauch- und Brustflossen abschneiden. Danach mit dem Fischschupper vom Schwanz zum Kopf hin die Schuppen entfernen. Fische, die zum Blau-Zubereiten bestimmt sind oder deren Haut man nach dem Kochen abzieht, werden nicht geschuppt, denn Haut mit Schuppen lässt sich leichter entfernen (siehe „Behandeln der Fische zum Blausieden" Seite 517).

Abb. 1 Schuppen von Lachs

Zum **Ausnehmen** schneidet man den Bauch vom Darmaustritt zum Kopf hin auf. Die Eingeweide entnehmen, ebenso die dicht unter der Wirbelsäule liegende, von dünner Haut eingeschlossene Niere, ein rotbraunes, schmales, langgestrecktes Organ. Danach den Fisch gründlich waschen.

Ziselieren von Portionsfischen

Flossenfreie, geschuppte Fische, die gebraten, gegrillt oder gebacken werden, erhalten beidseitig leichte Einschnitte in das dicke Rückenfleisch.

Dadurch wird die Würzung gefördert; auch dringt die Wärme an den dicken Stellen leichter nach innen und der Fisch wird gar, ohne an den dünnen Bauchlappen auszutrocknen.

Abb. 2 Ziselieren von Forellen

Filetieren

Filetieren von Portionsfischen

Methode I:

Hinter dem Kopf des Fisches das Filetiermesser ansetzen.

Das Filet leicht anheben und den Schnitt flach vom Kopf zum Schwanz so führen, dass die Bauchgräten durchgetrennt werden und am Filet bleiben.

Die Bauchgräten mit dem Filetiermesser flach vom Filet schneiden (s. S. 516).

Abb. 1 Filetieren einer Forelle, Methode I

Abb. 2 Entfernen der Bauchgräten

Methode II:

Den Kopf hinter den Kiemen keilförmig einschneiden und abtrennen. Das Filet entlang der Rückengräte lösen, knapp über den Bauchgräten weiterschneiden und abheben.

Die ausgelösten Gräten von Magerfischen verwendet man zur Herstellung von Fischbrühe.

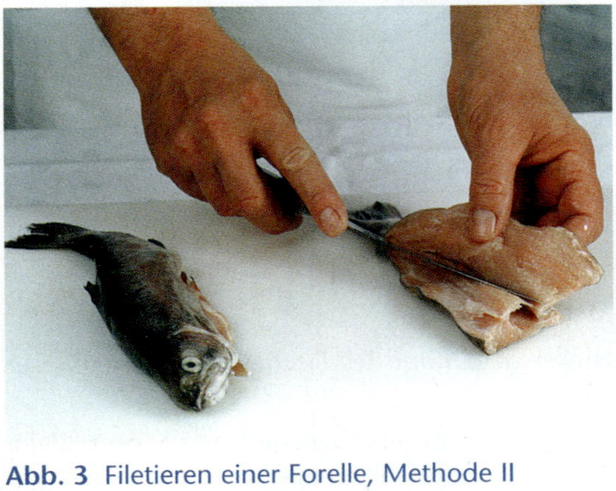

Abb. 3 Filetieren einer Forelle, Methode II

Filetieren von großen Rundfischen

Abb. 4 Sägemesser hinter dem Kopf des Lachses ansetzen

Mit dem Sägemesser flach entlang der Rückengräte zum Schwanz hin das Filet so abtrennen, dass die Bauchgräten am Filet bleiben. Anschließend Bauchgräten ausschneiden und die Seitengräten oder Steckgräten mit einer Pinzette oder einer kleinen Flachzange einzeln ziehen (s. S. 517, Abb. 1). Zum Auffinden dieser Gräten vorsichtig mit dem Finger über das Filet streichen.

Abb. 5 Abtrennen des Filets

Enthäuten der Filets

Das Filet mit der Hautseite flach auf das Brett legen. Am Schwanzende zwischen Haut und Filetfleisch einen kleinen Einschnitt anbringen, um die Haut zu fassen und das Filet mit einem Messer dicht an ihr abzulösen.

Abb. 6 Enthäuten von Filets

Portionieren von Rundfischen

Portionen werden entweder von ganzen, geschuppten Fischen oder von Fischfilets geschnitten.

- **Ganze Fische:**
  Von ganzen Fischen schneidet man quer fingerdicke Tranchen ab, die als Steaks, Koteletts oder Darne bezeichnet werden.

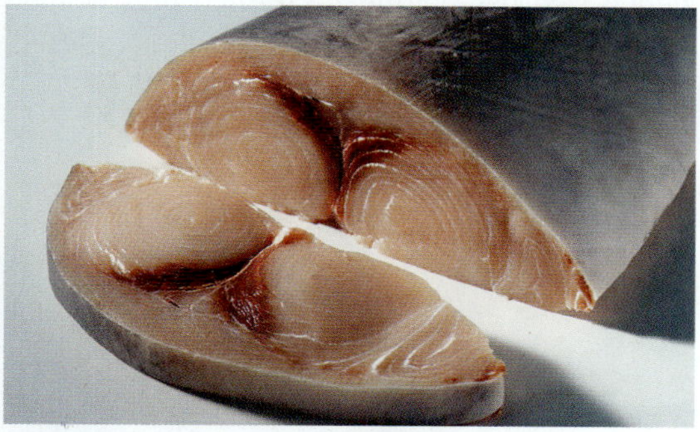

Abb. 1 Tranche vom Schwertfisch

- **Fischfilets:**
  Vom Fischfilet werden erst einmal mit einer Pinzette oder einer kleinen Flachzange die Seitengräten gezogen und danach Portionstranchen geschnitten

Abb. 2 Lachskoteletts vom ganzen Fisch, Lachstranchen vom Filet, unten: Ziehen der Seitengräten

Behandeln zum Blausieden

Fische zum Blausieden werden nicht geschuppt. Der Fisch wird auf einer nassen Fläche am Bauch entlang geöffnet, ausgenommen und unter fließendem Wasser gewaschen, damit der anhaftende Schleim erhalten bleibt. Dieser bewirkt das Blauwerden.

Portionsfische, wie z. B. **Forellen** oder **Schleie,** können vor dem Garziehen gebunden werden. **Karpfen** spaltet man der Länge nach und zerteilt die Fischhälften in Portionsstücke.

Abb. 3 Gebundene Forellen

1.2 Plattfische

Abziehen der Haut

Rotzungen und **Schollen** zieht man die Haut vom Kopf zum Schwanz hin ab.

Dazu wird am Übergang vom Kopf zum Rücken die Haut mit einem spitzen Messer leicht eingeschnitten, vorsichtig abgelöst und zum Schwanz hin abgezogen. Bei der Verwendung von Salz wird die Haut griffiger.

Die helle Haut der Unterseite ist zarter und kann deshalb an den Fischen verbleiben, wenn sie zum Braten oder Frittieren bestimmt ist. Die feinen Schuppen werden mit einem Messer abgeschabt.

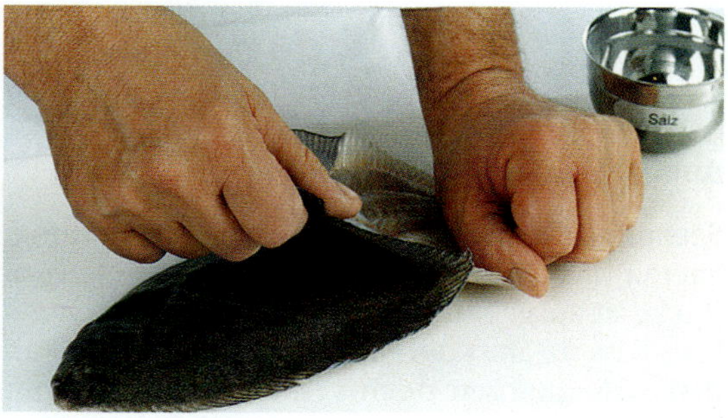

Abb. 4 Abziehen einer Seezunge

Seezungen zieht man die Haut in entgegengesetzter Richtung, also vom Schwanz zum Kopf hin, ab.

Abb. 5 Entfernen von Flossensaum und Kopf

Zubereitung Speisen

Die Schwanzflosse wird gestutzt. Mit einem Messer ist die Haut so weit zurückzudrücken, dass man sie zum Abziehen greifen kann. Die Anwendung von Salz erleichtert das Arbeiten.

Da die Haut von Seezungen äußerst derb und fest ist, werden diese immer abgezogen zubereitet.

Nach dem Abziehen der Häute werden die Flossensäume und der Kopf mit einer Fischschere entfernt (s. S. 517, Abb. 5).

Portionsfische im Ganzen

Für diese Zubereitung den Kopf mit einem runden Schnitt vom Körper trennen. Die Flossensäume entfernen. An der Bauchseite gleichzeitig den schmalen Eingeweidekanal entnehmen. Die Fische erhalten längs durch die Mitte einen Einschnitt. Damit legt man die Wirbelknochen frei, und die Filets lassen sich nach dem Garen leichter abnehmen.

Abb. 1 Seezunge als Portionsfisch

Seezunge Colbert ist eine spezielle Zubereitung. Hierzu werden die Filets auf einer Seite, vom Rückgrat ausgehend, von den Gräten so weit gelöst, dass sie am Kopf- und Schwanzende und an den Außenpartien noch verbunden sind. Dann werden sie seitlich umgelegt, der Wirbelknochen wird am Kopf und am Schwanz eingestochen und der Fisch wird paniert. Nach dem Frittieren lässt sich die Gräte dann leicht herausnehmen. In den grätenfreien Mittelraum legt man Scheiben von Colbertbutter (s. S. 456).

Abb. 2 Seezungenzubereitung nach Colbert

Auslösen und Formen der Filets

Den vorbereiteten Fisch längs der Mittelgräte einschneiden. Von hier aus die Filets unbeschädigt dicht an den Gräten auslösen (Abb. 3). Die feinen Bindegewebe auf der Hautseite der Filets ziehen sich bei Wärme zusammen und wölben die Filets.

Abb. 3 Auslösen der einzelnen Filets

Kaum ein anderer Fisch wie die Seezunge bietet so große Variationsmöglichkeiten.

Behandlung zum Braten und Grillen:
- Hautseite eingeritzt, leicht plattiert,
- zuerst mit der Grätenseite nach unten in heißes Fett einlegen.

Behandlung zum Dünsten:
- leicht plattiert und geklappt, ①
- Filetspitze durch einen Einschnitt gesteckt, ②
- als Krawatte gefaltet, ③
- halb mit Farce bestrichen, mit Spinat belegt und andere Hälfte daraufgeklappt, ④
- um Spargelspitzen geschlungen, ⑤
- um gefettete Förmchen gelegt, zum Füllen nach dem Dünsten, ⑥
- mit Spinat belegt zu Röllchen geformt, ⑦
- mit Farce bestrichen, zu Röllchen geformt, ⑧
- mit 6 bis 7 Zisilierschnitten versehenes Filet. ⑨

Abb. 4 Filets verschiedenartig geformt

1.3 Große Plattfische

Große Plattfische, wie **Steinbutt, Glattbutt** (auch Kleiss oder Tarbutt genannt) und **Heilbutt,** sind zum Kochen und Grillen mit der Haut und den Gräten in gleich schwere Scheiben zu schneiden.

Zum Braten, besonders aber zum Dünsten werden sie jedoch meist wie Seezungen ausgelöst, aber dann erst gehäutet und portioniert.

Portionieren von Steinbutt

Beim Steinbutt wird zur rationellen Aufteilung zunächst auf der (weißen) Blindseite, genau entlang der Wirbelsäule, ein Einschnitt gemacht und die Schwanzflosse halbiert.

Man fasst die linke Seite der Schwanzflosse und hebt das Schwanzstück des Fisches an, um so mit steil geführtem starkem Tranchiermesser den Steinbutt zu spalten. Dabei die Mitte der Wirbelknochen bis zum Kopf hin durchschlagen und den Rücken unmittelbar am Kopf quer abtrennen.

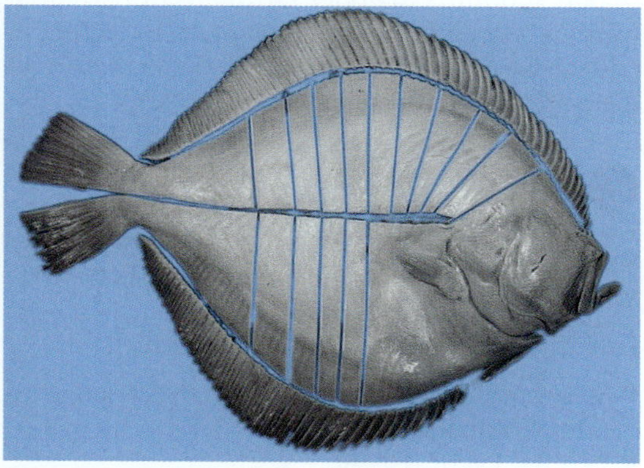

Abb. 1 Steinbutt

Die Bauchseite im rechten Winkel zur gespaltenen Wirbelsäule an der ersten (von außen ertastbaren) Quergräte abschneiden. Danach entfernt man die Flossensäume und tranchiert beide Seiten in festgelegte Portionsstücke, wie es die Abbildung zeigt.

Portionieren von Heilbutt

Der Heilbutt ist schlanker. Seine rationelle Aufteilung erfolgt deshalb etwas anders. Zuerst entfernt man die Flossensäume und den Kopf mit den Bauchlappen und trennt die Schwanzflosse ab.

Vom Schwanz beginnend ist etwa ein Viertel des Fisches quer in Scheiben zu teilen, die dem gewünschten Gewicht entsprechen. Danach wird

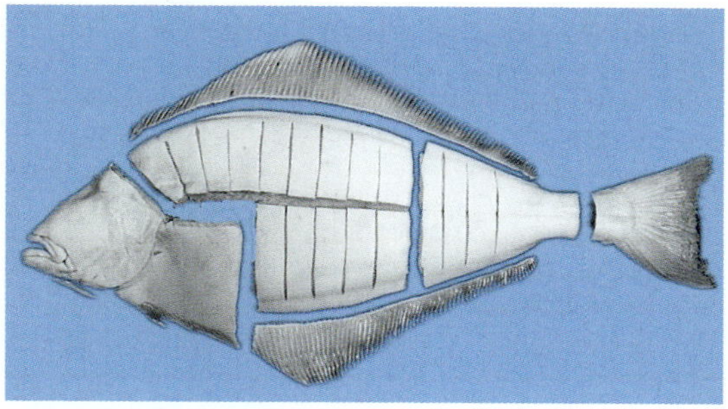

Abb. 2 Heilbutt

durch einen Längseinschnitt die genaue Mitte der Wirbelsäule markiert und der Heilbutt auf die Schnittfläche gestellt. Entlang der Markierung den aufrecht stehenden Fisch spalten und die beiden Stücke in Scheiben schneiden.

- **Bauchlappen** großer Plattfische eignen sich zu Ragout oder für Spießchen.
- **Gräten** ausgelöster Magerfische, namentlich von Hecht, Zander, Seezunge, Steinbutt und Heilbutt, sind für Fischbrühe (*Fumet de poisson*) zu verwerten.

1.4 Beispiele vorbereiteter Fische

Die untenstehende Abbildung mit zehn verschiedenen Fsichfilets aus dem Süß- und Salzwasser verdeutlicht die Anwendungsvielfalt und Variationsmöglichkeiten bei der Zubereitung.

Die Filets unterscheiden sich nicht in Größe und Farbe, sondern vor allem im Geschmack. Hier ist der gut ausgebildete Fachmann gefragt, um die zu den einzelnen Filets besten Zubereitungsarten herauszufinden.

Abb. 3 Filet von ① Lachs, ② Felchen, ③ Hecht, ④ Zander, ⑤ St. Petersfisch, ⑥ Lachsforelle, ⑦ Rotbarbe, ⑧ Scholle, ⑨ Seezunge, ⑩ Seeteufel

Zubereitung Speisen

Bedarfsmenge garfertiger Fische je Hauptgericht	
Fischfilets	150 g
Rundfische im Ganzen mit Kopf	225 g
Plattfische im Ganzen ohne Kopf	210 g
Fischscheiben	220–240 g

Abb. 1 ① Dorschsteak, ② Steinbeißerfilet, ③ Heringshai-Steak, ④ Lachstranche, Steak von ⑤ Thunfisch, ⑥ schwarzem Heilbutt, ⑦ Schwertfisch, ⑧ weißem Heilbutt

2 Zubereiten *cooking* *cuisson (w)*

Für die nachfolgenden Zubereitungen kann man alle entsprechend vorbereiteten Fische verwenden. Das bindegewebearme Fleisch der Fische wird hauptsächlich durch Kochen, Dünsten, Dämpfen oder Braten gegart. Zum Grillen eignen sich jedoch am besten festfleischige, kleine, ganze Fische oder Scheiben von festfleischigen, großen Fischen mit Gräten und Haut.

2.1 Garziehen und Blau-Zubereiten der Fische

Fischsud *fish stock* *court-bouillon (m)*

Für Fischsud verwendet man auf 5 Liter Wasser 100 g Salz.

Zusätzlich können Wurzelgemüse, Zwiebeln und Gewürze beigefügt werden.

Damit der Eigengeschmack der Fische nicht überdeckt wird, sollte für das Garziehen allgemein gelten:

Je feiner der Fisch, desto weniger Würzstoffe!

Für das **Blau-Zubereiten** wird dem Wasser in der Regel nur Salz und etwas Essig zugesetzt.

Große Fische, die im Ganzen zu garen sind, werden in kaltem Sud aufgesetzt. Die Wärme kann dann nach und nach eindringen, und der Fisch wird gar ohne abzukochen. Sobald der Sud den Kochpunkt erreicht hat, reduziert man die Wärmezufuhr und lässt den Fisch nur noch ziehen. Die Garzeit beträgt je nach Art und Beschaffenheit je kg Fisch 15 bis 20 Min.

Kleine Fische und Portionsstücke von großen Fischen in den kochenden Sud einlegen, dann die Wärmezufuhr verringern und den Topf abdecken.

Beim **Blau-Zubereiten** können die Fische zur Verstärkung der blauen Farbe vor dem Einlegen in den Sud mit Essig oder Zitronensaft beträufelt werden. Man gibt sie dann in sprudelnd kochendes Salzwasser, stellt sie zum Garziehen sofort an die Seite des Herdes und deckt den Topf zu.

Tiefgekühlte Forellen sind vorbereitet verpackt und werden, ohne sie anzutauen, sofort in den kochenden Sud gelegt. Die Garzeit ist länger als bei frischen Forellen.

Durch Garziehen werden zubereitet:

- Steinbutt, Heilbutt, Kabeljau, Schellfisch, Rot- oder Goldbarsch, Rochen,
- Zander, Lachs, Hecht,
- **Blau zubereitet** werden Forelle, Lachsforelle, Karpfen, Schleie.
- **Beilagen:**
  Zu allen gekochten Fischen werden Salzkartoffeln und Zitronenstücke gereicht.
  Je nach Art ferner: frische Butter, zerlassene Butter, braune Butter, Senfbutter, Zwiebelbutter, geschlagene Butter;
  Holländische Sauce, Schaumsauce, Senfsauce, Kräutersauce, Krebs- oder Hummersauce oder Sahnemeerrettich.

Abb. 1 Zanderklößchen mit Krebssauce und grünen Nudeln

2.2 Dämpfen der Fische

Zum Dämpfen verwendet man spezielle Geschirre mit Siebeinsatz und gut schließendem Deckel. Der Siebeinsatz befindet sich über dem kochenden Sud. Im aufsteigenden Dampf wird der Fisch gar.

Fische, die gedämpft werden, muss man vorher salzen, weil der Fisch nicht unmittelbar mit der Flüssigkeit in Berührung kommt. Gemüse oder Gewürze können jedoch in das Wasser gelegt werden, denn die ätherischen Öle steigen mit dem Dampf nach oben.

Die Garzeit beim Dämpfen ist wenig länger als beim Garziehen.

Beim Dämpfen ist das Auslaugen geringer, dadurch bleiben die Inhaltsstoffe besser erhalten, Nährwert und Geschmack der Fische werden geschont.

Darum ist Dämpfen besonders für Diät geeignet.

Durch Dämpfen werden zubereitet:
Alle Fische, die sich durch Garziehen zubereiten lassen (s. S. 520).

- **Beilagen:**
  Für gedämpfte Fische kommen die gleichen Beilagen in Betracht wie für Fische zum Garziehen.

Abb. 1 Lachs mit Gemüsestreifen im Dämpfer gegart

2.3 Dünsten der Fische

Grundzüge der Zubereitung

Zum Dünsten wird der Boden des Geschirrs mit Butter oder Margarine ausgestrichen und mit feingehackten Schalotten bestreut. Der gesalzene Fisch wird eingelegt und beträufelt mit

- Wein und Fischfond oder
- Wein und Champignonfond oder
- Zitronensaft und Fischfond.

Dadurch haftet der Fisch nicht an, und sein Geschmack wird verfeinert.

Der Fisch liegt nur einseitig in wenig Flüssigkeit. Um den aufsteigenden Dampf zu erhalten und ein Austrocknen des Dünstgutes zu verhindern, deckt man die ganze Oberfläche mit Alufolie oder einem Deckel ab. Dies gewährleistet auch ein gleichmäßiges Garen.

Der Fisch wird nun an den Siedepunkt gebracht und im sich bildenden eigenen Saft auf dem Herd oder im Ofen fertiggedünstet.

Beim Garen ist die Wärmezufuhr genau zu regulieren. Zu starke Hitzeeinwirkung lässt den Fond schnell verdunsten; der Fisch brennt an.

Der Dünstfond ist Grundbestandteil der Saucenbereitung. Er wird durch Einkochen konzentriert und mit Fischgrundsauce (*Velouté de poisson*) vermischt. Auf diese Weise erhält die Sauce den Eigengeschmack der Zubereitung.

Abb. 2 Gefüllte Seezungenröllchen mit Fenchel-Lauch-Gemüse, Kirschtomaten und wildem Reis

Durch Dünsten werden zubereitet:

- ganze Fische kleiner Arten, z. B. Forelle, Schleie;
- große ganze Fische oder Teile davon, z. B. Lachsmittelstück, Steinbuttrücken;
- haut- und grätenlose Filets aller Fische im Ganzen oder portioniert;
- Fischscheiben mit Gräte, z. B. von Heilbutt, Lachs.

Fische oder Fischfilets können auch mit Farce gefüllt werden, z. B. Fisch-, Krebstier-, Pilz- oder Kräuterfarce.

Plattfischfilets, die um runde Hülsen (s. S. 518) oder Möhrenstücke (∅ ca. 3 cm) gelegt wurden, füllt man nach dem Dünsten. In den entstandenen Hohlraum der von den Hülsen gestreiften Filets füllt man z. B. feine Ragouts mit Krebstier- oder Weichtierfleisch.

- **Beilagen:**
  Zu gedünsteten Fischen eignen sich Salzkartoffeln, Petersilienkartoffeln oder Reis.
  Für Sonderessen reicht man auch Trüffelreis oder nur Blätterteighalbmonde.

Überbacken (Gratinieren) gedünsteter Fische

Zum Überbacken werden die gedünsteten Fische in flachen Geschirren angerichtet, mit der Sauce übergossen und bei starker Oberhitze überbacken (gratiniert). Dabei wird ein besonderer Geschmack erreicht. Für diese Art der Zubereitung verwendet man weiße Fischsaucen.

Weißen Fischsaucen kann man kurz vor dem Überbacken ein Löffelchen geschlagener Sahne beigeben. Sie bräunen dann gleichmäßiger.

Zur Bildung der braunen Backschicht wird der saucierte Fisch mit frisch geriebener Weißbrotkrume oder Parmesan bestreut und mit flüssiger Butter beträufelt.

Variationen der Grundzubereitung

Dugléré 🇬🇧 *Dugléré* 🇫🇷 *Dugléré*

Tomatenfleischstückchen (tomates concassées) mit Knoblauchsalz würzen, in Butter anschwitzen, mit gehackter Petersilie bestreuen und über den Fisch geben. Mit Weißweinsauce bedecken.

… mit feinen Kräutern in der Alufolie

🇬🇧 *with herbs* 🇫🇷 *aux fines herbes*

Fisch salzen und mit gehackten Kräutern bestreut in eine gebutterte Alufolie gewickelt im nicht zu heißen Rohr dünsten.

Dann frisch gehackte Kräuter wie Kerbel, Estragon, Dill und Petersilie unter die fertige Weißweinsauce rühren und über den Fisch gießen.

Mornay 🇬🇧 *Mornay* 🇫🇷 *Mornay*

Den eingekochten Fischdünstfond unter Mornaysauce ziehen. Den Fisch saucieren, mit geriebenem Käse bestreuen und überbacken.

Marguery 🇬🇧 *Marguery* 🇫🇷 *Marguery*

Den Fisch mit gedünsteten Muscheln und Krabbenschwänzen garnieren. Unter Verwendung von Muschelfond eine Weißweinsauce herstellen. Das Ganze saucieren und überbacken.

2.4 Braten der Fische

Grundzüge der Zubereitung

Zum Braten der Fische werden Stielpfannen (in Großbetrieben auch Kippbratpfannen) verwendet. Die Bodenfläche des Bratgeschirrs muss der Menge des eingelegten Fisches entsprechen.

Bei zu großen Pfannen tritt eine Überhitzung des freien Raumes ein, die Ränder des Bratgutes verbrennen.
In zu kleinen Pfannen sinkt die Temperatur des Bratgeschirrs zu stark, der Fisch kann nicht bräunen.

Zu Beginn muss das Bratfett eine hohe Temperatur haben, deshalb sind hitzestabiles Öl oder Fett am besten geeignet. Zum Nachbraten wird Butter verwendet. Diese erhöht beim Bratfisch den feinen Geschmack der Kruste.

Vor dem Braten muss der Fisch trocken sein. Er wird dann mit Zitrone beträufelt, gesalzen, in Mehl gewendet und in die mit dem Fett erhitzte Pfanne gelegt.

Durch ruckartige Rechts-/Linksbewegung des Pfannenstiels bringt man den Pfanneninhalt zum Kreisen und erreicht so eine gleichmäßige Bräunung.

Damit die schöne Kruste nicht zu dunkel wird, führt man den Bratvorgang bis zum Garsein bei mäßiger Hitze, etwa zwischen 100 und 110 °C, fort. Danach ist der Fisch auf ein Blech mit Gitter zu legen und warm zu halten.

Abb. 1 Lachskoteletts gebraten

Durch Braten werden zubereitet:

- Filets aller Fische;
- kleine ganze Rundfische, z. B. Hering, Makrele, Merlan, Forelle, Felchen, Äsche, Saibling, Hecht;

- kleine ganze Plattfische, wie Scholle, Flunder, Rotzunge, Seezunge;
- Scheiben von Heilbutt, Steinbutt, Glattbutt, Lachs, Kabeljau;
- Stücke von Aal und Karpfen.

Variationen der Grundzubereitung

... nach Müllerinart

meunière *à la meunière*

Behandlung: in Mehl wenden
Fertigstellung: gehackte Petersilie, Zitronensaft, braune Butter über den Fisch. Salzkartoffeln

Doria *Doria* *Doria*

Behandlung: in Mehl wenden
Fertigstellung: wie Müllerinart; garniert mit in Butter gedünsteten, olivenförmig tournierten Gurken

Murat *Murat* *Murat*

Behandlung: in Mehl wenden
Fertigstellung: roh gebratene Kartoffelwürfel, angeschwitzte Artischocken- und Tomatenfleischstücke um den Fisch. Petersilie, Zitronensaft, braune Butter darüber

... auf englische Art

english style *à l'anglaise*

Behandlung: in Mehl, Ei, Weißbrotkrume wenden
Fertigstellung: Kräuterbutter, Zitronensechstel, Salzkartoffeln

Saint-Germain

Saint-Germain *Saint Germain*

Behandlung: in flüssiger Butter und Weißbrotkrume wenden oder in Mehl, Ei und Weißbrotkrume wenden
Fertigstellung: Nusskartoffeln um den Fisch. Béarner Sauce, Zitronenstücke gesondert

Thunfisch auf Kartoffel-Wasabi-Püree mit Tomatenfleischstücken und Balsamico-Sirup

tunafish *thon (m)*

Eine Besonderheit beim Braten ergibt sich bei der Zubereitung von Thunfisch. Der Fisch darf auf gar keinen Fall durchgebraten werden, da er dadurch sehr trocken werden würde. Das Thunfischstück wird mit Salz und Pfeffer gewürzt und dann kurz in heißem Fett in der Pfanne allseitig scharf gebraten und meist in zwei oder drei Teile tranchiert.

Die neue Küche hat eine besondere Art der Zubereitung. Fischfilet wird von einer Seite kurz angebraten oder angedünstet. Dann bestreicht man die Oberfläche mit Butter und gart im Salamander auf den Punkt.

2.5 Frittieren der Fische

Für ein einwandfreies Frittierergebnis sind entscheidend:

- die Temperatur des Fettes und
- die Menge des eingelegten Frittierguts.

Alle vorbereiteten abgetropften Fische sind mit Zitrone zu beträufeln und zu würzen.

Die gegarten Fische entnimmt man mit einem Frittierlöffel und lässt auf einer saugfähigen Unterlage das anhaftende Fett abtropfen.

Backgut	Temperatur	Frittierzeit
kleine Fische	175 °C	3–15 Min.
größere Fische	150–160 °C	8–10 Min.

Gebackene Fische sind sofort zu servieren. Durch Warmhalten würde die wohlschmeckende, rösche Kruste aufweichen und der Geschmack beeinträchtigt werden.

Durch Frittieren werden zubereitet:

- Filets von Köhler, Kabeljau, Rotbarsch, Zander, Seezunge, Rotzunge und Scholle;
- kleine ganze Platt- und Rundfische wie Seezunge, Rotzunge, Flunder, Scholle, Merlan, Forelle, Hecht und Barsch.

Umhüllungen

… paniert frittiert

deep fried breaded

pané, frit à l'anglaise

In Mehl, Ei und frischer Weißbrotkrume wenden.

… im Backteig

in batter *en fritot*

In Backteig tauchen und direkt in heißes Backfett senken.

Ausbackteig

frying batter *pâte (w) à frire*

Ausbackteig

250 g Mehl
0,2 l Bier oder Weißwein
40 g Öl
5 g Salz
100 g Ei

- Mehl in eine Schüssel sieben.
- Bier/Weißwein, Öl, Salz und Eigelb darunterrühren.
- Kurz vor der Verwendung des Teiges zu Schnee geschlagenes Eiweiß unterheben.

Panierte Fischfilets vor dem Frittieren 1 Stunde im Kühlraum kaltstellen. Vorgekühlter, panierter Fisch wird beim späteren Frittieren im heißen Fett besonders knusprig und bleibt innen schön saftig.

… nach Orly

… fillet Orly *filet de … Orly*

Fischfilet in Backteig wenden, ausbacken, zusammen mit Tomatensauce reichen.

- **Beilagen:**
  Zu frittierten Fischen reicht man Salzkartoffeln oder Kartoffelsalat und Zitronenstücke. Als Saucen kommen Ableitungen der Mayonnaise und Buttermischungen in Betracht.

Eine schmackhafte Beilage ist frittierte Petersilie: Gewaschene, ganze, von den dicken Stengeln befreite Petersilie wird in Sekundenschnelle frittiert und danach leicht gesalzen. Petersilie verliert dabei rasch die Feuchtigkeit und wird rösch.

2.6 Grillen der Fische

Durch Grillen lassen sich Fische besonders schmackhaft und fettarm zubereiten. Die Grillkruste umgibt den Fisch und bewahrt dadurch Säfte und Inhaltsstoffe. Das Grillgut ist in kurzer Zeit gar, bleibt vollwertig und ist selbst ungesalzen schmackhaft.

Das Anhängen der Fische an den Grillstäben wird vermieden, wenn man sie zuvor ölt und Grillstäbe und Grillraum heiß sind.

Flache Fische mit kurzer Garzeit nur einmal wenden und nach dem Grillen salzen. Es bildet sich dann keine Feuchtigkeit, die das Bräunen erschweren würde.

Dicke Fische mit längerer Garzeit werden vor dem Grillen gesalzen. Nach dem ersten Wenden legt man das Grillgut im rechten Winkel zur Zeichnung auf den Rost und erhält so das gewünschte Grillkaro.

Ganze Fische werden vor dem Grillen ziseliert, damit sie gleichmäßig garen. Außerdem nimmt der Fisch dadurch den Grillgeschmack besser auf.

Beschädigtes Grillgut läuft aus. Deshalb wird zum Wenden eine Grillzange oder eine Palette benutzt. Fische vom Grill werden trocken angerichtet.

Durch Grillen werden z. B. zubereitet:

- kleine ganze Fische: Flunder, Scholle, Rotzunge, Seezunge, Makrele, Hecht, Barsch, Forelle, Felchen;
- Scheiben von Heilbutt, Steinbutt und Lachs.

- **Beilagen:**
  Salzkartoffeln und Zitronenstücke, Béarner Sauce, Choronsauce, ferner Buttermischungen oder Ableitungen von der Mayonnaise.

Abb. 1 Fisch vom Grill

Fachbegriffe

Court-bouillon Fischsud, gewürzt mit Wurzelgemüse, Pfefferkörnern und Lorbeer

Darne Mittelstück bei größeren Fischen

filetieren Fischfilets von der Gräte abtrennen

Filetiermesser Flexibles, biegsames Messer

pochieren Unter dem Siedepunkt in wässriger Flüssigkeit besonders schonend garziehen lassen

Steckgräten Im Fischfilet steckende Gräten, die mittels einer Pinzette gezogen werden müssen

ziselieren Fisch vor dem Braten leicht einschneiden, damit er gleichmäßig gart

Aufgaben

1 Es werden frisch geschlachtete Fische geliefert. Welche Möglichkeiten gibt es, diese korrekt zu lagern?

2 „Diesen Fisch zisilieren wir vor dem Braten", meint Ihr Kollege. Was versteht man darunter?

3 Heute werden Forellenfilets im Menü gereicht. Sie sollen zusammen mit einem Neuling die Fische filetieren. Erklären Sie ihm den Vorgang und die Arbeitsschritte.

4 Unser Restaurant hat ein besonderes Angebot für energiearme Gerichte. Forelle blau mit Beilagen nach Wahl ist der Renner.
a) Beschreiben Sie die Zubereitung einer Forelle blau,
b) „Wodurch wird die Forelle blau?", werden Sie im Service gefragt. Wie antworten Sie?
c) Welche Fische eignen sich außer Forelle für diese spezielle Zubereitung noch?

5 Erläutern Sie Ihrem Ausbildungskollegen vom Restaurant die Zubereitung einer Forelle nach Müllerinart.

6 Nennen Sie verschiedene Umhüllungen für Fisch zum Frittieren.

7 Welche Fische können zu Steaks, Tranchen oder Koteletts geschnitten werden?

8 Beurteilen und vergleichen Sie eine frische, panierte und frittierte Scholle mit einer bereits panierten TK-Scholle, die noch frittiert werden muss. Achten Sie dabei auf Zeitaufwand, Farbe, Geschmack und Konsistenz sowie Materialkosten.

9 Auf den unten stehenden Bildern sind Fischfilets und Fischsteaks abgebildet. Benennen Sie die nummerierten Fischstücke.

Projekt

Fischwoche

In Ihrem Ausbildungsbetrieb soll als Aktion eine Fischwoche eingeplant werden. Dabei sind Süßwasser- und Seefische möglichst bei allen Gängen der Speisenfolge einzusetzen. Sie sollen dabei mitwirken.

> Unter den Händen eines geschickten Kochs kann der Fisch eine unerschöpfliche Quelle gastronomischer Genüsse werden.
>
> Brillat-Savarin

Planen

1 Suchen Sie ein Motto für die Fischwoche z. B.: Aus Neptuns Reich, Frisch aus … Fischers Fritz …

2 Welche Werbemaßnahmen können Ihre Fischwoche bekannt machen?

3 Entwerfen Sie mit Ihrer Gruppe ein Menü mit fünf Gängen, und beschaffen Sie sich aus der Fachliteratur die notwendigen Rezepte.

4 Jede Gruppe schreibt ihre Speisenfolge auf Folie, präsentiert sie der Klasse und arbeitet Verbesserungsvorschläge ein.

5 Rechnen Sie die ausgewählten Rezepte auf 10 Personen um.

6 Fertigen Sie eine Materialanforderung, die den gesamten Bedarf (alle Zubereitungen) Ihrer Gruppe umfasst.

7 Erstellen Sie in der Gruppe einen Arbeitsablaufplan für die gesamte Speisenfolge.

Zubereiten

1 Fertigen Sie nun einen Gang aus dem gesamten Menü. Die Arbeiten sind selbstständig einzuteilen. Vor- und Zubereitung richten sich nach den vorgegebenen Servicezeiten.

2 Wählen Sie nun einen/eine Schüler/in aus, der/die den Pass bzw. die Ausgabe leitet. Zehn Minuten vor dem Servieren wird jeder Gang abgerufen.

3 Von jeder Zubereitung wird ein Teller für die Gesamtbeurteilung des Menüs zurückgehalten.

Bewerten

1 Bewerten Sie jeden Gang und das gesamte Menü nach folgenden Kriterien: Zusammenstellung, Portionsgrößen, Zubereitung, Geschmack, Anrichteweise und Aussehen.

2 Bei neuen Speisen muss die Küche dem Service Hilfen geben, wie die Gerichte dem Gast appetitlich und verkaufsfördernd zu beschreiben sind. Wie kann Ihre Zubereitung gastgerecht empfohlen werden?

KREBS- UND WEICHTIERE

Als „Früchte des Meeres“ sind Krebs- und Weichtiere in der klassischen Kochkunst wie auch in der neuen Küche ein fester Bestandteil.

Sie werden teilweise lebend angeliefert und, wie z. B. Austern, roh serviert. Die wichtigsten Garmethoden sind Kochen, Backen und Grillen. Kurze Garzeiten ergeben ein zartes und schmackhaftes Fleisch. Übergarte Produkte werden zäh und trocken. Deshalb erfordert die Zubereitung ein hohes Maß an fachlichem Können.

1 Hummer *lobster* *homard (m)*

Hummergerichte werden entsprechend ihrer Art von gekochtem zerlegtem oder von fachgerechtem, getötetem, roh zerlegtem Hummer zubereitet (s. S. 395 und 521).

1.1 Vorbereiten von gekochtem Hummer

Kochen

In 5 Liter Wasser gibt man 100 g Salz, 1 TL Kümmel und Petersilienstängel, bringt es zum Kochen und legt die gründlich gewaschenen Hummer hinein.

Die Kochzeit beträgt vom Beginn des Wiederaufkochens für Hummer mit einem Gewicht von 500 bis 600 g etwa 20 Minuten. Sind Hummer schwerer, so verlängert sich die Gardauer je 100 g um 4 Min.

Die gegarten Hummer lässt man in der Kochbrühe erkalten und bewahrt sie auch darin bis zur Weiterverwendung auf.

Zerlegen

Arbeitsablauf

- Hummerscheren mit den Armgliedern am Körper abdrehen.
- Schere erfassen, den Hummerarm flach auf das Tranchierbrett halten und durch einen kräftigen Schlag mit einem stabilen Messer längs öffnen. Dann erst den Arm von der Schere trennen ①.
- Den beweglichen Teil der Schere ② mit der Hand in Öffnungsrichtung aus der Gelenkführung drücken, damit gleichzeitig der dünne, flachovale Knorpel aus dem Scherenfleisch kommt.

- Schere mit einer Messerklinge oder einer Hummerzange von beiden Seiten vorsichtig sprengen ③, um das Fleisch unbeschädigt zu erhalten.
- Hummerkörper mit gestrecktem Schwanz auf das Tranchierbrett drücken. Ein Messer in das letzte Drittel der Nackenfurche des Kopfbruststücks einstechen und mit schnellem Druck den Schwanz genau in der Mitte durchschneiden (s. unten).
- Hummerkörper um 180° drehen und mit einem zweiten Schnitt das Vorderteil des Kopfbruststücks durchtrennen.
- Magenteile aus den Kopfbruststücken des gespaltenen Körpers sowie den Darm aus dem Schwanzfleisch entfernen.

Zubereitung Speisen

Panzer bilden die Geschmacksgrundlage zu Hummersauce, -suppe und -butter. Können anfallende Hummerkrusten nicht direkt verarbeitet werden, bewahrt man sie tiefgekühlt auf.

1.2 Vorbereiten von rohem Hummer

Töten

Lebende Hummer müssen vor dem Zerlegen getötet werden. Dazu wird der lebende Hummer mit dem Kopf voraus kurz in stark sprudelndes kochendes Wasser getaucht.

Durch die Hitzeeinwirkung wird das Nervenzentrum zerstört, der Hummer ist tot, er verfärbt sich kaum und das Hummerfleisch ist nach wie vor roh (siehe Abbildungen).

Zerlegen

Dann wird der Hummer längs gespalten (z. B. für die Zubereitung vom Rost) oder in Stücke zerteilt verarbeitet (z. B. für Ragouts).

Arbeitsablauf

- Hummerscheren mit den Armgliedern vom Körper abbrechen ①.
- Hummerschwanz vom Kopfbruststück durch Drehen abnehmen ②.
- Darm aus dem Schwanzfleisch ziehen. Dazu die Mittelplatte der Schwanzflosse, mit der der Darm verwachsen ist, vorsichtig ablösen ③.
- Hummerschwanz in den Gelenken quer in Stücke teilen ④.
- Das Kopfbruststück längs der Nackenfurche halbieren ⑤.
- Durchgeschnittenen Magen aus den Hälften des Kopfbruststücks entfernen. Die weichliche graugrüne Masse (Keimdrüsen und Leber) in ein Schälchen leeren ⑥. Sie dient der späteren Saucenbindung und Farbgebung. Scheren und Arme öffnet man erst nach dem Zubereiten.

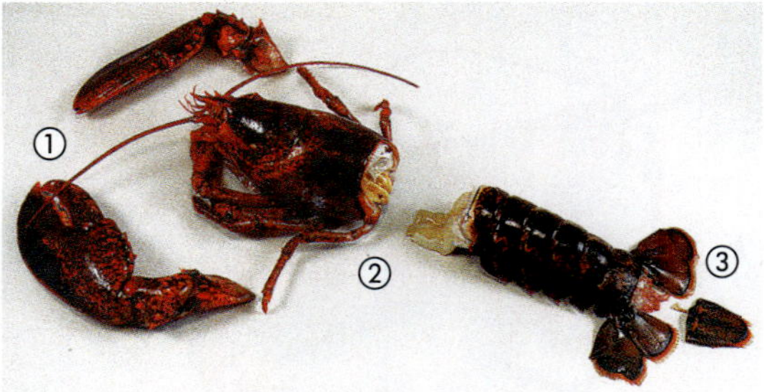

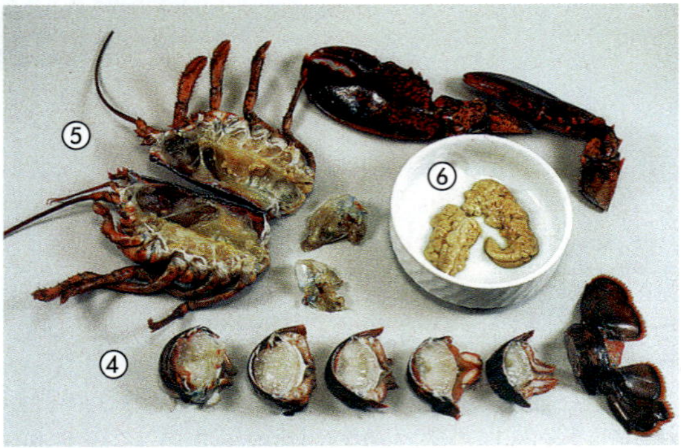

Abb. 1 und 2 Getöteter, aber noch roher Hummer

1.3 Zubereiten

Gekochte, zerlegte Hummer können warm oder kalt serviert werden.

- **Beilagen zu warmem Hummer:** Frische, aufgeschlagene oder zerlassene Butter, Holländische Sauce oder Ableitungen. Zitronenstücke, Toast oder Weißbrot.
- **Beilagen zu kaltem Hummer:** Frische oder geschlagene Butter, Mayonnaise oder deren Ableitungen, hartgekochtes Ei, Zitronenstücke, Toast oder Weißbrot.

Grundzüge der Zubereitung

Hummer Thermidor

lobster Thermidor
homard (m) Thermidor

Gekochten Hummer halbieren, Fleisch aus Scheren und Armen in Würfel schneiden. Schwanzfleisch aus den Körperhälften nehmen und mit schräggeführtem Messer in Scheiben schneiden. Cremige Teile aus den Hummerkarkassen spülen. Aufrecht stehende Beinenden, die beim späteren Überbacken verbrennen würden, zurückschneiden. Karkassen warmstellen. Schalottenbutter erhitzen, gewürfeltes Hummerfleisch zugeben, anschwitzen und mit wenig Weißwein ablöschen. In einem zweiten Töpfchen etwas Fischgrundsauce, Champignonfond, Weißwein und Sahne zu cremiger Konsistenz einkochen. Ein Eigelb, je eine Messerspitze Senfpulver und Paprika sowie ein Löffelchen geschlagene Sahne verrühren. Die Mischung in die kremige Sauce rühren. Mit Salz und einer Prise Cayennepfeffer ergänzen. Angeschwitzte Hummerfleischwürfel mit der Sauce zu einem Ragout binden, dieses in die warm gestellten Hummerkarkassen füllen, dabei etwas Sauce zurückhalten. Geschnittenes Hummerschwanzfleisch auf das eingefüllte Ragout legen und mit der übrigen Sauce überziehen.

Geriebenen Parmesan aufstreuen, mit Butter beträufeln und im Salamander überbacken. Auf jede Hummerhälfte eine Trüffelscheibe legen.

Hummer Newburg

lobster Newburg

homard (m) Newburg

Gekochten Hummer zerlegen, Fleisch entnehmen und in gleichmäßige Stücke teilen. Ein Geschirr mit Butter ausfetten, Hummerstücke hineinlegen und langsam erhitzen. Madeira angießen, dass die Bodenfläche gerade bedeckt ist, und an den Kochpunkt bringen. Hummerfleisch mit einem Schaumlöffel entnehmen, in ein Anrichtegeschirr legen und bedeckt warm halten. Madeira um die Hälfte reduzieren, ein wenig Weißweinsauce dazugeben, aufkochen, mit Eigelb und Sahne legieren. Sauce salzen, mit einer Prise Cayennepfeffer würzen und über das warm gestellte Hummerfleisch gießen.

Hummer nach amerikanischer Art

lobster american

homard (m) à l'americaine[1]

Getöteten rohen Hummer in Stücke zerlegen. Graugrünen Hummerinhalt aus den Kopfbruststücken mit einer Messerspitze Mehl und etwas cremiger Butter glattrühren und beiseitestellen.

In einem geräumigen Geschirr Öl erhitzen. Mit Salz und Pfeffer gewürzte Hummerstücke einlegen. Unter Rühren kräftig braten, bis die Schalen rote Farbe zeigen. Öl abgießen. Etwas Butter, feingeschnittene Zwiebeln sowie Schalotten dem Hummer beifügen und anschwitzen. Danach mit Weinbrand flambieren. Ein wenig Tomatenmark und das Fleisch von zwei Tomaten zugeben und noch kurze Zeit weiterschwitzen. Dann mit Weißwein ablöschen. Eine geringe Menge Fischfond, ein Löffelchen Fleischextrakt, wenig Knoblauch und ein Kräutersträußchen dem Ansatz beigeben und das Ganze zugedeckt 15 Min. sieden. Danach Scheren aufschlagen, alle Hummerteile gefällig anrichten und bedeckt warm halten. Knoblauch und Kräutersträußchen entfernen. Den vermischten Hummerinhalt in den kochend heißen Ansatz rühren, wodurch er Bindung und eine rötliche Farbe erhält. Nicht mehr kochen lassen. Einige Butterflöckchen, gehackten Estragon, Kerbel und Petersilie unterschwenken und die Sauce über die angerichteten Hummerteile geben.

Zu warmen Hummergerichten in Sauce eignen sich Reis, Fleurons, Weißbrot (Baguette) oder Toast.

Hummer vom Grill

broiled lobster *homard (m) grillé*

Zum Grillen kann der längsgespaltene **Hummer roh oder angegart** verwendet werden.

Zerlegten Hummer salzen und pfeffern, auf den vorgeheizten, geölten Grill legen und 8 bis 10 Min. grillen. Während dieser Zeit den Hummer mehrmals wenden und mit geklärter Butter beträufeln. Nach dem Grillen die Scheren öffnen. Hummer mit Zitrone und etwas Kresse oder Petersilie anrichten.

- **Beilagen:**
  Grüne Sauce, Barbecuesauce oder Kräuterbutter.

Languste

spiny lobster *langouste (w)*

Langusten werden wie Hummer vor- und zubereitet und besonders gern in der kalten Küche verwendet. Das Schwanzfleisch wird aus der gekochten Languste herausgelöst, in gleichmäßige Scheiben geschnitten mit dünnen Trüffelscheiben belegt und mit klarem Fischgelee überglänzt. Man verwendet es auch für Cocktails, Schaumbrote und Timbals.

[1] Diese Zubereitungsart entstammt der Bretagne. Armorica ist die frühere Bezeichnung für dieses Gebiet. So müsste das Gericht aus historischer Sicht mit „armoricaine" bezeichnet werden. Doch selbst in Frankreich steht heute „... à l'americaine" im Vordergrund.

2 Krebse

freshwater crayfish · écrevisses (w)

Unter der Bezeichnung Krebs versteht man im Allgemeinen die verschiedenen Arten von Flusskrebsen und die kleinen krebsartigen Tiere aus dem Salzwasser.

2.1 Flusskrebse

Die Krebse werden vor der Weiterverarbeitung gründlich mit einer Bürste gereinigt.

Danach können sie im Ganzen gereicht oder gekocht und dann ausgebrochen weiterverarbeitet werden. Je nach Art des Gerichtes serviert man sie warm oder kalt.

Grundzüge der Zubereitung

Kochen

Krebse, die ausgebrochen verarbeitet werden, kocht man zuvor ab.

In großem Topf Wasser zum Kochen bringen, je 5 Liter mit 100 g Salz und 1 TL Kümmel würzen, die lebenden Krebse hineingeben. Vom Wiederaufkochen an sieden 100 bis 150 g schwere Krebse 5–6 Min. Krebse im Kochwasser auskühlen und danach ausbrechen.

Ausbrechen

Die Scheren und der Schwanz werden vom Kopfbruststück genommen.

Von der Schere entfernt man den Arm und den beweglichen Scherenteil und schneidet mit einem kleinen Messer den rechten und linken Scherenrand ab. Die Kruste wird nach oben abgebrochen und das freiliegende Scherenfleisch entnommen (s. Abb. 1).

Abb. 1 Ausbrechen der Krebsschere

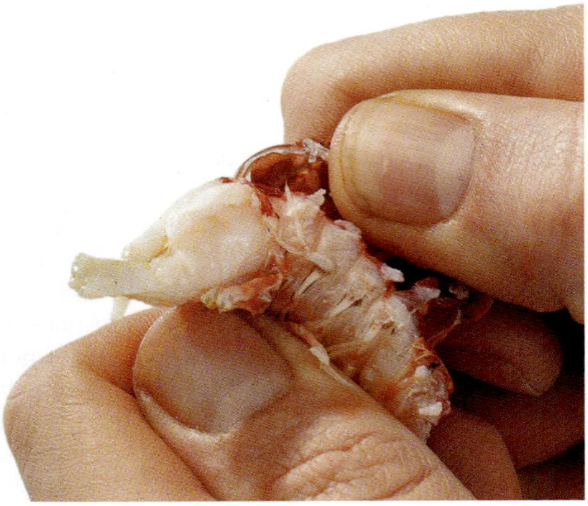

Abb. 2 Ausgebrochener Krebsschwanz

Durch kurze Rechts-Links-Drehung sind vom Schwanz der erste Krustenring und die am Ende sitzende Schwanzflosse abzunehmen (s. Abb. 2).

Danach zieht man das Schwanzfleisch in Richtung der Krümmung aus den restlichen Krustenringen. Der ausgebrochene Krebsschwanz erhält oben in der Mitte noch einen kleinen Längsschnitt, durch den der Darm entfernt wird. Das ausgebrochene Krebsfleisch ist bis zum Gebrauch in etwas Krebsbrühe aufzuheben.

Wenn vom Kopfbruststück der Bewegungsapparat abgenommen ist und die cremigen Teile ausgespült werden, erhält man die **Krebsnase.**

Abb. 3 Ausgebrochene und gefüllte Krebsnase

Krebsnasen dienen mit Fischfarce gefüllt als Einlage zu Krebssuppen oder Frikassees. Ferner können sie zum Garnieren für einschlägige warme oder kalte Speisen genutzt werden.

Krebspanzer werden zerkleinert und zu Krebssuppen, Krebssaucen und Krebsbutter verwendet.

Variationen der Grundzubereitung

Krebse mit Wurzelgemüsen

crayfish with roots

écrevisses (w) aux racines

Gekochte Krebse und Gemüsestreifen (Julienne) in Butter anschwitzen. Mit Weißwein ablöschen, wenig Geflügel- oder Fischbrühe angießen, einen Gewürzbeutel (Dill-, Petersilienstengel, zerdrückte Pfefferkörner, Kümmel) dazulegen und zugedeckt 3 Min. garen. Krebse danach in eine tiefe Servierschüssel legen. Den Fond zur Hälfte einkochen. Gewürzbeutel entnehmen. Einige Butterstückchen und gehackte Petersilie in den Fond rühren und über die Krebse geben.

Krebse mit Leipziger Allerlei

crayfish with Leipzig hotchpotch

écrevisses (w) avec chartreuse de légumes

Gekochte, ausgebrochene Flusskrebse werden mit zartem, frischem Gemüse wie Möhrchen, Erbsenschoten, Morcheln, Spargel, Frühlingszwiebeln und grünen Erbsen vermischt und mit einer kräftigen aufgeschäumten Rahmsauce serviert.

Krebse Nantua

crayfish Nantua style

écrevisses (w) Nantua

Krebse kochen und ausbrechen. Aus den zerstoßenen Krebspanzern eine Sauce herstellen. Ausgebrochenes Krebsfleisch wiedererwärmen und unter die Sauce schwenken.

Abwandlungen

Die Zubereitungen in Weißwein- und Krebs- oder Hummersauce kann man mit Gemüse, Pilzen oder Kräutern ergänzen. Auch mit Mornaysauce und Käse überbacken können ausgebrochene Krebse angeboten werden. Kalt verwendet man sie zu Salaten und Cocktails oder zu Garnituren.

- **Beilagen**:
  Zu warmen Krebsgerichten wird Reis bevorzugt.

2.2 Seewasserkrebse

Das Angebot an Seewasserkrebsen ist vielseitig. Es wird nach der Festigkeit der Kruste unterschieden.

Hartschalige Tiere Panzerkrebse	Weichschalige Tiere Garnelen
Scampi (italienisch) oder **Kaisergranat** (deutsch)	kleinere Arten **Shrimps** und größere Arten **Prawns**

Von den kleineren krebsartigen Tieren kommen meist nur die abgetrennten Schwänze in den Handel. Der Geschmack guter Qualität ist leicht süßlich, der Biss zart, jedoch kernig.

Für warme Zubereitungen in Sauce oder für kalte Gerichte werden die Krebstierschwänze gekocht, danach geschält und entdärmt.

Zum Grillen oder Braten verarbeitet man sie roh mit und ohne Schale. Zuvor werden die Schwänze längs eingeschnitten und der Darm durch Ausspülen entfernt.

Kleine Krebstiere verwendet man als

- Vorspeise,
- selbstständiges Gericht,
- Garnitur, z. B. zu Fisch, Eiern und hellem Geflügel,
- Ragoutbestandteil.

Kleine Krebstiere bereitet man zu

- als Cocktail oder als Salatkombination,
- in Dill-, Pilz-, Weißwein-, Krebs- oder Hummersauce,
- auf dem Grillrost,
  - Beigabe: Buttermischungen oder Choronsauce,
- in der Fritteuse,
  - Beigabe: Grüne Sauce.

3 Miesmuscheln *mussels* *moules (w)*

Vorbereiten

Lebende **Pfahl- oder Miesmuscheln** haben einen frischen Seegeruch, ihre Schalen öffnen sich erst beim Kochen. Zunächst entfernt man den restlichen Seepockenbelag von den Muscheln, wäscht sie mehrmals und lässt sie in einem Durchschlag abtropfen.

Zubereiten

Zwiebelwürfel und zerdrückte Pfefferkörner werden in einem flachen Geschirr angeschwitzt und mit Weißwein abgelöscht. Man schüttet die Muscheln dazu und verschließt den Topf mit einem passenden Deckel. Um den Inhalt gleichmäßig zu erhitzen, ist das Geschirr mehrfach zu schwenken. Durch die Hitzeeinwirkung öffnen sich die Muscheln, geben ihren würzigen Fond ab und sind in 8 Min. gar.

Danach werden sie aus den Schalen genommen und im Muschelfond bis zum Gebrauch aufbewahrt. Der Fond ist zuvor vorsichtig abzugießen, damit der eventuell aus den Schalen stammende Sand als Bodensatz zurückbleibt. Muscheln haben einen äußerst würzigen Geschmack, deshalb brauchen sie auch nicht gesalzen zu werden.

Frische gekochte Muscheln sind blassrot bis orange.

Gekochte Muscheln kann man in der Schale mit dem Dünstfond oder aus den Schalen genommen in einer Sauce reichen. Zum Fertigstellen der jeweiligen Sauce wird der Muscheldünstfond mitverwendet.

Des Weiteren können sie paniert und frittiert werden. Zusammen mit Champignonköpfen können sie an den Spieß gesteckt und gegrillt werden.

Gekochte Muscheln dienen ferner als Ragoutbestandteil oder zu Fischgarnituren und Suppeneinlagen.

Gekochte, kalte Muscheln reicht man mit Essigkräutersauce (Vinaigrette) oder verwendet sie zu Salaten.

Überbackene Miesmuscheln auf Blattspinat

gratinated mussels on spinach

moules (w) gratinée avec l'épinard

Die gekochten Muscheln aus der Schale nehmen. Jungen gewaschenen Blattspinat in Butter mit Schalottenwürfel sautieren, mit Salz, Pfeffer und Muskat würzen.

Muschelkochsud stark einkochen lassen und unter eine Mornaysauce rühren.

Die leeren Schalen mit heißem, gut gewürzten Blattspinat auslegen, das Muschelfleisch darauf anrichten, mit der Mornaysauce nappieren und mit etwas geriebenem Parmesan bestreuen. Danach kurz im Salamander überbacken und servieren.

Verdorbene Muscheln zeigen nach dem Kochen eine unnatürliche rote oder schwärzliche Färbung; sie sind giftig!

4 Sankt-Jakobs-Muscheln *scallops* *coquilles (w) Saint-Jacques*

Gegessen wird der von Häuten und Kiemen eingeschlossene Teil der Muschel: die Nuss mit dem daranhängenden Rogen.

Das vorbereitete Muschelfleisch wird überwiegend tiefgekühlt angeboten. Die Größe ist ein Qualitätsmerkmal.

Der Geschmack der St.-Jakobs-Muschel ist angenehm nussartig, er ist mit anderen Muscheln nicht vergleichbar.

Frische Jakobsmuscheln sind tiefgekühlter Ware geschmacklich überlegen.

Öffnen frischer St.-Jakobs-Muscheln

Messer an der runden Schalenseite der gewaschenen Muschel ansetzen und zwischen die Schalen schieben. Schließmuskel an der Innenseite der oberen, flachen Schale entlang durchtrennen, flache Schale abnehmen und den Muschelinhalt mit einem flexiblen Messer aus der gewölbten Schale lösen.

Häute und Kiemen entfernen und die Nuss mit dem daranhängenden Rogen waschen.

Die Zubereitung ist sehr vielseitig. Die Muschel kann sowohl roh als Tatar oder in dünnen, marinierten Scheiben gereicht werden.

Sie kann auch durch Dämpfen, Dünsten oder Braten warm zubereitet werden. Wichtig ist, dass man sie nur bis auf den Punkt gart, da sie sonst zäh wird.

1 Jakobsmuscheln öffnen: Die Muschel – flache Seite nach oben – mit einem Tuch festhalten und ein spitzes kurzes Messer zwischen die …

2 … Schalen schieben und den Schließmuskel an der flachen Innenseite durchtrennen. Die obere flache Schalenhälfte abheben.

3 Mit dem Messer das Muschelfleisch um den grauen Mantelrand herum auslösen und den Schließmuskel vorsichtig ablösen.

Zubereitungen

Sankt-Jakobs-Muscheln in Weißwein

scallops in white wine

coquilles (w) Saint-Jacques au vin blanc

Muschelfleisch mit Schalotten, Butter und Weißwein dünsten. Dünstfond mit Weißweinsauce verkochen und zusammen mit den Muscheln anrichten.

Sankt-Jakobs-Muscheln auf Blattspinat

scallops with spinach

coquilles (w) Saint-Jacques à la florentine

Muscheln dünsten, braten oder grillen, auf Blattspinat setzen und mit Weißweinsauce, Mornaysauce oder Béarner Sauce umkränzen.

Gebratene Sankt-Jakobs-Muscheln mit feinen Kräutern

scallops with herbes

coquilles (w) Saint-Jacques aux fines herbes

Muscheln kurz in geklärter Butter braten, mit trockenem Weißwein ablöschen und anrichten. Im Bratfett feingehackte Kräuter wie Kerbel, Dill, Estragon und Zitronenmelisse sautieren und über die Muscheln geben.

Große Muscheln zuvor in flache Stücke schneiden.

Anrichten kann man in den gewölbten Schalen der Muscheln.

- **Beilagen:**
  Reis, Herzoginkartoffeln, Stangenweißbrot, Toast oder Fleurons.

5 Austern

oysters · huîtres (w)

Austern bewahrt man in der Original-Verpackung im Kühlraum auf. Somit können sich die Austern nicht öffnen und das Seewasser kann nicht aus der Wölbung der Schale ausfließen. Angebrochene Verpackungen werden mit einer Platte bedeckt und mit einem schweren Gewicht belastet.

Mit eingeschlossenem Seewasser leben Austern in ihren Schalen nach dem Fang noch weiter.

Austern werden vorwiegend lebend verzehrt, deshalb sind hohe hygienische Anforderungen zu stellen.

Öffnen der Austern

Vor der Verwendung werden die Austern mit einer Bürste gereinigt und dann mit dem Austernbrecher (Spezialöffner) oder Austernmesser geöffnet.

Die Wölbung nach unten halten, das Messer an der Seite ansetzen und mit Druck zwischen die Schalen schieben.

Dabei wird der Schließmuskel, der sich an der Innenseite des oberen Schalendeckels befindet, durchschnitten. Die Auster ist geöffnet.

Schalensplitter werden mit einem Pinsel abgenommen, der in Salzwasser abgespült wird.

Abb. 1 Öffnen einer Auster von Hand

Abb. 2 Austern mit dem Austernöffner teilen: Auster einspannen, mit dem Hebel das Messer in Stellung bringen und das Schalen-Scharnier durchtrennen.

Zubereitungen

Austern als kalte Vorspeise

Am häufigsten richtet man frische, rohe Austern in der geöffneten Schale auf zerkleinertem Eis oder auf gekühlten Spezialtellern an und garniert mit Zitronensechsteln. Dazu reicht man mit Butter bestrichene und/oder mit Chesterkäse belegte Vollkornbrotschnittchen oder kleine überbackene Käsebrötchen (Welsh Rarebit).

Austern auf Blattspinat

Oysters on spinach

huîtres (w) florentine

Austernfleisch in Weißwein kurz absteifen. Gewürzten Blattspinat in tiefer Austernschale anrichten, heiße Auster daraufsetzen, mit holländischer Sauce nappieren und kurz gratinieren.

Austern als warmes Vorgericht

Die geöffneten, vom Bart (Kiemensaum) befreiten Austern werden verschieden zubereitet, z. B. in Hummersauce, in dünne Speckscheibchen gehüllt und gebraten, paniert und in Butter gebraten. Die fertiggestellten Austern werden häufig in den erwärmten, gewölbten Schalenhälften angerichtet.

Austern als Garnitur

Austern dienen z. B. gebacken oder gedünstet als Garnitur zu Fisch.

Vorsicht:

Austern mit offenen Schalen sind tot. Es besteht daher Vergiftungsgefahr durch Abbauprodukte.

6 Tintenfisch, Kalmar und Krake

cuttlefish, squid and octopus *seiche (w), encornet (m) et poulpe (w)*

Kopffüßler werden vorwiegend:

- **gebacken,** in Bier- oder Weinteig getaucht und in der Fritteuse gegart oder
- **gefüllt,** mit Fischfarce oder Kräuterbrotfüllung, anschließend gedämpft oder gedünstet oder
- **gekocht** und weiterverarbeitet für kalte Vorspeisen, Suppen und Ragouts oder
- **gegrillt,** dazu werden sie längs aufgeschnitten, gewürzt und flach auf dem Grill oder im Salamander gegart.

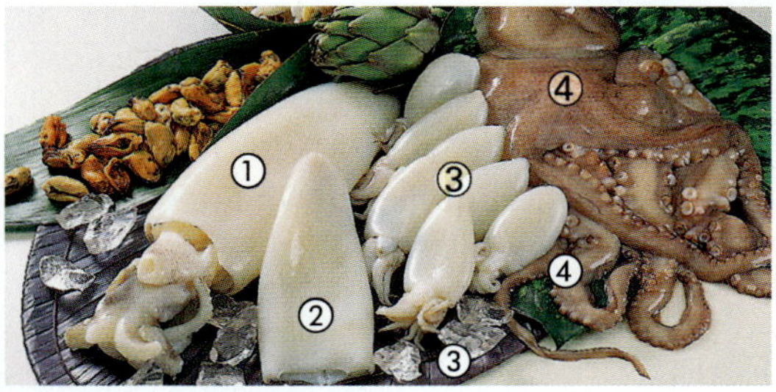

Abb. 1 ① Kalmar; ② Kalmar-Tube; ③ Sepia (Tintenfisch); ④ Krake

Scharf gewürzter Tintenfisch mit Thaibasilikum aus dem Wok

wok sauted cuttlefish

seiche (w) sauté en wok

Den geputzten Tintenfisch kreuzweise im Abstand von 5 Millimetern einschneiden. Mit Cayennepfeffer, Salz und Zitronensaft einige Zeit marinieren. Öl in einen Wok geben, den marinierten Tintenfisch in heißem Öl kurz sautieren und mit Würfeln von Lauchzwiebeln und Chilischoten sowie gehacktem Thaibasilikum garnieren. Zusätzlich einen Zweig von Thaibasilikum anlegen.

Abb. 2 Vorbereitung von Tintenfisch

Zubereitung Speisen

Fachbegriffe

ausbrechen	Bei Krebstieren das Fleisch aus dem Panzer entnehmen.
Corail	Essbarer Rogen (Eier), z. B. von Krebstieren, insbesondere Hummer und Languste; in ungekochten Krebstieren grün, nach dem Kochen korallenrot.
Hummerbutter	Corail mit Butter vermischt, dient zum abschließenden Binden von Saucen.
Karkasse	Panzer von Krebstieren. Zusammmen mit den noch anhängenden Fleischresten bilden sie eine gute Grundlage für Fonds.
Krebsnase	Hohles Kopfbruststück von Krebsen. Sie kann mit Fischfarce gefüllt und pochiert werden.
Rogen	Unbefruchtete Eier von Meerestieren

Aufgaben

1 Beschreiben Sie die einfachste Art, einen Hummer zuzubereiten.

2 Hummer Thermidor steht neu auf der Speisekarte. Welche Information geben Sie den Restaurantfachleuten?

3 Wie sind lebende Krebstiere zu töten?

4 Wie sollte man Flusskrebse vor dem Kochen behandeln?

5 Auf welche Weise werden frische Austern vorbereitet und angerichtet?

6 Beschreiben Sie Ihrem Arbeitskollegen die Zubereitung von Miesmuscheln.

GEBÄCKE, SÜSSSPEISEN UND SPEISEEIS

Die Küchenkonditorei oder Patisserie stellt die zu den Menüs gehörenden kalten oder warmen Süßspeisen her, fertigt aber auch Gebäck, z. B. für den Nachmittagskaffee.

Zur Herstellung der Süßspeisen wird in der Regel auf bestimmte **Grundzubereitungen** zurückgegriffen. Die fachgerechte Weiterverarbeitung ergibt dann das vielfältige Angebot an kalten und warmen Süßspeisen.

Teige | Massen | Cremes | Saucen → Warme Süßspeisen / Kalte Süßspeisen

Eis → Eisspeisen

Warme Süßspeisen	Kalte Süßspeisen	Eisspeisen
z. B. Zitronenauflauf mit Fruchtmark Apfelstrudel	z. B. Gestürzte Fruchtcreme mit Vanillesauce Bayerische Creme	Eisbecher Eisbomben Eisaufläufe

1 Teige und Massen *doughs and mixtures* *pâtes (w) et appareil (m)*

Die Unterscheidung zwischen Teigen und Massen ist gleitend.

Die Umgangssprache geht von unterschiedlichen Merkmalen aus. So benennt sie z. B. den Mürbe- und Blätterteig nach der Beschaffenheit, den Hefeteig nach dem Triebmittel und den Lebkuchenteig nach der Verwendung. Der Fachmann unterscheidet Teige und Massen nach bestimmten Merkmalen:

- **Teige**
  - Grundbestandteil → Mehl
  - Grundtechnik → Kneten
  - Lockerung → Gärungskohlensäure, Wasserdampf
  - Bindung und Gerüst → Eiweiß des Mehls
- **Massen**
  - Grundbestandteil → Eier, Zucker, teilweise Fett, Flüssigkeit
  - Grundtechnik → Rühren, Schlagen
  - Lockerung → eingearbeitete Luft, Wasserdampf
  - Bindung und Gerüst → Eiklar des Hühnereis

Die Übersicht zeigt, dass von den Grundbestandteilen, also den wichtigsten Zutaten, auch die Grundtechniken bestimmt werden.

Die **Zutaten** und ihre Eigenschaften sind im Abschnitt Lebensmittel beschrieben.

Die **Grundtechniken** werden jeweils bei den entsprechenden Teigen und Massen besprochen.

Das Kapitel **Lockerung** ist vorangestellt, um Wiederholungen zu vermeiden.

1.1 Teiglockerung

Die Lockerungsmittel bewirken die Porenbildung und beeinflussen Beschaffenheit und Geschmack des Gebäcks.

Nach der Art unterscheidet man

- **biologische** Lockerungsmittel, z. B. Hefe;
- **physikalische** Lockerungsmittel, z. B. eingeschlagene Luft, die sich durch die Wärmeeinwirkung beim Backen noch weiter ausdehnt;
- **chemische** Lockerungsmittel, z. B. Backpulver, Natron usw., die bei Wärmeeinwirkung Gase abspalten, die lockernd wirken.

1.2 Hefeteig

yeast dough *pâte (w) levée*

Hefeteig ist ein Teig mit hohem Mehlanteil, der durch die Wirkung der Hefe gelockert wird.

Zutaten für leichten Hefeteig
(900 g Teig)

500 g	Mehl
30 g	Hefe
200 g	Milch
70 g	Zucker
70 g	Fett
1	Eigelb
5 g	Salz
	Vanille, Zitrone

- Alle Zutaten müssen temperiert sein, damit die Hefe die zum Gären nötige Wärme vorfindet,
- Hefe in lauwarmer Milch auflösen,
- Mehl in Schüssel sieben und Mulde bilden,
- Milch mit gelöster Hefe eingießen, übrige Zutaten beigeben,
- kneten, bis der Teig Blasen wirft/sich vom Geschirr löst,
- an warmem Ort einmal aufgehen lassen und nochmals durchkneten.

Hefeteig hat die richtige Gare zum Backen, wenn der Teig auf einen leichten Fingerdruck nachgibt und dann wieder in die Ausgangslage zurückkehrt.

Gärt Hefeteig zu lange, erhält man trockenes, strohig schmeckendes, blasses Gebäck mit ungleicher Porung.

Backtechnische Wirkung der Zutaten

- **Milch** stärkt den Kleber, macht die Krume weicher und gibt der Kruste eine ansprechende Farbe. Außerdem begünstigt sie die Frischhaltung.
- **Fett** in kleinen Mengen macht den Kleber elastischer und das Gebäck „saftiger"; in größeren Mengen hemmt es jedoch die Tätigkeit der Hefe.
- **Eier** machen das Gebäck schmackhafter. Je höher der Eigelbanteil, desto saftiger das Gebäck.

Je nach Rezept werden bei der Herstellung von Hefeteigen

- alle Zutaten gleichzeitig verarbeitet (direkte Führung),
- zuerst ein Vorteig angesetzt und dann erst der Teig bereitet (indirekte Führung).

Durch die **indirekte Führung** haben die Hefezellen im Vorteig Gelegenheit, sich zu vermehren; der Hefezusatz ist darum geringer.

Nachteilig wirkt sich der höhere Zeitaufwand aus. Die **direkte Führung** benötigt mehr Hefe, spart aber Arbeitszeit. Sie überwiegt heute.

Aus Hefeteig lassen sich z. B. fertigen:

Blechkuchen — *pies* — *gâteau (m)*

- Teig aufgehen lassen, etwa 0,5 cm dick ausrollen, auf gefettetes Blech legen.

Apfelkuchen:
mit Schnitzen von geschälten, entkernten Äpfeln dachziegelartig belegen, Streusel (s. S. 543) darüberstreuen, an warmem Ort 20 bis 30 Min. gehen lassen, bei mittlerer Hitze 25 bis 30 Min. backen.

Zwetschenkuchen:
wird mit Zwetschen hergestellt; Pflaumen eignen sich dazu weniger, sie sind zu saftig. Zwetschen am besten mit Entsteiner vorbereiten, den Teig dachziegelartig belegen, gehen lassen. Backen wie oben, nach dem Backen sofort mit Zimtzucker bestreuen, abglänzen. Geben die Zwetschen zu viel Saft ab, vor dem Backen etwas Brösel darüberstreuen.

Streuselkuchen:
Teig mit Wasser bestreichen, mit Streuseln (s. S. 543) bestreuen, wie oben backen.

Blechkuchen lassen sich rationell fertigen und unterschiedlich teilen.

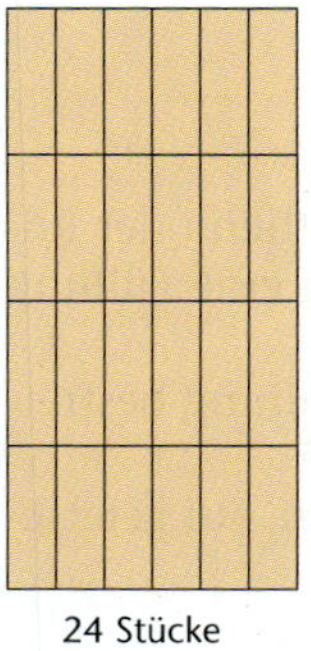
24 Stücke

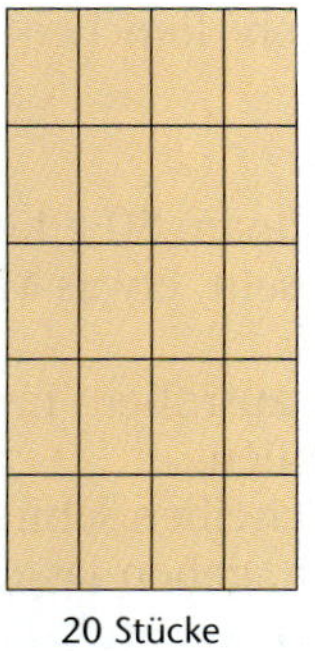
20 Stücke

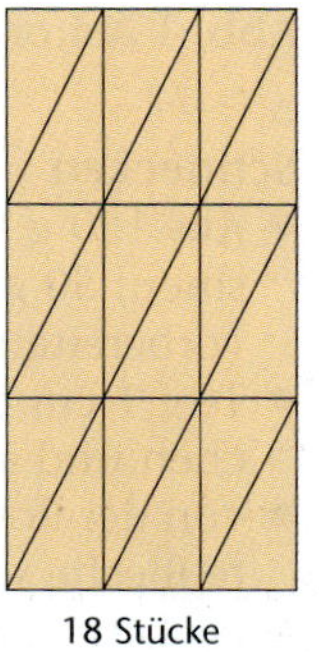
18 Stücke

Hefezopf

- Nach dem ersten Aufgehen Stränge formen, flechten, Zopf auf gefettetes Blech setzen,
- 20 Min. gehen lassen, mit Eigelb bestreichen,
- bei mittlerer Temperatur etwa 30 Min. backen, glasieren.

Plundergebäck

danish pastry *pâtisserie (w) danoise*

- Hefeteig (500 g) nach dem ersten Aufgehen kühl stellen,
- 150 g Fett/Butter mit 50 g Mehl verkneten und kühl stellen,
- Teig zu einer rechteckigen Platte ausrollen,
- Fett zur halben Größe ausrollen,
- Teig überschlagen, ausrollen und zwei einfache Touren (s. Blätterteig) geben,
- etwas ruhen lassen.

Hörnchen

- Tourierten Teig 3 mm dick ausrollen,
- Dreiecke schneiden, füllen, zu Hörnchen rollen,
- nach 20 Min. Garzeit mit Eigelb bestreichen,
- bei ca. 220 °C etwa 15 Min. backen,
- dünn mit heißer Aprikosenmarmelade bestreichen (aprikotieren) und mit Fondant oder Puderzuckerglasur glasieren.

Abb. 1 Aufrollen von Hörnchen

Schnecken

- Aus 150 g Marzipan, 50 g Korinthen oder Rosinen, 50 g Bröseln, etwas Milch eine Füllung vorbereiten,
- Teig 1 cm dick ausrollen, mit Füllung bestreichen und aufrollen,
- von der Rolle Scheiben schneiden, auf gefettete Bleche setzen, gehen lassen,
- backen, aprikotieren und glasieren.

Stücke aus Plunder werden als Teiglinge backfertig tiefgefroren angeboten. Bei Bedarf taut man langsam auf, bäckt sie dann und aprikotiert oder glasiert die Stücke.

Savarin *savarin* *savarin (m)*

Zutaten (1.300 g Teig)

500 g	Mehl
6	Eier
30 g	Hefe
0,15 l	Milch
250 g	Butter
30 g	Zucker
7 g	Salz

- Alle Zutaten temperieren,
- aus Mehl und in Milch aufgelöster Hefe einen Vorteig bereiten und warm stellen,
- Butter, Eier und Zucker, Salz wie zu einem Kuchen schaumig rühren,
- wenn der Vorteig bis zum Doppelten seines Volumens aufgegangen ist, Vorteig und restliches Mehl unterarbeiten und nochmals abschlagen.
- Savarinformen (Ringe) mit cremiger Butter stark ausfetten, mit Mehl ausstäuben,
- den weichen Teig mit dem Spritzbeutel ein Drittel hoch einfüllen,
- aufgehen lassen und backen,
- nach dem Backen stürzen (kann auf Vorrat geschehen).

- Zur Fertigstellung Tränke aus Läuterzucker, Rum und Wasser herstellen,
- Gebäck damit tränken,
- aprikotieren, zusammen mit Früchten und Sahne servieren.

Fertigmehle sind backfähige Mehlmischungen, die außer Mehl andere pulverförmige Zutaten enthalten. Bei der Teigbereitung werden ergänzt

- Flüssigkeit (Milch/Wasser),
- teilweise auch Hefe, Eier und Fett.

Es gibt Fertigpmehle z. B. für

- Hefeteige allgemein,
- Hefeteig für Krapfen/Berliner Pfannkuchen.

1.3 Blätterteig

puff pastry dough *pâte (w) feuilletée*

Blätterteig erhält seine lockere, splittrige Beschaffenheit durch das Einrollen von Fett.

Zutaten (1.300 g Teig)

500 g	Mehl	= 1 Teil
500 g	Fett	= 1 Teil
ca. 0,3 l	Wasser	
7 g	Salz	

Verbesserung:

1 EL Essig → stärkt den Kleber oder
1 EL Rum → stärkt Triebkraft und verbessert den Geschmack
1 Eigelb → verbessert den Geschmack

Backtechnische Wirkung der Zutaten

- **Fett:**
  Am besten eignet sich Ziehmargarine. Sie hat einen höheren Schmelzpunkt als die gewöhnlichen Fette und ist deshalb leichter zu verarbeiten.
- **Triebwirkung:**
  Durch wiederholtes Ausrollen und Übereinanderschlagen des Teiges entsteht eine feine Teig-Fett-Schichtung. Das Fett trennt die einzelnen Teigschichten voneinander. Darum kann der während des Backens entstehende Wasserdampf Schicht um Schicht etwas anheben. Es entsteht ein lockeres, splittriges und doch saftiges Gebäck.

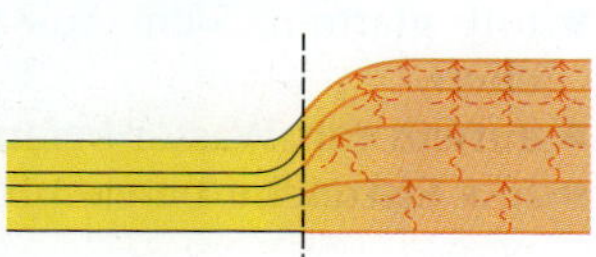

Arten

Nach der Art, wie die Zutaten verarbeitet werden, unterscheidet man:

Deutscher Blätterteig
Teig außen – Fett innen

- lässt sich auch in wärmeren Räumen verarbeiten
- trocknet leicht ab

Französischer Blätterteig
Fett außen – Teig innen

- trocknet nicht ab
- in wärmeren Räumen sehr schwer zu verarbeiten, weil äußere Schicht Fett

Holländischer oder **Blitzblätterteig**
Fett wird in Stücken bei der Teigbereitung eingearbeitet.

- schnelle Anfertigung
- nur wie Restblätterteig verwendbar

Herstellung

- Fett mit einem Teil des Mehls verkneten, zu einem flachen Ziegel formen und kaltstellen.
- Mehl auf den Tisch sieben, Vertiefung formen, Wasser, Salz (Rum oder Essig, Eigelb) hineingeben.
- Verbleibende Fett- und Mehlreste zum übrigen Mehl geben, Teig bilden und kräftig durchkneten.
- Teig abgedeckt 1 Std. ruhen lassen.

Ziehfett wird in Platten angewirkt angeboten.

Einrollen – Tourieren

Deutsche Art – Teig entsprechend Skizze ausrollen und die vier Enden über das Fett schlagen.

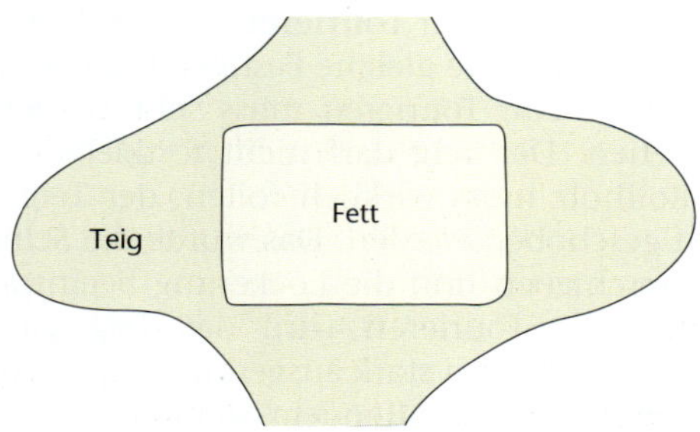

Französische Art – Fett zu einer rechteckigen Platte ausrollen und Teig damit einschlagen.

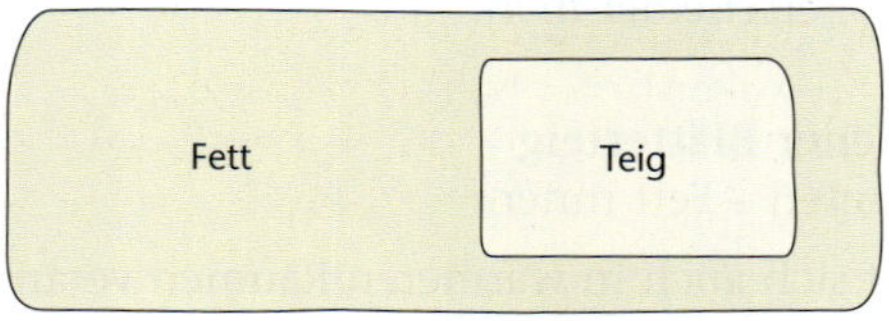

Nach dem Einschlagen gibt man zwei einfache und zwei doppelte Touren. Dazu auf etwa 1,5 cm Dicke ausrollen und falten.

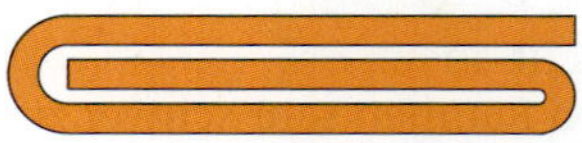

Einfache Tour = 3 Lagen

Um 90° wenden, nochmals ausrollen und falten.

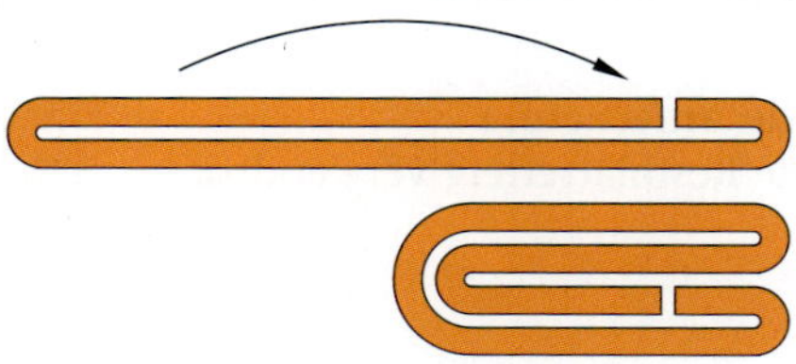

Doppelte Tour = 4 Lagen

Nach 30 Minuten nochmals **einfache** und **doppelte Tour** geben, 30 Min. Ruhe im Kühlraum, aufarbeiten.

Arbeitshinweise

Alle Zutaten, Tisch und Geräte müssen kalt sein, wenn der Blätterteig gelingen soll. Das Fett wird am besten im Kühlraum vorgekühlt.

Der **Teig** wird durch Verkneten des Mehls mit Wasser wie Nudelteig hergestellt. Er ist unbedingt kräftig zu bearbeiten, denn sonst zieht er sich später im Ofen zusammen und lässt das Gebäck „schnurren".

Das **Fett,** besonders Butter, knetet man mit etwas Mehl durch, damit die enthaltene Flüssigkeit gebunden wird. So lässt es sich leichter verarbeiten. Diesen Vorgang nennt man Anwirken.

Beim **Einrollen** oder **Tourieren** müssen Fett und Teig unbedingt die gleiche Festigkeit haben. Das Ausrollen beim Tourieren muss sehr vorsichtig geschehen. Der Teig darf nicht festkleben und das Rollholz muss wirklich rollen, der Teig soll nicht geschoben werden. Das würde die Schichten verschieben und die Lockerung beeinträchtigen. Beim Tourieren wird der Teig gleichmäßig etwa 1,5 cm stark ausgerollt und mit dem Tischbesen von anhaftendem Mehl befreit.

Zum Ausstechen oder Schneiden nur scharfes Werkzeug verwenden, sonst werden die Schichten nicht sauber getrennt und das Gebäck geht ungleichmäßig hoch.

Blätterteiggebäck wird vor dem Backen eingestochen (Gabel oder Stupfrolle), wenn es nicht zu stark treiben soll. Das mindert die Triebkraft, denn der sich bildende Wasserdampf kann teilweise abziehen.

Man kann Blätterteig, nachdem er eine einfache und eine doppelte Tour erhalten hat, auch einfrieren und bei Bedarf nach dem Auftauen fertig tourieren.

Blätterteig wird fertig touriert tiefgekühlt in Plattenform angeboten.

Blätterteiggebäck

puff paste pastry

pâtisserie (w) de mille feuilles

- Teig etwa 4 mm dick ausrollen,
- Teigstücke in Form bringen,
- auf Bleche setzen, mit Eigelb bestreichen,
- mindestens 20 Min. ruhen lassen,
- bei 220 °C etwa 15 Min. backen,
- aprikotieren und glasieren.

Blätterteigstückchen werden backfertig als Tiefkühlware angeboten.

Pasteten *patties* *bouchées (w)*

Ringe:
- Blätterteig 8 bis 10 mm dick ausrollen,
- zuerst Scheiben mit 10 cm Durchmesser ausstechen,
- dann mit 3-cm-Ausstecher Mittelfläche entfernen,
- entstandene Ringe umdrehen und kalt stellen.

Böden:
- Teigreste zusammendrücken und 2 mm stark ausrollen,
- mit glattem 5-cm-Ausstecher Böden ausstechen,
- auf ein mit Wasser befeuchtetes Blech legen,
- mit Eistreiche befeuchten, mit Essgabel stippen,

- Teigringe (siehe vorige Seite) aufsetzen,
- Ringoberfläche mit Eistreiche bepinseln.

Deckel:

- Verbliebene Teigreste zusammendrücken, 3 mm stark ausrollen,
- mit 3,5-cm-Ausstecher Deckel ausstechen und mit Ei bestreichen,
- Pasteten und Deckel etwa 30 Min. ruhen lassen,
- Pasteten bei 200 bis 210 °C etwa 20 bis 25 Min. backen,
- Deckel gesondert etwa 15 Min. backen.

Fleurons

fleurons

fleurons (m)

- Restblätterteig oder Blätterteig, der eine einfache Tour mehr erhalten hat, 3 mm dick ausrollen.
- Ganze Fläche mit Eistreiche bepinseln,
- mit geripptem Ausstecher Halbmonde ausstechen,
- nach 20 Min. Ruhezeit bei 220 °C etwa 15 Min. backen.

Käsestangen

cheese straws

paillettes (w) au fromage

- Restblätterteig 1 cm dick ausrollen,
- mit Eigelb bestreichen,
- mit geriebenem Käse, Kümmel und grobem Salz bestreuen, leicht andrücken,
- wenden, diese Seite ebenso behandeln,
- Streifen von 15 mm schneiden,
- leicht korkenzieherähnlich eindrehen,
- auf Bleche setzen, 20 Min. ruhen lassen,
- bei 200 °C etwa 15 Min. backen.

Im Voraus gebackene oder zugekaufte Blätterteigstücke werden vor dem Service kurz aufgebacken, damit sie rösch und knusprig zum Gast kommen.

Tiefgefrorene Gebäckstücke

Der Handel bietet Gebäck in vielfältiger Form.

Gebackene Stücke wie Hefestückchen, Brötchen und Brezen werden bei Zimmertemperatur aufgetaut. Zum Aufbacken gibt man die Backwaren bei viel Schwaden/Wasserdampf für wenige Minuten bei etwa 230 °C in den Ofen.

Diese Gebäckstücke verlieren nach dem Aufbacken rasch an Qualität, sie werden trocken und spröde.

Als *Teiglinge* werden vorwiegend angeboten

- Stückchen aus Blätter- und Hefeteig,
- Brötchen/Semmeln.

Diese Teilchen werden bei Raumtemperatur langsam aufgetaut, denn Teig leitet die Wärme schlecht. Höhere Auftautemperaturen führen darum zu einer schlechteren Gebäckqualität.

Beim Auftauen von Teilchen aus Hefeteig sind die Hinweise der Produzenten zu beachten, denn die Stücke werden in unterschiedlicher Gärstufe gefrostet.

Zubereitung Speisen

1.4 Mürbeteig

short pastry *pâte (w) brisée*

Mürbeteig ist ein fettreicher, kurz gekneteter Teig, der nur wenig aufgeht. Die mürbe-sandige Beschaffenheit entsteht durch den hohen Fettanteil.

Zutaten Mürbeteig zum Ausrollen (ca. 600 g Teig)

300 g Mehl = 3 Teile
200 g Fett = 2 Teile
100 g Zucker = 1 Teil
1 Ei
Zitrone, Vanille, Salz

- Mehl auf Tisch sieben, Mulde bilden, darin
- Zucker und Ei vermischen,
- Fett mit Eier-Zucker-Masse glatt arbeiten,
- Mehl von außen her mit der Fettmasse verreiben, nicht kneten,
- wenn die Teile eben binden, zusammendrücken und kalt stellen.

Am besten einen Tag vor der Verarbeitung herstellen, damit sich die Zuckerkristalle lösen und der Teig sich dann in gekühltem Zustand gut verarbeiten lässt.

Backtechnische Wirkung der Zutaten

- **Fett** trennt die einzelnen Bestandteile, wirkt so als Lockerungsmittel und macht den Teig mürbe. Wichtig ist, dass es entsprechend gekühlt ist.
- **Zucker** wird nur in feiner Körnung verwendet, gröbere Sorten können sich nicht lösen. Beim Backen würden grobe Kristalle karamellisieren; das Gebäck erhielte an der Oberfläche braune Flecken und würde unten am Blech festkleben.
- **Eier** in geringer Menge verbessern Aussehen und Geschmack. Größere Mengen ergeben durch den Wassergehalt eine festere Struktur. Die Verwendung von Eigelb führt zu besserer Qualität als Volleier.

Arbeitshinweise

Bei der Teigbereitung treten hauptsächlich zwei Fehler auf, die beide auf das Verhalten des Fettes im Teig zurückzuführen sind.

- **Der Teig wird brandig**
  Bei brandigem Teig werden die Stärkekörner und Kleberteilchen vom Fett vollständig getrennt, die notwendige Bindung kommt nicht zustande. Darum reißt der Teig beim Ausrollen leicht; das fertige Gebäck zerfällt. Ursache ist ein durch Wärme zu weich gewordenes Fett. Entweder waren die Zutaten zu warm oder der Teig wurde zu lange bearbeitet.

Abhilfe: Teig in Stücke hacken und etwas Eiweiß unterarbeiten.

- **Der Teig wird zäh**
  Dieser Fehler tritt bei einfacheren Teigen auf, denen Flüssigkeit zugesetzt wird. Kommt die Flüssigkeit direkt mit dem Mehl in Verbindung, ohne vorher mit dem Fett vermischt worden zu sein, quellen die Kleberteile und erzeugen Spannung. Das eingearbeitete Fett kann sich dann nicht in der erforderlichen Feinheit verteilen.

Abhilfe: klein gehacktes Fett unterarbeiten.

Zutaten Mürbeteig zum Spritzen (ca. 1.100 g Teig)

500 g Mehl
350 g Fett
150 g Zucker
2 Eier
Abgeriebenes einer Zitrone
Vanille, Salz

- Fett zusammen mit Zucker und Gewürzen schaumig rühren,
- Eier nach und nach jeweils mit etwas Mehl beigeben,
- restliches Mehl unterheben.
- Masse mit Spritzbeutel auf gefettete Bleche oder auf Backpapier dressieren.
- Die Sterntülle wird bevorzugt, weil die strukturierte Oberfläche des Gebäcks abgestufte Farbtöne von Gelb bis Goldbraun entstehen lässt.

Streusel

crumble topping

grain (m) de pâte sablée

Zutaten Streusel (1.050 g)

300 g Fett
300 g Zucker
450 g Mehl
Salz, Zitrone

- Fett, Zucker, Salz und Zitrone glatt arbeiten.
- Mehl unterarbeiten, bis die Masse zusammenhält.
- Durch ein grobes Sieb drücken, damit gleichmäßige Streusel entstehen.

1.5 Biskuitmasse

biscuit sponge

appareil (m) à biscuit

Zutaten
(1 Boden, ∅ 26 cm)

200 g Ei
100 g Zucker
50 g Mehl
50 g Weizenstärke
Abgeriebenes einer Zitrone

Biskuitmassen lassen sich auf zwei Arten herstellen:

Auf kaltem Wege
- Eier trennen,
- Eigelb mit $^{2}/_{3}$ der Zuckermenge schaumig rühren,
- Eiweiß zu Schnee schlagen, in den Schnee nach und nach den restlichen Zucker einschlagen,
- steifen Schnee kurz mit schaumigem Eigelb vermischen,
- gesiebtes Mehl und Stärke unterziehen.

Wird einer Masse Backpulver beigegeben, so siebt man dieses zusammen mit dem Mehl; dadurch wird es ausreichend vermischt.

Auf warmem Wege
- Ganze Eier mit Zucker im Wasserbad auf etwa 60 °C aufschlagen, weiterschlagen, bis die Masse wieder auf Blutwärme abgekühlt ist.
- Mehl und Stärke vorsichtig unterziehen.

Erhalten Biskuitmassen eine Fettzugabe, wird diese heiß und erst dann beigegeben, wenn das Mehl bereits vollständig untergezogen ist. Kommen Mehl und Fett direkt zusammen, bilden sich Klumpen. Ist das Fett zu kühl, vermengt es sich nicht ausreichend mit der Eiermasse und bildet Streifen.

Durch die Zugabe von flüssiger Butter erhält man einen feinporigen Biskuit. Man nennt diese Art auch Wiener Masse.

Fertige Biskuitmassen müssen sofort gebacken werden. Stehen sie längere Zeit, platzen die eingeschlagenen Luftblasen, die Triebwirkung geht verloren und die Porung wird ungleichmäßig.

Anwendungsbeispiele

Tortenboden:
Grundrezept auf kaltem Wege herstellen, in gefettete und gemehlte Form oder in einen mit Papier eingeschlagenen Ring füllen, bei mäßiger Hitze etwa 35 Min. backen.

Biskuitroulade:
Grundrezept auf kaltem Wege herstellen, auf ein mit Papier belegtes Blech fingerdick ausstreichen, etwa 15 Min. bei mittlerer Hitze backen, nach dem Backen sofort auf ein Tuch stürzen, Papier abziehen, mit glatt gerührter Marmelade bestreichen, mit Hilfe des Tuches rollen, mit Puderzucker bestäuben oder aprikotieren und glasieren.

All-in-Verfahren

Was man im Normalfall nicht darf, das ist hier Prinzip: Alle Zutaten (außer Fett) werden auf einmal in den Rührkessel gegeben und aufgeschlagen. Das gemeinsame Aufschlagen von Ei und Mehl ist möglich durch die Beigabe eines Emulgators. Dieser wird als Pulver oder Paste angeboten.

Fertigmehlmischungen für Biskuitmassen enthalten diesen Emulgator.

1.6 Brandmasse

cream-puff-pastry *pâte (w) à choux*

Bei der Brandmasse wird eine Mischung von Zutaten (Flüssigkeit, Fett, Mehl) erhitzt. Diesen Vorgang nennt man *abbrennen*. Davon hat die Masse den Namen.

Das Abbrennen führt dazu, dass der beim Backen entstehende Wasserdampf festgehalten und das Gebäck aufgetrieben wird. Bei geringerem Gewicht erhält man ein großes Volumen, das Gebäck ist „leicht wie der Wind". ➔ Windbeutel.

Brandmasse wird zu runden Windbeuteln, länglichen Eclairs und kleinen Windbeutelchen (Profiteroles) gebacken. Ferner wird sie für Kartoffelzubereitungen (Dauphinemasse) benötigt.

Zutaten Windbeutel (1.250 g Masse)		Zutaten Spritzkuchen (1.300 g Masse)	
500 ml	Wasser oder Milch	250 ml	Wasser
		250 ml	Milch
150 g	Fett	120 g	Fett
250 g	Mehl	300 g	Mehl
350 g	Eier	450 g	Eier
10 g	Salz	8 g	Salz

- Die Flüssigkeit zusammen mit Fett und Salz zum Kochen bringen,
- das gesiebte Mehl auf einmal in die kochende Flüssigkeit geben,
- auf der Wärmequelle bleiben und kräftig rühren, bis die Masse glatt wird und sich am Boden des Geschirrs ein weißer Belag bildet. (Erhitzt man nicht genügend, geht das Gebäck zu wenig auf.)
- Die abgebrannte Masse in ein anderes Gefäß geben und etwas abkühlen lassen.
- Die Eier nach und nach unterarbeiten. (Gibt man zu viele Eier auf einmal bei, wird die Masse stückig und bindet nicht mehr.)

Brandmasse wird auch als Fertigmehlmischung angeboten.

Windbeutel

cream puffs

petits choux (m) à la crème

- Windbeutelmasse mit Sterntülle zu eigroßen Häufchen in genügend Abstand auf nur schwach gefettete Bleche oder Backtrennpapier spritzen,
- bei 210 °C etwa 35 Min. backen.

Windbeutel gehen besonders gut auf, wenn unmittelbar nach dem Einschieben in den Ofen eine Tasse Wasser in das Rohr geschüttet wird oder Schwaden gegeben werden. Der Dampf hält die Außenschicht länger elastisch.

- Nach dem Backen abkühlen lassen,
- oberes Drittel abschneiden,
- mit Puderzucker bestreuen,
- auf unteren Teil geschlagene Sahne aufspritzen,
- Deckel aufsetzen.

Windbeutelchen

profiteroles *profiteroles (w)*

- Windbeutelmasse mit glatter Tülle zu 2–3 mm großen Tupfen auf Bleche spritzen,
- bei mittlerer Hitze backen.

Profiteroles dienen als Einlage für klare Suppen. Sie werden erst unmittelbar vor dem Servieren beigegeben, damit sie nicht aufweichen.

Windbeutelchen können auch mit Creme oder Schlagsahne gefüllt werden.

Spritzkuchen

🇬🇧 *puffs* 🇫🇷 *echaudés (m)*

- Spritzkuchenmasse mit der Sterntülle, jeweils zwei Ringe übereinander, auf gefettetes Pergamentpapier spritzen.
- Das Papier mit der Masse nach unten in das auf 170 °C aufgeheizte Fettbad geben,
- abdecken, damit sich Dampf bildet und die Spritzkuchen besser aufgehen,
- auf beiden Seiten zweimal backen,
- noch warm aprikotieren und glasieren.

1.7 Ausbackteig

🇬🇧 *frying batter* 🇫🇷 *pâte (w) à frire*

Grundrezept ① (ca. 500 g Teig)

250 g	Mehl
0,2 l	Flüssigkeit (Bier, Wein, Milch oder Wasser)
3 EL	Öl
10 g	Zucker
5 g	Salz
2	Eigelb
2	Eiweiß

Grundrezept ② (ca. 500 g Teig)

250 g	Mehl
0,3 l	Flüssigkeit (Bier, Wein, Milch oder Wasser)
3 EL	Öl
10 g	Zucker
5 g	Salz
3–4	Eiweiß

- Mehl in eine Schüssel sieben,
- Zutaten außer Eiweiß dazugeben.
- Alles glatt rühren, aber nur kurz bearbeiten, damit der Teig nicht zäh wird.
- Erst vor der Verwendung das zu Schnee geschlagene Eiweiß unterheben.

Anwendungsbeispiel

Krapfen/Gebackene Apfelringe

🇬🇧 *fritters* 🇫🇷 *beignets (m)*

Von Äpfeln: Äpfel schälen, Kernhaus ausstechen, Scheiben schneiden, mit Kirschwasser beträufeln und mit etwas Puderzucker bestäuben, ziehen lassen, abtropfen, durch Ausbackteig ziehen, im Fettbad backen, in Zimtzucker wenden.

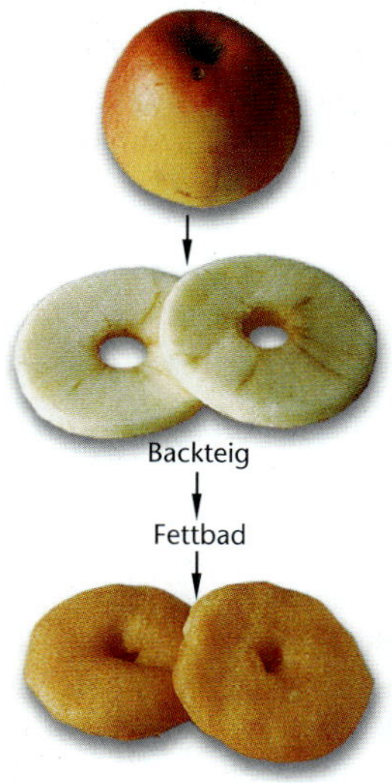

Auch Stücke von geschälten Bananen, Scheiben von frischer oder konservierter Ananas und Hälften reifer Aprikosen oder Pfirsiche lassen sich zu Krapfen verarbeiten.

1.8 Schaummasse (Baisermasse)

🇬🇧 *meringue mixture*

🇫🇷 *appareil (m) à meringue*

Grundrezept ①

8	Eiweiß ≙ 0,25 l
500 g	Zucker

Grundrezept ②

8	Eiweiß ≙ 0,25 l
100 g	Zucker
400 g	Puderzucker

- Eiweiß aufschlagen, etwa 100 g Zucker nach und nach unterschlagen, restlichen Zucker ① unterziehen.
- Zum Unterziehen kann auch Puderzucker ② verwendet werden, die Masse ist dann glatter.

Anwendungsbeispiele

Meringen

🇬🇧 *meringue* 🇫🇷 *meringue (w)*

Masse mit großer Sterntülle in 4 cm breite, aneinanderliegende Schlingen 8 cm lang auf Pa-

pier dressieren; Papier auf heißes Blech ziehen, damit sich die Meringen später leichter vom Papier lösen, oder Backpapier verwenden. Bei etwa 110 °C anbacken, bei 80 bis 90 °C trocknen lassen.

Kirschtorte mit Schaummasse

cherry tartes *tarte (w) aux cerises*

Mürbeteigboden mit Kirschkonfitüre bestreichen, dünnen Biskuitboden auflegen, Saft einer Dose Sauerkirschen mit etwa 40 g Stärke binden, Kirschen unterziehen, mit Zimt und Kirschwasser abschmecken, auf vorbereiteten Boden aufstreichen, mit Schaummasse ausgarnieren (Sterntülle). Dabei muss ein Teil der Kirschen sichtbar bleiben. Mit Puderzucker bestäuben, damit beim Abflämmen die Schaummasse eine glänzende Karamellschicht erhält. In sehr heißem Ofen abflämmen, bis die Schaummasse Farbe nimmt.

Nach dieser Art lassen sich von allen säuerlichen Früchten wohlschmeckende Torten oder Schnitten herstellen.

Schaummasse wird auch zur Herstellung von **italienischer Buttercreme** verwendet.

1.9 Strudel

strudel *strudel (m)*

Strudel ist eine Zubereitung, bei der ein dünn ausgezogener Teig mit unterschiedlichen Zutaten belegt und dann vergleichbar einer Roulade zusammengerollt wird. Schneidet man nach dem Garen Scheiben ab, haben diese ein spiraliges „strudelförmiges" Aussehen.

Grundrezept (Teig, 10 Portionen)

300 g	Mehl
1	Ei
2 EL	Öl
ca. 125 g	lauwarmes Wasser
	Prise Salz

- Mehl sieben, Mulde bilden,
- übrige Zutaten in die Mulde geben,
- geschmeidigen Teig kneten, Kugel formen,
- unter angewärmtem Gefäß 30 Min. ruhen lassen,
- entspannten Teig auf bemehltem Tuch ausrollen,
- ausziehen, das heißt über den Handrücken spannen, damit der Teig sehr dünn wird,
- Teigfläche mit zerlassener Butter bestreichen.

Füllung zu Apfelstrudel (10 Portionen)

1,5 kg	säuerliche Äpfel
80 g	Zimtzucker
80 g	Rosinen
50 g	Nüsse oder Mandeln, gerieben
120 g	Butter
40 g	Semmelbrösel
200 g	Crème fraîche oder Sauerrahm

- Butter zerlassen, Semmelbrösel beigeben und hellbraun rösten,
- Äpfel schälen, achteln, Kernhaus entfernen, blätterig schneiden und auf zwei Drittel der Teigfläche verteilen,
- alle übrigen Zutaten gleichmäßig über die Äpfel geben,
- mit Hilfe des unterlegten Tuches Strudel aufrollen, auf gefettetes Blech legen und mit zerlassener Butter bestreichen,
- Backrohr auf 200 °C vorheizen, 30 bis 35 Min. backen,
- Strudel etwas abkühlen lassen, noch heiß schneiden, mit Puderzucker bestäuben,
- servieren mit Vanillesauce oder Vanilleeis.

Anmerkung:
Man kann auch alle Zutaten für die Füllung zusammenmischen und dann gleichmäßig auf den Teigflecken verteilen. Vorgebackener Strudel wird mit dem Mikrowellengerät auf Serviertemperatur gebracht.

Andere Füllmöglichkeiten sind: Quark, Trauben mit Nusscreme, Grießmasse, Birnen, Sauerkirschen mit Vanillecreme.

1.10 Hippenmasse 🇬🇧 *tuile mixture* 🇫🇷 *appareil (m) à tuiles*

Hippenmassen sind streichfähige Massen, deren Hauptbestandteil Marzipanrohmasse ist.

Hippengebäck ist zart und feinsplitterig, dient vorwiegend zur Ergänzung von Eisspeisen und wird vom Handel angeboten.

In Eigenfertigung werden vorwiegend Schmuckauflagen hergestellt.

Grundrezept Hippenmasse

200 g Rohmarzipan
150 g Puderzucker
30 g Mehl

70 g Eiklar
60-70 g Milch/Sahne

- Marzipan mit Eiklar weich arbeiten,
- Puderzucker und Mehl beigeben,
- mit Milch auf gewünschte Konsistenz bringen.
- Blech fetten und bemehlen,
- mit Hilfe von Schablonen aufstreichen.
- Vorbacken, bis die Ränder Farbe nehmen,
- kurz aus dem Ofen nehmen und abkühlen,
- gleichmäßig goldbraun fertig backen,
- sofort vom Blech lösen und in gewünschte Form bringen.

Abb. 1 Hippenrollen als Garnitur

Grundrezept Ei-Hippenmasse

500 g Puderzucker
500 g Mehl
500 g Vollei

- Zutaten glattarbeiten, aber
- nicht schaumig rühren,
- bei starker Oberhitze backen.

Zubereitung Speisen

2 Cremespeisen 🇬🇧 *light cream dishes* 🇫🇷 *crèmes (w) et zéphyrs (m)*

Creme von frz. crème bedeutet in wörtlicher Übertragung: das Erlesene, das Feinste. In der Fachsprache versteht man unter Creme etwas besonders Zartes von cremeartiger oder schaumiger Beschaffenheit (siehe auch Cremesuppe).

Cremespeisen (*Creams/Crèmes*) werden unterschieden nach der **Art der Bindung** und der **Art der Verwendung.**

Nach der **Art der Bindung** unterscheidet man:

Cremes mit Gelatinebindung	Pochierte Cremes	Gekochte Cremes
Aufgeschlagene Sahne wird durch Gelatine gefestigt und vor dem Absetzen geschützt. Zusätzliche Flüssigkeit wird vorab zu einem Fond verarbeitet. ● **Beispiel:** Zitronensahnecreme, Bayerische Creme	Bindung durch Ei. Milch und Eier werden vermischt. Beim Erwärmen entsteht Bindung. Creme ist ohne Lockerung. Die Masse ist mit einem Eierstich vergleichbar. ● **Beispiel:** Karamellcreme	Bindung durch Stärke. Flüssigkeit wird durch verkleisterte Stärke gebunden. Diese Art der Creme wird im Haushalt „Pudding" genannt. Puddingpulver/Cremepulver besteht hauptsächlich aus Stärke. ● **Beispiel:** Patisseriecreme

2.1 Cremes mit Gelatinebindung

Schlagsahne

whipped Cream *crème (w) Chantilly*

Zur sofortigen Verwendung wird die Sahne steifgeschlagen; unter die aufgeschlagene Sahne rührt man je Liter etwa 80 g feinkörnigen Zucker und etwas Vanillezucker.

Zur geschmacklichen Abwandlung können unter diese Grundcreme Fruchtmark, Fruchtstückchen kombiniert mit entsprechender Spirituose, Makronenstückchen oder Schokoladenraspel gezogen werden.

Wird die Sahne zum Füllen oder für Desserts verwendet, schützt eine Beigabe von Gelatine vor dem unerwünschten Absetzen von Flüssigkeit. Man verwendet im Sommer 6 Blatt und im Winter 4 Blatt je Liter Sahne. Gelatine in kaltem Wasser einweichen, nach etwa 15 Min. ausdrücken und langsam erwärmen. Die aufgelöste Gelatine rasch und gründlich unter die geschlagene Sahne heben.

Pulverförmige Sahnebindemittel bestehen aus modifizierter Stärke. Sie lassen sich am besten in der Schlagsahne verteilen, wenn sie zuvor trocken mit dem Zucker vermischt werden.

Zitronensahnecreme

lemon cream *crème (w) au citron*

Bei dieser Creme wird aus Fruchtsaft, Wasser, Zucker und Eigelb zunächst ein Fond (Grundcreme) hergestellt, damit die Flüssigkeit gebunden ist.

Grundrezept (10 Portionen)

3 Eigelb
100 g Zucker
50 g Wasser
Saft von 2 Zitronen
Abgeriebenes einer Zitrone
6 Blatt Gelatine
0,5 l Sahne

- Zitronensaft, Wasser, Eigelb und Zucker zusammen erwärmen, bis die Masse bindet (abziehen).
- Nicht aufkochen, denn sonst gerinnt sie.
- Eingeweichte Gelatine in der warmen Masse auflösen.
- Nach dem Abkühlen 1 *l* geschlagene Sahne unterziehen.

Bayerische Creme

bavarian cream *crème (w) bavaroise*

Die Bayerische Creme ist die vielfältigste Art in der Patisserie. Aus dem Grundrezept kann eine Vielfalt von Abwandlungen hergestellt werden.

Bei Bayerischer Creme wird die Schlagsahne durch eine größere Menge Milch ergänzt. Diese Flüssigkeit wird zunächst mit den Eigelben gebunden. Es entsteht ein Fond (Grundcreme).

In der Wärme des Fonds wird die eingeweichte Gelatine gelöst. Wenn die Grundcreme entsprechend abgekühlt ist, zieht man die geschlagene Sahne unter.

Die Menge der verwendeten Gelatine ist je nach Verwendung der Creme und Jahreszeit unterschiedlich.

- Schüsselcremes sind von einem Gefäß umgeben und benötigen darum weniger Halt durch Gelatine als frei stehende Charlotten (siehe nächste Seite),
- in der kühlen Jahreszeit ist weniger Gelatine erforderlich als im Sommer.

Grundrezept (10 Portionen)

0,5 l Milch
4 Eigelb
125 g Zucker
Vanilleschote
0,5 l Sahne
8 Blatt Gelatine

- Die Milch mit Vanille zum Kochen bringen.
- In der Zwischenzeit Eigelb mit Zucker schaumig rühren.
- Die kochende Milch langsam unter kräftigem Rühren in die Eiermasse geben,
- weiter erhitzen, bis die Mischung leicht bindet.
- Eingeweichte Gelatine beigegeben,
- das Ganze durch ein Haarsieb passieren.

Keinesfalls dürfen die Eier in die Milch gegeben oder die Mischung von Eiern und Milch zu lange erhitzt werden. Die Creme würde sofort grießig und hätte keine Bindung.

- Wenn der Fond zu stocken beginnt (20–25 °C), rasch die geschlagene Sahne unterziehen.

Das Erkennen der richtigen Temperatur der Creme ist sehr wichtig: bei zu warmer Creme zerläuft die untergezogene Sahne, bei zu kalter Creme stockt die Masse zu rasch und kann nicht mehr in die Förmchen gefüllt werden.

Verwendung von Bayerischer Creme

Schüsselcreme
So bezeichnet man Creme, die in Glasschüsseln oder Gläser abgefüllt wird. Entsprechend garniert wird sie in diesen serviert. Darum kann auch der Gelatineanteil geringer gehalten werden und die Creme ist dann besonders zart.

Stürzcreme
Dazu wird die Creme in nasse Förmchen gefüllt und zum Abkühlen gebracht. Nach etwa zwei Stunden kann die erstarrte Creme aus den Förmchen gestürzt werden. Die Masse löst sich leichter aus den Förmchen, wenn diese kurz in warmes Wasser gehalten werden.

Charlotten
Sie sind von einem Biskuitrand umgeben. Dazu werden Ringformen mit Papier ausgelegt und mit aufgestellten Löffelbiskuits ausgekleidet, anschließend mit Creme aufgefüllt und kalt gestellt. Nach dem Stürzen wird der Papierstreifen abgezogen und mit Schlagsahne ausgarniert.

Durch Beigabe weiterer Geschmackszutaten sind viele Ableitungen möglich. Die Zutaten sind stets **vor** der Sahne unter die Grundcreme zu mischen.

- **Schokoladencreme**
  - aufgelöste Schokolade
- **Mokkacreme**
  - löslicher Kaffee
- **Nusscreme**
  - geröstete, geriebene Nüsse
- **mit Früchten**
  - feste frische Früchte in Zuckerwasser blanchieren, andere in Likör ziehen lassen
- **ferner**
  - alle Likörarten
  - Fruchtmark

2.2 Pochierte Cremes

Pochierte Creme ist süßer Eierstich mit Geschmacksbeigaben.

Grundrezept (10 Portionen)

6	Eier
120 g	Zucker
0,75 l	Milch
	Vanille

- Milch mit Vanille erhitzen,
- Zucker und Eier mit dem Schneebesen tüchtig verrühren,
- unter Rühren nach und nach die heiße Milch beigeben,
- durch ein Spitzsieb passieren.
- Masse in ausgebutterte Förmchen füllen,
- im Wasserbad im Rohr des Ofens ca. 20 Min. garen. Dabei darf das Wasser nicht sieden, sonst treibt die Creme (souffliert) und wird löcherig.
- Gut auskühlen lassen und stürzen.
- Mit Schlagsahne garniert anrichten.

Karamellcreme

caramel cream *crème (w) au caramel*

- Förmchen ausbuttern,
- 150 g Zucker unter Rühren zu goldgelbem Karamell schmelzen,
- mit wenig Wasser ablöschen und die Förmchen damit ausgießen.
- Mit Grundrezept pochierte Creme auffüllen,
- im Wasserbad im Rohr des Ofens pochieren.

Zubereitung Speisen

- Nach dem Erkalten stürzen und mit dem gelösten Karamell servieren.

Wiener Creme

viennese cream — crème (w) viennoise

Im Unterschied zur Karamellcreme ist bei dieser der Karamell in der Milch gelöst. Zucker hellbraun schmelzen, mit Milch ablöschen und loskochen, sonst wie Karamellcreme zubereiten.

Königliche Creme

royal cream — crème (w) royale

Zum Grundrezept 50 g gestoßenen Krokant in die Milch geben, nach dem Stürzen auf die Mitte geschlagene Sahne dressieren, Walderdbeeren auflegen.

Schokoladencreme

chocolate cream

crème (w) au chocolat

Zubereiten wie Wiener Creme. Zuvor in der mit Karamell losgekochten Milch noch 100 g bittere Schokolade auflösen. Erkaltete Creme mit Sahnetupfen garnieren.

2.3 Gekochte Cremes

Patisseriecreme (Füllcreme)

pastry cream — crème (w) pâtissière

Grundrezept – einfache Art (10 Portionen)

1 l	Milch
150 g	Zucker
2	Eigelb
100 g	Cremepulver/Stärke
	Vanille

Grundrezept – bessere Art (10 Portionen)

1 l	Milch
150 g	Zucker
6	Eigelb
70 g	Cremepulver/Stärke
	Vanille

- Etwa drei Viertel der Milchmenge zum Kochen bringen.
- Zucker, Eigelb, Cremepulver und die restliche Milch getrennt anrühren.
- Kocht die Milch auf, rührt man die angerührten Zutaten ein,
- weiterkochen, bis Blasen aufsteigen.

Wird die Creme zu kurz gekocht, kann nicht die gesamte Stärke verkleistern; die Creme schmeckt roh, verliert bald an Bindung und setzt wässrige Flüssigkeit ab.

Um die Hautbildung beim Auskühlen zu vermeiden, kann man mit einem Papier abdecken oder Butterflocken auflegen oder mit Zucker leicht bestreuen.

Die abgekühlte Creme wird zur Herstellung von Buttercreme oder zum Füllen von Gebäcken aus Brandmasse verwendet.

2.4 Mus

mousse — mousse (w)

Mousse oder Mus bedeutet im Französischen Schaum. Bei einer Mousse handelt es sich um eine cremig-schaumige Dessertspeise.

Am bekanntesten ist *mousse au chocolat,* die es in dunkler und heller Variation gibt.

Schokoladenmus

chocolate mousse

mousse (w) au chocolat

Dunkles Mus
(Mengen für etwa 10 Portionen)

200 g	dunkle Kuvertüre
1	Ei
2	Eigelb
25 g	Zucker
2 cl	Crème de Cacao (braun)
0,3 l	Schlagsahne

- Kuvertüre klein schneiden, im Wasserbad oder Mikrowellengerät auflösen,
- Eier und Eigelb mit Zucker warm und kalt schlagen,
- Likör und flüssige Kuvertüre unter die Eiermasse mischen,
- geschlagene Sahne unterheben,
- abfüllen und mindestens zwei Stunden kühlen.

Helles Mus
(Mengen für etwa 10 Portionen)

200 g	weiße Schokolade
1	Ei
2	Eigelb
2 Blatt	Gelatine
25 g	Zucker
2 cl	Crème de Cacao (klar)
0,25 l	Schlagsahne

- Weiße Schokolade klein schneiden, im Wasserbad oder Mikrowellengerät auflösen,
- Eier und Eigelb mit Zucker warm und kalt schlagen,
- eingeweichte Gelatine in die warme Eiermasse geben,
- Likör und flüssige Schokolade unter die Eiermasse mischen,
- geschlagene Sahne unterheben,
- abfüllen und mindestens zwei Stunden kühlen.

Hinweis

Die Zugabe von Eischnee kann eine Mousse noch luftiger machen. Zum Grundrezept gibt man den Schnee von zwei Eiklar. Um die notwendige Bindung zu erzielen, sind zwei Blatt Gelatine zusätzlich zuzugeben. Bei dunklem Mousse also 2 Blatt, bei hellem Mousse 4 Blatt insgesamt.

Abb. 1 Krokantmousse auf Orangensauce mit Kumquat

Abb. 2 Bayerische Creme mit Himbeeren und karamellisierten Apfelspalten

3 Puddinge *puddings* *poudings (m)*

Alle Puddingarten bestehen aus einer **Grundmasse,** die aus stärkehaltigen Rohstoffen (Speisestärke, Reis, Grieß) durch Aufkochen mit Milch hergestellt und meist durch die Beigabe von Eigelb verfeinert wird.

Als **Lockerungsmittel** dient immer zu Schnee geschlagenes Eiweiß; dieses wird kurz vor dem Garen unter die Grundmasse gehoben.

Die meisten Puddinge lassen sich schlecht portionieren.
Darum ist es ratsam, sie in Portionsförmchen zuzubereiten.

Auflaufpuddinge

soufflé pudding *pouding (m) soufflé*

- Förmchen mit Butter ausstreichen und mit Bröseln oder Zucker ausstreuen,
- Milch mit Vanille und Butter zum Kochen bringen.
- Stärke mit etwas Milch und Eigelb verrühren.
- Kochende Milch unter Rühren dazugeben und aufkochen.
- Eiweiß mit Zucker zu Schnee schlagen und rasch unter die heiße Masse heben.
- Vorbereitete Formen zu drei Vierteln füllen,
- im Wasserbad im Rohr des Ofens bei 150 °C etwa 25 Min. pochieren.

Grundrezept (10 Portionen)

0,5 l	Milch
150 g	Butter
100 g	Stärke/Cremepulver
9	Eigelb
15	Eiweiß
150 g	Zucker
	Prise Salz, Vanille

Sächsischer Pudding

saxon pudding *pouding (m) saxon*

Serviert man zum Auflaufpudding Weinschaumsauce, spricht man von Sächsischem Pudding.

Dieses Grundrezept lässt sich vielfach verändern. z. B durch Beigabe von

- Likören wie Grand Marnier oder Cointreau,
- geriebenen Mandeln oder Nüssen,
- Schokolade oder Nugat.

Reispudding *rice pudding* *pouding (m) au riz*

- Milch mit Zitronenschale und Salz aufkochen,
- Butter beigeben,
- den abgewällten Reis einstreuen und abgedeckt am Rande des Herdes 30 Min. quellen lassen.
- Eiklar zu Schnee schlagen.
- In einer kalten Schüssel unter den Reis zuerst das Eigelb und dann den Eischnee unterziehen.
- In ausgebutterte Förmchen füllen und pochieren.
- Nach einer Ruhezeit stürzen.
- Zusammen mit gedünsteten Aprikosen anrichten.

Grundrezept (10 Portionen)

125 g	Reis
0,5 l	Milch
20 g	Butter
3	Eigelb
4	Eiweiß
100 g	Zucker
	Zitronenschale
	Salz

Grießpudding

semolina pudding *pouding (m) à la semoule*

- Milch und Butter aufkochen,
- Grieß einrühren und so lange abbrühen, bis sich die Masse vom Topf löst.
- Abkühlen lassen.
- Zucker, Eigelb und Zitronenschale beigeben,
- Eischnee unterheben,
- in ausgebutterte Formen füllen und
- im Wasserbad garen.

Grundrezept (10 Portionen)

0,5 l	Milch
50 g	Butter
125 g	Grieß
7	Eigelb
7	Eiweiß
100 g	Zucker
	Abgeriebenes einer Zitrone

Abb. 1 Gestürzter Pudding

Kabinettpudding

cabinet pudding style *pouding (m) diplomate*

Diese Zubereitung ist zwar nach der Art der Herstellung eine pochierte Creme, trägt aber den Namen Pudding.

- Förmchen ausbuttern und zuckern,
- bis zu drei Vierteln der Höhe mit Stückchen von Löffelbiskuits, Zwieback, gewaschenen Rosinen, feingeschnittenem Zitronat und Orangeat auslegen.
- Milch, Eier und Zucker verrühren,
- nach und nach zugießen, damit die Gebäckstücke sich vollsaugen können und nicht aufsteigen.
- 90 Min. ruhen lassen,
- im Wasserbad pochieren.
- Mit Vanillesauce oder Fruchtsauce servieren.

Grundrezept (10 Portionen)

	Löffelbiskuits
150 g	Zitronat/Orangeat
100 g	Rosinen
1 l	Milch
6	Eier
150 g	Zucker

4 Aufläufe/Soufflés *soufflés* *desserts soufflés (m)*

Aufläufe

dessert soufflés *soufflés (m)*

- Milch mit Butter zum Kochen bringen,
- Mehl auf einmal beigeben,
- Masse erhitzen, bis sich im Topf ein weißer Belag bildet.
- Masse in ein kaltes Gefäß geben,
- Eigelb nach und nach unterarbeiten.

Diese Masse kann vorrätig gehalten werden. Bei Bedarf

- Eiklar mit Zucker zu Schnee schlagen und unterheben.
- Förmchen ausbuttern und mit Zucker ausstreuen,
- zu drei Vierteln füllen.
- Bei mittlerer Hitze etwa 25 Min. backen.

Will man eine karamellisierte Oberfläche, bestreut man sie kurz vor Ende der Garzeit mit Puderzucker.

Grundrezept (10 Portionen)

350 g Milch
75 g Butter
75 g Mehl
6 Eigelb
6 Eiweiß
100 g Zucker
Prise Salz, Vanille

Wenn die Förmchen aus dem Ofen kommen, müssen sie sofort serviert werden, weil der Auflauf sehr rasch zusammenfällt.

Zitronenauflauf/Orangenauflauf

lemon soufflé *soufflé (m) au citron*

Grundmasse mit Zitronensaft und dem Abgeriebenen einer ungespritzten Zitrone.

Bei *Orangenauflauf* wird die Milch im Grundrezept durch Orangensaft ersetzt und etwas abgeriebene Orangenschale dazugegeben.

Schokoladenauflauf

chocolate soufflé *soufflé (m) au chocolat*

Unter die Grundmasse 100 g aufgelöste Schokolade ziehen.

Abb. 1 Soufflé

5 Kleine Pfannkuchen *small pancakes* *crêpes (w)*

Crêpes sind hauchdünne Pfannkuchen, die sich besonders vielfältig einsetzen lassen, da sie mit verschiedensten Füllungen bestrichen und gefaltet werden können

Crêpes können auf Vorrat gefertigt und zwischen Pergamentpapaier gelagert werden.

- Mehl und Milch mit einem Schneebesen glatt rühren,
- übrige Zutaten unterrühren, Butter zuletzt.
- Teig ruhen lassen.
- In kleinen Crêpe-Pfannen (12 cm Durchmesser) mit wenig Butter dünne Pfannkuchen backen.

Nach der Art der anschließenden Fertigstellung sind **Ableitungen** möglich, z. B.:

Kleine Pfannkuchen nach Pariser Art

crepes parisienne

crêpes (w) à la parisienne

Grundrezept (10 Portionen je 2 St.)

150 g Mehl, gesiebt
0,3 l Milch
20 g Puderzucker
Zitronenabgeriebenes
Prise Salz
4 Eier
1 EL Weinbrand
40 g Butter, flüssig

Zubereitung Speisen

- Pfannkuchen mit Aprikosenmarmelade bestreichen,
- mit gehackten gerösteten Mandeln bestreuen,
- rollen, mit Puderzucker bestäuben,
- im Salamander oder Ofen karamellisieren.

Kleine Pfannkuchen Suzette

crepes Suzette *crêpes (w) Suzette*

Crêpes Suzette werden vor dem Gast am Flambierwagen fertiggestellt.

Je Person rechnet man drei kleine Pfannkuchen nach obigem Rezept.

- In der Flambierpfanne 30 g Zucker schmelzen und goldgelbe Farbe nehmen lassen.
- 30 g Butter beigeben, aufschäumen lassen,
- mit 0,1 Liter Orangensaft und einem Spritzer Zitrone ablöschen,
- etwas reduzieren und 1 bis 2 EL Grand Marnier beigeben.
- In dieser sirupartigen Flüssigkeit Pfannkuchen wenden und zu Vierteln falten.
- Diese in der Pfanne dachziegelartig anordnen,
- mit etwas erwärmtem Weinbrand begießen und flambieren.

Abb. 1 Crêpes

Palatschinken

pancakes *pannequets (m)*

Kleine Pfannkuchen werden mit verschiedenen Füllungen kombiniert, z. B.

- mit Früchten: Kompottfrüchte, evtl. zusätzlich passende Spirituose;
- mit Konfitüre: Mit Konfitüre bestrichen, aufgerollt und mit Puderzucker bestäubt.

Kleine Pfannkuchen mit Kirsch

crepes with cherry

crêpes (w) au kirsch

Kleine Pfannkuchen werden mit folgender Füllung versehen:

- 180 g Eiweiß mit 240 g Zucker warm und wieder kalt schlagen,
- 300 g Butter schaumig rühren,
- mit dem aufgeschlagenen Eiweiß vermengen, 2 EL Curaçao und 4 EL Kirschwasser vorsichtig unter die Füllung geben.
- Pfannkuchen ausbreiten,
- je etwa 2 EL Füllung auftragen,
- von allen Seiten so einschlagen, dass sich ein Rechteck bildet und die Füllung ganz eingeschlossen ist.
- Mit dem Schluss nach unten auf eine Platte setzen,
- mit Puderzucker bestäuben,
- im Ofen überbacken.

Grundrezept von Seite 553 mit zusätzlich 2 Eiern eignet sich zu Pfannkuchen und Kaiserschmarrn.

Pfannkuchen

pancakes

pannequets (m) à l'allemande

Pfannkuchenmasse etwa 3 mm hoch in eine gebutterte Pfanne gießen, anbacken, wenden, im Rohr fertigstellen.

Man reicht dazu Kompott.

Kaiserschmarrn

browned omelette

omelette (w) rissolée

Masse zunächst wie Pfannkuchen anbacken, dann mit zwei Gabeln in ungleichmäßige Stücke teilen und im Ofen weiterbacken. Schlägt man das Eiklar zu Schnee, erhält man ein besonders lockeres Produkt.

Man reicht dazu Kompott oder Konfitüre.

Abb. 2 Kaiserschmarrn

6 Omeletts — omelettes — omelettes (sucrées) (w)

Omeletts

omelettes — omelettes (w)

Die Herstellung von Omeletts ist im Abschnitt Eierspeisen beschrieben (Seite 190).

Nach dieser Art werden auch zubereitet:

Omelett mit Zucker

omelette with sugar

omelette (w) au sucre

Omelett wie üblich zubereiten, mit Puderzucker bestreuen, mit glühendem Eisen Muster einbrennen.

Omelett mit Konfitüre

omelette with jam

omelette (w) à la confiture

Omelett vor dem Zusammenklappen mit Konfitüre füllen, überzuckern und wie oben einbrennen.

Auflaufomelett

omelette soufflé — omelette (w) soufflé

- Eigelb, Zucker und Geschmackszutaten schaumig rühren,
- das Eiweiß mit Zucker zu Schnee schlagen,
- Kartoffelstärke darüberstäuben und mit dem Schneebesen einrühren.
- Eiweißschnee behutsam unter die Eigelbmasse heben.
- Eine Platte in der Vertiefung mit Butter ausstreichen,
- darauf die Omelettmasse geben und mit einer Palette hoch aufstreichen, in der Mitte eine Vertiefung anbringen, damit das Omelett gleichmäßig ausbackt.
- Mit Sterntülle verzieren, leicht mit Puderzucker bestäuben.
- Etwa 7 Min. in nicht zu heißem Ofen backen. Dabei karamellisiert der Puderzucker und gibt eine ansprechende, glänzende Oberfläche.
- Unbedingt sofort servieren.

Grundrezept (für 2 Personen)

4 Eigelb
50 g Zucker
5 Eiweiß
50 g Zucker
Zitronenabgeriebenes
5 g Kartoffelstärke
Mark einer halben Vanilleschote

Abb. 1 Auflaufomelett im Querschnitt

7 Saucen — pastry sauces — sauces (w) de la pâtisserie

Saucen dienen als Ergänzung zu Süßspeisen.

1 Liter Sauce reicht, wenn auf Tellern angerichtet wird, für 30 Portionen. Wird die Sauce getrennt gereicht, ergibt 1 Liter ca. 15 Portionen.

Vanillesauce — custard sauce — sauce (w) à la vanille

Grundrezept (mit Stärke)

1 l Milch
100 g Zucker
2 Eigelb; 35 g Stärke
1 Vanilleschote

Durch Aufkochen binden

Grundrezept (ohne Stärke)

1 l Milch
100 g Zucker
2 Eigelb; 4 Eier
1 Vanilleschote

Bis zur Rose abziehen

Schokoladensauce

chocolate sauce

sauce (w) au chocolat

Rezept wie für die Vanillesauce; in die aufkochende Milch wird 200 g geriebene Kuvertüre gegeben.

Warme Schokoladensauce

hot chocolate sauce

sauce (w) au chocolat chaud

Grundrezept

350 g Kuvertüre
0,5 l Sahne
½ Vanilleschote
Zucker nach Geschmack

- Kuvertüre im Wasserbad zerlaufen lassen.
- Sahne und längsgespaltene Vanilleschote aufkochen. Vanilleschote entnehmen,
- Sahne unter die aufgelöste Kuvertüre rühren (z. B. für Birne Helene).

Weinschaumsauce

chaudeau sauce

crème (w) au chaudeau

Grundrezept (10 Portionen)

8 Eigelb
1 Zitronensaft
200 g Zucker
0,5 l Weißwein

Weißwein, Eigelb, Zitronensaft und Zucker werden in einem Kessel im kochenden Wasserbad zur Schaumsauce aufgeschlagen und warm serviert.

Weinschaumcreme

chaudeau cream

sauce (w) chaudeau

Der warmen Weinschaumsauce 3 Blatt eingeweichte Gelatine beigeben. Das Ganze bis zum völligen Erkalten auf Eis weiterschlagen und in vorgekühlte Gläser portionieren.

Orangensauce

orange sauce

sauce (w) à l'orange

Grundrezept

0,25 l Orangensaft
0,25 l Aprikosenmark
100 g Zucker
3 Eigelb
20 g Cremepulver/Stärke
2 Blatt Gelatine
0,5 l Schlagsahne
abgeriebene Schale von 2 Orangen

Orangensaft, Aprikosenmark, Zucker, Eigelb und Cremepulver werden vorsichtig zu einer Creme gekocht, dann die Gelatine zugeben.

Nach dem Abkühlen Schlagsahne und das Abgeriebene der Orangen leicht unterheben.

Abb. 1 Joghurt-Mangocreme mit Kiwi und Himbeersauce

Saucenspiegel können auf einfache Weise für die dekorative Gestaltung von Flächen eingesetzt werden.

Die nachfolgenden Dessert-Beispiele zeigen:
- eine zentrale, mittige Anrichteweise (oben),
- eine seitlich versetzte Platzierung (unten).

Teller mit Vanillesauce dünn ausgießen. Mit Spritztüte Ringe von Fruchtmark aufbringen. Mit Stäbchen achtmal erst von innen nach außen ziehen, dann von außen nach innen.

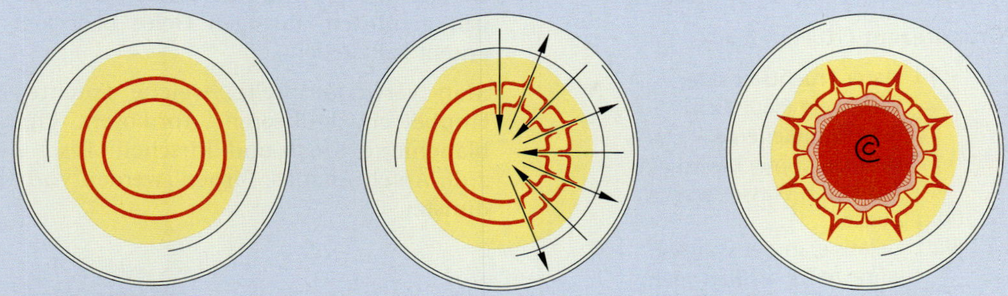

Teller mit Sauce ausgießen, mit Spritztüte Tupfen von andersfarbigem Material setzen. Mit Stäbchen die Farbtupfen durchteilen. Dessert daneben anrichten.

Spritztüte

Für Garnierarbeiten ist eine Spritztüte eine wichtige Hilfe. Ein nicht zu festes rechteckiges Pergamentpapier wird diagonal gefaltet und in die Form eines ungleichmäßigen Dreiecks geschnitten. Wichtig ist, dass die lange Seite des Dreiecks (Basis) scharf geknickt und glatt geschnitten wird.

Das Papierdreieck wird mit der linken Hand gehalten. Der Daumen liegt dabei gegenüber der Spitze.

Daumen und Zeigefinger der rechten Hand fassen die obere Spitze und drehen sie nach innen. Durch Nachfassen dreht man das Papier zur Tüte. Das überstehende Ende (rechts) klappt man nach innen und hält dadurch die Spritztüte zusammen.

Die Tüte wird nur bis etwa zur Hälfte gefüllt, damit sie gut verschlossen werden kann.

Rezepte für Spritzglasuren Seite 560.

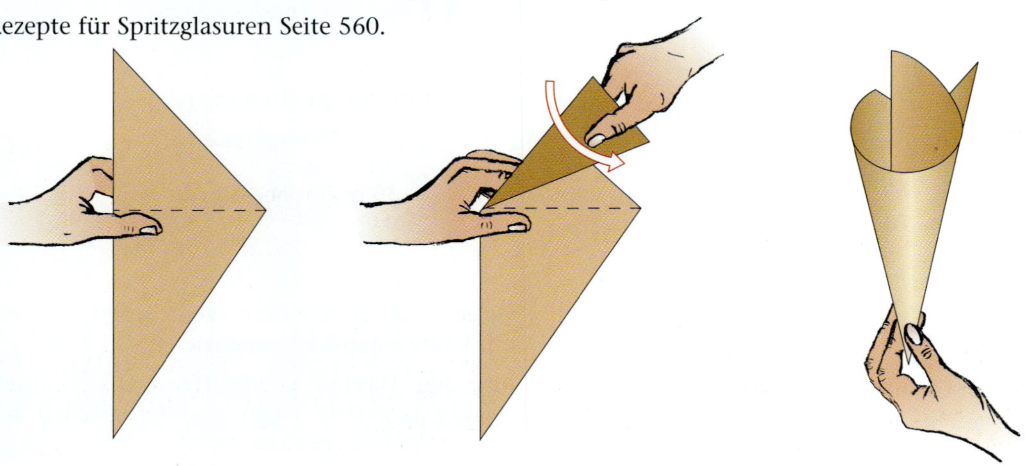

8 Gelee *jellies* *gelées (w)*

Gelee *jelly* *gelée (w)*

Grundrezept (10 Portionen)

1 l	klarer Fruchtsaft oder Weißwein (säuerlich) Bei Flüssigkeiten mit starkem Geschmack wird ein Teil durch Wasser ersetzt.
300 g	Zucker
12 Blatt	Gelatine, in der warmen Jahreszeit 2–3 Blatt mehr
	Saft von 2 Zitronen

- Gelatine einweichen,
- Wein mit Zucker bis ca. 60 °C erhitzen und Gelatine beigeben.
- Abkühlen lassen und kurz vor dem Stocken in Glasschalen oder -kelche füllen

Früchte in Weingelee

fruits in vine jelly

gelée (w) de vin aux fruits

Vorbereitete, mundgerecht zugeschnittene Früchte in Portionsglasschalen oder in flache, weite Gläser gefällig einordnen. Damit die Früchte in ihrer Lage verbleiben, zunächst nur so viel kalt gerührtes, noch flüssiges Weingelee eingießen, bis sie etwa zu einem Drittel darin liegen; zum Stocken des Gelees kalt stellen. Danach die Früchte mit dem noch fehlenden, kalt gerührten, flüssigen Gelee bedecken und erneut kalt stellen.

Man verwendet reife, weiche Früchte, z. B. Himbeeren, Erdbeeren, Aprikosen, Pfirsiche, blanchierte Kiwis und Kirschen. Feste Arten, z. B. Äpfel, Ananas, Birnen, werden vorher gedünstet.

Abb. 2 Früchte in Weingelee

Abb. 1 Herstellen von Früchten in Weingelee

Orangenfilets in Gelee

orange fillets in jelly

filets (m) d'oranges en gelée

Grundrezept (10 Portionen)

0,5 l	Orangensaft
0,5 l	Wasser
50 g	Zitronensaft

Gelee nach dem Grundrezept anfertigen und mit Grand Marnier aromatisieren.

Aus den Häuten geschnittene Orangenfilets gefällig in Gläser legen und fertigstellen wie Früchte in Weingelee.

9 Fruchtsalat *fruit salad* *salade (w) de fruits, macédoine (w) de fruits*

Für Fruchtsalat werden reife, ungekochte Früchte verwendet. Die verschiedenen Sorten müssen mengenmäßig so abgestimmt sein, dass sie harmonieren.

Empfindliche, hellfleischige Früchte wie Bananen, Pfirsiche, Äpfel und Birnen werden in rohem Zustand bei Luftzutritt durch die Wirkung von Enzymen rasch braun. Das kann durch Säure von Orangen und Ananas verhindert werden, denn diese hemmt die Enzyme.

Man beginnt darum mit saftreichen, säurehaltigen Früchten wie Orangen oder Ananas. Diese werden nach dem Vorbereiten sofort gezuckert. Der frei werdende Saft enthält so viel Säure, dass die anderen Früchte vor dem Braunwerden geschützt sind.

Orangen werden filetiert. Dazu schneidet man zunächst mit dem Messer die Schale so ab, dass die das Fruchtfleisch umgebende weiße Haut mit entfernt wird. Dann führt man das Messer so in das Fruchtfleisch, dass hautlose Filets herausgetrennt werden können. Der verbleibende Fruchtrest (Bindehäute) wird zur Saftgewinnung ausgepresst.

Abb. 1 Filetieren von Zitrusfrüchten

Ananas. Stiel und Blattrosette werden abgeschnitten. Dann teilt man die Ananas quer zur Längsachse in 1 cm dicke Scheiben und entfernt erst bei diesen die Schale. Das härtere Zentrum der Scheiben ist mit einem Ausstecher zu entnehmen. Vom verbleibenden Kreisring erhält man die Fruchtstücke in der gewünschten Größe.

Trauben werden abgebeert, die Beeren längs halbiert und entkernt.

Pfirsiche und Aprikosen gibt man kurz in kochendes Wasser, damit sich die Haut leichter abziehen lässt. Die halbierte, entsteinte Frucht schneidet man in Segmente.

Abb. 2 Aufteilen von Ananas

Äpfel und Birnen werden geschält, geviertelt, vom Kernhaus befreit und in feine Scheibchen geschnitten.

Fruchtsalate werden gerne mit Spirituosen verfeinert. Man gibt diese jedoch erst kurz vor dem Anrichten bei, weil die Aromastoffe leicht flüchtig sind. Auf keinen Fall darf der Eigengeschmack der Früchte überdeckt werden. Darum ist vorsichtig zu dosieren.

Angerichtet wird in Glasschalen, die von zerkleinertem Eis umgeben sind.

Zu gekühlten Früchten oder Fruchtsalat können neben kleinem Backwerk auch Himbeer- oder Erdbeersahne (Schlagsahne mit gesüßtem Himbeer- oder Erdbeermark vermengt), Weinschaum- oder Orangensauce gereicht werden.

Harmonische Zusammenstellungen gekühlter Früchte

- **Orangen und Ananas**
  Beigabe: Himbeersahne
  (Schlagsahne mit Himbeermark)
- **Grapefruits und Orangen**
  Beigabe: Erdbeersahne
  (Schlagsahne mit Erdbeermark)
- **Erdbeeren und Orangen**
  Beigabe: Weinschaumsauce
- **Aprikosen und Pfirsiche**
  Beigabe: Orangensauce

10 Glasuren *icings* *glaces (w) et fondants (m)*

Glasuren vollenden das Aussehen von vielerlei Gebäck und runden den Geschmack ab. Damit die Glasur hält und vor dem Austrocknen geschützt ist, wird das Gebäck zunächst mit heißer Aprikosenkonfitüre überzogen (aprikotiert).

Aprikotur

apricot jam *abricotage (w)*

Aprikosenmarmelade glattrühren, mit etwas Wasser aufkochen und heiß verwenden.

Gebäckstücke bestreicht man mit einem Pinsel; Torten werden mit der Palette eingestrichen.

Fondant *frosting* *fondant (m)*

Fondant wird in der Regel fertig gekauft; er lässt sich auch aus gekochtem Zucker herstellen.

Zum Glasieren erwärmt man die erforderliche Menge im Wasserbad auf etwa 40 °C und verdünnt mit Läuterzucker oder Wasser. Die Glasur kann mit Geschmacksstoffen versetzt und leicht gefärbt werden.

Nach dem Glasieren stellt man die Stücke an einen warmen Ort, damit die Glasur antrocknet.

Fondantglasur glänzt besser und ist weicher im Biss als Wasserglasur.

Wasserglasur

water icing *glace (w) à l'eau*

Puderzucker mit warmem Wasser glattrühren und auf die zum Glasieren erforderliche Dicke bringen. Die Wasserglasur wird entsprechend dem zu glasierenden Gebäck mit Zitrone, Rum oder Arrak abgeschmeckt. Beim Glasieren soll das Gebäck noch warm sein, damit die Glasur rasch antrocknet und Glanz erhält.

Kuvertüre

coating chocolate *couverture (w)*

Kuvertüre oder Überzugsmasse besteht aus den dunklen Kakaobestandteilen, Zucker und der weißen Kakaobutter. Diese Zusammenstellung verlangt eine besondere Behandlung, denn sonst wird die Kuvertüre grau. Dabei schwimmen die leichteren Fett-Teilchen obenauf. Beim Abkühlen bilden sich dann weiße Pünktchen oder Streifen auf dunkler Unterlage. Die Schokolade ist dadurch zwar nicht verdorben, doch sieht sie nicht appetitlich aus.

Die zum Überziehen benötigte Menge Kuvertüre wird im lauwarmen Wasserbad aufgelöst und dann unter Rühren so weit abgekühlt, dass sich eine dickbreiige Masse bildet.

Durch dieses Verfahren vermischt sich die Kakaobutter mit den übrigen Bestandteilen so innig, dass sie bei richtigem Erwärmen der Masse nicht mehr an die Oberfläche tritt. Der Fachmann nennt dieses Verfahren **temperieren.** Richtig temperierte Kuvertüre zieht rasch an und erhält Glanz. Falsch temperierte Kuvertüre bleibt lange flüssig und ist nach dem Erstarren zunächst stumpf und ohne Glanz, später zeigen sich die oben beschriebenen grauen Streifen.

Grundregel:
Auflösen – unter Rühren abkühlen – auf höchstens 33 °C wiedererwärmen.

Soll Kuvertüre dünnflüssig gemacht werden, gibt man aufgelöste Kakaobutter bei. Dies ist insbesondere erforderlich, wenn kleine Teilchen, z. B. Pralinen, überzogen werden sollen.

Speisefettglasur

chocolate frosting

glace (w) au chocolat

Speisefettglasur enthält neben Kakao und Zucker andere pflanzliche Fette.

Diese sind billiger als Kakaobutter und lassen sich leichter verarbeiten, sodass bei Speisefettglasur ein Temperieren nicht erforderlich ist.

Die erwärmte Glasur ist verarbeitungsfähig.

Eiweißspritzglasur

egg white icing *glace (w) royale*

15 g Eiweiß (½ Eiweiß) werden mit etwa 50 g Puderzucker *kräftig* schaumig gerührt. Die Glasur ist fertig, wenn zwei übereinandergelegte Glasurfäden getrennt bleiben, also nicht zusammenlaufen. Gefäß muss immer abgedeckt sein.

Schokoladenspritzglasur

chocolate icing

glacure (w) au chocolat

Der Kuvertüre wird nach und nach Läuterzucker zugesetzt, und sie wird über den Erstarrungspunkt hinaus geschmeidig gerührt. Die Spritzglasur muss warm gehalten werden.

11 Speiseeis/Eisspeisen

ice-cream/ice-cream dishes *glaces (w) et entremets (m) glacés*

In vielen gastgewerblichen Betrieben ist Speiseeis in Form von Eisbechern oder Eisspeisen die bevorzugte Nachspeise. Während früher Speiseeis sehr saisonabhängig war – Sommer und Eis gehörten zusammen – ist heute Speiseeis das ganze Jahr über ein willkommener Abschluss eines Menüs oder als Eisspeise/als Eisgetränk eine willkommene Abwechslung zwischendurch.

Ansprechendes Speiseeis
- ist von lockerer Beschaffenheit,
- hat zart-cremigen Schmelz und
- hat hohen Geschmackswert.

11.1 Speiseeissorten

Gefrieren unter Bewegung		Gefrieren ohne Bewegung Halbgefrorenes
Angebot der Industrie	Eigenherstellung in Eismaschine	Einsetzen, Erstarren im Tiefkühler
*Fruchteiskrem, Fruchteiscreme** ● Mindestens 8 % der Milch entstammendes Fett ● deutlicher Fruchtgeschmack	*Fruchteis* ● Anteil an Frucht mindestens 20 %, bei Zitrusfrüchten mindestens 10 %	*Rahmeis, Sahneeis, Fürst-Pückler-Eis* ● Mindestens 18 % Milchfett aus der bei der Herstellung verwendeten Sahne
Eiskrem, Eiscreme ● Mindestens 10 % der Milch entstammendes Fett	*Kremeis, Cremeeis* ● Mindestens 270 g Vollei oder 90 g Eigelb auf einen Liter Milch	Parfait (frz. perfekt, vollendet) ist ein *Rahmeis*, das zusätzlich eine Eimasse aus Eigelb oder Vollei und Zucker enthält.

* Die Zusammensetzung von Speiseeis ist in den Leitsätzen geregelt. Dabei werden vorwiegend Mindestgehalte der wertgebenden Zutaten genannt. Die Übersicht zeigt Auszüge. Die kursiv gesetzten Wörter sind Begriffe der Leitsätze.

Die Industrie bietet Speiseeis in Behältnissen an, aus denen direkt portioniert wird. Die Übersicht oben zeigt, dass das Angebot einen höheren Fettanteil haben muss, als Eis in Eigenherstellung aus der Eismaschine. Das Fett schützt vor dem Grießigwerden während der Lagerung. Darum können diese Sorten auch länger vorrätig gehalten werden als Produkte der Eigenfertigung.

Eigenherstellung in der Eismaschine kann technisch in zwei Verfahren erfolgen.

- Durchlaufmaschinen
- Eismaschinen mit Rühr- oder Spatelwerk.

Halbgefrorenes wird ohne Bewegung gefroren. Die Luft in aufgeschlagener Sahne oder Eischnee gibt eine lockere Beschaffenheit.

Weil Halbgefrorenes ohne großen technischen Aufwand hergestellt werden kann und zugleich von hervorragender Qualität ist, wird es gerne für besondere Eisspeisen eingesetzt.

11.2 Hygiene

Zu Speiseeis werden leicht verderbliche Zutaten wie Milch, Sahne und Eier verwendet, die Mikroben oder Keimen vorzügliche Lebensbedingungen bieten. Ein erhöhter Keimgehalt ist jedoch weder zu sehen noch zu riechen.

Bei der Herstellung und im Umgang mit Eis ist besonders auf Hygiene zu achten.

Hygiene der Rohstoffe

Für die Eismasse (Eismix) möglichst pasteurisierte Zutaten verwenden: pasteurisierte Milch oder Sahne, pasteurisiertes Ei. Obst ist gründlich zu waschen.

Geschmolzene Eismasse darf nicht nochmals eingefroren werden.

Hygiene der Geräte

Alle Geräte, die zur Eisherstellung verwendet werden, müssen peinlich sauber sein und sofort nach Gebrauch gereinigt werden. Für das Portioniergefäß gelten besondere Bestimmungen (Seite 563).

Hygiene der Personen

Hände dürfen mit dem Speiseeis nicht direkt in Berührung kommen. Trotzdem gilt: Gründliches Händewaschen und Abtrocknen mit Einweghandtüchern muss selbstverständlich sein.

11.3 Speiseeis aus der Eismaschine

Cremeeis

Grundrezept Cremeeis (ergibt etwa 1 l gefrorenes Eis, 10 Portionen)

0,5 l Milch
100 g Zucker
5 Eigelb, pasteurisiert ≙ 90 g
½ Vanilleschote

- Eigelb mit Zucker verrühren,
- Milch aufkochen,
- unter kräftigem Rühren in die Eimasse geben,
- erhitzen, bis die Masse bindet (85 °C),
- durch ein Haarsieb passieren,
- rasch abkühlen und in der Eismaschine gefrieren.

Ableitungen

(Beigaben zur Menge des Grundrezeptes)

Haselnusseis

hazelnut ice-cream

glace (w) aux noisettes

70 g Haselnüsse rösten, Schalen abreiben, fein mahlen, 15 Min. in heißer Milch ziehen lassen.

Mokkaeis

coffee ice-cream *glace (w) au café*

Grundrezept ohne Vanille, 1 EL löslicher Kaffee.

Schokoladeneis

chocolate ice-cream

glace (w) au chocolat

Zuckermenge auf 150 g verringern, 125 g Kuvertüre in der heißen Milch auflösen.

Mandeleis

almond ice-cream

glace (w) aux amandes

100 g Marzipanrohmasse mit etwas Milch weich machen und unter die abgekühlte Grundmasse geben.

Karamelleis

caramel ice-cream

glace (w) au caramel

Zuckermenge des Grundrezeptes in einem Topf zu braunem Karamell schmelzen. Milch dazugießen, langsam aufkochen, damit sich der geschmolzene Zucker auflösen kann. Diese Milch unter Rühren der Eigelbmasse beigeben.

Fruchteis

Bei der Herstellung von Fruchteis muss der unterschiedliche Zuckergehalt der Früchte berücksichtigt werden, denn der Zuckeranteil beeinflusst die Festigkeit der Eismasse. Ist er zu gering, wird das Eis nicht glatt, ist er zu hoch, bleibt das Eis zu weich. Die abgebildete Zuckerwaage ist eine Senkwaage. Sie zeigt also über die Dichte der Flüssigkeit den Zuckergehalt in °Bé (Baumé) an.

Läuterzucker

ist aufgekochte und abgeschäumte (gereinigte, geläuterte) Zuckerlösung.

Wird 1 Liter Wasser mit 1 kg Zucker aufgekocht, so erhält man Läuterzucker, der heiß gemessen eine Dichte (Konzentration) von etwa 28 °Bé anzeigt. Abgekühlt gemessen nimmt die Dichte um 2 bis 3 °Bé zu. Läuterzucker ist Grundbestandteil von Fruchteis und Eisparfait; verdünnt und mit Alkoholika aromatisiert verwendet man ihn u. a. zum Tränken von Savarins.

Grundbestandteile

- Fruchtsaft von Orangen, Zitronen, Mandarinen oder
- Fruchtmark von Erdbeeren, Aprikosen, Ananas, Kirschen usw.
- Läuterzucker
- Zitronensaft zum Fruchtsäureausgleich.

Bindung

Das Fruchteis erhält seine Bindung durch Zugabe von Speiseeis-Bindemitteln, die industriell hergestellt werden, sowie von Eiweiß bzw. Eischnee oder von Joghurt.

Erdbeereis

strawberry ice-cream

glace (w) à la fraises

Bedarf (10 Portionen)

- 500 g Erdbeermark
- 40 g Zitronensaft
- 0,5 l Läuterzucker (28 °Bé)
- 30 g Eiweiß

- Fein passiertes Erdbeermark, Läuterzucker und Zitronensaft mischen.
- So viel Wasser beigeben, dass die Mischung einen Zuckergehalt von 18 °Bé aufweist.
- Zu Schnee geschlagenes Eiweiß unterrühren und in der Eismaschine gefrieren.

Durch die Beigabe von geschlagenem Eiweiß wird das Eis besonders geschmeidig.

Zitroneneis

lemon ice-cream

glace (w) au citron

Bedarf (10 Portionen)

- 0,6 l Läuterzucker (28 °Bé)
- 150 g Zitronensaft
- gelbe Schale von 2 unbehandelten Zitronen
- 30 g Eiweiß (1 Eiweiß)

- In warmem Läuterzucker die Zitronenschalen ausziehen lassen.
- Dann Zitronensaft beigeben und so viel Wasser dazugießen, bis das Ganze 20 °Bé hat.
- Die Mischung durch ein Haarsieb seihen, das zu Schnee geschlagene Eiweiß unterrühren.
- In der Eismaschine gefrieren, bis das Eis blendend weiß und zäh ist.

Portionieren von Speiseeis

Zum Ausportionieren von Speiseeis benutzt man entweder einen Zangenportionierer ① oder einen Dipper ②.

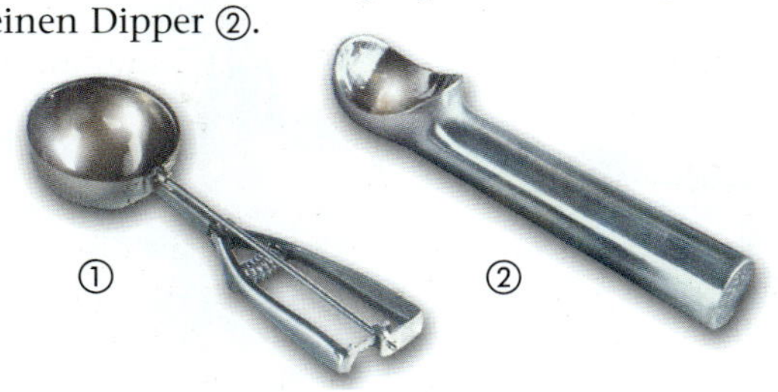

Diese Geräte bewahrt man am besten in einer sogenannten Portioniererspüle auf.

Das sind Behälter mit durchlaufendem kaltem Wasser. Ist kein Wasseranschluss vorhanden, wechselt man das Wasser mehrmals täglich und gibt etwas Zitronen- oder Weinsäure bei. Die Säure senkt den pH-Wert und hemmt dadurch die Keimvermehrung.

Wird der Portionierer benutzt, klopft man zuerst das anhaftende Wasser ab, denn anhaftendes Restwasser führt zu harten Eiskristallen bei den Portionskugeln.

Zum Portionieren zieht man das Gerät in Längsbahnen leicht über die ganze Fläche. Dadurch wird die Eismenge gleichmäßig abgetragen. Nicht „graben“, keine Ränder stehen lassen.

11.4 Eisbecher

Die meisten Eisbecher sind Kombinationen von Eis verschiedener Geschmacksrichtungen mit Früchten und ergänzenden Zutaten wie Garnituren, die verschönern (Sahne, Schokosauce usw.)

Aufbau eines Eisbechers in Einzelschritten sowie Ergebnis im Foto:

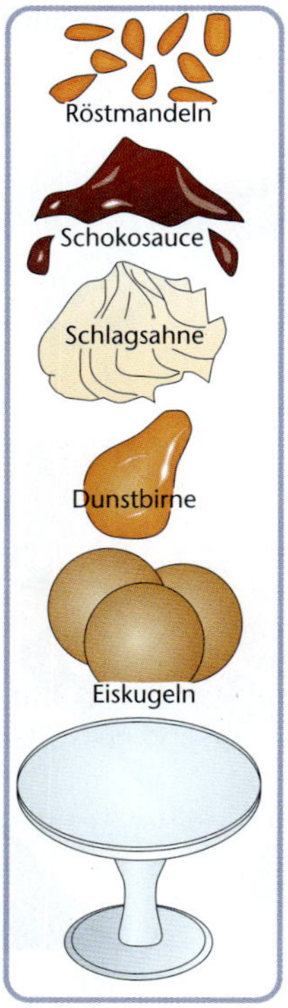

Die Eisbecher haben besondere Vorzüge, weil sie äußerst ansprechend, praktisch und bei den Gästen beliebt sind. Verwenden lässt sich jede Creme-, Frucht- oder Liköreissorte, allein für sich oder auch gemischt. Die Abwechslungsmöglichkeiten sind fast unübersehbar.

Als Ergänzung dienen beim Anrichten Schlagsahne, alle Arten gedünsteter Früchte, Makronen, Hippen, Waffeln, Mandeln, Pistazien, Nüsse, figürliche Marzipan- und Schokoladenstückchen, Fruchtmark, Cremesaucen, Karamell, gesponnener Zucker sowie vieles andere.

Angerichtet wird in besonderen Glas- oder Silberbechern; diese müssen eisgekühlt sein, um ein rasches Schmelzen des Gefrorenen zu vermeiden.

Königsbecher

royal cup *coupe (w) royale*

Unter klein geschnittenen Obstsalat von Erdbeeren und Pfirsichen Makronenwürfelchen mischen und mit Curaçao mazerieren (frz., wörtlich: einweichen). In einen Becher je eine Kugel Vanille- und Himbeereis geben, 1 EL Obstsalat einfüllen und mit Himbeermark überziehen. Ein Schlagsahnetupfen und Pistazienscheibchen bilden die Garnitur.

Eisbecher Madeleine

madeleine cup *coupe (w) Madeleine*

Ananasstückchen mit Kirschwasser und Maraschino aromatisieren. Zwei Kugeln Vanilleeis in einen Becher füllen, 1 EL Ananasstückchen daraufhäufen und mit Aprikosensauce (wie Orangensauce Seite 556, Orangensaft durch hellen Fruchtsaft ersetzen) überziehen. Ein Hippenblatt als Garnitur daranstecken.

Eisbecher auf orientalische Art

oriental cup

coupe (w) à l'orientale

Geschälte Bananen in Scheiben schneiden, mit Cognac aromatisieren; Staubzucker sowie ein wenig fein gemahlenen Kaffee darübersieben. In einen Becher 2 Kugeln Mokkaeis geben, Bananenscheiben darauflegen und mit einem Schlagsahnetupfen und einer Mokkabohne garnieren.

Schwarzwaldbecher

cup black forest

coupe (w) Forêt-Noire

Im Voraus den Saft gedünsteter Sauerkirschen mit angerührter Stärke leicht binden, die Kirschen dazugeben, mit Kirschwasser aromatisieren. Zwei Kugeln Haselnusseis in einen Becher geben und 2 EL der Kirschen darauffüllen. Mit einem Kranz kleiner Schlagsahnetupfen und Schokoladenspänen garnieren.

Pfirsich Melba

peach Melba

pêche (w) Melba

Auf eine Glasschale gibt man eine oder mehrere Kugeln Vanilleeis, richtet darauf einen halben Kompottpfirsich an und nappiert ihn mit Himbeerpüree.

Eiskaffee

coffee-vanilla-shake

café (m) liégeois

Vanilleeiskugeln in ein hohes Glas geben, mit kaltem, leicht gezuckertem Kaffee auffüllen und mit Schlagsahne garnieren.

Abb. 1 Eiskaffee

Eisbecher mit Früchten

ice-cream with fruits

coupe (w) glacée avec fruit

Dunstfrüchte oder marinierte Früchte werden mit entsprechendem Eis und Schlagsahne ergänzt.

Abb. 1 Eisbecher mit Früchten

Bananensplit

banana split *banana (w) split*

Eine geschälte, längs halbierte Banane wird in einer ovalen Glasschale neben zwei oder mehr Kugeln Vanilleeis angerichtet, mit (heißer) Schokoladensauce übergossen und mit Schlagsahne garniert. Oftmals wird auch etwas Eierlikör zugegeben.

Birne Helene

pear Helena *poire (w) Belle-Hélène*

In eine Glasschale gibt man Vanilleeis, belegt dies mit einer halben Kompottbirne und übergießt mit dickflüssiger Schokoladensauce.

Coup Dänemark

denmark cup *coupe (w) Danemark*

Vanilleeiskugeln in ein hohes Glas geben und mit heißer Schokoladensauce nappieren.

Erdbeeren nach Romanow

strawberries Romanov

coupe (w) Romanoff

Glasschale mit Vanilleeis füllen und darauf Erdbeeren, die in Zucker und Maraschino mariniert wurden, pyramidenförmig anrichten, mit aromatisiertem Erdbeermark überziehen und mit Schlagsahne ringsum garnieren.

11.5 Halbgefrorenes

Sahneeis/Rahmeis

Unter Sahneeis versteht man Eis, zu dem mindestens 60 % Sahne mit 30 % Fettgehalt verarbeitet wird. Es empfiehlt sich, pasteurisierte Eiprodukte zu verwenden. Im Gegensatz zu anderen Eissorten wird es nicht in der Maschine gefroren, sondern in Formen gefüllt und im Tiefkühler gefroren. Man verwendet es zu Bomben, Halbgefrorenem und Eisauflauf.

Halbgefrorenes/Eisparfait

parfait *parfait (m) glacé*

Bedarf (10 Portionen)

0,125 l Läuterzucker (28 °Bé)
4 Eigelb
2 Eiweiß
50 g Zucker
0,5 l Sahne

- Eigelb und Läuterzucker im Wasserbad aufschlagen, vom Herd nehmen und wieder kalt schlagen.
- Eiweiß und Zucker zu steifem Schnee schlagen.
- Eigelbmasse und Eierschnee vermengen und geschlagene Sahne und Geschmacksstoffe unterziehen.

oder

Bedarf (10 Portionen)

0,5 l Sahne
2 Eier oder 2 Eigelb
125 g Zucker

- Eier, Eigelb und Zucker im Wasserbad aufschlagen und wieder kalt schlagen.
- Geschlagene Sahne und Geschmacksstoffe unterziehen.

Von dieser Grundmasse wird Halbgefrorenes verschiedener Geschmacksart abgeleitet.

Die Grundmasse kann zu Eisaufläufen, Eisbomben und Eistorten verwendet werden.

Eisaufläufe

ice-soufflé

soufflés (m) glacés

Eisaufläufe können aus einer oder mehreren Sorten der Parfaitmasse zusammengestellt werden. Man füllt lagenweise in Formen mit steilen Rändern. Für Portionsaufläufe eignen sich am besten Soufflé-Förmchen aus Porzellan. Um den Auflauf vorzutäuschen, legt man an den Innenrand der Form einen Papierstreifen, der etwa 3 cm über sie hinausragt.

Beispiel:

Parfaitgrundmasse zu je einem Teil mit Erdbeermark, Orangenlikör und geriebenen Haselnüssen abschmecken und lagenweise einfüllen. Als Abschluss wird eine dünne Schicht Schlagsahne aufgestrichen.

Nach dem Gefrieren entfernt man den Papierrand behutsam und streut geriebene Schokolade oder Kakaopulver und ein wenig Puderzucker auf.

Abb. 1 Eisauflauf

Eisbomben

🇬🇧 *ice-bombs*

🇫🇷 *bombes (w) glacées*

Die Eisbombe besteht aus einem Mantel und der Füllung. Der Mantel kann aus Creme- oder Fruchteis bestehen. Für die Füllung verwendet man Parfaitmasse (s. S. 565).

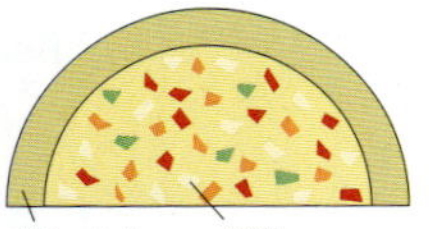

Bombenmantel	Bombenfüllung
Nugateis	Parfaitmasse mit Vanille und Belegkirschen
Mokkaeis	Parfaitmasse mit Kirschwasser
Erdbeereis	Parfaitmasse mit Pistazien
Schokoladeneis	Parfaitmasse mit Marzipan und Mandeln

- Form im Froster gut vorkühlen.
- Mantel mit dem Löffelrücken etwa 2 cm dick einstreichen, durchkühlen.
- Füllung aus Parfaitmasse eben einfüllen, Bombe abdecken und durchfrosten.
- Zum Entnehmen kurz in heißes Wasser halten, auf einen Biskuitboden stürzen und mit Schlagsahne ausgarnieren.

Halbgefrorenes mit Früchten

🇬🇧 *parfait with fruits*

🇫🇷 *parfait (m) glacé aux fruits*

Bedarf (10 Portionen)

50 g Eiweiß
100 g Zucker
100 g Puderzucker
150 g Fruchtmark
1 EL Zitronensaft
0,35 l geschlagene Sahne

- Eiweiß und Zucker warm und wieder kalt schlagen.
- Puderzucker unterziehen.
- Fruchtmark mit Zitronensaft und eingeweichter und gelöster Gelatine verrühren.
- Fruchtmark behutsam mit der Eiweißmasse mischen.
- Die geschlagene Sahne unterheben.
- Fruchtparfaitmasse in die vorgesehenen Formen füllen und im Tiefkühler (–20 °C) gefrieren.

Geeignet ist z. B. Fruchtmark aus Aprikosen, Himbeeren, Erdbeeren, Johannisbeeren, Kiwis, Pfirsichen und Melone.

Fürst-Pückler-Parfait

🇬🇧 *prince Pückler parfait*

🇫🇷 *parfait (m) Prince Pückler*

Die Parfait-Grundmasse dreiteilen und jeweils mit:

- gesüßtem Erdbeermark und Zitronensaft vermischen,
- klein gehackten Makronen und Maraschino vermischen,
- flüssiger oder fein geriebener Kuvertüre mischen.

Die Massen schichtweise in Formen abfüllen, frieren.

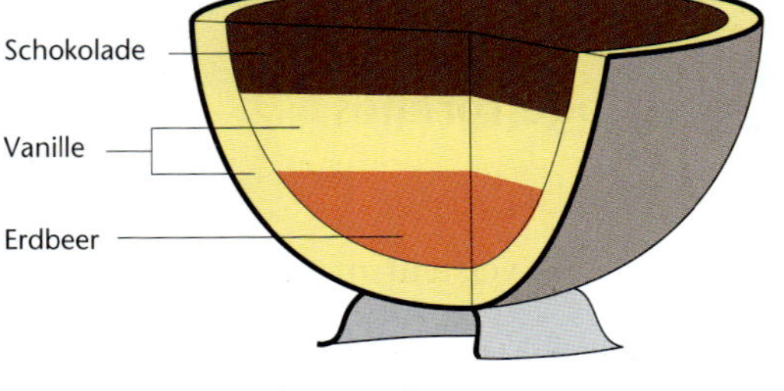

Abb. 2 Fürst-Pückler-Bombe

Überraschungsomelett

🇬🇧 *baked alaska*

🇫🇷 *omelette surprise (w)*

Die Zubereitung aus Speiseeis wird deswegen Überraschungsomelett genannt, weil von der gebackenen Außenschicht (warm) Speiseeis (kalt) umhüllt ist. Die Herstellung ist so angelegt, dass trotz der Hitzeeinwirkung das Speiseeis nicht zum Schmelzen kommt.

Auf eine Platte legt man einen dünnen Biskuitboden und gibt darauf das Eis. Dieses wird oben und seitlich mit Biskuitscheiben abgedeckt. Darüber verteilt man die nach dem Grundrezept für das Auflaufomelett angefertigte Masse (Seite 555), streicht glatt, garniert mit der Sterntülle, überzuckert und backt bis zu goldgelber Farbe bei mittlerer Hitze. Sofort servieren.

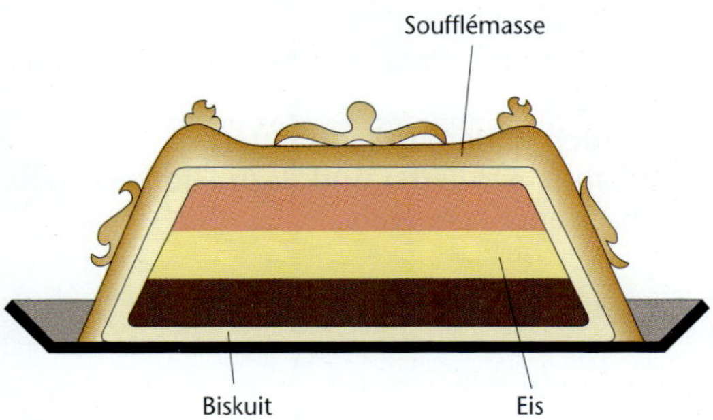

Abb. 1 Überraschungsomelett

Sorbet

Sorbet ist weich gefrorenes Fruchteis. Durch höheren Fruchtsaft- bzw. Fruchtmarkanteil ist auch mehr Säure in der Masse und sie gefriert nicht so intensiv aus. Dadurch ist Sorbet sehr erfrischend und wird deshalb auch in großen Menüs z. B. zwischen Fischgang und Hauptgang serviert. Es ist aber auch eine beliebte Form von Eisdessert. In besonderen Fällen wird das Sorbet kurz vor dem Anrichten mit Sekt oder Champagner vermischt und dickflüssig in Gläsern serviert.

Rhabarbersorbet

🇬🇧 *rhubarb-sherbet*

🇫🇷 *sorbet (m) à la rhubarbe*

Bedarf (10 Portionen)

500 g Rhabarber
1 Eiweiß
$^1/_8$ l Weißwein
1 Vanilleschote
125 g Zucker

- Rhabarber putzen,
- mit Vanilleschote, Weißwein und Zucker kurz aufkochen.
- Topf in Eiswasser stellen, damit der Ansatz schnell herunterkühlt.
- Vanilleschote entnehmen und die restliche Masse mixen.
- Eiweiß zu steifem Schnee schlagen, unter das Püree mischen,
- in der Eismaschine oder Sorbetiere frieren.

Granité

Diese besondere Speiseeisart besteht aus Fruchtsaft oder Fruchtmark, wenig Läuterzucker, wenn notwendig etwas Zitronensaft und wird dünn auf Edelstahlbleche gegossen und tiefgefroren. Danach wird die gefrorene Fruchteisschicht vom Blech gespachtelt und kurzfristig kalt aufbewahrt. Man reicht Granité in Glasschalen oder Gläsern angerichtet und evtl. mit Sekt oder Champagner übergossen.

12 Weitere Süßspeisen 🇬🇧 *further sweets* 🇫🇷 *autres fentremets (m)*

Flammeris

Flammeris sind kalte Süßspeisen, die als Grundlage eine mit Grieß oder Stärkemehl gebundene Milch haben. Durch Zugabe von Geschmacksträgern können sie vielseitig abgeändert werden.

Grießflammeri

🇬🇧 *semolina flummery*

🇫🇷 *flamri (m) à la semoule*

Bedarf für 10 Portionen

0,5 l Milch
100 g Grieß
Salz
Mark von Vanilleschote
Zitrone
100 g Zucker
3 Eigelb
3 Eiweiß

- Milch mit Salz und Aromen aufkochen,
- Grieß einstreuen, quellen lassen und zur Seite stellen.
- Eigelb in die Grießmasse einrühren,
- den mit Zucker aufgeschlagenen Eischnee unterziehen.
- In wasserbenetzte Formen abfüllen,
- gut durchkühlen und stürzen.

Wünscht man den Flammeri fester, rührt man etwas aufgelöste Gelatine in die noch warme Grießmasse. Gelatine ist auch dann nötig, wenn die Flammerimasse mit etwas Schlagsahne verfeinert wird.

Reis Trauttmansdorff

rice Trauttmansdorff

riz (m) à la Trauttmansdorff

Bedarf für 10 Portionen

1 l	Milch
250 g	Milchreis
150 g	Zucker
3	Eigelb
½	Vanilleschote; Salz
6–8	Blatt Gelatine
500 g	Schlagsahne
300 g	Kompottfrüchte
100 g	frische Erdbeeren
3 cl	Kirschwasser

- Gelatine in kaltem Wasser einweichen.
- Die Früchte in Würfel schneiden und mit Kirschwasser marinieren.
- Reis ca. 3 Min. in Wasser blanchieren, abgießen, mit kaltem Wasser abschrecken und in einem Sieb abtropfen lassen.
- Die Milch mit Salz und Vanille aufkochen,
- Reis zugeben und zugedeckt bei mäßiger Hitze im Ofen ca. 18 Min. quellen lassen.
- Den Reisbrei in eine Schüssel geben,
- Gelatine und Zucker zugeben und auf Eis oder im kalten Wasserbad abkühlen.
- Eigelb sowie die Früchte einrühren,
- Schlagsahne unterheben.
- Den Reis in Portionsförmchen oder Glasschüsseln füllen,
- gut durchkühlen und anrichten.
- Mit Sahne garnieren und dazu Himbeer- oder Erdbeersauce servieren.

Fachbegriffe

ablassen	Eier in Eiweiß (Eiklar) und Eigelb (Dotter) trennen.
absterben	Kristallisation von Zucker in Glasuren, die dadurch ihren Glanz verlieren und nicht mehr „frisch“ wirken.
abziehen	Eiermasse so weit erhitzen (ca. 75 °C), dass sie bindet, ohne zu gerinnen. Man bezeichnet das auch als „zur Rose abziehen“.
All-in-Methode	Verfahren, bei dem alle Zutaten in einem Arbeitsgang vermengt oder aufgeschlagen werden. Erforderlich ist dazu ein von der Industrie angebotener Emulgator.
altbacken werden	Veränderungen im lagernden Gebäck, die sich vor allem in der Rösche der Kruste und im Geschmack zeigen.
Ansatz	Gemisch aus Flüssigkeit, Mehl und Hefe. Er dient vorwiegend der Hefevermehrung.
anschlagen	Herstellung von Massen durch gründliche Mischung und Einarbeitung von Luft. Die entsprechende Maschine nennt man Anschlag- oder Rührmaschine.
aprikotieren	Überziehen von Gebäckstücken mit heißer Aprikosenkonfitüre.
binden	Flüssigkeiten andicken, z. B. durch Ei oder Bindemittel.
brandig	Bei Mürbeteigen auftretender Fehler, wenn die Zutaten zu warm sind oder zu lange bearbeitet werden. Der Teig hat dann zu wenig innere Bindung und lässt sich nur schwer ausrollen.
Brioche	Gebäck aus einem ei- und fettreichen Hefeteig, das aus zwei unterschiedlich großen, aufeinandergesetzten Teigkugeln geformt ist.
einstreichen	Auftragen und Glätten von Cremes, z. B. bei Torten.
garnieren	Ausschmücken von Produkten.
karamellisieren	Mit geschmolzenem Zucker (Karamell) überziehen.
mehlieren	Mit Mehl bestäuben, in Mehl wenden.

Fachbegriffe

melieren	Vermischen, vermengen, Mehl unter eine Masse heben. Das Wort ist abgeleitet von Melange = Mischung.
modellieren	Gestalten unterschiedlicher Rohstoffe, z. B. Marzipan.
Plunder	Gebäck aus Hefeteig, das besonders splittrig ist, weil in den Hefeteig Fettschichten eingearbeitet sind.
Schwaden	Dampf, der in den Backraum gegeben wird, um die Entwicklung von Gebäcken zu beeinflussen.
temperieren	In der Patisserie das Auflösen, Abkühlen und Wiedererwärmen von Kuvertüre, um zu verhindern, dass die Kakaobutter beim Erstarren als grauer Schleier austritt.
tourieren	Touren geben. Blätterteig oder Plunderteig mit eingeschlossenem Fett mehrmals ausrollen und wieder zusammenlegen. Dabei bilden sich Fettschichten, die eine Lockerung bewirken.
Vorteig	Ansatz
zur Rose abziehen	abziehen

Aufgaben

1 Nennen Sie drei Merkmale, in denen sich Teige und Massen unterscheiden.

2 Welche Arten von Teiglockerung werden unterschieden?

3 Wie unterscheiden sich deutscher und französischer Blätterteig?

4 Welche wesentlichen Fehler können bei der Herstellung von Mürbeteig auftreten?

5 Beschreiben Sie die Herstellung von Apfelbeignets.

6 Nennen Sie drei Möglichkeiten zur Bindung von Cremes.

7 Wodurch erhält Bayerische Creme die Bindung? Es sind zwei Arten.

8 Warum ist die Beigabe von Gelatine unterschiedlich, je nachdem, ob man Schüssel- oder Stürzcreme herstellt?

9 Führen Sie einen Kosten- und Arbeitszeitvergleich zwischen einer selbst produzierten Bayerischen Creme und einem vergleichbaren Convenienceprodukt durch. Beurteilen Sie beide Produkte nach Geruch, Aussehen, Geschmack und Konsistenz.

10 „Die Grundmasse für pochierte Cremes ist ja wie bei einem Eierstich“, meint Karl. Hat er recht? Wo ist Gemeinsames, wo bestehen Unterschiede?

11 Welche Unterschiede sehen Sie zwischen einem Pudding, wie er in der Patisserie hergestellt wird, und „Mutters Pudding“?

12 Wie werden Crêpes/Kleine Pfannkuchen hergestellt? Nennen Sie drei Verwendungsmöglichkeiten für Crêpes.

13 „Ein Pfannkuchen ist kein Omelett.“ Begründen Sie diese Aussage.

14 Aus welchen Gründen beginnt man die Arbeiten zum Fruchtsalat mit den Zitrusfrüchten?

15 Warum muss Kuvertüre temperiert werden, nicht aber Speisefettglasur?

16 Nennen Sie die Mindestmengen der einzelnen Rohstoffe für Cremeeis.

17 Für Fürst-Pückler-Eis sind mindestens 18 % Milchfett aus Sahne vorgeschrieben. Übliche Schlagsahne enthält 30 % Fett. Wie viel g Sahne müssen dann auf 1.000 g Eismasse verwendet werden?

18 Welche Geschmacksrichtungen verwendet man für Fürst-Pückler-Eis?

19 Welche Zutaten benötigt man für ein Überraschungsomelett? Worin besteht die Überraschung?

20 Warum wird bei der Herstellung von Fruchteis aus frischen Früchten eine Zuckerwaage verwendet?

Projekt

Dessertbüfett

Der Galaabend einer Veranstaltung im Juni des Jahres soll als Krönung des Essens mit einem Dessertbüfett für 65 Personen beendet werden. Der Veranstalter wünscht „ein Büfett, mit dem wir uns sehen lassen können." Fachlich denken wir an die „Sommerhitze" im Juni und das Angebot an frischen Früchten in dieser Zeit. Unsere Bankettabteilung wirbt in der heißen Jahreszeit mit den Worten „frisch, locker, luftig, fruchtig". Das sind unsere Vorgaben.

Planen

1 Schreiben Sie alle Vorgaben heraus, die in den einleitenden Zeilen genannt sind.

2 Setzen Sie Schwerpunkte für Rohstoffe, die verwendet werden sollten.

3 Bei einem Büfett lässt sich die einzelne Zubereitung mengenmäßig nur schwer planen, denn die Vorlieben der Gäste sind nicht bekannt. Darum legen wir für alle Rezepte die Menge von 25 Portionen fest.

4 Im Juni ist die Zeit der Erdbeeren. Planen Sie mindestens drei Zubereitungen mit Erdbeeren als wichtigem Bestandteil. (Nicht nur Erdbeere obenauf.)

5 Wie können frische Himbeeren sinnvoll eingesetzt werden?

6 Planen Sie je zwei Zubereitungen auf der Grundlage von Bayerischer Creme und Eis-Parfait.

7 „Kaltes" wie Cremes und Parfaits benötigen bei der Produktion entsprechende Vorlaufzeit. Darum legen Sie bei diesem Projekt auf die Zeitplanung (mindestens xx Stunden vorher) besonderen Wert.

8 Beschreiben Sie die Herstellung von zwei Eisbechern nach Ihrer Wahl so, dass ein Berufsanfänger den Auftrag ausführen kann.

9 Im Bereich der Süßspeisen gibt es viele vorgefertigte Produkte. Erstellen Sie eine Liste von Produkten, die bei einem gehobenen Dessert-Büfett eingesetzt werden können.

Ausführen

1 Bereiten Sie auf der Grundlage von Bayerischer Creme eine Zubereitung im Glas und eine Zubereitung in gestürzter Form mit unterschiedlicher Geschmacksrichtung zu.

2 Stellen Sie ein Parfait (Geschmack nach Ihrer Wahl) her, das auf Tellern portioniert serviert werden kann.

3 Fertigen Sie Vanilleeis (Eigenzubereitung oder Zukauf) mit heißen Himbeeren.

4 Als warmes Dessert fertigen Sie Apfelstrudel oder Apfelbeignets mit Vanillesauce.

Bewerten

1 Prüfen Sie, ob während der Servicezeit Kaltes kalt und Warmes auch warm beim Gast angekommen ist.

2 Könnten bei einem vergleichbaren Auftrag noch mehr Saisonprodukte verwendet werden?

VORSPEISEN – KALTE PLATTEN

Kalte und warme Vorspeisen werden sowohl als kleine appetitanregende Speisen im mehrgängigen Menü als auch bei Stehempfängen angeboten und dienen der kulinarischen Einstimmung.

Vorspeisen sind sehr vielseitig, weil sie von fast allen Lebensmitteln hergestellt werden können.

Unabhängig von der Bestellung durch den Gast werden heute vielfach *Amuse gueule* oder *Amuse Bouche* als kleine Aufmerksamkeit des Hauses serviert. Eine willkommene Möglichkeit, neue Kreationen zu präsentieren.

1 Basiszubereitungen *basic preparations* *preparation (w) de base*

Die außergewöhnliche Bandbreite im Bereich der Kalten Vorspeisen macht es notwendig, sich zunächst intensiv mit diesen Arten von Vorbereitungen zu beschäftigen. Hierzu gehört neben der Herstellung von Farcen bzw. Füllmassen auch Gelee.

1.1 Farcen und Füllmassen

Die Bezeichnung Farce steht für eine zart-cremige und luftige Masse aus Fleisch oder Fisch.

Farcen werden zur Herstellung von kalten und warmen Vorspeisen verwendet. Auch lassen sich daraus selbstständige Gerichte wie z. B. Fischklößchen oder Kombinationen aus Fleisch und Farce oder Fisch und Farce herstellen.

Außerdem bilden sie die Basis bei der Produktion von Pasteten, Galantinen und Terrinen.

Herstellung

Die Herstellung einer Farce läuft in der Regel immer gleich ab. Durch Auswechseln des Grundstoffes lassen sich auf dieselbe Art und Weise herstellen:

- Kalbsfarce
- Geflügelfarce
- Wildfarce
- Fischfarce
- Muschelfarce

Zum Herstellen von Farcen können Feinstzerkleinerer wie Kutter oder Mixer eingesetzt werden. Der Arbeitsablauf muss dem jeweiligen Gerät angepasst werden.

Das Wasserbindevermögen der einzelnen Ausgangsmaterialien ist unterschiedlich. Deshalb sollte man Sahne stufenweise nach und nach einarbeiten und zwischendurch Garproben fertigen.

Bei sehr mageren Fleischarten (Wild, Geflügel) empfiehlt es sich, einen Teil der Fleischmenge durch gut durchwachsenes Schweinefleisch (Halsstück) oder Schweinespeck zu ersetzen.

Wird die fertige Farce dann durch ein feines Haarsieb gestrichen und nochmals kurz auf Eis glatt gerührt, erhält man eine besonders zarte Masse.

Füllmasse/Farce

forcemeat/stuffing *farce (w)*

Füllmasse/Farce

500 g	Fleisch (von Geflügel oder Kalb oder Wild oder Fisch usw.)
	Salz, weißer Pfeffer
100 g	Weißbrotkrume (Mie de pain)
40 g	Eiweiß
100 g	Sahne flüssig
200 g	geschlagene Sahne
	Macisblüte, Zitronenschale

- Kaltes Fleisch oder Fisch wolfgerecht zerkleinern, salzen und pfeffern. ① (nächste Seite)
- Entrindete Weißbrotkrume in dünne Scheiben schneiden.

Zubereitung Speisen

- Eiweiß mit der flüssigen Sahne verrühren und über die Brotscheiben träufeln.
- Gewürztes Fleisch und benetztes Brot kalt stellen.
- Fleisch und Brot miteinander durch die feinste Scheibe des Fleischwolfes drehen, erneut kalt stellen. ②
- Nochmals wolfen oder im Kutter mixen.
- Wird eine absolut feine und zarte Farce gewünscht, muss durch ein Haarsieb gestrichen werden.
- Die Schüssel mit der Farce zum Kühlen auf Eis setzen und die Farce glatt rühren. ③
- Die Schlagsahne unter die Farce ziehen. ④
- Zur Feststellung der erwünschten Konsistenz Probeklößchen in siedendem Wasser fertigen.

Nach den Bestimmungen der Hackfleischverordnung sind alle Farcen am Tag der Herstellung zu garen. Rohe Farcen dürfen nicht über Nacht aufbewahrt werden.

Der Geschmack und das Aussehen einer Farce können verändert werden durch Zugabe zerkleinerter Zutaten wie Pilze, Trüffeln, Pistazien, Kräuter, Schinken- und Pökelzungenwürfel, Gemüsebrunoise, Tomaten- oder Spinatpürees, hart gekochtes Ei, gebratene Fleischstückchen oder rohe Fisch- und Muschelstücke.

Farcen müssen gut binden, sollen aber trotzdem zart und saftig sein.

Als Bindemittel wirken Fleisch und Eiweiß.

Zur Lockerung dienen Weißbrot und Sahne.

Alle Zutaten müssen gut durchkühlt sein, sonst trennen sich die Bestandteile der Masse, die Bindefähigkeit lässt nach, die Farce gerinnt.

Bei geronnener Farce tritt der Saft aus, das Produkt ist trocken und schmeckt grießig.

Wildfarce

venison forcemeat

farce (w) de gibier

Bedarf für ca. 500 g Füllmasse (Farce)

250 g	Fleisch von Rehschulter oder -hals
200 g	Schweinehals
1	Ei
40 g	Schalottenwürfel, gedünstet
	Salz, weißer Pfeffer
Msp.	Pastetengewürz

- Durch den Wolf gedrehtes, gut gekühltes Fleisch feinst verarbeiten und die Gewürze wie auch das Ei unterarbeiten.
- Die Farce durch ein Haarsieb streichen und in einer Schüssel auf Eis glattrühren.
- Bei Bedarf etwas Sahne unterrühren.

Farce von Jakobsmuscheln

scallop forcemeat

farce (w) de coquilles St. Jacques

Bedarf für ca. 1 kg Füllmasse (Farce)

500 g	Jakobsmuscheln
90 g	Butter, in Würfeln
3	Eiweiß
400 g	Sahne
	Salz, Pfeffer
	Muskat oder Macisblüte,
	Saft einer halben Zitrone,
	frische Kräuter nach Geschmack

- Eiskalte Jakobsmuscheln mit Butterwürfeln, Eiweiß, Salz, Pfeffer und Muskat im Kutter fein verarbeiten.
- Kalte Sahne und die Kräuter zugeben und einarbeiten.

Dabei kann nach dem Durchstreichen durch ein Haarsieb die Hälfte der Sahne als Schlagsahne unter die Farce gezogen werden.

Dies muss allerdings in einer sehr kalten Schüssel, am besten auf Eiswürfeln, geschehen.

Als zusätzliche Lockerungsmittel, die auch zugleich Streckungsmittel sind, kann man die sogenannten Panaden verwenden:

- **Mehlpanade**
  = kräftiger Fond wird mit Mehl und Butter zu einer dickflüssigen Masse verkocht,
- **Reispanade**
  = wie Mehlpanade, jedoch wird Milchreis verwendet.

Abb. 1 Mehlpanade Reispanade

Pilzfüllung/Duxelles

mushroom-stuffing *duxelles (w)*

Bedarf für ca. 500 g Füllmasse

200 g Champignon-Duxelles
100 g Schinken, gekocht, gehackt
60 g Butter
5 g Tomatenmark
1 Zehe Knoblauch, zerrieben
0,1 l Weißwein
30 g Bratensauce
15 g Weißbrotkrume, gerieben
Salz, Pfeffer

- Schinkenwürfel mit gehackten Pilzen in Butter anschwitzen.
- Tomatenmark und Knoblauch dazurühren und mit Weißwein ablöschen.
- Der Pilzmasse Sauce, Weißbrot und Gewürze beifügen.
- Unter Rühren kochen, bis die Masse so konsistent ist, dass sie sich zum Füllen eignet.

Eignung:

- Zum Füllen und Überbacken von Gemüsen,
- als Pilzfüllung mit $\frac{1}{3}$ Fleischfarce vermengt,
- als Geschmacksträger bei ummantelten Filets.

Semmel- oder Brotfüllung

bread stuffing *farce (w) de pain*

Bedarf für ca. 800 g Füllmasse (Farce)

200 g Weißbrot oder 5 Brötchen
100 g Milch
100 g Zwiebelwürfel
100 g Hühnerleber
20 g Butter zum Anschwitzen
4 Eigelb
80 g Butter
4 Eiweiß
20 g gehackte Petersilie
Salz, Pfeffer, Muskatnuss
Msp. Pastetengewürz

- Semmeln oder Weißbrot zerschneiden, mit Milch übergießen.
- Zwiebelwürfel mit Butter anschwitzen, Hühnerleber dazulegen und ansteifen lassen.
- Eigelb und Butter schaumig rühren. Eiweiß zu steifem Schnee schlagen.
- Semmeln oder Brot ausdrücken und in eine Schüssel geben.
- Angeschwitzte Zwiebeln, gehackte Hühnerleber sowie Eigelb-Butter-Schaum und gehackte Petersilie beigeben.
- Würzen, alles kräftig vermischen und den Eischnee unterheben.

Abwandlungen

- Zugabe von geschälten, weichgedünsteten Maronen (Edelkastanien) und rohen Moos- oder Preiselbeeren für Truthahnfüllung.
- Eine Hälfte der Semmeln oder Weißbrotscheiben in Würfel schneiden und in Öl oder geklärter Butter zu Croûtons rösten und in die Masse mit einarbeiten.
- Zugabe geviertelter oder ganzer kleiner Champignons oder anderer Pilze, die zuvor mit Zwiebel- und Schinkenwürfelchen angeschwitzt wurden.

Kalbsbrustfüllung (s. S. 459)

Abwandlung

- Geflügelleber- oder Kalbsleberstückchen mit den Zwiebeln anschwenken und unter die Füllung mischen. Damit kann man auch hohl ausgelöste Geflügelkeulchen füllen.

1.2 Gelee *jelly* *gelée (w)*

Gelee verleiht der kalten Vorspeise Glanz, Frische und Hülle zugleich.

Aspik ist die Bezeichnung für:

- durch Geliermittel gallertartig erstarrte Flüssigkeit,
- in Gelee eingesetzte Speisen.

Geliermittel

Als Geliermittel kommen in Betracht.:

- **Gallert**
  erhält man durch Auskochen von Kalbsfüßen, Kalbsköpfen und Schwarten. Die milchigtrübe Flüssigkeit stockt beim Erkalten durch das gelöste Kollagen (Leimeiweiß).
- **Gelatine**
  wird industriell wie Gallert aus Knochen und Häuten gewonnen. Angeboten wird es in getrockneter Form als Blattgelatine oder gemahlen als Granulat (Aspikpulver). Speisegelatine ist geschmacksneutral und farblos klar.

Zubereitung von Gelee

Der Grundstoff für das Gelee ist eine kräftige, entfettete, klare Brühe. Entsprechend der Verwendung kann es Fleisch-, Geflügel- oder Fischbrühe sein.

Die entfetteten Brühen werden mit Eiweiß wie eine Kraftbrühe geklärt (s. S. 410), passiert und mit Gelatine versetzt.

Blattgelatine weicht man in kaltem Wasser ein, drückt die gequollenen Blätter aus und gibt sie in die heiße Brühe.

Gelatine-Granulat oder **-Pulver** wird mit kaltem Wasser im Verhältnis 1:5 gequollen und in die geklärte, passierte, heiße Flüssigkeit eingerührt.

Grundrezept für 1 Liter Gelee

1 l	Brühe
100 g	Eiweiß
100 g	Wurzelgemüse
0,2 l	Weißwein oder
0,1 l	Weinessig (5%ig)
6	Pfefferkörner, zerdrückt, Lorbeerblatt, Salz
24 Blätter	Gelatine für schnittfestes Gelee oder
12 Blätter	Gelatine für leichte Geleespeisen (6 Blatt Gelatine oder 10 g Pulvergelatine)

- Gelatine in kaltem Wasser einweichen.
- Eiweiß mit der entfetteten, kalten Brühe verrühren. Wein oder Essig, Gemüse und Gewürze dazugeben.
- Brühe unter Rühren an den Kochpunkt bringen und bei geringer Wärmezufuhr zugedeckt ziehen lassen.
- Geklärte Brühe passieren, die ausgedrückte Gelatine in die heiße Flüssigkeit geben und rühren, bis das Geliermittel gelöst in der Brühe verteilt ist.

Geleefarbe

- **Helles Gelee** ist zum Überglänzen von kalten Speisen erforderlich. Dadurch bleiben die natürlichen Farben der Speisen erhalten und leuchten besonders schön. Auch wird das Abtrocknen der angerichteten Lebensmittel weitgehend vermieden.
- **Dunkles Gelee** mit goldbrauner Farbe ist erwünscht, um es, in Würfel oder in andere Figuren geschnitten, kaltem Braten beizugeben. Die dunkle Farbe, bei gleichzeitiger Geschmackssteigerung, lässt sich erreichen, wenn z. B. geröstete Geflügelknochen in der Brühe mitgekocht werden und zum Abschmecken des fertigen Gelees Portwein, Madeira oder Sherry verwendet werden.

Gelee zum Ausgießen für Spiegel

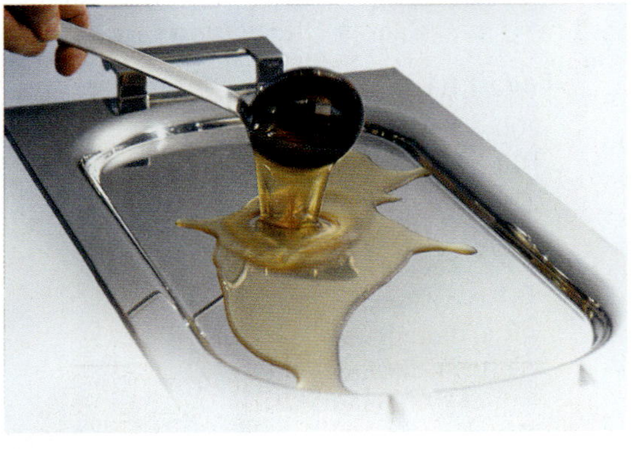

Der Geleespiegel bildet zwischen Silberplatte und den aufgesetzten Nahrungsmitteln eine Isolierschicht. Austretende Flüssigkeit der Naturalien kann so nicht in Verbindung mit dem Metall oxidieren. Außerdem wird das Aussehen der aufliegenden Objekte wesentlich gesteigert.

Da der Geleespiegel nicht zum Genuss bestimmt ist, bereitet man das Gelee aus wirtschaftlichen Erwägungen nicht mit Fleischbrühe, sondern mit Wasser. Die erforderliche Farbtönung erzielt man durch Zuckercouleur, die notwendige Festigkeit erhält es durch den größeren Gelatinezusatz (40 g je *l*). Dieses bereits klare Gelee braucht nicht geklärt zu werden.

Überglänzen (Glasieren)

Vom aufgelösten Gelee gibt man einen Teil in eine Metallschüssel und rührt auf Eis kalt. Kurz vor dem Stocken wird das dickflüssige Gelee mit einem Pinsel leicht auf die Speisen aufgetragen.

Bindet das Gelee zu stark ab, so erreicht man die zum Auftragen nötige Konsistenz wieder, wenn man ein wenig vom wärmeren, flüssigen Gelee unterrührt.

2 Kalte Vorspeisen

cold hors d'œuvres *hors-d'œuvres (m) froids*

Kalte Vorspeisen können aus fast allen Nahrungsmittelrohstoffen hergestellt werden.

In Verbindung mit den vielfältigen Zubereitungs-, Kombinations- und Garniermöglichkeiten ergibt sich eine Fülle von kalten Vorspeisen.

Im Rahmen einer Speisenfolge werden sie immer an erster Stelle gereicht. Da sie ein angenehmer Auftakt zum Menü sind, müssen sie wichtigen Anforderungen gerecht werden:

- in der Menge nicht zu umfangreich,
- sorgfältig ausgewählte, zarte Rohstoffe, die auf die nachfolgenden Speisen harmonisch abgestimmt sind,
- appetitanregend, geschmackvoll angerichtet und ansprechend garniert.

2.1 Canapés

Canapés sind kleine, verschieden belegte, mundgerecht zubereitete und dekorativ angerichtete Appetitschnittchen.

Cocktailbissen, Cocktailhappen oder **Snacks** sind weitere geläufige Bezeichnungen hierfür, weil man sie auch bei Empfängen zusammen mit Getränken (Cocktails) reicht.

Im Vergleich mit anderen Vorspeisen haben sie den Vorzug, dass sie keiner weiteren Beigaben bedürfen. Das kommt dem Service bei größeren Empfängen entgegen.

Scheiben von Weißbrot oder von anderen Brotsorten, etwa 5 mm dick, sind in verschiedene Formen zu schneiden oder mit Ausstechern rund oder oval auszustechen. Weißbrot wird in der Regel geröstet. Dazu das Brot auf ein Blech legen und im Salamander ohne Fett rösten. Dunkle Ränder lassen sich vermeiden, wenn das Brot mehrmals gewendet wird.

Die Brotteilchen werden mit geschmeidiger Butter oder einer geeigneten Buttermischung bestrichen. Mitunter ist auch würzige Mayonnaise passend. Die Schnittchen erhalten dann einen Belag und eine dekorative Garnitur und sind sortiert in Reihen gefällig auf Papiermanschette oder Stoffserviette anzurichten. Garniturbestandteile aus Gemüsen oder Pilzen werden zuvor pikant abgeschmeckt.

Beim Anfertigen von größeren Mengen ist es vorteilhaft, das Kastenbrot in Platten zu schneiden, diese zu belegen und dann in entsprechend kleine Stücke zu zerteilen.

Trägt man mit einem Pinsel abgekühltes Gelee (Aspik) auf Garnitur und Belag, so erhalten die Schnittchen ansprechenden Glanz. Zudem wird das Antrocknen verhindert, wenn einmal längere Wartezeiten zu überbrücken sind.

Cocktailhappen

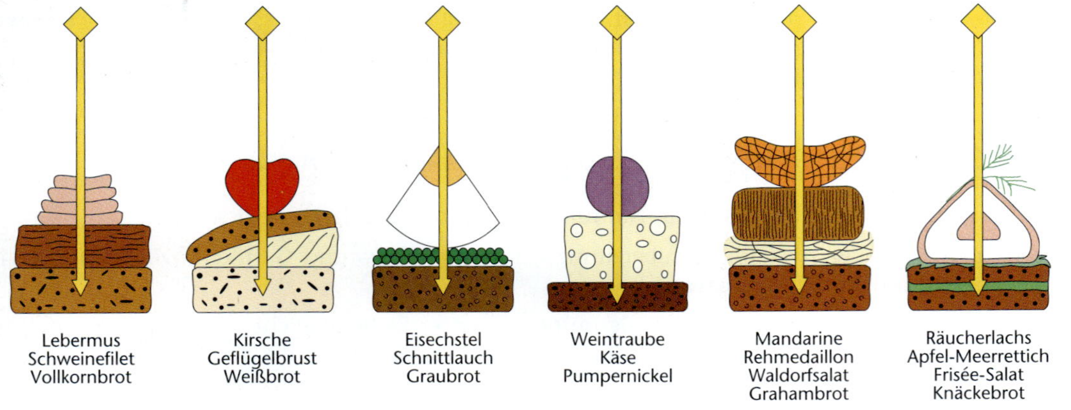

Mögliche Kombinationen für Canapés

Hauptzutat	Brot	Aufstrich	Garnierung
Entenbrust	Graubrot	Lebermus	Aprikose, Traube
Räucherlachs	Weißbrot	Senfbutter	Eiersalat, Shrimps, Trüffel
Roastbeefröllchen	Weißbrot	Senfbutter	Gurkenscheiben, Maiskölbchenscheibe
Kaviar	Röstbrot, Weißbrot	Butter	Eigelbcremetupfen, Tomatenfleischwürfel
Krabbenschwänze	Röstbrot	Mayonnaise	Gurkenstückchen, Dillzweig
Räucherforelle	Röstbrot	Crevettenbutter	Eigelbcreme, Krebsschwanz
Geflügelbrust	Röstbrot, Weißbrot	Würzbutter	Weinbrandsahne, Mangofrucht
Pökelzunge	Schwarzbrot, Röstbrot	Würzbutter	Cornichonfächer, Perlzwiebeln
Schinken, gekocht	Graubrot, Röstbrot	Würzbutter	Spargelspitzen, Olivenscheiben
Schinken, roh	Schwarzbrot	Colbertbutter	Melonenhalbmond, Ingwerwürfelchen
Pfefferkäse	Weißbrot, Röstbrot	Butter	Walnusskerne
Roquefortcreme	Schwarzbrot, Pumpernickel	Butter	Avocadokugeln, Kresse

2.2 Vorspeisen-Cocktails

Vorspeisen-Cocktails bestehen aus verschiedenartigen, zerkleinerten Naturalien. Sie werden entsprechend variiert, pikant abgeschmeckt und eiskalt serviert. Mit den Mixgetränken haben sie gemeinsam, dass sie abwechslungsreich zusammengestellt sind, den Appetit anregen und in Gläsern gereicht werden.

Als Erstes gibt man in ein entsprechendes Glas marinierte Salatstreifen (Chiffonade). Der Cocktail bekommt dadurch ein üppigeres Aussehen, da die wertvollen Hauptbestandteile höher liegen und somit optisch besser zur Geltung kommen.

Cocktail von Garnelen *shrimp cocktail* *cocktail (m) de crevettes*

Bedarf für 10 Portionen

500 g	Garnelen
200 g	Artischockenböden
200 g	Staudensellerie
10 g	Zitronensaft
20 g	Orangensaft
50 g	Mango-Chutney
5 g	Meerrettich
6 g	Whisky
5 g	Öl
100 g	Schlagsahne
	Salz, Dill, Kresse
70 g	Blattsalat für Chiffonade

- Gekochte, ausgebrochene und entdärmte Garnelen in Stücke schneiden, desgleichen gegarte Artischockenböden.
- Bleichsellerie in feine Streifchen schneiden.
- Alle Bestandteile mit Orangen- und Zitronensaft, wenig Meerrettich, gehacktem Mango-Chutney, Salz und Öl vermischen und in Gläser füllen.
- Dem Rückstand der Marinade geschlagene Sahne und geschnittenen Dill beimischen, mit einem Spritzer Whisky verfeinern und in die Gläser auf die Salatstreifen verteilen.
- Stückchen von Garnelenfleisch und Kressebündelchen als Garnitur.

Cocktail von Avocados *avocado cocktail* *cocktail (m) d'avocats*

- Avocado halbieren, Kern entfernen und das Fruchtfleisch in Würfel schneiden.
- Chicorée in feine Streifen schneiden und mit den Avocadowürfeln vermischen.
- Anmachen mit Zitronensaft, Sherry, Salz, Pfeffer und Öl.
- Cocktailbestandteile in Gläser füllen.
- Rückstand der Marinade mit Chilisauce vermischen, mit Weinbrand abschmecken.
- Sauce auf die Cocktails verteilen.
- Grob geschnittene Walnusskerne aufstreuen.

Bedarf für 10 Portionen

800 g	Avocados (4 Stück)
300 g	Chicorée (2 Stück)
30 g	Walnusskerne
5 g	Zitronensaft
10 g	Sherrywein
	Salz, Pfeffer,
	Öl, Chilisauce
	Cips von Tomate

Abb. 1 Avocadococktail

Cocktail von Melonen *melon cocktail* *cocktail (m) de melon*

- Melone halbieren, Kerne und Fasern entfernen.
- Melonenfleisch kugelförmig ausbohren und die Melonenkugeln mit einigen Spritzern Madeirawein marinieren.
- Restliches Melonenfleisch mit dem Mixer pürieren, würzen und mit Crème fraîche verrühren.
- Die etwas dickliche Sauce in die Gläser verteilen und die Melonenkugeln darauf anrichten.

Bedarf für 10 Portionen

800 g gekühlte Melone
150 g Crème fraîche
5 g Zitronensaft
5 cl Madeira- oder Portwein
Salz, Pfeffer

Cocktail von Geflügel *chicken cocktail* *cocktail (m) de volaille*

Bedarf für 10 Portionen

500 g gekochte Hühnerbrust
250 g Grapefruitfilets
200 g Champignons
200 g grüne Paprikastreifen
5 g Zitronensaft
200 g Mayonnaise
100 g Schlagsahne
Salz, Pfeffer, Öl, Weinbrand, Chilisauce, Estragon, Tomatenfächer
Blattsalat für Chiffonade

- Hühnerbrust und Grapefruitfilets in Würfel, Paprikaschote in Streifchen, gegarte Champignons in Scheiben schneiden.
- Alles mit Zitronensaft, Salz, Pfeffer und Öl anmachen und in Gläser auf die Salatstreifen füllen.
- Pikante Mayonnaise mit geschlagener Sahne, Chilisauce und geschnittenem Estragon vermengen, mit Weinbrand aromatisieren und
- die eingefüllten Bestandteile damit überziehen.
- Hühnerbrustscheibchen und Tomatenfächer als Garnitur auflegen.

Cocktail von Spargel *asparagus cocktail* *cocktail (m) d'asperges*

Bedarf für 10 Portionen

1 kg Spargel, gekocht, weißer und grüner
100 g Orangenfilets
5 g Zitronensaft
100 g Schinkenstreifen
100 g Mayonnaise
100 g Créme fraîche
Salz, Pfeffer

- Spargel in Stückchen und Orangenfilets schneiden, Spargelköpfe als Garnitur beiseite stellen.
- Spargel und Orangenfilets mit Zitronensaft, Salz und Pfeffer marinieren.
- Marinierte Stückchen und Würfel in Gläser verteilen.
- Pikante Mayonnaise und die gleiche Menge Crème fraîche verrühren und die eingefüllten Zutaten damit überziehen.
- Spargelspitzen auflegen und mit Schinkenstreifchen bestreuen.

2.3 Kombinierte Salate *salad variations* *variations (w) de salades*

Kombinierte Salate sind aus verschiedenen, geschmacklich aufeinander abgestimmten Zutaten zusammengestellt. Sie können sein:

- Vorspeise, im Rahmen eines Menüs,
- eigenständige Mahlzeit, z. B. mit Brot, Toast und Butter,
- Bestandteil kalter Büfetts.

Heringssalat *herring salad* *salade (w) d'hareng*

Bedarf für 10 Portionen

750 g	Heringsfilet (ca. 10 Stück)
200 g	Äpfel
200 g	Senfgurken
200 g	rote Bete
200 g	Zwiebeln
	Essig, Pfeffer, Öl, Zucker

- Gewässerte Heringsfilets, geschälte Äpfel, Senfgurken und Rote Rüben in gleichmäßige Würfel schneiden.
- Aus den übrigen Zutaten eine Marinade rühren, die geschnittenen Bestandteile zugeben und mischen. Rote Rüben gibt man am besten erst kurz vor dem Anrichten bei, um zu starke Rotfärbung des Salates zu vermeiden.

Als Garnitur eine Heringsraute obenauf legen.

Thunfischsalat

tuna salad *salade (w) de thon*

- Thunfisch in gleich große Stücke zerpflücken. Tomaten in Sechstel teilen. Gekochte grüne Bohnen in 2-cm-Stücke schneiden. Paprikaschoten streifig schneiden.
- Aus den anderen Zutaten eine Marinade herstellen und die vorbereiteten Salatbestandteile sowie die Schalottenringe damit anmachen.

Bedarf für 10 Portionen

750 g	Thunfisch
200 g	grüne Bohnen, gekocht
200 g	rote Paprikaschoten
200 g	Schalottenringe
200 g	abgezogene Tomaten
	Essig, Olivenöl, Senf, Salz, Pfeffer
	Tomatensaft, gehackte Petersilie

Teufelssalat *devil salad* *salade (w) diable*

- Gegartes Rindfleisch oder Zunge sowie Paprikaschoten und Essiggurken in Streifen schneiden.
- Alle genannten Zutaten mit den Schalottenringen mischen und mit der aus den übrigen Zutaten bereiteten Sauce marinieren und abschmecken.

Mit schwarzen Oliven, Maiskölbchen, Schalottenringen und evtl. hart gekochten Eiern garnieren.

Pikante Salatkombinationen wirken sehr appetitanregend. Die vorgegarten Zutaten müssen vor der Weiterverarbeitung zur Salatkombination gut durchgekühlt sein. Dann werden sie entsprechend geschnitten, gemischt und mariniert. Bis zum Service werden die Salate gleich wieder kalt gestellt.

Bedarf für 10 Portionen

800 g	Rindfleisch, gekocht
400 g	grüne und rote Paprikaschoten
150 g	Essiggurken
150 g	Schalottenringe
200 g	grüne Erbsen, gekocht
300 g	Ketchup
50 g	Salatöl
40 g	Meerrettich, gerieben
	Salz, Pfeffer, Tabasco, Zucker, Zitrone

Für Garnitur

Schwarze Oliven und Maiskölbchen

Zubereitung Speisen

2.4 Vorspeisenvariationen *hors-d'œuvre variations* *variations (w) d'hors d'œuvres*

Vorspeisen sollen aus verschiedenen kleinen Einzelheiten bestehen und im Geschmack würzig und anregend sein.

Für die Zusammenstellung ist auch die Jahreszeit ausschlaggebend. Da Vorspeisen zur Auswahl angeboten werden, ist auf reiche Abwechslung in Geschmack und Farbe zu achten.

Das verwendete Material, auch der Dekor, ausgenommen Obst und Kräuter, sind vor der Fertigstellung mit Salz, Pfeffer, Zitronensaft und ein wenig Öl zu marinieren.

Die Vorspeisen werden kalt gestellt und danach mit Gelee leicht überglänzt.

Garnituren, wie Kaviartupfen, Gartenkresse und Kräuterzweige, sind erst nach dem Überglänzen der Vorspeisenteilchen anzubringen. Kaviar wird in Verbindung mit Feuchtigkeit milchig; die zarten Blättchen der Kräuter verlieren die natürliche Zellspannung und damit ihr frisches Aussehen.

Die Vorspeisen werden zur Auswahl am besten in flachen Schalen (Raviès) angerichtet und auf einer großen Platte zusammengestellt. Passende würzige Saucen, hergestellt auf der Basis von Mayonnaise oder Vinaigrette, reicht man gesondert dazu.

Gefüllte Tomaten

- **Zutaten:**
  Tomaten, Räucherlachs, Gelee, Sahne, geriebener Meerrettich, Pfeffer, Gin, Kaviar.

- **Garnitur:**
  Streifen von Räucherlachs, Kaviar

- **Fertigstellung:**
  Tomatenstrunk ausstechen, brühen, Haut abziehen. Tomaten quer halbieren, Kernsubstanz entfernen und marinieren. Räucherlachs vom Schwanzteil pürieren, ein wenig aufgelöstes Gelee dazurühren.

  Würzen mit Meerrettich, frisch gemahlenem Pfeffer und einem Spritzer Gin. Geschlagene Sahne (2:1) unterheben und das Räucherlachs-Mus in die vorbereiteten Tomaten füllen. Mit je zwei Räucherlachsstreifen und Kaviar garnieren.

Zungentaschen

- **Zutaten:**
  Rinderpökelzunge in Scheiben, gegarte Champignons, würzige Mayonnaise, gehacktes, hartgekochtes Ei, Schnittlauch, grüner Spargel.

- **Garnitur:**
  Gleichmäßige Champignonscheiben, grüner Spargel.

- **Fertigstellung:**
  Mayonnaise, gehacktes Ei und Schnittlauch vermischen. Die Champignons grob hacken und mit der Eier-Mayonnaise binden. Zungenscheiben nebeneinanderlegen. Auf die Hälfte der schmalen Seite die Champignonmischung geben, die andere Hälfte der Zungenscheibe darüberklappen. Mit je einer Champignonscheibe und zwei marinierten grünen Spargelspitzen garnieren.

Gefüllte Artischockenböden

- **Zutaten:**
  Gekochtes Geflügelfleisch, gekochter Spargel, gekochte Sellerieknolle, Mayonnaise, kleine Artischockenböden und Garnelen.

- **Garnitur:**
  Streifchen grüner Paprikaschote, Garnelen.
- **Fertigstellung:**
  Geflügelfleisch, Spargel und Sellerie in Würfel schneiden und mit pikanter Mayonnaise anmachen. Geflügelsalat in die marinierten Artischockenböden füllen. Streifchen der Paprikaschote und je einen Krebsschwanz oder eine Garnele gefällig darauflegen.

Rehrückenmedaillons

- **Zutaten:**
  Gebratene Rehrückenmedaillons, Gänselebermus, Orange, Himbeeren.
- **Garnitur:**
  Orangenfilets, Himbeeren, Gänselebermus.
- **Fertigstellung:**
  Rehmedaillons einseitig mit Gänselebermus aus gegarter, pürierter Gänseleber und schaumig gerührter Butter, unterzogen mit geschlagener Sahne, bestreichen. Mit Orangenfilet und Himbeere garnieren.

Vorspeisenteller

Heute werden Vorspeisen vielfach im Voraus zusammen mit Saucen und Beilagen auf Tellern angerichtet. Diese Art des Anrichtens erleichtert den Service.

Languste mit zweierlei Avocado

Dünne, gebackene Teigschalen auf Teller setzen, mit Dill und mariniertem Friseesalat auslegen, dann eine Nocke Avocadomousse einfüllen. Langustenschwanz aufrecht stellen und mit einer gegrillten Avocadoscheibe und etwas Sauce garnieren.

Tatar auf Brioche mit Kräutersalat

Thunfisch-Tatar zu $^2/_3$ des Tatars auf Briochescheibe setzen, den Rest als Kugel, die den Kräutern Halt gibt. Ein pochiertes und mariniertes Wachtelei mit Schnittlauch bestreut zusammen mit einer bunten Vinaigrette und Brioche anrichten.

Lamm mit Ziegenkäse und Salatbouquet

Hauchdünne, mit Limone und Pfeffer marinierte Lammscheiben diagonal anrichten sowie das Lammfilet im Teigmantel daneben setzen. Links oben ein Salatbouquet mit einer Ziegenkäsenocke platzieren.

Schinkenmousse mit Chicorée

Schinkenmousse mit einem Ausstecher mit ∅ 6-cm-Walzen ausstechen und hochkant anrichten. Rote und grüne Paprika sowie Schalotten in Würfel schneiden und mit Weißwein, Zitronensaft und Öl verrühren. Mit Salz und Pfeffer würzen und über den längs geschnittenen Chicoree träufeln.

Entenleberparfait mit Pilzen und Rucola

Süßkartoffel schälen und mit dem Schäler weiter in Längsstreifen schneiden und frittieren. Pilze in Butter dünsten und mit Olivenöl und Essig marinieren. Entenleber-Parfait aus den Förmchen stürzen und zusammen mit den Chips, Rucola und Pilzen anrichten. Mit Dressing marinieren.

Lachsfilet im Sauerrahmmantel mit Dillsauce

Vom gut durchgekühlten Parfait in Dachrinnenform breitere Scheiben mit nassem Messer abschneiden und senkrecht auf einem Spiegel aus Kräuter-Creme-fraîche anrichten. Mit Dillzweigen und Keta-Kaviar garnieren.

Amuse gueule

Amuse gueule oder Amuse bouche werden auch als kleine Gaumenfreuden bezeichnet. Es sind kleinste zum Gedeck gehörende kalt oder warm angebotene Aufmerksamkeiten, die in manchen Restaurants unabhängig von der Bestellung des Gastes als Auftakt zu einem Mahl gereicht werden.

Genau gesagt, sind es Vorspeisen im Mini-Format.

Gefüllte Zucchiniblüte

Würfelchen von Karotte, Staudensellerie und Schalotte in Butter anschwitzen, würzen, mit Balsamico und Mayonnaise vermischen und abkühlen. Damit die Zucchiniblüte füllen und das übrige Gemüse als Sockel anrichten und die Blüte darauf legen.

Wachtelkeule

Rauten von Zuckerschoten, Bleichsellerie, Paprika und Karotten mit Ringen von Frühlingszwiebeln blanchieren und in Tellerchen füllen. Mit Madeiragelee übergießen, gelieren lassen und eine gebratene Wachtelkeule darauf servieren.

Finger-Food

Delikatessen im Miniformat werden als appetitanregende Speisen bei Stehempfängen angeboten. Sie werden als Finger-Food bezeichnet.

Diese kleinen Häppchen werden so zubereitet, dass sie mit den Fingern bequem gegessen werden können.

Während der Gast die Amuse gueule direkt am Tisch serviert bekommt, wird Fingerfood immer wieder durch Restaurantfachleute den Gästen von Platten zum Verzehr dargeboten.

2.5 Feinkostprodukte *fine food products* *produits (m) délicat*

Unter dieser Bezeichnung sind alle für die Kalte Küche wichtgen, delikaten Produkte wie Pasteten, Terrinen, Galantinen und Parfaits zusammengefasst. Dazu zählen Mousses, Gelees und Sülzen ebenso wie Ballotinen (kleine mit Farce gefüllte Tierkörperteile wie z. B. Keulchen).

Zubereitungen dieser kalten Feingerichte umfassen Schlachtfleisch, Wild, Geflügel, Fische, Krebs- und Weichtiere sowie Zutaten der höchsten Qualitätsstufe. Sie werden nach dem vorherrschenden Geschmack des Grundstoffs bezeichnet, z. B. Schinkenpastete, Frischlingsterrine, Poulardengalantine. Ein Teil des jeweiligen Grundstoffs dient der Bereitung einer feinen Farce, der wertvollere Teil bildet mit den Zutaten die Einlage. Zutaten können z. B. sein: Pökelzungenwürfel, Pistazien, Trüffeln, mitunter auch Gänseleber. Durch die Komposition von Farce und Einlage ergibt sich später bei den gegarten Feingerichten ein kontrastreiches, appetitliches Schnittbild.

Pasteten

pies *pâtés (m)*

sind in Teig eingeschlossene Feingerichte, die in speziellen Pastetenformen oder geformt auf Blechen im Ofen gebacken wurden.

Der durch die Verdunstung entstandene Hohlraum wird nach dem Erkalten der Pastete mit geschmacksspezifischem Gelee ausgegossen. Man gießt es durch die Dampfabzugslöcher, die man vor dem Backen auf der Teigoberfläche aussticht.

Gänseleberparfait

goose liver parfait *parfait (m) de foie gras*

ist ein Feingericht aus den Fettlebern von Gänsen mit Trüffeln, die in einem Wasserbad im Ofen bis zur vorgesehenen Garstufe erhitzt wurden.

Die Lebern werden zuvor von Haut und Blutgefäßen befreit, dann gewürzt und mit Alkoholika (z. B. Cognac und Portwein) aromatisiert. Zusammen mit Trüffeln drückt man sie fest in Spezialformen, die vorher mit dünnen Speckscheiben ausgelegt wurden.

Terrinen

terrines *terrines (w)*

sind Feingerichte, die in mit Rückenspeckscheiben ausgelegten und abgedeckten, feuerfesten Keramikformen (Terrinen) gegart wurden.

Terrinen werden mit einem Deckel verschlossen, in ein Wasserbad gestellt und im Rohr gegart. Bei Erreichen der Kerntemperatur von 70–75 °C sind sie gar.

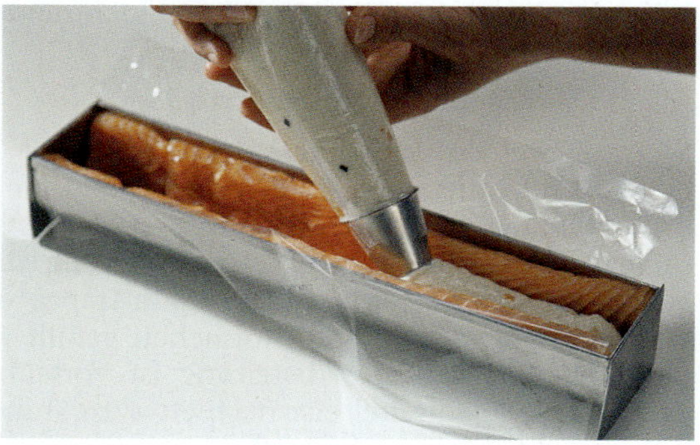

Nach dem Erkalten werden sie

- gestürzt oder
- im Restaurant vor dem Gast aus der Form gestochen bzw. schräg herausgeschnitten.

Galantinen

galantines *galantines (w)*

sind Feingerichte, die in der Regel in ausgebeinte Tierkörper oder in Teile davon gefüllt und gegart wurden.

Geflügel, Wildgeflügel, Wildschweinköpfe, Schweinefüße (Zamponi) oder Aale kommen u. a. in Betracht. Der völlig entbeinte und gefüllte Körper wird fest in eine Serviette oder in eine spezielle Folie gewickelt und umschnürt. In vorbereiteter Brühe lässt man die Galantine garziehen und anschließend abkühlen.

Zubereitung Speisen

Sülzen *jelly of …* *… en aspic*

Sülzen können aus verschiedensten Rohstoffen hergestellt werden. Die einzelnen Bestandteile werden getrennt vorbereitet und gegart, dekorativ in Formen gelegt und mit einem gut abgeschmeckten Gelee übergossen.

Spargelsülze mit Prager Schinken *jelly of asparagus* *asperge (w) en aspic*

- Die Kuchenform in Eiswasser gut vorkühlen, mit abgekühltem Gelee ausgießen, zwei bis dreimal wiederholen, bis sich ein Geleemantel bildet.
- Danach weißen Spargel, Schinken und grünen Spargel schichtweise in die Form einordnen.
- Jede Schicht mit Gelee, das mit gehacktem Estragon angereichert ist, übergießen.
- Die gefüllte Form über Nacht durchkühlen.
- Aus der Form stürzen, schneiden und anrichten.

Trapezform: 20 × 5,5 × 8 cm

400 g	weißer Spargel, gekocht
300 g	grüner Spargel, gekocht
250 g	gekochter Schinken
300 ml	Spargelsud, klar
200 ml	Gemüsebrühe, klar
10	Blatt Gelatine
	Estragon, gehackt
	Salate von Kräutern

Mousses *mousses* *mousses (w)*

Mousses werden aus Pürees in Verbindung mit einem Bindemittel hergestellt. Vorwiegend dienen dazu Béchamelsauce oder Veloutées. Zusätzlich wird flüssiger Aspik beigegeben. Der Lockerung dient geschlagene Sahne. Mousses können in Trapez- oder Tunnelformen oder Portionsförmchen gefüllt werden. Die langfristige Vorbereitung ist vorteilhaft, denn Gelatine entfaltet erst nach etwa 16 Stunden Kühldauer die volle Gelierkraft.

Brokkolimousse

300 g	Brokkoli, gekocht und püriert
150 ml	Béchamelsauce
9 Blatt	Gelatine, in kaltem Wasser eingeweicht
150 ml	geschlagene Sahne
	Salz, Pfeffer, Muskat

Mousses von Brokkoli und Spargel

broccoli and aspargus mousses

mousse (w) de broccoli et d'asperge

- Trapez- und Dreiecksform je 750 *ml* mit Klarsichtfolie auslegen und die Mousses einfüllen, ausreichend durchkühlen lassen.
- Zum Anrichten aus der Form stürzen, die Folie entfernen und in 1 cm dicke Scheiben schneiden.
- Mit Sahne und Melissenblättchen garnieren.

Spargelmousse

300 g	grüner Spargel, gekocht und püriert
200 g	Spargel-Velouté
9 Blatt	Gelatine, in kaltem Wasser eingeweicht
150 ml	geschlagene Sahne
	Salz, Pfeffer, Zitronensaft

① Gewürztem Püree Sauce zufügen, mixen

② Masse durch ein feines Sieb streichen

③ Aufgelöste Gelatine unterrühren

④ Schlagsahne unterheben

Abb. 1 Broccolimousse/Spargelmousse

3 Zwischengerichte – Warme Vorspeisen

entrées, hot appetizers *entrées (w), hors-d'œuvre (m) chauds*

Im Rahmen einer Speisenfolge betrachtet man die warmen Vorspeisen als den leichten Übergang von der Suppe zu den nachfolgenden Gängen. (s. S. 625 Zwischenmahlzeiten und S. 613 Menükunde)

Warme Vorspeisen/Zwischengerichte sollen appetitanregend wirken. Viele warme Vorspeisen lassen sich gut vorbereiten wie z. B. Tarteletts, Blätterteigpastetchen, Teigschiffchen usw. Mit einer feinen Füllung versehen, können sie rasch zubereitet, angerichtet und serviert werden.

Warme Vorspeisen werden aus einem breiten Angebot von Rohstoffen wie Geflügel, Wild, Schlachtfleisch, Innereien, Fische, Krebstiere, Weichtiere, Teigwaren, Eier, Gemüse oder Pilze gefertigt.

Abb. 2 Warme Vorspeisen aus China

Übersicht

Kroketten

croquettes *croquettes (w)*

3 cm lang, 1 cm dick und walzenartig geformt, zubereitet aus kleinwürfelig geschnittenen, gegarten Gemüsen, Pilzen, Fischen, Schalentieren, Krustentieren, Geflügel, Wild oder Schlachtfleisch. Mit dicker brauner oder weißer legierter Grundsauce gebunden. Nach dem Auskühlen geformt, paniert und frittiert.

Feine Ragouts

small ragouts *ragoûts (m) fins*

Geflügel, Innereien, Wild, Kalbsfleisch, Fische, Krebstiere, Gemüse oder Pilze werden gegart, meist gekocht, in kleine Würfel geschnitten, mit einer entsprechenden Sauce abgebunden und pikant gewürzt.

Die feinen Ragouts serviert man in Näpfchen, in Hülsen aus Blätterteig oder in römischen Pasteten sowie in Muschelschalen, oft leicht überbacken.

Pastetchen *patties* *bouchée (w)*

Mit unterschiedlichen weißen oder braunen, feinen Ragouts gefüllt. Die Pastetchen bestehen aus Blätterteig (s. S. 541).

Abb. 1 Pastetchen mit Scampi-Ragout

Spießchen

skewers *brochettes (w)*

Ca. 6 cm lang, besteckt mit kleinen Stücken von Hummer, Krebsen oder gedünsteten Muscheln, kleinen Teilen von Kalbsbries, Zunge, Schinken, Leber, Artischockenböden, Paprikaschoten, Pilzen und Speck, auch gemischt aufgereiht.

In Butter braten oder in Bierteig tauchen bzw. panieren und frittieren.

Krusteln *crusts* *croustades (w)*

Sardellen- oder Räucherlachsstreifen, würzige Fisch-, Pilz- oder Käseeinlagen werden umhüllt mit Blätterteig, in Rauten-, Rechteck-, Hörnchen- oder Stäbchenform gebracht und im Ofen gebacken.

Krapfen *fritters* *beignets (m)*

Stückchen von gegarten Gemüsen (Blumenkohl, Artischocken, Sellerie, Spargel, Petersilienwurzeln, Schwarzwurzeln) oder Scheiben von Auberginen und Zucchini, würzen, in Backteig tauchen und frittieren.

Kleine Aufläufe

small soufflés *soufflés/timbales (m)*

Fein durchgestrichenes Mus (Farce) von Wild, Geflügel, Fischen oder Krustentieren, würzen, mit Eigelb, Schlagsahne und Eischnee aufziehen, in gebutterte kleine Förmchen füllen und im Wasserbad im Ofen garen.

Zubereitung Speisen

Gebackenes – Frittiertes

deep-fried dishes *fritots (m)*

Muscheln, Austern, Seezungenfilets in Streifen schneiden, mit Weißbrotkrume panieren oder in Backteig tauchen und frittieren.

Törtchen

tartelets *tartelettes (w)*

Mit Blätter- oder Pastetenteig ausgelegte Törtchen, verschiedenartig mit Käse, Schinken, Gemüse, Pilzen, Fisch, Wild usw. gefüllt und im Ofen gebacken.

Nocken

dumplings *noques (w)*

Warme Vorspeisen aus Grieß- oder Brandmasse werden zu **Gnocchi** geformt, zu denen man eine passende Sauce mit Kräutern oder Butter mit Reibkäse reicht.

Weitere Vorspeisen bestehen aus **Teigwaren** wie Nudeln, Tortellini, Spaghetti, Ravioli, Canneloni, Lasagne und Maultaschen sowie Buchweizenpfannkuchen (Blinis) und Crêpes mit feinen Füllungen und Saucen. Diese können auch mit Käse bestreut und überbacken werden.

Neben all den bereits genannten Rohprodukten können auch viele warme Vorspeisen aus Eiern zubereitet werden.

Wildragout in Pastetchen

patties with venison ragout

bouchées (w) au ragoût de gibier

Bedarf für 10 Portionen

850 g	Rehfleisch, gekocht
250 g	kleine Pfifferlinge
200 g	Rotwein
40 g	Butter
40 g	Schalotten
0,4 l	Wildgrundsauce
60 g	Sauerrahm
	Salz, Pfeffer, Estragon

- Feingeschnittene Schalotten in Butter anschwitzen, Pfifferlinge zugeben, mit Rotwein ablöschen und dünsten.
- In Würfel geschnittenes Rehfleisch beigeben, mit Wildgrundsauce auffüllen und köcheln lassen.
- Danach den Sauerrahm mit einem Teil der Sauce verrühren, dem Ragout beimischen und gehackten Estragon einstreuen.
- Die Pastetchen im Ofen aufbacken, mit Ragout füllen und servieren.

Pilz-Kartoffel-Kuchen

mushroom potato cake

quiche (m) aux champignons et pommes de terre

Bedarf für 10 Portionen

400 g	Pasteten- oder Blätterteig
400 g	Kartoffeln, gekocht
400 g	Champignonwürfel
40 g	Butter
100 g	Schalotten
100 g	Schinken- oder Speckwürfel
	Schnittlauch, Kerbel, Petersilie
	Salz, Pfeffer

Für den Eierguss

250 g	Crème fraîche
250 g	Milch
5	Eier
	Salz, Muskat

- Kuchenblech, Porzellanbackform oder 2 Tortenringe (∅ 14 cm) mit Teig auslegen und leicht mit einer Gabel stupfen.
- Schinkenwürfel mit Schalottenwürfel in Butter leicht anbraten, Champignonwürfel zugeben, mitdünsten, würzen, danach das Ganze etwas auskühlen lassen und mit den in Würfel geschnittenen Kartoffeln sowie den gehackten Kräutern vermischen und auf den Auslegeteig verteilen.
- Zutaten für den Eierguss glatt rühren, würzen und gleichmäßig über die Zutaten gießen.
- Bei ca. 170 °C etwa 40 Min. goldgelb backen.
- Nach dem Backen kurz ruhen lassen und in Stücke schneiden.

4 Anrichten von Kalten Platten

cold platters *plats (m) froids*

Das Anrichten von kalten Platten erfordert Geschicklichkeit und ein feines Gefühl. Mit den folgenden Hinweisen sollen die Arbeiten zum Herstellen von kalten Platten erläutert und erleichtert werden (s. S. 589).

- **Platten**
  Gebräuchlich sind versilberte Platten, Chromstahl-, Glas- und Porzellanplatten. Die Platten müssen einwandfrei und sauber sein, denn sie geben dem Angerichteten den Rahmen.
- **Geleespiegel**
  bilden eine hygienische, produktschützende Isolierschicht zwischen Platte und daraufliegenden Speisen. Austretende Flüssigkeiten verlieren so bei Metallplatten ihre Wirkung. Auf einem Geleespiegel erscheinen die angerichteten Objekte vorteilhafter (s. S. 574).
- **Papierservietten**
  saugen Fett und Feuchtigkeit auf. Man verwendet sie nur bei Platten mit Aufschnitt, der zum direkten Verzehr bestimmt ist.

4.1 Vorbereitende Arbeiten

Zu den vorbereitenden Arbeiten gehören das Aufschneiden und Zerlegen der vorgesehenen Ware. Von besonderer Bedeutung für die spätere Darbietung sind die Schnittbilder. Saubere und glatte Schnittflächen kann man nur erreichen, wenn

- die Ware gut gekühlt ist,
- die Messerscheiben in den Aufschnittmaschinen scharf sind,
- geeignete, scharfe Tranchiermesser benutzt werden.

- **Weiche Wurstsorten wie z. B. Teewurst, Mettwurst, Leberwurst**
  werden mit schmalem, dünnem Messer geschnitten. Die Stärke der Scheiben soll nicht unter 5 mm liegen. Der Darm bleibt an den Wurstscheiben; wird er zuvor eingeritzt, erhält man unverformte Scheiben, die sich exakt legen lassen.
- **Feste Wurstsorten und kalter Braten wie z. B. Cervelatwurst, Salami, Zungenwurst, Roastbeef**
  werden mit der Aufschnittmaschine geschnitten. Die Stärke der Scheiben liegt bei 1 bis 2 mm, bei Salami auch unter 1 mm. Der Darm wird vorher in Breite des aufzuschneidenden Wurststücks abgezogen.

Abb. 1 Salami in Tütenform

- **Würste mit kleinem Durchmesser**
  werden mit schräger Schnittführung aufgeschnitten, um Scheiben mit größerer Fläche zu erhalten.
- **Würste und Braten mit großem Durchmesser**
  werden quer mit gerader Schnittführung aufgeschnitten, um zu vermeiden, dass sich der Flächeninhalt der Scheibe vergrößert.

Abb. 2 Kalter Braten in Taschen- und Röllchenform, gefüllt und ungefüllt

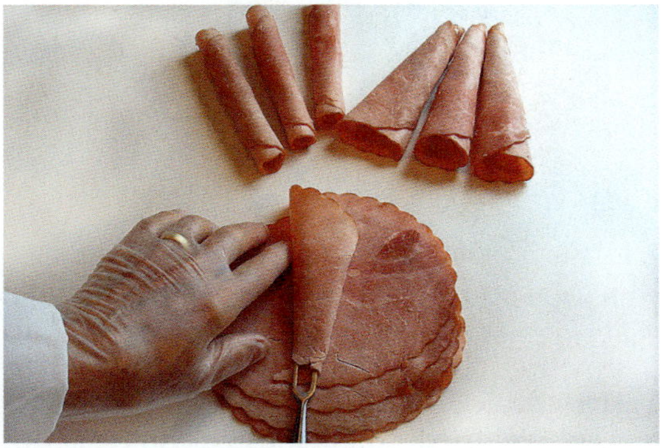

Abb. 3 Gekochter Schinken in Röllchen- und Tütenform

- **Gekochte Schinken**
  werden mit der Aufschnittmaschine geschnitten. Die Stärke der Scheiben ist unterschiedlich. Die Schwarte wird vorher entfernt, das Fett bis auf einen kleinen gleichmäßigen Rand abgeschnitten. Beim angerichteten Schinken liegt die Scheibe mit dem Fetträndchen immer oben.
- **Rohe Schinken**
  werden vorwiegend mit der Aufschnittmaschine geschnitten. Die Stärke der Scheiben liegt unter 1 mm. Zuerst wird die Schwarte zusammen mit dem Fett so abgeschnitten, dass ein kleiner Fettrand verbleibt. Bei Knochenschinken wird der Röhrenknochen mit Hilfe eines Knochenlösers aus dem Schinken gestoßen. Auch hier werden die Scheiben mit dem Fetträndchen nach oben gelegt.

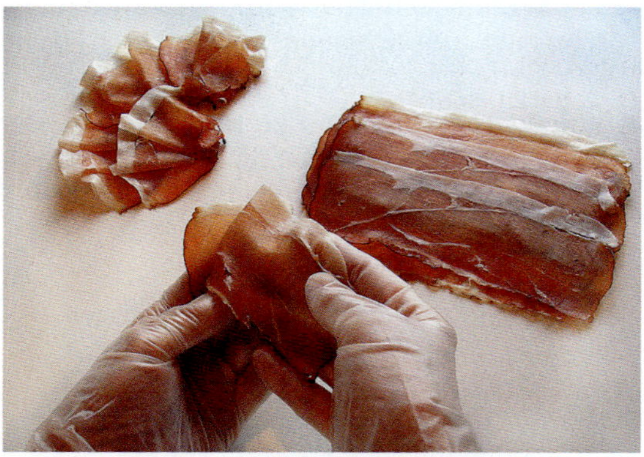

Abb. 1 Rohen Schinken in Welle legen

- **Gebratenes Geflügel**
  Der Größe des Geflügels entsprechend teilt man die Keulen mit senkrechten Schnitten in Stücke. Die Brüste teilt man mit schrägflachen Schnitten in dickere Scheiben (Tranchen).

Abb. 2 Poulardenkeulchen (Ballotinen) mit gebratener Putenbrust und gefüllter Entenbrust

Fleischstücke mit größerem Durchmesser werden entweder dünner aufgeschnitten oder, falls sie gefüllt sind, in dickere Tranchen, die dann aber halbiert werden.

Menge

Die angerichtete Menge muss der Plattengröße entsprechen. Überladene Platten beeinträchtigen das Aussehen. Wenn Platten für eine bestimmte Personenzahl vorgesehen sind, müssen Tranchen und Beilagen aufeinander abgestimmt sein.

Durchschnittsmengen für kaltes Büfett	
Fleisch mit Wurstwaren	120–150 g
Fisch	70–100 g
Salat	70–120 g
Beilagen	50–80 g
Brot	80–100 g
Butter	20–40 g
Käse	80–100 g
Süßspeise	100–120 g

Farbenspiel

Beim Anrichten ist auf Farbkontraste zu achten. Helles und dunkles Fleisch, Schinken und Wurst sind so zu gruppieren, dass gleiche Farben nicht nebeneinanderliegen. Die reiche Auswahl von passendem Dekor, Garniermöglichkeiten und Beilagen bieten weitere Gelegenheit, das Farbbild zu beleben.

Krone von Melone: Mit einem Dreieck-Messer die Melone in gleichmäßigem Abstand einstechen.

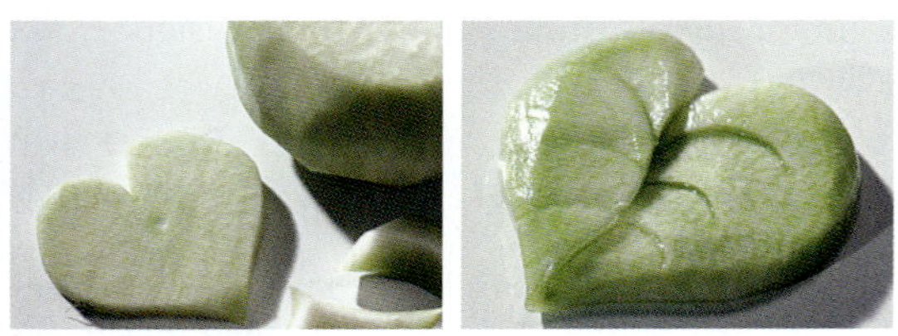

Herz von Kohlrabi: Kohlrabi schälen, in 7 mm dicke Scheiben trennen und in Herzform schneiden.

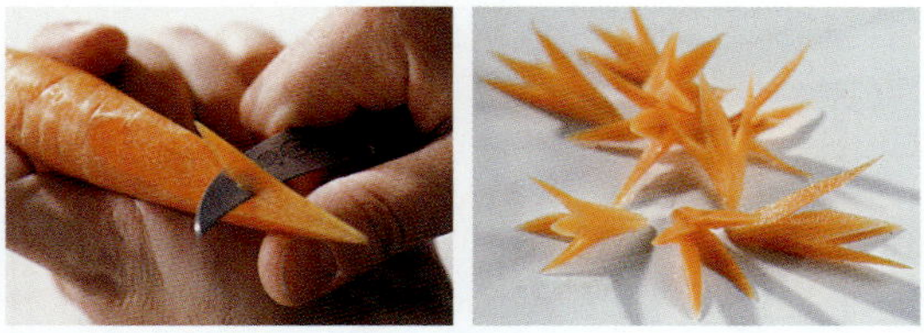

Blüte von Karotte: Kirchturmartig zuspitzen, an allen vier Kanten bis zur Mitte einscheiden und Blüte ausbrechen.

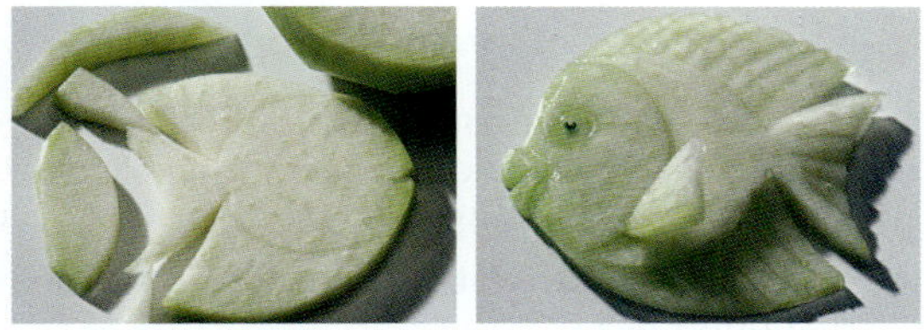

Fisch von Kohlrabi: 7-mm-Scheiben, mit Messer Fischform schneiden, Flossen, Schwanz und Kopf einritzen.

Abb. 1 Galantine von Lachs und Zander – einfach und doch attraktiv

4.2 Gestaltung von Platten

Ein Kaltes Büfett soll den Gästen Freude nicht nur am Essen bereiten, sondern ihnen auch optisch Wertvolles und Schönes bieten. Dass die Kunstwerke am Ende vergänglich sind, liegt in der Natur der Sache, dann nämlich, wenn sie verzehrt sind.

Bei einem Kalten Büfett unterscheidet man zwischen Schauplatten und einfacheren, schlichten Platten. Diese Platten gelten als „Füller“ im Büfett. Sie dienen aber auch als Büfett-Ergänzungsplatten und sind für nachkommende Gäste gedacht, die sich noch am Büfett bedienen wollen. Diese Gäste möchten ebenso schön angerichtete Platten sehen und vor allen Dingen möglichst die gleichen Produkte vorfinden.

Bei den einfachen Platten werden die Tranchen dichter und enger aufgelegt als auf den Schauplatten. Das Gleiche gilt auch für die Beilagen, Salate und Saucen. Die Ergänzungsplatten bezeichnet man auch als „Supplement-Platten“, weil sie nachgereicht werden, das heißt gegen verbrauchte Platten im Büfett ausgetauscht werden. Bei diesen Platten spielt dann nicht mehr so sehr die Kombination und Ausgewogenheit zwischen Fleisch oder Fisch mit passenden Beilagen eine Rolle, sondern sie sind meist nur mit Fleisch- oder Fischtranchen bestückt.

Dass sie trotzdem attraktiv aussehen können, beweisen die Abbildungen.

Abb. 2 Terrine von Lachs – edles Produkt schlicht angerichtet

4.3 Gestaltung von Schauplatten

Blickpunkte eines kalten Büfetts sind die schön angerichteten Platten, die sogenannten Schauplatten. Sie bestehen aus:

- **Haupt- oder Mittelstück,** das angeschnitten präsentiert wird,
- **Tranchen von Hauptstück** und dazu passenden
- **Beilagen und Umlagen.**

Je kleiner Tranchen und Umlagen gehalten werden, desto vielfältiger kann der Gast eine Auswahl für sich zusammenstellen. Die Garnituren und Umlagen sollen geschmacklich zum Hauptstück passen und wenn möglich der Anzahl der aufgeschnittenen Tranchen entsprechen.

Der ganz belassene Teil des Hauptstückes überragt in der Höhe die anderen Zubereitungen, und deshalb fällt er besonders auf.

Bei den Tranchen erhält man durch „Fächern", ein fächerartiges schräges Aufeinanderlegen der Tranchen, eine gewisse Höhe. (s. S. 589 und 591 ff.)

Anrichten

Angerichtet wird nur, was genießbar ist und im Geschmack harmoniert. Die einzelnen Gruppen der angerichteten Speisen sollten mit Zwischenraum angerichtet werden, dadurch wird das Gesamtbild des Arrangements positiv beeinflusst. Das Belegen von Plattenrändern sollte man grundsätzlich vermeiden. So dient z. B. bei henkellosen Platten der Rand zum Tragen.

Belegen der Schauplatten

- Ein **Geleespiegel** schützt die Platte und verhindert den unmittelbaren Kontakt der Lebensmittel mit dem Silber. Durch die Feuchtigkeit des Gelees bleiben zudem die Speisen länger frisch. (s. S. 574)
- Das **Hauptstück** bildet den Richtpunkt für alle übrigen Bestandteile und ist darum überlegt anzuordnen.
- **Tranchen und Umlagen** müssen exakt portioniert und in gedachten Linien gleichmäßig angerichtet werden.
- **Platten nicht überladen,** damit Platz zwischen den Stücken bleibt und die einzelnen Formen zur Geltung kommen.
- **Ränder dürfen nicht belegt werden.**
- Bei der **Anrichteweise** unterscheidet man verschiedene Grundformen, die in den folgenden Beispielen erläutert werden.

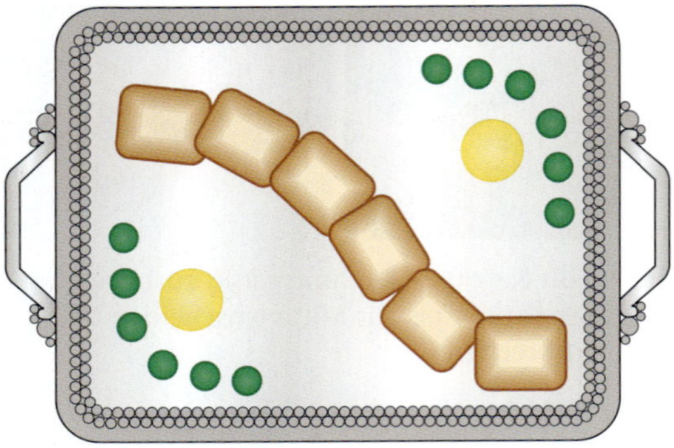

Anrichtevorschlag für:
Tranchen ohne Hauptstück wie Galantinen, Lachs oder Bratenscheiben mit Beilagen

Anrichtevorschlag für:
Hauptstück und Tranchen getrennt wie Geflügel aller Art, Zunge, Galantine, Pastete mit Beilage

Anrichtevorschlag für:
Hauptstück und Tranchen getrennt wie Krebstiere, Pastete, Galantine, Bratenstück mit Beilage

Auf den folgenden Seiten zeigen Beispiele heutige Anrichteweisen. Diese sind jedoch nicht verbindlich, da sie einem steten Wandel unterliegen. Die Kombination von Farbbild, Zeichnung und Linienführung verdeutlicht die Gestaltungsprinzipien und Vorgehensweisen.

Galantine von der Martinsgans

Gefüllte Gänsebrust · Früchte-Timbale · Brombeersauce im kleinen Kürbis

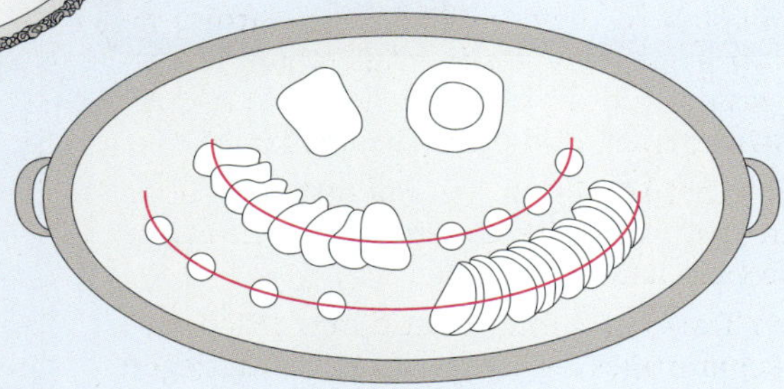

Diese Platte präsentiert Gans auf zwei Arten.

Eine ausgelöste Gänsebrust wird mit der Farce aus Gänsekeulen in eine Stollenform gefüllt und pochiert. Eine andere Gänsebrust wird gefüllt, gebraten und liegt in Tranchen geschnitten auf der rechten Plattenseite.

Als Beilagen dienen Früchte-Geleetimbale sowie eine Brombeersauce als geschmackliche Ergänzung.

Gestalterisch wird von der ovalen Plattenform ausgegangen. Der Wechsel zwischen den kräftig wirkenden Tranchen und den zierlichen Früchte-Timbales bringt Spannung in das Gesamtbild der Platte.

Haupt- oder Mittelstück und somit Blickfang bilden das restliche Galantinestück von der Gans sowie die als Sauciere verwendete gelbe Kürbisfrucht.

Gefüllte Spanferkel-Keule mit Wildschwein-Zampone

Melonenkugeln in einem Weinblatt aus Pastetenteig
Birnen mit Senffrüchten · Cumberlandsauce in der Melone

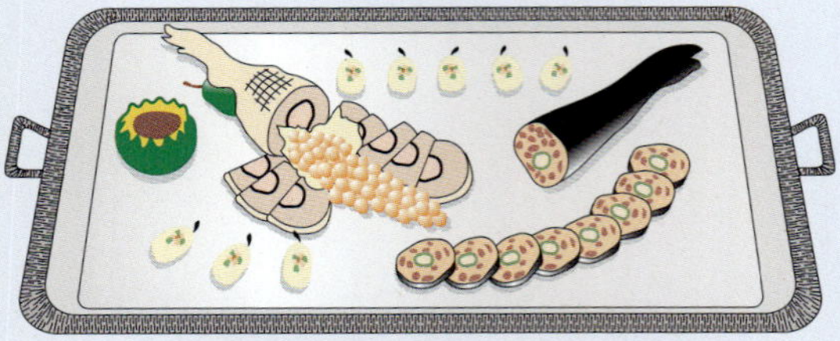

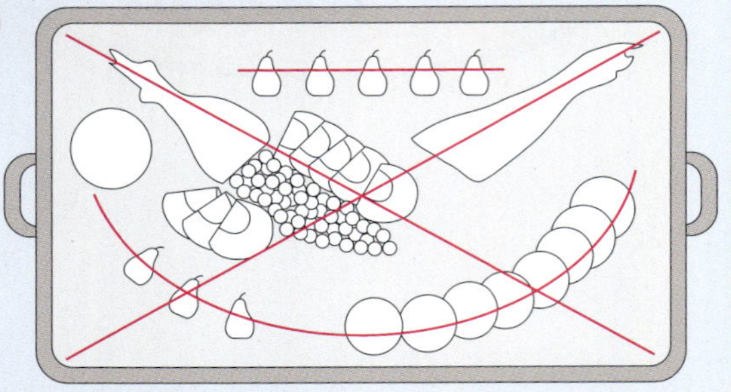

Zwei gefüllte Schweinefüße bilden den Mittelpunkt der Platte.

Die Keule vom Spanferkel wurde hohl ausgelöst (vom Knochen befreit) und gefüllt.

Beim Wildschweinfuß (Zampone) ist die Haut bzw. die Schwarte als Hülle für eine entsprechende Füllung verwendet worden.

Von beiden Stücken sind jeweils acht Tranchen so geschnitten, dass die Ausgangsprodukte in ihrer Grundform erkennbar bleiben.

Die aus kulinarischer Sicht erforderlichen Ergänzungen mit einer Cumberlandsauce sowie marinierten Melonenkugeln und mit Senffrüchten gefüllte, halbe Birnen sind in die Platte integriert.

Das gestalterische Grundraster stellen zwei Diagonalen dar. Dominierend ist die als Füllhorn gestaltete Spanferkelkeule. Im Vordergrund sind Beilagen und Tranchen in einem durchgehenden Bogen angeordnet.

Hummer-Galantine

Spargelspitzen mit Lachsscheibe umhüllt · Kräutercreme auf Kürbisscheiben

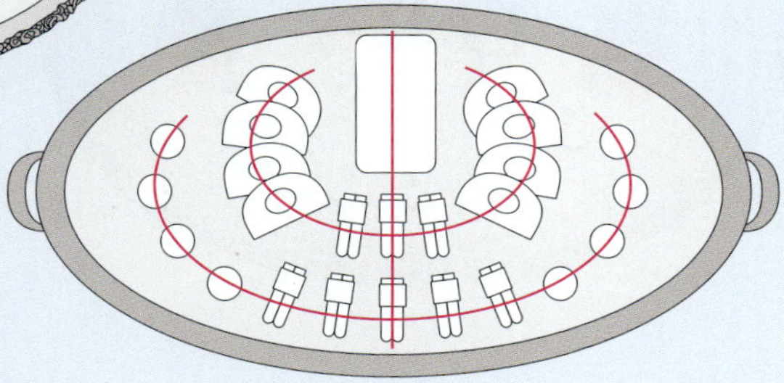

Eine Hummergalantine, gefertigt aus wertvollen Rohstoffen, ist der zentrale Punkt der klar gegliederten Platte.

Ergänzend beigegeben sind Spargelspitzen, die geschmacklich das Hummerfleisch gut zur Geltung kommen lassen. Die Ummantelung der Spargelspitzen mit Räucherlachsscheiben bringt Farbe.

Zur geschmacklichen Abrundung dient die auf Kürbisscheiben halbkugelförmig angerichtete Kräutercreme.

Gestalterisch wird von einer gedachten Mittellinie ausgegangen, auf der im hinteren Bereich der Platte das Hauptstück angeordnet ist. Rechts und links dieser gedachten Mittellinie befinden sich die gleiche Anzahl von Galantine-Tranchen und Beilagen in kreisförmiger Anrichteweise. Man spricht in einem solchen Fall von einer symmetrischen Anordnung, die sehr ruhig wirkt und deshalb farbliche Akzente benötigt.

Kranz von rotfleischiger Regenbogenforelle

Lachs-Filet · Apfelmeerrettichcreme auf Zucchinischeiben
Gelbe Auberginen mit grünen Spargelspitzen

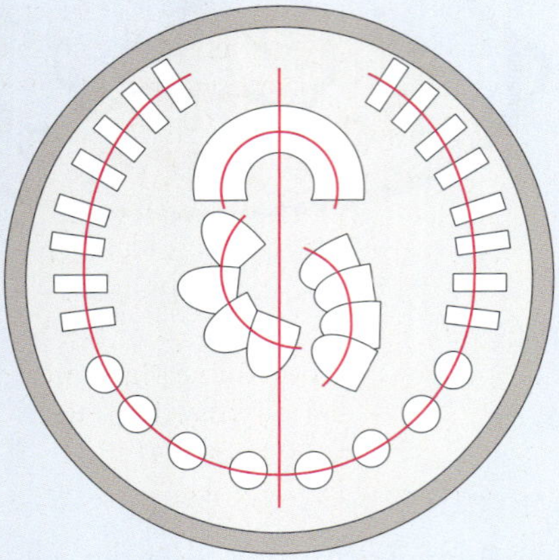

Das Hauptstück dieser Platte ist der Kranz von rotfleischiger Regenbogenforelle. Mit deren Filets ist die Kranzform ausgelegt, Stücke davon sind auch in der Farce erkennbar.

Der Forelle sind dickere Tranchen von geräuchertem Lachs zugeordnet.

Als Beigaben dienen Spitzen von mariniertem grünem Spargel, die in Schiffchen von gelben Auberginen angeordnet sind. Eine Creme von Apfelmeerrettich ist kuppelförmig auf Scheiben von Zucchini angerichtet.

Gestalterisch wird das Rund der Platte aufgenommen. Lachsstücke und Beigaben bilden zusammen einen großen Kreis, der etwas nach hinten verschoben und offen ist. Jeweils halbkreisförmig sind der angeschnittene Kranz und die dargebotenen Scheiben angerichtet. Durch die asymmetrische Anordnung der Forellentranchen kommt viel Dynamik in die Plattengestaltung.

Fachbegriffe

Aspik	Würziges Gelee
Canapés	Kleine, verschieden belegte, mundgerechte, garnierte Brötchen
Chiffonade	Feine Salatstreifen
Farce	Füllmasse
Finger-Food	Kleine kalte oder warme Häppchen, die man bequem mit den Fingern essen kann
Galantine	Roh entbeintes Geflügel mit Farce gefüllt, in Tuch gerollt und pochiert
Gelee	Klare, durch Geliermittel gallertartige Flüssigkeit
Geleespiegel	Bildet eine Schutzschicht zwischen Silberplatten und den darauf angerichteten Lebensmitteln
glasieren	Überglänzen
Hors d'œuvres	Vorspeisen
Panade	Lockerungsmittel bei Farcen
Parfait	„Perfektes" Feinkosterzeugnis z. B. Gänseleberparfait
Pastete	Zubereitung aus Farcen unterschiedlicher Art, mit Teig ummantelt
Quiche	Speckkuchen
Raviès	Kleine Glas- oder Porzellanschalen für kalte Vorspeisen
Snacks	Kleine kalte oder warme Happen
Terrine	Pastetenähnliches Gericht, das ohne Teig in Porzellanformen gegart wird
Tranchen	Scheiben von Braten oder Pasteten
Zampone	Gefüllter Schweinefuß

Aufgaben

1 Wir haben in einem guten Restaurant reserviert. Bald nachdem wir Platz genommen hatten, wurden uns Kleinigkeiten ohne ausdrückliche Bestellung serviert. „Ein kulinarischer Gruß aus der Küche", sagte die Restaurantfachkraft.
a) Nennen Sie die dafür möglichen Fachbegriffe.
b) Warum gibt es solche „kulinarischen Grüße" auf Kosten des Hauses?

2 Sie sollen eine Fischfarce von Hecht herstellen. Nennen Sie die notwendigen Zutaten und planen Sie die Arbeitsschritte in der richtigen Reihenfolge.

3 Wie lauten die französischen Bezeichnungen für
a) kalte Vorspeisen b) warme Vorspeisen?

4 „Mit Worten Appetit machen" – das sollen die Beratung und Empfehlung im Service. Wie empfehlen Sie ein Ragoût fin? (s. S. 586)

5 Welchen Anforderungen sollen kalte Vorspeisen gerecht werden?

6 Ihr neuer, junger Kollege ist verwirrt, nachdem Sie ihn aufgefordert haben, die Canapés aus dem Kühlraum zu holen. Klären Sie ihn auf.

7 Beschreiben Sie 8 verschiedene Canapés und unterscheiden Sie dabei nach Art, Brot, Aufstrich und Garnitur.

8 Machen Sie einen Vorschlag für einen Vorspeisen-Cocktail, nennen Sie die Zutaten und beschreiben Sie die Zubereitung.

9 Erarbeiten Sie unterschiedliche Herstellungsmerkmale für:
a) Pasteten b) Terrinen c) Galantinen d) Parfaits.

10 Erklären Sie den Begriff „Kombinierte Salate".

11 Was ist beim Anrichten von Platten für kalte Büfetts zu beachten?

BÜFETTANGEBOT

Für viele Gäste ist das Kalte Büfett nach wie vor der Inbegriff einer vielfältig-kulinarischen und farbenprächtigen Darbietung von Speisen.

Zu den verschiedensten Anlässen, zu Kongressen, Tagungen, Firmenjubiläen, Einweihungen, Bällen und privaten Festen wie Geburtstagen und Hochzeiten werden Büfetts von Gastronomie und Partyservice angeboten, immer mit dem Ziel, einer Vielzahl von Gästen gleichzeitig und schnell Köstlichkeiten zu verabfolgen

Der Anlass zu einem Büfett spielt beim Gesamtarrangement wie auch bei der Zusammenstellung der Speisen, dem Büfettaufbau und bei der Wahl der Dekoration eine wichtige Rolle. Kreative Köche können hier zusammen mit den Servicemitarbeitern die organisatorischen und gestalterischen Möglichkeiten voll ausspielen.

1 Planung *planning* *planification (w)*

Büfetts bieten dem Gast ein vielfältiges Angebot. Dies reicht vom festgelegten Programm für Speisen und Getränke bis hin zu der Möglichkeit, ein Fest individuell nach seinen besonderen Vorstellungen und Wünschen zu gestalten und zu organisieren.

Büfetts bieten aber auch dem gastronomischen Unternehmer die Möglichkeit, durch entsprechende Angebotsgestaltung auf sich und sein Haus aufmerksam zu machen. Dabei kann zusätzliche Flexibilität gezeigt werden, wenn ein Catering Service eingerichtet ist. Das bedeutet, Büfetts außer Haus als Event-Erlebnis anzubieten, um somit Umsätze zu steigern.

Durch den Verkauf von Büfetts erhält man zudem eine genaue Planungssicherheit, die sich gerade auf die Personalbesetzung positiv auswirkt. Man weiß, an welchem Tag dies oder jenes zu tun ist. Verkauf setzt allerdings eine gut entwickelte Verkaufsstrategie voraus, die damit beginnt, dass man sich bereits einen guten Ruf in der Ausrichtung von Veranstaltungen erworben hat. Dazu gehören auch entsprechende Unterlagen wie:

- Büfettvorschläge,
- Getränkeangebote,
- Veranstaltungsvereinbarungen und
- Checklisten,

aber auch das Geschick, individuell auf den Besteller einzugehen, damit am Ende der Verhandlungen der geschäftliche Erfolg steht, also ein Geschäftsabschluss getätigt wird.

Grundlegendes

Das klassische kalte Büfett ist der Ursprung für die heute bekannten und angewandten unterschiedlichen Varianten von Büfettpräsentationen wie zum Beispiel:

- Lunch- und Brunch-Büfetts (kalt und warm)
- Salat-, Käse-, Süßspeisen- und Kuchenbüfetts
- das Büfett mit ausschließlich warmen Speisen
- das kombinierte kalt-warme Büfett
- Themen-Büfetts
- Büfetts mit internationalem Zuschnitt
- Büfetts mit regionalen Spezialitäten
- Fingerfood-Büfetts für Stehempfänge
- Flying-Büfetts mit kalten und warmen kulinarischen Miniaturen, die laufend den Gästen beim Stehempfang Gang für Gang gereicht werden.

1.1 Planung im Service

Mittelpunkt des Büfett-Service ist, bis auf wenige Ausnahmen, die Büfett-Tafel, die es in verschiedenen Formen gibt. Form und Größe der Tafel werden bestimmt durch die

- Größe und den Zuschnitt der Räumlichkeit,
- Anzahl der Gäste.

Je nach Gäsetzahl können die Tafelformen variiert und den individuellen Bedürfnissen angepasst werden.

Der Büfett-Service ist auf die Selbstbedienung durch den Gast ausgerichtet. Da es sich im Allgemeinen um eine größere Anzahl von Gästen handelt, müssen Voraussetzungen erfüllt sein, die während dem Essen störungsfreie Abläufe gewährleisten. Dabei ist vor allem auf die Tiefe der Tafel sowie auf ausreichende Büfettflächen zu achten.

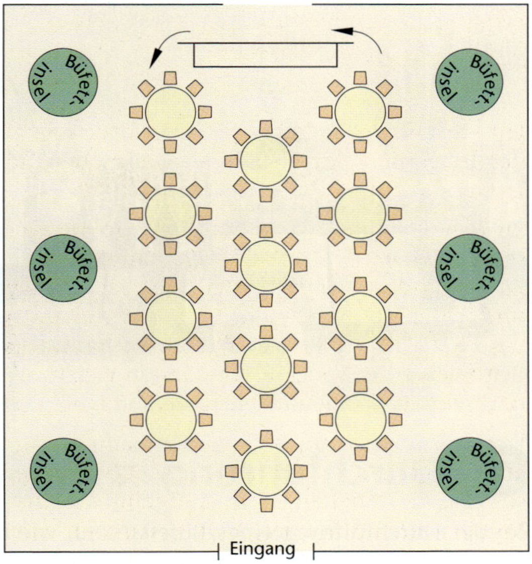

Tiefe der Büfett-Tafel

Die Fläche der Tafel darf nicht zu tief bzw. zu breit sein, damit einerseits die Gäste die angerichteten Speisen bequem erreichen und andererseits die Köche mühelos über die Tafel hinweg bedienen können.

Fläche der Büfett-Tafel

Sie muss auf die Anzahl der Gäste abgestimmt sein, damit sich diese am Büfett nicht behindern. Bei der Planung sind deshalb in bestimmten Fällen auch Überlegungen anzustellen, wie die Tafelfläche angemessen erweiteret werden kann.

Eine Besonderheit bezüglich der Auflockerung des Büfetts sind sogenannte **„Büfett-Inseln"**. Aufgrund dieser Dezentralisierung können sich zwar einerseits in einem raschen Ablauf viele Gäste gleichzeitig mit Speisen versorgen, andererseits gehen jedoch der attraktive Charakter des Büfetts sowie die festliche Stimmung des Büfett-Service verloren.

1.2 Planung in der Küche

Die Planungen der Küche bewegen sich zwischen dem leeren Geschirr und dem fertig aufgebautem Büfett.

Der Erfolg einer kulinarischen Sonderaktion beginnt mit einer wohl überlegten Detailplanung. Nachdem der Termin, die Lokalität, der Anlass, das Motto, die Büfettart und die Zusammensetzung des Büfetts, die Personenzahl, eventuell die Rezepturen und Warenanforderungen feststehen, wird ein zeitlicher Ablaufplan in Form einer Checkliste erstellt (s. S. 46, 646).

Die Gesamtorganisation eines Büfetts erfordert ein rechtzeitiges Erstellen von Dienst-, Arbeitsablauf- und Einsatzplänen. Für die Erstellung eines Büfetts sind umfangreiche Vorbereitungsarbeiten notwendig. Geklärt werden muss der Einsatz des Anrichtegeschirrs ebenso wie die verschiedenen Anrichteweisen auf Platten aus Glas, Silber, Holz, Porzellan oder Marmor. Zur Planung gehört auch, festzulegen, welche und wie viele Etagèren, Schüsseln und Saucieren zum Einsatz kommen. Entsprechend der vorausgegangenen Besprechungen müssen Rezepte ausgewählt oder neu geschrieben werden und dienen nicht nur den Köchen als Orientierung, sondern helfen auch bei der Warenbestellung in Form einer Bestellliste. Nun kann die kulinarische Produktion beginnen.

2 Durchführung *realization* *réalisation (w)*

Bei der Durchführung eines Büfetts sind, wie bereits bei der Planung, der Servicebereich gleichermaßen wie die Küche beteiligt.

2.1 Vorbereiten des Büfetts

Herrichten der Büfett-Tafel

Auf die mit Moltons überdeckte Tafel werden entsprechend große Tafeltücher so aufgelegt, dass sie bis fast auf den Boden herabhängen. Bei Tafeln, die an der Wand stehen, ist dies jedoch nur auf den vom Raum her einsehbaren Seiten erforderlich. Damit die Übergänge an den Ecken sowie die Überlappungen der Decken ordentlich aussehen, bedient man sich unterschiedlichster Hilfsmittel:

- Eine geschickte Falttechnik ist schon ausreichend.
- Darüber hinaus gibt es spezielle Hilfsmittel wie Klebe- oder Klettbänder.

Eine ganz besondere und gleichzeitig sehr dekorative Form seitlicher Verkleidung sind die nach individuellen Angaben angefertigten Snap-drape-Skirtings (schnappen und drapieren).

Abb. 1 Verkleidete Büfetttafel

Platzieren der Speisen auf dem Büfett

Aus fachlicher Sicht besteht ein kaltes Büfett im Wesentlichen aus drei unterschiedlichen Elementen:

- **Schauplatten,** die als Blickfang dienen und mit einem hohen Materialaufwand und beachtlichem Arbeitsaufwand gefertigt werden,
- **einfachen Platten** oder „Füllern" wie z. B. Platten mit aufgelegten Scheiben von Lachs oder Käse,
- **Salaten in Schüsseln** zur Ergänzung und Abrundung.

Die Speisen können entweder auf der ebenen Fläche der Tafel oder in Verbindung mit Aufbauten stufenweise auf verschiedenen Ebenen angeordnet werden. Durch diese Auflockerung wird das Büfett überschaubarer und optisch wirkungsvoller.

- Die Anordnung der Speisen innerhalb des Büfetts entspricht im Allgemeinen den kulinarischen Regeln, also der Speisenfolge. So befinden sich Cocktails, Terrinen, Pasteten und Galantinen am Beginn der Laufrichtung, Fisch und Braten im Zentrum, während Käse und Süßspeisen sowie Obst den Abschluss bilden.
- Dekorative Platten mit Langusten, Geflügel, Mastkalbs- oder Rehrücken sind attraktive Schaustücke, mit deren Hilfe auf dem Büfett optische Glanzpunkte geschaffen werden. Wenn es die Speisen zulassen, unterlegt man solche Platten außerdem mit Holzklötzchen oder Tellern. Durch die Schrägstellung wird die Draufsicht verbessert. Die Schauplatten

haben ihren Platz in der vorderen Reihe, bei stufenförmigen Aufbauten auf der vorderen, unteren Ebene. Nebenplatten, Schüsseln und Saucieren werden dahinter auf den zurückliegenden Stufen angeordnet.
- Saucen werden in Saucieren angerichtet, auf Untertellern aufgesetzt und den zugehörigen Platten bzw. Speisen zugeordnet.
- Beilagen und Salate werden in Schüsseln angerichtet und so platziert, dass sie zu den danebenstehenden Hauptplatten passen.
- Brot und Partybrötchen haben ihren Platz am Ende des Büfetts oder werden auf den Gasttischen eingesetzt.

Vorlegebestecke müssen bei Platten und Schüsseln so angelegt werden, dass sie der Gast leicht erreichen kann.

Dekorieren des Büfetts

In erster Linie muss die dekorative Wirkung von den Schauplatten sowie von der bunten Vielfalt der übrigen Platten und Schüsseln ausgehen. Darüber hinaus können aber noch andere Dekorationsmittel eingesetzt werden:

- Blumen in Form von Gestecken oder in wertvollen Vasen,
- Obstkörbe oder Obstschalen,
- Leuchter mit dem angenehmen Licht von brennenden Kerzen,
- Skulpturen aus Fett, Eis oder Zucker.

Bei den genannten Dekorationsmitteln ist unbedingt darauf zu achten, dass sie auf dem Büfett lediglich eine belebende Ergänzung darstellen und die optische Wirkung der Speisen nicht überdecken dürfen.

Bereitstellen von Tellern

Teller, meist ∅ 26 cm, werden im Allgemeinen entweder auf gesonderten Tischen oder am Beginn des Büfetts bereitgestellt. Ferner ist es üblich, sie im Bereich von Süßspeisen und Käse direkt bereitzustellen. Werden Suppen oder warme Gerichte angeboten, sind selbstverständlich auch in ausreichender Zahl nahe den besagten Gerichten vorgewärmte Teller und Suppentassen zu platzieren.

Die **Laufrichtung** der Gäste kann man durch die Platzierung der Teller beeinflussen, meist geschieht dies zum Wohle des Gäste.

Durchführen des Büfett-Service

Der Büfett-Service erfordert vom Servier- und Küchenpersonal in hohem Maße Aufmerksamkeit und Sorgfalt.

Speisenservice
Er ist in erster Linie auf Selbstbedienung durch den Gast ausgerichtet. Es ist jedoch wichtig, Gäste bezüglich der angebotenen Speisen zu beraten und bei der Auswahl und beim Vorlegen auf den Teller behilflich zu sein. Von Gästen benutztes Tischgerät muss fortwährend abgeräumt werden, damit es sich nicht in unschöner Weise ansammelt. Der Gast darf sich niemals durch solches Geschirr behindert oder eingeengt fühlen.

Getränkeservice
Sind die Getränke nicht zur Selbstbedienung in das Büfett einbezogen, gehört es zur Aufgabe des Servicepersonals, die vorgesehenen Getränke anzubieten, Bestellungen entgegenzunehmen und auszuführen.

Betreuung des Büfetts durch Köche

Köchinnen und Köche übernehmen immer mehr eine wichtige Aufgabe bei der Ausgabe am kalten Büfett.

Sie können die Gäste kurz über die angebotenen Speisen beraten, sind ihnen bei der Auswahl behilflich und legen dann den Gästen auch die Spesien vor.

Bei einem kombinierten Warm-kalten Büfett werden durch die Mitarbeiter der Küche vor allem Tranchierarbeiten vorgenommen oder spezielle Speisen direkt am Büffett zubereitet.

Mit dem Fortschreiten des Essens werden die Platten und Schüsseln auf dem Büfett leerer, sodass sich das optische Bild laufend verändert. Die Betreuer des Büfetts müssen jedoch dafür sorgen, dass das Büfett zu keinem Zeitpunkt einen „ausgeraubten" oder „verwilderten" Eindruck macht. Das lässt sich durch folgende Maßnahmen verhindern:

- Leergewordene Platten rechtzeitig durch neue, gefüllte Platten ersetzen,
- angebrochene Platten neu zusammenstellen oder ordnen,
- leere Platten entfernen,
- auf dem mit der Zeit kleiner werdenden Büfett mit etwas Geschick immer wieder neue und ausgleichende Blickpunkte schaffen durch veränderters Zuordnen von Platten, Schüsseln und Saucieren.

Aufgaben

1 Welche Anlässe für kalte Büfetts sind Ihnen bekannt?

2 Nennen Sie 5 verschiedene Arten von kalten Büfetts.

3 Erstellen Sie schriftlich ein kleines kaltes Büfett für 10 Personen auf der Basis von Fisch.

4 Überlegen Sie, welche Gerichte für ein Jagdbüfett bezeichnend wären.

5 Was versteht man unter dem Begriff „Betreuung eines Büfetts"?

6 Womit können Sie die Laufrichtung der Gäste am kalten Büfett bestimmen?

Projekt

Kleine Gerichte

Eine Firma hat in unserem Hause Räume für eine Schulung gebucht. Damit der Tag bestmöglich genutzt werden kann, wünscht man kleine Gerichte statt eines Mittagessens. Es sind 45 Personen gemeldet.

Wir üben in Verbindung mit diesem Projekt besonders die Planung. Checklisten helfen beim Planen und geben Sicherheit. Man kann dann bei der Produktion einfach „abhaken".

Wir sammeln Ideen

1 Rohstoffe bieten Abwechslung. Wir verwenden … für …

Arbeiten Sie nach folgendem Muster.

Rohstoff	**für …** (geben Sie den Produkten einen Namen)
Frischkäse	
Schinken, gekocht	
Räucherlachs	

2 Jetzt fertigen wir aus den Vorschlägen eine **Produktionsliste.**

Anzahl	**Bezeichnung** (einzeln nennen)	**Garnitur**

3 Für den Aufbau des Büfetts sind Tische vorgesehen, wie sie in der Skizze dargestellt sind. Über die ungefähren Größen informieren die eingezeichneten Maße.

Legen Sie fest, was wo zu stehen kommt. Z. B. ① Besteck und die ① wird an entsprechender Stelle am Tisch eingetragen.

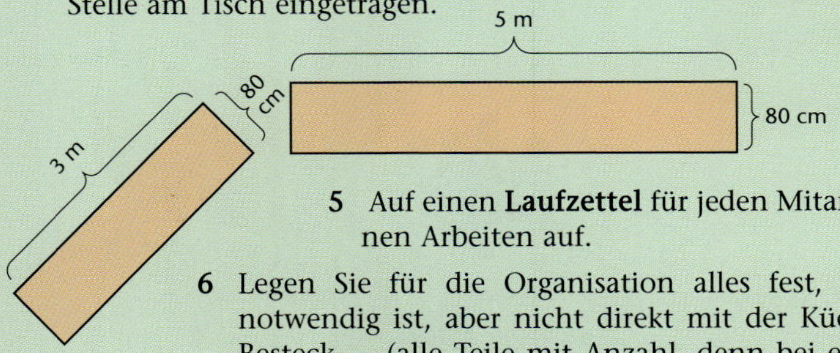

4 Damit auch für alle klar ist, wer was wo zu platzieren hat, ordnen Sie jeweils den Namen dessen zu, der dafür verantwortlich ist.

5 Auf einen **Laufzettel** für jeden Mitarbeiter listen Sie für diesen die einzelnen Arbeiten auf.

6 Legen Sie für die Organisation alles fest, was zur Durchführung des Büfetts notwendig ist, aber nicht direkt mit der Küche zusammenhängt, z. B. Geschirr, Besteck … (alle Teile mit Anzahl, denn bei einem Außer-Haus-Service kann man auch nicht „mal schnell nach hinten gehen und holen").

ZWISCHENMAHLZEITEN

Der menschliche Körper ist insgesamt leistungsfähiger, wenn die Nahrungsaufnahme nicht nur auf die drei Hauptmahlzeiten Frühstück, Mittagessen und Abendessen verteilt wird. Diese Erkenntnis der Ernährungswissenschaft belegt deutlich die Grafik Seite 84.

Zwischenmahlzeiten sind Mahlzeiten, die zwischen den Hauptmahlzeiten eingenommen werden.

Die Gastronomie bietet diese kleinen Mahlzeiten vorwiegend bei länger dauernden Veranstaltungen an, z. B. in den Pausen

- vormittags als Snack, Imbiss oder Gabelfrühstück oder
- nachmittags zu Kaffeepause, Tea time oder Vesper.

Da die Teilnehmer bei Veranstaltungen, Tagungen usw. vorwiegend sitzen, dürfen die Angebote für Zwischenmahlzeiten auf keinen Fall die Verdauung belasten und so Völlegefühl hervorrufen oder zu Müdigkeit führen.

Zwischenmahlzeiten sollen angeboten werden

- in kleinen feinen Häppchen, die
- leicht und erfrischend und
- leicht verzehrbar sind.

Beispiele

- **Baguetteschnitten, belegte Brötchen, Brote**
  Frisches Brot oder Brötchen mit Butter oder Buttermischungen bestrichen, belegt mit Fleisch, Wurst, Käse oder Salat und ergänzt mt einer passenden Garnierung.

Abb. 1 Belegte Brote

- **Canapés** s. S. 575
- **Cocktailhappen/Cocktailspieße** s. S. 576
- **Cocktails**
  Aus Fisch, Fleisch, Gemüse oder Obst s. S. 577
- **Marinierte Gemüse**
  Vorbereitetes Gemüse in Scheiben geschnitten, in eine Marinade eingelegt, die vorwiegend aus Essig, Öl sowie mediterranen Kräutern und Gewürzen besteht. Gemüse mit festerer Struktur werden voraus blanchiert oder in Rohr oder Fettbad vorgegart.

Abb. 2 Gegrillte Aubergine in Öl und Essig

- **Gefüllte Gemüse**
  Mit gegartem Fleisch, gekochtem Getreide oder Quark gefüllt s. S. 154, 156
- **Joghurt/Milchshakes**
  Milchmischgetränke s. S. 270

Abb. 3 Milchshakes, Joghurt, Obst

- **Sandwiches**
  - Brotscheiben (eventuell toasten) und mit Aufstrich bestreichen.
  - Mit Salat und dem gewünschten Belag versehen.
  - Zweite mit Aufstrich bestrichene Brotscheibe darauf legen (eventuell halbieren).
  - Zur Hälfte in eine Serviette einwickeln, damit der Gast das Sandwich anfassen kann, oder mit Besteck servieren.

Abb. 2 Sandwich

Sandwich-Art		Brot	Aufstrich Salat
Putenschinken	Baguettebrot	Remouladensauce	Salatgurke, Lollo rosso, Radieschen
Pfeffersalami	Sonnenblumenkernbrot	Frischkäse	getrocknete Tomate, Eisbergsalat
Räucherlachs	Zwiebelbaguette	Meerrettichbutter	Oliven, Dill, Lollo bionda
Forellenfilet	Kürbiskernbrot	Zitronenbutter	Tomatenscheiben, Rucolasalat
Tilsiter	Früchtebrot	Schaumbutter	Waldorfsalat, junger Spinat
Gurken	Weißbrot	Kräutermayonnaise	Dill, heller Eichblattsalat

- **Kuchen/Gebäck** s. S. 537
- **Müsli** s. S. 273

Abb. 1 Müsli, 2. Frühstück

- **Pizza**
  Dünn ausgerollter Pizzateig (Hefeteig) wird belegt und im Ofen gebacken, in handliche Stückchen schneiden.

- **Salate**
  aus Gemüse, Obst, Fleisch oder Fisch s. S. 164
- **Obst**
  Aufgeschnittenes Obst, Obstsalat oder Obstspieße

Abb. 3 Angebotsformen Obstsalat, Obstspieße

- **Suppen** s. S. 408
- **Törtchen/Tatelettes**
  aus Blätter- oder Mürbeteig, gefüllt mit Creme oder Früchten s. S. 542

- **Toast**
  belegt und mit Käse überbacken
- **Wraps/Tortillas**
- **Sushi**

Norimaki-Sushi/Sushirolle

- Gegarten, gesäuerten Sushireis auf halbiertem Noriblatt verteilen.
- Je eine dünne Line Wasabi darauf streichen.
- Lachs und Gemüse in Streifen schneiden und darauf legen.
- Einrollen und in mundgerechte Stücke schneiden.

Sojasauce und Wasabi wird dazu serviert.

Nigiri-Sushi
Sushireis wird mit den Händen geformt; mit Wasabi bestrichen und mit Fisch oder Meeresfrüchten belegt.

Bedarf für 36 Stück

3 Stück	Noriblätter, 20 × 20 cm (getrocknete, gepresste Algen)
300 g	gekochter Sushireis
30 g	Wasabi (grüner Meerrettich)
100 g	frischer Lachs
80 g	Gurke
80 g	Paprika

Abb. 1 Sushi

Zwiebelkuchen

- Teig ausrollen und in eine gefettete Tortenform oder Portionsformen geben.
- Zwiebelstreifen und Speckwürfel in Butter weich dünsten.
- Quark, Eier und Sahne verrühren und das gesiebte Mehl darunter heben, würzen.
- Zwiebelmasse auf den Teig gleichmäßig verteilen und mit der Flüssigkeit übergießen
- Im Ofen bei 200 °C backen.

Bedarf für 10 Portionen

300 g	Blätter- oder Mürbeteig
1.000 g	Zwiebeln
100 g	Butter
200 g	magerer Speck
100 g	Quark
150 g	Ei (ca. 3 Stück)
250 ml	Sahne
100 g	Mehl
	Salz, Pfeffer, Muskatnuss

Abb. 2 Zwiebelkuchen

Aufgaben

1 Nennen Sie Merkmale für die Beschaffenheit von Zwischenmahlzeiten und begründen Sie diese.

2 In unserem Haus findet eine Schulung für Versicherungskaufleute statt. Machen Sie Vorschläge für Zubereitungen, die zur Vormittagspause gereicht werden können.

3 Werden in Ihrem Ausbildungsbetrieb Zwischenmahlzeiten angeboten? Wenn ja, nennen Sie fünf Variationen. Werden dabei vorgefertigte Waren verwendet?

4 Erläutern Sie Vor- und Nachteile beim Einsatz von vorgefertigten Waren.

REGIONALGERICHTE

Regionalgerichte entstammen meist der bäuerlichen Küche eines bestimmten Gebietes. Verwendet werden Rohstoffe, die dort bodenständig sind. Wegen der Besonderheit der Zusammenstellung bieten sie eine gewisse Abwechslung und haben in leicht veränderter Form in die gewerbliche Küche Eingang gefunden.

Ihren Ursprung haben diese besonderen Gerichte in der Tradition, dem Klima, den Bedingungen der Landwirtschaft und einem reicheren Aufkommen von Fischen, Schlachttieren und Wild in einer bestimmten Region. Innerhalb der deutschen Bundesländer kann man ganz unterschiedliche regionale Gerichte entdecken.

Baden-Württemberg

Maultaschen

Maultaschen sind Teigtaschen, vorwiegend mit einer Füllung aus Hackfleisch und Spinat.

- Mehl, Eier, Öl, Salz und etwas Wasser zu einem festen Nudelteig verkneten und ruhen lassen.
- Den in feine Würfel geschnittenen Speck andünsten, die ebenso geschnittenen Zwiebeln hinzugeben und glasig werden lassen.
- Übrige Zutaten dazugeben und zu einer streichfähigen Masse verarbeiten.
- Nudelteig ausrollen, mit einem Teigrädchen Quadrate mit ca. 7 cm Seitenlänge ausschneiden.
- Auf eine Hälfte die Füllung geben, die andere Hälfte darüberklappen und andrücken.
- In Salzwasser etwa 12 Minuten garen, in Fleischbrühe servieren.

Die Maultaschen können auch in zerlassener Butter abgeschmälzt und mit Kartoffelsalat serviert werden.

Bedarf für 10 Portionen

600 g	Mehl
4	Eier
10 ml	Öl, Salz
20 ml	Wasser
Füllung	
500 g	Schweinehackfleisch
200 g	Zwiebeln
140 g	geräucherter Speck
4	Eier
400 g	Spinat (gedünstet)
100 g	Semmelbrösel
	Petersilie, Salz, Pfeffer, Muskat

Abb. 1 Maultaschen

Riebelesuppe

- Unter das gesiebte Mehl Ei, das Eigelb, eine Prise Muskat und etwas Salz geben.
- Die Zutaten zwischen den Händen zu Teigklümpchen reiben.
- Diese in der kochenden Fleischbrühe garen.
- Mit Schnittlauch bestreuen und servieren.

Bedarf für 2,5 Liter (10 Portionen)

150 g Mehl
1 Ei
1 Eigelb
2,5 l Fleischbrühe
Schnittlauch, Salz, Muskat

Bayern

Leberknödelsuppe

- Zwiebelscheiben und Lauchstreifen anschwitzen.
- Weißbrot in Scheiben schneiden, verquirltes Ei darübergießen.
- Leber in Stücke schneiden und würzen.
- Alle Zutaten vermengen, durch die feine Scheibe des Wolfs drehen und gehackte Kräuter darunter heben.
- Klöße formen und in Salzwasser gar ziehen lassen.
- Knödel in Suppentasse oder kleiner Terrine anrichten, mit heißer Fleischbrühe auffüllen und mit Schnittlauch bestreuen.

Bedarf für 2,5 Liter (10 Portionen)

2,5 l Rindfleischbrühe
Schnittlauch, Salz

Leberknödel

150 g Leber vom Schwein oder Kalb
50 g Weißbrotkrume
1 Ei (50 g)
30 g Schalotten- oder Zwiebelscheiben
30 g Lauch, weiß
3 g Majoran, getrocknet
1 EL Kräuter, geschnitten
Salz und Pfeffer

Abgebräunte Kalbshaxe

Das Typische bei dieser Art der Zubereitung ist, dass die Kalbshaxe zunächst in einem Sud vorgegart und dann erst gebraten wird.

- Sud zum Kochen bringen, Gemüse hinzugeben und aufkochen.
- Kalbshaxe zugeben, etwa 30 Minuten kochen.
- Haxe aus dem Sud nehmen, in ein Bratgeschirr legen, mit flüssiger Butter bestreichen.
- Im Rohr bei etwa 200 °C braten, wiederholt mit Butter begießen.
- Bratensatz ablöschen, mit in saurer Sahne verrührter Stärke binden.
- Sauce aufkochen und abschmecken.

Bedarf für 10 Portionen

4,5 kg Kalbshaxe
Sud aus etwa 1 l Wasser mit 2 EL Essig
200 g Zwiebeln
3 Lorbeerblätter,
2 Nelken, Salz,
einige Pfefferkörner
200 g gelbe Rüben
150 g Sellerieknolle
200 g Petersilienwurzel
100 g Butter
200 g saure Sahne
20 g Stärke

Abb. 1 Ganze Kalbshaxe

Beilage: Kartoffelknödel und grüner Salat oder Kartoffelsalat.

Die gekochte Kalbshaxe (erster Teil der Zubereitung) ist auch unter der Bezeichnung Kalbshaxe sauer oder Kalbshaxe blau gesotten bekannt. Man richtet sie mit feinen Gemüsestreifen an.

Berlin

Löffelerbsen mit Speck

- Erbsen am Vortag waschen und einweichen.
- Zwiebeln, Möhren, Lauch und Sellerie in 0,5 cm große Würfel schneiden und mit Fett anschwitzen.
- Den Speck, je 1 Messerspitze Majoran und Thymian, die Brühe und die Erbsen mit dem Einweichwasser zusammen gar kochen.
- Den Speck herausnehmen, in Würfel schneiden, unter die Löffelerbsen rühren und die Petersilie darüberstreuen.

Bedarf für 2,5 Liter (10 Portionen)

300 g	ungeschälte gelbe Erbsen
300 g	Wurzelgemüse
180 g	Speck
2 l	Brühe
20 g	Petersilie, frisch gehackt
	Majoran und
	Thymian, getrocknet

Kalbsleber nach Berliner Art

- Zwiebelstreifen mit Paprika und Mehl bestäuben und in heißem Fett unter Wenden hellbraun backen.
- Apfelscheiben in Butter braun braten.
- In Mehl gewendete Leberscheiben in heißer Butter braun braten, salzen und pfeffern, alles anrichten.
- Kalbsjus separat reichen.

Beilage: Kartoffelpüree und Selleriesalat mit Kräutern.

Bedarf für 10 Portionen

20	Scheiben Kalbsleber je 70 g
100 g	Mehl,
300 g	Butter
20	Scheiben 1 cm dick von geschälten und ausgestochenen Äpfeln
0,4 l	Kalbsjus
1 kg	Zwiebelstreifen
	Fett zum Backen
	Paprika, Salz, Pfeffer

Abb. 1 Kalbsleber nach Berliner Art

Brandenburg

Beamtenstippe

- Zwiebeln schälen und zusammen mit dem Speck in kleine Würfel schneiden.
- Speck und Zwiebeln in der Butter anbraten, mit Mehl bestäuben und unter ständigem Rühren goldbraun anschwitzen.
- Kalte Fleischbrühe und saure Sahne aufgießen, 10 bis 20 Minuten den Mehlgeschmack auskochen.
- Mit Weinessig, Salz, Pfeffer und frisch geriebener Muskatnuss würzen.
- Schnittlauch in feine Röllchen schneiden und darüberstreuen.

Beilage: Kartoffelpüree mit Buttermilch und viel Butter.

Bedarf für 10 Portionen

400 g	magerer Räucherspeck
400 g	Zwiebeln
100 g	Butter
30 g	Mehl
600 ml	Fleischbrühe
300 ml	saure Sahne
20 ml	Weinessig
100 g	Schnittlauch
	Salz, Pfeffer, Muskatnuss

Bremen

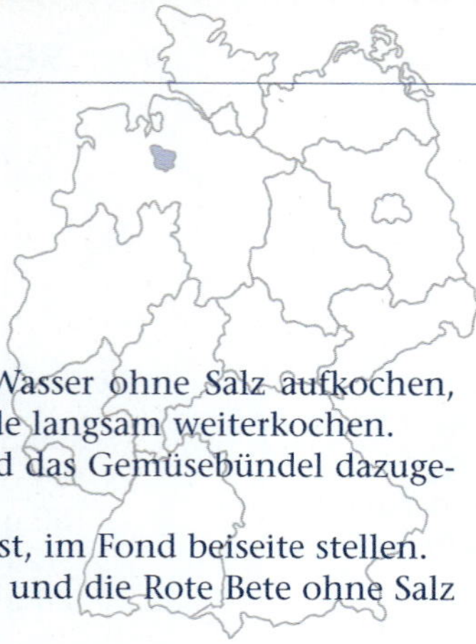

Labskaus

- Das Fleisch mit kaltem Wasser ohne Salz aufkochen, abschäumen und 1 Stunde langsam weiterkochen.
- Die gespickte Zwiebel und das Gemüsebündel dazugeben.
- Wenn das Fleisch weich ist, im Fond beiseite stellen.
- Die geschälten Kartoffeln und die Rote Bete ohne Salz garen.
- Die Zwiebelwürfel im Fett hellgelb dünsten.
- Die Kartoffeln durch eine Presse drücken.
- Das in kleine Würfel geschnittene Pökelfleisch, die gehackten Heringsfilets, die geraspelten Rote Bete und die Zwiebeln zu den Kartoffeln geben.
- Mit frisch gemahlenem Pfeffer und etwas Pökelbrühe vermengen.

Bedarf für 10 Portionen

2 kg	gepökeltes Rindfleisch
	Gemüsebündel aus 150 g Möhren, 50 g Lauch, 100 g Sellerie, Thymian
1	gespickte Zwiebel
300 g	Zwiebelwürfel
300 g	Fett, Salz, Pfeffer
2 kg	Kartoffeln
600 g	gewässerte Heringsfilets (ca. 8 Stück)
600 g	Gewürzgurken
1 kg	Rote Bete

Das fertige Labskaus soll die Beschaffenheit von festem Kartoffelpüree haben. Es wird in Schüsseln angerichtet und mit Gewürzgurkenscheiben oder -streifen umkränzt. Vielfach wird Labskaus portionsweise in Butter angebraten, auf eine Platte gestürzt und mit Spiegelei angerichtet.

Beilage: Rote Bete.

Abb. 1 Labskaus

Hamburg

Hamburger Aalsuppe

Bedarf für 10 Portionen

1 kg	mittelgroße Aale
3 l	Fleischbrühe
1 kg	Dörrobst
200 g	Karotten
200 g	Petersilienwurzeln
200 g	grüne Erbsen
1	Spickzwiebel
10 ml	Essig
0,5 l	Weißwein
1	Zitrone
	Salz, Zucker, Stärkemehl
	Aalkräuter: Dill, Salbei, Rosmarin, Kerbel, Thymian
20	Schwemmklößchen (S. 417)

- Abgezogenen Aal in 3 cm breite Stücke schneiden und mit Gewürzen, Essig, Spickzwiebeln in der Fleischbrühe kochen.
- In Scheibchen oder Streifen geschnittenes Gemüse, die Erbsen und das am Vortag eingeweichte Dörrobst der Brühe zufügen.
- Schwemmklößchen zubereiten.
- Stärke mit kaltem Wasser anrühren und die Suppe leicht binden.

Hamburger National

- Schweinefleisch in Fleischbrühe ca. 30 Minuten garen.
- Zwiebeln schälen und in Streifen schneiden.
- Steckrüben und Kartoffeln schälen und in ca. 3 cm lange und 1 cm dicke Stäbe schneiden.
- Die Zwiebeln in Schmalz anschwitzen, Steckrüben und Kartoffeln zugeben, mit der Fleischbrühe auffüllen und aufkochen lassen.
- Das vorgegarte Fleisch darauf legen und zugedeckt im Backofen bei ca. 180 °C fertig garen.
- Das Fleisch in Scheiben schneiden.
- Das Gericht mit Salz und Pfeffer abschmecken.

Bedarf für 10 Portionen

1,6 kg	Schweinenacken oder -bauch
200 g	Schweineschmalz
500 g	Zwiebeln
2 kg	Kartoffeln
2 kg	Steckrüben
4 l	Rinderbrühe
	Salz, schwarzer Pfeffer
10 g	gehackte Petersilie

Hessen

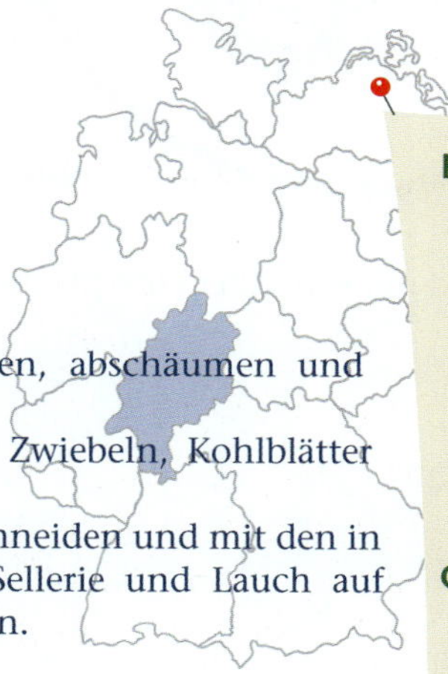

Gekochtes Rindfleisch und Frankfurter grüne Sauce

- Das Fleisch mit Wasser aufkochen, abschäumen und langsam weiterkochen.
- Nach 2 Stunden Gemüsebündel, Zwiebeln, Kohlblätter und Salz zufügen.
- Das gegarte Fleisch in Scheiben schneiden und mit den in Stücke geschnittenen Karotten, Sellerie und Lauch auf einer Platte mit Petersilie anrichten.
- Die Sauce separat reichen.

Grüne Sauce:

- Eier kochen, schälen und danach trennen.
- Das Eigelb durch ein feines Sieb passieren, mit Senf, Salz und Pfeffer zu einer glatten Masse verrühren.
- Abwechselnd Öl und Joghurt darunter rühren, anschließend die saure Sahne.
- Das gekochte Eiweiß in feine Streifen schneiden und zusammen mit den sehr fein gehackten Kräutern der aufgerührten Sauce beifügen.

Beilage: Salzkartoffeln und Rote Bete.

Bedarf für 10 Portionen

2,5 kg	Rindfleisch (Brust, Querrippe oder Hochrippe)
150 g	Karotten } Gemüsebündel
150 g	Lauch } Gemüsebündel
150 g	Sellerieknolle
100 g	Zwiebeln
100 g	Kohlblätter
10 g	gehackte Petersilie

Grüne Sauce

500 g	hart gekochte Eier (10 Stück)
5 g	scharfer Senf
	Salz, Pfeffer
0,2 l	Speiseöl
0,2 l	Joghurt
0,2 l	Saure Sahne
150 g	sehr fein gehackte Kräuter (Kresse, Kerbel, Borretsch, Petersilie, Sauerampfer, Schnittlauch, Dill)

Mecklenburg-Vorpommern

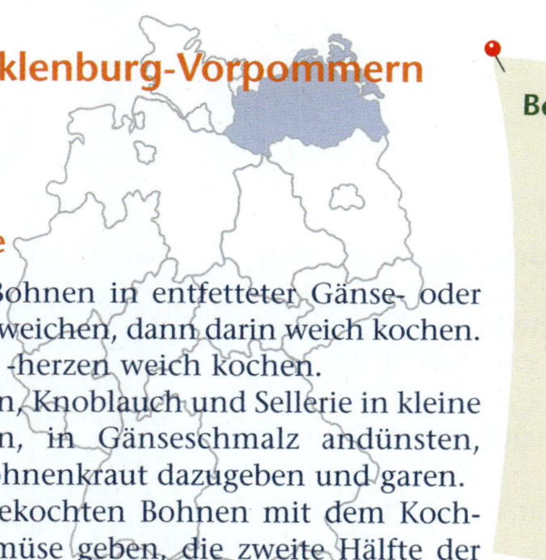

Bohnensuppe

- Über Nacht die Bohnen in entfetteter Gänse- oder Geflügelbrühe einweichen, dann darin weich kochen.
- Gänsemägen und -herzen weich kochen.
- Zwiebeln, Karotten, Knoblauch und Sellerie in kleine Würfel schneiden, in Gänseschmalz andünsten, Majoran sowie Bohnenkraut dazugeben und garen.
- Eine Hälfte der gekochten Bohnen mit dem Kochfond zu dem Gemüse geben, die zweite Hälfte der Bohnen pürieren und damit die Suppe abbinden.

Bedarf für 2,5 Liter (10 Portionen)

350 g	weiße Bohnenkerne
100 g	Zwiebeln
100 g	Karotten
100 g	Sellerie o. Petersilienwurzel
200 g	Gänsemägen (2 Stück)
80 g	Gänseherzen (2 Stück)
2 l	Gänsebrühe (Geflügelbrühe)
1	Knoblauchzehe
	Majoran, Bohnenkraut, Petersilie
50 g	Gänseschmalz
	Zitrone oder Essig, Salz, Pfeffer

Angebot Speisen

Tuckeraal

- Die abgezogenen Aale in fingerlange Stücke schneiden.
- Zwiebeln schälen, Lauch waschen, Karotten und Petersilienwurzeln waschen und schälen.
- Alle Gemüse und die Kartoffeln in Scheiben schneiden, in heißer Butter anschwitzen, mit Mehl bestäuben, mit Weißwein und Fischbrühe ablöschen und ankochen.
- Aalstücke, Lorbeerblätter und Salz zugeben, garen.
- Die fertige Sauce abschmecken und mit gehackter Petersilie bestreut servieren.

Abb. 1 Tuckeraal

Bedarf für 10 Portionen

2 kg	frische Aale
400 g	Zwiebeln
600 g	Stangenlauch
300 g	Karotten
150 g	Petersilienwurzeln
60 g	Butter
80 g	Mehl
0,5 l	Weißwein
0,5 l	Fischbrühe
500 g	Kartoffeln
3	Lorbeerblätter
10 g	gehackte Petersilie

Niedersachsen

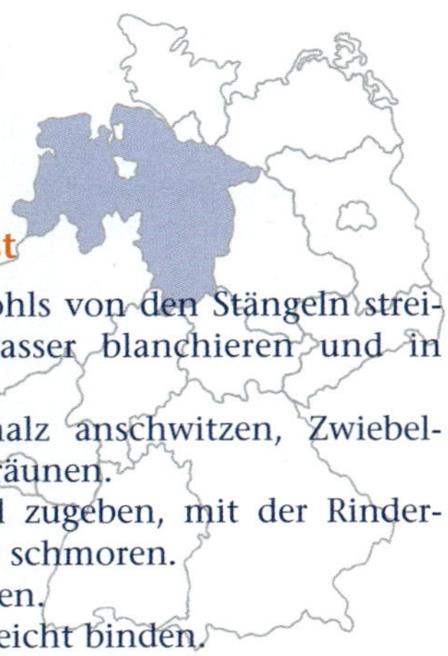

Grünkohl mit Brägenwurst

- Die krausen Blätter des Grünkohls von den Stängeln streifen, waschen, kurz in Salzwasser blanchieren und in Eiswasser abschrecken.
- Speckwürfel in Schweineschmalz anschwitzen, Zwiebelwürfel zugeben und goldgelb bräunen.
- Den grob gehackten Grünkohl zugeben, mit der Rinderbrühe aufgießen und zugedeckt schmoren.
- Mit Salz und Pfeffer abschmecken.
- Schmorfond mit Haferflocken leicht binden.
- Die gebrühten Brägenwürste kurz in Milch tauchen, in der Pfanne braten und auf dem Grünkohl anrichten oder die Würste direkt im Grünkohl erhitzen.

Brägenwurst, auch Bregenwurst, ist eine rohe oder leicht geräucherte, streichfähige Mettwurst aus magerem Schweinefleisch und -bauch.

Bedarf für 10 Portionen

100 g	Schweineschmalz
250 g	magere Speckwürfel
150 g	Zwiebeln
2,5 kg	Grünkohl
0,25 l	Rinderbrühe
	Salz und Pfeffer
	evtl. feine Haferflocken
10	Brägenwürste

Lammfleisch mit grünen Bohnen

- Lammfleisch in 40-g-Würfel schneiden und kurz blanchieren.
- Zwiebelwürfel in Butter glasig anschwitzen, das Lammfleisch zugeben und 15 Minuten im Lammfond dünsten, restlichen Lammfond aufgießen.
- Inzwischen die Bohnen in Rauten schneiden, ankochen, abschrecken und zu dem Fleisch geben.
- Die Kartoffeln in Würfel schneiden, ankochen und ebenfalls zu dem Fleisch geben, fertig garen.
- Mit Salz, Pfeffer und Bohnenkraut würzen.

Bedarf für 10 Portionen

1,8 kg	Lammfleisch (Schulter)
250 g	Zwiebelbrunoise
1 l	Lammfond
50 g	Butter
1,5 kg	Kartoffeln
1,3 kg	breite, grüne Bohnen
	Salz, Pfeffer
	Bohnenkraut

Nordrhein-Westfalen

Kartoffelsuppe

- Zwiebeln, Lauch, Sellerie und Kartoffeln in kleine Würfel schneiden.
- Die Zwiebeln in Butter glasig dünsten, das restliche Gemüse zugeben und kurz mitdünsten.
- Mit Brühe auffüllen und zugedeckt gar ziehen.
- Die Suppe im Mixer pürieren und mit Majoran, Salz, Zitrone und Pfeffer abschmecken.
- Falls nötig, noch etwas Brühe zugießen.
- Mit dem Schneebesen die Sahne unterrühren und mit fein geschnittenem Schnittlauch und Röstbrotwürfeln anrichten.

Bedarf für 2 Liter

400 g	Kartoffeln (mehlige Sorte)
100 g	Lauch
100 g	Zwiebeln
100 g	Sellerie
150 g	Sahne
150 g	Butter
1 l	Fleischbrühe
	Majoran, Schnittlauch, Salz, weißer Pfeffer, Zitronensaft

Pfefferpotthast

- Rindquerrippen und Zwiebel in Wasser kochen.
- Abschäumen, das zusammengebundene Gemüse und den Gewürzbeutel dazugeben.
- Mit Salz würzen und langsam weiterkochen.
- Sobald das Fleisch weich ist, ausstechen, vom Knochen lösen und grob würfeln, ebenso das Gemüse.
- Fleisch und Gemüse in den Topf geben, zur Bindung geriebene Brotkrume einrühren und aufkochen.
- Mit frisch gemahlenem Pfeffer abschmecken und mit Petersilie bestreuen.

Beilage: Salzkartoffeln, Gewürzgurkenscheiben.

Bedarf für 10 Portionen

2 kg	Rinderquerrippe
2 kg	Zwiebelscheiben
	Wasser
300 g	Bleich-Sellerie (ca. 2 Stangen)
150 g	Möhren
1	Gewürzbeutel (15 Pfefferkörner, 5 Pimentkörner zerdrückt, 1 Lorbeerblatt, 1 Nelke, 5 Zitronenscheiben)
	Salz
80 g	geriebene Krume von Weiß- oder Graubrot
10 g	gehackte Petersilie

Rheinland-Pfalz

Woihinkelche (Rieslinghuhn)

- Hähnchenfleisch von Knochen lösen und mit dem zerdrückten Knoblauch einreiben.
- In Öl anschmoren und mit Weinbrand flambieren.
- Zwiebeln und Champignons in Scheiben schneiden, in einer Pfanne anschwitzen und zum Hähnchen geben, mit Weißwein ablöschen und dünsten.
- Aus Sahne und Eigelb eine Legierung herstellen, darunter ziehen und nicht mehr kochen.
- Vollenden mit gehackter Petersilie und Estragon.

Beilage: Reis oder Kartoffeln.

Bedarf für 10 Portionen

5	kleine Hähnchen
8	Knoblauchzehen
300 g	Zwiebeln
1.000 g	Champignons
1.500 ml	Riesling (Weißwein)
300 ml	Sahne
50 ml	Weinbrand
80 ml	Öl
200 ml	Eigelb (ca. 10 Stück Eigelb)
	Estragon, Petersilie
	Salz, Pfeffer

Abb. 1 Woihinkelche

Muscheln in Rheinwein

- Die gewaschenen Muscheln und Zwiebelwürfel in Butter anschwitzen, mit Weißwein ablöschen, frisch gemahlenen Pfeffer und Kräutersträußchen zugeben und zugedeckt 8 Minuten dünsten.
- Sobald sich alle Muscheln geöffnet haben, auf einen Durchschlag schütten und den Fond auffangen.
- Muschelfond durch ein Tuch passieren, die fein geschnittenen Kräuter in den Fond geben und diesen reduzieren.
- Fond mit Mehlbutter binden, Schalotten beigeben, 2 Minuten kochen, mit Eigelb und Sahne legieren und würzen.
- Die Muscheln aus der Schale holen und unter die heiße Sauce schwenken, anrichten und mit Fleurons garnieren.

Beilage: Stangenweißbrot, Röstbrotstücke.

Bedarf für 10 Portionen

7 kg	Muscheln
200 g	Zwiebelwürfel
12	Pfefferkörner
80 g	Butter
0,6 l	trockener, weißer Rheinwein
	Petersilie, Thymianzweig, Lorbeerblatt
40 g	Mehlbutter
20 g	feingehackte Schalotten
0,4 l	Sahne, 2 Eigelb
	Cayennepfeffer, Saft einer halben Zitrone

Saarland

Dibbelabbes

Bedarf für 10 Portionen

300 g	Wammerl/Dörrfleisch
400 g	Zwiebeln
2 kg	Kartoffeln
100 g	Eier (2 Stück)
100 g	Lauchstange
	Salz, Pfeffer, Muskat
	Petersilie und/oder Majoran

Abb. 1 Dibbelabbes

- Das Dörrfleisch in Würfel schneiden und leicht anbraten, dabei das Fett auslassen.
- Ausgebratenes Fett abgießen und die Zwiebelwürfel und Lauchringe in dem Fett glasig dünsten.
- Die Kartoffeln reiben und etwas ausdrücken.
- Die Kartoffelmasse mit den Speckwürfeln zu den Zwiebeln und dem Lauch in den Bräter geben, gut würzen und durchmischen.
- Die Masse für 50 Minuten bei 200 °C im Ofen zugedeckt garen.
- Nach 35 Minuten Deckel des Bräters entfernen, damit eine knusprige Oberfläche entsteht.

Beilage: Apfelkompott oder Endiviensalat.

Saurer Schweinekamm

- Schweinekamm auslösen, Knochen hacken.
- Fleisch salzen, pfeffern, mit Kümmel bestreuen und zusammen mit dem Röstgemüse und den Knochen in heißem Fett braun anbraten.
- Mit Essig ablöschen und Wasser angießen, sodass der Braten zu 1/3 in Flüssigkeit liegt.
- Zugedeckt im Ofen 60 bis 90 Minuten schmoren.
- Kurz vor Garende das Fleisch mehrfach mit saurer Sahne begießen, damit sich eine glänzende Kruste bildet.

Bedarf für 10 Portionen

3 kg	Schweinekamm
6 g	grob gehackter Kümmel
400 g	Röstgemüse
80 g	Fett
0,2 l	Weinessig, 5 %ig
0,6 l	saure Sahne
200 g	Tomaten
15 g	Kartoffelstärke
	Salz, Pfeffer, Zitronensaft

- Glaciertes Fleisch aus der Pfanne nehmen und warm halten.
- Kleingeschnittene, ausgedrückte Tomaten dem Schmorfond beigeben und kurze Zeit leicht kochen.
- Saucenfond durch ein Sieb gießen, aufkochen und abfetten.
- Übrige saure Sahne und Kartoffelstärke glatt rühren, Saucenfond damit binden und mit Pfeffer, Salz und Zitronensaft abschmecken.
- Fleisch in Scheiben schneiden und mit der Sauce anrichten.

Beilage: Klöße von gekochten Kartoffeln, Endiviensalat.

Sachsen

Warmbiersuppe

- Die Stärke mit zwei Tassen Milch und den Eigelben glatt rühren.
- Die restliche Milch aufkochen, mit dem Stärkebrei abbinden, nochmals kurz aufkochen und das Bier hinzugeben.
- Die Suppe durch ein Sieb gießen, abschmecken und als Einlage kandierte Ingwerwürfelchen einstreuen.

Bedarf für 2 Liter (10 Portionen)

2 l	Milch
1 l	dunkles Bier
50 g	Zucker
80 g	Stärke
	Zitronenschale/-saft
6	Eigelb
	Zimt, etwas Salz
	kandierter Ingwer

Leipziger Allerlei mit gebratener Mettwurst

- Karottenwürfel, Blumenkohlröschen, Erbsen oder grüne Bohnenstücke und den geschälten Spargel jeweils extra in Salzwasser kochen.
- Pilze kurz in Butter schwenken.
- Die Krebsschwänze kurz kochen und ausbrechen.
- Aus Butter und Mehl eine Roux herstellen und mit den Fonds aufgießen, auskochen und würzen.
- Die Sauce mit Sahne und Eigelb legieren.
- Alle Zutaten beigeben und erwärmen.
- Auf das angerichtete Allerlei die beidseitig gebratenen Mettwurstscheiben legen

Bedarf für 10 Portionen

500 g	Karotten
500 g	Erbsen oder grüne Bohnen
500 g	Blumenkohl
500 g	Spargel
500 g	Morcheln oder Pfifferlinge
200 g	Krebsschwänze
1,5 kg	Mettwurst
0,5 l	Gemüsebrühe
0,5 l	Krebssud
	Salz, Pfeffer und Muskat
200 g	Sahne
40 g	Eigelb (2 Stück)
80 g	Butter
50 g	Mehl

Sächsische Quarkkäulchen

Bedarf für 10 Portionen

1 kg	kalte, gekochte Kartoffeln in der Schale
150 g	Mehl
80 g	Eigelb (4 Stück)
5 g	Salz
100 g	Zucker
100 g	Korinthen (ersatzweise Rosinen)
600 g	Quark
6 g	Backpulver, Zitronenaroma
60 g	Öl zum Backen

Abb. 1 Sächsische Quarkkäulchen

- Die Kartoffeln schälen, reiben oder durchdrücken.
- Eigelbe mit Zucker schaumig rühren und unter die Kartoffelmasse arbeiten, den Quark untermischen.

- Das Mehl mit dem Backpulver sieben und zusammen mit dem Salz, den eingeweichten Korinthen und dem Zitronenaroma in die Masse einarbeiten.
- Aus dem Teig 1 cm dicke Plätzchen mit einem Durchmesser von 5 cm formen.
- In heißem Öl oder Schmalz beidseitig goldgelb backen, danach auf Küchenpapier abfetten.
- Anschließend heiß in Zimtzucker wälzen.

Beilage: Apfelmus, Backobst oder Früchtekompott.

Sachsen-Anhalt

Magdeburger-Börde-Topf

- Das Fleisch von Lamm und Schwein in Würfel, die geschälten Kartoffeln in Scheiben, Zwiebeln und Weißkraut in Streifen schneiden.
- Die Fleischwürfel mit heißer Brühe übergießen und darin etwas ziehen lassen.
- Einen Schmortopf mit der Butter ausstreichen und lagenweise Zwiebeln, Kartoffeln, Fleischwürfel und zuletzt das Weißkraut aufeinanderschichten.
- Mit Salz, Pfeffer, Thymian, Kümmel und Knoblauchsalz würzen und weitere Schichten hinzugeben.
- Danach mit der Brühe knapp aufgießen und abgedeckt im Ofen garen.

Bedarf für 10 Portionen

700 g	Schulter vom Lamm
700 g	Schweinehals
60 g	Butter
1,4 kg	Kartoffeln
800 g	Weißkraut
800 g	Zwiebeln
2 l	Fleischbrühe
	Salz, Pfeffer
	Thymian, Kümmel, Knoblauchsalz

Schleswig-Holstein

Kieler Pfannkuchen mit Fleckhering

Fleckheringe sind heiß geräucherte Heringe, die vom Rücken her aufgeschnitten und auseinander geklappt (gefleckt) sind, eine Sonderform des Bücklings.

- Fleckheringe häuten, filetieren, in kleinere Stücke teilen, pfeffern und mit Schnittlauch bestreuen.
- Pfannkuchenteig herstellen und 10 Minuten ruhen lassen.
- Ein Fünftel des aufgerührten Pfannkuchenteiges mit einer Schöpfkelle in etwas Butter braten und Fleckheringsstücke auf den noch flüssigen Teig streuen.
- Wenn der Pfannkuchen genügend Farbe hat, wird er gewendet und im Ofen (200 °C) fertig gebacken.

Abb. 1 Kieler Pfannkuchen

Bedarf für 10 Pfannkuchen von 22 cm Durchmesser

250 g	Mehl
250 g	Milch
250 g	Buttermilch
300 g	Eier (6 Stück)
80 g	Butter zum Backen

Einlage

1 kg	Fleckheringe (ca. 10 Stück)
	Weiße Pfefferkörner
	geschnittener Schnittlauch

Schellfisch mit Senfbutter

- Den Schellfisch in Portionsstücke schneiden.
- Wasser oder leichten Fischsud mit den Gewürzen aufkochen, die Fischstücke einlegen, nochmals kurz aufkochen und dann ca. 15 Minuten knapp am Siedepunkt gar ziehen lassen.
- Die Zwiebeln in Scheiben schneiden und in 300 g Butter goldgelb rösten.
- Die restliche Butter leicht bräunen, den Senf und ein wenig Fischfond darunter rühren, Petersilienblätter zugeben und über die angerichteten Fischportionen gießen, die gerösteten Zwiebelringe oben auflegen.

Beilage: Salzkartoffeln.

Bedarf für 10 Portionen

1.800 g	Schellfischfilet
400 g	Zwiebeln
400 g	Butter
200 g	Senf
	Salz, Lorbeer, Pfefferkörner, glatte Petersilie, Wasser oder Fischsud

Thüringen

Rostbrätel

- Am Vortag die Halssteaks mit in Scheiben geschnittenen Zwiebeln in Bier legen.
- Vor dem Braten die Steaks abtropfen lassen, mit Salz und Pfeffer würzen und in Öl oder Schmalz braten, dabei öfter mit dem Marinadebier bestreichen.
- Mit Senf und Brot servieren.

Bedarf für 10 Portionen

2 kg	dicke Halssteaks vom Schwein
0,5 l	helles Bier
800 g	mittelgroße Zwiebeln
	Salz, Pfeffer
	Scharfer Senf und Brot

Abb. 1 Rostbrätel

Sauerkrautsuppe

- Das Sauerkraut etwas durchhacken, sodass kurze Krautstreifen entstehen.
- Diese in der Bouillon etwa 20 Minuten kochen.
- Aus Butter und Mehl eine helle Roux herstellen und damit die Krautsuppe binden.
- Den gehackten Kümmel zugeben und noch etwas kochen.
- Mit den restlichen Gewürzen abschmecken und die Crème fraîche untermischen.
- Die Suppe evtl. mit gerösteten Weißbrotstückchen und/oder Röstspeckwürfelchen servieren.

Bedarf für 2,5 Liter (10 Portionen)

400 g	Sauerkraut
1,5 l	Bouillon
80 g	Butter
70 g	Mehl
5 g	Kümmel
200 g	Crème fraîche
	Salz, Pfeffer
	Zucker

NATIONALGERICHTE

Nationalgerichte sind Speisen, die der Küche einer bestimmten Nation (Volk oder Kontinent) entsprechen und eine Spezialität des jeweiligen Landes darstellen. Sie entstanden aus der Tradition, der Landeskultur, dem Klima und den Produkten, die die Natur des jeweiligen Landes oder Kontinents hervorgebracht hat.

Brasilien

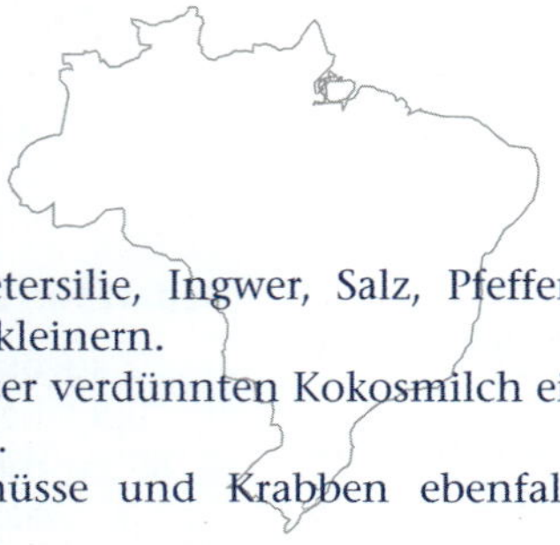

Vatapá

- Zwiebeln, Koriander, Petersilie, Ingwer, Salz, Pfeffer und Knoblauch im Mixer zerkleinern.
- Das Brot in der mit Wasser verdünnten Kokosmilch einweichen, im Mixer pürieren.
- Die Erdnüsse, Cashewnüsse und Krabben ebenfalls im Mixer zerkleinern.
- Gewürze in Öl kurz anbraten und die Brotmasse hinzufügen, unter ständigem Rühren die übrigen Zutaten beigeben.
- Palmöl dazugeben und ca. 30 Minuten leicht kochen, bis sich die Masse vom Topfboden löst, abschmecken.

Bedarf für 10 Personen

750 g	Weißbrot
150 g	getrocknete Krabben
150 g	Cashewnüsse
150 g	Erdnüsse
200 ml	Kokosmilch
500 g	Zwiebeln
150 g	frischer Koriander
150 g	Petersilie
50 g	Ingwerwurzel
	Salz, Pfeffer
20 g	Knoblauchzehen
100 ml	Öl
250 ml	Palmöl

Coxinha de Frango

- Das Huhn in vier Teile zerlegen und mit der geschälten und zerkleinerten Zwiebel, Wasser, Salz und Pfeffer aufkochen; ca. 50 Minuten leicht kochen.
- Haut und Knochen vom Fleisch lösen, das Fleisch mit einer Gabel zerdrücken.
- 1.500 m*l* Brühe durchsieben, aufkochen und mit dem gesiebten Mehl verrühren, 10 Minuten unter ständigem Rühren weiterkochen, bis sich die Masse vom Topfboden löst.
- Knoblauch und Schalotten schälen und in feine Würfel schneiden, danach in der Butter anschwitzen; die enthäuteten, entkernten und gewürfelten Tomaten zugeben; das zerdrückte Hühnerfleisch und die gehackten Kräuter zugeben und abschmecken.
- Kleine Teile des abgekühlten Teiges mit der Fleischmasse füllen, wie auf dem Bild formen, in Wasser oder Milch tauchen, in Semmelbrösel wälzen und frittieren.

Abb. 1
Coxinha de Frango

Bedarf für 10 Personen

1	ganzes Huhn (ca. 1.000 g)
150 g	Zwiebel
2 l	Wasser
	Salz und Pfeffer
2	Knoblauchzehen
100 g	Schalotten
50 g	Butter
2	Tomaten (ca. 150 g)
	Oregano, Schnittlauch, Petersilie
660 g	Mehl
240 g	geriebene Semmelbrösel

China

Frühlingsrolle

- Glasnudeln in warmem Wasser einweichen und in 5 cm lange Stücke schneiden.
- Knoblauch und Chili im Wok mit Öl anbraten, das in Streifen geschnittene Gemüse zugeben, ca. 2 Minuten anschwitzen.
- Garnelen zugeben, nach etwa einer Minute Glasnudeln unterheben, mit den Würzsaucen und Koriander abschmecken.
- Die Füllung auf die ausgebreiteten Teigblätter verteilen, einrollen, mit Eiweiß zukleben und in heißem Öl frittieren.

Bedarf für 10 Personen

30	Reisteigblätter
70 g	Glasnudeln
30 ml	Erdnussöl
15 g	Knoblauch
100 g	Frühlingszwiebeln
70 g	Möhren
150 g	Mungobohnen, frisch
70 g	Stangensellerie
400 g	Garnelenschwänze, geschält
30 ml	Fischsauce (Würzsauce)
10 ml	Austernsauce (Würzsauce)
1	Chilischote, klein
10 g	Koriander
30 g	Eiweiß (1 Eiweiß)
	Salz

Abb. 1 Frühlingsrollen

Weitere Nationalgerichte

Peking-Ente

Die Ente wird in kochende Brühe mit Sesamöl und Zucker getaucht. Sie muss in einem kühlen und luftigen Raum hängen. Das abgehangene Tier wird im Ofen gegart. In drei Gängen wird die Peking-Ente serviert. Im ersten Gang die knusprige Haut, im zweiten Gang das Fleisch und im dritten Gang eine Suppe, die aus den Knochen gekocht wird. Dazu werden Sojasauce, Gemüse und Pfannkuchen gereicht.

England

Clear oxtail soup/ Klare Ochsenschwanzsuppe

Bedarf für 2 Liter (10 Portionen)

600 g	Ochsenschwanz
400 g	Röstgemüse (je 100 g Zwiebeln, Karotten, Sellerie, Lauch)
60 g	Fett
200 g	Gemüsewürfel (Lauch, Karotte, Sellerie)
1 kg	Kalbsknochen
2,5 l	Wasser
0,2 l	Rotwein
10 g	Tomatenmark
1	Gewürzbeutel (Nelke, Lorbeerblatt, Thymianzweig, Majoran, Basilikum, Knoblauchzehe, Pfefferkörner)
	Cayennepfeffer, Salz, Sherry
200 g	Klärfleisch
2	Eiweiß

- Ochsenschwanz zwischen den Gelenken durchtrennen, zusammen mit Kalbsknochen und Röstgemüse braun anbraten.
- Tomatenmark zugeben und durchrösten.
- Mit Wein ablöschen, glasieren, Wasser auffüllen und aufkochen, abschäumen und mäßig weiterkochen.
- Bevor der Ochsenschwanz weich ist, Gewürzbeutel einlegen.
- Ochsenschwanzbrühe durch ein Sieb abgießen und kalt stellen.
- Ochsenschwanzfleisch abnehmen, pressen und nach dem Erkalten in Würfel schneiden.
- Klärfleisch, Eiweiß und Gemüse vermengen.
- Kalte, entfettete Ochsenschwanzbrühe dazugießen, unter Rühren aufkochen und klären wie eine Kraftbrühe.
- Suppe durch ein Tuch passieren.
- Das geschnittene Ochsenschwanzfleisch als Einlage dazugeben.
- Mit Sherry, Salz und Cayenne abschmecken.

Weitere Nationalgerichte

Roastbeef mit Yorkshire-Pudding

Yorkshire-Pudding ist eine Beilage aus einem salzigen Eier-Milch-Mehl-Teig, der in Fett ausgebacken wird; früher in dem vom Roastbeef abtropfenden Bratenfett, heute vorwiegend in Schmalz.

Angels on the horseback

In Speck gebratene Austern.

Welsh rarebits

Reibekäse mit Bier vermischt, auf Weißbrot gestrichen und überbacken.

Frankreich

Soupe á l'oignon/Zwiebelsuppe

- Butter und Öl erhitzen, geschälte, in Streifen geschnittene Zwiebeln dazugeben und goldgelb braten.
- Mehl darüber streuen und kurz anrösten.
- Mit Rinderbrühe auffüllen, glatt rühren und kochen, bis die Zwiebeln weich sind.
- Weißbrot in Scheiben schneiden, rösten, mit Knoblauch einreiben und in die Suppenteller legen.
- Zwiebelsuppe abschmecken, in die Teller füllen.
- Den Käse gesondert reichen.

Bedarf für 2 Liter (10 Portionen)

80 g	Butter
20 g	Öl
900 g	Zwiebeln
60 g	Mehl
2 l	Rindfleischbrühe
100 g	Stangenweißbrot
2	Knoblauchzehen;
	Msp. Muskat
60 g	geriebener Parmesan

Coq au vin

- Die Hühner in je 10 Teile zerlegen, mit Salz und Pfeffer würzen.
- Den in Streifen geschnittenen Speck in Olivenöl anbraten, das Öl abgießen und die Butter zugeben, die Hühnerstücke zufügen und kräftig anbraten.
- Den Knoblauch, die Zwiebeln und die Möhren 10 Minuten mitdünsten und mit Rotwein ablöschen.
- Kräuterstrauß, Lorbeerblatt und Tomatenmark zugeben, zugedeckt im vorgeheizten Ofen bei 180° 60 Minuten schmoren.
- Champignons in Butter mit Salz und Pfeffer dünsten, dann über das Huhn geben.

Bedarf für 10 Portionen

2	große Hühner (ca. 3.600 g)
120 g	Bauchspeck
40 ml	Olivenöl
120 g	Butter
2	Knoblauchzehen in Scheiben
500 g	Zwiebeln in feinen Streifen
300 g	Möhren in Streifen
1,5 l	Rotwein
4	Lorbeerblätter
100 g	Tomatenmark
500 g	Champignons
1	Kräuterstrauß (Petersilie, Liebstöckel, Thymian, Estragon, Basilikum)

Beilagen: Kartoffeln, Nudeln oder Baguettebrot. Der Rotwein, mit dem auch gekocht wird, wird dazugereicht.

Zur Geschmacksverbesserung kann das zerteilte Huhn 24 Stunden in Rotwein eingelegt werden.

Abb. 1 Coq au vin

Weitere Nationalgerichte

Bouillabaisse marseillaise

Südfranzösischer Fischeintopf mit Safran; wird in Deutschland gern als Suppe gereicht.

Ratatouille

Provenzialischer Gemüseeintopf mit Tomaten, Knoblauch, Paprika, Zucchini und Auberginen.

Indien

Mulligatawny/Geflügel-Curry-Rahm-Suppe

- Gehackte Zwiebeln und klein geschnittenen Apfel in Butter anschwitzen.
- Currypulver einstreuen und kurz mitdünsten.
- Reismehl dazugeben, gründlich einarbeiten, mit dem Geflügelfond auffüllen, glatt rühren und langsam auskochen.
- Suppe passieren, mit Sahne verfeinern und würzen.

Bedarf für 2 Liter
(10 Portionen)

60 g	Butter
80 g	Reismehl
50 g	Zwiebeln
15 g	Currypulver
2 l	Geflügelbrühe
0,2 l	Sahne
100 g	Apfel
	Salz

Weitere Nationalgerichte

Hühnercurry

Curry-Ragout von gekochtem Huhn mit Ananasstücken und Reis.

Kedgeree

Eintopf aus Linsen, Langkornreis, Zwiebeln, Curry, Ingwer und hartgekochten Eiern.

Italien

Minestrone/Gemüsesuppe

- Gemüse putzen und in Blättchen schneiden.
- Zwiebeln in Butter anschwitzen, Gemüse beifügen, etwa 15 Minuten dünsten, mit Fleischbrühe auffüllen.
- Makkaroni in Stückchen brechen, Reis, Kartoffeln und Tomaten beifügen, würzen und alles garen.
- Speck und Knoblauch sehr fein hacken, Petersilie und ein wenig Pfeffer in die Suppe geben.
- Suppe aufkochen, in Tassen einfüllen und Parmesan separat reichen.

Bedarf für 2 Liter (10 Portionen)

150 g	Lauch
100 g	Sellerie
100 g	Kartoffelwürfelchen
100 g	Möhren
200 g	Tomatenfleischwürfelchen
100 g	weiße Rübchen
100 g	geriebener Parmesan
20 g	Langkornreis
50 g	fetter Räucherspeck
80 g	Butter oder Olivenöl
30 g	Makkaroni
10 g	fein geschnittene Zwiebeln
5 g	gehackte Petersilie
1	Knoblauchzehe
2 l	Fleischbrühe
	Pfeffer, Salz

Weitere Nationalgerichte

Ossobuco

Scheiben von der Kalbshaxe, die in Tomatensauce mit Wurzelgemüse und Weißwein geschmort wird. Rezept S. 486

Saltimbocca

Dünne Kalbsschnitzel mit rohem Schinken belegen, zusammenklappen, Salbeiblatt feststecken und in der Pfanne braten.

Pesto

Basilikum, Knoblauch, Pinienkerne, Parmesan und Olivenöl werden zu einer Paste oder Sauce verarbeitet.

Demokratische Republik Kongo

Dongo Dongo

Bedarf für 10 Portionen	
400 g	Zwiebeln (fein gehackt)
5 g	Chili-Schoten (fein gehackt)
50 g	Okra-Schoten (fein gehackt)
30 g	Knoblauchzehen (zerdrückt)
500 g	geräucherter Fisch (Forelle, Lachs etc.)
	Öl, Salz, Pfeffer

- Feine Zwiebelwürfel in Öl dünsten, Knoblauch zugeben.
- Chili- und Okra-Schoten fein hacken, mitdünsten.
- Mit Salz und Pfeffer würzen, bissfest kochen.
- Mit Wasser bedeckt ablöschen, ca. 20–30 Minuten leicht kochen.
- Den zerkleinerten Fisch dazugeben und aufkochen.

Weitere Nationalgerichte

Couscous

Nordafrikanische Beilagen-Spezialität, bei der gemahlener Weizen, Gerste oder Hirse gedämpft, gewürzt und zu Kügelchen geformt werden.

Nashima

Maiskörner im Mörser mit Salz und wenig Wasser zerstoßen und anschließend mit Wasser weich kochen; die zähe Masse zu einer Kugel formen. Serviert wird das ungewürzte Nashima zu Saucen, Eintöpfen oder Ragouts.

Mexiko

Pollo Frito en Almendrado/Gebratenes Huhn in Erdnuss-Mandel-Sauce

Bedarf für 10 Portionen	
5	kleine Hühner
150 g	Schweineschmalz oder Maisöl
8	Eier
250 g	Kräcker, zerkrümelt
	Salz, Pfeffer, Zimtpulver
Erdnusssauce	
180 g	Erdnusskerne, geröstet und enthäutet
180 g	Mandeln, blanchiert und enthäutet
1.200 ml	Milch
50 g	Zucker

- Hühner in Portionsstücke zerteilen, mit Salz und Pfeffer würzen, in Schmalz oder Öl goldgelb braten und auf Küchenpapier abtropfen.
- Die Eier trennen, das Eigelb schaumig schlagen, das Eiklar zu Schnee schlagen und beides vermischen.
- Hühnerteile in Kräckerkrümel wälzen, durch die Eiermischung ziehen und in Schmalz oder Öl braten.
- Für die Sauce alle Zutaten im Mixer pürieren und durch ein Sieb streichen.
- In einer Pfanne die Sauce erhitzen, mit Salz abschmecken, Hühnerteile etwa 2 Minuten darin ziehen lassen und mit Zimt bestreuen.

Weitere Nationalgerichte

Enchiladas/Tortillas

Dünne Fladen, die aus Weizenmehl hergestellt werden. Sie werden warm serviert, als Beilage oder gefüllt und mit Sauce.

Ceviche

Salat aus rohem Fischfilet, Zitronensaft, Zwiebel, Tomate und grünem Chili.

Guacamole

Dip oder Sauce aus Avocado, Chili, Limettensaft, Zwiebeln und Koriander.

Abb. 1 Guacamole

Österreich

Kaiserschöberlsuppe/Kraftbrühe mit Käsebiskuit

- Mehl mit Stärke sieben und mit Parmesan und Muskatnuss mischen.
- Die Eier trennen, das Eiklar mit Salz zu Schnee schlagen, das Eigelb glatt rühren und unterziehen.
- Die Mehl-Parmesan-Mischung unter die Eiermasse heben.
- Masse gleichmäßig 1 cm dick auf ein Backpapier streichen, im vorgeheizten Ofen bei 100 °C ca. 12 Minuten goldgelb backen.
- Biskuit abkühlen lassen, Backpapier abziehen, den Biskuit in Rauten schneiden.
- Kurz vor dem Servieren den Biskuit in die heiße Kraftbrühe geben und mit fein geschnittenem Schnittlauch bestreuen.

Bedarf für 2 Liter
(10 Portionen)

15 g	Mehl
15 g	Stärke
15 g	Parmesan
2 l	Kraftbrühe
10 g	Schnittlauch
2	Eier
	Salz, Muskatnuss

Weitere Nationalgerichte

Kaiserschmarrn

Einen luftigen Pfannkuchenteig in der Pfanne anbacken, in Stücke zerreißen, Rosinen und Mandeln zugeben, goldgelb fertig backen. (s. S. 554)

Wiener Backhendl

Panierte Hähnchenteile werden frittiert und mit frittierter Petersilie und Kartoffelsalat serviert.

Russland

Borschtsch/Rote-Rüben-Suppe

- Fleisch und Speck blanchieren, mit Brühe kochen.
- Geschälte Rüben und Gemüse in Streifen schneiden, in Fett farblos anschwitzen, Tomatenmark beifügen und mit Essig ablöschen, zum Fleisch geben, ebenso den Gewürzbeutel.
- Fertig garen und den Gewürzbeutel entfernen.
- Speck und Fleisch in Scheibchen schneiden und beigeben, mit Salz abschmecken, mit Dill bestreuen.

Dazu wird gesondert Saft von rohen roten Rüben und saure Sahne gereicht.

Beilage: Piroschki

Bedarf für 2 Liter (10 Portionen)

500 g	Suppenfleisch vom Rind
150 g	geräucherter Bauchspeck
300 g	rote Rüben
200 g	Zwiebeln
100 g	Lauch
100 g	Möhren
200 g	Weißkohl
100 g	Sellerie
100 g	Fett
20 g	Tomatenmark
2 l	Rindsbrühe
10 g	Essig
10 g	geschnittener Dill
1	Gewürzbeutel (Pfefferkörner, Fenchel, Lorbeerblatt)
	Salz
0,2 l	Saft roher roter Rüben
200 g	saure Sahne

Weitere Nationalgerichte

Piroschki/Piroggen/Pelmeni

Pastetchen, vorwiegend in Form von Täschchen. Der Teig ist ein zuckerloser Mürbe-, Hefe- oder Blätterteig; er wird gefüllt mit Quark, Hackfleisch oder Sauerkraut.

Blini

Buchweizenpfannkuchen, die mit echtem Kaviar und Schmant serviert werden.

Kotelett Pojarski

Enthäutete Hühnerbrust hacken, zu einem Kotelett formen; in Ei und Semmelmehl wälzen und braten.

Schweiz

Bündner Gerstensuppe

- Das Rindfleisch weichkochen und in kleine Würfel schneiden.
- Gerste 1 Std. in Wasser einweichen.
- Das Gemüse in Butter glasig dünsten, Gewürze und abgetropfte Gerste mit dem Einweichwasser zugeben.
- Mit Rindfleischbrühe auffüllen und 45 Min. kochen, die Rindfleischwürfel zugeben und abschmecken.

Bündnerfleisch in Streifen daraufstreuen.

Bedarf für 2 Liter (10 Portionen)

500 g	Suppenfleisch vom Rind
80 g	Gerstenkörner oder groben Schrot
200 g	feinblättrig geschnittene Wurzelgemüse
100 g	feinblättrig geschnittene Kartoffel
1	Lorbeerblatt
1	Nelke
30 g	Butter, Salz, Pfeffer
2 l	kräftige Rindfleischbrühe

Für Legierung

100 g	Sahne
20 g	Eigelb
30 g	dünne Streifen von Bündnerfleisch

Weitere Nationalgerichte

Geschnetzeltes Kalbfleisch

Kurzbratgericht aus Kalbfleischscheiben, Zwiebeln, Weißwein, Butter, Mehl und Sahne, als Beilage werden Kartoffelrösti serviert.

Kartoffelrösti

Rohe oder halb gekochte Kartoffeln werden gerieben, mit ausgelassenem Speck vermengt, gewürzt und in einer Pfanne gebraten.

Spanien

Gazpacho andaluz/Kalte andalusische Gemüsesuppe

- Von jeder gewaschenen und geputzten Gemüsesorte die Menge eines Esslöffels in feine Würfel schneiden und als Einlage aufbewahren.
- Weißbrotkrume in Wasser einweichen.
- Das übrige Gemüse grob zerkleinern.
- Eingeweichtes Brot leicht ausdrücken, das Brot und Gemüse in eine Schüssel geben, Zwiebelscheiben, Knoblauch, Tomatenmark beifügen.
- Essig und Öl darübergießen, alles mischen.
- Im Mixer fein pürieren, reservierte Einlage unter die Suppe rühren, mit Salz, Pfeffer, Zucker abschmecken.
- Gazpacho gut durchkühlen.
- Wenn die Suppe danach zu dick ist, kann sie mit kalter Brühe oder Tomatensaft verdünnt werden.

Kleine Weißbrotwürfelchen auf die Suppe streuen.

Bedarf für 2 Liter (10 Portionen)

300 g	Salatgurken
300 g	grüne Paprikaschoten
250 g	Zwiebelscheiben
150 g	Weißbrotkrume
120 g	geröstete Weißbrotwürfelchen
1 kg	reife Tomaten
1,5 l	entfettete Fleischbrühe
10 g	Essig
20 g	Olivenöl
20 g	Tomatenmark
2	geriebene Knoblauchzehen
	Salz, Pfeffer, Zucker

Weitere Nationalgerichte

Olla podrida

Eintopf aus mehreren Fleischsorten, Gemüse und Kichererbsen.

Paella

Eine Reispfanne mit Rundkornreis, Erbsen, Paprika, Bohnen, Champignons, Fisch, Krebstieren und Geflügel. Abgeschmeckt wird eine Paella mit Safran, Knoblauch und frischem Rosmarin. Regional wird auch Kaninchenfleisch oder Tintenfisch verarbeitet.

Abb. 1 Paella

USA

Clam chowder/Muschelsuppe

- Zunächst die gereinigten Muscheln (am besten Herz- oder Venusmuscheln) in einem Sud aus Weißwein, Wasser, Salz, Lorbeer, Pfefferkörnern und Zitronensaft oder Zitronenmelisse kochen.
- Im Sud abkühlen und aus den Schalen brechen.
- Die Speck- und Schalottenwürfel in Butter schwitzen.
- Würfelig geschnittenen Sellerie zugeben und mit anschwitzen.
- Mit Mehl bestäuben und mit der Muschelbrühe aufgießen, aufkochen.
- Würzen mit Salz und Cayenne-Pfeffer.
- Die feinwürfelig geschnittenen Kartoffeln zugeben, weichkochen, zum Schluss die Milch zugießen, kurz aufkochen und abschmecken.
- Die Suppe mit den Tomatenfleischwürfeln und dem klein geschnittenen Muschelfleisch vollenden, mit frisch gehackter Petersilie oder Selleriegrün garnieren.

Bedarf für 2,5 Liter (10 Portionen)

1 l	Muschelsud
1 l	Milch
400 g	Staudensellerie
150 g	Schalottenwürfel
400 g	Kartoffeln
400 g	gekochtes Muschelfleisch
200 g	Tomatenfleischwürfel
100 g	durchwachsenen Speck (Bacon, Wammerl oder Dörrfleisch)
60 g	Mehl
60 g	Butter
	Salz, Cayenne-Pfeffer

Weitere Nationalgerichte

Boston Baked Beans

Eingeweichte, weiße Bohnen, Zwiebeln, braunen Zucker, Honig oder Sirup mit Pfeffer und Salz ankochen und dann zugedeckt im Rohr 3–4 Stunden garen lassen.

Cole slaw

Feingeschnittenes Weißkraut und Zwiebelbrunoise angemacht mit Essig, Salz, Pfeffer und Olivenöl.

Aufgaben

1 Suchen Sie in Fachliteratur oder im Internet zu allen Nationalgerichten, die ohne Rezeptur angegeben sind, entsprechende Angaben und beschreiben Sie den jeweiligen Arbeitsablauf kurz.

2 In New York findet man z. B. deutsche Fleischereien und deutsche Gaststätten. Welche Gründe kann es dafür geben?

3 Welche Nationalgerichte haben Sie in Ihrem Urlaub kennengelernt? Suchen Sie Rezepte für diese Gerichte und beschreiben Sie die Arbeitsabläufe.

Projekt

Nationalgerichte

Kulinarische Weltreise

Unser Betrieb plant, mit einer Aktion „Kulinarische Weltreise“ einen interessierten und neuen Gästekreis zu erschließen. Hierfür müssen passende, internationale Gerichte gefunden werden. Diese sollten erprobt und dann eine eigens geschaffene Spezialkarte erstellt werden.

Zeitpunkt

1 Zu welchem Zeitpunkt sollte eine solche Aktion sinnvollerweise durchgeführt werden?

2 Begründen Sie, ob so eine Aktion saisonabhängig ist.

Vorbereitung

1 Sammeln Sie Ideen und Rezepturen für diese Aktion.

2 Listen Sie mehrere Gerichte möglichst vieler Länder auf.

3 Treffen Sie eine Auswahl für eine spätere Karte.

4 Überlegen Sie die Vorteile und Nachteile, wenn Sie
- diese Gerichte à la carte zur Auswahl durch den Gast oder
- als entsprechende Menüs oder
- als besonderes Büfett

Ihren Gästen anbieten.

5 Probieren Sie Ihnen unbekannte Rezepturen zur Sicherheit vorher aus.

Preisgestaltung

1 Kalkulieren Sie mindestens 5 Gerichte oder ein Menü genau durch.

2 Verwenden Sie dabei einen Kalkulationsfaktor 4, um Ihre Kartenpreise zu ermitteln.

Getränke

1 Wählen Sie für das Getränkeangebot zu den Gerichten passende Getränke aus.

2 In welcher Form könnten Sie diese den Gästen vorstellen bzw. empfehlen?

Durchführung

1 Erstellen Sie, je nach Ihrem Vorhaben, eine dekorative Speisen-, Menü- oder Büfettkarte.

2 Arbeiten Sie sinnvolle Werbemaßnahmen für die Aktion genauer aus.

3 Überlegen Sie Möglichkeiten, wie die Aktion gästeorientiert präsentiert werden kann.

MENÜ UND SPEISEKARTE

Ein Menü ist eine Speisenfolge von mindestens drei Gängen (Speisengruppen), die in einer festgesetzten Reihenfolge verzehrt werden.

1 Aufbau eines Menüs 🇬🇧 *structure of a menu* 🇫🇷 *structure (w) d'un menu*

Bei der Erstellung eines Menüs sind zu beachten:

- Umfang der Speisenfolge,
- Regeln kulinarischer Abstimmung,
- Grundsätze richtiger Ernährung,
- organisatorische Möglichkeiten.

1.1 Umfang eines Menüs

In der Vergangenheit konnten sich Menüs mit bis zu 13 Gängen über Stunden hinziehen. Moderne Speisenfolgen sind am verringerten Nahrungsbedarf und an den eingeschränkten zeitlichen Möglichkeiten des Gastes orientiert. Nach dem Umfang der Speisenfolge wird unterschieden:

- **Grundmenü**
  mit drei Gängen als geschlossenes Ganzes, das ist die einfachste Form.
- **Erweitertes Menü**
  mit vier bis fünf Gängen für den besonderen Anlass.
- **Festmenü**
  mit sechs und mehr Gängen zu Feierlichkeiten, bei denen das gemeinsame Speisen einen festlichen Höhepunkt bildet.

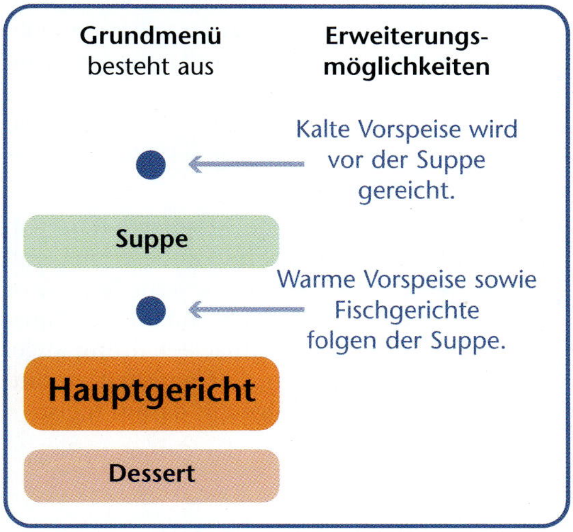

Diese Regeln des Menüaufbaus nennt man auch Menügerüst.

Je nach Anlass können die einzelnen Gänge kombiniert werden.

Die Komposition eines Menüs beginnt mit dem Hauptgericht; es bildet den kulinarischen Mittelpunkt. Diesem werden die übrigen Gänge als Erweiterung zugeordnet.

Beispiele für Kombinationsmöglichkeiten

	Kalte Vorspeise	Suppe	Warme Vorspeise oder Fischgericht	Hauptgericht	Süßspeise	Nachtisch
Drei Gänge		●		●	●	
	●			●		●
Vier Gänge	●	●		●	●	
		●	●	●	●	
Fünf Gänge		●	●	●	●	●
	●	●	●	●	●	

1.2 Regeln kulinarischer Abstimmung

Im Verkaufsgespräch zu einem Menü wird zunächst das **Hauptgericht** festgelegt. Dann beginnt die Auswahl der übrigen Gänge. Dabei ist zu beachten:

- **Jahreszeit,** denn Fische, Wild, Geflügel, einige Schlachttiere wie Lämmer und Spanferkel, viele Gemüsearten und Obst sind zu bestimmten Zeiten am wohlschmeckendsten und zu diesen Zeiten auch am preiswertesten. Obwohl durch moderne Konservierungsmethoden viele Lebensmittel das ganze Jahr über zur Verfügung stehen, sind die Saisonzeiten zu berücksichtigen. Auf der Speisekarte sollte das zum Ausdruck kommen.
- **Abwechslung,** denn die Möglichkeiten von Nahrungsmittelauswahl und Zubereitung sind so vielseitig, dass durch verschiedene Ausgangsprodukte und unterschiedliche Zubereitungsarten jede Geschmacksrichtung angesprochen werden kann. Für eine gut zusammengestellte Speisenfolge gilt darum meist:

Keine Wiederholung der Grundstoffe

Beispiele, **wie es nicht sein darf:**

Blumenkohlcremesuppe und Blumenkohl als Beilage;

oder:

Kraftbrühe mit Pfannkuchenstreifen und Crêpes Suzette als Nachtisch.

oder:

Wenn zu Gemüse Butter gereicht wird, z. B. Spargel mit zerlassener Butter, darf sich das nicht beim Fischgang wiederholen.

Keine Wiederholung der Zubereitungsart

Zubereitungsarten, wie *überbacken – in Fett gebacken – gegrillt* usw., dürfen in der Speisenfolge nicht mehrfach vertreten sein.

oder:

Wenn als Nachtisch Käse-Windbeutel vorgesehen sind, so passen zu den Austern keine überbackenen Käsebrötchen (Welsh rarebits), denn beides sind Gebäcke mit ähnlichen Füllungen.

- **Beachtung des Farbenspiels,** denn „das Auge isst mit": Im Gehirn des Menschen entsteht der Gesamteindruck einer Speise aus dem Zusammenspiel des Auges und des Geruchs- und Geschmackssinns. So kann einem beim Anblick einer ansprechend angerichteten Speise bereits das Wasser im Mund zusammenlaufen. Allein der optische Eindruck genügt, um auch Geruchs- und Geschmacksvorstellungen wachzurufen. Bei der Auswahl der Nahrungsmittel und bei der Zubereitung ist darum auf die vielfältigen Möglichkeiten zu achten.

Nicht richtig ist es deshalb z. B., wenn auf ein rosa Lachsgericht als Fleischgang englisch gebratenes Roastbeef (auch rosa) gereicht wird;

oder:

Nicht richtig ist es, wenn auf Ragoût fin ein Hühnerfrikassee folgt.

Übung zur Beurteilung von Menüs

Überprüfen Sie die folgenden Menüs auf Mängel.

①

Blumenkohl-Rahmsuppe

❁ ❁ ❁

Seezungenfilets in Weißwein

❁ ❁ ❁

Kalbskotelett mit Champignons
Blumenkohl – Kartoffelpüree

❁ ❁ ❁

Mandelcreme

②

Kraftbrühe mit Fadennudeln

❁ ❁ ❁

Gekochter Zander – Braune Butter

❁ ❁ ❁

Rehrücken Baden-Baden
Pfifferlinge – Spätzle

❁ ❁ ❁

Birne Helene

③

Hummercocktail mit Grapefruit

❁ ❁ ❁

Klare Ochsenschwanzsuppe

❁ ❁ ❁

Junge Ente mit Orangenschnitzen
Grüne Bohnen – Rahmkartoffeln

❁ ❁ ❁

Zitronencreme

④
Kraftbrühe Julienne
❖ ❖ ❖
Eier im Näpfchen mit Sahne
❖ ❖ ❖
Esterházy-Rostbraten
Petersilienkartoffeln – Tomatensalat
❖ ❖ ❖
Walnussparfait – Heiße Schokoladensauce

⑤
Wildpastete mit Waldorfsalat
❖ ❖ ❖
Selleriecremesuppe
❖ ❖ ❖
Kalbsmedaillons mit Béarner Sauce
Dauphinekartoffeln – Mischgemüse
❖ ❖ ❖
Aprikosen mit Weinschaumsauce

Die Lösungen zu dieser Übung zur Menübeurteilung finden Sie auf Seite 628.

- **Der Anlass des Essens** kann bei besonderen Gelegenheiten für die Speisenauswahl maßgebend sein. Die folgenden Beispiele zeigen, wie Geschmacksrichtungen, Rohstoffe und Anlässe berücksichtigt werden können.

Jagdessen

Bei Jagdessen kann die Speisenfolge von den sonst üblichen kulinarischen Regeln abweichen.

Es wird gereicht, was Fischfang und Jagd bieten:
- Fluss- und Seefische,
- Krebse,
- alle Arten Wild,
- Wildgeflügel

sowie
- Feld- und Waldfrüchte wie Kohl, Pilze, Nüsse und Beeren.

Weihnachtsspeisenfolge

Weihnachtsspeisenfolgen sind Winterspeisenfolgen, bei denen jahreszeitlich bedingte Nahrungsmittel im Vordergrund stehen.

Der Festcharakter kann durch besondere Delikatessen betont werden:
- Hummer,
- Austern,
- Kaviar,
- Gänseleberparfait oder Gänseleberpastete.

Als Weihnachtsfisch wird Karpfen, als Weihnachtsbraten Gans oder Pute bevorzugt.

Gern wird die Weihnachts-Speisenfolge auch durch Äpfel, Orangen und Nüsse bereichert.

Beluga Malossol Kaviar
Blinis-Sauerrahm

Fasanenkraftbrühe

Hummer und Austern
in Champagner

Blätterteighalbmonde

Medaillons
von frischer Gänseleber
auf Périgord-Trüffeln

Minze-Sorbet

Lammnüsschen
mit Kräutern überbacken
Gedünstete Karotten
Glasierte Schalotten

Erdbeerschaum auf frischer Ananas

Feingebäck

Silvester-Speisenfolge

Die Feier zur Jahreswende ist ein besonderer Anlass. Silvester-Speisenfolgen müssen dem festlichen Charakter des Tages entsprechen.

Mehrgängige Menüs verlangen eine gekonnte Kombination der Gerichte und stellen höchste Ansprüche an die Qualität der zu verarbeitenden Produkte.

Aufgrund der Ausweitung des Menüs werden die einzelnen Speisen maßvoll portioniert.

Sättigende Beilagen werden nur in geringen Mengen gereicht.

Die Speisenfolge kann auf einer schönen, mit glückbringenden Symbolen versehenen Menükarte angeboten werden.

1.3 Grundsätze richtiger Ernährung

Eine richtig zusammengestellte Speisenfolge muss Nährstoffe und Reglerstoffe in ausreichender Menge und im richtigen Verhältnis enthalten. Dabei ist zu beachten, dass bei heutiger Lebensweise energiearme, leicht verdauliche Kost immer mehr an Bedeutung gewinnt.

Eine neuzeitliche Speisenfolge schränkt darum die Verwendung fetter Saucen und übermäßig sättigender Beigaben ein; sie berücksichtigt den Vitaminbedarf durch die Aufnahme entsprechender Gemüse und Salate. Allgemein reicht man kleinere Portionen.

1.4 Organisatorische Möglichkeiten

Bestimmte Gerichte verlieren an Geschmackswert, wenn sie längere Zeit warmgehalten werden. Bei der Erstellung von Tageskarten und Sonderessen ist deshalb darauf zu achten, ob unter den gegebenen Verhältnissen die Speisen auch wirklich unmittelbar nach der Zubereitung serviert werden können.

Beispiele:

Eine Speisenfolge für 70 Gäste enthält als Fisch „Seezunge Orly“ und als Nachspeise „Salzburger Nockerln“. Das Ausbacken der Fische erfordert geraume Zeit. Das Ausbacken muss rechtzeitig begonnen werden, damit zum Service alle Portionen gleichzeitig bereitstehen. Ist die Fritteuse nicht groß genug, wird die Kruste der zuerst zubereiteten Fische bis zum Abruf weich und pappig.

Die Salzburger Nockerln können zwar aufdressiert im Kühlraum bereitgehalten werden, doch muss für das Fertigstellen ausreichend Personal vorhanden sein, wenn der Service ohne Stockung ablaufen soll.

Lösungen zur Beurteilung der Menüs auf Seite 626/627

Menü ①:
Farblose Zusammenstellung der Gerichte. Dreimal Sahne: Suppe, Fisch, Süßspeise. Zweimal Blumenkohl: Suppe, Beilage.

Menü ②:
Zweimal Teigwaren: Suppe, Beilage. Zweimal Birnen: Garnitur zum Fleisch, Süßspeise.

Menü ③:
Dreimal Zitrusfrüchte: Vorspeise, Fleischgang, Süßspeise. Unpassende Kartoffelbeilage.

Menü ④:
Zweimal Gemüsestreifen: Suppe, Fleisch. Das Menü ist zu schwer: Sahne bei den Eiern, in der Rostbratensauce, im Parfait, in der Schokoladensauce.

Menü ⑤:
Zweimal Sellerie, dreinmal gebunden, Kartoffel vor Gemüse genannt.

2 Gestaltung der Speisekarte

menu organization *réalisation (w) de la carte*

2.1 Aufgaben der Speisekarte

A	**Attention** Aufmerksamkeit	**Aufmerksamkeit des Gastes erregen** mit einer ansprechend gestalteten Speisekarte: übersichtlich, informativ
I	**Interest** Interesse	**Interesse des Gastes wecken** mit einem attraktiven Speisenangebot, mit Spezialitäten, regionalen Gerichten
D	**Desire** Wünschen, Wollen	**Wünsche beim Gast wachrufen** mit einer anschaulichen Beschreibung des Speisenangebots, die dem Gast das Wasser im Munde zusammenlaufen lässt
A	**Action** Handlung	**Den Gast zum Handeln bewegen** durch angemessenes Preis-Leistungsverhältnis und aufmerksamen Service

Je übersichtlicher eine Speisekarte gestaltet ist, desto leichter fällt es dem Gast, eine Wahl zu treffen.

Darum trennt man **sachlich** in Speisegruppen wie Vorspeisen, Suppen, Fische, Hauptgerichte usw. und nach der **Aktualität** in das Standard- und das Tagesangebot. Dies führt zu der Unterscheidung Standardkarte und Tageskarte.

Während die Standardkarte ein Dauerangebot enthält, wechselt die Tageskarte entsprechend dem Angebot auf dem Markt und den betrieblichen Möglichkeiten.

Auch für Kinder, ältere Menschen, Gesundheitsbewusste und Schonkostbedürftige sollten geeignete Gerichte angeboten werden, denn nur der Gast, der vom Angebot auf der Karte zufriedengestellt wird, kehrt wieder.

Spezialitäten der Region oder der Saison (Spargel, Erdbeeren) können besonders hervorgehoben oder auf einer eigenen Karte herausgestellt werden.

Bei Gerichten mit längerer Zubereitungszeit sollte schon auf der Speisekarte darauf hingewiesen werden.

- Frucht- und Gemüsesäfte Joghurt
- Kalte Vorspeisen
- Suppen
- Warme Vorspeisen
- Eierspeisen
- Fischgerichte
- Vom Grill und aus der Pfanne

- Geflügelgerichte
- Wildspezialitäten
- Gemüse – Beilagen
- Salate
- Käse
- Süßspeisen – Kompotte
- Früchte
- Kalte Platten

2.2 Anordnung des Textes

Bei der Anordnung des Textes ist zwischen der Nennung eines Gerichts auf der Tageskarte und der innerhalb eines Menüs zu unterscheiden.

Auf der **Tageskarte** stehen Gerichte meist einzeilig. Dabei ist die nachstehende Reihenfolge einzuhalten.

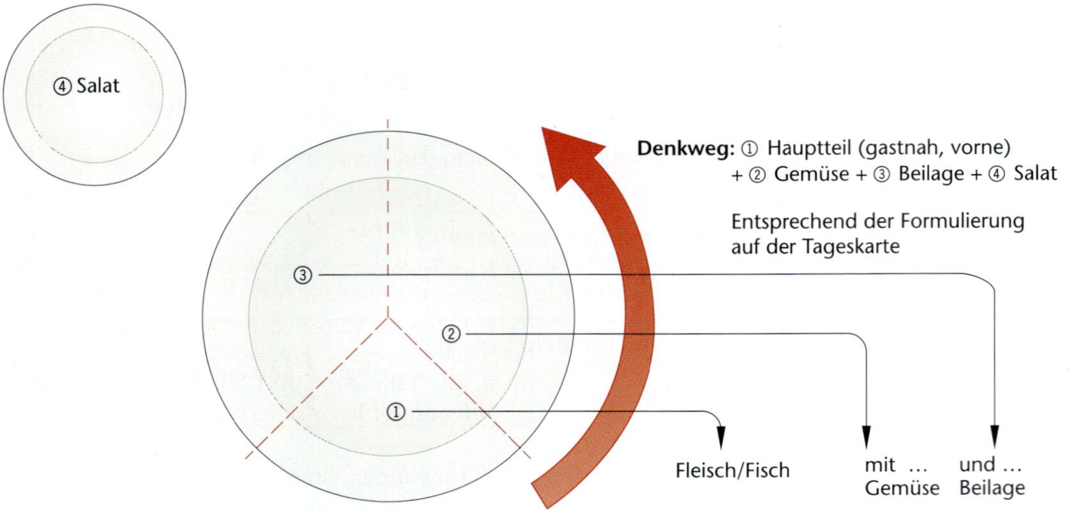

Diese Reihenfolge gilt als **Grundraster** für alle speisekartengerechten Nennungen.

Für Erweiterungen gilt:

- Garnitur oder Sauce zum Hauptrohstoff
  ➔ Rehrücken Diana mit …
  ➔ Tafelspitz mit Frankfurter Sauce und …
- Gemüse/Pilze und Beilagen folgen
  ➔ Rahmchampignons
  ➔ Basmatireis
- Salat und kalte Beilagen stehen am Ende
  ➔ … mit Salatvariationen
  ➔ … mit Feldsalat und Kürbiskompott

Umfassende Darstellung:

Zubereitung	Hauptrohstoff	Garnitur	Sauce	Gemüse
Gespickter	**Rehrücken**	**nach Waidmannsart**	**Wacholdersauce**	**Rosenkohl**

Pilze	Beilage	Salat	Kalte Beilagen
Pfifferlinge	**Spätzle**	**Feldsalat**	**Kürbiskompott**

Bei einfachen Speisenzusammenstellungen nennt man die einzelnen Komponenten in der gleichen Reihenfolge.

Beispiele für Gerichte mit weniger Bestandteilen:

Wiener Schnitzel mit Röstkartoffeln und bunter Salatplatte
Gekochter Tafelspitz mit Frankfurter grüner Sauce und Salzkartoffeln
Rheinischer Sauerbraten mit Rotkohl, Kartoffelpuffer und Apfelmus

2.3 Rechtschreibung auf der Speisekarte

Für die Schreibung der Speisen auf der Karte gelten die im DUDEN angeführten allgemeinen Regeln der Rechtschreibung.

Zusammensetzungen werden zusammengeschrieben.

Also:	und nicht:
• auf Försterinart	• Auf Försterin Art
• auf Gärtnerinart	• Auf Gärtnerin Art
• auf Müllerinart	• Auf Müllerin Art

Anstelle von „auf ...art" kann auch „nach ...art" geschrieben werden.

Empfehlenswert ist auch folgende Schreibweise: nach Art der Försterin, nach Art der Gärtnerin usw.

Ist eine Zubereitungsart von Orts- und Ländernamen abgeleitet, wird auseinander geschrieben.

- auf russische Art,
- nach norwegischer Art,
- auf provenzalische Art.

Besonderheit:
mit der Endung **-ische/ischer: klein**

- auf norwegische Art
- holländischer Käse
- italienischer Salat

mit der Endung **-er: groß**

- nach Norweger Art
- Holländer Käse
- Schweizer Wurstsalat
- Wiener Schnitzel
- Frankfurter Würstchen

Nachgestellte Beifügungen (Zubereitungsart) werden durch Kommas (Beistriche) abgetrennt.

- Seezunge, pochiert,
- Karpfen, gebacken.

Läuft der Text weiter, wie z. B. bei Tageskarten, steht die Zubereitungsart zwischen Beistrichen:

- Seezunge, pochiert, mit ...

Empfehlenswert ist folgende Schreibweise:

- Pochierte Seezungenfilets mit ...
- Gebackener Karpfen mit ...

Beilagen, die aus mehreren Stücken bestehen, müssen in der Mehrzahl stehen.

- mit neuen Kartoffel**n**,
- mit Champignon**s**,
- mit Pilze**n**,
- mit verschiedene**n** Gemüse**n**.

Anführungszeichen unterbleiben bei der Angabe der Zubereitungsart.

Also:	und nicht:
• Birne Helene	• Birne „Helene"
• Schnitzel nach Pariser Art	• Schnitzel „Pariser Art"
• Forelle blau	• Forelle „blau"

Neben diesen, durch den DUDEN geforderten Rechtschreibregeln gibt es Regeln zur Sprachform, die von der GASTRONOMISCHEN AKADEMIE empfohlen werden. Beispiele

Abkürzungen sind zu vermeiden.

Also:	und nicht:
• Frikassee von Huhn mit Reis	• Frikassee v. Huhn m. Reis
• Kalbszunge mit gedünstetem Gemüse und gemischtem Salat	• Kalbszunge m. ged. Gemüse u. gem. Salat

Eingedeutschte Wörter sind in deutscher Form zu schreiben.

Also:	und nicht:
• Kartoffelkroketten	• Kartoffelcroquetten
• Frikassee	• Fricassee
• Gulasch	• Goulasch
• Makkaroni	• Maccaroni
• Kotelett	• Cotelette

Sprachen sollen nicht vermischt werden.

Also:	und nicht:
• Forelle auf Müllerinart	• Forelle à la meunière
• Gebackener Kalbskopf mit Remouladensauce	• Kalbskopf, gebacken, mit Sc. Remoulade
• Lammkoteletts Nelson	• Lammkotelett à la Nelson

Ausnahme: Soße – Sauce:

In der gewerblichen Küche hat sich die französische Schreibweise Sauce eingebürgert. Der DUDEN sieht Sauce als eingedeutschtes Wort und lässt diese Schreibweise zu, auch in Zusammensetzungen wie z. B. Tomatensauce.

Genaue Benennung statt Sammelbezeichnung unterstützt die Vorstellung des Gastes.

Also:	und nicht:
• Kartoffelknödel Semmelknödel Serviettenknödel	• Knödel
• Braten vom Kalbsrücken Glasierte Kalbsnuss	• Kalbsbraten

Allgemein bekannte Bezeichnungen oder solche, die nicht zutreffend übersetzt werden können, wie Chateaubriand, Rumpsteak, Parfait, Chips, Dip, Pommes frites, schreibt man in der Fachsprache.

Mehrsprachige Karten erleichtern den Service.

Wird ein Haus von vielen fremdländischen Gästen besucht, ist es zweckmäßig, die Gerichte auch in den gängigen Fremdsprachen anzuführen. Übersetzungshilfen bieten Küchenlexika und entsprechende Übersetzungswerke.

Beispiele aus einer Tageskarte:

- **Hechtklößchen mit Kräutersauce**
  - *Pike dumplings with herb sauce*
  - *Quenelles de brochet, sauce aux fines herbes*
- **Gebratenes Rinderfilet mit Champignonsauce, gebackenen Schwarzwurzeln, Annakartoffeln**
  - *Roast fillet of beef with mushroom sauce, fried black salsify, Anna potatoes*
  - *Filet de boeuf rôti, sauce aux champignons, salsifis frits, pommes Anna*
- **Gekochte Lammkeule mit Kapernsauce, überbackenem Rosenkohl, Schmelzkartoffeln**
  - *Boiled leg of lamb, sauce with capers, gratinated Brussels sprouts, fondant potatoes*
  - *Gigot d'agneau bouilli, sauce aux câpres, choux de Bruxelles au gratin, pommes fondantes*

Die „Kulinariksprache" sollte vermieden werden.

Wenn Speisekarten besonders werbewirksam gestaltet werden, geht die Kreativität manchmal sehr weit.

Da gibt es

- Stollen von der Martinsgans,
- Savarin von Scampi,
- Kartoffelblini.

Bei diesen Wendungen wird nur die Form (Stollen, Savarin) berücksichtigt, nicht aber die Rohstoffe oder Verfahrensweisen.

Verhältniswörter/Präpositionen

Die Hauptsache wird mit der Nebensache genannt.

Also:	und nicht:
• Fleisch mit Sauce und Beilagen	• … an … auf …
• Kalbskotelett mit Calvadossauce	• Kalbskotelett auf Calvados-Sauce
• Schnitzel mit Jägersauce	• Schnitzel auf Jägersauce

Verniedlichung/Verkleinerung

Bei manchen Speisekarten wird

- aus der Suppe ein Süppchen,
- aus der Sauce ein Sößchen,
- aus der Nudel ein Nüdelchen

Man sollte die Verkleinerungsform mit „chen" nur dort verwenden, wo es sprachlich sinnvoll ist.

Begriffe aus anderen Bereichen in Verbindung mit Speisen

Oft werden in Verbindung mit Speisen Begriffe aus anderen Bereichen verwendet, z. B.

- Dialog von Salaten.

Das Lexikon sagt:
Dialog: Gespräch zwischen zwei oder mehr Personen
Duett: Komposition für zwei Singstimmen
Sinfonie: Mehrstimmiger musikalischer Vortrag

Man sollte die Begriffe dort lassen wo sie hingehören.

In EDV-Systemen werden Speisen meist mit Nummern belegt. Es wird empfohlen, diese nur in die für das Personal vorgesehenen Karten einzutragen.

2.4 Rechtliche Bestimmungen

Die Speisekarte und die Getränkekarte sind Verzeichnisse der vorrätig gehaltenen oder kurzfristig fertig zu stellenden Speisen oder Getränke.

Rechtlich entsprechen die Speise- und die Getränkekarte einem unverbindlichen oder frei bleibenden Angebot. Die sogenannte Bestellung des Gastes ist als Antrag zu werten, der vom Gastronomen oder dessen Vertreter (Servierpersonal) angenommen oder abgelehnt werden kann.

Bei der Gestaltung von Speise- und Getränkekarten sind Rechtsvorschriften zu beachten. Diese dienen dem Schutz des Gastes vor Übervorteilung und dem Schutz seiner Gesundheit.

Preisauszeichnung

Inhaber und Betreiber von Gaststättenbetrieben haben

- Preisverzeichnisse für Speisen und Getränke in hinreichender Zahl auf den Tischen auszulegen oder
- jedem Gast bei der Bestellung und auf Wunsch bei der Abrechnung vorzulegen.
- Neben dem Eingang ist ein von außen lesbares Verzeichnis anzubringen, auf dem die Preise für wesentliche Speisen und Getränke genannt sind.

So soll der Passant/Gast bereits vor dem Betreten der Räumlichkeiten beurteilen können, ob das Lokal in der Art des Angebotes und im Preisniveau seinen Vorstellungen entspricht.

- Alle Preise müssen Inklusivpreise/Endpreise sein.
- Werden Zubereitungen, z. B. Forelle „nach Größe" angeboten, ist ein Bezugswert zu nennen, z. B. 100 Gramm X,xx €. Preisangaben wie „Von ... bis ... €" sind nicht zulässig (PAngV § 7).

Zusatzstoffe

Wenn Lebensmittel Zusatzstoffe enthalten, muss dies kenntlich gemacht werden, damit sich der Gast (z. B. Allergiker) entsprechend verhalten kann. Die Zusatzstoffe können entweder direkt bei der jeweiligen Speise oder als Fußnote angegeben werden.

Ob die im Betrieb verarbeiteten Lebensmittel Zusatzstoffe enthalten, kann auf der Verpackung nachgelesen werden, z. B.

- Mit Konservierungsstoff (Name oder E-Nummer) oder
- Konserviert mit ...

Das ist z. B. regelmäßig der Fall bei konservierten Essiggurken, deutschem Kaviar oder Fischpräserven wie Rollmops oder Bismarckhering.

Bei Wurst und Backwaren muss man sich beim Metzger oder Bäcker nach den Inhaltsstoffen erkundigen.

Die Kenntlichmachung könnte dann so aussehen:

Lachsbrot mit Zwiebel und Ei garniert (Lachs mit Farbstoff und Konservierungsstoff)	X,xx €
Nudelsuppe (mit Geschmacksverstärker)	X,xx €

Bei Speise- und Getränkekarten ist es jedoch erlaubt, die vorgeschriebenen Angaben in Fußnoten zu nennen, wenn bei Speise oder Getränk mit einer Kennziffer oder einem sonstigen Zeichen klar auf diese Fußnoten hingewiesen wird.

Beispiel

Lachsbrot mit Zwiebel und Ei garniert (1,2)	X,xx €
Nudelsuppe (4)	X,xx €

Die Gruppen von Zusatzstoffen werden auf der Speise- oder Getränkekarte so angegeben (Auszug):

1 mit Farbstoff(en)
2 mit Konservierungsstoff(en)
3 mit Antioxidationsmittel
4 mit Geschmacksverstärker
.
.
.
9 koffeinhaltig
10 chininhaltig
11 mit Süßungsmittel

Geschützte Bezeichnungen

Wer Besonderes produziert oder Spezialitäten aus einer bekannten Region liefert, findet es nicht gerecht, wenn andere den „guten Namen" für sich nutzen, ohne die Voraussetzungen zu erfüllen.

Die EG schützt darum bestimmte Lebensmittel vor Nachahmung.

- **Geschützte geografische Angabe** (g.g.A.) z. B.
  - Kölsch
  - Nürnberger Rostbratwurst
  - Thüringer Rotwurst
  - Schwarzwälder Schinken

- **Geschützte Ursprungsbezeichnung** (g.U.) z. B.
  - Allgäuer Emmentaler
  - Lüneburger Heidschnucke

- **Garantiert traditionelle Spezialität** (g.t.S) z. B.
  - Mozzarella
  - Jamón Serrano

Bei geschützten Bezeichnungen darf auch **nicht** *... nach Art* verwendet werden.

Man darf folglich **nicht** anbieten

- Rostbratwürste nach Nürnberger Art
- Schinken nach Schwarzwälder Art
- Käse nach Mozzarellaart

2.5 Karten für Extraessen

Für **Extraessen** bietet der Betrieb meist eine besondere, in der Regel gefalzte Karte.

Bei deren Gestaltung kann der Gast mitwirken.

Auf der Vorderseite werden meist Ort, Zeit und Anlass des Essens genannt.

Auflockernd wirken Abbildungen, die jedoch zum Anlass des Essens einen Bezug haben sollten.

Beispiele

Ziffern bei Jubiläen, Hochzeitskutsche, Wiege sowie sonstige Illustrationen, z. B. von Wild oder Fisch.

Die Zeichenprogramme der Rechner erleichtern die Gestaltung und bieten Abwechslung.

Profiqualität liefern Druckereien.

Bei Extraessen wird die Karte nach folgenden Regeln gestaltet:

- außen kann der Anlass genannt sein
- innen rechts steht die Speisenfolge
- innen links sind die korrespondierenden Getränke zugeordnet.

Gattungsbezeichnungen sind nicht geschützt, weil diese allgemein bekannten Vorstellungen entsprechen, z. B.

- Schwarzwälder Kirschtorte
- Frankfurter Würste
- Schweizer Wurstsalat
- Schweineschnitzel Wiener Art

Richtige Bezeichnung

Eine unbedachte Übernahme herkömmlicher Bezeichnungen kann zu falschen Aussagen führen.

Mastochsenbrust oder *Ochsenschwanzsuppe* sind heute in den seltensten Fällen von einem Ochsen, denn Ochsen werden kaum mehr gemästet.

Hammelkotelett oder *Hammelrücken* sind meistens vom einjährigen Lamm, das eine bessere Qualität bietet als der Hammel.

Frisch sollte man nur verwenden, wenn wirklich frische Ausgangsware verwendet wird.

Ein *frischer Obstsalat* darf nicht aus der Dose oder aus der Tiefkühlung kommen. Wer wirklich Frisches verwendet, sagt das so:

- Salat von frischen Früchten oder
- Rahmsuppe mit frischen Morcheln oder
- Pilzragout mit frischen Pilzen der Region.

Aperitif nach Wahl

Wiltinger Kupp Auslese
Orig. Abf. Le Gallais

Schloss Vollrads Schlossabzug

Chambolle-Musigny
Original Burgunder-Abzug

Krug
Private Cuvée

Cognac – Liköre

MENÜ

Krebssuppe

Wachtel mit frischen Morcheln

Schwetzinger Stangenspargel
Schaumsauce

Rinderfilet Wellington
Frische Gartengemüse
Waffelkartoffeln
Salatherzen

Stilton

Pistazienparfait mit Erdbeeren

Konfekt

Korrespondierende Weine:

Aperitif: Sekt mit Holunderblütensirup

2006er Würzburger Stein, Rivaner
Kabinett, trocken

2005er St. Magdalener Grieß
Chardonnay, Südtirol

MENÜ

Spargelsülze mit Prager Schinken,
Vinaigrette und Melbatoast

Zweierlei Rahmsuppen von Spargel
zusammen serviert

Schrobenhausener Spargel
mit Bearner Sauce,
gegrillten Kalbsmedaillons
und Kräuterflädle

Eiscrème von grünem Spargel
mit Apfelspalten und Orangenfilets

linksbündig — Die Schrift ist mit Hilfe des Textprogramms angeordnet. — mittig (zentriert)

Die folgenden Seiten zeigen Menüs mit dem Gedeck zu jedem einzelnen Gang. Das Wissen zur Menükunde wird mit den Grundlagen des Service kombiniert.

2.6 Menübeispiele mit zugehörenden Gedecken

① Eingedecktes Couvert (ohne Dessertbesteck)

② Carpaccio vom Rinderfilet mit gebratener Entenleber

③ Pochierter, mit Meeresfrüchten gefüllter Wolfsbarsch auf einer Beaujolais-Sauce

④ Rosa gebratene Entenbrust mit Calvados-Sauce, knackigem Gemüse von Möhrchen, Teltower Rübchen, Roten Beten, Brokkoli und Schlosskartoffeln

⑤ Vanille- und Himbeer-Eis mit marinierten Waldbeeren

① Eingedecktes Couvert

② Gänseleber in Briochemantel mit Apfelsalat und Würfeln von Sherryweingelee

③ Gekochter Hummer im Gemüsesud

④ Rinderfilet auf einer Trüffelrahmsauce mit Fingerkarotten, Zuckerschoten, Mus von Petersilienwurzeln und gebratenen Kartoffelspänen

⑤ Frische Feigen auf Curaçaosauce mit Orangenfilets

Anmerkung: Oben quer eingedeckt liegt der Saucenlöffel/Gourmetlöffel für den Hauptgang. Das Dessertbesteck wurde nachgedeckt.

3 Kalkulation von Speisen

🇬🇧 *calculation of meals* 🇫🇷 *calcul (m) des mets (m)*

Der Verkaufspreis von Speisen und Getränken wird als Inklusivpreis bezeichnet, weil in ihm alle Kostenbestandteile enthalten sind. Auf die in den Speisekarten genannten Preise sind weitere Aufschläge nicht erlaubt. Der Inklusivpreis kann auf unterschiedliche Arten ermittelt werden.

Bei der Abschlussprüfung werden folgende Schemata abgefragt.

Stufenschema/Zuschlagskalkulation

Materialkosten	MK	100 %	
+ Gemeinkosten	GK	120 %	
= Selbstkosten	SK	220 % →	100 %
+ Gewinn	G		25 %
= Kalkulierter Preis	KP	100 % ←	125 %
+ Umsatzbeteiligung	UB	13 %	
= Nettoverkaufspreis	NV	113 % →	100 %
+ Mehrwertsteuer	MwSt		19 %
= **Inklusivpreis**	IP		119 %

Die **Materialkosten** erhält man aus der Rezeptberechnung.

Die **Gemeinkosten** fassen Kosten für Energie, Personal usw. zusammen.

Im **Gewinn** sind z. B. Unternehmerlohn, Risiko und Kapitalverzinsung enthalten.

Die **Umsatzbeteiligung** für Service beträgt tariflich mindestens 12 Prozent.

Die **Mehrwertsteuer** ist 19 % des Nettoverkaufspreises.

Der rechnerische **Inklusivpreis** wird gerundet und auf die Karte gesetzt.

Inklusivpreis

Wenn der Inklusivpreis berechnet werden soll, müssen die erforderlichen Werte vorgegeben werden. Um die Kenntnisse auf diesem Gebiet zu prüfen, können auch nur Teilgebiete abgefragt werden.

1. Die Materialkosten für ein Menü betragen 6,80 €. Der Betrieb kalkuliert mit 130 Prozent Gemeinkosten. Berechnen Sie die Selbstkosten in €.
2. Der vorläufige Verkaufspreis für ein Gericht wurde mit 9,20 € ermittelt. Die MwSt beträgt 19 Prozent. Berechnen Sie den Inklusivpreis.
3. Für ein Gericht wurden die Selbstkosten mit 7,45 € ermittelt. Der Betrieb rechnet mit 24 Prozent Gewinn und 15 Prozent Umsatzbeteiligung. Auf wieviel € beläuft sich der Nettoverkaufspreis?
4. Ein Restaurant kalkuliert mit folgenden Werten: 135 Prozent Gemeinkosten, 22 Prozent Gewinn, 12 Prozent Umsatzbeteiligung und 19 Prozent MwSt. Die Materialkosten für ein Festmenü betragen 11,60 €. Welcher Inklusivpreis muss verlangt werden?
5. Ermitteln Sie für das Restaurant bei Aufgabe 4 Gesamtaufschlag und Kalkulationsfaktor.
6. Man kalkuliert mit einem Gesamtaufschlag von 240 %. Kalkulationsfaktor?

Gesamtaufschlag und Kalkulationsfaktor

Die vierstufige Kalkulation kann man verkürzen. Wenn aus den einmal gewonnenen Werten die Differenz ermittelt wird, erhält man den gesamten Aufschlag auf die Materialkosten, kurz: den **Gesamtaufschlag.** Er wird in Prozent zu den Materialkosten ausgedrückt.

Der **Kalkulationsfaktor** sieht den Inklusivpreis als Vielfaches zu den Materialkosten.

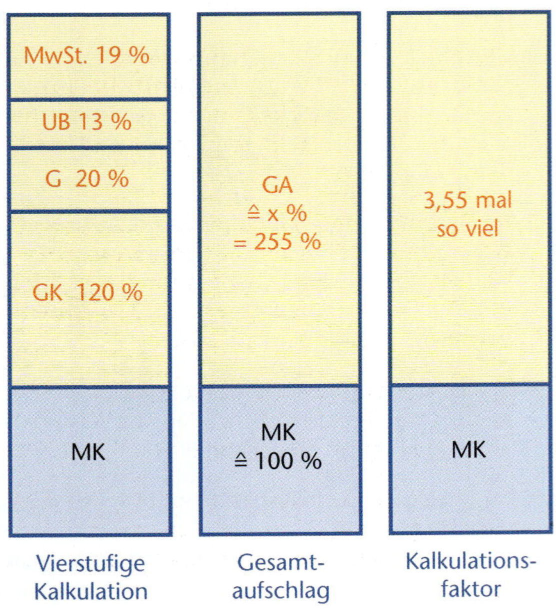

Rückkalkulation

Bei besonderen Angeboten wie Extraessen oder bei der Zusammenarbeit mit Reiseveranstaltern wird sehr oft ein fester Preis vereinbart. Die Küche muss dann zu den Materialkosten, zum Wareneinsatz, zurückrechnen, um Angebote ausarbeiten zu können.

Stufenschema/Zuschlagskalkulation

Materialkosten	MK	100 %	
+ Gemeinkosten	GK	120 %	
= Selbstkosten	SK	220 % →	100 %
+ Gewinn	G		25 %
= Kalkulierter Preis	KP	100 % ←	125 %
+ Umsatzbeteiligung	UB	13 %	
= Nettoverkaufspreis	NV	113 % →	100 %
+ Mehrwertsteuer	MwSt		19 %
= **Inklusivpreis**	IP		119 %

Vom IP zu MK

Der Rechenweg ist dann genau umgekehrt: Vom Inklusivpreis wird zurückgerechnet.

Dabei geht man vier mal vom erhöhten Grundwert aus.

1. Eine Firma will eine mehrtägige Fortbildungsveranstaltung in unserem Haus durchführen und bittet um verbindliche Menüvorschläge für 18,00 €. Der Betrieb kalkuliert mit 125 % Gemeinkosten, 22 % Gewinn, 12 % Umsatzbeteiligung und 19 % MwSt. Mit welchem Wareneinsatz darf die Küche rechnen?

2. Die Selbstkosten für ein Büfett werden von der Direktion mit 485,00 € vorgegeben. Es sind 135 % Gemeinkosten zu berücksichtigen. Auf wie viel € dürfen sich die Materialkosten belaufen?

3. Eine Restaurantrechnung beläuft sich auf 1.235,00 €. Berechnen Sie die enthaltene MwSt. in Höhe von 19 Prozent.

4. Mit einer Aushilfsbedienung wurden 13 Prozent Umsatzbeteiligung vereinbart; 19 Prozent MwSt. sind zu berücksichtigen. Wie viel € beträgt die Umsatzbeteiligung, wenn der Umsatz 743,00 € beträgt?

5. Im Rahmen einer Spezialitätenwoche soll ein Gericht für 19,00 € auf die Speisekarte gesetzt werden. Der Betrieb kalkuliert für diese Aktion mit einem Gesamtaufschlag von 230 Prozent. Berechnen Sie die Materialkosten.

6. Ein Betrieb kalkuliert mit einem Kalkulationsfaktor von 3,2. Berechnen Sie die Materialkosten bei einem Gedeckpreis von 35,00 €.

7. Ein Betrieb rechnet mit einem Gesamtaufschlag von 240 Prozent. Berechnen Sie die Materialkosten bei einem Inklusivpreis von 22,00 €.

Prüfungsfragen zur Kalkulation ohne Zahlen

Berechnungen beruhen auf der Grundlage von Sachverstand. Was man „nicht kapiert" hat, kann man auch nicht berechnen. Hier Beispiele für entsprechende Aufgabenstellungen.

1. Welche der folgenden Kalkulationsreihen ist sachlich richtig?
   a) MK + SK + G + UB + MwSt
   b) MK + GA + G + UB + MwSt
   c) MK + GK + G + UB + MwSt
   d) MK + GA + MwSt + UB
   e) SK + KP + NVP = IP

2. In welchem Fall liegen veränderliche oder variable Kosten vor?
   a) Materialverbrauch
   b) Pacht für Garage
   c) Beitrag zur Brandversicherung
   d) Grundsteuer
   e) Kosten für Wartungsvertrag Schankanlage

3. Welches ist die richtige Erklärung für Gesamtaufschlag?
   a) Summe aus Gemeinkosten, Gewinn und Umsatzbeteiligung in einem Prozentsatz
   b) Summe aller Kosten in einem Prozentsatz, der auf den Gewinn aufgeschlagen wird.
   c) Summe aller Kosten einschließlich der Materialkosten in einem Prozentsatz
   d) Summe aus Gemeinkosten, Gewinn, Umsatzbeteiligung und MwSt. in einem Prozentsatz
   e) Summe aus Gewinn und Umsatzbeteiligung in einem Prozentsatz

SONDERVERANSTALTUNGEN

Sonderveranstaltungen sind heute ein wichtiger Teil der Erlebnisgastronomie. Dabei handelt es sich um besonders attraktive, wirkungsvolle Angebote, oft im Rahmen eines Banketts.

1 Der Gast im Mittelpunkt

the customer as the center of interest — *client (m) au centre de l'intérêt*

Früher wartete man meist, bis der Gast ein Restaurant betrat, die Karte las und bestellte. Heute wird der Gast mit attraktiven Angeboten umworben. Seine Neugierde wird gezielt geweckt.

Vorlieben und Gewohnheiten von Stammgästen sind durch häufige Besuche des Restaurants bekannt. Mehr Informationen über Gäste und deren Wünsche können durch gezielte Fragebogenaktionen gewonnen werden. Sie werden nach Abschluss von Aktionen ausgewertet und bei unseren Planungen von Aktionstagen oder Aktionswochen berücksichtigt.

Den Erfolg einer Sonderaktion bestimmen letztlich allein die Gäste durch ihre Teilnahme.

2 Aktionen *campaigns* — *actions (w)*

Sonderveranstaltungen dienen dazu, den Bedürfnissen unserer Gäste nach Abwechslung entgegenzukommen sowie eine aktive Verkaufsförderung und die damit verbundene Umsatzsteigerung zu erreichen.

Neben Gastorientierung und Wirtschaftlichkeit gibt es weitere wesentliche Aspekte, die bei Aktionen wichtig sind:

- Stammgästen wird etwas Besonderes geboten,
- neue Gästekreise werden erschlossen,
- in der Öffentlichkeit wird der Bekanntheitsgrad des Betriebes gefördert,
- Kapazitätsauslastung während ruhiger Betriebszeiten wird ermöglicht.

2.1 Aktionsbeispiele

Werbewirksam wird eine Aktion durch ein interessantes und deutliches Motto. Waren es bisher hauptsächlich die Fest- und Feiertage, die den Anlass und das Motto für eine Aktion lieferten, so bieten sich heute viele weitere Möglichkeiten an:

- **Produktbezogenes Angebot**
  Mögliche Themen: Kartoffeln, Pilze, Reis, Nudeln, Meeresfrüchte, Gerichte mit Bier, Gerichte mit Wein, Spargel, Tomaten, Vegetarisches, Wild, Fische, Lamm, Käse, Exotische Früchte.
- **Saisonbedingte Aktionen**
  Mögliche Themen: Spargel, Wild, Matjeshering, Maischolle, Austern, Muscheln, Krebse, Grünkohl, Beeren, Pilze, Eis.
- **Internationale Spezialitäten**
  Mit einem internationalen Angebot holt man bei den Gästen Urlaubsstimmung zurück oder stimmt sie auf eine bevorstehende Reise ein: USA-Woche, Viva España, Mittsommernacht.
- **Themenbezogene Aktionen**
  Historische Hintergründe (Fürstenhochzeit, Stadterhebung), Vollwertkost, Faschingsball, Silvester, Jazz-Brunch oder begleitend zu einer musikalischen Festwoche.
- **Jahrestage**
  Gedenkjahre für Dichter, Komponisten oder Schriftsteller des Ortes, Städtegründung usw.
- **Regionale Spezialitäten**
  Beispiele: Münsterländer Schmaus, Fränkisches Weinfest, Unterm bayerischen Himmel, Impressionen von der Waterkant.

Es gibt vielfältige Anlässe, die es ermöglichen, ein schönes Programm zusammenzustellen, bei dem nicht nur kulinarische Höhepunkte geboten, sondern auch die Dekorationen originell auf das Thema abgestimmt werden.

3 Planung und Durchführung

planning and realization *planification (w) et réalisation (w)*

Für die Mitarbeiter ist die Abwechslung mindestens genau so wichtig wie für die Gäste.

Die Einbeziehung möglichst aller Mitarbeiter bei der Planung und Durchführung von Aktionen bedeutet:

- Motivation durch die Herausforderung, Neues zu unternehmen,
- der Alltagsroutine etwas entgegenzusetzen,
- Teambewusstsein zu wecken,
- fachliches Können in einer besonderen Situation zu beweisen,
- sich der Konkurrenz gegenüber zu behaupten,
- aktionsbezogene Schulung und Fortbildung zu erhalten.

3.1 Jahresplanung

Zunächst sollten alle Mitarbeiter, also auch die Auszubildenden, Ideen zu möglichen und interessanten Aktionen vorbringen dürfen.

Aus diesen Vorschlägen werden die besten oder sinnvollsten ausgewählt und ein Jahres-Aktions-Plan erstellt.

Anschließend werden die unterschiedlichen Aufgaben den jeweiligen Abteilungen für die Vorausplanung übertragen.

3.2 Detailplanung

In der Abteilung **Service/Bankett** erarbeiten die Mitarbeiter Vorschläge für die Dekoration und eventuell für besonderes Besteck oder Porzellan. Sie denken über spezielle aktionsbezogene „Gags" nach, z. B. landesübliche Trachten, Kostüme des Mittelalters oder sonstige Requisiten.

Des Weiteren überlegen sie sich die Art und Weise des Servierens und machen Vorschläge für den Getränkeservice. Die Art und Menge der Getränke muss bestimmt werden. Sie suchen Rezepturen für Cocktails oder andere Mischgetränke und notieren deren Zubereitung.

Sonderkarten für den speziellen Anlass müssen erstellt werden.

Die **Empfangsabteilung** und das **Verkaufsbüro** erarbeiten mit ihren Mitarbeitern Wochenendarrangements und veranlassen ein rechtzeitiges Mailing (Briefinformation) an ausgewählte Gäste und besondere Persönlichkeiten. Von dieser Abteilung aus wird auch die Pressearbeit gesteuert, z. B. die Presse über die Aktion rechtzeitig und gezielt informiert.

Im **Hausdamenbereich** denkt man sich passenden Blumenschmuck für Tische und/oder Büfett-Tafeln und für Bodenvasen im Empfangs- oder Restaurantbereich aus.

Außerdem werden spezielle Tafeltücher, besondere Servietten und Dekorationstücher bereitgestellt.

Die Mitarbeiter der **Abteilung Küche** stecken den Rahmen für den kulinarischen Bereich ab. Sie suchen nach geeigneten Gerichten, informieren sich über deren Zubereitung, erstellen Rezepturen und Warenanforderungen. Die einzelnen Gerichte werden, wenn sie der Küche noch nicht bekannt genug sind, durchgekocht und erprobt. Die Geschmacksrichtung und die Anrichteweisen werden festgelegt.

Alle Arbeiten und Überlegungen in den einzelnen Bereichen müssen schriftlich erfasst werden. Checklisten und eventuell auch Fotos werden für den speziellen Einsatz erstellt.

3.3 Planungsbeispiel Küche

Der Chef des Hotels Mozart in Kirchheim betreut gastronomisch alle Veranstaltungen im Schloss. Deshalb hat er auch die Möglichkeit, zusammen mit dem Verkehrsamt des Ortes im Festsaal Konzerte in Verbindung mit Gastronomie durchzuführen. Von den Mitarbeitern des Hotels kommt der Vorschlag, im Herbst eine Konzert-Gala über fünf Tage zu organisieren. Trotz des damit verbundenen Mehraufwands wird dem Plan begeistert zugestimmt. Die Aktion erhält den Namen:

„Kulinarisch-musikalischer Herbst".

Nachdem die Abteilungen Küche und Service sich auf einen Servierablauf (Menüservice, Büfett oder eine Kombination aus beiden) festgelegt haben, werden die weiteren Planungsarbeiten erledigt.

Das nachfolgende Beispiel ist im Besonderen für den **Ausbildungsberuf Koch/Köchin** gedacht.

Premieren-Gala-Menü
für den
kulinarisch-musikalischen Herbst
auf Schloss Kirchheim

Die gesamte Aktion erstreckt sich über fünf Abende. Am Premierenabend wird ein Gala-Menü für 100 Personen im Hotel Mozart serviert.

Beim Service eines Menüs müssen die Anzahl und die Art der Gänge benannt werden, ebenso der Service eines Amuse gueule.

Geklärt werden müssen weiterhin Tellerart und Tellergröße zum Anrichten der Speisen. Außerdem wird überlegt, ob teilweise Plattenservice durchgeführt werden soll.

Das Fleischstück des Hauptgangs könnte von Köchen vor den Gästen tranchiert werden. Servicebrigade und Küchenbrigade präsentieren und servieren mit einer Parade das Dessert.

Die Regeln für die kulinarische Abstimmung müssen beim Erstellen des herbstlichen Menüs grundsätzlich beachtet werden (s. S. 625). Dabei sollten unbedingt auch die technischen und organisatorischen Möglichkeiten berücksichtigt werden, damit die Aktion letztlich ein Erfolg wird.

GALA-MENU

Herbstliche Blattsalate mit marinierten Forellenröllchen

❁ ❁ ❁

Tomatierte Kraftbrühe mit Basilikumklößchen

❁ ❁ ❁

Gebratene Kalbsnierenscheiben in leichter Senfsauce mit Wildreis

❁ ❁ ❁

Feines vom Perlhuhn mit glasierten Karotten Bohnengemüse gebackenen Champignons und Schlosskartoffeln

❁ ❁ ❁

Himbeercreme im Baumkuchen-Dinnerjacket mit Kiwi- und Apfelspalten

Weil das festliche Menü mit einer kalten Vorspeise beginnt, verzichtet man auf den Service eines Amuse gueule.

Nachdem ein Gala-Menü komponiert wurde, müssen Rezepturen bzw. Warenanforderungen erstellt sowie eine Mengen- und Preiskalkulation durchgeführt werden. (Da die Preise landesweit unterschiedlich sind und sich im Lauf der Zeit auch verändern, wird in diesem Beispiel auf eine Preiskalkulation verzichtet.)

Für die Mitarbeiter in der Küche ist es wichtig, dass Arbeitsabläufe klar und verständlich formuliert und schriftlich verfasst werden. So sind Arbeitsfolgen und Zubereitungen für alle Küchenposten gleich ersichtlich und verständlich.

Rezepturen und Warenanforderung

Bei den vorausgegangenen Gesprächen wurde festgestellt, dass genaue Rezepturen und Warenanforderungen im Besonderen auch für die zu erstellende Kalkulation schriftlich ausgearbeitet werden müssen.

Der besseren Übersicht wegen sind im Beispiel die einzelnen Menü-Gänge mit Rezeptur, Warenanforderung (Verbrauchsmengen) und einer anschließenden Beschreibung des Arbeitsverlaufes erstellt worden.

Kalte Vorspeise

Herbstliche Blattsalate mit marinierten Forellenröllchen

Bedarf für 100 Portionen

35 Stück/8,5 kg	Forellen
4 Kopf	Eichblattsalat
4 Kopf	Friseesalat
10 Stück/2 kg	Chicoree
500 g	Gemischte Kräuter
2,5 l	Crème fraîche
25 Blatt	grüne Noriblätter
1,5 l	Sahne
	Eiweiß (vom Dessert)
3 kg	Schalotten
600 g	Traubenkernöl
1 kg	Radieschen
	Zitrone, Essig, Salz, Pfeffer, Zucker,
200 Stück	Partybrötchen
2 kg	Butter

Arbeitsablauf

- Milde Kräuterbutter herstellen und in 100 kleine Porzellanschälchen füllen.
- 35 Forellen filetieren, 50 Filets leicht plattieren und kalt stellen.

- Aus den restlichen 20 Filets eine Farce herstellen.
- Die Forellenfilets mit der Außenhautseite nach oben dicht nebeneinander auf eine Klarsichtfolie legen, mit Noriblatt belegen, dünn mit Farce bestreichen, rollen, bei 70 °C pochieren, kurz in Eiswasser abkühlen lassen und kalt stellen.
- Später die Fischrolle in gleichmäßige Scheiben schneiden.
- Blattsalate waschen, trockenschleudern und zupfen.
- Salatdressing aus Zitrone, Essig, Öl, Salz, Zucker und Pfeffer herstellen.
- Aus gemischten Kräutern, Crème fraîche, Pfeffer, Salz, Zitrone eine grüne Sauce herstellen.
- Radieschen in feine Streifen schneiden und als Garnitur über den Salat streuen.

Anrichteweise
Kleines Bouquet aus Zupfsalaten seitlich auf einen Teller mit ∅ 28 cm setzen, mit Dressing marinieren, auf freie Fläche aus grüner Sauce einen kleinen Spiegel gießen, das Forellenröllchen darauflegen und mit Radieschenstreifen streuend garnieren.

Suppe

Tomatierte Kraftbrühe mit Basilikumklößchen

Arbeitsablauf

- Von einem Drittel der Tomaten Concassés (Tomatenfleischstücke) herstellen (s. S. 156), restliche Tomaten in Würfel schneiden.
- Grob durchgedrehtes Rindfleisch mit etwas Wasser vermischen (siehe auch S. 413).
- Zerkleinerte Wurzelgemüse und Zwiebeln sowie die Tomatenstücke und Kerngehäuse beigeben.

Bedarf für 100 Portionen

20 l	Rinderbrühe
5 kg	Klärfleisch (Hesse)
4 kg	Bouquet garni
500 g	Schalotten
250 g	Tomatenmark
50 Stück	Eiweiß (von Suppeneinlage und Dessert)
3 kg	Fleischtomaten
2 kg	Quark
32 Stück	Eigelb
750 g	Toastbrot (für mie de pain)
350 g	Mehl
300 g	Basilikum
	Salz, weißer Pfeffer
2 kg	Staudensellerie

- Dann Hühnereiweiß zugeben und gründlich einmischen.
- Mit kräftiger Bouillon auffüllen, unter Rühren aufkochen und ca. 1 Std. köcheln lassen.
- Eiweißkuchen mit Schaumkelle abheben und Kraftbrühe durch ein Tuch passieren.
- Quark-Basilikum-Klößchen herstellen für die Suppeneinlage (s. S. 418).
- Einlagegarnitur: Staudenselleriescheibchen und Tomatenfleischwürfel.

Anrichteweise
In blattförmige Suppentasse oder kleinen Suppenteller Tomatenfleischwürfel, Staudenselleriescheiben und Topfen-Nockerl geben; mit heißer, klarer Tomatenkraftbrühe auffüllen. Danach Basilikumblatt anlegen. In vorbereiteter Servietten-Seerose (S. 258) mit Unterteller stellen und servieren.

Angebot Speisen

Zwischengericht

Gebratene Kalbsnierenscheiben in leichter Senfsauce mit Wildreis

Bedarf für 100 Portionen

12 kg	Kalbsnieren (ohne Fett)
750 g	Mehl (zum mehlieren)
1 kg	Langkornreis
1,3 kg	Wildreis
1 kg	Paprikaschote rot
1 kg	Schinken
8 l	Kalbsfond
600 g	süßen Senf
600 g	Butter
500 g	Schalotten
1 l	Sahne
500 g	Petersilie
	Salz, Pfeffer,
	Öl und Butter zum Braten

Arbeitsablauf

- Wildreis einweichen, später kochen (s. S. 187).
- Langkornreis kochen und mit Wildreis mischen.
- Paprikaschoten in feine Würfel schneiden und zusammen mit den Reissorten in Butter kurz anschwenken.
- Schalottenwürfel in Butter glasig schwitzen, Mehl zur Roux unterrühren, Senf zugeben, mit kräftigem Kalbsfond auffüllen, unter Rühren aufkochen und auskochen lassen.
- Sauce mit gehackter Petersilie, Salz und Pfeffer würzen und mit geschlagener Sahne und Butterflocken verfeinern.
- Kalbsnierenscheiben mehlieren und in heißem Öl kurz braten, dann mit Salz und Pfeffer würzen.

Anrichteweise
Auf einen quadratischen Teller mit ∅ 26 cm in die Mitte Senfsauce geben, darauf je drei Scheiben Kalbsniere anrichten und den angeschwenkten Reis ringsum aufstreuen, mit Schinkenstreifen garnieren.

Hauptgericht

Feines vom Perlhuhn mit glasierten Karotten, Bohnengemüse, gebackenen Champignons und Schlosskartoffeln

Bedarf für 100 Portionen

25 Stück/ca. 20 kg	Perlhühner (Frischware)
2 kg	Toastbrot
2,5 kg	Lauch
32 Stück	Eier
5 kg	Mirepoix-Gemüse
750 g	Schalotten
1 kg	Butter
4 kg	Schnittbohnen
6 kg	Karotten
5 kg	Champignons (6 oder 12 Köpfe)
10 Stück	Zitronen
10 kg	Kartoffeln
5 l	Geflügelfond
	Salz, Pfeffer, Zucker, Honig
	Öl zum Braten

Arbeitsablauf

- Perlhühner in Brustteil und Keulchen zerlegen.
- Keulen hohl auslösen.
- Karkasse zur Sauce ansetzen und mit Geflügelfond auskochen.
- Lauch-Brot-Füllung herstellen (s. S. 463) und damit die Keulen füllen und zunächst in leicht gefettete Alufolie wickeln, im Ofen garen, später in der Pfanne ringsum knusprig braten.
- Brust leicht poëlieren und dann den Bratensatz mit Jus abkochen. Dabei eine leichte Geflügeljus herstellen.
- Kartoffeln tournieren, und blanchieren, gut abtrocknen lassen und in geklärter Butter braten.
- Schneidebohnen kochen, dann in Eiswasser abschrecken, vom Fond eine Velouté kochen und Bohnen darin abbinden.

- Champignons panieren, frittieren, auf Küchenkrepp abtropfen lassen und in Butter in der Pfanne schwenken. Karotten in Honig glasieren.

Anrichteweise
Perlhuhnteile und Schlosskartoffeln auf Platten, die Gemüse in Porzellanschalen (Légumes) und die Sauce in Saucieren anrichten.

Nach dem Vorlegen soll das Gericht wie oben aussehen.

Dessert

Himbeercreme im Baumkuchen-Dinnerjacket mit Kiwi- und Apfelspalten

Arbeitsablauf

- Hippenmasse herstellen und daraus mit einer Ahornblattschablone herbstliche Blätter aufstreichen und backen (s. S. 547).
- Aus Kuvertüre 110 Krawatten-Fliegen auf Papier spritzen.
- Die Blätter im heißen Zustand schalenartig formen.
- Für den Baumkuchen weiche Butter mit Würzstoffen, Salz, Stärke und Puderzucker schaumig rühren.
- Eigelb mit Marzipan klumpenfrei vermischen und ebenfalls schaumig rühren. Beide Massen vermischen.
- Eiweiß mit Zucker zu Schnee schlagen und zunächst ein Drittel vom Eischnee unter die Mischung arbeiten, danach den Rest des Eischnees unterheben und danach das Mehl.
- Die Masse nun Schicht für Schicht in die gefettete Form geben, dünn einstreichen und ebenfalls Schicht für Schicht im Salamander gold-gelb backen.
- Für die Pralinenmasse (Canache) Sahne mit Zucker aufkochen und dann die geschnittene Kuvertüre einrühren. Die Masse erkalten lassen und verschließen.
- Für die Creme Blattgelatine in kaltem Wasser einweichen.
- Milch mit Vanilleschoten aufkochen, Eigelb und Zucker schaumig schlagen, unter die heiße Milch geben und sämig abziehen.

Bedarf für 100 Portionen

Für den Baumkuchen:

750 g	Butter
250 g	Puderzucker
10 g	Salz, Tonkabohne, Vanille
350 g	Stärke
450 g	Marzipanrohmasse
35	Eigelb
35	Eiweiß
500 g	Zucker
400 g	Mehl

Kastenform aus Alu oder Gastronorm 18 × 8 x 5 cm

Für die Pralinenmasse:

500 g	Kuvertüre
250 g	Sahne
150 g	Zucker

Für die Creme:

5 kg	Himbeeren, evtl. TK-Ware (400 Beeren ganz der Rest für 2 l Mark)
3,5 l	Milch
35	Blatt Gelatine
600 g	Zucker
25	Eigelb
2 l	Himbeermark
4 Stück	Zitronen
4 Stück	Vanilleschoten
3,5 l	Sahne

Für die Fruchtsauce:

3 kg	Äpfel
50 Stück	Kiwi
400 g	Zucker
	Calvados, Rum

Für die Hippemmasse:

10	Eier
500 g	Puderzucker
500 g	Mehl
	Silikonmatte zum Backen

Garnitur:

500 g	Kuvertüre

- Gelatine aus dem Wasser nehmen, gut ausdrücken, im noch warmen Cremeansatz auflösen und das Ganze durch ein Haarsieb abseihen.
- Cremeansatz unter gelegentlichem Umrühren abkühlen.
- Auf Pappe eine Kreisscheibe ∅ 20 cm aufzeichnen und ein Stück mit 17 cm Grundlinie abschneiden.
- Baumkuchen mit Maschine in dünne Scheiben schneiden und mit Schablone Einlegestücke vorbereiten.
- 105 Timbaleförmchen à 0,1 *l* mit Papierstreifen auslegen, je 1 Scheibe Baumkuchen und seitlich ins Timbale einlegen.
- Die Hälfte der Himbeeren zu Mark pürieren, restliche Himbeeren ganz belassen.
- Sahne schlagen, zusammen mit dem Cremeansatz und dem Himbeermark eine Bayerische Creme herstellen, in vorbereitete Timbale füllen und sofort kalt stellen.
- Äpfel schälen, entkernen, in 200 Spaltenstücke schneiden, in Zuckerwasser und Calvados blanchieren, danach aus dem Fond nehmen und auf Gitter legen,
- 30 Kiwi schälen, in je 10 Schnitze schneiden und im Apfelzuckerwasser ebenfalls 200 Spalten zum Abtropfen auf ein Gitter legen, den Rest zusammen mit einem Teil des Blanchierfonds zu einer Sauce mixen.

Anrichteweise
Auf einen Teller mit ∅ 28 cm einen Violinschlüssel mit Canache-Creme aufspritzen und Kiwisauce verteilen. Die Creme aus dem Timbale stürzen, auf Teller setzen und mit Fliege garnieren. Apfel- und Kiwispalten anlegen. Die ganzen Himbeeren gezielt auf Teller verteilen und das Hippenblatt an die Creme stecken.

Checkliste für Logistik

Der Erfolg einer kulinarischen Sonderaktion beginnt mit einer wohlüberlegten Detailplanung. Nachdem der Termin, das Motto, das Gala-Menü, die Personenzahl, die Rezepturen und Warenanforderungen feststehen, wird ein zeitlicher Ablaufplan in Form einer Checkliste erstellt.

Die Checkliste ist für den Bereich Küche und enthält Informationen darüber,

- **wer** → verantwortlich ist,
- **was** → an Tätigkeiten erledigt werden muss,
- **wann** → die einzelnen Arbeiten durchgeführt und fertiggestellt sein müssen,
- **wo** → im Küchenbereich (Küchenposten) die Arbeiten verteilt sind,
- **wie** → Arbeitsabläufe und Anrichteweisen eingehalten werden müssen.

Checkliste für den Bereich Küche

Allgemeines		
Aktion	Kulinarisch-musikalischer Herbst	
Datum		
Personenzahl	100	
Aperitif	Getränke gemischt anbieten	
Menü	Gala-Menü, 5-gängig	
Büfett		
Stehempfang		
Kaffeetafel		
Tagung		

Waren		
W-bestellung	Küchenchef 2 Wochen vorher	
W-kontrolle	Sous-Chef	
W-verteilung	Sous-Chef	
W-lagerung	Partie-Chefs	
Besonderheit	Kalbsnieren frühzeitig ordern	
	Frische Perlhühner	
	Frische Forellen	
	Frische Himbeeren	
Liefertermine	Festlegung durch Küchenchef	

Küchenposten		
Saucier		
2 Tage vorher		
x	Grundbrühen	
x	Bouillon	
x	Geflügelfond	
x	Perlhühner auslösen	
x	Perlhuhnkeulen hohl auslösen	
x	Perlhuhnjus ansetzen	
1 Tag vorher		
x	Tomatenkraftbrühe herstellen	
x	Senfsauce vorbereiten	
Aktionstag		
x	Basilikumklößchen herstellen	
x	Kraftbrühe heiß u. abschmecken	
x	Saucen heiß u. abschmecken	
x	Perlhühner füllen, bratfertig	
x	Perlhuhn garen und braten	
x	Kalbsnieren schneiden	
x	Kalbsnieren braten	

Küchenposten		
Entremetier		
1 Tag vorher		
x	Kartoffeln tournieren	
x	Kartoffeln blanchieren	
x	Karotten tournieren	
x	Reis kochen	
x	Champignons panieren	
x	Tomatenfleischwürfel herstellen	
x	Staudensellerie schneiden	
x	Bohnen in Rauten schneiden	
x	Bohnen kochen	
x	Paprikaschoten schneiden	
Aktionstag		
x	Gemüse fertigstellen	
x	Velouté erstellen	
x	Reis mit Paprika sautieren	
x	Schlosskartoffeln braten	

Küchenposten		
Gardemanger		
1 Tag vorher		
x	Forellen filetieren	
x	Fischfarce herstellen	
x	Forellenröllchen füllen und garen	
x	Salatdressing herstellen	
x	Grüne Sauce herstellen	
x	Kräuterbutter in Fässchen füllen	
Aktionstag		
x	Salate waschen und zupfen	
x	Forellenröllchen schneiden	
x	Radieschenstreifen schneiden	
x	Auf kalten Tellern anrichten	

Küchenposten		
Pâtissier		
3 Tage vorher		
x	Baumkuchen herstellen	
x	Hippenblätter backen u. formen	
2 Tage vorher		
x	Kuvertürefliegen aufspritzen	
x	Apfelspalten-Kompott herstellen	
x	Himbeermark herstellen	
x	Kiwispalten blanchieren	
1 Tag vorher		
x	Kiwisauce zubereiten	
x	Kiwischnitze marinieren	
x	Baumkuchen schneiden	
x	Timbale mit Baumkuchen vorbereiten	
x	Bayerische Creme herstellen	
x	In Timbaleförmchen füllen	
Aktionstag		
x	Timbale stürzen, auf Folien setzen	
x	Violinschlüssel aufspritzen	
x	Kiwisaucentupfen anbringen	
x	Apfel- und Kiwischnitze auflegen	
x	Timbale anrichten	
x	Timbale Schokofliege anlegen	
x	Hippenblatt an Timbale stecken	

Sonstiges		
Stoffserviette	Seerose für Suppe	
Geschirr	kontrollieren und bereitstellen	
Platten	kontrollieren, evtl. reinigen	
	10 Stück für 10 Personen wärmen	
Saucieren	15 Stück wärmen	
Gemüse-schüsseln	15 Stück wärmen	
Porzellan-fässchen	für Butterservice bereitstellen	
Flache Teller		
∅ 28 cm	110 Vorspeise kalt stellen	
∅ 26 cm	110 Zwischengericht wärmen	
∅ 26 cm	110 Hauptgericht wärmen	
∅ 28 cm	110 Dessert kalt stellen	
Tiefe Teller		
0,2 l	110 Suppentassen warm stellen	
	entsprechende Unterteller vorbereiten	

3.4 Erfolgskontrolle durch Manöverkritik

Unmittelbar nach einer solchen Aktionswoche muss in einem gemeinsamen Gespräch eine Erfolgskontrolle mit Manöverkritik stattfinden.

Der Erfolg ist auf Grund der Umsatzzahlen leicht messbar. Doch der Schein kann trügen. Beispielsweise, wenn auf Grund des sehr attraktiven Angebotes zusammen mit dem guten Ruf des Hotels alle Veranstaltungen ausgebucht waren, die Aktionen und Ausführungen jedoch nicht das hielten, was die Gäste erwarteten.

In einer solchen Situation muss sofort reagiert und Schadensbegrenzung eingeleitet werden.

Daher ist es besonders wichtig die Probleme zu erkennen. Das kann nur über Manöverkritik bei einer Nachbetrachtung der Veranstaltungen erreicht werden.

Erfolg oder Misserfolg beantworten Fragen wie:

- Waren alle Gäste zufrieden?
- Gab es Reklamationen?
- Was hat die Veranstaltung für die Mitarbeiter gebracht?
- War die Zusammenarbeit der einzelnen Abteilungen in Ordnung?
- Wurde die Teamfähigkeit durch die Aktion gefördert?
- Wurde die Identifizierung mit dem Betrieb gestärkt?
- War der Umgangston trotz Hektik und starker Belastung fair?
- Bedarf es einer Klärung oder Entschuldigung?
- Waren die vorausgegangenen Schulungen und Fortbildungen sinnvoll und richtig?
- Wo sind personelle Engpässe entstanden?
- Waren die vorbereiteten Mengen ausreichend?
- War die gesamte Planung richtig?
- Gibt es Verbesserungsmöglichkeiten bei den Arbeitsabläufen?
- Stimmte die Qualität der gelieferten Waren?
- Wurden die Liefertermine eingehalten?
- Welche Gerichte schafften Probleme?
- Wie war die Resonanz in der Presse?
- Welche hier nicht angesprochenen Probleme sind aufgetreten?
- Welche Verbesserungsvorschläge können gemacht werden?
- Würde jeder einzelne Mitarbeiter eine solche Aktion gerne wiederholt haben?

Für die nächste Veranstaltung gilt: Negatives vermeiden, Positives ausbauen.
Außerdem sollten positive Aspekte auch in den betrieblichen Alltag übernommen werden.

3.5 Weitere Aktionen

Die restlichen Abende sind im Rittersaal des Schlosses vorgesehen. In diesem Saal finden 250 Personen Platz. Das Hotel Mozart übernimmt das komplette Catering. Wegen der hohen Personenzahl ist es sinnvoll, das Bankett außer Haus in Form von täglich wechselnden warm-kalten Büfetts als kulinarische Höhepunkte anzubieten. Es ist damit zu rechnen, dass nur ein kleiner Teil der Gäste mehrmals an den Büfetts teilnimmt. Die Aktionen haben jeweils unterschiedliche Themen und Dekorationen zu Ehren der musizierenden Künstler.

Das nachfolgende festliche, warm-kalte Büfett wird zu Ehren eines bekannten Geigenvirtuosen aus Hamburg gegeben.

Impressionen von der Waterkant

Frisch geräucherte Kieler Sprotten, Räucheraale,
Schillerlocken, Heilbutt, Pfeffermakrelen

Galantine vom Zander mit Krabben
Heilbuttmedaillons mit Wachteleiern
Hausgebeizter Lachs in Dill-Senf-Sauce
Erlesene Fischterrinen mit Sauerampfersauce

Gefüllte Gurken mit Rauchlachssalat
Krabbencocktail mit Champignons
Tomaten mit Thunfisch gefüllt
Gefüllte Eier mit Sardellenschaum
Matjessalat mit Äpfeln und Zwiebeln
Rollmöpse in verschiedenen Marinaden

Hamburger Aalsuppe
Suppe von Miesmuscheln mit Safranfäden

Labskaus
Hamburger National

Hechtklößchen in Kerbelschaum
Gebratene Seeteufelmedaillons mit Kräutern und Tomaten,
Blattspinat, Champignonreis, Petersilienkartoffeln

Rote und gelbe Grütze mit flüssigem Schmant
Weingelee mit Früchten · Rumcreme mit Rosinen
Früchtesavarin

Verschiedene Brotsorten und Butter

Für die anderen Tage des Musik-Festivals wurden drei weitere warm-kalte Büfetts zu Ehren der Künstler mit entsprechendem Motto geplant:

- Bufetto Bella Italia
- Österreichische Schmankerln
- Zu Gast in Europa

Aufgaben

1 Erstellen Sie jeweils eine Karte für die drei aufgeführten Büfetts nach dem Muster des warm-kalten Büfetts „Impressionen von der Waterkant".

2 Arbeiten Sie für eines der vier Büfetts Rezepturen, Warenanforderungslisten und Arbeitsfolgen aus.

3 Erstellen Sie für die Büfetts eine Checkliste nach vorgegebenem Muster.

4 Unterbreiten Sie Dekorationsvorschläge für die einzelnen Büfetts.

5 Nennen Sie Getränke, die zu den verschiedenen Büfetts angeboten werden sollen.

Projekt

Festliches Essen

Besondere Anlässe und familiäre Feste wie Muttertag, Konfirmation/Kommunion oder runde Geburtstage werden gefeiert. Familien treffen sich, man geht aus. Für unser Restaurant sind das Gelegenheiten, besondere Angebote zu machen und damit unseren Ruf, unser Image zu stärken. „Bei diesem großen Anlass gehen wir doch zu xy“. Wenn an der Stelle xy unser Haus steht, dann haben wir ein Ziel erreicht.

Bei diesem Vorhaben stellen wir zunächst Sätze aus einem Verkaufsgespräch der Bankettabteilung und die Situation der Küche voran.

Besondere Anlässe und familiäre Feste wie Muttertag, Konfirmation/Kommunion, runde Geburtstage werden gefeiert. Familien treffen sich, man geht aus. Für unser Restaurant sind das Gelegenheiten, besondere Angebote zu machen und damit unseren Ruf, unser Image zu stärken. „Bei diesem großen Anlass gehen wir doch zu xy“. Wenn an der Stelle xy unser Haus steht, dann haben wir ein Ziel erreicht.

Bei diesem Vorhaben stellen wir zunächst Sätze aus einem Verkaufsgespräch der Bankettabteilung und die Situation der Küche voran.

Der Gastgeber, auf seine Wünsche befragt, antwortet: „Ja, eine klare Suppe soll es sein, so eine sehr schöne mit mehreren Einlagen, und dann den Hauptgang so schön von der Platte serviert, damit wir das Fest angemessen gestalten. Und dann noch: Fünf Gänge sollen es schon sein. Wir treffen uns so selten, dann wollen wir 24 Leutchen an diesem Tag schon schön feiern und uns Zeit lassen.“

Und jetzt die Information der Küche: „Um Gottes Willen, noch eine Gesellschaft. Wie sollen wir das schaffen? Wir haben an diesem Tag doch schon …“

Planen

1 Nachdem der Gastgeber für die Menügestaltung viel Freiheit lässt, ergeben sich vielfältige Möglichkeiten der Menüplanung. Wir planen das Fest zeitlich einmal für Juni und einmal für Oktober und nutzen das Angebot der jeweiligen Saison. Die Arbeitsbelastung für die Küche muss zusätzlich bedacht werden.

1.1 Wer gut plant, arbeitet leichter. Notieren Sie zunächst die Vorgaben aus dem Gespräch mit dem Gastgeber.
1.2 Erstellen Sie zwei Menüs, die den Vorgaben unter Berücksichtigung der Jahreszeit entsprechen. (Das sind dann vier Vorschläge, je zwei für Juni und zwei für Oktober.)
1.3 Welche Getränke passen zu den Speisenfolgen?

2 Wir gehen davon aus, dass die Gesellschaft in einem kleinen Nebenzimmer unter sich sein kann.

2.1 Welche Tafelformen sind grundsätzlich bei der Größe der beschriebenen Gesellschaft möglich?
2.2 Machen Sie zu jedem Termin einen Vorschlag für eine Tischdekoration.
2.3 Stellen Sie in einer Liste alle Geschirr- und Besteckteile für ein Gedeck zusammen.

Projekt

Festliches Essen (Fortsetzung)

Ausführen

1 Die Arbeiten zu diesem Projekt sind so umfassend, dass im Einzelfall ausgewählt werden muss, welche Gerichte hergestellt werden.

1.1 Erstellen Sie für die Ihrer Gruppe zugewiesenen Aufgaben eine Materialanforderung.
1.2 Fertigen Sie für Ihren Bereich einen Arbeitsablaufplan.

2 Führen Sie die Arbeitsaufträge aus.

Bewerten

Aus den einzelnen Arbeitsgruppen werden „Gäste“ gewählt. Diese nehmen an der eingedeckten Tafel Platz und haben vorbereitete Unterlagen für eine Bewertung bei sich.

1 Bewerten Sie jede Zubereitung mit (mindestens zwei) Worten.

2 Ist das gesamte Menü harmonisch aufgebaut? Würden Sie bei einer Wiederholung etwas ändern? Zusammenstellung, Arbeitsablauf, Arbeitsbelastung.

WERBUNG UND VERKAUFSFÖRDERUNG

1 Werbung *advertising* *publicité (w)*

Werben bedeutet: sich um etwas bemühen, auf sich aufmerksam machen. Die internationale Hotellerie bezeichnet Werbung auch als Marketing.

1.1 Positionierung

Wer nicht weiß, wohin er will, braucht sich nicht zu wundern, wenn er ganz woanders ankommt. Damit wird ausgedrückt:

„Wer etwas erreichen will, muss zunächst klar festlegen, was er anstrebt."

Nach einer ersten Analyse lassen sich die vielfältigen Betriebstypen in der Gastronomie unter zwei Gesichtspunkten unterscheiden:

- **Produktangebot:** Was wird angeboten?
  Vorwiegend *eine* Produktgruppe wie z. B. in einem Steakhaus, oder
  eine *Palette* von Gerichten wie in einem klassischen Restaurant.
- **Serviceaufwand:** Von der Selbstbedienung bis zum personalaufwendigen klassischen Service?

Wichtigste Leistungsmerkmale von Betriebstypen

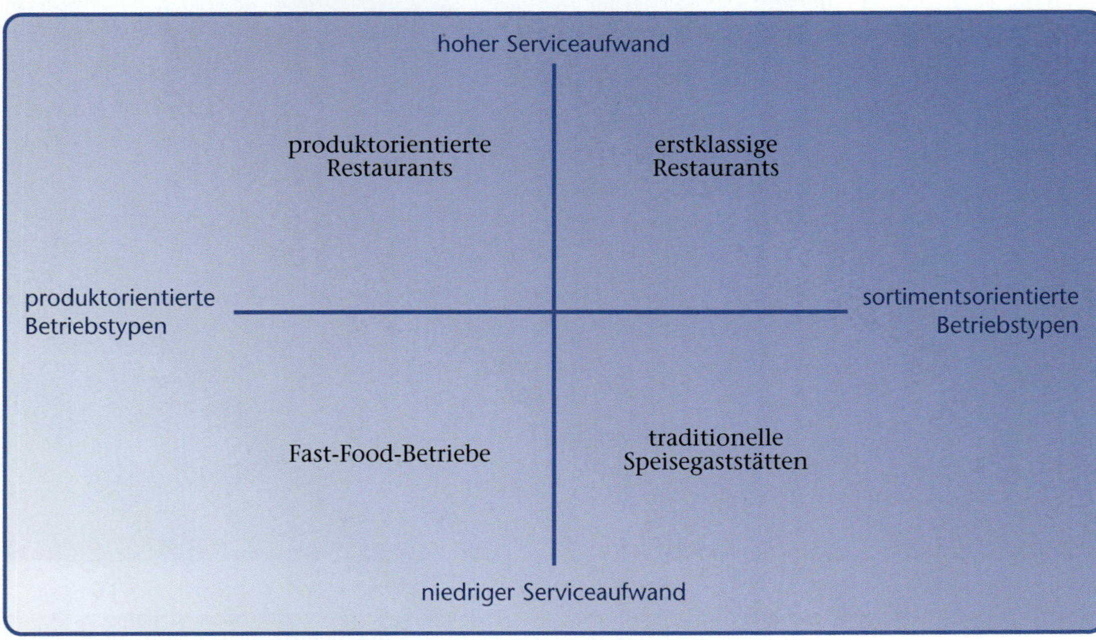

Die vor Beginn von Werbemaßnahmen zu klärenden Fragen müssen lauten:

- Wie soll unser Angebot sein? Gutbürgerlich, Richtung mediterran, gehoben, für den „schnellen Gast", Biokost?
- Auf welchem Niveau wollen wir arbeiten? Welchen Aufwand für Qualität und damit Einkaufspreis der Rohstoffe, für Kosten für Geschirr, für Dekoation und Raumaustattung, für Service?
- Welche Art von Gast erhoffen wir? Wen wollen wir ansprechen?

1.2 Ziele der Werbung

Hat man sich für ein Marktsegment entschieden, können die **Werbeziele** festgelegt werden.

- **Umsatzerhöhung oder Expansionswerbung**
  Dieses Ziel kann mit verschiedenen Mitteln angestrebt werden, z. B. durch eine bessere Auslastung der Betriebsräume oder durch einen höheren Umsatz je Gast.
- **Umsatzfestigung oder Stabilisierungswerbung**
  Hier ist man mit dem Erreichten eigentlich zufrieden, will aber in Erinnerung bleiben. Darum beteiligt man sich z. B. an einer Anzeigenserie zum Jahreswechsel oder wirbt im Prospekt des Fremdenverkehrsamtes mit einer kleinen Fläche.

In den allermeisten Fällen wird das Ziel der Werbung steigender Umsatz sein mit der Möglichkeit, einen ausreichenden Gewinn zu erzielen. Das Ziel könnte aber auch heißen: Wir wollen das erste Haus am Platz bleiben. Oder: Wir wollen uns von den anderen abheben.

„Das Restaurant muss im kommenden Monat mehr Umsatz machen" ist als Werbeziel nicht gut und so kaum zu verwirklichen. Man kann nicht von heute auf morgen denken, sondern muss mittelfristig handeln, in einem Zeitraum von ein bis zwei Jahren. Ferner können Ziele umso besser erfüllt werden, je präziser sie formuliert werden.

Konkrete Ziele können sein:
- Die **Auslastung** zur Mittagszeit/am Abend/am Wochenende soll erhöht werden,
- der **Umsatz je Sitzplatz** soll steigen,
- **neue Gäste** sollen gewonnen werden,
- **Abwechslung** für Stammgäste soll angeboten werden.

1.3 Maßnahmen der Werbung

Wenn die Ziele festgelegt sind, muss überlegt werden, wie diese zu erreichen sind und welche konkreten Maßnahmen man ergreifen will.

Drei Stufen der Entscheidung

- **Ziele** (Endzustand)
  Was wollen wir erreichen? „Wir wollen …"
- **Grundregeln** (Vorgehensweise)
  Wie wollen wir es erreichen? „… indem wir …"
- **Maßnahmen (Tätigkeitsbereiche)**
  Was unternehmen wir? … deshalb geschieht

Mit ganz **bestimmten Maßnahmen** versucht man nun, die gesteckten Vorgaben zu erreichen.

Beispiel:

Die Auslastung soll verbessert werden. Das kann z. B. geschehen durch Einführung von

- Sonntags-Frühstücksbüfett (Brunch),
- Abendkarte nach Musical, Oper, Kino,
- mittags „Kleinen Gerichten", die man rasch serviert,
- saisonalen Angeboten wie Spargelwochen oder Salate als Hauptgericht,
- Herausstellen regionaler Besonderheiten
- oder Förderung des Kaffeegeschäftes in den ruhigen Nachmittagsstunden.

Welche Möglichkeiten sich im speziellen Betrieb verwirklichen lassen, muss jeweils geprüft werden. Es gilt die Frage zu beantworten: Welcher Gästekreis soll angesprochen werden? Wer hat „Bedarf" für unser Angebot? Oder umgekehrt: Was kann/muss ich einem möglichen Gästekreis bieten?

Nur wenn Angebot und Bedarf übereinstimmen, fühlen sich neue Zielgruppen angesprochen.

1.4 Arten der Werbung

Die vielfältigen Möglichkeiten der Werbung werden überschaubar, wenn man sie nach fachlichen Gesichtspunkten gliedert.

Arten der Werbung in der Gastronomie

Ort der Werbung
Wo wird geworben?
- Innenwerbung
- Außenwerbung

Veranlasser der Werbung
Wer wirbt?
- Einzelwerbung
- Gemeinschaftswerbung

Ort der Werbung

Die **Innenwerbung** oder **interne Werbung** wendet sich an den Gast, der sich bereits im Hause befindet. Sie will den Verkauf unterstützen oder fördern. In der Fachsprache der Werbung nennt man dies auch **Salespromotion** oder **Verkaufsförderung.**

Möglichkeiten der internen Werbung

- **Servierpersonal,** das freundlich, aufgeweckt und sachkundig das Haus vertritt, steht an erster Stelle. Wie wichtig das Persönliche sein kann, zeigen Betriebsbezeichnungen wie „Bei Toni". Hier macht sich die Person bewusst selbst zum Werbeträger.
- **Empfehlungen** durch das Personal, z. B. „Besonders empfehlen kann ich ...", „Ganz frisch haben wir ...".
- **Speisekarte,** die so gestaltet ist, dass sie den Gast informiert, neugierig macht und Appetit aufkommen lässt.
- **Tischaufsteller** mit werbewirksamen Abbildungen und informativen Texten z. B. Sonderkarten für Spargel, Artischocken, spezielle Weine.
- Auslegen von **Informationsbroschüren/Speisekarten** in den Gastzimmern.
- **„Mustergedeck"** zum Tagesmenü im Eingangsbereich.

Abb. 1 Speisekarte, Speisekarten-Einleger

Externe Werbung richtet sich nach außen mit dem Ziel, mögliche (potenzielle) Gäste in das Haus zu bringen.

Was nützt die beste Küche, wenn sie den Gästen nicht bekannt ist?

Die Marktforschung hat ermittelt, dass Gastronomiebetriebe mit folgenden **Haupteinzugsbereichen** zu rechnen haben:

- **Gaststätte, bürgerliches Restaurant** etwa 3 km Umkreis;
- **anspruchsvolles Restaurant** etwa 20 km Umkreis;
- **Spitzenrestaurant, „In-Restaurant"** weiterer Umkreis.

Als Möglichkeiten der externen Werbung bieten sich an:

Ein **Hausprospekt** für das Restaurant und/oder Nebenräume zeigt die geschmackvoll eingerichteten Räumlichkeiten mit eingedeckten Tischen und netten Menschen, die sich sichtbar wohl fühlen. Die erwünschte Atmosphäre einzufangen, ist eine Aufgabe für den professionellen Fotografen.

Der **Werbebrief** als Mittel der Direktwerbung kann mit Hilfe einer Adressdatei als Serienbrief erstellt werden. Ein handgeschriebener persönlicher Gruß gibt eine individuelle Note.

Angebracht ist ein Werbebrief etwa nach einem Umbau, nach Betriebsferien, bei Aktionen wie Spargel- oder Wildwochen.

Für **Zeitungsanzeigen** bieten sich örtliche Zeitungen und regionale Anzeigenblätter an, denn deren Verbreitungsgebiet deckt sich weitgehend mit dem Haupteinzugsgebiet für Restaurants und zugleich wird eine große Anzahl von Lesern angesprochen.

Die **Webseite** lässt ein Restaurant stets präsent und aktuell sein. Um werbewirksam zu sein, muss es aber aus der Masse der Angebote auffallen, braucht als einen Blickfang, vielleicht in Verbindung mit einer Aktion oder einem Sonderangebot. Der „Blick in unser Restaurant" ist dazu nicht geeignet. Wenn die Gerichte aufgezählt werden, ist die leichte Lesbarkeit wichtiger als Vollständigkeit.

Eine eindeutige Verkaufswerbung enthält klare Angaben über das Angebot z. B. Spezialitäten oder Menüs für Familienfeste.

Mit **Plakaten** wirbt man hauptsächlich für besondere Aktionen wie „Zu Gast in Frankreich", „Aus heimischer Jagd" oder Festlichkeiten wie Silvesterball.

Veranlasser der Werbung

Einzelwerbung liegt dann vor, wenn die Werbung von einem einzelnen Betrieb veranlasst wird.

Beispiele:
Plakate für eine Wildwoche, Anzeige für Sonntagsbrunch.

Abb. 1 Plakat für Spargelwoche

Der Vorteil einer solchen Aktion liegt darin, dass der einzelne Betrieb sich profilieren kann und der Werbeerfolg auf diesen Betrieb allein zurückfällt. Das ist aber verbunden mit dem Nachteil, dass alle Kosten allein zu tragen sind. Werbung kostet Geld und darum ist zu überlegen, ob man nicht auch hier gemeinsam stärker sein kann.

Von **Gemeinschaftswerbung** spricht man, wenn sich mehrere Betriebe zu einer gemeinsamen Aktion zusammenschließen und z. B. unter dem Motto „Goldener Oktober" die Herbstsaison zu verlängern suchen.

Ammergauer Alpen
Der König war schon da.

Abb. 2 Logo für eine Gemeinschaftswerbung

Zielgenaue Werbung

Werbung soll „ankommen", sie soll gezielt einen bestimmten Personenkreis ansprechen. Je spezieller ein Angebot ist, umso genauer ist die Zielgruppe einzugrenzen.

Streuung nennt man die planvolle Verteilung von Werbemitteln. Je genauer man die Zielgruppe auswählt, desto geringer ist der *Streuverlust*.

Bei schriftlichen Werbemitteln muss versucht werden, die *„Papierkorbfalle"* zu umgehen, denn die meisten schriftlichen Informationen wandern unbeachtet in den Papierkorb.

Erfolgreiche Werbung muss

- **die Streubreite gering halten,** also sich auf eine bestimmte Zielgruppe beschränken,
- **den Text möglichst kurz fassen,** damit die Information rasch aufgenommen werden kann,
- **interessanten Text bieten,**
- **das Auge ansprechen,** durch eine attraktive Gestaltung.

Die Aufgabe der Werbung kann zusammenfassend durch die AIDA-Formel dargestellt werden.

Attention	Aufmerksamkeit wecken
Interest	Interesse des Gastes wecken (Was gibt es da? Schauen wir mal.)
Desire	Wünsche wecken (Das will ich! oder: Warum nicht einmal probieren?)
Action	Durch Handeln zum Kaufabschluss

2 Unser Gast 🇬🇧 *our guest* 🇫🇷 *notre hôte (m)*

Wer mit Menschen zu tun hat, wird bei guter Beobachtung feststellen, dass auf der einen Seite zwar jeder Gast ein Individuum ist, auf der anderen Seite wird er aber bestimmte wiederkehrende Merkmale wahrnehmen. Gäste mit vergleichbaren Merkmalen gehören zu Gästegruppen/Gästetypen.

2.1 Gästetypen

Selbstverständlich ist jeder Mensch ein unverwechselbares Individuum und darf nicht vorschnell und ausschließlich einem bestimmten Gästetyp oder einer Situation zugeordnet werden.

Weil Servierpersonal nach dem ersten Eindruck handeln muss, ist es angebracht und sinnvoll, die Gäste zunächst nach äußeren Merkmalen zu unterscheiden. Denn wird der Gast richtig eingeschätzt, kann er entsprechend seiner Eigenheiten bedient und zufrieden gestellt werden.

Die Übersicht zeigt häufige Gästetypen und nennt mögliche Reaktionen des Servicepersonals.

Wie tritt der Gast auf?

Der Schüchterne
kennt sich nicht aus, wirkt suchend, weiß nicht genau, was er will.

Verhalten des Services
Freundlich und unaufdringlich führende Hilfe anbieten, Vorschläge unterbreiten, doch nur wenige Alternativen nennen.

Der Selbstbewusste
tritt sicher auf, manchmal auch überheblich, hat feste Vorstellungen, gibt klare und eindeutige Antworten.

Verhalten des Services
Zuhören, die Meinung des Gastes bekräftigen, kein längeres Beratungsgespräch, Bestellung lobend bestätigen.

Was erwartet der Gast?

Der Sparsame
richtet sich vorwiegend nach dem Preis, ist auf seinen Vorteil bedacht. Hat wenig Geld oder will in der konkreten Situation nicht mehr ausgeben.

Verhalten des Services
Keine hochpreisigen Angebote unterbreiten, auf preisliche Vorteile hinweisen, das genügsame Verhalten respektieren.

Der Anspruchsvolle
Preis steht nicht im Vordergrund. Wenn Spitzenerzeugnisse angeboten werden, spielt der Preis keine Rolle.

Verhalten des Services
Hochwertige Gerichte anbieten, auf Spezialitäten aufmerksam machen; tadelloser Service.

Wie wählt der Gast aus?

Der Unentschlossene
quält sich durch die Speisenkarte, weiß nicht genau, was er will, sitzt nachdenklich.

Verhalten des Services
Beratung mit Alternativfragen. Wünschen Sie ... oder ...? Zeit für Entscheidung lassen.

Der Entschlossene
weiß genau, was er will, hat gute Kenntnisse, drückt Wünsche klar aus.

Verhalten des Services
Beratung kaum erforderlich; wenn, dann mit klaren und begründeten Argumenten. Umgehend bedienen.

Wie verhält sich der Gast?

Der Eilige
wirkt in seinem Verhalten ungeduldig, hektische Bewegungen, tritt von einem Fuß auf den anderen, spricht schnell.

Verhalten des Services
Bei der Beratung auf eventuelle Zubereitungszeiten hinweisen. Zügig bedienen und abrechnen.

Der Beschauliche
strahlt Ruhe aus, lässt sich Zeit bei der Speisenauswahl und beim Essen. Bestellt gerne Plätze vor.

Verhalten des Services
Bei der Beratung auf Besonderheiten hinweisen, zur Entscheidung Zeit lassen. Zusatzverkäufe (Aperitif, Vorspeise, Digestiv).

2.2 Das Verkaufsgespräch

Wenn ein Gast ein Restaurant oder ein anderes Speiselokal betritt, entwickelt sich ein **Verkaufsgespräch,** schon allein deswegen, weil wir den Gast begrüßen und einen Kaufwunsch entgegennehmen.

Bei einer allgemeinen Gliederung von Verkaufsgesprächen werden folgende Abschnitte unterschieden.

Begrüßung, einleitende Worte

Der Gast wird freundlich begrüßt, wenn möglich mit seinem Namen und seinem Titel. Bei Reservierungen führt man die Gäste an den entsprechenden Tisch. Dabei geht man voraus.

Gastwünsche ermitteln

Bei der Ermittlung der Wünsche können verschiedene Frageformen eingesetzt werden. Meist beginnt man mit einer **offenen Frage.**

Beispiele:

- Woran haben Sie gedacht?
- Was wünschen Sie zu speisen?
- Darf ich Ihnen etwas zu trinken bringen?
- Womit kann ich Ihnen behilflich sein?

Der Gast kann darauf

- ein eindeutige Antwort geben,
- nachfragen, um einen Sachverhalt zu klären,
- unentschieden sein.

Dann kann eine **Alternativfrage** zur Klärung beitragen.

Beispiele:

- Das Schnitzel paniert oder natur?
- Die Forelle blau oder nach Art der Müllerin?

Dabei werden nicht Rezept und Arbeitsschritte aufgezählt, man beschreibt dem Gast das fertige Gericht.

Vergl. dazu *Beschreiben* von *Speisen* Seite 136. Auch die *Verkaufshilfen,* die bei vielen Zubereitungen angeführt sind, sollen dabei helfen.

Das **Angebot der Karte** muss durch das Servierpersonal sachlich richtig und positiv beschrieben werden.

Beispiele:

- Das Filet Wellington besteht aus einem kurz angebratenen Rinderfilet, das dann mit gehackten Pilzen und Zwiebel umhüllt im Blätterteigmantel gebacken wird.
- Unser ... wird jeden Tag frisch zubereitet. Das garantiert den besonderen Geschmack.
- Tut mir leid, jetzt ist nicht Spargelsaison. Wir bieten schockgefrostete Qualitätsware.

Sonderwünsche/nicht erfüllbarer Gästewunsch

- Äußert der Gast **Sonderwünsche,** wird „nie Nein gesagt". Wir bemühen uns und fragen nach, am Pass, am Büfett.
  „Einen Moment bitte, ich werde nachfragen, ob das möglich ist."
- Bei nicht erfüllbaren Wünschen versuchen wir ein Alternativangebot zu unterbreiten. „Statt des Hirschrückens könnte ich Rehmedaillons empfehlen, sehr zart, mit vergleichbaren Beilagen."

Mit dem **Aufnehmen der Bestellung** wird der Kauf abgeschlossen.

Die Serviermethode richtet sich nach der Art des Hauses. Vergleichen Sie: Grundlagen im Service, Seite 259.

In vielen Restaurants ist es üblich, eine bestimmte Zeit nach dem Einsetzen der Speisen nachzufragen. „Sind Sie mit ... zufrieden?", „Ist es nach Ihren Wünschen?"

Das ermöglicht kurzfristige Nachbesserungen etwa bei der Garstufe von Kurzbratfleisch oder bei fehlenden Teilen (z. B. Salat, Brot).

Aufgaben

1 Welche Ziele können mit einer Werbung verfolgt werden?

2 Was versteht man unter Expansionswerbung?

3 Werbung führt nur zum Erfolg, wenn konkrete Ziele angestrebt werden. Nennen Sie drei Beispiele für eine auf den Speisenverkauf bezogene Werbung.

4 Die Werbung unterscheidet zwischen internen und externen Maßnahmen. Nennen Sie je zwei Beispiele.

5 „Ihr Servierpersonal ist ein wichtiger Werbeträger!“ lautet die Überschrift in einer Fachzeitung. Erläutern Sie an zwei Beispielen.

6 Ein Spezialitätenrestaurant Ihres Ortes will inserieren. Geben Sie Beispiele für sinnvolle Möglichkeiten. In welchen Zeitungen wird das Inserat wenig erfolgreich sein?

7 Nennen Sie zwei Gästetypen, bei denen Sie persönlich eher Schwierigkeiten im Umgang haben.

8 Ein Gast beschwert sich zu Recht, weil das bestellte Glas Wein zu knapp eingeschenkt ist. Wie reagieren Sie?

9 Ihr Betrieb versucht zur Belebung in umsatzschwachen Wochen Aktionen zu starten. Welche könnten in welcher Jahreszeit sinnvoll sein? Nennen Sie jeweils Gründe.

10 Welche Möglichkeiten sehen Sie, Stammgäste für ein Speiserestaurant zu gewinnen?

GARNITUREN UND ZUBEREITUNGSARTEN (AKA)

Die AkA[1] erstellt die Aufgaben zu Prüfungen der Industrie- und Handelskammern. Die folgenden Garnituren und Zubereitungsarten sind in einer ANLAGE ZUM STOFFKATALOG AkA für verbindlich erklärt.

Bezeichnung	Anwendung	Wichtige Zutaten	vgl. Seite
Nach Bäckerinart	Lamm, Hammel, Schwein	Rohe Kartoffelscheiben mit Zwiebeln und Jus geschmort	475
Baden-Baden	Wild	Wildrahmsauce, halbierte und mit Preiselbeeren (Johannisbeergelee) gefüllte Birnen	497
Nach Berliner Art	Kalbsleber	Apfelringe, Röstzwiebeln, Kartoffelpüree	607
Nach Bordeauxer Art	Rind, Kurzbratfleisch	Sauce Bordelaise, Markeinlage	478
Doria	Fisch	Oval geformte, in Butter gedünstete frische Gurke, Zitrone, Petersilie	523
Nach flämischer Art	Rind	Krautköpfchen, Speck, Karotten, weiße Rübchen (Sellerie), Lauch, Brühwurst	471
Nach Florentiner Art	Fisch, Geflügel, Eier, Fleisch	Blattspinat, Sauce Mornay	479
Nach Gärtnerinart	Fleisch	Bukettweise mit frischen Gemüsen umlegt	484
Nach Jägerart	Geflügel, Fleisch	Waldpilze, Croûtons	507
Nach Mailänder Art	Fleisch/Kalb	Julienne von Pökelzunge, Schinken, Champignons, Trüffel, Käse, Tomatensauce	479
Nach Müllerinart	Fisch	Butter, Petersilie, Zitronenscheiben	523
Orly	Fisch, Gemüse	Bierteig, Tomatensauce	524
Rossini	Rind/Tournedos	Gänseleberscheiben, Trüffelscheiben, Croûtons, Madeirasauce	479
Nach Tiroler Art	Kurzbratfleisch	Gebackene Zwiebelringe in Bierteig, in Butter sautierte Tomatenwürfelchen	478
Wellington	Rind, Kalb	Blätterteighülle, Duxelles, Trüffelsauce	449

[1] AkA – Aufgabenstelle für kaufmännische Abschluss- und Zwischenprüfungen

INTERNET-ADRESSEN

Jedermann kann Informationen ins Internet stellen. Niemand prüft, ob die Aussagen wahr sind, ob sich die Hinweise als brauchbar erweisen.

Doch es ist anzunehmen, dass Firmen Aussagen zu ihrem Vorteil machen.

Darum muss man lernen auszuwählen. Begleitende Werbung kann Hinweise geben. Wer in eine Suchmaschine Firmennamen von Produzenten eingibt, erhält viele Treffer.

Hier eine Zusammenstellung von Institutionen, die verwertbare Informationen liefern.

www.der-junge-koch.de	Internetseite zu diesem Fachbuch
www.aid.de	Vielfältige Informationen zu Lebensmitteln
www.uni-graz.at/~katzer/germ/	Sehr gutes Lexikon für Gewürze und Kräuter
www.univeg.de	Umfassendes Lexikon zu Gemüse und Obst
www.bier.de	Alles über Bier
www.deutscheweine.de	Deutsches Weininstitut informiert über deutsche Weine
www.dge.de	Deutsche Gesellschaft für Ernährung
http://europa.eu/int/comm/agriculture/foodqual/quali1_de.htm	Zusammenstellung der „geschützten Bezeichnungen"
www.fischinfo.de	Fischinformationszentrum
www.fisch-reese.de	Umfassende Fischkunde
www.fleisch-teilstuecke.at	Sehr gute Informationen zu Benennung und Verwendung von Teilstücken von Schlachttieren.
www.fleischwirtschaft.de	Kompetente Fachzeitschrift für Fleisch
www.gastronomische-akademie.de	Gastronomische Akademie Deutschlands
www.jagd-online.de	Deutscher Jagdschutzverband
www.kaffeeverband.de	Gute Informationen zu Kaffee
www.lebensmittellexikon.de	Ein gutes Lebensmittellexikon
www.mediatime.ch/gemuese	Umfassende Warenkunde Gemüse, Früchte, Gewürze
www.rezeptzentrum.com	Viele Rezepte, die auf jede gewünschte Personenzahl umgerechnet werden können.
www.ruhr-uni-bochum.de/kochfreunde	Große Rezeptsammlung, Rezeptverwaltungsprogramm zum Herunterladen
www.vkd.com	Verband der Köche Deutschlands
www.verbraucherministerium.de	Informationen der Bundesregierung
www.vsr-online.de	Verband der Serviermeister, Restaurant- und Hotelfachkräfte

BILDQUELLENVERZEICHNIS

Für das zur Verfügung gestellte Bildmaterial bedanken wir uns bei den nachfolgend aufgeführten Unternehmen und Verbänden.

Achenbach Delikatessenmanufaktur, Sulzbach 376, 583/2, 591, 592, 593, 594
Agrarmarkt Austria Marketing GmbH, Wien 365
AID, Bonn 93, 368
Ammergauer Alpen, Oberammergau 655
Arabella Sheraton, München 600, 651
Asbach Uralt, Rüdesheim 268
„Büfett und Restaurant" Fachbuchverlag Pfanneberg 284
Bundesanstalt für Getreide-, Kartoffel- und Fettforschung, Detmold 329
Carma, Drübendorf (CH) 551
Chemie für Schule und Beruf, Europa Lehrmittel, Haan 72
CMA, Bonn 129, 283, 289, 347, 348, 351, 352, 370, 371, 378, 379
Contacto Bander GmbH, Erkrath 106
Culinary Institute of America, Hydepark N.Y., USA 182/1, 183, 185/2, 185/3, 185/4, 186, 187/1, 187/2, 187/3, 189/1, 189/2, 189/3, 190/2, 190/3, 190/4, 190/5, 273, 405, 413, 415, 424, 445, 446, 487/1, 515
Degen, Jobst/Kessler, Getränke für Hotelbar, Büfett und Restaurant, Fachbuchverlag Pfanneberg 284
Deutsche Lebensmittelwerke, Hamburg 167
Deutsche Weininformation, Mainz 209, 210
Deutscher Brauerbund e.V., Bonn 204, 207
Deutsches Teebüro, Hamburg 200
Deutsche Weininformation, Mainz 198, 199
Dr. Oetker, Bielefeld 491/1, 492/1, 492/2
Elysee Grand-Hotel, Hamburg 276
Eto, Ettlingen 537
Hepp, Pforzheim 267, 268, 269/3
Hecht, Michael, Soltau 656, 657, 658
Hofinger Tier-Präparationen, Steyrermühl (A) 387, 388, 389, 390, 391, 392
Homann Lebensmittelwerke, Dissen 542, 544
Hotel Sonnengarten, Bad Wörishofen 261, 262, 272
Hotelwäschefabrik Zollner, Vilsbiburg 232, 233/1, 233/3, 233/5, 561
Hupfer Metallwerke, Coesfeld 290
Hutschenreuther-Bauscher, Weiden 636, 637
Informationszentrum Eiskrem, Bonn 563
Kalte Küche, Fachbuchverlag Pfanneberg 164, 275, 339, 340, 341, 356, 361, 370, 373, 390, 400, 406, 408/2, 452, 456, 467, 477, 503, 517, 522, 530/2, 533/1, 533/2, 533/3, 547, 571, 572, 574, 575, 576, 581, 582, 583, 584, 585/1, 588, 589, 596, 597, 598/1, 599, 602, 649
Keweloh: Mikroorganismen in Lebensmitteln, Europa-Lehrmittel, Haan 22, 23, 35
Kraft Jakobs Suchard, Bremen 161, 164, 166
Landesvereinigung der Bayerischen Milchwirtschaft, München 271
Lükon Lüscher-Werke, Täuffelen (CH) 246/2
Maschinenfabrik Dorhan GmbH, Dorhan 107, 108
MGH, Bremen 282, 284
Naturfoto-Online, Steinburg 384
Nestlé Schöller, Nürnberg 136, 537
Palux AG, Bad Mergentheim 33, 109, 110
Rational, Landsberg/Lech 26, 113, 134, 509
Rösle Metallwarenfabrik, Marktoberdorf 100, 101, 102, 128, 129
Rousseau, Brigitte, Paris 100
Schieren, A. Bodo, München 335, 336, 337
Schöller-Mövenpick, Nürnberg 98, 136
Schönwald Porzellanfabrik, Schönwald 244, 245
Servicebund Rittner, München 519, 520, 525, 527, 534/2, 535/1, 546, 585/2
Shake-it, Fachbuchverlag Pfanneberg 270
Siemens Haushaltsgeräte, München 112
Silit-Werke, Riedlingen 112
Sopexa, Düsseldorf 218, 534/1
Stockfood, München 120, 131/1, 136/1, 138, 153/1, 163, 184/2, 185/1, 189, 190/1, 192, 223/2, 285/3, 314, 346, 372, 381/4, 382/2+4, 384/1, 401, 408/1, 409/1+3, 421, 426/1, 427, 430/1–3, 447, 475, 481/1, 488, 489/6, 493/1–2, 494/1, 494/2, 497, 498, 499, 500, 507/2, 510, 523, 526, 529, 531, 538/3, 552, 604/2, 606
Testo AG, Lenzkirch 290
Teubner Foodfoto, Füssen 382, 398
Unilever Foodsolution, Heilbronn 432, 439, 448, 450, 654, 655
Verband Deutscher Sektkellereien, Wiesbaden 222
Verlag Europa-Lehrmittel, Haan 233/2, 233/3
Villeroy & Boch, Mettlach 265
Vorratschutz GmbH, Laudenbach 24
Warsteiner Brauerei, Warstein 247, 248, 255, 256, 257
WMF, Geislingen 101, 236, 237, 238, 239, 240, 246/1, 246/3, 252/1, 252/3, 286, 279, 521
Wpr communication, Hennef 374, 375
Zwilling, Solingen 100, 101
Fotostudio Stefan Hebel, Bad Wörishofen, Handlungsbezogene Fotoarbeiten

SACHWORTVERZEICHNIS

A

E

F

G

H

I

L

Q

R

T

Z